原子量　日本化学会原子量専門委員会(2022年)による。同位体存在比が一定でない元素については，その元素の代表的な同位体の質量数を(　)内に示した。
融点・沸点　圧力を示したもの以外は 1.01325×10^5 Pa (1 atm)での値である。「昇」は昇華を示す。
密度　室温における値(単位はg/cm³)である。また，単体が気体の場合は0℃，1.01325×10^5 Pa における値(単位はg/L)を示した。
※原子番号100～118の元素の詳しい性質は不明。

※原子番号がウラン(原子番号92)より大きい元素を超ウラン元素ということがある。いずれも放射性元素で，93番と94番元素は自然界にも微量に存在するが，95番以降の元素は人工的に合成されたものである。118番元素まではIUPAC(国際純正・応用化学連合)で命名されている。なお，113番元素Nhは独立行政法人理化学研究所で発見に成功したもの。

10	11	12	13	14	15	16	17	18	族 period 周期
								2 He ヘリウム Helium 4.003 −272.2 26atm／−268.934 0.1785	1
			5 B ホウ素 Boron 10.81 2300／3658 2.34	6 C 炭素 Carbon 12.01 3550／4800昇 3.513	7 N 窒素 Nitrogen 14.01 −209.86／−195.8 1.2506	8 O 酸素 Oxygen 16.00 −218.4／−182.96 1.429	9 F フッ素 Fluorine 19.00 −219.62／−188.14 1.696	10 Ne ネオン Neon 20.18 −248.67／−246.05 0.8999	2
			13 Al アルミニウム Aluminium 26.98 660.32／2467 2.6989	14 Si ケイ素 Silicon 28.09 1410／2355 2.3296	15 P リン Phosphorus 30.97 44.2／280 1.82	16 S 硫黄 Sulfur 32.07 112.8／444.674 2.07	17 Cl 塩素 Chlorine 35.45 −101.0／−33.97 3.214	18 Ar アルゴン Argon 39.95 −189.3／−185.8 1.784	3
28 Ni ニッケル Nickel 58.69 1453／2732 8.902	29 Cu 銅 Copper 63.55 1083.4／2567 8.96	30 Zn 亜鉛 Zinc 65.38 419.53／907 7.134	31 Ga ガリウム Gallium 69.72 27.78／2403 5.907	32 Ge ゲルマニウム Germanium 72.63 937.4／2830 5.323	33 As ヒ素 Arsenic 74.92 817 28atm／616昇 5.78	34 Se セレン Selenium 78.97 217／684.9 4.79	35 Br 臭素 Bromine 79.90 −7.2／58.78 3.1226	36 Kr クリプトン Krypton 83.80 −156.66／−152.3 3.7493	4
46 Pd パラジウム Palladium 106.4 1552／3140 12.02	47 Ag 銀 Silver 107.9 951.93／2212 10.500	48 Cd カドミウム Cadmium 112.4 321.0／765 8.65	49 In インジウム Indium 114.8 156.6／2080 7.31	50 Sn スズ Tin 118.7 231.97／2270 7.31	51 Sb アンチモン Antimony 121.8 630.63／1635 6.691	52 Te テルル Tellurium 127.6 449.5／990 6.24	53 I ヨウ素 Iodine 126.9 113.5／184.3 4.93	54 Xe キセノン Xenon 131.3 −111.9／−107.1 5.8971	5
78 Pt 白金 Platinum 195.1 1772／3830 21.45	79 Au 金 Gold 197.0 1064.43／2807 19.32	80 Hg 水銀 Mercury 200.6 −38.87／356.58 13.546	81 Tl タリウム Thallium 204.4 304／1457 11.85	82 Pb 鉛 Lead 207.2 327.5／1740 11.35	83 Bi ビスマス Bismuth 209.0 271.3／1610 9.747	84 Po ポロニウム Polonium (210) 254／962 9.32	85 At アスタチン Astatine (210) 302／	86 Rn ラドン Radon (222) −71／−61.8 9.73	6
110 Ds ダームスタチウム Darmstadtium (281)	111 Rg レントゲニウム Roentgenium (280)	112 Cn コペルニシウム Copernicium (285)	113 Nh ニホニウム Nihonium (278)	114 Fl フレロビウム Flerovium (289)	115 Mc モスコビウム Moscovium (289)	116 Lv リバモリウム Livermorium (293)	117 Ts テネシン Tennessine (293)	118 Og オガネソン Oganesson (294)	7

※12族を遷移元素に含めない場合もある。

64 Gd ガドリニウム Gadolinium 157.3 1313／3266 7.90	65 Tb テルビウム Terbium 158.9 1356／3123 8.229	66 Dy ジスプロシウム Dysprosium 162.5 1412／2562 8.55	67 Ho ホルミウム Holmium 164.9 1474／2695 8.795	68 Er エルビウム Erbium 167.3 1529／2863 9.066	69 Tm ツリウム Thulium 168.9 1545／1950 9.321	70 Yb イッテルビウム Ytterbium 173.0 824／1193 6.965	71 Lu ルテチウム Lutetium 175.0 1663／3395 9.84
96 Cm キュリウム Curium (247) 1340／ 13.3	97 Bk バークリウム Berkelium (247) 1047／ 14.79	98 Cf カリホルニウム Californium (252) 900／	99 Es アインスタイニウム Einsteinium (252) 860／	100 Fm フェルミウム Fermium (257)	101 Md メンデレビウム Mendelevium (258)	102 No ノーベリウム Nobelium (259)	103 Lr ローレンシウム Lawrencium (262)

芸術と化学 ART & CHEMISTRY

芸術を化学の目で見てみよう。

顔料と化学

高松塚古墳の壁画

▶▶▶ 694〜710年頃 出典：高松塚古墳西壁女子群像／文化庁ウェブサイト(CC BY 4.0)

◀ 硫化水銀(Ⅱ)

人類は自然の中から**顔料**を取り出して利用してきた。
硫化水銀(Ⅱ)HgSは，辰砂（しんしゃ）という石から得られ，赤色の顔料として古墳の壁画などに使われた。また，神社の鳥居，朱墨や漆器に用いる朱漆（しゅうるし）の原料としても用いられている。

◀ **辰砂**
主成分は硫化水銀(Ⅱ)HgS。
赤色の鉱物。(▶P.177)
辰砂から水銀も精製された。

葛飾北斎「富嶽三十六景 神奈川沖浪裏」

▶▶▶ 1831〜1833年頃 出典：ColBase（https://colbase.nich.go.jp/）

ベルリン青は，1704年，ドイツのベルリンで赤色顔料を合成する際，動物の組織が混ざってしまい，偶然生まれた人工の顔料である。それまで浮世絵で用いられていた青色は植物のツユクサやアイからつくられた絵の具で，退色しやすく，扱いにくかった。ベルリン青は扱いやすく，発色が美しいことから，浮世絵に多く用いられるようになった。

◀ **ベルリン青（ターンブル青）**
Fe^{3+}とシアン化物イオン $[Fe(CN)_6]^{4-}$からなる物質（▶P.172）

※**顔料と染料** 着色に用いられる物質のうち，水や油などの溶剤に溶けないものを顔料，溶けるものを染料とよぶ。

「印象派」は絵の具チューブから生まれた？

絵の具は顔料を水や油に分散させた**コロイド**(▶P.118)である。
それまでの絵の具は，画家自身がその都度顔料を油で練ってつくっていたため，持ち運びには不便であった。1841年に持ち運べる金属製のチューブが発明されたことで，画家たちは屋外で絵を制作できるようになった。そのため，自然光の効果を重んじ，景色を印象でとらえて描く「印象派」が生まれた。
当初は，やわらかく，延性があり，それほど高価ではない金属である，スズSnが使われていた。現在では，アルミニウムAlやポリエチレンが使われている。

◀ **モネ「印象・日の出」**1872年

金属を使った芸術

photo.ua/Shutterstock.com

クラウド・ゲート（アメリカ）

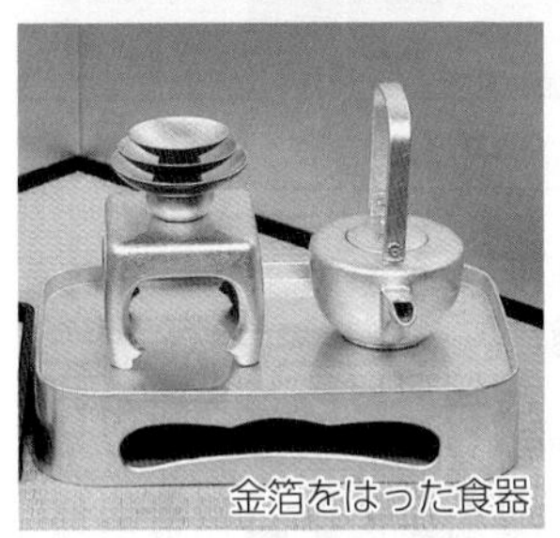
金箔をはった食器

金属は，美しい**金属光沢**や，力を加えると変形する性質(**展性・延性**)を使ってさまざまな曲線をつくれることなどから，芸術作品に利用される。(▶P.52)

◀ 金は，金属中で最も**展性・延性**が大きく，約0.0001mmの厚さにまで広げることができる。

粘土を使った芸術

備前焼

粘土(アルミノケイ酸塩)は，板状の粒子が集まってできている。水がそれらの粒子の間に入り込むと，やわらかいが形をもち，成形できる状態になる。これを，目指す形にして乾燥させたり，焼いたりすると，水が抜けて粒子どうしが結びつき，固くなる。(▶P.159)

▲ 銀粘土は，銀の微粉末と水，バインダー(高分子化合物)という物質が混ざってできたもので，粘土のように成形できる。成形後，加熱すると，水は蒸発し，バインダーは燃えてなくなり，銀の微粉末が結びついたものができる。

木材を使った芸術

木材は，植物の細胞壁をつくる多糖類である**セルロース**(▶P.253)とヘミセルロース，そして，それらを結びつけるリグニンからなる。金属の刃で加工できるため，彫刻に使われる。細胞の成長の速さのちがいで生じる色の濃淡が木目となり，家具などに利用される。

ガラスを使った芸術

サグラダ・ファミリア（スペイン）

ガラスは，**アモルファス**(▶P.56)という状態で，加熱しても決まった融点はなく，徐々にやわらかくなる。この性質を利用して，さまざまな形に加工される。また，原料に金属の化合物を混ぜることで色をつけることもできる(▶P.159)。

本書の構成　「化学図表」を使いこなそう

本書は，高校化学で学習する内容を，基本から発展まで幅広く扱った資料集です。写真や図を中心にしながらも，理解の助けになる詳しいデータやていねいな解説にも配慮してあります。また，興味深い話題なども入っています。
授業とともに活用するのはもちろん，ふだんの学習や問題演習においても，絶えず手元に置いて関連するページを確認していけば，理解が深まり，知識が定着します。

1 基本ページ ➤P.10〜267

ポイント文

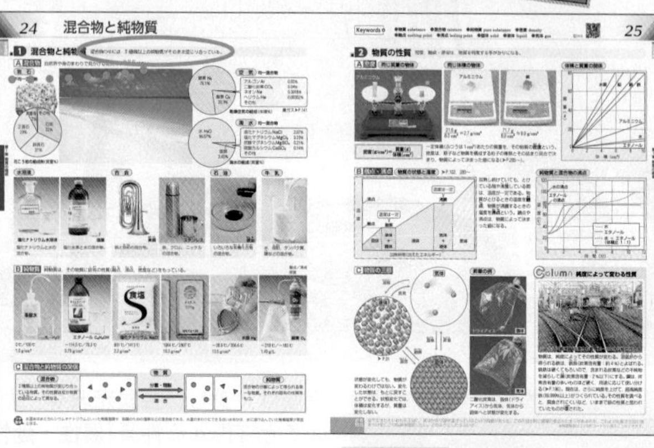

QRコード

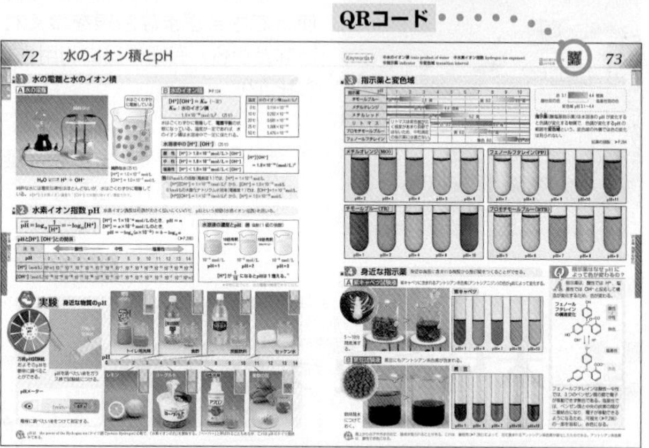

ポイント文　ここで学習することを大まかにまとめました。見通しをもってとり組むことができます。また，学習後にポイントの確認ができます。

実験　典型的な実験について，写真を中心にまとめました。実験の方法や結果，そこからわかることが整理できます。

探究の歴史　化学の発展の歴史から，興味深いものをとり上げました。科学者たちがどのように考えたかを知ることは，理解を深めるのに役立ちます。

Column　身近な話題，興味深いことがらなどから，化学を身近に感じられます。

Episode　研究の背景や化学者の話など，少し違う切り口で化学を見てみましょう。

Q&A　学習内容における素朴な疑問に答える囲みです。理解を深めるのに役立ちます。

参考　知っていると理解が深まること，やや発展的な内容をまとめました。

やってみよう!　比較的簡単にできる実験です。興味をもってやってみることで，理解も深まります。

Keywords　このテーマで学習する重要用語とその英訳です。英訳を見ると，記号の由来やカタカナ用語の意味がわかりやすくなります。

プチ雑学　学習内容に関連したちょっとした話題を紹介しています。

思考問題　このテーマに関連する思考問題です。解答解説は同じページのQRコードから見ることができます。

誌面のQRコードからアクセスできます。
動 実験動画　ア アニメーション　問 問題
＋ 追加資料　思 思考問題の解答・解説
https://www.hamajima.co.jp/rika/nschem-2023/
※使用料は無料ですが，別途通信料がかかります。
※学校内や公共の場では，校則やマナーを守ってご使用ください。
※本書のデジタルコンテンツは，ご使用開始から4年間ご利用いただけます。
※QRコードは(株)デンソーウェーブの登録商標です。

⚠　安全に関する注意点です。

基　「化学基礎」で学習する内容です。一部「化学」の範囲も含む場合は，★を付けています。

発展　高校化学としては発展的な内容ですが，知っていると理解が深まります。

➤P.00　関連するページを示しています。

2 データ・資料 ➤P.272〜301

高校化学で必要なデータを整理しました。手軽なデータ集として利用できます。また，課題学習などでも十分に活用できる詳しさです。

3 索　引 ➤P.302〜309

用語などの索引と化学式の索引に分かれています。太字は重要用語で，英訳を添えました。また，物質名は青字，人名は赤字で示し，調べやすくしてあります。

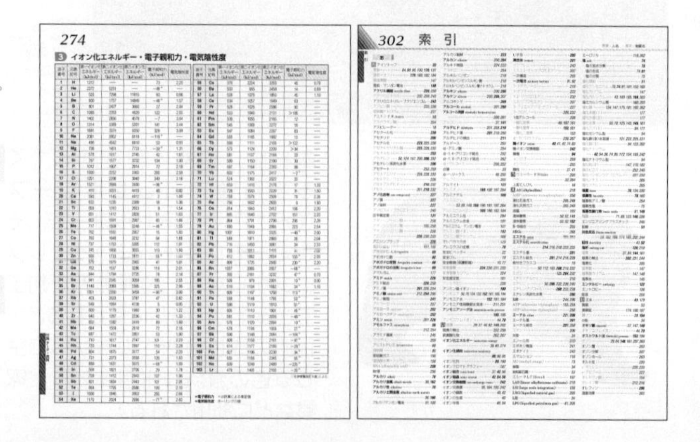

ニューステージ 化学図表

目次

基は化学基礎の内容を含むことを示す。
また，数字の色は，それぞれ，赤：化学基礎，青：化学，橙：その他の内容をおもに含むことを示し，化学基礎と化学，両方の内容が含まれる場合には，★をつけた。

巻頭特集 芸術と化学 …… 2

実験の基本操作

安全対策 …… 10
1 安全に実験を行うために　2 ガラス器具の洗浄と乾燥
3 事故が起きた場合の応急処置　4 薬品の危険有害性表示
5 注意が必要な実験と薬品例
試薬の扱い方 …… 12
1 試薬のとり出し方　2 試験管の扱い方
加熱の基本操作 …… 14
1 いろいろな加熱のしかた　2 ガスバーナーの使い方
質量・体積の測定 …… 16
1 質量の測定　2 体積の測定
分離の基本操作 …… 18
1 ろ過　2 吸引ろ過　3 蒸留　4 抽出
気体の発生装置と捕集法 …… 20
1 気体の発生装置　2 気体の捕集法
滴定の方法 …… 22
1 溶液の希釈のしかた　2 滴定の基本操作

化学図表ウェブ

https://www.hamajima.co.jp/chem/

プラスαの解説，実験の動画，本の紹介，用語の解説など

用語解説

https://www.hamajima.co.jp/rika/chemterm/

第1章 物質の構成

基 混合物と純物質 …… 24
1 混合物と純物質　2 物質の性質
基 物質の分離と精製 …… 26
1 混合の状態と分離の原理　2 分離の方法
基 化合物・単体と元素 …… 28
1 化合物と単体　2 元素　3 元素の確認　4 同素体
実験 硫黄の同素体　5 物質の分類
基 熱運動と物質の三態 …… 30
1 粒子の熱運動　2 物質の状態　3 物質の三態★
4 化学変化と物理変化
基 原子の構造 …… 32
1 原子　2 原子の構造　3 同位体
基 電子配置 …… 34
1 電子殻　2 電子配置と価電子　3 電子軌道
基 周期律と周期表 …… 36
1 元素の周期律　2 元素の周期表　3 第3周期の元素の性質
探究の歴史 周期表 …… 38
基 イオン …… 40
1 水溶液とイオン　2 イオンの生成　3 イオンの表し方
4 イオンの生成とエネルギー　5 原子半径とイオン半径
基 イオン結合とイオン結晶 …… 42
1 イオン結合　2 イオンからなる物質
3 イオン結晶の性質　4 イオンからなる物質の利用
基 共有結合と分子 …… 44
1 共有結合　2 分子の立体構造と表し方　3 配位結合
4 錯イオン　5 電気陰性度と極性
大学化学への架け橋 …… 46
●分子の形はどう決まるのか？
基 分子間力と水素結合 …… 48
1 分子間力★　2 分子結晶　実験 分子結晶の性質を調べる
3 水素結合　4 水の特異性
基 共有結合でできた物質 …… 50
1 分子からなる物質　2 高分子化合物　3 共有結合の結晶
基 金属結合と金属結晶 …… 52
1 金属結合　2 金属の性質　3 金属の性質の比較
4 金属の利用
固体の構造(1) …… 54
1 イオン結晶の構造　2 金属結晶の構造
基 固体の構造(2) …… 56
1 共有結合の結晶　2 結晶の種類と特徴　3 アモルファス
特集 水の化学 …… 57

第2章 物質の変化

基 原子量・分子量・式量 ……58
1 原子の相対質量　2 元素の原子量　3 分子量　4 式量
基 物質量 ……60
1 物質量とアボガドロ定数　2 物質量と質量　3 物質量と体積
4 気体の密度と分子量　5 物質量と他の物理量との関係
基 溶液の濃度 ……62
1 溶液・溶媒・溶質　2 モル濃度　3 質量パーセント濃度
4 質量モル濃度　5 濃度の調節
基 化学反応式 ……64
1 化学変化　2 化学反応式　3 いろいろな化学変化
基 化学反応の量的関係 ……66
1 化学反応式と量的関係　実験 炭酸カルシウムと塩酸の反応
探究の歴史 化学の基本法則 ……68
基 酸と塩基 ……70
1 酸と塩基　2 酸と塩基の定義　3 電離　4 酸・塩基の分類　実験 酸の強弱
基 水のイオン積とpH ……72
1 水の電離と水のイオン積★　2 水素イオン指数pH★
実験 身近な物質のpH　3 指示薬と変色域　4 身近な指示薬
基 中和と塩 ……74
1 中和★　2 中和の量的関係　3 中和における電気伝導性の変化
4 塩の加水分解　5 塩の分類
基 中和滴定(1) ……76
実験 中和滴定
基 中和滴定(2) ……78
1 中和滴定曲線　2 いろいろな滴定曲線　3 逆滴定
基 中和滴定(3) ……80
1 2段階の中和　2 混合水溶液の中和 発展
基 いろいろな中和 ……81
1 塩の生成　2 塩と酸・塩基との反応
基 酸化還元反応 ……82
1 酸化と還元　2 酸化還元反応　3 物質中の原子の酸化数
基 酸化剤と還元剤 ……84
1 酸化剤・還元剤　2 酸化還元反応の反応式　3 酸化剤と還元剤の反応
基 酸化還元滴定 ……86
1 酸化還元滴定　実験 酸化還元滴定　2 ヨウ素滴定　3 COD
基 金属のイオン化傾向 ……88
1 金属樹　2 金属のイオン化傾向★　3 金属のイオン化列　4 金属の反応
基 電　池(1) ……90
1 電池★　2 ダニエル電池★　3 ボルタ電池★　4 乾電池★
5 鉛蓄電池★　実験 鉛蓄電池
基 電　池(2) ……92
1 さまざまな実用電池　2 燃料電池★
電気分解(1) ……94
1 電気分解(電解)の原理　2 水溶液の電気分解　3 溶融塩電解
4 電気分解の応用
電気分解(2) ……96
1 ファラデーの法則　実験 ファラデー定数
基 酸化還元反応の量的関係 ……98
1 酸化還元反応の量的関係　2 酸化と還元が同じ場所で起こる場合
3 酸化と還元が別の場所で起こる場合
特集実験 ●酸化還元反応とエネルギー ……100
1 電気分解による酸化マンガン(Ⅳ)の合成
2 電池の製作　3 リチウム電池の製作

第3章 物質の状態と平衡

状態変化 ……102
1 状態変化　2 熱運動と絶対温度　3 気体の圧力
蒸気圧と沸騰 ……104
1 気液平衡と蒸気圧　2 蒸気圧曲線と沸騰　実験 水の状態変化と沸騰
ボイル・シャルルの法則 ……106
1 ボイルの法則　実験 気体の体積と圧力の関係を調べる
2 シャルルの法則　実験 気体の体積と温度の関係を調べる
3 ボイル・シャルルの法則　実験 気体の体積と圧力・温度の関係を調べる
気体の状態方程式 ……108
1 気体の状態方程式　実験 ヘキサンの分子量を求める　2 混合気体
理想気体と実在気体 ……110
1 理想気体と実在気体　2 実在気体の状態変化
基 溶解と溶解度 ……112
1 溶解★　2 固体の溶解度★　実験 再結晶　3 気体の溶解度
沸点上昇・凝固点降下 ……114
1 蒸気圧降下と沸点上昇　2 凝固点降下
3 沸点上昇度・凝固点降下度　実験 分子量の測定
浸透圧 ……116
1 浸透　2 浸透圧　3 電解質溶液の性質
コロイド(1) ……118
1 コロイド　2 コロイドの性質
コロイド(2) ……120
1 疎水コロイドと凝析　2 親水コロイドと塩析
3 保護コロイド　実験 コロイド溶液の性質

第4章 物質の変化と平衡

化学反応と熱 ……122
1 エンタルピー　2 反応エンタルピーの表し方
3 発熱反応と吸熱反応　4 反応エンタルピーの種類
5 状態変化と熱　6 反応熱の測定
ヘスの法則と結合エネルギー ……124
1 ヘスの法則　2 生成エンタルピーと反応エンタルピー
3 結合エネルギーと反応エンタルピー
エントロピー ……126
1 エントロピー　2 ギブズエネルギー 発展
化学反応と光 ……127
1 光とエネルギー　2 化学発光　3 光化学反応
化学反応の速さ(1) ……128
1 化学反応の速さ　2 反応速度を変える要因
3 反応速度とエネルギー　4 多段階反応と律速段階
化学反応の速さ(2) ……130
1 反応速度と触媒　2 酵素
化学平衡 ……131
1 可逆反応と不可逆反応　2 化学平衡
化学平衡の移動 ……132
1 ルシャトリエの原理(平衡移動の原理)　2 ルシャトリエの原理の応用

■電離平衡 …… 134
1 電離定数 2 塩の水溶液 3 緩衝液 4 滴定曲線と緩衝作用
■溶解平衡 …… 136
1 溶解度積 2 硫化水素と金属イオン
3 共通イオン効果 4 沈殿滴定 実験 モール法
特集 Q&Aで深める化学 …… 138

第5章 無機物質

■水素と貴ガス …… 140
1 水素 2 貴ガス 3 貴ガスの利用
探究の歴史 貴ガスの発見 …… 142
■ハロゲン …… 144
1 ハロゲン 実験 ハロゲンの発生と銅との反応 2 塩素Cl_2 3 ヨウ素I_2
■ハロゲンの化合物 …… 146
1 ハロゲン化水素 2 ハロゲンの塩 3 塩素のオキソ酸とその塩
■酸素と硫黄 …… 148
1 酸素 2 酸素O_2 3 オゾンO_3 4 酸化物・オキソ酸 5 硫黄
■硫黄の化合物 …… 150
1 硫化水素H_2S 2 二酸化硫黄SO_2 3 硫酸H_2SO_4
■窒素とその化合物 …… 152
1 窒素 2 アンモニアNH_3 3 窒素酸化物 4 硝酸HNO_3
■リンとその化合物 …… 154
1 リン 2 十酸化四リンP_4O_{10} 3 リン酸H_3PO_4
4 リン酸塩とその利用
■炭素とその化合物 …… 156
1 炭素 2 炭素の酸化物 3 その他の炭素化合物
■ケイ素とその化合物 …… 158
1 ケイ素 2 二酸化ケイ素SiO_2 3 水ガラスとシリカゲル
4 ケイ酸塩工業
■気体の製法と性質 …… 160
1 気体の捕集法 2 気体の洗浄と乾燥 3 気体の色
4 水への溶解 5 気体の毒性 6 気体の性質 7 気体の検出
■アルカリ金属 …… 162
1 アルカリ金属の単体 2 アルカリ金属の反応
3 ナトリウムの製造
■アルカリ金属の化合物 …… 164
1 アルカリ金属の水酸化物 2 アルカリ金属の炭酸塩
実験 アルカリ金属の炭酸塩 3 アンモニアソーダ法
■アルカリ土類金属 …… 166
1 アルカリ土類金属の単体 2 アルカリ土類金属の反応
3 カルシウムの化合物 4 バリウムの化合物
■アルミニウム …… 168
1 アルミニウム 2 アルミニウムの化合物 3 アルミニウムの合金
■鉛とスズ …… 170
1 鉛 2 鉛の化合物 3 スズ
■鉄，コバルト，ニッケル …… 172
1 鉄 2 鉄の製錬 3 コバルト 4 ニッケル
■銅と銀 …… 174
1 銅 2 銀
■亜鉛，カドミウム，水銀 …… 176
1 亜鉛 2 亜鉛の化合物 3 カドミウム 4 水銀
■その他の遷移金属(Cr,Mn,Ti,Au) …… 178
1 クロム 2 マンガン 3 チタン 実験 カラーチタン
4 金 5 遷移元素の性質
■錯イオン …… 180
1 錯イオン 2 ハロゲン化銀の溶解性 3 錯イオンの命名法
■金属イオンの反応 …… 182
特集実験 ●金属イオンの分離・確認 …… 184
■陰イオンの反応 …… 186
まとめ ●無機物質の反応 …… 188
■金属の利用 …… 190
1 金属の用途 2 合金 3 金属の腐食
■材料の化学 …… 192
1 セラミックス 2 ファインセラミックス 3 ゼオライト
4 いろいろな材料
■無機化学工業 …… 194
1 硫酸の製造 2 アンモニアの製造 3 硝酸の製造
4 炭酸ナトリウムの製造 5 水酸化ナトリウムの製造
■金属の製錬 …… 196
1 鉄の製錬 2 鉄の精錬 3 銅の電解精錬 4 アルミニウムの製錬
特集 Q&Aで深める化学 …… 198

実験 実験ページ一覧

硫黄の同素体 …… 29
分子結晶の性質を調べる …… 48
炭酸カルシウムと塩酸の反応 …… 66
酸の強弱 …… 71
身近な物質のpH …… 72
中和滴定 …… 76
酸化還元滴定 …… 86
鉛蓄電池 …… 91
ファラデー定数 …… 97
水の状態変化と沸騰 …… 105
気体の体積と圧力の関係を調べる …… 106
気体の体積と温度の関係を調べる …… 106
気体の体積と圧力・温度の関係を調べる …… 107
ヘキサンの分子量を求める …… 108
再結晶 …… 113
分子量の測定 …… 115
コロイド溶液の性質 …… 121
モール法 …… 137
ハロゲンの発生と銅との反応 …… 144
アルカリ金属の炭酸塩 …… 165
カラーチタン …… 179
エステルの合成 …… 215
油脂の抽出 …… 217
セッケンと合成洗剤の性質 …… 219
単糖類・二糖類の性質 …… 251
生クリームの成分 …… 260
アルミニウムの再生 …… 264
発泡ポリスチレンの溶解と再生 …… 265

第6章 有機化合物

■有機化合物の特徴と分類 …… 200
1 有機化合物の特徴　2 炭素骨格による分類
3 官能基による分類　4 異性体
■有機化合物の分析 …… 202
1 有機化合物の分離・精製　2 成分元素の検出
3 構造決定の手順
■アルカン …… 204
1 アルカンの構造　2 アルカンの性質　3 アルカンの反応
4 シクロアルカン
■アルケンとアルキン …… 206
1 アルケン　2 アルキン　3 アルカン・アルケン・アルキンの反応
■アルコールとエーテル …… 208
1 アルコール　2 エーテル　3 アルコールとエーテルの性質
4 アルコール・エーテルの反応
■アルデヒドとケトン …… 210
1 アルデヒド　2 ケトン　3 アルデヒドとケトンの検出反応
■カルボン酸 …… 212
1 カルボン酸　2 カルボン酸の性質
■エステル …… 214
1 エステル　2 その他のエステル　実験 エステルの合成
■油　脂 …… 216
1 油脂の構造と種類　2 油脂の性質　3 油脂の反応
実験 油脂の抽出
■セッケンと合成洗剤 …… 218
1 セッケンと合成洗剤　2 界面活性剤と洗浄作用
実験 セッケンと合成洗剤の性質
■芳香族炭化水素 …… 220
1 芳香族炭化水素　2 ベンゼンの性質
3 ベンゼンの置換反応　4 ベンゼンの付加反応
■フェノール類 …… 222
1 フェノール類　2 フェノール類の性質
3 フェノールの反応　4 フェノールの合成
■芳香族カルボン酸 …… 224
1 芳香族カルボン酸　2 芳香族カルボン酸の性質
3 安息香酸の合成　4 フタル酸　5 サリチル酸
■芳香族アミン …… 226
1 アニリン　2 アニリンの性質と反応　3 アゾ化合物
4 アゾ染料
■医薬品 …… 228
1 医薬品とその働き　2 対症療法薬　3 化学療法薬
4 医薬品の益と害
特集実験 ●有機化合物の分離・確認 …… 230
1 分離の方法　2 官能基による有機化合物の分離
まとめ ●有機化合物の反応 …… 232
■大学化学への架け橋 …… 234
●有機化合物

第7章 高分子化合物

■合成高分子化合物 …… 236
1 高分子化合物　2 高分子化合物の合成と分解
3 合成高分子化合物の構造と性質
■合成繊維 …… 238
1 縮合重合による繊維　2 付加重合による繊維
■合成樹脂 …… 240
1 熱可塑性樹脂　2 熱硬化性樹脂
■イオン交換樹脂とゴム …… 242
1 イオン交換樹脂　2 天然ゴム　3 おもな合成ゴム
■合成高分子化合物の利用 …… 244
1 プラスチックの種類とその利用　2 さまざまな合成高分子化合物
探究の歴史 有機化合物・高分子化合物 …… 246
■石油化学工業 …… 248
1 原油　2 原油の分留　3 石油のエネルギー源としての利用
4 石油化学原料とその製品　5 天然ガス　6 石炭
■単糖類・二糖類 …… 250
1 糖類　2 単糖類　3 二糖類　実験 単糖類・二糖類の性質
■多糖類 …… 252
1 デンプン　2 セルロース　3 再生繊維
■アミノ酸とタンパク質 …… 254
1 アミノ酸　2 アミノ酸の性質　3 ペプチド結合
4 タンパク質の構造
■タンパク質の性質と酵素 …… 256
1 タンパク質の性質　2 酵素　3 酵素の性質　4 酵素の働きと利用
■生命の化学 …… 258
1 核酸　2 ATP 発展
■衣料と化学 …… 259
1 天然繊維　2 化学繊維　3 染料
■食品と化学 …… 260
1 栄養素　実験 生クリームの成分　2 食品の保存
3 食品添加物

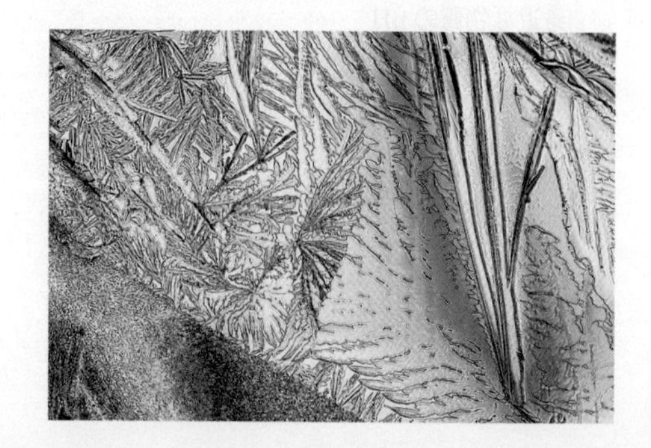

第8章 環境と化学

■環境と化学 …… 262
1 大気汚染　2 酸性雨
3 二酸化炭素と地球温暖化　4 オゾン層の破壊
■資源の利用とリサイクル …… 264
1 3R　2 缶のリサイクル　実験 アルミニウムの再生
3 プラスチックのリサイクル　実験 発泡ポリスチレンの溶解と再生
■環境を守る化学 …… 266
1 水素エネルギー　2 バイオ燃料
3 排気ガス処理の技術　4 グリーンサスティナブルケミストリー
特集 SDGsと化学 …… 268
特集 Q&Aで深める化学 …… 270

"リットル"の単位記号L

単位記号は立体(ローマン体)を用いる。また，原則として小文字で表し，その名称が人名に由来する場合は最初の一文字を大文字で表す。リットルは人名に由来しないが，小文字のlは数字の1と混同しやすいので，大文字のLで表すことも認められている。本書では，リットルの単位記号をLで表す(▶P.296)。

付録 データ・資料

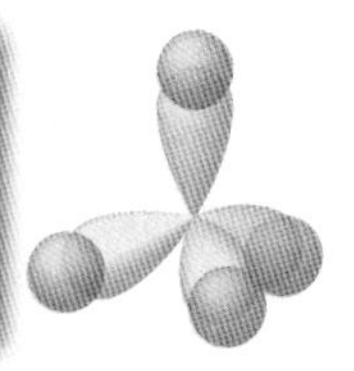

1 電子軌道 …… 272
2 原子の電子配置 …… 273
3 イオン化エネルギー・電子親和力・電気陰性度 …… 274
4 元素の存在度と単体の性質 …… 275
5 天然に存在する同位体 …… 276
6 水の密度　7 水溶液の密度　8 気体の密度 …… 277
9 水の蒸気圧　10 単体・化合物の蒸気圧 …… 278
11 固体の溶解度 …… 279
12 気体の溶解度　13 溶解度積 …… 280
14 モル沸点上昇　15 モル凝固点降下　16 溶解エンタルピー …… 281
17 融解エンタルピーと蒸発エンタルピー …… 282
18 燃焼エンタルピー　19 生成エンタルピー
20 中和エンタルピー　21 結合エネルギー …… 283
22 酸・塩基の電離定数　23 標準電極電位 …… 284
24 無機物質の性質 …… 285
25 おもな気体の製法と性質 …… 289
26 アミノ酸　27 有機化合物の検出反応 …… 290
28 有機化合物の性質 …… 291
29 おもな試薬の調製　30 pH標準溶液・緩衝液の調製 …… 294
31 薬品の危険性　32 廃液の処理 …… 295
33 単位と基本定数　34 スペクトルの分類 …… 296
35 測定誤差と有効数字 …… 297
36 グラフのかき方　37 指数・対数 …… 298
38 無機化合物の命名法　39 有機化合物の命名法 …… 299
40 化学研究の歴史 …… 300
41 ノーベル化学賞 ～日本の受賞者とその業績～ …… 301
■索引 …… 302
■化学式索引 …… 308
巻末特集 身近な化学 …… 310
巻末特集 化学の仕事 …… 312

⚠ 本書に掲載の実験には，十分な知識をもって行わなければ危険なものが含まれています。実際に実験を行う場合は，適切な指導と知識のもとに，十分な安全対策をしてください。

写真資料提供者一覧(敬称略・五十音順)

アーテファクトリー　愛知県下水道公社　愛知県陶磁資料館　秋吉台科学博物館　旭化成　旭化成ケミカルズ　朝日新聞社　味の素　アフロ　アマナイメージズ　池下章裕　大阪市水道局　大阪市立科学館　大阪大学蛋白質研究所　沖縄県企業局　小名浜精錬(株)小名浜精錬所　海洋研究開発機構　金沢工業大学ライブラリーセンター　ガラスびんリサイクル促進協議会　京セラ　京都大学火山研究所　クラシエ　グンゼ　コーベット・フォトエージェンシー　国際連合広報センター　国立科学博物館　コスモ石油　佐渡西三川ゴールドパーク　ジーエス・ユアサバッテリー　ジェイ・パワーシステムズ　時事通信フォト　史跡生野銀山　JAXA　Shutterstock　情報通信研究機構　昭和高分子　新エネルギー・産業技術総合開発機構　住友化学　住友ゴム工業　住友重機械工業千葉製造所　西友環境対策室　ソニー　太陽鉱工　タキロンシーアイ　田中貴金属工業　帝国繊維　東京国際見本市協会　東京国立博物館　東京電力　東芝インターナショナルフュエルセルズ　東芝セラミックス　東ソー　東洋ガラス　東レ　東レ・メディカル　TOTO　トクヤマ　トヨタ自動車　仲下雄久　ナカダイ　名古屋市科学館　名古屋市博物館　名古屋大学一宮研究室　名古屋大学年代測定資料研究センター　NASA　灘五郷酒造組合　並木精密宝石　ナリカ　ニコン　日東粉化工業　日本軽金属　日本酸素　日本油脂　根来産業　発泡スチロール再資源化協会　板東義雄　PPS通信社　PIXTA　広瀬町教育委員会　ブリヂストン　古河電気工業　文化庁　北陸電力　ホリエ　本田技研工業　益富地学会館　三菱ガス化学　三菱マテリアル　ミラージュ　村松憲一　明治製菓　森雅司　ユニフォトプレス　横浜国立大学大学院工学研究院機能の創生部門　吉川商店　読売新聞　ライオン　WPS　ワイデックス

実験写真協力　長沼健(愛知教育大学名誉教授)

参考資料一覧(五十音順)

イリューム(東京電力)　エコライフ百科(ライオン)　化学が面白くなる実験(裳華房)　化学実験虎の巻(丸善)　化学辞典(東京化学同人)　科学者人名辞典(丸善)　化学便覧改訂2・3・4・5・6版(丸善)　環境白書　気候変動監視レポート(気象庁)　クリーン百科(ライオン)　現代化学史(みすず書房)　高校化学の教え方(丸善)　実験で学ぶ化学の世界1～4(丸善)　シュライバーアトキンス無機化学(東京化学同人)　新版実験を安全に行うために(化学同人)　授業に役立つ化学実験のくふう(大日本図書)　食品添加物便覧(食品と科学社)　生化学辞典第2・3版(東京化学同人)　楽しい化学の実験室I・II(東京化学同人)　中・高校生と教師のための化学実験ガイドブック(丸善)　データファイル化学(講談社)　鉄ができるまで(日本鉄鋼連盟)　鉄のいろいろ(日本鉄鋼連盟)　日本国勢図会(国勢社)　五訂日本食品標準成分表　物質の原子論(コロナ社)　ボルハルトショアー現代有機化学(化学同人)　マクマリー一般化学(東京化学同人)　水の分析第4版(化学同人)　みんなでためす大気の汚れ(合同出版)　みんなの鉄(日本鉄鋼連盟)　無機化合物・錯体辞典(講談社)　有機化合物辞典(講談社)　改訂三版油脂化学便覧(丸善)　理化学辞典第4・5版(岩波書店)　理科年表(丸善)　レーニンジャー生化学(共立出版)

*分子モデルの作成にはCambridgeSoft Corp.のChem3Dを使用しました。

編　集　守本昭彦　藤岡和男　吉本千秋　関 登　貝谷康治　浜島書店編集部

10 実験の基本操作 安全対策

1 安全に実験を行うために

実験前の心得

- 実験の目的と方法をよく理解し，必要な器具や試薬をそろえておく。失敗の回避
- 実験で用いる器具や試薬に対する危険性を十分に把握しておく。事故防止
- 白衣と保護眼鏡(安全眼鏡)を着用し，必要に応じて手袋やマスクを着用する。安全の確保

実験中の心得

- 先生の指示にしたがう。
- 実験台とその周辺は清潔にし，きちんと整頓しておく。失敗の回避 事故防止
- 試薬は適量を使用し，反応性を十分に理解した上で，適切な場所で実験を行う。安全の確保
- 実験は落ち着いて，真面目に行う。どんな場合でも，時間を急いだり，手を抜いたり，慌てたりしない。失敗の回避 事故防止
- 事故が起こったとき，迅速に対応できるように，実験は1人では行わない。
- 実験観察の結果や測定データは，きちんと記録しておく。

実験後の心得

- 使用した試薬，器具類は，所定の場所にかたづける。
- ガラス器具は，洗浄し，乾燥させる。
- ガスバーナーを使用した場合は，ガスの元栓が閉じていることを確認する。
- 実験で残った廃液は，正しく処理し，回収する。
- 実験結果を整理し，レポートをまとめる。

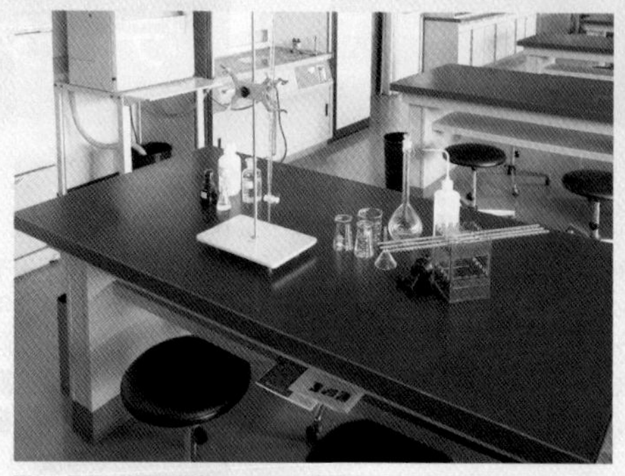

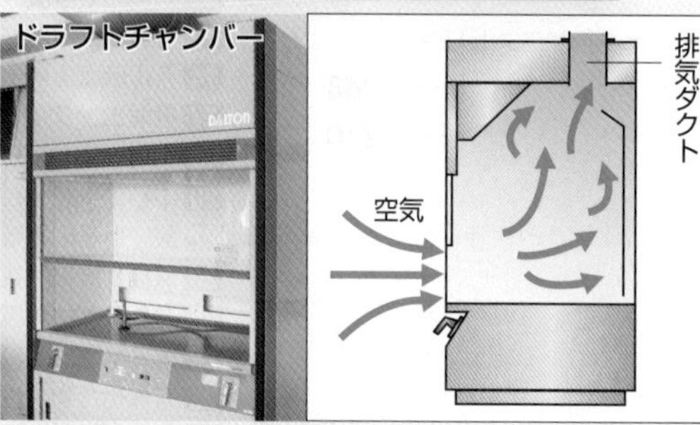

有毒な気体が発生するような試料や試薬は，排気装置のある場所(ドラフト)で扱う。
ボックス内に常に空気が吸い込まれ，有毒な気体は排気ダクトから実験室外に排出される。

廃液の処理 ➤P.295

廃液	処理
重金属イオンを含む無機廃液	重金属イオンを他の薬品で沈殿させて回収。専門の処理業者に処理してもらう。
重金属イオンを含まない無機廃液	酸，塩基をそれぞれで回収。中和して，水で希釈した上で下水に流す。
生分解性物質の有機物水溶液	0.1%以下の濃度になるまで水で希釈し，下水に流す。
有機廃液	焼却する。燃焼して有害物質を生じるものは，専門の処理業者に処理してもらう。

実験室の流しにそのまま捨ててはいけない。

2 ガラス器具の洗浄と乾燥

放置すると汚れが固着するので，実験が終わったらすぐに洗浄する。

器具は外側から洗い，次に内側を洗う。

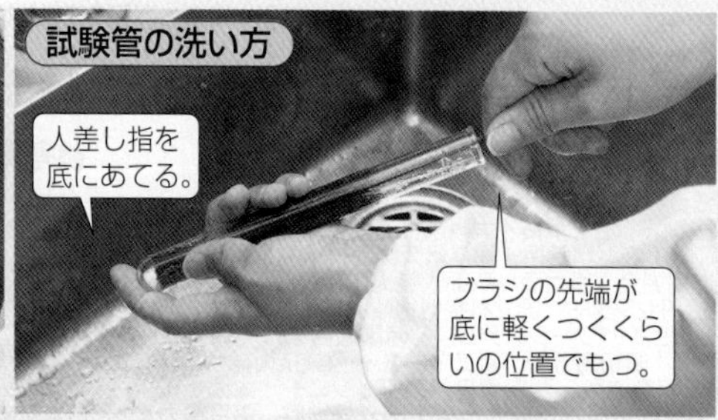

試験管の底を突いて破損させないように注意する。

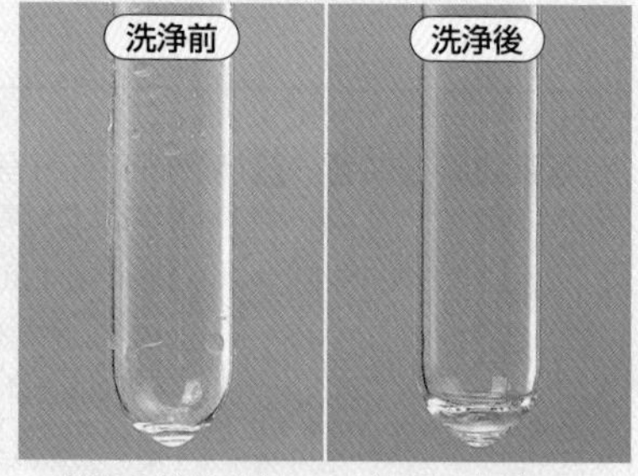

表面のぬれ方にむらがある。　表面に水がむらなく広がる。

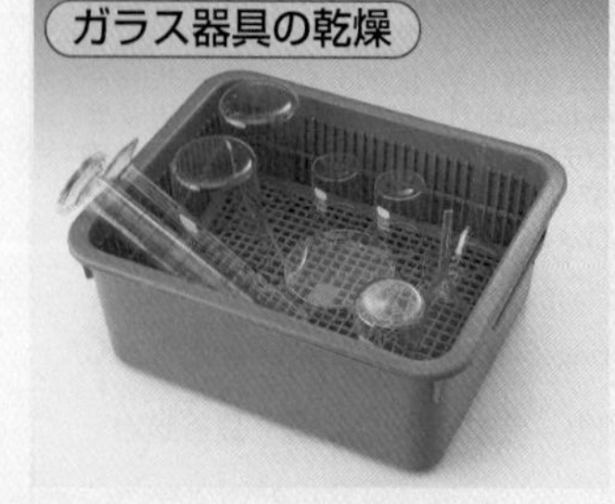

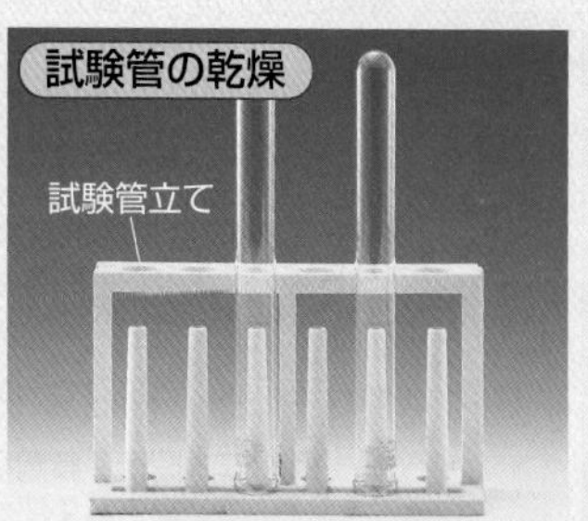

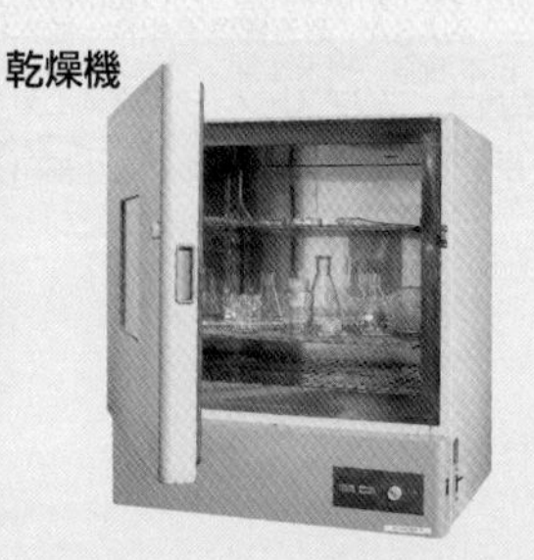

水がはやく切れるように，逆さにしておく。急ぐ場合は，乾燥機を使用する。

⚠メスシリンダーやホールピペットなどの計量器具は，温度変化によりガラスが膨張，収縮することで目盛りがずれてしまうので，加熱乾燥してはいけない。

3 事故が起きた場合の応急処置

応急処置後は，すぐに医師の手当てを受けるようにする。

薬品を飲み込んだ

- 指をのどにさして吐く。
- 牛乳，水，お茶などを飲む。
- 強酸・強塩基の場合は吐かない方がよい。

有毒な気体を吸入した

- 新鮮な空気を吸う。
- 安静にし，保温する。
- 人工呼吸が必要な場合もある。

薬品が眼に入った

- 眼をこすらず，すぐに流水で 15 ～ 30 分程度洗う。

薬品が皮膚に付着した

- こすらず，すぐに大量の流水で皮膚を十分に洗う。

やけどをした

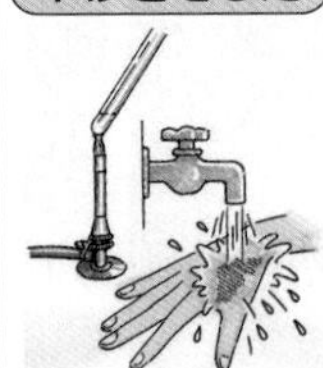

- 流水(10 ℃ ～ 15 ℃)で 30 分以上冷やす。

ガラスの破片でケガをした

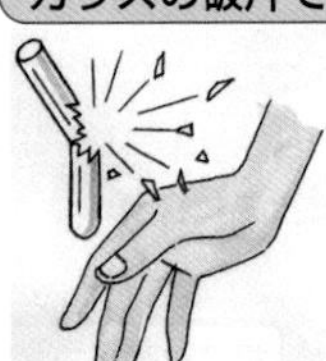

- 手や指のときは，破片をとり出し，傷口を消毒する。
- 眼のときは，まばたきをせず，医師の手当てを受ける。

4 薬品の危険有害性表示

薬品の危険有害性は絵表示などを用いてわかりやすく表示されている。

危険有害性を表す絵表示 ➤P.295 例 GHS(化学品の分類および表示に関する世界調和システム)対応の表示

炎

可燃性
引火性
自然発火性
など

円上の炎

酸化性

爆弾の爆発

火薬類
爆発性
など

感嘆符

急性毒性
皮膚腐食性
刺激性
など

どくろ

急性毒性

腐食性

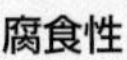

金属腐食性
皮膚腐食性
刺激性
など

健康有害性

発がん性
生殖毒性
呼吸器有害性
など

ガスボンベ

高圧ガス

環境

水生環境有害性

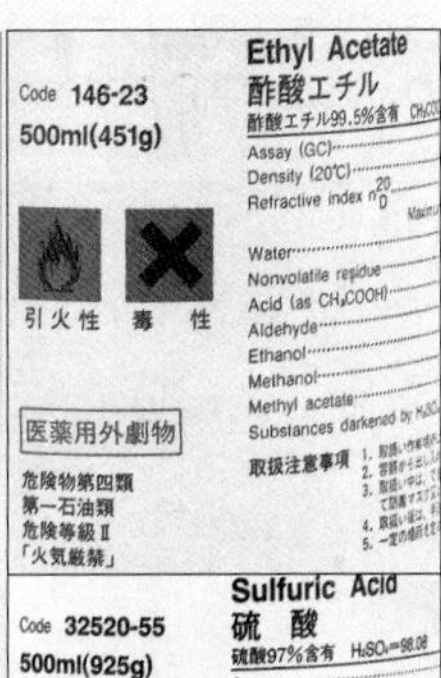

ラベルには，危険有害性や取り扱いの注意事項など，いろいろな情報が表示されている。

※日本の表示例。近年，GHS に対応した化学物質の分類および表示方法の導入が進められている。

5 注意が必要な実験と薬品例

実験〔薬品〕	事故の状態	事故の原因	事故防止の方法
酸化マンガン(Ⅳ)と過酸化水素水から酸素を発生〔過酸化水素水〕	ふき出し 発生装置破裂	濃い市販の過酸化水素水(30%)をそのまま使用したため。	必ず水でうすめて 3 ～ 6%にして使用する。
水素の発生・燃焼〔水素〕	爆発	誘導管から発生装置内に引火(発生装置内への空気の混入)。	発生装置に直接点火しない。
塩素の発生〔塩素〕	頭痛 吐き気	塩素を吸入して中毒を起こす。	ドラフト内で発生させるか，換気をよくする。 実験後，発生装置や集気びんを戸外へ出す。
濃い塩酸を使う実験〔塩酸〕	やけど 中毒	不注意によって皮膚や衣類にかける。 蒸気(塩化水素)を吸入する。	注意深く取り扱う。換気をよくする。
濃い硫酸を使う実験〔硫酸〕	やけど	皮膚や衣類にかける。 濃硫酸に水を加えてうすめようとすると突沸する。	注意深く取り扱う。うすめるときは，水に濃硫酸を少しずつかき混ぜながら入れる。
濃い水酸化ナトリウム水溶液を使う実験〔水酸化ナトリウム〕	炎症	取り扱いの不注意によるはね・こぼれ。 加熱中の突沸。	タンパク質をとかすので，手袋，保護眼鏡を使用するなどして，皮膚や眼を保護する。
フェノールを使う実験〔フェノール〕	炎症	取り扱いの不注意によるはね・こぼれ。	手袋，保護眼鏡を使用するなどして，皮膚や眼を保護する。

12 試薬の扱い方

1 試薬のとり出し方

A 液体試薬

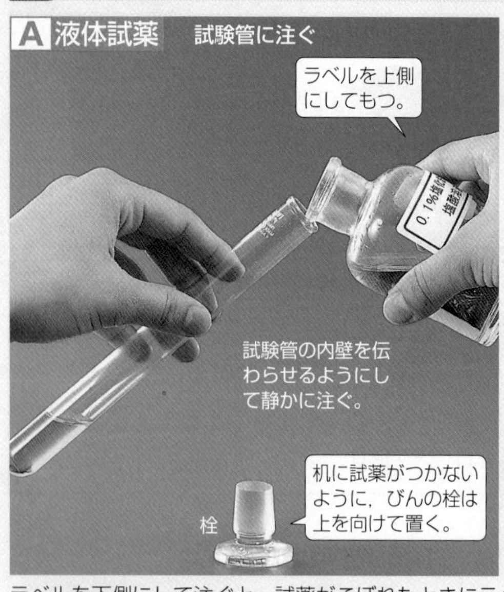

ラベルを下側にして注ぐと，試薬がこぼれたときにラベルが試薬と反応してぼろぼろになり，試薬の判別ができなくなることがある。

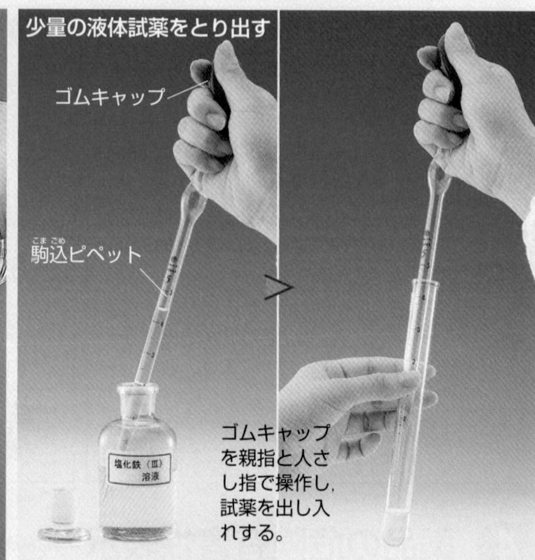

にぎったゴムキャップは急にはなさない。ゴムキャップに試薬が吸い込まれ，ゴムがいたんでしまう。

B 固体試薬

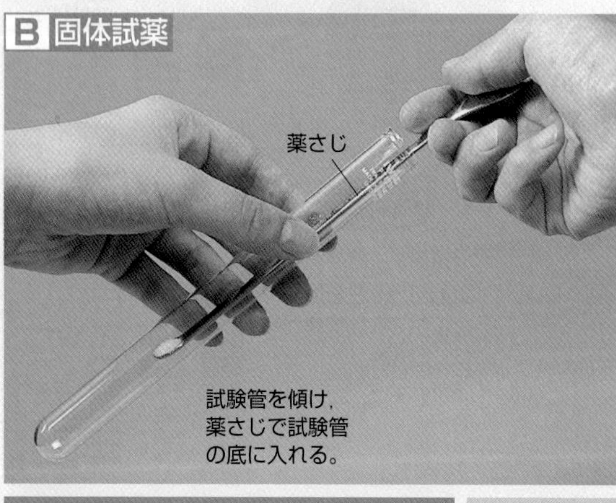

多量にとる場合は，ケミカルスティックを使う。

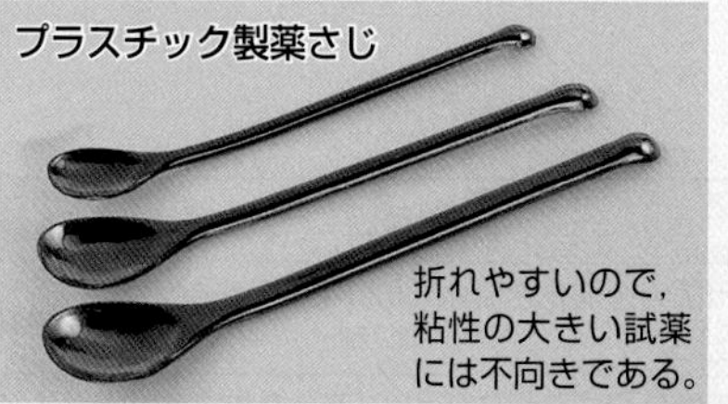

試薬の純度を守るために

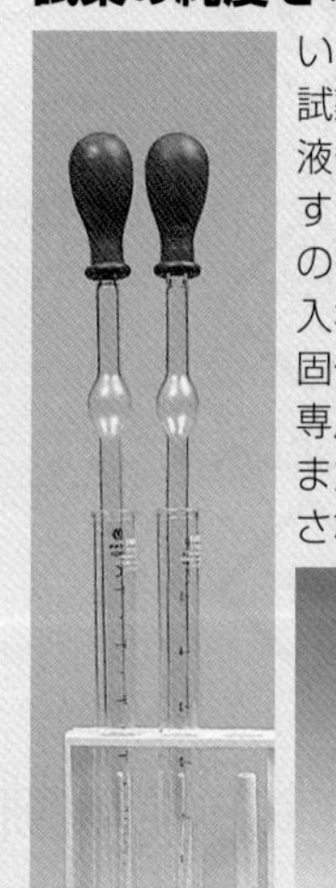

いくつもの試薬をとり出す場合は，試薬が混ざらないように注意する。
液体試薬の場合，とり出すのに使用する駒込ピペットは試薬ごとに専用のものを使い，使用後は，試験管に入れて先端を保護し，立てておく。
固体試薬の場合，それぞれの試薬に専用の薬さじを使う。
また，とり出した試薬は，びんに戻さない。

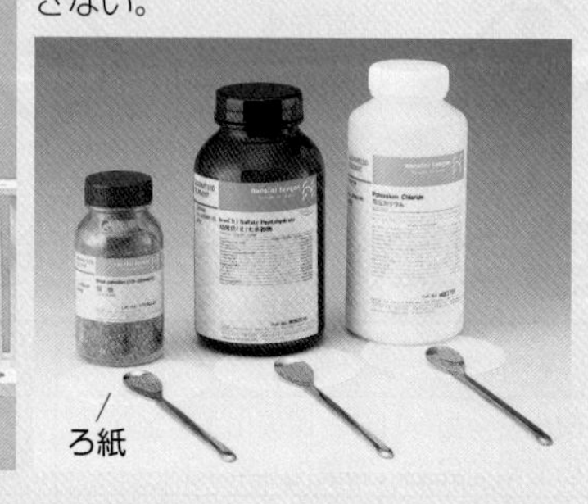

マイクロスケール実験

少量の試薬，小さい器具を使い，規模を小さくした実験を**マイクロスケール実験**とよぶ。

利点
- 試薬の削減
- 廃棄物の削減による環境負荷の低減
- 安全性の向上
- 実験時間の短縮
- 省スペース など

短所 試薬の量が少ないことで，誤差が大きくなることがある。

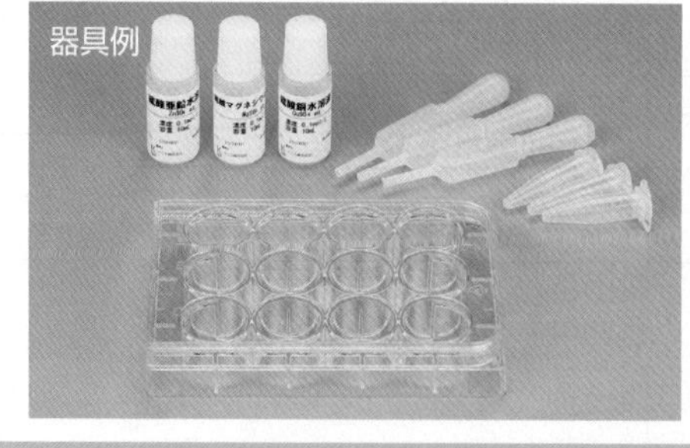

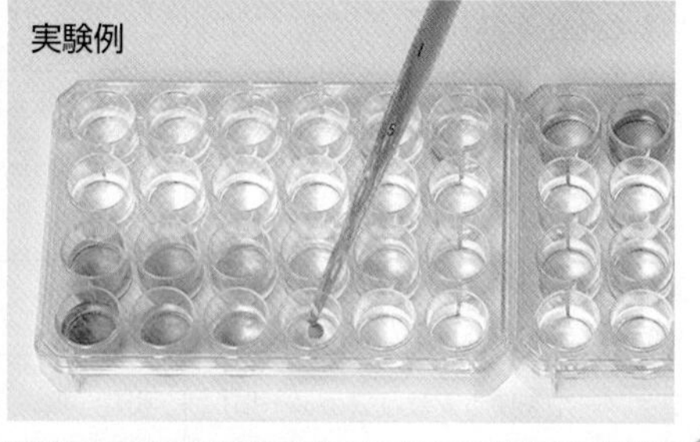

Keywords ●液体試薬 liquid reagent ●固体試薬 solid reagent ●丸底フラスコ round-bottom flask
●三角フラスコ Erlenmeyer flask ●時計皿 watch glass ●ゴム栓 rubber stopper
●乳鉢 mortar ●乳棒 pestle ●洗浄びん washing bottle

駒込ピペットの使い方

2 試験管の扱い方 試験管での試薬の撹拌のしかた

もち方

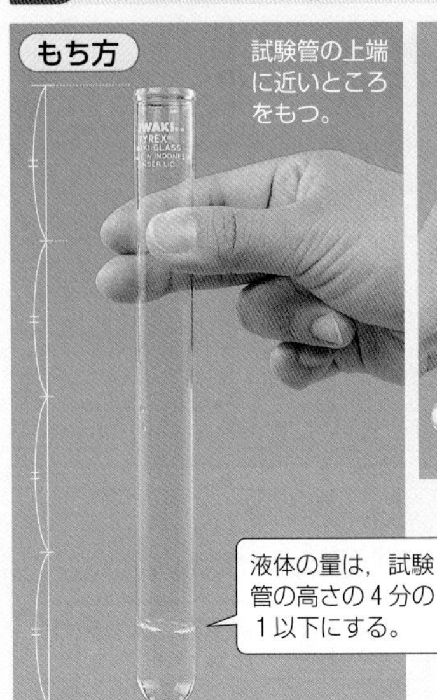

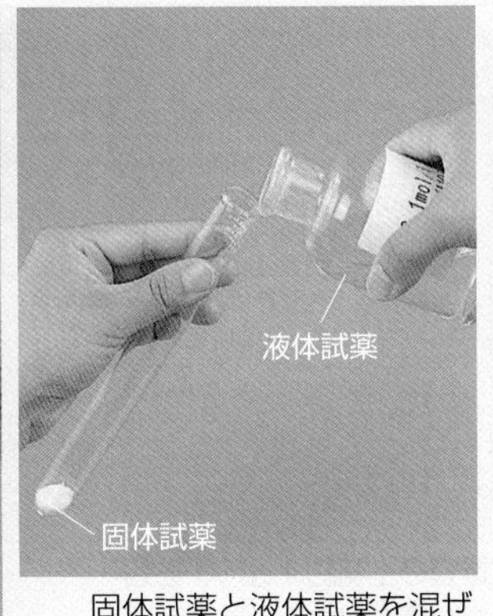

固体試薬と液体試薬を混ぜる場合は，固体試薬を先に入れ，次に液体試薬を注ぐ。水と液体試薬を混ぜる場合は，水を先に入れる。

撹拌のしかた

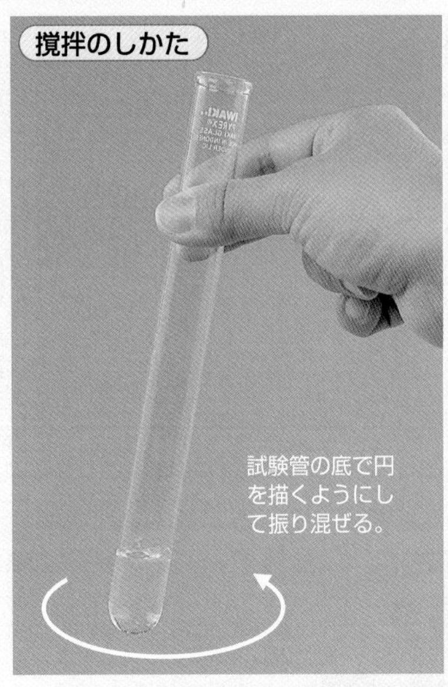

⚠注意 指で栓をして振らない

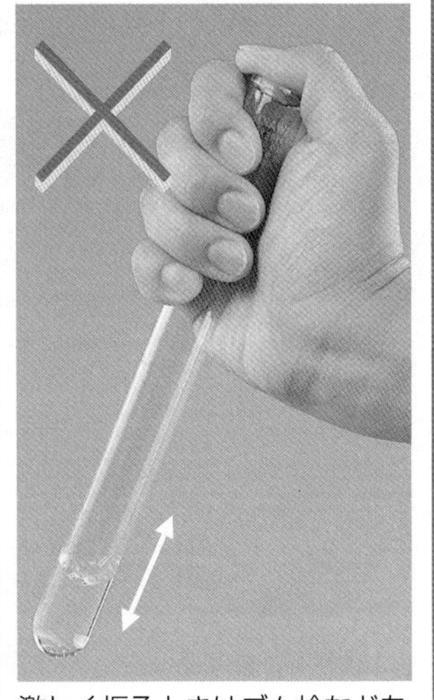

激しく振るときはゴム栓などをする。

おもな実験器具

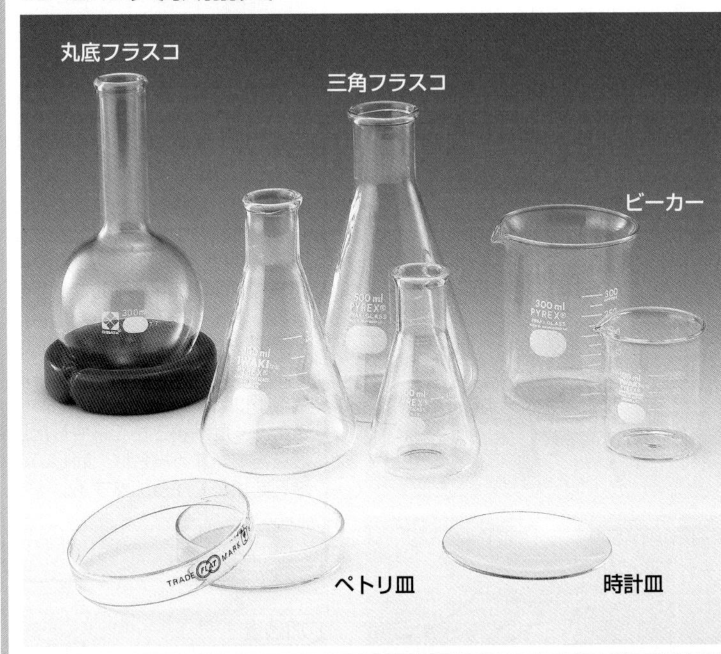

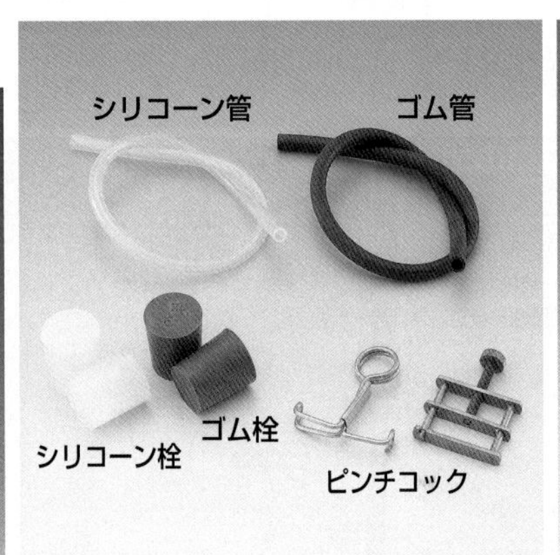

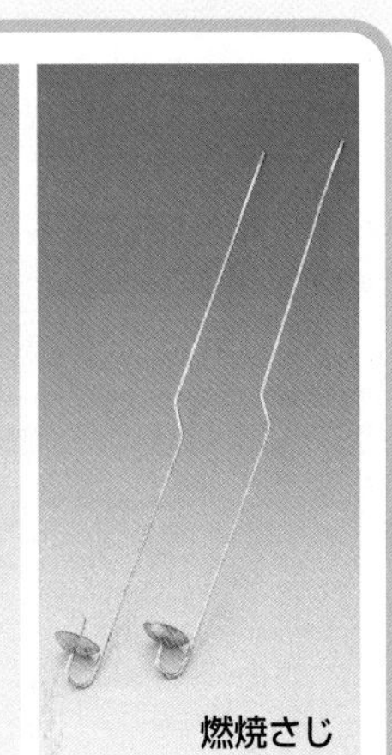

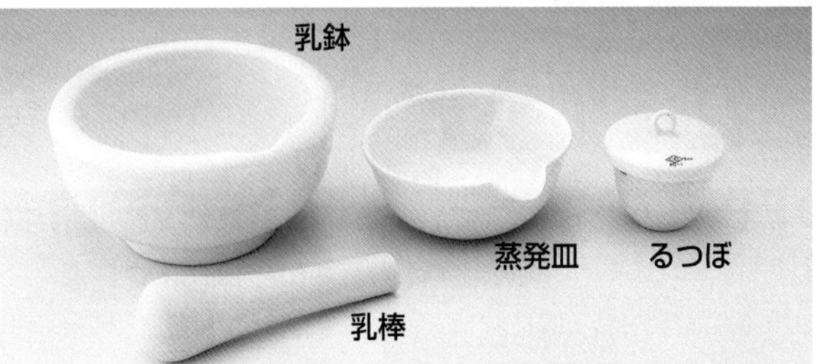

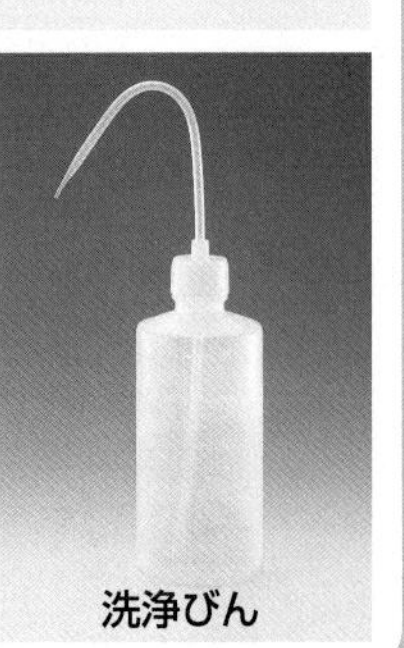

加熱の基本操作

1 いろいろな加熱のしかた

A 試験管の加熱

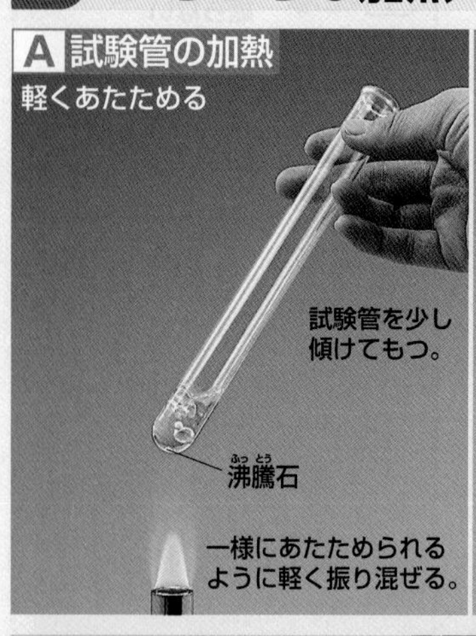

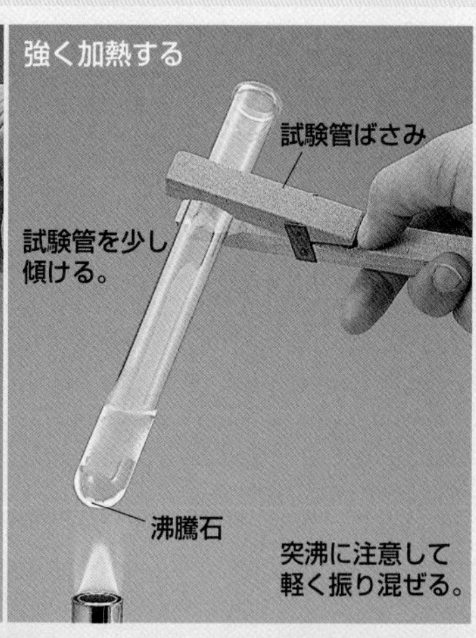

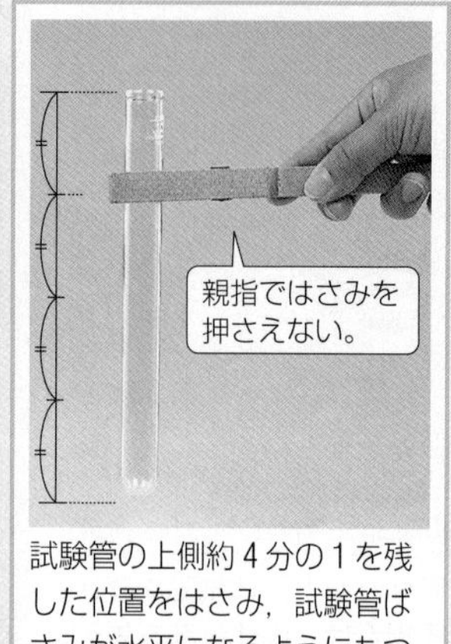

試験管の上側約4分の1を残した位置をはさみ，試験管ばさみが水平になるようにもつ。

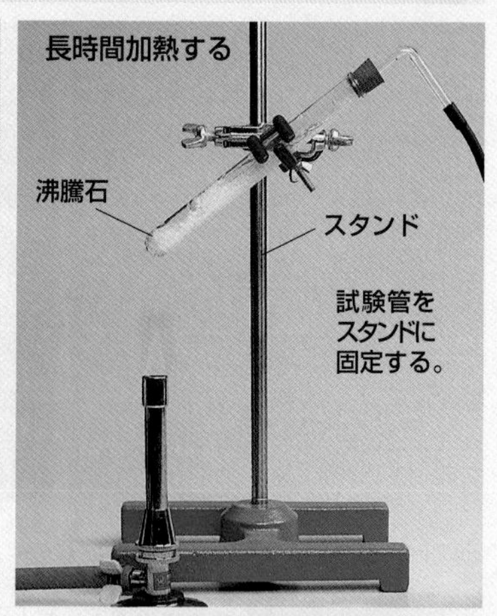

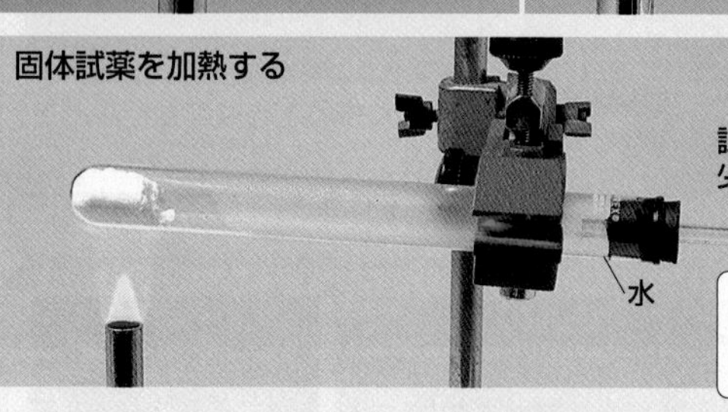

加熱するときの注意
容器をゴム栓などで密閉したまま加熱すると，蒸気で内圧が高まって破裂するので，必ず開口して加熱する。また，容器につなげた管を液体に入れて加熱するときは，逆流を防ぐため，加熱をやめる前に必ず管を液体の外に出しておく。

⚠注意 沸騰石を入れ忘れたら・・・

加熱の際，沸騰石を入れることにより，沸騰石中に含まれる空気が沸騰を助け，突沸*を防ぎ，液体をおだやかに沸騰させることができる。沸騰石を入れ忘れた場合，加熱の途中で入れると突沸を起こすことがあるので，火を消し，温度を下げてから入れる。
また，一度沸騰させて冷やした溶液を再加熱する場合は，新しい沸騰石を加えてから加熱する。

*液体が沸点に達しても沸騰せず，さらに加熱すると沸点より高温で突然激しく沸騰する現象。

B ビーカー・フラスコの加熱

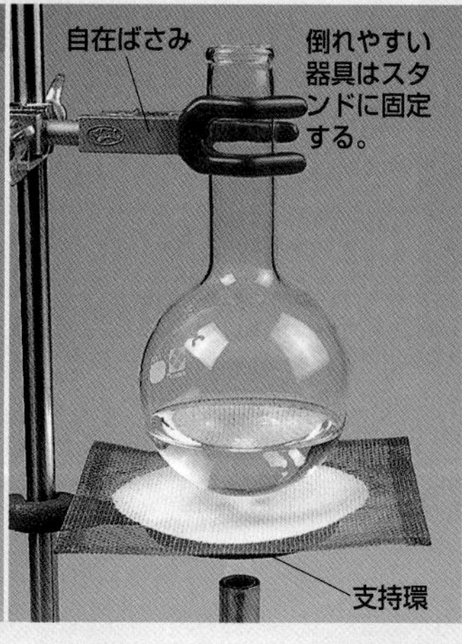

C 蒸発皿の加熱

D るつぼの加熱

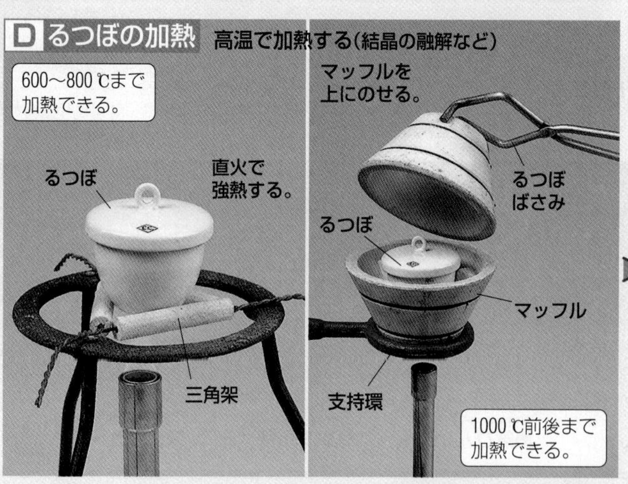

2 ガスバーナーの使い方

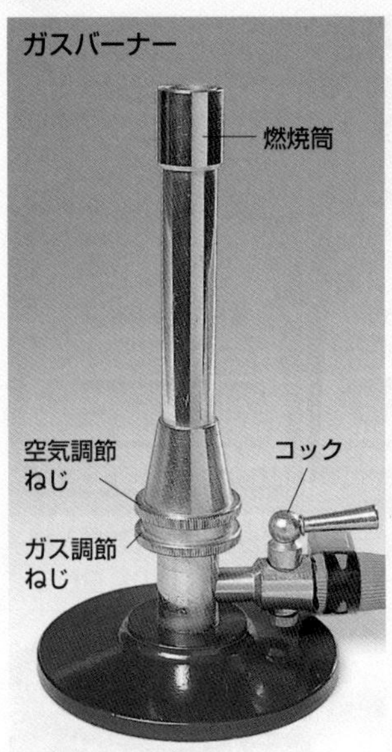

A 点火のしかた

空気調節ねじとガス調節ねじが閉まっていることを確認する。

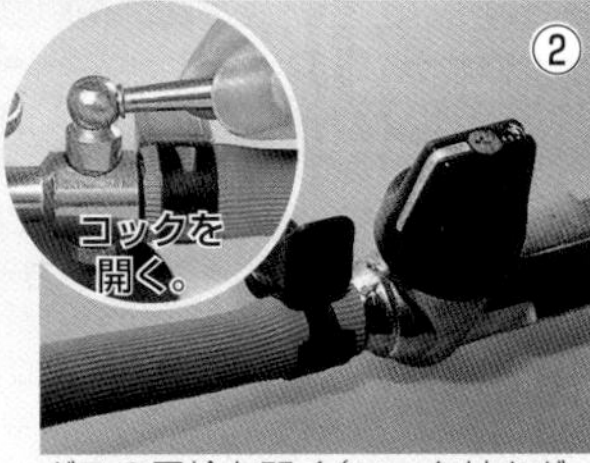

ガスの元栓を開く（コック付きガスバーナーはコックも開く）。

マッチの炎を斜め下からバーナーの口に近づけ，ガス調節ねじを開き，点火する。

ガス調節ねじを回して，炎の高さを調節する。

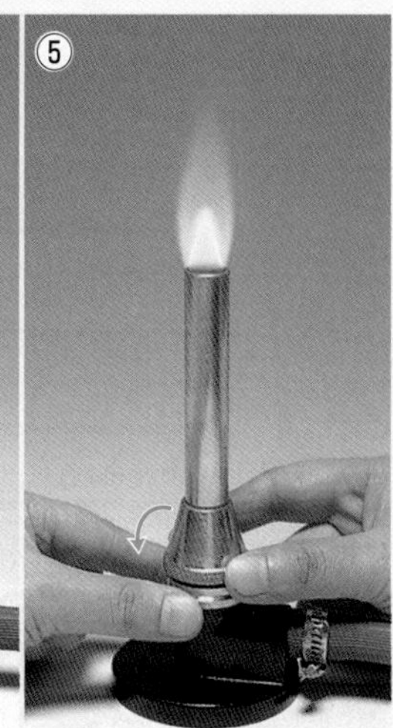

ガス調節ねじを手で押さえ，空気調節ねじを回し，炎の色を淡青色に調節する。

B 炎の調節

燃焼筒内でガスと空気がよく混じり合うため，炎全体が高温である。

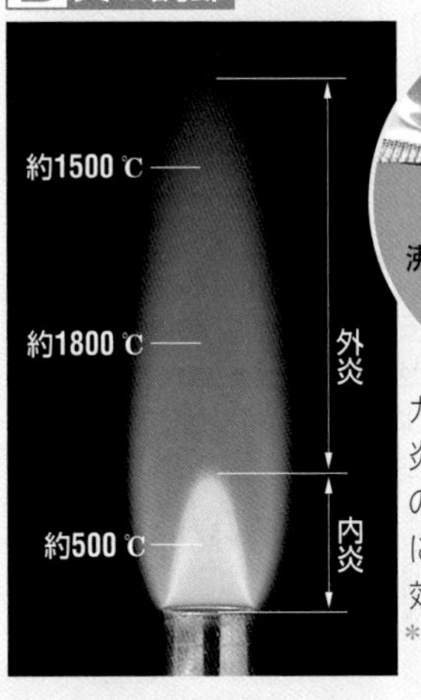

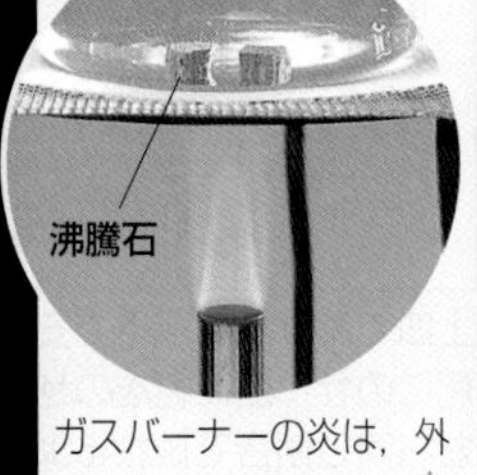

ガスバーナーの炎は，外炎の中心が温度が高い*ので，炎の中心部が容器にあたるようにすると，効率よく加熱できる。

*炎の外部は空気に接するため，冷やされる。

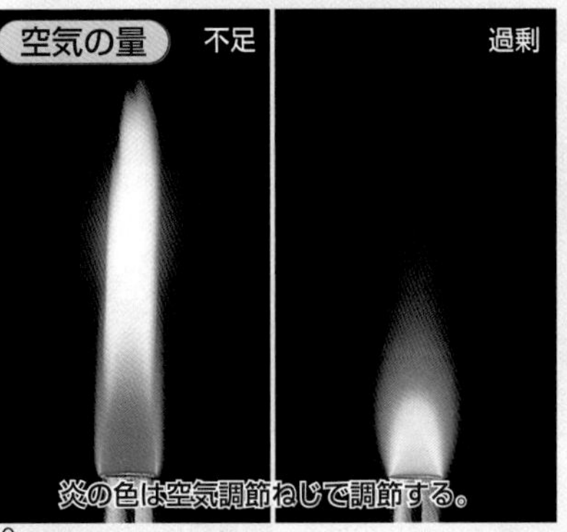

⚠空気調節ねじを開けすぎると炎が消えたり，バックファイヤー（炎が燃焼筒内で燃えること）が起こり危険である。

C 消火のしかた

消火は点火と逆の手順で行う。

①空気調節ねじを閉じる。
②ガス調節ねじを閉じる（コック付きガスバーナーはコックも閉じる）。

コックを閉じる。
③ガスの元栓を閉じる。

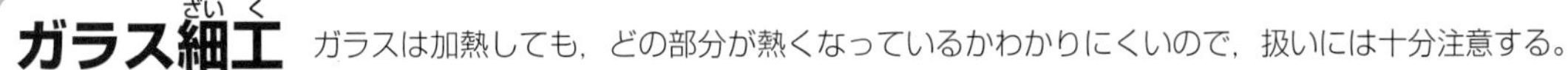

ガラス細工

ガラスは加熱しても，どの部分が熱くなっているかわかりにくいので，扱いには十分注意する。

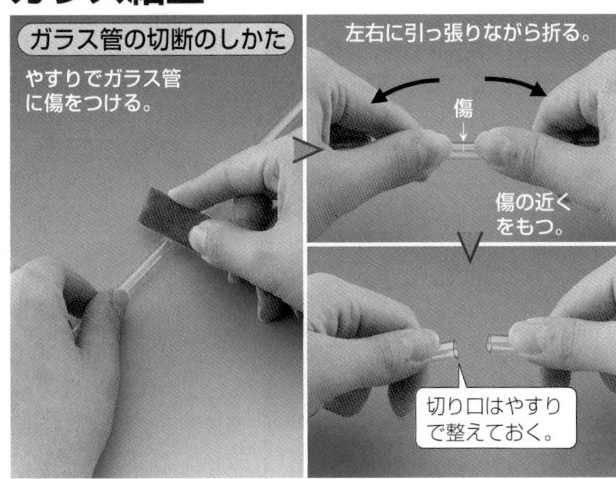

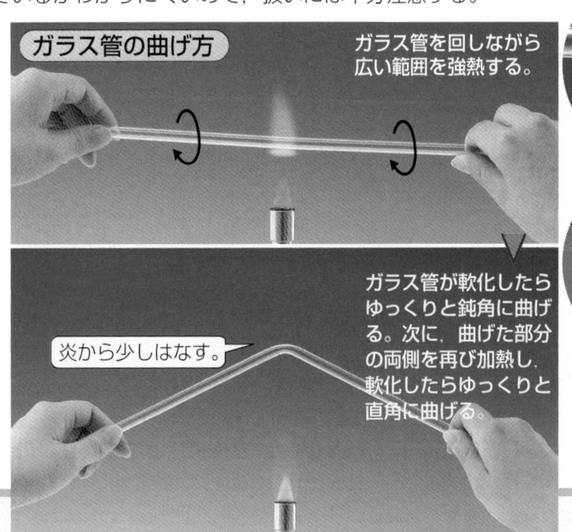

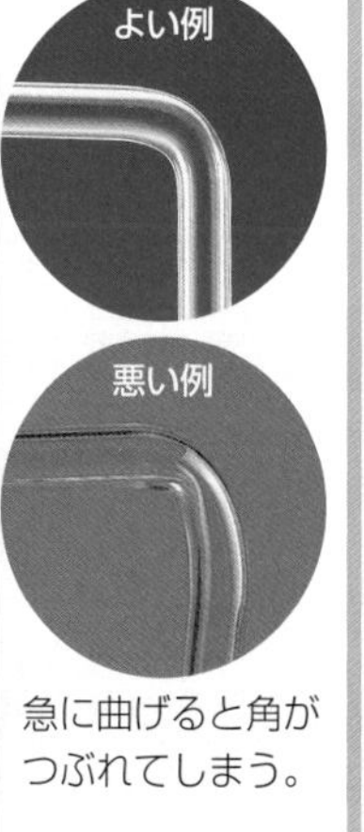

急に曲げると角がつぶれてしまう。

質量・体積の測定

1 質量の測定

質量を測定する場合，電子てんびんや上皿てんびんを用いる。

A 電子てんびん

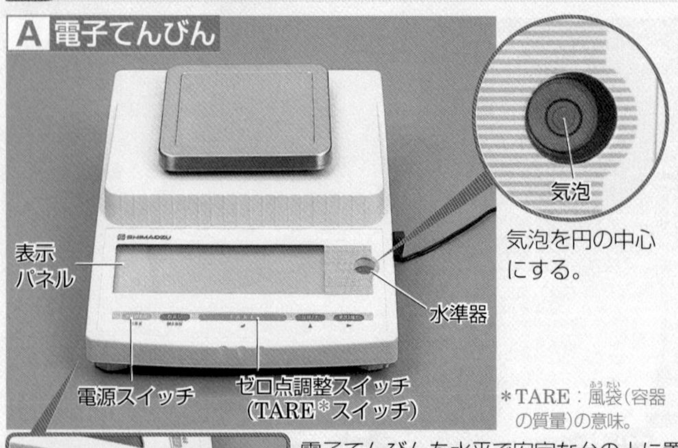

＊TARE：風袋（容器の質量）の意味。

電子てんびんを水平で安定な台の上に置く。水平になっていることは水準器で確認する。水平になっていない場合は，水平調節ねじで調整する。

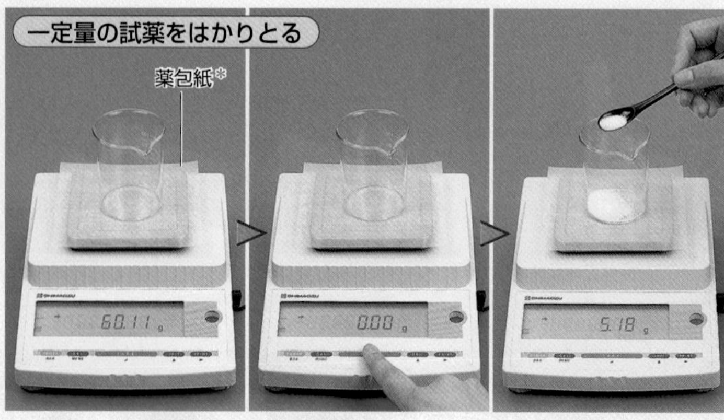

電源スイッチをいれ，空の容器をのせる。

ゼロ点調整スイッチを押して，ビーカーの質量を差し引く。

容器の中に試薬を入れると，試薬の質量がそのまま表示される。

＊天板を汚したり，傷つけないようにする。

B 上皿てんびん

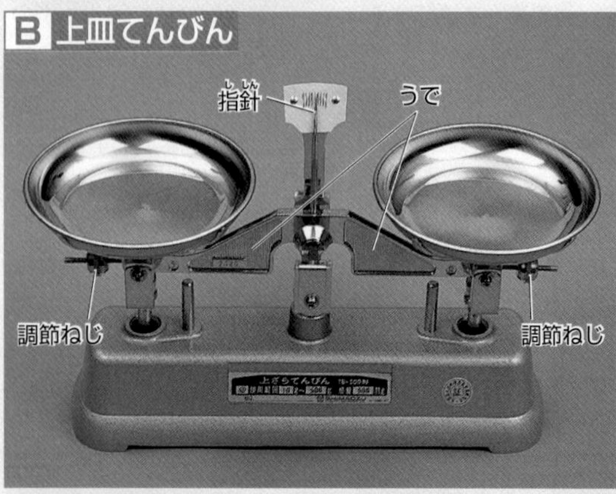

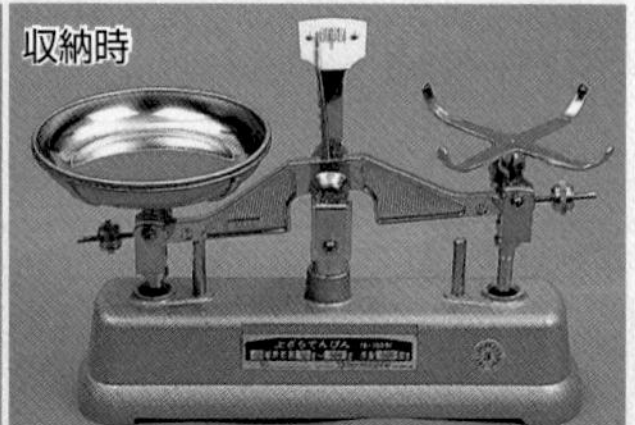

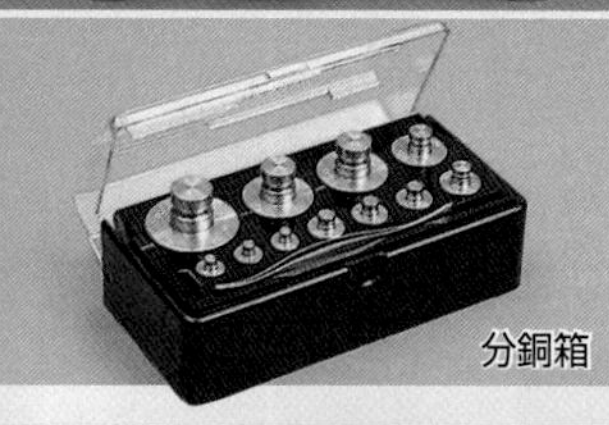

つり合いの調節

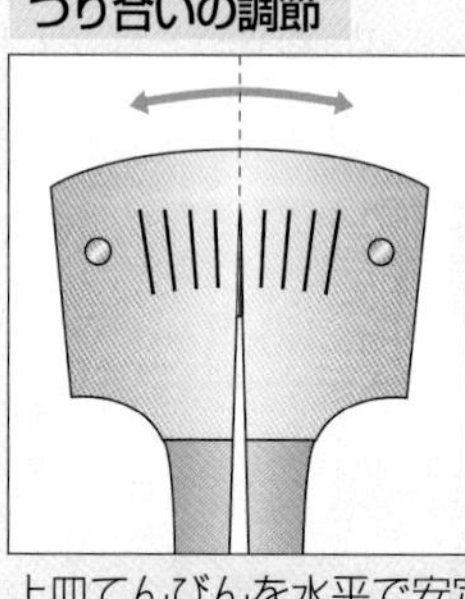

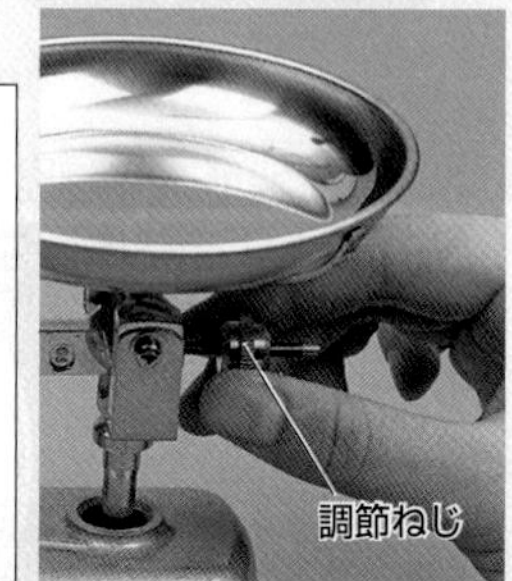

上皿てんびんを水平で安定な台の上に置く。皿を両側にのせ，皿に物をのせずにうでを動かし，指針が左右同じ割合で振れるように，調節ねじで調節する。指針が静止するまで待つ必要はない。

物質の質量をはかる

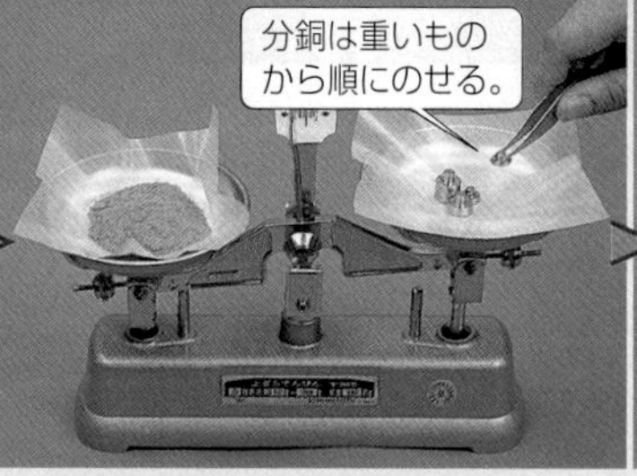

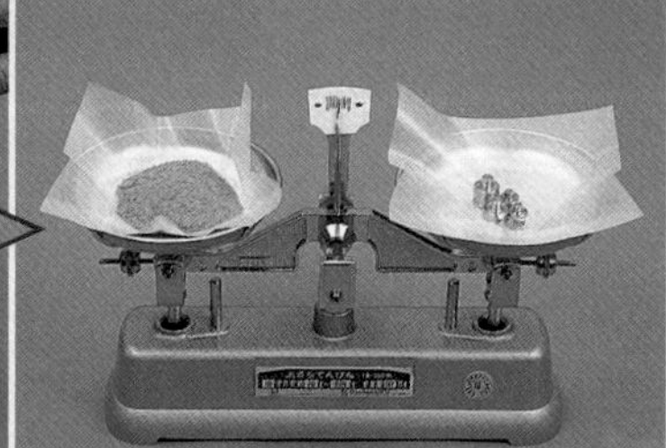

一方の皿に物質をのせ，他方の皿に物質より少し重いと思われる分銅をのせる。

分銅が重すぎた場合はその次に軽い分銅にかえ，その分銅が軽い場合は分銅を追加する。この操作を繰り返してつり合わせる。

一定量の試薬をはかりとる

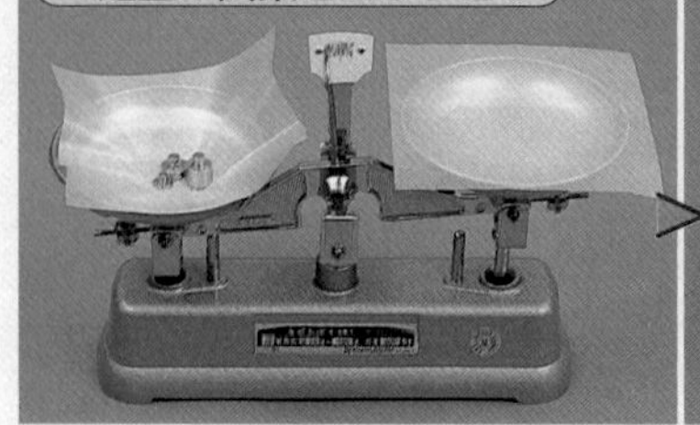

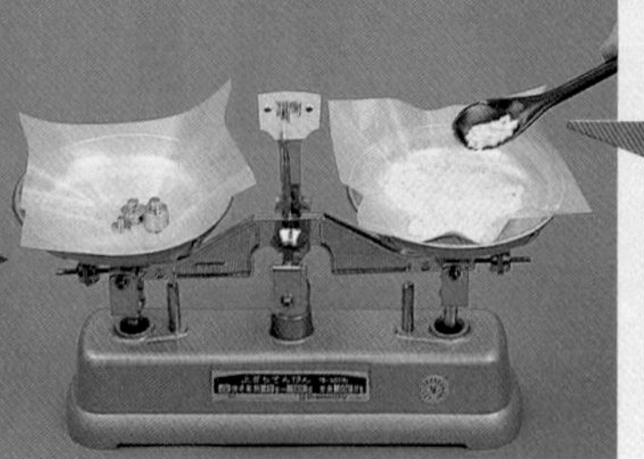

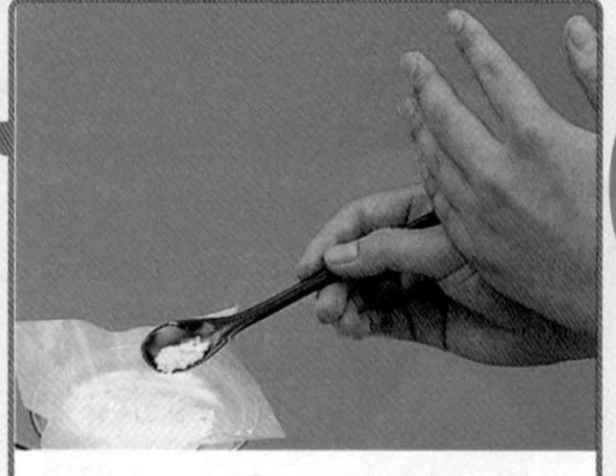

皿の両側に薬包紙をのせ，一方の皿にはかりとりたい質量の分銅をのせる。

試薬をもう一方の皿の上に少しずつのせていき，つり合わせる。

うでや薬さじの柄を軽くたたくとよい。

分銅の扱い方

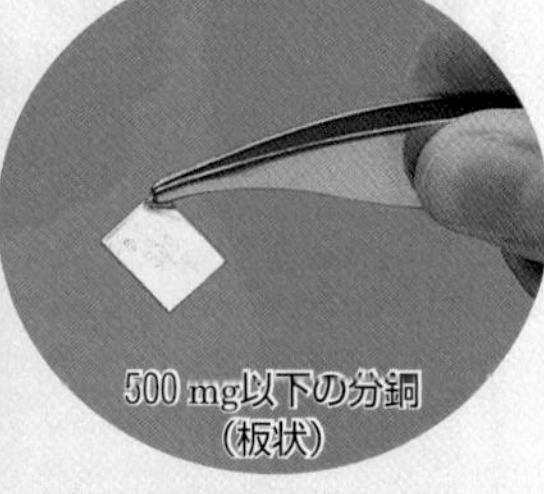

直接手で触ると，さびたり汚れがついたりして，分銅の重さが変化してしまう。

2 体積の測定 測定の目的にあったスケール，精度の器具を選んで使用する。

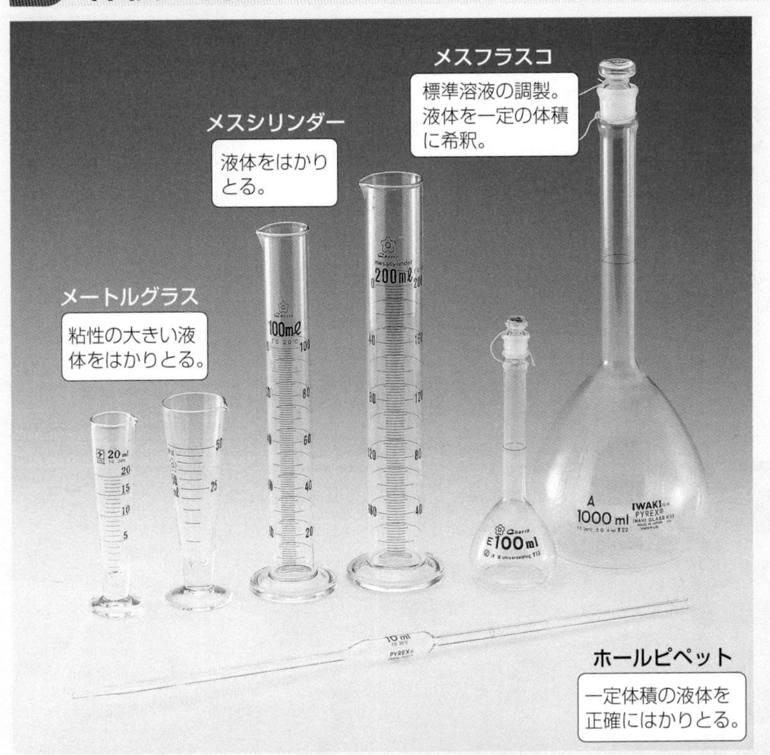

滴定などの実験では，より精度の高いメスフラスコやホールピペットを用いる。

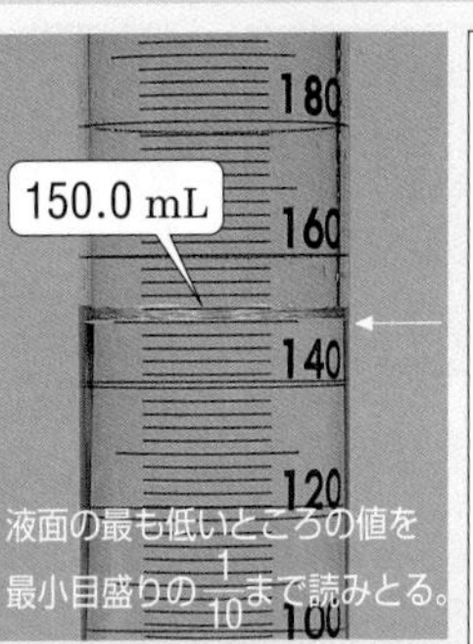

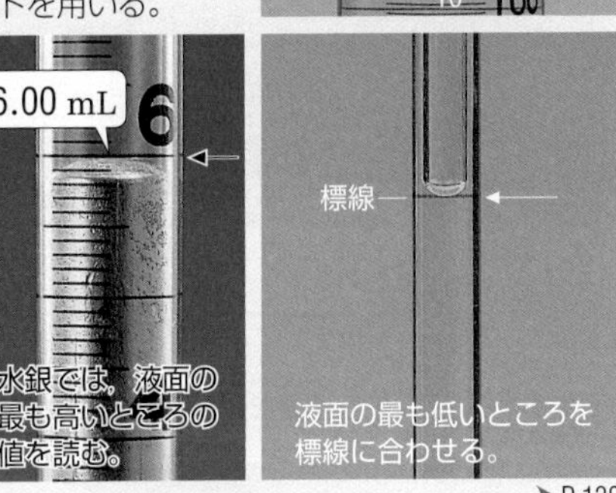

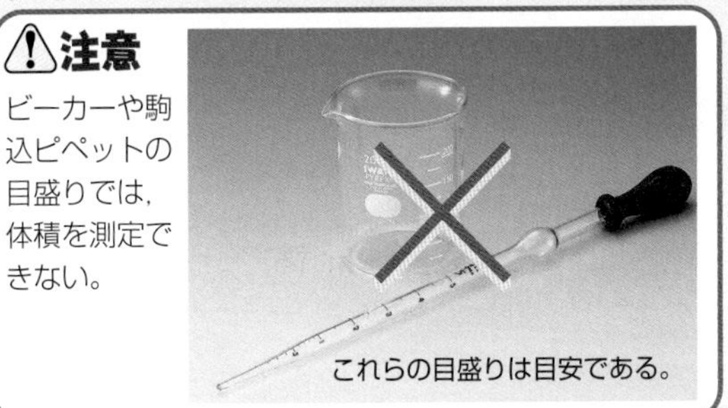

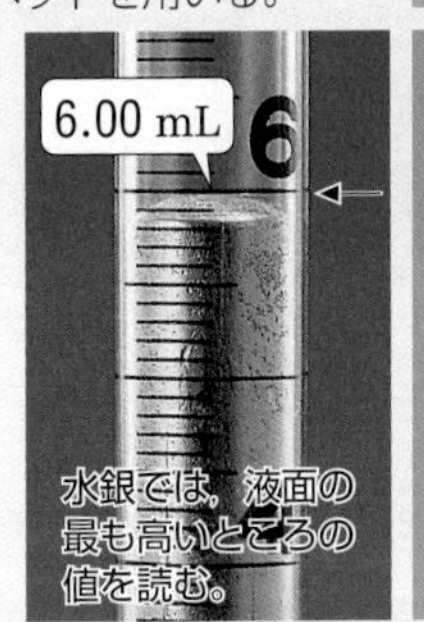

➤P.138

正確に測定するには

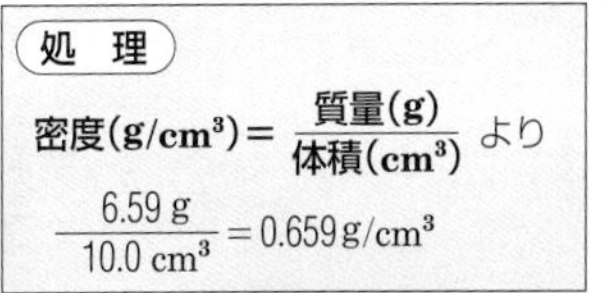

メスシリンダーやメートルグラスは，測定しようとする量に適した測定範囲をもつ器具を用いる。容量の小さいものほど，目盛りの単位が小さいので，より正確に測定できる。

ヘキサン＊の密度を求める ＊ガソリン中に存在し，水に不溶な液体。

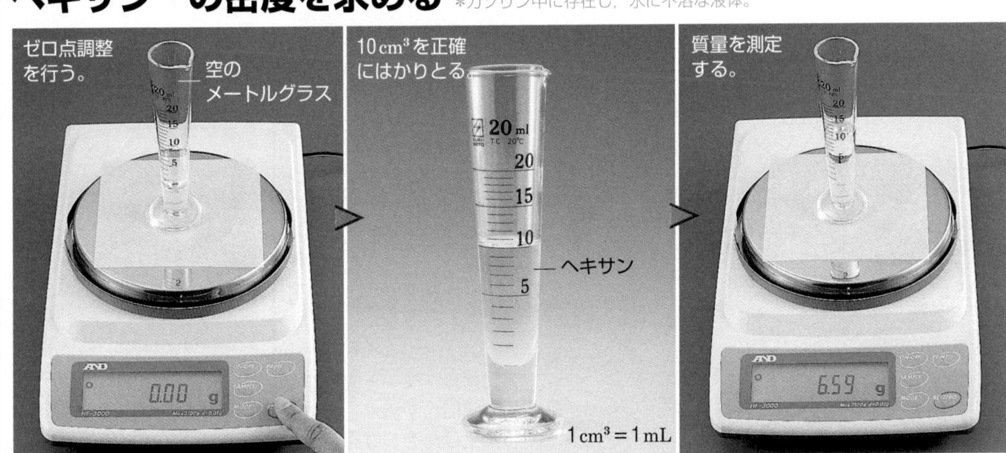

処理

$$\text{密度(g/cm}^3) = \frac{\text{質量(g)}}{\text{体積(cm}^3)}$$ より

$$\frac{6.59\ \text{g}}{10.0\ \text{cm}^3} = 0.659\ \text{g/cm}^3$$

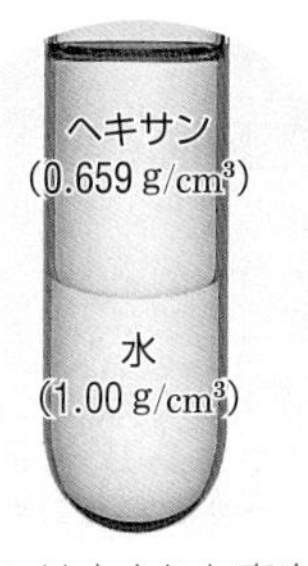

ヘキサンは水よりも密度が小さいので水に浮く。

18 分離の基本操作

1 ろ過

粒子の大きさの違いを利用して分離する。ろ紙などを通過させ，液体とその中に含まれている固体とをこし分ける操作。

ろ紙の折り方

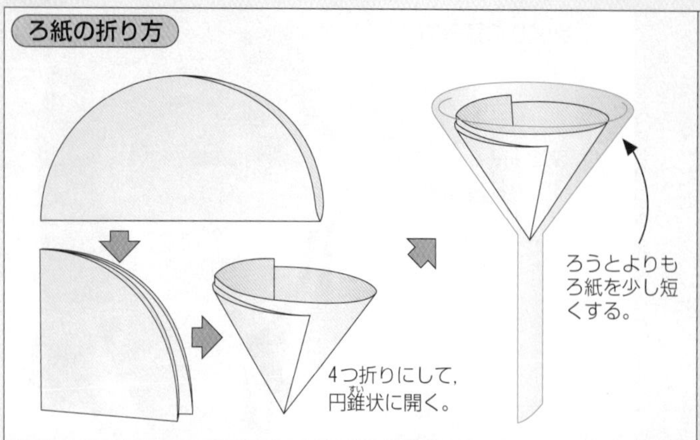

固体成分の多い溶液をろ過する場合（沈殿が不要の場合）

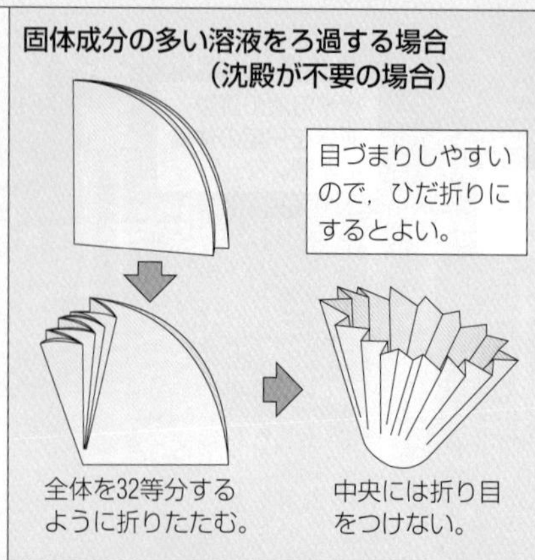

試料の準備

試料はしばらく静置して，上澄みと沈殿に分離させる。

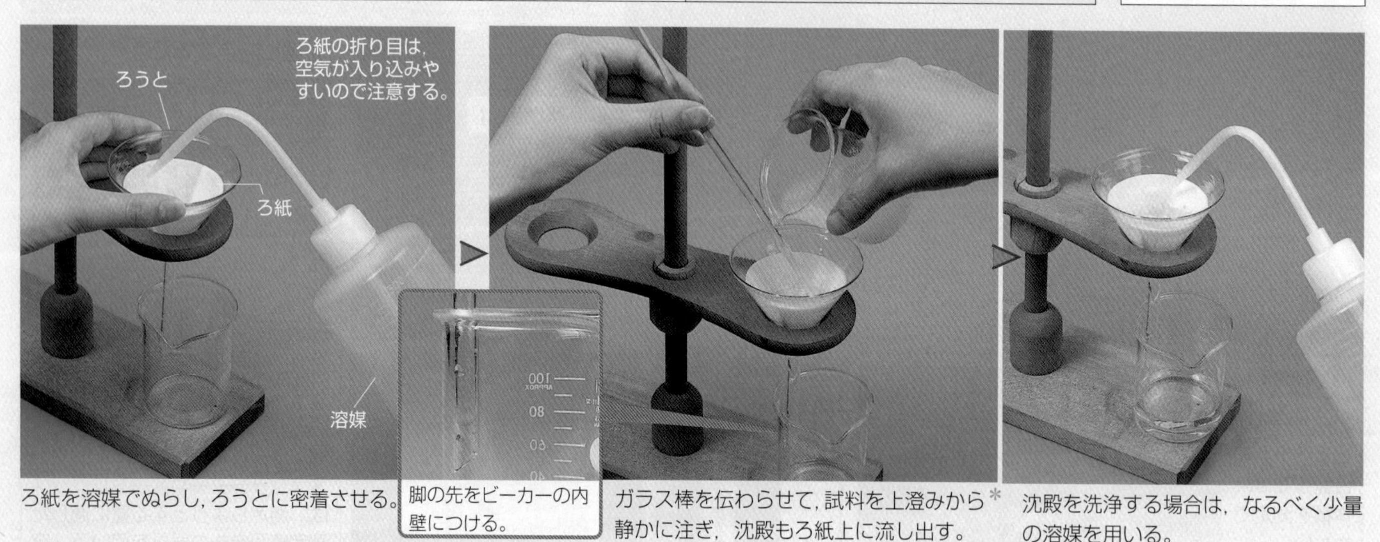

ろ紙を溶媒でぬらし，ろうとに密着させる。

脚の先をビーカーの内壁につける。

ガラス棒を伝わらせて，試料を上澄みから*静かに注ぎ，沈殿もろ紙上に流し出す。

沈殿を洗浄する場合は，なるべく少量の溶媒を用いる。

*ろ紙の目をなるべくつまらせないようにして，ろ過の時間を短縮するため。

2 吸引ろ過

吸引することによって，ろ過の時間を短縮することができる。

ブフナーろうとにろ紙をしき，溶媒でぬらす。水道の水を流してアスピレーター（水流ポンプ）を作動させ，吸引しながらろ紙をろうとに密着させる。

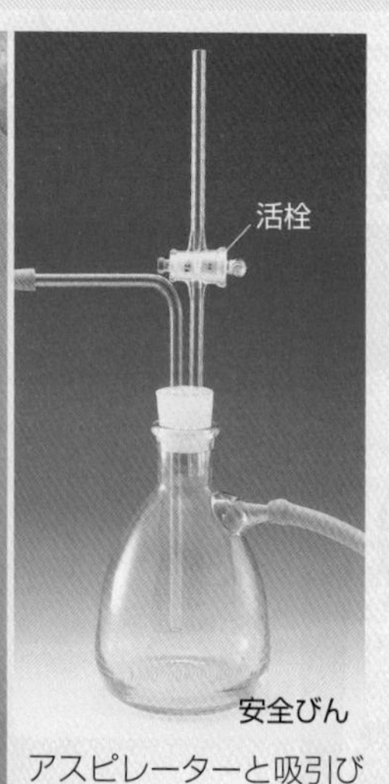

アスピレーターと吸引びんの間に，逆流水をためる安全びんをつけると，より安全である。

⚠注意 水の逆流を防ぐ

吸引びんにつないだゴム管を外してから，水を止める。安全びんをつけた場合，活栓を開いてから水を止める。

3 蒸 留

物質の沸点の差を利用して分離する。液体を加熱して気体にし，さらに凝縮させて再び液体に戻して分ける操作。

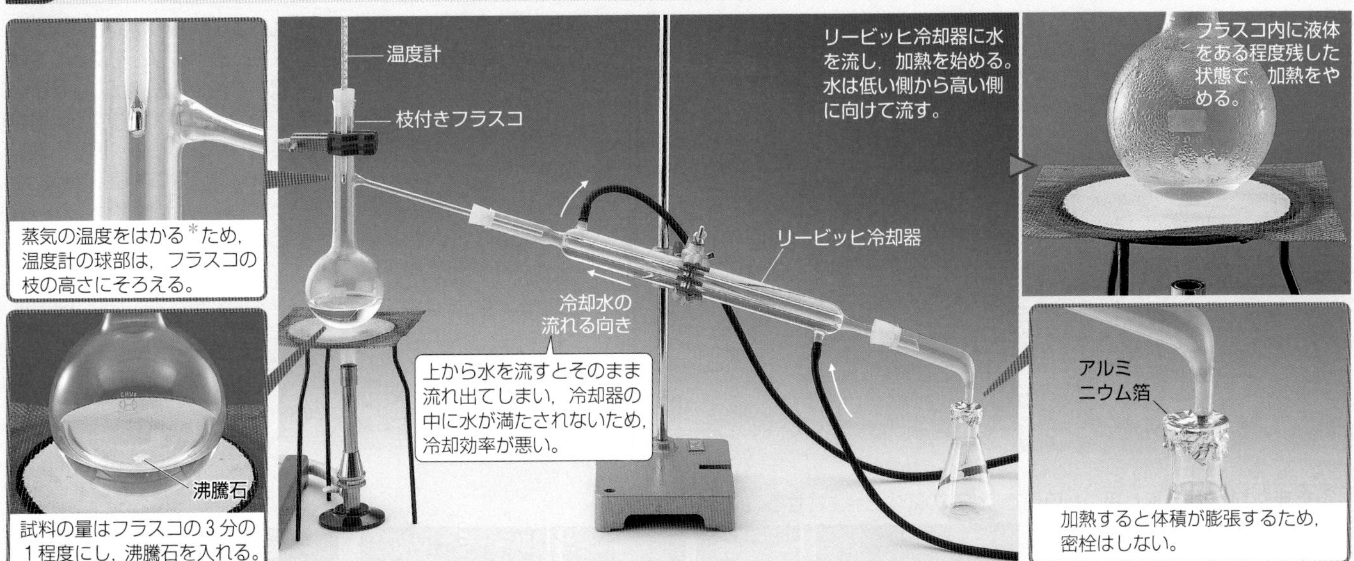

蒸気の温度をはかる*ため，温度計の球部は，フラスコの枝の高さにそろえる。

試料の量はフラスコの3分の1程度にし，沸騰石を入れる。

加熱すると体積が膨張するため，密栓はしない。

*蒸気の温度(沸点)により，とり出した物質の確認ができる。

4 抽 出

物質の溶解性の差を利用して分離する。混合物から特定の物質を溶かし出す。

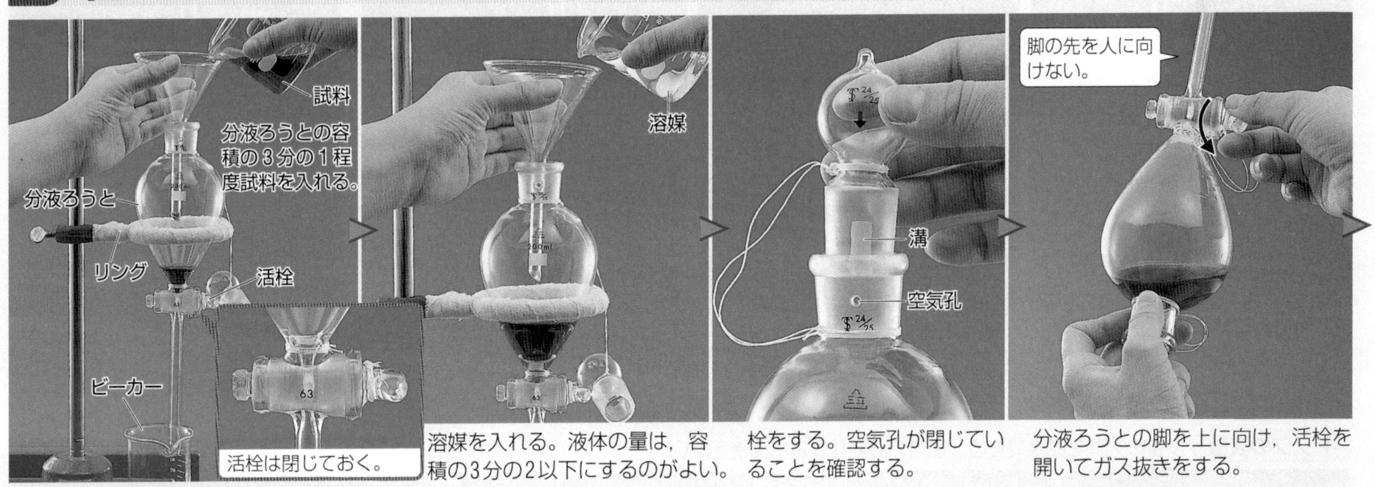

活栓は閉じておく。

溶媒を入れる。液体の量は，容積の3分の2以下にするのがよい。

栓をする。空気孔が閉じていることを確認する。

分液ろうとの脚を上に向け，活栓を開いてガス抜きをする。

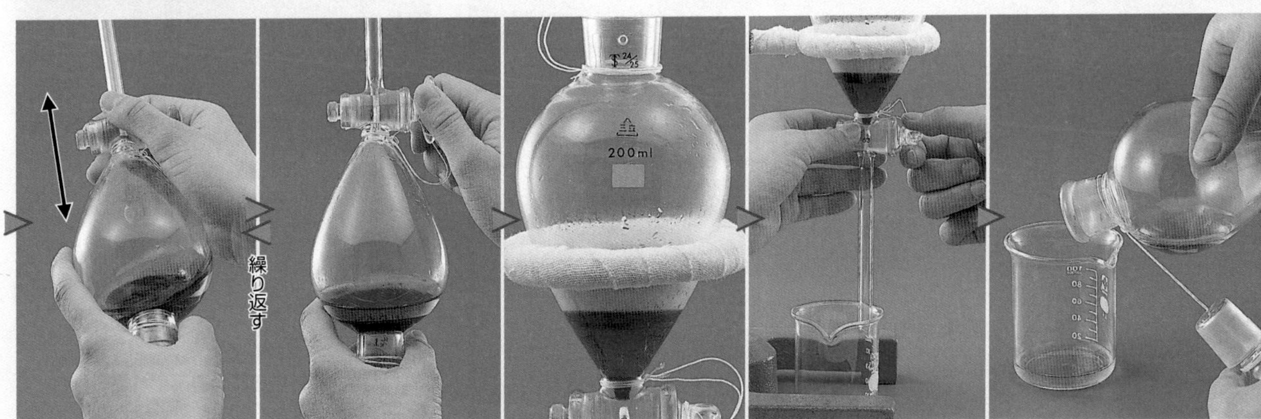

活栓を閉じて栓と活栓をしっかりと押さえ，上下に振る。分液ろうと内の気体の圧力が高くなるので，途中で活栓を開いてガス抜きをする。これを数回繰り返す。

液が完全に二層に分離するまで静置する。

空気孔を栓の溝に合わせ，活栓を開いて下層の溶液をゆっくりと流し出す。

分液ろうとの内壁についている下層の溶液と混ざらないように，上層の溶液は上の口からとり出す。

※目的の物質が予測とは異なる層に含まれることもあるので，物質の存在を確認するまですべての層を保存しておく。

20 気体の発生装置と捕集法

1 気体の発生装置

発生させる気体の量に応じて，発生装置を使い分ける。

A 固体試薬と液体試薬の反応

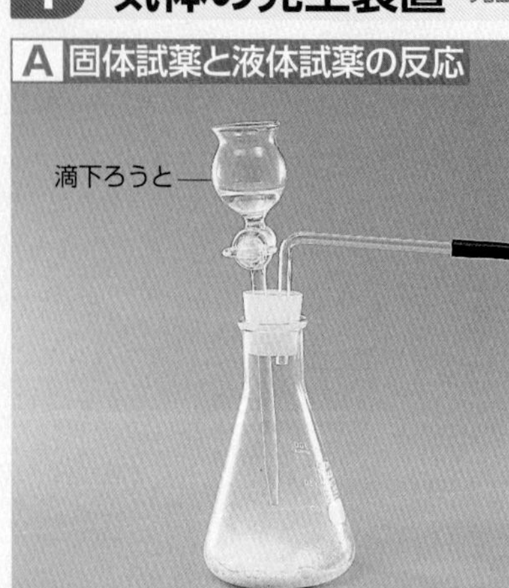

三角フラスコの中に固体試薬を入れ，滴下ろうとを使って液体試薬を流し込み，反応させる。滴下ろうとを使うと，試薬を少量ずつ加えることができる。
この装置では，気体の発生を途中で止めることはできないので，液体試薬を一度に加えすぎないように注意する。

加熱が必要な場合

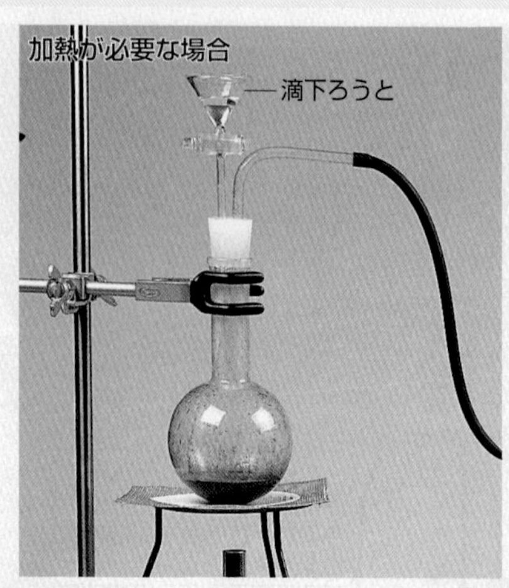

丸底フラスコの中に固体試薬を入れ，滴下ろうとを使って液体試薬を流し込み，反応させる。三角フラスコを加熱すると割れる恐れがあるため，加熱に適した丸底フラスコを使用する。

ふたまた試験管

取り扱いが簡便で，少量の気体を発生させるのに適している。

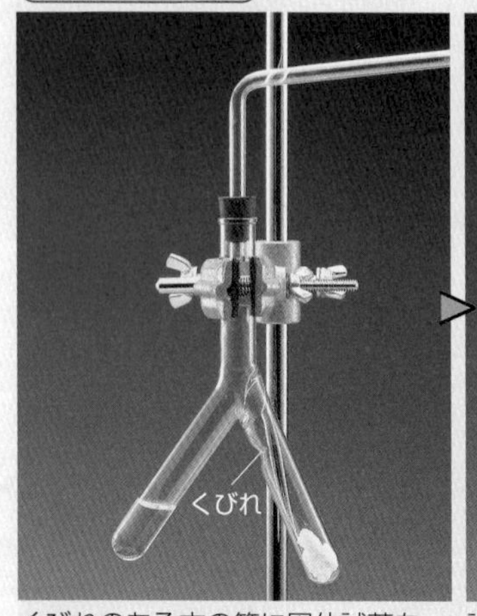

くびれのある方の管に固体試薬を入れ，もう一方の管に液体試薬を入れる。

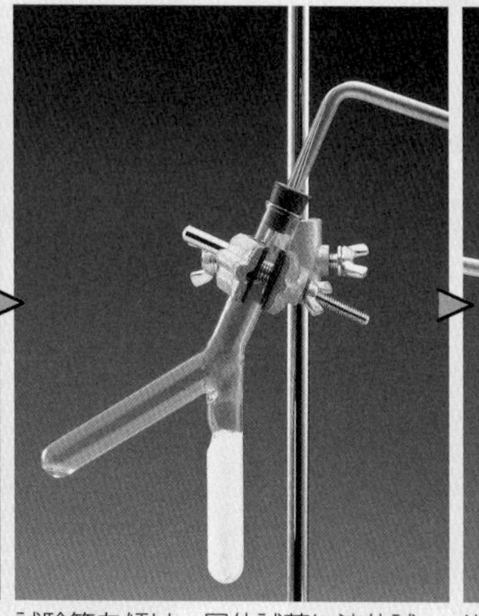

試験管を傾け，固体試薬に液体試薬を注ぐと反応が始まる。

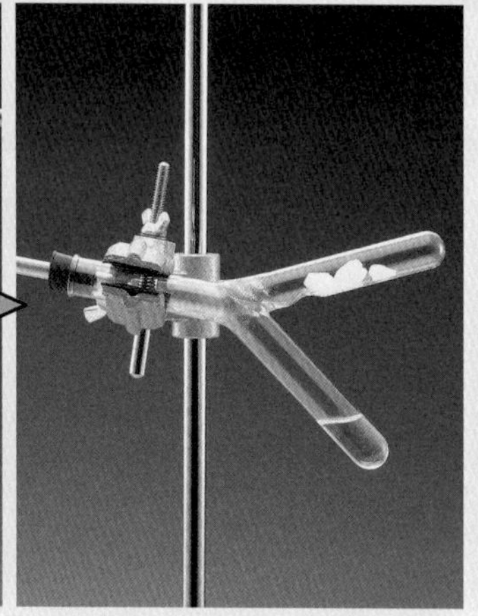

逆に傾けると，くびれに固体試薬がひっかかり，液体試薬と分離され，反応が止まる。

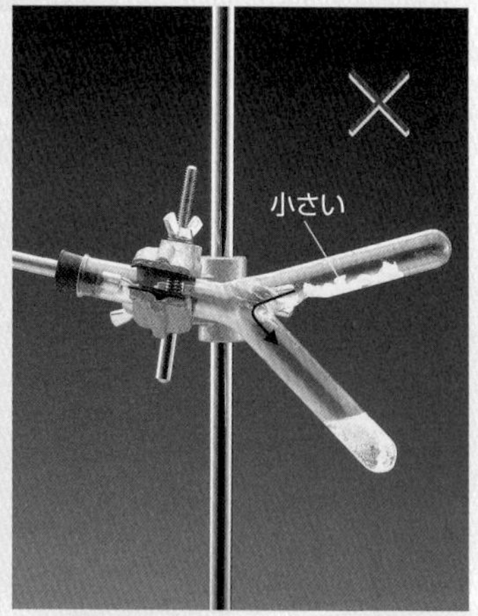

固体試薬は，くびれにひっかかる大きさのものを使用する。

キップの装置

多量の気体を発生できる。加熱の必要な反応には使えない。

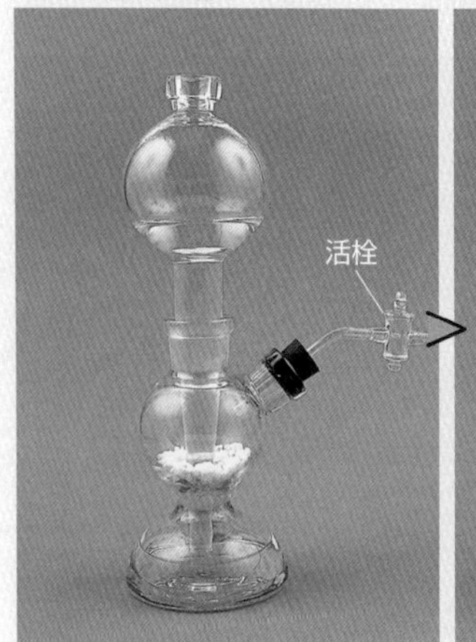

容器部に固体試薬を入れる。活栓を閉じ，上の口から液体試薬を注ぐ。

活栓を開く。液体試薬が流れ落ち，固体試薬と接触して反応が始まる。

活栓を閉じると，発生する気体の圧力で液体試薬が押し上げられ，反応が止まる。

B 固体試薬どうしの反応

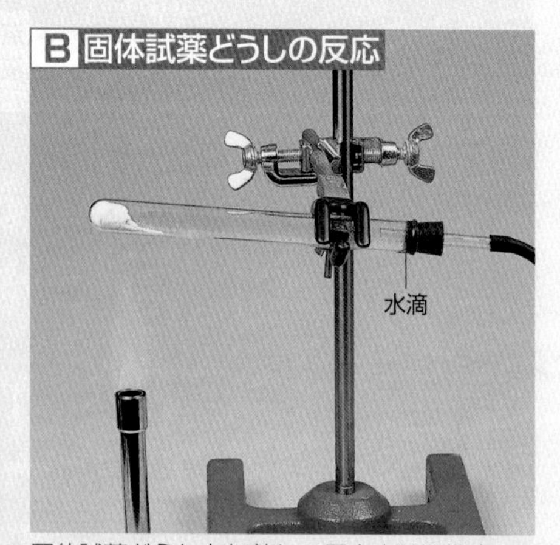

固体試薬どうしを加熱して反応させる場合，発生した水蒸気が冷却されて水滴となり，試験管の加熱部分に流れ落ちると，試験管が割れることがある。したがって，試験管の口を少し下げて加熱する。

2 気体の捕集法 気体の性質に応じて，捕集法を決める。

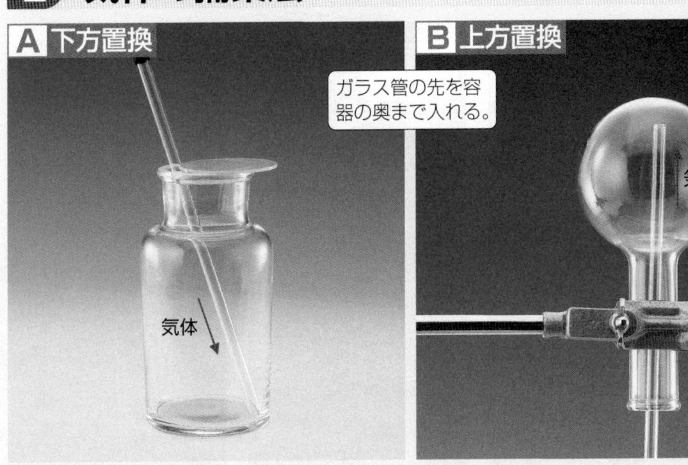

A 下方置換
水に溶けやすく，空気より重い気体を集める方法。気体は，容器の下にたまり，軽い空気は上の口から追い出される。
例 二酸化炭素，塩化水素

B 上方置換
水に溶けやすく，空気より軽い気体を集める方法。気体は，逆さにした容器の上の方にたまり，重い空気は下の口から追い出される。 例 アンモニア

ガラス管を容器の奥まで入れる理由

ガラス管の先が容器の入り口付近にあると，発生した気体と容器内の空気とが混じり，純粋な気体を捕集しにくい。ガラス管の先を容器の奥まで入れると，気体の層がしだいに空気を押し出し，純粋な気体が捕集できる。

空気と混じってしまう

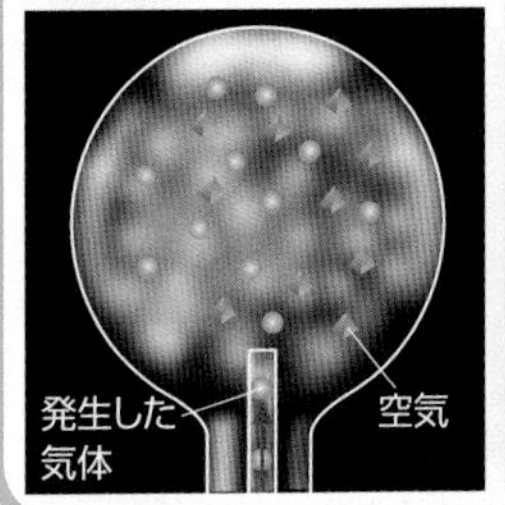

空気を押し出す

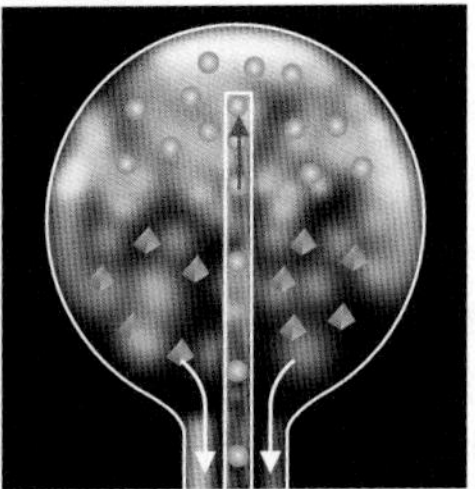

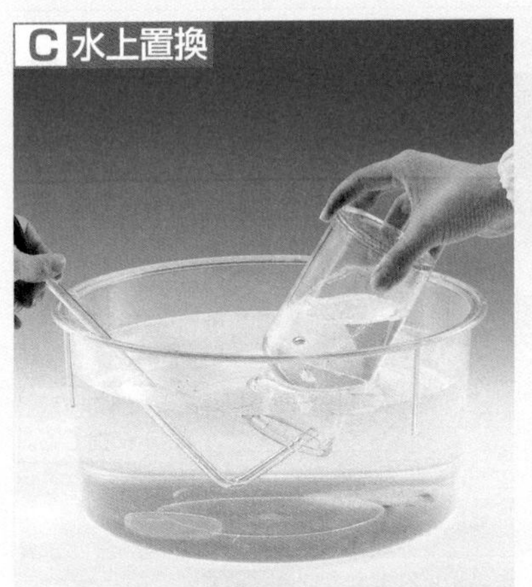

水に溶けにくい気体を集める方法。空気の混じらない，より純粋な気体を集めることができる。 例 水素，酸素

空気が入らないように，水そうの中で，容器の中を水で満たしておく。

容器を逆さにし，気体が出ているガラス管の先を容器の口に近づけ，気体を集める。

容器の中が気体で満たされたら，ふたをして，水そうからとり出す。

発生させた気体を集めるときの注意点

発生させた直後に出てくる気体には，発生装置内にたまった空気が混じっている。したがって，十分に気体を発生させて，装置内の空気を完全に追い出してから捕集するのがよい。たとえば，水素はある一定の割合で酸素と混じると，火花などで爆発するため，捕集の際は十分に注意する必要がある。

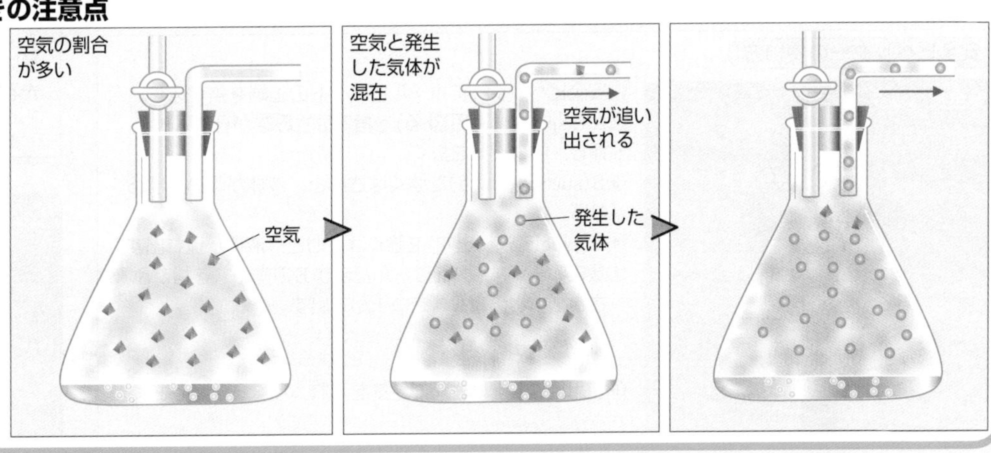

22　滴定の方法

1 溶液の希釈のしかた

滴定する溶液を希釈しておくと，滴定誤差が小さくなり，滴下量も少なくてすむ。

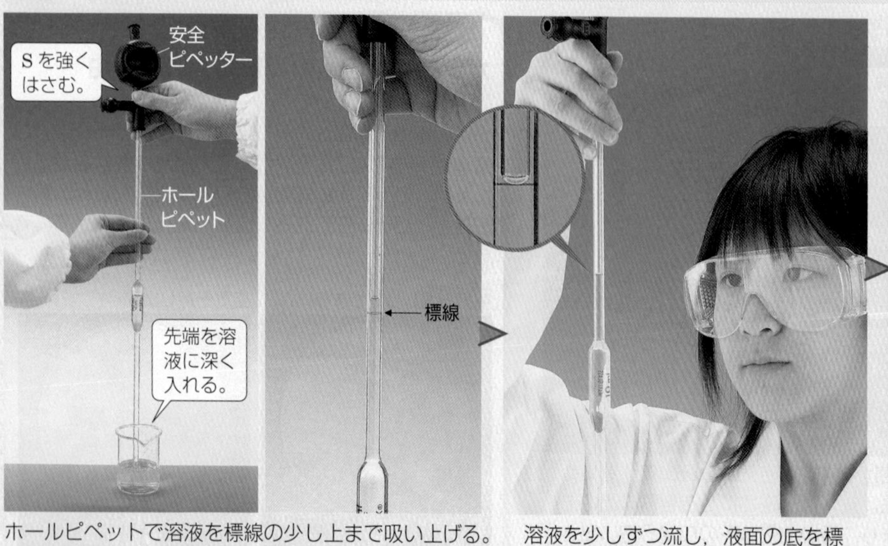

ホールピペットで溶液を標線の少し上まで吸い上げる。

溶液を少しずつ流し，液面の底を標線に合わせる。

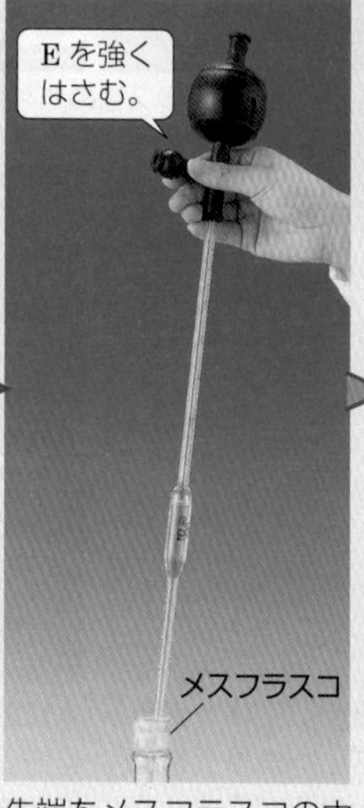

先端をメスフラスコの中に入れ，溶液を流し出す。

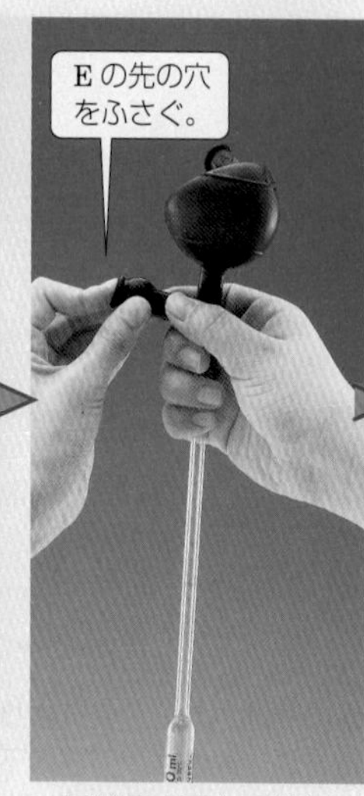

最後の1滴まで流し出す。

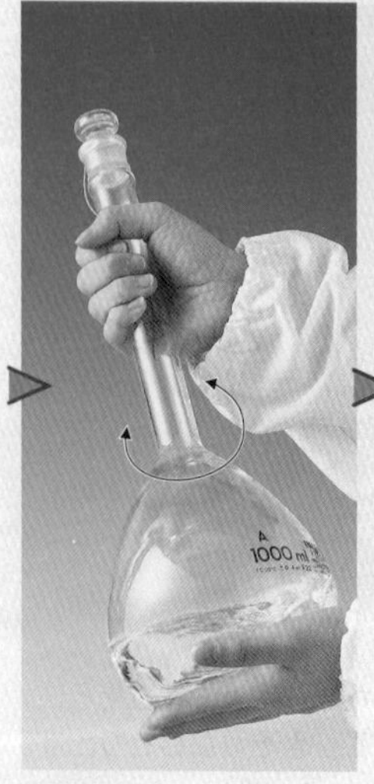

溶媒を加え，栓をし，よく振って混合する*。

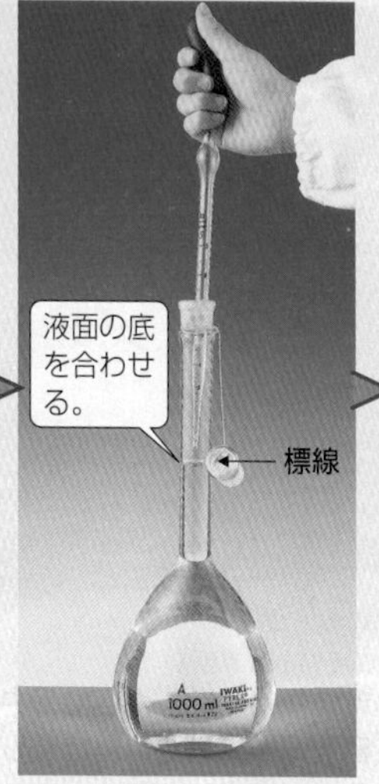

駒込ピペットで溶媒を滴下し，標線に合わせる。

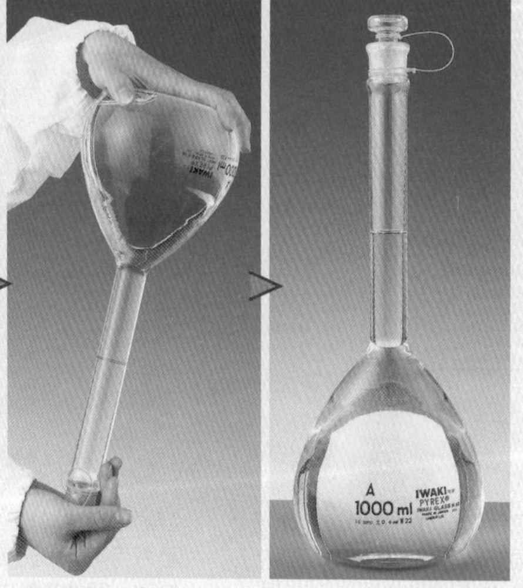

栓をして逆さにし，よく振って，濃度を均一にする。

＊体積が変化することがあるので，標線に合わせる前によく混合しておく。

共洗い

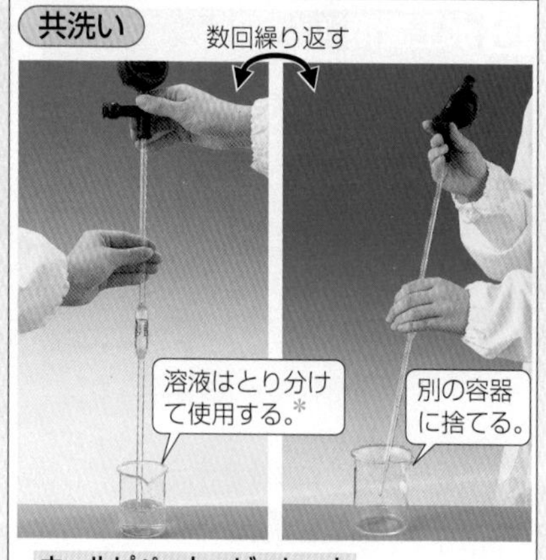

ホールピペット，ビュレット

溶液の体積を正確にはかりとる必要があるので，水でぬれたまま使用できない。乾燥させてから使用するか，はかりとる溶液で内部を数回洗ってから使用する(共洗い)。

コニカルビーカー，メスフラスコ

水でぬれていても溶液に含まれる溶質の量は変化しないので，ぬれたまま使用できるが，共洗いをしてはいけない。

＊ぬれた器具を直接入れると，はかりとる溶液の濃度が変化してしまう。

安全ピペッターの使い方

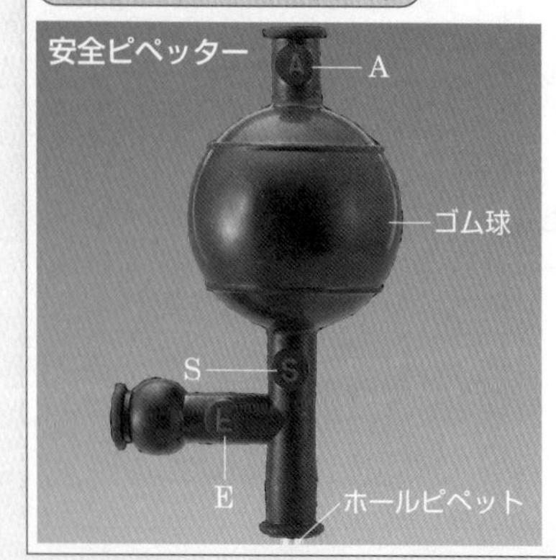

①安全ピペッターにホールピペットの上端を差し込む。
②A (aspirate：吸引する)を指ではさみながらゴム球を押し，中の空気を抜く。
③S(suction：吸う)を強くはさむと，液体が吸い上げられる。
④E(expel：追い出す)を強くはさむと，液体が流れ出す。
⑤最後の１滴は，EをはさんだままEの先の穴を指でふさぎ，小さいゴム球をつまんで出す。

※Eの先に小さいゴム球がないタイプは，Eをはさむ力をゆるめ，ホールピペットのふくらみをあたためて出す。

⑥使用後はAをはさんで空気を入れ，ふくらませておく。

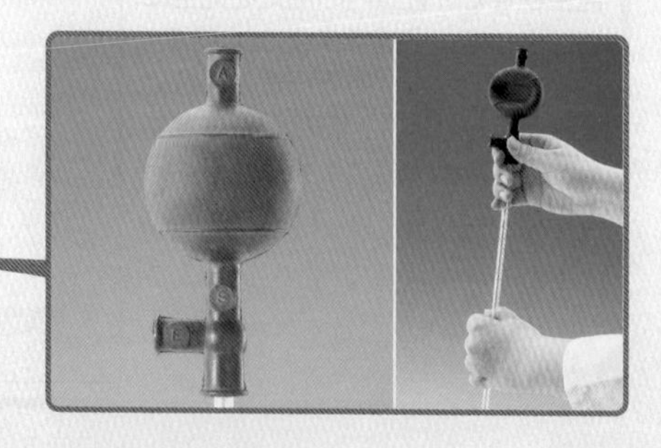

2 滴定の基本操作 ビュレットの使い方 ➤P.77,86

準備

ビュレット台

ビュレット

活栓

⚠注意

溶液があふれないように，ビュレットとろうとの間に少しすき間をつくる。

勢いよく溶液を入れるとビュレットの容積以上の溶液を入れ，あふれることがあるので注意する。

ビュレットは，使用する溶液で数回洗ってから使用する。
ビュレットを鉛直にとりつける。
活栓を閉じ，溶液を注ぎ入れる。

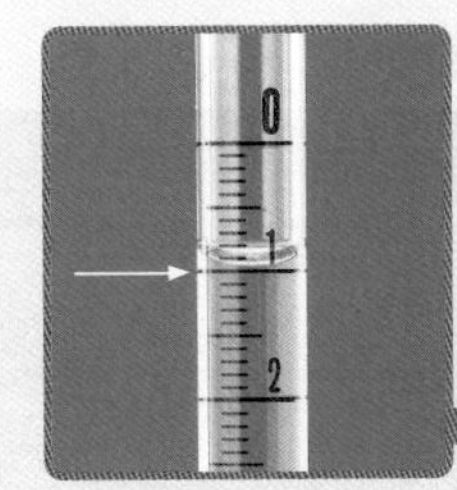

液面の最も低いところの値を読みとる。

滴定

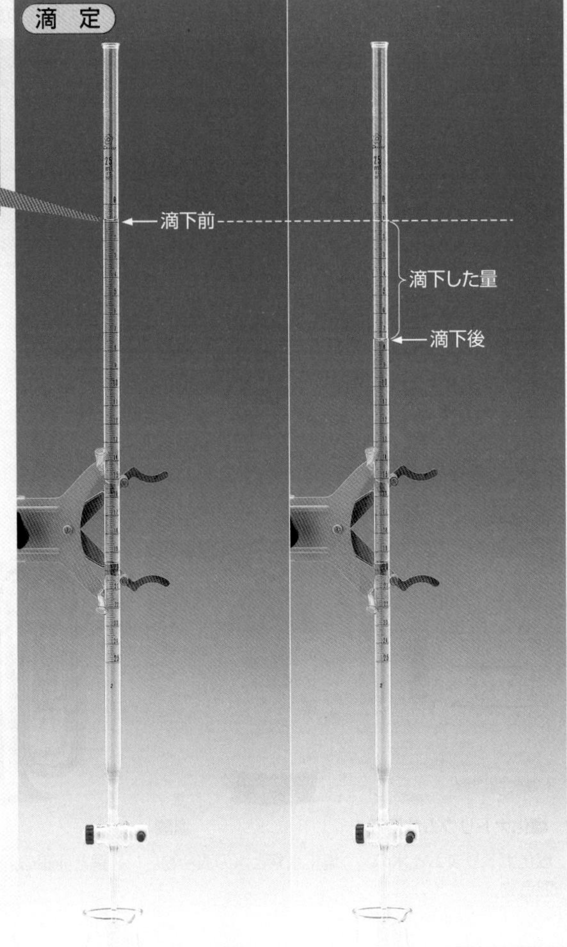

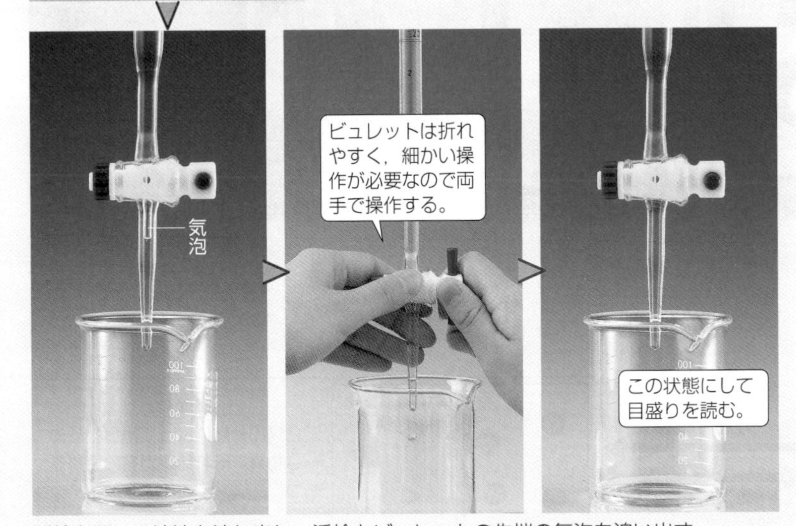

活栓を開いて溶液を流し出し，活栓とビュレットの先端の気泡を追い出す。

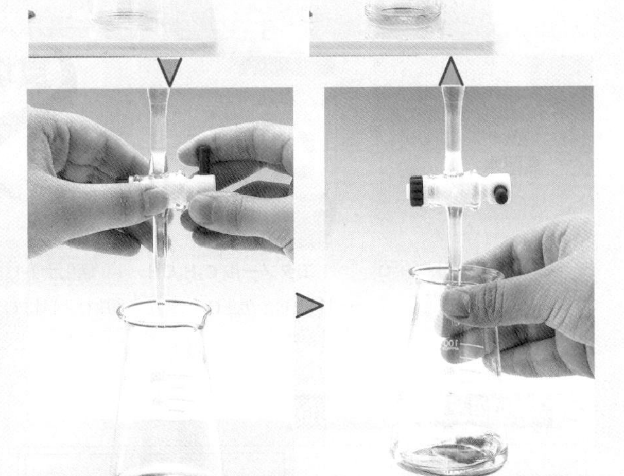

滴定する溶液をビュレットの下におき，溶液を必要量滴下する。

滴定の終点は，溶液に加えた指示薬の色の変化などで判断する。

※ビュレット台は，色の変化がわかりやすいように，白色になっている。

24 混合物と純物質

基 1 混合物と純物質

混合物の中には，2 種類以上の純物質がそのまま混じり合っている。

A 混合物

自然界や身のまわりで見かける物質には混合物が多い。

貴ガス▶P.141

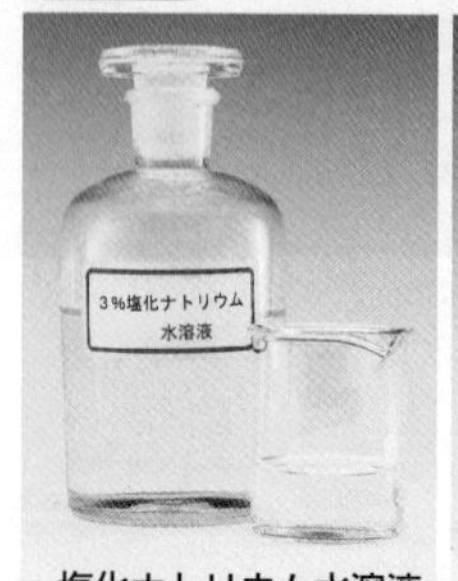

塩化ナトリウム水溶液
塩化ナトリウムと水の混合物。

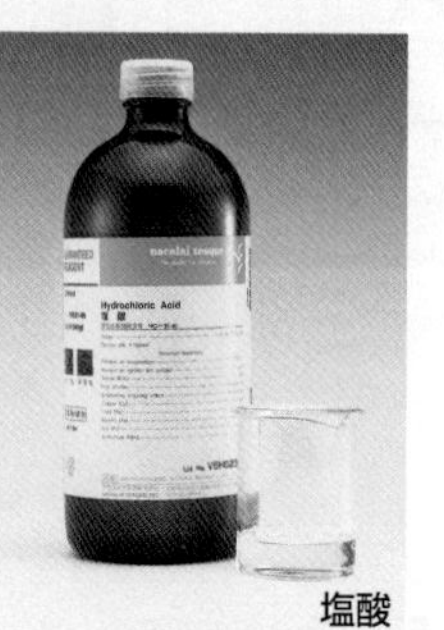

塩酸
塩化水素と水の混合物。

合金

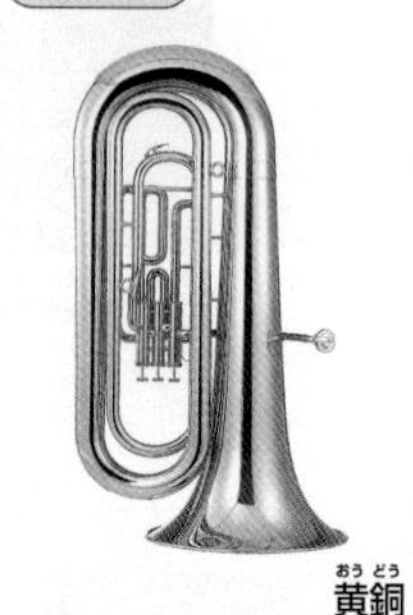

黄銅
銅と亜鉛の混合物。

ステンレス
鉄，クロム，ニッケルの混合物。

石油

原油
いろいろな有機化合物の混合物。

牛乳

水，脂肪，タンパク質，糖などの混合物。

B 純物質

純物質は，その物質に固有の性質(融点，沸点，密度など)をもっている。

融点／沸点
密度

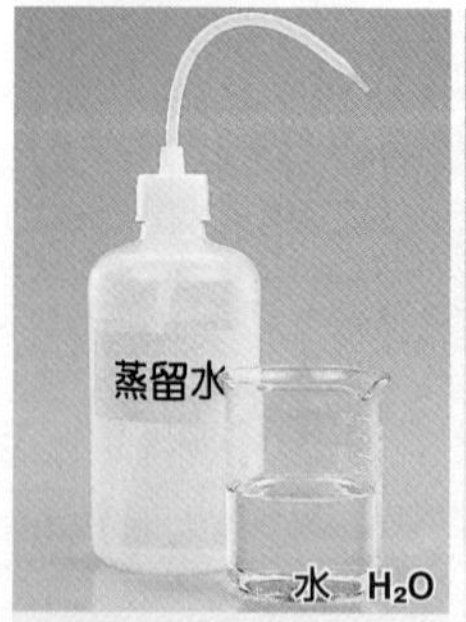

水 H_2O
0 ℃／100 ℃
1.0 g/cm³

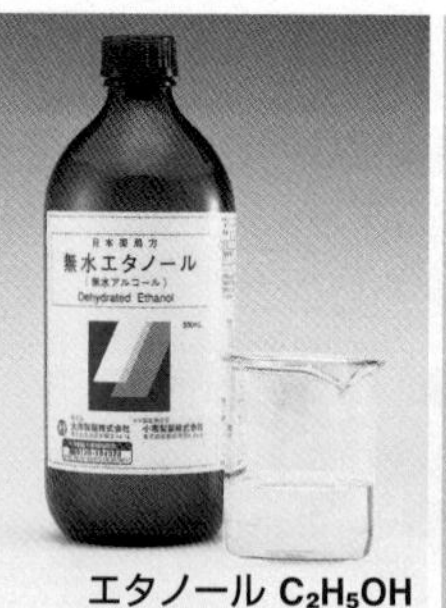

エタノール C_2H_5OH
−114.5 ℃／78.3 ℃
0.79 g/cm³

塩化ナトリウム NaCl
801 ℃／1413 ℃
2.2 g/cm³

金 Au
1064 ℃／2807 ℃
19.3 g/cm³

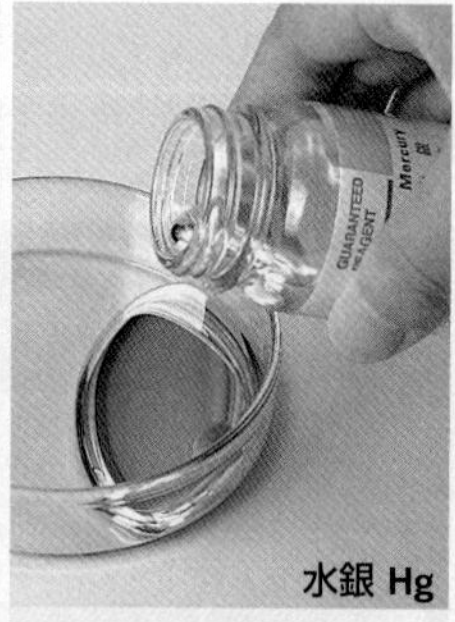

水銀 Hg
−38.9 ℃／356.6 ℃
13.5 g/cm³

酸素 O_2
−218 ℃／−183 ℃
1.43 g/L

C 混合物と純物質の関係

物質

混合物
2 種類以上の純物質が混じり合っている物質。その性質は成分物質の組成によって異なる。

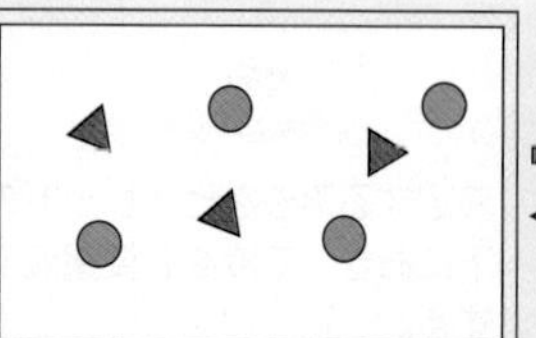

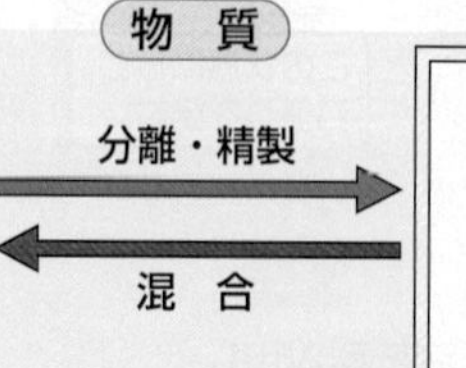

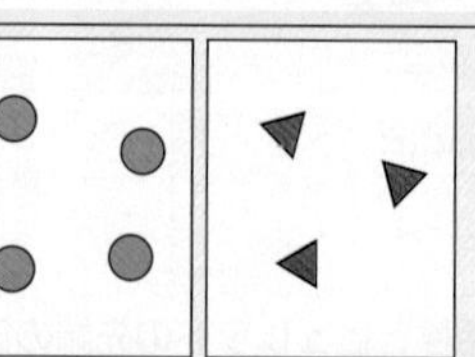

純物質
混合物の分離によって得られる単一な物質。それぞれ固有の性質をもつ。

水道水は水とカルシウムやナトリウムといった無機塩類や，殺菌のための塩素などの混合物である。水道のまわりにできる白い水あかは，水に溶け込んでいた無機塩類が原因となる。

Keywords ●物質 substance ●混合物 mixture ●純物質 pure substance ●密度 density ●融点 melting point ●沸点 boiling point ●固体 solid ●液体 liquid ●気体 gas

2 物質の性質 密度，融点・沸点は，物質を特定する手がかりになる。

A 密度

同じ質量の物体

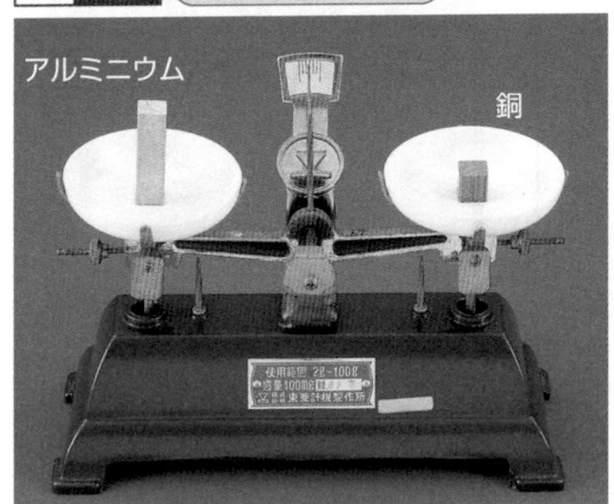

同じ体積の物体

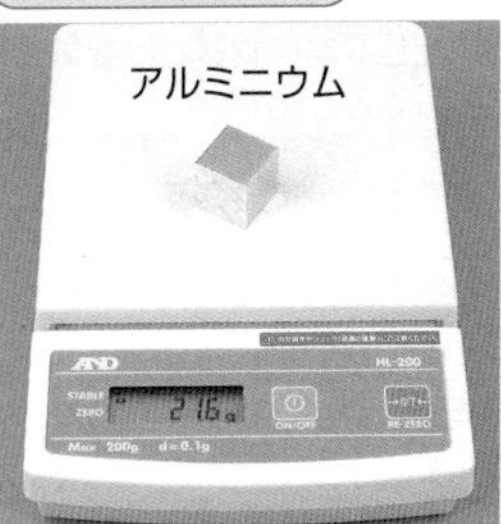

$\frac{21.6\ g}{8.0\ cm^3}=2.7\ g/cm^3$

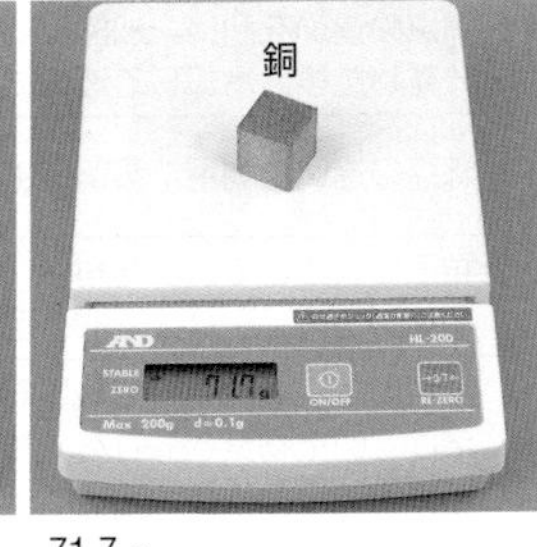

$\frac{71.7\ g}{8.0\ cm^3}\fallingdotseq 9.0\ g/cm^3$

体積と質量の関係

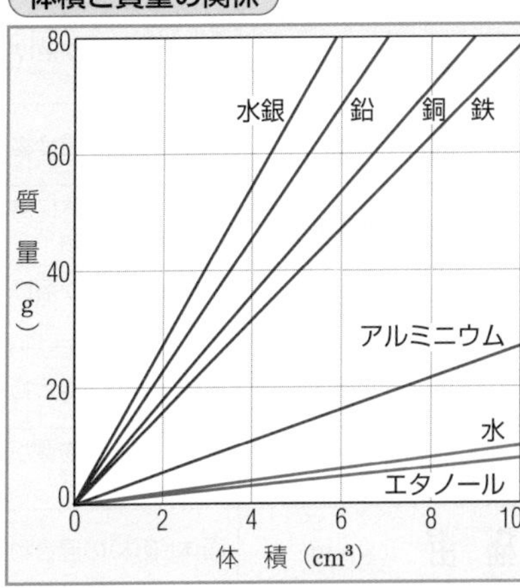

$$密度(g/cm^3)=\frac{質量(g)}{体積(cm^3)}$$

一定体積（ふつうは1 cm³）あたりの質量を，その物質の密度（みつど）という。密度は，原子など物質を構成する粒子の種類とその詰まり具合で決まり，物質によって決まった値になる（▶P.285～）。

B 融点・沸点

物質の状態と温度 ▶P.102，285～

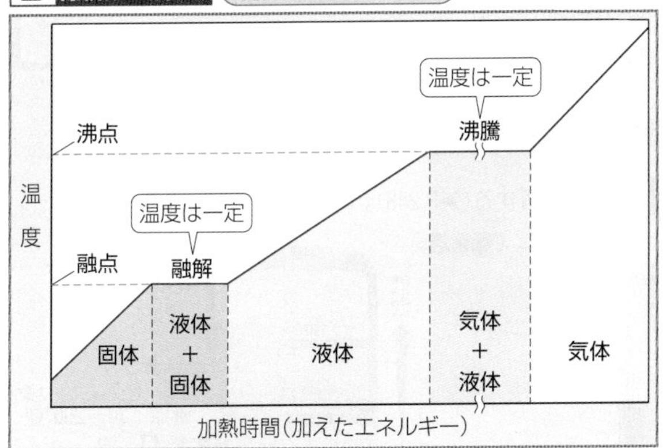

加熱し続けていても，とけている間や沸騰（ふっとう）している間は，温度が一定である。物質がとけるときの温度を融点（ゆうてん），物質が沸騰するときの温度を沸点（ふってん）という。融点や沸点は，物質によって決まった値になる。

純物質と混合物の沸点

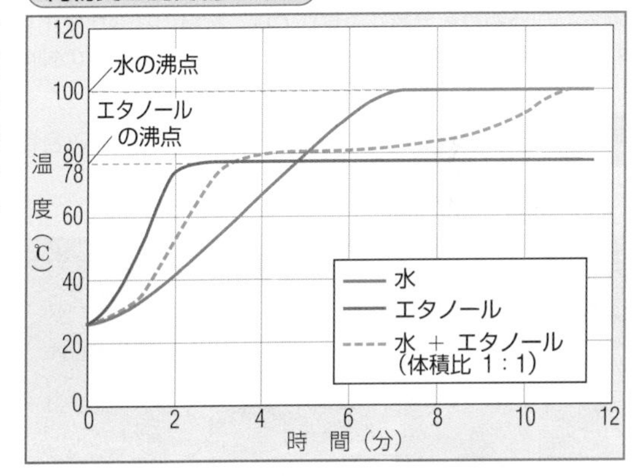

C 物質の三態

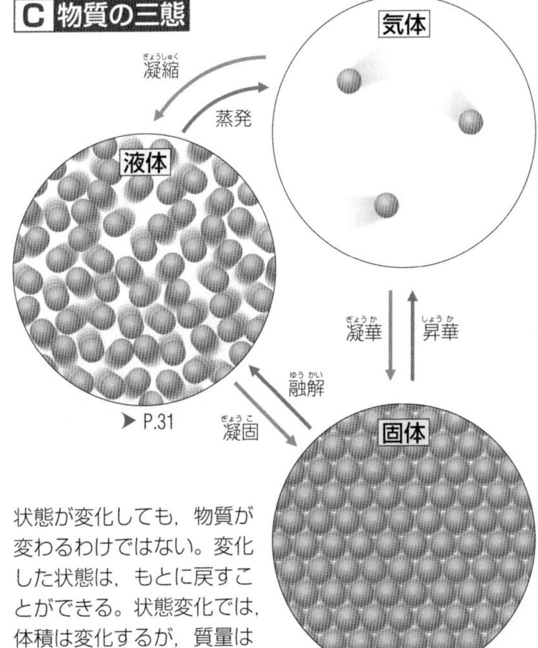

状態が変化しても，物質が変わるわけではない。変化した状態は，もとに戻すことができる。状態変化では，体積は変化するが，質量は変化しない。

昇華の例

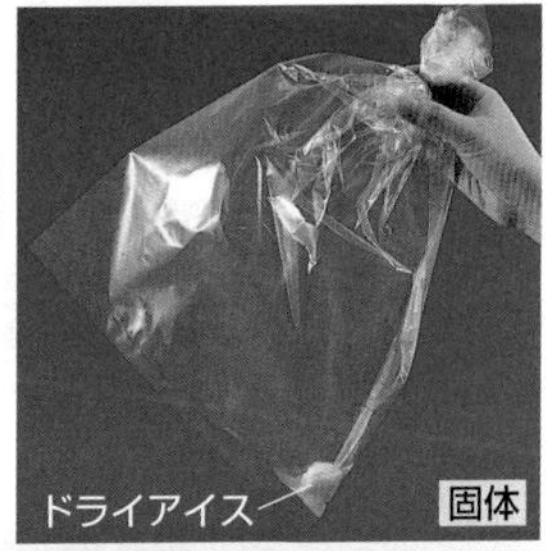

二酸化炭素は，固体（ドライアイス）から気体，気体から固体へと状態が変化する。

Column 純度によって変わる性質

レールには最硬鋼（炭素含有量：0.5～0.9％）が使われる。

物質は，純度によってその性質が変わる。溶鉱炉（ようこうろ）から得られる鉄は，銑鉄（せんてつ）（炭素含有量：約4％）とよばれる。銑鉄は硬くてもろいので，含まれる炭素などの不純物を減らして鋼（こう）（炭素含有量：2％以下）にする。鋼は，炭素含有量の多いものほど硬く，用途に応じて使い分ける（▶P.196）。現在は，さらに純度を上げて，超高純度鉄（99.999％以上）がつくられている。その性質を調べると，腐食されにくいなど，いままで鉄の性質と思われていたものが覆（くつがえ）された。

思考問題 金でできたといわれる王冠に，実はかなり銀が混ざっているという指摘があった。この王冠と同じ質量の金のかたまりがあるので，これとの比較で王冠に傷をつけずにこの指摘を確認したい。どのようにしたらよいか。

※解答解説は上のQRコードから見ることができます。

物質の分離と精製

基 1 混合の状態と分離の原理

物質の性質の違いを利用して，混合物から目的の物質を分離できる。

分離法	混合の状態	分離の原理
蒸留（▶P.19）	不揮発性物質が溶けている溶液	沸点の違いを利用。加熱して蒸発しやすい物質だけを気体にして分離した後，冷却して液体に戻してとり出す。
分留（分別蒸留）	液体どうしの混合物	沸点の違いを利用。蒸留によって各成分に分離する。
ろ過（▶P.18）	液体とその液体に溶けない固体の混合物	粒子の大きさの違いを利用。ろ紙を通過する液体(溶液)と，通過しない固体(溶けない物質)とをこし分ける。
蒸発乾固	不揮発性物質が溶けている溶液	沸点の違いを利用。加熱して蒸発しやすい物質(溶媒)だけを除き，溶けていた物質(溶質)を分離する。
再結晶（▶P.113）	固体どうしの混合物	溶解度の差を利用。溶液の温度などを変化させて，1種類の溶質だけを結晶として分離する。
昇華法（▶P.31,102）	昇華しやすい物質が含まれる混合物	昇華しやすさを利用。加熱または減圧して，昇華しやすい物質だけを気体にして分離した後，冷却して固体に戻してとり出す。
抽出（▶P.19）	固体(液体)の混合物	溶媒に対する溶けやすさの違いを利用。適当な溶媒を用いて，それに溶けやすい物質だけを分離する。
クロマトグラフィー	固体・液体・気体どうしの混合物	吸着力の差を利用。ろ紙や吸着剤の層に試料をのせ，適当な溶媒を流したとき，各成分が移動する距離の差で分離する。

混合物から物質を分離する操作では，物質の状態が変化すること(**物理変化**)はあっても，物質が別の物質に変わること(**化学変化**)はない。また，分離された物質の純度をより高くする操作を**精製**という。

参考　溶液（▶P.62）

溶質　溶けている物質。
溶媒　溶かしている液体。
溶液　溶質が溶媒に溶けているもの。溶媒が水のときは水溶液という。
溶解度　ある溶質が溶媒に溶ける限度の量。

基 2 分離の方法

いろいろな方法を組み合わせると，さまざまな物質を分離することができる。

A 蒸留　海水から水を分離する。　▶P.19

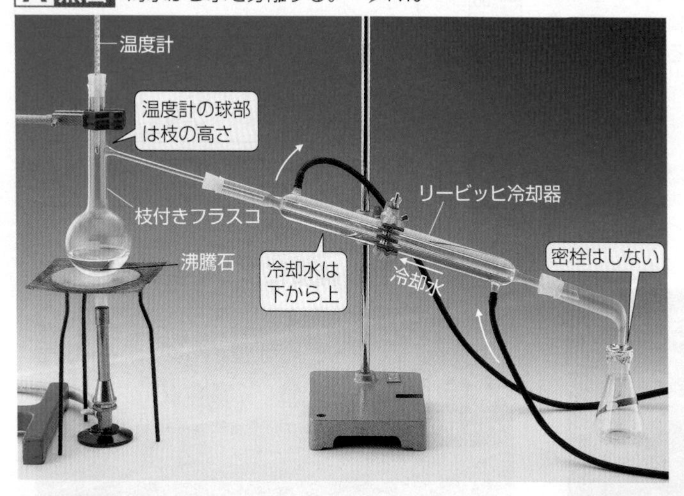

B 分留　原油を分留する(▶P.248)。

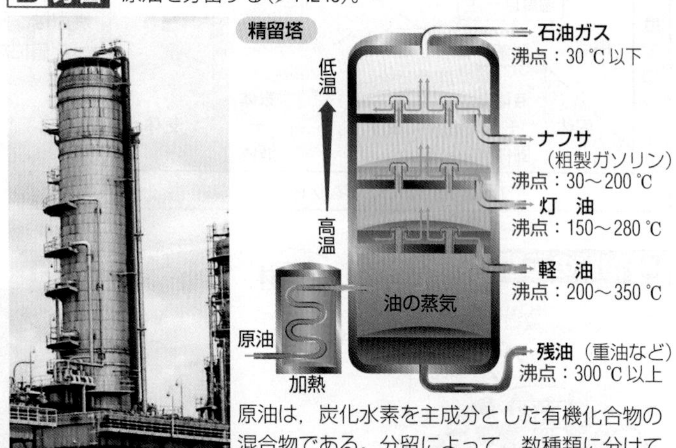

原油は，炭化水素を主成分とした有機化合物の混合物である。分留によって，数種類に分けて，燃料や原料として利用されている。

C ろ過　▶P.18

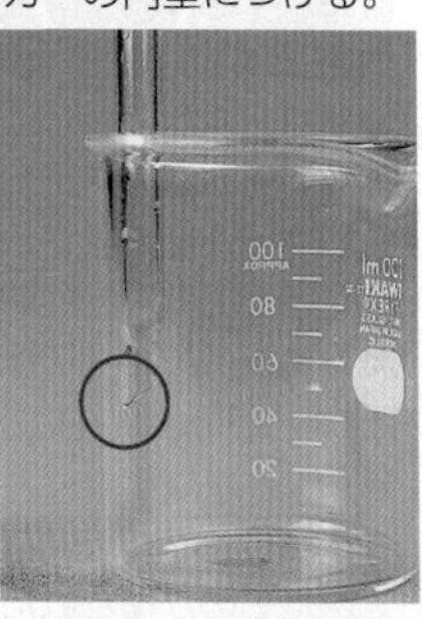

ろうとの脚の先をビーカーの内壁につける。

砂が混じった塩化ナトリウムから，塩化ナトリウムを分離する。

D 蒸発乾固

水を蒸発させて塩化ナトリウムを分離する。

塩田での塩づくり

砂地に海水をまき，水分を蒸発させて濃度の高い海水をつくる。それを煮詰めて，塩をとり出す。

プチ雑学　ろうとの脚の先をビーカーの内壁につける理由は，落ちる液がはねないようにするためである。また，落ちる液を途切れさせないことで，水分子どうしの引き合う力(凝集力)によって落ちるスピードを速くするためでもある。

Keywords ●分離 separation ●蒸留 distillation ●分留 fractional distillation ●ろ過 filtration ●蒸発乾固 evaporation to dryness ●再結晶 recrystallization ●昇華 sublimation ●抽出 extraction ●クロマトグラフィー chromatography

動 ろ過，昇華

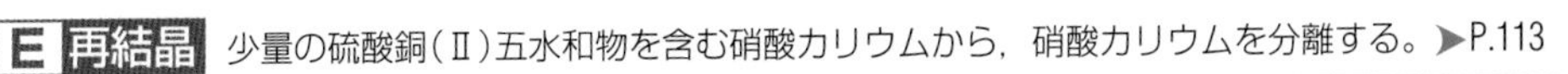

E 再結晶 少量の硫酸銅(Ⅱ)五水和物を含む硝酸カリウムから，硝酸カリウムを分離する。▶P.113

少量の硫酸銅(Ⅱ)五水和物(青色)を含む硝酸カリウム ＞ 高温の水に溶かす。＞ 冷却すると結晶が析出する。＞ ろ過する。＞ 硝酸カリウムが得られる。

F 昇華 砂が混じったヨウ素(▶P.145)から昇華性をもつヨウ素を分離する。▶P.31,102

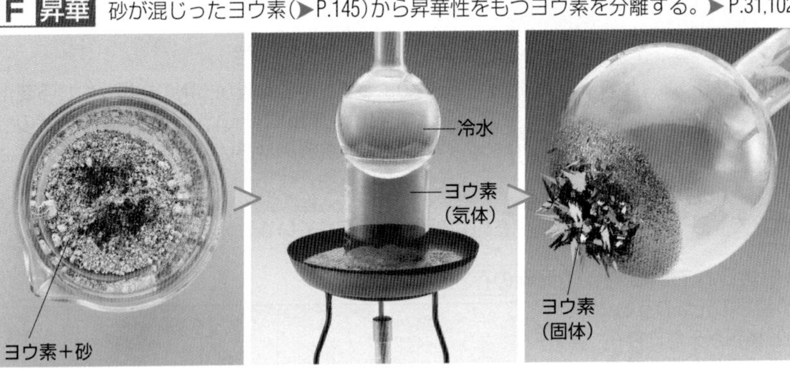

茶葉からカフェインなどを分離

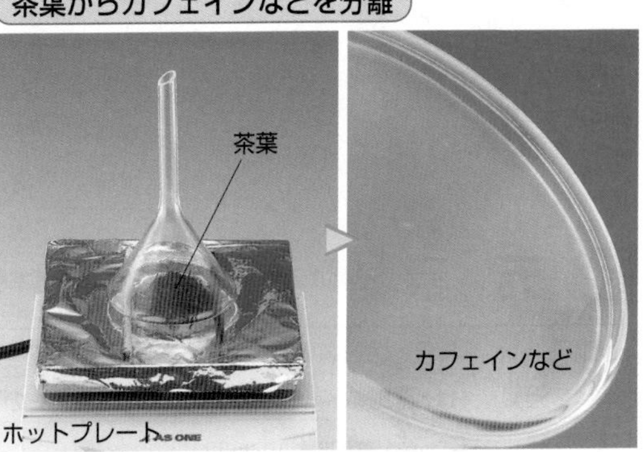

G 抽出 ヨウ素ヨウ化カリウム水溶液(ヨウ素溶液)からヨウ素を分離する。▶P.19

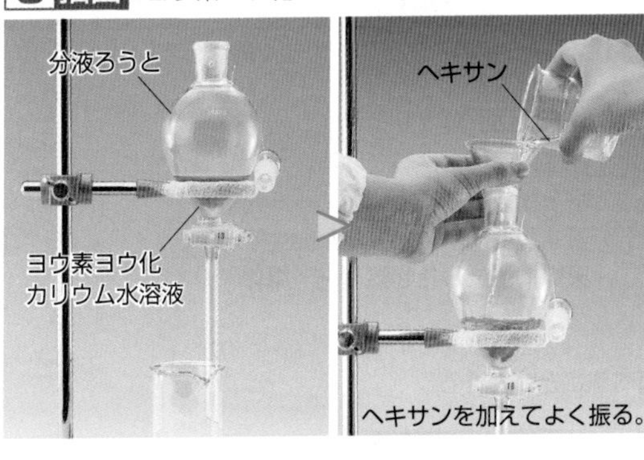

ヘキサンを加えてよく振る。

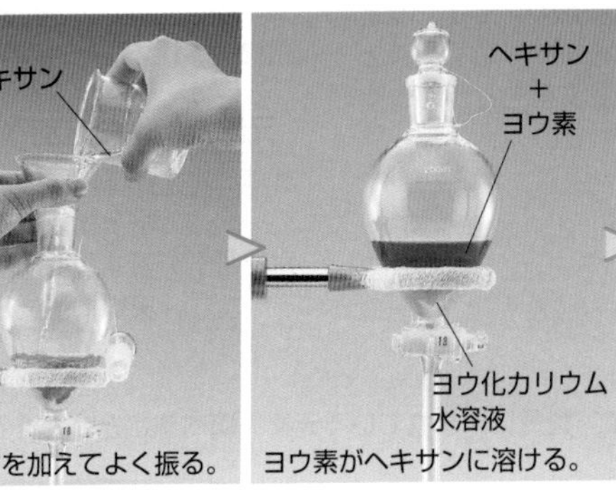

ヨウ素がヘキサンに溶ける。

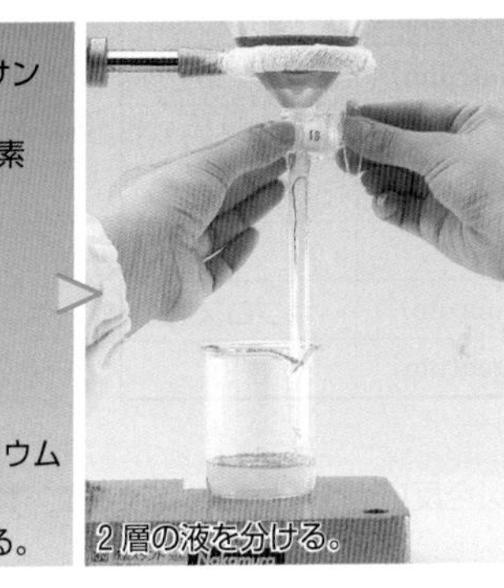

2層の液を分ける。

うま味を抽出

コンブのうま味成分が，水の中に溶け込む。これも，水を溶媒とした抽出といえる。

H クロマトグラフィー 葉緑体の色素を分離する。※クロマトグラフィーは，ギリシャ語のchroma(色)とgraphos(記録)が語源。

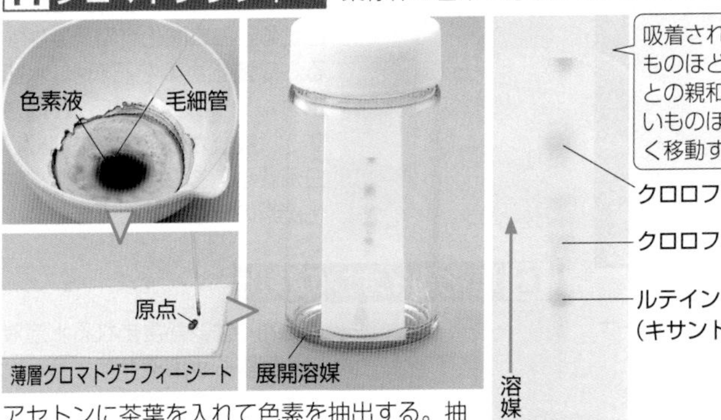

アセトンに茶葉を入れて色素を抽出する。抽出液を濃縮して，薄層(はくそう)クロマトグラフィー*のシートに少量つけ，展開溶媒に浸す。

＊吸着剤をガラス板などに固着させたもので，TLC(thin layer chromatography)ともいう。

やってみよう! 水性ペンの色素を分離

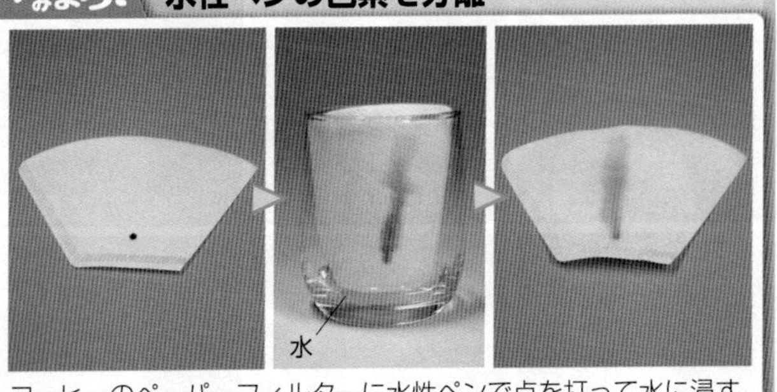

コーヒーのペーパーフィルターに水性ペンで点を打って水に浸す。水の上昇とともに，水性ペンの色素が分離する。いろいろな色のペンの色素を分離させ，比較することによって，共通する色素を推定することができる。

プチ雑学 お茶は，お湯の温度で味が変わる。これは，物質によって抽出される温度が異なるからである。たとえば玉露をいれるとき，40〜60℃ではテアニン(うま味)が，60℃以上ではカテキン(渋味)やカフェイン(苦味)が溶け出す。

化合物・単体と元素

基 1 化合物と単体

化合物は分解して単体に分けることができる。単体は結びついて化合物をつくることができる。

化合物

2種類以上の元素が一定の割合で結びついてできている純物質。

分解

単体

1種類の元素だけからできている純物質。

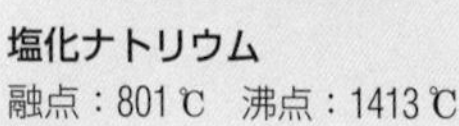

塩化ナトリウム
融点：801 ℃　沸点：1413 ℃

塩化ナトリウムの溶融塩電解 ▶P.95

ナトリウムと塩素の反応 ▶P.145

ナトリウム
融点：98 ℃　沸点：883 ℃

塩素　融点：−101 ℃
沸点：−34 ℃

分解のように，ある物質から別の物質が生じる変化を**化学変化**（化学反応）という。融解や蒸発などの物理変化では，物質の状態は変化するが，その性質は変化しない。

基 2 元　素

元素は，物質を構成している基本的な成分で，原子の種類を表す。現在約120種類が知られている。

元素名	元素記号	英語名（ラテン語名）	語源・由来
水　素	H	Hydrogen（Hydrogenium）	水を生じるもの
炭　素	C	Carbon（Carbonium）	炭
窒　素	N	Nitrogen（Nitrogenium）	硝石を生じるもの
酸　素	O	Oxygen（Oxygenium）	酸を生じるもの
ナトリウム	Na	Sodium（Natrium）	鉱物性アルカリ
硫　黄	S	Sulfur（Sulphur）	燃える石
塩　素	Cl	Chlorine（Chlorum）	黄緑色
鉄	Fe	Iron（Ferrum）	
銅	Cu	Copper（Cuprum）	キプロス島
銀	Ag	Silver（Argentum）	白い

現在知られている約120種類の元素のうち，約90種類が天然に存在する。元素を表す**元素記号**は，ラテン語，英語，ドイツ語などの元素名から1文字，または2文字をとってつくられている。

元素の存在比（質量%）

地殻	酸素 O 47.2%	ケイ素 Si 28.8%	アルミニウム Al 8.0%	その他
宇宙	水素 H 73.8%	ヘリウム He 24.9%		

地殻と宇宙とでは，元素の存在比が大きく異なっている。

元素と単体の区別

水は，水素と酸素で構成されている。
水を構成している成分　→　元素
水を電気分解すると，水素と酸素が発生する。
実際に生成した物質　→　単体

基 3 元素の確認

炎色反応や沈殿反応を利用して，物質に含まれている元素を調べることができる。

A 炎色反応（▶P.162,166）

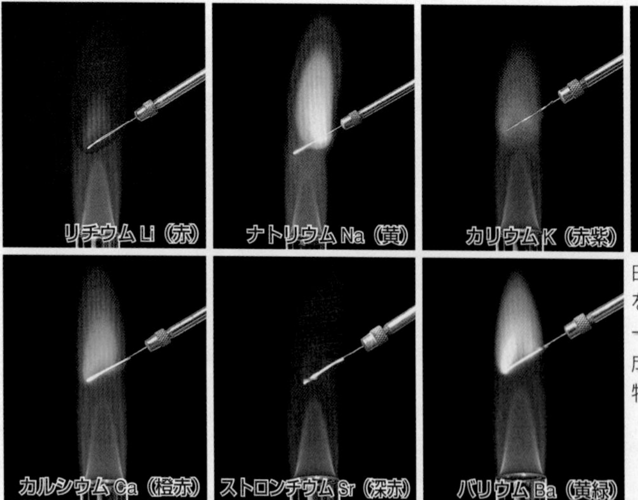

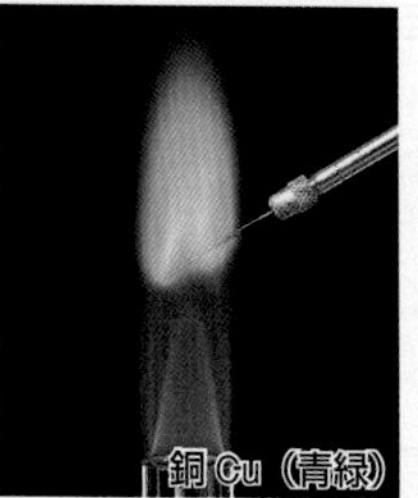

白金線の先端に水溶液をつけて，ガスバーナーの外炎に入れると，成分元素によっては，特有の色が見られる。

B 炭素の検出

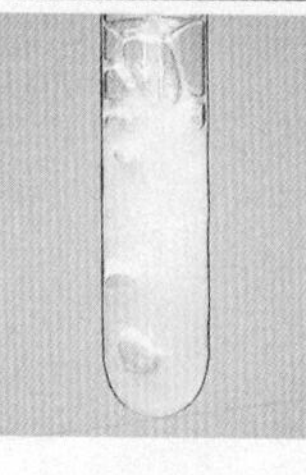

炭素が含まれている物質を燃焼させると，二酸化炭素が発生する。二酸化炭素を石灰水（水酸化カルシウム飽和水溶液）に通すと，炭酸カルシウムが沈殿し白濁する。この反応から，二酸化炭素の存在が確認できる。

C 塩化物イオンの検出

塩化物イオンが含まれる水溶液に，硝酸銀水溶液を加えると，塩化銀の白色沈殿が生じる。この反応から，塩化物イオンの存在が確認できる。

$$Ag^+ + Cl^- \longrightarrow AgCl$$

プチ雑学　現在自然界にある元素は94種類で，残りは人工的に合成されたものである。放射性元素の原子核は壊変（▶P.33）しやすく，特に原子番号102番以降の元素では秒単位で壊変してしまう。

Keywords ▶
●化合物 compound ●分解 decomposition ●単体 simple substance
●化学変化 chemical change ●元素 element ●元素記号 symbol of element
●炎色反応 flame reaction ●沈殿 precipitation ●同素体 allotrope

基 4 同素体

同じ 1 種類の元素で構成されているが，性質の異なる単体を互いに同素体という。

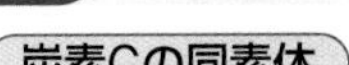
炭素Cの同素体 (▶P.156)

黒鉛
やわらかく，電気伝導性がある。

ダイヤモンド
非常に硬く，屈折率が大きい。

フラーレン
球状の分子。C_{60}，C_{70}など。

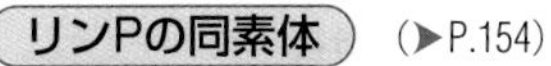
リンPの同素体 (▶P.154)

赤リン P
安定で，無毒。

黄リン P_4

発火性があり，水中に保存する。有毒。

酸素Oの同素体 (▶P.148)

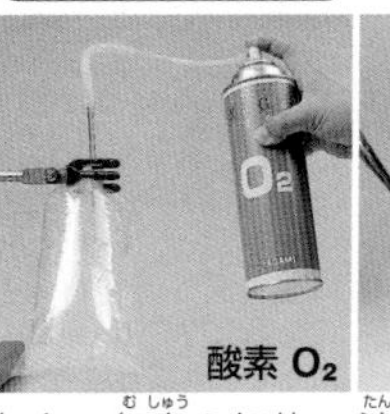

酸素 O_2
無色・無臭の気体。

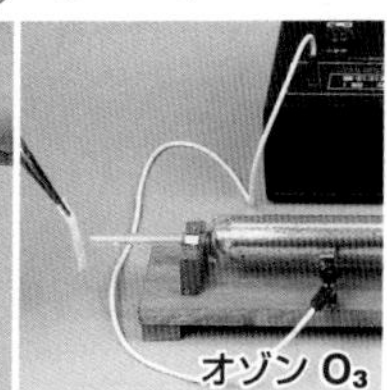
オゾン O_3
淡青色・特異臭をもつ有毒の気体。

実験 硫黄の同素体

目的 硫黄の同素体をつくって，その性質の違いを確認する。

単斜硫黄の観察

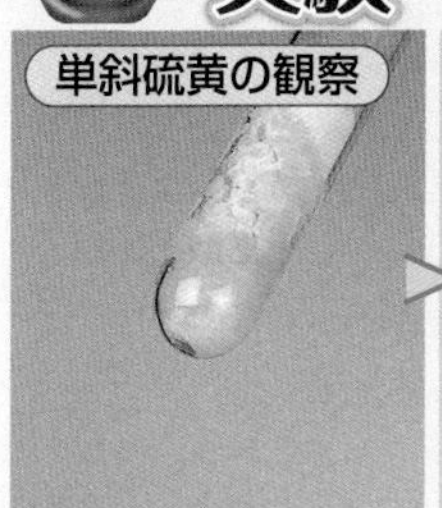

針状の単斜硫黄の結晶。

長期間放置する

放置すると変色してくる。ゆっくりと斜方硫黄に変化していく。

加熱して融解させた硫黄を，ろ紙上に流して，しばらく放置する。表面がかたまりはじめたところで，ろ紙を広げる。

ゴム状硫黄の観察

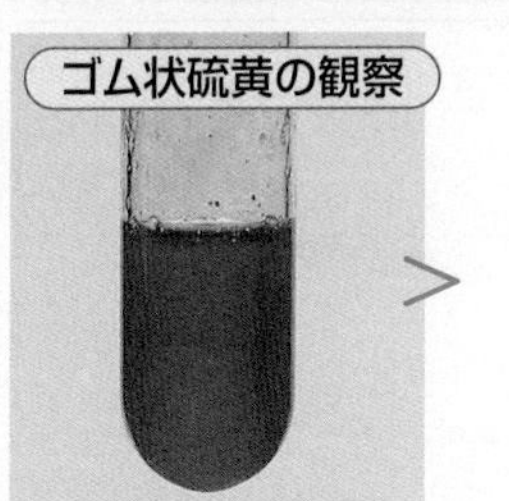

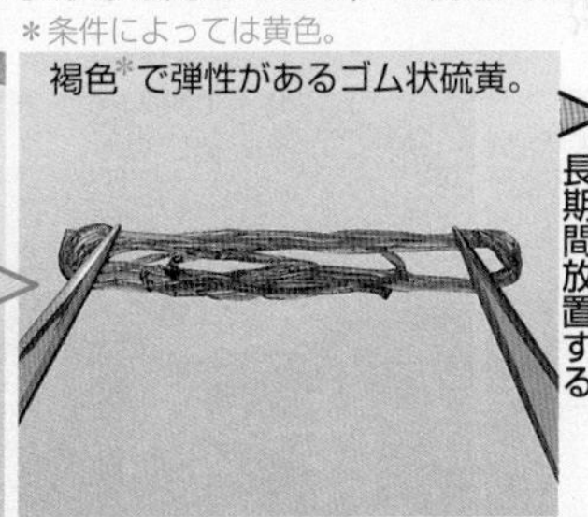
褐色*で弾性があるゴム状硫黄。

*条件によっては黄色。

長期間放置する

放置すると変色してくる。ゆっくりと斜方硫黄に変化していく。

融解した硫黄を加熱すると，粘性が強くなった後に，さらさらの液体になる。その液体を水中に注ぎ込んで急冷する。

斜方硫黄の観察

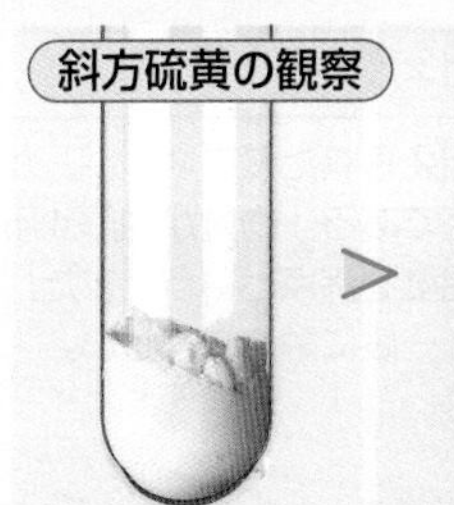
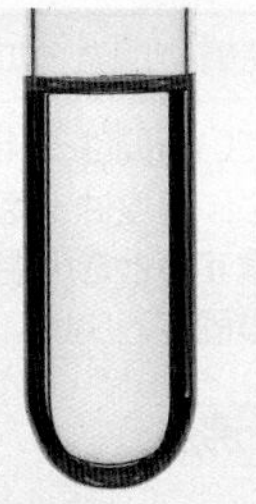

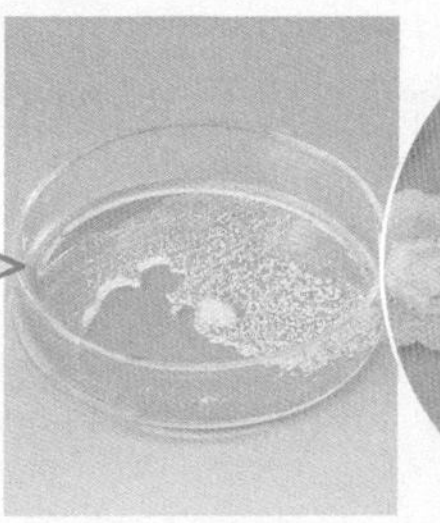

再結晶でできた斜方硫黄の結晶。

粉末にした硫黄に二硫化炭素を加えて溶かす。ペトリ皿に移してドラフト内に放置し，二硫化炭素を蒸発させる。

(▶P.149)

同素体	融点(℃)	密度(g/cm³)
斜方硫黄	112.8	2.07
単斜硫黄	119.0	1.96
ゴム状硫黄	―	―

⚠ 硫黄を加熱すると，有毒な気体が発生するので，換気を十分に行う。また，二硫化炭素は引火性が強く，有毒であるので，取り扱いに注意する。

基 5 物質の分類

物質はまず混合物と純物質に分類され，純物質はさらに化合物と単体に分類される。

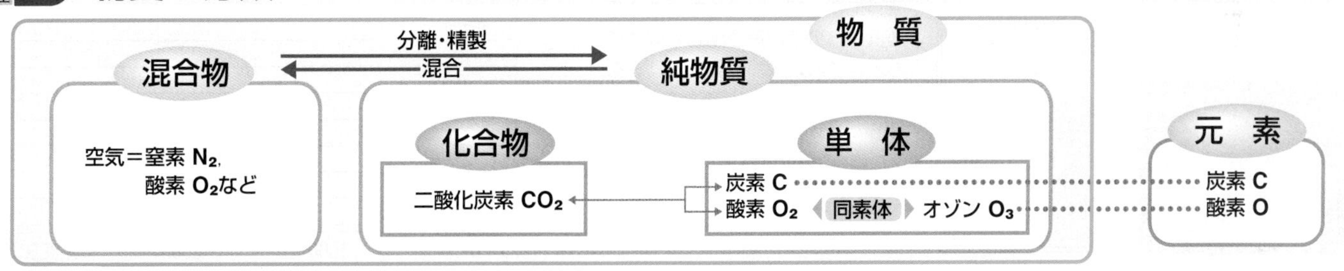

プチ雑学 同素体は，スズ(▶P.171)，鉄などの金属元素でも見られる。同素体どうしの間では，原子の配列や結合の仕方が違うが，これは温度や圧力などに影響されている。

熱運動と物質の三態

基 1 粒子の熱運動 物質を構成する粒子は，熱運動している。

気体の拡散

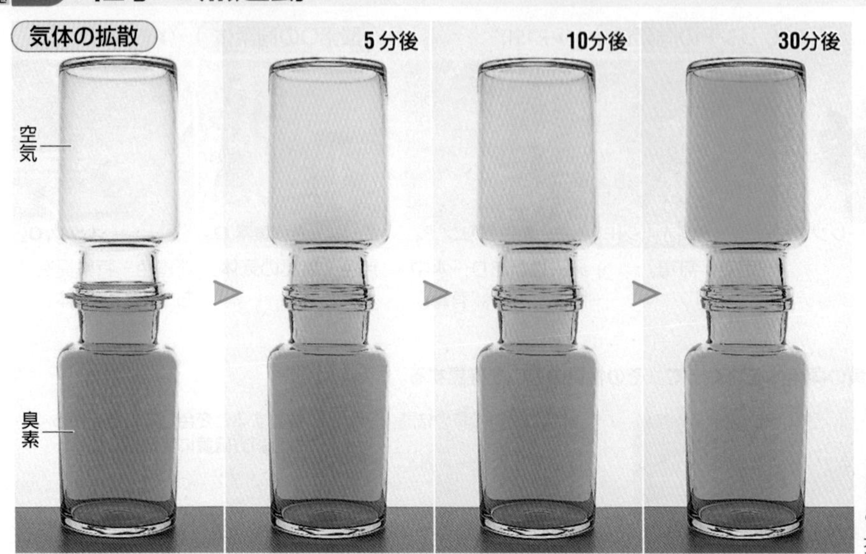

※簡単に表すため，空気は窒素のみとする。

窒素分子
臭素分子

しきり板をはずすと，空気と臭素が混じり合っていく。このように，粒子が広がっていくことを**拡散**(かくさん)という。拡散は粒子の**熱運動**によって起こる。

基 2 物質の状態 物質には，固体・液体・気体の3つの状態がある。

A 物質の状態

水

塩化ナトリウム

室温 固体

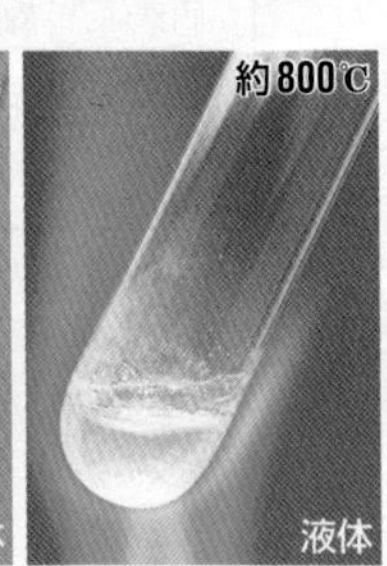

水 銀

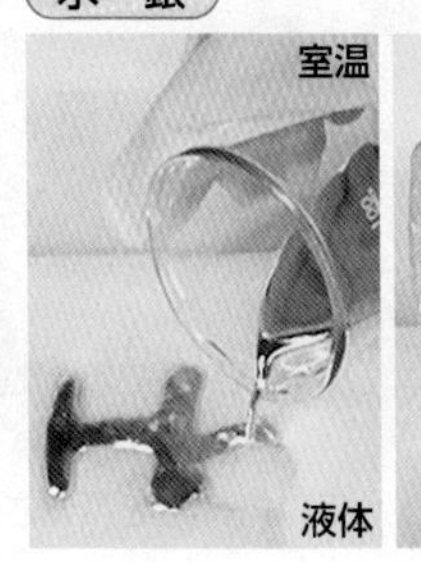

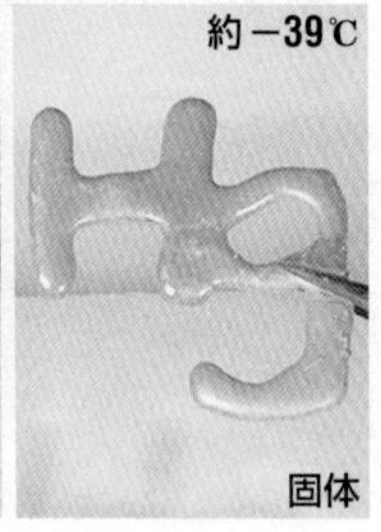

B 蒸発と沸騰

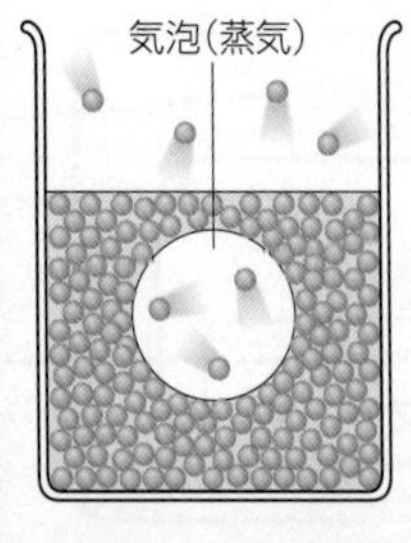

沸点に達していなくても，液体の表面から分子が飛び出して気体になる。この現象が**蒸発**である。ある温度に達すると，液体の内部で液体から気体への変化が起こり，気泡が生じる。この現象が**沸騰**(ふっとう)である。

C 融点・沸点

➤P.123，126

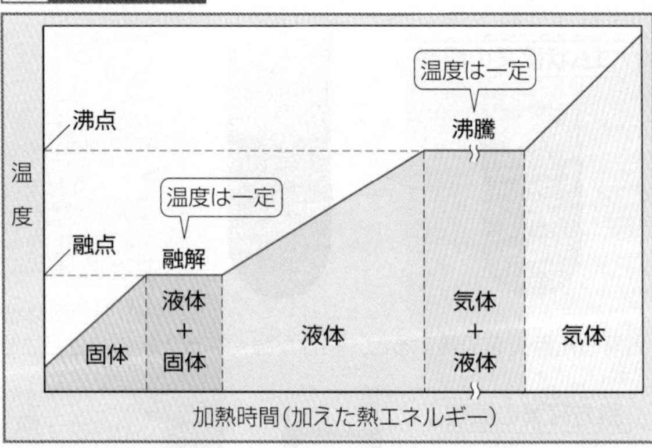

純物質が融解・沸騰している間は，加えられた熱エネルギーが状態変化に使われるため，温度は一定である。物質が融解するときの温度を**融点**(ゆうてん)，沸騰するときの温度を**沸点**(ふってん)という。また，凝固するときの温度を**凝固点**(ぎょうこてん)といい，一般に融点に等しい。

物質の状態と融点・沸点

物質	融点(℃)	沸点(℃)
鉄	1535	2750
塩化ナトリウム	801	1413
水銀	－39	357
水	0	100
ブタン	－138	－0.5
エタノール	－115	78
窒素	－210	－196

室温(25℃)　温度(℃)：－273　0　1000　2000

プチ雑学 臭素は，常温では液体だが，蒸発しやすいため，液体の上部は臭素の気体で赤色になる。毒性が強いので，そのガスを吸いこまないように，取り扱いには注意が必要である。なお，常温で液体の単体は，臭素と水銀だけである。

3 物質の三態

温度や圧力の変化によって状態変化が起こり，物質を構成する分子の間の距離や位置関係が大きく変わる。

A 物質の三態と分子

固体・**液体**・**気体**の3つの状態を**物質の三態**といい，これらの間の変化を**状態変化**という。▶P.102

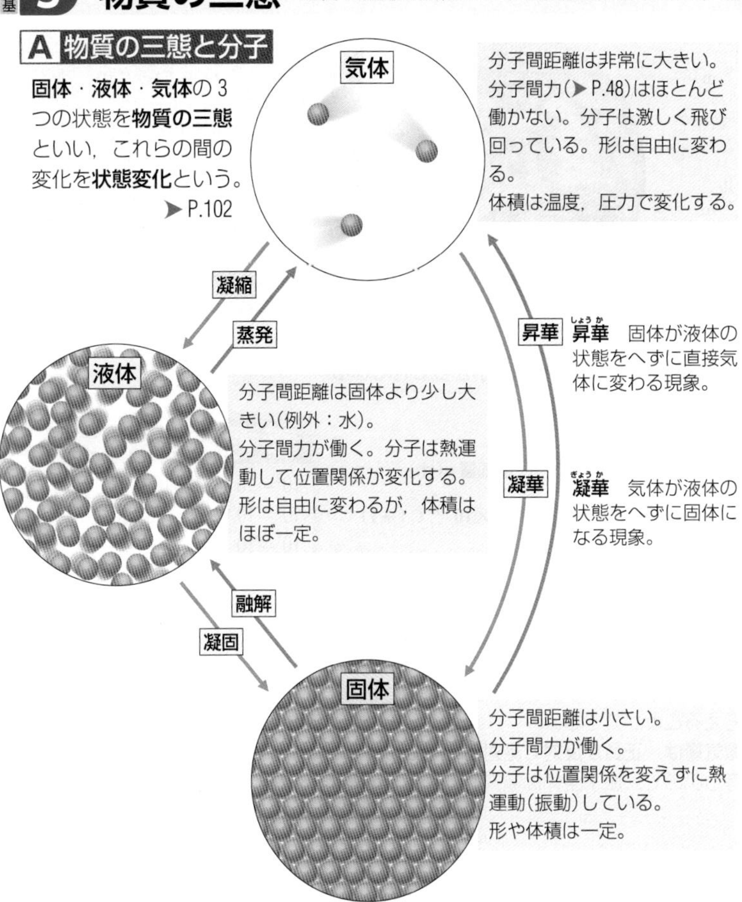

昇華 固体が液体の状態をへずに直接気体に変わる現象。

凝華 気体が液体の状態をへずに固体になる現象。

B 昇華

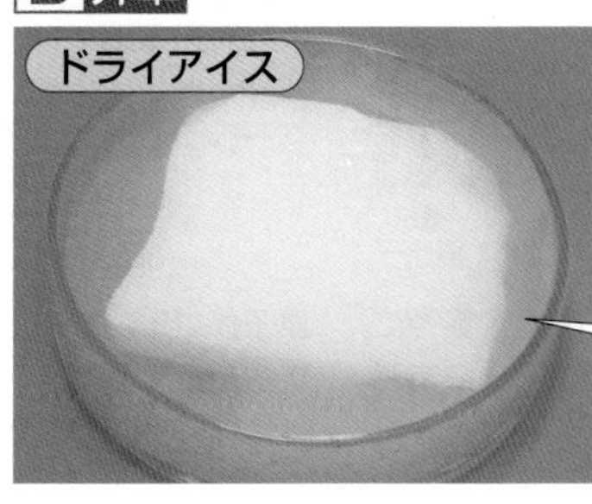

ドライアイスは，二酸化炭素の固体の状態である。常温・常圧では昇華して，気体の二酸化炭素になる(▶P.103)。保冷剤として利用される。

まわりの白いけむりは，空気がドライアイスで冷え，空気中の水蒸気が水の粒になったもの。

C 温度と熱運動

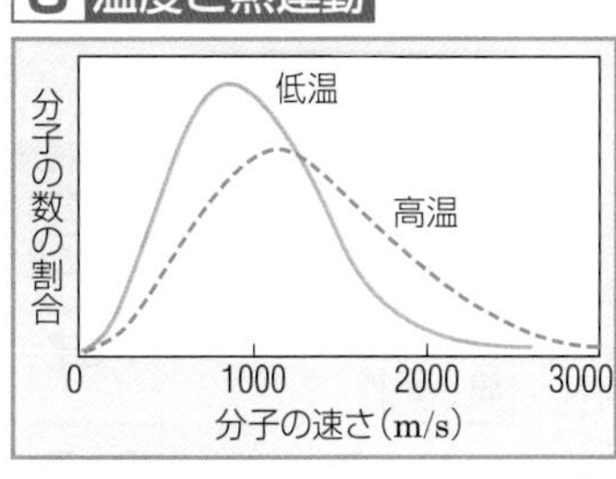

分子の速さと，その速さにおける分子の数の割合とをグラフに示した。温度が高い方が，速さが大きい分子の割合が高く，熱運動が激しいといえる。

D 絶対温度

$$T = t + 273$$

温度を下げていくと，熱運動は−273℃で完全に停止する。この温度を**絶対零度**という。絶対零度を原点として，目盛りの間隔をセルシウス温度と同じになるようにした温度を**絶対温度**(単位はK)という。

E 状態変化と密度

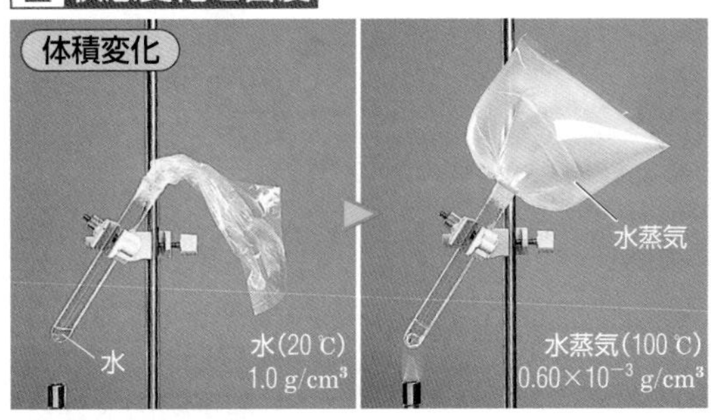

気体の密度は液体に比べて非常に小さい。液体の水を水蒸気へと状態変化させると，体積は1000倍以上になる。

固体の密度は，ふつう液体の密度より大きいため，液体に入れた固体は沈む。水は例外的に固体の密度の方が液体より小さいため，液体の水に氷が浮かぶ。(▶P.49)

4 化学変化と物理変化

分解は化学変化，状態変化は物理変化である。

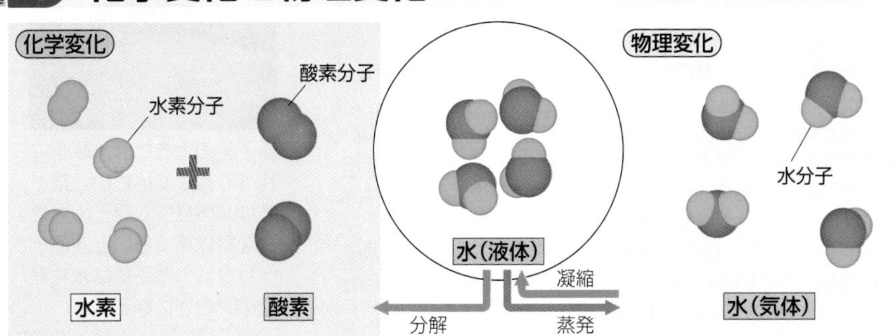

分解のように，物質の種類が変わる変化を**化学変化**(**化学反応**)という。

化学変化の例

- 水の電気分解 $2H_2O \longrightarrow 2H_2 + O_2$
- 炭素の燃焼 $C + O_2 \longrightarrow CO_2$

状態変化のように，物質の種類は変わらず，状態だけが変わる変化を**物理変化**という。

物理変化の例

- 液体の水が蒸発して水蒸気になる。
- ドライアイスが昇華して気体の二酸化炭素になる。

思考問題 天然ガスは，低温にして液体の状態で運ばれることが多い。気体ではなく，液体の状態で運ぶメリットを，1つ挙げなさい。

原子の構造

基 1 原　子　物質を構成している基本粒子を原子という。

A 「原子」の考え方

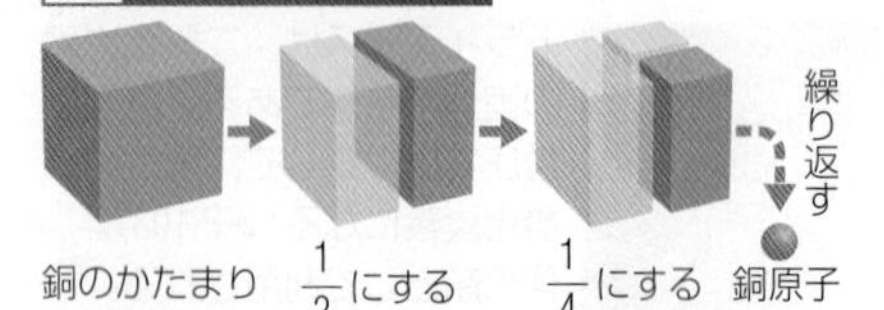

ある単体をどんどん分割していくと，最後にはもうこれ以上分けられない基本粒子にまで達する。これがその単体の原子である。

B 原子の大きさ

原子がゴルフボールくらいの大きさだとすると，ゴルフボールは地球くらいの大きさになる。

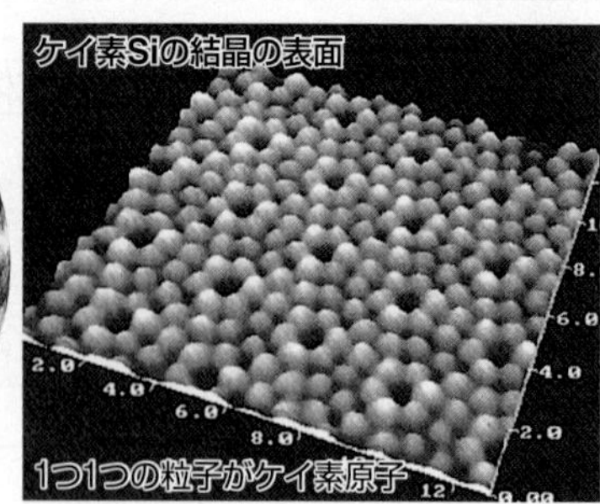

基 2 原子の構造　原子は，陽子と中性子からなる原子核と，そのまわりに存在する電子からできている。

A モデル図

例 ヘリウム原子He

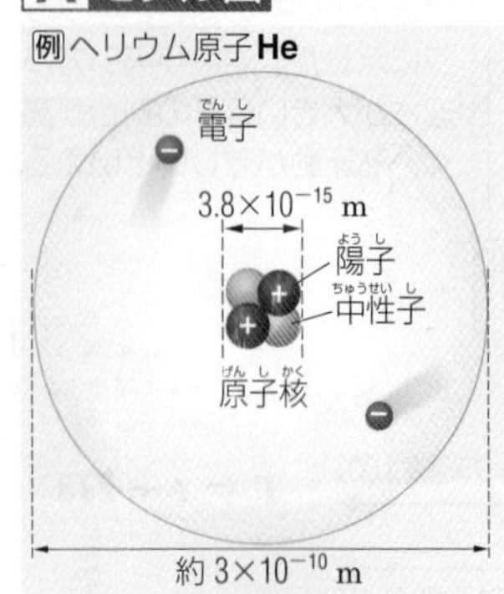

B 原子の構成

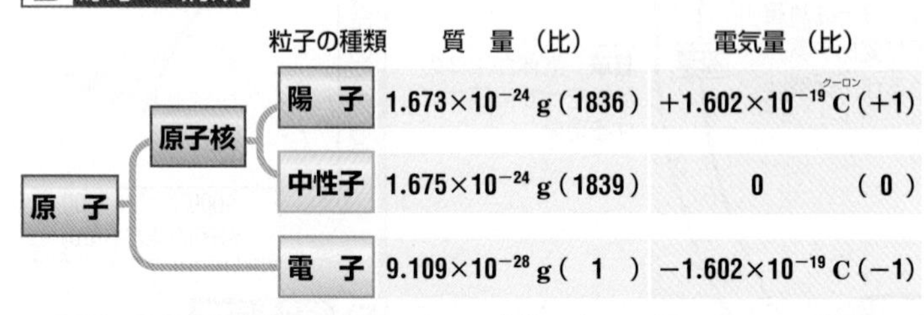

		粒子の種類	質　量（比）	電気量（比）
原　子	原子核	陽　子	1.673×10^{-24} g（1836）	$+1.602\times10^{-19}$ C（+1）
		中性子	1.675×10^{-24} g（1839）	0　（0）
		電　子	9.109×10^{-28} g（1）	-1.602×10^{-19} C（−1）

- 電子の質量は，陽子や中性子に比べて非常に小さい（約1840分の１）。
  原子の質量は，原子核の質量と考えることができる。
- 陽子のもつ電気量と電子のもつ電気量は，正負が反対で絶対値が等しい。
  原子中の陽子の数と電子の数は等しいので，原子全体は電気的に中性である。

参考　指数の表記

$10^3=10\times10\times10=1000$

$10^2=10\times10=100$

$10^1=10$

$10^0=1$

$10^{-1}=\frac{1}{10}=0.1$

$10^{-2}=\frac{1}{10^2}=\frac{1}{100}=0.01$

$10^{-3}=\frac{1}{10^3}=\frac{1}{1000}=0.001$

（➤P.298）

C 原子の表し方

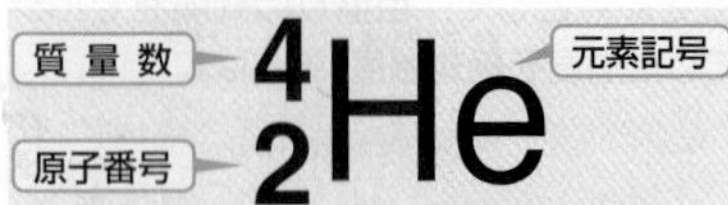

質量数＝陽子の数＋中性子の数
原子番号＝陽子の数＝電子の数

質量数は原子の質量にほぼ比例する。原子番号は陽子の数に等しく，元素によって決まっている。

原子の例　● 陽子　● 中性子　● 電子

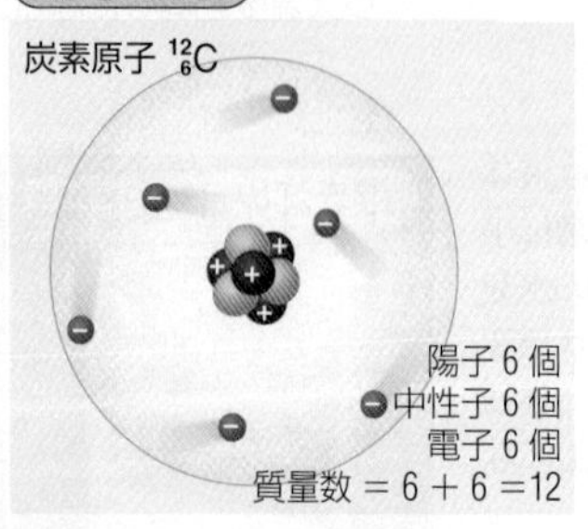

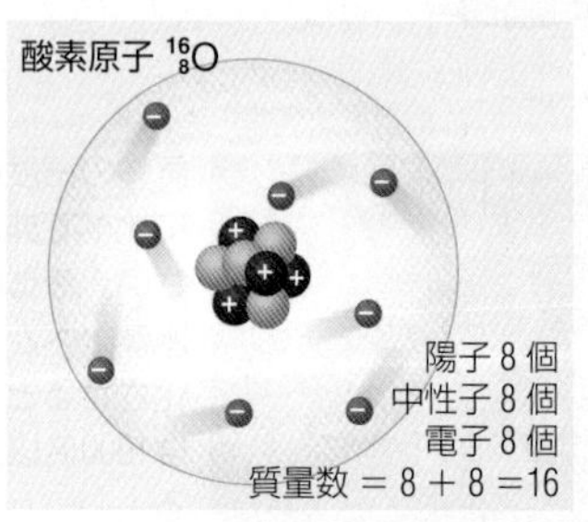

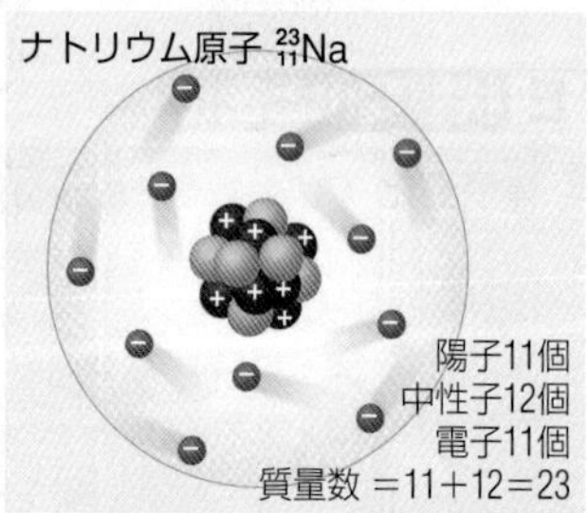

探究の歴史　原子の構造はどのように解明されたか

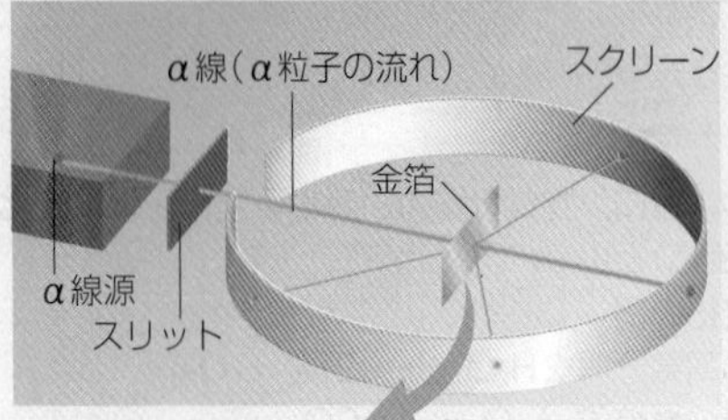

金箔にα線をあてると，α線のほとんどは金箔を通り抜けた。しかし，一部のα線は大きくはね返された。

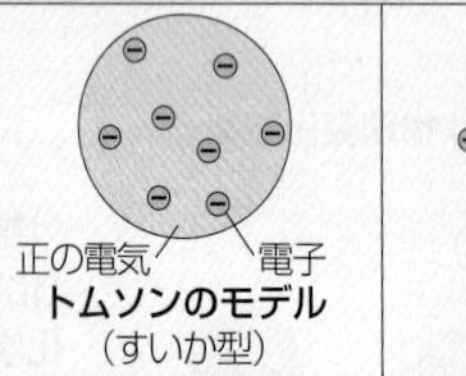

トムソンのモデル（すいか型）

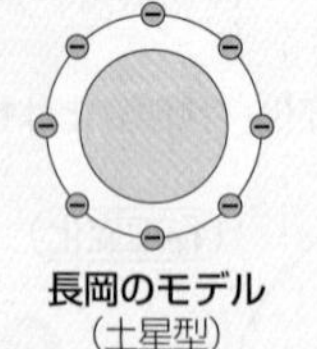
長岡のモデル（土星型）

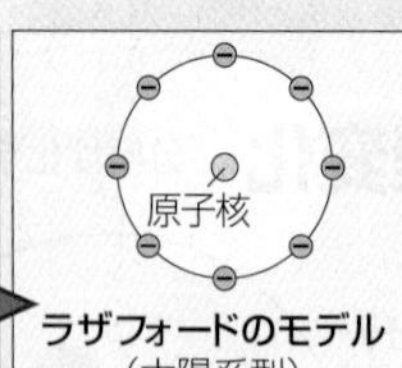

ラザフォードのモデル（太陽系型）

J.J.トムソン（イギリス，1856～1940）は，真空放電の研究から，電子が負の電気をもつ粒子であることを示した（1897年）。原子内部には正の電気が存在すると予想され，トムソンはすいか型，長岡半太郎（日本，1865～1950）は土星型の原子モデルを考えた。

ラザフォード（イギリス，1871～1937）は，左の図の実験から，原子の中心には極めて小さい芯があり，そこに正の電気と質量の大部分が集中していると結論した（1911年）。

Column　原子核の大きさ

原子核の大きさは，原子に比べて極めて小さい。たとえば，ヘリウム原子の大きさを野球場くらいとすると，ヘリウムの原子核は米粒程度の大きさになる。

プチ雑学　原子の英語 atom はギリシャ語に由来する。a は否定詞，tom は「分ける」なので，「分けられないもの」という意味になる。

Keywords ●原子 atom ●原子核 atomic nucleus ●陽子 proton ●中性子 neutron ●電子 electron ●質量数 mass number ●同位体 isotope ●放射性同位体 radioisotope ●半減期 half-life 陽子・中性子

基 3 同位体 同位体どうしは，質量が異なるが化学的性質はほぼ同じである。

A 水素の同位体

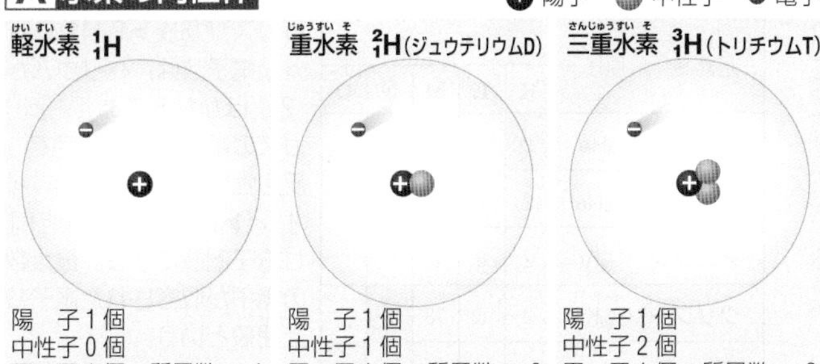

陽 子1個 中性子0個 電 子1個 質量数＝1

陽 子1個 中性子1個 電 子1個 質量数＝2

陽 子1個 中性子2個 電 子1個 質量数＝3

同一元素の原子で中性子の数が異なる原子どうしを，互いに**同位体**(**アイソトープ**)という。同位体どうしは，原子番号(＝陽子の数)は等しいが質量数が異なる。化学的性質はほぼ同じである。

重 水

重水素 ^2_1Hからできた水を**重水**という。ふつうの水と化学的性質はほぼ同じだが，密度は約11%高い。

B 同位体の存在比 (▶P.276)

＊放射性同位体

元素	同位体	陽子の数	中性子の数	存在比(%)
水素 $_1H$	^1H	1	0	99.9885
	^2H	1	1	0.0115
	^3H＊	1	2	極微量
炭素 $_6C$	^{12}C	6	6	98.93
	^{13}C	6	7	1.07
	^{14}C＊	6	8	極微量
窒素 $_7N$	^{14}N	7	7	99.636
	^{15}N	7	8	0.364
酸素 $_8O$	^{16}O	8	8	99.757
	^{17}O	8	9	0.038
	^{18}O	8	10	0.205

Be，Al などのように，天然には1種類の原子核のみが存在し，同位体のない元素もある。

C 放射性同位体

放射線を出して原子核が他の元素の原子核に変化して壊れていく(**壊変・崩壊**)同位体を，**放射性同位体**(**ラジオアイソトープ**)という。

ウラン235の壊変 α壊変

陽子92個 中性子143個 陽子90個 中性子141個 陽子2個 中性子2個

$^{235}_{92}U$の原子核は，α線(ヘリウム原子核)を放射しながら壊変していく。なお，ウランを燃料とする原子炉では，次のような反応で放出されるエネルギーを利用する。

$^{235}_{92}U$ ＋ n(中性子) ⟶ $^{95}_{39}Y$ ＋ $^{139}_{53}I$ ＋ 2n ＋ エネルギー

炭素14の壊変 β壊変

陽子6個 中性子8個 陽子7個 中性子7個 電子1個

$^{14}_6C$の原子核は，β線(電子)を放射しながら壊変していく。

放射線の性質

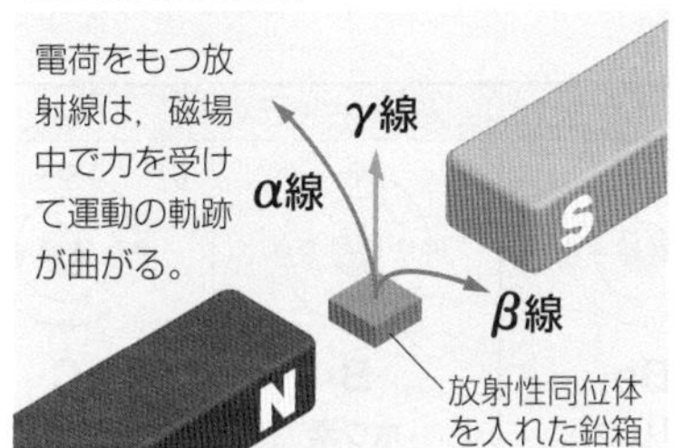

α線 ヘリウム ^4_2He の原子核の流れ。正の電荷をもつ。

β線 電子の流れ。負の電荷をもつ。

γ線 波長の短い電磁波(▶P.296)。電荷をもたない。

D 半減期

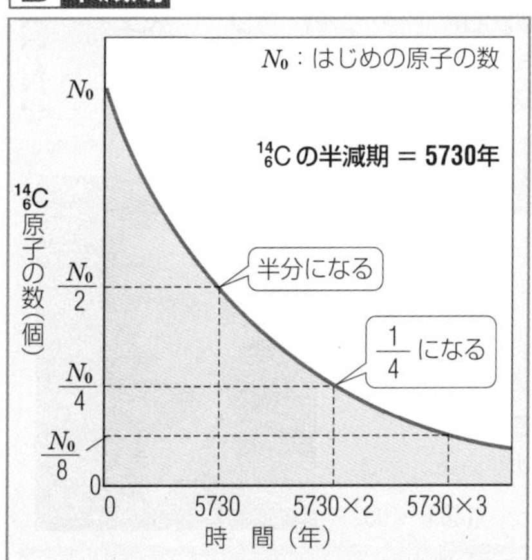

原子核の壊変により，原子の数がはじめの半分になるまでの時間を**半減期**という。半減期は原子の種類によって決まっている。半減期が短い原子の原子核ほど早く壊変することが多い。

放射性同位体	半減期
$^{14}_6C$	5730年
$^{38}_{17}Cl$	37.2分
$^{131}_{53}I$	8.03日
$^{137}_{55}Cs$	30.1年
$^{235}_{92}U$	7.04億年
$^{239}_{94}Pu$	2.41万年

Column 放射性同位体の利用

$^{14}_6C$による年代測定

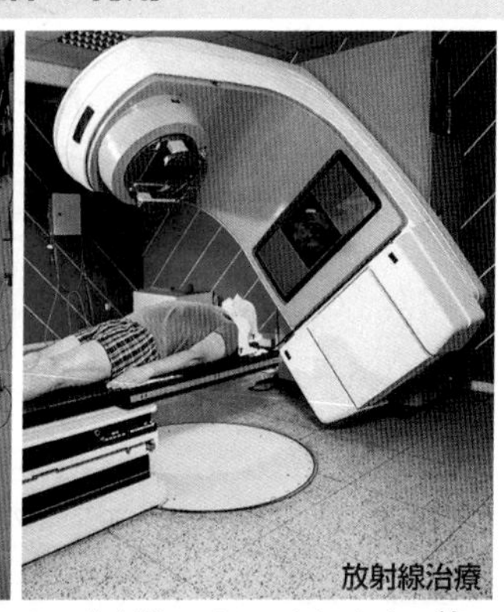

放射線治療

$^{14}_6C$は壊変して$^{14}_7N$になるが，宇宙からの放射線により，大気上空で$^{14}_7N$から$^{14}_6C$がつくられるため，地球上の$^{14}_6C$の濃度はほぼ一定に保たれる。生物は，生きている間は外界との物質交換により，まわりの環境と同じ割合で$^{14}_6C$を含んでいる。しかし，死とともに物質交換がなくなり，体内の$^{14}_6C$は減少しはじめる。遺跡などから出土したものに含まれる$^{14}_6C$の濃度を測定すれば，$^{14}_6C$の半減期から，何年前に死んだのかを推定することができる。この方法で遺跡の年代測定が行われている。

放射線は遺伝子を破壊するため，一定量以上の被曝は健康に悪い影響を与える。しかし，被曝させる部位や量を限定することによって，がん細胞の増殖をおさえることができる。このような放射線療法は，がん治療の有効な方法の1つになっている。

プチ雑学 中性子の存在を指摘したのもラザフォードである。水素(軽水素)の原子核は陽子からできていることがわかってきたころ，水素の2倍の電荷をもつヘリウム原子核の質量を測定すると，水素の約4倍であることがわかった。これに矛盾を感じたラザフォードは，「原子核には，質量が陽子に等しく，電荷をもたない粒子があるはずだ」と考えた。

34 電子配置

基 1 電子殻 電子はいくつかの層(電子殻)に分かれて存在している。

A ボーアモデル

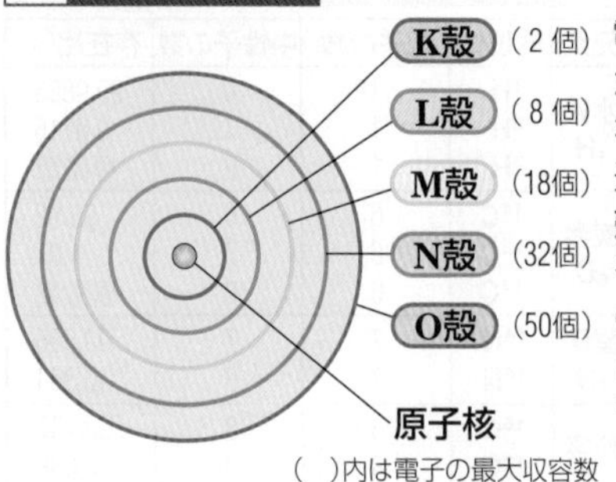

( )内は電子の最大収容数

電子は，原子核のまわりに，いくつかの層に分かれて存在している。これらの層を**電子殻**(かく)といい，原子核に近いもの(内側)から順に，**K殻**，**L殻**，**M殻**，…という。
それぞれの電子殻に収容できる電子の最大数は決まっており，内側からn番目の電子殻には最大$2n^2$個の電子が収容できる。

B 貴ガスの電子配置

元素名	原子	K	L	M	N	O
ヘリウム	$_{2}He$	**2**				
ネオン	$_{10}Ne$	2	**8**			
アルゴン	$_{18}Ar$	2	8	**8**		
クリプトン	$_{36}Kr$	2	8	18	**8**	
キセノン	$_{54}Xe$	2	8	18	18	**8**

※■の数字は最外殻電子の数を表す。

貴ガス*(18族▶P.141)の最外殻電子数は，ヘリウムが2，ほかが8である。貴ガスの電子配置は安定で，反応性はほとんどない。イオン(▶P.40)は貴ガスと同じ電子配置になる。最大数の電子が収容された電子殻を**閉殻**(へいかく)という。
*希ガスともいう。

基 2 電子配置と価電子 価電子の数が等しい元素は，化学的性質がよく似ている。

原子番号1～20の原子の電子配置
電子はふつう内側の電子殻から入っていく。水素，ヘリウムはK殻，リチウムからネオンまではL殻，ナトリウムからアルゴンまではM殻に電子が入る。
●●は電子を示す。特に●は価電子を示す。

周期＼族	1	2	13	14	15	16	17	18
1	1 (1+) H· 水素							2 (2+) He: ヘリウム
2	3 (3+) Li· リチウム	4 (4+) ·Be· ベリリウム	5 (5+) ·B· ホウ素	6 (6+) ·C· 炭素	7 (7+) ·N· 窒素	8 (8+) ·O: 酸素	9 (9+) ·F: フッ素	10 (10+) :Ne: ネオン
3	11 (11+) Na· ナトリウム	12 (12+) ·Mg· マグネシウム	13 (13+) ·Al· アルミニウム	14 (14+) ·Si· ケイ素	15 (15+) ·P· リン	16 (16+) ·S: 硫黄	17 (17+) ·Cl: 塩素	18 (18+) :Ar: アルゴン
4	19 (19+) K· カリウム	20 (20+) ·Ca· カルシウム						
価電子	1	2	3	4	5	6	7	0

価電子
最外殻電子(さいがいかくでんし)。原子どうしの結合やイオンの生成に重要な役割を果たす。貴ガス(18族)は，他の原子と結合せず，イオンにならないので，価電子数は0とする。

電子式
最も外側の電子殻に入っている電子(最外殻電子)を，元素記号のまわりに記号・で表した式。 例 **H・**
書き方 最外殻電子数が4以下であれば(Heを除く)，元素記号の上下左右に1個ずつ書く。5以上であれば一部を対にする。その際，どの場所を対にするかは決められていない。

○ ·N· ○ :N· × ·N:

Episode エネルギーはとびとびの値しか許されない

ボーアは，電子のエネルギーはとびとびの値しか許されない，という量子論(りょうしろん)の考えから，ボーアモデルをつくり，線スペクトルをうまく説明した(▶P.35)。このとき，ボーアは27歳だった。
ボーアがつくったコペンハーゲンの研究所には，世界中から研究者が集まり，そこでの議論などから量子論は量子力学へと発展した。電子のような非常に小さな粒子の運動は，いままでの物理学では扱えなかったが，量子力学によって，これらを説明できるようになった。そして現在，量子力学はエレクトロニクスをささえる重要な理論になっている。
なお，実際の電子の軌道は，このような単純なものではないが，限られた条件では，ボーアモデルは有効である。

ボーア(デンマーク，1885～1962)

電子殻は，原子核に近いものからK殻，L殻，M殻，…という。「K」「L」は，原子に電子線を当てると2種類の波長のX線が観測されることがわかったときに，それぞれの波長に名付けられた。今後さらに短いもしくは長い波長のX線が見つかったときにも対応できるように，「A」「B」ではなくアルファベット順で中間にある「K」「L」が使われた。

Keywords ●電子配置 electron configuration ●電子殻 electron shell ●価電子 valence electron
●電子軌道 electron orbital ●エネルギー準位 energy level ●スペクトル spectrum

基 3 電子軌道

電子の位置は，確率でしか示すことができず，電子の存在確率を示すものを電子軌道という。（▶P.272）

電子軌道（原子軌道）には，s，p，d，f，…がある。s軌道は球状，p軌道は亜鈴（あれい）形で，s軌道は1種，p軌道は3種（p_x，p_y，p_z）ある。各軌道には，最大2個の電子が入る。

K殻の電子軌道

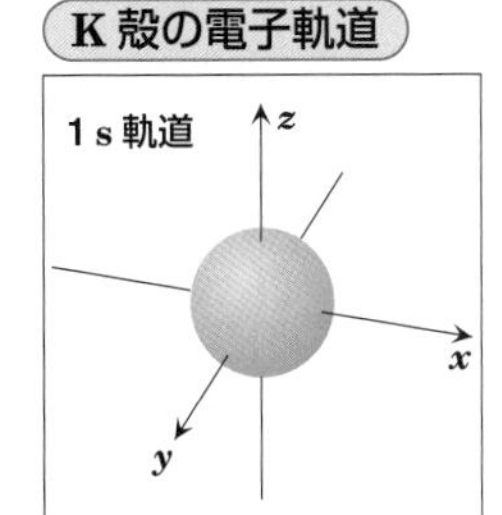

L殻の電子軌道

2s，$2p_x$，$2p_y$，$2p_z$ の4つの軌道からなる。

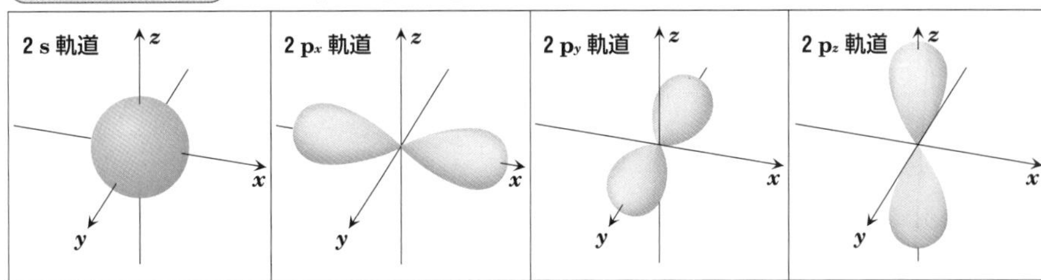

電子軌道のエネルギー準位

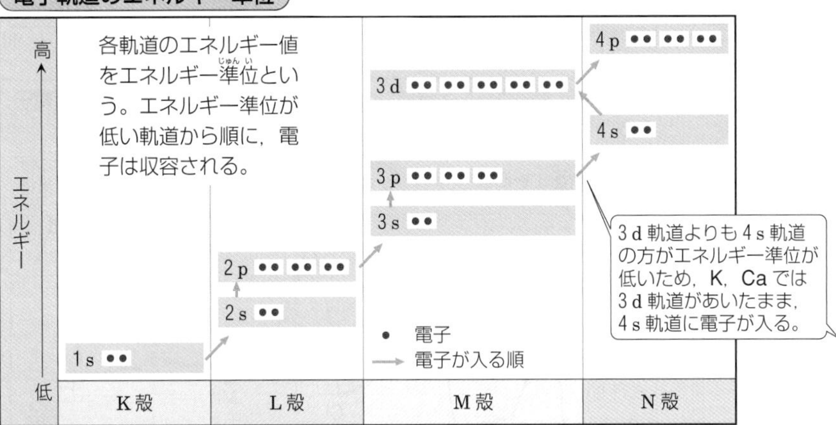

おもな原子の電子配置

（▶P.273）

原子	K殻	L殻		M殻			N殻			
	1s	2s	2p	3s	3p	3d	4s	4p	4d	4f
$_{11}$Na	2	2	6	1						
$_{12}$Mg	2	2	6	2						
$_{13}$Al	2	2	6	2	1					
$_{14}$Si	2	2	6	2	2					
$_{15}$P	2	2	6	2	3					
$_{16}$S	2	2	6	2	4					
$_{17}$Cl	2	2	6	2	5					
$_{18}$Ar	2	2	6	2	6					
$_{19}$K	2	2	6	2	6		1			
$_{20}$Ca	2	2	6	2	6		2			
$_{21}$Sc	2	2	6	2	6	1	2			
$_{22}$Ti	2	2	6	2	6	2	2			

探究の歴史 電子殻の存在はスペクトルで確認された

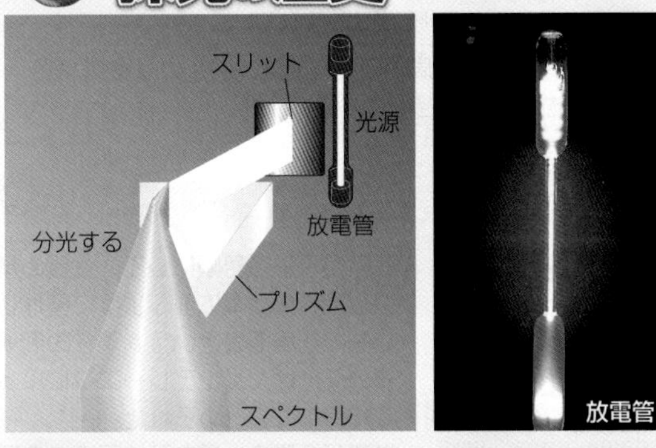

水素を入れた放電管（ほうでんかん）を放電させて生じる光を，プリズムで分光すると，何本かの線スペクトルが見られる。これが電子配置に関係していた。

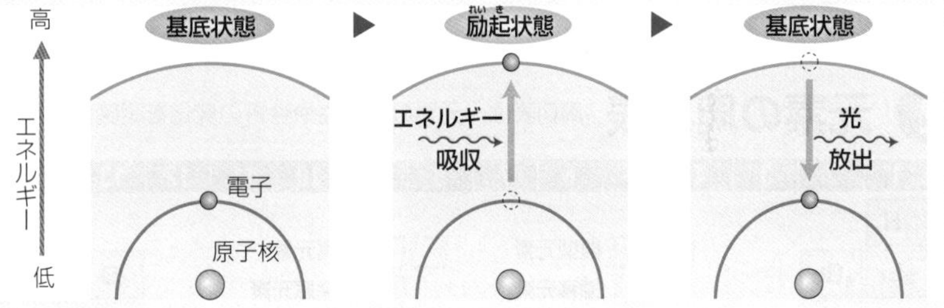

水素のスペクトル

656.3 nm　486.1 nm　434.0 nm　410.2 nm

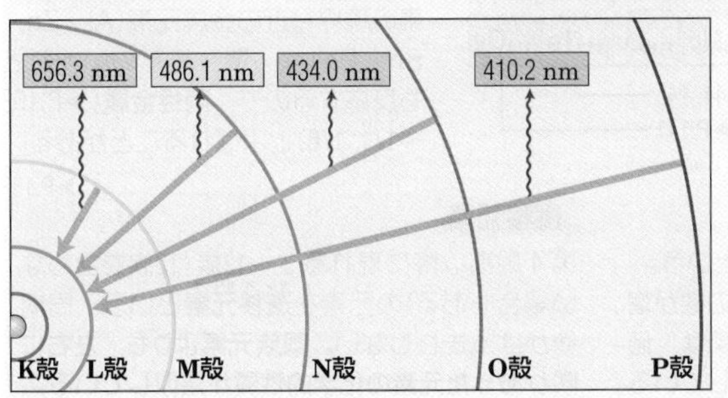

原子は通常，電子がエネルギーの低い安定した状態（**基底状態**）にある。放電などによりエネルギーを加えられると，電子はよりエネルギーの高い電子殻に移動する。この状態を**励起状態**という。この電子が，再びエネルギーの低い電子殻に戻るとき，その差に相当するエネルギーを光として放出する。

水素のスペクトルが線になっているのは，電子が任意の場所に存在しているのではなく，このようなとびとびの場所（電子殻）に存在していることを示している。このようにして，ボーアは電子殻という考えで，線スペクトルをうまく説明した。

実際には，左の図のような関係になることがわかっている。K殻まで移動するときに放出する光の波長は紫外線であり，肉眼で感じることができる光（可視光線（かしこうせん））の範囲を超えている。

その他のスペクトル

線スペクトルの波長は，元素の種類によって決まっているため，スペクトルを調べることで，そこにどのような元素が含まれているかがわかる。

プチ雑学 電子軌道は，それぞれs（sharp 鋭い），p（principal 主要な），d（diffuse 散漫な），f（fundamental 基本的な）から名付けられた。

36 周期律と周期表

基 1 元素の周期律

元素を原子番号の順に並べていくと，性質の類似した元素が周期的に現れる。これを元素の周期律という。

第一イオン化エネルギー ➤P.41, 274

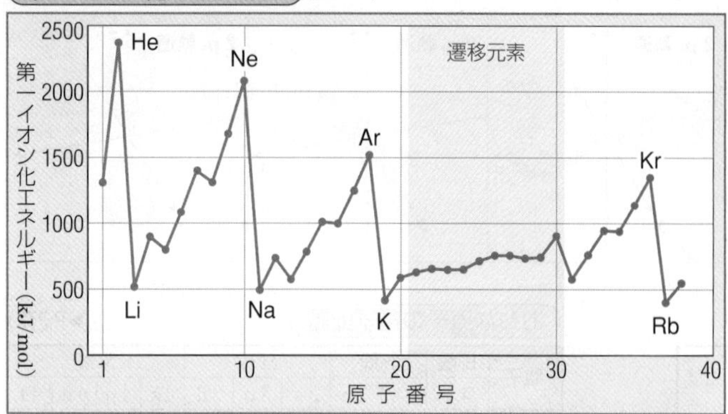

1 価の陽イオンにするのに必要なエネルギーを第一イオン化エネルギーという。**貴ガスで高く**，**アルカリ金属で低い**。遷移元素では変化が小さい。

価電子の数 ➤P.34

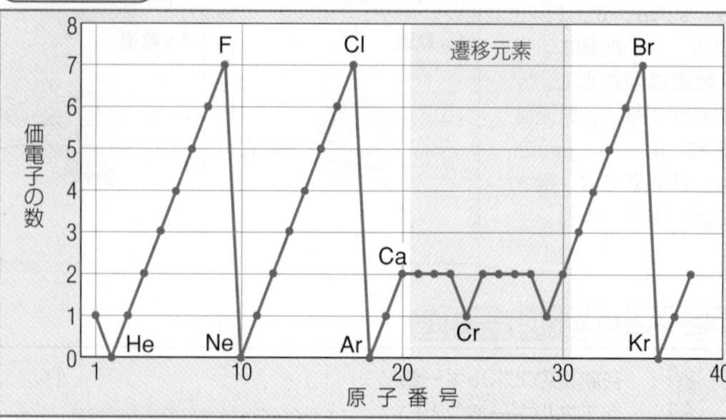

価電子は元素の性質に大きくかかわっている。元素の周期律(しゅうきりつ)は，価電子の数の変化による。

単体の融点

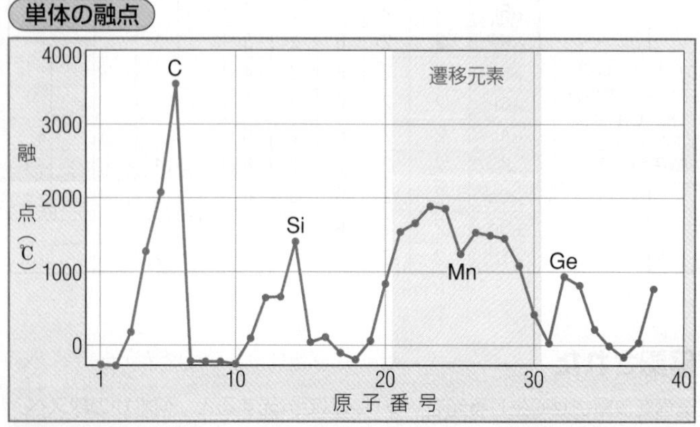

粒子間の結合力が強いものほど，融点は高くなる。14 族C，Si，Geと遷移元素の融点が高い。

原子半径 ➤P.41

金属元素は金属結合半径，18 族元素はファンデルワールス半径，その他の元素は共有結合半径。

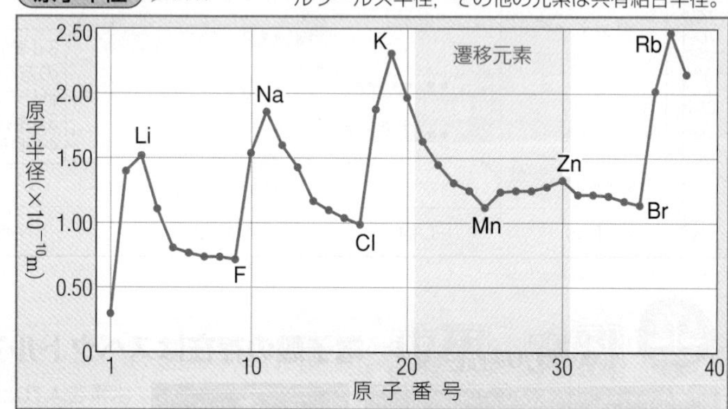

周期的に変化し，18 族以外の同一周期の元素では，**アルカリ金属が最も大きく**，族番号が大きくなるほど小さくなる。

基 2 元素の周期表

周期表は，元素の類似性や性質の変化を明確に表している。

周期＼族	1	2	3	4	5	6	7	8	9	10	11	12	13	14	15	16	17	18
1	$_{1}$H																	$_{2}$He
2	$_{3}$Li	$_{4}$Be											$_{5}$B	$_{6}$C	$_{7}$N	$_{8}$O	$_{9}$F	$_{10}$Ne
3	$_{11}$Na	$_{12}$Mg											$_{13}$Al	$_{14}$Si	$_{15}$P	$_{16}$S	$_{17}$Cl	$_{18}$Ar
4	$_{19}$K	$_{20}$Ca	$_{21}$Sc	$_{22}$Ti	$_{23}$V	$_{24}$Cr	$_{25}$Mn	$_{26}$Fe	$_{27}$Co	$_{28}$Ni	$_{29}$Cu	$_{30}$Zn	$_{31}$Ga	$_{32}$Ge	$_{33}$As	$_{34}$Se	$_{35}$Br	$_{36}$Kr
5	$_{37}$Rb	$_{38}$Sr	$_{39}$Y	$_{40}$Zr	$_{41}$Nb	$_{42}$Mo	$_{43}$Tc	$_{44}$Ru	$_{45}$Rh	$_{46}$Pd	$_{47}$Ag	$_{48}$Cd	$_{49}$In	$_{50}$Sn	$_{51}$Sb	$_{52}$Te	$_{53}$I	$_{54}$Xe
6	$_{55}$Cs	$_{56}$Ba	ランタノイド	$_{72}$Hf	$_{73}$Ta	$_{74}$W	$_{75}$Re	$_{76}$Os	$_{77}$Ir	$_{78}$Pt	$_{79}$Au	$_{80}$Hg	$_{81}$Tl	$_{82}$Pb	$_{83}$Bi	$_{84}$Po	$_{85}$At	$_{86}$Rn
7	$_{87}$Fr	$_{88}$Ra	アクチノイド	$_{104}$Rf	$_{105}$Db	$_{106}$Sg	$_{107}$Bh	$_{108}$Hs	$_{109}$Mt	$_{110}$Ds	$_{111}$Rg	$_{112}$Cn	$_{113}$Nh	$_{114}$Fl	$_{115}$Mc	$_{116}$Lv	$_{117}$Ts	$_{118}$Og

典型元素　遷移元素　金属元素　非金属元素

2族：アルカリ土類金属 ➤P.166, 167
1族：アルカリ金属(Hを除く) ➤P.162, 163
17族：ハロゲン ➤P.144, 145
18族：貴ガス(希ガス) ➤P.141

元素を原子番号順にして，性質の類似した元素が縦に並ぶように整理したものを**周期表**という。現在の周期表の原形は，メンデレーエフによって1869年にまとめられた。
単体が金属の性質を示す元素を**金属元素**といい，それ以外の元素を**非金属元素**という。遷移元素はすべて金属元素である。金属元素と非金属元素の境界付近の金属元素(Al，Zn，Sn，Pb)は，酸，塩基のいずれとも反応するので，**両性金属**(➤P.168～171, 176)とよばれることがある。

➤P.138

周期

周期表の横の行を**周期**(しゅうき)という。

族

周期表の縦の列を**族**(ぞく)という。同じ族の元素は**同族元素**とよばれる。

典型元素

1，2 族と13～18族の元素を**典型元素**(てんけいげんそ)という。同一周期では原子番号とともに価電子の数が増え，周期律もはっきり現れる。**同族元素は，価電子の数が等しく，化学的性質が類似している。**

遷移元素

第 4 周期以降に現れる 3 ～12族(12族を含めない場合もある)の元素を**遷移元素**(せんいげんそ)という。周期律がはっきりしない。**同族元素よりも，左右に隣りあった元素の化学的性質が類似している。**

ランタノイドやアクチノイドは，最外殻電子の数が同じ(おもに内側の電子殻のf軌道の電子数が異なる(➤P.273))元素どうしをまとめたよび方で，それぞれの中で性質がよく似ている。

Keywords ●周期律 periodic law ●周期表 periodic table ●周期 period ●族 group ●典型元素 main group element ●遷移元素 transition element ●金属元素 metallic element ●非金属元素 non-metallic element

基 3 第3周期の元素の性質

同一周期の元素の性質は，族番号とともに変化する。

族	1	2	13	14	15	16	17	18
元素	Na ナトリウム	Mg マグネシウム	Al アルミニウム	Si ケイ素	P リン	S 硫黄	Cl 塩素	Ar アルゴン
単体の電気伝導性	あり	あり	あり	ごく小さい*	なし	なし	常温で気体 なし	常温で気体 なし
単体と酸との反応	水と激しく反応	激しく反応	反応する	反応しない	反応しない	反応しない	反応しない	反応しない
陽性・陰性	陽性 ←						→ 陰性	—
酸化物の水への溶解性（BTB溶液を加えている）	Na_2O よく溶ける	MgO 少し溶ける	Al_2O_3 ほとんど溶けない	SiO_2 ほとんど溶けない	P_4O_{10} よく溶ける	(SO_3) よく溶ける	(Cl_2O_7) よく溶ける	酸化物をつくらない
水酸化物・オキソ酸	NaOH	$Mg(OH)_2$	$Al(OH)_3$	H_2SiO_3	H_3PO_4	H_2SO_4	$HClO_4$	—
酸性・塩基性	塩基性 ←						→ 酸性	—
水素化合物	NaH	MgH_2	AlH_3	SiH_4	PH_3	H_2S	HCl	—

＊ ケイ素は半導体

A 単体の性質と周期性

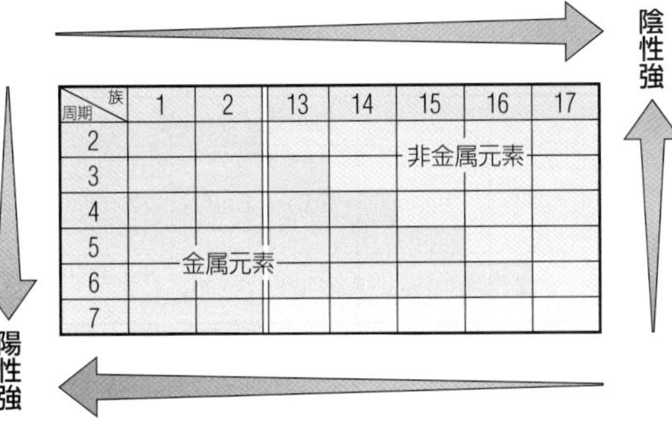

一般に，18族を除いて，周期表の右上に位置する元素の単体ほど**陰性**(非金属性)が強く，左下に位置する元素の単体ほど**陽性**(金属性)が強い。
金属元素の単体は電気伝導性が大きく，酸と反応しやすい。非金属元素の単体は電気伝導性が小さい。

B 酸化物の性質と周期性

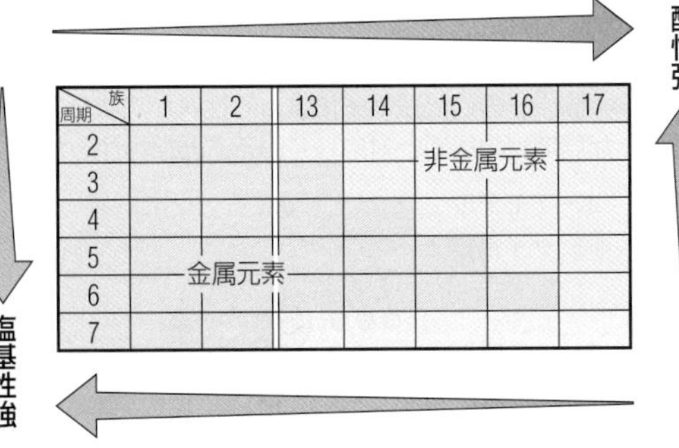

一般に，金属元素の酸化物(イオン結合)は，水に溶けると塩基性を示し，酸と反応する。
非金属元素の酸化物(共有結合)は，水に溶けると酸性を示し，塩基と反応する。

Episode メンデレーエフ

メンデレーエフ(ロシア, 1834～1907)**の像**
(像の後ろの度量衡局の壁には，周期表が描かれている。)

メンデレーエフは，1869年，原子量と化学的性質に基づいて元素を整理した周期表を発表した。(▶P.38)
メンデレーエフは，周期表のほかにも気体の液化，石油の起源，無煙火薬などの研究を行った。また，講義用教科書として『化学の原理』を著し，化学教育にも貢献した。晩年には度量衡局の局長となり，ロシアのメートル法導入などに努めた。

周期表が発表された1869年(明治2年)，日本で初めて理化学を学べる場として舎密局(“せいみ”はオランダ語Chemie(化学)の音からつけられた)が開設された。これが現在の京都大学へと発展していった。

38 探究の歴史 周期表

19世紀の中ごろまでに，さまざまな元素が発見された。それらの元素をどのように整理したらよいか，多くの科学者が取り組んできた。

1 周期律の発見

三つ組元素 デベライナー 1829年 ❶

デベライナーは，臭素の性質が塩素とヨウ素の中間くらいであると気づいた。類似の組み合わせとして，(カルシウム・ストロンチウム・バリウム)，(硫黄・セレン・テルル)があり，これらを「三つ組元素」とよんだ。

テルルのらせん シャンクルトワ 1862年 ❷

シャンクルトワは，元素を原子量の順にらせん型に並べると垂直方向に性質が似た元素が並ぶことを発見し，「テルルのらせん」説を発表した。

オクターブの法則 ニューランズ 1864年

ニューランズは，元素を原子量の順に番号をつけて配列すると，よく似た性質のものが８番目ごとに繰り返して出てくることを発見した。これを音楽の音階にちなんで「オクターブの法則」とよんだ。

原子容 マイヤー 1870年 ❸

マイヤーは，原子量と原子容(単体１molが固体状態で占める体積)の関係を調べて，周期性があることを見出した。

❶

元素名	単体の性質	原子量
塩素	黄緑色の気体（有毒） 反応性が強い	35.45
臭素	赤褐色の液体（有毒） 反応性は塩素より弱い	79.90
ヨウ素	黒紫色の非金属固体（有毒） 反応性は臭素より弱い	126.90

❸
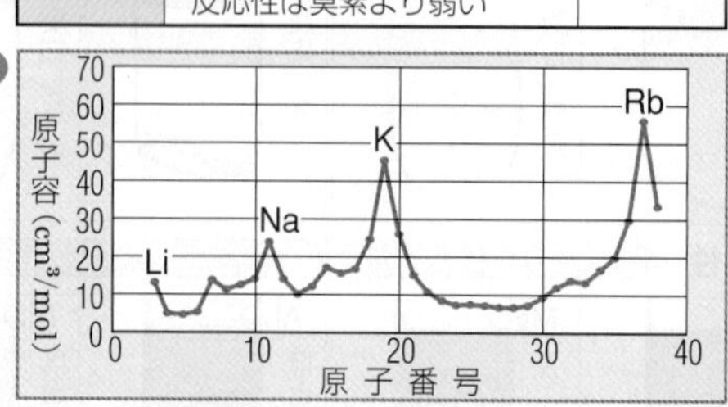

❷
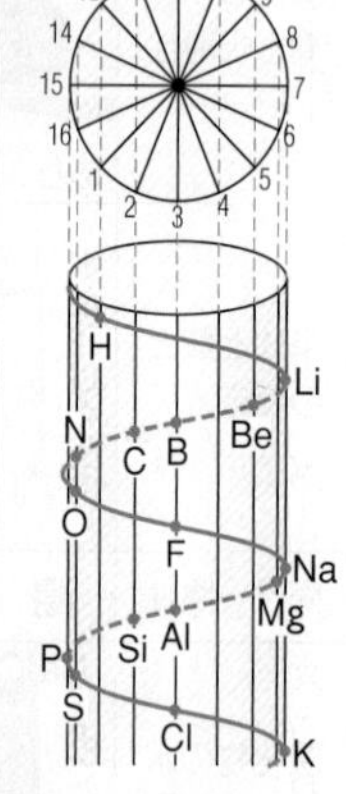

2 周期表の基礎

メンデレーエフの自筆の周期表

未発見元素のための空欄。のちに，Ga=69.7，Ge=72.6と判明した。

原子量の順ではないが，化学的性質から，テルルTeをヨウ素Iの前に置いた。

メンデレーエフの周期表 1869年

メンデレーエフは当時知られていた63の元素を原子量の順に並べ，表にまとめた。そのとき，原子量だけでなく，化学的性質をも重視し，まだ発見されていない元素のためにいくつかの空欄を残した。さらに，それらの未発見元素も周期律に従うはずだと考え，性質を予言した。1875年にガリウムGa，1879年にスカンジウムSc，1886年にゲルマニウムGeが発見され，それぞれ，メンデレーエフの予言したエカアルミニウム，エカホウ素，エカケイ素であることが判明した。これによって，メンデレーエフの周期表が広く認められた。※「エカ」は「1」という意味。

メンデレーエフ
（ロシア，1834～1907）

単体の性質	原子量	密度	融点	酸化物	発見
エカアルミニウム Ea(予言値)	約68	6.0g/cm³	低い	Ea_2O_3	InやTlのように，分光学的に発見される可能性がある。
ガリウム Ga(実測値)	69.7	5.91g/cm³	27.8℃	Ga_2O_3	分光学的に発見された。

3 周期表の改良

貴ガスの発見 ➤P.142

1894年，レイリーとラムゼーが新しい元素アルゴンArを発見した。アルゴンはほかの元素とほとんど反応しない不活性な元素であり，それまで知られていた元素と異なる性質をもっていた。ラムゼーはメンデレーエフの周期律の考えにもとづいて，同じ性質をもつ元素が存在すると考えて研究を続け，ネオンNe，クリプトンKr，キセノンXeを発見した。こうして，新たに18族が周期表に加わることになった。

原子量の順に並んでいない

周期表は原子量の順に並べることが基本であったが，アルゴンAr(39.95)とカリウムK(39.10)のように，一部の元素では原子量の順に並ばない場合もあった。1913年，モーズリーは，元素の単体にX線を当てたときに単体から放出されるX線の波長と原子番号に規則性があることを発見した。これによって，原子番号は，単に原子量に並べた順番を表す数ではなく，元素固有の性質にもとづいていることがわかった。のちに，原子核の構造が明らかになり，原子番号は原子核がもつ陽子の数に対応していることがわかった。

なぜ周期律があるか

メンデレーエフは，なぜ元素には周期律があるのかについては説明できなかった。メンデレーエフの死後，1913年，ボーアが提唱したボーアモデルによって，元素は原子の最外殻電子によって性質が決まり，電子殻が周期表の周期と対応していることがわかった。

ボーアモデル
例 ケイ素

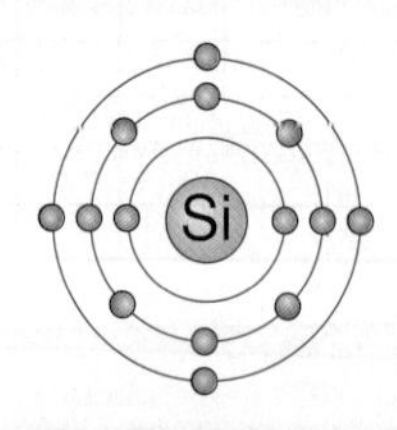

● 電子
● 最外殻電子

4 現在の周期表

典型元素　遷移元素　金属元素　非金属元素

周期＼族	1	2	3	4	5	6	7	8	9	10	11	12	13	14	15	16	17	18
1	$_{1}$H																	$_{2}$He
2	$_{3}$Li	$_{4}$Be											$_{5}$B	$_{6}$C	$_{7}$N	$_{8}$O	$_{9}$F	$_{10}$Ne
3	$_{11}$Na	$_{12}$Mg											$_{13}$Al	$_{14}$Si	$_{15}$P	$_{16}$S	$_{17}$Cl	$_{18}$Ar
4	$_{19}$K	$_{20}$Ca	$_{21}$Sc	$_{22}$Ti	$_{23}$V	$_{24}$Cr	$_{25}$Mn	$_{26}$Fe	$_{27}$Co	$_{28}$Ni	$_{29}$Cu	$_{30}$Zn	$_{31}$Ga	$_{32}$Ge	$_{33}$As	$_{34}$Se	$_{35}$Br	$_{36}$Kr
5	$_{37}$Rb	$_{38}$Sr	$_{39}$Y	$_{40}$Zr	$_{41}$Nb	$_{42}$Mo	$_{43}$Tc	$_{44}$Ru	$_{45}$Rh	$_{46}$Pd	$_{47}$Ag	$_{48}$Cd	$_{49}$In	$_{50}$Sn	$_{51}$Sb	$_{52}$Te	$_{53}$I	$_{54}$Xe
6	$_{55}$Cs	$_{56}$Ba	ランタノイド	$_{72}$Hf	$_{73}$Ta	$_{74}$W	$_{75}$Re	$_{76}$Os	$_{77}$Ir	$_{78}$Pt	$_{79}$Au	$_{80}$Hg	$_{81}$Tl	$_{82}$Pb	$_{83}$Bi	$_{84}$Po	$_{85}$At	$_{86}$Rn
7	$_{87}$Fr	$_{88}$Ra	アクチノイド	$_{104}$Rf	$_{105}$Db	$_{106}$Sg	$_{107}$Bh	$_{108}$Hs	$_{109}$Mt	$_{110}$Ds	$_{111}$Rg	$_{112}$Cn	$_{113}$Nh	$_{114}$Fl	$_{115}$Mc	$_{116}$Lv	$_{117}$Ts	$_{118}$Og

ランタノイド	$_{57}$La	$_{58}$Ce	$_{59}$Pr	$_{60}$Nd	$_{61}$Pm	$_{62}$Sm	$_{63}$Eu	$_{64}$Gd	$_{65}$Tb	$_{66}$Dy	$_{67}$Ho	$_{68}$Er	$_{69}$Tm	$_{70}$Yb	$_{71}$Lu
アクチノイド	$_{89}$Ac	$_{90}$Th	$_{91}$Pa	$_{92}$U	$_{93}$Np	$_{94}$Pu	$_{95}$Am	$_{96}$Cm	$_{97}$Bk	$_{98}$Cf	$_{99}$Es	$_{100}$Fm	$_{101}$Md	$_{102}$No	$_{103}$Lr

メンデレーエフが1869年に発表した周期表では，最も原子番号の大きい元素は鉛Pb，1871年に発表した周期表ではウランUであった。1930年代に加速器が登場して，ウランより重い元素を人工的に合成することが可能になった。現在知られている118の元素のうち，29種の元素が人工的に合成されて発見されたものである。

101番元素

メンデレビウムMd

1955年に人工的に合成されて発見された元素。メンデレーエフにちなんで命名された。

113番元素　ニホニウムNh

113番元素は，理化学研究所の森田浩介博士らによって合成され，2016年にニホニウムNhと命名された。原子番号30の亜鉛Znの原子核と原子番号83のビスマスBiの原子核を衝突させ，融合させると，113(30＋83)番元素ができる。森田らは加速器で大量の亜鉛イオンを光速の10%まで加速し，ビスマスに照射した。合成された原子核は0.002秒で壊変するが，そのとき放出されるα線を観測することで新元素の存在が証明された。

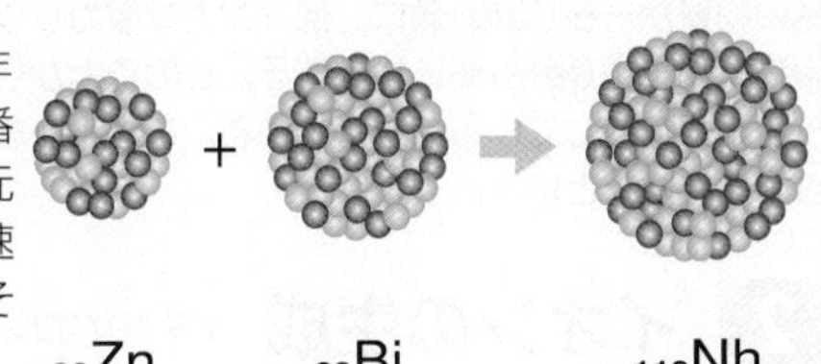

5 いろいろな周期表

水素が中央にある周期表

H

	1	2	3	4	5	6	7	8	9	10	11	12	13	14	15	16	17	18
1																		He
2	Li	Be											B	C	N	O	F	Ne
3	Na	Mg											Al	Si	P	S	Cl	Ar
4	K	Ca	Sc	Ti	V	Cr	Mn	Fe	Co	Ni	Cu	Zn	Ga	Ge	As	Se	Br	Kr
5	Rb	Sr	Y	Zr	Nb	Mo	Tc	Ru	Rh	Pd	Ag	Cd	In	Sn	Sb	Te	I	Xe
6	Cs	Ba	ランタノイド	Hf	Ta	W	Re	Os	Ir	Pt	Au	Hg	Tl	Pb	Bi	Po	At	Rn
7	Fr	Ra	アクチノイド	Rf	Db	Sg	Bh	Hs	Mt	Ds	Rg	Cn	Nh	Fl	Mc	Lv	Ts	Og

水素は，アルカリ金属とは化学的性質が異なる。水素はどのグループにも属さない特別な元素であるとして，中央に置く。

左ステップ周期表

s, p, d, f は電子軌道
(➤P.35, 273)を示す。

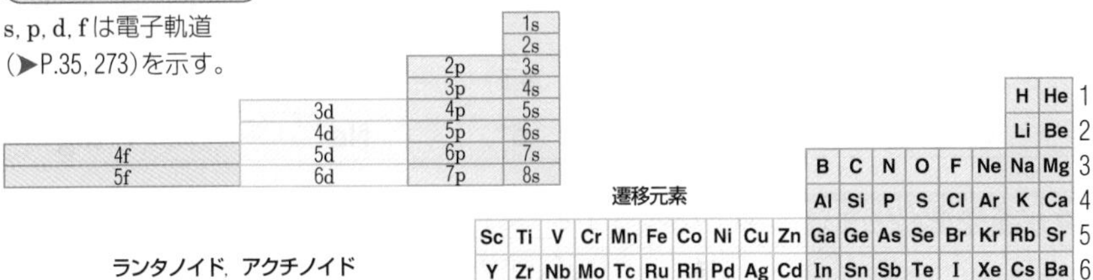

La	Ce	Pr	Nd	Pm	Sm	Eu	Gd	Tb	Dy	Ho	Er	Tm	Yb	Lu	Hf	Ta	W	Re	Os	Ir	Pt	Au	Hg	Tl	Pb	Bi	Po	At	Rn	Fr	Ra	周期
																														H	He	1
																														Li	Be	2
																								B	C	N	O	F	Ne	Na	Mg	3
																								Al	Si	P	S	Cl	Ar	K	Ca	4
														Sc	Ti	V	Cr	Mn	Fe	Co	Ni	Cu	Zn	Ga	Ge	As	Se	Br	Kr	Rb	Sr	5
														Y	Zr	Nb	Mo	Tc	Ru	Rh	Pd	Ag	Cd	In	Sn	Sb	Te	I	Xe	Cs	Ba	6
La	Ce	Pr	Nd	Pm	Sm	Eu	Gd	Tb	Dy	Ho	Er	Tm	Yb	Lu	Hf	Ta	W	Re	Os	Ir	Pt	Au	Hg	Tl	Pb	Bi	Po	At	Rn	Fr	Ra	7
Ac	Th	Pa	U	Np	Pu	Am	Cm	Bk	Cf	Es	Fm	Md	No	Lr	Rf	Db	Sg	Bh	Hs	Mt	Ds	Rg	Cn	Nh	Fl	Mc	Lv	Ts	Og			8

電子軌道で整理された周期表。
従来の周期表では欄外にあるランタノイド，アクチノイドが組み込まれている。

らせんの周期表

従来の周期表は，1族と18族が離れているが，すべての元素が原子番号順に切れ目なくらせんを描いて並んでいる。

立体周期表

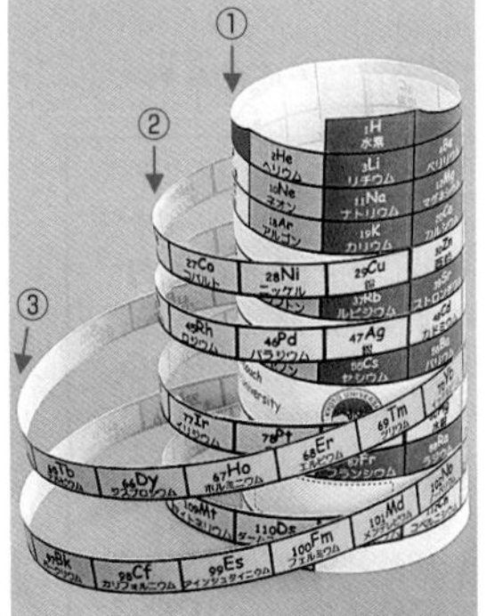

エレメンタッチ(前野悦輝氏考案)

上から見て，①の円はs・p軌道，②の円はd軌道，③の円はf軌道に電子が満たされる元素が並ぶ。

漢字の周期表

	1	2	3	4	5	6	7	8	9	10	11	12	13	14	15	16	17	18
1	氫																	氦
2	鋰	鈹											硼	碳	氮	氧	氟	氖
3	鈉	鎂											鋁	矽	磷	硫	氯	氬
4	鉀	鈣	鈧	鈦	釩	鉻	錳	鐵	鈷	鎳	銅	鋅	鎵	鍺	砷	硒	溴	氪
5	銣	鍶	釔	鋯	鈮	鉬	鎝	釕	銠	鈀	銀	鎘	銦	錫	銻	碲	碘	氙
6	銫	鋇	鑭系	鉿	鉭	鎢	錸	鋨	銥	鉑	金	汞	鉈	鉛	鉍	釙	砈	氡
7	鍅	鐳	錒系	鑪	𨧀	𨭎	𨨏	𨭆	䥑	鐽	錀	鎶	鉨	鈇	鏌	鉝	鿬	鿫

鑭系	鑭	鈰	鐠	釹	鉅	釤	銪	釓	鋱	鏑	鈥	鉺	銩	鐿	鎦
錒系	錒	釷	鏷	鈾	錼	鈽	鋂	鋦	鉳	鉲	鑀	鐨	鍆	鍩	鐒

それぞれの元素に，漢字が当てられている。金属元素は金へん，非金属元素で単体が固体の元素は石へん，液体の元素はさんずいまたは水，気体の元素はきがまえ(气)。

40 イオン

1 水溶液とイオン

電解質水溶液に電流が流れるのは，水溶液中で電気を帯びた粒子(イオン)が移動できるためである。

A イオンの移動

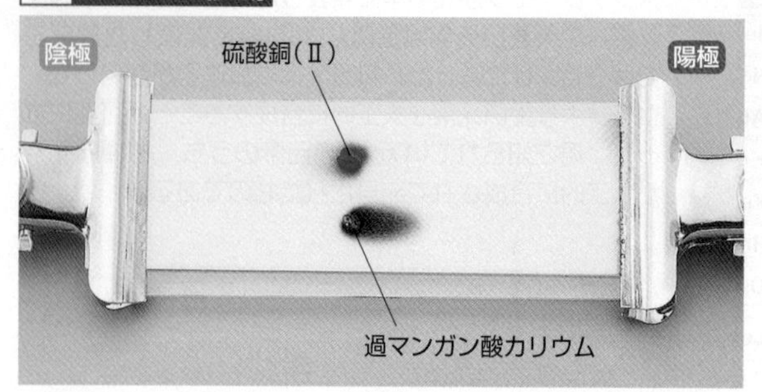

水でぬらしたろ紙の上に，硫酸銅(Ⅱ)と過マンガン酸カリウムの結晶をのせて，両側から電圧を加えると，硫酸銅(Ⅱ)から青色の物質が－極(陰極)側に，過マンガン酸カリウムから赤紫色の物質が＋極(陽極)側に移動する。このことから，電気を帯びた粒子が存在していることがわかる。このような電気を帯びた粒子を**イオン**という。

B 電解質と非電解質

塩化ナトリウム水溶液

スクロース水溶液

電解質水溶液

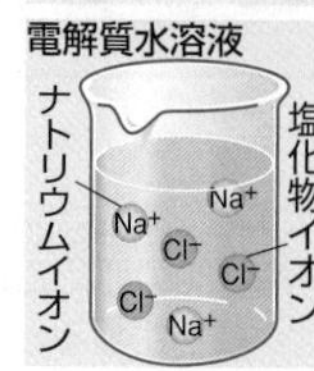

水溶液が電流を流す物質を**電解質**という。電解質は，水に溶けたときにイオンに分かれる(**電離**する)。

非電解質水溶液

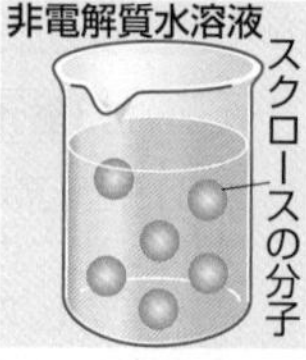

水溶液が電流を流さない物質を**非電解質**という。非電解質は，水に溶けたときにイオンを生じない(分子のままである)。

2 イオンの生成

イオンが生成するとき，貴ガスと同じ電子配置になるように電子が出入りする。

A 陽イオンの生成

価電子の少ない原子は，価電子を失って，正の電荷をもつ**陽イオン**になりやすい。

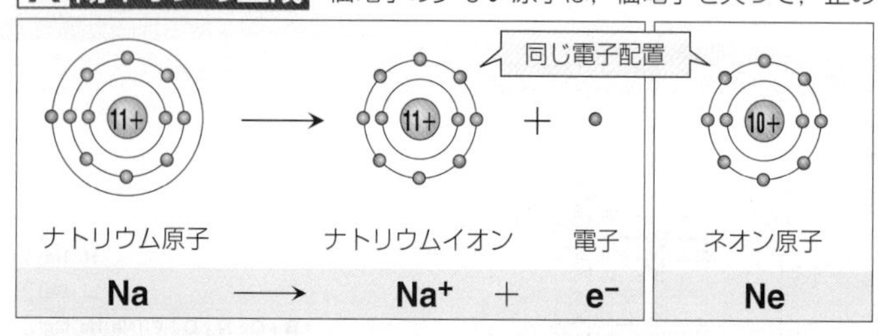

$Na \longrightarrow Na^{+} + e^{-}$　Ne

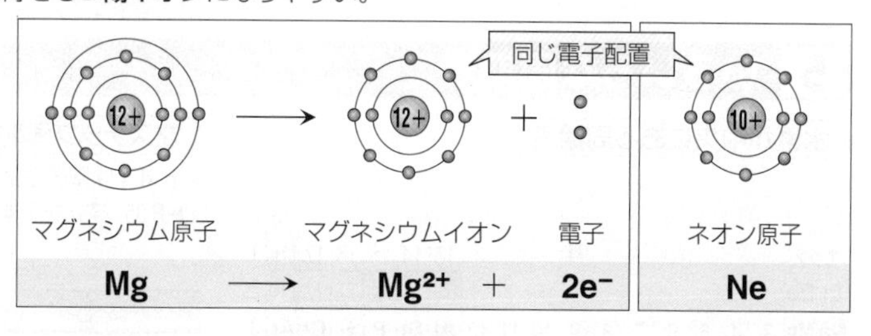

$Mg \longrightarrow Mg^{2+} + 2e^{-}$　Ne

B 陰イオンの生成

価電子の多い原子は，電子を受けとって，負の電荷をもつ**陰イオン**になりやすい。

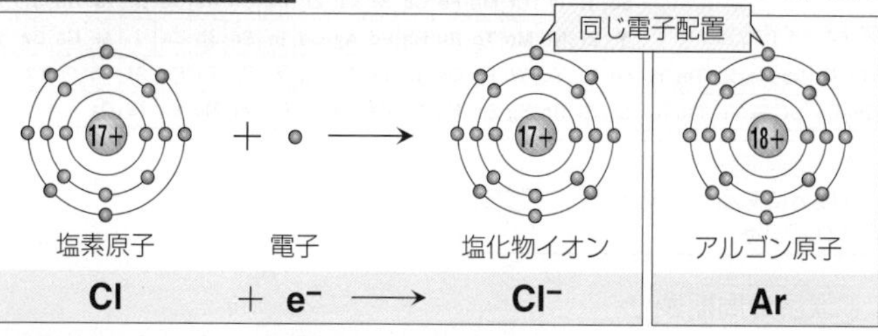

$Cl + e^{-} \longrightarrow Cl^{-}$　Ar

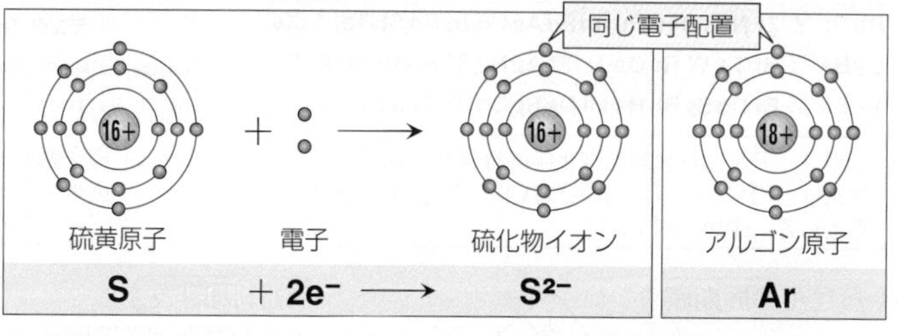

$S + 2e^{-} \longrightarrow S^{2-}$　Ar

3 イオンの表し方

イオンの化学式は，元素の種類，電荷の正負と価数を表す。

Cu^{2+}　SO_4^{2-}

(価数・符号・元素記号・電荷・構成元素)

価数は原子が失った(得た)電子の数に等しい。鉄のように，異なる価数をもつ場合，ローマ数字(Ⅰ，Ⅱ，Ⅲ，…)でその価数を示す。イオンには，1個の原子が電荷をもった**単原子イオン**と，2個以上の原子が結びついた原子団が電荷をもった**多原子イオン**とがある。

	陽イオン	化学式	陰イオン	化学式
1価	水素イオン	H^{+}	塩化物イオン	Cl^{-}
	ナトリウムイオン	Na^{+}	水酸化物イオン	OH^{-}
	カリウムイオン	K^{+}	硝酸イオン	NO_3^{-}
	銀イオン	Ag^{+}	炭酸水素イオン	HCO_3^{-}
	アンモニウムイオン	NH_4^{+}	過マンガン酸イオン	MnO_4^{-}
2価	カルシウムイオン	Ca^{2+}	酸化物イオン	O^{2-}
	亜鉛イオン	Zn^{2+}	硫化物イオン	S^{2-}
	銅(Ⅱ)イオン	Cu^{2+}	硫酸イオン	SO_4^{2-}
	マグネシウムイオン	Mg^{2+}	炭酸イオン	CO_3^{2-}
	鉄(Ⅱ)イオン	Fe^{2+}		
3価	アルミニウムイオン	Al^{3+}	リン酸イオン	PO_4^{3-}
	鉄(Ⅲ)イオン	Fe^{3+}		

Column イオンエンジン

イラスト 池下章裕

イオンを電気の力で放出し，その反作用で進むエンジンをイオンエンジンという。小惑星探査機はやぶさなど，宇宙開発分野で使われている。

プチ雑学　「マイナスイオン」をうたう商品がブームになった。この「マイナスイオン」は電気を帯びた小さな粒(おもに水滴)で，ここで学習する陰イオンとは異なる。また，健康に対する効果も科学的に検証されたものではない。

基 4 イオンの生成とエネルギー

イオン化エネルギーが小さいほど陽性が強く，電子親和力が大きいほど陰性が強い。

A イオン化エネルギー

高 ↑ エネルギー ↓ 低
エネルギー（イオン化エネルギー）
Na → Na^+ ＋ e^-
イオン化エネルギー 496 kJ/mol

原子から電子を1個とり去って1価の陽イオンにするのに必要なエネルギーを**イオン化エネルギー**という。

周期＼族	1	2	13	14	15	16	17	18
1	$_1$H 1312						単位：kJ/mol	$_2$He 2372
2	$_3$Li 520	$_4$Be 899	$_5$B 801	$_6$C 1086	$_7$N 1402	$_8$O 1314	$_9$F 1681	$_{10}$Ne 2081
3	$_{11}$Na 496	$_{12}$Mg 738	$_{13}$Al 578	$_{14}$Si 787	$_{15}$P 1012	$_{16}$S 1000	$_{17}$Cl 1251	$_{18}$Ar 1521
4	$_{19}$K 419	$_{20}$Ca 590	$_{31}$Ga 579	$_{32}$Ge 762	$_{33}$As 944	$_{34}$Se 941	$_{35}$Br 1140	$_{36}$Kr 1351
5	$_{37}$Rb 403	$_{38}$Sr 549	$_{49}$In 558	$_{50}$Sn 709	$_{51}$Sb 831	$_{52}$Te 869	$_{53}$I 1008	$_{54}$Xe 1170

原子が陽イオンになる性質を**陽性**（金属性）という。一般に，イオン化エネルギーが小さい原子ほど陽イオンになりやすく，陽性が強い。

※厳密には，1価の陽イオンにするのに必要なエネルギーを第一イオン化エネルギー，1価の陽イオンを2価の陽イオンにするのに必要なエネルギーを第二イオン化エネルギーという。

B 電子親和力

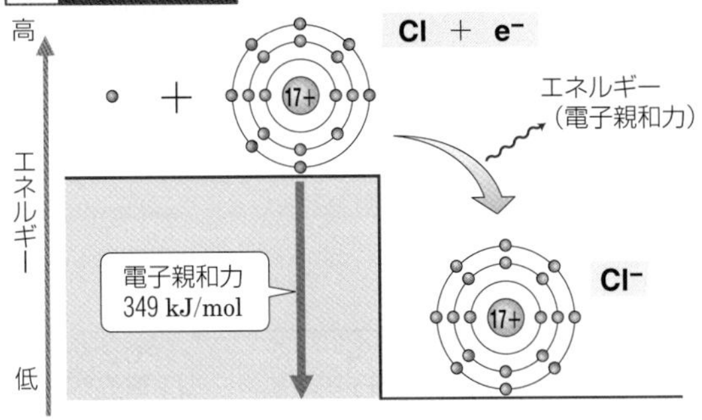

原子が電子を1個受けとって1価の陰イオンになるときに放出されるエネルギーを**電子親和力**という。

周期＼族	1	2	13	14	15	16	17	18
1	$_1$H 73						単位：kJ/mol	$_2$He −48
2	$_3$Li 60	$_4$Be −48	$_5$B 27	$_6$C 122	$_7$N −7	$_8$O 141	$_9$F 328	$_{10}$Ne −116
3	$_{11}$Na 53	$_{12}$Mg −39	$_{13}$Al 42	$_{14}$Si 134	$_{15}$P 72	$_{16}$S 200	$_{17}$Cl 349	$_{18}$Ar −96
4	$_{19}$K 48	$_{20}$Ca 2	$_{31}$Ga 41	$_{32}$Ge 119	$_{33}$As 78	$_{34}$Se 195	$_{35}$Br 325	$_{36}$Kr −96
5	$_{37}$Rb 47	$_{38}$Sr 5	$_{49}$In 29	$_{50}$Sn 107	$_{51}$Sb 101	$_{52}$Te 190	$_{53}$I 295	$_{54}$Xe −77

原子が陰イオンになる性質を**陰性**（非金属性）という。一般に，電子親和力の大きい原子ほど，陰イオンになりやすい。

※電子親和力は，1価の陰イオンから電子1個をとり去るのに必要なエネルギーに等しい。

基 5 原子半径とイオン半径

陽イオンの半径はもとの原子の半径より小さくなり，陰イオンの半径は大きくなる。

単位：nm（$=10^{-9}$ m）（上：原子半径，下：イオン半径）

※原子半径…金属元素は金属結合半径，18族元素（貴ガス）はファンデルワールス半径，その他の元素は共有結合半径

周期＼族	1	2	13	14	15	16	17	18
1	H 0.030							He 0.140
2	Li 0.152 / Li^+ 0.090	Be 0.111 / Be^{2+} 0.059	B 0.081	C 0.077	N 0.074	O 0.074 / O^{2-} 0.126	F 0.072 / F^- 0.119	Ne 0.154
3	Na 0.186 / Na^+ 0.116	Mg 0.160 / Mg^{2+} 0.086	Al 0.143 / Al^{3+} 0.068	Si 0.117	P 0.110	S 0.104 / S^{2-} 0.170	Cl 0.099 / Cl^- 0.167	Ar 0.188
4	K 0.231 / K^+ 0.152	Ca 0.197 / Ca^{2+} 0.114	Ga 0.122 / Ga^{3+} 0.076	Ge 0.122 / Ge^{4+} 0.067	As 0.121	Se 0.117 / Se^{2-} 0.184	Br 0.114 / Br^- 0.182	Kr 0.202
5	Rb 0.247 / Rb^+ 0.166	Sr 0.215 / Sr^{2+} 0.132					I 0.133 / I^- 0.206	Xe 0.216

❶陽イオンの半径はもとの原子の半径より小さくなる。
❷陰イオンの半径はもとの原子の半径より大きくなる。
❸同じ電子配置のイオンでは，原子番号が大きいイオンほど半径は小さい。これは陽子の数が多いほど，電子を引きつける力が強いためである。

原子半径

共有結合（▶P.44），金属結合（▶P.52）している原子の中心間の距離から算出する。結合をしない貴ガスは，ファンデルワールス力（▶P.48）が引力から反発力に変わるときの距離から算出する。これをファンデルワールス半径という。

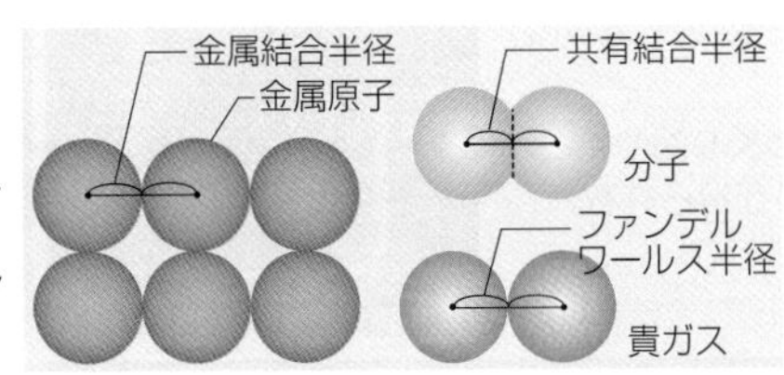

イオン半径

イオンを球形とみなし，イオン結合しているイオンの中心間の距離から求める。

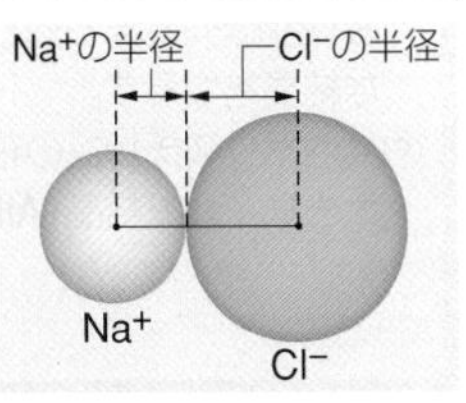

プチ雑学 周期が大きくなるほど原子半径やイオン半径が大きくなるのは，電子殻の層の数が違うからである。これは，陽子が電子を引きつける力よりも影響が大きい。

イオン結合とイオン結晶

基 1 イオン結合

陽イオンと陰イオンとの間に働く静電気力(クーロン力)による結合をイオン結合という。

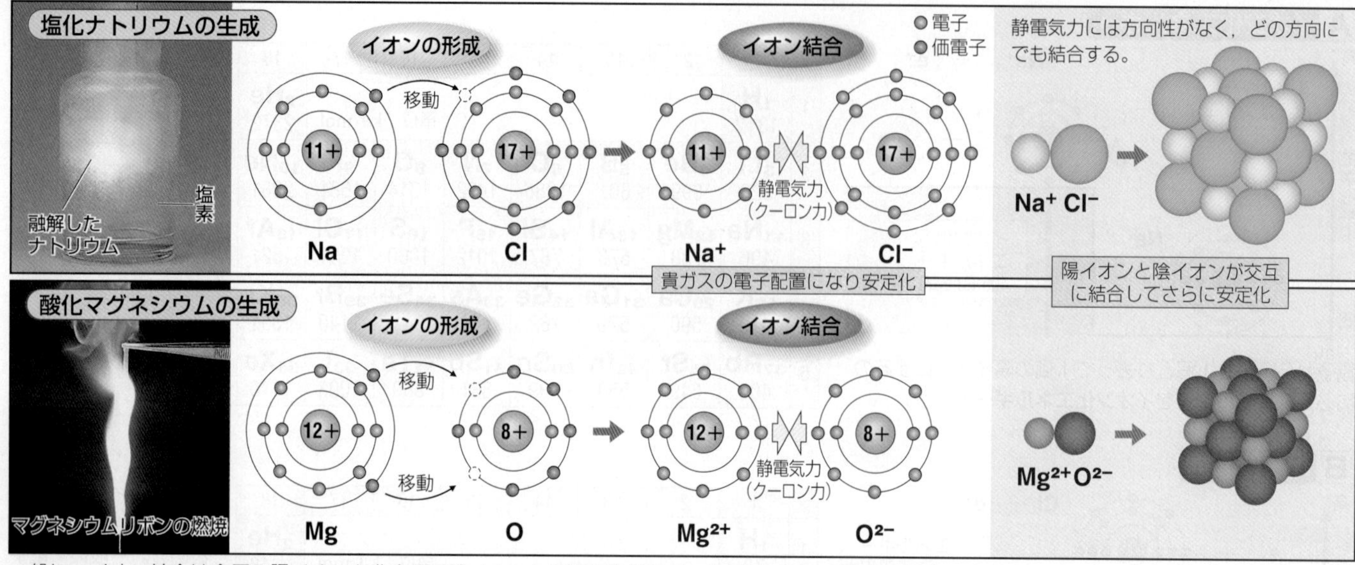

一般に，イオン結合は金属の陽イオンと非金属の陰イオンとの間に生じるが，多原子イオンがかかわるものもある。

基 2 イオンからなる物質

イオンからなる物質は組成式(構成する粒子の数の比を示す式)で表す。

A イオン結晶

塩化ナトリウム NaCl

融点：801 ℃
沸点：1413 ℃

酸化マグネシウム MgO

塩化ナトリウムと同じ結晶構造をもつ。

融点：2826 ℃
沸点：3600 ℃

粒子が規則正しく配列している純物質の固体を**結晶**(けっしょう)といい，イオン結合でできた結晶を**イオン結晶**という。

B 組成式と命名法

陽イオン＼陰イオン	Cl^- 塩化物イオン	OH^- 水酸化物イオン	SO_4^{2-} 硫酸イオン	PO_4^{3-} リン酸イオン
Na^+ ナトリウムイオン	$NaCl$ 塩化ナトリウム	$NaOH$ 水酸化ナトリウム	Na_2SO_4 硫酸ナトリウム	Na_3PO_4 リン酸ナトリウム
Mg^{2+} マグネシウムイオン	$MgCl_2$ 塩化マグネシウム	$Mg(OH)_2$ 水酸化マグネシウム	$MgSO_4$ 硫酸マグネシウム	$Mg_3(PO_4)_2$ リン酸マグネシウム
Al^{3+} アルミニウムイオン	$AlCl_3$ 塩化アルミニウム	$Al(OH)_3$ 水酸化アルミニウム	$Al_2(SO_4)_3$ 硫酸アルミニウム	$AlPO_4$ リン酸アルミニウム
NH_4^+ アンモニウムイオン	NH_4Cl 塩化アンモニウム		$(NH_4)_2SO_4$ 硫酸アンモニウム	$(NH_4)_3PO_4$ リン酸アンモニウム

組成式のつくり方

①陽イオン，陰イオンの順に化学式を書く(電荷は書かない)。
②陽イオンと陰イオンの割合を，簡単な整数比で求める。
(陽イオンの価数)×(陽イオンの数)＝(陰イオンの価数)×(陰イオンの数)
③イオンの整数比をそれぞれの化学式の右下に書く。1は省略し，多原子イオンの割合が他のイオンに対して2より大きいときは，多原子イオンの部分を(　)でくくる。

命名法

陰イオン，陽イオンの順に「(物)イオン」をつけないで読む。

例 NH_4 Cl　塩化物イオン ＋ アンモニウムイオン ⟶ 塩化アンモニウム
Cu SO_4　硫酸イオン ＋ 銅(Ⅱ)イオン ⟶ 硫酸銅(Ⅱ)

やってみよう! 大きな結晶をつくる

①40 ℃の水にミョウバン $AlK(SO_4)_2$ を溶けるだけ溶かす。その溶液(飽和溶液)をろ過したものに，形のきれいなミョウバンの小さな結晶をつるす。
②発泡ポリスチレンの箱などに入れて，静かにゆっくり冷やすと，大きなイオン結晶($AlK(SO_4)_2 \cdot 12H_2O$，➤P.169)が得られる。

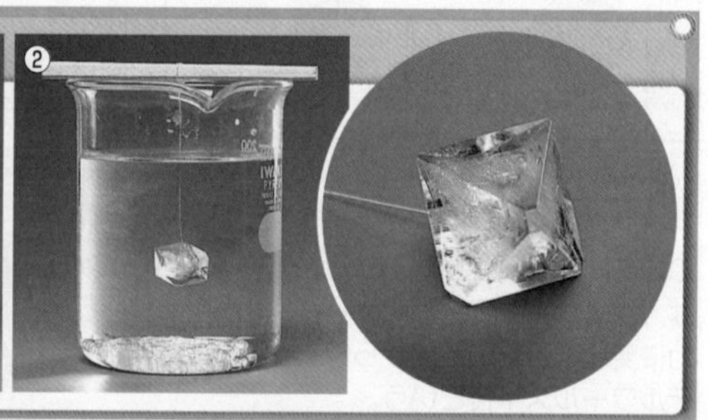

プチ雑学 クーロン力は，静電気学の基礎をきずいたフランスの物理学者クーロンにちなんで名づけられた。電気量(➤P.96)の単位C(クーロン)にも使われている。

Keywords ●イオン結合 ionic bond ●イオン結晶 ionic crystal ●組成式 compositional formula

基 3 イオン結晶の性質

イオン結晶の性質は，イオンが静電気力で結合していることから生じる。

A 電気伝導性

イオンが自由に動ける状態になると，電気を導くようになる。

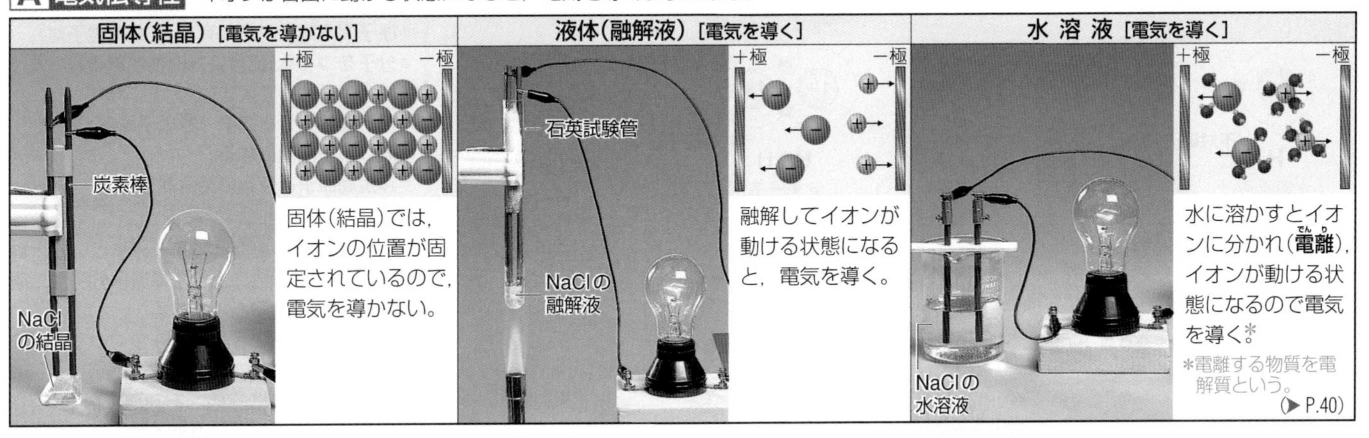

固体(結晶)では，イオンの位置が固定されているので，電気を導かない。

融解してイオンが動ける状態になると，電気を導く。

水に溶かすとイオンに分かれ(電離)，イオンが動ける状態になるので電気を導く。*

*電離する物質を電解質という。(▶P.40)

B 硬くてもろい

塩化ナトリウムの結晶を金づちでたたくと，細かくくだける。乳鉢ですりつぶすと，粉末になる。

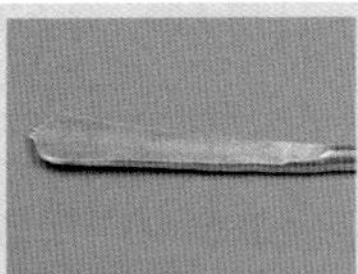

金属を金づちでたたくと，延びたり広がったりする(延性・展性)。(▶P.52)

力

反発力

イオン結合の面がずれて，イオン間に反発力が働くため割れる。大きなイオン結晶に力を加えると，一定方向に簡単に割れ，その面はなめらかな平面になる(へき開)。

C 融点が高い

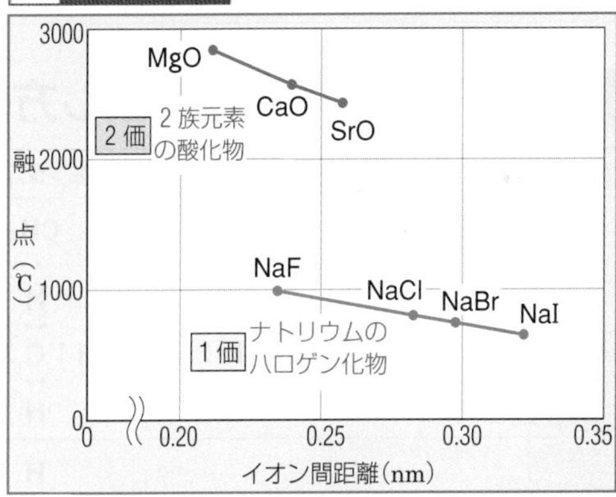

電子数が同じ場合，イオンの価数が大きいほど融点は高くなる(例 MgOとNaFを比較)。

価数が同じ場合，イオン間距離が小さいほど融点は高くなる(例 MgO，CaO，SrOを比較)。

基 4 イオンからなる物質の利用

イオンからなる物質は身近に多く存在する。▶P.164～167

物質	性質・用途など
塩化ナトリウム NaCl	食塩の主成分。炭酸ナトリウムや水酸化ナトリウム，単体のナトリウムの原料にもなる(▶P.163，195)。
塩化カルシウム $CaCl_2$	吸湿性が強く，乾燥剤に用いられる(▶P.160)。また，凝固点降下(▶P.114)を利用して路面の凍結防止剤に用いられる。
炭酸ナトリウム Na_2CO_3	炭酸ソーダともいう。ガラスやセッケンの製造などに用いられる。製造法としてアンモニアソーダ法(▶P.195)がある。
炭酸水素ナトリウム $NaHCO_3$	重曹ともいう。加熱すると二酸化炭素を発生するので，ベーキングパウダーに用いられる。胃薬(▶P.228)にも用いられる。
炭酸カルシウム $CaCO_3$	石灰岩や大理石として産出。石材やチョークに用いられる。セメントや酸化カルシウムの原料にもなる。
水酸化ナトリウム NaOH	カセイソーダともいう。代表的な強塩基であり，セッケン(▶P.218)や紙，化学繊維の製造などに用いられる。
水酸化カルシウム $Ca(OH)_2$	消石灰ともいう。飽和水溶液は石灰水とよばれる。モルタルなどの建築材料や酸性土壌の中和剤に用いられる。
硫酸バリウム $BaSO_4$	水に溶けにくい。X線をよく吸収するため，X線撮影の造影剤に用いられる。

ガラスの製造

パルテノン神殿(大理石)

「もろさ」は「壊れやすさ」ともいえる。「壊れる」とは，物体の変形が進むことで断裂などを起こし，元に戻らなくなってしまうことを指す。硬いものでも，外から受けた力を吸収できないと壊れてしまう。

共有結合と分子

基 1 共有結合 2つの原子間で価電子を共有し，共有電子対をつくって結合する。

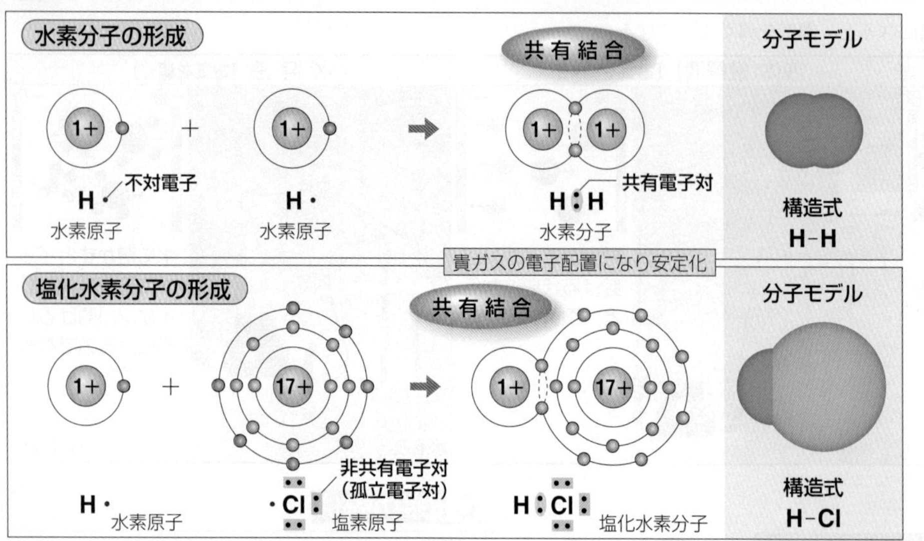

共有結合の特徴
- 原子間で電子対を共有する(共有電子対)。
- 分子をつくる(結合に方向性がある)。
- 結合力が極めて大きい。
- 電子を共有した結果，各原子は貴ガスと同じ電子配置になる。
- 非金属原子どうしの結合が多い。

純物質の最小単位となる粒子を**分子**という。構成している原子の数によって**単原子分子**，**二原子分子**，**多原子分子**とよばれる。

不対電子　価電子のうち，対をつくっていない電子。

共有電子対　共有結合で，2つの原子に共有され，結合に関係している電子対。

構造式　1対の共有電子対を，1本の線(価標)で示し，結合のようすを表した化学式。

基 2 分子の立体構造と表し方

物質	水	アンモニア	メタン	二酸化炭素	エチレン	窒素
分子式	H_2O	NH_3	CH_4	CO_2	C_2H_4	N_2
電子式	H:Ö:H	H:N̈:H (下にH)	H:C:H (上下にH)	:Ö::C::Ö:	C::C (各Cに上下H)	:N⋮⋮N:
構造式	H−O−H	H−N−H (下にH)	H−C−H (上下にH)	O=C=O	C=C (各Cに上下H)	N≡N
分子モデル	折れ線形	三角錐形	正四面体形	直線形	平面形	直線形

原子価

1価	3価	4価	3価	2価	1価
H・	・B・	・C・	・N・	・O・	・F:
	・Al・	・Si・	・P・	・S・	・Cl:

•不対電子，:非共有電子対

原子価　原子が他の原子と単結合をいくつつくれるかを示した数。

2つの原子間で1対の共有電子対による結合を**単結合**(−)といい，2対，3対の共有電子対による結合を**二重結合**(=)，**三重結合**(≡)という。

構造式は原子の結合のようすを平面的に書いたもので，実際の立体構造を示しているわけではない。

基 3 配位結合 一方の原子の非共有電子対を共有して結合する。

A アンモニウムイオンの形成　窒素原子の非共有電子対を，水素イオンが共有して結合する。

B オキソニウムイオンの形成　酸素原子の非共有電子対を，水素イオンが共有して結合する。

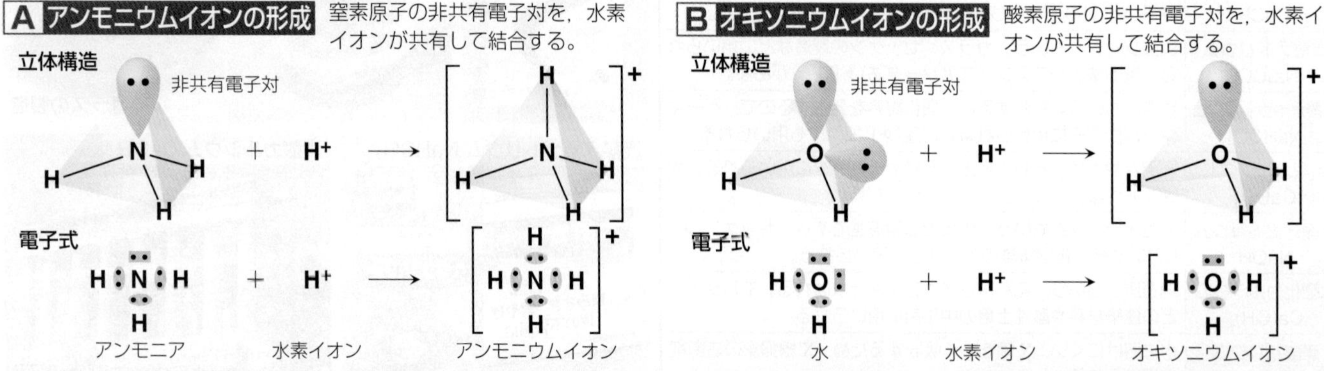

NH_4^+中の4つのN−H結合や，H_3O^+中の3つのO−H結合は，それぞれ同じ性質を示し，どれが配位結合なのかを区別することはできない。

電子は負の電荷をもつため，電子対どうしは反発し合う。分子の立体構造は，共有結合が切れない範囲で，電子対どうしができるだけ離れた形をとる。

基 4 錯イオン

金属イオンに分子や陰イオンが配位結合して錯イオンができる(➤P.180，299)。

非共有電子対
配位結合
M^{n+}
金属イオン
配位子

金属イオンにいくつかの分子や陰イオンが配位結合することがある。このようにして1つの原子集団のイオンとなったものを**錯イオン**という。また，金属イオンに結合した分子や陰イオンを**配位子**という。

配位子

	(中性)分子		陰イオン		
化学式	NH_3	H_2O	CN^-	Cl^-	OH^-
名称	アンミン	アクア	シアニド	クロリド	ヒドロキシド
電子式	H:N:H / H (非共有電子対，共有電子対)	:O:H / H	[:C:::N:]⁻	[:Cl:]⁻	[:O:H]⁻

配位子となる分子やイオンは非共有電子対をもつ。
配位子は，数・金属イオンとともに錯イオンの名称に示される。
例 $[Ag(NH_3)_2]^+$ ジアンミン銀(Ⅰ)イオン：
2つ(数詞はジ)の配位子アンミンが銀(Ⅰ)イオンに結合している。

錯イオンの例

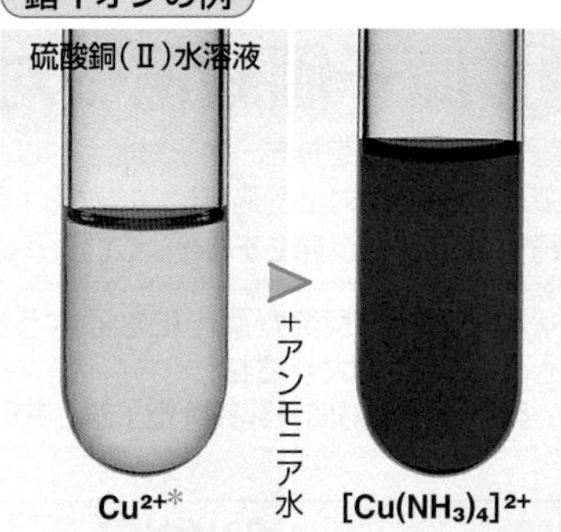

青色の硫酸銅(Ⅱ)水溶液にアンモニア水を十分に加えると，深青色の水溶液ができる。これは，テトラアンミン銅(Ⅱ)イオンが生成したためである。

＊厳密にはこれも錯イオン$[Cu(H_2O)_4]^{2+}$

基 5 電気陰性度と極性

電気陰性度の大きな原子の方に共有電子対が引きつけられ，電荷のかたより(極性)が生じる。

A 電気陰性度

結合している原子が電子を引きつける強さ。

ポーリングの電気陰性度 「化学便覧 改訂6版」による ➤P.274

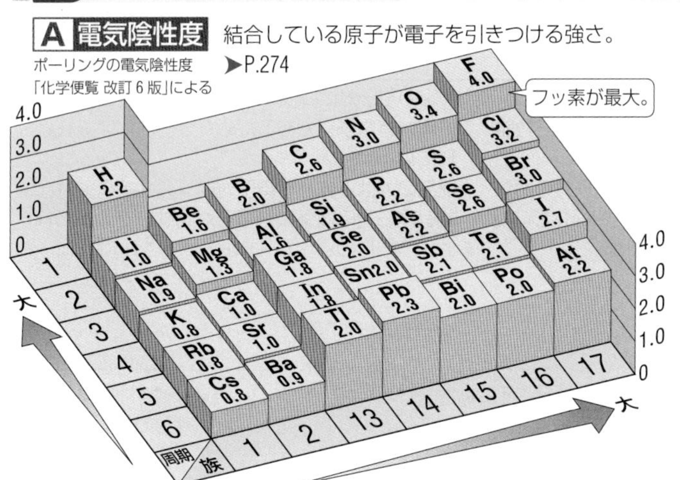

B 結合の極性

電荷のかたよりがあるとき，**極性がある**という。

水素分子

H H
電気陰性度 2.2 2.2
共有電子対

電子を引きつける力が同じなので，電荷のかたよりはない。

塩化水素分子

δ+ δ−
H Cl
電気陰性度 2.2 3.2
→ 共有電子対が引きつけられている

共有電子対が塩素原子の方に引きつけられるため，水素原子はわずかに正電荷を帯び，塩素原子はわずかに負電荷を帯びている。

※δ(デルタ)+，δ−はわずかに正電荷，負電荷を帯びていることを示す。

C 分子の形と極性

正負の電荷の中心が一致する立体構造の分子は，分子全体としては極性を示さない。

極性分子 極性がある分子。→ の方向に共有電子対が引きつけられる。

分子の形(➤P.46)

無極性分子 結合に極性がないか，結合の極性を打ち消し合っている分子。

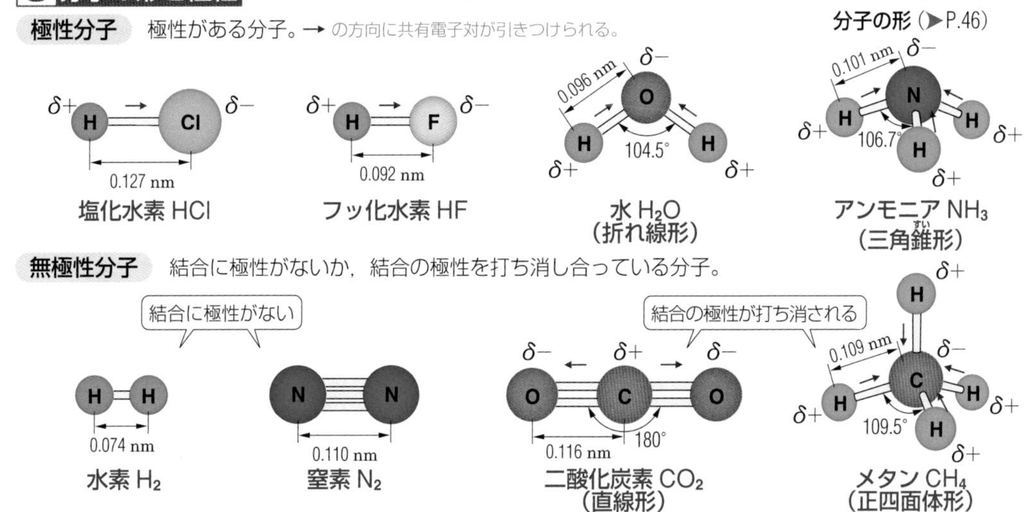

水への溶解性

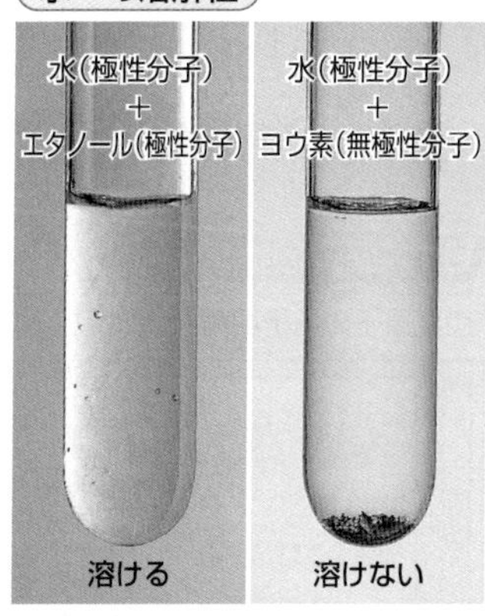

極性分子からなる物質は，同じく極性分子からなる水に溶けやすい。無極性分子からなる物質は水に溶けにくい。

電気陰性度は，原子が結合しているときの共有電子対を引きつける強さである。原子自身がもつ電子の受け渡しに関する力であるイオン化エネルギーや電子親和力と混同しないように，注意が必要である。

大学化学への架け橋 分子の形はどう決まるのか？

水分子は１つの酸素原子に２つの水素原子が結合した分子である。水分子の形が直線ではなく折れ曲がった形になるのはなぜだろう。電子対の反発と，混成軌道という考えで分子の形を見てみよう。

①原子価殻電子対反発モデル valence shell electron pair repulsion model（VSEPRモデル）

電子は負の電荷をもち，電子対どうしは互いに電気的に反発し合う。このとき，電子対は反発が最小になるように配置する。この考え方を**原子価殻電子対反発モデル**といい，分子の形を推定することができる。

- 電子対間の反発が最小になるように配置する。
- 反発の力の大きさは
  非共有電子対間＞非共有電子対と共有電子対の間＞共有電子対間

電子対の数	2	3	4
分子の形	直線形	平面三角形	正四面体

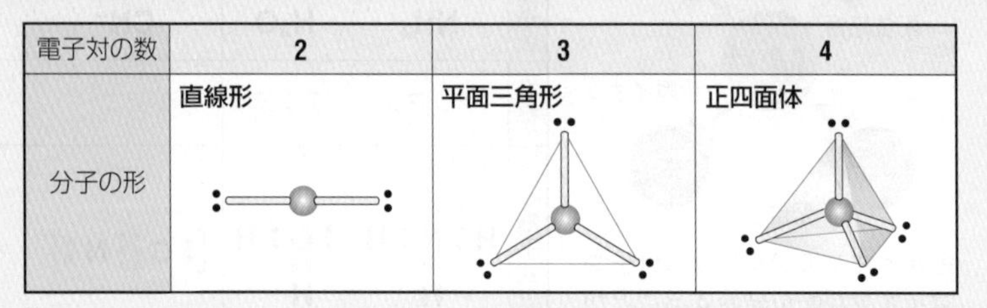

メタン CH_4	アンモニア NH_3	水 H_2O
正四面体形	三角錐形	折れ線形

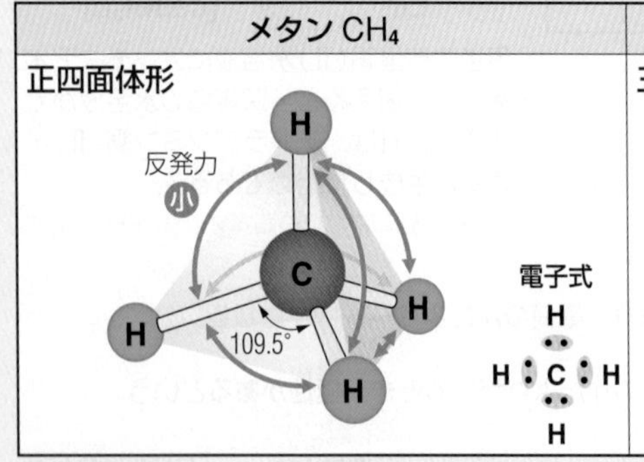

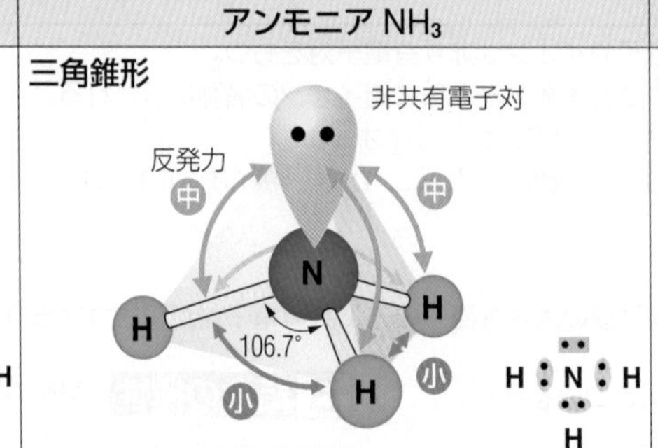

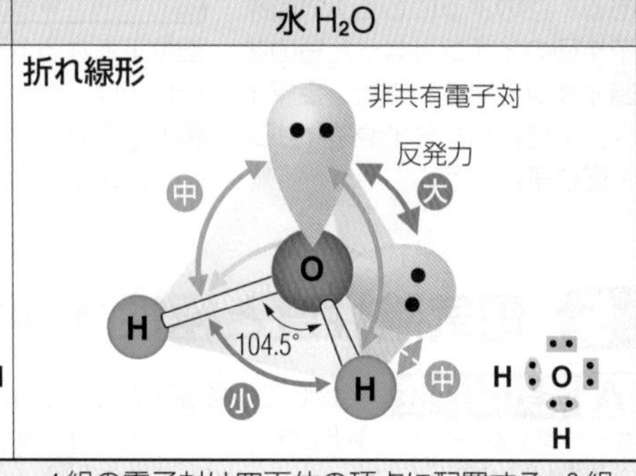

4組の共有電子対が反発し合う。反発が最小となるように互いに最も離れた位置に配置し，**正四面体形**になる。

4組の電子対は四面体の頂点に配置する。1組は非共有電子対であるため，分子自体は**三角錐形**になる。
反発の力は　非共有電子対と共有電子対の間＞共有電子対間なので，∠HNH は正四面体形の場合（∠HCH）よりやや小さい。

4組の電子対は四面体の頂点に配置する。2組は非共有電子対であるため，分子自体は**折れ線形**になる。
反発の力は　非共有電子対間＞非共有電子対と共有電子対の間＞共有電子対間なので，∠HOH は三角錐形の場合（∠HNH）よりやや小さい。

②混成軌道

A 電子軌道

電子軌道は電子がある点に存在する確率を示している。 ➤P.35

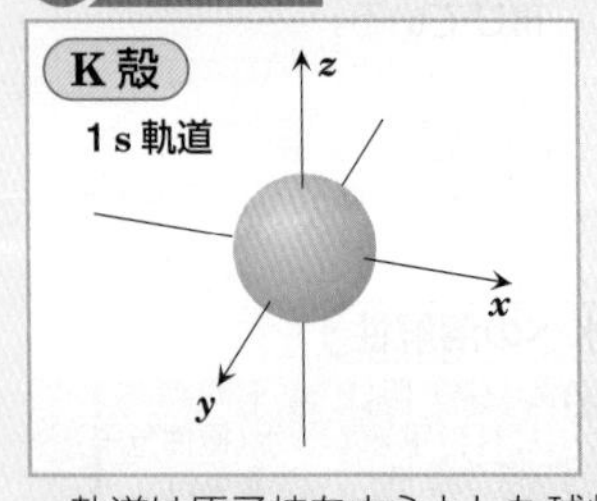

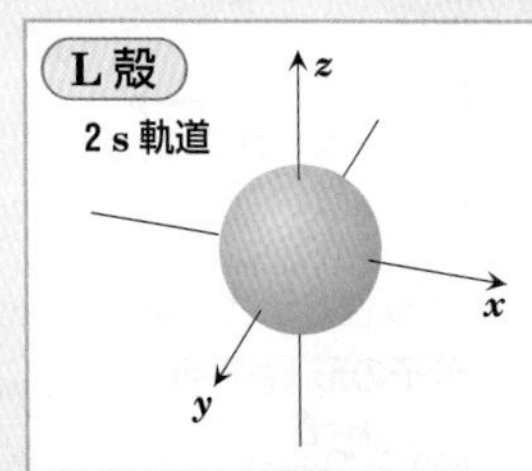

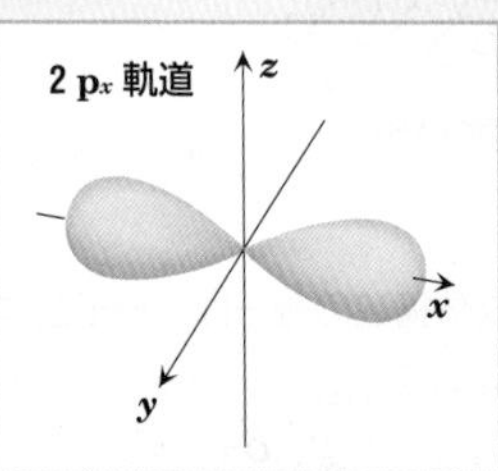

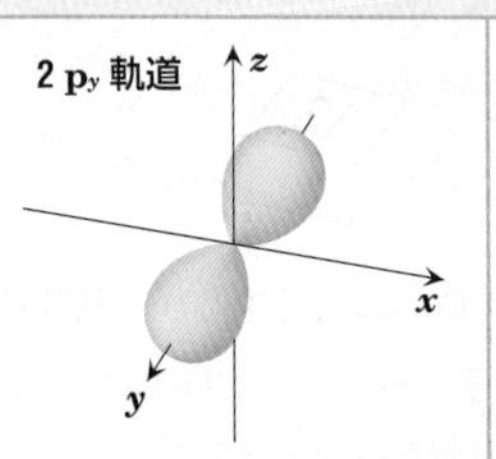

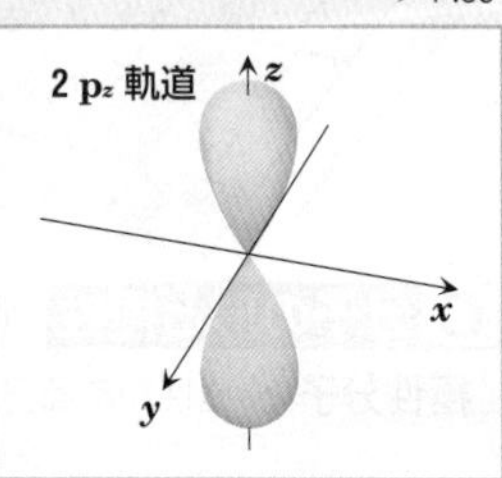

s軌道は原子核を中心とした球状で，p軌道は x，y，z の直交座標を軸にもつ亜鈴（あれい）形をしている。各軌道には，最大2個の電子が入る。

混成

B メタンの構造 CH_4

炭素原子の電子配置

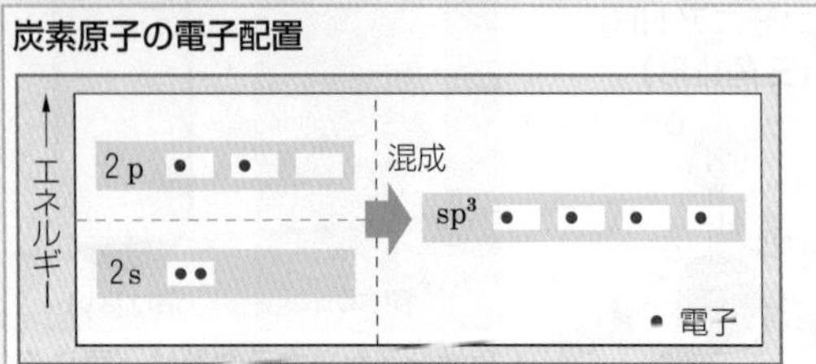

炭素原子が単結合する場合は，2s軌道と3つの2p軌道を合わせて，4つの等しい軌道ができていると考えられる（**sp^3混成軌道**）。

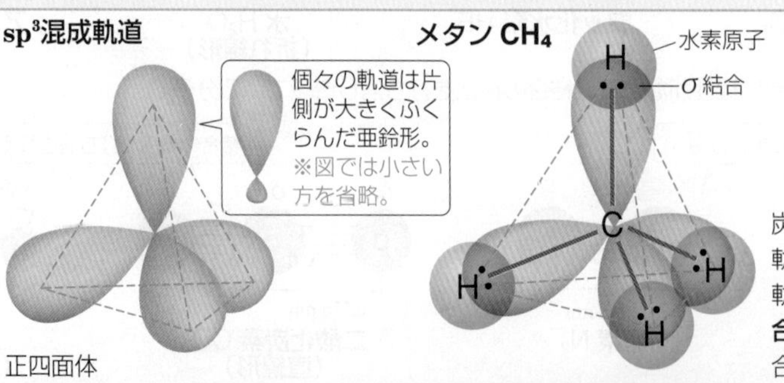

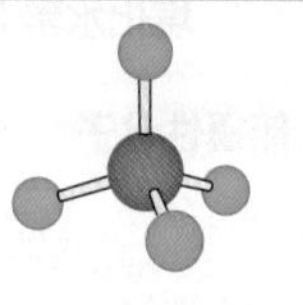

炭素原子の sp^3 混成軌道と水素原子の1s軌道がそれぞれ**σ（シグマ）結合**とよばれる共有結合を形成する。

アンモニア NH_3

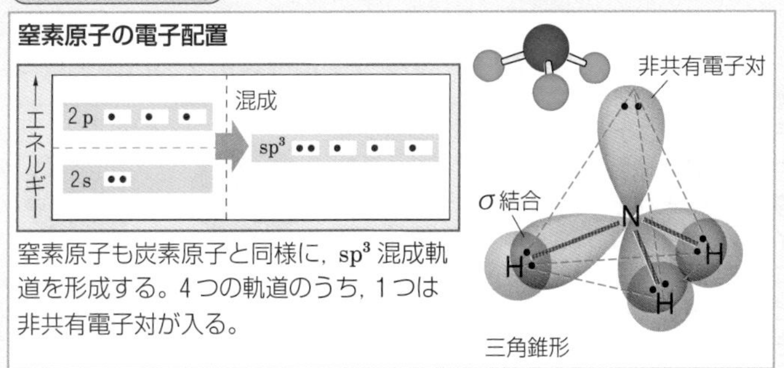

窒素原子も炭素原子と同様に，sp^3 混成軌道を形成する。4つの軌道のうち，1つは非共有電子対が入る。

水 H_2O

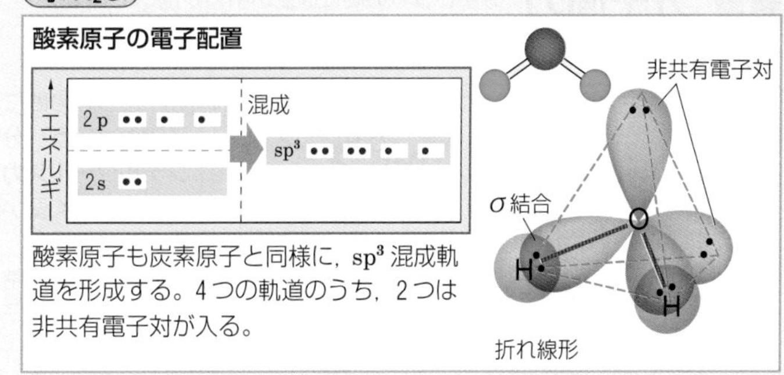

酸素原子も炭素原子と同様に，sp^3 混成軌道を形成する。4つの軌道のうち，2つは非共有電子対が入る。

C エチレンの構造 C_2H_4

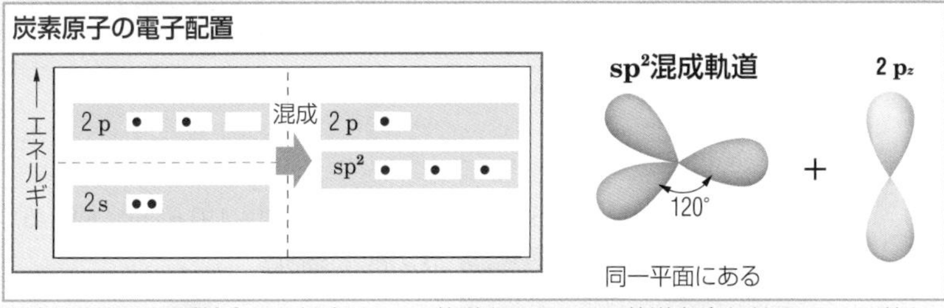

炭素原子間で**二重結合**する場合は，2s 軌道と2つの 2p 軌道を合わせて，3つの等しい軌道ができていると考えられる（**sp^2 混成軌道**）。
sp^2 混成軌道は同一平面にある。

π結合
H
C
σ結合

π結合をもつため，回転できない

エチレンは2個の炭素原子の sp^2 混成軌道が重なって共有結合（**σ結合**）を形成する。さらに，残りの $2p_z$ 軌道は sp^2 混成軌道に対して垂直方向にあり，$2p_z$ 軌道どうしが重なり合うことで上下にやや弱い**π結合**（パイ）とよばれる共有結合を形成する。

D アセチレンの構造 C_2H_2

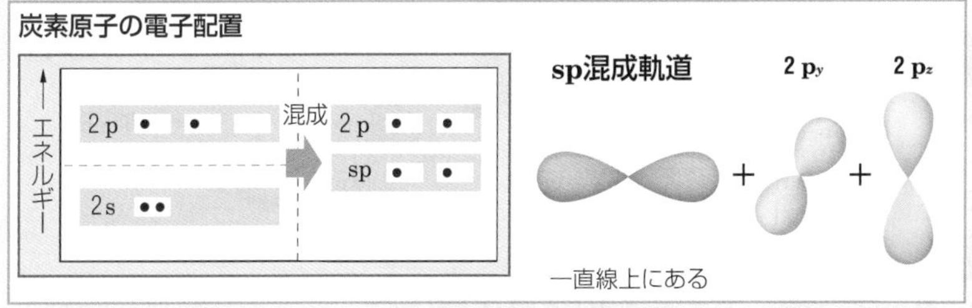

炭素原子間で**三重結合**する場合は，2s 軌道と1つの 2p 軌道を合わせて，2つの等しい軌道ができていると考えられる（**sp 混成軌道**）。
sp 混成軌道は一直線上にある。

π結合
H
C

アセチレンは2個の炭素原子の sp 混成軌道が重なって共有結合（**σ結合**）を形成する。さらに，残りの $2p_y$ 軌道，$2p_z$ 軌道はそれぞれ重なり合うことで2つの共有結合（**π結合**）を形成する。

E ベンゼンの構造 C_6H_6

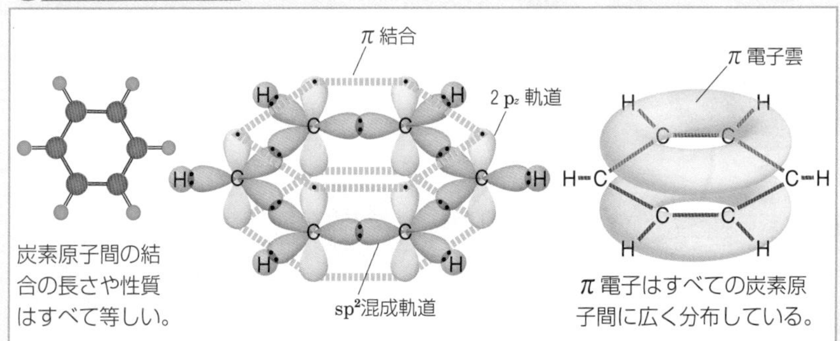

炭素原子間の結合の長さや性質はすべて等しい。

π電子はすべての炭素原子間に広く分布している。

ベンゼン環の6個の炭素原子はそれぞれ **sp^2 混成軌道**を形成し，**正六角形**の環状構造になる。残りの $2p_z$ 軌道は重なり合って，**π結合**を形成する。π結合に関与する電子は，すべての炭素原子間に広く分布しており，分子の上下に環状の**π電子雲**を形成する。このように，ベンゼン環は対称な正六角形の構造と電子雲によって，非常に安定している。

※σ，πはギリシャ語のアルファベットで，英語の s，p にあたる。

ベンゼン環の安定性

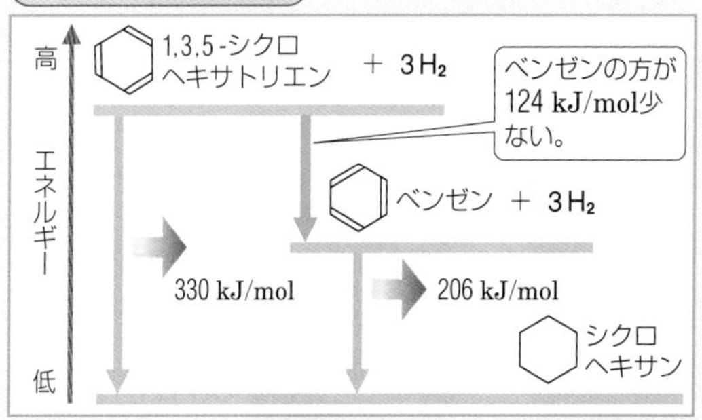

二重結合を3つもつ仮想の化合物（1,3,5-シクロヘキサトリエン）とベンゼンに水素を付加したときの発熱量を比較すると，ベンゼンの方が124 kJ/mol少なく，ベンゼン環が安定していることがわかる。

分子間力と水素結合

1 分子間力 分子どうしの間には弱い引力が働いている。

分子量と沸点

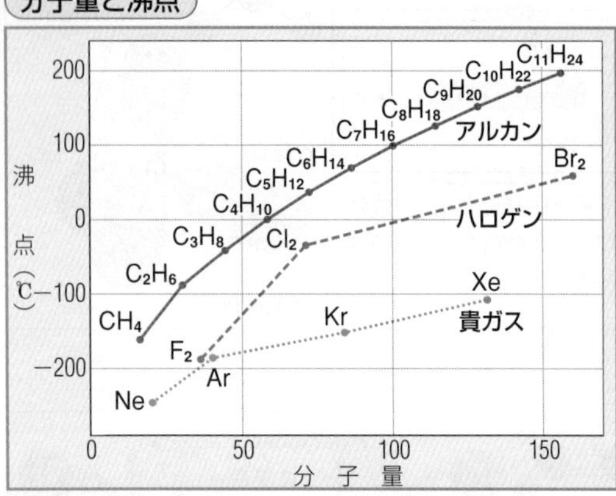

分子どうしの間に働く弱い引力を**分子間力**という。分子間力には，**ファンデルワールス力**や**水素結合**，極性分子間に働く弱い静電気力などがある。分子間力は，イオン結合や共有結合に比べて非常に小さい。
一般に，構成粒子どうしの間に働く引力が強いほど，その物質の融点・沸点が高くなる。構造の似た分子からなる物質では，分子量の大きな物質ほどファンデルワールス力が大きくなるので，その沸点は高くなる。▶P.138

Q ファンデルワールス力の原因は？

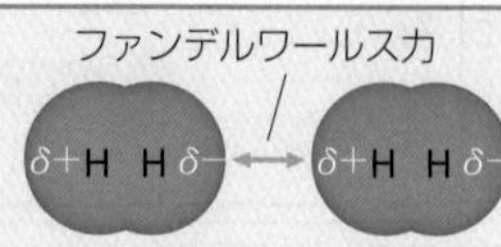

A 電子は原子核のまわりを動き回って存在している。平均して見れば均等に分布することになるが，瞬間で見ればかたよって分布している。電子のかたよりがあると，その部分が電荷を帯び，分子どうしが引きつけ合う力が生じる。これが**ファンデルワールス力**であり，極性がなく電気的に中性な分子の間にも働く。この力によって，水素やメタンなど無極性分子も，分子が集まって気体から液体や固体になる。

※ファンデルワールスはオランダの物理学者の名。

2 分子結晶 分子が規則正しく配列している固体を分子結晶という。

二酸化炭素 CO_2 昇華点：−78.5 ℃，密度：1.56 g/cm³（▶P.157）

ドライアイスは二酸化炭素の固体。昇華しやすく，常温・常圧では液体にならない。（▶P.103）

ドライアイスの結晶構造

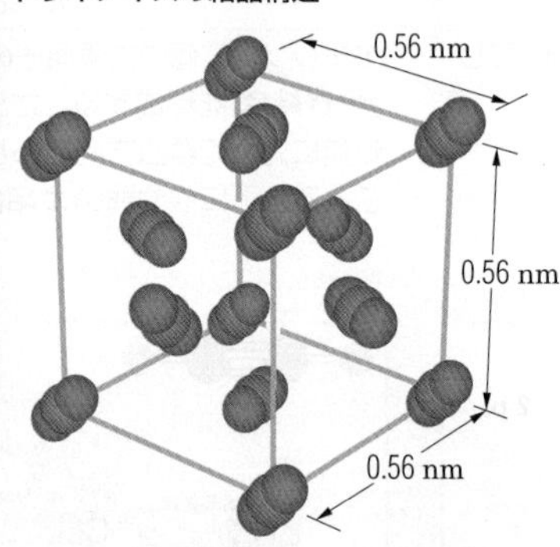

面心立方格子（▶P.55）と同じ配列

ヨウ素 I_2 融点：113.5 ℃，沸点：184.3 ℃，密度：4.93 g/cm³（▶P.145）

黒紫色で金属光沢のある結晶。融点付近で蒸発しやすいため，融解しないで昇華する。

ヨウ素の結晶構造

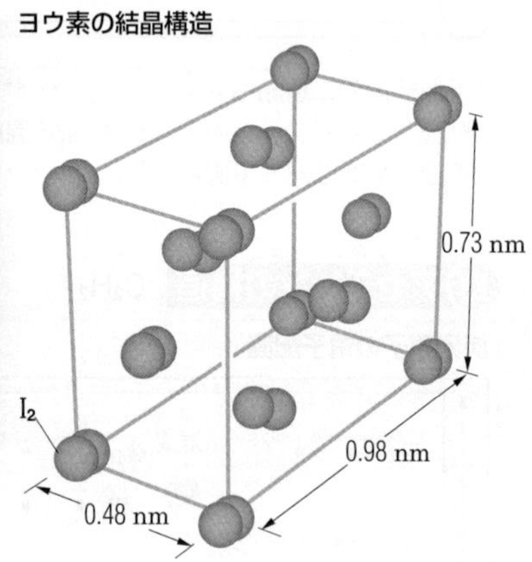

斜方硫黄 S_8

融点：112.8 ℃
沸点：444.7 ℃
単位格子中にS_8分子が16個存在している。（▶P.149）

p-ジクロロベンゼン（パラ） $C_6H_4Cl_2$

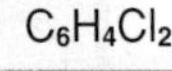

融点：54 ℃
沸点：174 ℃
昇華しやすい。防虫剤に利用される。（▶P.221）

実験 分子結晶の性質を調べる

昇華しやすい

電気伝導性がない

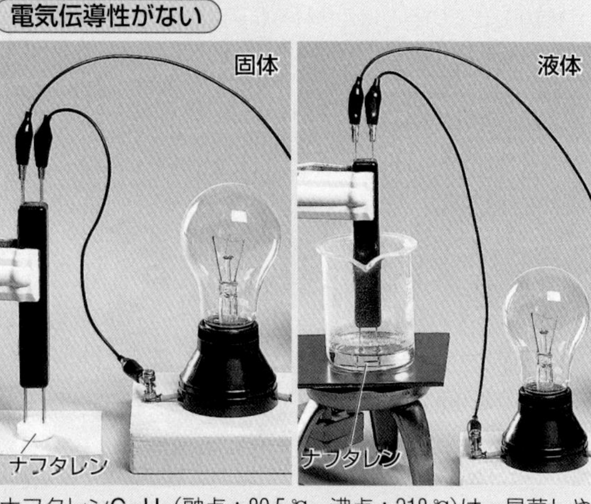

ナフタレン$C_{10}H_8$（融点：80.5 ℃，沸点：218 ℃）は，昇華しやすく，固体・液体ともに電気伝導性はない。

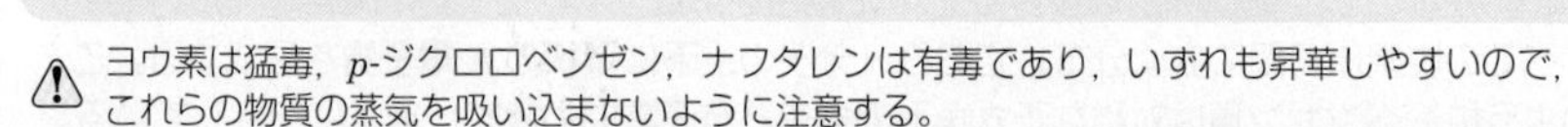

⚠ ヨウ素は猛毒，*p*-ジクロロベンゼン，ナフタレンは有毒であり，いずれも昇華しやすいので，これらの物質の蒸気を吸い込まないように注意する。

プチ雑学 ヤモリは，ファンデルワールス力を利用して壁を歩き回る。ヤモリの足の指には微小な剛毛が大量にあり，壁と接する表面積が広くなっている。そのため，足の指全体のファンデルワールス力が非常に大きくなり，壁にくっつくことができる。なお，剛毛の角度を変える方向に足を動かすと，足の指は簡単に壁から離れるため，歩行が可能になる。

3 水素結合

水素結合の強さはファンデルワールス力の10倍程度あるため，水素結合をする物質は特有の性質をもつ。

A 分子量と沸点

：水素結合をする分子

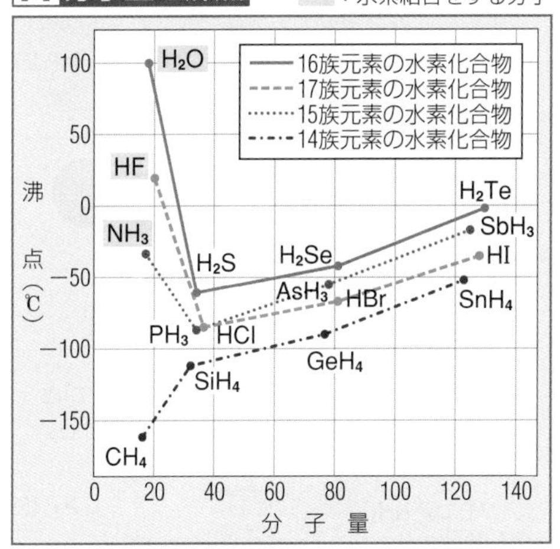

一般に，よく似た構造の分子では分子量の大きな物質ほど沸点が高くなる。しかし，水素結合をする分子はこの傾向にあてはまらない。

B 水素結合する分子

水分子

0.096 nm

0.176 nm

水素結合

フッ化水素分子（➤P.146）　アンモニア分子（➤P.152）

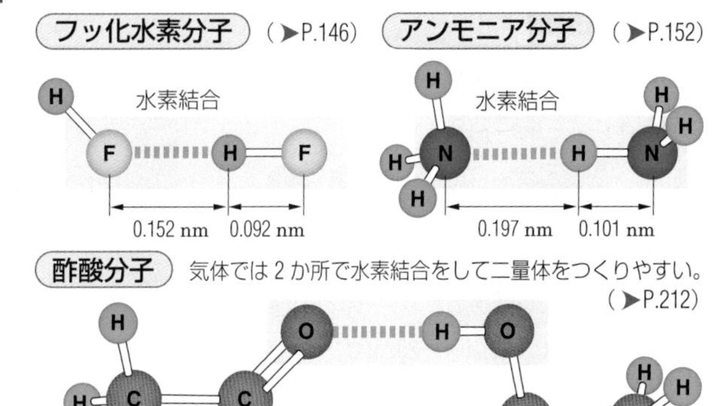

酢酸分子　気体では 2 か所で水素結合をして二量体をつくりやすい。（➤P.212）

水素結合

電気陰性度（➤P.45）の大きな原子（F，O，N）が，水素原子をなかだちとしてつくる結合を**水素結合**という。分子間力と異なり，水素結合には方向性があり，電気陰性度の大きな原子と水素原子が一直線上に並ぶとき，結合力は最大になる。

C エタノールと水の水素結合

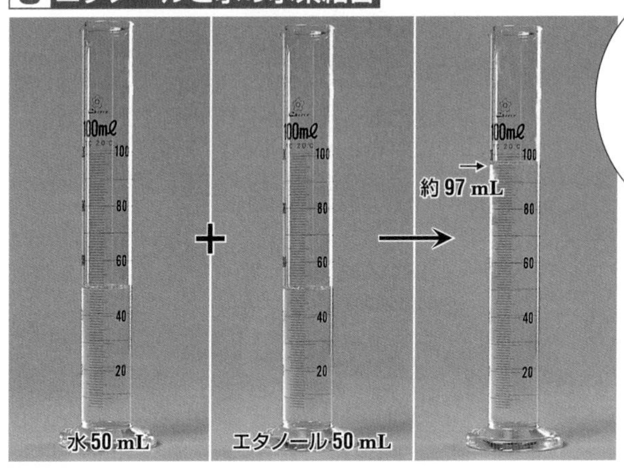

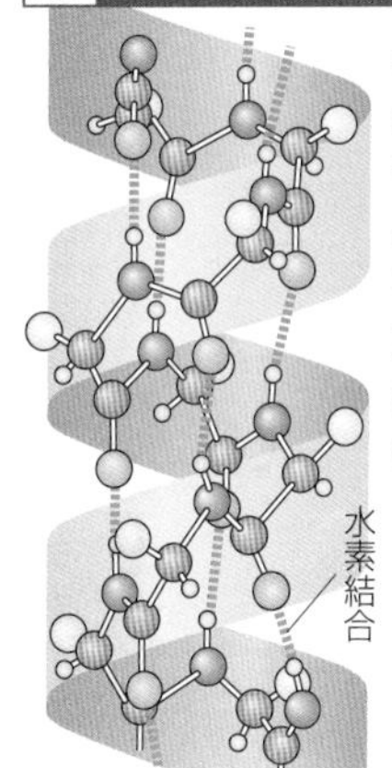

エタノールと水をそれぞれ 50 mL ずつ混ぜても 100 mL にはならない。これはエタノール分子と水分子の間に水素結合ができ，分子間のすき間が小さくなるからである。

D 立体構造と水素結合

タンパク質分子はアミノ酸が 1 本の鎖状に結合してできている。分子内の原子どうしが水素結合することによって，立体構造が保たれる（**タンパク質の二次構造**➤P.255）。左の図では，水素結合によって，**らせん構造**（**α-ヘリックス構造**）が保たれている。

水素結合

C　N　O　H　R（側鎖）

水素結合

4 水の特異性

水の特異性は，水分子が水素結合することによる。

A 氷の構造

1 つの水分子に 4 つの水分子が水素結合する。

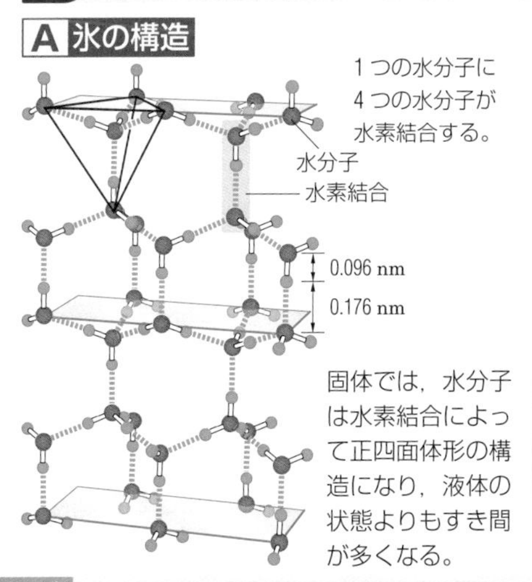

固体では，水分子は水素結合によって正四面体形の構造になり，液体の状態よりもすき間が多くなる。

水　ベンゼン

水とベンゼンの密度変化

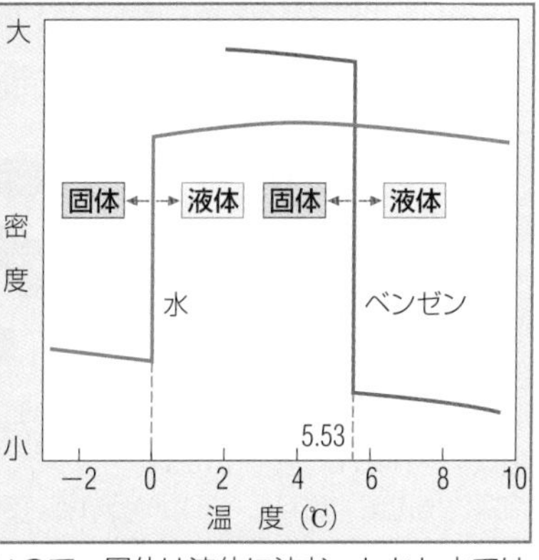

一般に，液体の状態より固体の状態の方が密度は大きいので，固体は液体に沈む。しかし水では，固体（氷）の状態の方がすき間の多い構造で密度は小さく，固体が液体に浮かぶ。

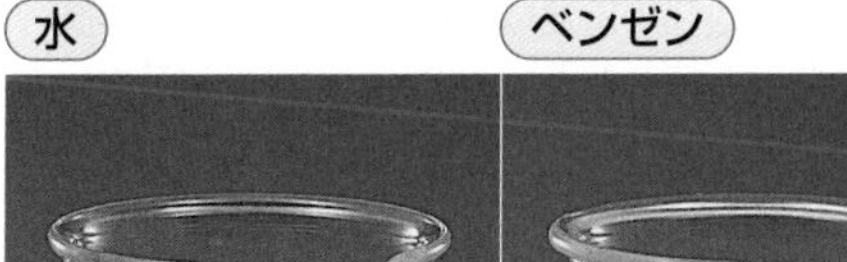

思考問題　水素結合をする分子は沸点が高い。H-Oより，H-Fの方が電気陰性度の差が大きいが，水H_2Oの方がフッ化水素HFより沸点が高いのはなぜか。

共有結合でできた物質

基 1 分子からなる物質 分子間にはたらく力は弱いため，分子からなる物質は室温では気体や液体のものが多い。

炭素を骨格とした化合物を**有機化合物**，それ以外を**無機物質**という（ただし，CO，CO_2，炭酸塩，シアン化合物は無機物質）。

A 無機物質

水素 H_2 ▶P.140

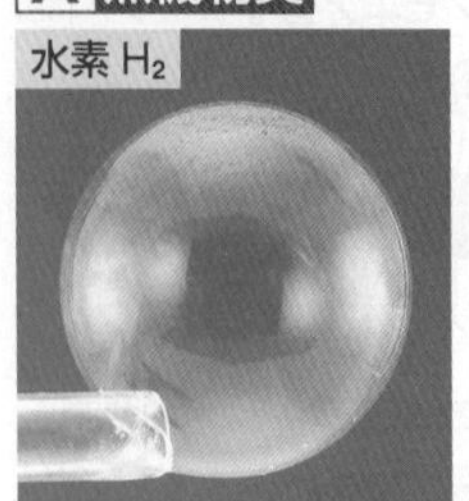

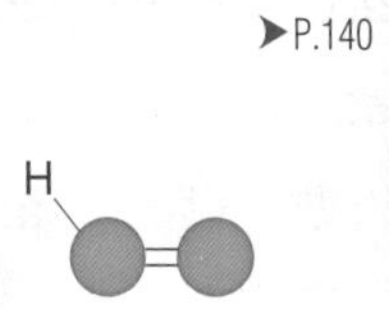

分子量 2.0

融点：−259.1℃　沸点：−252.9℃
最も軽い気体。酸素と反応すると水ができる。燃料電池（▶P.93）やロケット燃料に用いられる。窒素とともにアンモニア合成の原料になる。

酸素 O_2 ▶P.148

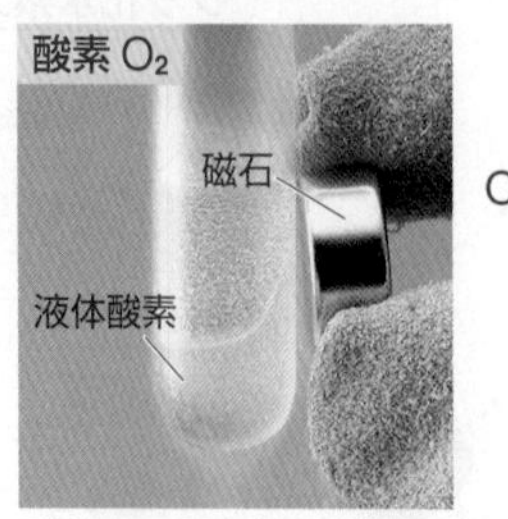

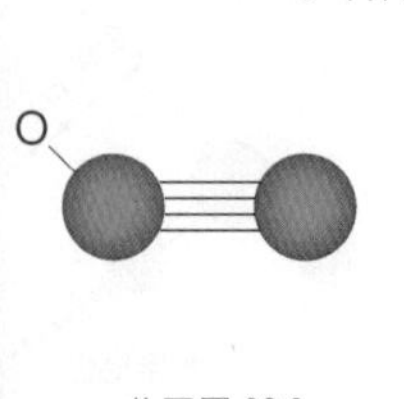

分子量 32.0

融点：−218.4℃　沸点：−183.0℃
物質の燃焼や生物の呼吸に関係し，自然の中では光合成（▶P.127）によってつくられる。製鉄（▶P.196）などに用いられる。

窒素 N_2 ▶P.152

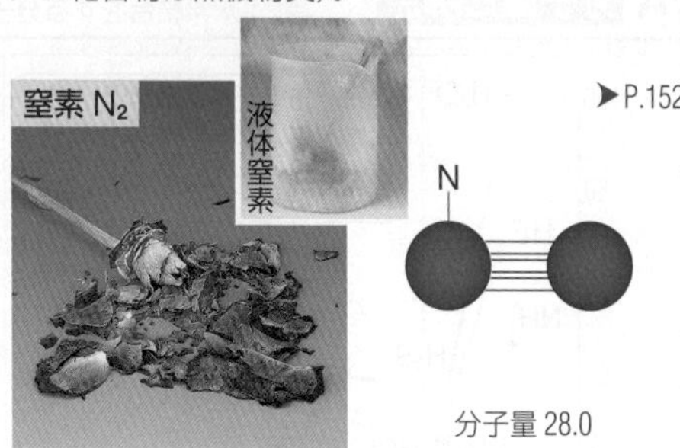

分子量 28.0

融点：−209.9℃　沸点：−195.8℃
空気中に体積比で約78%含まれる。反応性がとぼしく，食品の酸化防止用に袋に封入される。液体窒素は冷却剤に用いられる。

塩化水素 HCl ▶P.146

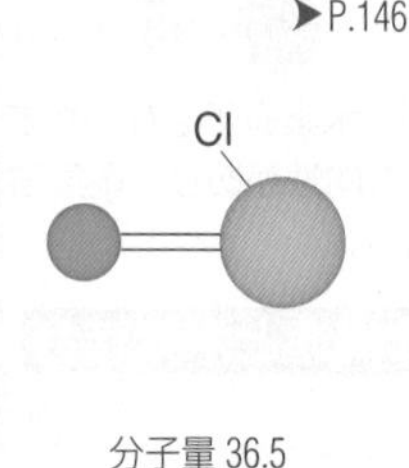

分子量 36.5

融点：−114.2℃　沸点：−84.9℃
無色で刺激臭があり，塩化ビニル（▶P.240）の原料になる。水によく溶け，水溶液は塩酸とよばれる。塩酸は洗剤に用いられる。

水 H_2O ▶P.57

海水

分子量 18.0

融点：0.00℃　沸点：100.00℃
溶媒としてさまざまな物質を溶かす。生物にとっては，生体内の化学反応の仲だちとなる重要な物質。地球の表面に海水として大量に存在。

アンモニア NH_3 ▶P.152

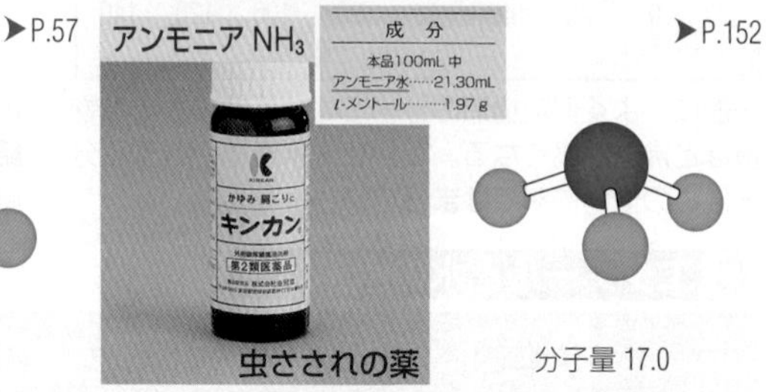

分子量 17.0

融点：−77.7℃　沸点：−33.4℃
空気より軽く刺激臭があり，窒素肥料や硝酸の原料になる。水によく溶け，アンモニア水とよばれる水溶液は，虫さされの薬に用いられる。

B 有機化合物

メタン CH_4 ▶P.204

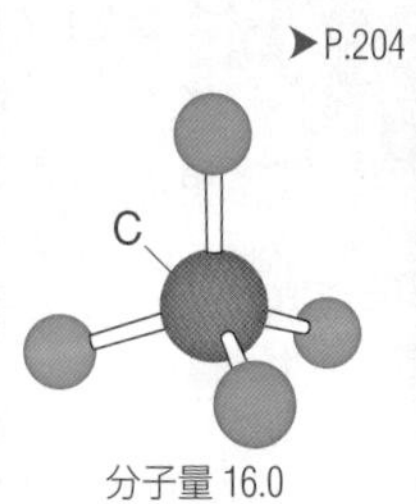

分子量 16.0

融点：−182.8℃　沸点：−161.5℃
空気より軽い。天然ガスの主成分で都市ガスとして燃料に用いられる。水と反応させて水素を製造できる（▶P.266）。

エチレン C_2H_4 ▶P.206

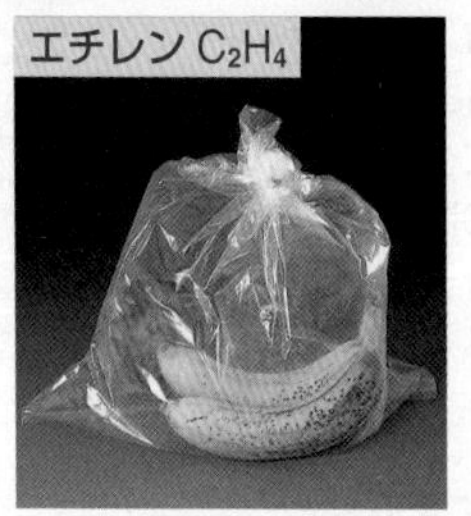

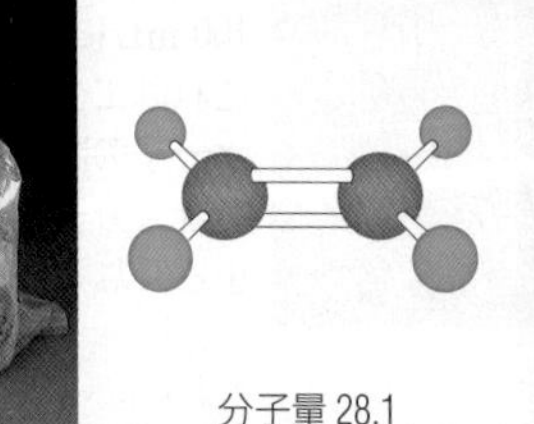

分子量 28.1

融点：−169.2℃　沸点：−103.7℃
石油化学製品の重要な原料。植物の成長を促進するはたらきもある。上の写真ではリンゴから出たエチレンがバナナを黄色く成熟させている。

アセチレン C_2H_2 ▶P.206

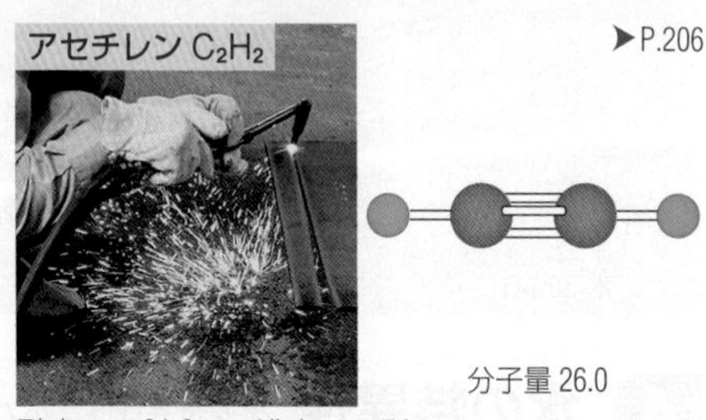

分子量 26.0

融点：−81.8℃　沸点：−74℃
炭素原子間に三重結合をもち，反応性が大きい。燃焼すると多量の熱が発生することを利用して，金属の溶接や切断に用いられる。

エタノール C_2H_5OH ▶P.208

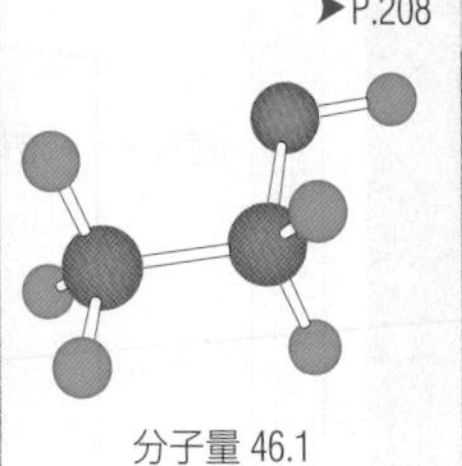

分子量 46.1

融点：−114.5℃　沸点：78.3℃
溶媒，消毒薬，燃料として用いられる。また，酒類にはアルコール発酵（はっこう）（▶P.209）により生成したエタノールが含まれる。

酢酸 CH_3COOH ▶P.212

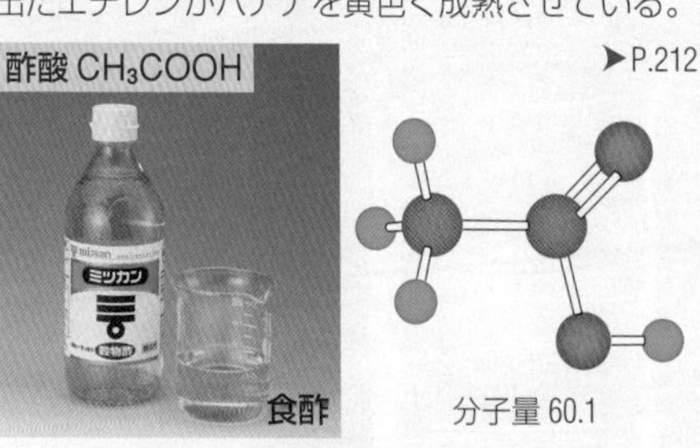

分子量 60.1

融点：16.6℃　沸点：117.8℃
刺激臭がある液体で，食酢に数%含まれる。気温が低いと凝固する（氷酢酸（ひょうさくさん））。合成樹脂や医薬品の原料になる。

ベンゼン C_6H_6 ▶P.220

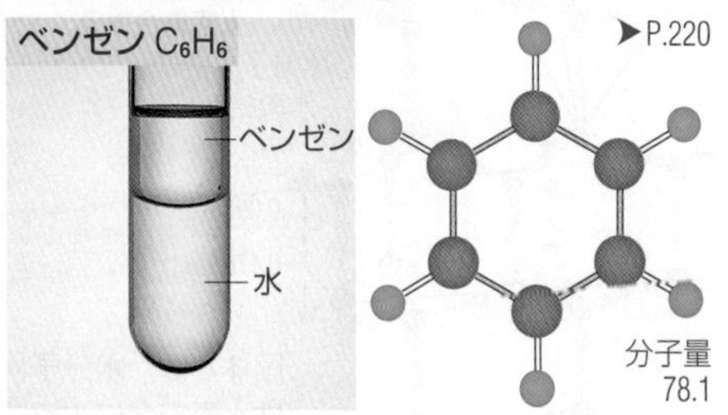

分子量 78.1

融点：5.5℃　沸点：80.1℃
特有のにおいをもち，毒性がある。無極性分子で水に溶けにくい。さまざまな化学工業製品の原料になる。

共有結合は，電気陰性度が近い原子どうしでつくられる。電気陰性度の差が大きい原子どうしでは，電気陰性度の大きい原子が小さい原子の電子をうばってしまうため，イオン結合になる。

Keywords ▶ ●共有結合 covalent bond ●分子 molecule ●有機化合物 organic compound
●高分子化合物 macromolecular compound ●付加重合 addition polymerization
●縮合重合 condensation polymerization ●単量体 monomer ●重合体 polymer

基 2 高分子化合物 多数の原子からなる化合物を高分子化合物という（▶P.236）。

付加重合	縮合重合
単量体（モノマー） … + + … / 付加重合 / 重合体（ポリマー） … …	単量体（モノマー） … + + + … / 縮合重合 / 重合体（ポリマー） … … / 縮合で除かれる分子
二重結合などの不飽和結合が開き，ほかの分子と結びつく。	水などの簡単な分子が抜けて，ほかの分子と結びつく。
例 ポリエチレン：袋（ポリ袋）や容器などに用いられる（▶P.240）。 ⋯ H₂C=CH₂ H₂C=CH₂ ⋯ ⟶ ⋯ -CH₂-CH₂-CH₂-CH₂- ⋯ エチレン / ポリエチレン	例 ポリエチレンテレフタラート（PET）：ペットボトルや繊維として用いられる（▶P.238）。 ⋯ + HO-$(CH_2)_2$-OH + HO-C(=O)-C₆H₄-C(=O)-OH + ⋯ ⟶ ⋯ -O-$(CH_2)_2$-O-C(=O)-C₆H₄-C(=O)- ⋯ とれた水分子は省略 エチレングリコール / テレフタル酸 / ポリエチレンテレフタラート

小さな分子（**単量体**）が共有結合で結びつき（**重合**），大きな分子（**重合体**）になる。こうしてできた**高分子化合物**は，プラスチックや繊維に利用される。

基 3 共有結合の結晶 共有結合の結晶はすべての原子が共有結合をしているので，1つの巨大分子とみなすことができる。

ダイヤモンドC ▶P.156

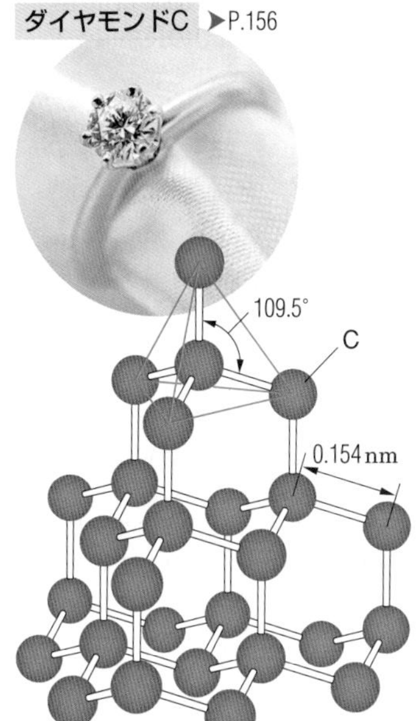

融点：3550 ℃
4つの価電子すべてがほかの原子との共有結合に使われる。非常に硬く，電気伝導性はない。研磨剤に利用。

黒鉛C ▶P.156

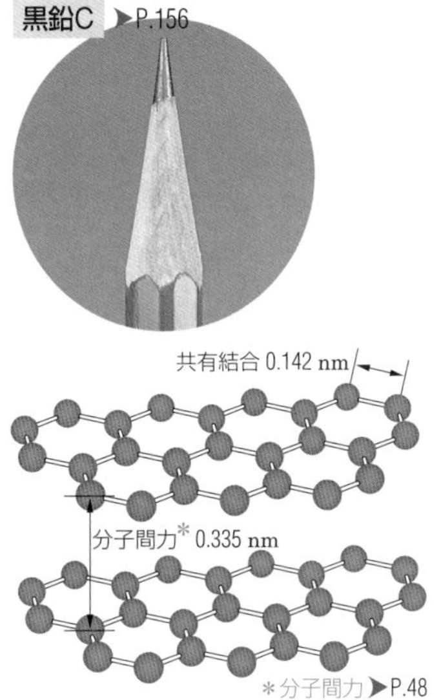

＊分子間力▶P.48

融点：3530 ℃
共有結合に使われない価電子があり，平面上を移動するため，電気伝導性をもつ。層の間にはたらく力は分子間力なのでやわらかい。乾電池の電極や鉛筆のしんに用いられる。

ケイ素Si ▶P.158

Si
0.235 nm

融点：1410 ℃ 沸点：2355 ℃
ダイヤモンドと同じ正四面体構造。硬くてもろい。導体と絶縁体の中間程度の電気伝導性をもつ半導体。

二酸化ケイ素SiO_2 ▶P.158

水晶
結晶構造の一例
Si
O

融点：1550 ℃ 沸点：2950 ℃
ケイ素原子と酸素原子の共有結合でできた結晶。石英や水晶，ケイ砂などの主成分として天然に存在。

A 共有結合の結晶の性質

※黒鉛は例外。

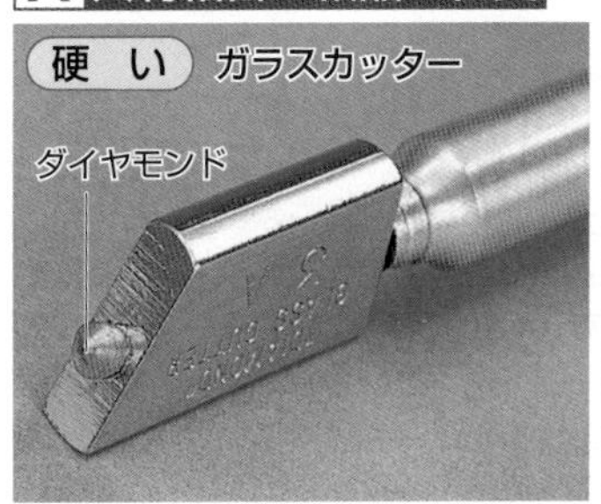

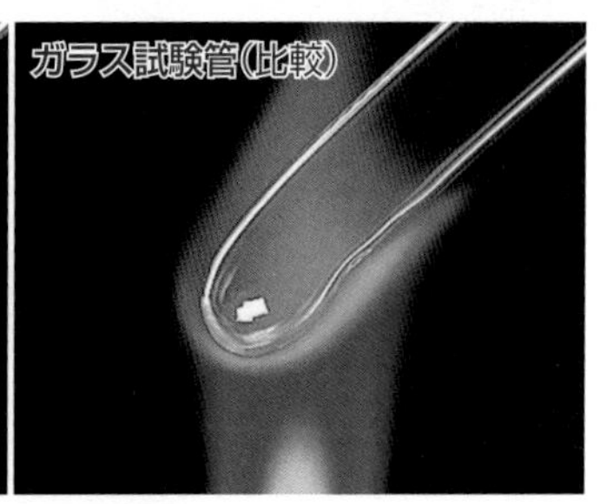

プチ雑学 地殻に含まれる二酸化ケイ素の質量の割合は，55.2%にもおよぶ。岩石を構成する鉱物は，ケイ酸イオン（▶P.236）を骨格としており，鉱物によってその並び方が異なる。また，結晶に含まれる金属イオンの種類や含有量にも差があり，組成によって鉱物の色などに違いが生じる。

金属結合と金属結晶

基 1 金属結合 自由電子をなかだちとした金属原子の結合を金属結合という。

金

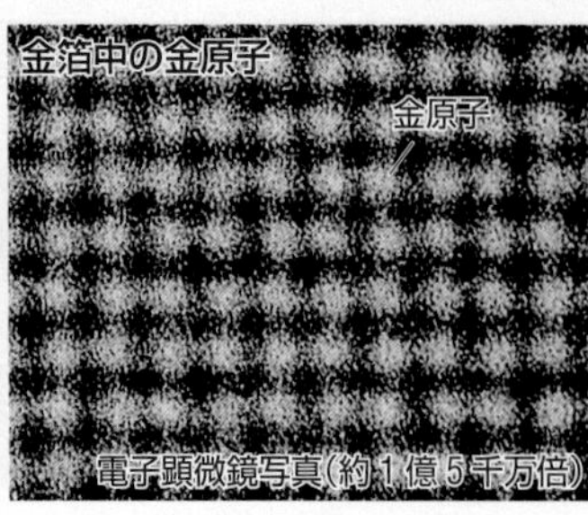

電子顕微鏡写真(約1億5千万倍)

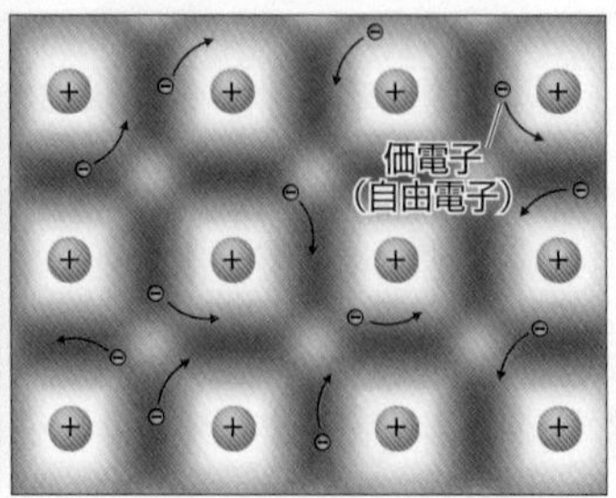

金属原子は，陽性が強く，価電子を放出しやすい。放出された価電子(**自由電子**)は，金属内を自由に動くことによって，金属原子を結びつける(**金属結合**)。この金属結合とイオン結合(▶P.42)，共有結合(▶P.44)を合わせて**化学結合**という。

金属は，原子が規則正しく配列しているので，**金属結晶**とよばれる。金属結晶は組成式(▶P.42)で表す。

基 2 金属の性質 金属の性質は自由電子の存在による。

A 金属光沢

金貨

銀貨

金属の表面の自由電子が光を反射するので，金属には特有の光沢が生じる(**金属光沢**)。多くの金属は，可視光(▶P.296)のほとんどすべてを反射するため，反射光は無色になる。しかし，金や銅などは，可視光の一部を吸収するため，反射光が特有な色になる。

B 展性と延性

約 0.0001 mm の厚さにまで広げることができる。

1 g の金を約 3000 m(直径約 0.005 mm)の長さにまで延ばすことができる。

薄く広げることができる性質を**展性**，細く引き延ばすことができる性質を**延性**という。これらの性質から，金属は箔や細い線にできる。また，このような性質は，力を加えて金属原子の位置がずれても，金属結合が保たれることによる。

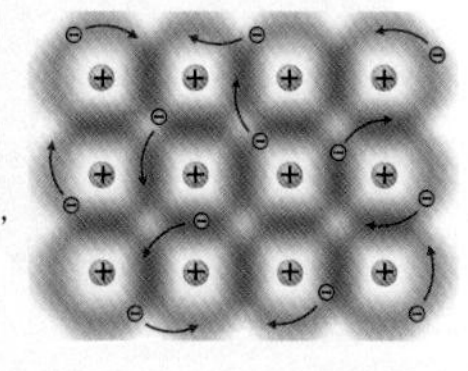
力
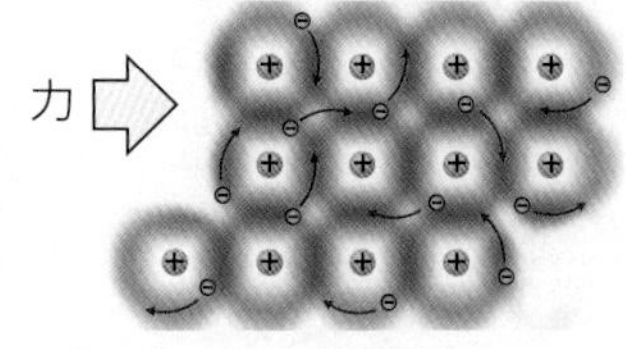

C 電気伝導性

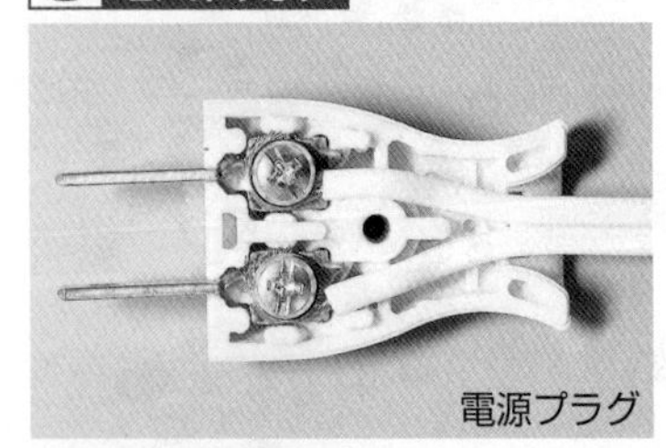
電源プラグ

金属に電圧を加えると，自由電子が移動することで電気を導く(**電気伝導性**がある)。金属原子は高温になるほど振動が激しくなって，自由電子の移動を妨げる。したがって，高温になるほど電気伝導性は低下する。

電気伝導性と温度

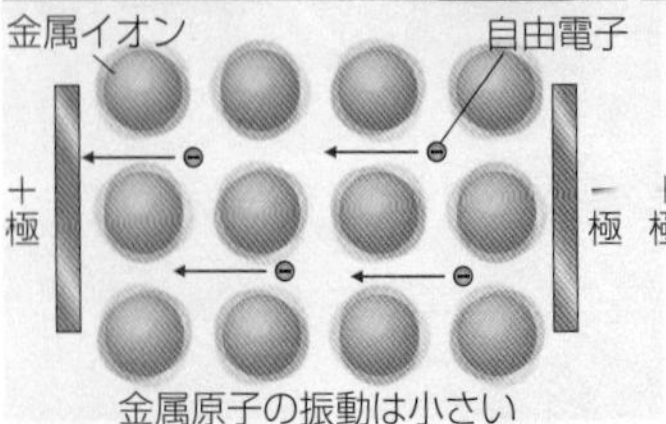

金属原子の振動は小さい

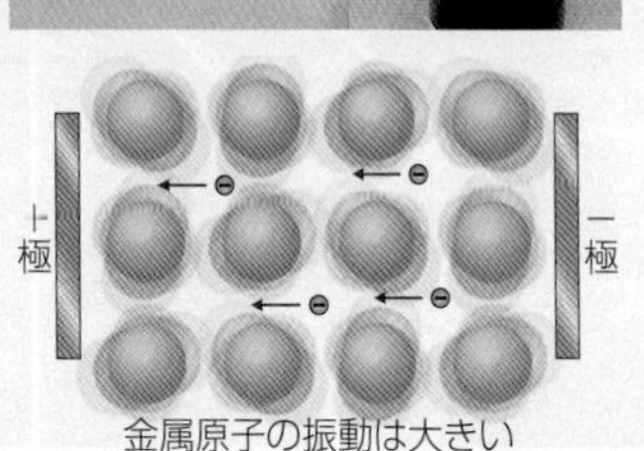

金属原子の振動は大きい

D 熱伝導性

金属は，自由電子が熱を伝えるため，**熱伝導性**がよい。鍋ややかんなどには，熱伝導性がよいことと，融点が高いことから，金属がよく使われる。しかし，全体が熱くなってしまうので，手が触れる部分は，木やプラスチックなどでおおわれている。

熱伝導性の確認

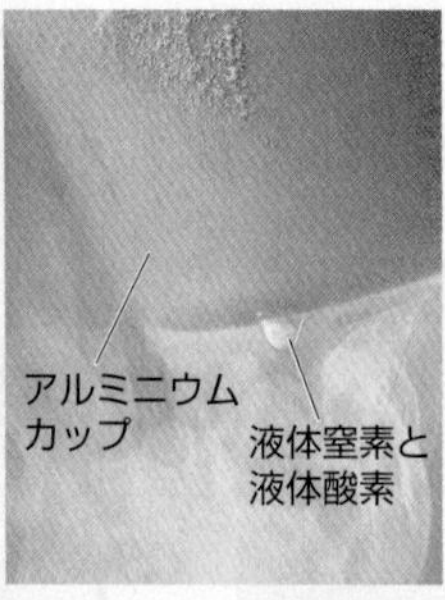

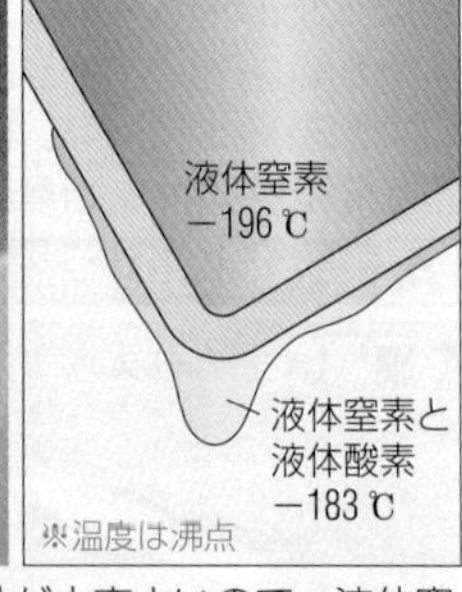

※温度は沸点

アルミニウムは熱伝導性が大変よいので，液体窒素(−196 ℃)を入れたアルミニウムカップの表面が冷やされ，空気中の窒素(沸点−196 ℃)と酸素(沸点−183 ℃)が液体になる。

プチ雑学 金属原子がずれやすい結晶構造(▶P.55)をもっているほど，展性や延性の程度は大きくなる。最もずれやすい金属結晶の構造は面心立方格子で，最もずれにくいのは六方最密構造である。

●金属 metal ●金属結合 metallic bond ●自由電子 free electron ●金属光沢 metallic luster
●展性 malleability ●延性 ductility ●合金 alloy

動 金の展性

化学基礎

基 3 金属の性質の比較

金属の種類によって，融点，密度，電気・熱伝導度などはさまざまな値をとる。

A 融点

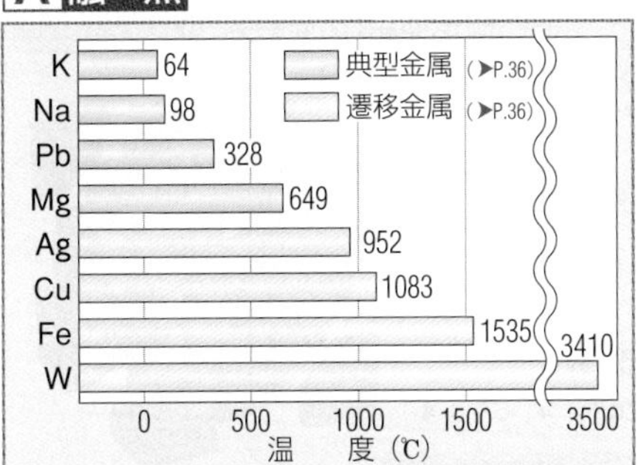

典型金属では融点の低いものが多い。

B 密度

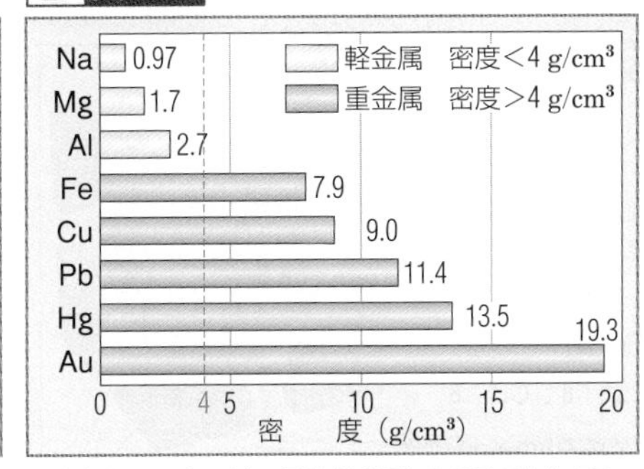

※密度4.5 g/cm³のチタンTiを軽金属に入れることもある。

C 電気伝導性と熱伝導性

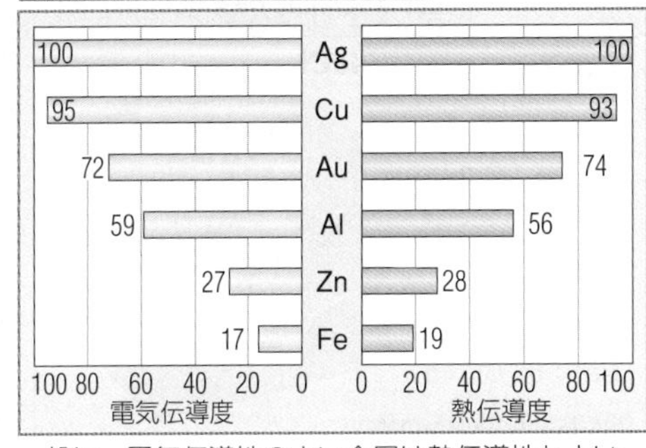

一般に，電気伝導性のよい金属は熱伝導性もよい。

※Agを100としたときの値

第1章 物質の構成

基 4 金属の利用

金属は，単体だけでなく合金としても広く利用されている。

鉄 Fe

大鳴門橋

ステンレス製流し台

建築物など広く利用。鉄鉱石を還元して得られる(▶P.196)。湿気のある空気中でさびやすいが，Cr，Niとの合金ステンレス鋼はさびにくい。

アルミニウム Al

薬缶

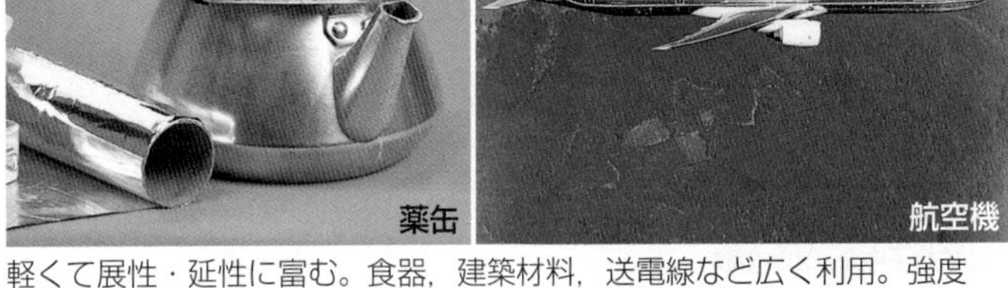
航空機

軽くて展性・延性に富む。食器，建築材料，送電線など広く利用。強度の大きな合金ジュラルミンは，航空機の機体などに用いられる。

銅 Cu

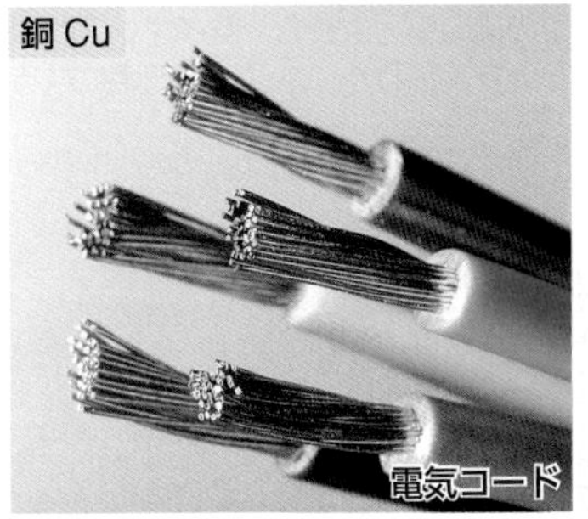
電気コード

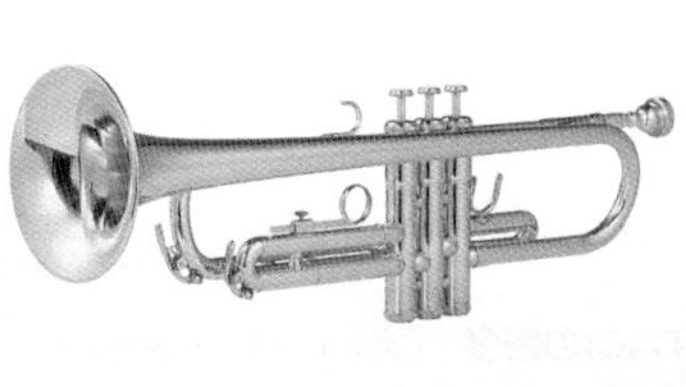
黄銅(Cu＋Zn)の楽器

青銅(Cu＋Sn)の像

表面が緑青
自由の女神像

やわらかく展性・延性に富み，電気伝導性・熱伝導性がよい。調理器具や電気材料などに使われる。黄銅・青銅などの合金も広く用いられる。単体は赤色の光沢をもつが，湿った空気中では緑色のさび(緑青(ろくしょう))を生じる。

銀 Ag

食器

電気伝導性・熱伝導性が非常によい。食器や装飾品，鏡などに用いられる。臭化銀は写真のフィルムの感光剤に使われる(▶P.175)。

水銀 Hg

蛍光灯

常温で液体である唯一の金属。蛍光灯や血圧計に使われる。
多くの金属とアマルガムという合金をつくる。

A 合金

合金の名称	主成分	加える元素	特徴	用途例
ステンレス鋼	Fe	Cr，Ni	さびにくい	台所用品
炭素鋼	Fe	C	硬い	レール
MK磁石鋼	Fe	Al，Ni，Co	保磁力が大きい	永久磁石
ジュラルミン	Al	Cu，Mg，Mn	軽くて強い	航空機
黄銅(しんちゅう)	Cu	Zn	加工しやすく強い，黄色	装飾品
青銅(ブロンズ)	Cu	Sn	鋳造性がよく強い	銅像
白銅	Cu	Ni	さびにくい	硬貨
洋銀(洋白)	Cu	Zn，Ni	銀白色，さびにくい	食器
ニクロム	Ni	Cr	電気抵抗が大きい	電熱線

2種類以上の元素を混ぜてできた金属を合金(▶P.191)という。合金にして組成比を調節することで，融点や硬さ，さびやすさ，電気的・磁気的な性質などを変えられる。

青銅でできた鐘は，スズが含まれる割合が大きいと硬くなり，音の高さは高くなる。お寺の鐘の音が低いのはスズの割合が小さいから，教会の鐘の音が高いのはスズの割合が大きいからである。

54 固体の構造(1)

1 イオン結晶の構造 陽イオン・陰イオンが交互に規則正しく配列している。

結晶の配列を表したものを**結晶格子**(こうし)といい，結晶格子の最小単位を**単位格子**という。また，1個の粒子に隣接する粒子の数を**配位数**という。

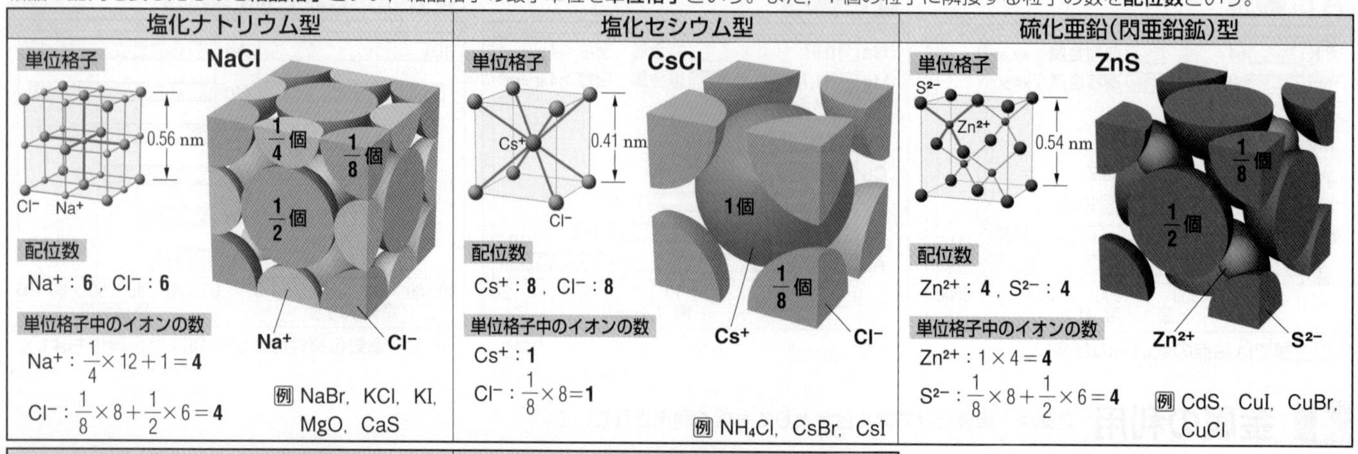

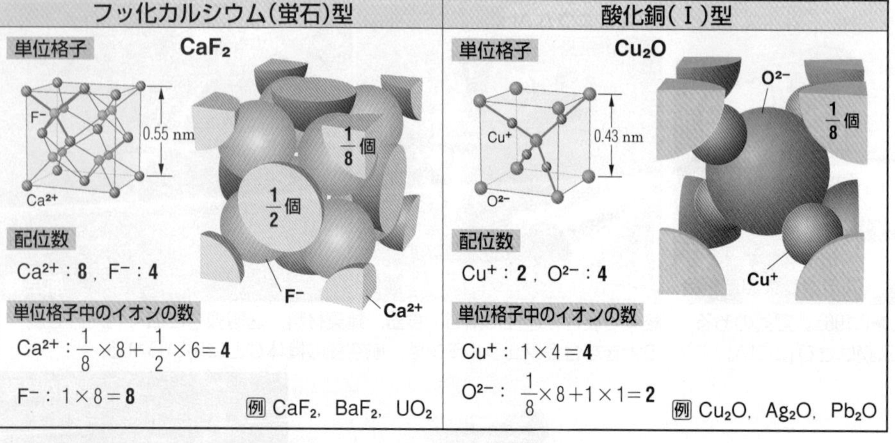

イオンの大きさと安定性

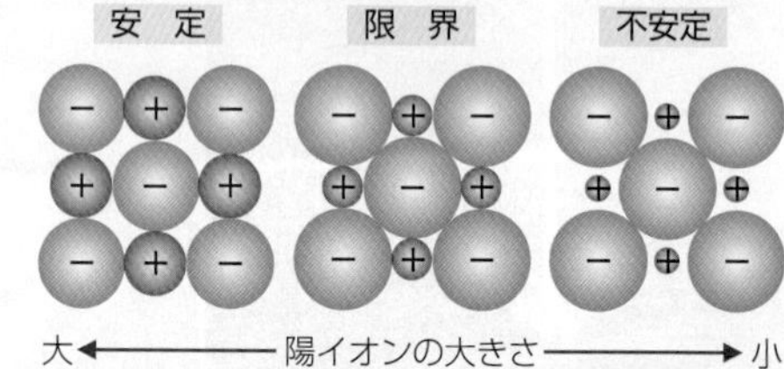

結晶は，より安定な構造をとる。図の結晶の場合，陰イオンの大きさに対して，陽イオンの大きさが小さ過ぎると，陰イオンどうしが接する。陽イオンと陰イオンの間の引力よりも，陰イオンの間の反発力の方が大きくなると，結晶は不安定になる。

イオン結晶の密度 単位格子で密度を考える。

モル質量Mのイオン結晶で，単位格子の一辺の長さをl，単位格子中の陽イオン，陰イオンの数が等しくそれぞれn，アボガドロ定数をN_Aとすると，このイオン結晶の密度dは，次のようになる。

$$d = \frac{nM/N_A}{l^3}$$
← 単位格子に含まれるイオン結晶の質量
← 単位格子の体積

NaClの密度 (実際の値：2.168 g/cm³)

$$d = \frac{nM/N_A}{l^3} = \frac{4 \times 58.5\ \mathrm{g/mol}}{6.02 \times 10^{23}/\mathrm{mol} \times (0.564 \times 10^{-7}\mathrm{cm})^3} \fallingdotseq 2.17\ \mathrm{g/cm^3}$$

CsClの密度 (実際の値：3.99 g/cm³)

$$d = \frac{nM/N_A}{l^3} = \frac{1 \times 168.5\ \mathrm{g/mol}}{6.02 \times 10^{23}/\mathrm{mol} \times (0.412 \times 10^{-7}\mathrm{cm})^3} \fallingdotseq 4.00\ \mathrm{g/cm^3}$$

参考 単位格子とイオン半径 発展

陽イオンと陰イオンの数の比が1:1のイオン結晶で，陽イオンの半径をr_+，陰イオンの半径をr_-とし，その比r_+/r_-を考える。r_+/r_-の値が，陰イオンどうしが接するときの値より小さい場合，結晶は不安定になる。このことから，推測される結晶の構造は，次のようになる。

r_+/r_-	結晶の構造
0.732～ 1	塩化セシウム型
0.414～0.732	塩化ナトリウム型
0.225～0.414	硫化亜鉛(閃亜鉛鉱)型

※このようにならないイオン結晶もある。

塩化ナトリウム型

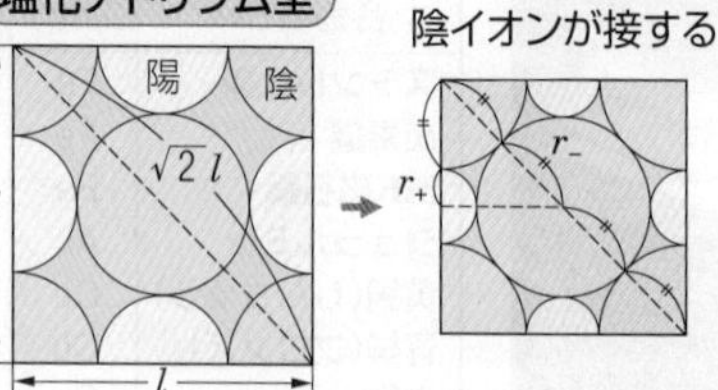

陰イオンが接するとき，$\sqrt{2}(r_+ + r_-) = 2r_-$

よって，$\frac{r_+}{r_-} = \sqrt{2} - 1 \fallingdotseq 0.414$

$\frac{r_+}{r_-} < 0.414$ で不安定になる。

NaClでは，$\frac{r_+}{r_-} = \frac{0.116\ \mathrm{nm}}{0.167\ \mathrm{nm}} \fallingdotseq 0.695$

塩化セシウム型

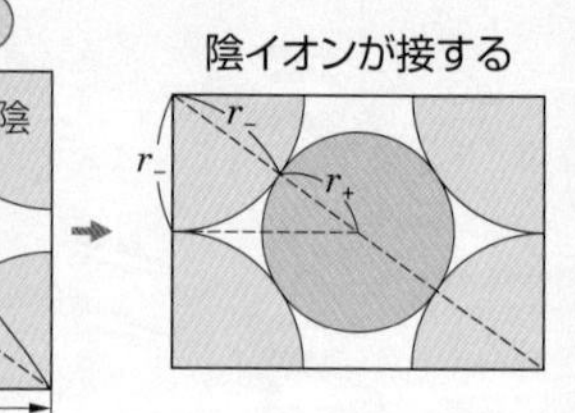

陰イオンが接するとき，$\sqrt{3}r_- = r_+ + r_-$

よって，$\frac{r_+}{r_-} = \sqrt{3} - 1 \fallingdotseq 0.732$

$\frac{r_+}{r_-} < 0.732$ で不安定になる。

CsClでは，$\frac{r_+}{r_-} = \frac{0.181\ \mathrm{nm}}{0.167\ \mathrm{nm}} \fallingdotseq 1.08$

プチ雑学 結晶の構造は，結晶にX線(▶P.296)を当てることで得られる像から明らかにされてきた。結晶を構成する粒子の並び方によって，当たった後のX線の進み方は異なるため，その像から結晶の構造を知ることができる。現在は，タンパク質(▶P.255)などのより複雑な構造を解析するのにもX線を利用している。

2 金属結晶の構造

金属結晶の構造の多くは，3 種類に分類される。

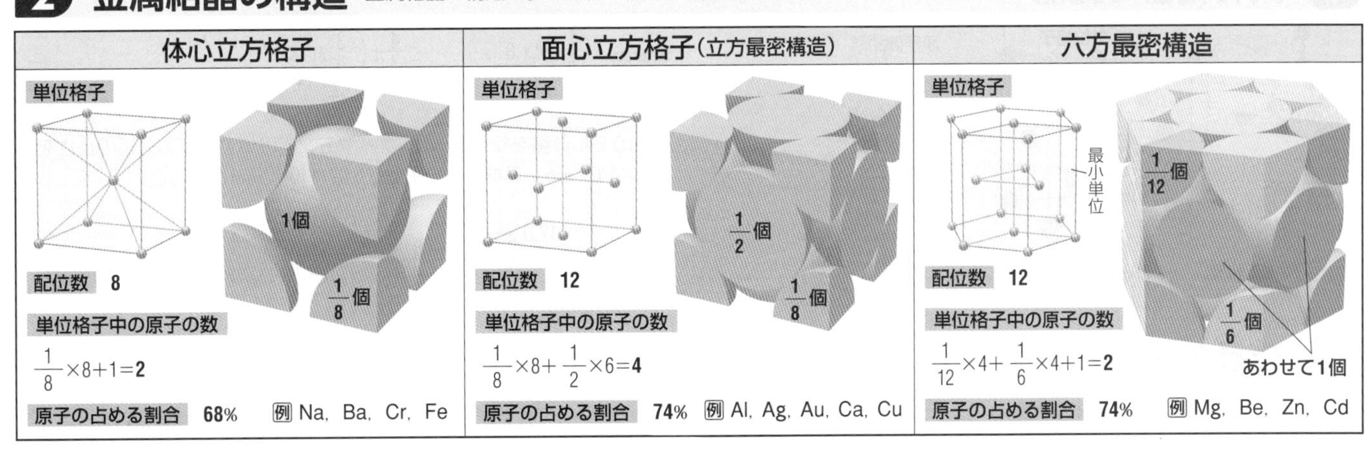

充填率 結晶全体の体積に対して，原子が占める体積の割合を**充填率**という。

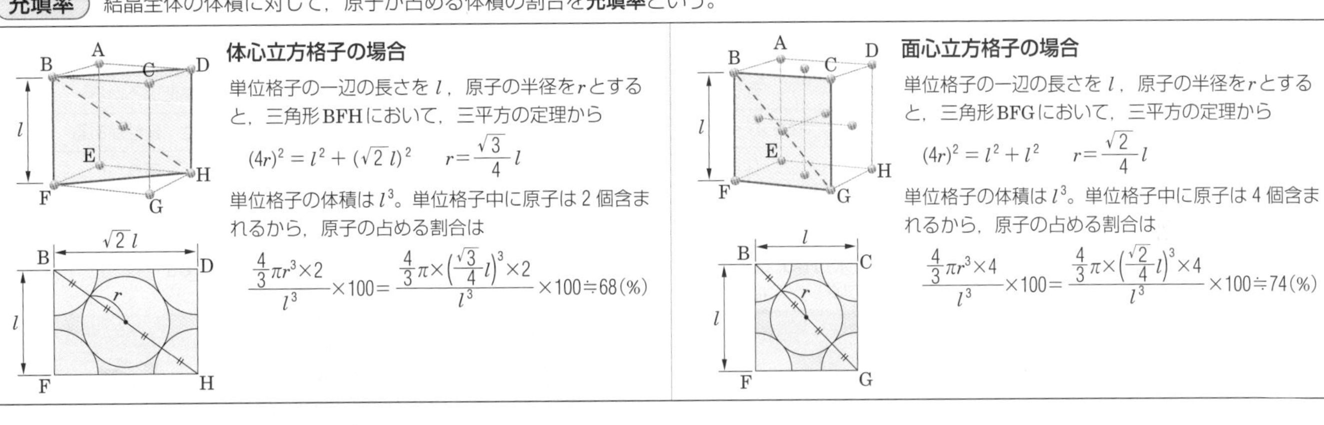

体心立方格子の場合

単位格子の一辺の長さを l，原子の半径を r とすると，三角形BFHにおいて，三平方の定理から

$(4r)^2 = l^2 + (\sqrt{2}\,l)^2 \qquad r = \frac{\sqrt{3}}{4}l$

単位格子の体積は l^3。単位格子中に原子は 2 個含まれるから，原子の占める割合は

$$\frac{\frac{4}{3}\pi r^3 \times 2}{l^3}\times 100 = \frac{\frac{4}{3}\pi \times \left(\frac{\sqrt{3}}{4}l\right)^3 \times 2}{l^3}\times 100 \fallingdotseq 68(\%)$$

面心立方格子の場合

単位格子の一辺の長さを l，原子の半径を r とすると，三角形BFGにおいて，三平方の定理から

$(4r)^2 = l^2 + l^2 \qquad r = \frac{\sqrt{2}}{4}l$

単位格子の体積は l^3。単位格子中に原子は 4 個含まれるから，原子の占める割合は

$$\frac{\frac{4}{3}\pi r^3 \times 4}{l^3}\times 100 = \frac{\frac{4}{3}\pi \times \left(\frac{\sqrt{2}}{4}l\right)^3 \times 4}{l^3}\times 100 \fallingdotseq 74(\%)$$

金属の最密構造 最も密につめる方法は，次の 2 通りある。

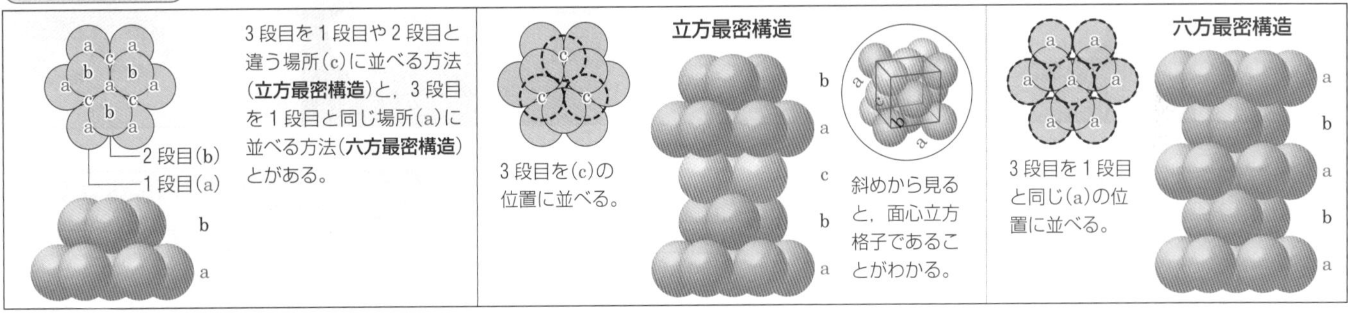

3 段目を 1 段目や 2 段目と違う場所(c)に並べる方法(**立方最密構造**)と，3 段目を 1 段目と同じ場所(a)に並べる方法(**六方最密構造**)とがある。

3 段目を(c)の位置に並べる。

斜めから見ると，面心立方格子であることがわかる。

3 段目を 1 段目と同じ(a)の位置に並べる。

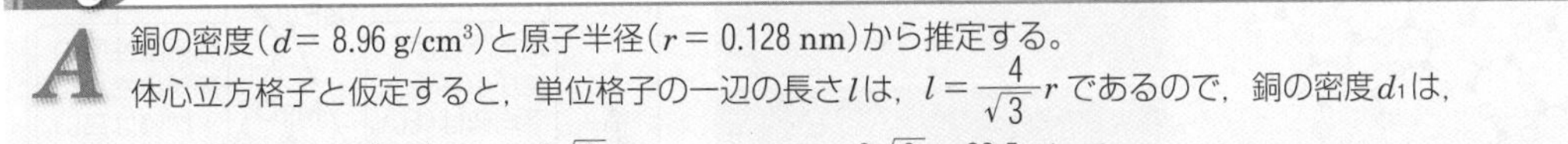

Q 銅の結晶構造は，体心立方格子，面心立方格子のどちらか？

A 銅の密度($d = 8.96\ \mathrm{g/cm^3}$)と原子半径($r = 0.128\ \mathrm{nm}$)から推定する。
体心立方格子と仮定すると，単位格子の一辺の長さ l は，$l = \frac{4}{\sqrt{3}}r$ であるので，銅の密度 d_1 は，

$$d_1 = \frac{2M/N_A}{l^3} = \frac{2M/N_A}{\frac{64}{3\sqrt{3}}r^3} = \frac{3\sqrt{3}\,M}{32N_A r^3} = \frac{3\sqrt{3}\times 63.5\ \mathrm{g/mol}}{32\times 6.02\times 10^{23}\ /\mathrm{mol}\times(0.128\times 10^{-7}\ \mathrm{cm})^3} \fallingdotseq 8.17\ \mathrm{g/cm^3}$$

M：銅のモル質量，N_A：アボガドロ定数

面心立方格子と仮定すると，$l = 2\sqrt{2}\,r$ であるので，銅の密度 d_2 は，

$$d_2 = \frac{4M/N_A}{l^3} = \frac{4M/N_A}{16\sqrt{2}\,r^3} = \frac{\sqrt{2}\,M}{8N_A r^3} = \frac{\sqrt{2}\times 63.5\ \mathrm{g/mol}}{8\times 6.02\times 10^{23}\ /\mathrm{mol}\times(0.128\times 10^{-7}\ \mathrm{cm})^3} \fallingdotseq 8.89\ \mathrm{g/cm^3}$$

実際の密度は $8.96\ \mathrm{g/cm^3}$ で，d_2 の方が近いので，銅の結晶構造は面心立方格子と推定できる。

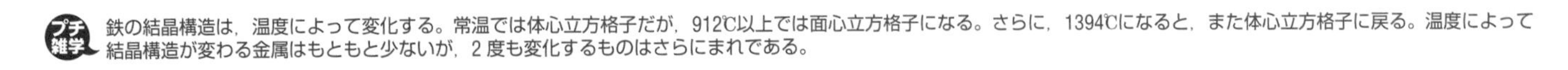

プチ雑学 鉄の結晶構造は，温度によって変化する。常温では体心立方格子だが，912℃以上では面心立方格子になる。さらに，1394℃になると，また体心立方格子に戻る。温度によって結晶構造が変わる金属はもともと少ないが，2 度も変化するものはさらにまれである。

固体の構造(2)

Keywords ●アモルファス amorphous

1 共有結合の結晶

ダイヤモンドの単位格子には，炭素原子が 8 個含まれている。

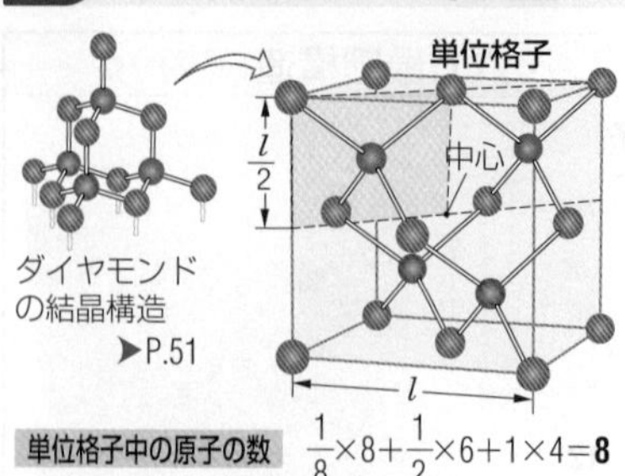

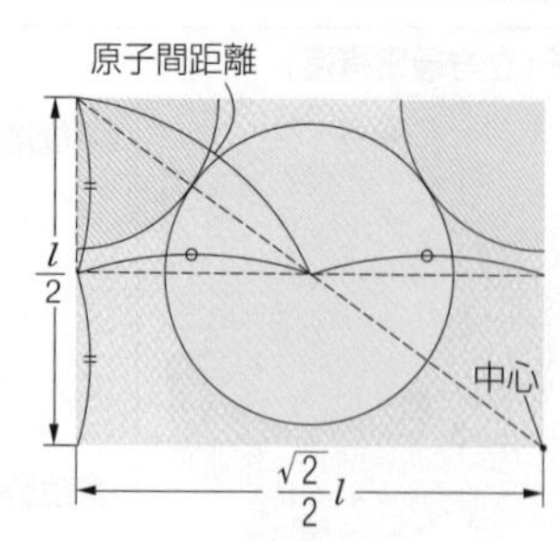

単位格子中の原子の数 $\frac{1}{8}\times8+\frac{1}{2}\times6+1\times4=\mathbf{8}$

充填率 $\dfrac{\frac{4}{3}\pi r^3\times8}{l^3}\times100=\dfrac{\frac{4}{3}\pi\left(\frac{\sqrt{3}}{8}l\right)^3\times8}{l^3}\times100\fallingdotseq34(\%)$

炭素のモル質量を12.0 g/mol，ダイヤモンドの単位格子の一辺の長さを3.56×10^{-8} cm，アボガドロ定数を6.02×10^{23} /molとすると，

密度 $\dfrac{\frac{12.0\ \mathrm{g/mol}}{6.02\times10^{23}\ \mathrm{/mol}}\times8}{(3.56\times10^{-8}\ \mathrm{cm})^3}\fallingdotseq3.5\ \mathrm{g/cm^3}$ （実際の値：3.513 g/cm³）

基 2 結晶の種類と特徴

結晶は，構成粒子と結合のしかたによって分類される。 ▶P.42~53

	イオン結晶	分子結晶	共有結合の結晶	金属結晶
構成元素	金属元素と非金属元素	非金属元素	非金属元素	金属元素
構成粒子	陽イオンと陰イオン	分子	原子	原子
構成粒子間の結合	イオン結合	分子間力(分子内は共有結合)	共有結合	金属結合
融点・沸点	高い	低い	非常に高い	高低いろいろ
硬さなど	硬くてもろい	やわらかくもろい	非常に硬い(黒鉛はやわらかい)	展性・延性がある
電気伝導性	固体はなし，融解液・水溶液はあり	なし	なし(黒鉛はあり)	あり
化学式	組成式	分子式	組成式	組成式
物質の例	塩化ナトリウム NaCl，塩化カルシウム $CaCl_2$，酸化マグネシウム MgO	二酸化炭素(ドライアイス) CO_2，水(氷) H_2O，ヨウ素 I_2，ナフタレン $C_{10}H_8$	炭素(ダイヤモンド) C，ケイ素 Si，二酸化ケイ素 SiO_2	ナトリウム Na，アルミニウム Al，鉄 Fe，銅 Cu
	塩化ナトリウム NaCl	ドライアイス CO_2	二酸化ケイ素 SiO_2	

3 アモルファス

ガラスは，固体だが結晶構造をもたないアモルファスという状態である。

結晶とアモルファスを平面的に描いた模式図

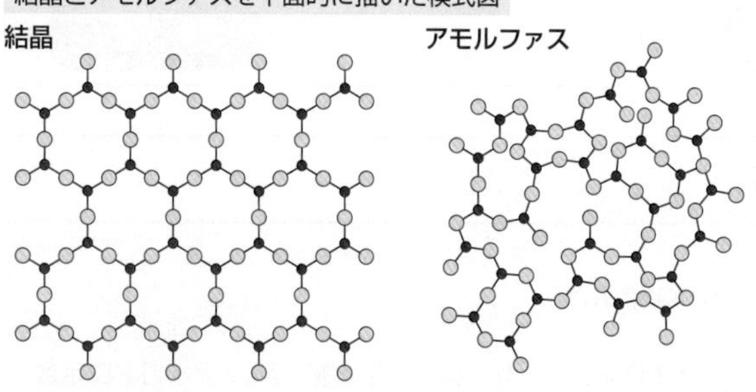

構成する粒子が結晶のような規則的な配列をせずにできた固体の状態を**アモルファス**という。身近なところでは，**ガラス**(▶P.159，164)がアモルファスである。また，アモルファスシリコンは，薄膜太陽電池などに利用されている。さらに，金属のアモルファスには金属ガラス(▶P.193)とよばれる物質もあり，じょうぶでさびにくいなど普通の金属とは異なる性質をもつ。

ガラスの加熱

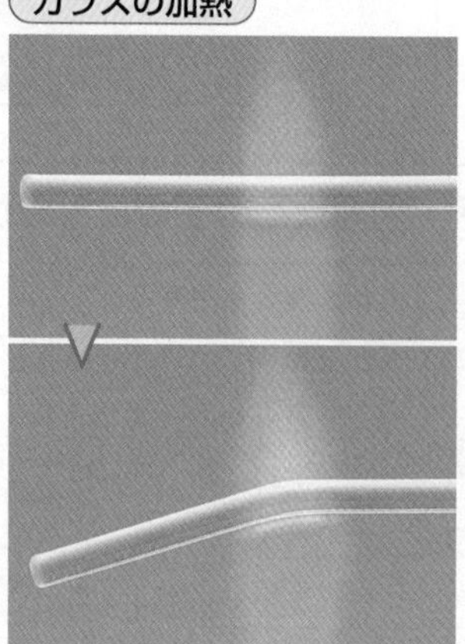

ガラスは，加熱すると徐々に軟化して，一定の融点を示さない。

Q 結合の種類は何によって決まるの？

A 2つの原子の結合の種類は，電気陰性度の差と電気陰性度の平均値によって，図のように分類できる。

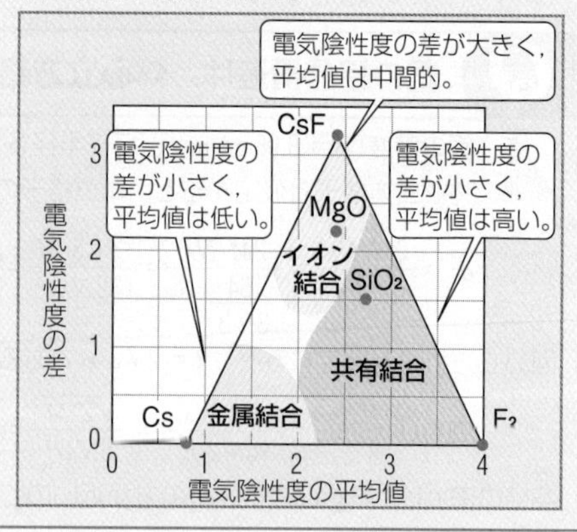

プチ雑学 化学結合の強さは，共有結合＞イオン結合・金属結合≫水素結合＞ファンデルワールス力 の順になっており，共有結合がもっとも強い。

水の化学

特集

地球の表面の 7 割は水におおわれている。また，生物のからだにも多くの水が含まれている。このように身近な物質である水は，化学的に見ると，かなり特異な物質である。

1 水分子

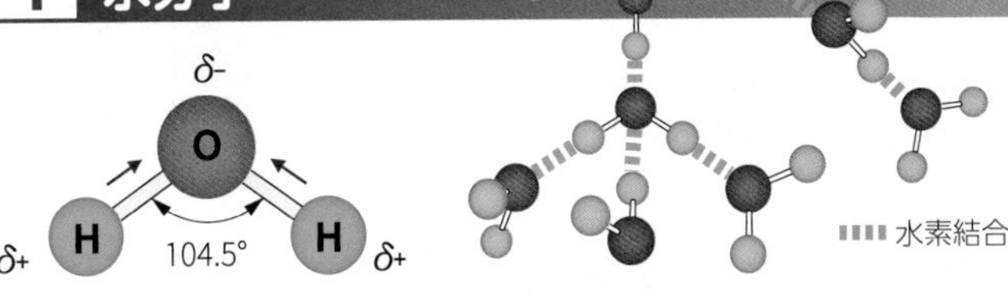

水分子は，折れ線形の構造をしており，**極性**(▶P.45)をもっている。そのため，水分子どうしが**水素結合**(▶P.49)で引き合うことによって，水は特有の性質をもち，それらは生命活動にも大きく影響している。

2 温まりにくく，冷めにくい

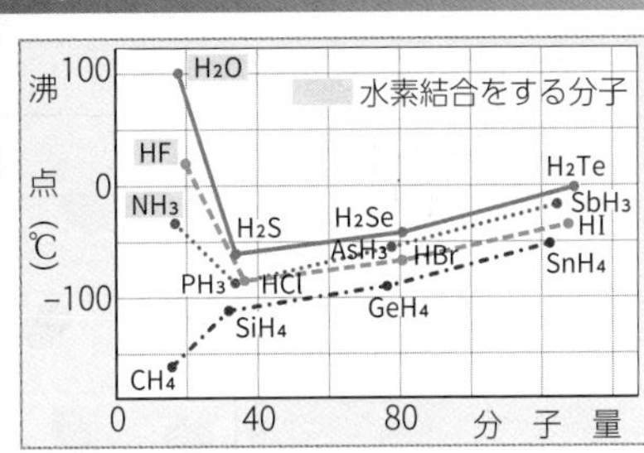

水の融点・沸点は，同程度の分子量の物質に比べて，非常に高い。また，融解熱や蒸発熱も大きく，比熱も高くなっている。これらの性質は，水が極性をもち，水分子どうしが水素結合で引き合っていることによる。

このように，水は温まりにくく，冷めにくい物質であるので，地球の気温が大きく変化するのを妨げたり，海流により熱を効率よく運んだりするのに役立っている。また，蒸発熱が大きいことから，汗による体温調節などにも都合がよい。

3 氷は水に浮く

水より氷の密度が大きいと…

一般に，物質は，液体の状態よりも固体の状態の方が密度は大きく，固体は液体に沈む。しかし水では，液体よりも固体の方が密度は小さく，氷は水に浮く。

このことは，生物にとって都合がよい。仮に，水より氷の密度が大きいとすると，氷は水中に沈んでしまう。水中には太陽の熱がほとんど届かず，氷は自然にはとけにくくなる。このようにして，水がこおってしまうと，水中で生物が暮らすことができなくなる。

4 すみずみまでいきわたる

表面張力により，球状になる。

表面張力

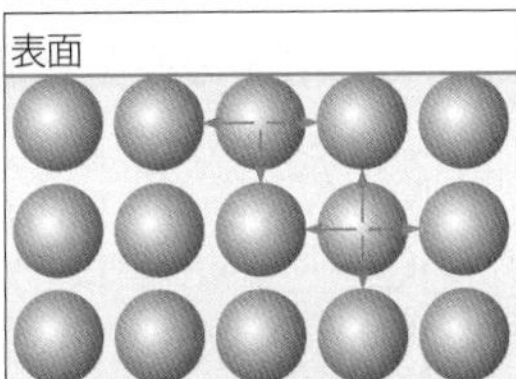

液体を構成する粒子どうしには引き合う力が働く。液体内部の粒子には，いろいろな方向の粒子から力が働くが，液体の表面の粒子は，外と接している面からは力が働かない。そのため，液体表面の粒子は内側に引き込まれ，液体には表面積を小さくするような力(**表面張力**)が働いている。

また，液体には細いすき間にしみ込んでいく性質があり，表面張力が大きいほどその性質は顕著になる。水は，分子どうしの引き合う力が大きいので，表面張力も細いすき間にしみ込む力も大きくなる。そのため，水は植物のからだのすみずみまでいきわたることができる。

5 いろいろな物質をよく溶かす

水和

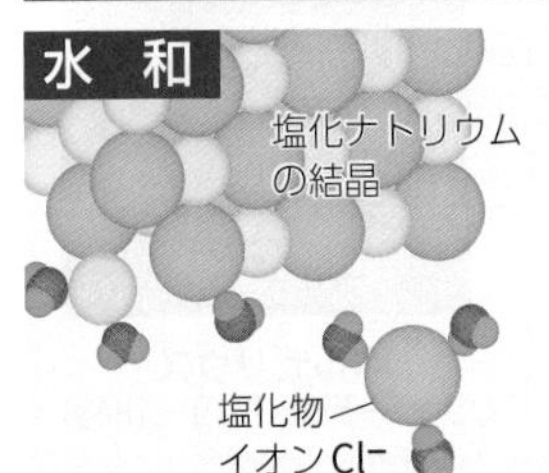

水分子には**極性**があるため，イオンや極性分子と引き合って，それらをとり囲む。この現象を**水和**(▶P.112)という。水和によって，水はイオンや極性分子をよく溶かす。

生物は，必要な物質を水に溶かして，それをからだの各部へ運んでいる。また，生物は酵素を使ってさまざまな化学反応を行っている。その化学反応の多くは，水に溶けた状態で行われている。このように，水がいろいろな物質をよく溶かすのは，生物が生きていく上で都合がよい。

超臨界水

温度と圧力を臨界点以上に高め，液体と気体の区別がつかなくなる**超臨界状態**(▶P.102)にした水(**超臨界水**)は，液体の溶解性と気体の拡散性をあわせ持ち，有機物を溶かすことができる。PETやポリウレタンなどのプラスチックを単量体まで分解して再利用する**ケミカルリサイクル**への利用が期待される。

58 原子量・分子量・式量

基 1 原子の相対質量

原子1個の質量は極めて小さいので，$^{12}C=12$を基準とする相対質量で表す。

原　子		原子1個の質量(g)	相対質量
水　素	^{1}H	1.6735×10^{-24}	1.008
	^{2}H	3.3445×10^{-24}	2.014
炭　素	^{12}C	19.926×10^{-24}	**12(基準)**
	^{13}C	21.592×10^{-24}	13.00
ナトリウム	^{23}Na	38.175×10^{-24}	22.99
塩　素	^{35}Cl	58.067×10^{-24}	34.97
	^{37}Cl	61.383×10^{-24}	36.97
銅	^{63}Cu	104.50×10^{-24}	62.93
	^{65}Cu	107.82×10^{-24}	64.93

質量数12の炭素原子^{12}Cの質量を12と定めて，これを基準とした質量(**相対質量**)で，原子の質量を表す。原子の質量をgで表すと，非常に小さな値になって扱いにくいが，このように定めた相対質量は，原子の質量数に近い値になる。なお，相対質量は単位のない数(無名数)である。

原子の質量を定める基準には，はじめは水素が使われた。その後，天然の酸素や質量数16の酸素をへて，質量数12の炭素になった。

相対質量の求め方

$$^{1}Hの相対質量=12\times\frac{^{1}H\ 1個の質量}{^{12}C\ 1個の質量}=12\times\frac{1.6735\times10^{-24}\,g}{19.926\times10^{-24}\,g}\fallingdotseq1.008$$

$$^{23}Naの相対質量=12\times\frac{^{23}Na\ 1個の質量}{^{12}C\ 1個の質量}=12\times\frac{38.175\times10^{-24}\,g}{19.926\times10^{-24}\,g}\fallingdotseq22.99$$

基 2 元素の原子量

同位体の存在する元素では，各同位体の相対質量に存在比をかけて求められる平均値を，その元素の原子量という。

同位体の存在比

元素	同位体	相対質量	存在比(%)	原子量
水素 $_{1}H$	^{1}H ^{2}H	1.0078 2.0141	99.9885 0.0115	1.008
炭素 $_{6}C$	^{12}C ^{13}C	12(基準) 13.003	98.93 1.07	12.01
窒素 $_{7}N$	^{14}N ^{15}N	14.003 15.000	99.636 0.364	14.01
酸素 $_{8}O$	^{16}O ^{17}O ^{18}O	15.995 16.999 17.999	99.757 0.038 0.205	16.00
ナトリウム $_{11}Na$	^{23}Na	22.990	100	22.99
塩素 $_{17}Cl$	^{35}Cl ^{37}Cl	34.969 36.966	75.76 24.24	35.45
アルゴン $_{18}Ar$	^{36}Ar ^{38}Ar ^{40}Ar	35.968 37.963 39.962	0.3365 0.0632 99.6003	39.95
銅 $_{29}Cu$	^{63}Cu ^{65}Cu	62.930 64.928	69.15 30.85	63.55

ナトリウムNaのように，自然界には1種類の原子しかない元素では，その原子の相対質量が原子量になる。同位体については➤P.33，他のデータは➤P.276。

原子量の求め方

例 塩素Cl_2

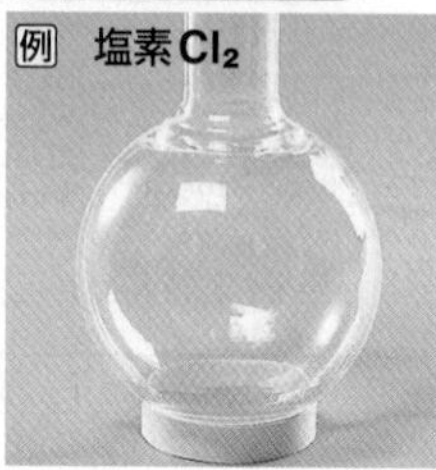

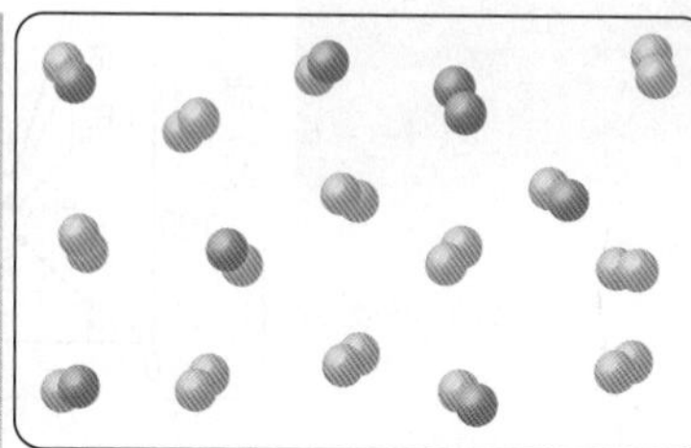

^{35}Cl 存在比：75.76% 相対質量：34.969

^{37}Cl 存在比：24.24% 相対質量：36.966

$$塩素の原子量=\underbrace{34.969}_{相対質量}\times\underbrace{\frac{75.76}{100}}_{存在比}+\underbrace{36.966}_{相対質量}\times\underbrace{\frac{24.24}{100}}_{存在比}\fallingdotseq35.45$$

例 銅Cu

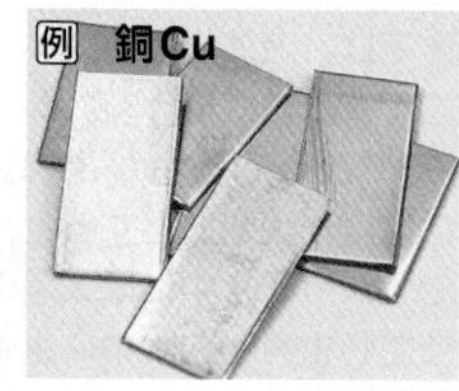

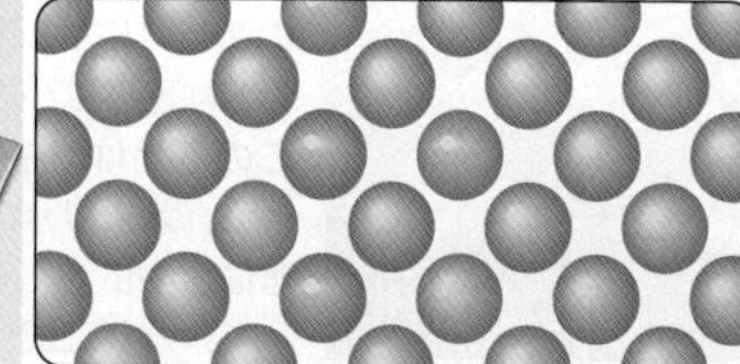

^{63}Cu 存在比：69.15% 相対質量：62.930

^{65}Cu 存在比：30.85% 相対質量：64.928

$$銅の原子量=\underbrace{62.930}_{相対質量}\times\underbrace{\frac{69.15}{100}}_{存在比}+\underbrace{64.928}_{相対質量}\times\underbrace{\frac{30.85}{100}}_{存在比}\fallingdotseq63.55$$

原子量の概数値

通常の計算では，次の概数値でよい。

元　素		概数値	元　素		概数値
水　素	H	1.0	塩　素	Cl	35.5
ヘリウム	He	4.0	アルゴン	Ar	40
リチウム	Li	6.9	カリウム	K	39
炭　素	C	12	カルシウム	Ca	40
窒　素	N	14	クロム	Cr	52
酸　素	O	16	マンガン	Mn	55
フッ素	F	19	鉄	Fe	56
ネオン	Ne	20	銅	Cu	63.5
ナトリウム	Na	23	亜　鉛	Zn	65
マグネシウム	Mg	24	臭　素	Br	80
アルミニウム	Al	27	銀	Ag	108
ケイ素	Si	28	ヨウ素	I	127
リン	P	31	バリウム	Ba	137
硫　黄	S	32	鉛	Pb	207

Episode 化学の歴史と原子量

ELEMENTS

Hydrogen 1	Strontian 46
Azote 5	Barytes 68
Carbon 54	Iron 50
Oxygen 7	Zinc 56
Phosphorus 9	Copper 56
Sulphur 13	Lead 90
Magnesia 20	Silver 190
Lime 24	Gold 190
Soda 28	Platina 190
Potash 42	Mercury 167

ドルトンの原子量表

原子量の概念はドルトンの原子説(1803年，➤P.69)から始まった。ドルトンは「物質はそれ以上分割できない粒子，原子からできている」という原子説を唱え，1805年に最初の原子量表を発表した。ベルセリウスは精密な実験の結果，1827年に現在にかなり近い値の原子量を発表した。現在使っている元素記号は，ベルセリウスが提案したものである。

ベルセリウス
(スウェーデン，1779～1848)

ドルトンやベルセリウスは，てんびんを用いて原子量の測定を行った。ベルセリウスは，当時最も正確にはかれるてんびんをつくらせて，2000種もの化合物の測定を行うことで，原子量を求めたといわれている。

基 3 分子量 分子の相対質量を分子量という。

分子量の求め方

分子量は，分子を構成する原子の原子量の総和である。

例 酸素 O_2

O O = O + O
16　16

O_2 の分子量 = 16 × 2 = 32

例 水 H_2O

H O H = O + H + H
16　1.0　1.0

H_2O の分子量 = 16 × 1 + 1.0 × 2 = 18

例 硫酸 H_2SO_4

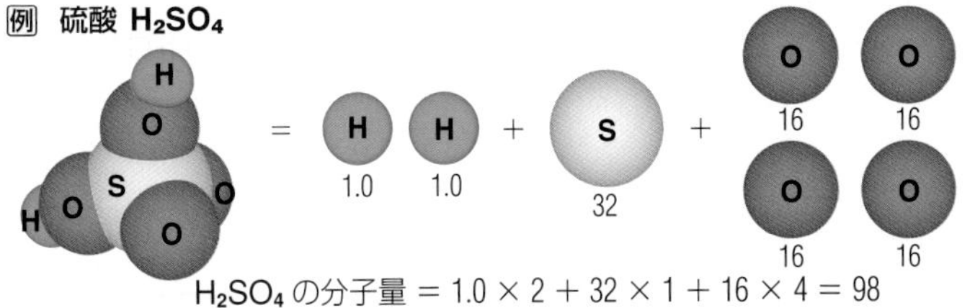

H_2SO_4 の分子量 = 1.0 × 2 + 32 × 1 + 16 × 4 = 98

おもな分子の分子量

	分子		分子量	
単原子分子	ヘリウム	He	4.0 × 1	4.0
	ネオン	Ne	20 × 1	20
	アルゴン	Ar	40 × 1	40
	クリプトン	Kr	84 × 1	84
二原子分子	水素	H_2	1.0 × 2	2.0
	塩素	Cl_2	35.5 × 2	71
	一酸化炭素	CO	12 × 1 + 16 × 1	28
	塩化水素	HCl	1.0 × 1 + 35.5 × 1	36.5
多原子分子	二酸化炭素	CO_2	12 × 1 + 16 × 2	44
	アンモニア	NH_3	14 × 1 + 1.0 × 3	17
	メタン	CH_4	12 × 1 + 1.0 × 4	16
	グルコース	$C_6H_{12}O_6$	12 ×6+1.0×12+16×6	180

基 4 式量 組成式に相当する粒子の相対質量を式量という。

イオンの式量

式量は，イオンの化学式や組成式を構成する原子の原子量の総和である。

例 ナトリウムイオン Na^+

Na^+ = Na − e^-（無視できる）
23

電子の質量は極めて小さいので無視できる。▶P.32

Na^+ の式量 = Na の原子量 = 23 × 1 = 23

例 硫酸イオン SO_4^{2-}

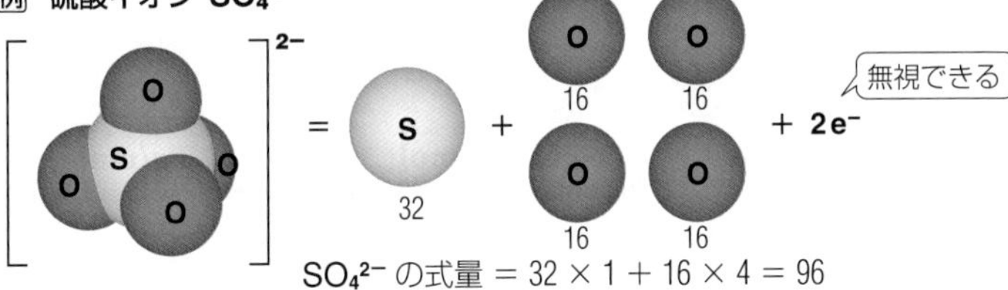

SO_4^{2-} の式量 = 32 × 1 + 16 × 4 = 96

おもなイオン・物質の式量

	イオン・物質		式量	
イオン	水素イオン	H^+	1.0 × 1	1.0
	ナトリウムイオン	Na^+	23 × 1	23
	カルシウムイオン	Ca^{2+}	40 × 1	40
	塩化物イオン	Cl^-	35.5 × 1	35.5
	水酸化物イオン	OH^-	16 × 1 + 1.0 × 1	17
	炭酸イオン	CO_3^{2-}	12 × 1 + 16 × 3	60
物質	水酸化ナトリウム	NaOH	23 × 1 + 16 × 1 + 1.0 × 1	40
	水酸化カルシウム	$Ca(OH)_2$	40 ×1+(16×1+1.0×1)×2	74
	炭酸カルシウム	$CaCO_3$	40 × 1 + 12 × 1 + 16 × 3	100
	ダイヤモンド	C	12 × 1	12
	銅	Cu	63.5 × 1	63.5

組成式で表される物質の式量

例 塩化ナトリウム NaCl

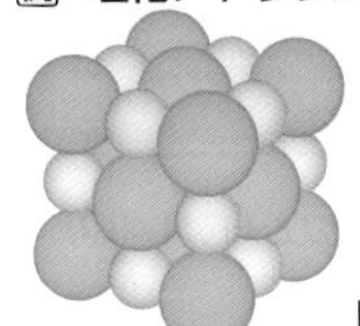

Na^+ Cl^- = Na^+ + Cl^-
NaCl　23　35.5

NaCl の式量 = 23 × 1 + 35.5 × 1 = 58.5

例 アルミニウム Al

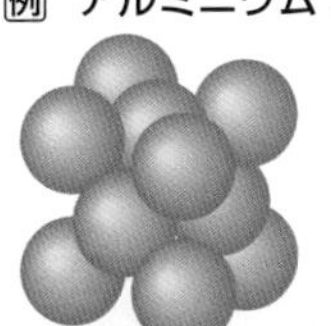

Al
27

Al の式量 = 27 × 1 = 27

イオン結晶(▶P.42)や共有結合の結晶(▶P.51)，金属(▶P.52)は，多数の原子やイオンが結合しているので，組成式で表す。

水和水を含む物質の式量

例 硫酸銅(Ⅱ)五水和物 $CuSO_4·5H_2O$

$CuSO_4·5H_2O$ の式量 = $CuSO_4$ の式量 + H_2O の分子量 × 5
= 63.5 × 1 + 32 × 1 + 16 × 4 + 18 × 5 = 249.5

参考 原子の質量分析

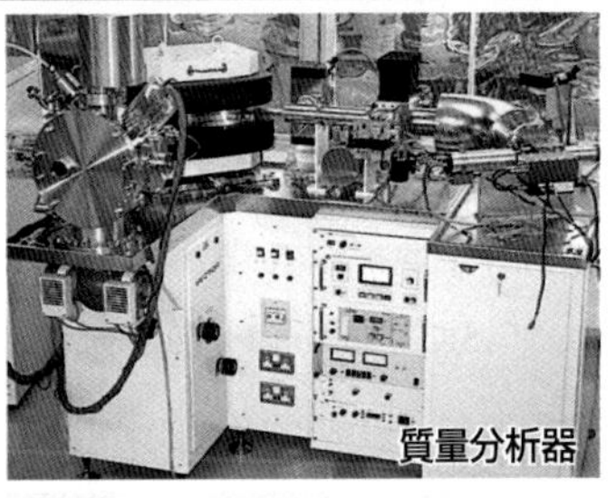

イオン源　加速装置　質量分析用電磁石　質量小　質量大　検出器

質量によって，曲がり方が違う。このことを利用して，非常に小さな質量の違いを分析する。

質量分析器の原理

イギリスの化学者アストンは,ネオンの同位体(▶P.33)を分離するために，イオンの流れが磁場によって曲げられることを利用した質量分析器をつくった(1919年)。この装置によって，原子1個分の質量を分析できるようになり，同位体の質量や存在比が，しだいに明らかになった。現在の質量分析器では，炭素原子^{12}Cの質量の10000分の1程度まで分析できる。質量分析は分子式の決定などにも利用されている。

プチ雑学 組成のわからない物質について，質量分析器を使って含まれる原子や分子の質量を測定し，原子量や分子量と照らし合わせれば，物質がどんな原子や分子で構成されているのかを決定することができる。この技術は，食品に含まれるアレルギー物質の確認や，科学捜査での証拠試料の分析など，さまざまな分野で使用されている。

基 1 物質量とアボガドロ定数

1 mol は 6.02×10^{23} 個の粒子の集団を表す。

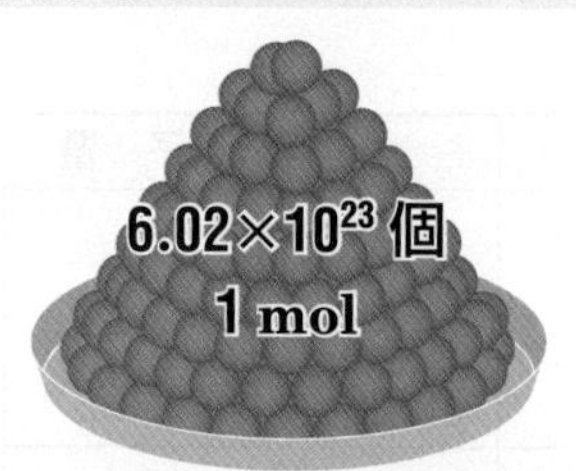

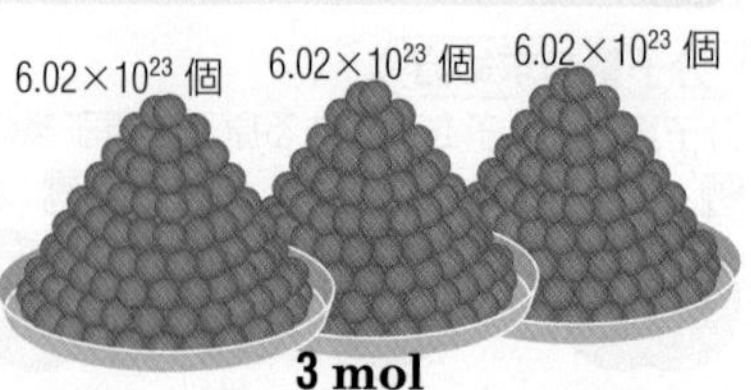

アボガドロ定数　$N_A = 6.02\times10^{23}$ /mol

$$物質量〔mol〕= \frac{粒子の数}{アボガドロ定数〔/mol〕}$$

物質の粒子の個数に着目して表した量を**物質量**という。物質量の単位は**モル**(記号 **mol**)であり，1 mol は正確に 6.02214076×10^{23} 個の粒子の集団である。また，単位物質量（1 mol）あたりの粒子の数 6.02214076×10^{23} /mol を**アボガドロ定数**といい，6.02214076×10^{23} を**アボガドロ数**という。

アボガドロ数は個数であり，単位のない数であるが，アボガドロ定数は 1 mol あたりの個数なので，/mol という単位がある。

基 2 物質量と質量

モル質量は，原子量・分子量・式量に g/mol をつけた量になる。

	^{12}C 1 mol	水素原子 1 mol	ナトリウムイオン 1 mol	水分子 1 mol	塩化ナトリウム 1 mol	アルミニウム 1 mol
単位粒子	^{12}C（基準） ^{12}C 相対質量 12（基準）	H の原子量 1.01 H 相対質量 1.01	Na^+ の式量 23.0 Na^+ 相対質量 23.0	H_2O の分子量 18.0 O H H 相対質量 18.0	NaCl の式量 58.5 Na^+ Cl^- 相対質量 58.5	Al の式量 27.0 Al 相対質量 27.0
モル質量	6.02×10^{23} 個 12 g **12 g/mol**	6.02×10^{23} 個 1.01 g **1.01 g/mol**	6.02×10^{23} 個 23.0 g **23.0 g/mol**	6.02×10^{23} 個 18.0 g **18.0 g/mol**	6.02×10^{23} 個 58.5 g **58.5 g/mol**	6.02×10^{23} 個 27.0 g **27.0 g/mol**

上の表のように，原子，分子，イオンなどの粒子について，1 mol の量を考えることができる。1 mol あたりの質量は，単位粒子によって決まっており，**モル質量**という。原子，分子，イオンなどのモル質量は，それぞれ原子量，分子量，式量に g/mol をつけた量になる。

$$物質量〔mol〕= \frac{質量〔g〕}{モル質量〔g/mol〕}$$

水分子 1 mol 中に
酸素原子 1 mol
水素原子 2 mol
が含まれる。

計算例

① 水（分子量 18.0）180 g は何 mol か。また，そこに水分子は何個含まれているか。

$\frac{180\ g}{18.0\ g/mol} = 10.0\ mol$　$6.02\times10^{23}\ /mol \times 10.0\ mol = 6.02\times10^{24}$

② 水分子 1 個の質量は何 g か。

$\frac{18.0\ g/mol}{6.02\times10^{23}/mol} \fallingdotseq 2.99\times10^{-23}\ g$

③ 水酸化ナトリウム（式量 40.0）2.00 mol は何 g か。

$40.0\ g/mol \times 2.00\ mol = 80.0\ g$

単分子膜法によるアボガドロ定数の測定

ステアリン酸 $C_{17}H_{35}COOH$ を水面に滴下すると，分子が一層に並んだ膜（単分子膜）を形成する。

ステアリン酸の質量　w〔g〕
単分子膜の面積　S〔cm^2〕
ステアリン酸分子 1 個が占める面積　a〔cm^2〕

アボガドロ定数は 1 molあたりの粒子の数なので，

$$N_A〔/mol〕= \frac{S}{a} \div \frac{w〔g〕}{284〔g/mol〕}$$

アボガドロ定数　単分子膜に含まれる分子の数　単分子膜の物質量

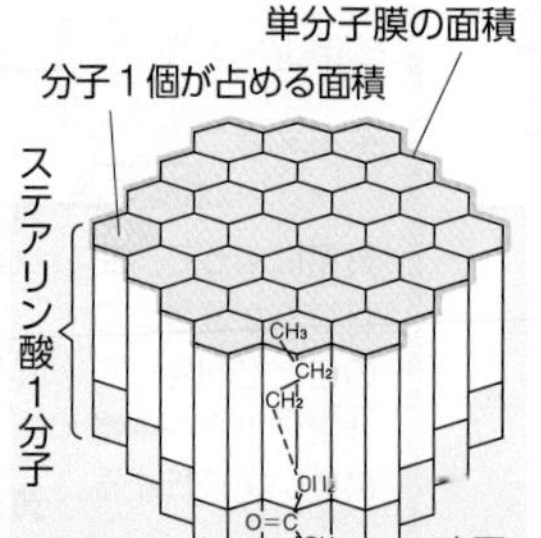

参考 アボガドロ定数の決定

現在，アボガドロ定数 N_A は，超高純度のケイ素（▶P.158）の結晶の球を精密に測定して，次の式で求めている。

$$N_A = \frac{nM}{\rho a^3}$$

単位格子中の原子数 n，モル質量 M，密度 ρ，結晶の格子定数 a

今までは，1 mol は「^{12}C 12 g に含まれる原子の数をアボガドロ数といい，アボガドロ数個の粒子の集団」と定義され，不確かさのある値であった。しかし，2019年5月から，1 mol は正確に 6.02214076×10^{23} 個の粒子の集団で，アボガドロ定数は正確に 6.02214076×10^{23} /mol と定義された。

Keywords ●物質量 amount of substance ●アボガドロ定数 Avogadro constant
●アボガドロ数 Avogadro's number ●モル質量 molar mass

動 二酸化炭素に浮かぶシャボン玉

基 3 物質量と体積 1 mol の気体の体積は，気体の種類に関係なく，0 ℃，1.013×10^5 Pa で 22.4 L である。

	水　素　1 mol	酸　素　1 mol	二酸化炭素　1 mol
単位粒子	H_2 の分子量 2.02	O_2 の分子量 32.0	CO_2 の分子量 44.0
体積（標準状態）	6.02×10^{23} 個 2.02 g　22.4 L 22.4 L/mol	6.02×10^{23} 個 32.0 g　22.4 L 22.4 L/mol	6.02×10^{23} 個 44.0 g　22.4 L 22.4 L/mol

1 mol の気体が占める体積は，その気体の種類に関係なく，0 ℃，1.013×10^5 Pa（1 atm）で 22.4 L であり，22.4 L /mol をモル体積という。なお，0 ℃，1.013×10^5 Pa（1 atm）の状態を標準状態という。

アボガドロの法則

温度と圧力が同じであれば，同じ体積の気体中には，同じ数の分子が含まれる（▶P.69）。

22.4 L とは

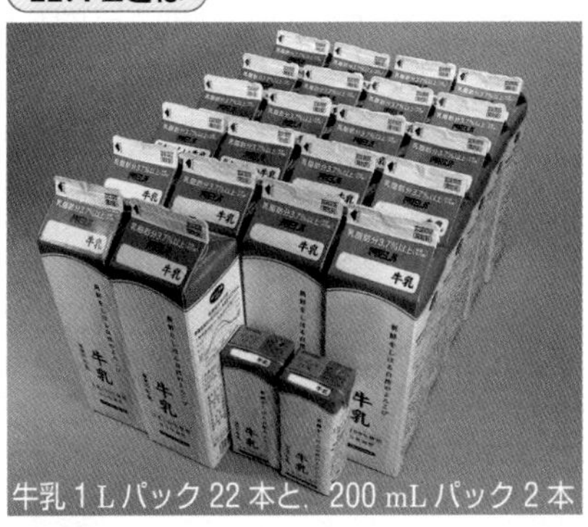
牛乳 1 L パック 22 本と，200 mL パック 2 本

基 4 気体の密度と分子量 温度と圧力が同じであれば，気体の密度は分子量に比例する。

$$気体の密度〔g/L〕= \frac{気体の質量〔g〕}{気体の体積〔L〕} = \frac{モル質量〔g/mol〕}{モル体積〔L/mol〕}$$

モル体積は，0 ℃，1.013×10^5 Pa（標準状態）で 22.4 L /mol になる。また，モル質量は分子量に比例するので，気体の密度は分子量に比例する。

計算例 気体の密度（0 ℃，1.013×10^5 Pa）

① 水素（分子量 2.02）　$\frac{2.02\ g/mol}{22.4\ L/mol} \fallingdotseq 0.0902\ g/L$

② 二酸化炭素（分子量 44.0）　$\frac{44.0\ g/mol}{22.4\ L/mol} \fallingdotseq 1.96\ g/L$

空気の密度 空気は，体積比で窒素 N_2 約80%，酸素 O_2 約20% の混合気体である。

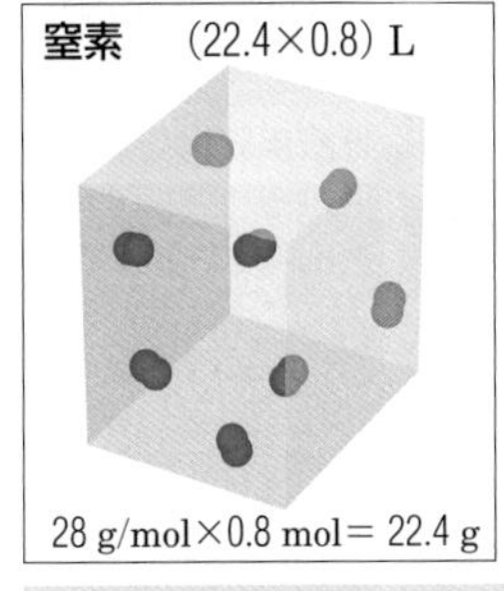

＋

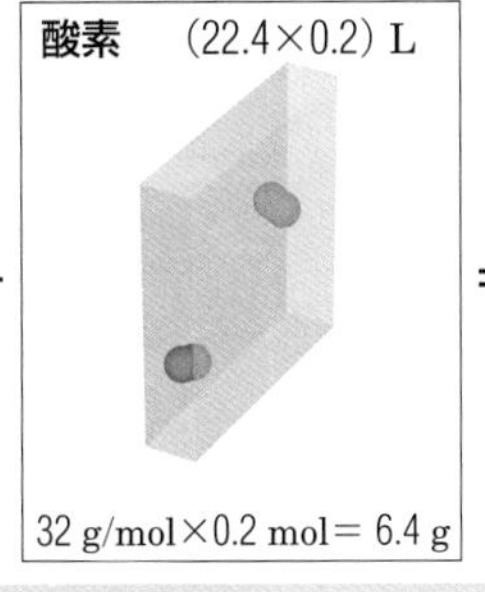

＝

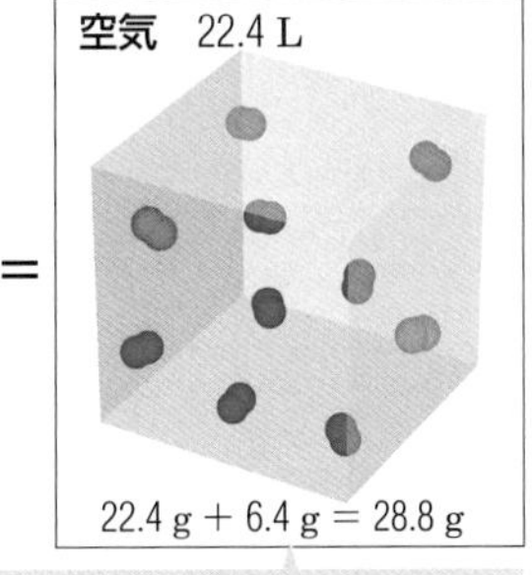

22.4 L（0 ℃，1.013×10^5 Pa）の空気の質量 **28.8 g** ➡ **28.8** 空気の平均分子量

$空気の密度 = \frac{28.8\ g}{22.4\ L} \fallingdotseq 1.29\ g/L$（0 ℃，$1.013\times10^5$ Pa）

気体の捕集方法

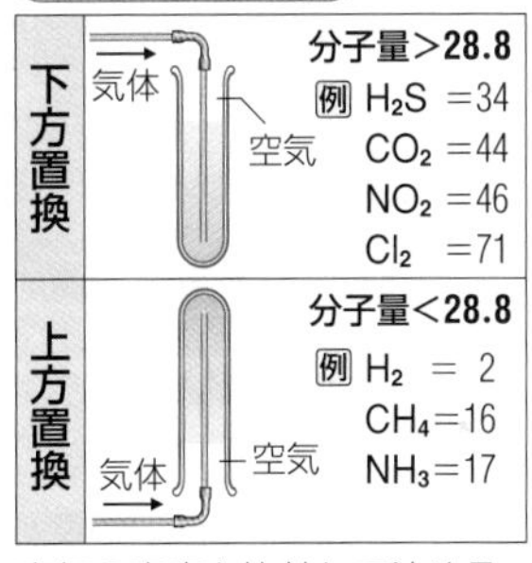

空気の密度と比較して決める（▶P.21）。ただし，水に溶けにくい気体（H_2，CH_4 など）は，水上置換で捕集する。

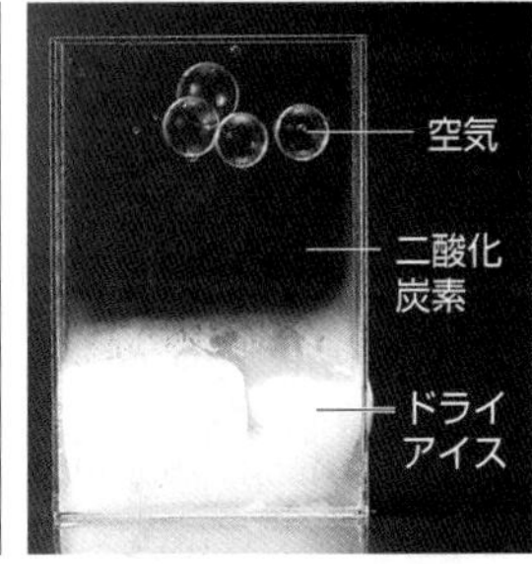

シャボン玉の中の空気の密度は二酸化炭素の密度より小さいので，シャボン玉は落ちない。

基 5 物質量と他の物理量との関係

物質量が，質量・粒子の数・気体の体積を結びつける。

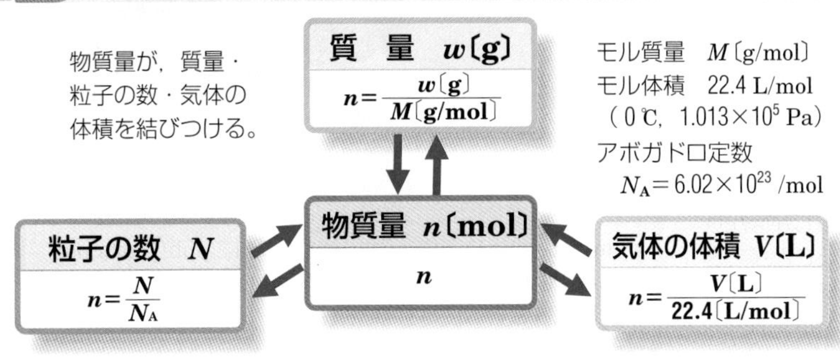

モル質量　M〔g/mol〕
モル体積　22.4 L/mol
（0 ℃，1.013×10^5 Pa）
アボガドロ定数
$N_A = 6.02\times10^{23}$ /mol

Q なぜ物質量で考えるの？

A 化学反応の量的関係は，原子の数の比で考えるとわかりやすい。物質量は，粒子の数と質量とを結びつけることができるので，化学反応の量的関係を考えるのに適している（▶P.66）。

プチ雑学 ガスもれ警報装置は，使用するガスによって設置する位置が異なる。LPG（▶P.205）の主成分であるプロパン（分子量44）やブタン（分子量58）は空気より密度が大きく床側にたまる。一方，都市ガスの主成分であるメタン（分子量16）は空気より密度が小さく天井側にたまる。よって，LPG の警報装置は床側に，都市ガスの警報装置は天井側に設置される。

溶液の濃度

基 1 溶液・溶媒・溶質

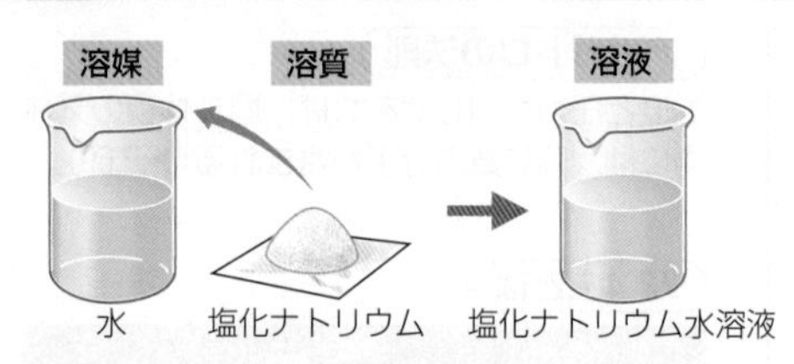

溶解によってできた混合物を**溶液**(ようえき)という。このとき，溶かす液体を**溶媒**(ようばい)，溶けている物質を**溶質**(ようしつ)という。溶媒が水である溶液を**水溶液**という。

溶液の質量について，「溶液の質量＝溶媒の質量＋溶質の質量」は常に成り立つ。しかし，溶液の体積は，溶媒の体積と溶質の体積の和に一致するわけではない(➤P.49)。
溶液中に含まれる溶質の割合を溶液の**濃度**という。溶液の濃度には，**モル濃度**，**質量パーセント濃度**，**質量モル濃度**などがある。これらの濃度は，目的に応じて使い分ける。

基 2 モル濃度 溶液 1 L 中に溶けている溶質の物質量で表した濃度

$$\text{モル濃度(mol/L)} = \frac{\text{溶質の物質量(mol)}}{\text{溶液の体積(L)}} = \frac{\text{溶質の質量(g)}}{\text{溶質のモル質量(g/mol)} \times \text{溶液の体積(L)}}$$

化学反応の量的関係を調べるときは，物質量(粒子数)に着目した濃度が有効である(➤P.66)。

0.100 mol/L 塩化ナトリウム水溶液 1 L の調製

NaCl (式量58.5)のモル質量は 58.5 g/mol だから，
NaCl 0.100 mol の質量は，
58.5 g/mol × 0.100 mol ＝ 5.85 g
になる。したがって，NaCl 5.85 g を水に溶かして，溶液全体を 1 L にすればよい。

塩化ナトリウム(式量:58.5)
5.85 g (0.100 mol)

NaCl	加えた水
溶　質	溶　媒

←──溶液 1 L──→

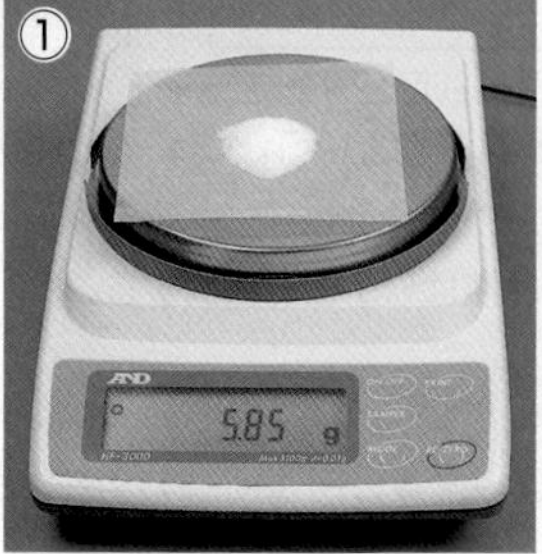

塩化ナトリウムを 5.85 g (0.100 mol)はかりとる。

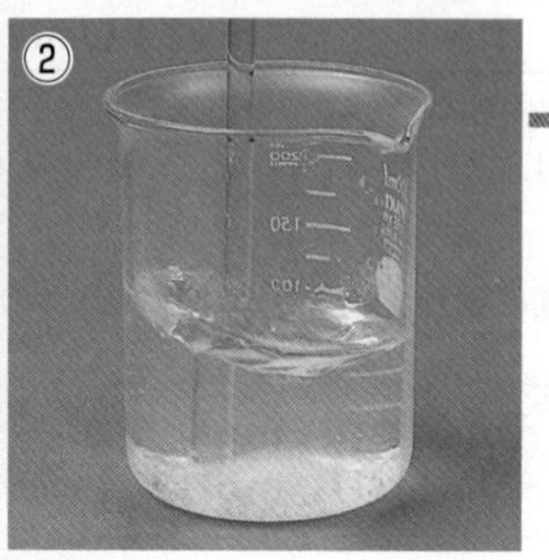

少量の水に溶かす。

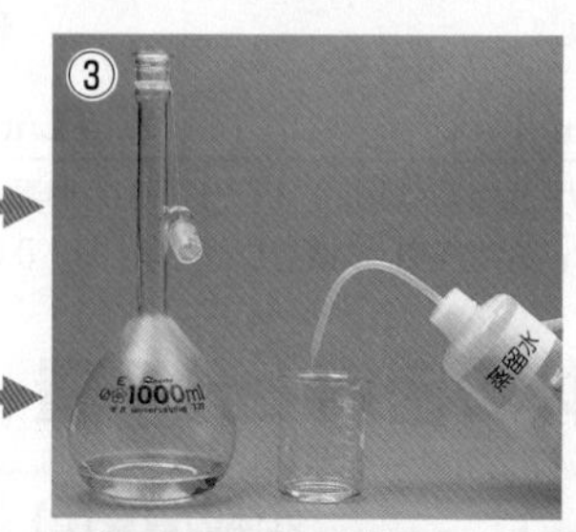

メスフラスコ(1 L)に移す。ビーカーやガラス棒を水で洗い，洗液もメスフラスコに入れる。

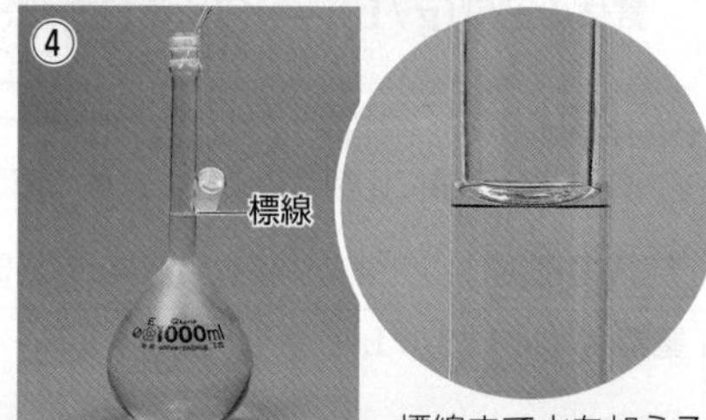

標線まで水を加える。

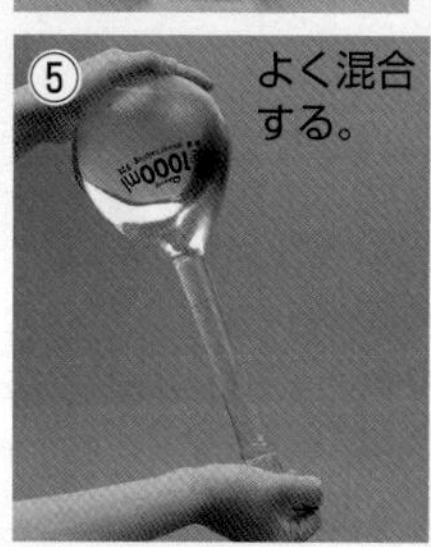

完成

0.0500 mol/L シュウ酸水溶液 1 L の調製

シュウ酸二水和物のような水和水(結晶水)をもつ物質の水溶液の場合，無水物(無水塩)が溶質となり，水和水は溶媒に含まれる。

シュウ酸二水和物(式量:126.0)
6.30 g (0.0500 mol)

$(COOH)_2 \cdot 2H_2O$

無水物(式量:90.0) 4.50 g (0.0500 mol)
水和水(式量:18.0×2) 1.80 g (0.100 mol)

無水物	水和水	加えた水
溶　質	溶　媒	

←──溶液 1 L──→

シュウ酸二水和物を 6.30 g (0.0500 mol)はかりとる。

少量の水に溶かす。

メスフラスコ

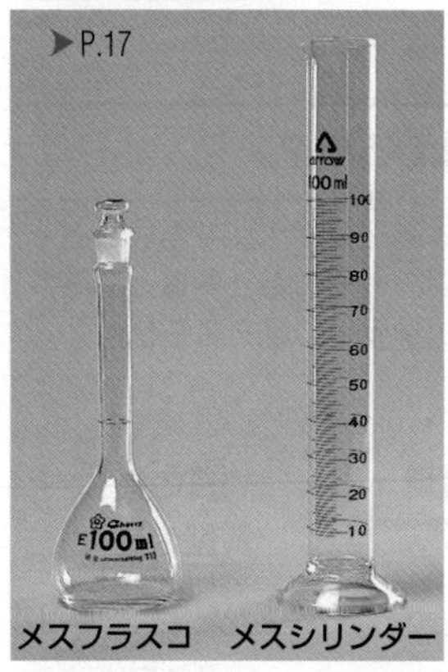

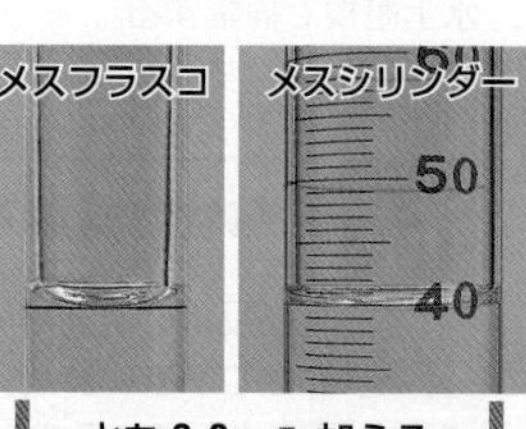

水を 2.0 mL 加える

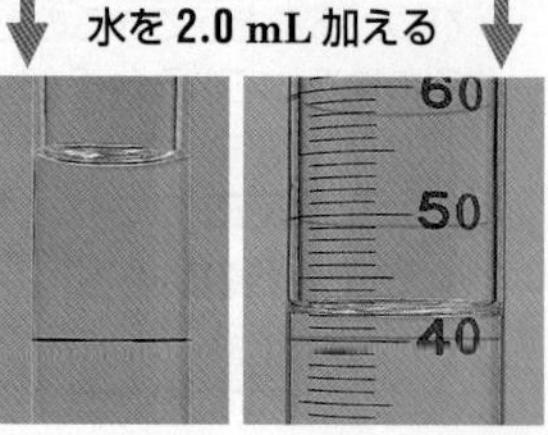

メスフラスコは，目盛りの部分の断面積が小さいので，加える液体の量が少なくても液面は大きく移動する。そのため精度が高い。ただし，一定量しかはかりとることができない。

参考 ppm(ピーピーエム)とppb(ピーピービー)

ppm (parts per million)は100万分の1，ppb (parts per billion)は10億分の1を示す濃度である。これらは，微量成分を表すときに使われる。

プチ雑学 1 Lの水に5.85 gの塩化ナトリウムを溶かしても，0.100 mol/Lにはならない。モル濃度の分母は溶媒ではなく溶液の体積である。モル濃度の調製のときに起こりやすい間違いなので，注意が必要である。

基 3 質量パーセント濃度 溶液の質量に対する溶質の質量の割合で表した濃度

$$質量パーセント濃度(\%) = \frac{溶質の質量(g)}{溶液の質量(g)} \times 100 = \frac{溶質の質量(g)}{溶媒の質量(g)+溶質の質量(g)} \times 100 = \frac{溶質の質量(g)}{溶液の密度(g/cm^3) \times 溶液の体積(cm^3)} \times 100$$

1つの物質だけを扱うときは，物質の質量に着目した濃度が利用できる。

1.00%塩化ナトリウム水溶液 100 g の調製

溶質の質量(g)

$= 溶液の質量(g) \times \frac{質量パーセント濃度}{100}$

$= 100.00\ g \times \frac{1.00}{100} = 1.00\ g$

溶媒の質量(g)

$= 溶液の質量(g) - 溶質の質量(g)$

$= 100.00\ g - 1.00\ g = 99.00\ g$

塩化ナトリウム 1.00 g（1.00%）

NaCl	水 99.00 g
溶　質	溶　媒

←溶液 100.00 g（100.00%）→

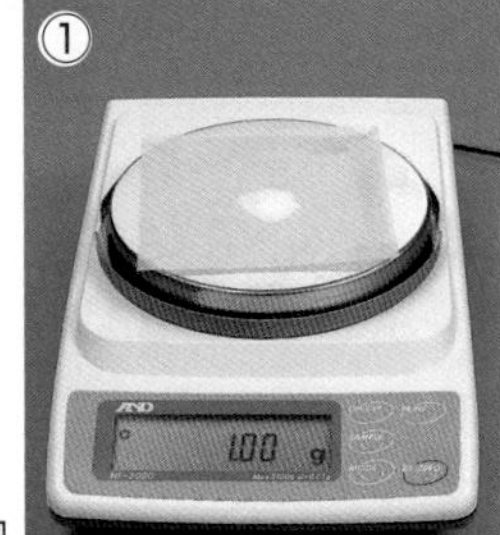
①塩化ナトリウムを 1.00 g はかりとる。

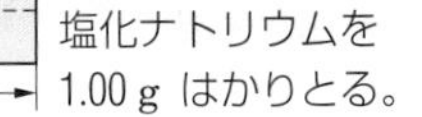

②水を 99.00 g はかりとる。

③水に塩化ナトリウムを加えて溶かす。

④1.00%塩化ナトリウム水溶液 100 g

4 質量モル濃度 溶媒 1 kg 中に溶けている溶質の物質量で表した濃度

$$質量モル濃度(mol/kg) = \frac{溶質の物質量(mol)}{溶媒の質量(kg)}$$

温度変化などにより溶液の体積が変化しても，質量モル濃度は変わらない。沸点上昇や凝固点降下(▶P.114)を調べるなど，温度変化をともなう実験で有効な濃度の表し方である。

0.100 mol/kg 塩化ナトリウム水溶液の調製

NaCl（式量58.5）のモル質量は 58.5 g/mol だから，NaCl 0.100 mol の質量は，

$58.5\ g/mol \times 0.100\ mol = 5.85\ g$

塩化ナトリウム 5.85 g（0.100 mol）

NaCl	水 1000.00 g
溶　質	溶　媒

←溶液 1005.85 g→

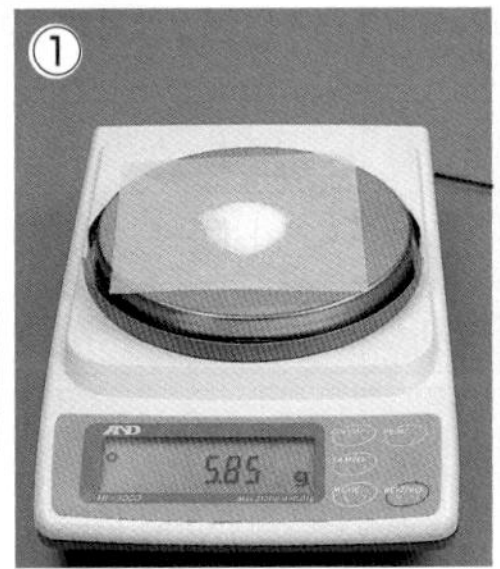
①塩化ナトリウムを 5.85 g（0.100 mol）はかりとる。

②水を 1.00 kg はかりとる。

③水に塩化ナトリウムを加えて溶かす。

④0.100 mol/kg 塩化ナトリウム水溶液

基 5 濃度の調節 市販の試薬から，必要な濃度の溶液をつくり出す。

A 濃度の換算

市販の濃塩酸
質量パーセント濃度　37%
密度　1.19 g/cm³

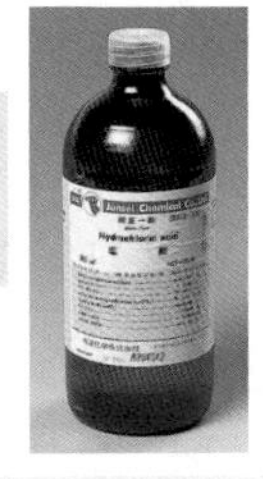

モル濃度に換算

1 L（= 1000 cm³）中に含まれる HCl（= 36.5）の物質量は，

$$1000\ cm^3 \times 1.19\ g/cm^3 \times \frac{37}{100} \times \frac{1}{36.5\ g/mol} \fallingdotseq 12\ mol$$

（$1000\ cm^3 \times 1.19\ g/cm^3$：溶液 1 L の質量，$\times \frac{37}{100}$ まで：溶液 1 L 中の溶質の質量，全体：溶液 1 L 中の溶質の物質量）

B 希釈

溶媒を加えて濃度を小さくする。

2 倍に希釈

溶媒を加えて体積を 2 倍にする。

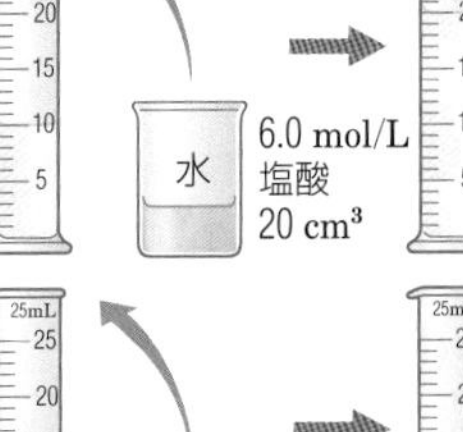

6 倍に希釈

溶媒を加えて体積を 6 倍にする。

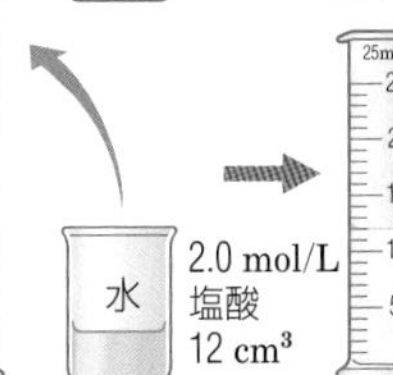

Column 死海

ヨルダンとイスラエルの国境にある湖。海水の塩分濃度は約 3 % であるが，死海は約 25 % と非常に高い。湖水の密度が大きいため，浮力が大きくなり，人が容易に浮くことができる。

プチ雑学 「2倍濃縮」と書かれた濃縮タイプの調味料を希釈する場合，調味料の 2 倍の水（溶媒）を加えるのではなく，調味料に水を加えて体積を 2 倍にする（調味料と同体積の水を加える）。

化学反応式

基 1 化学変化

化学変化(化学反応)は原子の組み換えであり，反応の前後で原子の種類と数は変わらない。

A 化学変化の例

メタンCH_4は，酸素O_2の存在下で点火すると燃焼し，水H_2Oと二酸化炭素CO_2が生成する。

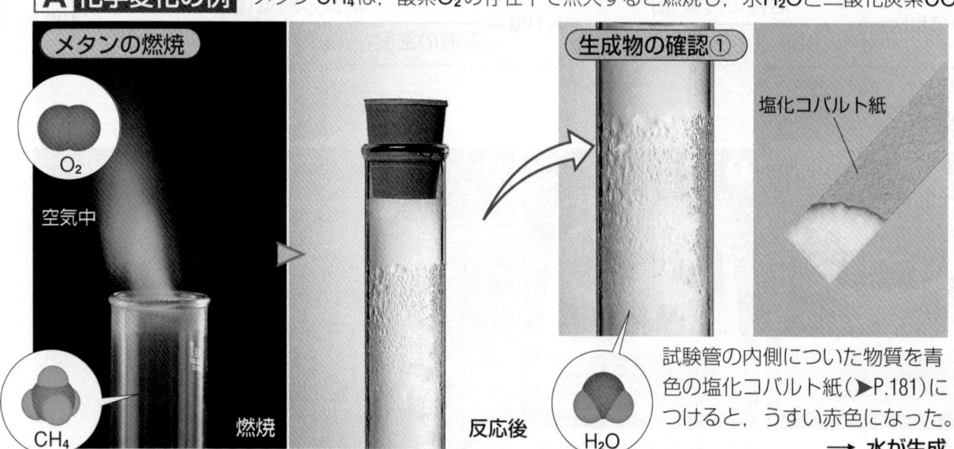

試験管の内側についた物質を青色の塩化コバルト紙(▶P.181)につけると，うすい赤色になった。
→ 水が生成

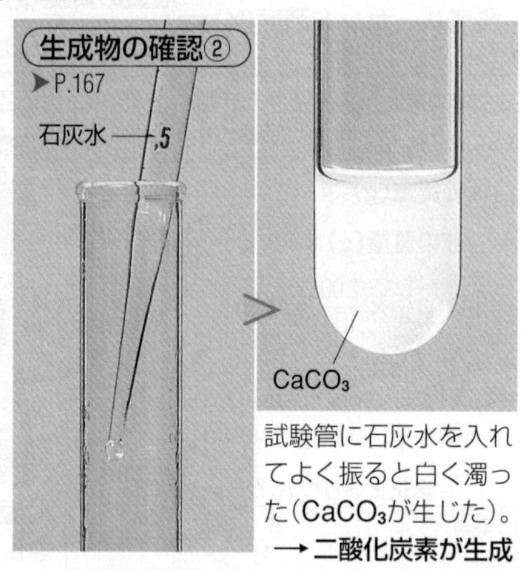

試験管に石灰水を入れてよく振ると白く濁った($CaCO_3$が生じた)。
→ 二酸化炭素が生成

> **化学変化は原子の組み換え**
> ①反応の前後で原子の種類と数は等しい。
> ②反応の前後で質量の和は変化しない(質量保存の法則)。

メタンの燃焼のように，ある物質が他の物質に変わる変化を**化学変化**(**化学反応**)という。メタン，酸素のように反応前の物質を**反応物**といい，水や二酸化炭素のように反応後の物質を**生成物**という。

基 2 化学反応式

化学変化を化学式を使って表したものを化学反応式という。

A 化学反応式のつくり方

例 メタンの燃焼

第1段階 反応物と生成物を整理する。

- **反応物**(メタンと酸素)**を左辺に**，**生成物**(二酸化炭素と水)**を右辺に**化学式で表し，**矢印**でつなぐ。
- 反応物，生成物が複数あるときは＋でつなぐ。

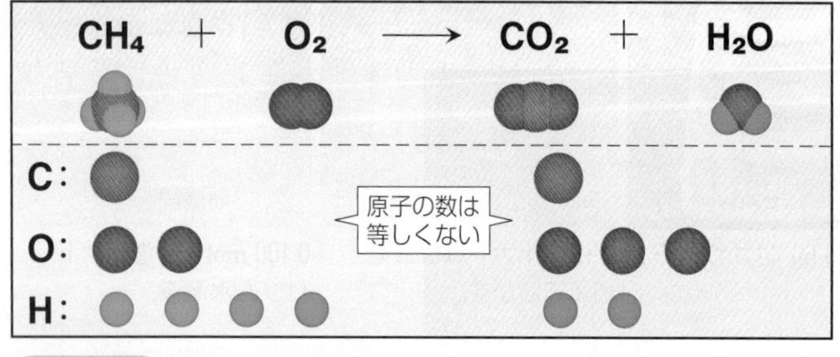

第2段階 原子の種類と数を一致させる。

- 反応の前後で**原子の種類と数が一致**するように**係数**をつける。
- 係数は最も簡単な整数比になるようにする(1は省略する)。

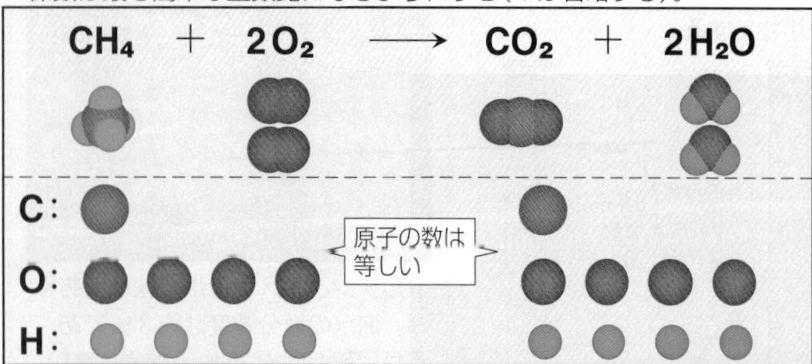

B イオン反応式

イオンの化学式を含む化学反応式。

化学反応式　$AgNO_3 + NaCl \longrightarrow AgCl + NaNO_3$
イオン反応式　$Ag^+ + Cl^- \longrightarrow AgCl$
左辺の電荷の和と右辺の電荷の和は等しい。

C 化学反応式と量との関係

化学反応式	CH_4	+	$2O_2$	⟶	CO_2	+	$2H_2O$
分子量	16		32		44		18
粒子数	1個		2個		1個		2個
粒子数の比	1	:	2	:	1	:	2
物質量	1 mol	:	2 mol	:	1 mol	:	2 mol
気体の体積(0℃，1.01×10^5Pa)	1 × 22.4 L	:	2 × 22.4 L	:	1 × 22.4 L		―
質量	1 × 16 g	:	2 × 32 g	:	1 × 44 g	:	2 × 18 g
	(16	+	64	=	44	+	36)
	反応前				反応後		

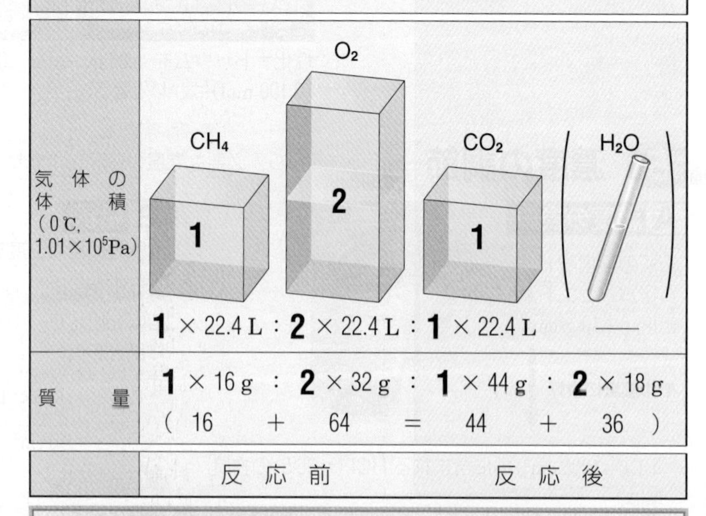

> **化学反応式の係数が表すこと**
> ①**粒子の数の比**
> ②**物質量の比**　物質量の比とモル質量から，質量の比を求めることができる。
> ③**体積の比**(気体の場合)

プチ雑学　メタン(都市ガスの主成分)の燃焼は通常2の化学反応式のように進むが，酸素が少ない条件で燃やすと，$2CH_4 + 3O_2 \longrightarrow 2CO + 4H_2O$ という反応が起こり，一酸化炭素が発生してしまう。一酸化炭素は毒性が強く，大変危険なので，ガスを燃やす際には換気が必要である。

基 3 いろいろな化学変化

化学反応式の係数は，反応物や生成物の物質量の比を表す。

A マグネシウムの燃焼

マグネシウムは酸素と結びついて酸化マグネシウムになる。

化学反応式	$2Mg$	＋	O_2	⟶	$2MgO$
物質量の比	**2** mol	:	**1** mol	:	**2** mol
質量の比	**2** × 24 g	:	**1** × 32 g	:	**2** × 40 g

実験結果			
質量	2.4 g	3.9 g − 2.4 g = 1.5 g	3.9 g
物質量	$\frac{2.4\ \text{g}}{24\ \text{g/mol}}$ = 0.10 mol	$\frac{1.5\ \text{g}}{32\ \text{g/mol}}$ ≒ 0.047 mol	$\frac{3.9\ \text{g}}{40\ \text{g/mol}}$ ≒ 0.098 mol

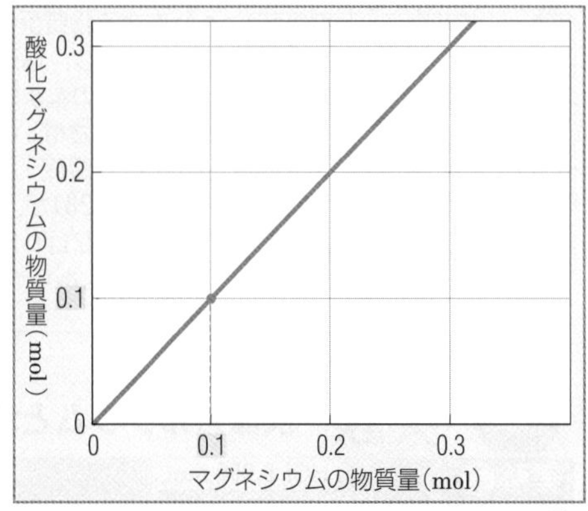

マグネシウム 2.4 g（0.10 mol）を燃焼させると，酸素と反応して酸化マグネシウム 4.0 g（0.10 mol）が生じる。質量の増加分 1.6 g は反応した酸素の質量である。

B マグネシウムと塩酸の反応

水素が発生する。

化学反応式	Mg	＋	$2HCl$	⟶	$MgCl_2$	＋	H_2↑
物質量の比	**1** mol	:	**2** mol	:	**1** mol	:	**1** mol
質量の比	**1** × 24 g	:	**2** × 36.5 g	:	**1** × 95 g	:	**1** × 2.0 g
体積の比	——	:	——	:	——	:	**1** × 22.4 L

実験結果				
質量	0.24 g	——	0.95 g	——
体積*	——	——	——	0.224 L
物質量	$\frac{0.24\ \text{g}}{24\ \text{g/mol}}$ = 0.010 mol	(0.020) mol	$\frac{0.95\ \text{g}}{95\ \text{g/mol}}$ = 0.010 mol	$\frac{0.224\ \text{L}}{22.4\ \text{L/mol}}$ = 0.010 mol

* 0 ℃，1.01×10^5 Pa（1 atm）

水素の物質量（mol）
0.01
0.005
0
0　0.005　0.01　0.015
マグネシウムの物質量（mol）

マグネシウム 0.24 g を 0.020 mol 以上の塩化水素を含む塩酸と反応させると，水素が 224 mL（0 ℃，1.01×10^5 Pa）発生し，塩化マグネシウム 0.95 g が生じる。

※反応熱により，ふたまた試験管が熱くなるので，水を入れたビーカーにつけて反応している部分を冷却する。

C 硫酸と水酸化バリウムの反応

硫酸バリウムの白色沈殿が生じる。

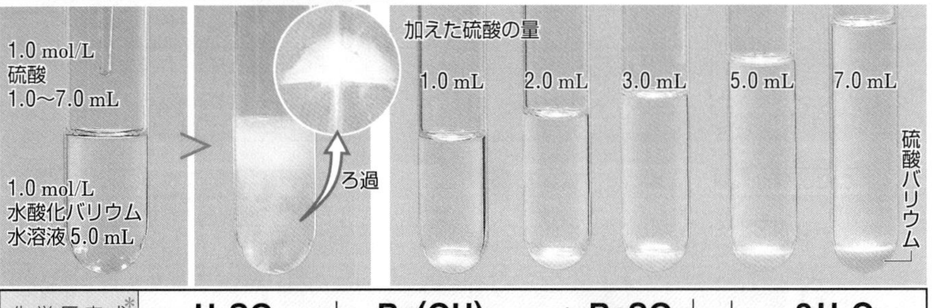

化学反応式*	H_2SO_4	＋	$Ba(OH)_2$	⟶	$BaSO_4$↓	＋	$2H_2O$
物質量の比	**1** mol	:	**1** mol	:	**1** mol	:	**2** mol
質量の比	**1** × 98 g	:	**1** × 171 g	:	**1** × 233 g	:	**2** × 18 g

実験結果				
質量	——	——	0.23 g	——
物質量	(1.0 × 0.0010) mol	(1.0 × 0.0050) mol 過剰	0.0010 mol	0.0020 mol

* イオン反応式　$SO_4^{2-} + Ba^{2+} \longrightarrow BaSO_4$↓

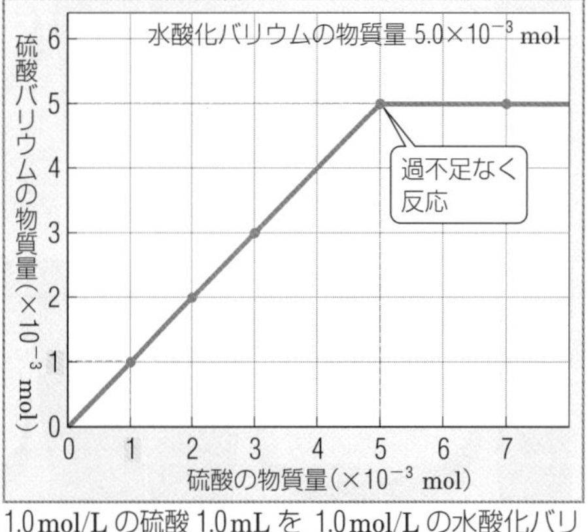

1.0 mol/L の硫酸 1.0 mL を 1.0 mol/L の水酸化バリウム水溶液 5.0 mL 中に加えると，硫酸バリウム 0.233 g と水が生じる。この場合，水酸化バリウムが過剰であり，硫酸は 5.0 mL まで反応できる。

プチ雑学　化学反応式からは，反応物と生成物の量的な関係が読みとれるが，反応の起こりやすさ，反応の起こる速さ，反応がどんな経路で起こるのかなどは読みとることはできない。

化学反応の量的関係

基 1 化学反応式と量的関係

化学反応式の係数
= ①粒子の数の比
= ②物質量の比
= ③体積の比（気体の場合）
→ ④質量の比（モル質量×物質量）

- 反応する物質量の比は係数の比と一致しており，過剰に存在する反応物は未反応のまま残る。
- 反応の速さはいろいろな条件（温度・圧力・濃度・形状など）で変化する（▶P.128）が，同じ物質量の反応物で反応を行った場合は生成物の物質量は等しい。 ※不可逆反応の場合

表面積の大きさと反応

表面積が大きい方が反応の速さが大きい。（▶P.128）

粉末の炭酸カルシウムと塩酸の反応

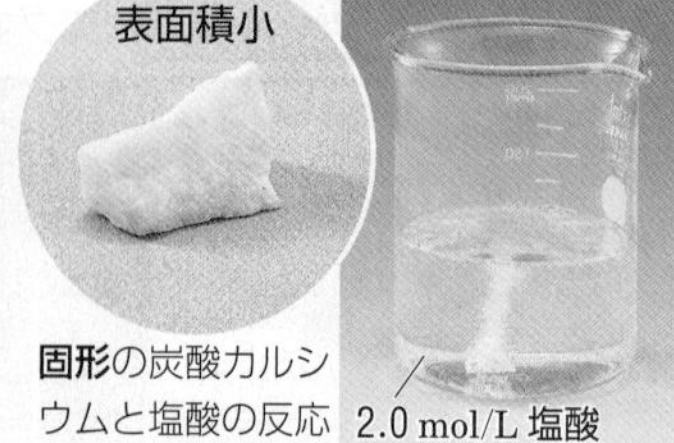

固形の炭酸カルシウムと塩酸の反応

実験 炭酸カルシウムと塩酸の反応

目的 一定量の塩酸に異なる量の炭酸カルシウムをそれぞれ加え，発生する二酸化

実験❶

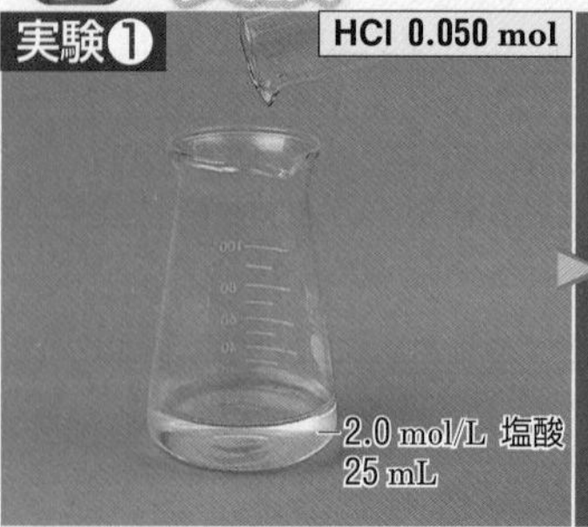

2.0 mol/L の塩酸 25 mL をはかりとり，コニカルビーカーに入れる。

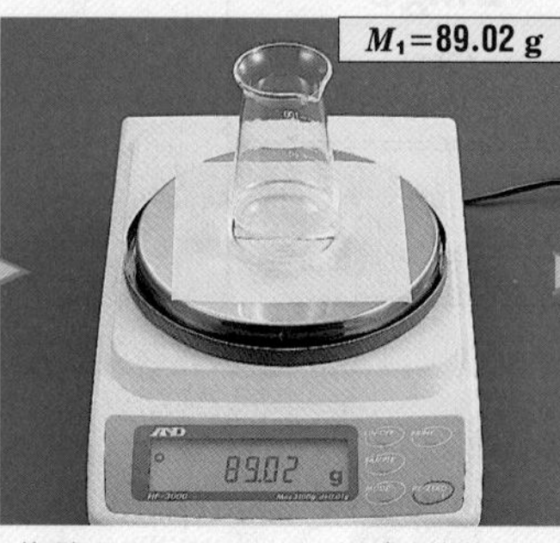

塩酸の入ったコニカルビーカーの質量をはかる。

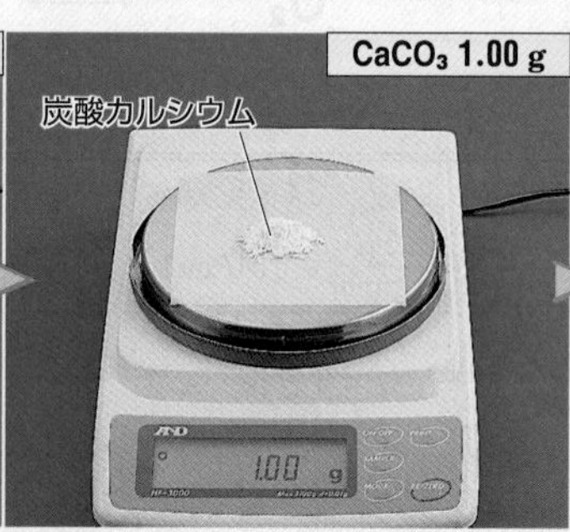

炭酸カルシウム 1.00 g をはかりとる。

炭酸カルシウムを塩酸に少しずつ加えて反応させる。

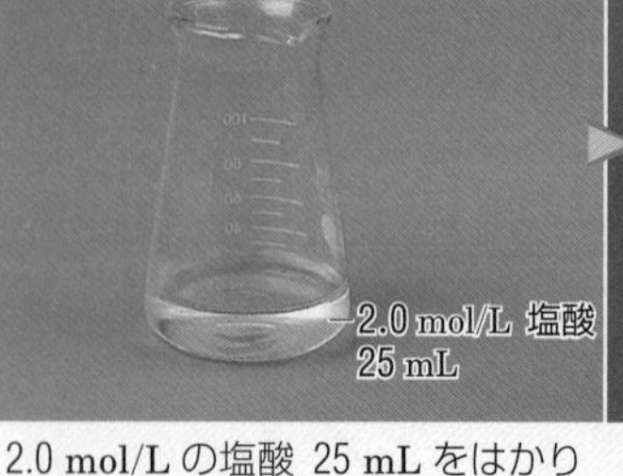

実験❷

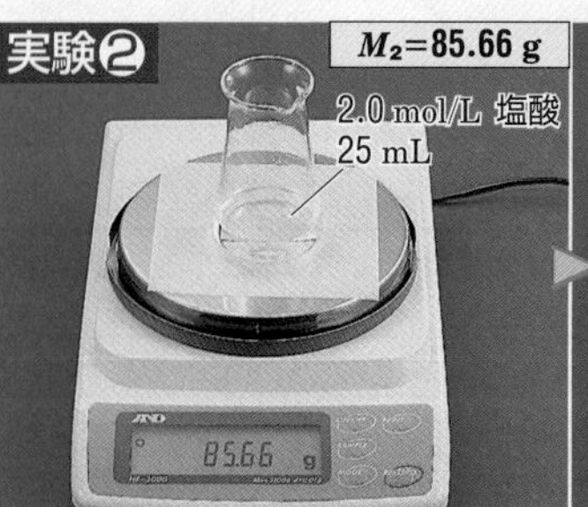

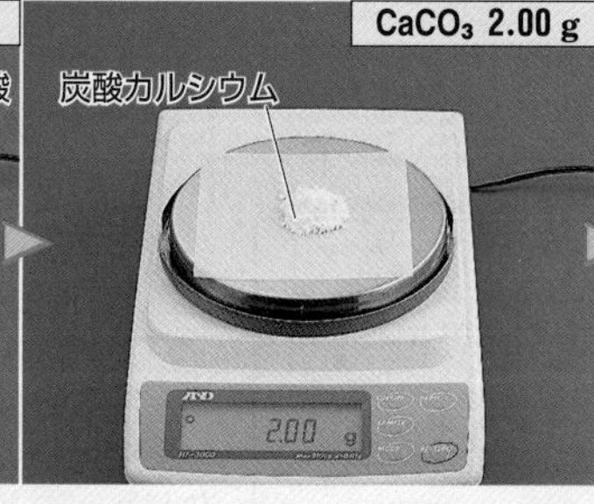

実験❸

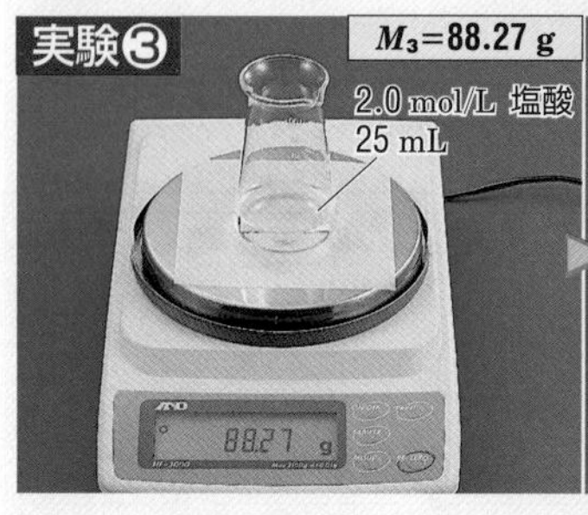

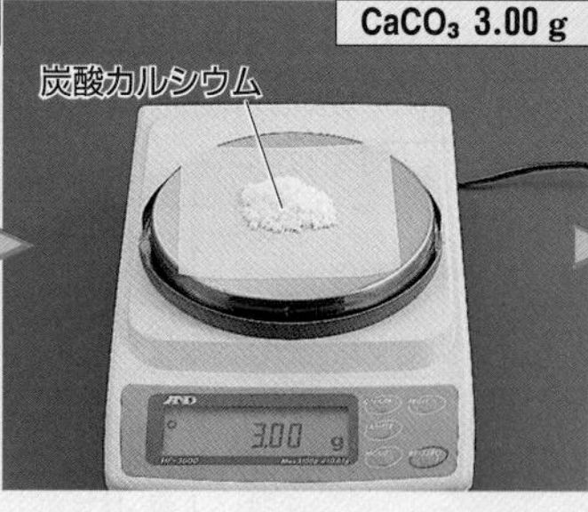

実験❹

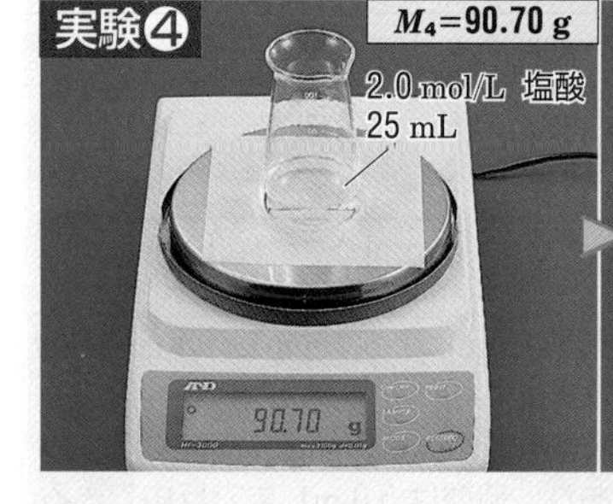

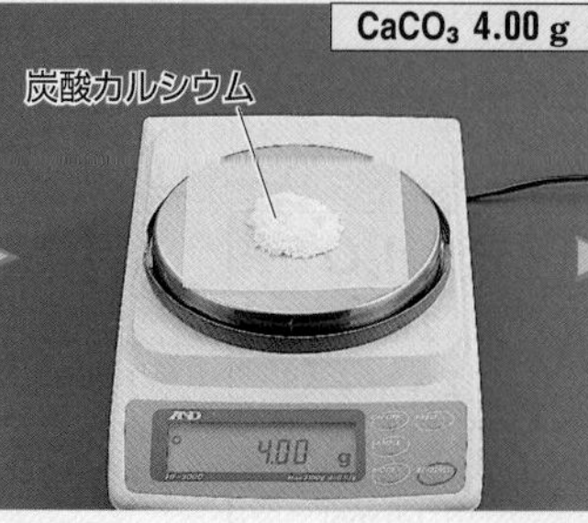

プチ雑学 炭酸カルシウム（▶P.167）は，石灰岩（貝がらなどをもつ水中の生物の死がいが堆積し，固まってできた岩石）の主成分である。石灰岩は二酸化炭素を含む水に溶けるため，石灰岩が地盤となる土地は，くぼ地や洞穴（鍾乳洞）をもつ。このような地形はカルスト地形と呼ばれ，日本では秋吉台（山口県）が最大である。

Q なぜ塩酸を使うの？

A 炭酸カルシウムは強酸と反応して二酸化炭素を発生する。したがって，この実験で塩酸のかわりに硫酸を使ってもよいはずである。しかし，硫酸を使った場合，生成物となる硫酸カルシウムの**溶解度**は小さく(▶P.167)，反応後の白色沈殿が反応物か生成物か見分けることができない。これに対し，塩酸を使った場合の生成物である塩化カルシウムは水への溶解度が大きいので，反応後に白色沈殿があれば反応物の炭酸カルシウムであることがわかる。

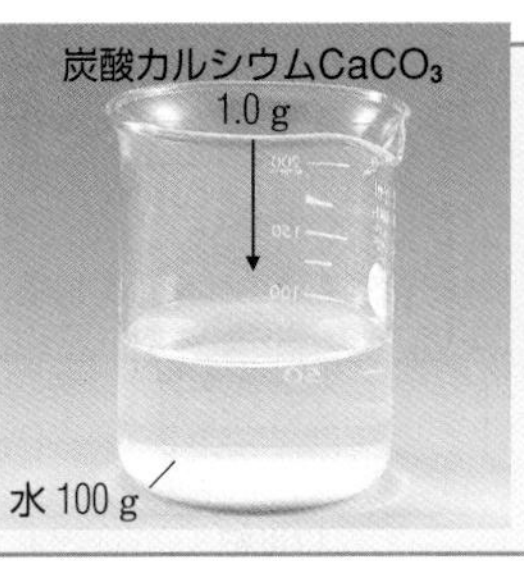

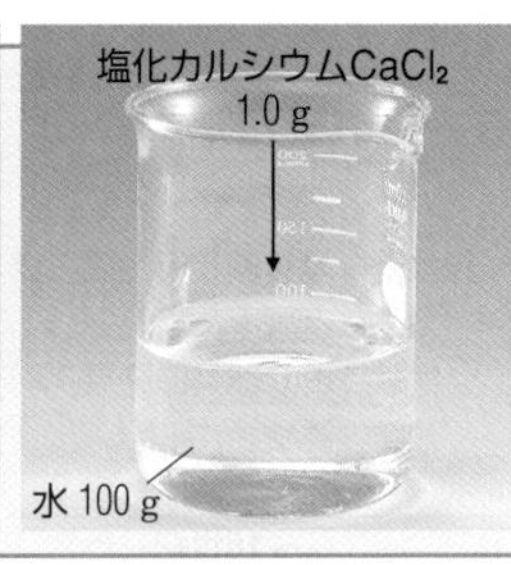

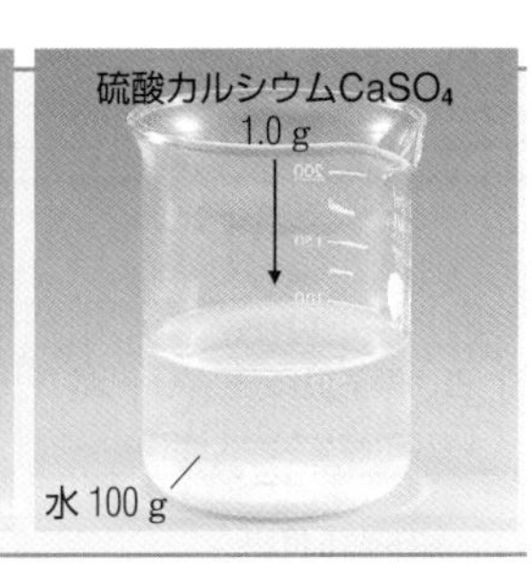

炭素の質量を調べて，反応式に表されている量の関係を確認する。

一度に入れるとふきこぼれることがある。

ビーカーをまわして，壁面についた炭酸カルシウムも反応させる。

気体の発生が終わったあと，もう一度振り混ぜ，ビーカーの底に気体がたまってしまわないようにする。

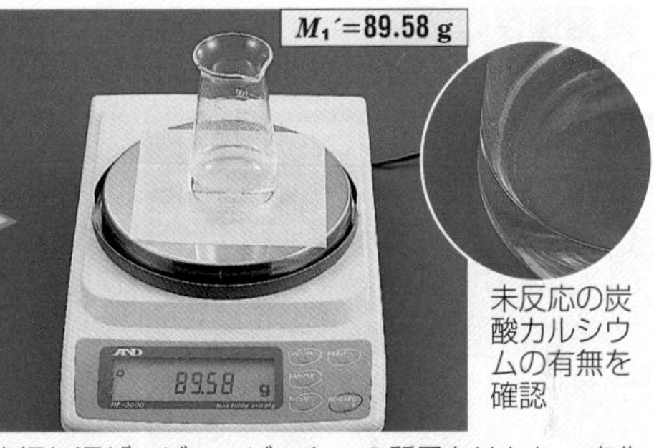

ビーカーの質量をはかり，変化のないことを確認して記録する。

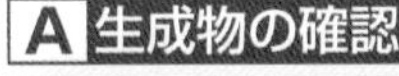

A 生成物の確認

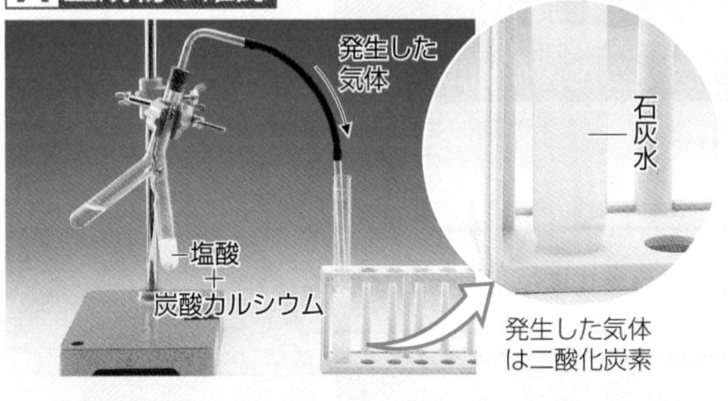

反応後の溶液を蒸発乾固すると，溶けていた塩化カルシウムが残る。

B 実験結果の整理と考察

質量保存の法則(▶P.68)より，発生した二酸化炭素の質量は反応前後の質量の差から求められる。

	加えた $CaCO_3$ (=100)	加えた HCl (=36.5)	発生した CO_2 (=44)	未反応の $CaCO_3$
実験1	1.00 g $\frac{1.00\ \text{g}}{100\ \text{g/mol}} = 0.010\ \text{mol}$	25 mL $2.0\ \text{mol/L} \times \frac{25}{1000}\ \text{L} = 0.050\ \text{mol}$	$M_1 + 1.00\ \text{g} - M_1' = 0.44\ \text{g}$ $\frac{0.44\ \text{g}}{44\ \text{g/mol}} = 0.010\ \text{mol}$	無
実験2	2.00 g $\frac{2.00\ \text{g}}{100\ \text{g/mol}} = 0.020\ \text{mol}$	25 mL $2.0\ \text{mol/L} \times \frac{25}{1000}\ \text{L} = 0.050\ \text{mol}$	$M_2 + 2.00\ \text{g} - M_2' = 0.91\ \text{g}$ $\frac{0.91\ \text{g}}{44\ \text{g/mol}} \fallingdotseq 0.021\ \text{mol}$	無
実験3	3.00 g $\frac{3.00\ \text{g}}{100\ \text{g/mol}} = 0.030\ \text{mol}$	25 mL $2.0\ \text{mol/L} \times \frac{25}{1000}\ \text{L} = 0.050\ \text{mol}$	$M_3 + 3.00\ \text{g} - M_3' = 1.09\ \text{g}$ $\frac{1.09\ \text{g}}{44\ \text{g/mol}} \fallingdotseq 0.025\ \text{mol}$	有
実験4	4.00 g $\frac{4.00\ \text{g}}{100\ \text{g/mol}} = 0.040\ \text{mol}$	25 mL $2.0\ \text{mol/L} \times \frac{25}{1000}\ \text{L} = 0.050\ \text{mol}$	$M_4 + 4.00\ \text{g} - M_4' = 1.09\ \text{g}$ $\frac{1.09\ \text{g}}{44\ \text{g/mol}} \fallingdotseq 0.025\ \text{mol}$	有

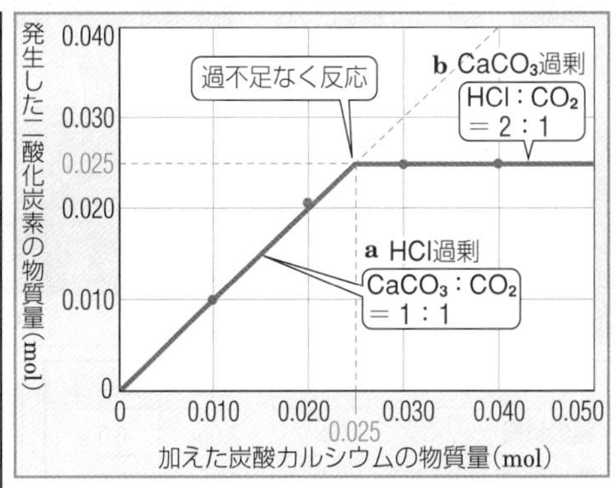

a 反応した$CaCO_3$の物質量：発生したCO_2の物質量＝1：1
b 反応したHClの物質量：発生したCO_2の物質量=2：1

結論

化学反応式	$CaCO_3 + 2HCl \longrightarrow CaCl_2 + CO_2\uparrow + H_2O$
物質量の比(実験値)	1 ： 2 　 1 ： 1 ： 1

化学反応式の係数は，反応物や生成物の物質量の比に一致する。

プチ雑学 コニカルビーカーの conical は「円錐状の」という意味である。中の溶液を混ぜるとき，ビーカーをまわしながら混ぜても液が外にはねないように，口が細くなっている。

68 探究の歴史

化学の基本法則

化学の歴史 ➤P.300

古代原子説(デモクリトス)
四元素説(アリストテレス)

錬金術　卑金属を貴金属に変えようと試みた術。
実験技術や器具の発展，知識の蓄積。

ボイル
元素を「実験では分解できないもの」と定義し，四元素説を批判。
化学知識の体系化を提唱。

1774年 質量保存の法則
1799年 定比例の法則
1803年 倍数比例の法則
1803年 原子説
1808年 気体反応の法則
矛盾
1811年 アボガドロの法則(分子説)

原子や分子の存在を確認するまでには，多くの研究成果を必要とした。ドルトンの原子説は，質量保存の法則，定比例の法則，倍数比例の法則に基づくものであったが，気体反応の法則とは矛盾した。それを解決したのは，アボガドロの分子説であった。

紀元前6世紀～	～16世紀	17世紀	18世紀	19世紀	20世紀

●物質観の出発　●錬金術の時代　●近代化学の幕開け　●現代化学の発展

質量保存の法則　ラボアジエ，1774年
law of conservation of mass

化学反応の前後において，物質全体の質量は変化しない。

硝酸銀と塩化ナトリウムの反応

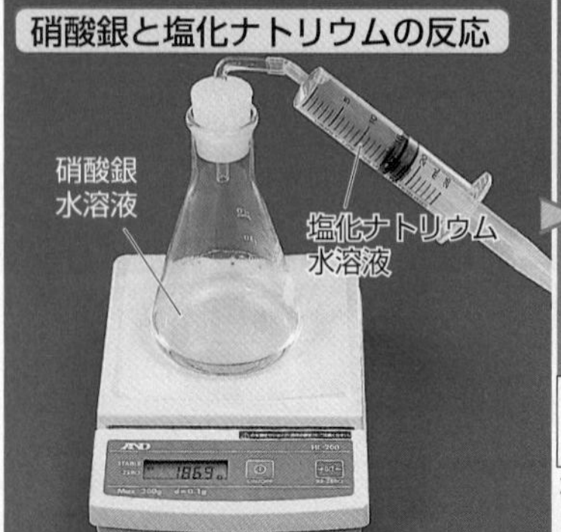

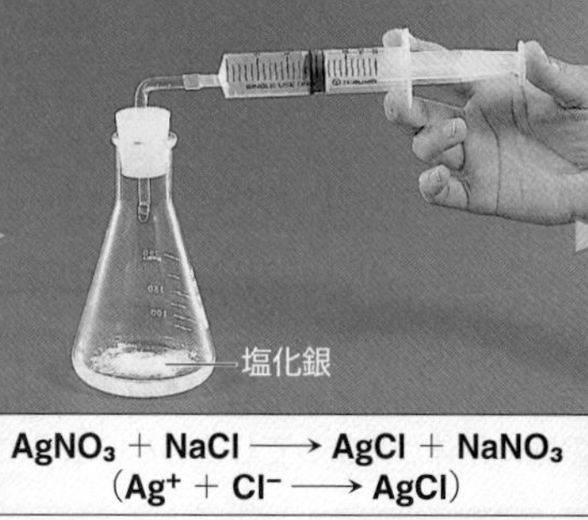

$$AgNO_3 + NaCl \longrightarrow AgCl + NaNO_3$$
$$(Ag^+ + Cl^- \longrightarrow AgCl)$$

硝酸銀水溶液と塩化ナトリウム水溶液が反応して，塩化銀の白色沈殿ができる。

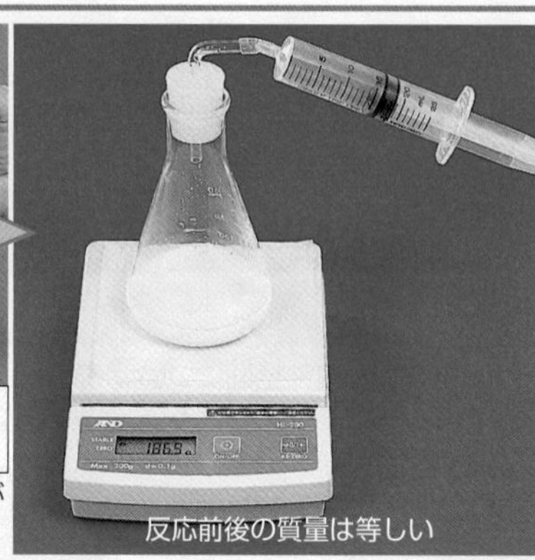

反応前後の質量は等しい

ラボアジエ
(フランス，1743～1794)
正確な質量の測定から，燃焼のしくみを解明し，質量保存の法則を確立した。

ラボアジエは，密閉容器中でスズを加熱し，反応の前後で質量が変化しないことを発見した。燃焼のしくみに関する研究から，燃素説*をくつがえして，質量保存の法則を確立した。

*燃素説　物質には燃素(フロギストン)という元素が含まれており，燃焼するとそれが抜け出すという考え。

定比例の法則(一定組成の法則)　プルースト，1799年
law of definite proportion

1つの化合物を構成している元素の質量比は，常に一定である。

銅の酸化

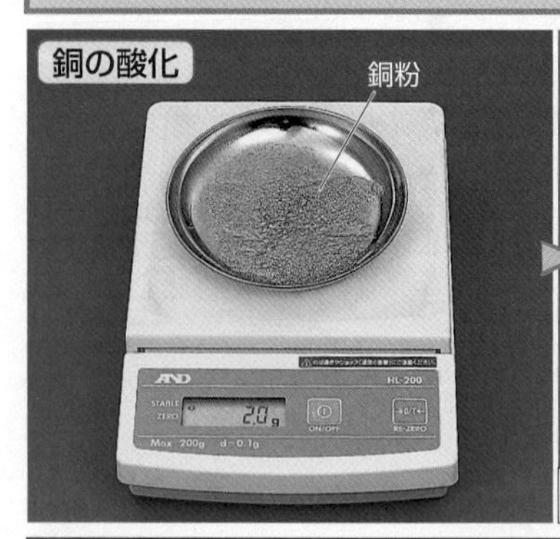

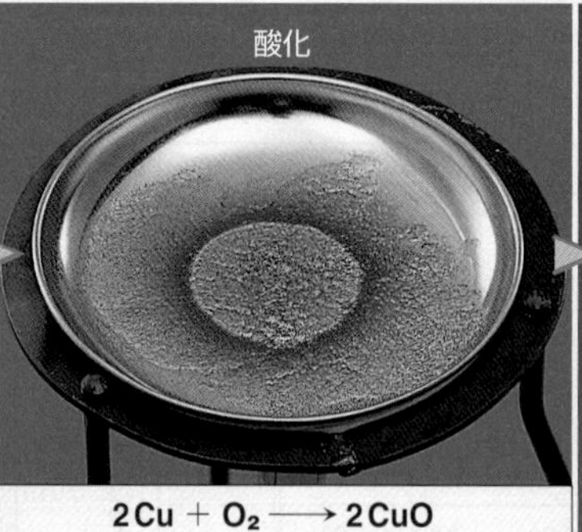

$$2Cu + O_2 \longrightarrow 2CuO$$

プルースト
(フランス，1754～1826)
精密な化学分析を行い，定比例の法則を発見した。また，グルコース，ロイシンの発見者でもある。

		1回目	2回目
銅の質量	a	2.0 g	6.0 g
酸化銅(Ⅱ)の質量	b	2.5 g	7.5 g
反応した酸素の質量	$b-a$	0.5 g	1.5 g
質量比(銅：酸素)		4 : 1	4 : 1

(銅の質量)：(酸素の質量)＝4：1
銅粉の質量を変えて実験しても，銅の質量と反応した酸素の質量の比は常に一定である。

酸化銅(Ⅱ)の質量(g)　0 2 4 6 8
銅の質量(g)　0 2 4 6 8
酸素の質量
銅の質量

定比例の法則は，化合物の組成が一定であることを示している。たとえば，純粋な水であるなら，その組成は質量比で，水素：酸素 ＝ 1 ： 8 であり，生成の条件や場所などの影響を受けない。プルーストは，天然に産出する炭酸銅と，実験室で得られた炭酸銅が同一組成であることや，日本の辰砂(硫化水銀➤P.177)とスペインの硫化水銀の組成が一致することも確かめるなど，豊富な実験例をもとに，定比例の法則を主張した。

倍数比例の法則（倍数組成の法則）ドルトン，1803年
law of multiple proportion

元素A，Bからなる化合物が2種類以上あるとき，一定質量のAと結合しているそれぞれのBの質量は，簡単な整数の比になる。

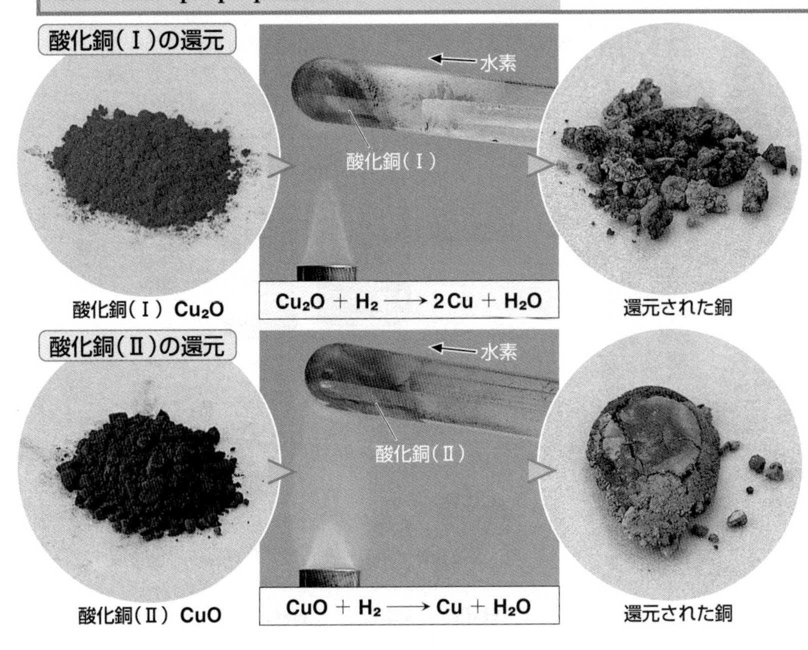

		酸化銅(Ⅰ)	酸化銅(Ⅱ)
酸化銅の質量	a	9.0 g	10.0 g
銅の質量	b	8.0 g	8.0 g
結合していた酸素の質量	$a-b$	1.0 g	2.0 g

(酸化銅(Ⅰ)中の酸素の質量)：(酸化銅(Ⅱ)中の酸素の質量)＝1：2

ドルトンの原子説
①すべての元素は，一定の質量と大きさをもつ原子からなる。
②原子はそれ以上分割できない粒子で，ほかの原子に変化しない。
③原子は新たに生成したり，消滅したりしない。
④化合物は，異なる数種類の原子が，簡単な整数の比で結合してできている。

ドルトン
（イギリス，1766～1844）

気象学や気体の研究を行い，分圧の法則(▶P.109)を発見した。その後，近代化学の基礎となる原子説を提唱した。倍数比例の法則は，定比例の法則とともに，原子説の論拠となっている。

気体反応の法則（反応体積比の法則）ゲーリュサック，1808年
law of gaseous reaction

気体反応において，反応する気体と生成する気体の体積には，同温・同圧のもとで，簡単な整数の比が成り立つ。

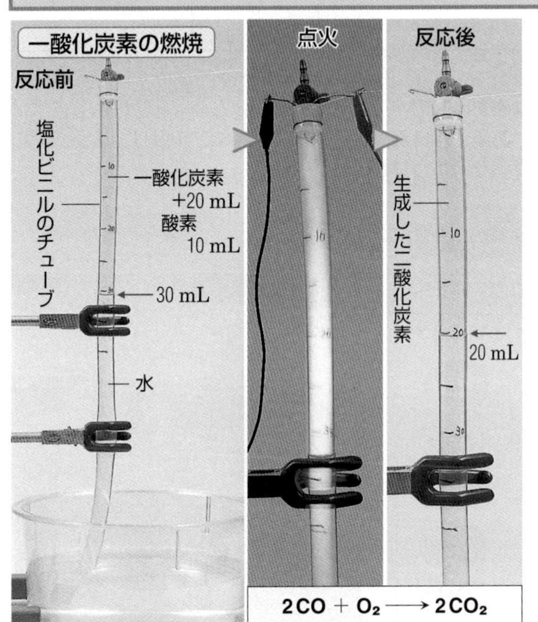

CO_2の確認

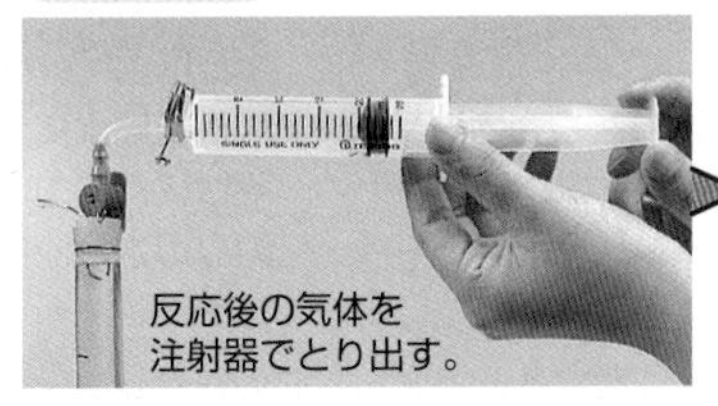

とり出した気体を石灰水に通す。
石灰水の白濁から，反応後の気体は二酸化炭素であることがわかる。
石灰水

反応前	一酸化炭素の体積	20 mL
反応前	酸素の体積	10 mL
反応後の体積		20 mL
生成した二酸化炭素の体積		20 mL

(一酸化炭素の体積)：(酸素の体積)：(二酸化炭素の体積)＝2：1：2

CO　CO　＋　O（酸素原子）　✕→　CO_2　CO_2

同体積中には同数の気体粒子が含まれるという仮説は，原子説と矛盾した。

酸素原子が新たに生成することになるという矛盾。

ゲーリュサック
（フランス，1778～1850）

1802年に気体の熱膨張に関する法則を発見，1804年に気球で高度7000 mを超えることに成功した。1808年に，フンボルトとともに行った実験から気体反応の法則を発見した。

アボガドロの法則　アボガドロ，1811年
Avogadro's law

同温・同圧のすべての気体の同体積中には，同数の分子が含まれる。

アボガドロはいくつかの原子が結合してできた分子という粒子の存在を考え(**分子説**)，アボガドロの法則を提唱した。現在，0℃，1.01×10^5 Pa(1 atm)において，22.4 Lの気体中には6.02×10^{23}個の分子が含まれることが分かっている。(▶P.61)
分子説が認められ始めたのは発表から50年後，実験で証明されたのは，100年後であった。

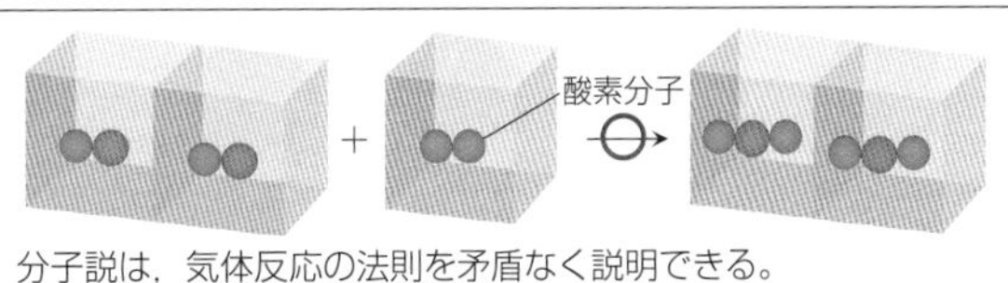

分子説は，気体反応の法則を矛盾なく説明できる。

アボガドロ
（イタリア，1776～1856）

酸と塩基

1 酸と塩基

酸は水溶液中でオキソニウムイオンH_3O^+（水素イオンH^+）を生じ，塩基（アルカリ）は水酸化物イオンOH^-を生じる。

A 酸 身近な酸

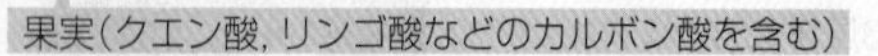
果実（クエン酸，リンゴ酸などのカルボン酸を含む）　ヨーグルト（乳酸を含む）

酸を含む水溶液の性質
- 酸味がある。
- リトマス紙を赤変する。

このような性質を**酸性**という。

B 塩基 身近な塩基

石灰水（水酸化カルシウムを含む）　虫さされ薬（アンモニアを含む）

塩基を含む水溶液の性質
- リトマス紙を青変する。
- 酸性を打ち消す。

このような性質を**塩基性**という。

酸の電離 水に溶けて水溶液中で$H_3O^+(H^+)$を生じる。例 塩化水素

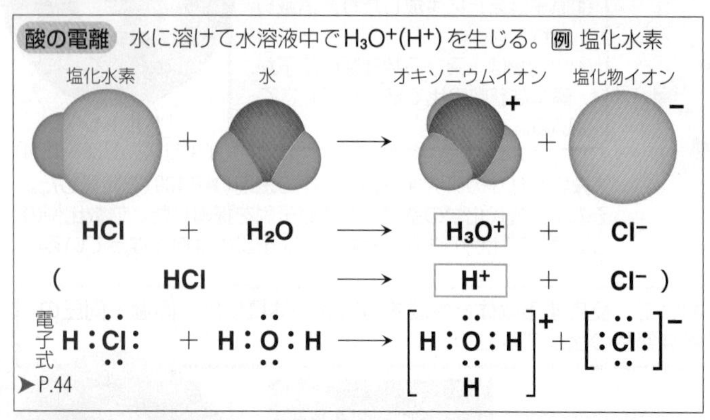

$$HCl + H_2O \longrightarrow H_3O^+ + Cl^-$$
$$(HCl \longrightarrow H^+ + Cl^-)$$

電子式（▶P.44）
$$H:\ddot{\underset{..}{Cl}}: + H:\ddot{\underset{..}{O}}:H \longrightarrow \left[H:\ddot{\underset{\underset{H}{..}}{O}}:H\right]^+ + \left[:\ddot{\underset{..}{Cl}}:\right]^-$$

塩基の電離 水に溶けて水溶液中でOH^-を生じる。例 アンモニア

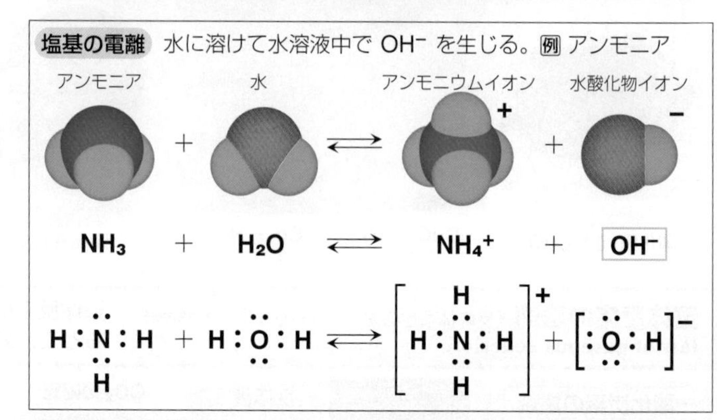

$$NH_3 + H_2O \rightleftarrows NH_4^+ + OH^-$$

$$H:\underset{\underset{H}{..}}{N}:H + H:\ddot{\underset{..}{O}}:H \rightleftarrows \left[H:\overset{H}{\underset{\underset{H}{..}}{\overset{..}{N}}}:H\right]^+ + \left[:\ddot{\underset{..}{O}}:H\right]^-$$

オキソニウムイオン H_3O^+

水溶液中で，水素イオンH^+は水分子と配位結合（▶P.44）をして**オキソニウムイオンH_3O^+**となっている。オキソニウムイオンは簡単にH^+で示すことが多い。※厳密にはR_3O^+の総称を「オキソニウムイオン」という（Rは原子または原子団）。H_3O^+は「ヒドロニウムイオン」または「ヒドロキソニウムイオン」という。

塩基とアルカリ

塩基には水に溶けやすいものと，水酸化カルシウム（消石灰）のように水に溶けにくいものがある。水に溶けやすい塩基を特に**アルカリ**という。アルカリの水溶液の性質を**アルカリ性**ともいう。

2 酸と塩基の定義

アレニウスの定義をさらに拡大したものがブレンステッド・ローリーの定義である。

A アレニウスの定義

酸　水溶液中でH^+を生じる物質　塩基　水溶液中でOH^-を生じる物質

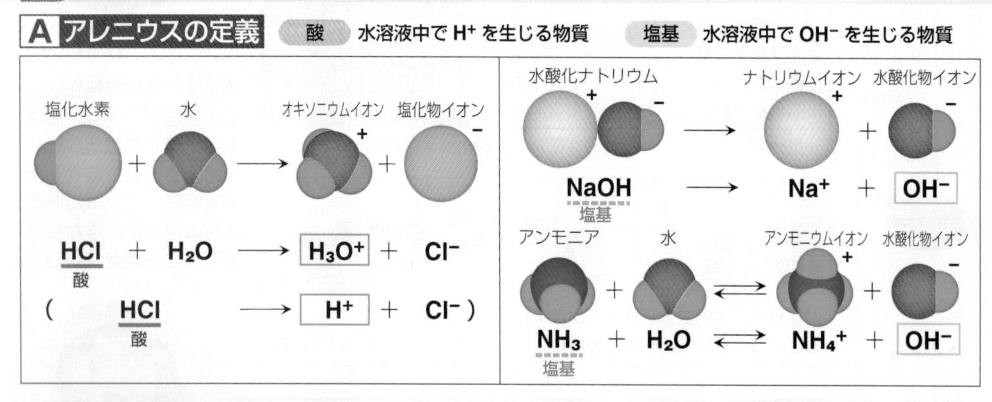

$$\underset{酸}{HCl} + H_2O \longrightarrow H_3O^+ + Cl^-$$
$$(\underset{酸}{HCl} \longrightarrow H^+ + Cl^-)$$
$$\underset{塩基}{NaOH} \longrightarrow Na^+ + OH^-$$
$$\underset{塩基}{NH_3} + H_2O \rightleftarrows NH_4^+ + OH^-$$

B ブレンステッド・ローリーの定義

酸　H^+を相手に与える物質　塩基　H^+を受けとる物質

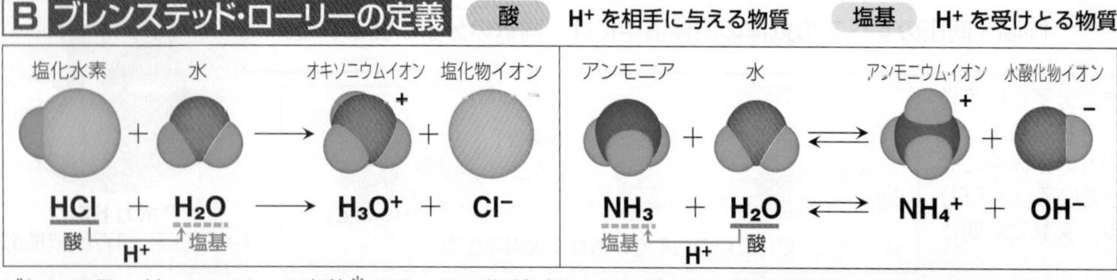

$$\underset{酸}{HCl} + \underset{塩基}{H_2O} \longrightarrow H_3O^+ + Cl^- \quad (H^+)$$
$$\underset{塩基}{NH_3} + \underset{酸}{H_2O} \rightleftarrows NH_4^+ + OH^- \quad (H^+)$$

ブレンステッド・ローリーの定義*では，同じ物質が酸として働くことも，塩基として働くこともある。

＊ブレンステッドとローリーは同じ定義を提案した。

塩化水素とアンモニアの反応

$$\underset{酸}{HCl} + \underset{塩基}{NH_3} \longrightarrow NH_4Cl \quad (H^+)$$

塩化水素とアンモニアを空気中で反応させると，塩化アンモニウム（塩）の白煙が生じる。これは中和反応（▶P.74）と考えられるが，反応に水が存在しないため，アレニウスの定義では説明できない。しかし，ブレンステッド・ローリーの定義ではうまく説明できる。

プチ雑学 アレニウスは，電離という状態を提唱した点で革新的だった。アレニウスの定義が出されるまで，イオンとは，電気分解（▶P.94）などで水溶液に電流を流したときにだけ生じるものだと考えられていた。

基 3 電離

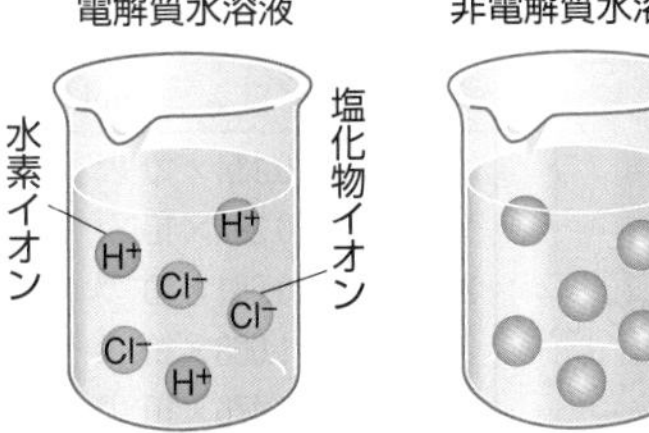

物質が水に溶けたとき，陽イオンと陰イオンに分かれることを**電離**という。

電解質	非電解質
水に溶けたとき，イオンに分かれる(**電離**)。水溶液は電気を導く。	水に溶けたとき，電離しない(分子のまま)。水溶液は電気を導かない。
例 塩化ナトリウム$NaCl$ 塩酸HCl	例 スクロース$C_{12}H_{22}O_{11}$ エタノールC_2H_5OH

電離度

電解質が電離している割合を**電離度**といい，α($0 \leqq \alpha \leqq 1$)で表す。

$$電離度\ \alpha = \frac{電離している電解質の物質量}{溶けている電解質の全物質量}$$

基 4 酸・塩基の分類

酸・塩基は，価数と強さによって分類することができる。

	物質名	電離式	価数	強弱
酸	塩酸 HCl	$HCl \longrightarrow H^+ + Cl^-$	1	強
	硫酸 H_2SO_4	$H_2SO_4 \longrightarrow H^+ + HSO_4^-$ $HSO_4^- \rightleftarrows H^+ + SO_4^{2-}$	2	強
	硝酸 HNO_3	$HNO_3 \longrightarrow H^+ + NO_3^-$	1	強
	酢酸 CH_3COOH	$CH_3COOH \rightleftarrows H^+ + CH_3COO^-$	1	弱
	炭酸 (CO_2+H_2O)	$CO_2 + H_2O \rightleftarrows H^+ + HCO_3^-$ $HCO_3^- \rightleftarrows H^+ + CO_3^{2-}$	2	弱
	リン酸 H_3PO_4	$H_3PO_4 \rightleftarrows H^+ + H_2PO_4^-$ $H_2PO_4^- \rightleftarrows H^+ + HPO_4^{2-}$ $HPO_4^{2-} \rightleftarrows H^+ + PO_4^{3-}$	3	中～弱
	シュウ酸 $(COOH)_2$ ※$H_2C_2O_4$ともかく。	$HOOC\text{-}COOH \rightleftarrows H^+ + HOOC\text{-}COO^-$ $HOOC\text{-}COO^- \rightleftarrows H^+ + {}^-OOC\text{-}COO^-$	2	弱
塩基	水酸化ナトリウム $NaOH$	$NaOH \longrightarrow Na^+ + OH^-$	1	強
	水酸化カルシウム $Ca(OH)_2$	$Ca(OH)_2 \longrightarrow Ca^{2+} + 2OH^-$	2	強
	アンモニア NH_3	$NH_3 + H_2O \rightleftarrows NH_4^+ + OH^-$	1	弱
	水酸化マグネシウム $Mg(OH)_2$	$Mg(OH)_2 + 2H^+ \rightleftarrows Mg^{2+} + 2H_2O$	2	弱
	水酸化アルミニウム $Al(OH)_3$	$Al(OH)_3 + 3H^+ \rightleftarrows Al^{3+} + 3H_2O$	3	弱

酸・塩基の価数

酸の化学式で，電離してH^+になれるHの数を，**酸の価数**という。例 H_2SO_4 2価の酸
塩基の化学式で，電離してOH^-になれるOHの数，または受けとれるH^+の数を，**塩基の価数**という。例 NH_3 1価の塩基

酸・塩基の強さ

酸・塩基の強さは**電離度**によって決まる。電離度が1に近いほど，強い酸・塩基である。また，弱酸・弱塩基の電離度は，濃度によって大きく変化する。

強酸・強塩基
電離度が1に近い。
例 塩酸 電離度 約1

弱酸・弱塩基
電離度が小さい(0に近い)。
例 0.1 mol/L 酢酸 電離度 約0.02

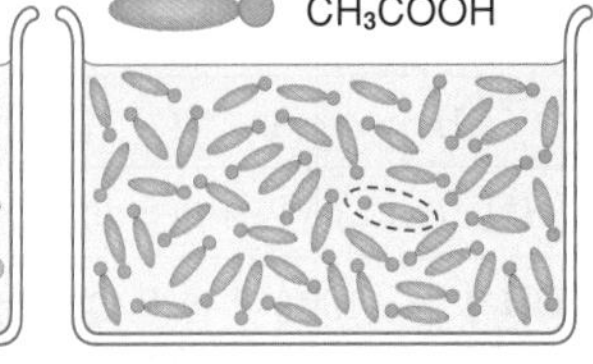

実験 酸の強弱

目的 同じ濃度の酸の水溶液について，酸の強弱を調べる。

1 電気伝導性 電離度を調べる。

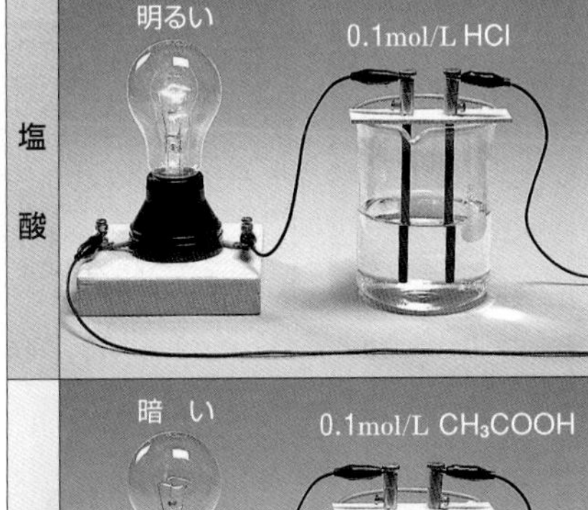

2 Mgとの反応 酸の性質の強さを調べる。

塩酸	酢酸
0.1 mol/L HCl / Mg / 激しい反応	0.1 mol/L CH_3COOH / Mg / おだやかな反応

考察

1 電気伝導性
同じ価数で同じ濃度の電解質水溶液では，電離度の大きい水溶液の方が多くのイオンを生じるため，電流が流れやすい。したがって，塩酸の電離度は大きく，酢酸の電離度は小さい。

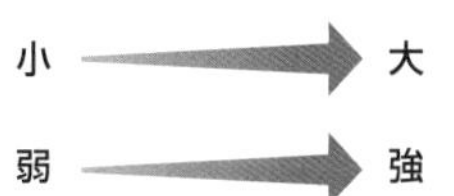

2 マグネシウムとの反応
塩酸の方が水素イオン濃度が大きく，酸の性質は強い。

参考 濃度と電離度

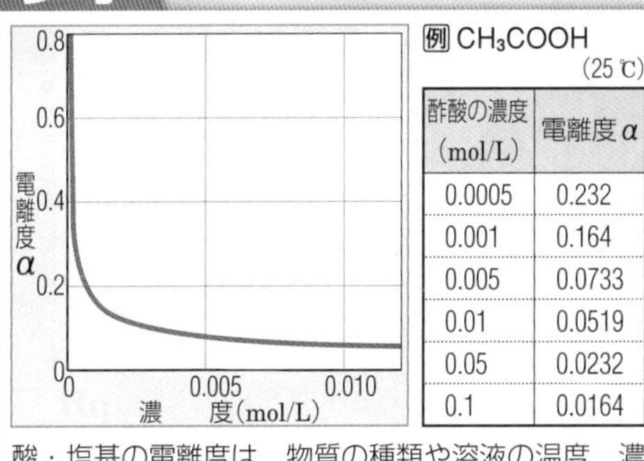

例 CH_3COOH (25℃)

酢酸の濃度 (mol/L)	電離度 α
0.0005	0.232
0.001	0.164
0.005	0.0733
0.01	0.0519
0.05	0.0232
0.1	0.0164

酸・塩基の電離度は，物質の種類や溶液の温度，濃度によって変わる。一般に，弱酸・弱塩基は濃度が小さいほど電離度が大きい。 ➤P.134

プチ雑学 酸味は水素イオンによる味である。ただし，水素イオンの濃度が同じでも，陰イオンの種類によって酸味の強さが異なることが知られている。水素イオン濃度が同じであるときの酸味の強さは，酢酸(食酢)＞ギ酸＞乳酸(ヨーグルトや漬物の酸味)＞シュウ酸(ゴボウなどのアクの酸味)＞塩酸となる。

★基 1 水の電離と水のイオン積

A 水の電離

水はごくわずかに電離している

純粋な水(25 ℃)
$[H^+] = 1.0\times10^{-7}$ mol/L
$[OH^-] = 1.0\times10^{-7}$ mol/L

$$H_2O \rightleftarrows H^+ + OH^-$$

純粋な水には電気伝導性はほとんどないが，水はごくわずかに電離している。※$[H^+]$は水素イオン濃度を，$[OH^-]$は水酸化物イオン濃度を示す。

B 水のイオン積 ➤P.134

$$[H^+][OH^-] = K_W \text{（一定）}$$

K_W：水のイオン積
$1.0\times10^{-14}\,(\text{mol/L})^2$ (25 ℃)

水はごくわずかに電離して，**電離平衡**の状態になっている。温度が一定であれば，水のイオン積は水溶液中で一定に保たれる。

温度	水のイオン積$(\text{mol/L})^2$
0 ℃	0.114×10^{-14}
10 ℃	0.292×10^{-14}
20 ℃	0.681×10^{-14}
25 ℃	1.008×10^{-14}
50 ℃	5.476×10^{-14}

水溶液中の$[H^+]$，$[OH^-]$ (25 ℃)

液性	濃度の関係	
酸性	$[H^+] > 1.0\times10^{-7}\,\text{mol/L} > [OH^-]$	$[H^+][OH^-] = 1.0\times10^{-14}\,(\text{mol/L})^2$
中性	$[H^+] = 1.0\times10^{-7}\,\text{mol/L} = [OH^-]$	
塩基性	$[H^+] < 1.0\times10^{-7}\,\text{mol/L} < [OH^-]$	

例 0.01mol/Lの塩酸(電離度1)では，$[H^+] = 1\times10^{-2}$ mol/L，
$[H^+][OH^-] = 1\times10^{-14}\,(\text{mol/L})^2$ から，$[OH^-] = 1.0\times10^{-12}$ mol/L
0.1mol/Lの水酸化ナトリウム水溶液(電離度1)では，$[OH^-]=1\times10^{-1}$mol/L，
$[H^+][OH^-] = 1\times10^{-14}\,(\text{mol/L})^2$ から，$[H^+] = 1.0\times10^{-13}$ mol/L

★基 2 水素イオン指数 pH

水素イオン濃度は桁数が大きく扱いにくいので，pHという指数(水素イオン指数)を用いる。

$$\text{pH} = \log_{10}\frac{1}{[H^+]} = -\log_{10}[H^+]$$

$[H^+] = 1\times10^{-n}$ mol/Lのとき，pH = n
$[H^+] = a\times10^{-b}$ mol/Lのとき，
pH = $-\log_{10}(a\times10^{-b}) = b - \log_{10} a$

pHと$[H^+]$，$[OH^-]$との関係 (➤P.298)

液性	酸性							中性							塩基性
pH	0	1	2	3	4	5	6	7	8	9	10	11	12	13	14
$[H^+]$ (mol/L)	$10^0=1$	10^{-1}	10^{-2}	10^{-3}	10^{-4}	10^{-5}	10^{-6}	10^{-7}	10^{-8}	10^{-9}	10^{-10}	10^{-11}	10^{-12}	10^{-13}	10^{-14}
$[OH^-]$ (mol/L)	10^{-14}	10^{-13}	10^{-12}	10^{-11}	10^{-10}	10^{-9}	10^{-8}	10^{-7}	10^{-6}	10^{-5}	10^{-4}	10^{-3}	10^{-2}	10^{-1}	$10^0=1$

水溶液の濃度とpH 例 塩酸(1価の強酸)

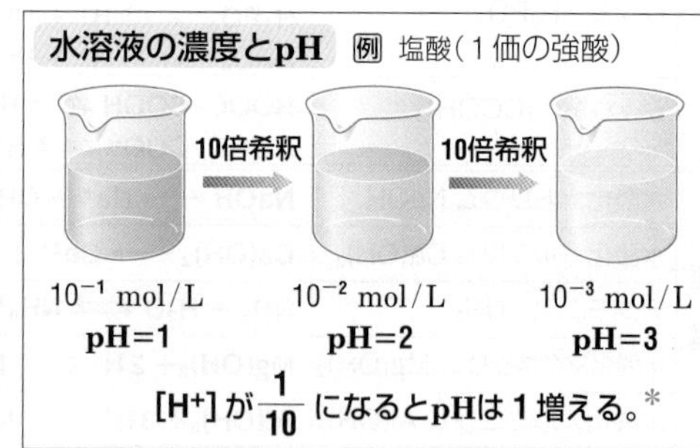

$[H^+]$が$\frac{1}{10}$になるとpHは1増える。*

*中性に近づくと，水の電離が無視できなくなる。

実験 身近な物質のpH

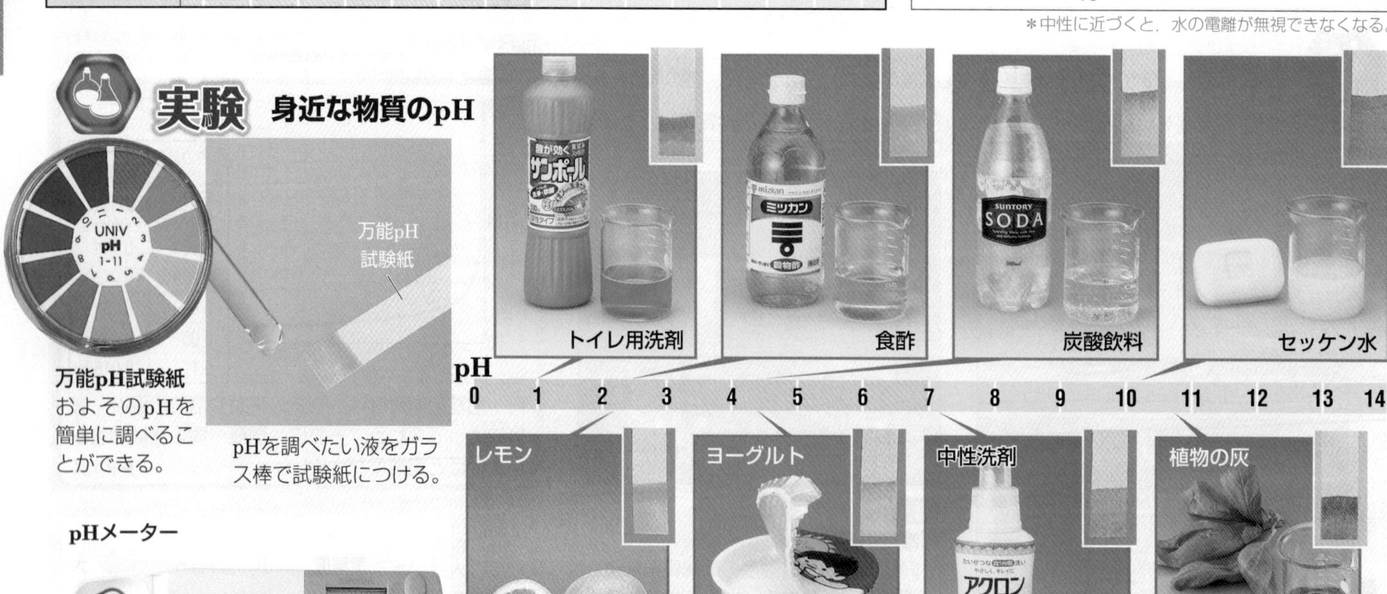

万能pH試験紙
およそのpHを簡単に調べることができる。

pHを調べたい液をガラス棒で試験紙につける。

pHメーター

電極に調べたい液をつけて測定する。

プチ雑学 pHは，the power of the Hydrogen ion(ドイツ語でpotenz Hydrogen)の略で，「水素イオンの力」を意味する。「ペーハー」と呼ばれることもあるが，これはpHのドイツ語読みである。

基 3 指示薬と変色域

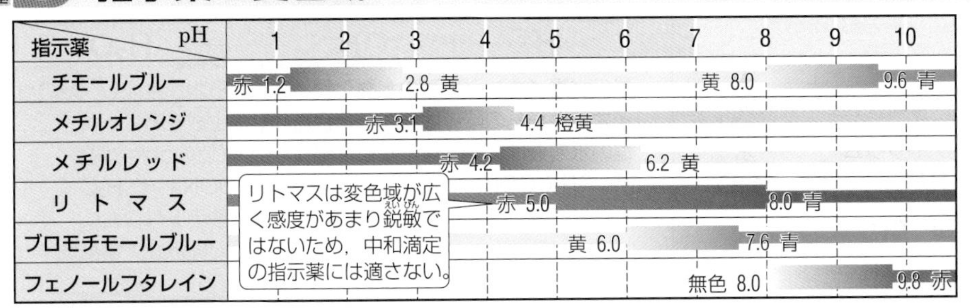

赤 3.1 4.4 橙黄
酸性側の色 塩基性側の色
変色域 pH 3.1～4.4

指示薬(酸塩基指示薬)は水溶液の pH が変化すると色調が変化する物質で，色調が変化するpHの範囲を**変色域**という。変色域の外側では色の変化は見られない。

試薬の調製 ▶P.294

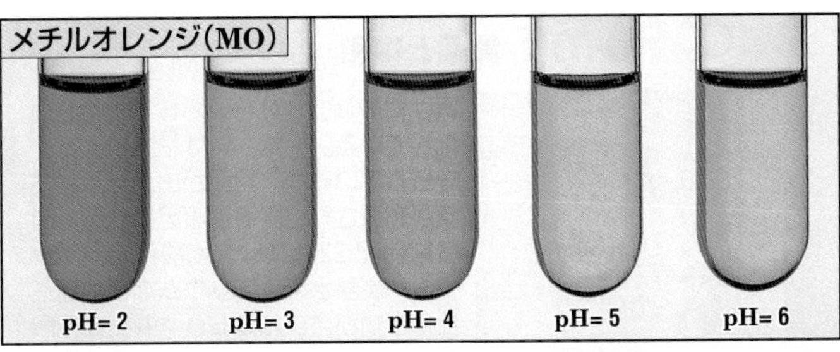

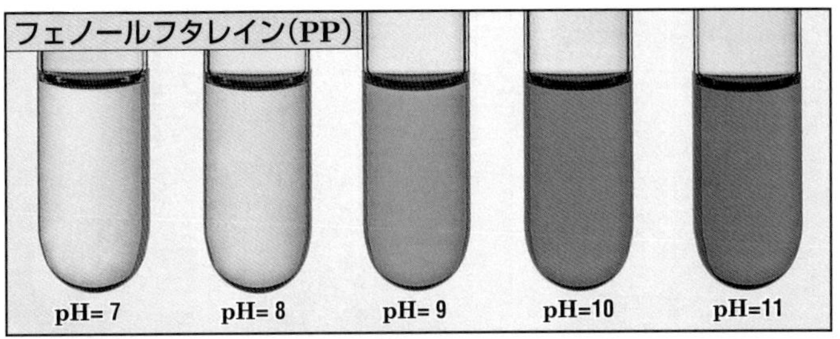

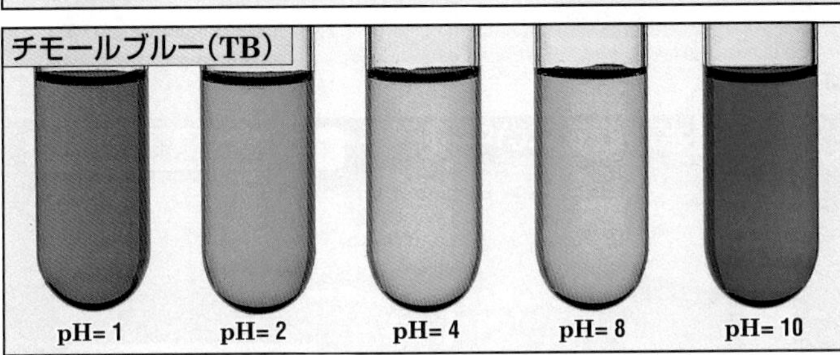

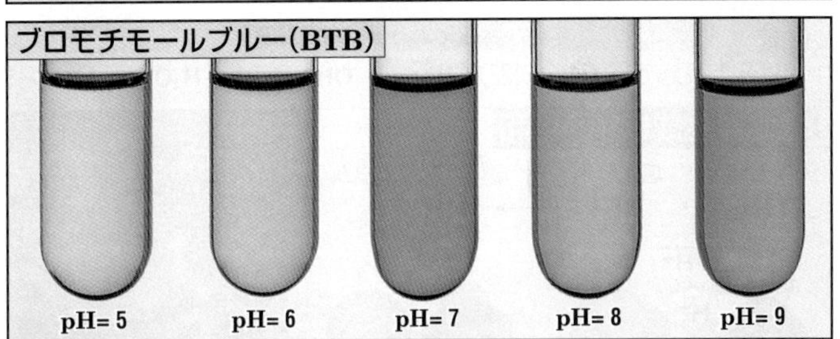

基 4 身近な指示薬

身近な食品に含まれる物質から指示薬をつくることができる。

A 紫キャベツ試験液

紫キャベツに含まれるアントシアン系色素(アントシアニジン)の色がpHによって変化する。

5～10分間煮沸する。

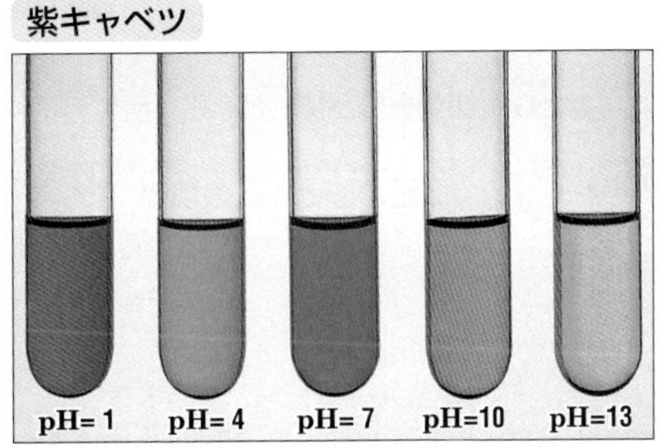

B 黒豆試験液

黒豆にもアントシアン系色素が含まれる。

数時間水につけておく。

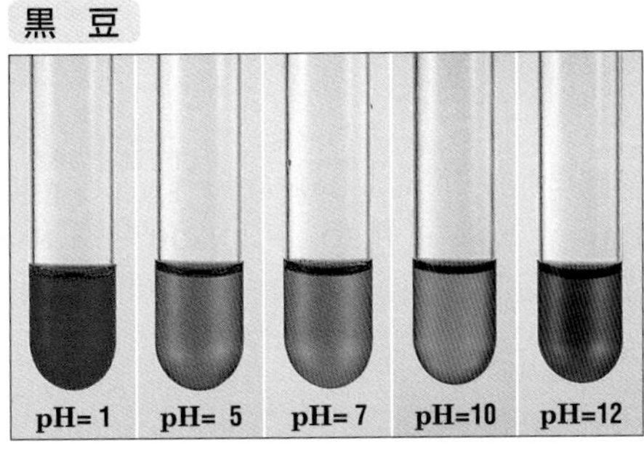

Q 指示薬はなぜ pH によって色が変わるの？

A 指示薬は，酸性では H^+，塩基性では OH^- と反応して構造が変化するため，色が変わる。

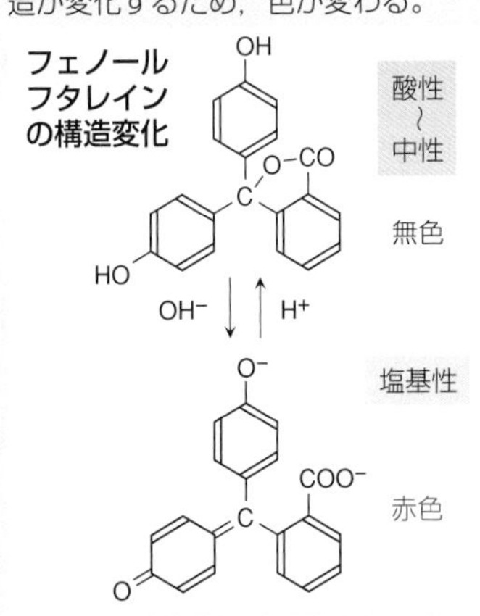

フェノールフタレインは酸性～中性では，3つのベンゼン環の間で電子が移動できず無色である。塩基性では，ベンゼン環と中央の炭素の間が二重結合になり，電子が移動できるようになるため，可視光(▶P.296)の一部を吸収し，赤色になる。

プチ雑学 雨上がりのアサガオの花に，斑点が見られることがある。これは，酸性雨(▶P.262)によって，花に含まれるアントシアン系色素が変化したためである。アントシアン系色素は，酸性で赤色になる。

中和と塩

1 中和　酸と塩基が反応し，互いの性質を打ち消し合うことを中和という。

A 中和　水溶液中の中和では水を生じる。

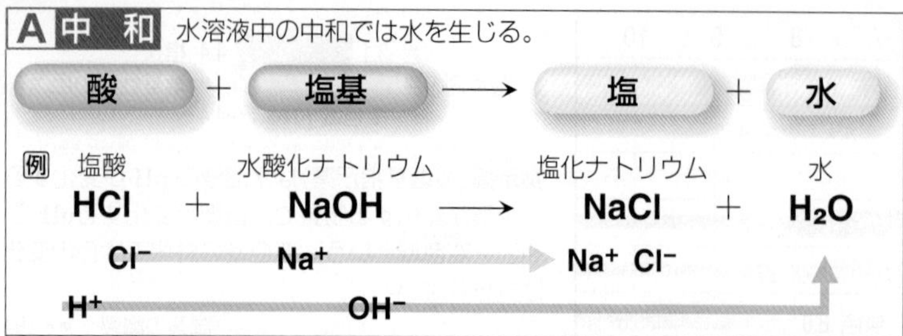

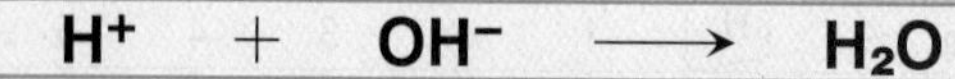

酸の水素イオンと塩基の水酸化物イオンから水が生成し，酸の陰イオンと塩基の陽イオンから化合物(塩)が生成する。
塩の水溶液は，中性を示すとは限らない。(塩の加水分解)

例 CH_3COOH ＋ NaOH ⟶ CH_3COONa ＋ H_2O
酢酸　水酸化ナトリウム　塩：酢酸ナトリウム
中和点での液性：塩基性

※各溶液には指示薬としてBTB溶液が加えてある。

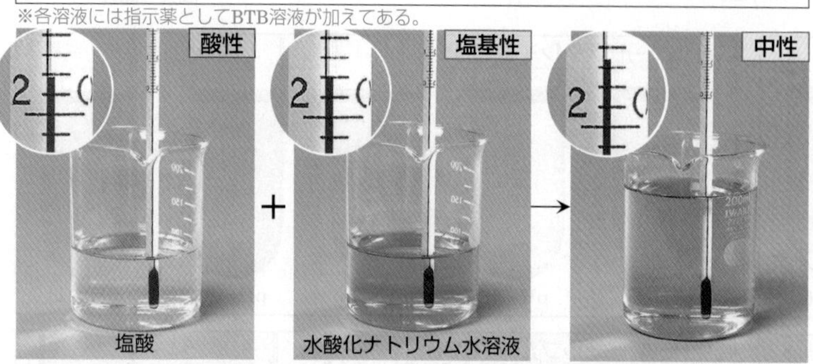

中和は発熱反応である(▶P.122)。$H^+aq + OH^-aq \longrightarrow H_2O$(液) $\Delta H = -56$ kJ

Column 胃薬と中和

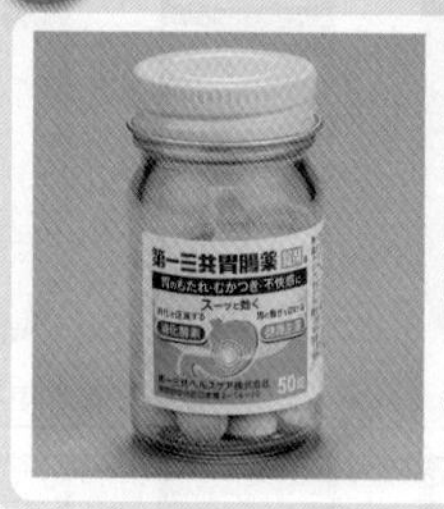

胃は胃酸(約pH2)を分泌して食物を消化している。通常，胃は粘膜によって守られているが，胃酸が出過ぎると粘膜が刺激され，胃痛の原因になる。制酸剤(▶P.228)には，水酸化マグネシウムや炭酸水素ナトリウムなどの塩基性化合物が含まれており，過剰な胃酸を中和して胃の粘膜を保護している。

B 水を生成しない中和

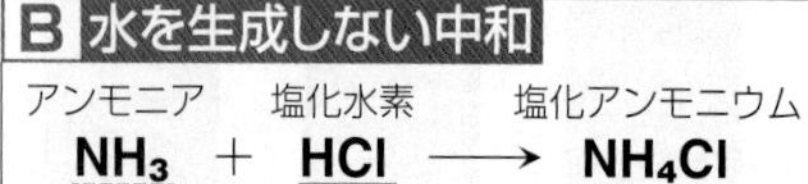

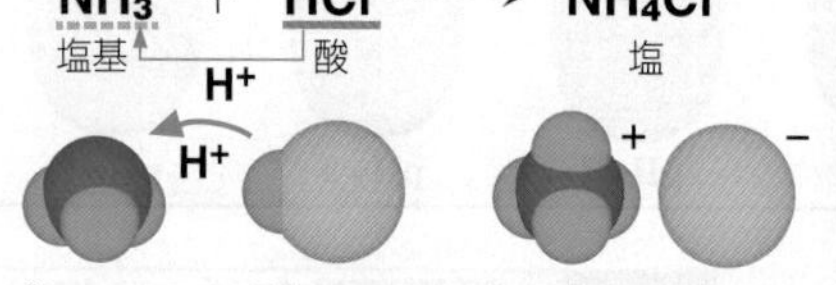

ブレンステッドとローリーは，水素イオンの授受で酸・塩基を定義した(▶P.70)。この定義では，水の生成がなくても，水素イオンの授受のある反応はすべて中和である。

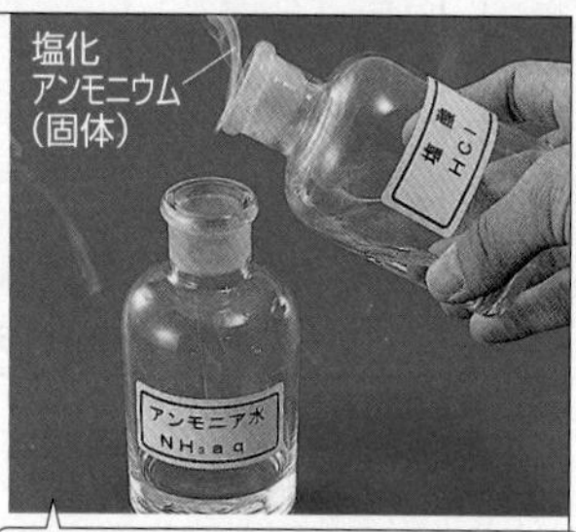

アンモニアの気体が塩酸から揮発した塩化水素の気体と中和反応して，塩化アンモニウム(固体)を生じる。

C 水溶液でない中和

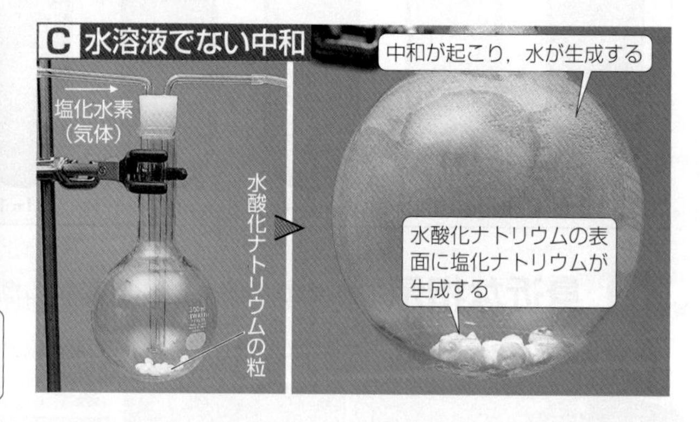

2 中和の量的関係　H⁺の物質量とOH⁻の物質量が等しいとき，酸と塩基は過不足なく中和する。

1価の酸と1価の塩基

※各溶液には指示薬としてBTB溶液が加えてある。

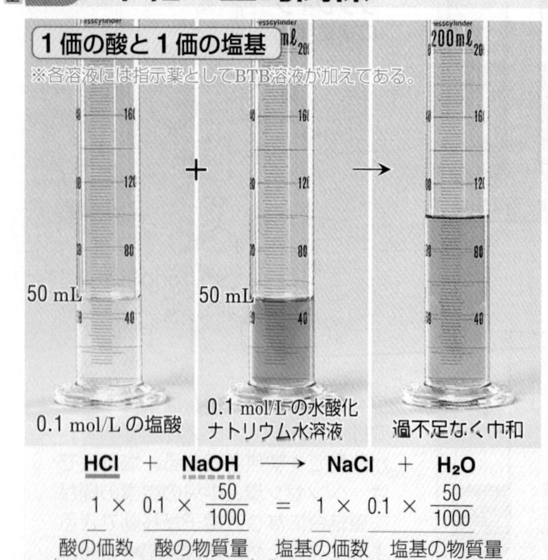

HCl ＋ NaOH ⟶ NaCl ＋ H_2O

$$1 \times 0.1 \times \frac{50}{1000} = 1 \times 0.1 \times \frac{50}{1000}$$

酸の価数　酸の物質量　塩基の価数　塩基の物質量
H⁺の物質量　OH⁻の物質量

2価の酸と1価の塩基

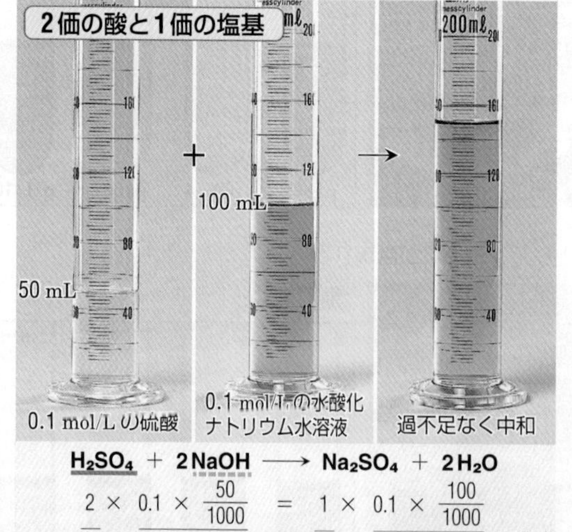

H_2SO_4 ＋ 2NaOH ⟶ Na_2SO_4 ＋ $2H_2O$

$$2 \times 0.1 \times \frac{50}{1000} = 1 \times 0.1 \times \frac{100}{1000}$$

酸の価数　酸の物質量　塩基の価数　塩基の物質量
H⁺の物質量　OH⁻の物質量

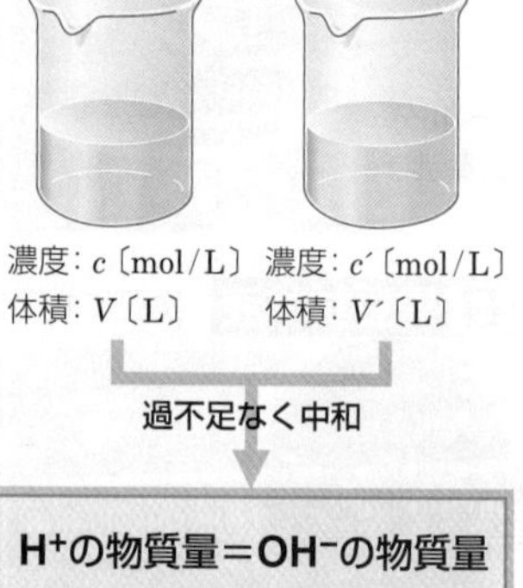

濃度：c〔mol/L〕　濃度：c'〔mol/L〕
体積：V〔L〕　体積：V'〔L〕

過不足なく中和

H⁺の物質量＝OH⁻の物質量

酸の価数×酸の物質量＝塩基の価数×塩基の物質量

$$a \times c \times V = b \times c' \times V'$$

$$acV = bc'V'$$

━：酸　╍：塩基

プチ雑学　缶詰のミカンには薄皮がついていない。薄皮は，製造工程において，うすい塩酸で溶かしている。その後，塩酸がミカンに残らないようにするために，水酸化ナトリウムで中和を行い，安全な状態で出荷される。

基 3 中和における電気伝導性の変化

中和点(酸と塩基が過不足なく中和する点)は電気伝導性の変化で知ることができる。

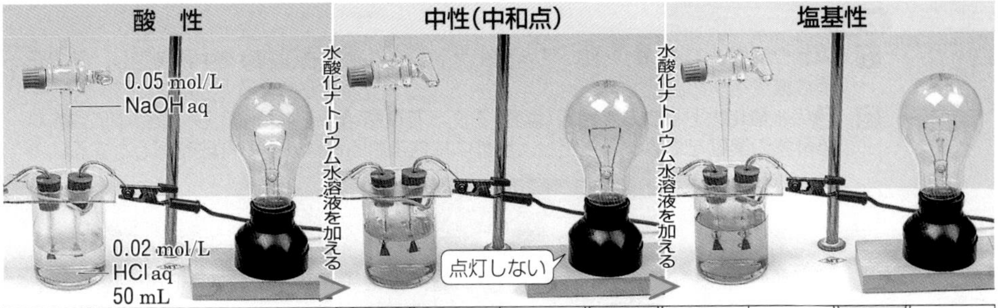

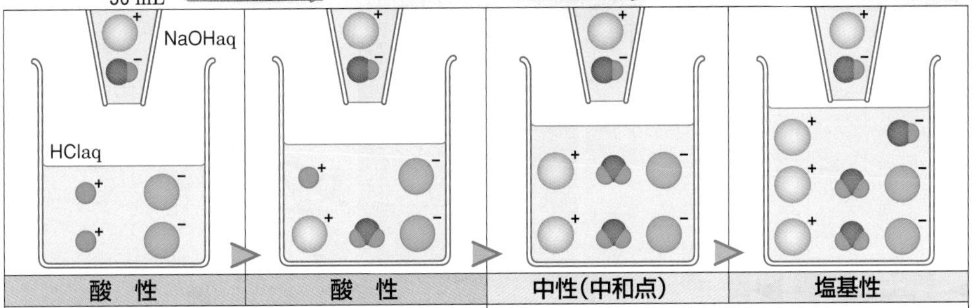

H^+ :OH^-と反応して水分子となるため，減少	H^+ :水溶液中にほとんど存在しない
Cl^- :変化なし	Cl^- :変化なし
Na^+ :加えた分だけ増加	Na^+ :加えた分だけ増加
OH^- :H^+と反応するため，ほとんど存在しない	OH^- :加えた分だけ増加

※各水溶液には指示薬としてBTB溶液が加えてある。

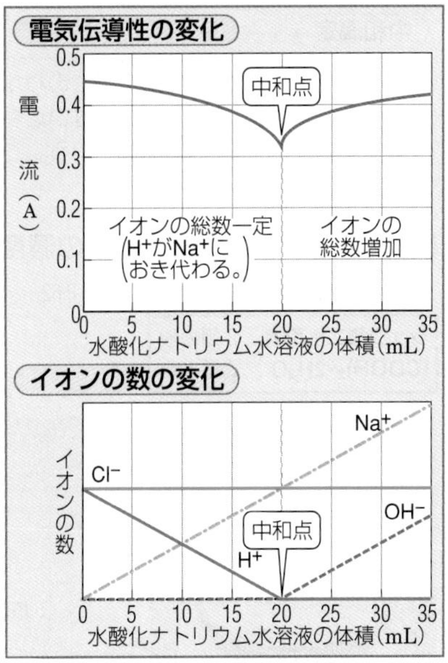

中和点まではイオンの総数は一定であるが，H^+よりNa^+の方が電気を伝えにくいため，電流値は低下する。中和点以降はイオンの数が増加するため，電流値が上昇する。

4 塩の加水分解

塩が水と反応して，その塩を構成する酸や塩基に分解することを塩の加水分解という。

A 酢酸ナトリウムの加水分解

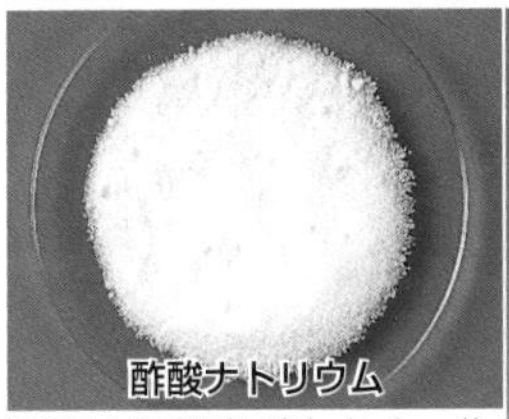

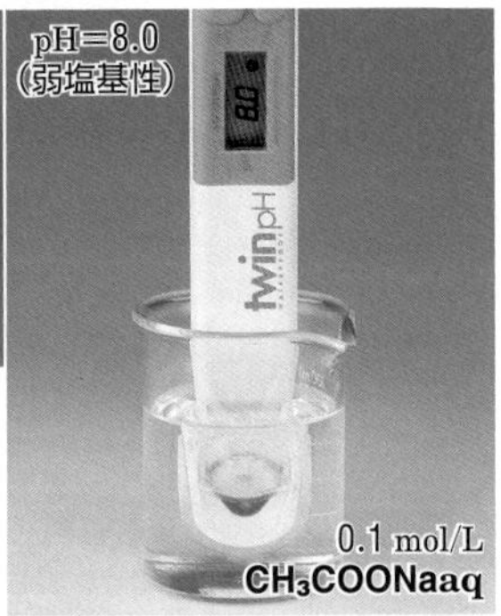

弱酸は電離度が小さく，分子の状態の方が安定。よって，酢酸イオンは水と反応して酢酸を生じる。水溶液は**塩基性**。

弱酸と強塩基の塩 $CH_3COONa \longrightarrow CH_3COO^- + Na^+$

$CH_3COO^- + H_2O \rightleftarrows CH_3COOH + \boxed{OH^-}$

弱酸の塩 ＋ 水 $\rightleftarrows$ 弱酸 ＋ OH^-

━:酸 ┅:塩基 (ブレンステッド・ローリーの定義)

B 塩化アンモニウムの加水分解

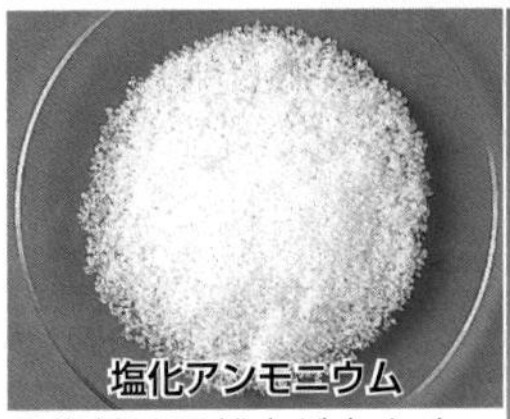

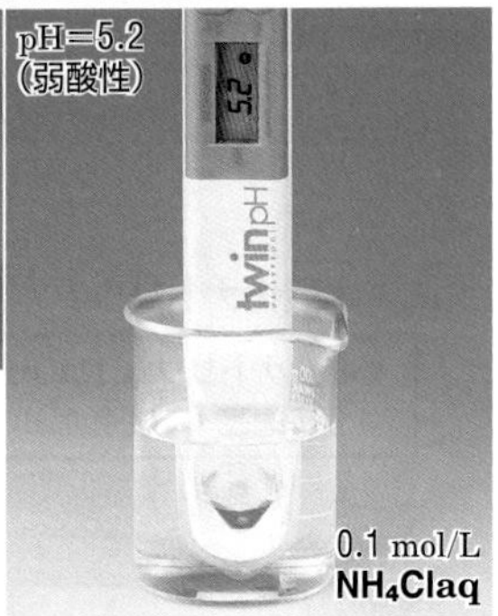

弱塩基は電離度が小さく，分子の状態の方が安定。よって，アンモニウムイオンは水と反応してアンモニアを生じる。水溶液は**酸性**。

弱塩基と強酸の塩 $NH_4Cl \longrightarrow NH_4^+ + Cl^-$

$NH_4^+ + H_2O \rightleftarrows NH_3 + \boxed{H_3O^+}$

弱塩基の塩 ＋ 水 $\rightleftarrows$ 弱塩基 ＋ H_3O^+

━:酸 ┅:塩基 (ブレンステッド・ローリーの定義)

C 酸性塩の水溶液

硫酸水素ナトリウムは水に溶けると電離して，水溶液は**酸性**を示す。

$NaHSO_4 \longrightarrow Na^+ + HSO_4^-$

$HSO_4^- \underset{}{\overset{電離}{\rightleftarrows}} \boxed{H^+} + SO_4^{2-}$
酸性

炭酸水素ナトリウムは水に溶けると，加水分解によって，水溶液は弱い**塩基性**を示す。

$NaHCO_3 \longrightarrow Na^+ + HCO_3^-$

$HCO_3^- + H_2O \overset{加水分解}{\rightleftarrows} H_2CO_3 + \boxed{OH^-}$
塩基性

基 5 塩の分類

塩はその組成によって，正塩，酸性塩，塩基性塩に分類される。

酸と塩基 \ 塩の種類	正 塩(酸のHも塩基のOHも残っていない塩)	酸性塩(酸のHが残っている塩)	塩基性塩(塩基のOHが残っている塩)
強酸＋強塩基	$NaCl$，Na_2SO_4，KNO_3，$CaCl_2$	$NaHSO_4$，$KHSO_4$	$CaCl(OH)$
強酸＋弱塩基	NH_4Cl，$MgCl_2$，$CuSO_4$，$FeCl_3$	――	$MgCl(OH)$
弱酸＋強塩基	Na_2CO_3，CH_3COONa，Na_2SO_3	$NaHCO_3$	――
弱酸＋弱塩基	$(NH_4)_2CO_3$，CH_3COONH_4	NH_4HCO_3	$CuCO_3 \cdot Cu(OH)_2$

弱酸と弱塩基の塩の液性は物質により異なる。
塩基性塩は水に溶けにくい。

水溶液 ▨:酸性，□:塩基性，□:中性

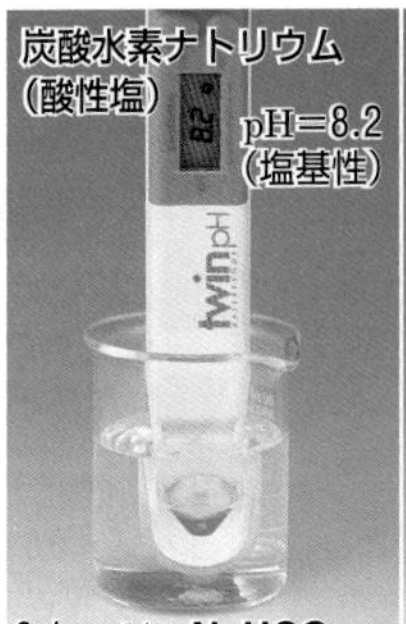

0.1 mol/L $NaHCO_3aq$

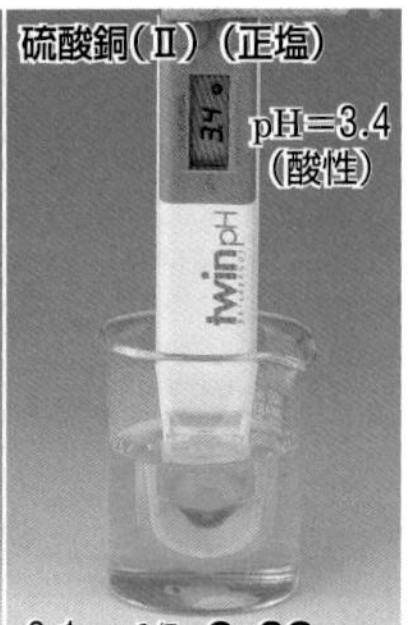

0.1 mol/L $CuSO_4aq$

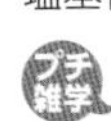

プチ雑学 食品の「うま味」は，pHが7に近い食品ほど強く感じられる。これは，中性において，「うま味」が最も強いグルタミン酸ナトリウムという塩ができるからである。

76　中和滴定（1）

実験　中和滴定　目的 食酢中の酢酸の濃度を求める。

中和滴定

中和の量的関係を利用して，濃度のわかっている酸（塩基）から，濃度のわからない塩基（酸）の濃度を求める操作を**中和滴定**という。

方針

1 シュウ酸標準溶液（酸）を使って水酸化ナトリウム水溶液（塩基）を中和滴定し，その正確な濃度を求める。

2 1の水酸化ナトリウム水溶液（塩基）を使って食酢（酸）を中和滴定し，食酢中に含まれる酢酸の濃度を求める。ただし，食酢中に含まれる酸はすべて酢酸であるとする。

1 水酸化ナトリウム水溶液の濃度を求める

①シュウ酸標準溶液の調製 ▶P.62

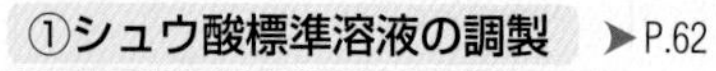

シュウ酸二水和物	2価の酸
$(COOH)_2\cdot 2H_2O$	式量 126

ホールピペットの使い方 ▶P.22
指示薬の選び方 ▶P.78

シュウ酸二水和物 $(COOH)_2\cdot 2H_2O$ を電子てんびんで 6.30 g 正確にはかりとる。

シュウ酸二水和物 6.30 g は，$\dfrac{6.30\ \mathrm{g}}{126\ \mathrm{g/mol}} = 0.0500\ \mathrm{mol}$

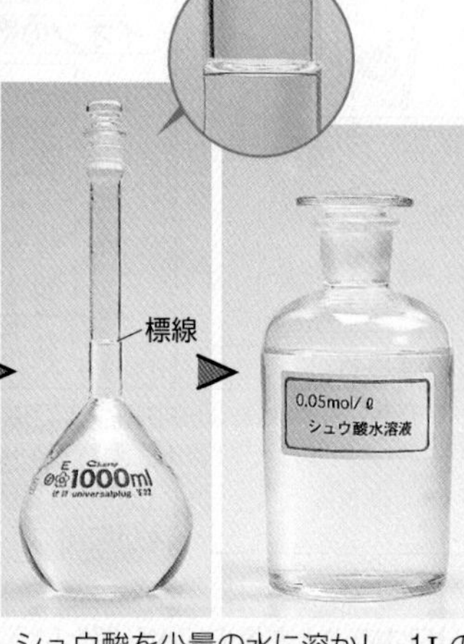

シュウ酸を少量の水に溶かし，1Lのメスフラスコに移して標線まで水を加え，0.0500 mol/Lの標準溶液とする。

シュウ酸二水和物 0.0500 mol には，シュウ酸 0.0500 mol，水 0.100 mol が含まれるが，水は溶媒の一部になる。

ホールピペットでシュウ酸標準溶液を10.0 mLはかりとり，コニカルビーカーに移す。

コニカルビーカー中のシュウ酸の物質量は，$0.0500\ \mathrm{mol/L} \times \dfrac{10.0}{1000}\ \mathrm{L} = 0.000500\ \mathrm{mol}$

最後の1滴まで流し出す。

指示薬としてフェノールフタレイン溶液を1，2滴加える。

Q なぜシュウ酸標準溶液を使うの？

A シュウ酸二水和物の結晶は純度の高いものが容易に得られ，安定であるため量をはかりやすい。一方，水酸化ナトリウムは空気中の水分を吸収する性質（**潮解性**▶P.164）が強く，また空気中の二酸化炭素を吸収するなど，正確な量をはかりにくい。そこで，シュウ酸標準溶液を使って水酸化ナトリウム水溶液を滴定し，その正確な濃度を求める。

潮解した水酸化ナトリウム

②水酸化ナトリウム水溶液の調製

水酸化ナトリウム NaOH	
1価の塩基	式量 40.0

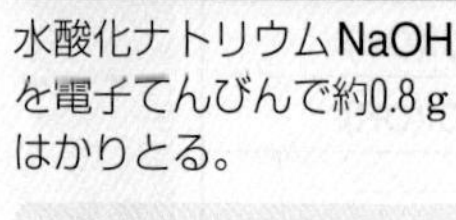

水酸化ナトリウムNaOHを電子てんびんで約0.8 gはかりとる。

水酸化ナトリウム 0.8 g は，$\dfrac{0.8\ \mathrm{g}}{40\ \mathrm{g/mol}} = 0.02\ \mathrm{mol}$

200 mLの水を加えて，約0.1 mol/L水酸化ナトリウム水溶液とする。

およそのモル濃度は，$0.02\ \mathrm{mol} \times \dfrac{1000}{200}\ \mathrm{L} = 0.1\ \mathrm{mol/L}$

ビュレットに調製した水酸化ナトリウム水溶液を入れる。

活栓を開いて1～2 mL溶液を流し，先端まで溶液を満たしておく。

気泡が入っていると，正確な滴下量がはかれない。

プチ雑学　強塩基である水酸化ナトリウムは，タンパク質を変性させる（▶P.256）。目や皮膚をはじめとしたヒトの体は，さまざまなタンパク質で構成されているため，水酸化ナトリウムがつくと，その部分のタンパク質が変性してしまい，大変危険である。

Keywords ●中和滴定 neutralization titration

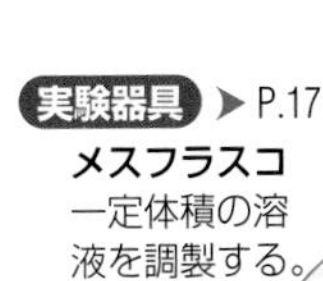

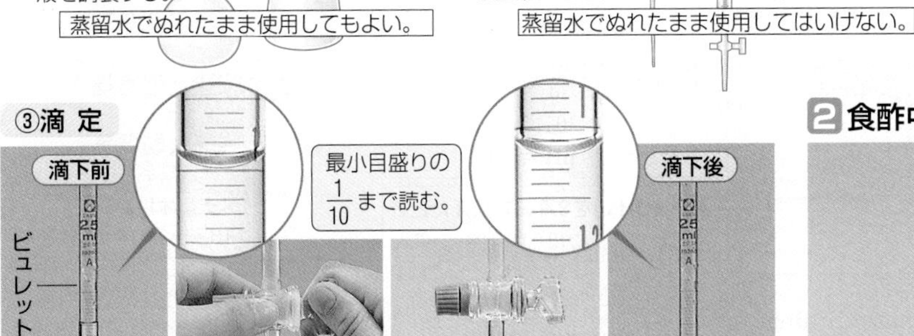

実験器具 ▶P.17

メスフラスコ 一定体積の溶液を調製する。

コニカルビーカー

蒸留水でぬれたまま使用してもよい。

ホールピペット 一定体積の液体を正確にとる。

ビュレット 滴下した液体の体積をはかる。

蒸留水でぬれたまま使用してはいけない。

⚠ 水酸化ナトリウム水溶液が目に入ったり，皮膚につ, いたりしないように注意する。保護眼鏡を着用する。

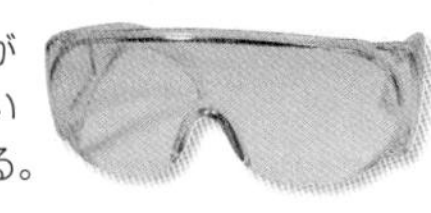

保護眼鏡

③滴 定

0.0500 mol/L のシュウ酸標準溶液に水酸化ナトリウム水溶液を滴下する。ビーカー内の溶液がうすい赤色になり，振り混ぜても色が消えなくなったところ(**中和点**)で，滴下をやめる。

滴下前と滴下後の目盛りの差から，滴下量を求める。滴定は数回くり返し，平均を求める。１回目の終わりの目盛りを２回目の始めの目盛りにしないほうがよい。

データ例

	1回	2回	3回
滴下前（mL）	1.00	11.67	4.43
滴下後（mL）	11.20	21.83	14.62
滴下量（mL）	10.20	10.16	10.19
平均滴下量（mL）	10.18		

$(COOH)_2 + 2NaOH \longrightarrow (COONa)_2 + 2H_2O$

━：酸　┅：塩基

考察 ◎**水酸化ナトリウム水溶液のモル濃度を求める。**

シュウ酸は２価の酸，水酸化ナトリウムは１価の塩基。水酸化ナトリウム水溶液の濃度を x〔mol/L〕とすると，

$$2 \times 0.0500\,\text{mol/L} \times \frac{10.0}{1000}\,\text{L} = 1 \times x \times \frac{10.18}{1000}\,\text{L}$$

$$x \fallingdotseq 0.0982\,\text{mol/L}$$

中和の量的関係 ▶P.74

***a*価の酸**
濃度：c〔mol/L〕
体積：V〔L〕

酸の H^+ の物質量と塩基の OH^- の物質量が等しいとき，過不足なく中和する。

***b*価の塩基**
濃度：c'〔mol/L〕
体積：V'〔L〕

H^+ の物質量 acV = OH^- の物質量 $bc'V'$

2 食酢中の酢酸の濃度を求める ▶P.212

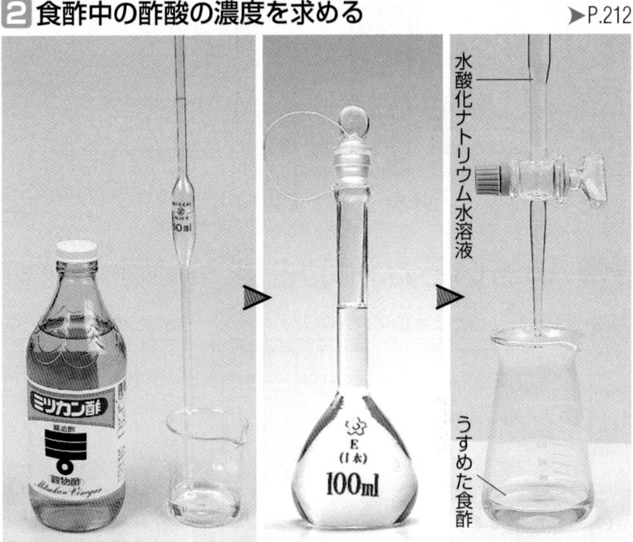

ホールピペットで食酢を10.0 mL はかりとる。

100 mL のメスフラスコに移し，標線まで水を加えて10倍に希釈する。

10.0 mL はかりとり，フェノールフタレイン溶液を加える。水酸化ナトリウム水溶液で滴定する。

酢酸 CH_3COOH
１価の酸　分子量 60.0

10倍に希釈することで，測定誤差が小さくなる。また，滴下量も少なくてすむ。

データ例

	1回	2回	3回
滴下前（mL）	5.63	15.17	4.56
滴下後（mL）	13.20	22.71	12.12
滴下量（mL）	7.57	7.54	7.56
平均滴下量（mL）	7.56		

◎**平均滴下量を求める。**

$$\frac{7.57 + 7.54 + 7.56}{3} = 7.556\cdots \fallingdotseq 7.56$$

$CH_3COOH + NaOH \longrightarrow CH_3COONa + H_2O$

━：酸　┅：塩基

考察 ◎**食酢中の酢酸のモル濃度を求める。**

酢酸は１価の酸，水酸化ナトリウムは１価の塩基。うすめた食酢の濃度を y〔mol/L〕とすると，

$$1 \times y \times \frac{10.0}{1000}\,\text{L} = 1 \times 0.0982\,\text{mol/L} \times \frac{7.56}{1000}\,\text{L}$$

$$y \fallingdotseq 0.0742\,\text{mol/L}$$

よって，うすめる前の食酢の濃度は 0.742 mol/L である。

質量パーセント濃度(%)

$$= \frac{\text{溶質の質量(g)}}{\text{溶液の質量(g)}} \times 100$$

▶P.63

◎**質量パーセント濃度に換算する。**

0.742 mol/L の酢酸の密度を 1.05 g/cm³ とすると，

$$\frac{60.0\,\text{g/mol} \times 0.742\,\text{mol}}{1.05\,\text{g/cm}^3 \times 1000\,\text{cm}^3} \times 100 = 4.24\,(\%)$$

名称	穀物酢
原材料名	小麦、酒かす、米、コーン、アルコール
酸度	4.2%
内容量	500ml

思考問題 ビュレットは水でぬれたまま使用してはいけない。水でぬれたままのビュレットで滴定を行った場合，実験から求められた酢酸の濃度は実際の値と比べてどうなるか。理由とともに説明せよ。

中和滴定（2）

基 1 中和滴定曲線

中和滴定において，加えた溶液の量と混合溶液の示すpHとの関係を表した曲線を中和滴定曲線という。

A 滴定曲線の求め方

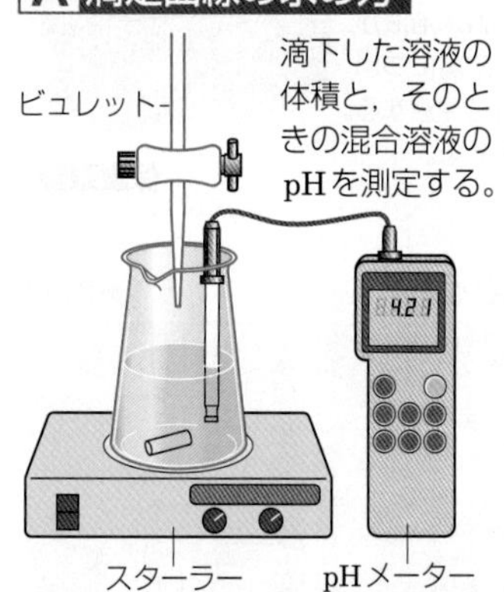

B 中和点付近のpH変化

pHは中和点の付近で急激に変化する。

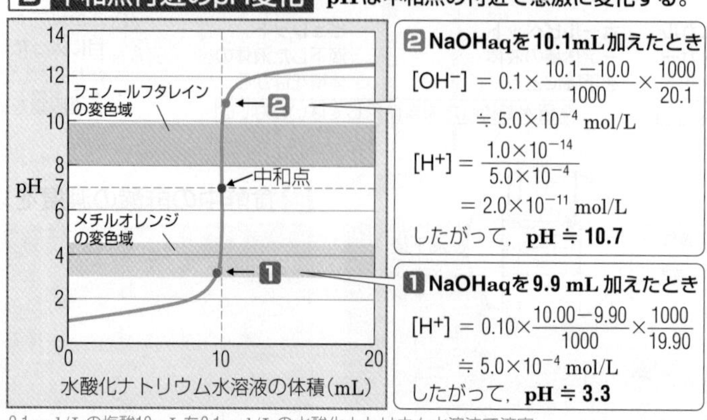

❷NaOHaqを10.1mL加えたとき

$[OH^-] = 0.1 \times \dfrac{10.1-10.0}{1000} \times \dfrac{1000}{20.1}$

$\fallingdotseq 5.0 \times 10^{-4}$ mol/L

$[H^+] = \dfrac{1.0 \times 10^{-14}}{5.0 \times 10^{-4}}$

$= 2.0 \times 10^{-11}$ mol/L

したがって，**pH ≒ 10.7**

❶NaOHaqを9.9 mL 加えたとき

$[H^+] = 0.10 \times \dfrac{10.00-9.90}{1000} \times \dfrac{1000}{19.90}$

$\fallingdotseq 5.0 \times 10^{-4}$ mol/L

したがって，**pH ≒ 3.3**

0.1 mol/Lの塩酸10 mLを0.1 mol/Lの水酸化ナトリウム水溶液で滴定

C 指示薬の選択

▶P.73

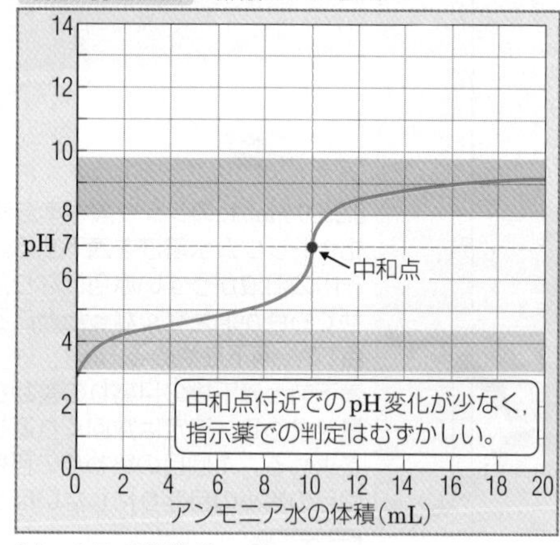

中和点付近に変色域をもつ指示薬を用いる。強酸と強塩基の中和では，フェノールフタレイン，メチルオレンジのどちらを用いてもよい。

基 2 いろいろな滴定曲線

中和点付近でのpH変化の範囲や，始点や終点のpHの値などに特徴が見られる。

強酸・強塩基型　塩酸と水酸化ナトリウム

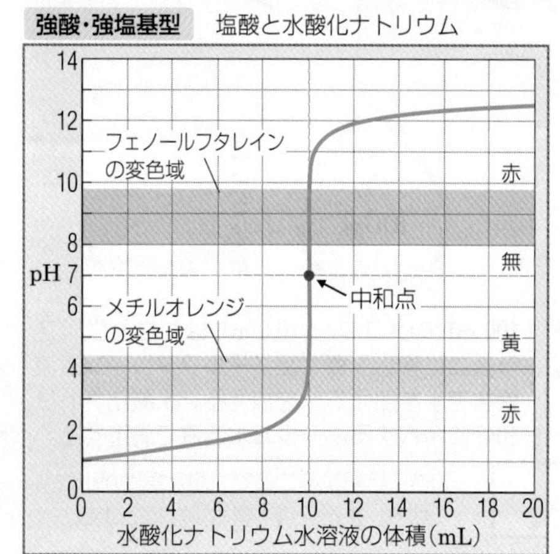

0.1 mol/L の塩酸 10 mL を
0.1 mol/L の水酸化ナトリウム水溶液で滴定

$HCl + NaOH \longrightarrow NaCl + H_2O$

弱酸・強塩基型　酢酸と水酸化ナトリウム

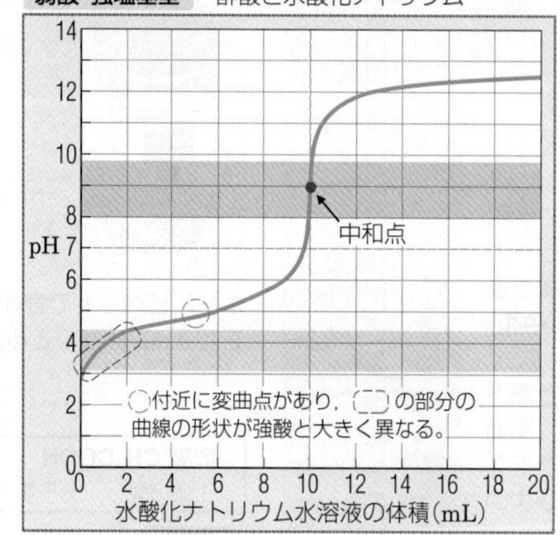

0.1 mol/L の酢酸 10 mL を
0.1 mol/L の水酸化ナトリウム水溶液で滴定

$CH_3COOH + NaOH \longrightarrow CH_3COONa + H_2O$

弱酸・弱塩基型　酢酸とアンモニア

中和点付近でのpH変化が少なく，指示薬での判定はむずかしい。

0.1 mol/L の酢酸 10 mL を
0.1 mol/L のアンモニア水で滴定

$CH_3COOH + NH_3 \longrightarrow CH_3COONH_4$

強塩基・強酸型　水酸化ナトリウムと塩酸

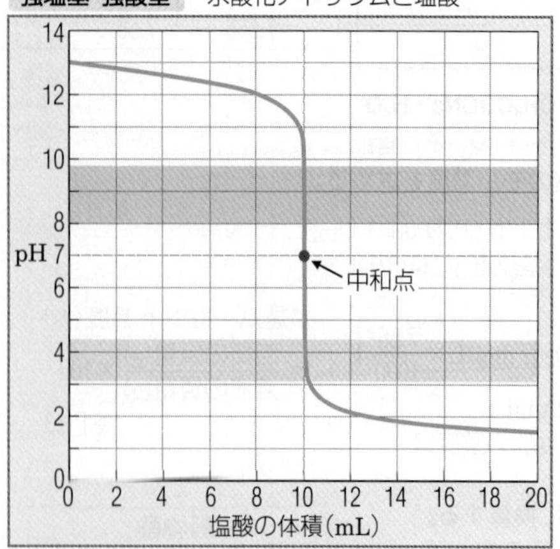

0.1 mol/L の水酸化ナトリウム水溶液 10 mL を
0.1 mol/L の塩酸で滴定

$NaOH + HCl \longrightarrow NaCl + H_2O$

弱塩基・強酸型　アンモニアと塩酸

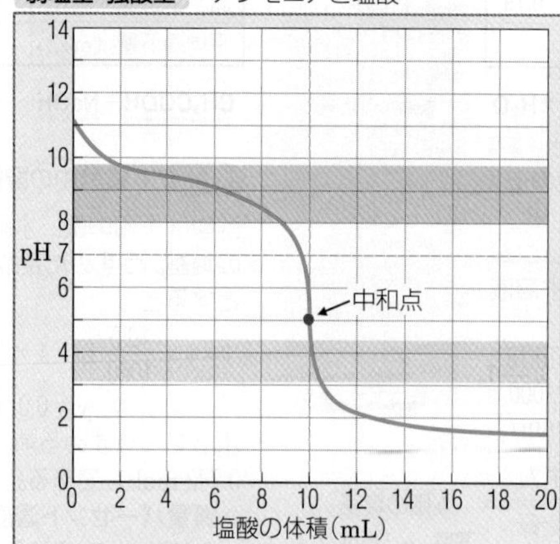

0.1 mol/L のアンモニア水 10 mL を
0.1 mol/L の塩酸で滴定

$NH_3 + HCl \longrightarrow NH_4Cl$

━：酸　┅：塩基

滴定曲線を見るときのポイント

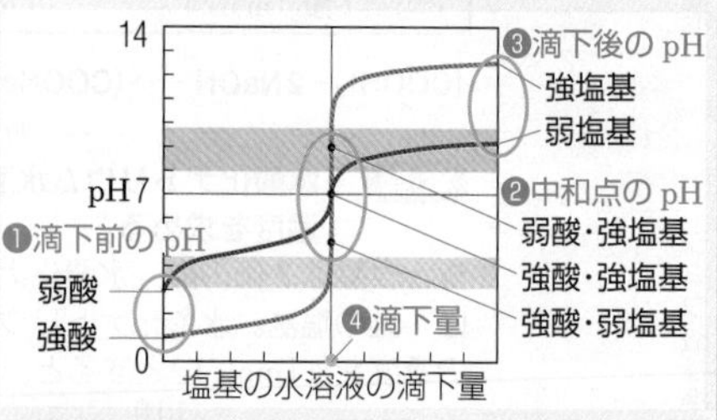

❶滴定される溶液の液性や強さが推定できる。
❷**弱酸と強塩基の中和**…生じた塩の加水分解によって，中和点は塩基性側。指示薬は**フェノールフタレインを用いる。**
強酸と弱塩基の中和…生じた塩の加水分解によって，中和点は酸性側。指示薬は**メチルオレンジを用いる。**
❸滴定する溶液の液性や強さが推定できる。
❹中和の量的関係から，濃度が推定できる。

変曲点とは，グラフの傾きの増減が変わる点のことである。たとえば，上の❷酢酸と水酸化ナトリウムの反応の場合，変曲点の左側は徐々にグラフの傾きが小さくなっているのに対し，右側は徐々に傾きが大きくなっている。

基 3 逆滴定 気体など直接中和滴定することが難しい物質は，逆滴定によって間接的にその量を求めることができる。

A アンモニアの定量

逆滴定

❶塩基(または酸)の気体を過剰の酸(または塩基)の標準溶液と反応させる。
❷未反応の標準溶液の物質量を中和滴定によって求める。
❸はじめの標準溶液と未反応の標準溶液の物質量の差から，調べたい気体の物質量が求められる。

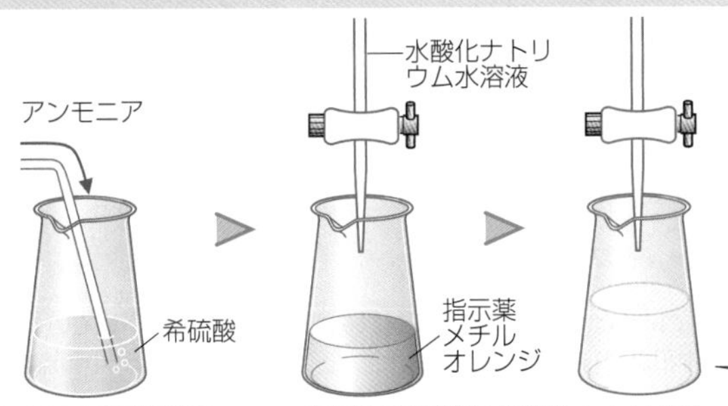

アンモニアを過剰の希硫酸に吸収させる。
$H_2SO_4 + 2NH_3 \longrightarrow (NH_4)_2SO_4$ …①

未反応の硫酸を水酸化ナトリウム水溶液で滴定する。
$H_2SO_4 + 2NaOH \longrightarrow Na_2SO_4 + 2H_2O$ …②

計算例

ある量の気体のアンモニアを 0.20 mol/L の希硫酸 50 mL にすべて吸収させたあと，この希硫酸を 0.40 mol/L の水酸化ナトリウム水溶液で中和滴定したところ，中和点に達するまでに 25 mL を要した。

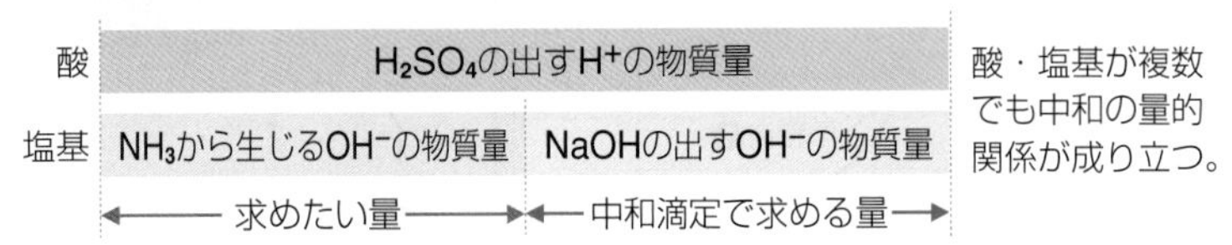

酸	H_2SO_4の出すH^+の物質量	
塩基	NH_3から生じるOH^-の物質量	NaOHの出すOH^-の物質量
	← 求めたい量 →	← 中和滴定で求める量 →

酸・塩基が複数でも中和の量的関係が成り立つ。

もとのアンモニアの物質量を x〔mol〕とすると，

$$2 \times 0.20\ \text{mol/L} \times \frac{50}{1000}\ \text{L} = 1 \times x\text{〔mol〕} + 1 \times 0.40\ \text{mol/L} \times \frac{25}{1000}\ \text{L}$$

価数 酸のモル濃度 体積 ／ 価数 塩基の物質量 ／ 価数 塩基のモル濃度 体積
希硫酸H_2SO_4の出すH^+ ／ NH_3から生じるOH^- ／ NaOHの出すOH^-

$x = 1.0 \times 10^{-2}$ mol

メチルオレンジを使用する理由

②の反応後，溶液には$(NH_4)_2SO_4$とNa_2SO_4の塩が含まれる。Na_2SO_4は中性であるが，$(NH_4)_2SO_4$は加水分解して弱酸性を示すため，指示薬には酸性側に変色域をもつメチルオレンジを使用する。指示薬にフェノールフタレインを用いると，変色が起こるまでに次の③の反応が起こり，正しい滴定ができなくなる。

$(NH_4)_2SO_4 + 2NaOH \longrightarrow Na_2SO_4 + 2H_2O + 2NH_3$ …③

B 利用

ケルダール法

食品中のタンパク質の量は，タンパク質中の窒素から生じるアンモニアの量から求められる。この方法をケルダール法という。
タンパク質中の窒素含量は，タンパク質の種類によらず約 16 % である。したがって，アンモニアの量からタンパク質の量を換算できる。

空気中の二酸化炭素の測定

空気を過剰な量の水酸化バリウム水溶液に通して二酸化炭素を吸収させ(①)，残った水酸化バリウムの量を中和滴定で特定し(②)，計算によって間接的に二酸化炭素の量を求める。

$Ba(OH)_2 + CO_2 \longrightarrow BaCO_3\downarrow + H_2O$ …①
$Ba(OH)_2 + 2HCl \longrightarrow BaCl_2 + 2H_2O$ …②

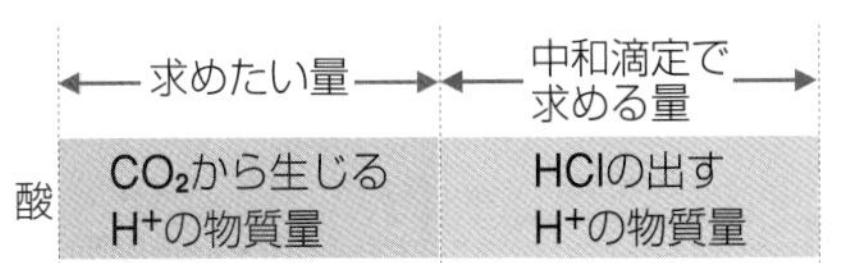

	← 求めたい量 →	← 中和滴定で求める量 →
酸	CO_2から生じるH^+の物質量	HClの出すH^+の物質量
塩基	$Ba(OH)_2$の出すOH^-の物質量	

参考 多価の酸の滴定曲線

それぞれ0.1 mol/L，10 mLの水溶液を0.1 mol/L の水酸化ナトリウム水溶液で滴定

硫酸 H_2SO_4 2 価の強酸

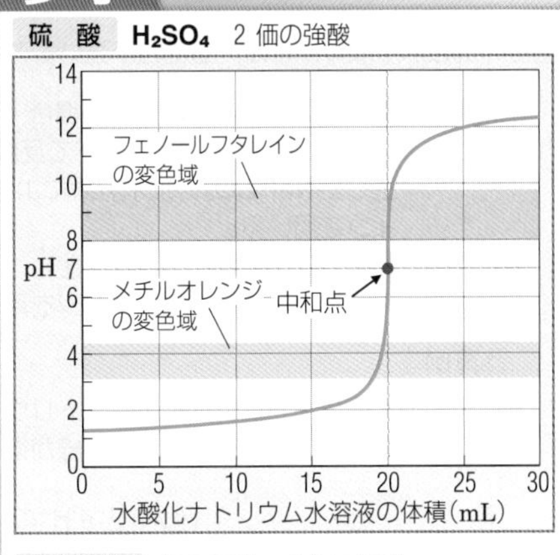

亜硫酸 H_2SO_3 2 価の弱酸

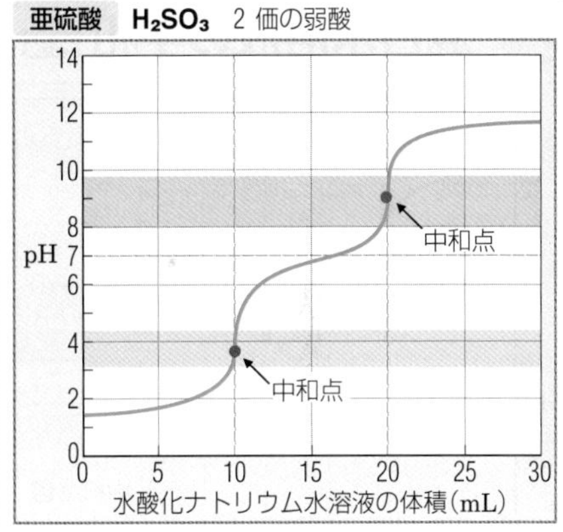

シュウ酸 $(COOH)_2$ 2 価の弱酸

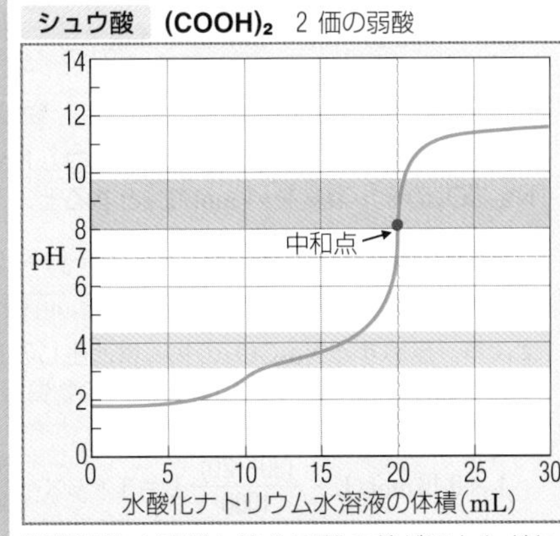

リン酸 H_3PO_4 3 価の弱酸

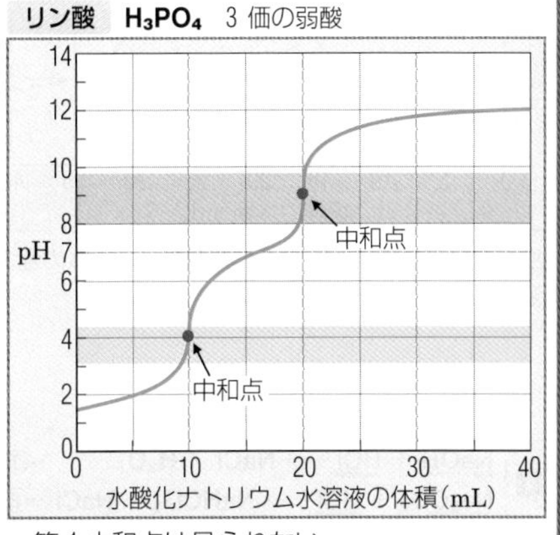

硫酸は第 1 電離と第 2 電離の差がほとんどなく，第 1 中和点は見られない。
シュウ酸は第 1 電離と第 2 電離の差が大きくなく，第 1 中和点は不明瞭である。
また，リン酸の第 3 中和点が見られないのは，Na_3PO_4aqの強い塩基性のためである。

思考問題 ❸Aアンモニアの定量で，指示薬にフェノールフタレインを用いると，正しい測定ができない。この場合，実験から求められるアンモニアの量は，実際の値と比べてどうなるか。理由とともに説明せよ。

中和滴定（3）

1　2段階の中和

炭酸ナトリウムの中和は2段階に進行する。

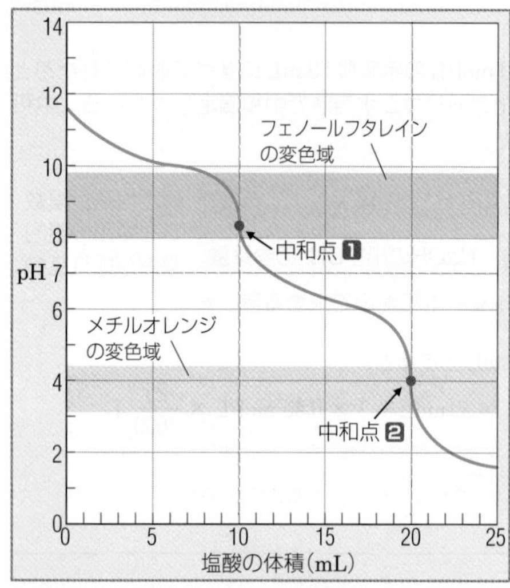

0.1 mol/L の炭酸ナトリウム水溶液10 mL を0.1 mol/L の塩酸で滴定

第1段階 $Na_2CO_3 + HCl \longrightarrow NaHCO_3 + NaCl$

第2段階 $NaHCO_3 + HCl \longrightarrow NaCl + H_2O + CO_2$

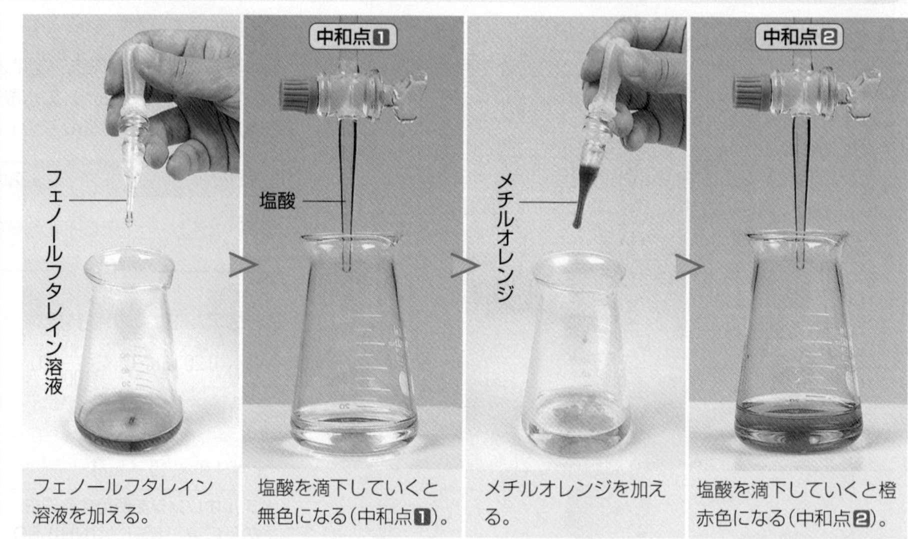

フェノールフタレイン溶液を加える。　塩酸を滴下していくと無色になる（中和点1）。　メチルオレンジを加える。　塩酸を滴下していくと橙赤色になる（中和点2）。

炭酸ナトリウムと塩酸の中和反応は2段階に進行する。炭酸ナトリウムの方が炭酸水素ナトリウムより塩基性が強く，第2段階の反応は，第1段階の反応が完了してから起こるため，中和点は2回現れる。

中和点1　生じた$NaHCO_3$の加水分解により，弱塩基性を示す(▶P.75)ので，指示薬はフェノールフタレインを用いる。

中和点2　CO_2が水に溶けて炭酸を生じ，弱酸性を示すので，指示薬はメチルオレンジを用いる。

2　混合水溶液の中和　発展

塩基の混合水溶液の中和は，塩基性が強いものから順に反応する。

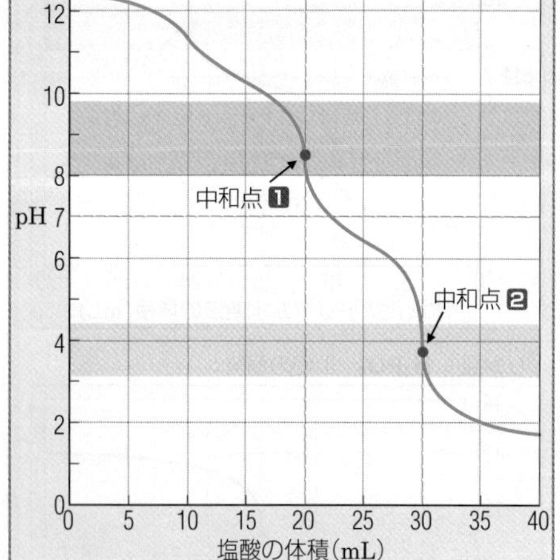

濃度未知の水酸化ナトリウムと炭酸ナトリウムの混合水溶液20 mLを0.10 mol/Lの塩酸で滴定

2つの中和点がある。

1
$NaOH + HCl \longrightarrow NaCl + H_2O$　…①
$Na_2CO_3 + HCl \longrightarrow NaHCO_3 + NaCl$…②

2
$NaHCO_3 + HCl \longrightarrow NaCl + H_2O + CO_2$…③

中和点1　混合水溶液を中和していく場合，塩基性が強いものから順に反応する。この場合まず$NaOH$がすべて反応し(①)，続いてNa_2CO_3が反応する(②)。生じた$NaHCO_3$の加水分解により，弱塩基性を示すので，指示薬はフェノールフタレインを用いる。

中和点2　$NaHCO_3$がHClと反応し(③)，生じたCO_2が水に溶けて炭酸を生じ，弱酸性を示すので，指示薬はメチルオレンジを用いる。

計算例

濃度未知の水酸化ナトリウムと炭酸ナトリウムの混合水溶液20 mLに，0.10 mol/Lの塩酸を滴下したところ，左の図のような中和滴定曲線が得られた。

酸	HClの出すH^+の物質量		
塩基	NaOHの出すOH^-の物質量	Na_2CO_3から生じるOH^-の物質量	$NaHCO_3$から生じるOH^-の物質量

物質量が等しい。　中和点1　中和点2

滴定前の混合水溶液中の水酸化ナトリウム$NaOH$のモル濃度をx〔mol/L〕，炭酸ナトリウムNa_2CO_3のモル濃度をy〔mol/L〕とすると，①，②より，

$$\underbrace{1 \times 0.10\,\mathrm{mol/L} \times \frac{20}{1000}\,\mathrm{L}}_{\text{酸の出す}H^+} = \underbrace{1 \times (x+y) \times \frac{20}{1000}\,\mathrm{L}}_{\text{塩基の出す}OH^-}$$

②より，反応するNa_2CO_3の物質量と生じる$NaHCO_3$の物質量は等しい。したがって，中和点1以降の水溶液中の$NaHCO_3$の物質量は，y〔mol/L〕を使って表せる。
よって，③より，

$$\underbrace{1 \times 0.10\,\mathrm{mol/L} \times \frac{(30-20)}{1000}\,\mathrm{L}}_{\text{酸の出す}H^+} = \underbrace{1 \times y \times \frac{20}{1000}\,\mathrm{L}}_{\text{塩基の出す}OH^-}$$

$y = 5.0 \times 10^{-2}\,\mathrm{mol/L}$，$x = 5.0 \times 10^{-2}\,\mathrm{mol/L}$

プチ雑学　刺身などの魚料理にスダチやレモンが添えられることがある。これらの酸性の汁が，魚の生臭いにおいのもとになるトリメチルアミンなどの塩基性の物質を中和するため，においが抑えられる。

基 1 塩の生成　塩は酸と塩基の中和以外でも生成する。

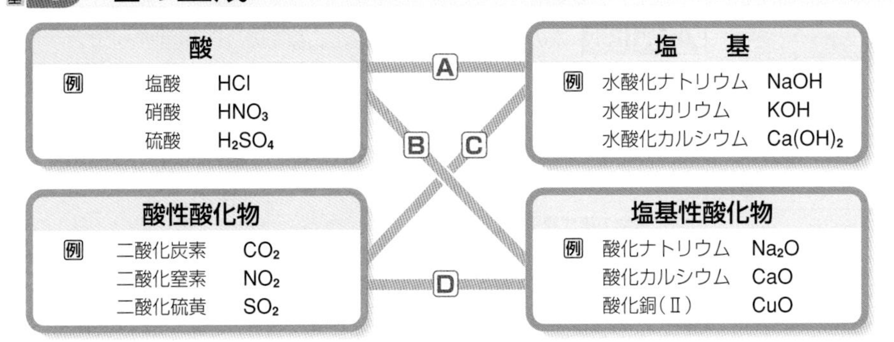

- 酸の働きをする酸化物を**酸性酸化物**という。
- 非金属元素の酸化物には酸性酸化物が多い。
- 塩基の働きをする酸化物を**塩基性酸化物**という。
- 金属元素の酸化物には塩基性酸化物が多い。

A 酸＋塩基

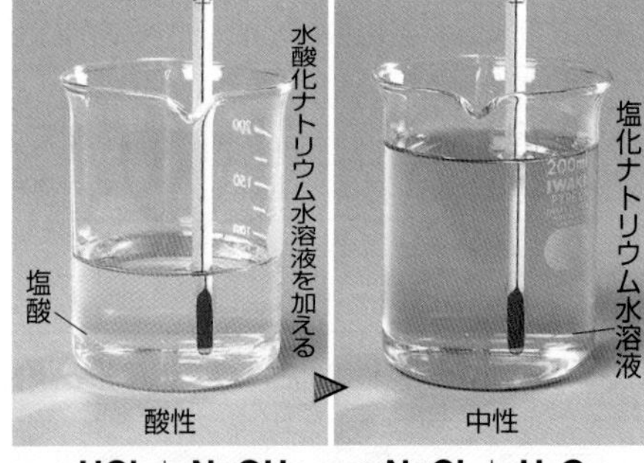

$HCl + NaOH \longrightarrow NaCl + H_2O$

※各水溶液には指示薬としてBTB溶液が加えてある。

B 酸＋塩基性酸化物

酸化銅(Ⅱ)　硫酸　硫酸銅(Ⅱ)水溶液

$H_2SO_4 + CuO \longrightarrow CuSO_4 + H_2O$

C 酸性酸化物＋塩基

$CO_2 + Ca(OH)_2 \longrightarrow CaCO_3 + H_2O$

D 酸性酸化物＋塩基性酸化物

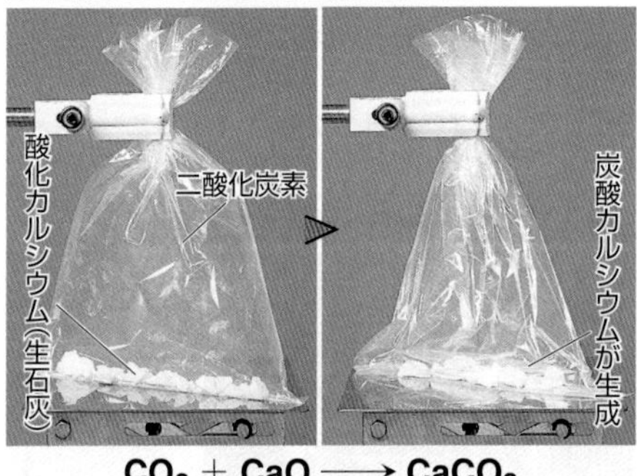

$CO_2 + CaO \longrightarrow CaCO_3$

基 2 塩と酸・塩基との反応　弱酸や弱塩基の塩は，強酸や強塩基と反応して弱酸や弱塩基を生じる。

A 弱酸の遊離

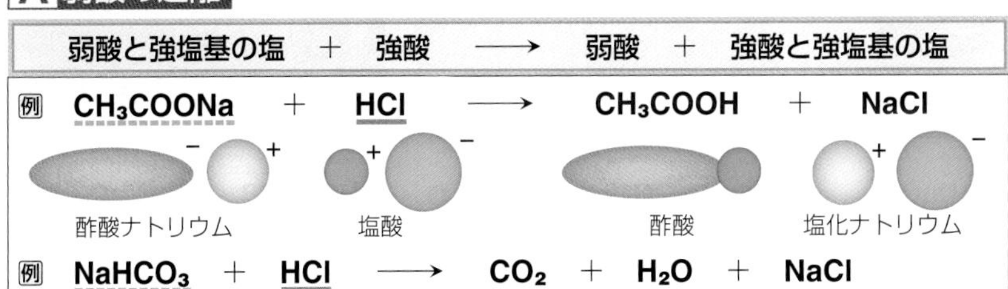

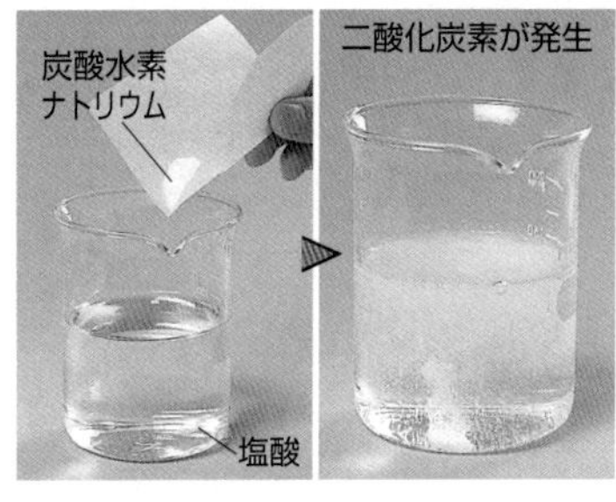

炭酸水素ナトリウム$NaHCO_3$を希塩酸HClに入れると，激しく反応して二酸化炭素CO_2が発生する。

B 弱塩基の遊離

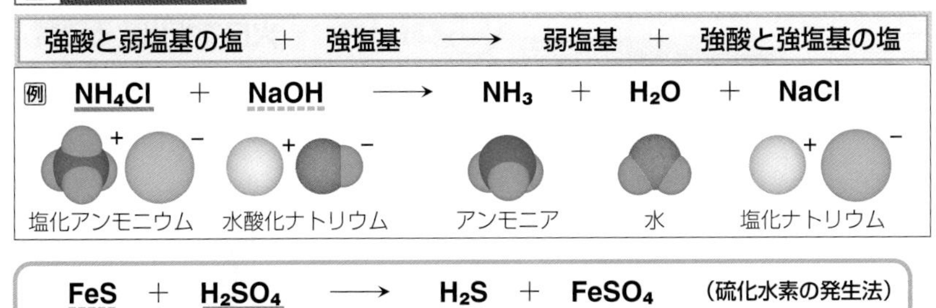

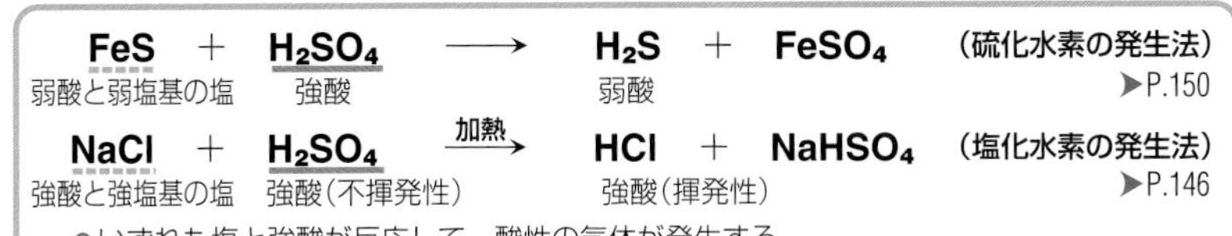

―：酸　---：塩基

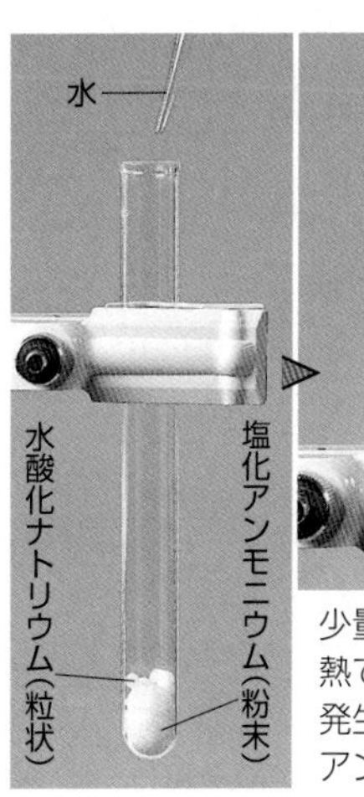

少量の水を加えると，NaOHの溶解熱で加熱されて，アンモニアNH_3が発生する。大形の試験管をかぶせて，アンモニアを捕集することもできる。

プチ雑学　酸性酸化物が雨水に溶けると硫酸や硝酸が生成され，酸性雨(➤P.262)となる。大理石などの石材やコンクリートは炭酸カルシウム(弱酸と強塩基の塩)を含むため，酸性雨と反応して劣化してしまう。

基 1 酸化と還元 電子の授受で酸化・還元を統一的に説明できる。

酸化		還元
電子を失う＝酸化数が増加 (原子は酸化された)		**電子を得る＝酸化数が減少** (原子は還元された)
酸素を得る変化 →2A	例	**酸素を失う**変化 →2A
水素を失う変化 →B		**水素を得る**変化 →B
金属の単体が陽イオンになる変化→C		陽イオンが単体になる変化 →C
陰イオンが単体になる変化 →D		非金属の単体が陰イオンになる変化→D

酸化と還元は常に同時に起こる(酸化還元反応)。

原子 —失う→ e^- 電子 —得る→ 原子

(酸化された) 酸化数が増加 ／ (還元された) 酸化数が減少

電子は負の電荷をもつので，**原子が電子を失うほど酸化数は増加**する。

A 酸化数 次のように酸化数を決めて，原子の酸化の程度を表す。

①	**単体中の原子**の酸化数は **0** とする。	H_2 O_2 Cu 0 0 0
②	**単原子イオン**の酸化数は**イオンの電荷に等しい。**	NaCl (Na^+とCl^-) +1 −1 +1 −1
③	**化合物の構成原子**の酸化数の**総和は 0** とする。	HNO_3 +1 +5 −2 (+1)+(+5)+(−2)×3＝0
④	**化合物中の水素原子**の酸化数は**＋1** とする。 ただし，金属の水素化物では H は－1とする。	H_2O NH_3 LiH CaH_2 +1 +1 −1 −1
⑤	**化合物中の酸素原子**の酸化数は**－2** とする。 ただし，過酸化物では O は－1とする。	H_2O CO_2 H_2O_2 Na_2O_2 −2 −2 −1 −1
⑥	**多原子イオンの構成原子**の酸化数の**総和**は，その**イオンの電荷に等しい。**	SO_4^{2-} (+6)+(−2)×4 +6 −2 ＝−2

※いろいろな酸化数をもつ元素の場合，イオンの名称や物質名に酸化数をローマ数字で書き添える。 例 鉄(Ⅱ)イオン，鉄(Ⅲ)イオン，酸化銅(Ⅰ)，酸化銅(Ⅱ)

基 2 酸化還元反応 酸化還元反応は，すべて電子の授受(酸化数の変化)で説明できる。

A 酸素原子の授受による変化 酸素原子の授受による変化も，電子の授受(酸化数の変化)で説明できる。

酸素中の硫黄の燃焼

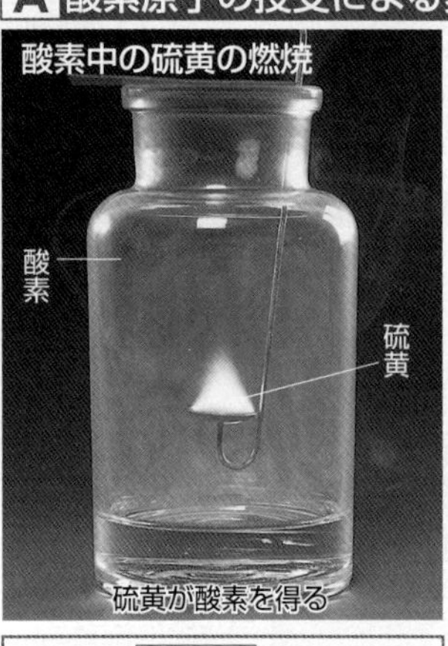

硫黄が酸素を得る

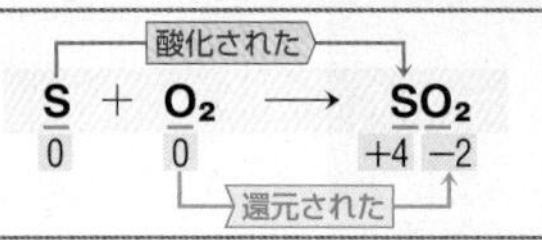

銅と酸素の反応

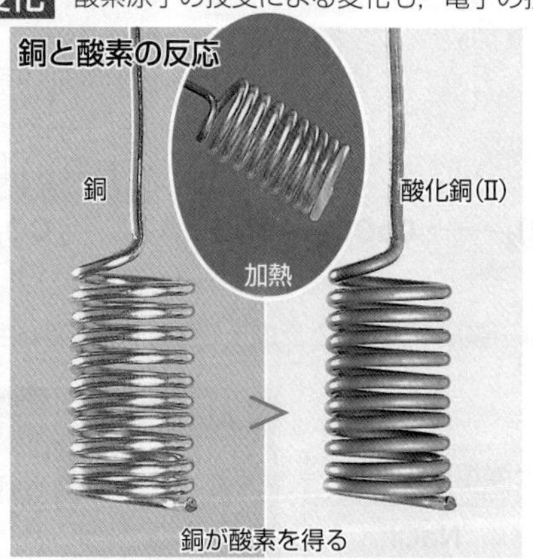

銅が酸素を得る

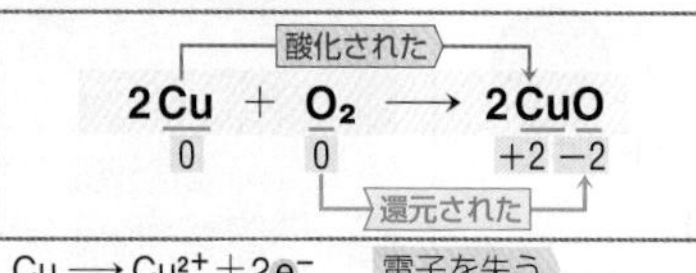

$Cu \longrightarrow Cu^{2+} + 2e^-$ 電子を失う

$O_2 + 4e^- \longrightarrow 2O^{2-}$ 電子を得る

酸化銅(Ⅱ)と水素の反応

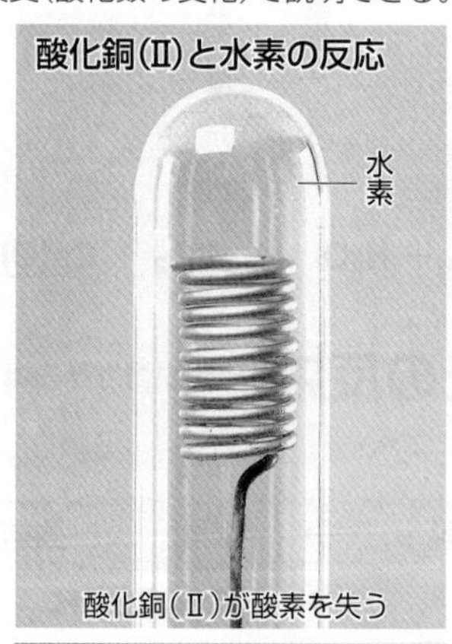

酸化銅(Ⅱ)が酸素を失う

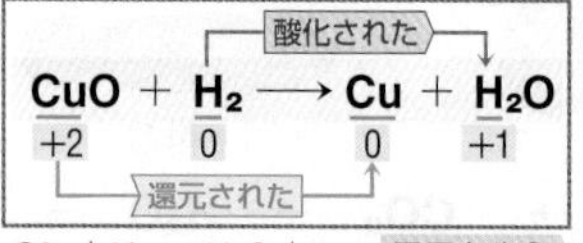

$O^{2-} + H_2 \rightarrow H_2O + 2e^-$ 電子を失う

$Cu^{2+} + 2e^- \longrightarrow Cu$ 電子を得る

マグネシウムと二酸化炭素の反応

マグネシウムが二酸化炭素の酸素を奪う

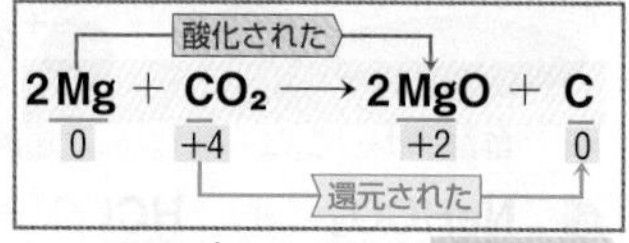

$Mg \longrightarrow Mg^{2+} + 2e^-$ 電子を失う

$CO_2 + 4e^- \longrightarrow 2O^{2-} + C$ 電子を得る

B 水素原子の授受による変化 水素原子の授受による変化も，電子の授受(酸化数の変化)で説明できる。

硫化水素と塩素の反応

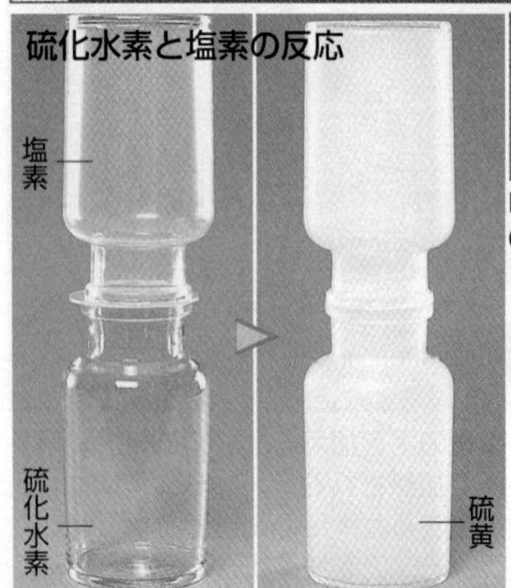

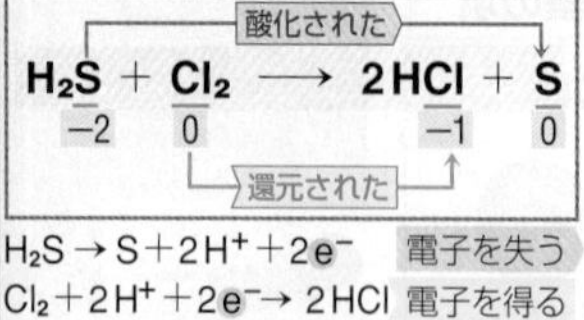

$H_2S \rightarrow S + 2H^+ + 2e^-$ 電子を失う

$Cl_2 + 2H^+ + 2e^- \rightarrow 2HCl$ 電子を得る

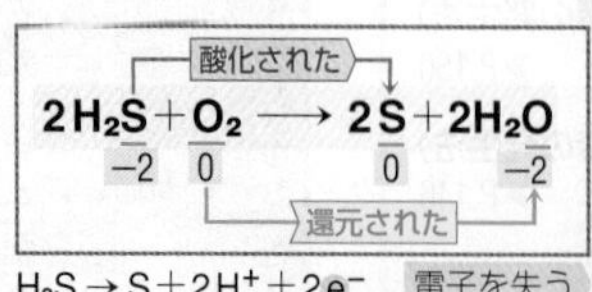

$H_2S \rightarrow S + 2H^+ + 2e^-$ 電子を失う

$O_2 + 4H^+ + 4e^- \rightarrow 2H_2O$ 電子を得る

硫化水素と酸素の反応

硫黄が生成

Column 火口で析出する硫黄

温泉地や火山の火口付近には，吹き出した硫化水素が空気中の酸素と反応して硫黄の単体ができている。温泉ではこれを湯の花という。

プチ雑学 二酸化炭素の中に火のついたろうそくを入れると火は消えるが，2Aの写真のように，マグネシウムは二酸化炭素中でも燃焼する。マグネシウムは酸素と結びつく力が強いため，二酸化炭素を還元して酸化マグネシウムになる。

C 金属の単体が陽イオンになる変化 金属の単体が電子を失う反応(**酸化**)。

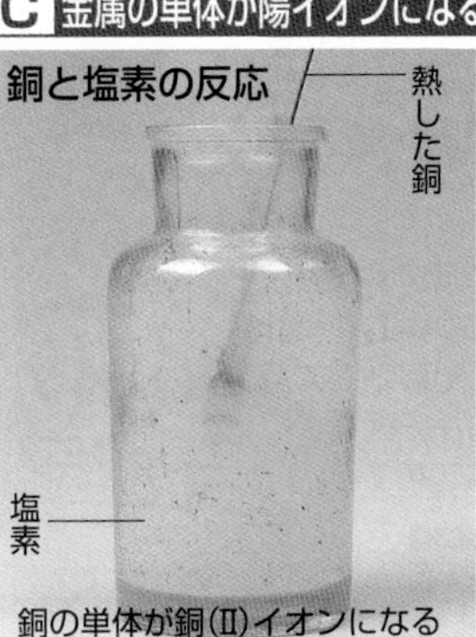

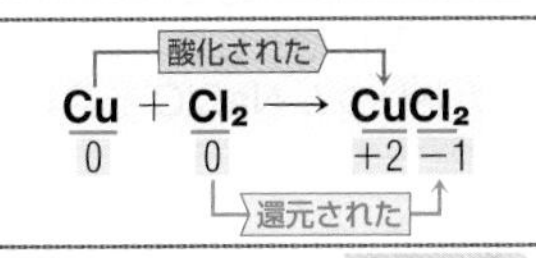

$Cu \longrightarrow Cu^{2+} + 2e^-$ 電子を失う
$Cl_2 + 2e^- \longrightarrow 2Cl^-$ 電子を得る

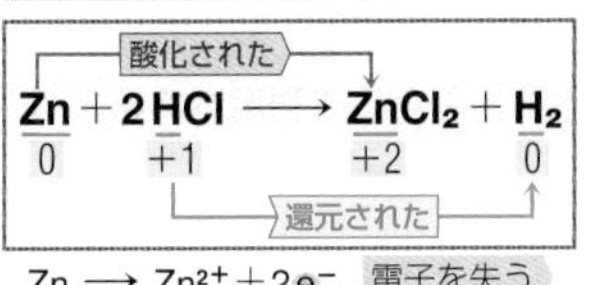

$Zn \longrightarrow Zn^{2+} + 2e^-$ 電子を失う
$2H^+ + 2e^- \longrightarrow H_2$ 電子を得る

D 陰イオンが単体になる変化 陰イオンが電子を失う反応(**酸化**)。

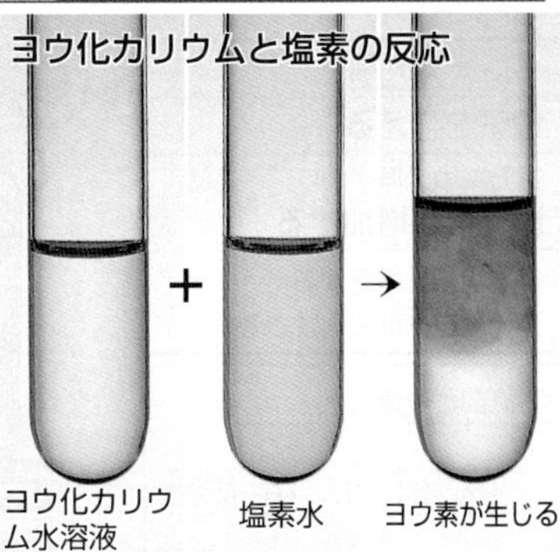

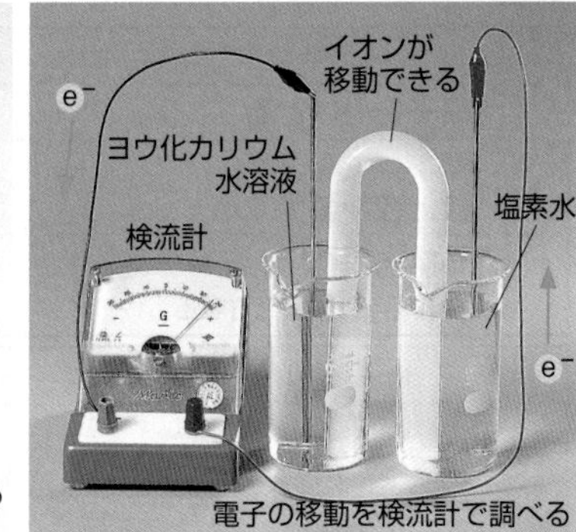

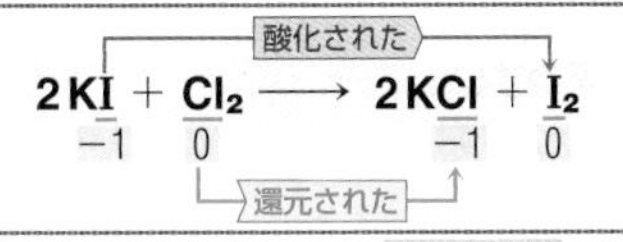

$2I^- \longrightarrow I_2 + 2e^-$ 電子を失う
$Cl_2 + 2e^- \longrightarrow 2Cl^-$ 電子を得る

ヨウ化カリウム水溶液では電子を失う反応(**酸化**)が，塩素水では電子を得る反応(**還元**)が起きた。電子は導線を通って，ヨウ化カリウム水溶液から塩素水へ移動した。

基 3 物質中の原子の酸化数 酸化数で原子の酸化の程度がわかる。

A 原子の酸化数 原子番号1～20 各原子が取り得る酸化数の範囲は，原子ごとに決まっている。

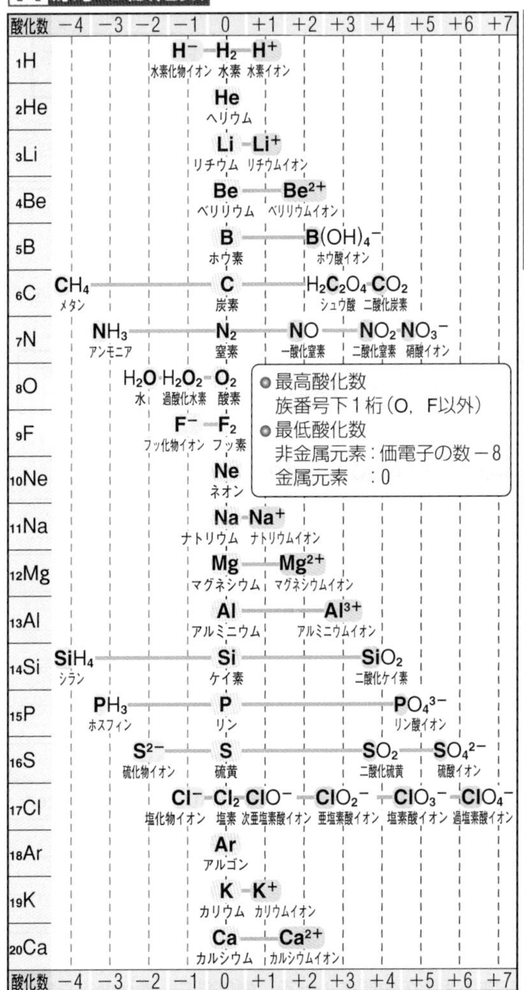

Q H_2O_2 の O の酸化数はなぜ −1 になるの？

A 酸化数は，原子が単体の状態にある場合を0とし，電子の授受によって決める。
共有結合をしている原子間では，電気陰性度(▶P.45)の大きい原子に共有電子対がすべて引きつけられるとして酸化数を考える。例えば，H_2O では，O の方が H より電気陰性度が大きいので，O に共有電子対が引きつけられ，酸化数は O が−2，H が+1になる。
また，同じ種類の原子間では，共有電子対は両方の原子に等分されると考える。そのため，H_2O_2 では，酸化数は O が −1，H が+1 になる。

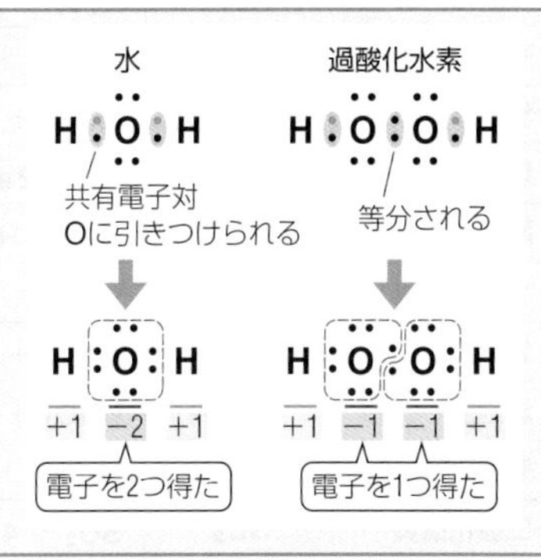

プチ雑学 金，白金，銀などの金属は酸化されにくく，単体として産出するため古くから利用されていた。アルミニウムは酸素との結びつきが非常に強く，原料となる鉱石(酸化物)から単体を工業的に得られるようになったのは，1886年にホール・エルー法(▶P.197)が発明されてからである。

酸化剤と還元剤

基 1 酸化剤・還元剤

還元されやすい物質が酸化剤，酸化されやすい物質が還元剤になる。

酸化剤	還元剤
電子を受けとる	**電子を与える**
酸化剤中の原子の **酸化数が減少する**	還元剤中の原子の **酸化数が増加する**
反応相手を酸化する 酸化剤自身は還元される	反応相手を還元する 還元剤自身は酸化される

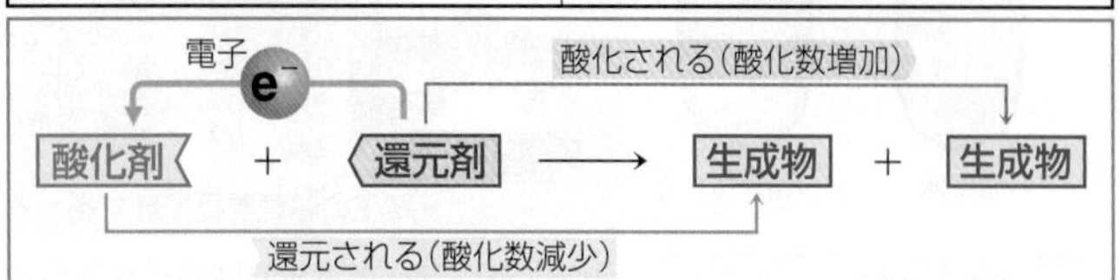

酸化剤はそれ自身が還元されやすく，電子を得やすい。
還元剤はそれ自身が酸化されやすく，電子を失いやすい。

Column 身のまわりの酸化剤・還元剤

酸化剤 うがい薬のポビドンヨードなどは，ヨウ素 I_2 の**酸化力**を利用した薬剤である。この酸化力が細菌などを殺す働きをする。

還元剤 ビタミンCは強い**還元剤**で，空気中の酸素などによる食品の酸化を防止する酸化防止剤として利用される。

酸化剤 塩素系漂白剤やカビ取り剤などは，**酸化剤**として次亜塩素酸ナトリウム NaClO を含む。

基 2 酸化還元反応の反応式

酸化剤が受けとる電子の数と還元剤が与える電子の数が等しくなるように組み合わせる。

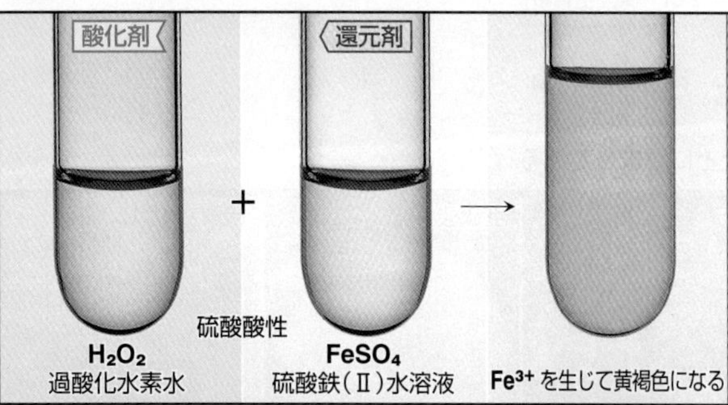

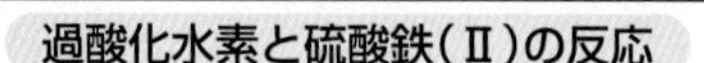

過酸化水素と硫酸鉄（Ⅱ）の反応

酸化剤（還元される）

$$H_2O_2 + 2H^+ + 2e^- \longrightarrow 2H_2O \quad \cdots①$$

（O の酸化数：$-1 \to -2$）

還元剤（酸化される）

$$Fe^{2+} \longrightarrow Fe^{3+} + e^- \quad \cdots②$$

（$+2 \to +3$）

《イオン反応式》 ①＋②× 2 で e^- を消去。

$$H_2O_2 + 2H^+ + 2Fe^{2+} \longrightarrow 2Fe^{3+} + 2H_2O \quad \cdots③$$

Fe	Fe^{2+}	Fe^{3+}
0	+2	+3

《化学反応式》 SO_4^{2-} を③に組み合わせる。

$$H_2O_2 + H_2SO_4 + 2FeSO_4 \longrightarrow Fe_2(SO_4)_3 + 2H_2O$$

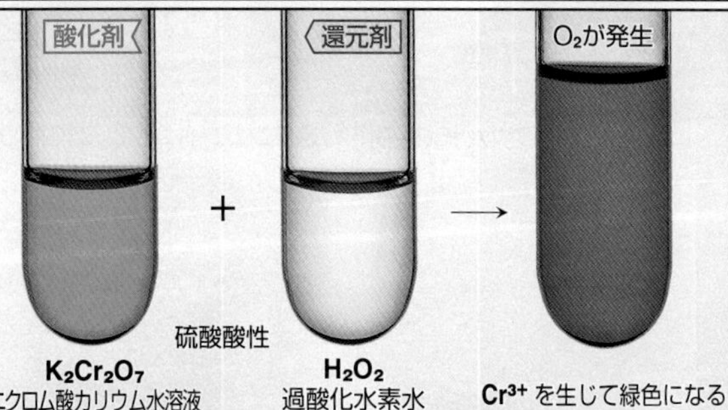

ニクロム酸カリウムと過酸化水素の反応

酸化剤（還元される）

$$Cr_2O_7^{2-} + 14H^+ + 6e^- \longrightarrow 2Cr^{3+} + 7H_2O \quad \cdots④$$

（$+6 \to +3$）

還元剤（酸化される）

$$H_2O_2 \longrightarrow O_2 + 2H^+ + 2e^- \quad \cdots⑤$$

（$-1 \to 0$）

《イオン反応式》 ④＋⑤× 3 で e^- を消去。

$$Cr_2O_7^{2-} + 8H^+ + 3H_2O_2 \longrightarrow 2Cr^{3+} + 3O_2 + 7H_2O \quad \cdots⑥$$

Cr	Cr^{3+}	$Cr_2O_7^{2-}$
0	+3	+6

《化学反応式》 K^+ と SO_4^{2-} を⑥に組み合わせる。

$$K_2Cr_2O_7 + 4H_2SO_4 + 3H_2O_2 \longrightarrow Cr_2(SO_4)_3 + 3O_2 + 7H_2O + K_2SO_4$$

A おもな酸化剤

電子を受けとる（おもに酸性溶液中）。

物質	化学式	反応
オゾン	O_3	$O_3 + 2H^+ + 2e^- \longrightarrow O_2 + H_2O$
過酸化水素	H_2O_2	$H_2O_2 + 2H^+ + 2e^- \longrightarrow 2H_2O$
過マンガン酸カリウム	$KMnO_4$	$MnO_4^- + 8H^+ + 5e^- \longrightarrow Mn^{2+} + 4H_2O$
酸化マンガン（Ⅳ）	MnO_2	$MnO_2 + 4H^+ + 2e^- \longrightarrow Mn^{2+} + 2H_2O$
塩素	Cl_2	$Cl_2 + 2e^- \longrightarrow 2Cl^-$
酸素	O_2	$O_2 + 4H^+ + 4e^- \longrightarrow 2H_2O$
ニクロム酸カリウム	$K_2Cr_2O_7$	$Cr_2O_7^{2-} + 14H^+ + 6e^- \longrightarrow 2Cr^{3+} + 7H_2O$
希硝酸	HNO_3	$HNO_3 + 3H^+ + 3e^- \longrightarrow NO + 2H_2O$
濃硝酸	HNO_3	$HNO_3 + H^+ + e^- \longrightarrow NO_2 + H_2O$
熱濃硫酸	H_2SO_4	$H_2SO_4 + 2H^+ + 2e^- \longrightarrow SO_2 + 2H_2O$
二酸化硫黄	SO_2	$SO_2 + 4H^+ + 4e^- \longrightarrow S + 2H_2O$

B おもな還元剤

電子を与える。

物質	化学式	反応
ナトリウム	Na	$Na \longrightarrow Na^+ + e^-$
亜鉛	Zn	$Zn \longrightarrow Zn^{2+} + 2e^-$
水素	H_2	$H_2 \longrightarrow 2H^+ + 2e^-$
硫化水素	H_2S	$H_2S \longrightarrow S + 2H^+ + 2e^-$
ヨウ化カリウム	KI	$2I^- \longrightarrow I_2 + 2e^-$
シュウ酸	$(COOH)_2$	$(COOH)_2 \longrightarrow 2CO_2 + 2H^+ + 2e^-$
二酸化硫黄	SO_2	$SO_2 + 2H_2O \longrightarrow SO_4^{2-} + 4H^+ + 2e^-$
硫酸鉄（Ⅱ）	$FeSO_4$	$Fe^{2+} \longrightarrow Fe^{3+} + e^-$
塩化スズ（Ⅱ）	$SnCl_2$	$Sn^{2+} \longrightarrow Sn^{4+} + 2e^-$
チオ硫酸ナトリウム	$Na_2S_2O_3$	$2S_2O_3^{2-} \longrightarrow S_4O_6^{2-} + 2e^-$
過酸化水素	H_2O_2	$H_2O_2 \longrightarrow O_2 + 2H^+ + 2e^-$

過酸化水素（ふつうは酸化剤）や二酸化硫黄（ふつうは還元剤）は，反応する相手の物質によって，酸化剤にも還元剤にもなる。

プチ雑学 ビタミンC（アスコルビン酸 $C_6H_8O_6$）は，生物の体内で起こるさまざまな反応においても還元剤として働いている。多くの動物や植物は，アスコルビン酸を自分でつくることができるが，ヒトをはじめとする霊長類などはつくることができないため，外から摂取しないといけない。

基 3 酸化剤と還元剤の反応 最高酸化数の原子を含む物質は，酸化剤として働く。

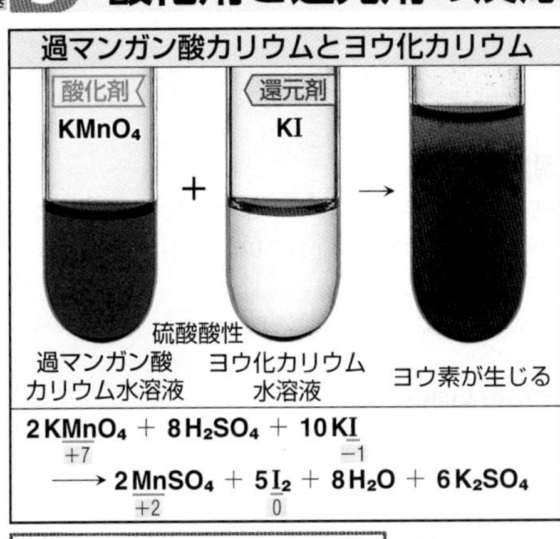

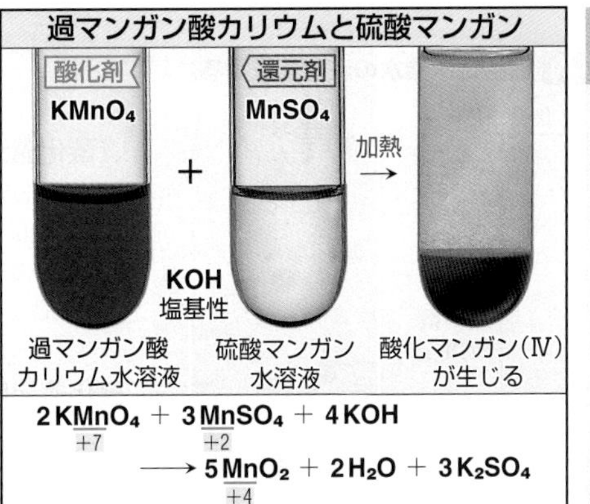

Q 硫酸酸性にするのはなぜ？

A $KMnO_4$ や H_2O_2 が酸化剤として働くときには多量の H^+ を必要とするため，溶液を酸性にする。

$$MnO_4^- + 8H^+ + 5e^- \longrightarrow Mn^{2+} + 4H_2O$$
$$H_2O_2 + 2H^+ + 2e^- \longrightarrow 2H_2O$$

溶液を酸性にするために塩酸を用いると Cl^- が還元剤として働き，塩素が発生してしまう。また，硝酸を用いるとそれ自身が酸化剤として働いてしまうので，希硫酸を用いて溶液を酸性にしている。

Mn	Mn^{2+}	MnO_2	MnO_4^-
0	+2	+4	+7

MnO_4^- は，酸性では Mn^{2+} まで還元される。塩基性では MnO_2 までしか還元されない。

A 酸化剤にも還元剤にもなる物質 中間の酸化数の原子を含む物質は，相手によって反応性が異なる。

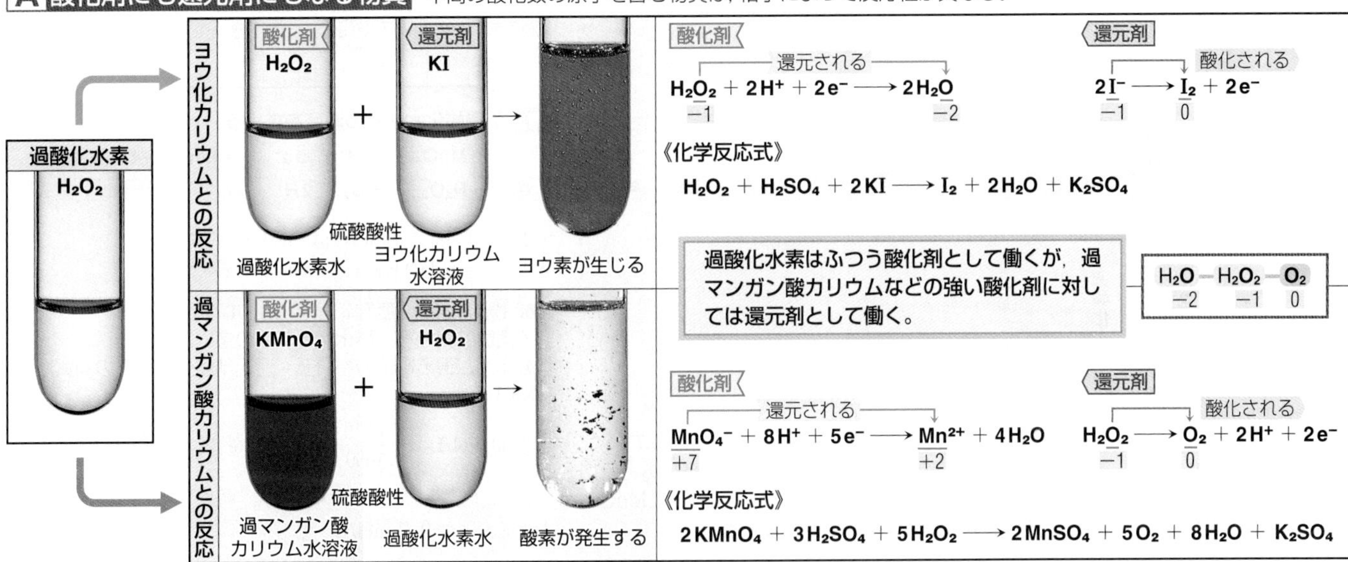

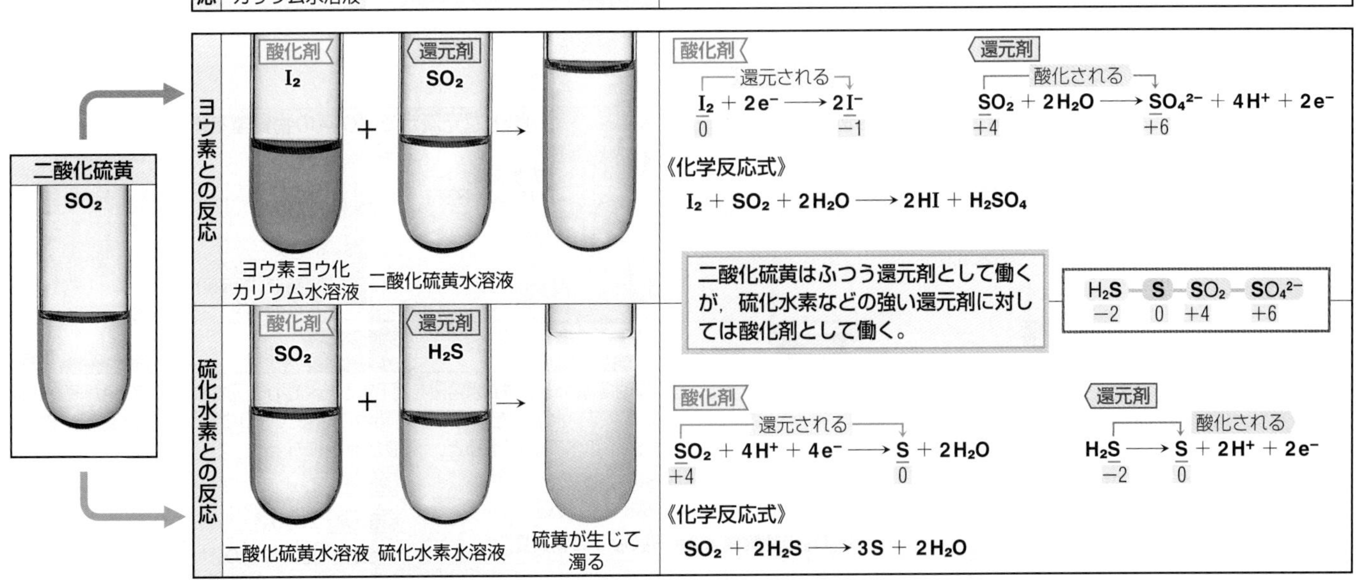

プチ雑学 過酸化水素は，衣料用の液体漂白剤として使われる。過酸化水素が酸化剤として働くことで，汚れの色素を分解するからである。過酸化水素の酸化作用は，他の酸化剤と比べるとそれほど強くないので，色のついた服やタンパク質性の動物繊維（毛，絹など）にも使える。

酸化還元滴定

基 1 酸化還元滴定 酸化還元反応の量的関係を利用する。

実験 酸化還元滴定 目的 過酸化水素水の濃度を求める。

方針

濃度不明の過酸化水素水(還元剤)の濃度を，過マンガン酸カリウム水溶液(酸化剤)で滴定して求める。

過マンガン酸カリウムは光によって分解するので，滴定には褐色ビュレットを用いるとよりよい。

操作

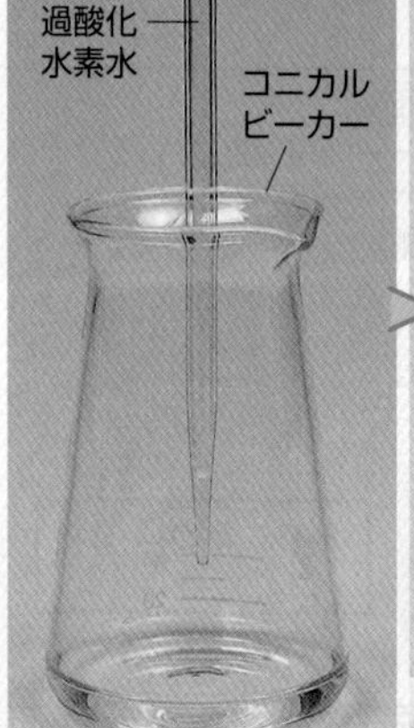

濃度が不明の過酸化水素水を，ホールピペットでコニカルビーカーに10.0 mLとり，希硫酸を加える。

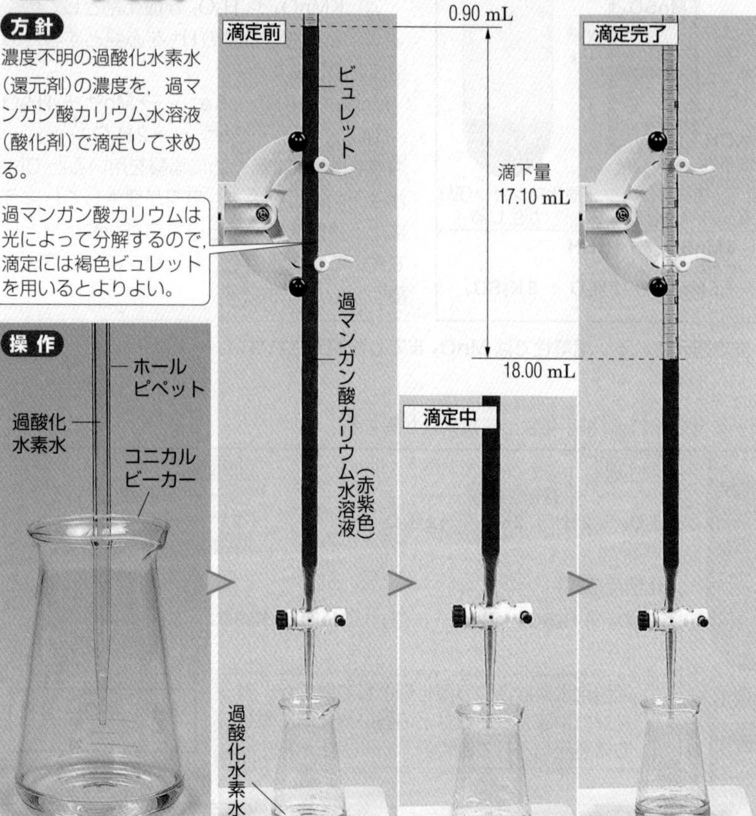

0.050 mol/Lの過マンガン酸カリウム水溶液を加えていく。はじめはMnO_4^-(赤紫色)はすべて過酸化水素H_2O_2と反応して無色になる。H_2O_2がすべて反応して，加えたMnO_4^-の色がわずかに現れる(淡紅色)まで加える。

酸化還元滴定

酸化還元反応の量的関係を利用して，濃度のわかっている酸化剤(または還元剤)から，濃度のわからない還元剤(または酸化剤)の濃度を，滴定によって求める。

※酸化還元滴定の器具や方法は，中和滴定(▶P.23, 76, 77)と同様である。

酸化還元反応の量的関係

酸化剤が得る電子の物質量	=	還元剤が失う電子の物質量

結果

滴下前(mL)	滴下後(mL)	滴下量(mL)
0.90	18.00	17.10

考察 過酸化水素水の濃度を求める。

酸化剤 $MnO_4^- + 8H^+ + 5e^- \longrightarrow Mn^{2+} + 4H_2O$ ……①

還元剤 $H_2O_2 \longrightarrow O_2 + 2H^+ + 2e^-$ ……②

①より，1 mol のMnO_4^-は 5 mol の電子を得る。
②より，1 mol のH_2O_2は 2 mol の電子を失う。

過酸化水素水の濃度をc〔mol/L〕とすると，上の実験結果から，酸化還元反応の量的関係

酸化剤が得る電子の物質量＝還元剤が失う電子の物質量

を用いて，

$$\underbrace{0.050\ \mathrm{mol/L} \times \frac{17.10}{1000}\ \mathrm{L}}_{\text{過マンガン酸カリウムの物質量}} \times 5 = \underbrace{c \times \frac{10.0}{1000}\ \mathrm{L}}_{\text{過酸化水素の物質量}} \times 2$$

よって，$c \fallingdotseq 0.21$ mol/L

基 2 ヨウ素滴定 ヨウ素やヨウ化物イオンを利用した酸化還元滴定をヨウ素滴定という。

過酸化水素と同じ物質量のヨウ素を生成

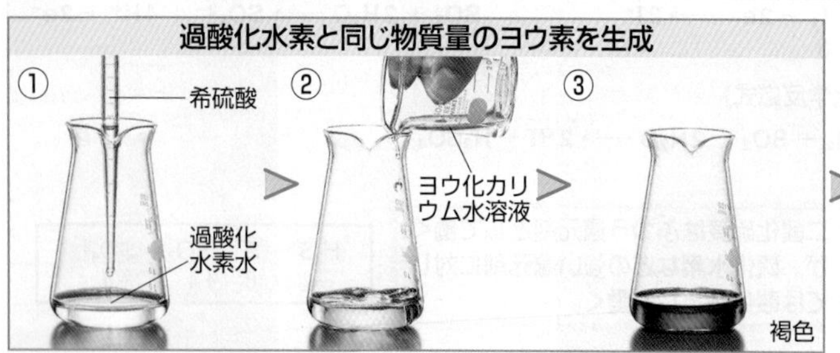

①濃度が不明の過酸化水素水をはかり取り，希硫酸を加えて酸性にする。
②過剰のヨウ化カリウム水溶液を加える。
③I^-が酸化されヨウ素I_2が生成し，溶液が褐色になる。

酸化還元滴定でヨウ素の物質量を求める

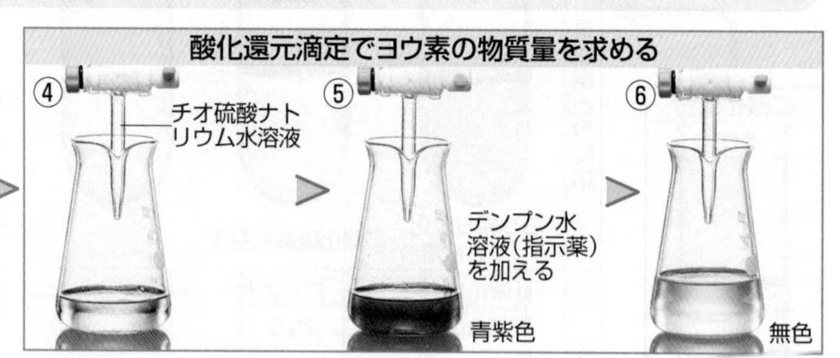

④チオ硫酸ナトリウム水溶液を滴下すると，I_2が還元されて溶液の色が薄くなる。
⑤デンプン水溶液を加えると青紫色になる。(ヨウ素デンプン反応▶P.252)
⑥I_2がすべて反応すると，溶液が無色になる。

酸化剤 $H_2O_2 + 2H^+ + 2e^- \longrightarrow 2H_2O$
還元剤 $2I^- \longrightarrow I_2 + 2e^-$
全体 $H_2O_2 + 2H^+ + 2I^- \longrightarrow 2H_2O + I_2$

H_2O_2が得る電子の物質量 ＝ $S_2O_3^{2-}$が失う電子の物質量
H_2O_2の物質量×2＝$S_2O_3^{2-}$の物質量

酸化剤 $I_2 + 2e^- \longrightarrow 2I^-$
還元剤 $2S_2O_3^{2-} \longrightarrow S_4O_6^{2-} + 2e^-$
全体 $I_2 + 2S_2O_3^{2-} \longrightarrow 2I^- + S_4O_6^{2-}$

プチ雑学 酸・塩基の中和滴定では，水溶液中の水素イオンの濃度(pH)によって指示薬の色が変わることで終点を判別する。1の酸化還元滴定では，濃度不明の物質(過酸化水素)自体が反応しきったところで酸化剤(過マンガン酸カリウム)の色が残るようになるため，指示薬は不要である。

基 3 COD 有機物による河川や湖沼などの水の汚染度の指標の1つ。

A COD 化学的酸素要求量

試料中に存在する有機物を，一定の強力な酸化剤によって酸化したときに消費される酸素の量。消費された酸化剤の量から換算される。値が大きいほど有機物が多く，汚染されていることを表す。**c**hemical **o**xygen **d**emand を略記。

BOD 生物化学的酸素要求量

試料中に存在する有機物を，好気的条件下で微生物によって分解，安定化する間に消費する酸素の量。値が大きいほど有機物が多く，汚染されていることを示す。**b**iochemical **o**xygen **d**emand を略記。

B CODの測定 $KMnO_4$を用いた河川水のCOD値の簡易測定法。

試料中に含まれる有機物を酸化する。 未反応のMnO_4^-を$C_2O_4^{2-}$で還元する。 未反応の$C_2O_4^{2-}$を酸化還元滴定する。 色が消えなくなった点を終点とする。

原理

試料中に含まれる有機物を$KMnO_4$で酸化し，$KMnO_4$の減少量から有機物の量を測定する。

①試料中の有機物を，$KMnO_4$で酸化する。

②①で加えた$KMnO_4$をすべて還元するのに必要な量の$Na_2C_2O_4$を加える。未反応のMnO_4^-を$Na_2C_2O_4$で還元すると，①で酸化された有機物に相当する$C_2O_4^{2-}$が残る。

③②で未反応の$C_2O_4^{2-}$を$KMnO_4$で酸化還元滴定する。

酸化剤 $MnO_4^- + 8H^+ + 5e^- \longrightarrow Mn^{2+} + 4H_2O$

還元剤 $C_2O_4^{2-} \longrightarrow 2CO_2 + 2e^-$

$2MnO_4^- + 5C_2O_4^{2-} + 16H^+ \longrightarrow 2Mn^{2+} + 10CO_2 + 8H_2O$

●試料による実験

①の$KMnO_4$が得る電子の物質量

有機物を酸化 | 未反応

分解

②の$Na_2C_2O_4$が失う電子の物質量

未反応 | 反応

③で滴下した$KMnO_4$

a mL

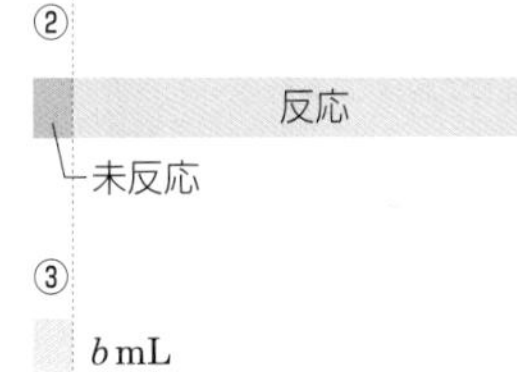

ブランクテスト

$KMnO_4$は不安定で分解しやすいため，試料のかわりに蒸留水を用いて同様の実験を行い，分解した量をはかる。

よって，有機物の酸化に必要な$KMnO_4$水溶液は，$(a-b)$ mL

求め方

試料 1 L を酸化するのに必要な$KMnO_4$の物質量は，

$$2.0\times10^{-3}\,\text{mol/L}\times\left(\frac{a-b}{1000}\right)\text{L}\times\frac{1000\,\text{mL}}{50\,\text{mL}}=4.0(a-b)\times10^{-5}\,\text{mol}$$

CODは，試料1 L中に含まれる有機物を酸化するのに必要な酸化剤を，O_2の質量に換算する。

$O_2+4H^++4e^-\longrightarrow2H_2O$より，

$$4.0(a-b)\times10^{-5}\,\text{mol/L}\times\frac{5}{4}\times32\,\text{g/mol}=1.6(a-b)\times10^{-3}\,\text{g/L}=1.6(a-b)\,\text{mg/L}$$

CODの低い湖
支笏湖のCODは0.8 mg/Lである。

C 測定例 多摩川の水質

2016年度

測定地	pH	BOD (mg/L)	COD (mg/L)
①昭和橋	8.0	0.6	1.0
②和田橋	8.1	0.6	1.2
③羽村堰	8.0	0.7	1.2
④関戸橋	7.9	1.3	3.6
⑤多摩水道橋	7.7	1.3	3.8
⑥調布取水堰	7.9	1.2	3.6
⑦大師橋	7.7	1.3	3.9

（東京都環境局による）

下水処理場

大阪市 2016年度

	COD(mg/L)
流入水	79
放流水	10

下水処理場のばっ気槽では，汚水に微生物の入った泥を加え，空気を送り込んで微生物の活動を活発にし，有機物を分解させている。

思考問題 ■の過マンガン酸カリウムの酸化還元滴定は硫酸酸性水溶液中で行う。塩酸酸性水溶液中では実験結果はどうなるか。理由とともに説明せよ。

88 金属のイオン化傾向

基 1 金属樹 イオンになりやすい金属が電子を失って陽イオンになり，溶液中の陽イオンが電子を得て金属の単体になる。

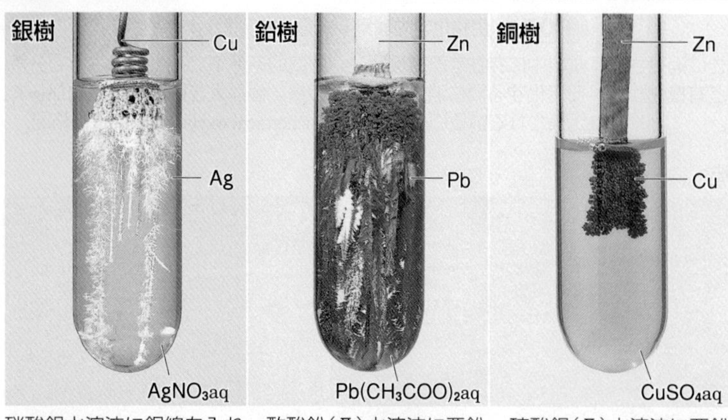

硝酸銀水溶液に銅線を入れると，銀が析出。
$Cu + 2Ag^+ \longrightarrow Cu^{2+} + 2Ag$

酢酸鉛（Ⅱ）水溶液に亜鉛片を入れると，鉛が析出。
$Zn + Pb^{2+} \longrightarrow Zn^{2+} + Pb$

硫酸銅（Ⅱ）水溶液に亜鉛片を入れると，銅が析出。
$Zn + Cu^{2+} \longrightarrow Zn^{2+} + Cu$

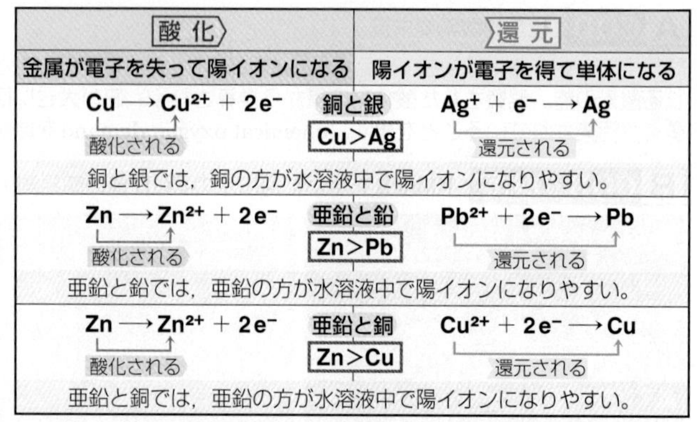

酸化 金属が電子を失って陽イオンになる		還元 陽イオンが電子を得て単体になる
$Cu \longrightarrow Cu^{2+} + 2e^-$ （酸化される）	銅と銀 Cu>Ag	$Ag^+ + e^- \longrightarrow Ag$ （還元される）
銅と銀では，銅の方が水溶液中で陽イオンになりやすい。		
$Zn \longrightarrow Zn^{2+} + 2e^-$ （酸化される）	亜鉛と鉛 Zn>Pb	$Pb^{2+} + 2e^- \longrightarrow Pb$ （還元される）
亜鉛と鉛では，亜鉛の方が水溶液中で陽イオンになりやすい。		
$Zn \longrightarrow Zn^{2+} + 2e^-$ （酸化される）	亜鉛と銅 Zn>Cu	$Cu^{2+} + 2e^- \longrightarrow Cu$ （還元される）
亜鉛と銅では，亜鉛の方が水溶液中で陽イオンになりやすい。		

金属が水溶液中で電子を失って陽イオンになる性質を**金属のイオン化傾向**という。イオン化傾向の大きさは，金属の種類によって異なる。例えば，銀イオンを含む水溶液中に銅を入れると，銀が析出することから，銅の方が銀よりもイオン化傾向が大きいことがわかる。

★基 2 金属のイオン化傾向 イオン化傾向の大きいものが陽イオンになり，イオン化傾向の小さいものが金属として析出する。

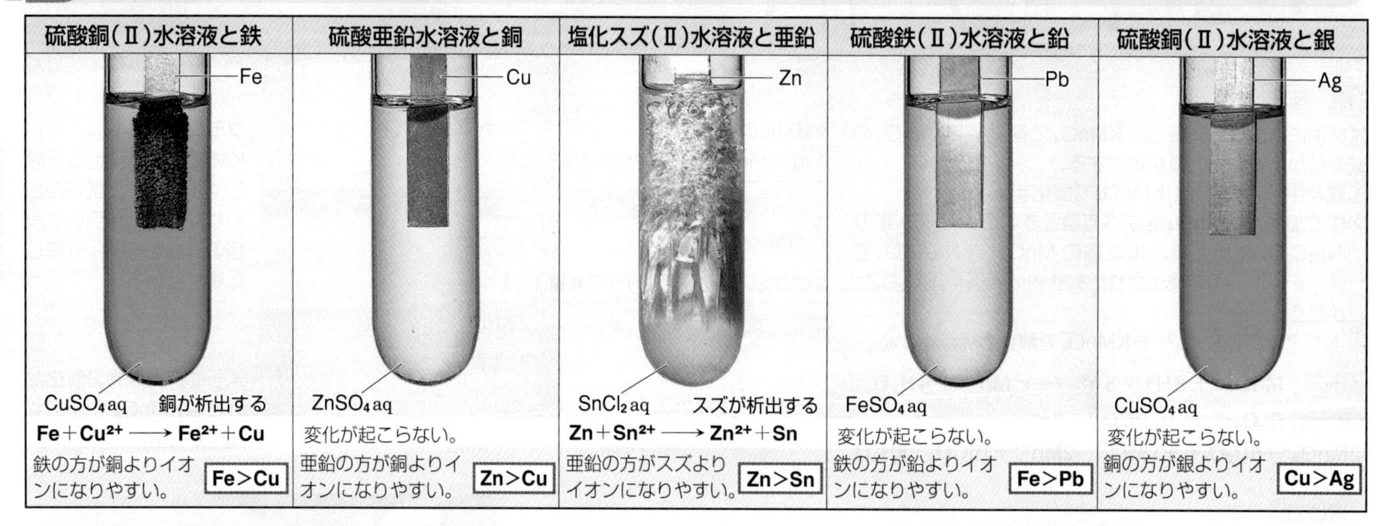

硫酸銅（Ⅱ）水溶液と鉄	硫酸亜鉛水溶液と銅	塩化スズ（Ⅱ）水溶液と亜鉛	硫酸鉄（Ⅱ）水溶液と鉛	硫酸銅（Ⅱ）水溶液と銀
$CuSO_4aq$ 銅が析出する	$ZnSO_4aq$	$SnCl_2aq$ スズが析出する	$FeSO_4aq$	$CuSO_4aq$
$Fe + Cu^{2+} \longrightarrow Fe^{2+} + Cu$	変化が起こらない。	**$Zn + Sn^{2+} \longrightarrow Zn^{2+} + Sn$**	変化が起こらない。	変化が起こらない。
鉄の方が銅よりイオンになりやすい。 **Fe>Cu**	亜鉛の方が銅よりイオンになりやすい。 **Zn>Cu**	亜鉛の方がスズよりイオンになりやすい。 **Zn>Sn**	鉄の方が鉛よりイオンになりやすい。 **Fe>Pb**	銅の方が銀よりイオンになりやすい。 **Cu>Ag**

A H_2のイオン化傾向 反応性の違いは，金属のイオン化傾向の大小に関係がある。

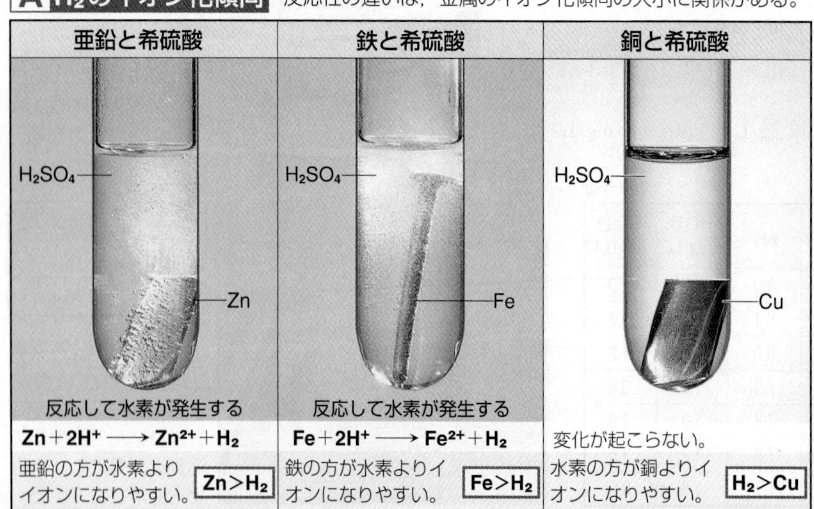

亜鉛と希硫酸	鉄と希硫酸	銅と希硫酸
反応して水素が発生する	反応して水素が発生する	
$Zn + 2H^+ \longrightarrow Zn^{2+} + H_2$	**$Fe + 2H^+ \longrightarrow Fe^{2+} + H_2$**	変化が起こらない。
亜鉛の方が水素よりイオンになりやすい。 **$Zn>H_2$**	鉄の方が水素よりイオンになりやすい。 **$Fe>H_2$**	水素の方が銅よりイオンになりやすい。 **$H_2>Cu$**

B イオン化傾向の比較

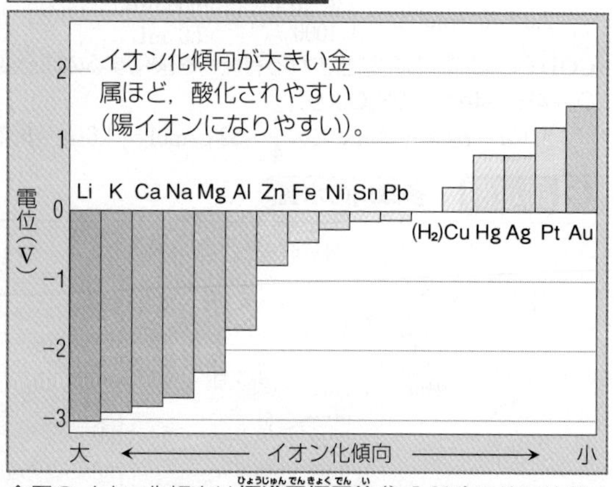

金属のイオン化傾向は**標準電極電位**（ひょうじゅんでんきょくでんい）（▶P.284）の値で比較する。標準電極電位は，水素を基準（0 V）にして決められている。

プチ雑学 現在の金閣にはられている金箔は，1987年に終了した修復工事のときのものである。常に酸素に触れており，さらに酸性雨（▶P.262）にうたれる可能性もあるが，金はイオン化傾向が小さいため，さびたり溶けたりせずに輝き続けている。

基 3 金属のイオン化列 おもな金属について，イオン化傾向の大きい順に並べたもの。

※比較のため水素H_2も示した。

イオン化傾向大 Li K Ca Na Mg Al Zn Fe Ni Sn Pb (H_2) Cu Hg Ag Pt Au イオン化傾向小

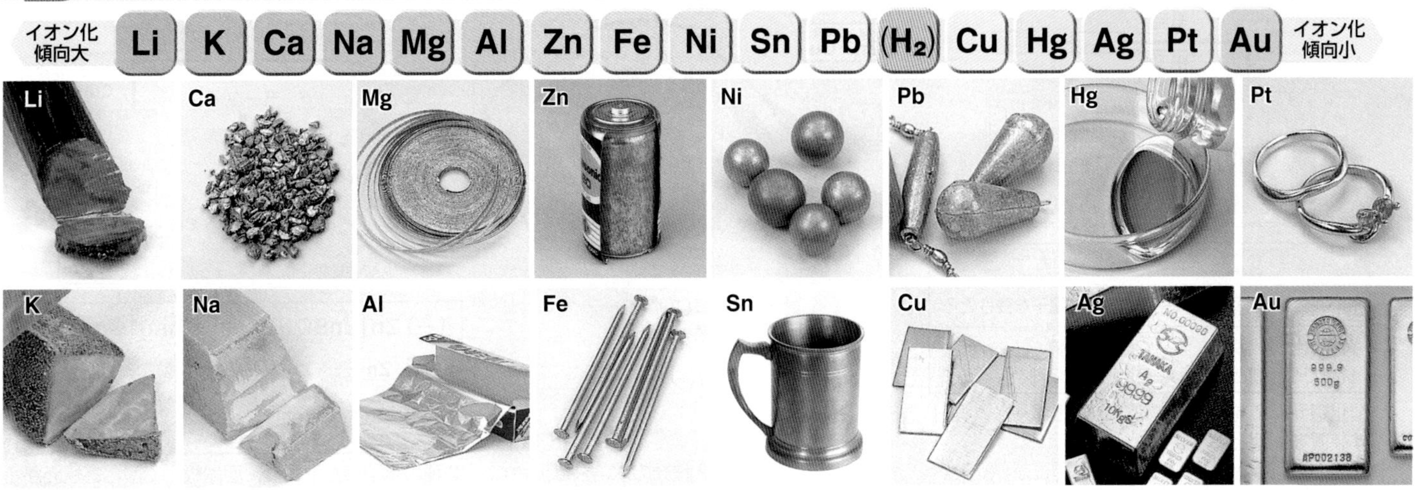

A 製錬法

天然の化合物(鉱石)から，金属の単体をとり出すことを**製錬**(せいれん)(▶P.196)という。イオン化傾向の小さい金属は安定で，天然に単体として産出する。

Li K Ca Na Mg Al	Zn Fe Ni Sn Pb	Cu Hg Ag	Pt Au
酸化物や塩化物を融解して**電気分解で還元**する。	酸化物や硫化物を**炭素で還元**する。	酸化物や硫化物を**強熱して還元**する。	**単体として産出**する。

一般に，金属の化合物を還元して金属にする。イオン化傾向の小さい金属は還元されやすいが，イオン化傾向の大きい金属は還元されにくい。▶P.190

基 4 金属の反応 イオン化傾向の大きな金属は反応性に富(と)み，化合物になりやすい。

＊王水　濃硝酸と濃塩酸を体積比 1：3 で混合した溶液。

イオン化列	Li K Ca Na	Mg Al	Zn Fe	Ni Sn Pb (H_2) Cu Hg	Ag Pt Au
空気との反応	常温でただちに酸化される	加熱により酸化	強熱により酸化される		酸化されない
水との反応	常温で反応	熱水と反応 (Mg)	高温の水蒸気と反応 (Al Zn Fe)	反応しない	
酸との反応	塩酸や希硫酸と反応して水素を発生 (Li〜Pb)			硝酸や熱濃硫酸と反応 (Cu Hg Ag)	王水*と反応 (Pt Au)

Pbは塩酸や希硫酸と反応して，難溶性の被膜を生じるので溶けにくい。Al，Fe，Niは濃硝酸とは，表面に酸化物の緻密な被膜(**不動態**)を生じるので溶けにくい。

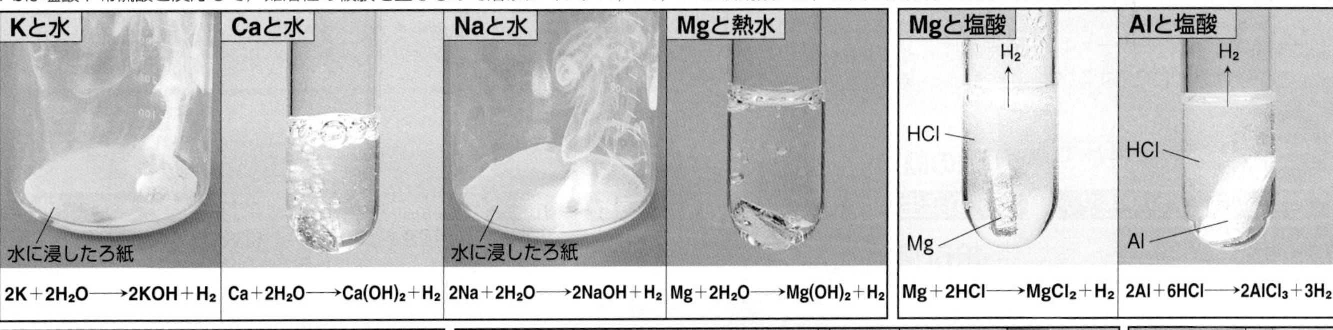

$2K+2H_2O \longrightarrow 2KOH+H_2$　$Ca+2H_2O \longrightarrow Ca(OH)_2+H_2$　$2Na+2H_2O \longrightarrow 2NaOH+H_2$　$Mg+2H_2O \longrightarrow Mg(OH)_2+H_2$　$Mg+2HCl \longrightarrow MgCl_2+H_2$　$2Al+6HCl \longrightarrow 2AlCl_3+3H_2$

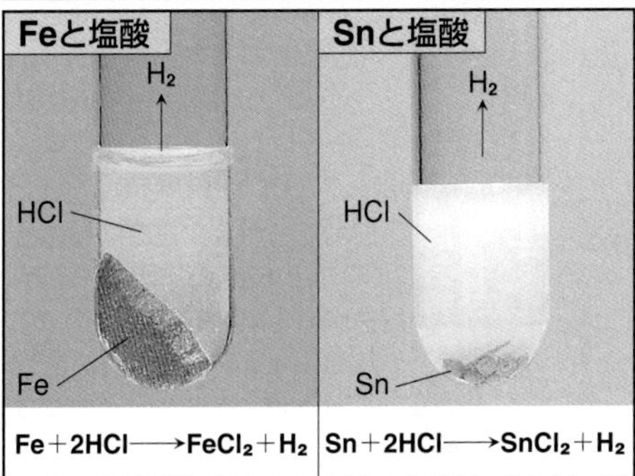

$Fe+2HCl \longrightarrow FeCl_2+H_2$　$Sn+2HCl \longrightarrow SnCl_2+H_2$

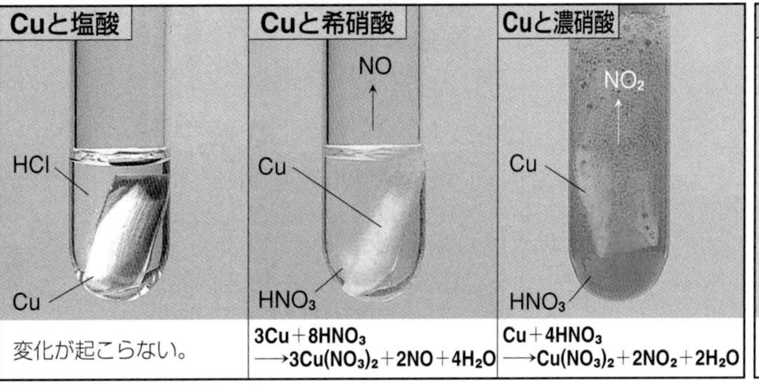

Cuと塩酸：変化が起こらない。

Cuと希硝酸：$3Cu+8HNO_3 \longrightarrow 3Cu(NO_3)_2+2NO+4H_2O$

Cuと濃硝酸：$Cu+4HNO_3 \longrightarrow Cu(NO_3)_2+2NO_2+2H_2O$

王水は強い酸化力をもち，白金や金を溶かす。

プチ雑学　王水は，8 世紀ごろ，アラビアの錬金術師によって発明された。王水の強い酸化力は，硝酸と塩酸の反応によって生じた塩化ニトロシルNOClと塩素Cl_2，さらに塩酸の 3 つの物質による。

★基 1 電池

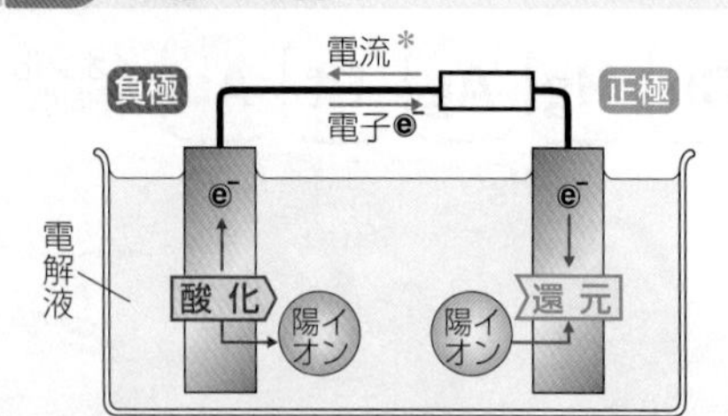

負極	正極
酸化 電子を放出する	還元 電子を受けとる
負極活物質 負極で還元剤として働く	**正極活物質** 正極で酸化剤として働く

酸化還元反応を利用して電気エネルギーをとり出す装置を**電池**という。

起電力　正極と負極の間に生じる電位差(電圧)。

＊電流の向きは，電子の流れる向きの逆と決められている。

★基 2 ダニエル電池

ダニエル(イギリス)が考案した電池(1836年)。

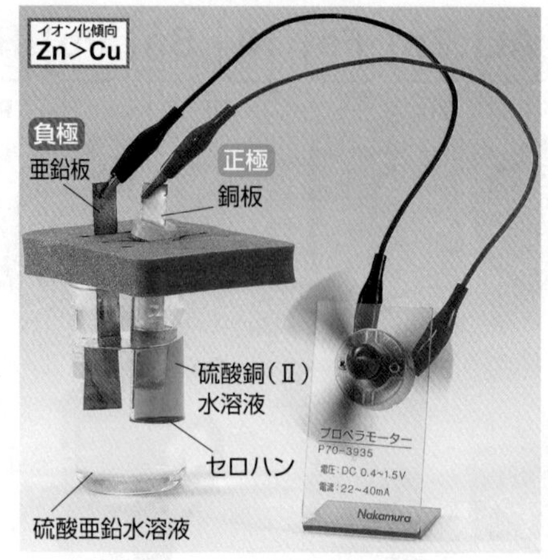

セロハンによって，2種類の水溶液は混合しないが，イオンは通過することができる。

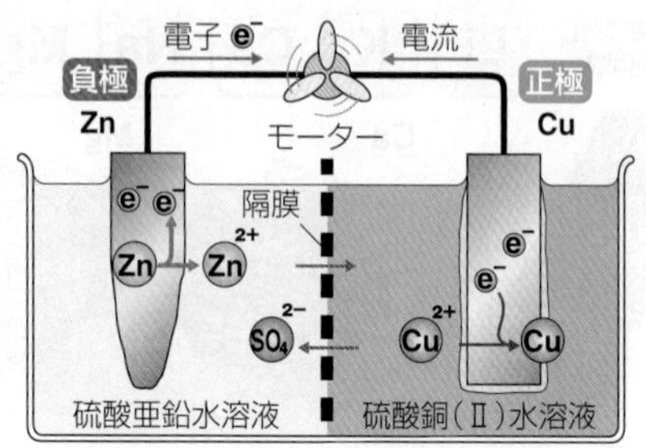

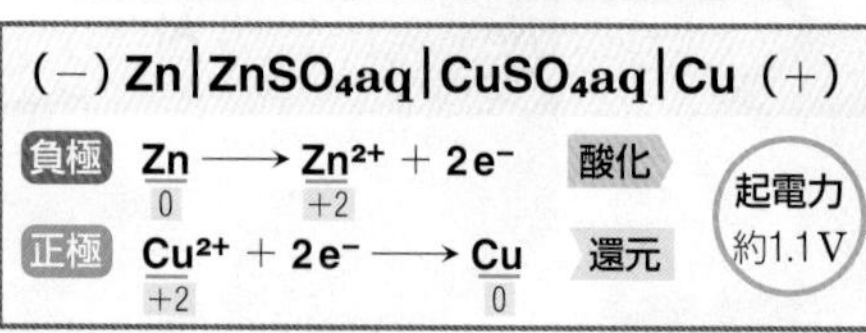

$(-)\ Zn|ZnSO_4aq|CuSO_4aq|Cu\ (+)$

負極　$\underset{0}{Zn} \longrightarrow \underset{+2}{Zn^{2+}} + 2e^-$　酸化

正極　$\underset{+2}{Cu^{2+}} + 2e^- \longrightarrow \underset{0}{Cu}$　還元

起電力 約1.1V

2種の水溶液が混ざり，亜鉛板上で酸化と還元が同時に起こるのを防ぐため，隔膜を用いる。

★基 3 ボルタ電池

ボルタ(イタリア)は，銅板と亜鉛板に電解液をしみこませた布をはさんで，何層も重ね合わせたボルタ電堆を発明した(1800年)。

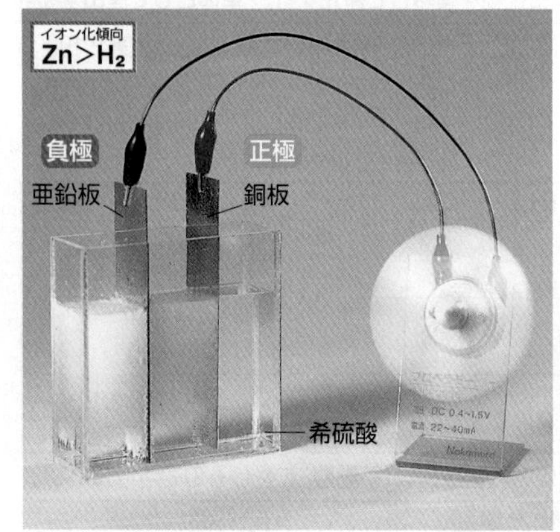

電流を流すと，正極で発生する水素が銅板をおおい，起電力はすぐに低下する(電池の**分極**)。

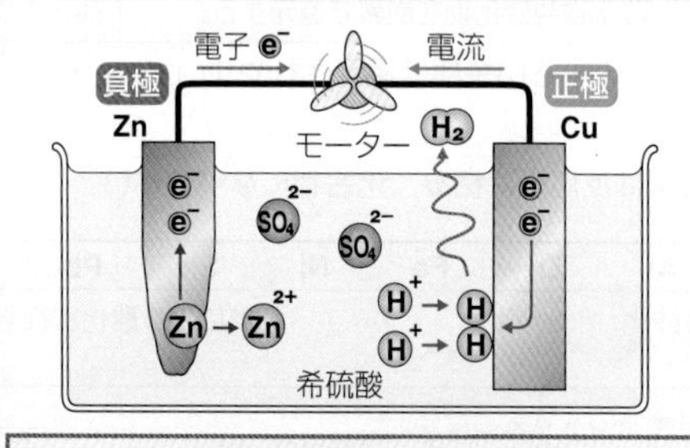

$(-)\ Zn|H_2SO_4aq|Cu\ (+)$

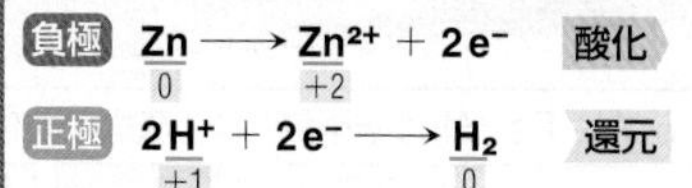

負極　$\underset{0}{Zn} \longrightarrow \underset{+2}{Zn^{2+}} + 2e^-$　酸化

正極　$\underset{+1}{2H^+} + 2e^- \longrightarrow \underset{0}{H_2}$　還元

イオン化傾向の大きい亜鉛が酸化されて負極になる。正極(銅板)では，水素イオンが還元される。

やってみよう! レモン電池

正極 加熱した銅板
負極 亜鉛板

レモンに亜鉛板と加熱した銅板をさすと，電池ができる。　還元剤 亜鉛　電解液 レモン果汁　酸化剤 銅板上の酸化銅(Ⅱ)

探究の歴史　電池の歴史

動物から電気が発生？

1791年，ガルヴァーニ(イタリア，1737～1798)は，カエルの脚が2種類の金属に触れるとけいれんが起こる実験から，動物による電気「動物電気説」を提案した。

電気の発生源は動物ではなく金属である

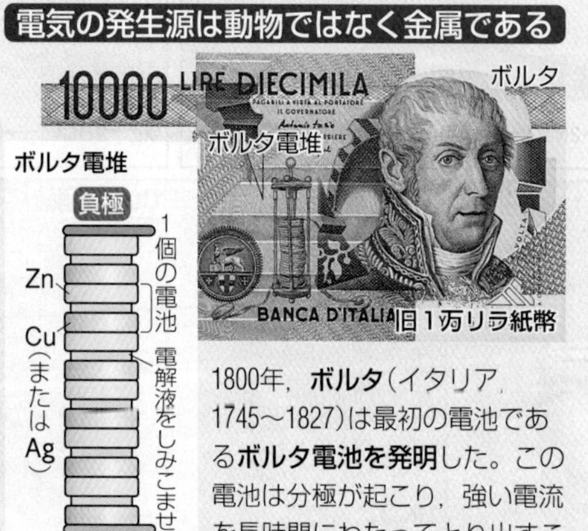

1800年，**ボルタ**(イタリア，1745～1827)は最初の電池である**ボルタ電池を発明**した。この電池は分極が起こり，強い電流を長時間にわたってとり出すことはできなかった。

ボルタ電池を改良

1836年，**ダニエル**(イギリス，1790～1845)は，ボルタ電池の欠点である分極が起こらないように改良を加えた**ダニエル電池を発明**した。

屋井乾電池

乾いた電池「乾電池」

1868年 ○ ルクランシェ
ルクランシェ電池を発明。電解液がのり状になり，現在の乾電池の原型となる。

1887年 ○ ガスナー
乾電池を発明。電解液が外へこぼれないように改良。

日本で最初の乾電池

日本でもガスナーと同じころ(明治20年ごろ)，屋井先蔵が独自に乾電池を発明していた。しかし，そのとき特許を取っておらず，乾電池の発明はガスナーとされている。

プチ雑学　ダニエル電池の発明により，電池の本格的な商業利用が始まった。しかし，電解液が液体であることから，冬場に凍結すること，手入れが必要なことなど，さまざまな問題があった。これを解決するために，乾電池の開発が進んだ。

★基 4 乾電池

電解液を水溶液からのり状のものに改良して，持ち運びができるようにした。

A マンガン乾電池

ルクランシェの考案した電池を改良。

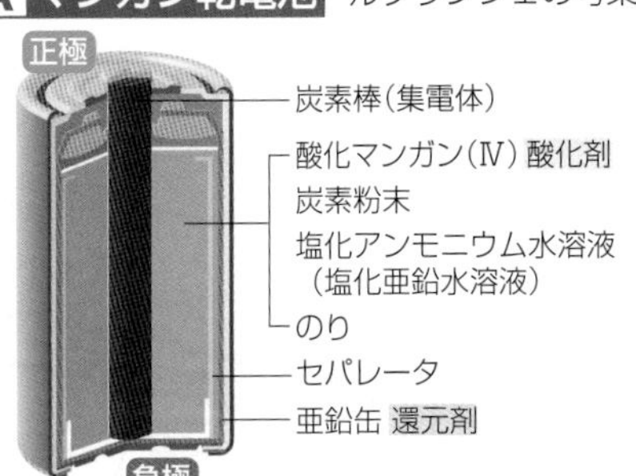

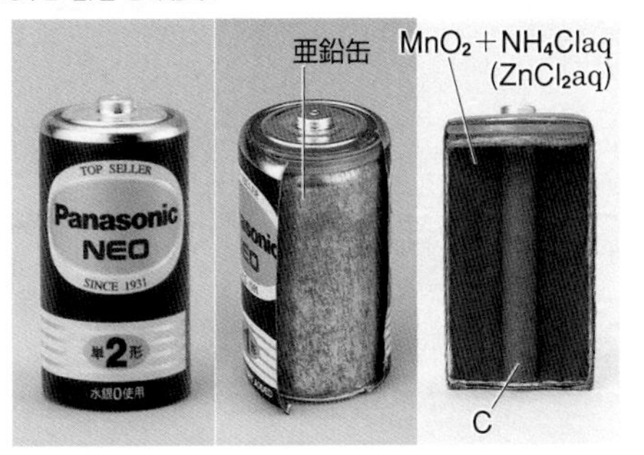

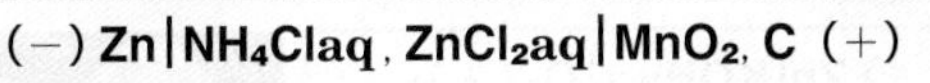

$(-)\ Zn\,|\,NH_4Claq,\ ZnCl_2aq\,|\,MnO_2,\ C\ (+)$

負極 $\underset{0}{Zn} \longrightarrow \underset{+2}{Zn^{2+}}{}^{*} + 2e^-$ 酸化

正極 $\underset{+4}{MnO_2} + H^+ + e^- \longrightarrow \underset{+3}{MnO(OH)}$ 還元

起電力 約1.5 V

酸化マンガン(Ⅳ)(酸化剤，正極)とのり状にした電解質(塩化アンモニウムや塩化亜鉛)を，亜鉛缶(還元剤，負極)の中に入れた構造。中心の炭素棒で電気を集める。

＊Zn^{2+} は，電解液の NH_4^+ などと反応して $[Zn(NH_3)_4]^{2+}$ などの錯イオン(▶P.180)になる。

B アルカリマンガン乾電池

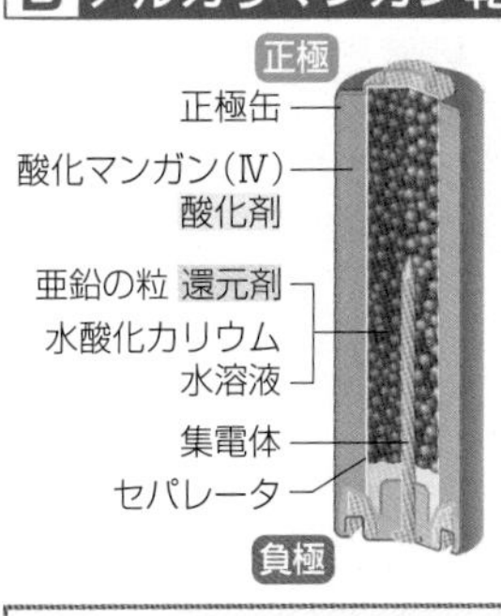

電解質に水酸化カリウムを用いているため，電流が流れやすく**大きな電流**を流すことができる。また，酸化マンガン(Ⅳ)や亜鉛を多量に入れることができる構造になっている(**容量が大きい**)。

$(-)\ Zn\,|\,KOHaq\,|\,MnO_2\ (+)$

負極 $\underset{0}{Zn} + 4OH^- \longrightarrow [\underset{+2}{Zn}(OH)_4]^{2-} + 2e^-$ 酸化

正極 $\underset{+4}{MnO_2} + H_2O + e^- \longrightarrow \underset{+3}{MnO(OH)} + OH^-$ 還元

起電力 約1.5 V

★基 5 鉛蓄電池

放電と逆向きの電流を流すと，放電と逆の反応である充電が起こり，再び電流をとり出すことができるようになる。

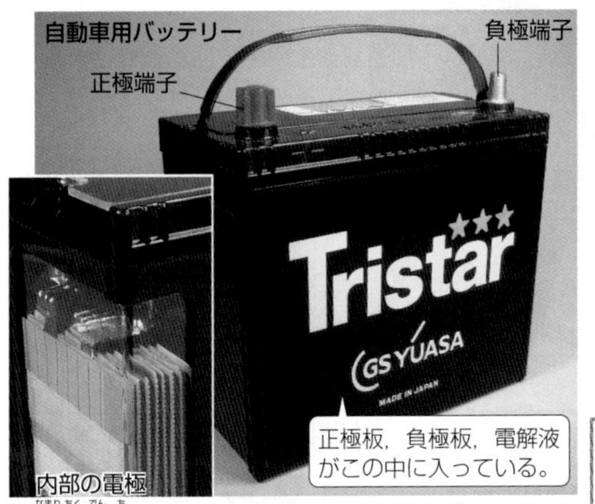

鉛蓄電池のように，充電して繰り返し使うことができる電池を**二次電池(蓄電池)**という。また，乾電池のように，充電できない電池を**一次電池**という。

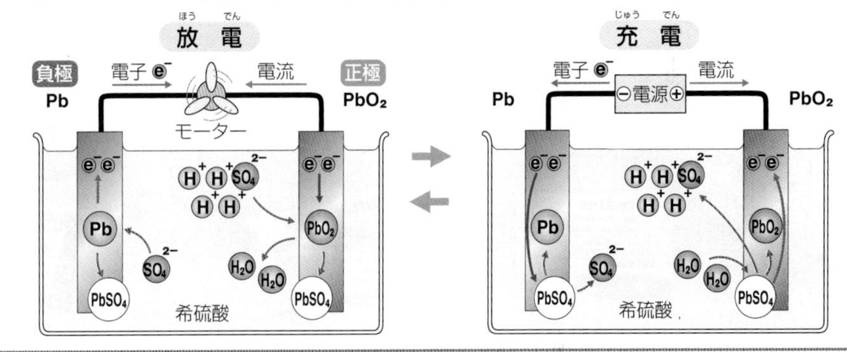

$(-)\ Pb\,|\,H_2SO_4aq\,|\,PbO_2\ (+)$

全体の反応 $Pb + PbO_2 + 2H_2SO_4 \underset{充電}{\overset{放電}{\rightleftarrows}} 2PbSO_4 + 2H_2O$

負極 $\underset{0}{Pb} + SO_4^{2-} \underset{還元\ 充電}{\overset{放電\ 酸化}{\rightleftarrows}} \underset{+2}{PbSO_4} + 2e^-$

正極 $\underset{+4}{PbO_2} + 4H^+ + SO_4^{2-} + 2e^- \underset{酸化\ 充電}{\overset{放電\ 還元}{\rightleftarrows}} \underset{+2}{PbSO_4} + 2H_2O$

起電力 約2.0 V

▶P.99

実験 鉛蓄電池

目的 鉛蓄電池の原理を確認しよう。(▶P.99)

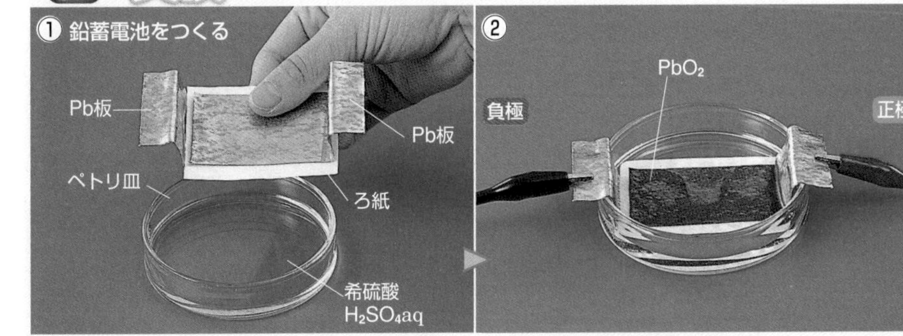

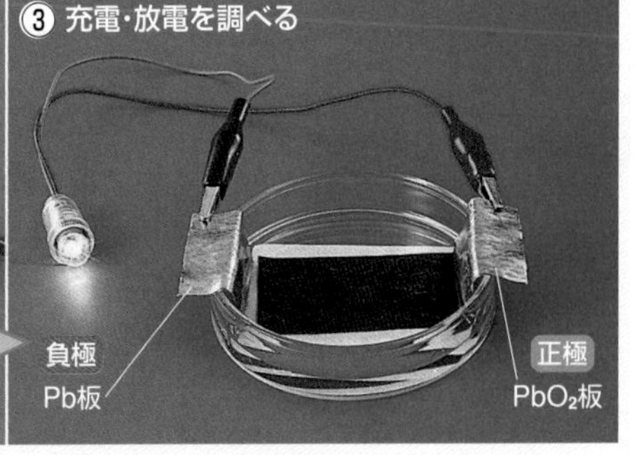

① ペトリ皿に3 mol/L硫酸をとる。2枚のPb板の間にろ紙をはさみ，両端が接触しないようにし，Pb板を硫酸の中に入れる。

② 直流3 Vの外部電源に両端をつなぐと，電源の正極につないだPb板の表面が酸化されて褐色の酸化鉛(Ⅳ)PbO_2が生じる。

③ 両端に2.5 V用豆電球をつなぐと点灯する(放電)。②と③の操作は繰り返し行うことができる。

思考問題 ダニエル電池の電流を長く流し続けるためには，用いる硫酸亜鉛水溶液と硫酸銅水溶液の濃度をそれぞれどのようにすればよいか。理由とともに説明せよ。

電池(2)

1 さまざまな実用電池

さまざまな種類の電池が実用化されており，それぞれの特性にあわせて利用されている。

一次電池(充電できない)

A リチウム電池 ▶P.101

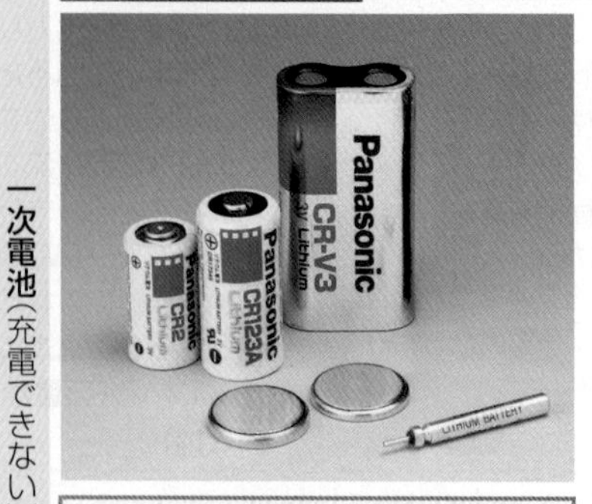

(−) Li|有機電解液|MnO_2や$(CF)_n$(+)

小型軽量で大きな電圧が得られる。電解液に水がないため，低温でも凍らずに使用できる。

起電力 約3.0 V

例 カメラ，火災報知器，AED

B 酸化銀電池

(−) Zn|KOHaq(NaOHaq)|Ag_2O(+)

小型軽量。電圧が安定しているため，精密機器に使われる。

起電力 約1.55 V

例 腕時計，電子体温計

C 空気亜鉛電池

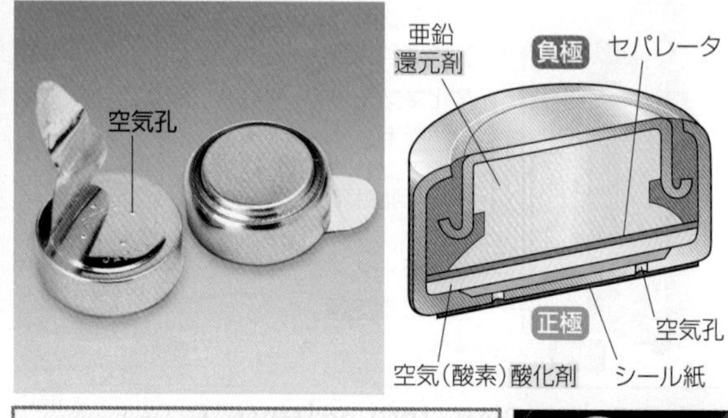

(−) Zn|KOHaq|O_2(+)

正極は空気中の酸素を使うので，負極の亜鉛を多く充填でき，高容量で寿命が長い。環境にやさしい。

起電力 約1.4 V

例 補聴器

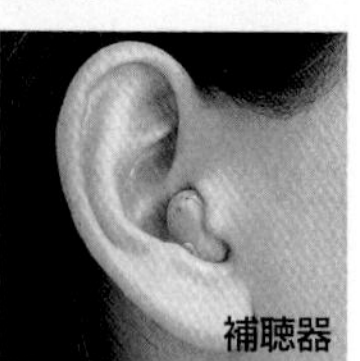
補聴器

二次電池(充電できる)

D ニッケル・カドミウム電池

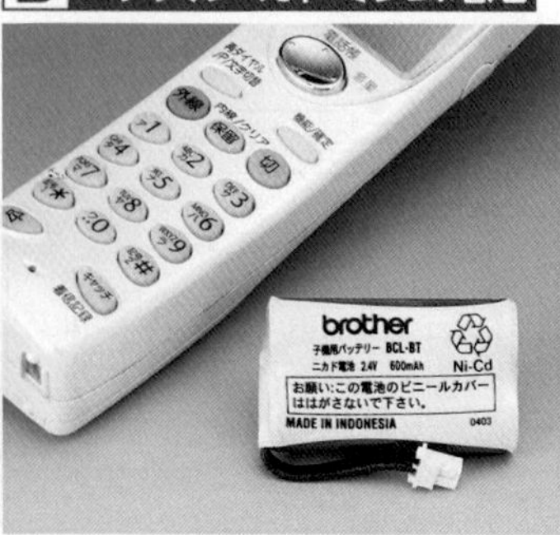

(−) Cd|KOHaq|NiO(OH)(+)

小型軽量。耐久性にすぐれ，寿命が長い。

起電力 約1.2 V

例 コードレス電話，ラジコンカー

E ニッケル・水素電池

(−) H_2|KOHaq|NiO(OH)(+)

水素は水素吸蔵合金に貯蔵する。高容量。

起電力 約1.2 V

例 ノートパソコン，ハイブリッド自動車

F リチウムイオン電池

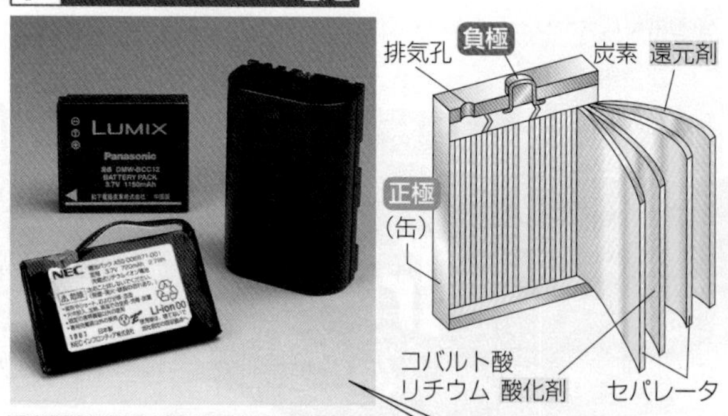

(−) C|有機電解液|$LiCoO_2$(+)

Li^+が正極・負極間を往復することで，充電・放電を繰り返す。

起電力 約4.0 V

例 ノートパソコン，携帯電話 電気自動車

二次電池には，Ni, Cd, Co, Pb などの希少な資源が使われているため，リサイクルが進められている。

参考 リチウムイオン電池のしくみ

負極と正極は層状の構造で，層の間にリチウムイオンが取りこまれている。電解液は，エチレンカーボネートなどの有機溶媒にリチウム塩($LiPF_6$など)が溶けた溶液が用いられる。放電時には，リチウムイオンが負極から正極に移動し，充電時には，リチウムイオンが正極から負極に移動する。
リチウムは原子が小さくて軽いこと，また，イオン化傾向が大きい元素であることから，小型で軽量，高い起電力が得られる電池をつくることが可能となった。

負極 炭素 C
$$Li_xC_6 \underset{充電}{\overset{放電}{\rightleftarrows}} 6C + xLi^+ + xe^-$$

正極 コバルト酸リチウム $LiCoO_2$
$$Li_{(1-x)}CoO_2 + xLi^+ + xe^- \underset{充電}{\overset{放電}{\rightleftarrows}} LiCoO_2$$

リチウムイオン電池のしくみ(放電時)

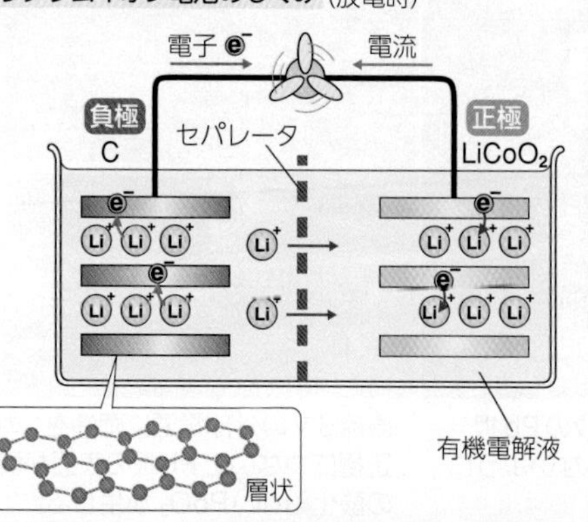

リチウムイオン電池を運ぶ補給機「こうのとり」
リチウムイオン電池は，国際宇宙ステーションでも利用されている。

プチ雑学 2019年のノーベル化学賞は，リチウムイオン電池を開発した功績により，吉野彰が受賞した。吉野は，2000年のノーベル化学賞を受賞した白川英樹が発見した導電性高分子(▶P.245)のポリアセチレンを負極，コバルト酸リチウムを正極に用いた電池の原型を製作した。その後，負極を炭素繊維に替えた実用的なリチウムイオン電池を開発した。

★基 2 燃料電池

燃料電池による発電は，大気汚染や環境破壊の原因物質を減らす手段として期待されている(▶P.266)。

A しくみ リン酸形の水素 - 酸素燃料電池

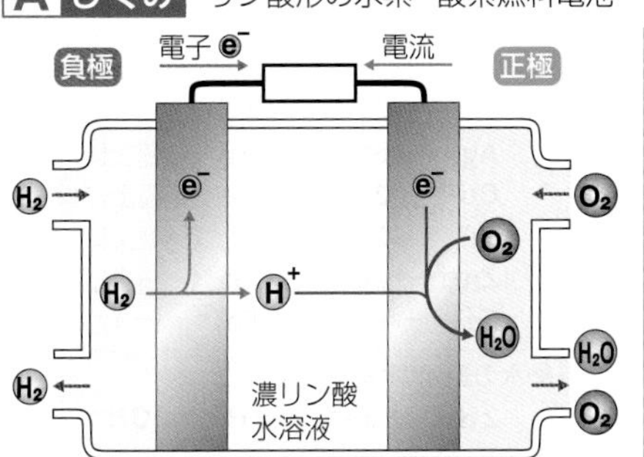

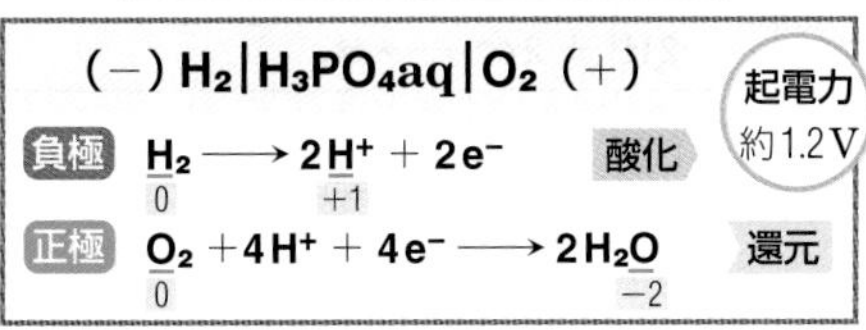

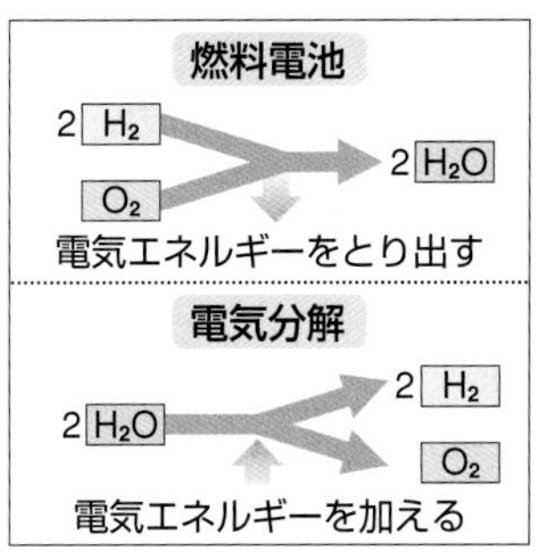

左の燃料電池は，水素と酸素の酸化還元反応から電気エネルギーをとり出している。電気エネルギーで水を分解(**電気分解**)する反応と逆の反応である。

Column 燃料電池の歴史

燃料電池の起源は古く，その原理は，1801年にデイヴィー(イギリス)が発見している。その後，1839年，グローブ(イギリス)が燃料電池の開発に成功した。

実用化されたのは1960年代，宇宙開発の分野からである。有人宇宙飛行「ジェミニ計画」で初めて使われ，「アポロ計画」やスペースシャトルでも活躍している。燃料電池は発電とともに水ができる。水は飲料水として使えるため，宇宙では好都合の発電方法である。

(UTCFC社提供)
アポロ7号に搭載された燃料電池
NASA

B さまざまな燃料電池

固体高分子形燃料電池

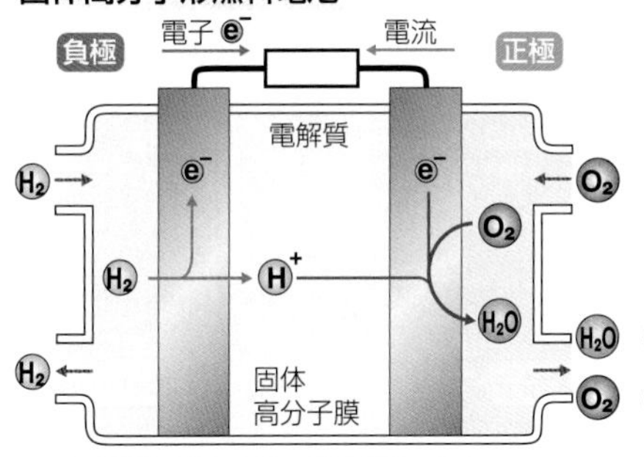

負極 $H_2 \longrightarrow 2H^+ + 2e^-$
正極 $O_2 + 4H^+ + 4e^- \longrightarrow 2H_2O$

小型で軽量，比較的起動しやすいため，家庭用電源や自動車などでの利用が考えられる。

溶融炭酸塩形燃料電池

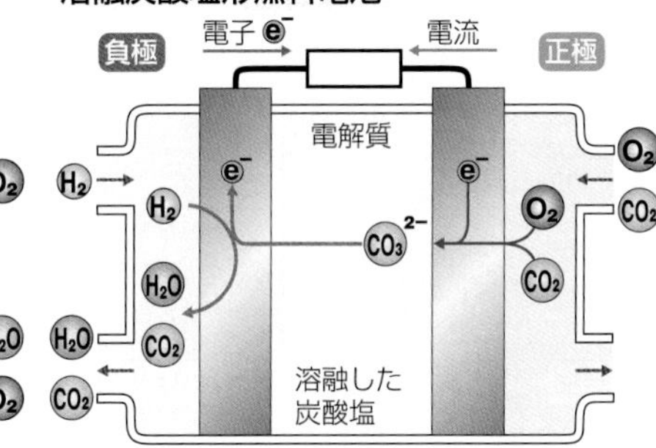

負極 $H_2 + CO_3^{2-} \longrightarrow H_2O + CO_2 + 2e^-$
正極 $O_2 + 2CO_2 + 4e^- \longrightarrow 2CO_3^{2-}$

水素に限らず多様な燃料を利用できる。たとえば，バイオ燃料の利用も考えられる。

種類	リン酸形(PAFC)	固体高分子形(PEFC)	溶融炭酸塩形(MCFC)
電解質	リン酸水溶液	イオン交換膜	炭酸リチウム，炭酸ナトリウムなど
電極触媒	白金	白金	なし
伝導イオン	水素イオンH^+	水素イオンH^+	炭酸イオンCO_3^{2-}
運転温度	190〜200℃	80〜100℃	600〜700℃
燃料	水素	水素	水素，一酸化炭素
発電規模	〜数百 kW	〜数十 kW	〜数十万 kW
発電効率	40〜45%	30〜40%	50〜65%
特徴	現在，最も普及している	低温で使え，小型化が可能	排熱を利用した複合発電が可能

燃料電池の利点

- **エネルギー効率が高い**
  化学エネルギーから電気エネルギーを直接とり出すことができるため，熱エネルギーの損失が少ない。排熱も利用できる。
  家庭用燃料電池で，発電時の排熱で湯を沸かすシステムが実用化されている。このように複数のエネルギーを同時にとり出して使うシステムを**コージェネレーションシステム**という。
- **クリーンである**
  燃料電池そのものから排出されるのは水のみである。
  燃料を燃やさないため，騒音(そうおん)や振動がほとんどない。
- **燃料の供給源が多様である**
  燃料となる水素は，石油や石炭，天然ガス，メタノール，水などいろいろなものから得られる。

これからの課題

- 燃料である水素を化石燃料からとり出す場合，二酸化炭素が発生する。太陽光などの自然エネルギーによる水の電気分解では，二酸化炭素は発生しないが，十分な量の水素を確保できない。
- 水素は可燃性の気体であり，製造・輸送・貯蔵などでの安全性を確保する必要がある。

参考 太陽電池

シリコン太陽電池

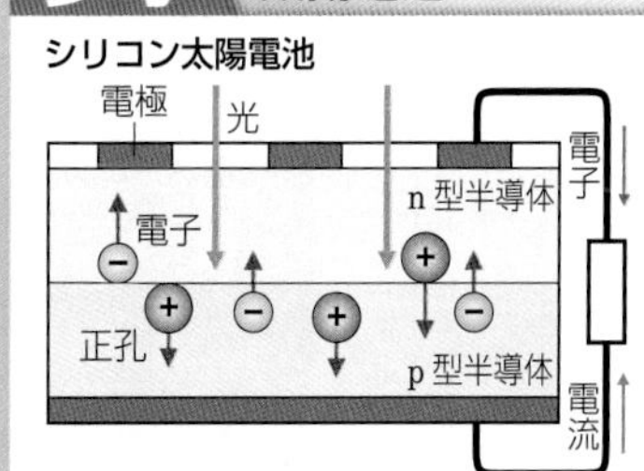

太陽電池は，ダニエル電池や燃料電池と違い，化学反応をともなわない。光を直接電気エネルギーに変えるクリーンなエネルギーとして，すでに広く利用されている。現在の主流は**半導体**(はんどうたい)(▶P.158)を利用したシリコン太陽電池である。

導体と絶縁体の中間程度の電気伝導性をもつ物質を半導体という。シリコン太陽電池は，p型とn型の2種類の半導体からなる。これらが重ね合わせられたところに光が当たると，原子からはじき出された電子(マイナス電荷をもつ)と，電子が抜けた穴である正孔(せいこう)(プラス電荷をもつ)が生じる。電子はn型半導体，正孔はp型半導体に集まる。このとき，2種類の半導体を結ぶと，n型半導体からp型半導体へ電子が移動し，電流が流れる。最近では，ほかに色素増感型太陽電池も，低コストで製造できる太陽電池として注目されている。

近年，新しい燃料電池として，電極・電解質ともにセラミックス(▶P.192)を使った固体酸化物形燃料電池(SOFC)の実用化が始まっている。小型化が可能，運転温度が高いため排熱を利用しやすい，燃料の制限がない，などの利点から，家庭用コージェネレーションシステム(▶P.266)として利用されている。

電気分解（1）

1 電気分解（電解）の原理

電解質の水溶液や融解した塩に外から電気エネルギーを加えると，酸化還元反応が起こる。

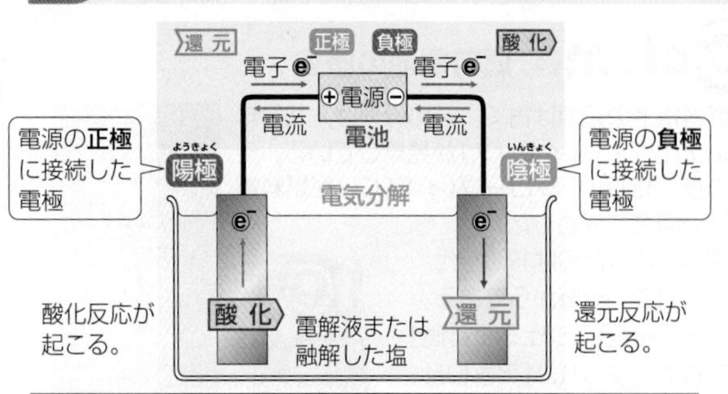

陽極	陰極
酸化 電子がうばわれる	還元 電子が与えられる
酸化されやすい物質が反応	還元されやすい物質が反応
原子の**酸化数が増加**	原子の**酸化数が減少**

※二次電池の充電（▶P.91）も電気分解である。

電気分解で起こる反応の例

酸化 陽極	陰極 還元
①水の酸化より起こりやすい反応	①水の還元より起こりやすい反応
$2I^- \longrightarrow I_2 + 2e^-$ （溶液中）	$Ag^+ + e^- \longrightarrow Ag$ （電極上に析出）
$2Cl^- \longrightarrow Cl_2 + 2e^-$ （溶液中）	$Cu^{2+} + 2e^- \longrightarrow Cu$ （電極上に析出）
$Fe^{2+} \longrightarrow Fe^{3+} + e^-$ （溶液中）	$Ni^{2+} + 2e^- \longrightarrow Ni$ （電極上に析出）
$Cu \longrightarrow Cu^{2+} + 2e^-$ （電極）	$Zn^{2+} + 2e^- \longrightarrow Zn$ （電極上に析出）
$Ag \longrightarrow Ag^+ + e^-$ （電極）	$Fe^{3+} + e^- \longrightarrow Fe^{2+}$ （溶液中）
②水の酸化（酸素が発生）	②水の還元（水素が発生）
$2H_2O \longrightarrow O_2 + 4H^+ + 4e^-$	$2H_2O + 2e^- \longrightarrow H_2 + 2OH^-$
水溶液が塩基性の場合	水溶液が酸性の場合
$4OH^- \longrightarrow O_2 + 2H_2O + 4e^-$	$2H^+ + 2e^- \longrightarrow H_2$
③水より酸化されにくい陰イオン	③水より還元されにくい陽イオン
SO_4^{2-}，NO_3^-，F^-，CO_3^{2-} など	K^+，Ca^{2+}，Na^+，Mg^{2+}，Al^{3+} など

③のようなイオンしか存在しないとき，水の酸化還元反応が起きる（②）。

2 水溶液の電気分解

酸化されやすい物質が陽極で酸化され，還元されやすい物質が陰極で還元される。

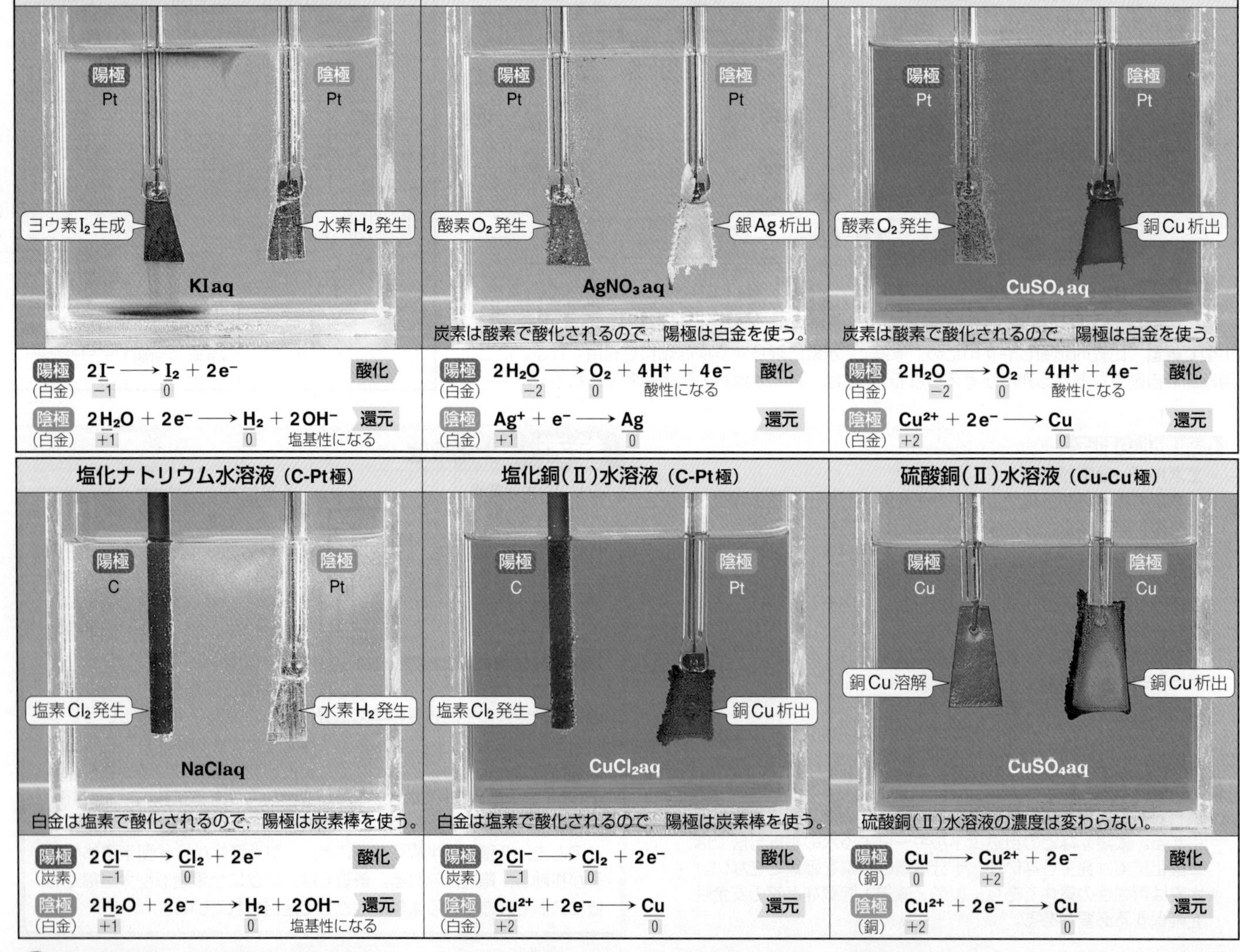

プチ雑学 燃料電池の燃料となる水素は，水の電気分解などからつくられる。水は電解質を含まないと電気を通さないため，水の電気分解をするときには，水よりも酸化もしくは還元されにくいイオンを含む物質（水酸化カリウムや水酸化ナトリウムなど）を加える。

Keywords ●陽極 anode ●陰極 cathode ●電気分解 electrolysis ●溶融塩電解 molten salt electrolysis
●イオン交換膜法 ion-exchange membrane process

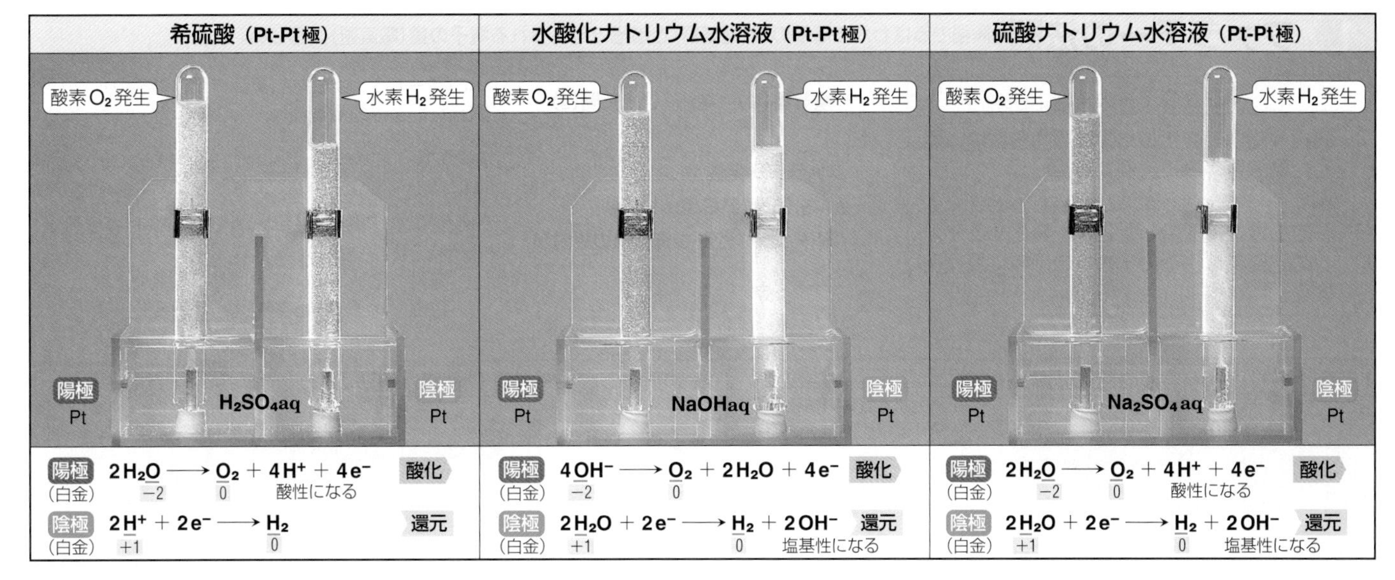

希硫酸（Pt-Pt極）		水酸化ナトリウム水溶液（Pt-Pt極）		硫酸ナトリウム水溶液（Pt-Pt極）	
陽極（白金）	$2H_2O \longrightarrow O_2 + 4H^+ + 4e^-$（O: −2 → 0）酸性になる 酸化	陽極（白金）	$4OH^- \longrightarrow O_2 + 2H_2O + 4e^-$（O: −2 → 0）酸化	陽極（白金）	$2H_2O \longrightarrow O_2 + 4H^+ + 4e^-$（O: −2 → 0）酸性になる 酸化
陰極（白金）	$2H^+ + 2e^- \longrightarrow H_2$（H: +1 → 0）還元	陰極（白金）	$2H_2O + 2e^- \longrightarrow H_2 + 2OH^-$（H: +1 → 0）塩基性になる 還元	陰極（白金）	$2H_2O + 2e^- \longrightarrow H_2 + 2OH^-$（H: +1 → 0）塩基性になる 還元

3 溶融塩電解

イオン化傾向の大きい金属の単体は，無水塩を融解して電気分解すると得られる。

A ナトリウムの製造 $2NaCl \longrightarrow 2Na + Cl_2$

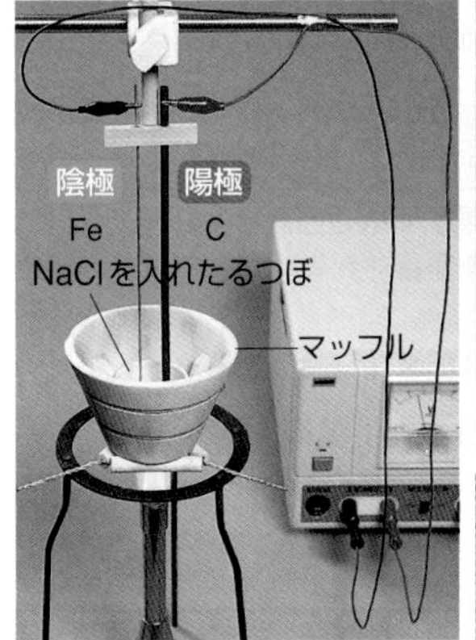

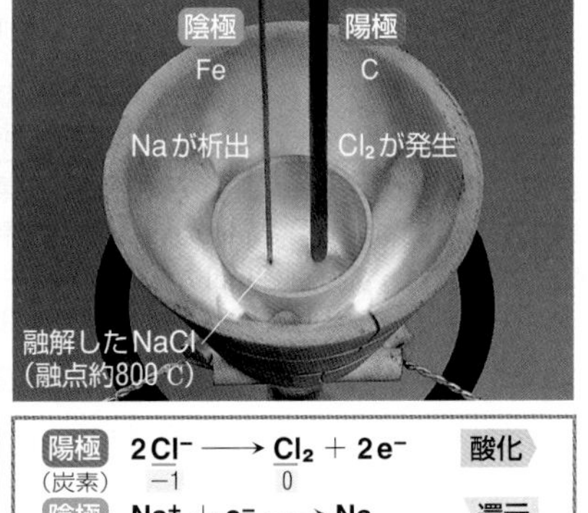

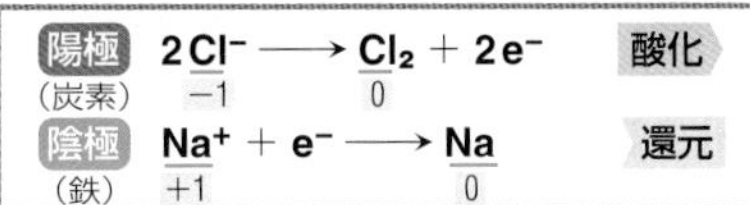

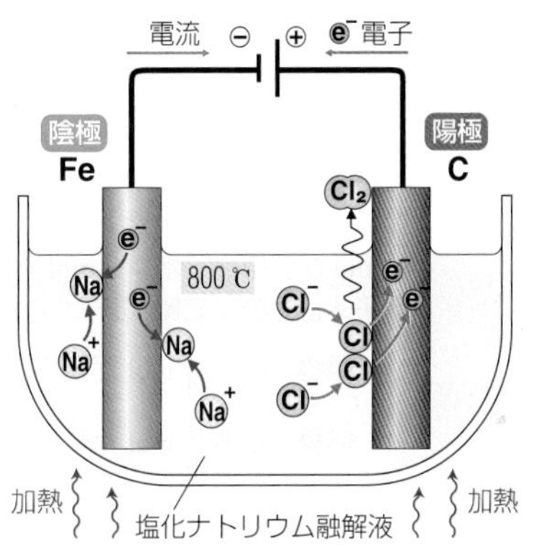

※この方法で陰極に析出したNaは，O_2 や Cl_2 とすぐに反応してしまう。

アルミニウムの製造（▶P.168, 197）

一般に，イオン化傾向の大きい金属（Li，K，Ca，Na，Mg，Alなど）の単体は，それらのイオンを含む水溶液の電気分解では得られない。これは，水の方がこれらの金属イオンよりも還元されやすいためである。

これらのイオンを含む化合物を高温で融解して，水のない状態で電気分解すると，イオン化傾向の大きい金属の単体も得ることができる。この方法を**溶融塩電解**（融解塩電解）という。

4 電気分解の応用

電気分解を利用して，物質を生産したり，金属の純度を高めたりすることができる。

A 水酸化ナトリウムの製造 $2NaCl + 2H_2O \longrightarrow 2NaOH + H_2 + Cl_2$

イオン交換膜法 ▶P.195

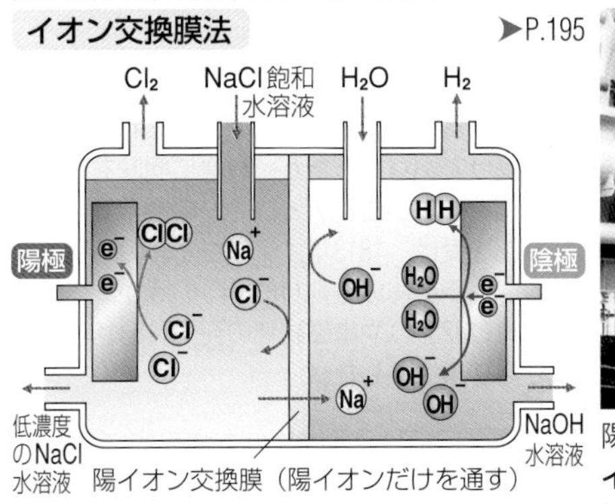

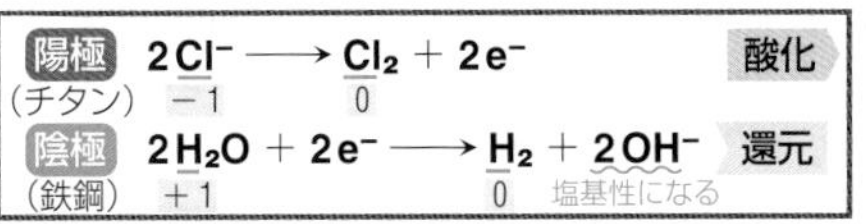

イオン交換膜法の電解槽

陽極では塩素が発生し，Na^+ は**陽イオン交換膜**（▶P.242）を通って陰極側に移動する。陰極では水素が発生して OH^- の濃度が大きくなるので，陰極側の水酸化ナトリウム水溶液の濃度が大きくなる。

B めっき 固体の表面に金属のうすい被膜をつくる操作。

例 ニッケルめっき

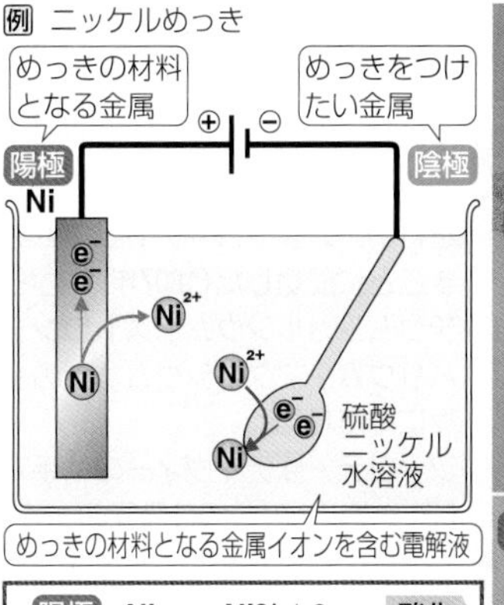

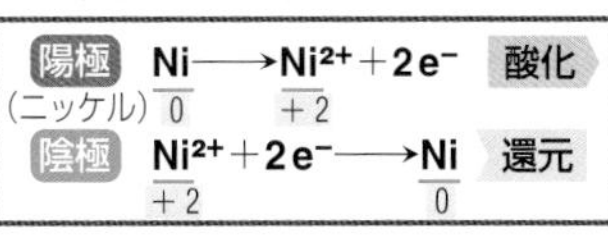

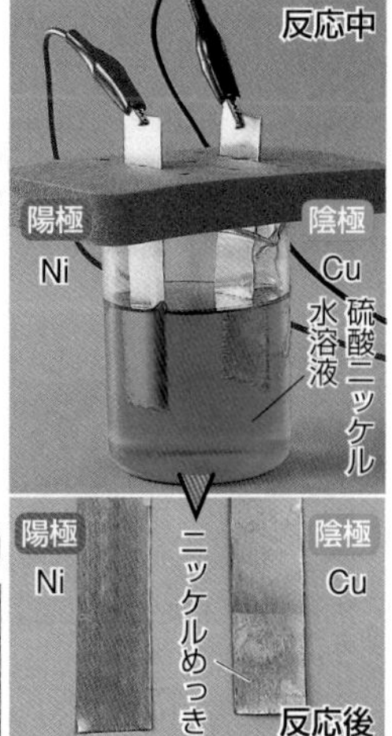

銅の電解精錬（▶P.197）

プチ雑学 イオン結晶は，融解してイオンが自由に動ける状態になると，電気を導く（▶P.43）。溶融塩電解によるナトリウムの製造では，まず塩化ナトリウムを熱して融解することで，ナトリウムイオンと塩化物イオンが自由に動けるようになり，電気分解の反応が進む。

電気分解（2）

1 ファラデーの法則

陽極でうばわれる電子の量（電気量）と陰極で与えられる電子の量（電気量）は等しい。

ファラデーの法則（1833年）

- 陽極や陰極で変化した物質の物質量は，流した電気量のみに比例する。
- 単原子イオンから単体が得られるときには，一定の電気量を流したとき，変化するイオンの物質量は，そのイオンの価数に反比例する。

電気量(C)＝電流(A)×時間(s)

ファラデー定数
$F=9.65\times10^4$ C/mol
（電子1molがもつ電気量の絶対値）

1C（クーロン）は，1A（アンペア）の電流が1s（秒）間流れたときの電気量。

$F=1.602\times10^{-19}$ C $\times 6.022\times10^{23}$ /mol $\fallingdotseq 9.65\times10^4$ C/mol
電子1個がもつ電気量の絶対値　アボガドロ定数

9.65×10^4 Cの電気量が流れたとき，次のような変化が起こる。
陽極　電子1molをうばわれる変化
陰極　電子1molを与えられる変化

硫酸ナトリウム水溶液の電気分解

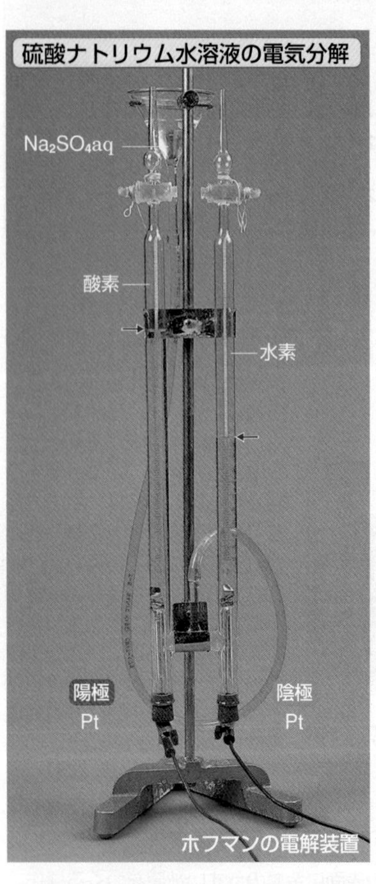

ホフマンの電解装置

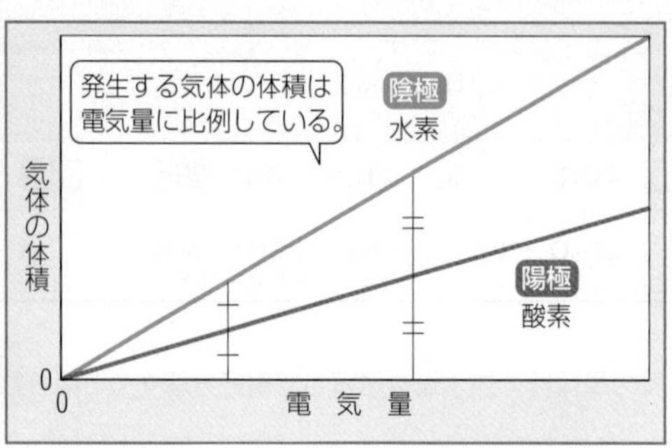

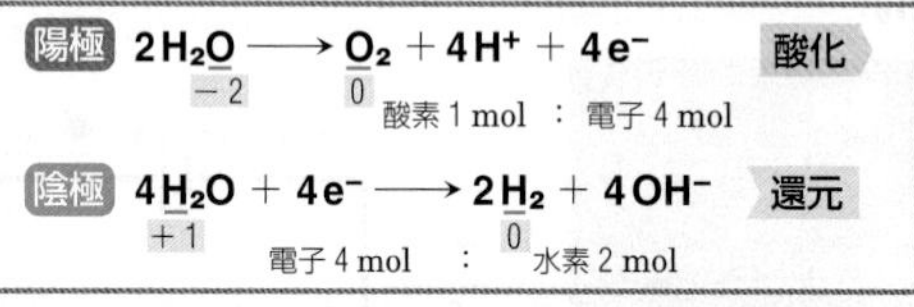

両電極で授受される電子4mol当たり，陽極では水2molが反応して酸素1molが発生し，陰極では水4molが反応して水素2molが発生する。
電子1molの電気量 9.65×10^4 Cが流れたとき，
陽極　酸素 $\frac{1}{4}$ molが発生する。
陰極　水素 $\frac{1}{2}$ molが発生する。

硝酸銀水溶液の電気分解

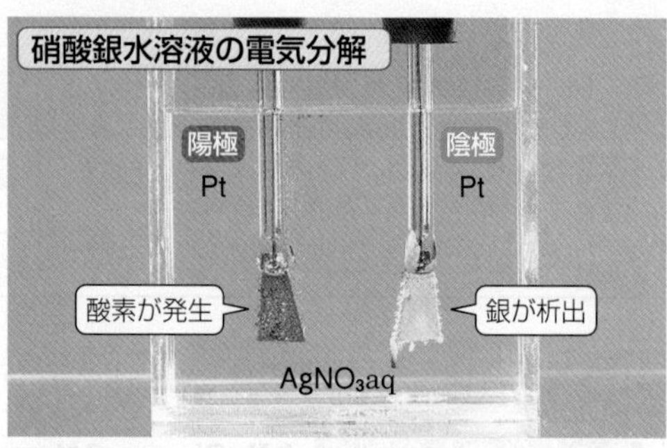

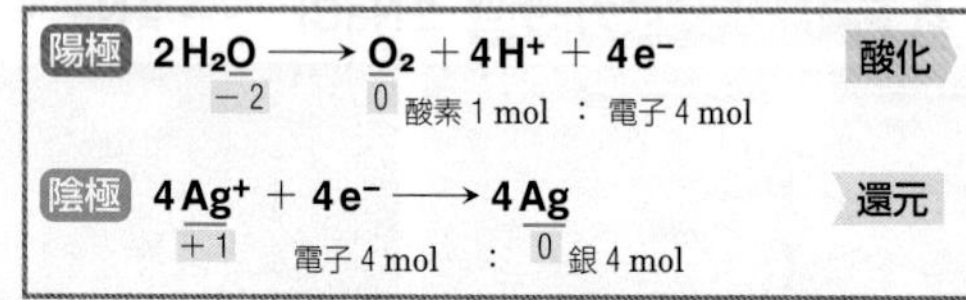

両電極で授受される電子4mol当たり，陽極では水2molが反応して酸素1molが発生し，陰極では銀4molが析出する。
電子1molの電気量 9.65×10^4 Cが流れたとき，
陽極　酸素 $\frac{1}{4}$ molが発生する。
陰極　銀1molが析出する。

電子1molの電気量（9.65×10^4 C）で変化するイオンの物質量

反応するイオン	価数	変化量	生成物	生成物量（質量）	反応するイオン	価数	変化量	生成物	生成物量（質量）
Ag^+	1価	1 mol	Ag	1 mol（107.9 g）	Cl^-	1価	1 mol	Cl_2	$\frac{1}{2}$ mol（35.5 g）
Cu^{2+}	2価	$\frac{1}{2}$ mol	Cu	$\frac{1}{2}$ mol（31.8 g）	O^{2-}	2価	$\frac{1}{2}$ mol	O_2	$\frac{1}{4}$ mol（8 g）

Episode デイヴィーとファラデー

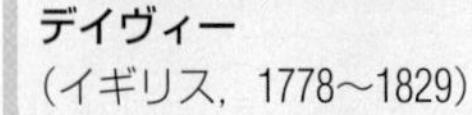
デイヴィー
（イギリス，1778～1829）

デイヴィーは，当時発明されたボルタ電池（▶P.90）を使って溶融塩電解（▶P.95）を行い，カリウムやナトリウムをとり出すことに成功した（1807年）。さらに，リチウム，カルシウム，ストロンチウム，バリウム，マグネシウムなどの金属を次々に単離した。
ファラデーはデイヴィーの助手であり，「デイヴィーの最大の発見の一つはファラデーの発見である。」といわれることもある。

ファラデー
（イギリス，1791～1867）

ファラデーは貧しい鍛冶（かじ）職人の家に生まれ，十分な教育を受けていなかったが，科学に興味をもち，独自に勉強をしていた。デイヴィーの科学講演を聴いて感銘（かんめい）を受け，1813年，デイヴィーの助手となった。ファラデーの法則（1833年）のほか，ベンゼンの発見（1825年）や電磁誘導の発見（1831年）など，大きな功績を残した。

電気化学の用語にはファラデーが名付けたものが多くある。
電気分解 electrolysis，陽極 anode，陰極 cathode，イオン ion，陽イオン cation，陰イオン anion など
イオン ionはギリシャ語の「移動する」という意味の語にちなんで名付けられた。

プチ雑学　電気分解によって水の酸化還元反応が起こるとき，陽極と陰極に発生する酸素と水素の体積は，$O_2 : H_2 = 1 : 2$ となるはずであるが，実際には酸素の量が少なく見える。これは発生した酸素がわずかに水に溶けてしまうからである。

実験 ファラデー定数

目的 電気分解における銅板の質量変化から，ファラデー定数を求める。

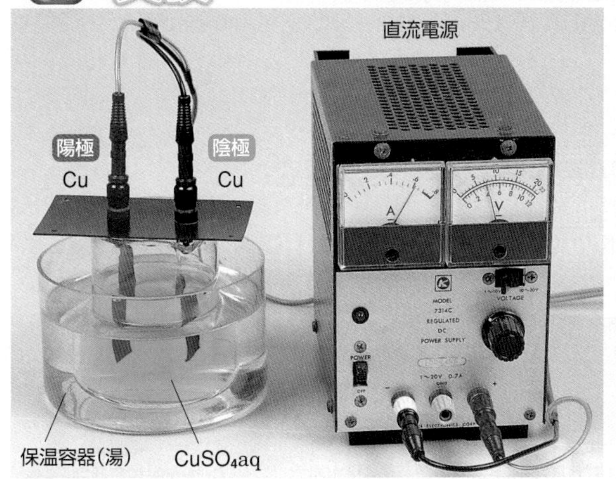

	電気分解前	電気分解後	変化量
陽極	1.05 g	0.92 g	0.92 g −1.05 g =−0.13 g 0.13 g 減少
陰極	1.05 g	1.16 g	1.16 g −1.05 g =0.11 g 0.11 g 増加

操作

①両極の銅板の質量を測定する。
②0.61 Aの直流電流で10分間電気分解を行う。
③電気分解後，両極の銅板を流水で洗浄し，よく乾かしてから質量を測定する(アセトンを使い，水が蒸発しやすいようにする)。

結果

各電極のイオン反応式から，陽極の質量減少と陰極の質量増加は同じである。
2つの値を平均した値 0.12 g を，この実験での Cu の変化量とする。

流した電流の大きさ	0.61 A
電流を流した時間	10分(600 s)
Cuの変化量	0.12 g

結果の処理

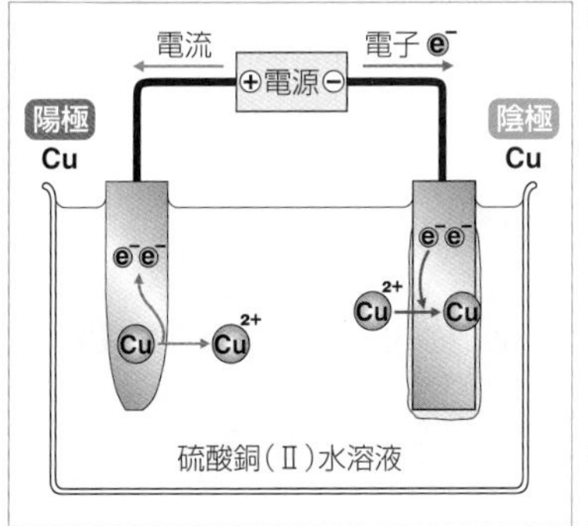

陽極	$Cu \longrightarrow Cu^{2+} + 2e^-$	酸化
	0　　+2	
	電子 2 mol が流れると，銅 1 mol が溶解する。	
陰極	$Cu^{2+} + 2e^- \longrightarrow Cu$	還元
	+2　　0	
	電子 2 mol が流れると，銅 1 mol が析出する。	

◎**Cuの変化量から流れた電気量を求める。**

Cu=63.5とすると，変化したCuの物質量は $\dfrac{0.12\ \mathrm{g}}{63.5\ \mathrm{g/mol}}$

物質量(mol)＝$\dfrac{質量(\mathrm{g})}{モル質量(\mathrm{g/mol})}$

各電極の反応式から，Cuが 1 mol 変化するとき，電子が 2 mol 流れることがわかる。

よって，流れた電子の物質量は，

$\dfrac{0.12\ \mathrm{g}}{63.5\ \mathrm{g/mol}} \times 2$

ファラデー定数を F〔C/mol〕とすると，流れた電気量は，

$\dfrac{0.12\ \mathrm{g}}{63.5\ \mathrm{g/mol}} \times 2 \times F$ …❶

ファラデー定数は電子 1 mol がもつ電気量である。

◎**電流と時間から流れた電気量を求める。**

0.61 A×600 s …❷

電気量(C)＝電流(A)×時間(s)

考察

◎**ファラデー定数を求める。**

❶，❷が等しいことから，

$\dfrac{0.12\ \mathrm{g}}{63.5\ \mathrm{g/mol}} \times 2 \times F = 0.61\ \mathrm{A} \times 600\ \mathrm{s}$

$F \fallingdotseq 9.7 \times 10^4\ \mathrm{C/mol}$　理論値に近い値が得られた。

理論値 $9.65 \times 10^4\ \mathrm{C/mol}$

A 電解槽のつなぎ方による電気量のちがい

直列に接続

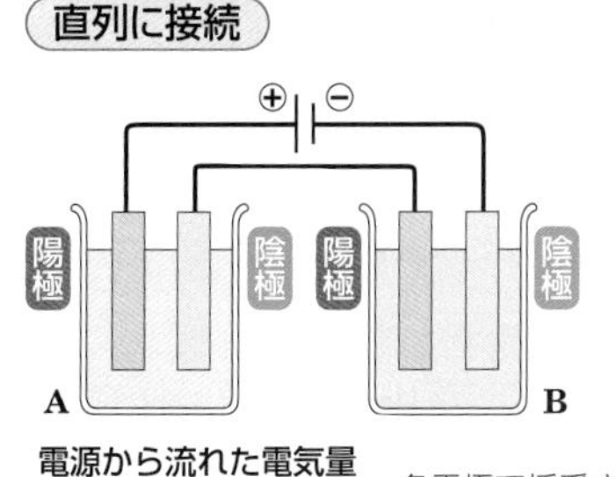

電源から流れた電気量
＝
電解槽Aに流れた電気量
＝
電解槽Bに流れた電気量

各電極で授受される電子の物質量も等しい。

並列に接続

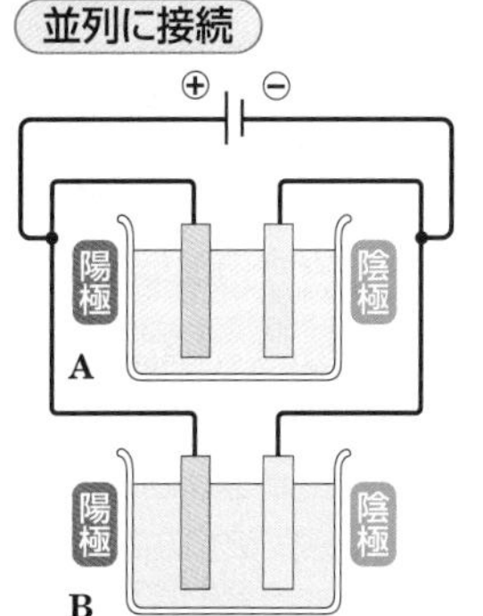

電源から流れた電気量
＝
電解槽Aに流れた電気量
＋
電解槽Bに流れた電気量

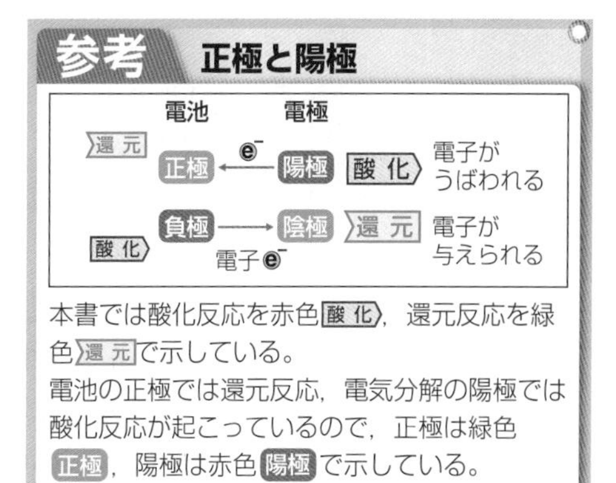

本書では酸化反応を赤色 酸化 ，還元反応を緑色 還元 で示している。
電池の正極では還元反応，電気分解の陽極では酸化反応が起こっているので，正極は緑色 正極 ，陽極は赤色 陽極 で示している。

プチ雑学 電池の容量(とり出せる電気量)の表示では，mAh(ミリアンペアアワー)という単位が使われることが多い。これは1時間で流せる電流の大きさを表し，この値から連続して使用できる時間がわかる。たとえば，消費電流が 200 mA の機器を，容量 1000 mAh のバッテリーを使って動かすと，1000 mAh ÷ 200 mA ＝ 5 h より，5 時間連続して使用できる。

酸化還元反応の量的関係

基 1 酸化還元反応の量的関係

酸化で失う電子の物質量 ＝ 還元で得る電子の物質量

酸化と還元は，常に同時に起こる。
ある物質が電子を失い（酸化され），その電子を別の物質が得る（還元される）。

基 2 酸化と還元が同じ場所で起こる場合

A 酸化剤と還元剤の反応

二酸化硫黄と硫化水素の反応

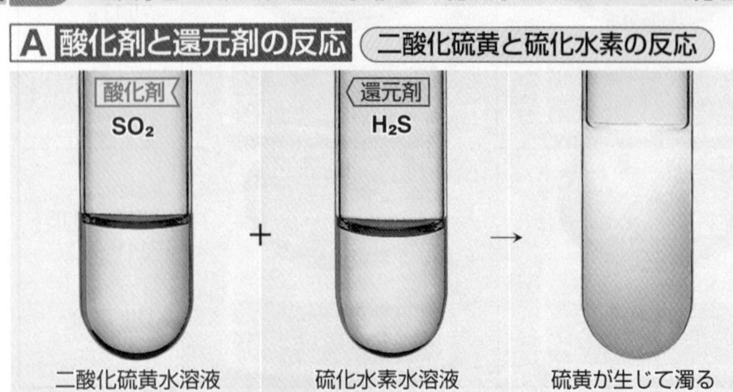

二酸化硫黄水溶液　＋　硫化水素水溶液　→　硫黄が生じて濁る

酸化剤	$SO_2 + 4H^+ + 4e^- \longrightarrow S + 2H_2O$
還元剤	$H_2S \longrightarrow S + 2H^+ + 2e^-$
全体の反応	$SO_2 + 2H_2S \longrightarrow 3S + 2H_2O$

計算例

濃度不明の硫化水素水溶液10 mLをちょうど酸化するのに，0.010 mol/Lの二酸化硫黄水溶液20 mLを要した。硫化水素水溶液の濃度をc〔mol/L〕とすると，

$$\underbrace{0.010\,\text{mol/L} \times \frac{20}{1000}\,\text{L} \times 4}_{\text{二酸化硫黄が得る電子の物質量}} = \underbrace{c\,〔\text{mol/L}〕 \times \frac{10}{1000}\,\text{L} \times 2}_{\text{硫化水素が失う電子の物質量}} \qquad c = 0.040\,\text{mol/L}$$

別　解

全体の式より，二酸化硫黄と硫化水素は 1 ： 2 の物質量の比で反応する。

$$\underbrace{0.010\,\text{mol/L} \times \frac{20}{1000}\,\text{L}}_{\text{二酸化硫黄の物質量}} : \underbrace{c\,〔\text{mol/L}〕 \times \frac{10}{1000}\,\text{L}}_{\text{硫化水素の物質量}} = 1 : 2$$

二クロム酸カリウムと過酸化水素の反応

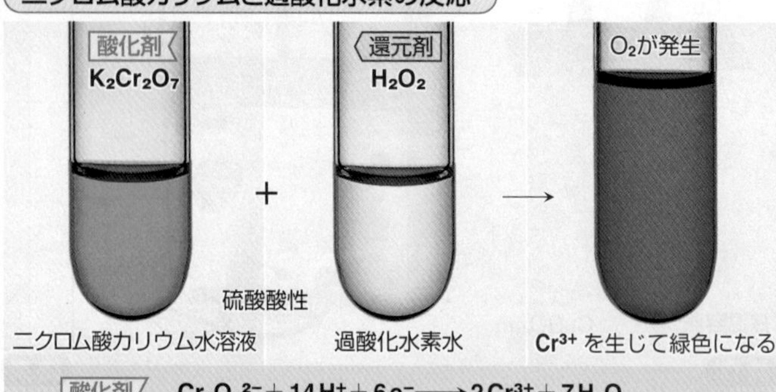

二クロム酸カリウム水溶液　＋　過酸化水素水　→　Cr^{3+} を生じて緑色になる

酸化剤	$Cr_2O_7^{2-} + 14H^+ + 6e^- \longrightarrow 2Cr^{3+} + 7H_2O$
還元剤	$H_2O_2 \longrightarrow O_2 + 2H^+ + 2e^-$
全体の反応	$K_2Cr_2O_7 + 4H_2SO_4 + 3H_2O_2 \longrightarrow Cr_2(SO_4)_3 + 3O_2 + 7H_2O + K_2SO_4$

計算例

0.010 mol/Lの二クロム酸カリウム水溶液10 mLをちょうど還元するのに，0.010 mol/Lの過酸化水素水を加えた。過酸化水素水の体積をv〔mL〕とすると，

$$\underbrace{0.010\,\text{mol/L} \times \frac{10}{1000}\,\text{L} \times 6}_{\text{二クロム酸カリウムが得る電子の物質量}} = \underbrace{0.010\,\text{mol/L} \times \frac{v}{1000}\,\text{L} \times 2}_{\text{過酸化水素が失う電子の物質量}} \qquad v = 30\,\text{mL}$$

別　解

全体の式より，二クロム酸カリウムと過酸化水素は 1 ： 3 の物質量の比で反応する。

$$\underbrace{0.010\,\text{mol/L} \times \frac{10}{1000}\,\text{L}}_{\text{二クロム酸カリウムの物質量}} : \underbrace{0.010\,\text{mol/L} \times \frac{v}{1000}\,\text{L}}_{\text{過酸化水素の物質量}} = 1 : 3$$

B 金属の溶解と析出

硝酸銀水溶液と銅

銅線
硝酸銀水溶液　▶　銀が析出

酸化	$Cu \longrightarrow Cu^{2+} + 2e^-$
還元	$Ag^+ + e^- \longrightarrow Ag$

$Cu + 2Ag^+ \longrightarrow Cu^{2+} + 2Ag$

銅Cuが1 mol酸化されるとき，銀Agが2 mol析出する（還元される）。

C 金属の溶解と水素の発生

マグネシウムと塩酸

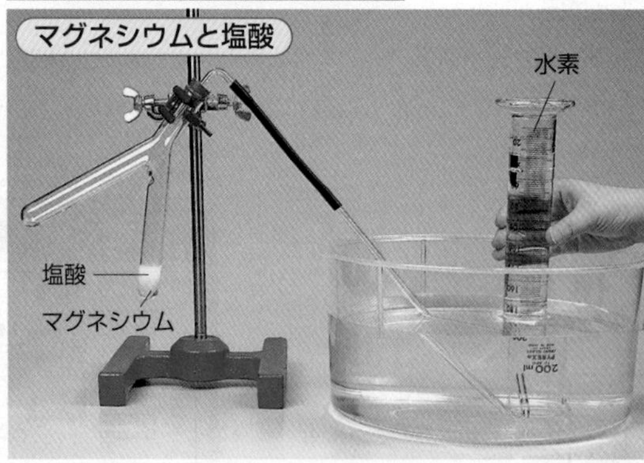

酸化	$Mg \longrightarrow Mg^{2+} + 2e^-$
還元	$2H^+ + 2e^- \longrightarrow H_2$

全体の反応　$Mg + 2H^+ \longrightarrow Mg^{2+} + H_2$

マグネシウムMgが 1 mol反応するとき，水素H_2が 1 mol発生する。

アルミニウムと塩酸

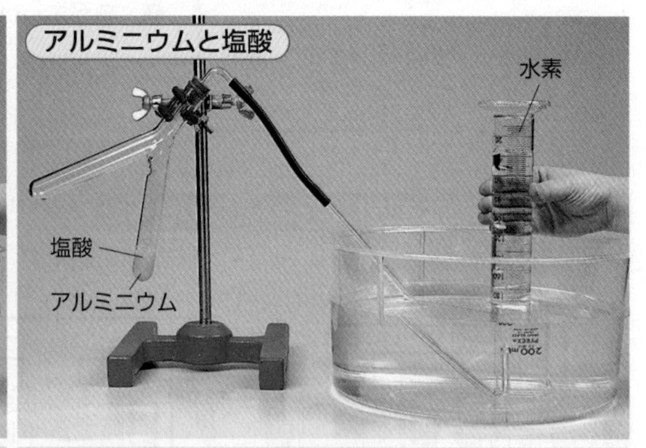

酸化	$Al \longrightarrow Al^{3+} + 3e^-$
還元	$2H^+ + 2e^- \longrightarrow H_2$

全体の反応　$2Al + 6H^+ \longrightarrow 2Al^{3+} + 3H_2$

アルミニウムAlが 2 mol反応するとき，水素H_2が 3 mol発生する。

過酸化水素は髪の毛の脱色剤に使われる。過酸化水素の酸化作用により，髪の毛の色素であるメラニンが分解され，色素の粒子が小さくなると無色になる。

3 酸化と還元が別の場所で起こる場合

A 電池の放電 自然に起こる反応

ダニエル電池（▶P.90）

負極	$Zn \longrightarrow Zn^{2+} + 2e^-$	酸化
正極	$Cu^{2+} + 2e^- \longrightarrow Cu$	還元

全体の反応 $Zn + Cu^{2+} \longrightarrow Zn^{2+} + Cu$

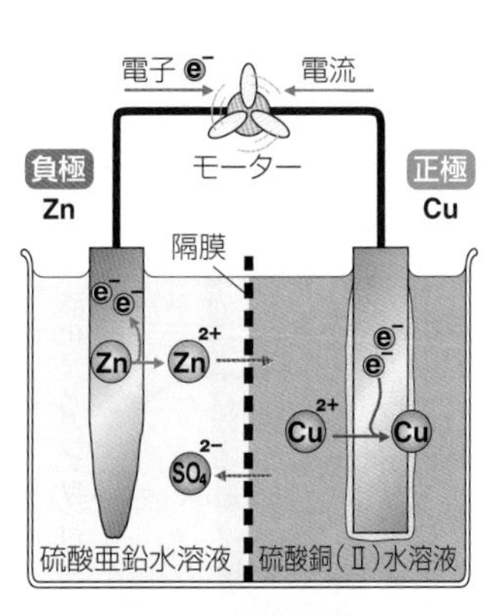

電子が 2 mol 移動したとき，流れた電気量
$2 \times 9.65 \times 10^4$ C

負極
- Zn が 1 mol（=65.4 g）溶出
- 負極板の質量が 65.4 g 減少

正極
- Cu が 1 mol（=63.5 g）析出
- 正極板の質量が 63.5 g 増加

鉛蓄電池の放電（▶P.91）

負極	$Pb + SO_4^{2-} \longrightarrow PbSO_4 + 2e^-$	酸化
正極	$PbO_2 + 4H^+ + SO_4^{2-} + 2e^- \longrightarrow PbSO_4 + 2H_2O$	還元

全体の反応 $Pb + PbO_2 + 2H_2SO_4 \longrightarrow 2PbSO_4 + 2H_2O$

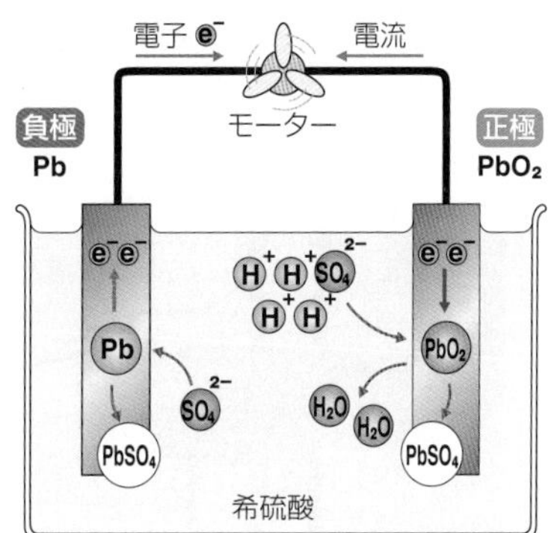

電子が 2 mol 移動したとき，流れた電気量
$2 \times 9.65 \times 10^4$ C

負極
- $PbSO_4$ が 1 mol生成
- 負極板の質量が 96 g 増加

Pb 1 mol 207 g → $PbSO_4$ 1 mol 303 g

正極
- $PbSO_4$ が 1 mol生成
- 正極板の質量が 64 g 増加

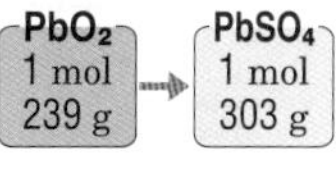

電解液
- H_2SO_4 が 2 mol（=98 g×2）減少
- H_2O が 2 mol（=18 g×2）生成

B 電気分解と電池の充電 強制的に起こす反応

銅板電極による硫酸銅（Ⅱ）水溶液の電気分解（▶P.97）

陽極	$Cu \longrightarrow Cu^{2+} + 2e^-$	酸化
陰極	$Cu^{2+} + 2e^- \longrightarrow Cu$	還元

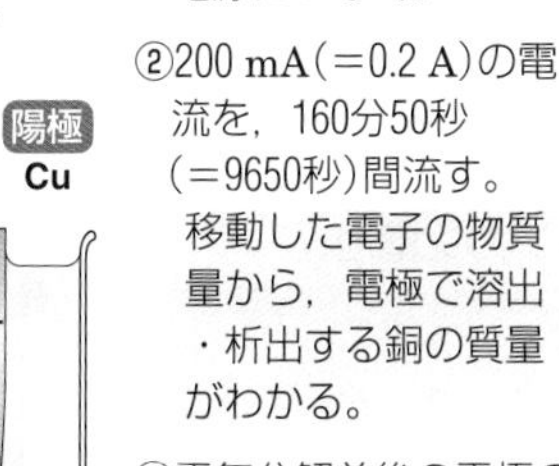

①硫酸銅（Ⅱ）水溶液に，銅板電極を入れ，外部電源につなぐ。

②200 mA（=0.2 A）の電流を，160分50秒（=9650秒）間流す。
移動した電子の物質量から，電極で溶出・析出する銅の質量がわかる。

③電気分解前後の電極の質量の変化を実際にはかる。
②の値と比較する。

	電極の質量		質量差
	電気分解前	電気分解後	
陽極	1.05 g	0.40 g	0.65 g
陰極	1.05 g	1.68 g	0.63 g

流れた電気量(C)=電流(A)×時間(s) であるから，
$0.2\,\text{A} \times 9650\,\text{s} = 1930\,\text{C}$
移動した電子の物質量は，
$$\frac{1930\,\text{C}}{9.65 \times 10^4\,\text{C/mol}} = 0.02\,\text{mol}$$
このとき，
陽極 銅板の質量が 0.01 mol（=0.635 g）減少（実験値 0.65 g）
陰極 銅板の質量が 0.01 mol（=0.635 g）増加（実験値 0.63 g）

鉛蓄電池の充電（▶P.91）

陽極	$PbSO_4 + 2H_2O \longrightarrow PbO_2 + 4H^+ + SO_4^{2-} + 2e^-$	酸化
陰極	$PbSO_4 + 2e^- \longrightarrow Pb + SO_4^{2-}$	還元

全体の反応 $2PbSO_4 + 2H_2O \longrightarrow Pb + PbO_2 + 2H_2SO_4$

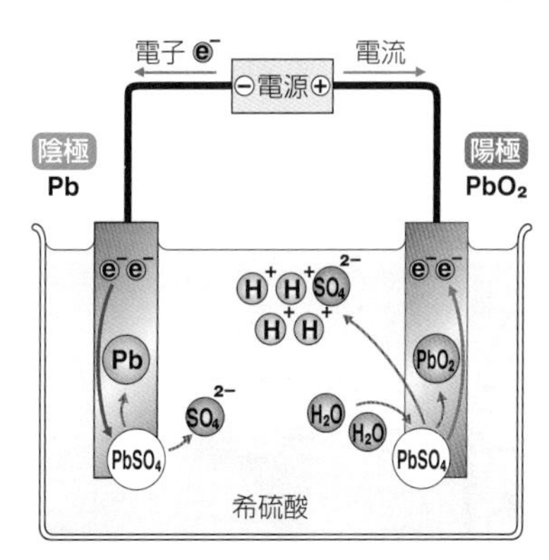

鉛蓄電池の負極を外部電源の負極に，鉛蓄電池の正極を外部電源の正極につなぎ，電気エネルギーを加える。

電子が 2 mol 移動したとき，流れた電気量
$2 \times 9.65 \times 10^4$ C

陽極（正極）
- PbO_2 が 1 mol 生成

陰極（負極）
- Pb が 1 mol 生成

電解液
- H_2SO_4 が 2 mol（=98 g×2）生成
- H_2O が 2 mol（=18 g×2）減少

電解液の密度

鉛蓄電池の電解液である硫酸 H_2SO_4 は，放電すると減少する。硫酸の密度は水より大きいので，硫酸が減少すると，電解液の密度は小さくなる。逆に，鉛蓄電池を充電すると，硫酸が生成され，電解液の密度は大きくなる。電解液の密度から，鉛蓄電池の充電・放電の状態がわかる。 密度▶P.25, 277

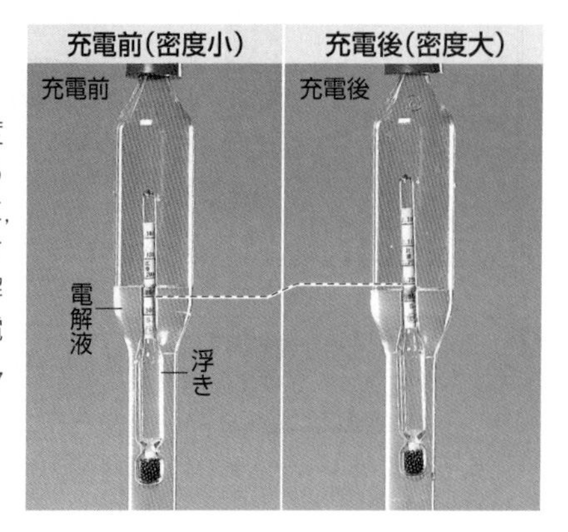

自動車のバッテリーとして使われている鉛蓄電池は，エンジンの回転を利用して充電し，エンジンの始動やエアコン，オーディオ類の利用時に放電している。このため，エンジンを止めた状態で長時間エアコンを利用すると，エンジン始動のための電流が足りなくなり，エンジンがかからなくなってしまう。この状態を「バッテリーが上がる」という。

特集実験 酸化還元反応とエネルギー

硫酸マンガン(Ⅱ)水溶液を電気分解する。炭素棒上には黒色の酸化マンガン(Ⅳ)が付着する。

❶ 電気分解による酸化マンガン(Ⅳ)の合成

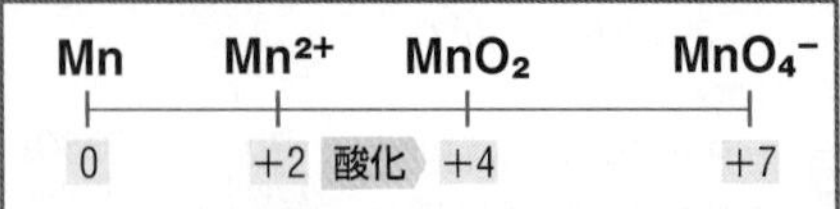

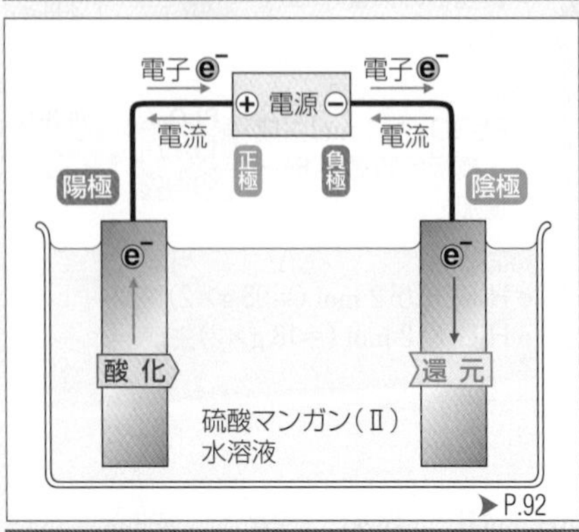

➤P.92

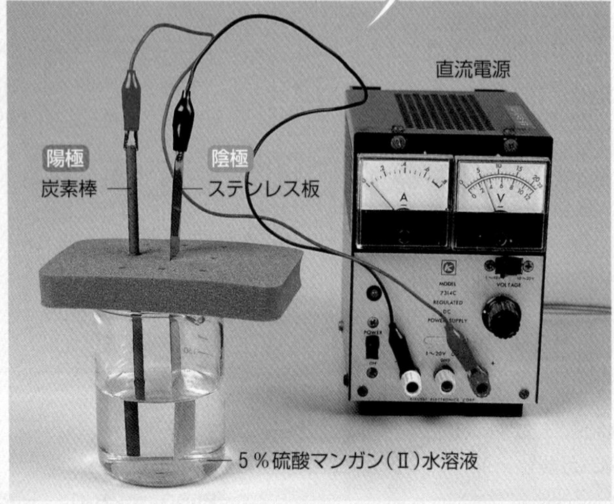

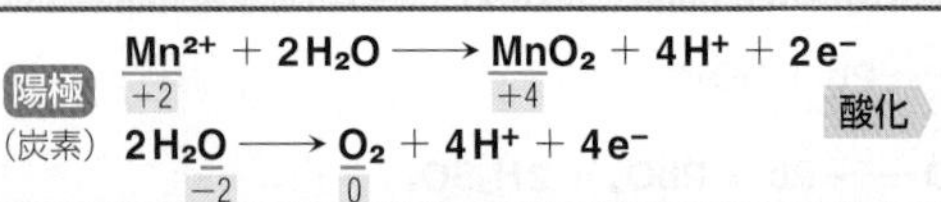

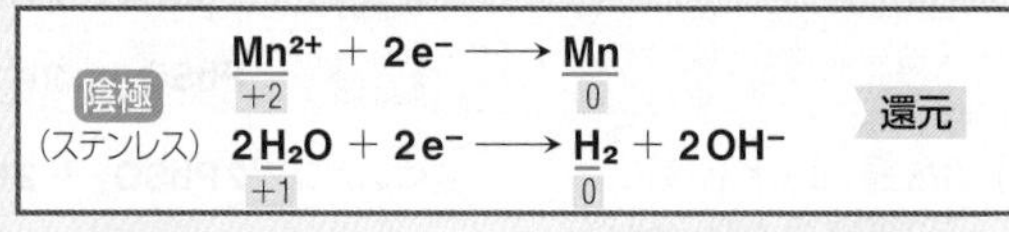

乾電池の正極には，かつては純度の低い天然の酸化マンガン(Ⅳ)が使われていた。現在では電気分解を利用して合成された高純度のものが使われるようになったため，乾電池の寿命は長くなった。

確認①

過酸化水素水

酸化マンガン(Ⅳ)付き炭素棒

酸素が発生

$$2H_2O_2 \xrightarrow{MnO_2} 2H_2O + O_2\uparrow$$

酸化マンガン(Ⅳ)が触媒として働く。

➤P.130

確認②

$$2K\underset{-1}{I} + \underset{+4}{Mn}O_2 + 2H_2SO_4 \longrightarrow \underset{0}{I_2} + \underset{+2}{Mn}SO_4 + 2H_2O + K_2SO_4$$

酸化マンガン(Ⅳ)が酸化剤として働く。生成したヨウ素がデンプンと反応して溶液は青紫色になる。

➤P.84, 145

❷ 電池の製作

合成した酸化マンガン(Ⅳ)付き炭素棒を正極に用いて電池をつくる。

電池のつくり

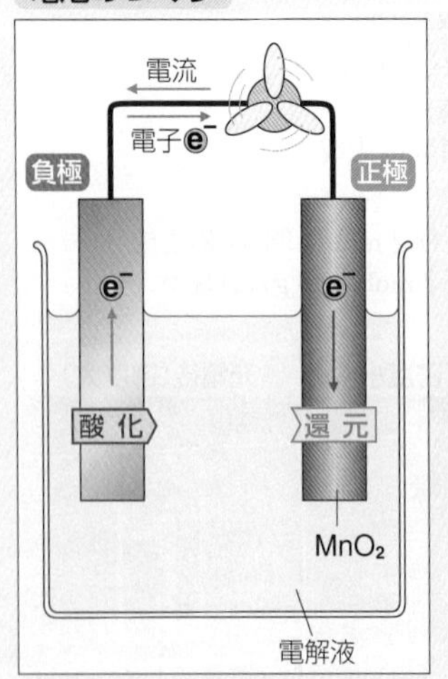

酸化マンガン(Ⅳ)付き炭素棒と，イオン化傾向が大きな金属を電解液に入れ，導線でつなぐと電流が流れる。

➤P.90

亜鉛・マンガン電池

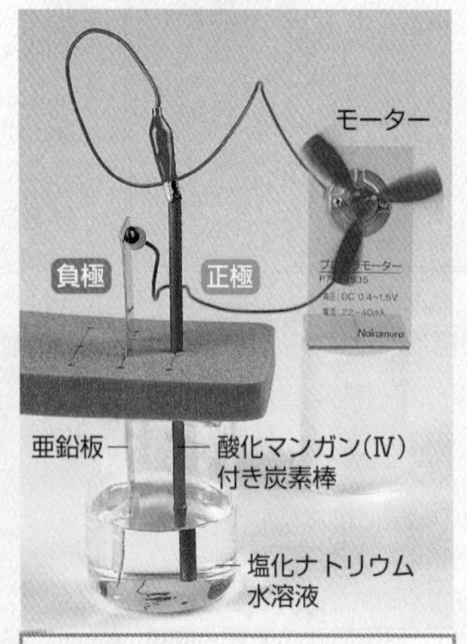

(−)Zn | NaClaq | MnO_2, C(+)

負極 $\underset{0}{Zn} \longrightarrow \underset{+2}{Zn^{2+}} + 2e^-$

正極 $\underset{+4}{Mn}O_2 + H_2O + e^- \longrightarrow \underset{+3}{Mn}O(OH) + OH^-$

アルカリマンガン電池

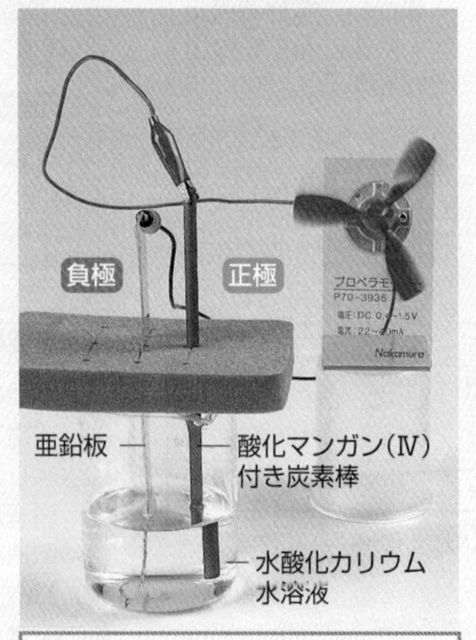

(−)Zn | KOHaq | MnO_2, C(+)

負極 $\underset{0}{Zn} + 4OH^- \longrightarrow [\underset{+2}{Zn}(OH)_4]^{2-} + 2e^-$

正極 $\underset{+4}{Mn}O_2 + H_2O + e^- \longrightarrow \underset{+3}{Mn}O(OH) + OH^-$

やってみよう！ バケツ電池

トタンのバケツが負極となり，電流が流れる。トタンは鉄を亜鉛でめっきしたものである(➤P.191)。

電気分解では，電気エネルギーを与えることによって，陽極で酸化，陰極で還元が起こる。
電池では，負極で酸化，正極で還元が起こり，電気エネルギーが生じる。

マンガン乾電池のモデル

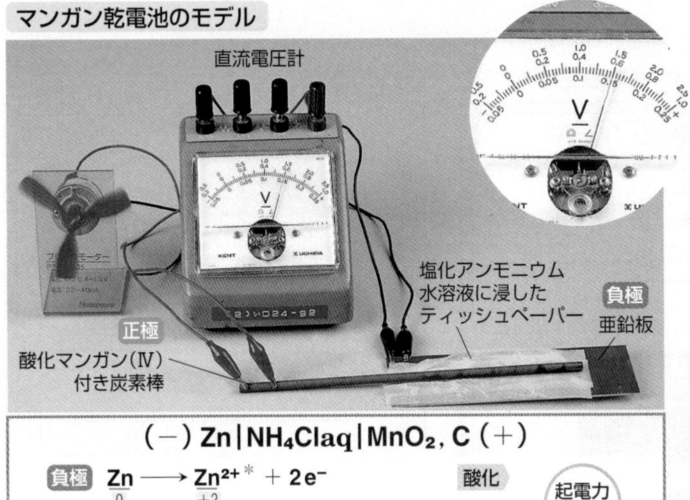

$(-)\ Zn|NH_4Claq|MnO_2, C\ (+)$

負極 $\underset{0}{Zn} \longrightarrow \underset{+2}{Zn^{2+}}$* $+ 2e^-$ 酸化

正極 $\underset{+4}{MnO_2} + H^+ + e^- \longrightarrow \underset{+3}{MnO(OH)}$ 還元

起電力 約1.5 V

アルミニウム・マンガン電池

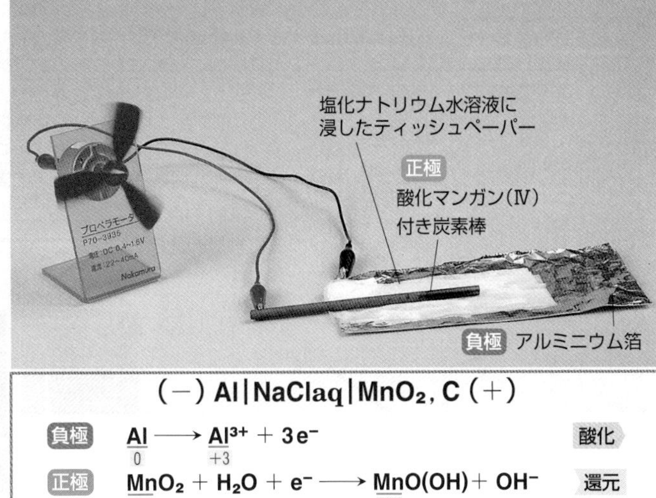

$(-)\ Al|NaClaq|MnO_2, C\ (+)$

負極 $\underset{0}{Al} \longrightarrow \underset{+3}{Al^{3+}} + 3e^-$ 酸化

正極 $\underset{+4}{MnO_2} + H_2O + e^- \longrightarrow \underset{+3}{MnO(OH)} + OH^-$ 還元

＊Zn^{2+} は，電解液中の NH_4^+ などと反応して，$[Zn(NH_3)_4]^{2+}$ などの錯イオン(▶P.180)になる。

③ リチウム電池の製作 リチウムを負極に用いて，起電力の大きな電池をつくる。

準備

有機電解液の調製*

過塩素酸リチウム $LiClO_4$ 11 g をプロピレンカーボネートに溶かして，全量を 100 mL にする。

電極の乾燥

ドライヤーをあて，炭素棒中に含まれている水分をとり除く。

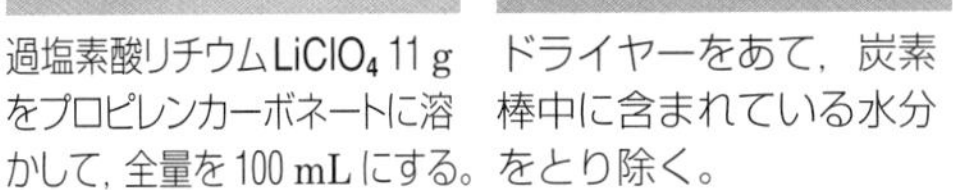

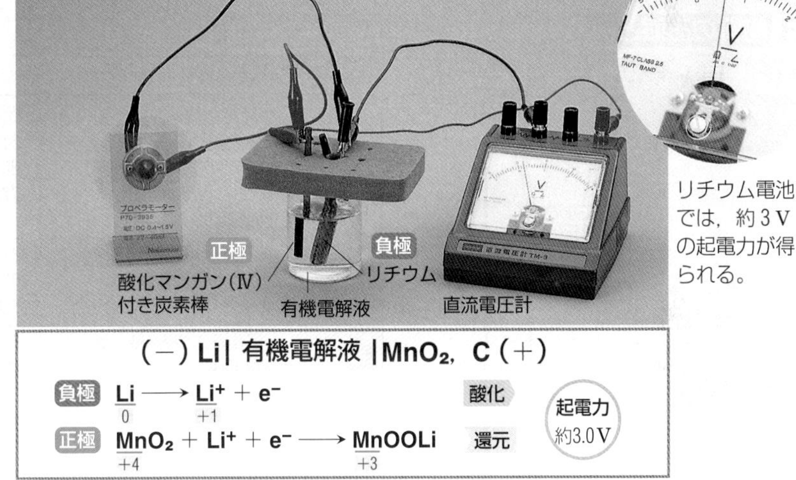

リチウム電池では，約 3 V の起電力が得られる。

$(-)\ Li|$ 有機電解液 $|MnO_2, C\ (+)$

負極 $\underset{0}{Li} \longrightarrow \underset{+1}{Li^+} + e^-$ 酸化

正極 $\underset{+4}{MnO_2} + Li^+ + e^- \longrightarrow \underset{+3}{MnOOLi}$ 還元

起電力 約3.0 V

＊リチウムはイオン化傾向が大きく，水と激しく反応して水素を発生する(▶P.163)。そのため，電解液の溶媒に水を使うことができない。

やってみよう！ 化学カイロづくり 鉄の酸化にともなう熱の発生を利用して，化学カイロをつくる。(▶P.123)

- 活性炭 空気を保持する
- 食塩水 触媒

$Fe + \frac{3}{4}O_2 \xrightarrow{酸化} \frac{1}{2}Fe_2O_3$* $\Delta H = -412\,kJ$

＊実際には FeO(OH) などの化合物が生じる。

状態変化

1 状態変化 温度や圧力により，物質は状態を変える。

A 水の状態変化 1気圧(=1.01325×10^5 Pa=1 atm)下で，水に熱エネルギーを加えたときのようす

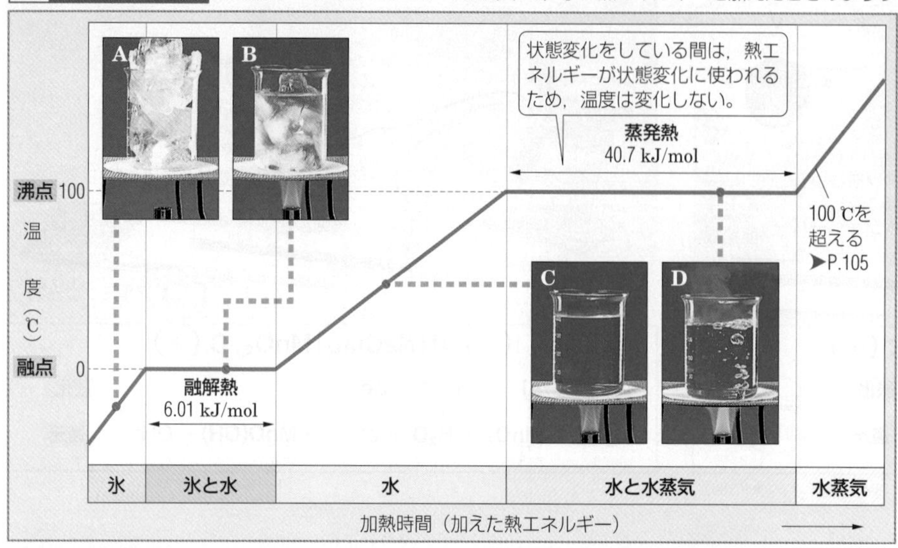

温度や圧力を変えると，物質の状態(固体，液体，気体)は変化する。これを**状態変化**という。氷(固体)に熱エネルギーを加えていくと，水分子の熱運動が激しくなり，水(液体)，水蒸気(気体)へと変化する。

水の状態図

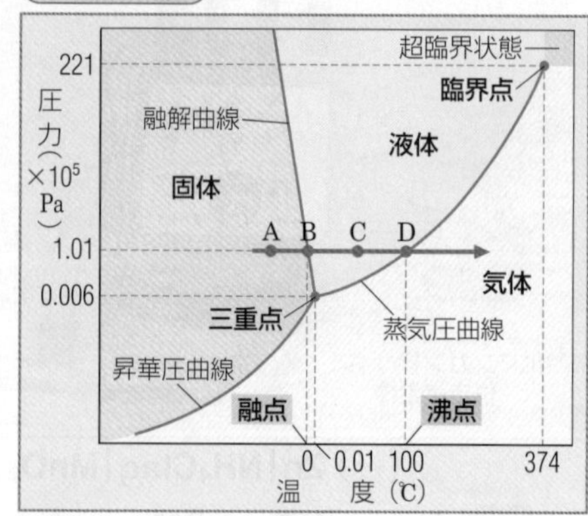

状態図　温度・圧力に応じて物質がどのような状態にあるかを示す図。
融点　融解するときの温度。一般に，凝固する温度(**凝固点**)に等しい。
沸点　沸騰するときの温度。外部の気圧と蒸気圧(➤P.104)が等しい温度で沸騰が起こる。
三重点　固体・液体・気体が共存する点。
臨界点　液体として存在できる限界。

B 物質の三態と熱

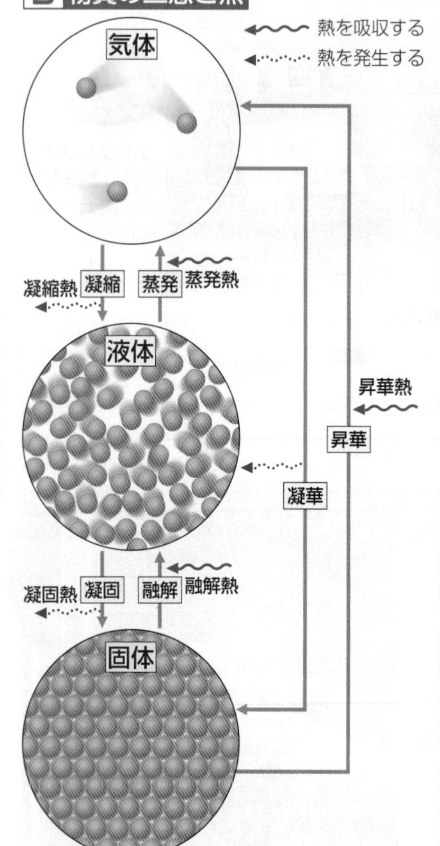

状態変化には熱の出入りがともなう。それぞれの熱については，次の関係が成り立つ。
融解熱＝凝固熱，蒸発熱＝凝縮熱

C 融点・沸点

さまざまな物質の融点・沸点 ＊昇華点

	物質	融点(℃)	沸点(℃)
イオン結合	水酸化ナトリウム NaOH	318.4	1390
	塩化ナトリウム NaCl	801	1413
	塩化カルシウム $CaCl_2$	772	>1600
	酸化カルシウム CaO	2572	2850
共有結合	ケイ素 Si	1410	2355
	二酸化ケイ素 SiO_2	1550	2950
	炭素(ダイヤモンド) C	3550	4800*
金属結合	アルミニウム Al	660.3	2467
	銅 Cu	1083.4	2567
	鉄 Fe	1535	2750
	タングステン W	3410	5657

		物質	分子量	融点(℃)	沸点(℃)
分子間力		水素 H_2	2.0	−259.1	−252.9
		窒素 N_2	28	−209.9	−195.8
		酸素 O_2	32	−218.4	−183.0
		メタン CH_4	16	−182.8	−161.49
		エタン C_2H_6	30	−183.6	−89
		プロパン C_3H_8	44	−188	−42
	水素結合	アンモニア NH_3	17	−77.7	−33.4
		フッ化水素 HF	20	−83	19.5
		水 H_2O	18	0.00	100.00

構成する粒子の間の結合力が強いほど，物質の融点や沸点は高くなる。したがって，イオン結合・共有結合・金属結合でできた物質は，分子でできている物質と比べて融点や沸点が高い。また，分子でできている物質でも，水素結合をする物質は融点や沸点が比較的高い。

融解したアルミニウム

分子間力と沸点

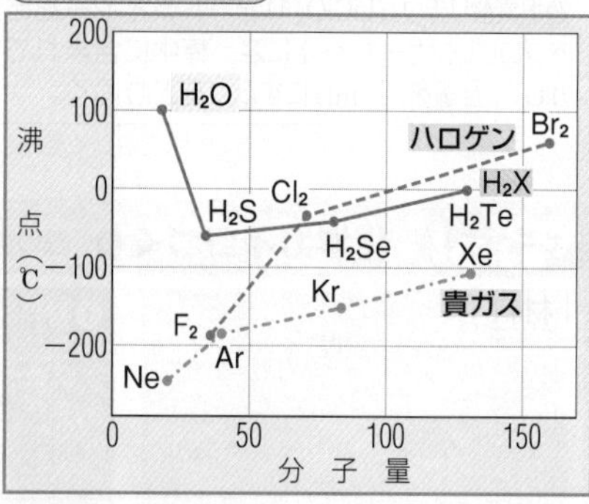

一般に，構造のよく似た分子では分子量の大きな物質ほど分子間力が強くなる。そのため，沸点が高くなる。
しかし，水 H_2O のように水素結合をする物質は，この傾向にあてはまらず，分子量が小さくても沸点は高い。

粒子間に働く力の大きさ　共有結合 > イオン結合，金属結合 ≫ 水素結合 > ファンデルワールス力
（化学結合）（分子間力）

プチ雑学　氷を冷凍庫に長期間入れておくと，氷が小さくなることがある。これは氷の昇華による現象である。長期間冷凍庫で保存した食材が干からびてしまうのも，食材に含まれる水分が凍って昇華したためである。

D 圧力変化と状態

ブタンの状態図

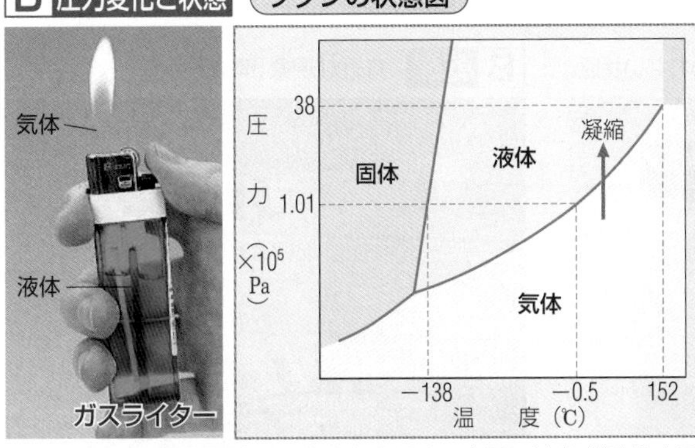

ブタン C_4H_{10} (➤P.204)は圧力を加えると，容易に液化(凝縮)する。燃料のブタンは液体の状態でたくわえられている。

二酸化炭素の状態図

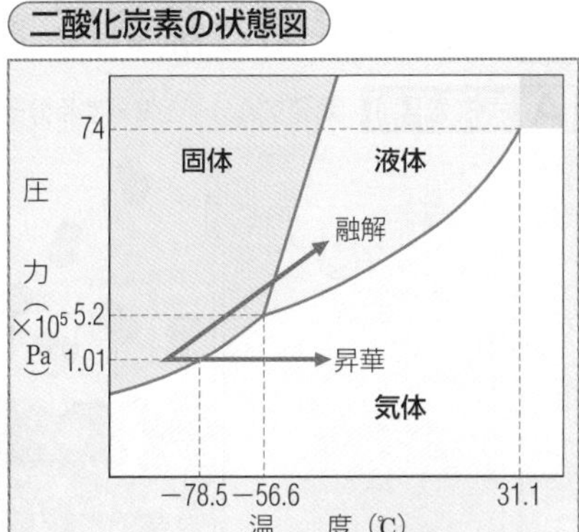

ドライアイス　圧力を加える　固体　液体

1気圧下では，ドライアイス(固体)は昇華する。液体にするためには，大きな圧力を加えなければならない。

Column 蒸発熱の利用

冷蔵庫やエアコンでは，冷媒とよばれる物質が液体から気体に状態変化するときに，まわりから熱(蒸発熱)をうばう現象が利用されている。気体となった冷媒は熱を放出して液体となる。このように，冷媒は液体と気体の状態変化を繰り返し，循環している。

注射のとき，アルコールで皮膚を消毒すると涼しく感じられるのは，アルコールが蒸発するときに皮膚から熱をうばうためである。打ち水も，まかれた水が蒸発するときに地面から熱をうばい，気温を下げる効果がある。

2 熱運動と絶対温度

絶対零度は温度の下限で，熱運動が停止する。

A 熱運動 ➤P.31

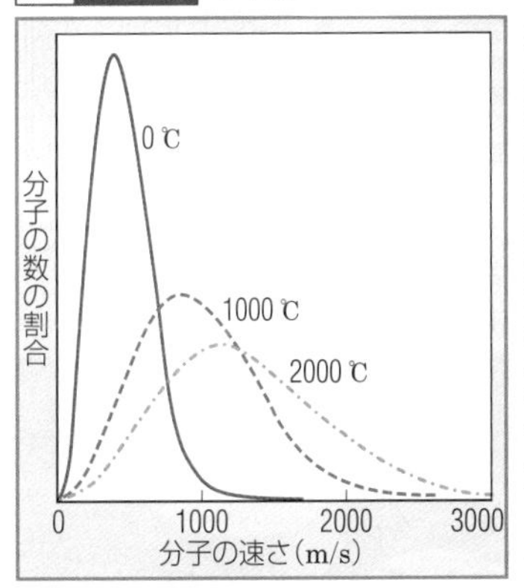

分子の平均の速さ (m/s)

物質		水素H_2	ヘリウムHe	ネオンNe	窒素N_2
分子量		2.02	4.00	20.2	28.0
温度(℃)	1000	3650	2600	1160	981
	500	2850	2020	900	765
	100	1980	1410	625	531
	25	1770	1260	559	475
	0	1690	1200	535	454

物質を構成する粒子はつねに熱運動している。気体分子の動く速さは左の図のように分布していて，温度が高くなると，運動エネルギーの大きな分子の割合が増える。

B 絶対温度 ➤P.31

セルシウス温度 t〔℃〕	−273 ℃	−100 ℃	0 ℃	100 ℃
	絶対零度		水の融点	水の沸点
絶対温度 T〔K〕	0 K	173 K	273 K	373 K

$$T = t + 273$$

粒子の熱運動は，温度が低くなると穏やかになり，−273 ℃で完全に停止すると考えられる。−273 ℃は**絶対零度**(ぜったいれいど)とよばれ，温度の下限である。

原点を絶対零度(−273 ℃)，目盛りの間隔をセルシウス温度と等しくなるようにした温度を**絶対温度**(ぜったいおんど)(単位K(ケルビン))という。

3 気体の圧力

気体の圧力は，熱運動している気体分子が物体表面に衝突することにより生じる。

A 水蒸気の圧力

水分子が衝突し，ふたに圧力が加わり，持ちあがる。

B 空気の圧力 大気圧

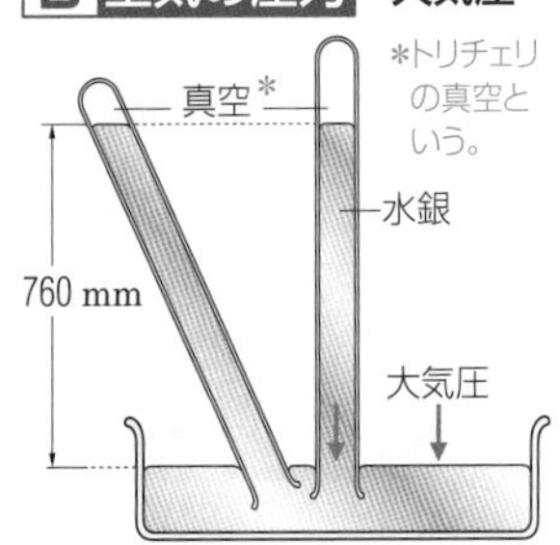

*トリチェリの真空という。

大気圧は，高さ760mmの水銀柱による圧力に相当する。海抜0mにおける大気圧は，通常1.01325×10^5 Paである。

圧力

単位面積あたりに働く力1 Pa(パスカル)は1 m^2の面積に1 N(ニュートン)の力が働いたときの圧力。

$$1\ \mathrm{Pa} = 1\ \mathrm{N/m^2}$$

1 atm＝760 mmHg ＝ 101325 Pa ＝ 1013.25 hPa(ヘクトパスカル)

思考問題 紙に火をつけると燃える。しかし，紙鍋とよばれる紙でできた鍋に水を入れて火にかけても，紙は燃えない。それはなぜか。
(紙の発火点 例 新聞紙 約290℃ 模造紙 約450℃)

蒸気圧と沸騰

1 気液平衡と蒸気圧

液体を密閉しておくと，やがて見かけ上，蒸発が停止した平衡(へいこう)状態になる。

A 気液平衡

蒸発する分子と凝縮する分子の数が等しくなり，見かけ上の変化が認められない状態。

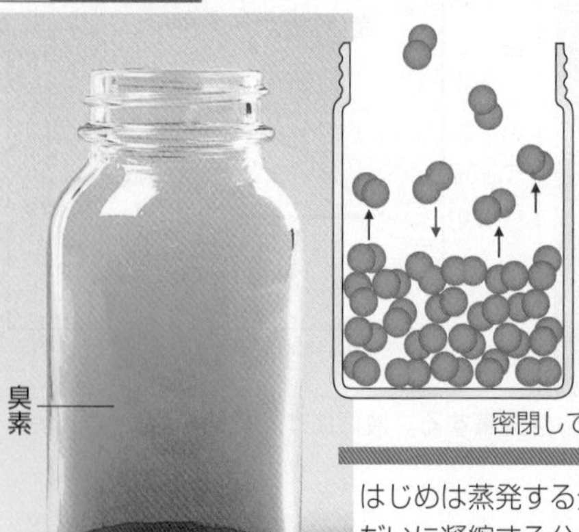

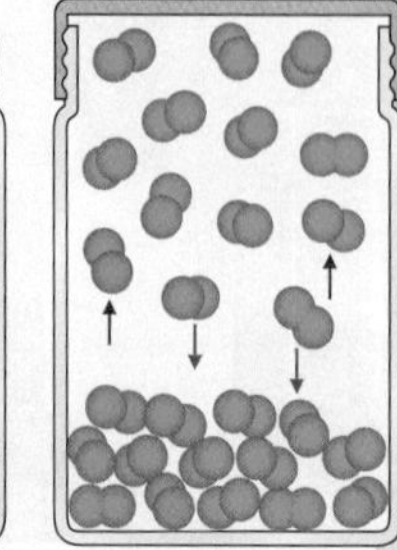

はじめは蒸発する分子の数が多い。しだいに凝縮する分子の数が増加し，やがて**気液平衡**になる。このときの気体の圧力を**蒸気圧(飽和蒸気圧)**という。

B 乾燥

身近な現象(開放系)

洗濯物を干す

蒸発　布　水

水蒸気は大気中に拡散するため，気液平衡に達することなく蒸発が続き，やがて洗濯(せんたく)物は乾く。

2 蒸気圧曲線と沸騰

沸騰する温度は，外圧によって変化する。

A 蒸気圧曲線

蒸気圧と温度の関係を示したグラフ。温度が高くなると，蒸気圧は増加する。

飽和蒸気圧(×10⁵ Pa)：0，0.2，0.33，0.4，0.6，0.62，0.8，1.01，1.2，1.4，1.47，1.6

温度(℃)：0，20，34.5，40，56，65，71，78，80，87，100，111，120

ジエチルエーテル　アセトン　メタノール　エタノール　水

内部の圧力 1.47×10^5 Pa，水の沸点 111 ℃

大気圧 0.62×10^5 Pa，水の沸点 87 ℃

大気圧 0.33×10^5 Pa，水の沸点 71 ℃

B 沸騰

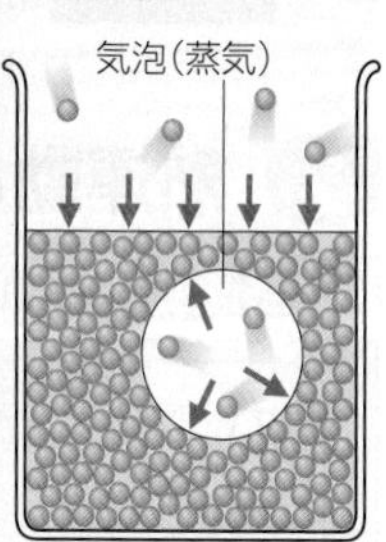

液体の蒸気圧が外圧(通常は大気圧)と等しくなると，液体内部からも蒸発が起こり，液体中に気泡が生じる。この状態を**沸騰**といい，このときの温度を**沸点**という。

長野県八ヶ岳　2100 m(水は92 ℃で沸騰)

参考 相対湿度

気象情報などで用いられる相対湿度は，大気中の蒸気圧から求められたものである。

$$相対湿度(\%) = \frac{大気中の蒸気圧}{その温度での飽和蒸気圧} \times 100$$

ポップコーンに使われる爆裂種のトウモロコシは，胚乳のデンプンの大半は硬いが，胚芽(のちに子葉になるところ)の周りは適度な水分を含んで柔らかい。加熱すると，圧力鍋と同じ原理で柔らかい部分の圧力が高まり，一気に爆発することでポップコーンになる。

実験 水の状態変化と沸騰 目的 水を加熱して，沸騰と蒸気圧の関係を理解する。

1 水の沸騰と水蒸気

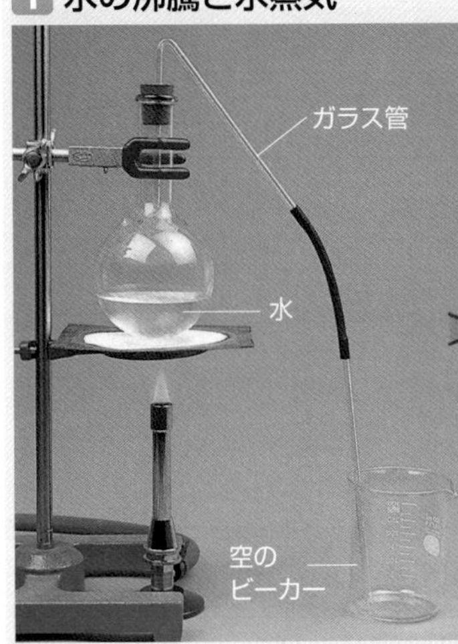

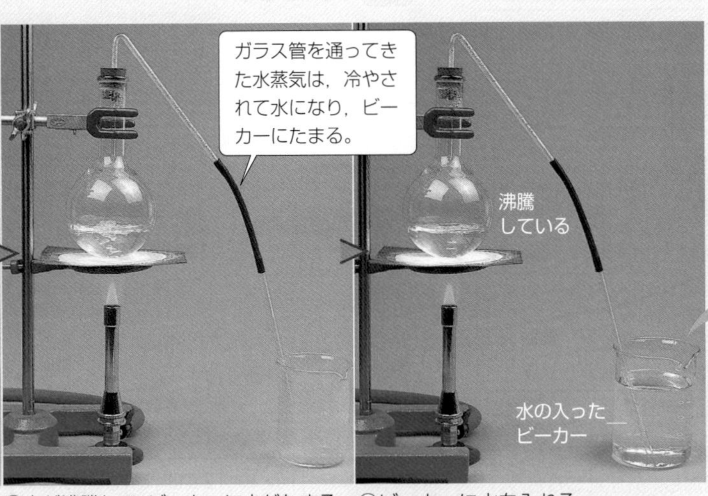

①水をフラスコに入れて加熱する。 ②水が沸騰して，ビーカーに水がたまる。 ③ビーカーに水を入れる。

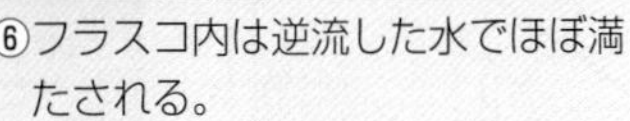

④フラスコ内の水蒸気が凝縮し圧力が低下するので，水が逆流し始める。 ⑤フラスコ内に水が入ったとき，沸騰状態になる。 ⑥フラスコ内は逆流した水でほぼ満たされる。

2 水蒸気の温度

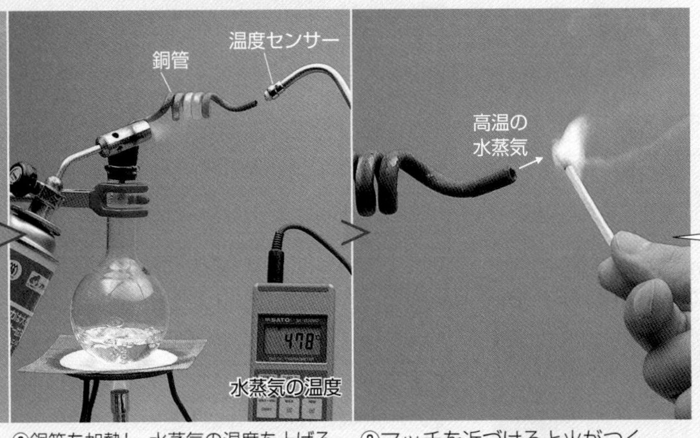

①水を沸騰させる。 ②銅管を加熱し，水蒸気の温度を上げる。 ③マッチを近づけると火がつく。

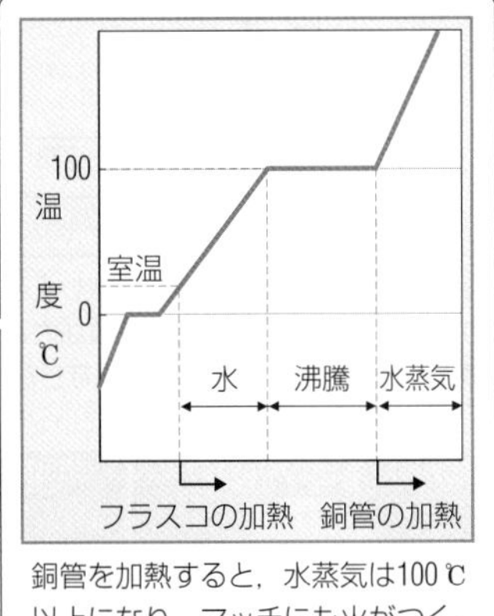

銅管を加熱すると，水蒸気は100 ℃以上になり，マッチにも火がつく。

プチ雑学 スチームオーブンレンジは，100℃以上の水蒸気を利用している。従来のオーブンレンジに，高温の水蒸気を出す機能が追加されたことで，焼くだけでなく，蒸す調理や食品の温めができるようになった。また，電子レンジと比べても，食品の乾燥を防ぐことができる点で優れている。

106 ボイル・シャルルの法則

1 ボイルの法則 一定温度で，一定物質量の気体の体積は圧力に反比例する。

温度一定のとき

$$pV=k\text{（一定）} \quad \text{または} \quad p_1V_1=p_2V_2$$

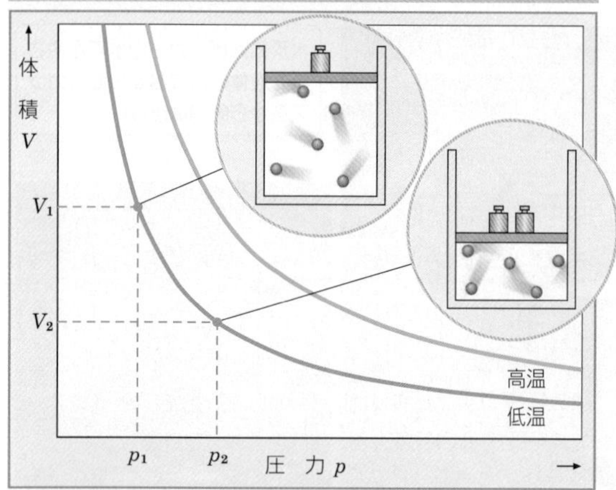

外圧を大きくすると，気体の体積は小さくなる。このとき，気体分子の衝突回数（＝内圧）が増加し，外圧とつり合う。

高所（気圧小）では，菓子の袋がふくらむ。

実験 気体の体積と圧力の関係を調べる（温度 23 ℃）

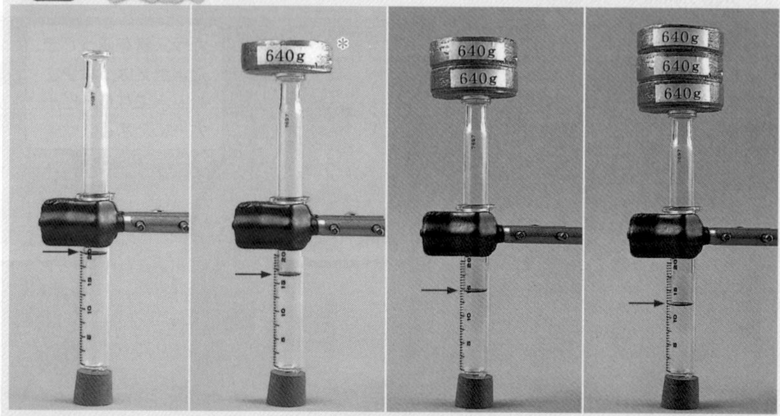

閉じた注射器に気体を入れ，ピストンに加える力（圧力）を変えて体積をはかった。

圧力p〔Pa〕	1.0×10^5	1.2×10^5	1.4×10^5	1.6×10^5
体積V〔mL〕	20.0	16.5	14.5	12.5
pV〔Pa·mL〕	20×10^5	20×10^5	20×10^5	20×10^5

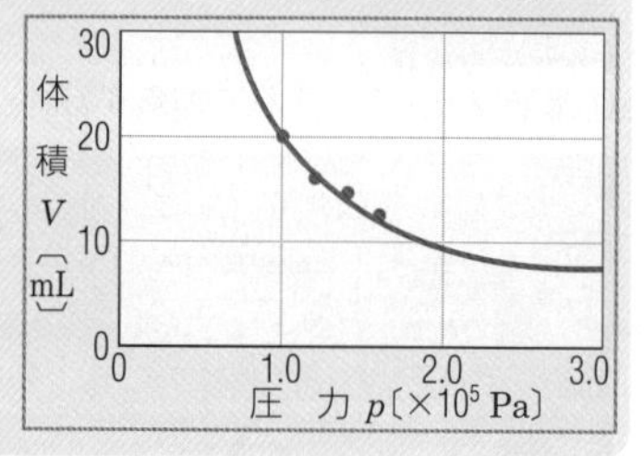

考察

pVの値はほぼ一定で，圧力pと体積Vは反比例の関係にある。

＊ピストンの底面積は 3.1 cm²。このとき，640 g のおもりが 0.2×10^5 Pa 分である。なお，簡単にするため，ピストンの重さは無視する。

2 シャルルの法則 一定圧力で，一定物質量の気体の体積は絶対温度に比例する。

圧力一定のとき

$$V=kT\ (k=\text{一定}) \quad \text{または} \quad \frac{V_1}{T_1}=\frac{V_2}{T_2}$$

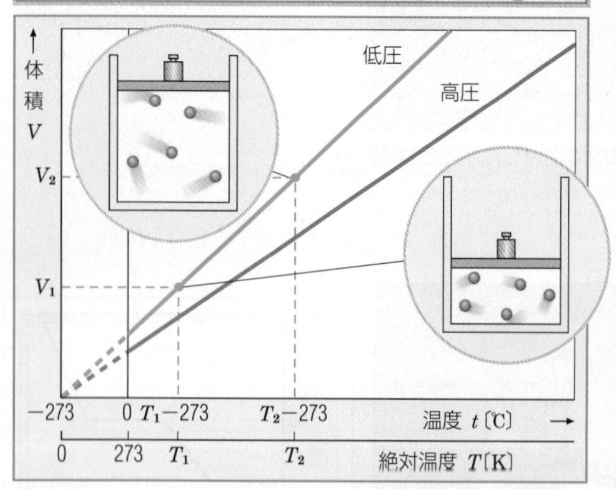

温度が高くなると分子運動が激しくなり，壁を押す力（＝内圧）が大きくなる。このとき，体積が大きくなって外圧とつり合う。

絶対温度 理論上これ以上低くならない温度（−273 ℃）を原点（0K（ケルビン））とする。目盛りの間隔はセルシウス温度と同じ。$T=t+273$

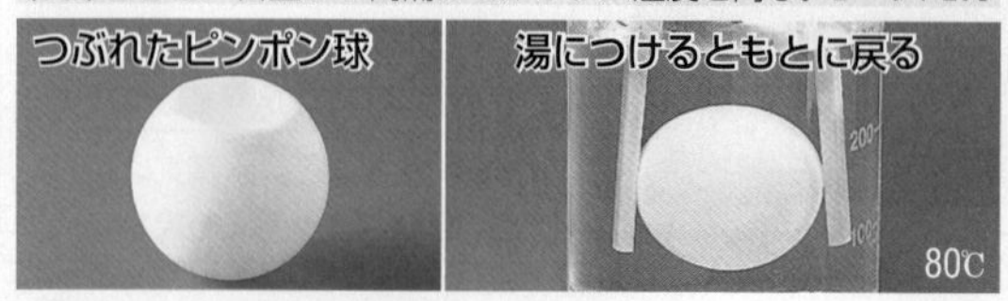

実験 気体の体積と温度の関係を調べる（圧力1.01×10^5 Pa）

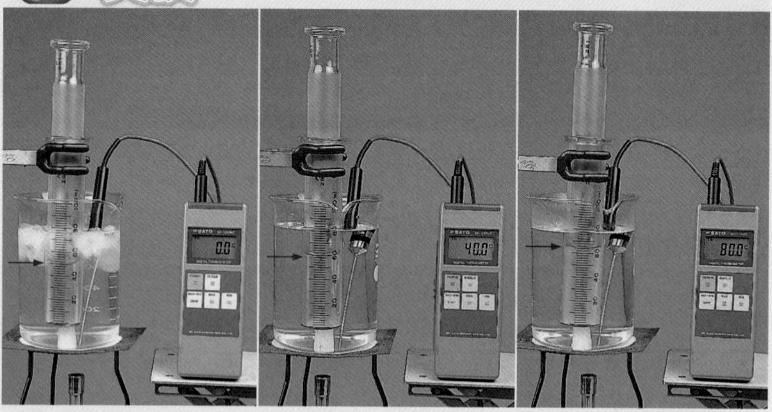

閉じた注射器に気体を入れ，いろいろな温度の水につけて気体の体積をはかった。

温度t〔℃〕	0	40	80
絶対温度T〔K〕	273	313	353
体積V〔mL〕	50	58	64
$\frac{V}{T}$〔mL/K〕	0.18	0.19	0.18

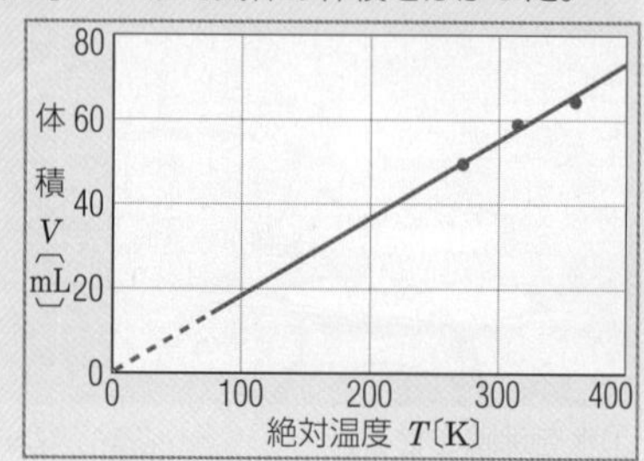

考察

$\frac{V}{T}$の値はほぼ一定で，体積Vと絶対温度Tは比例の関係にある。

プチ雑学 低温環境をつくる技術の向上によって，今では1×10^{-5}K程度まで冷却できるようになった。低温環境では，超伝導（➤P.192）などの普通では起こらない現象もみつかっており，多くの科学者が注目している。

3 ボイル・シャルルの法則

一定物質量の気体の体積は圧力に反比例し，絶対温度に比例する。

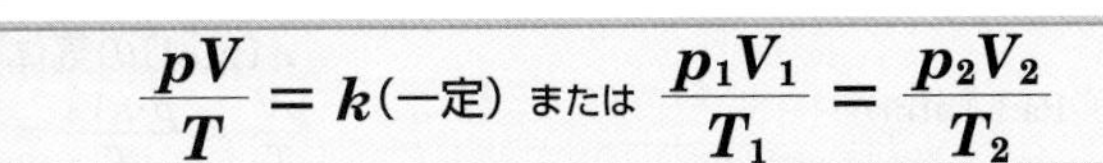

$$\frac{pV}{T}=k(\text{一定})\quad\text{または}\quad\frac{p_1V_1}{T_1}=\frac{p_2V_2}{T_2}$$

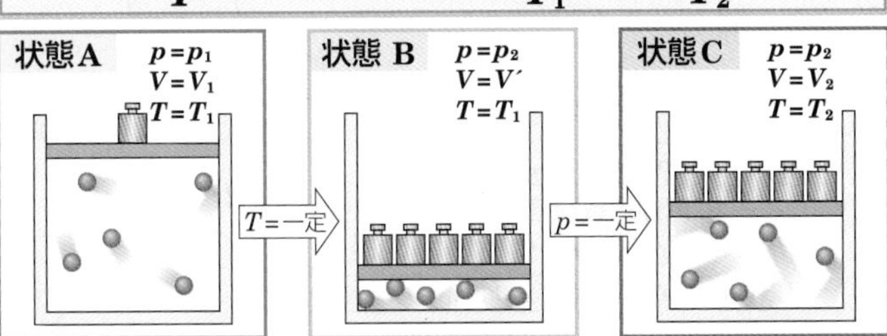

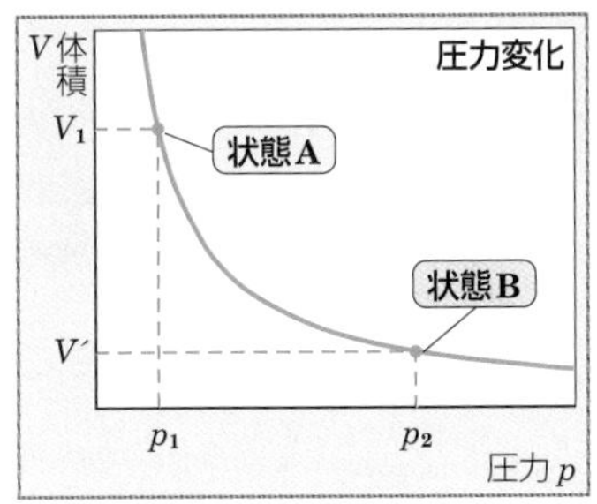

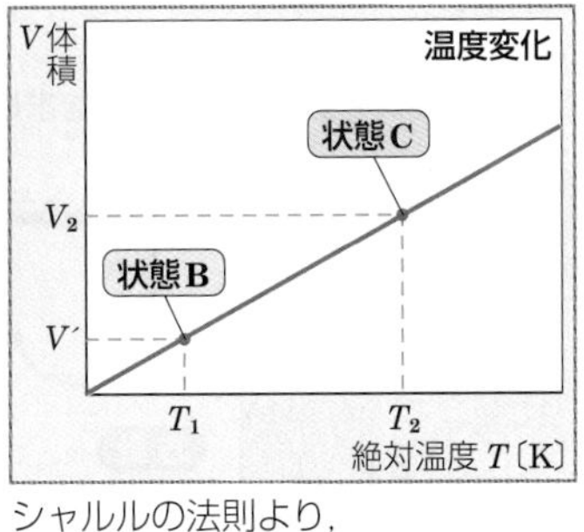

ボイルの法則より，

$p_1V_1=p_2V'$　$V'=\frac{p_1}{p_2}V_1$ …①

シャルルの法則より，

$\frac{V'}{T_1}=\frac{V_2}{T_2}$　$V'=\frac{T_1}{T_2}V_2$ …②

①，②より，V'を消去して，$\frac{p_1}{p_2}V_1=\frac{T_1}{T_2}V_2$　よって，$\frac{p_1V_1}{T_1}=\frac{p_2V_2}{T_2}$

したがって，状態AからCに変化するとき，$\frac{p_1V_1}{T_1}=\frac{p_2V_2}{T_2}$ が成り立つ。

実験 気体の体積と圧力・温度の関係を調べる

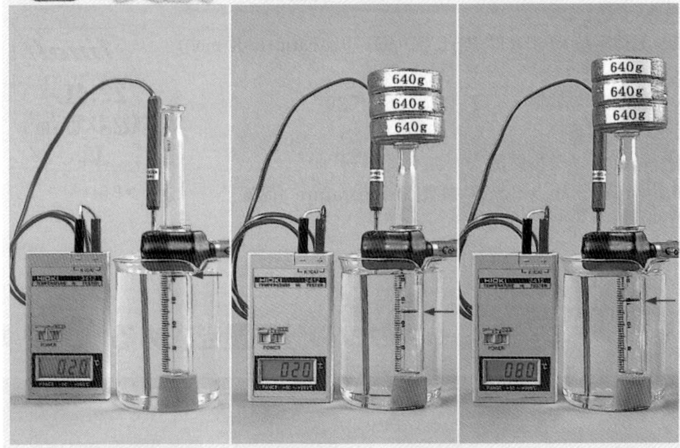

ピストンに加える力(圧力)と温度を変え，気体の体積をはかった。

圧力p〔Pa〕	1.0×10^5	1.6×10^5	1.6×10^5
絶対温度T〔K〕	273+20	273+20	273+80
体積V〔mL〕	20.0	12.5	15.0
$\frac{pV}{T}$〔Pa・mL/K〕	6.8×10^3	6.8×10^3	6.8×10^3

考察 $\frac{pV}{T}$の値はほぼ一定で，体積Vは圧力pに反比例し，絶対温度Tに比例する。

温度と圧力の関係

フラスコ内の気体の圧力が温度により変化する。

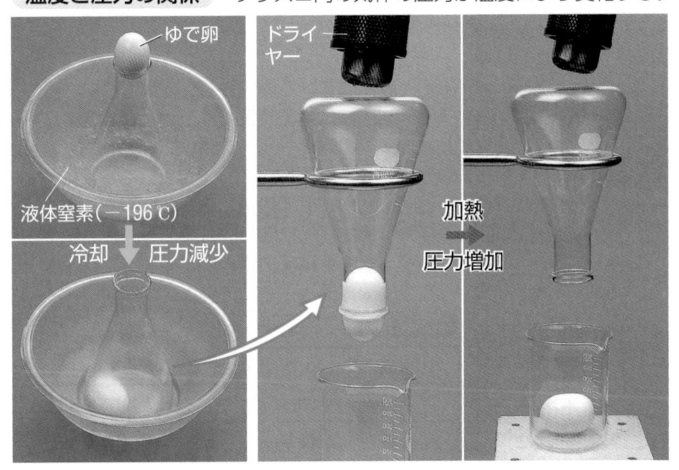

圧力と体積，温度と体積の関係

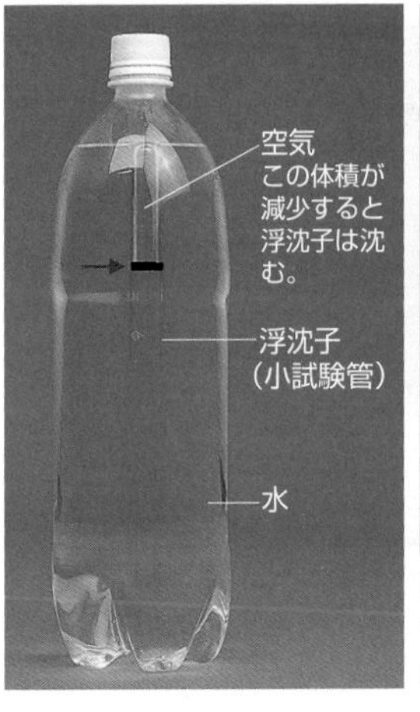

強く握ると圧力が大きくなり，試験管内の空気の体積が減少。

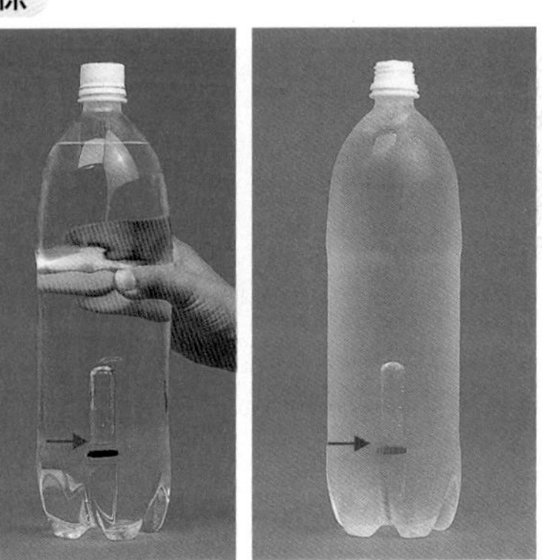

氷などで十分冷却すると，試験管内の空気の体積が減少。

Episode ボイル，シャルル，ケルビン

ボイルは助手のフックとともに，J字管や真空ポンプを製作して空気の体積変化の実験を行い，**ボイルの法則**を発見した(1662年)。また，シャルルは一定圧力での気体の体積の温度による変化について実験を行い，**シャルルの法則**を発見した(1787年)。しかし，シャルルはこれを発表しなかった。シャルルの法則は，後にゲーリュサック(フランス，1778〜1850▶P.69)によって実験的に確立されたため(1802年)，ゲーリュサックの法則ともよばれる。

ボイル
(イギリス，1627〜1691)

シャルル
(フランス，1746〜1823)

ケルビンは，温度の最低限界である−273℃を絶対零度とする，絶対温度目盛りを導入した(1848年)。単位としてK(ケルビン)が用いられる。 ▶P.103

ケルビン
(イギリス，1824〜1907)

山頂に近づくと気温が下がるのは，ボイル・シャルルの法則で説明できる。標高が上がると気圧が下がるため，温度も低くなる。

108 気体の状態方程式

1 気体の状態方程式

ボイル・シャルルの法則から，気体の物質量，圧力，体積，温度についての関係式が得られる。

$$pV = nRT \quad \text{または} \quad pV = \frac{w}{M}RT$$

R：**気体定数**　8.31×10^3 Pa·L/(K·mol)（0.082 atm·L/(K·mol)）

p〔Pa〕：圧力　　V〔L〕：体積

n〔mol〕：物質量　　T〔K〕：絶対温度

w〔g〕：質量

M〔g/mol〕：モル質量＊

＊単位をとった値は分子量（▶P.59）に一致する。

pressure：圧力，**v**olume：体積，**t**emperature：温度，**w**eight：質量，**m**olar mass：モル質量

1 molの気体

標準状態　273 K，1.01325×10^5 Pa（1 atm）

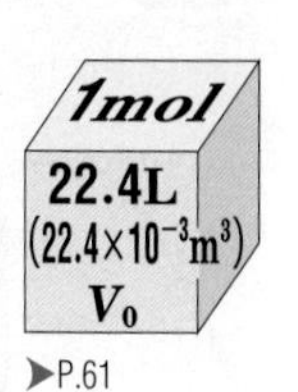

▶P.61

$\frac{pV_0}{T} = k$（一定）　←ボイル・シャルルの法則

$= \frac{1.013\times10^5\ \text{Pa}\times22.4\ \text{L/mol}}{273\ \text{K}}$

$=$ **8.31×10^3 Pa·L/(K·mol)**
└ **R（気体定数）**と表す。

$= 8.31$ Pa·m³/(K·mol)　（1×10^3 L＝1 m³）

$=$ **8.31 J/(K·mol)**　（1 Pa＝1 N/m²，1 J＝1 N·m）

n〔mol〕の気体

$\frac{pV}{T} = \frac{p\cdot nV_0}{T} = nR$

したがって，

$pV = nRT$

また，$n = \frac{w}{M}$ だから，

$pV = \frac{w}{M}RT$

実験　ヘキサンの分子量を求める

目的　気体の状態方程式を使って，分子量を求める。

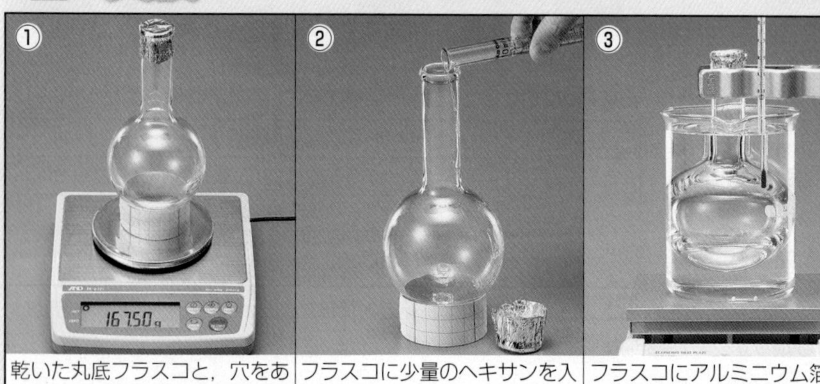

① 乾いた丸底フラスコと，穴をあけたアルミニウム箔の質量をはかる。

② フラスコに少量のヘキサンを入れる。

③ フラスコにアルミニウム箔でふたをし，水を入れたビーカーに入れる。

ヘキサンC_6H_{14}　▶P.204
沸点69℃
揮発性の液体
⚠ヘキサンは引火しやすいので注意する。

方針

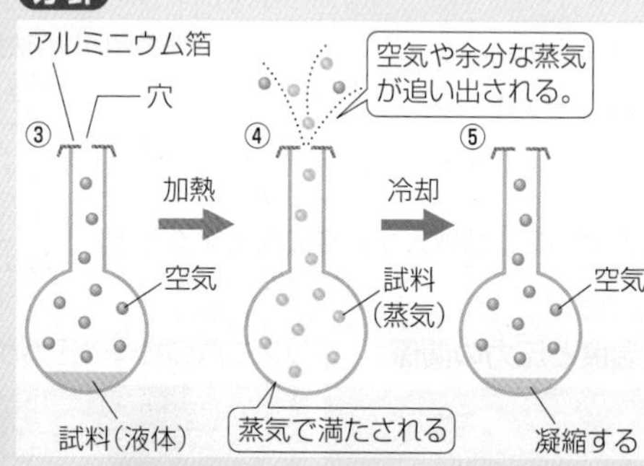

④で，液体はすべて蒸発し，空気が追い出されて，フラスコ内は試料の蒸気だけで満たされる。このときの蒸気の温度，圧力，体積，質量から，試料の分子量を求める。

温度：水の温度④に等しい。
圧力：大気圧④に等しい。
体積：水の体積⑥に等しい。
質量：⑤の値と①の値の差。

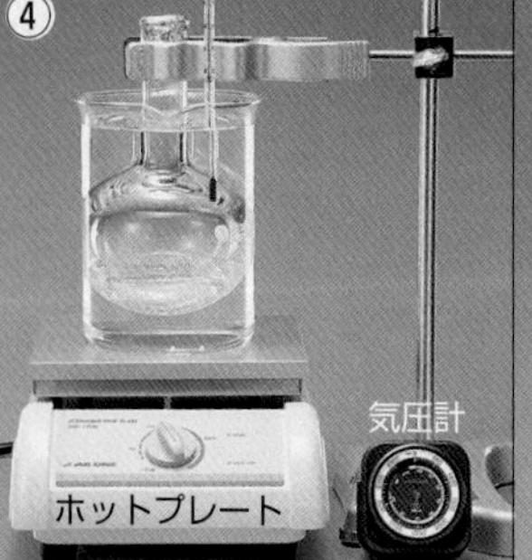

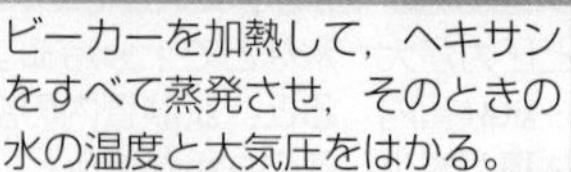

④ ビーカーを加熱して，ヘキサンをすべて蒸発させ，そのときの水の温度と大気圧をはかる。

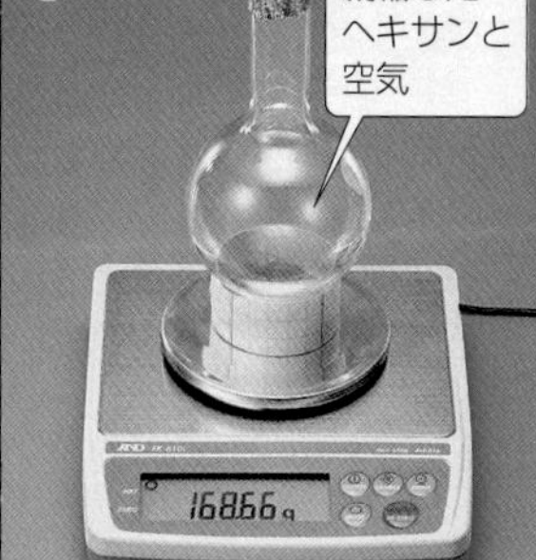

⑤ フラスコを放置して室温に戻し，外側についた水をよくふいて質量をはかる。

⑥ ヘキサンを除いてからフラスコに水を満たし，その水の体積を測定して，フラスコの容積を求める。

測定結果

①質量	167.50 g		
④温度	76 ℃	④大気圧	1.013×10^5 Pa
⑤質量	168.66 g	⑥体積	395 mL

結果の処理

質量 w〔g〕：⑤の値と①の値の差。

168.66 g − 167.50 g ＝ 1.16 g

ヘキサンのモル質量をM〔g/mol〕とすると，

状態方程式 $pV = \frac{w}{M}RT$ より，$M = \frac{wRT}{pV}$ だから，

$$M = \frac{1.16\ \text{g}\times8.31\times10^3\ \text{Pa·L/(K·mol)}\times(76+273)\ \text{K}}{1.013\times10^5\ \text{Pa}\times0.395\ \text{L}} \fallingdotseq 84.1\ \text{g/mol}$$

考察

したがって，ヘキサンの分子量は84.1と求められる。※理論値は86

蒸気圧の補正

⑤において，実際は，フラスコ内はヘキサンの蒸気が飽和しているので，その分だけ空気が追い出されている。⑤の値−①の値は，実際のヘキサンの質量より，追い出された空気の質量の分だけ小さくなっている。

20℃で，ヘキサンの蒸気圧は約0.16×10^5Paであり，0.16×10^5Paに相当する空気の質量は0.075gである。

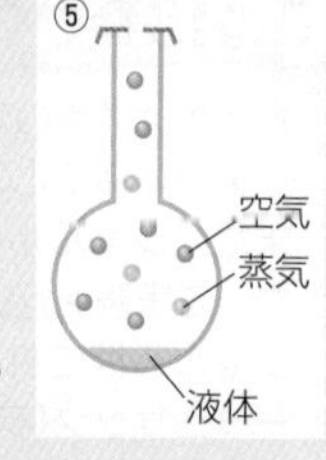

プチ雑学　熱気球の原理は気体の状態方程式を見るとわかりやすい。気体定数Rと気球の体積Vは一定である。また，気球の中の空気は外と自由に行き来できるため，圧力pも一定である。気球の中の空気を熱すると，温度Tが上昇するため，気球の中の空気の質量wが周りの空気よりも軽くなり，浮かぶ。

2 混合気体 混合気体中の各成分気体に気体の状態方程式を適用すると，分圧の法則が導かれる。

A 分圧の法則 混合気体の全圧は，各成分気体の分圧の和に等しい。また，分圧は，混合気体における全圧と各成分気体の**モル分率**の積に等しい。

ドルトンの分圧の法則

$p = p_A + p_B + \cdots$ 　　**全圧＝分圧の和**

$p_A = p \times \dfrac{n_A}{n_A + n_B + \cdots}$，$p_B = p \times \dfrac{n_B}{n_A + n_B + \cdots}$，…

分圧＝全圧×モル分率

p：混合気体の全圧

$p_A, p_B, \cdots$：成分気体の分圧　$n_A, n_B, \cdots$：成分気体の物質量

全圧　混合気体の圧力

分圧　混合気体を構成する成分気体が，単独でその混合気体の全体積を占めたと仮定したときに示す圧力

モル分率　混合物中の1つの成分の物質量と，全成分の物質量との比

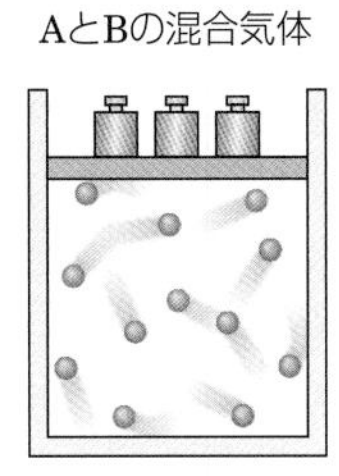

$n_A + n_B$〔mol〕
p〔Pa〕
$pV = (n_A + n_B)RT \cdots$①

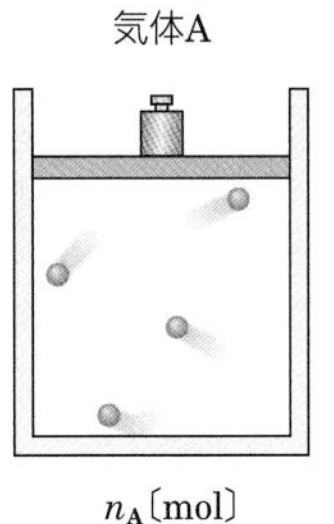

n_A〔mol〕
p_A〔Pa〕
$p_AV = n_ART \cdots$②

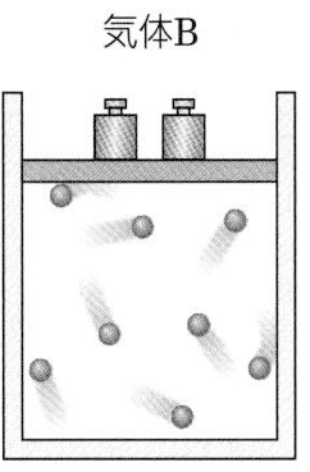

n_B〔mol〕
p_B〔Pa〕
$p_BV = n_BRT \cdots$③

②＋③より，
$(p_A + p_B)V = (n_A + n_B)RT$
①と比較して，$p = p_A + p_B$

②÷①より，
$\dfrac{p_A}{p} = \dfrac{n_A}{n_A + n_B}$
→$p_A = p \times \dfrac{n_A}{n_A + n_B}$

③÷①より，
$\dfrac{p_B}{p} = \dfrac{n_B}{n_A + n_B}$
→$p_B = p \times \dfrac{n_B}{n_A + n_B}$

B 気体の混合 圧力や体積を一定にして気体を混合する。

圧力を一定 混合気体の体積は，混合前の気体A，Bの体積の和

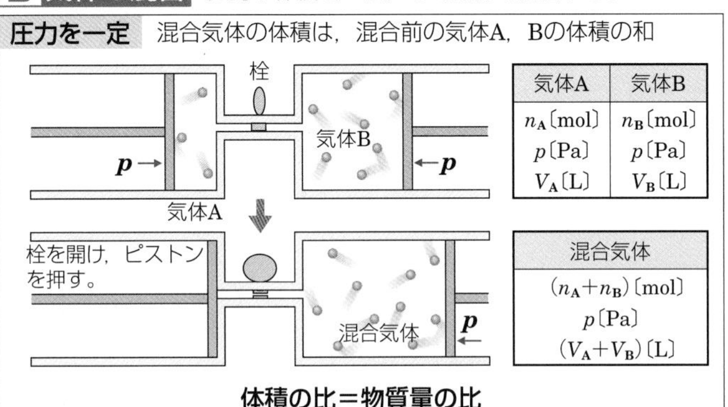

気体A	気体B
n_A〔mol〕	n_B〔mol〕
p〔Pa〕	p〔Pa〕
V_A〔L〕	V_B〔L〕

混合気体
$(n_A + n_B)$〔mol〕
p〔Pa〕
$(V_A + V_B)$〔L〕

体積の比＝物質量の比

体積を一定 混合気体の圧力は，混合前の気体A，Bの圧力の和

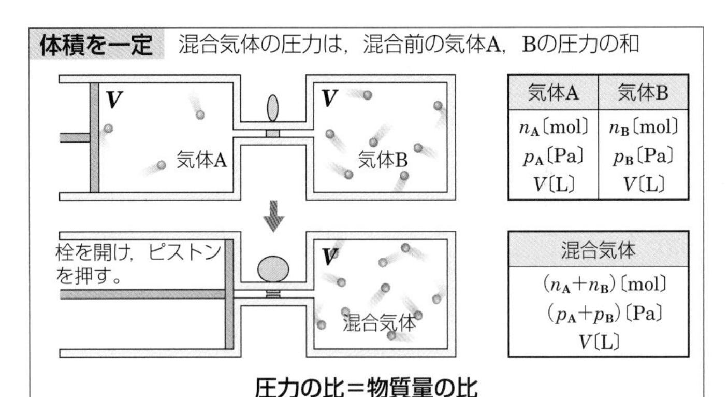

気体A	気体B
n_A〔mol〕	n_B〔mol〕
p_A〔Pa〕	p_B〔Pa〕
V〔L〕	V〔L〕

混合気体
$(n_A + n_B)$〔mol〕
$(p_A + p_B)$〔Pa〕
V〔L〕

圧力の比＝物質量の比

C 蒸気圧と分圧 水上置換による水素の捕集

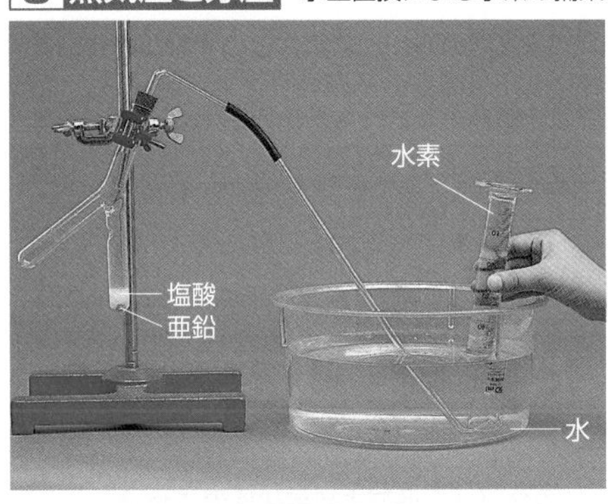

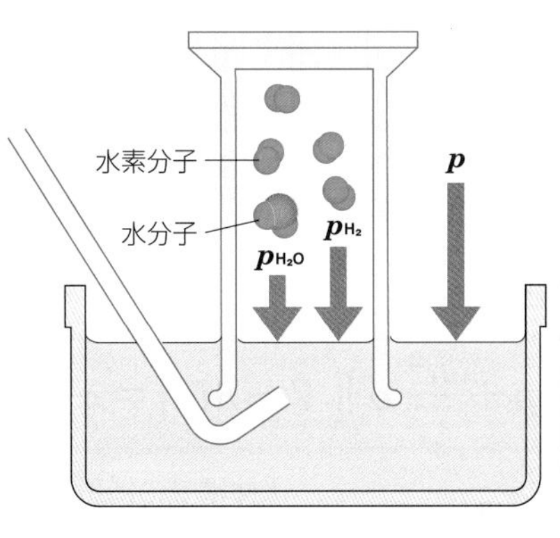

$$p = p_{H_2O} + p_{H_2}$$

p：大気圧
p_{H_2O}：その温度での水蒸気圧
p_{H_2}：水素の分圧

水上置換で集めた気体は，水蒸気との混合気体となる。容器の内側と外側で水面を一致させると，混合気体の全圧と大気圧が等しくなるので，上記の式が成り立つ。

計算例 27℃，9.96×10^4 Pa，水上置換で水素を350 mL捕集したときの水素の物質量n〔mol〕は，

$(\underbrace{9.96 \times 10^4}_{\text{大気圧}} - \underbrace{0.36 \times 10^4}_{\text{27℃での水蒸気圧}})$ Pa × 0.350 L

$= n \times 8.31 \times 10^3$ Pa·L/(K·mol) × (273＋27) K

$n ≒ 1.35 \times 10^{-2}$ mol

D 混合気体の平均分子量

分子量M_Aの気体n_A〔mol〕と分子量M_Bの気体n_B〔mol〕からなる混合気体の平均分子量M

$$M = M_A \times \underbrace{\frac{n_A}{n_A + n_B}}_{\text{気体Aのモル分率}} + M_B \times \underbrace{\frac{n_B}{n_A + n_B}}_{\text{気体Bのモル分率}}$$

例 空気（窒素N_2と酸素O_2が物質量の比 4：1 で混合した気体）

$$M = \underbrace{28.0\,\text{g/mol}}_{\text{窒素の分子量}} \times \underbrace{\frac{4}{4+1}}_{\text{窒素のモル分率}} + \underbrace{32.0\,\text{g/mol}}_{\text{酸素の分子量}} \times \underbrace{\frac{1}{4+1}}_{\text{酸素のモル分率}}$$

$= 28.8$ g/mol

よって，空気の平均分子量は，28.8である。

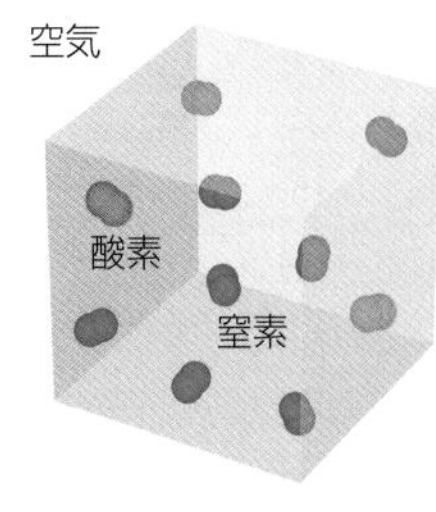

プチ雑学 大気圧は，通常海抜 0 mで1.01325×10^5 Paである（▶P.103）。これは 1 cm²という小さな面積に約 1 kgのおもりが乗っているときに押される力に相当する。

110 理想気体と実在気体

1 理想気体と実在気体

実在気体は，分子間力や分子の体積の影響で，気体の状態方程式を厳密には満たさない。

A 理想気体

分子間力や分子の体積を0とした仮想の気体を**理想気体**という。

	理想気体	実在気体
モデル図		分子間力
分子間力	働かない	働く
分子の体積	ない	ある
状態変化	常に気体	高圧や低温で凝縮する
気体の状態方程式	常に成り立つ	厳密には成り立たない

B 実在気体

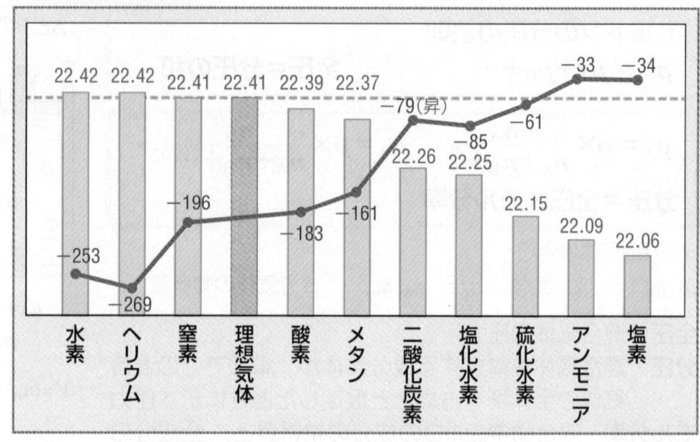

青字：1 molの体積(L)（0℃, 1.013×10^5 Pa）　赤字：沸点(℃)

沸点の高い気体は分子間力(▶P.48）が大きいため，理想気体からのずれが大きくなる。

C 理想気体に近づく条件

分子間力や分子の体積の影響を小さくする。

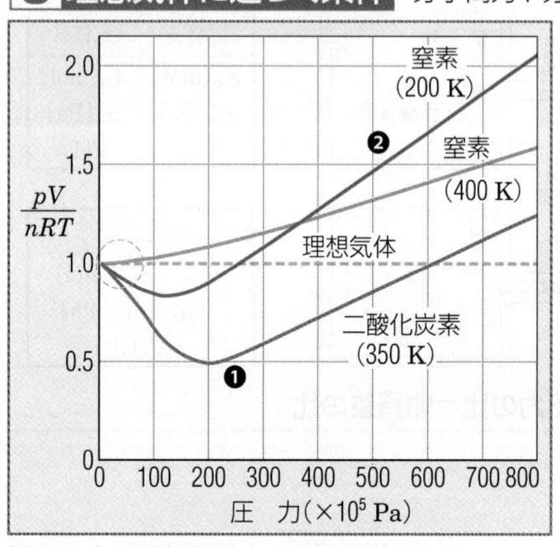

低圧の方が理想気体とのずれが小さい。
これは，単位体積当たりの分子数が少なく，分子の体積や分子間力の影響が小さくなるためである。

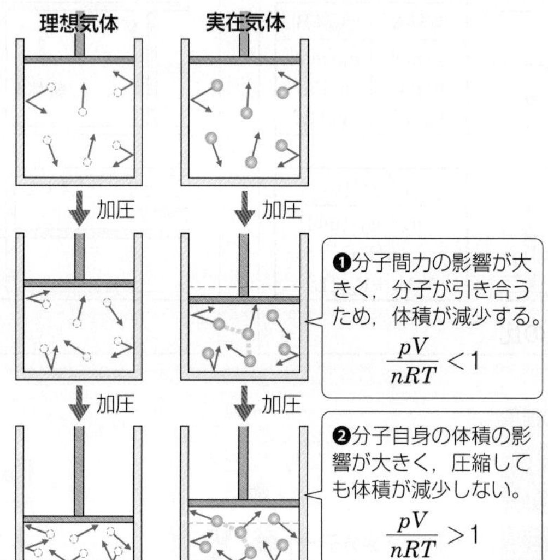

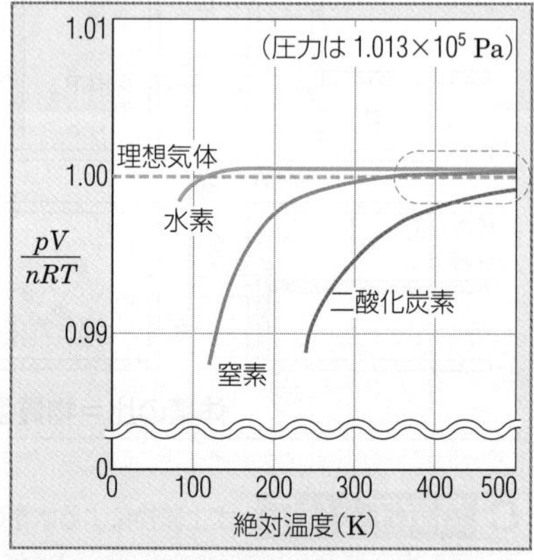

高温の方が理想気体とのずれが小さい。
これは，分子運動が活発で分子間力の影響が小さくなるためである。

参考 ファンデルワールスの状態方程式

1873年，ファンデルワールス（オランダ）は，実在気体に気体の状態方程式を当てはめた際に生じたずれを，2つの考えに従って補正した。

$$\left(p+\frac{n^2}{V^2}a\right)\left(V-nb\right)=nRT$$

R：気体定数　8.31×10^3 Pa・L/(K・mol)，
p：圧力，V：体積，n：物質量，a：比例定数，
b：1 molあたりの排除体積，T：絶対温度

圧力 p の補正

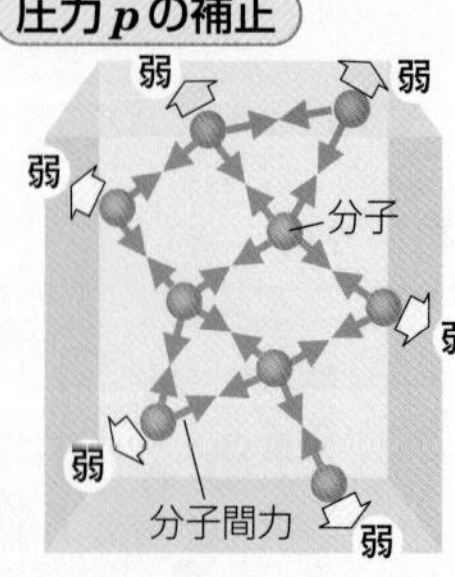

実在気体では弱い分子間力が働いている。
容器の壁近くの分子はほかの分子から内側へ引く力をうけるので，実在気体の圧力は理想気体の圧力より減少する。
内側へ引く力の強さは，壁近くの分子のまわりの分子の濃度に比例する。
また，容器の壁に分子が衝突する回数も分子の濃度に比例するため，圧力の減少は分子の濃度の二乗に比例する。

$$p_{理想}=p_{実在}+\frac{n^2}{V^2}a$$

体積 V の補正

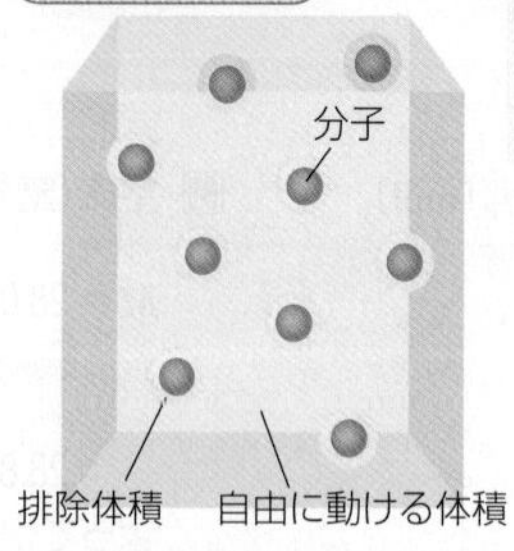

実在気体では分子自身が体積をもつ。
このため，分子が自由に動ける体積は実在気体の体積より減少する。
この減少した体積を排除体積という。排除体積は，分子自身の体積に比例する。

排除体積（他の分子が入れない体積）
1分子の体積
排除体積＞分子自身の体積

$$V_{理想}=V_{実在}-nb$$

プチ雑学　ファンデルワールスは，オランダの物理学者である。1873年にファンデルワールスが発表した気体の状態方程式は，気体と液体の両方に適用され，気体と液体が連続していることを示すものであった。1910年にノーベル物理学賞を受賞した。

2 実在気体の状態変化

実在気体は，高圧，低温で，状態変化の影響により，ボイル・シャルルの法則は成り立たなくなる。

A 加圧による体積変化（一定温度）

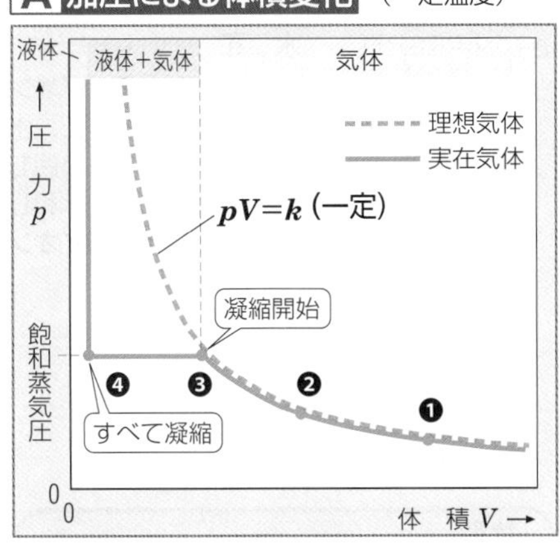

❶→❷→❸　圧力を加えると，ボイルの法則にしたがって体積が小さくなる。
❸　圧力が飽和蒸気圧と等しくなると，凝縮が始まる。
❸→❹　さらに気体の体積を小さくすると，その分凝縮が進行し，圧力は飽和蒸気圧のまま一定に保たれる。
❹　気体がすべて凝縮して液体になる。

B 冷却による体積変化（圧力一定）

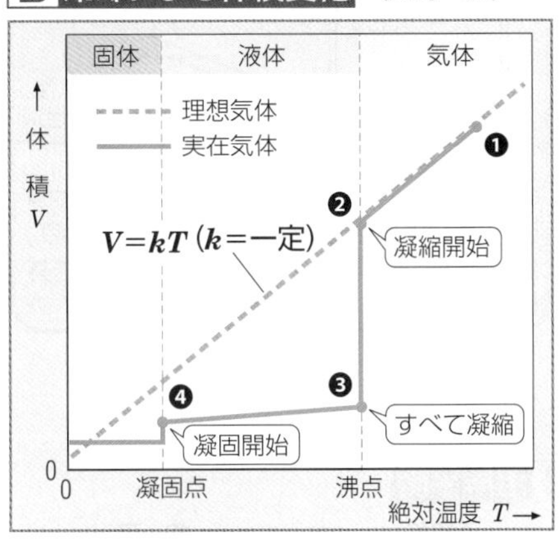

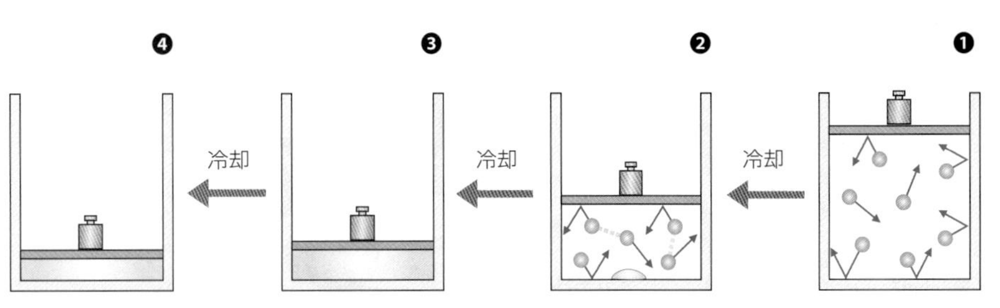

❶→❷　気体を冷却すると，シャルルの法則にしたがって体積は小さくなる。
❷→❸　沸点に達すると，凝縮が始まり，体積が急激に小さくなる。
❸　気体がすべて凝縮して液体になる。
❸→❹　液体を冷却すると，わずかに体積は小さくなる。
❹　凝固点に達すると，凝固が始まり，体積は小さくなる。※水は例外的に液体より固体の方が体積が大きい。

C 冷却による圧力変化（体積一定）

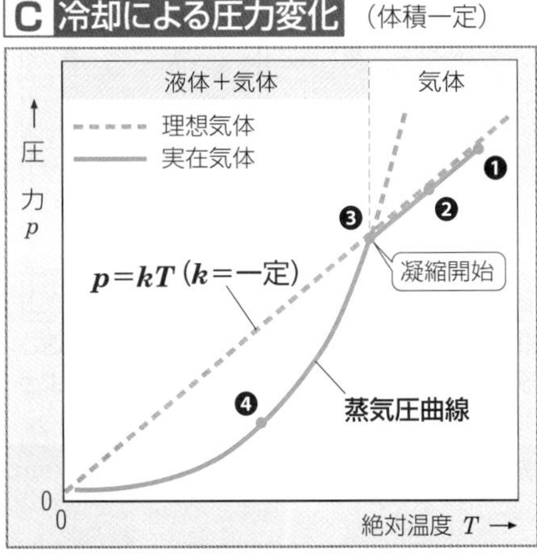

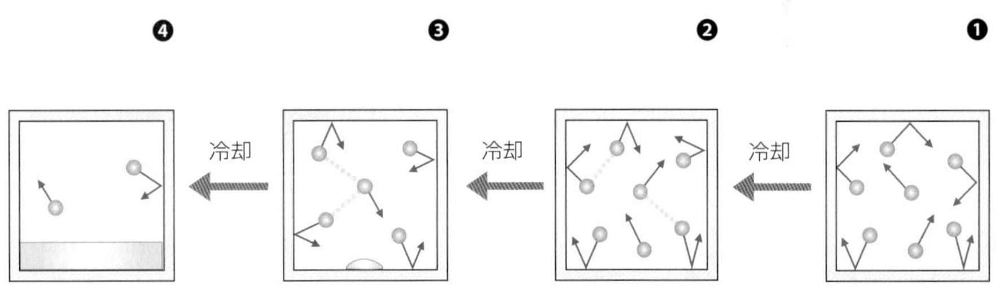

❶→❷→❸　気体を冷却すると，絶対温度に比例して圧力が小さくなる。
❸　圧力が飽和蒸気圧と等しくなると，凝縮が始まる。
❸→❹　気体の圧力は飽和蒸気圧を超えることはない。凝縮が進み，蒸気圧曲線にしたがって圧力は小さくなる。

気体の圧力と蒸気圧（体積一定）

物質がすべて気体として存在すると仮定したときの圧力をPとすると，
P＜飽和蒸気圧　のとき，
　すべて気体として存在する。気体の圧力＝P
P＞飽和蒸気圧　のとき，
　気体と液体が共存する。気体の圧力＝飽和蒸気圧

例 水1.0 molを83 Lの容器に入れ，27℃に保った。
容器内の水がすべて気体である仮定すると，
$P \times 83\,\mathrm{L} = 1.0\,\mathrm{mol} \times 8.3 \times 10^3\,\mathrm{Pa \cdot L/(K \cdot mol)} \times (273+27)\,\mathrm{K}$
$P = 3.0 \times 10^4\,\mathrm{Pa} \ > \ 0.36 \times 10^4\,\mathrm{Pa}$（27℃での水の飽和蒸気圧）
よって，気体と液体が共存する。

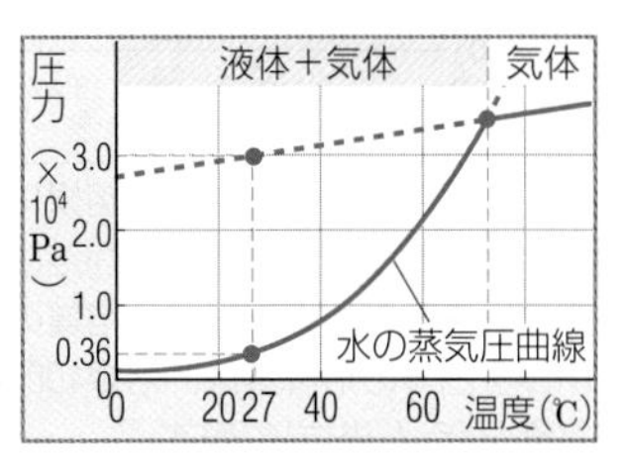

ヘリウムは理想気体に近いため，液体にすることが難しく，最後の永久気体と呼ばれていた。1908年，オランダの物理学者オネスは，加圧と膨張を繰り返すことにより，ヘリウムの液化に成功した。オネスはその後，液体ヘリウムを使って極低温での水銀の超伝導現象を発見した。

112 溶解と溶解度

★基 1 溶解 液体と他の物質が混合して，均一な液体(混合物)ができることを溶解(ようかい)という。

A イオン結晶の溶解

B 分子からなる物質の溶解 極性(きょくせい)分子どうし，無極性分子どうしは混合しやすい。

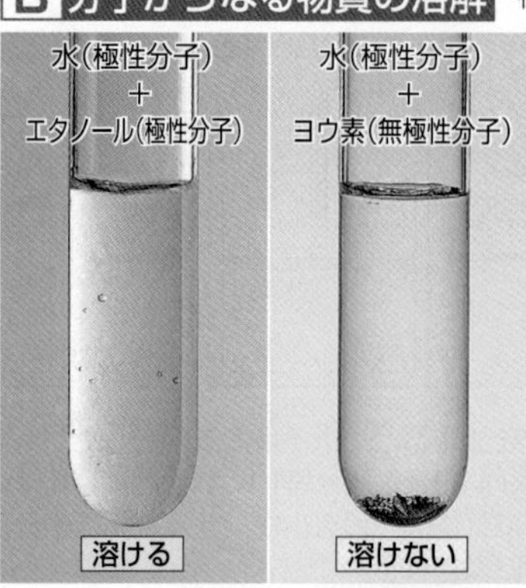

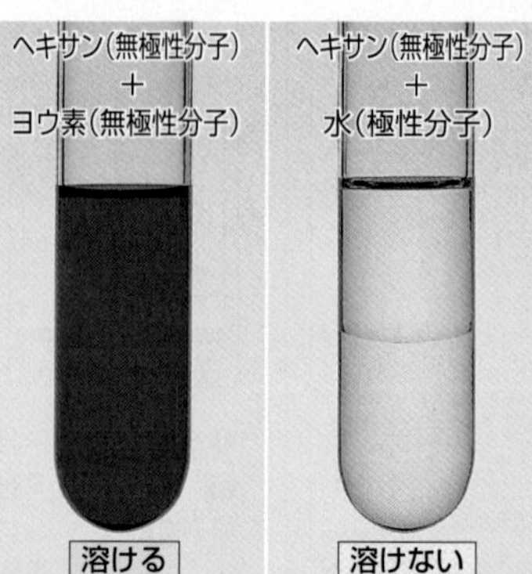

水和

水分子と溶質粒子（イオンや分子）が引き合って，水分子が溶質粒子をとり囲む現象を**水和**(すいわ)といい，水和しているイオンを**水和イオン**という。

塩化ナトリウムの水への溶解

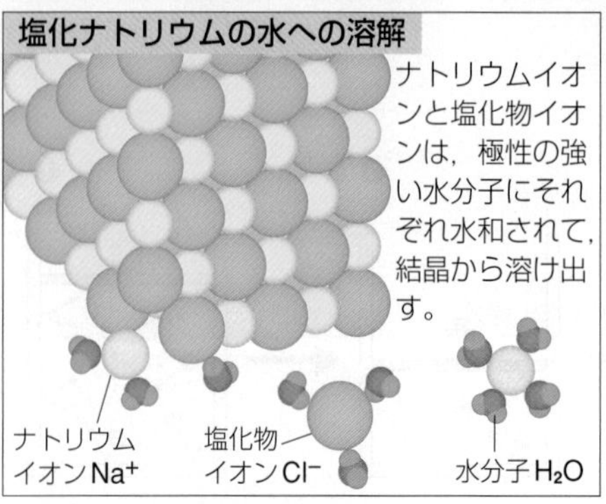

ナトリウムイオンと塩化物イオンは，極性の強い水分子にそれぞれ水和されて，結晶から溶け出す。

エタノールの水への溶解

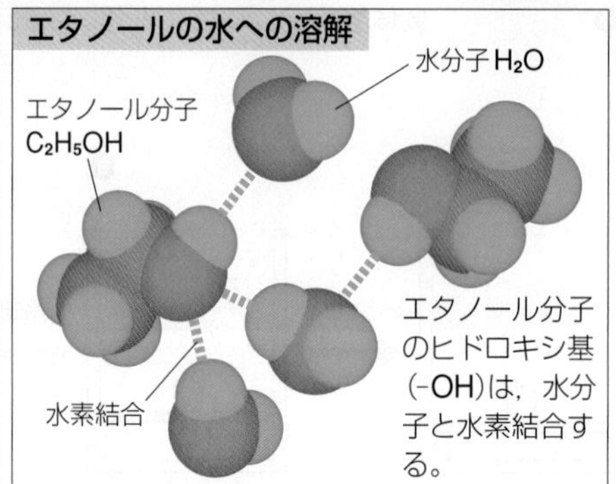

エタノール分子のヒドロキシ基(-OH)は，水分子と水素結合する。

分散(ぶんさん)(セッケン水) ➤P.118, 218

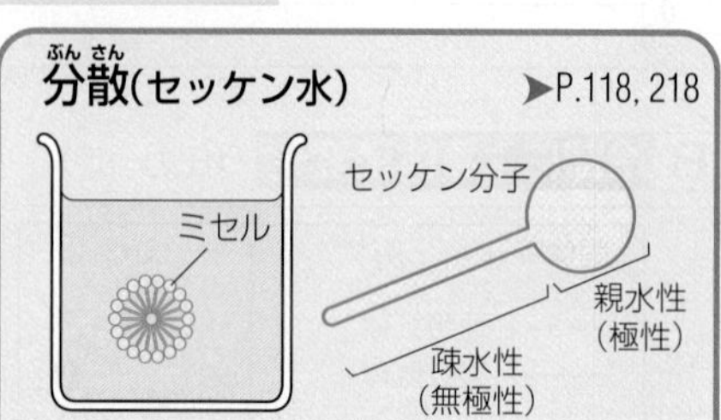

セッケン分子には，親水性(水と結びつきやすい)の部分と疎水性(水と結びつきにくい)の部分とがある。水中では，親水性の部分を外にしたミセルをつくって分散している。

★基 2 固体の溶解度 一般に，溶液の温度が高くなると，固体の溶解度は大きくなる。

A 溶解度曲線 溶解度と温度の関係を示したグラフ。

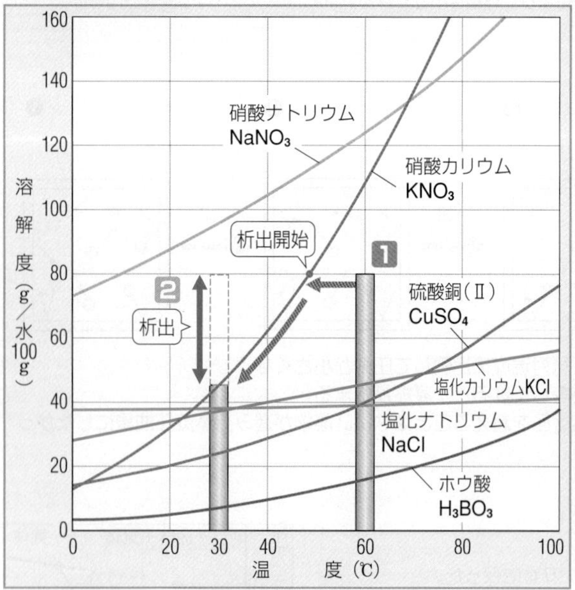

(グラフ：縦軸 溶解度(g/水100 g) 0〜160，横軸 温度(℃) 0〜100。硝酸ナトリウム $NaNO_3$，硝酸カリウム KNO_3，硫酸銅(Ⅱ) $CuSO_4$，塩化カリウムKCl，塩化ナトリウム $NaCl$，ホウ酸 H_3BO_3。1，2，析出開始，析出)

一定の温度では，一定量の溶媒に溶ける溶質の量には限度がある。この限度の量まで溶質が溶けた溶液を**飽和(ほうわ)溶液**といい，限度の量をその溶媒に対する溶質の**溶解度**という。

ふつう固体の溶解度は，溶媒100 gに溶けることのできる溶質の質量(グラム単位)で表す。 ➤P.279

1 不飽和溶液

溶質の質量は溶解度より小さいので，溶質はすべて溶けている。

2 結晶の析出

1の溶液の温度を下げていくと，溶けきれなくなった溶質が結晶として析出する。このときの溶液は飽和溶液である。

B 溶解平衡

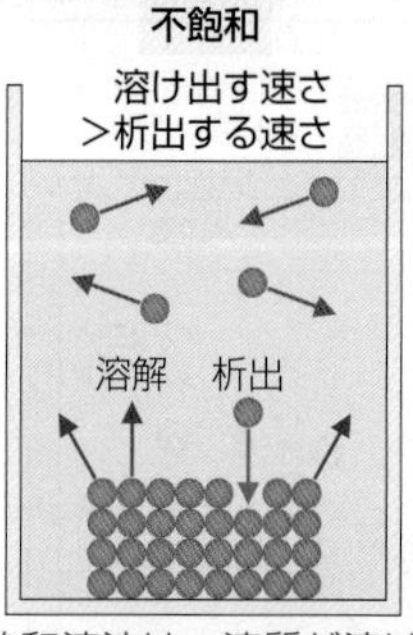

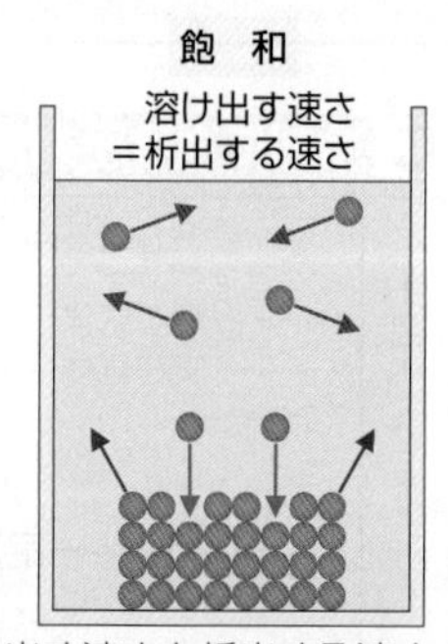

飽和溶液は，溶質が溶け出す速さと析出する速さが等しいため，溶解も析出も起こっていないように見える。この状態を**溶解平衡**(➤P.136)という。

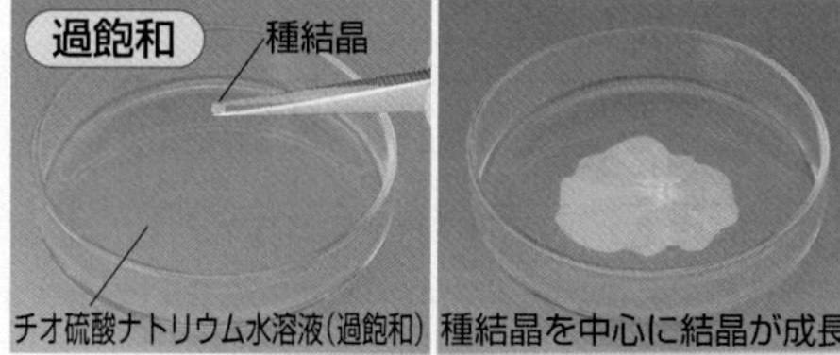

チオ硫酸ナトリウム水溶液(過飽和) 種結晶を中心に結晶が成長

溶液を冷却していくと，溶解度以上に溶質が溶けた状態になることがある。この状態を過飽和という。過飽和状態の溶液に析出の核となる結晶(種結晶)を落とすと，すぐに結晶が析出する。

1Aの写真では，水に溶けていく塩化ナトリウムがもやのように見える。これは塩化ナトリウム濃度の大きい部分(もや)とその他の部分で光の屈折率が異なるために見られる現象で，シュリーレン現象と呼ばれる。

実験 再結晶 目的 温度による溶解度の変化を利用して，固体物質を精製する。

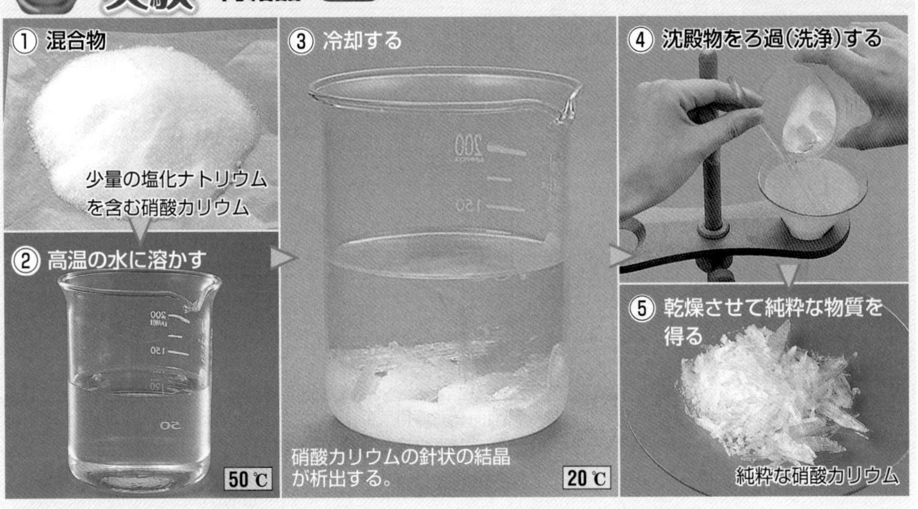

再結晶の原理

➤P.26

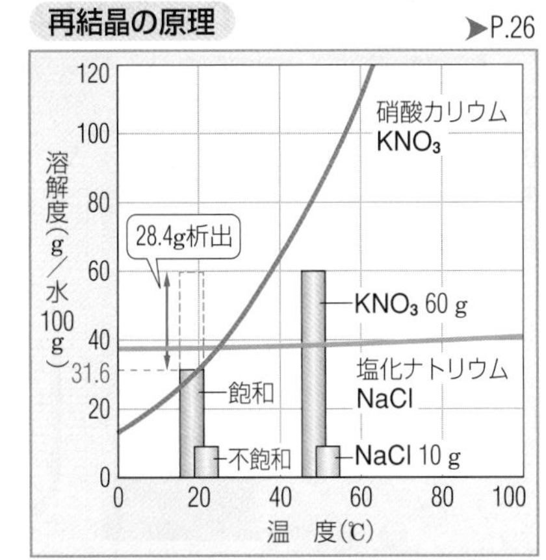

水溶液を冷却すると，溶けきれなくなった硝酸カリウムは析出してくるが，塩化ナトリウムは飽和に達しないので析出しない。このようにして，不純物をとり除くことができる。

3 気体の溶解度

気体の溶解度は，温度や圧力に応じて変化する。

A 溶解度と温度

温度が高くなると，気体の溶解度は小さくなる。

温度を上げると，溶けきれなくなった二酸化炭素が出てくる。

温度が上昇すると粒子の熱運動がさかんになるため，気体分子が溶媒から飛び出しやすくなり，溶解度が小さくなる。

気体の溶解度*

➤P.280

気体	0 ℃	20 ℃	40 ℃	60 ℃
水素	0.022	0.018	0.016	0.016
窒素	0.024	0.016	0.012	0.011
酸素	0.049	0.031	0.023	0.019
二酸化炭素	1.68	0.88	0.54	0.37
塩化水素	518	443	387	338

＊1.013×10^5 Pa(1atm)のもとで水1Lに溶ける気体の体積を，0 ℃，1.013×10^5 Paでの体積(L)に換算した値で示す。

B 溶解度と圧力

圧力が大きくなると，気体の溶解度は大きくなる。

容器の中は圧力が大きく，常圧より多くの二酸化炭素が溶けている。

ヘンリーの法則 溶解度が小さく，溶媒と反応しない気体で成立

温度が一定ならば，一定量の溶媒に溶ける気体の物質量は，その気体の圧力(分圧)に比例する。

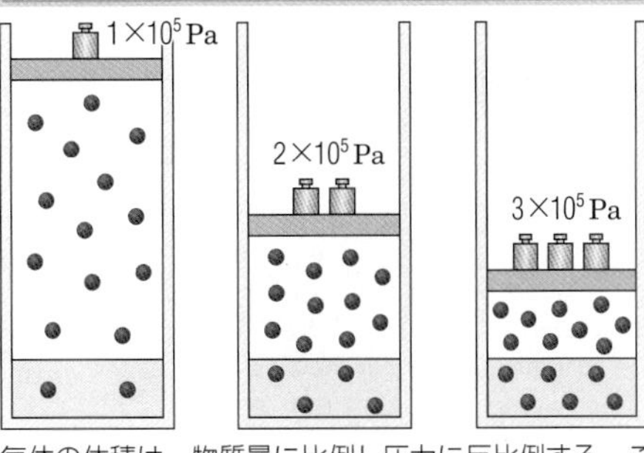

気体の体積は，物質量に比例し圧力に反比例する。このため，溶ける気体の体積は圧力によらず一定である。

C 空気の溶解

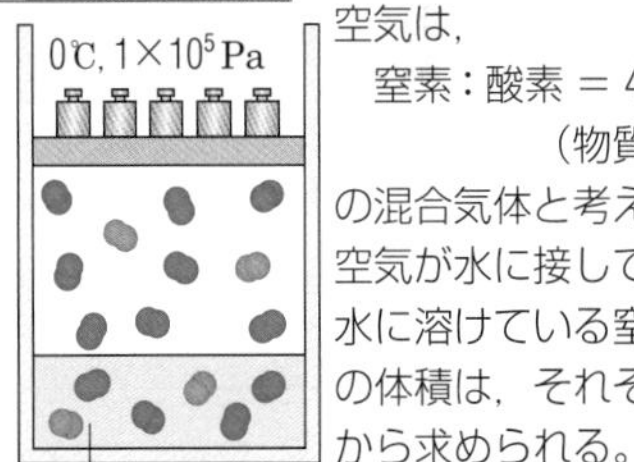

空気は，
窒素：酸素 ＝ 4：1
(物質量の比)
の混合気体と考えられる。空気が水に接しているとき，水に溶けている窒素や酸素の体積は，それぞれの分圧から求められる。

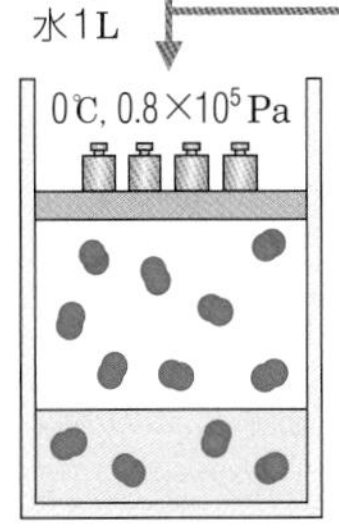

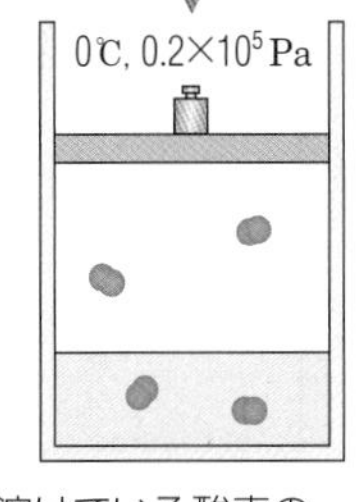

溶けている窒素の0 ℃, 1×10^5 Paでの体積
0.024 L×0.8
＝0.019 L

溶けている酸素の0 ℃, 1×10^5 Paでの体積
0.049 L×0.2
＝0.0098 L

プチ雑学 家庭用冷凍庫で氷をつくると氷の中に白い部分ができるが，これは水に溶けていた空気である。凍らせる前に一度水を沸騰させると，溶けていた空気が逃げ出すため，白い部分を減らすことができる。

114 沸点上昇・凝固点降下

1 蒸気圧降下と沸点上昇 溶液の蒸気圧は純溶媒より低下するため，溶液の沸点は，純溶媒より高くなる。

A 蒸気圧降下

2つの液体の蒸気圧の差を，U字管の液面の高さの差で知ることができる。

水

スクロース水溶液

気相中の分子数が多い

水分子

U字管内で水溶液側の液面が高いことから，水溶液側の蒸気圧（U字管内の液面にかかる圧力）が小さいといえる。

溶質が存在すると溶媒分子が液相から抜け出しにくくなる。このため，溶液は，気液平衡での気相中の溶媒の分子数が純溶媒より少ない。

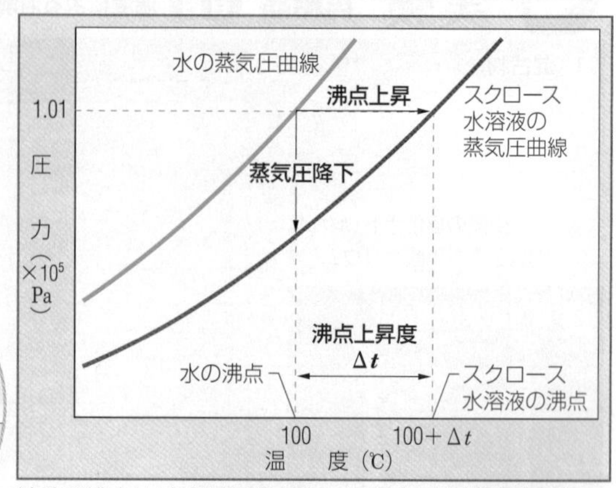

溶液の沸点は純溶媒の沸点よりも高くなる（**沸点上昇**）。
沸点上昇度は，溶液の質量モル濃度（▶P.63）に比例する。

※Δ（デルタ）はギリシャ文字で，アルファベットのDに対応する。差分「（最後の値）−（最初の値）」（difference）を示すのに用いる。

2 凝固点降下 純溶媒よりも，溶液の方が凝固しにくい。

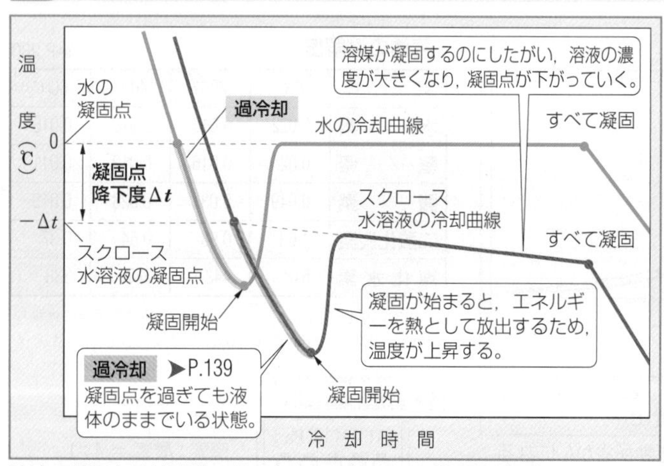

溶液の凝固点は純溶媒の凝固点よりも低くなる（**凝固点降下**）。
凝固点降下度は，溶液の質量モル濃度（▶P.63）に比例する。

溶液の冷却

溶液を冷却していくと，溶媒が凝固するのにしたがい，溶液の濃度は大きくなる。このため，凝固点が下がり，凝固が始まってからも溶液の温度は低下し続ける。

ジュースを半分くらい凍らせる。

A 濃度:大	B	C 濃度:小
まだ凍っていない部分	もとのジュース	凍った部分（融解させた）

A Bより味が濃い　B　C Bより味がうすい

状態図

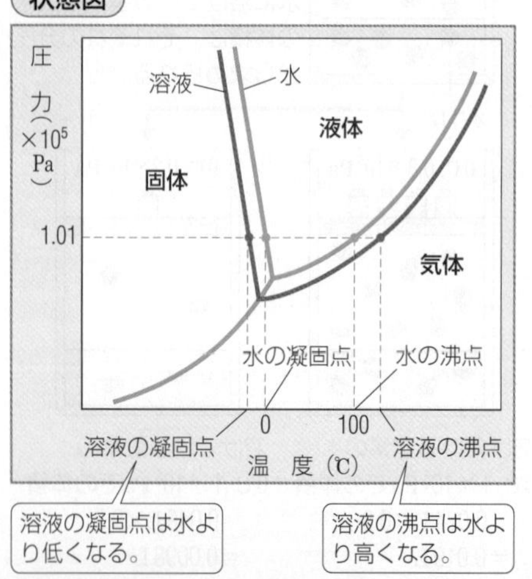

溶液の凝固点は水より低くなる。

溶液の沸点は水より高くなる。

Column 凝固点降下の利用

凍結防止剤の散布

冬期，路面の凍結防止剤として塩化ナトリウム NaCl や塩化カルシウム $CaCl_2$ が使用される。これらの塩が雪の水分と混ざると凝固点降下が起こり，路面が凍結する温度を下げることができる。
電離したときの溶質粒子の物質量の違いから，凝固点降下度は塩化ナトリウムより塩化カルシウムのほうが大きい。

$$\underset{n\,[\mathrm{mol}]}{NaCl} \longrightarrow \underset{n\,[\mathrm{mol}]}{Na^+} + \underset{n\,[\mathrm{mol}]}{Cl^-} \quad (2n\,[\mathrm{mol}])$$

$$\underset{n\,[\mathrm{mol}]}{CaCl_2} \longrightarrow \underset{n\,[\mathrm{mol}]}{Ca^{2+}} + \underset{2n\,[\mathrm{mol}]}{2Cl^-} \quad (3n\,[\mathrm{mol}])$$

また，塩化カルシウムは水に溶けると熱を発生するので，雪をとかす作用もある。

プチ雑学 海水でぬれた服と真水でぬれた服では，海水でぬれた服のほうが乾きにくい。これは，海水は塩化ナトリウムや塩化マグネシウムなどの塩が溶けた溶液であり，蒸気圧降下により，海水のほうが蒸発しにくいからである。

3 沸点上昇度・凝固点降下度

沸点上昇度・凝固点降下度は，溶質の種類に関係なく，溶質の質量モル濃度に比例する。

$\Delta t = Km$

非電解質溶液の沸点上昇度(凝固点降下度)は質量モル濃度に比例する。

Δt〔K〕：沸点上昇度(凝固点降下度)
m〔mol/kg〕：質量モル濃度
K〔K·kg/mol〕：モル沸点上昇(モル凝固点降下)
Kは 1 mol/kg溶液の沸点上昇度(凝固点降下度)。溶媒に固有の値。

➤P.281

溶媒	沸点(℃)	モル沸点上昇(K·kg/mol)	凝固点(℃)	モル凝固点降下(K·kg/mol)
水	100	0.52	0	1.85
ベンゼン	80.1	2.53	5.5	5.12
ナフタレン	218	5.80	80.3	6.94
ショウノウ	207	5.61	179	37.7

電解質溶液

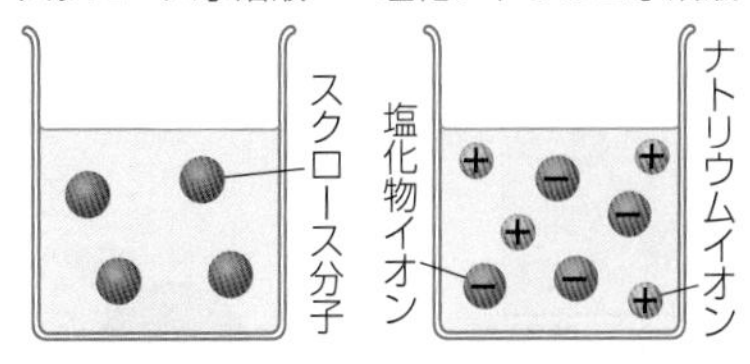

沸点上昇度や凝固点降下度は溶質粒子の質量モル濃度に比例する。
電解質溶液では，溶質が電離するので，粒子数が多くなり，沸点上昇度・凝固点降下度は大きくなる。

二量体

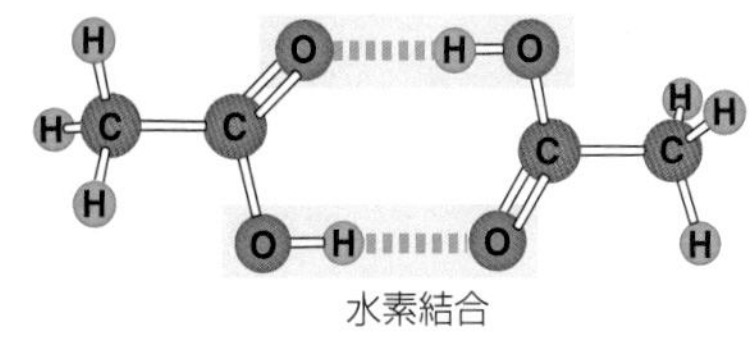

酢酸は，ベンゼン溶液中では，2 分子が水素結合(➤P.49)によって引き合い，**二量体**を形成している。このため，粒子数が減少するので，沸点上昇度・凝固点降下度は小さくなる。

実験 分子量の測定

目的 凝固点降下を利用し，分子量を求める。

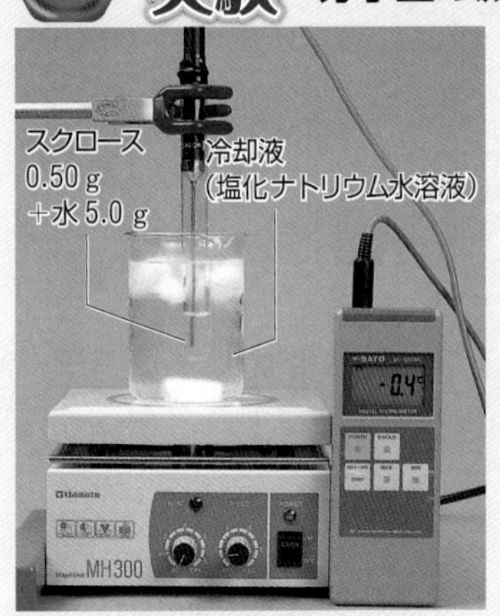

スクロース水溶液を冷却したときの温度変化を測定する。

結果の処理

冷却曲線をかき，凝固点を求める。

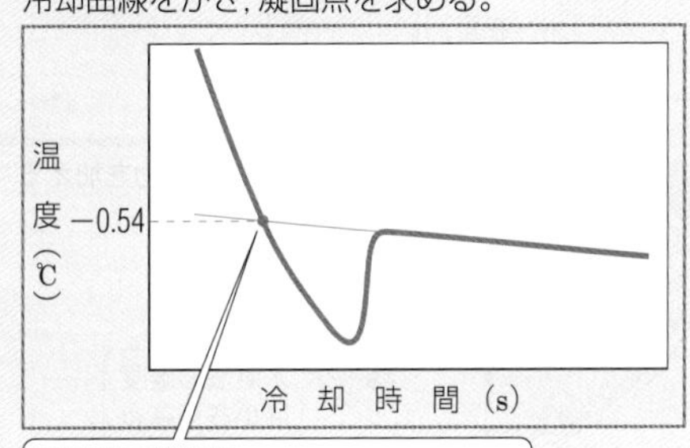

凝固点の求め方
直線部分を延長したときの交点が，過冷却が起こらなかった場合の凝固点。

冷却曲線より，凝固点は−0.54 ℃

考察 スクロースの分子量 M を算出する。

水の凝固点は 0 ℃なので，凝固点降下度は，
$\Delta t = 0 - (-0.54) = 0.54$ (K)
スクロースのモル質量を M〔g/mol〕とすると，
水のモル凝固点降下度は 1.85 K·kg/mol なので，
$\Delta t = Km$ より，

$$0.54\ \text{K} = \underbrace{1.85\ \text{K·kg/mol}}_{\text{モル凝固点降下度}} \times \underbrace{\frac{0.50\ \text{g}}{M\,[\text{g/mol}]}}_{\text{物質量}} \div \underbrace{\frac{5.0}{1000}\ \text{kg}}_{\text{溶媒の質量}}$$

$M \fallingdotseq 340$ g/mol
したがって，スクロースの分子量は 340 と求められる。
※理論値は342

冷却液 氷に塩化ナトリウムを混ぜると，氷は融解して融解熱を吸収し，塩化ナトリウムはそのとけた水に溶解して熱を吸収するので，温度がだんだん低くなる。

参考 ラウールの法則

$p = xp_0$

ラウールの法則
希薄溶液の蒸気圧は，溶質の種類に関係なく，**溶媒**のモル分率に比例する。

p：溶液の蒸気圧　p_0：純溶媒の蒸気圧
x：溶媒のモル分率　$x = \dfrac{n_A}{n_A + n_B}$
n_A〔mol〕：溶媒の物質量　n_B〔mol〕：溶質の物質量

ラウールの法則より，希薄溶液の蒸気圧降下の大きさ Δp は，

$$\Delta p = p_0 - xp_0 = (1 - x)p_0 = \left(1 - \frac{n_A}{n_A + n_B}\right)p_0 = \frac{n_B}{n_A + n_B}p_0$$

よって，蒸気圧降下の大きさ Δp は，**溶質**のモル分率に比例する。
希薄溶液では，$n_A \gg n_B$ とみなせるので，$n_A + n_B \fallingdotseq n_A$ と近似できる。

$$\Delta p \fallingdotseq \frac{n_B}{n_A}p_0$$

溶液の質量モル濃度を m〔mol/kg〕，溶媒のモル質量を M〔kg/mol〕とすると，

$$m = \frac{n_B}{n_A M}\ \text{より，}\ \frac{n_B}{n_A} = mM$$

$$\Delta p = \frac{n_B}{n_A}p_0 = mMp_0$$　Mp_0 は溶媒に固有の値なので，定数 k とおくと，

$$\Delta p = km$$

よって，**蒸気圧降下の大きさ Δp は，溶液の質量モル濃度 m に比例する。**

沸点上昇

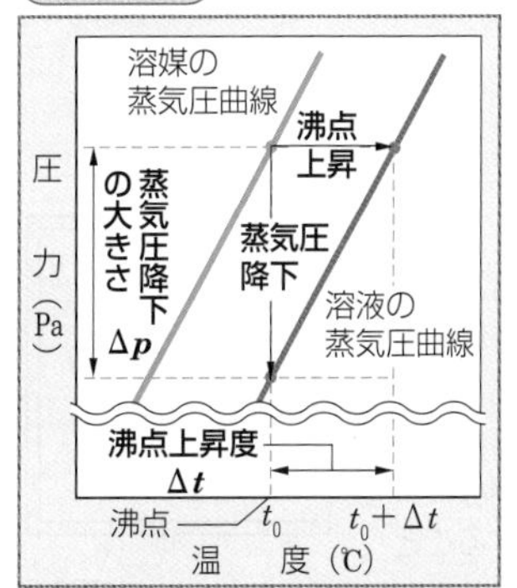

沸点付近の狭い範囲で考えると，溶液と溶媒の蒸気圧曲線は，平行な直線と近似できる。
この直線の傾きを a とすると，

$$\Delta p = a\Delta t$$

$$\Delta t = \frac{\Delta p}{a} = \frac{km}{a} = \frac{k}{a}m$$

よって，沸点上昇度 Δt が質量モル濃度 m に比例する関係式が得られる。

プチ雑学 植物は，冬になると体内に蓄えたデンプンを分解して多くのグルコースに変える。凝固点降下により凝固点が低くなるので，凍りにくくなる。ハクサイやホウレンソウなどの野菜は霜が降りると甘くなるといわれるのはこのためである。

116 浸透圧

1 浸透 溶媒が半透膜を通って溶液側に移動する現象を浸透という。

A 浸透と半透膜

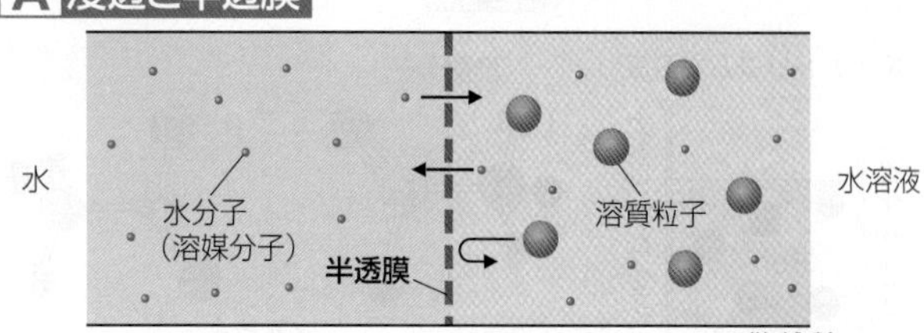

溶液中のある成分は通すが，他の成分は通さない膜を**半透膜**（はんとうまく）という。半透膜は，種類によって，通すことのできる粒子の種類や大きさが異なる。

例 セロハン，細胞膜，卵殻膜

B 赤血球

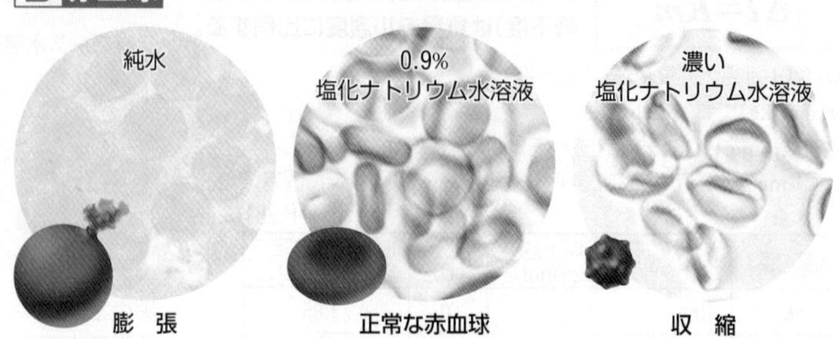

赤血球の細胞膜は半透膜である。赤血球を純水に入れると吸水して膨張し，ついには破裂する(溶血（ようけつ）)。濃い塩化ナトリウム水溶液に入れると，脱水して縮む。

2 浸透圧 溶液と純溶媒を半透膜で仕切ると，溶媒が溶液側に浸透して浸透圧が生じる。

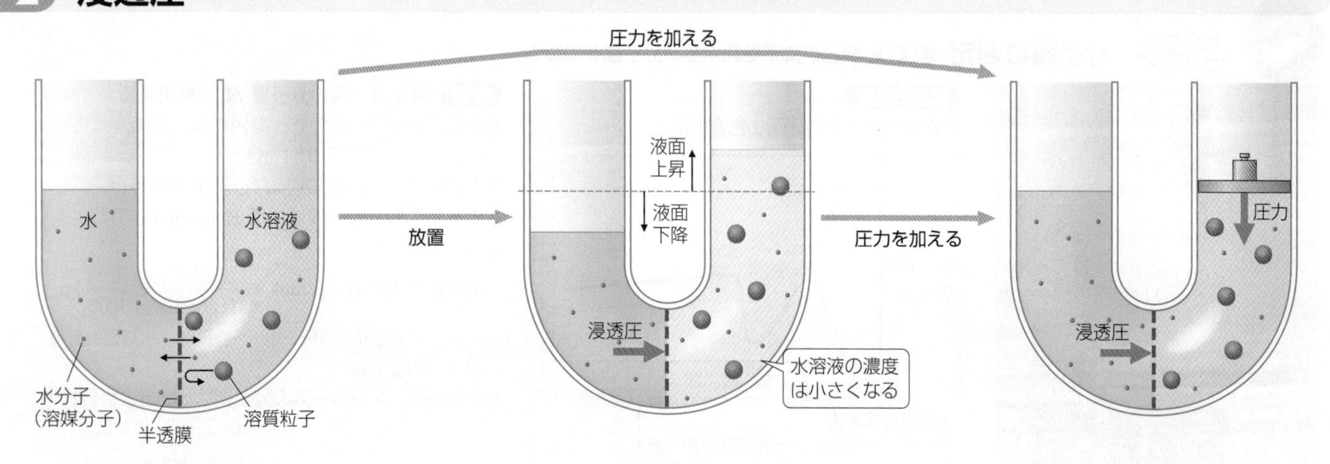

水分子は半透膜を通る。溶質粒子は通らない。

溶媒分子は半透膜を通って，溶液側に移動する(**浸透**（しんとう）)。溶媒が浸透する圧力を**浸透圧**という。

両液面の高さをそろえておくためには，浸透圧に相当する圧力を加える必要がある。

A ファントホッフの法則

$$\Pi V = nRT \text{ または，} \Pi = cRT$$

Π（パイ）〔Pa〕：浸透圧　V〔L〕：溶液の体積

T〔K〕：絶対温度　n〔mol〕：溶質の物質量

R：気体定数 8.31×10^3 Pa・L/(K・mol)

$c=\frac{n}{V}$（この場合〔mol/L〕）：溶質のモル濃度

非電解質溶液では，浸透圧はモル濃度と絶対温度に比例する。その比例定数は気体定数に一致するため，気体の状態方程式と同じ形の式が成り立つ。

ファントホッフ
(オランダ，1852～1911)

気体の状態方程式との関係

ファントホッフは，希薄溶液において，溶質粒子は気体分子と同じように振るまうと考えて，1887年，ファントホッフの法則を導き出した。

気体の圧力は，気体分子が熱運動して容器の壁に衝突することで生じる。これと同様に，浸透圧は，溶質粒子が半透膜に衝突することで生じるとみなした。

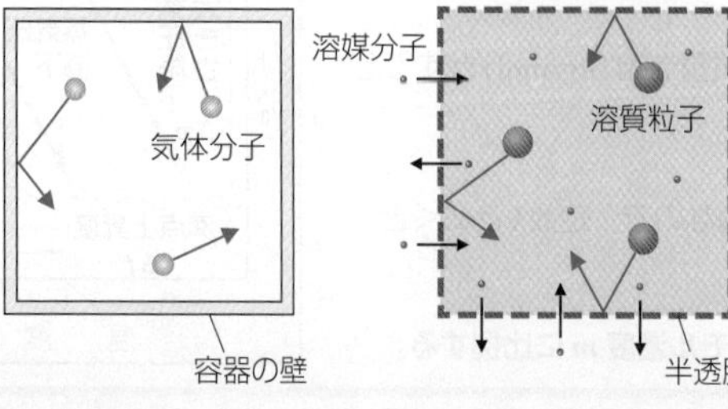

B 浸透圧の測定

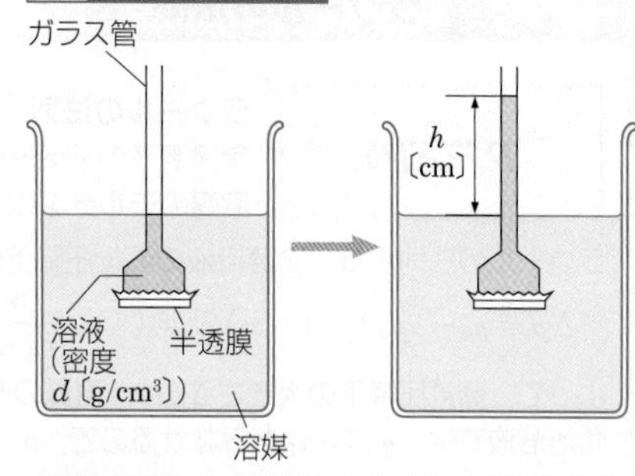

溶媒と溶液の液面の差による圧力が浸透圧に相当する。

浸透圧を Π〔Pa〕，溶液の密度を d〔g/cm³〕，水銀の密度を13.5 g/cm³とすると，1.01×10^5 Paのとき，水銀柱の高さは76.0 cm(▶P.103)であるから，

$$13.5\,\text{g/cm}^3\times76.0\,\text{cm} : dh = 1.01\times10^5\,\text{Pa} : \Pi$$

$$\Pi = \frac{dh}{13.5\,\text{g/cm}^3\times76.0\,\text{cm}}\times1.01\times10^5\,\text{Pa}$$

プチ雑学 鼻に水が入ると痛いのは浸透圧の影響による。鼻を洗浄する場合は，ヒトの体液と浸透圧が等しい約0.9％の塩化ナトリウム水溶液(生理食塩水という)を使用すれば，痛みを感じなくなる。

3 電解質溶液の性質 希薄溶液の沸点上昇度，凝固点降下度，浸透圧は，溶質粒子の数に比例する。

塩化ナトリウム（電解質）水溶液は，同じモル濃度のスクロース（非電解質）水溶液より水溶液中の溶質粒子の数が多いため，浸透圧も大きくなる。

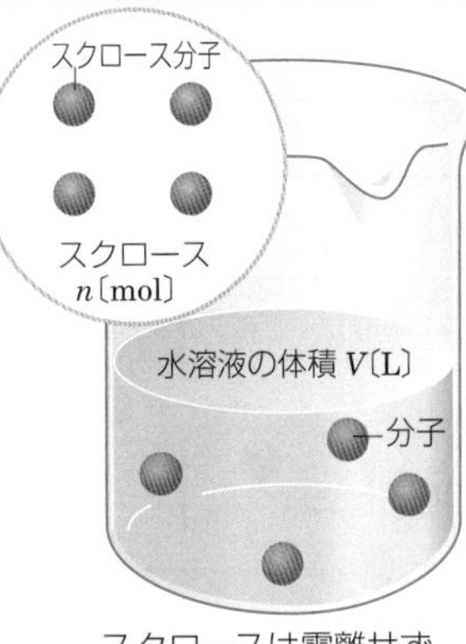

スクロースは電離せず，分子のままで存在する。

溶質粒子 n〔mol〕

沸点上昇度 $\Delta t = K_b m$
凝固点降下度 $\Delta t = K_f m$
浸透圧 $\Pi = cRT$

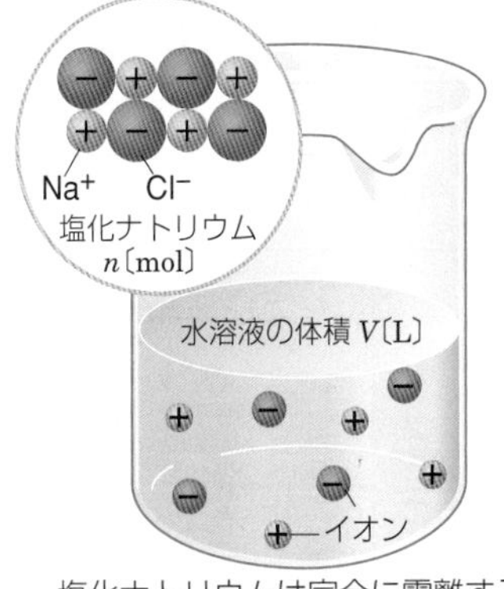

塩化ナトリウムは完全に電離する。

$$\underset{n\text{〔mol〕}}{\mathrm{NaCl}} \longrightarrow \underset{n\text{〔mol〕}}{\mathrm{Na^+}} + \underset{n\text{〔mol〕}}{\mathrm{Cl^-}}$$

溶質粒子 $2n$〔mol〕

沸点上昇度 $\Delta t = 2K_b m$
凝固点降下度 $\Delta t = 2K_f m$
浸透圧 $\Pi = 2cRT$

m〔mol/kg〕：質量モル濃度
$c = \frac{n}{V}$〔mol/L〕：モル濃度
K_b〔K・kg/mol〕：モル沸点上昇
K_f〔K・kg/mol〕：モル凝固点降下
boiling：沸騰
freezing：凝固

Column 浸透圧の利用

漬物

ハクサイに塩を振ると，ハクサイから水が出てくる。野菜の細胞の細胞膜は半透膜であり，野菜を塩とともに漬け込むと，浸透圧により，細胞内の水は塩分濃度の高い細胞外に移動する。

サラダ

少ししおれたレタスを水につけると，パリッとする。漬物とは逆に，浸透圧により，水が塩分濃度の高い細胞内に移動する。

コンタクトレンズの保存

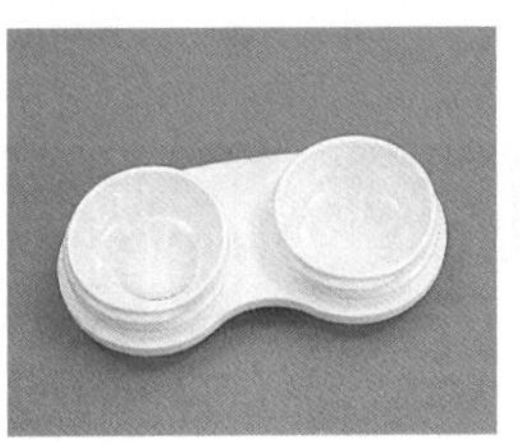

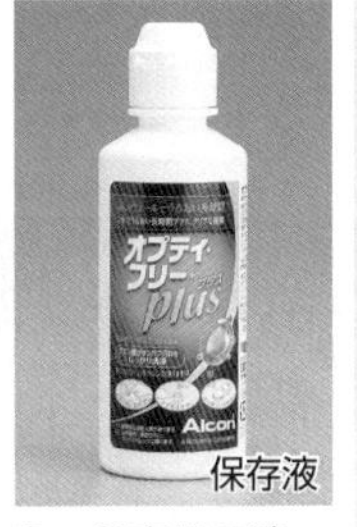

保存液

ソフトコンタクトレンズは，ふつう専用の溶液中に保存する。これは，浸透圧によって水がレンズの中に入ってしまい，レンズが変形するのを防ぐためである。

参考 逆浸透

逆浸透のしくみ

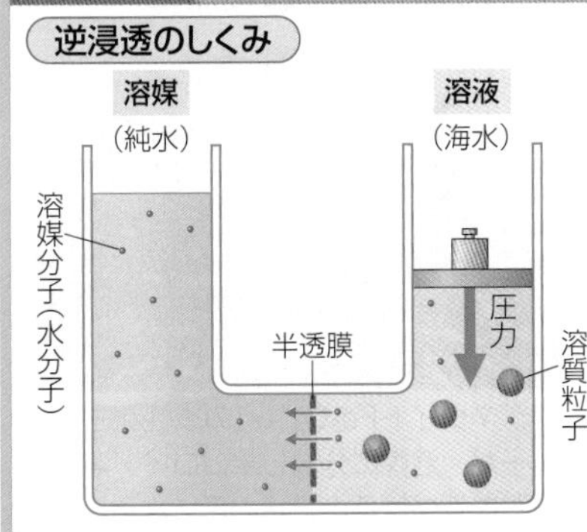

半透膜で溶液と溶媒を仕切ると，溶媒分子が溶液側に浸透する。しかし，溶液側に浸透圧より大きな圧力を加えると，溶液側の溶媒分子が溶媒側に移動する。この現象を**逆浸透**（ぎゃくしんとう）といい，海水の淡水化，濃縮還元ジュース，ウイルスや有害物質の除去などに利用されている。

海水淡水化

半透膜で仕切られた容器に純水と海水を入れ，海水側に浸透圧以上の圧力を加えると，逆浸透によって，海水側から水分子が移動する。このように，海水から純水が得られる。日本でも，水資源の乏しい地域で利用されている。

海水の淡水化設備（沖縄）

思考問題 高分子化合物の分子量測定には，沸点上昇度や凝固点降下度の測定より，浸透圧の測定が適している。それななぜか。

コロイド (1)

1 コロイド

コロイド粒子が他の物質中に分散した状態。自然のものにも人工のものにも，コロイドは多く存在する。

A コロイド粒子の大きさ

ろ紙は通過できるが，半透膜は通過できない。

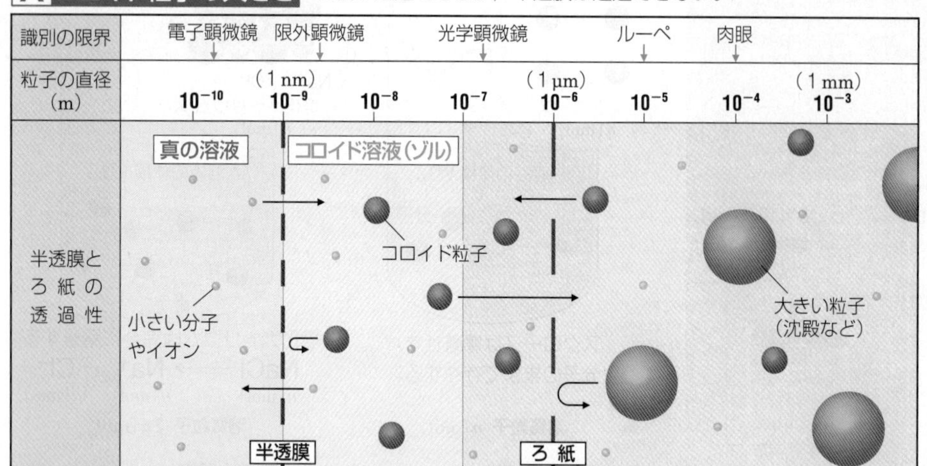

コロイド

1×10^{-9} m〜1×10^{-7} m の粒子(**コロイド粒子**)が，他の物質中に分散している状態を**コロイド**という。液体中に粒子が分散しているコロイドを**コロイド溶液**または**ゾル**という。

分子コロイド 1つ1つの分子がコロイド粒子に相当する大きさをもって分散しているものを**分子コロイド**という。

例 デンプン(▶ P.252)，タンパク質(▶ P.256)

ミセルコロイド(会合コロイド)

多数の分子が，分子間力や水素結合などで結びつき(**会合**)，**ミセル**を形成する。ミセルからなるコロイドを**ミセルコロイド**(会合コロイド)という。

例 セッケン(▶ P.218)

ミセル

B 身近なコロイド

コロイドは，身近に多く存在する。

牛乳

タンパク質や脂肪が水中に分散している。

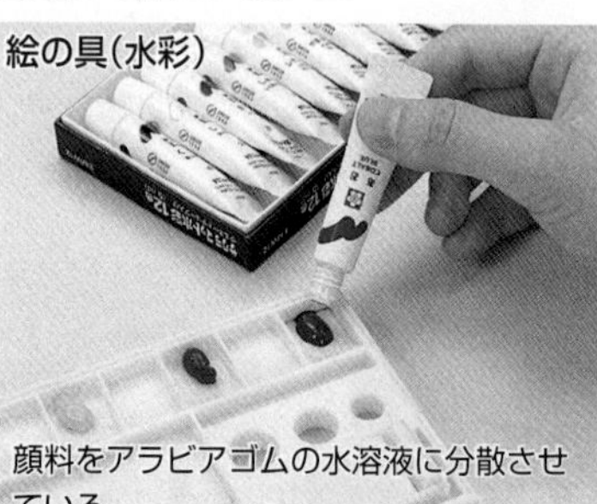
絵の具(水彩)

顔料をアラビアゴムの水溶液に分散させている。

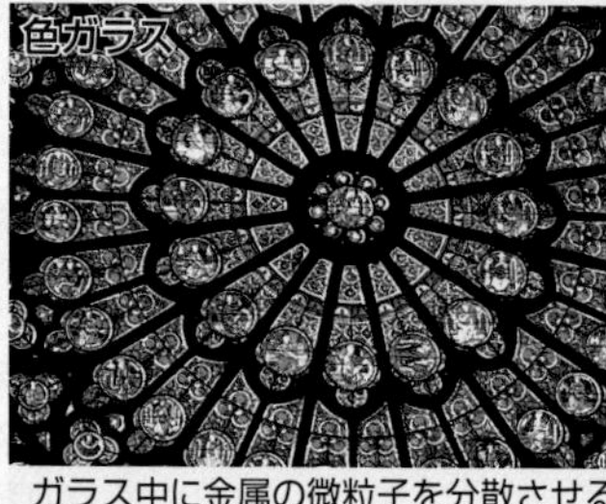
雲

空気中に水滴が分散している。

色ガラス

ガラス中に金属の微粒子を分散させることにより，着色している。

C 粒子の分散

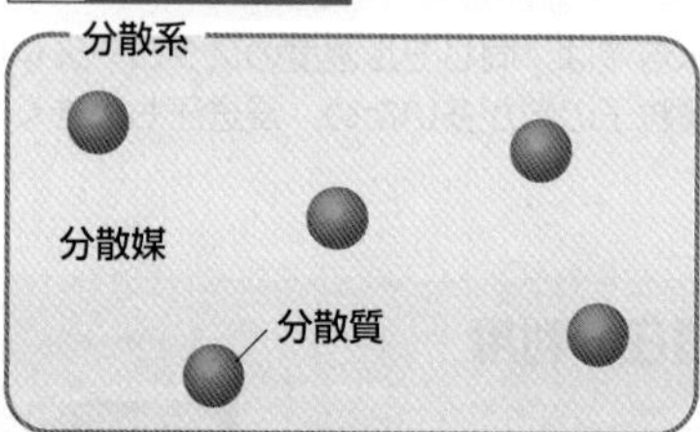

コロイド粒子やそれ以上の大きさの粒子が，気体や液体，固体の中に分散している系を**分散系**という。分散している粒子を**分散質**，分散させている物質を**分散媒**という。

分散媒	分散質	例
固体	固体	色ガラス，ルビー
	液体	ゼリー
	気体	マシュマロ，スポンジ
液体	固体	絵の具，泥水 懸濁液
	液体	牛乳，マヨネーズ 乳濁液
	気体	泡
気体	固体	煙 エーロゾル
	液体	雲，霧 エーロゾル
	気体	なし

懸濁液

分散媒が液体，分散質が固体である分散系を**懸濁液**(サスペンション)という。

乳濁液

分散媒も分散質も液体である分散系を**乳濁液**(エマルション)という。

エーロゾル

分散媒が気体，分散質が液体または固体である分散系を**エーロゾル**という。

D コロイドの流動性

コロイド溶液には，温度変化などにより流動性を失うものがある。

ゾル

寒天溶液

流動性のあるコロイド溶液。

加熱 / 冷却

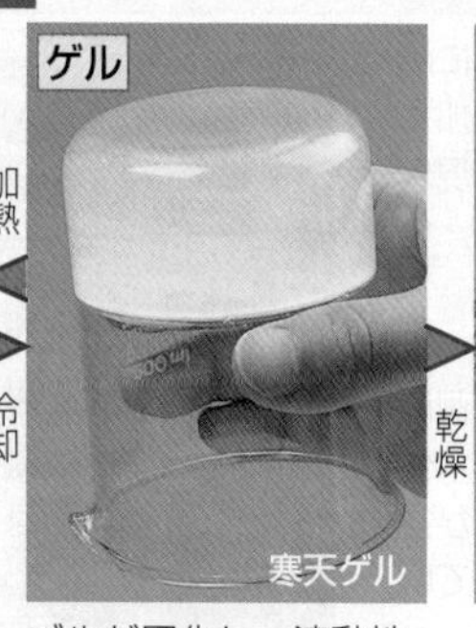
ゲル

寒天ゲル

ゾルが固化し，流動性を失ったもの。例 ゼリー

乾燥

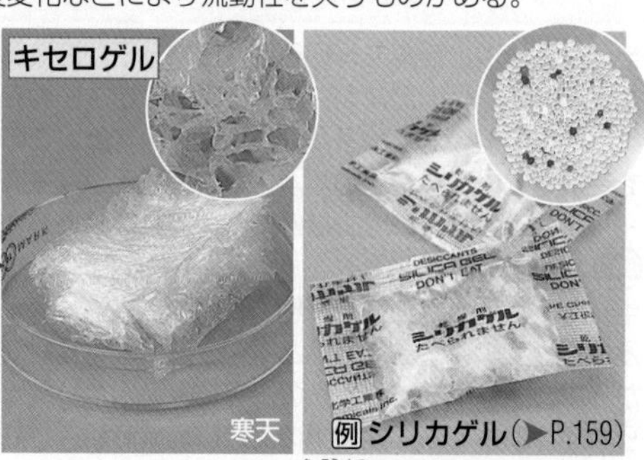
キセロゲル

寒天

例 シリカゲル(▶ P.159)

ゲルを乾燥させたもの。多孔質で表面積が大きいため，吸着力が強く，乾燥剤，脱臭剤などに使われる。

Column 磁性流体

マグネタイトFe_3O_4などの磁性をもつ微粒子が，溶媒に分散したコロイド溶液。磁石を近づけると針状の形になる。

プチ雑学 コップに入った牛乳は分離して沈殿をつくることはない。これは，タンパク質や脂肪といったコロイド粒子が，ブラウン運動をすることで分散しているためである。

Keywords ●コロイド colloid ●ミセル micelle ●ゾル sol ●ゲル gel ●懸濁液 suspension ●乳濁液 emulsion
●チンダル現象 Tyndall phenomenon ●ブラウン運動 Brownian motion
●電気泳動 electrophoresis ●透析 dialysis

2 コロイドの性質

コロイド溶液は，真の溶液とは異なる性質(チンダル現象，ブラウン運動，電気泳動など)を示す。

A チンダル現象

コロイド溶液に横から光を当てると，光の道筋が見える。

コロイド粒子によって光が散乱され，**チンダル現象**が起こる。

空気中のコロイド粒子によるチンダル現象で，レーザー光線が散乱されている。

B ブラウン運動

コロイド粒子は常に不規則な運動をしている。

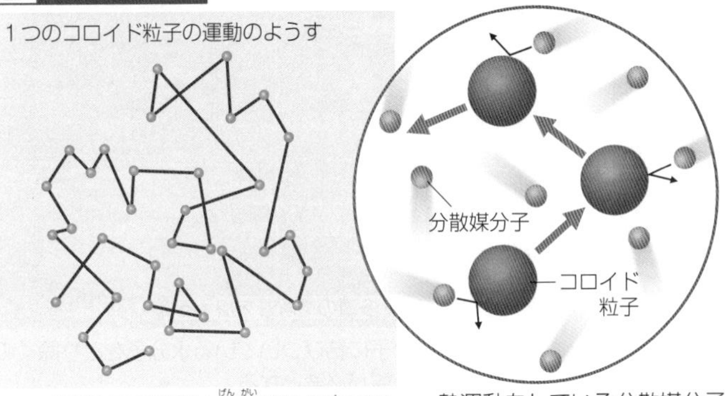

コロイド粒子の運動は限外顕微鏡*で観察できる。

*限外顕微鏡　光学顕微鏡では見えない微粒子を，光の点として観察できる。この光の点は，チンダル現象による散乱光である。

熱運動をしている分散媒分子がコロイド粒子に不規則に衝突するため，コロイド粒子は常に不規則な運動(**ブラウン運動**)をしている。

C 電気泳動

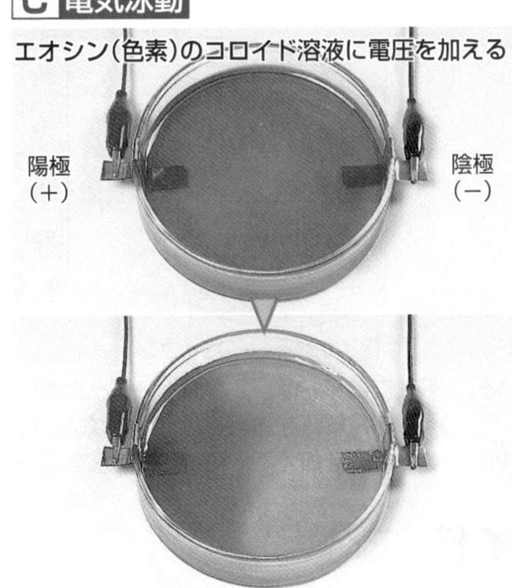

コロイド粒子は正または負に帯電しているため，直流電源につなぎ電圧を加えると，一方の電極に引き寄せられる(**電気泳動**)。正の電荷を帯びたコロイドを正コロイド，負の電荷を帯びたコロイドを負コロイドという。

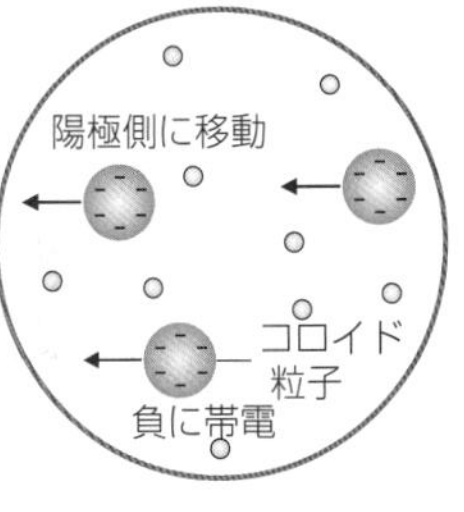

D 透析

半透膜を利用してコロイド溶液中の不純物をとり除くことができる。

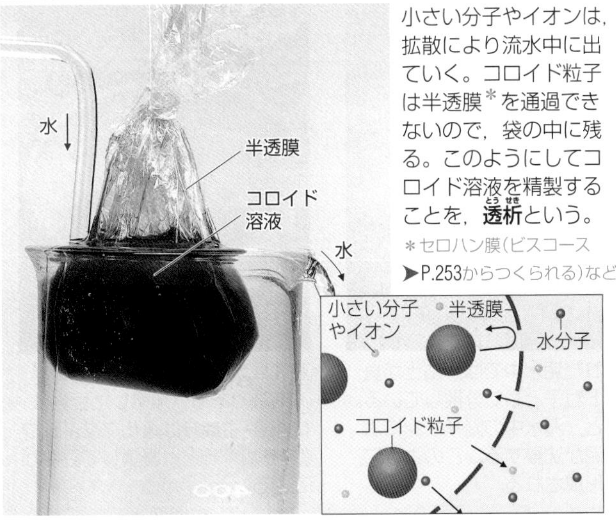

小さい分子やイオンは，拡散により流水中に出ていく。コロイド粒子は半透膜*を通過できないので，袋の中に残る。このようにしてコロイド溶液を精製することを，**透析**という。

*セロハン膜(ビスコース ▶P.253からつくられる)など

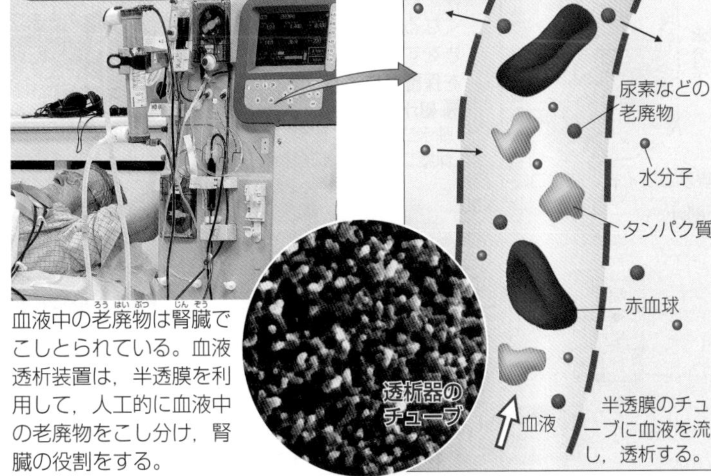

血液中の老廃物は腎臓でこしとられている。血液透析装置は，半透膜を利用して，人工的に血液中の老廃物をこし分け，腎臓の役割をする。

プチ雑学 コロイドの電気泳動は，自動車の金属部品の塗装技術に利用されている。塗料のコロイド溶液に部品を浸し，コロイド溶液の水槽の壁が陰極，部品が陽極となるように電圧を加えることで，負コロイドである塗料が部品に引き寄せられ，均一に塗装ができる。

コロイド(2)

1 疎水コロイドと凝析

疎水コロイドは，水和しにくいコロイドであり，少量の電解質を加えると沈殿する。

A 疎水コロイド

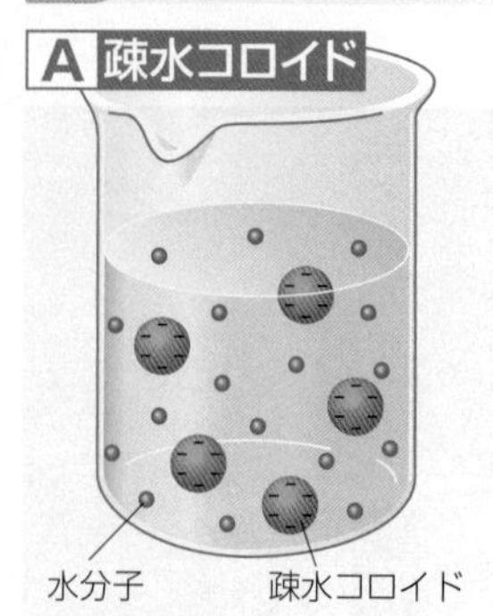

- 水和*している水分子が少ない。
- 電荷による反発力で分散。
- 少量の電解質で沈殿(凝析)。

*水和(▶P.112)

B 凝析

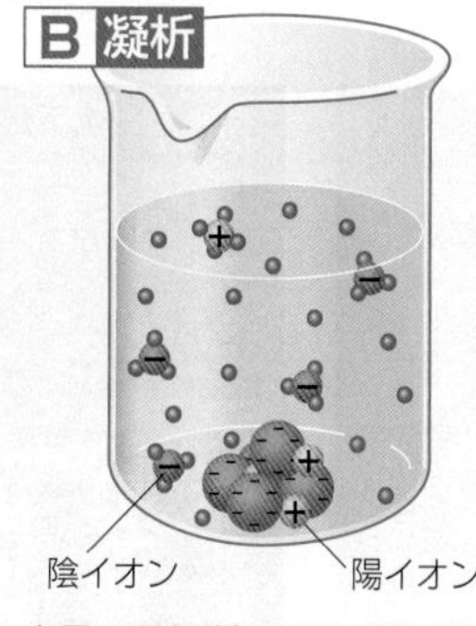

少量の電解質で電荷が打ち消され，反発力を失って集まり，沈殿する。

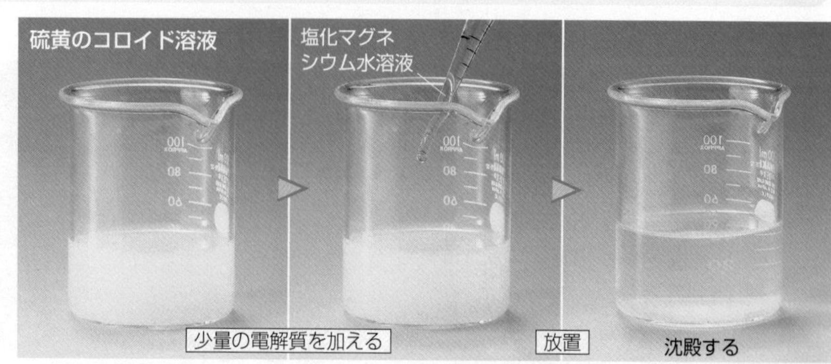

硫黄のコロイド粒子は負に帯電している。陽イオンであるマグネシウムイオンによって反発力を失い，沈殿する。コロイドの電荷と反対の符号で，価数の大きいイオンほど，凝析を起こしやすい。

2 親水コロイドと塩析

親水コロイドは，多数の水分子と水和しており，多量の電解質を加えなければ沈殿しない。

A 親水コロイド

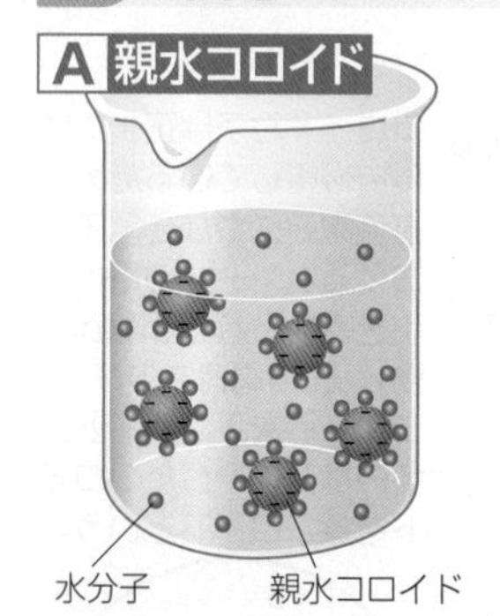

- 多数の水分子と水和している。
- 水和によって分散。
- 多量の電解質で沈殿(塩析)。

B 塩析

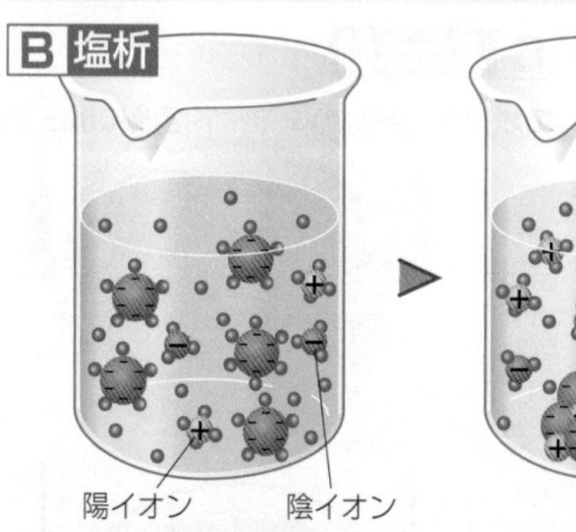

親水コロイドは，多数の水分子と水和しているコロイドで，少量の電解質を加えても沈殿しない。沈殿させるには，多量の電解質を加えて水和している水を切りはなす必要がある。

ゼラチンの分子に結びついている水分子をとり除くのに多量の電解質が必要となる。

3 保護コロイド

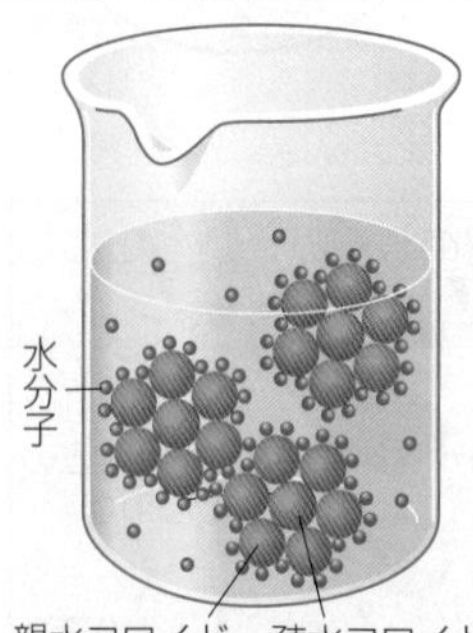

疎水コロイドに親水コロイドを加えると，親水コロイド粒子が疎水コロイド粒子をとり囲み，凝析が起こりにくくなる。このような働きをする親水コロイドを**保護コロイド**という。

例 墨汁
疎水コロイド：炭素
保護コロイド：にかわ

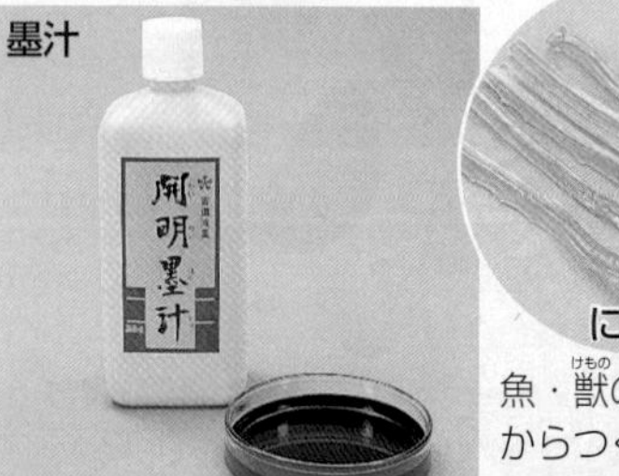

にかわ
魚・獣の骨や皮などからつくられる不純物を含んだゼラチン。

Column 身近なコロイド

河川によって運搬された泥水中では，粘土が負の電荷をもつコロイド粒子として分散している。泥水が海に流れ込むと，海水中の陽イオンによって**凝析**が起こり，泥が沈殿する。このように，河口付近で三角州が形成される。

豆乳は大豆タンパク質のコロイド溶液である。加熱した豆乳ににがり(主成分は塩化マグネシウム)を加えると，凝集して豆腐ができる。

プチ雑学 にかわには「膠」という漢字が使用されるが，語源は「煮皮」である。正倉院には，約1300年前に中国や朝鮮から伝わったとされる墨が保管されており，これらにはすでににかわが使われている。

Keywords
●疎水コロイド hydrophobic colloid ●凝析 coagulation ●親水コロイド hydrophilic colloid
●塩析 salting out ●保護コロイド protective colloid

ア 凝析，塩析

実験 コロイド溶液の性質

目的 水酸化鉄(Ⅲ)[*1]のコロイド溶液をつくり，性質を調べる。

1 コロイド溶液をつくる

＊2▶P.73

A：水素イオンH^+が存在
B：塩化物イオンCl^-が存在
これらのイオンは透析によってコロイド溶液からとり除かれたことがわかる。

＊1 水酸化鉄(Ⅲ)はいくつかの物質からなる混合物で，一定の化学式で表すことはできない。(▶P.139)

2 コロイド溶液の性質を調べる

チンダル現象 セロハン内の溶液をビーカーに移しレーザー光線を当てる。
(▶P.119)

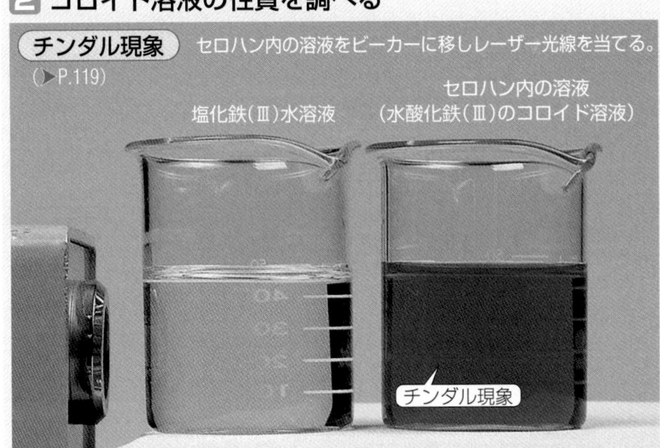

水酸化鉄(Ⅲ)コロイド溶液ではチンダル現象が見られるが，塩化鉄(Ⅲ)水溶液(真の溶液)ではチンダル現象は見られない。

電気泳動 100Vの直流電圧を加える。 30分後
(▶P.119)

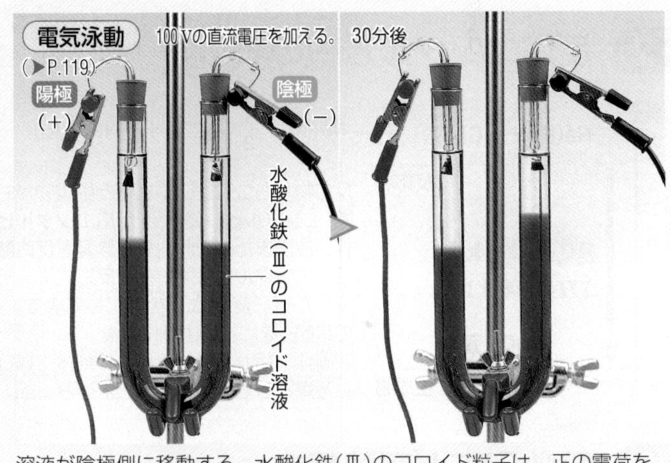

溶液が陰極側に移動する。水酸化鉄(Ⅲ)のコロイド粒子は，正の電荷を帯びていることがわかる。

凝　析 電解質を加えることにより，沈殿させる。

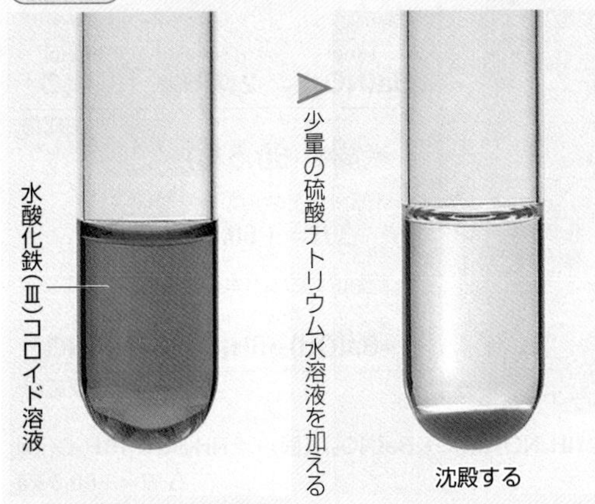

少量の電解質で沈殿(凝析)する。水酸化鉄(Ⅲ)コロイドは疎水コロイドである。

保護コロイド

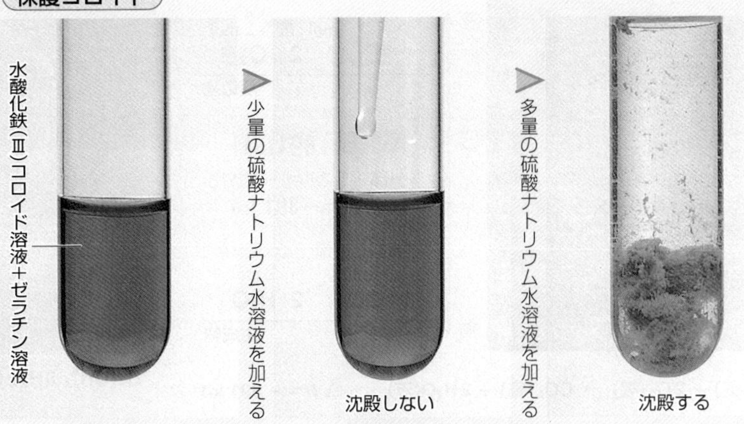

ゼラチン(親水コロイド)を加えると，少量の電解質では沈殿が生じなくなる。ゼラチンが水酸化鉄(Ⅲ)コロイド(疎水コロイド)粒子をとり囲み，保護コロイドとして働いている。

プチ雑学 目は光を受容する器官であるため，本来は光が進んだ先にいないと光を受け取る(見る)ことができないが，コロイド粒子にぶつかって散乱した光を目が受容することで，光の進む道筋を横から見ることができるのがチンダル現象である。部屋のカーテンのすき間から太陽の光の筋が見えることや，森の中で木漏れ日が見えることも，チンダル現象による。

化学反応と熱

1 エンタルピー

エンタルピー変化ΔHが，化学反応にともなう熱の出入りを表す。

A 内部エネルギーの変化

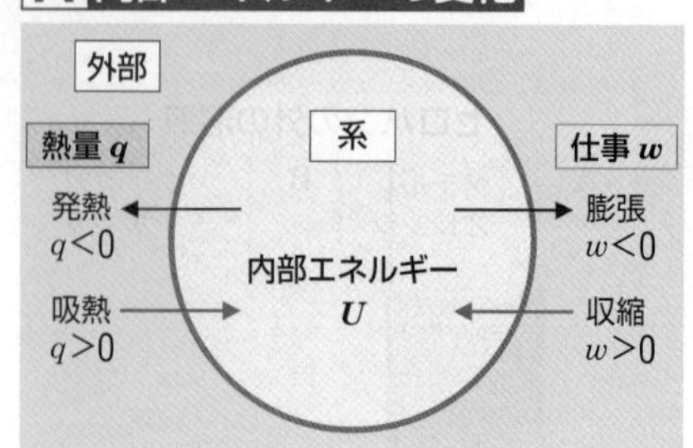

・**系（反応系）** 注目している化学反応に含まれる物質全体。
・**外部（外界）** 系以外のものすべて。
・**内部エネルギー** 系がもつエネルギー。

内部エネルギーの変化ΔUは，出入りする熱qと仕事wの和に等しい。

$\Delta U = q + w$

熱q，仕事wの符号は，系に入る場合を正，系から出る場合を負とする。

B エンタルピー変化

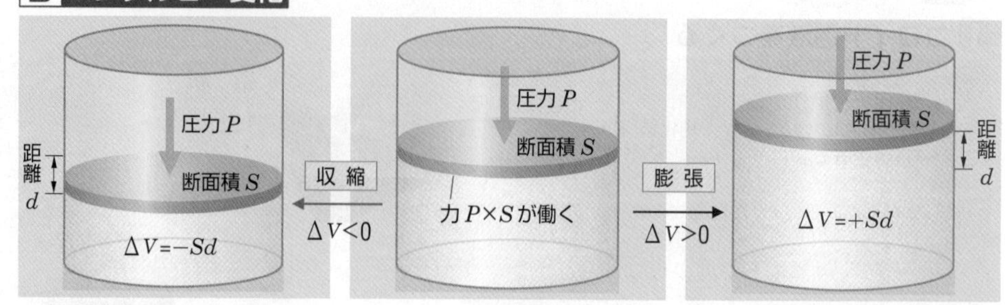

化学変化は圧力が一定で行われることが多いので，圧力Pを一定とする。体積の変化をΔVとすると，

仕事＝力×距離＝圧力×断面積×距離
＝圧力×体積の変化

から，$w=-P\Delta V$となる。ただし，$\Delta V>0$で$w<0$になるように負の符号をつけた。したがって，

$\Delta U = q - P\Delta V$ よって，$q = \Delta U + P\Delta V$

となり，**化学変化にともなう熱の出入りqは，ΔUとΔVによって決まる**ことがわかる。

エンタルピーHという量を，次のように定義する。

$H = U + PV$

エンタルピー変化をΔHとすると，圧力Pが一定のとき，

$\Delta H = \Delta U + P\Delta V = q$

となり，**エンタルピー変化ΔHは熱の出入りqに等しい**ことがわかる。

※Δ（デルタ）はギリシャ文字で，アルファベットのDに対応する。差分「（最後の値）－（最初の値）」（difference）を示すのに用いる。

2 反応エンタルピーの表し方

化学反応式にエンタルピー変化ΔHを併記して，化学変化とその反応エンタルピーを表す。

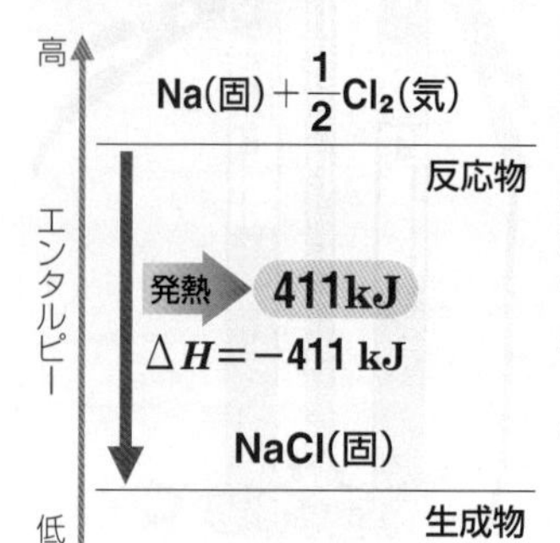

Na(固)＋$\frac{1}{2}Cl_2$(気)⟶NaCl(固)　$\Delta H=-411$ kJ

反応物がもつエンタルピーと生成物がもつエンタルピーの差（エンタルピー変化）を**反応エンタルピー**という。変化に伴い放出または吸収される熱量を**反応熱**という。

反応エンタルピーは，化学反応式に，その係数に応じたエンタルピー変化ΔHを併記して表す。化学式には，物質の状態*を，次のように書く。

固体：(固)，液体：(液)，気体：(気)，
溶媒としての多量の水，水溶液：aq

エンタルピー変化ΔH

系から出る場合（発熱）が負の値（$\Delta H<0$），系に入る場合（吸熱）が正の値（$\Delta H>0$）になる。

ふつう，25℃，1.013×10^5 Paにおける，着目する物質1 molあたりの値で表す。

なお，$\Delta H>0$のときの値の＋符号は省略できる。

*状態は，固体(solid)を(s)，液体(liquid)を(l)，気体(gas)を(g)で表すこともある。また，aqはaqua(水)を示す。なお，状態が明らかな場合は省略する場合がある。

3 発熱反応と吸熱反応

発熱反応では系のエンタルピーが減少し，吸熱反応では系のエンタルピーが増加する。

A 発熱反応

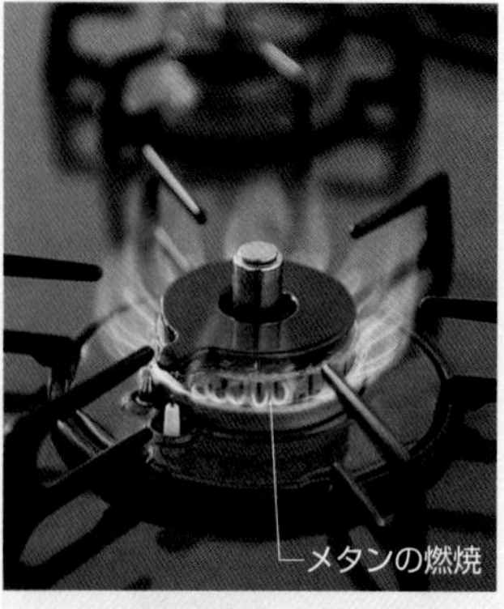

高／低　エンタルピー

メタン 1 mol　酸素 2 mol
CH_4　2 O_2
反応物

発熱 891kJ
外部へエネルギーを放出
$\Delta H=-891$ kJ

二酸化炭素 1 mol　水（液体） 2 mol
CO_2　2 H_2O
生成物

CH_4(気)＋$2O_2$(気)→CO_2(気)＋$2H_2O$(液)　$\Delta H=-891$ kJ

反応物のエンタルピー ＞ 生成物のエンタルピー の場合，熱を発生する。熱を発生する化学反応を**発熱反応**という。

B 吸熱反応

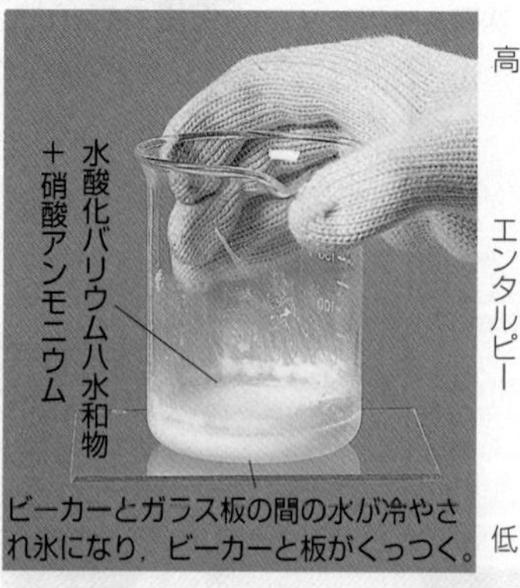

ビーカーとガラス板の間の水が冷やされ氷になり，ビーカーと板がくっつく。

高／低　エンタルピー

硝酸バリウム 1 mol　アンモニア 2 mol　水（液体） 10 mol
$Ba(NO_3)_2$　2 NH_3　10 H_2O
生成物

吸熱 60.5 kJ
外部からエネルギーを吸収
$\Delta H=+60.5$ kJ

水酸化バリウム八水和物 1 mol　硝酸アンモニウム 2 mol
$Ba(OH)_2\cdot8H_2O$　2 NH_4NO_3
反応物

$Ba(OH)_2\cdot8H_2O$(固)＋$2NH_4NO_3$(固)→$Ba(NO_3)_2$(固)＋$2NH_3$aq＋$10H_2O$(液)
$\Delta H=+60.5$ kJ

反応物のエンタルピー ＜ 生成物のエンタルピー の場合，熱を吸収する。熱を吸収する反応を**吸熱反応**という。

プチ雑学　食品に表示されるカロリーは，タンパク質4 kcal/g，脂質9 kcal/g，炭水化物4 kcal/gとしたエネルギー換算係数で計算されている。これらの係数は，物質ごとの燃焼で放出されるエネルギーをもとに，消化吸収率や排泄されるエネルギー損失を考慮して定めている。なお，1 kcalは約4.2 kJである。

Keywords ●内部エネルギー internal energy ●エンタルピー enthalpy ●反応エンタルピー enthalpy of reaction ●発熱反応 exothermic reaction ●吸熱反応 endothermic reaction
NH_4NO_3の溶解エンタルピー

化学

4 反応エンタルピーの種類
いくつかの種類の反応には，反応エンタルピーに名称がつけられている。▶P.281，283

A 燃焼エンタルピー
▶P.124

$C_2H_5OH+3O_2 \rightarrow 2CO_2+3H_2O$(液)
$\Delta H=-1368$ kJ

物質 1 mol が完全に燃焼するときの反応エンタルピー(発熱反応で $\Delta H<0$)。

B 生成エンタルピー
▶P.124

塩化銅(Ⅱ) 銅 塩素 塩化銅(Ⅱ)の生成
高 エンタルピー 低
$Cu+Cl_2$ 反応物
発熱 220 kJ
$\Delta H=-220$ kJ
$CuCl_2$ 生成物

$Cu + Cl_2 \rightarrow CuCl_2$ $\Delta H=-220$ kJ

化合物 1 mol が，その成分元素の単体からつくられるときの反応エンタルピー(発熱反応で $\Delta H<0$)。

C 中和エンタルピー
▶P.74

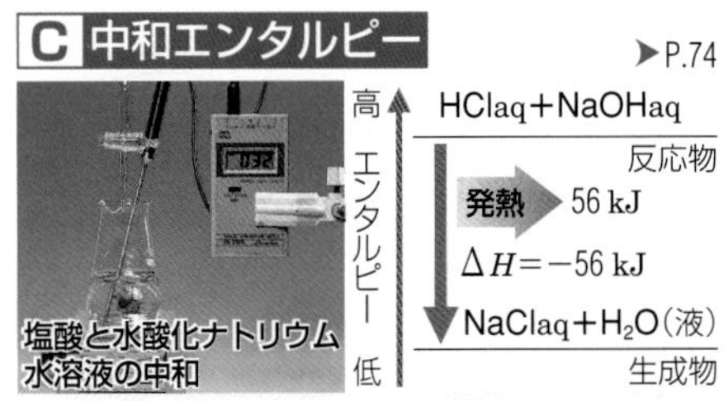

$HClaq+NaOHaq \rightarrow NaClaq+H_2O$(液)
$\Delta H=-56$ kJ*

酸と塩基が反応し，1 mol の水ができるときの反応エンタルピー(発熱反応で $\Delta H<0$)。

※広い意味での反応エンタルピーとして扱う。

*強酸と強塩基の中和では，酸・塩基の種類によらず，ほぼ一定の値を示す。 $H^+aq+OH^-aq \rightarrow H_2O$(液) $\Delta H=-56$ kJ

D 溶解エンタルピー
▶P.151

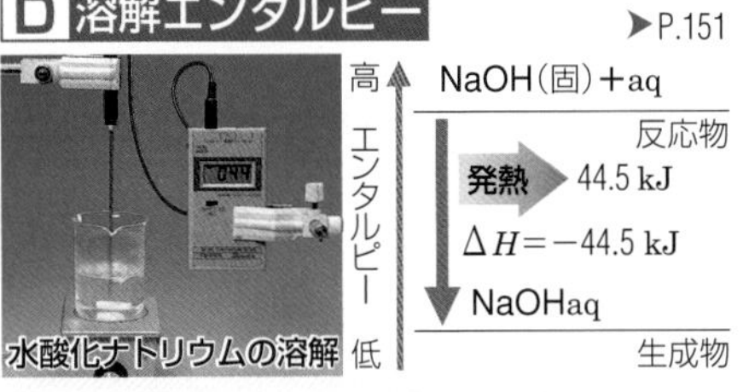

$NaOH$(固)$+aq \rightarrow NaOHaq$ $\Delta H=-44.5$ kJ

物質 1 molが多量の溶媒に溶解(ようかい)するときに発生または吸収する熱量。

Column 反応熱の利用

化学カイロ

$Fe+\frac{3}{4}O_2 \rightarrow \frac{1}{2}Fe_2O_3$*
$\Delta H=-412$ kJ

発熱機能付食品

$CaO + H_2O$(液) $\rightarrow Ca(OH)_2$
$\Delta H=-65.2$ kJ

瞬間冷却パック

NH_4NO_3(固)$+aq \rightarrow NH_4NO_3\,aq$
$\Delta H=+25.7$ kJ

*実際には $FeO(OH)$などの化合物が生じる。

5 状態変化と熱
状態変化にともなって，熱の出入りがある。▶P.282

A 融解エンタルピー
▶P.102

H_2O(固)$\rightarrow H_2O$(液) $\Delta H=+6.01$ kJ (0℃)

1 molの固体が液体になる(融解(ゆうかい)する)ときに吸収する熱量。

B 蒸発エンタルピー

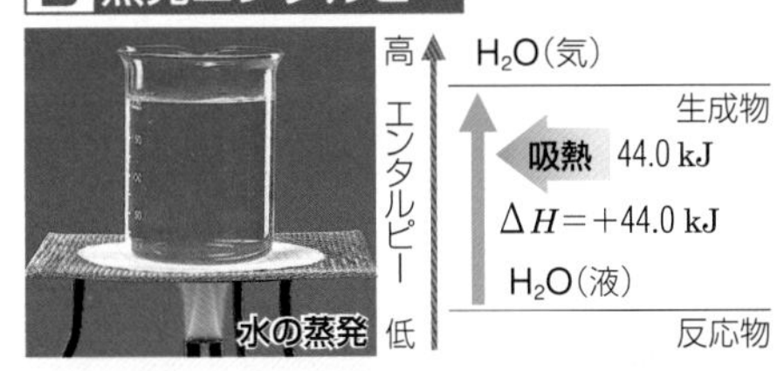

H_2O(液)$\rightarrow H_2O$(気) $\Delta H=+44.0$ kJ (25℃)

1 molの液体が気体になる(蒸発(じょうはつ)する)ときに吸収する熱量。

C 昇華エンタルピー

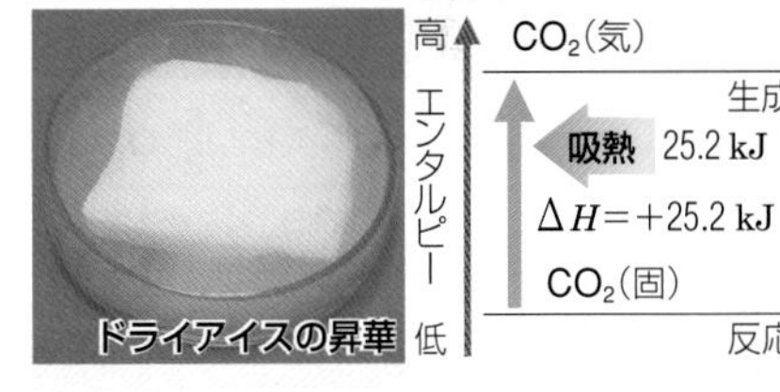

CO_2(固)$\rightarrow CO_2$(気) $\Delta H=+25.2$ kJ (−78.5℃)

1 molの固体が気体になる(昇華(しょうか)する)ときに吸収する熱量。

6 反応熱の測定
温度変化から，出入りした熱量を求める。

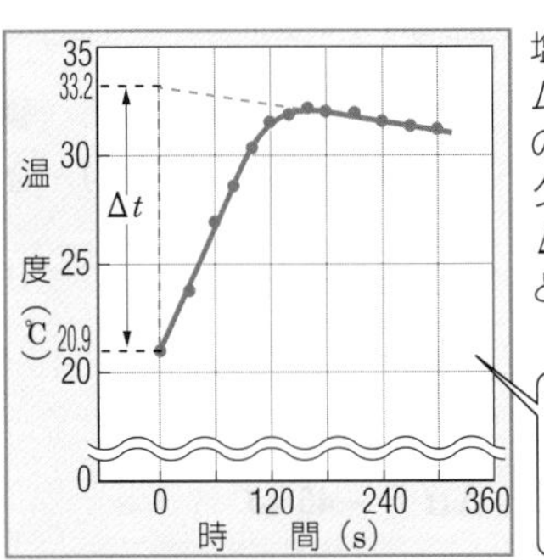

塩酸110mLに水酸化ナトリウム2.15 gを加えて混ぜて，溶液の温度変化をはかった。グラフから，上昇温度 Δt は，$\Delta t=(33.2-20.9)$ K$=12.3$ K となった。

最高温度以降の値から直線を引く。時間 0 秒での温度が，熱が外部に逃げなかった場合の到達温度と考えられる。

$Q=mc\Delta t$　Q〔J〕：熱量，m〔g〕：質量，c〔J/(g・K)〕：比熱，Δt〔K〕：温度変化

比熱…ある物質 1 g の温度を 1 K上げるのに必要な熱量。

溶液の密度を1.00 g/mL，水の比熱を4.18 J/(g・K)とすると，
溶液の質量 $m=110\text{ mL}\times1.00\text{ g/mL}+2.15\text{ g}=112.15\text{ g}\fallingdotseq112\text{ g}$
発熱量 $Q=mc\Delta t=112\text{ g}\times4.18\text{ J/(g・K)}\times12.3\text{ K}\fallingdotseq5760\text{ J}=5.76\text{ kJ}$
NaOHのモル質量は40.0 g/molだから，
NaOH 1 mol あたりの発熱量 $5.76\text{ kJ}\div\dfrac{2.15\text{ g}}{40.0\text{ g/mol}}\fallingdotseq107\text{ kJ/mol}$

$NaOH$(固)$+HClaq \rightarrow NaClaq+H_2O$(液) $\Delta H=-107$ kJ

燃料は軽い方が有利であるので，燃料の燃焼エンタルピーは，1 molあたりの値よりも 1 gあたりの値で比較する方がよい。たとえば，水素(気体) −141.8 kJ/g，メタン(気体) −55.5 kJ/g，エタノール(液体) −29.7 kJ/g，炭素(黒鉛) −32.8 kJ/gとなり，水素の効率が高い。

124 ヘスの法則と結合エネルギー

1 ヘスの法則 反応エンタルピーは，最初の状態と最後の状態によって決まり，途中の経路によらない。

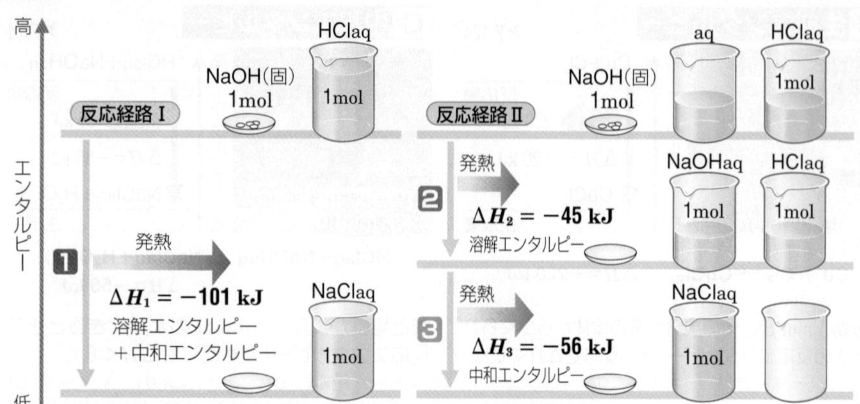

❶ $NaOH(固) + HClaq \longrightarrow NaClaq + H_2O(液)$ $\Delta H_1 = -101\ \mathrm{kJ}$

❷ $NaOH(固) + aq \longrightarrow NaOHaq$ $\Delta H_2 = -45\ \mathrm{kJ}$

❸ $NaOHaq + HClaq \longrightarrow NaClaq + H_2O(液)$ $\Delta H_3 = -56\ \mathrm{kJ}$

ここで，$\Delta H_1 = \Delta H_2 + \Delta H_3$となっている。また，❶の反応と，❷＋❸の反応は，経路は異なるが最初と最後の状態はそれぞれ同じである。

反応経路Ⅰのエンタルピー変化ΔH_1と，反応経路Ⅱのエンタルピー変化の総和$\Delta H_2 + \Delta H_3$は等しい。このように，エンタルピー変化は，反応の最初の状態と最後の状態だけで決まり，反応途中の経路によらない。これを**ヘスの法則**(総熱量保存の法則)という。

2 生成エンタルピーと反応エンタルピー 反応物や生成物の生成エンタルピーから，反応エンタルピーを求めることができる。

A メタンの燃焼エンタルピー

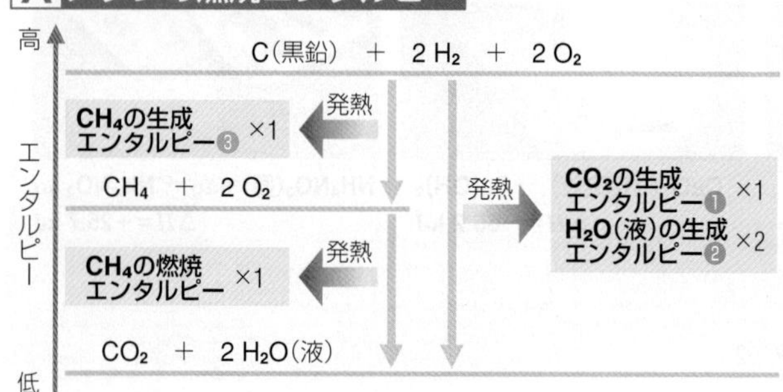

CO_2の生成エンタルピー　$C(黒鉛) + O_2 \longrightarrow CO_2$　$\Delta H = -394\ \mathrm{kJ}$ …❶

H_2O(液)の生成エンタルピー　$H_2 + \frac{1}{2} O_2 \longrightarrow H_2O(液)$　$\Delta H = -286\ \mathrm{kJ}$ …❷

CH_4の生成エンタルピー　$C(黒鉛) + 2H_2 \longrightarrow CH_4$　$\Delta H = -75\ \mathrm{kJ}$ …❸

❶＋❷×2−❸ から，$\Delta H = (-394\ \mathrm{kJ}) + (-286\ \mathrm{kJ} \times 2) - (-75\ \mathrm{kJ}) = -891\ \mathrm{kJ}$

したがって，メタンCH_4の燃焼エンタルピーは，

$$CH_4 + 2O_2 \longrightarrow CO_2 + 2H_2O(液) \quad \Delta H = -891\ \mathrm{kJ}$$

また，次の関係が成り立っている。ただし，単体の生成エンタルピーは0kJとする。

(反応エンタルピー)＝(生成物の生成エンタルピーの総和)
−(反応物の生成エンタルピーの総和)

B アセチレンの燃焼エンタルピー

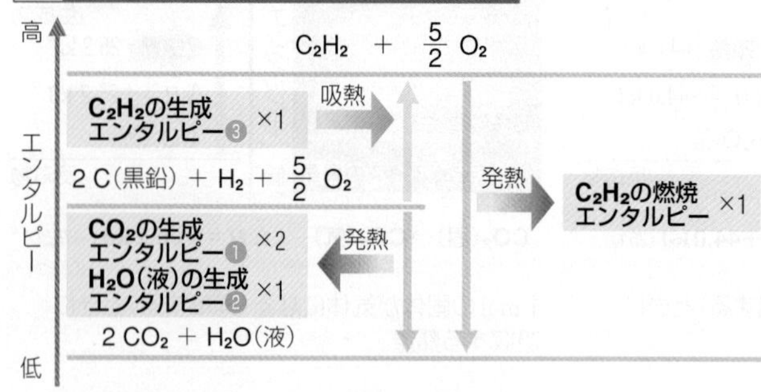

CO_2の生成エンタルピー　$C(黒鉛) + O_2 \longrightarrow CO_2$　$\Delta H = -394\ \mathrm{kJ}$ …❶

H_2O(液)の生成エンタルピー　$H_2 + \frac{1}{2} O_2 \longrightarrow H_2O(液)$　$\Delta H = -286\ \mathrm{kJ}$ …❷

C_2H_2の生成エンタルピー　$2C(黒鉛) + H_2 \longrightarrow C_2H_2$　$\Delta H = +227\ \mathrm{kJ}$ …❸

単体O_2の生成エンタルピー　$0\ \mathrm{kJ}$ …❹

(❶×2＋❷)−(❸＋❹)から，

$\Delta H = -394\ \mathrm{kJ} \times 2 + (-286\ \mathrm{kJ}) - (227\ \mathrm{kJ} + 0\ \mathrm{kJ}) \fallingdotseq -1300\ \mathrm{kJ}$

したがって，アセチレンC_2H_2の燃焼エンタルピーは，

$$C_2H_2 + \frac{5}{2} O_2 \longrightarrow 2CO_2 + H_2O(液) \quad \Delta H = -1300\ \mathrm{kJ}$$

C アンモニアの生成エンタルピー

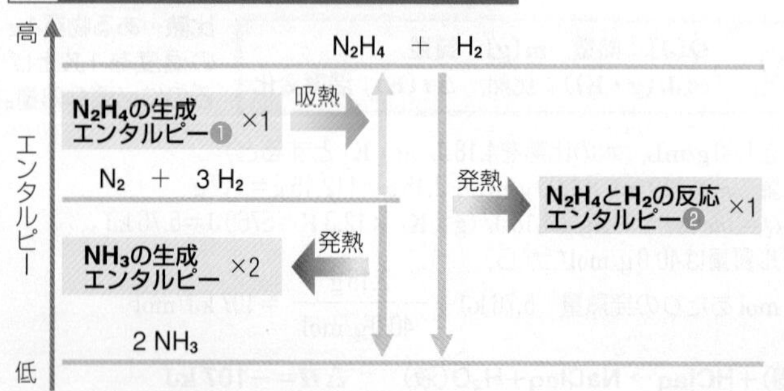

アンモニアNH_3は，ヒドラジンN_2H_4をへて合成される。

N_2H_4の生成エンタルピー　$N_2 + 2H_2 \longrightarrow N_2H_4$　$\Delta H = +96\ \mathrm{kJ}$ …❶

N_2H_4とH_2の反応エンタルピー　$N_2H_4 + H_2 \longrightarrow 2NH_3$　$\Delta H = -188\ \mathrm{kJ}$ …❷

❶＋❷から，

$N_2 + 3H_2 \longrightarrow 2NH_3$　$\Delta H = 96\ \mathrm{kJ} + (-188\ \mathrm{kJ}) = -92\ \mathrm{kJ}$

したがって，アンモニアの生成エンタルピーは，

$$\frac{1}{2} N_2 + \frac{3}{2} H_2 \longrightarrow NH_3 \quad \Delta H = -46\ \mathrm{kJ}$$

プチ雑学 ロシアの化学者であるヘスは，実際にさまざまな化学実験を行い反応熱をはかることで，「ヘスの法則」を発見した。なお，法則を発見したときには，まだ「エネルギー保存の法則」は知られていなかった。

3 結合エネルギーと反応エンタルピー

反応物と生成物の結合エネルギーから，反応エンタルピーを推定できる。▶P.283

A 結合エネルギー(結合エンタルピー)

分子内での原子間の共有結合を切り離すために必要なエネルギー。ふつうは結合1molあたりの値で表す。

アンモニアNH_3

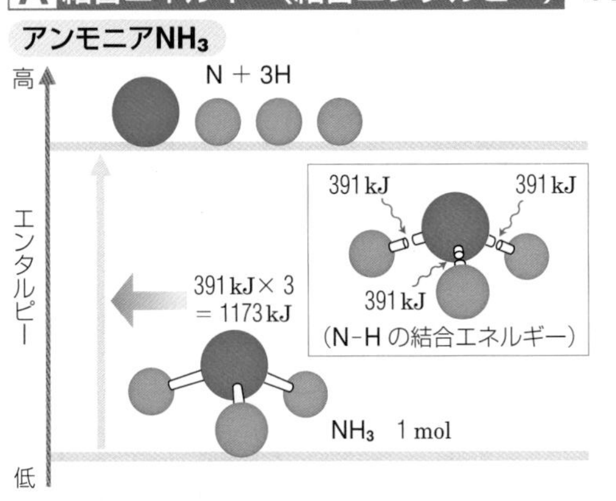

N-H ⟶ N＋H　ΔH ＝ 391 kJ

NH_3 ⟶ N＋3H　ΔH ＝ 1173 kJ

エタンC_2H_6 (▶P.204)

高

2C＋6H

C-H の結合エネルギー

413 kJ× 6 ＋ 348 kJ ＝ 2826 kJ

C-C の結合エネルギー

エンタルピー

C_2H_6 1 mol

低

C-C ⟶ 2C　ΔH＝348kJ　C-H ⟶ C＋H　ΔH＝413kJ

C_2H_6 ⟶ 2C＋6H　ΔH ＝ 2826 kJ

おもな結合エネルギー

結合	結合エネルギー
H-H	436 kJ/mol
Cl-Cl	243 kJ/mol
C-H	413 kJ/mol
C-Cl	328 kJ/mol
N≡N	945 kJ/mol
N-H	391 kJ/mol
O-H	463 kJ/mol
H-Cl	432 kJ/mol
C-C	348 kJ/mol
C=C	718 kJ/mol
C=O	804 kJ/mol
O=O	498 kJ/mol

(25℃，1.013×10^5 Pa(1 atm)での値)

※結合エネルギーは常に正の値なので，符号を省略する。

B 結合エネルギーと反応エンタルピー

塩化水素の生成エンタルピー

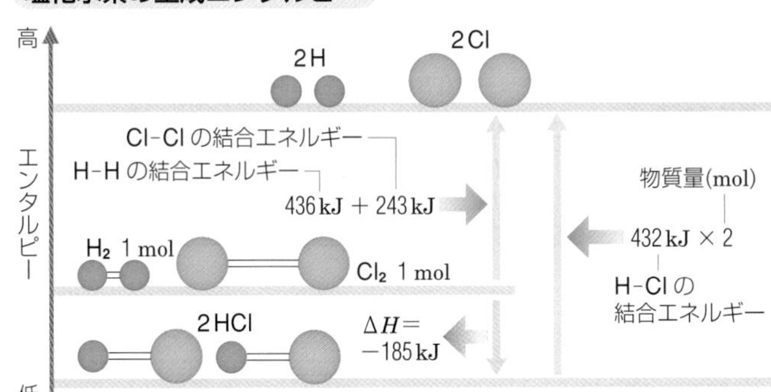

436 kJ/mol×1 mol＋243 kJ/mol×1 mol－432 kJ/mol×2 mol＝－185 kJ

から，H_2 ＋ Cl_2 ⟶ 2 HCl　ΔH ＝ －185 kJ　となるので，

$$\frac{1}{2}H_2 + \frac{1}{2}Cl_2 \longrightarrow HCl \qquad \Delta H = -92.5\ \mathrm{kJ}$$

また，ここでは，次の関係が成り立っている。

(反応エンタルピー)＝(反応物の結合エネルギーの総和)－(生成物の結合エネルギーの総和)

この関係は気体の反応で成り立つ。また，結合エネルギーの大きさは，厳密には分子によって少し異なるので，計算結果は反応エンタルピーの推定値である。上で求めたHClの生成エンタルピーの値－92.5 kJ/molが，実際の値－92.3 kJ/molとわずかに異なるのはそのためである。

メタンと塩素の反応エンタルピー

H-C(H)(H)-H ＋ Cl-Cl ⟶ H-C(H)(H)-Cl ＋ H-Cl

メタン　塩素　クロロメタン　塩化水素

ΔH ＝(反応物の結合エネルギーの総和)－(生成物の結合エネルギーの総和)

＝ 413 kJ/mol×4 mol＋243 kJ/mol×1 mol

－(413 kJ/mol×3 mol＋328 kJ/mol×1 mol＋432 kJ/mol×1 mol)＝－104 kJ

CH_4 ＋ Cl_2 ⟶ CH_3Cl ＋ HCl　ΔH ＝ －104 kJ

参考 イオン結晶の格子エネルギー(格子エンタルピー)

高

Na^+(気)，Cl(気)，e^-

Na^+(気)，Cl^-(気)

Na(気)，Cl(気)

Na(気)，$\frac{1}{2}Cl_2$(気)

Na(固)，$\frac{1}{2}Cl_2$(気)

NaCl(固)

エンタルピー　低　①②③④⑤　Q

結晶を構成粒子に分解するのに必要なエネルギーを**格子エネルギー**という。イオン結晶の格子エネルギーは，実験での測定は難しいが，ヘスの法則から間接的に求めることができる。NaClの格子エネルギーをQとすると，

① NaCl(固)の生成エンタルピー	Na(固)＋$\frac{1}{2}Cl_2$(気) ⟶ NaCl(固)	ΔH ＝ －411 kJ
② Na(固)の昇華エンタルピー	Na(固) ⟶ Na(気)	ΔH ＝ ＋107 kJ
③ Cl_2(気)の結合エネルギー	$\frac{1}{2}Cl_2$(気) ⟶ Cl(気)	ΔH ＝ ＋121 kJ
④ Naのイオン化エネルギー	Na(気) ⟶ Na^+(気)＋e^-	ΔH ＝ ＋496 kJ
⑤ Clの電子親和力	Cl(気)＋e^- ⟶ Cl^-(気)	ΔH ＝ －349 kJ

①から⑤まで一周してもとに戻ると，エンタルピーの変化は0になるので，反応の向きを考慮して，

－(－411 kJ)＋107 kJ＋121 kJ＋496 kJ－349 kJ－Q＝0　Q ＝ ＋786 kJ

NaCl(固) ⟶ Na^+(気)＋Cl^-(気)　ΔH ＝ ＋786 kJ

プチ雑学　3Bの結合エネルギーと反応エンタルピーの関係式は，気体の反応で成り立つ。反応物や生成物に固体や液体を含む場合には，これらを気体にするための熱量(融解エンタルピー，蒸発エンタルピーなど)も考慮する必要がある。

エントロピー

Keywords ●エントロピー entropy ●エントロピー変化 entropy change ●ギブズエネルギー Gibbs energy ●ギブズエネルギー変化 Gibbs energy change

1 エントロピー　粒子は，より散らばるように変化していく。

A エントロピーとは

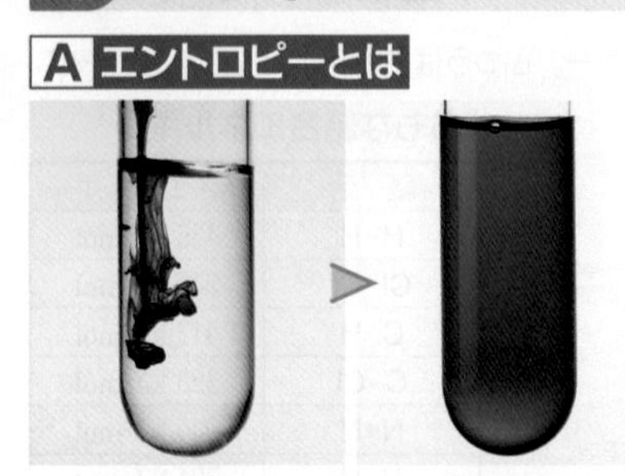

粒子の散らばりの程度を示す量を**エントロピー**（記号Sで表す）という。水にたらしたインクは，水の中に広がっていく。粒子が散らばっていく向き（エントロピーが増加する向き）の変化が自発的に起こる。

B エントロピー変化

状態変化

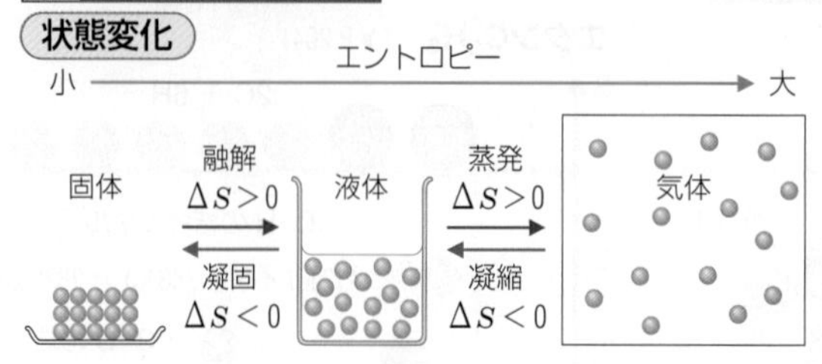

固体から液体，液体から気体へと状態変化するとき，エントロピーは増加する。

溶　解

エントロピー　小 → 大

$\Delta S>0$ / $\Delta S<0$

溶解するとき，エントロピーは増加する。

系に熱を加えると，系の中の粒子はより散らばるようになる。温度T〔K〕で，系がΔH〔J〕のエンタルピーを得たとき，系のエントロピー変化ΔS〔J/K〕を，右のように定義する。

$$\Delta S=\frac{\Delta H}{T}$$

2 ギブズエネルギー 発展　ギブズエネルギーが減少（$\Delta G<0$）する向きの変化が自発的に起こる。

A 変化の向きとΔH，ΔS

ΔH	ΔS	変化
$\Delta H<0$	$\Delta S>0$	自発的に起こる。
$\Delta H<0$	$\Delta S<0$	場合によっては起こる。
$\Delta H>0$	$\Delta S>0$	場合によっては起こる。
$\Delta H>0$	$\Delta S<0$	自発的には起こらない。

変化の向きは，系のエンタルピー変化ΔHと，系のエントロピー変化ΔSの正負だけでは決まらない場合がある。

B ギブズエネルギーG　$G=H-TS$　（H：系のエンタルピー，S：系のエントロピー）

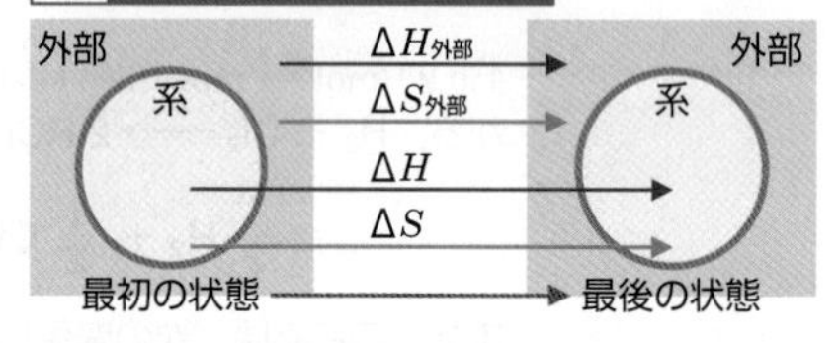

$\Delta S_{全体}=\Delta S+\Delta S_{外部}$　$\Delta H_{外部}=-\Delta H$

全体のエントロピーが増加（$\Delta S_{全体}>0$）のとき，変化は自発的に起こる。

反応の前後で，温度T〔K〕が一定であるとき，

$$\Delta S_{全体}=\Delta S+\Delta S_{外部}=\Delta S-\frac{\Delta H}{T}$$

$$-T\Delta S_{全体}=\Delta H-T\Delta S=\Delta G$$

ΔG	$\Delta S_{全体}$	変化
$\Delta G<0$	$\Delta S_{全体}>0$	自発的に起こる。
$\Delta G>0$	$\Delta S_{全体}<0$	自発的には起こらない。

C 変化の例　温度25℃（$T=298$ K）のときのデータをもとに考える。

NaOHの溶解

NaOH(固) + aq ⟶ NaOHaq

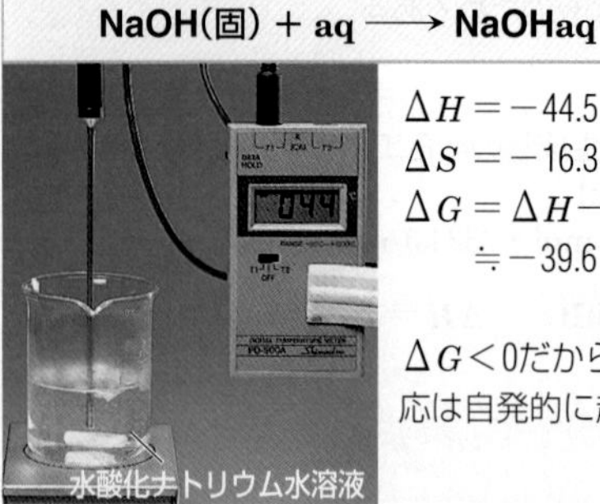

$\Delta H=-44.5$ kJ
$\Delta S=-16.3$ J/K
$\Delta G=\Delta H-T\Delta S$
$\fallingdotseq-39.6$ kJ

$\Delta G<0$だから，反応は自発的に起こる。

NH_4NO_3の溶解

NH_4NO_3(固) + aq ⟶ NH_4NO_3 aq

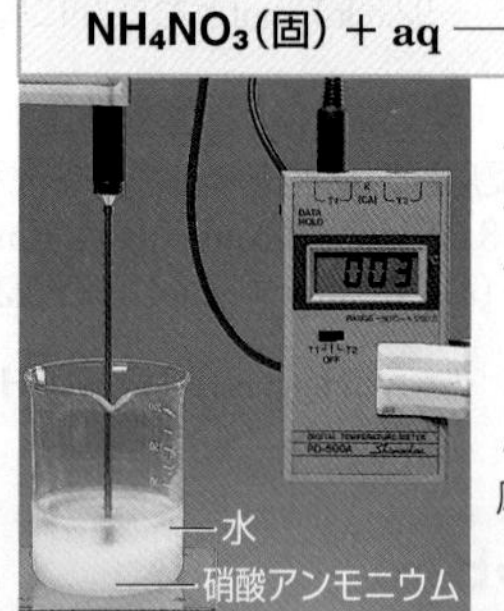

$\Delta H=+25.7$ kJ
$\Delta S=+108.3$ J/K
$\Delta G=\Delta H-T\Delta S$
$\fallingdotseq-6.6$ kJ

$\Delta G<0$だから，反応は自発的に起こる。

$CuCl_2$の生成

$Cu+Cl_2\longrightarrow CuCl_2$

塩化銅(Ⅱ)　銅　塩素

$\Delta H=-220$ kJ
$\Delta S=-148$ J/K
$\Delta G=\Delta H-T\Delta S$
$\fallingdotseq-176$ kJ

$\Delta G<0$だから，反応は自発的に起こる。

H_2Oの蒸発

H_2O(液) ⟶ H_2O(気)

$\Delta H=+44.0$ kJ
$\Delta S=+118.8$ J/K
$\Delta G=\Delta H-T\Delta S$
$\fallingdotseq+8.6$ kJ

$\Delta G>0$だから，反応は自発的には起こらない。

参考　物質の三態とG

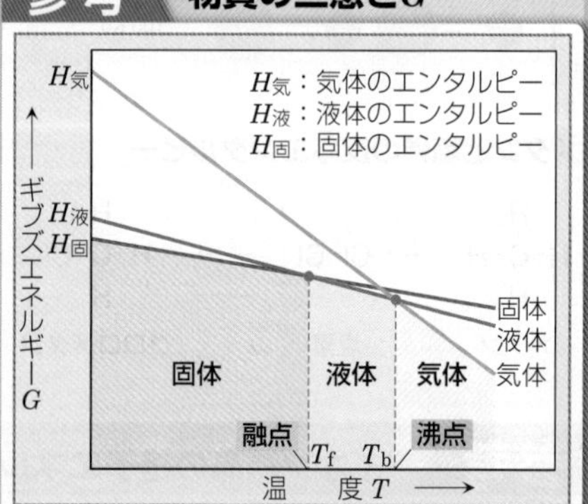

エントロピーSは，固体より液体の方が大きく，液体より気体の方がずっと大きくなる。したがって，それぞれの状態で，Sが温度Tによらず一定（$S_{固}<S_{液}<<S_{気}$）とみなし，次のグラフをかくと，上の図のようになる。

固体：$G=H_{固}-TS_{固}$
液体：$G=H_{液}-TS_{液}$
気体：$G=H_{気}-TS_{気}$

物質は，Gがもっとも小さくなる状態が安定であることから，温度T_f以下では固体，T_f～T_bでは液体，T_b以上では気体として存在する。つまり，T_fは融点，T_bは沸点になる。

プチ雑学　ボールペン，ペットボトル，レジ袋など，すべての人工物はエントロピーが小さい。エネルギーを使ってエントロピーを減らし，有益，有用なものとして利用している。消費後，廃棄されれば，エントロピーは増加していき，散らばっていく。そして，散らばったものを回収するためには，大きなエネルギーが必要になる。

Keywords ●化学発光 chemiluminescence ●ルミノール反応 luminol reaction
●光化学反応 photochemical reaction ●光合成 photosynthesis

化学反応と光

1 光とエネルギー 光はエネルギーをもっている。

A 光の色

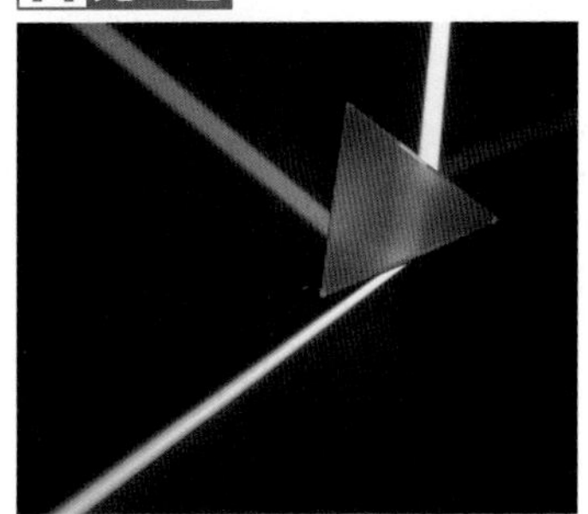

太陽の光は，プリズムを通すと虹色に分かれる。光は，色によって屈折率が異なり，紫色に近いほど大きく屈折する。

B 光の色とエネルギー

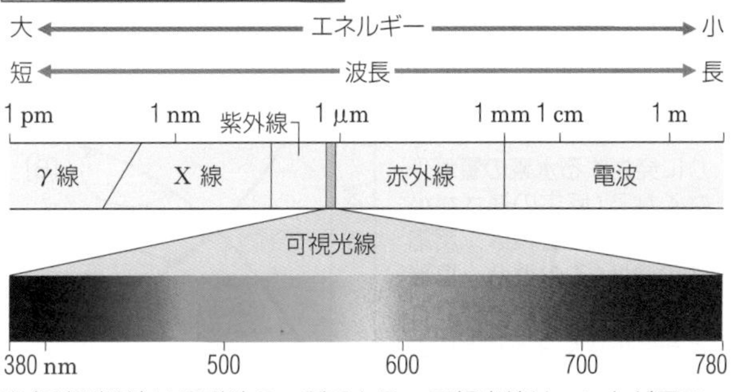

光(可視光線)は電磁波の一種である。可視光線は，ヒトが目で感じることのできる波長の電磁波であり，色の違いは，波長の違いを示している。電磁波（光）のエネルギーは波長に反比例(振動数に比例)する。

参考 光エネルギー

波長を λ〔m〕，振動数を ν〔1/s〕とすると，光がもつエネルギー E〔J〕は，次の式で表される。

$$E=\frac{hc}{\lambda}=h\nu$$

波長に反比例し，振動数に比例する。

ここで，c，hは，次の定数である。
$c \fallingdotseq 3.0\times10^{8}$ m/s（光の速さ）
$h \fallingdotseq 6.6\times10^{-34}$ J·s（プランク定数）

2 化学発光 光エネルギーを放出する化学反応がある。

A ルミノール反応

ルミノールと過酸化水素が反応して，青色に発光する。血液の成分が触媒になるため，血痕の検出に利用される。

ルミノール

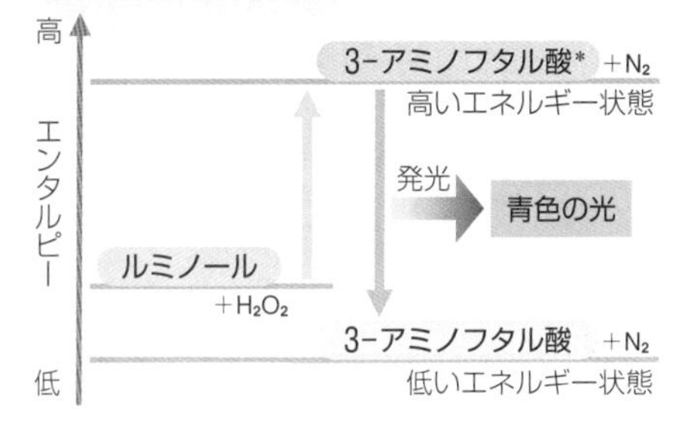

B ケミカルライト

化学エネルギーによって高いエネルギー状態になった蛍光色素が，低いエネルギー状態に戻り発光する。

シュウ酸ジフェニル

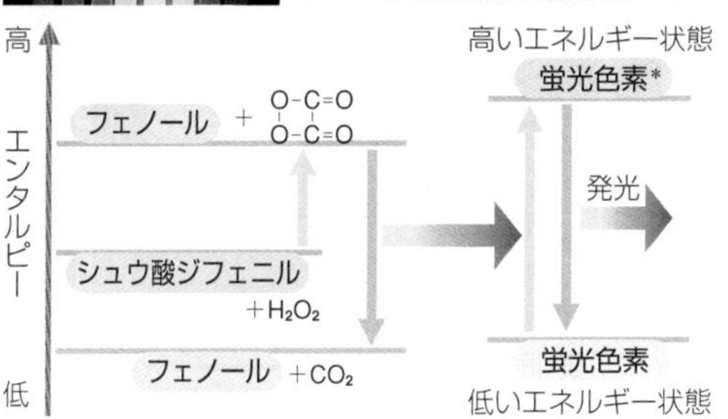

C 生物発光

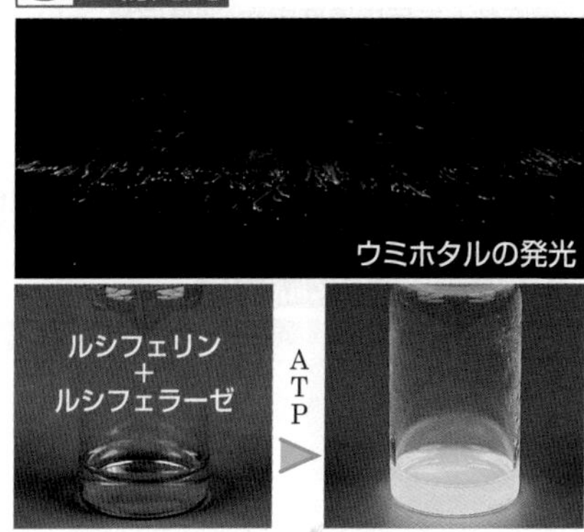

ATP（▶P.258）によって活性化されたルシフェリンは，酸素と反応して，高いエネルギー状態のオキシルシフェリンになる。それが低いエネルギー状態になるときに発光する。この反応は，ルシフェラーゼという酵素によって進む。

3 光化学反応 光エネルギーを吸収する化学反応がある。

A ハロゲン化銀

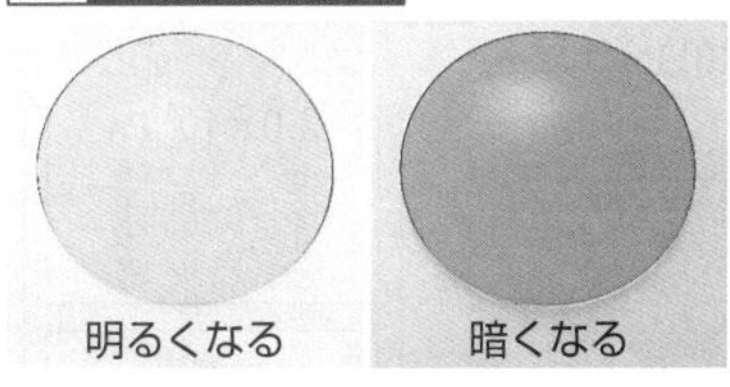

$$2\text{AgBr} \underset{\text{遮光}}{\overset{\text{光}}{\rightleftarrows}} 2\text{Ag}+\text{Br}_2$$

眼鏡の調光レンズは，光があたると銀が析出して色が暗くなり，暗いところでは銀が減って明るくなる。

B 紫外線硬化樹脂

紫外線によって硬くなる樹脂(UVレジン)。主剤(単量体)と硬化剤(重合開始剤)からなり，硬化剤が紫外線を吸収し，そのエネルギーで主剤を重合させる(▶P.236)。

C 光合成

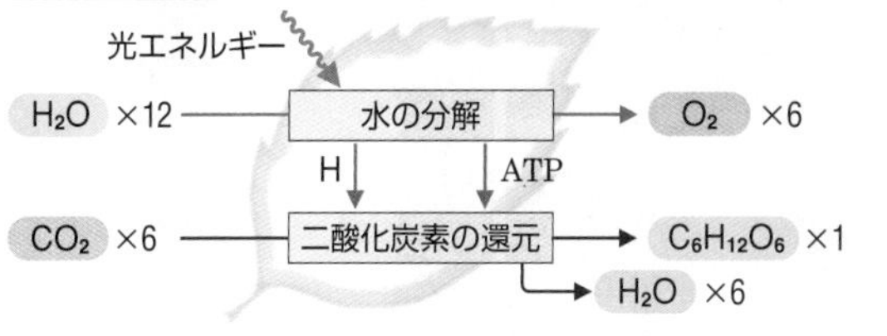

$$6CO_2+6H_2O \longrightarrow C_6H_{12}O_6+6O_2 \quad \Delta H=+2803\text{kJ}$$

光エネルギーをクロロフィルなどで吸収し，そのエネルギーを使って，水 H_2O と二酸化炭素 CO_2 から有機物 $C_6H_{12}O_6$ をつくる。$C_6H_{12}O_6$ が結合してデンプンができる。

プチ雑学 紫外線硬化樹脂は，紫外線をあてると短時間で固まるため，歯の治療のつめ物(歯科充塡剤)や接着剤に利用される。また，爪の装飾など，装飾品の作成にも使われている。

化学反応の速さ(1)

1 化学反応の速さ 反応速度は，反応物の濃度によって表すことができる。

A 反応速度の変化 例 塩酸とマグネシウムの反応

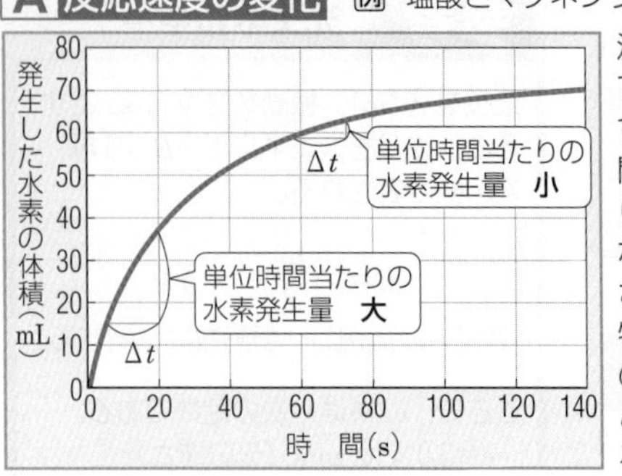

$Mg + 2HCl \longrightarrow MgCl_2 + H_2$

温度が一定になるようにして，発生する水素の体積を10秒ごとに測定すると，時間とともに，単位時間当たりに発生する水素の量が少なくなる(反応の速さが小さくなる)。これは，反応物の濃度(この場合，塩酸の濃度)が，反応が進むとともに小さくなることによると考えられる。

B 反応速度の表し方

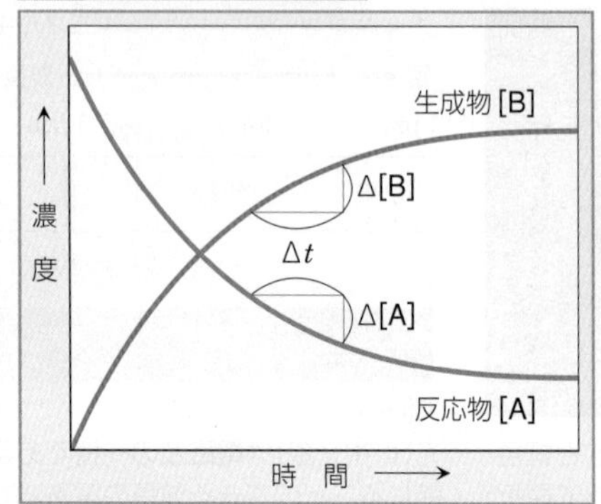

反応の速さ(**反応速度**)vは，単位時間当たりの反応物の濃度の減少量，または単位時間当たりの生成物の濃度の増加量で表す。

例 A ⟶ B

$$v = -\frac{\Delta[A]^*}{\Delta t} = \frac{\Delta[B]}{\Delta t}$$

＊[A]はAの濃度を表す。Δ(デルタ)は変化量を示す記号。

C 反応速度式 (速度式)

A＋B ⟶ C＋Dの反応速度式
$v = k[A]^a[B]^b$

k：反応速度定数
[A]，[B]：A，Bの濃度
a，b：実験で求める値

反応物の濃度と反応の速さの関係を表す式を**反応速度式(速度式)**，比例定数kを**反応速度定数(速度定数)**という。a，bの値は実験によって決まり，**反応式からは決まらない**。

例 $H_2 + I_2 \longrightarrow 2HI$ $v = k[H_2][I_2]$ ※$a = 1$，$b = 1$

参考 反応次数

反応速度式のa，bは，反応物A，Bの濃度の変化が，反応速度にどれだけ影響するかを示す。$a = 2$のとき，[A]が3倍になれば反応速度は3^2倍になる。($a + b$)を反応次数といい，次の例のN_2O_5の分解反応は一次反応，NO_2の分解反応は二次反応になる。

例 $2N_2O_5 \longrightarrow 4NO_2 + O_2$ $v = k_1[N_2O_5]$ ※$a = 1$
$2NO_2 \longrightarrow 2NO + O_2$ $v = k_2[NO_2]^2$ ※$a = 2$

2 反応速度を変える要因 同じ種類の反応でも，反応速度は条件によって異なる。

A 反応条件と反応速度

濃度

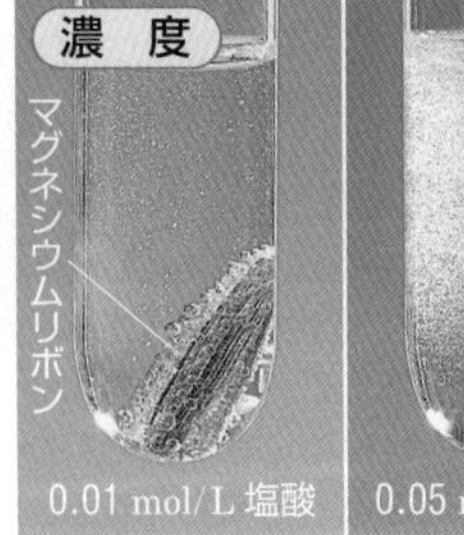

0.01 mol/L 塩酸

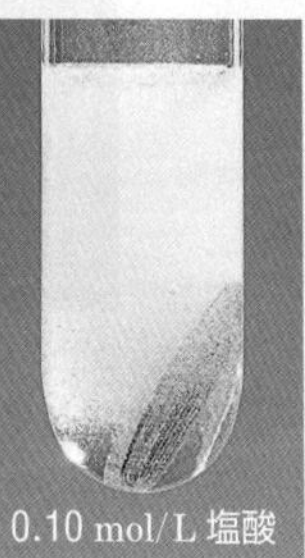
0.05 mol/L 塩酸

0.10 mol/L 塩酸

表面積

マグネシウムリボン

マグネシウムの粉末

温度

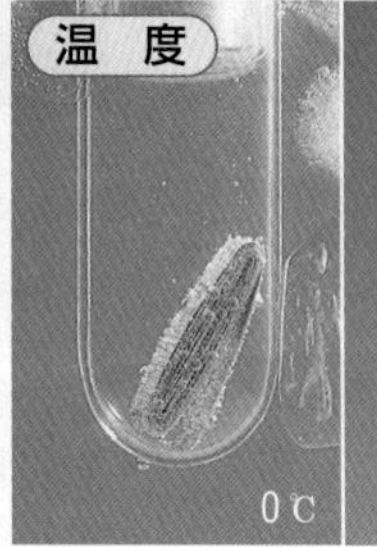
0℃

30℃

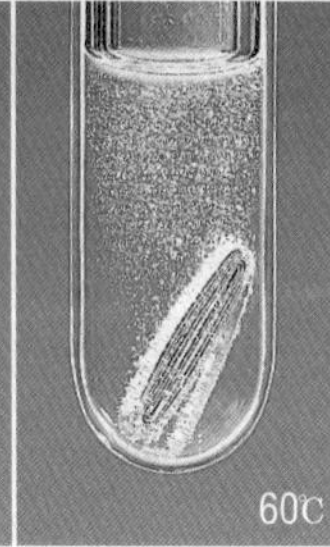
60℃

濃度 小 ⟶ 大
反応速度 小 ⟶ 大

表面積 小 ⟶ 大
反応速度 小 ⟶ 大

温度 低 ⟶ 高
反応速度 小 ⟶ 大

B 反応速度と粒子の衝突 粒子の衝突回数が増えると，反応速度は大きくなる。

濃度の違い

酸素の濃度を大きくすると，単位時間当たりに鉄原子に衝突する酸素分子の数が多くなり，反応速度は大きくなる。

表面積の違い 固体の反応

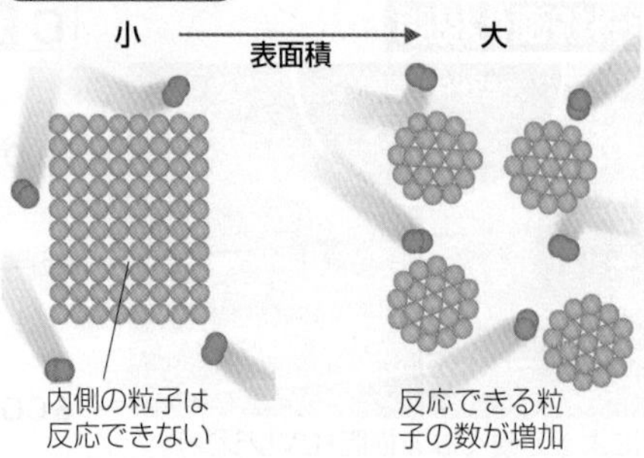

表面積を大きくすると，反応物の粒子どうしが単位時間当たりに衝突する回数が多くなり，反応速度は大きくなる。

圧力の違い 気体の反応

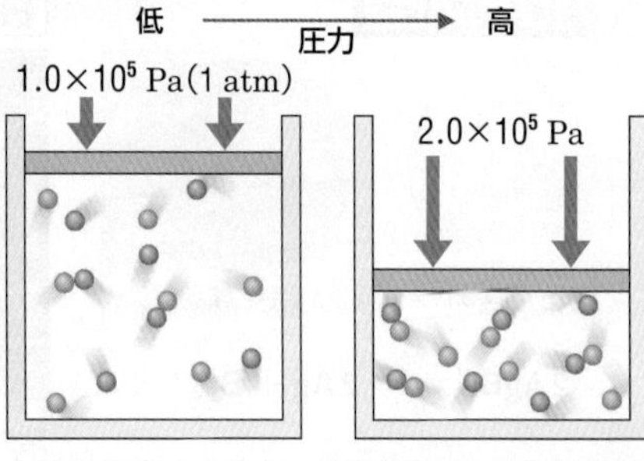

圧力を大きくすると，反応物の粒子どうしが単位時間当たりに衝突する回数が多くなり，反応速度は大きくなる。

粉末が舞う場所に発火源があると，粉じん爆発が起こる危険性がある。粉末は表面積が大きいため，一度火が付くと一気に燃焼反応が進んで爆発する。実際に，金属粉末をつくる工場や，小麦粉や砂糖の製造工場などで粉じん爆発が起きた事例がある。

3 反応速度とエネルギー 反応物は，エネルギーの高い遷移状態を経て生成物になる。

A 反応速度と温度 温度を高くすると，粒子のもつ運動エネルギーが増加して，反応速度が大きくなる。

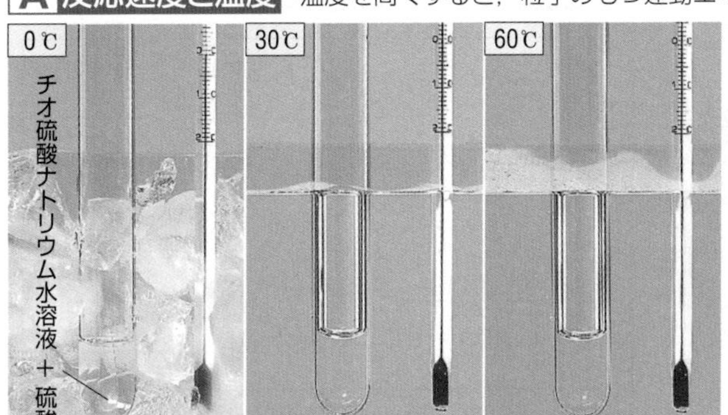

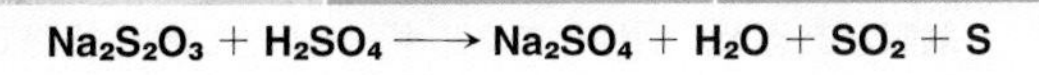

$Na_2S_2O_3 + H_2SO_4 \longrightarrow Na_2SO_4 + H_2O + SO_2 + S$

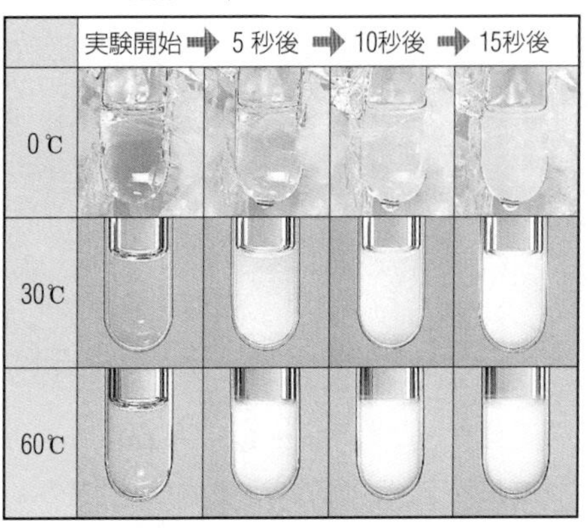

チオ硫酸ナトリウム水溶液と硫酸の反応で，硫黄が遊離して液が濁る。反応液の濁りぐあいから，温度が高いほど，反応速度が大きいことがわかる。

温度が高くなると，反応物を構成する粒子のエネルギーが増加する。反応物のエネルギーが増加すると反応速度が大きくなるしくみには，活性化エネルギーと粒子のエネルギー分布が関わっている。

B 活性化エネルギー 反応物を遷移状態にするのに必要なエネルギー。

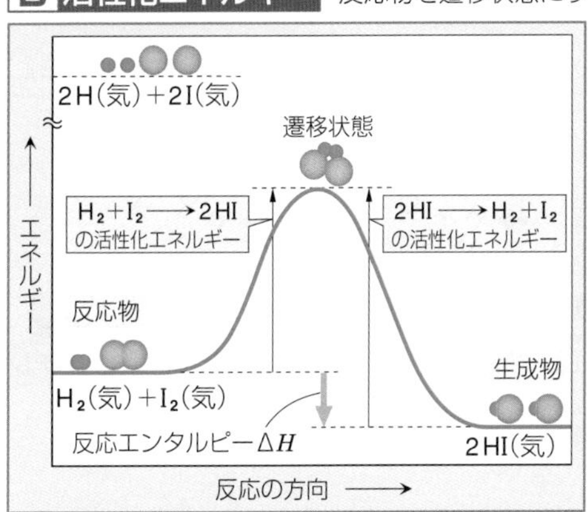

化学反応が起こるためには，反応物がエネルギーの高い状態を経なければならない。そのエネルギーの高い状態を**遷移状態**(**活性化状態**)といい，反応物を遷移状態にする最小のエネルギーを**活性化エネルギー**という。

活性化エネルギーは，反応の種類によって異なり，小さいほど反応速度は大きくなる。

活性錯合体 (活性錯体)

遷移状態にある物質の集合体を**活性錯合体**(活性錯体)という。短時間で生成物に変化する。

C 粒子のエネルギー分布

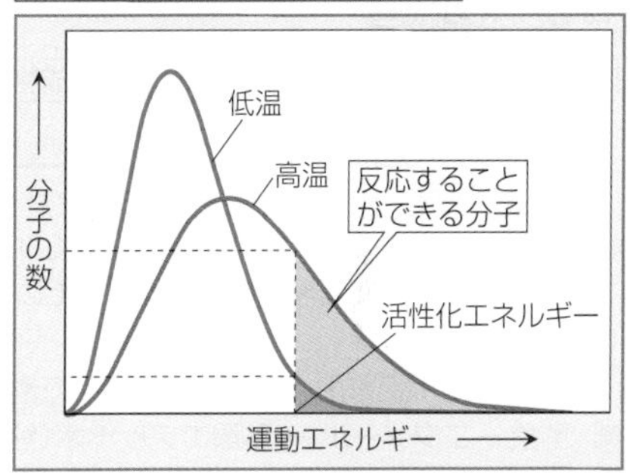

粒子のエネルギーは，温度によって一定の分布を示す。高温では，活性化エネルギー以上の粒子が多くなり，反応速度が大きくなる。

参考 反応速度と温度の関係 アレニウスの式

アレニウスの式

$$k = Ae^{-\frac{E_a}{RT}}$$

k：反応速度定数 A：比例定数
e：自然対数の底 ➤P.298
E_a：活性化エネルギー
R：気体定数 T：絶対温度

反応速度定数は，活性化エネルギーが小さいほど，温度が高くなるほど大きくなる。

アレニウスの式の両辺の自然対数をとると，

$\log_e k = -\frac{E_a}{R}\frac{1}{T} + \log_e A$ ← $\frac{1}{T}$に対して$\log_e k$は傾き$-\frac{E_a}{R}$の直線。

異なる温度での反応速度定数から，活性化エネルギーが求められる。

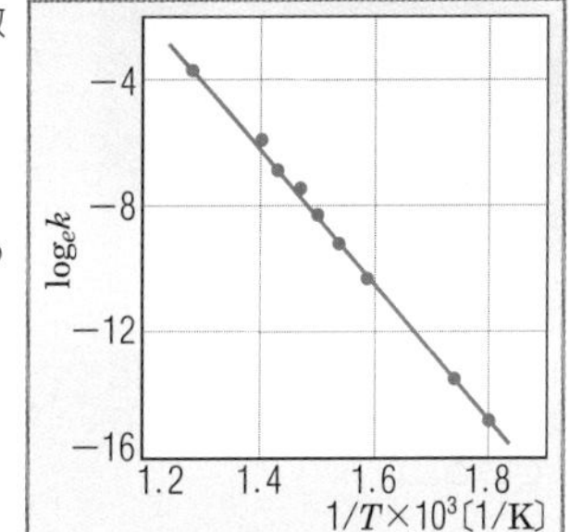

例 ヨウ化水素の分解 $2HI \longrightarrow H_2 + I_2$

T〔K〕	k〔L/mol・s〕	$1/T$〔1/K〕	$\log_e k$
575	1.22×10^{-6}	1.739×10^{-3}	−13.61
716	2.50×10^{-3}	1.396×10^{-3}	−5.991

アレニウスの式より，

$-13.61 = -\frac{E_a}{R} \times 1.739 \times 10^{-3} + \log_e A$ …①

$-5.991 = -\frac{E_a}{R} \times 1.396 \times 10^{-3} + \log_e A$ …②

①−②より，$E_a \fallingdotseq 1.85 \times 10^2$ kJ/molが得られる。

4 多段階反応と律速段階 化学反応は，いくつかの段階を経て進むものが多い。

A 多段階反応 (複合反応)

N_2O_5の分解反応

全反応 $2N_2O_5 \longrightarrow 4NO_2 + O_2$ $v = k[N_2O_5]$

素反応

① $N_2O_5 \longrightarrow N_2O_3 + O_2$ $v_1 = k_1[N_2O_5]$
② $N_2O_3 \longrightarrow NO + NO_2$ $v_2 = k_2[N_2O_3]$
③ $N_2O_5 + NO \longrightarrow 3NO_2$ $v_3 = k_3[N_2O_5][NO]$

N_2O_5の分解反応は，①～③の3段階の反応によって進む。それぞれの反応を**素反応**といい，素反応が組み合わさって起こる反応を**多段階反応**(**複合反応**)という。ほとんどの化学反応は多段階反応で，1つの反応が起こる過程を**反応機構**という。

B 律速段階 例 N_2O_5の分解反応

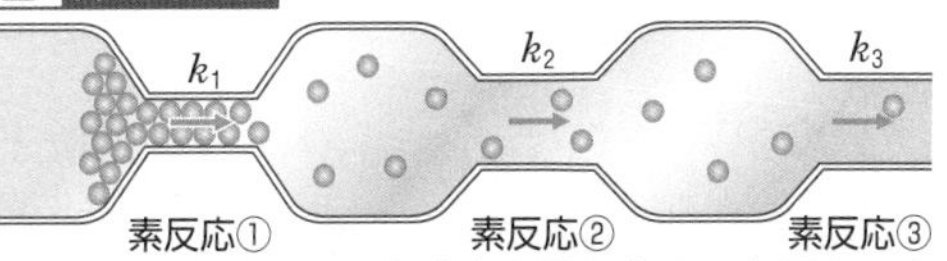

全体の反応速度は，反応速度の最も小さい素反応によって決まる。このような反応を**律速段階**という。N_2O_5の分解反応では，素反応①が相当する。

プチ雑学 反応は連続的に進み，中間の物質は不安定なものが多いため，素反応が実際に起こっていることを確かめることは難しい。したがって，反応の過程(反応機構)は，反応速度式を予想して実験で検証をして決めていく。実験事実を集めて信頼を高めていくことになる。

化学反応の速さ(2)

Keywords ▶ ●触媒 catalyst ●均一触媒 homogeneous catalyst ●不均一触媒 heterogeneous catalyst ●酵素 enzyme

1 反応速度と触媒 触媒は，化学反応の速度を変化させることができる。

A 触媒

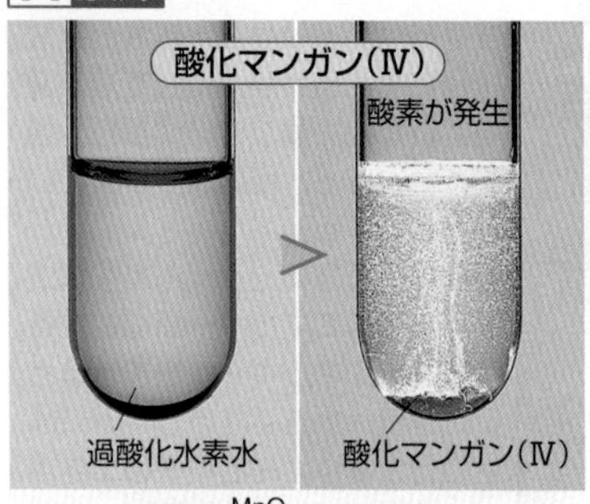

$2H_2O_2 \xrightarrow{MnO_2} 2H_2O + O_2$

水
亜鉛＋ヨウ素

$Zn + I_2 \xrightarrow{H_2O} ZnI_2$

上の反応では，酸化マンガン(Ⅳ)や水を加えると反応が進む。これらの物質のように，反応の前後でそれ自身は変化しないが，反応速度を大きくする物質を**触媒**(しょくばい)という。

B 触媒と活性化エネルギー

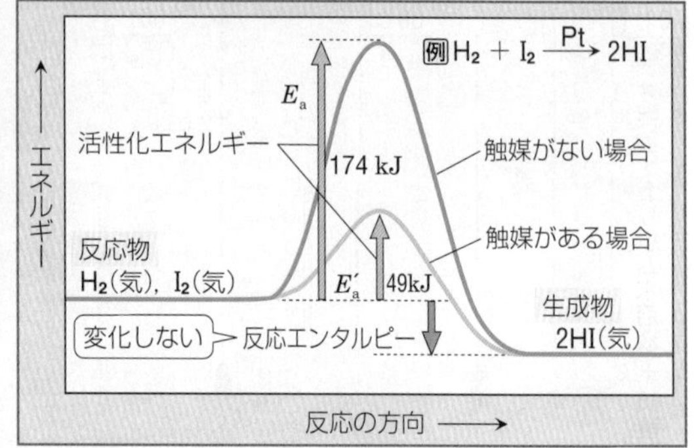

触媒があると，活性化エネルギーが小さい別の経路で反応が進むため，反応速度が大きくなる。

C 触媒の働き

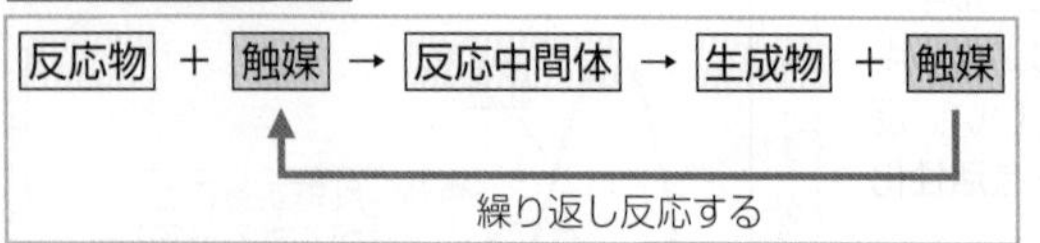

触媒は反応物に作用して反応中間体をつくり，活性化エネルギーの小さい反応経路をつくり出すため，反応速度は大きくなる。

均一触媒 反応物と均一に混じり合って働く。

例 酢酸＋エタノール → 酢酸エチル＋水(触媒：硫酸)

例 生体内の酵素反応

不均一触媒 反応物と均一に混じり合わずに働く。 例 エチレン＋水素 → エタン(触媒：白金)

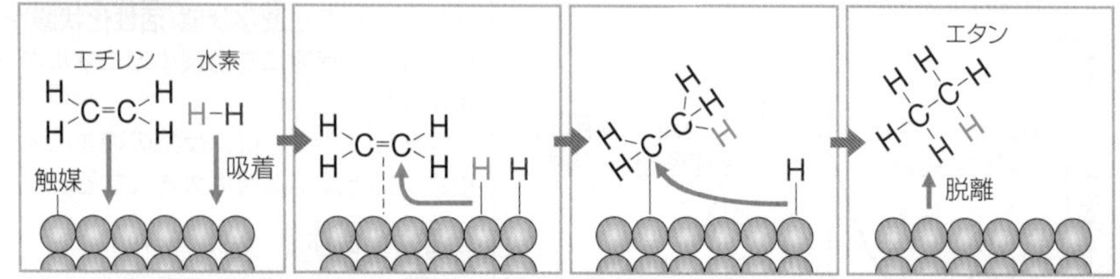

H-H 結合は強い結合であるが，触媒表面に結合することで H-H 結合が切断され，エチレンと反応できるようになる。

D 触媒の利用

▶P.123

鉄の形状(粉状)や触媒を工夫して，鉄の酸化の速さを調節し，その反応熱を利用する。

自動車の排ガスに含まれる窒素酸化物や硫黄酸化物(▶P.262)の除去にも使われている。

工業的な触媒の例

- **アンモニアの製造(ハーバー・ボッシュ法)** ▶P.152，194
  $N_2 + 3H_2 \longrightarrow 2NH_3$ 触媒：四酸化三鉄 Fe_3O_4
- **硝酸の製造(オストワルト法**，アンモニアの酸化) ▶P.153，194
  $4NH_3 + 5O_2 \longrightarrow 4NO + 6H_2O$ 触媒：白金 Pt(網目状)
- **硫酸の製造(接触法**，二酸化硫黄の酸化) ▶P.151，194
  $2SO_2 + O_2 \longrightarrow 2SO_3$ 触媒：酸化バナジウム(Ⅴ)V_2O_5
- **メタノールの生成** ▶P.232
  $CO + 2H_2 \longrightarrow CH_3OH$ 触媒：銅，酸化亜鉛，酸化アルミニウム
- **硬化油の生成** ▶P.216
  脂肪油(液体)の二重結合の部分に水素を付加。 触媒：ニッケル Ni

2 酵素 生体内の化学反応は，酵素の働きで促進される。

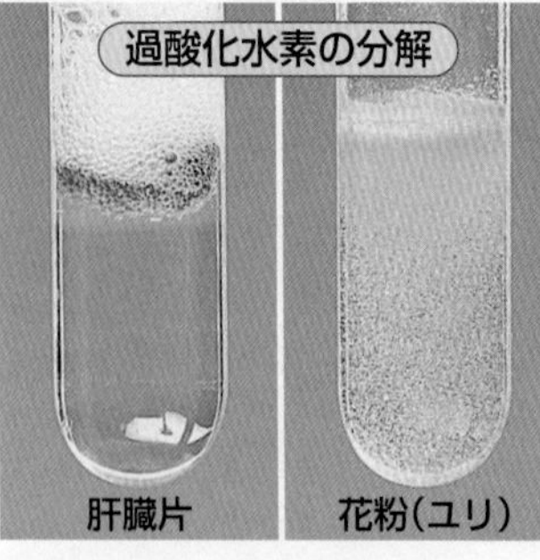

生体内での化学反応を促進する触媒(**生体触媒**)を**酵素**(こうそ)(▶P.257)という。

過酸化水素水に肝臓片や花粉を入れると，酸化マンガン(Ⅳ)を入れたときと同じように酸素が発生する。これは，細胞内にはカタラーゼとよばれる過酸化水素分解酵素が含まれているからである。

参考 酵素反応の速度

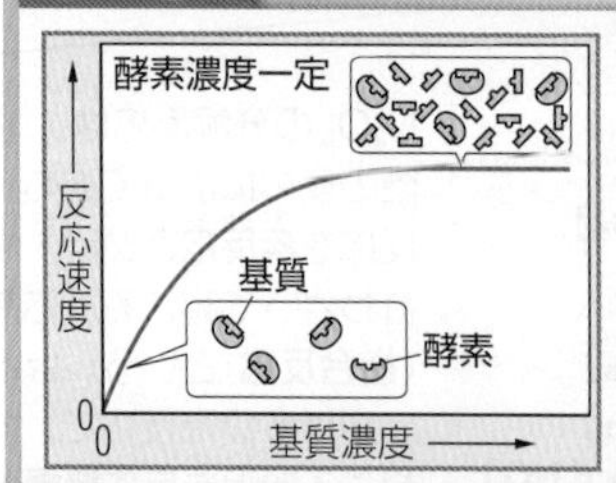

酵素が作用する物質を**基質**(きしつ)という。酵素濃度が一定で，基質濃度が小さいとき，未反応の酵素があるため，反応速度は基質濃度に比例する。基質濃度が大きいとき，ほとんどの酵素が反応しており，反応速度は一定の値になる。

＊反応開始直後の反応速度で比較している。

プチ雑学 光エネルギーを吸収すると触媒として働く物質を，光触媒(▶P.179)と呼ぶ。植物はクロロフィルという光触媒をもっているため，光合成(▶P.127)の反応を進めてデンプンや酸素をつくることができる。

Keywords ●可逆反応 reversible reaction ●不可逆反応 irreversible reaction ●正反応 forward reaction ●逆反応 reverse reaction ●化学平衡 chemical equilibrium

問 平衡定数 動 可逆反応

1 可逆反応と不可逆反応

A 可逆反応 どちらの向きにも進行する反応

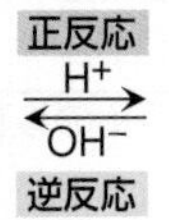

黄色 $2CrO_4^{2-}$ クロム酸イオン 正反応 H^+ ⇄ OH^- 逆反応 橙赤色 $Cr_2O_7^{2-}$ ニクロム酸イオン

左辺から右辺へ向かう反応を**正反応**，右辺から左辺へ向かう反応を**逆反応**という。化学反応式の左辺・右辺を反対に表せば，正反応・逆反応も反対になる。

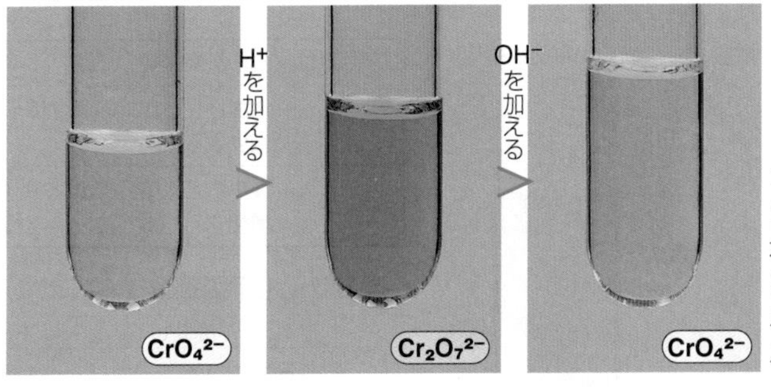

クロム酸イオンとニクロム酸イオンは，水溶液を酸性にしたり塩基性にしたりすると，互いに変化する。▶P.178

B 不可逆反応 一方向にだけ進行する反応

$$Zn + H_2SO_4 \longrightarrow ZnSO_4 + H_2\uparrow$$

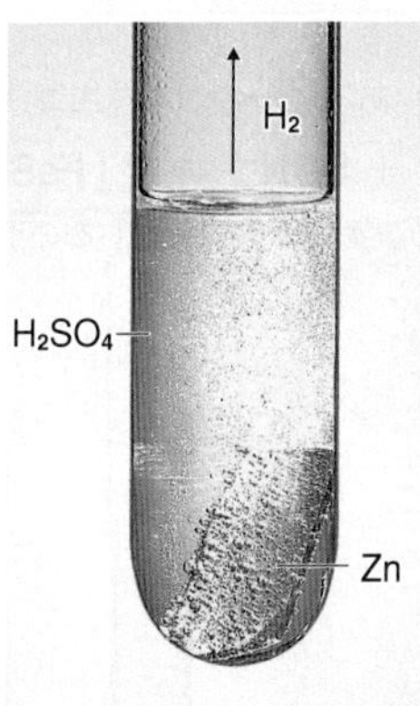

正反応の速さが逆反応の速さに比べて非常に大きく，ほぼ正反応しか起こらない反応。

不可逆反応の例

①気体が発生し，拡散してしまう。
例 亜鉛と硫酸の反応
$Zn + H_2SO_4 \longrightarrow ZnSO_4 + H_2\uparrow$

②平衡が極端に偏っている。
例 炭素の燃焼
$C + O_2 \longrightarrow CO_2$

2 化学平衡 正反応の速さと逆反応の速さが等しいとき，化学反応は停止しているように見える。

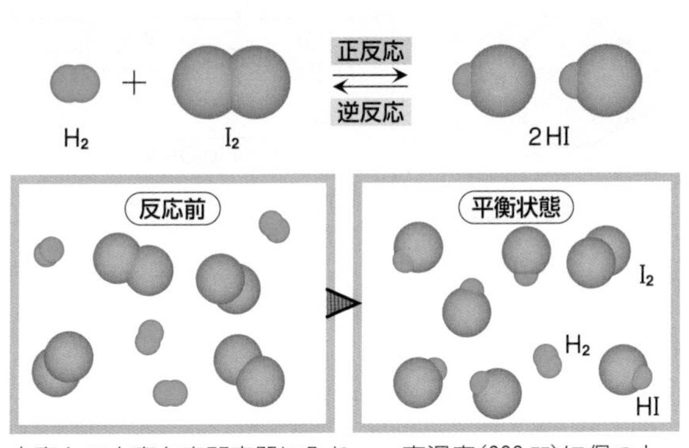

水素とヨウ素を密閉容器に入れ，一定温度(800 K)に保つと，ヨウ化水素が生じ，やがて，ヨウ化水素，水素，ヨウ素の混合気体となって見かけ上反応が停止する。

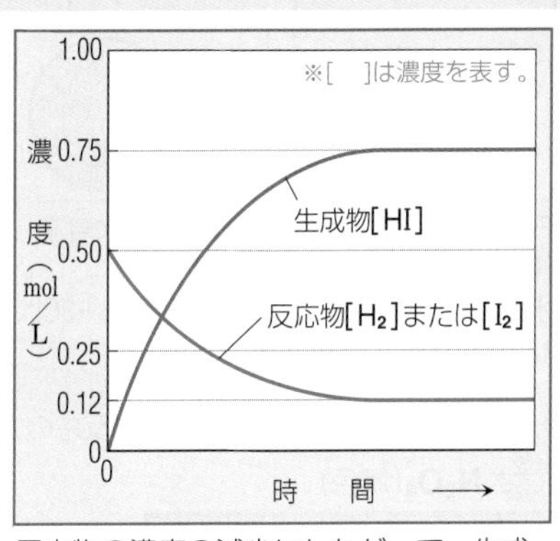

反応物の濃度の減少にしたがって，生成物の濃度が増加する。その変化の割合は，時間とともに小さくなる。

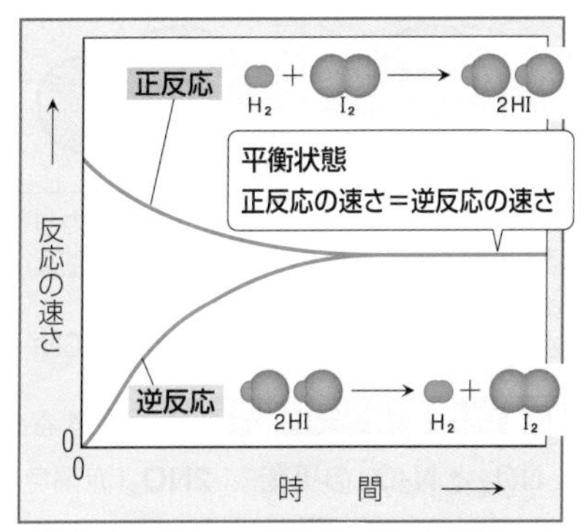

正反応の速さと，逆反応の速さが等しくなり，見かけ上反応が停止している状態(**化学平衡の状態，平衡状態**)に達する。

※化学平衡は，本来は⇌で表すが，本書では ⇄ を用いた。

A 化学平衡の法則 **質量作用の法則**ともいう。

可逆反応 $aA + bB \rightleftarrows cC + dD$ が化学平衡にあるとき，次の関係が成り立つ。

$$\frac{[C]^c[D]^d}{[A]^a[B]^b} = K \quad K: \text{平衡定数（温度によって決まる定数）}$$

[A]などはAなどのモル濃度を表す。なお，固体の物質や溶媒は，化学平衡に影響しないので，それらの濃度は平衡定数を表す式には加えない。

例 $H_2 + I_2 \rightleftarrows 2HI$ (800 K) $K = \dfrac{[HI]^2}{[H_2][I_2]}$

		$[H_2]$〔mol/L〕	$[I_2]$〔mol/L〕	[HI]〔mol/L〕	平衡定数 K
状態①	反応前	1.00	1.00	0	$\dfrac{1.51^2}{0.247\times0.247} \fallingdotseq 37.4$
	反応後	0.247	0.247	1.51	
状態②	反応前	1.00	1.00	1.00	$\dfrac{2.26^2}{0.370\times0.370} \fallingdotseq 37.3$
	反応後	0.370	0.370	2.26	

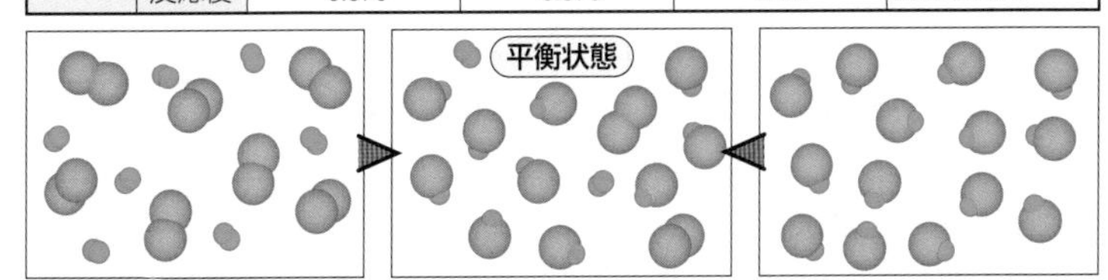

平衡定数と気体の分圧 圧平衡定数

気体の反応 $aA + bB \rightleftarrows cC + dD$ が化学平衡にあり，A, B, C, D の分圧がそれぞれ p_A, p_B, p_C, p_D であるとき，次の式が成り立つ。

$$\frac{p_C^c\, p_D^d}{p_A^a\, p_B^b} = K_p \quad K_p: \text{圧平衡定数}\ \ (\text{pressure：圧力})$$

$pV = nRT$ より，$\dfrac{n}{V} = \dfrac{p}{RT}$ ▶P.108

$\dfrac{n}{V}$ は気体の濃度だから，気体の濃度は分圧 p に比例する。したがって，分圧で平衡定数を表すことができる。

例 $H_2 + I_2 \rightleftarrows 2HI$

$$K_p = \frac{(p_{HI}/RT)^2}{(p_{H_2}/RT)(p_{I_2}/RT)} = \frac{p_{HI}^2}{p_{H_2}\, p_{I_2}}$$

固体が関わる反応

例 C(固) + CO_2(気) ⇄ 2CO(気)

$$K = \frac{[CO]^2}{[CO_2]}$$

固体の量は反応に必要な量があればよく，化学平衡には無関係である。

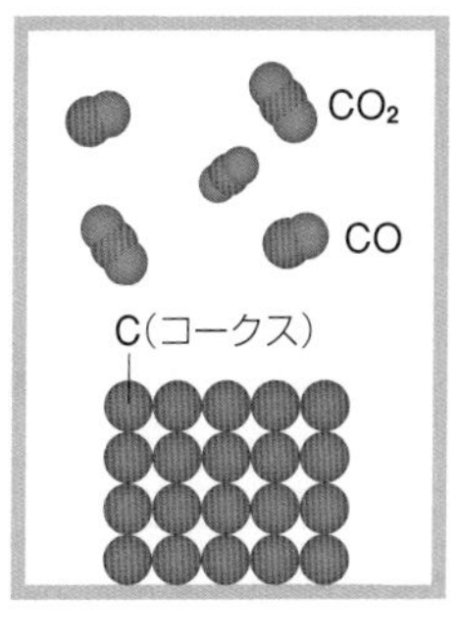

プチ雑学 質量作用の法則の「質量」は，法則を発見したグルベルとウォーゲが「濃度」に相当するものとして「活性質量」という言葉を使っていたことに由来する。

132 化学平衡の移動

1 ルシャトリエの原理（平衡移動の原理）1884年 ルシャトリエ（フランス，1850〜1936）

化学平衡が成り立っているとき，成分の濃度や温度，圧力などの条件を変化させると，その変化の影響をやわらげる方向に平衡が移動する。

条件	濃度		温度		圧力	
	増加	減少	加熱	冷却	加圧	減圧
平衡移動	減少する方向	増加する方向	吸熱反応の方向	発熱反応の方向	分子数減少の方向	分子数増加の方向

触媒は反応の速さに影響を与えるが，平衡の移動には関係しない。

A 濃度変化と平衡移動

ある成分の濃度を増減させると，それを打ち消す方向に平衡が移動する。

$[FeSCN]^{2+}$の平衡 $Fe^{3+} + SCN^- \rightleftarrows [FeSCN]^{2+}$

※厳密には，$[Fe(H_2O)_6]^{3+} + SCN^- \rightleftarrows [Fe(H_2O)_5SCN]^{2+} + H_2O$

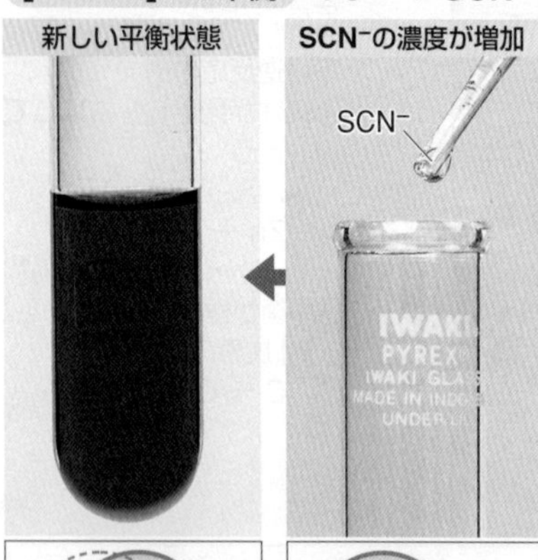

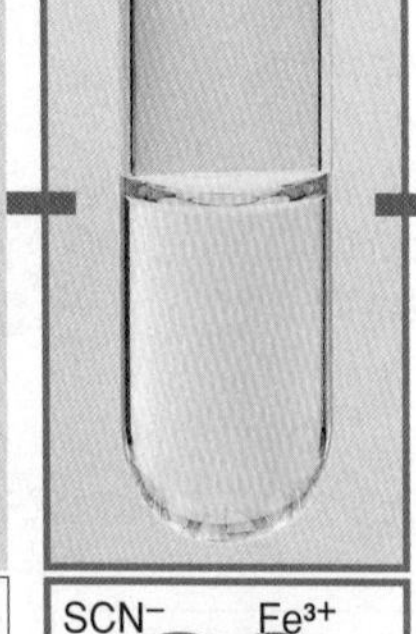

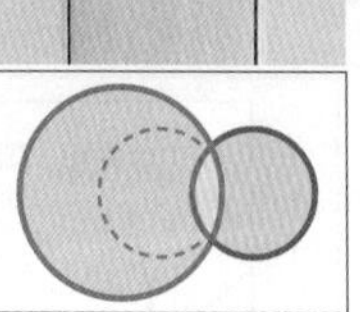
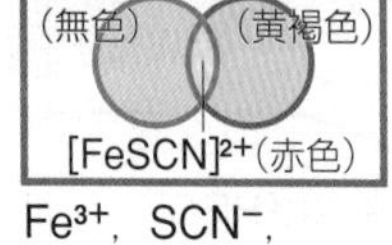

SCN^-の濃度が減少する方向に平衡が移動。$[FeSCN]^{2+}$が増加し，水溶液は赤くなる。

チオシアン酸カリウム水溶液を加える。$KSCN \rightarrow K^+ + SCN^-$

Fe^{3+}，SCN^-，$[FeSCN]^{2+}$を含む水溶液。化学平衡が成り立っている。

塩化鉄(Ⅲ)水溶液を加える。$FeCl_3 \rightarrow Fe^{3+} + 3Cl^-$

Fe^{3+}の濃度が減少する方向に平衡が移動。$[FeSCN]^{2+}$が増加し，水溶液は赤くなる。

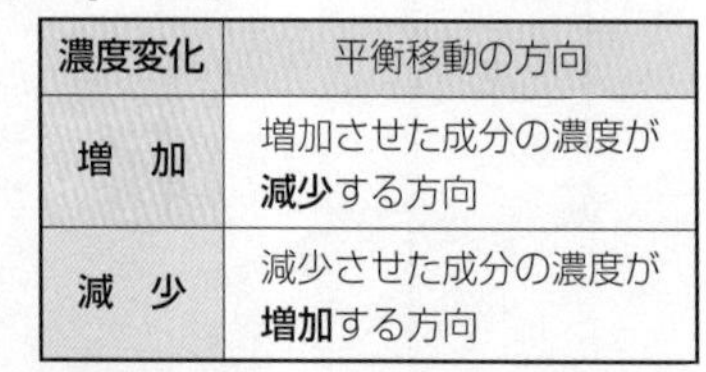

濃度変化	平衡移動の方向
増加	増加させた成分の濃度が**減少**する方向
減少	減少させた成分の濃度が**増加**する方向

濃度変化と平衡定数

化学平衡が成立している

$A + B \rightleftarrows C$

$\dfrac{[C]}{[A][B]} = K$ 　K：平衡定数

↓

[A]が増加

$\dfrac{[C]}{[A][B]} < K$ 　平衡が成立しなくなる。（[A]：増加）

↓

化学平衡の移動

[A]，[B]→減少　[C]→増加

Kは変化しない

↓

新たな化学平衡が成立

B 温度変化と平衡移動

加熱すると吸熱反応の方向に，冷却すると発熱反応の方向に平衡が移動する。

NO_2とN_2O_4の平衡 $2NO_2$(赤褐色) $\underset{吸熱}{\overset{発熱}{\rightleftarrows}}$ N_2O_4(無色)

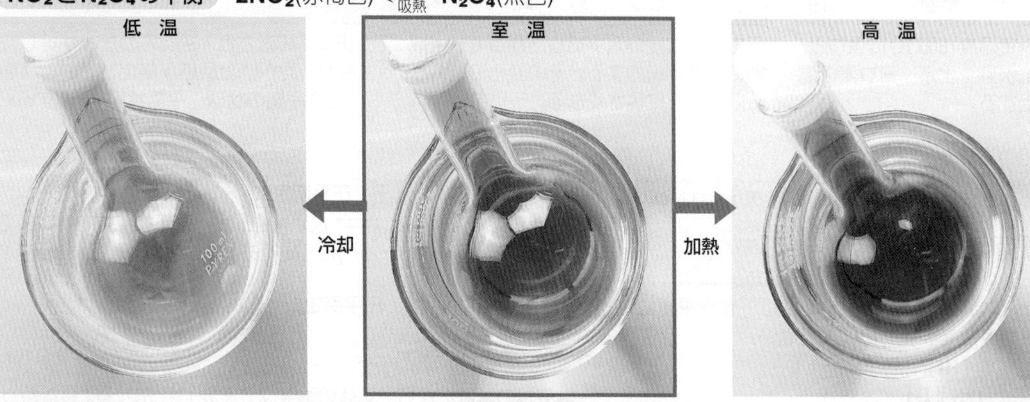

温度変化	平衡移動の方向
加熱	**吸熱**反応の方向
冷却	**発熱**反応の方向

温度変化と平衡定数

化学平衡が成立している

↓

温度が変化

Kが変化 　平衡が成立しなくなる。

↓

化学平衡の移動

↓

新たな化学平衡が成立

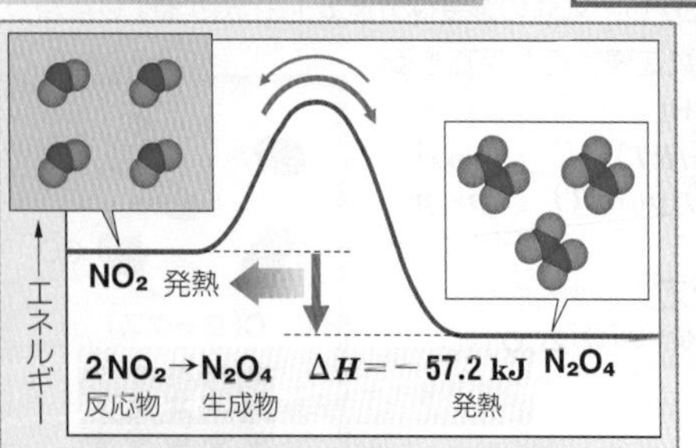

冷却すると，発熱反応の方向に平衡が移動する。N_2O_4が増加するため，気体の色は薄くなる。

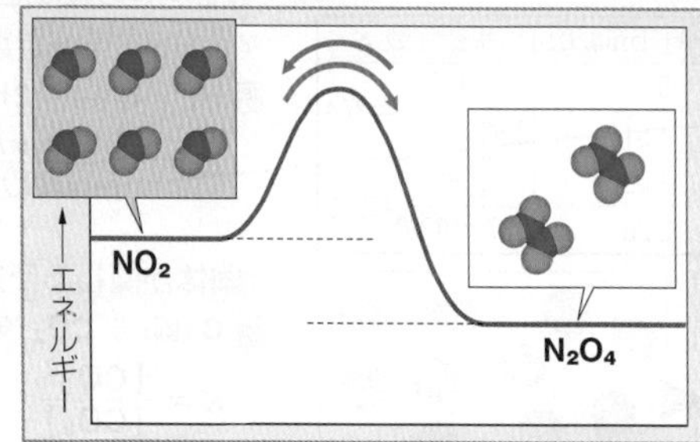

二酸化窒素NO_2（赤褐色）と四酸化二窒素N_2O_4（無色）の混合気体。化学平衡が成り立っている。

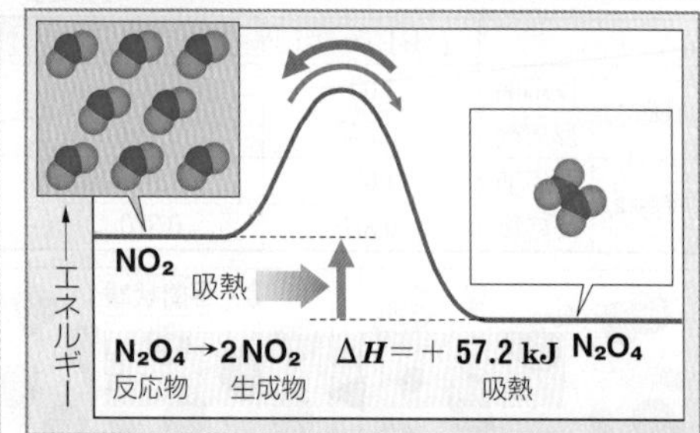

加熱すると，吸熱反応の方向に平衡が移動する。NO_2が増加するため，気体の色は濃くなる。

緩衝液（▶P.135）のpHが保たれるのも平衡移動による。酢酸は水溶液中で$CH_3COOH \rightleftarrows CH_3COO^- + H^+$という電離平衡をとる。酢酸だけの水溶液では$CH_3COO^-$の濃度が小さいが，電離度の大きい酢酸ナトリウムとの混合液ではCH_3COOHとCH_3COO^-の両方の濃度が大きいため，H^+の濃度が変化しても，その影響は平衡移動によってやわらげられる。

C 圧力変化と平衡移動

加圧すると気体分子の総数が減る方向に，減圧すると気体分子の総数が増える方向に平衡が移動する。

NO_2とN_2O_4の平衡

$2NO_2$(赤褐色) ⇄ N_2O_4(無色)

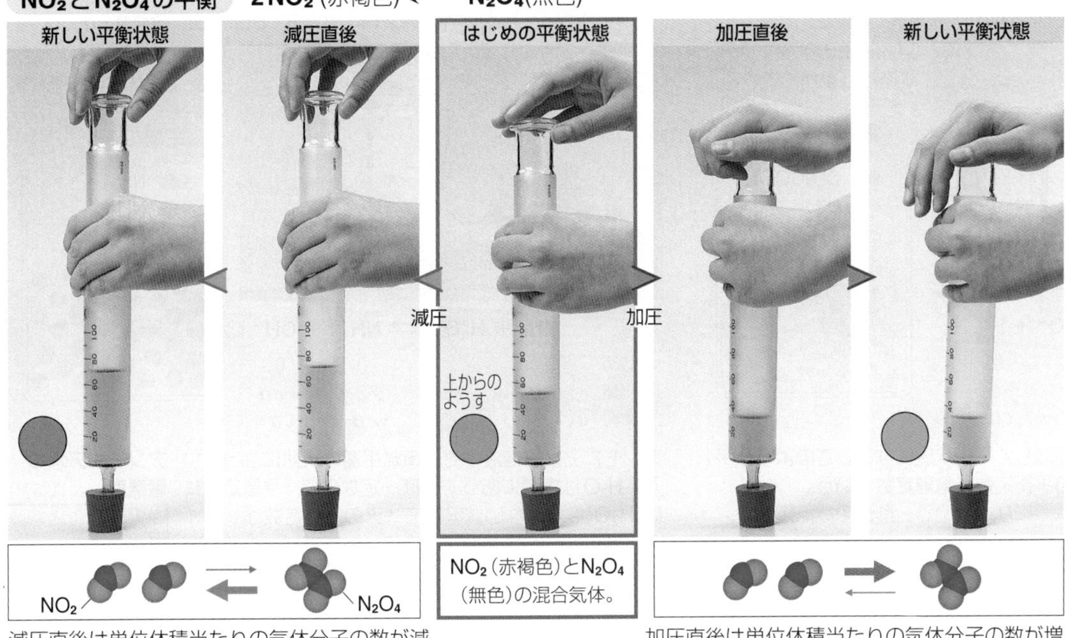

NO_2 ⇄ N_2O_4

NO_2(赤褐色)とN_2O_4(無色)の混合気体。

減圧直後は単位体積当たりの気体分子の数が減り，気体の色は薄くなる。その後，NO_2が増える方向に平衡が移動し，気体の色は濃くなる。

加圧直後は単位体積当たりの気体分子の数が増え，気体の色は濃くなる。その後，NO_2が減る方向に平衡が移動し，気体の色は薄くなる。

圧力変化	平衡移動の方向
加　圧	気体分子の総数が**減少**する方向
減　圧	気体分子の総数が**増加**する方向

圧力変化と平衡定数

化学平衡が成立している

$2A \rightleftarrows B$

$\dfrac{[B]}{[A]^2} = K$

↓

加圧する

$\dfrac{[B]}{[A]^2} < K$　平衡が成立しなくなる。

([A]，[B]とも増加するが分母の次数が高い。)

↓

化学平衡の移動

[A]→減少

[B]→増加

***K*は変化しない**

↓

新たな化学平衡が成立

NO_2とN_2O_4の平衡にArを加える

Arは反応に関係しない気体。

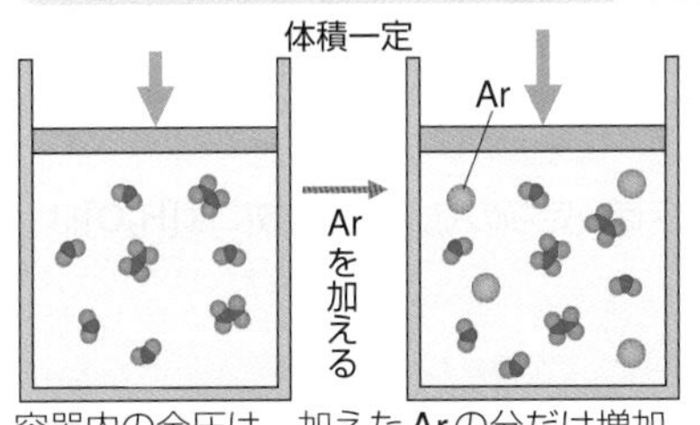

容器内の全圧は，加えたArの分だけ増加するが，気体のモル濃度や分圧は変化しないので，平衡は変わらない。

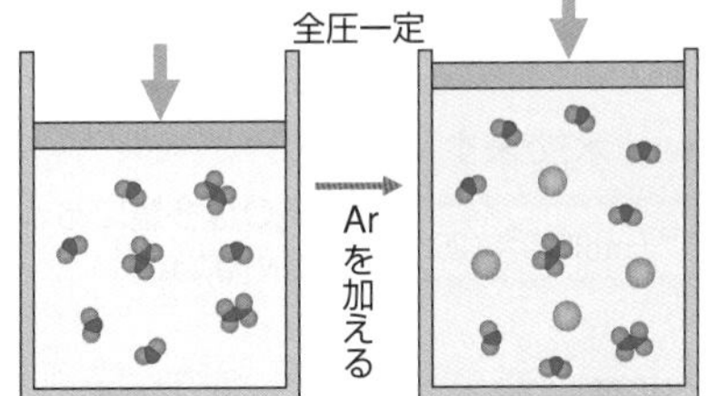

容器内の体積は，加えたArの分だけ増加するため，気体のモル濃度や分圧が低下し，減圧した方向に平衡が移動する。

D 触媒と平衡移動

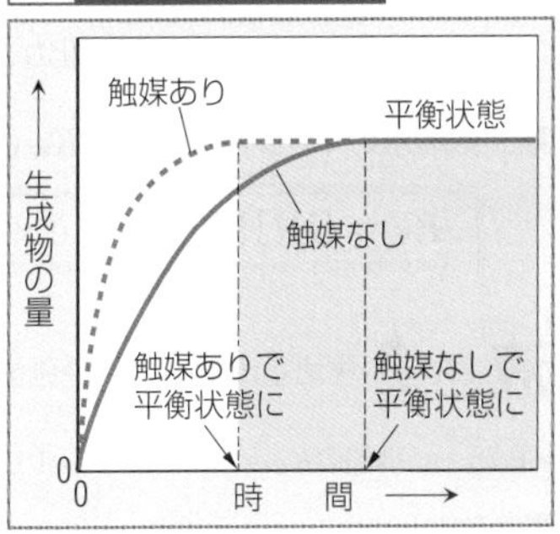

触媒は，正反応，逆反応ともに活性化エネルギーを低下させる。そのため，触媒があると，平衡に達するまでの時間は短くなるが，平衡状態は変えず（*K*は変わらず），平衡を移動させない。

2 ルシャトリエの原理の応用

A アンモニアの工業的製法

ハーバー・ボッシュ法 ➤P.152, 194

反応の速さ　低温では，反応の速さが小さい。

化学平衡　高圧，低温がよい。

設　備　高圧では，強度的な問題がある。

工業的製法では，化学平衡だけでなく，反応の速さや設備の面も考慮して反応の条件が決められている。

アンモニアの合成

$N_2 + 3H_2 \rightleftarrows 2NH_3$

高圧　平衡は右に移動

気体分子の総数が減少する方向に平衡が移動

低温　平衡は右に移動

発熱反応の方向に平衡が移動

$N_2 + 3H_2 \longrightarrow 2NH_3$　$\Delta H = -91.9\,kJ$

圧　力	2.0～3.5×10^7 Pa
温　度	450～600 ℃
触　媒	主成分 Fe_3O_4

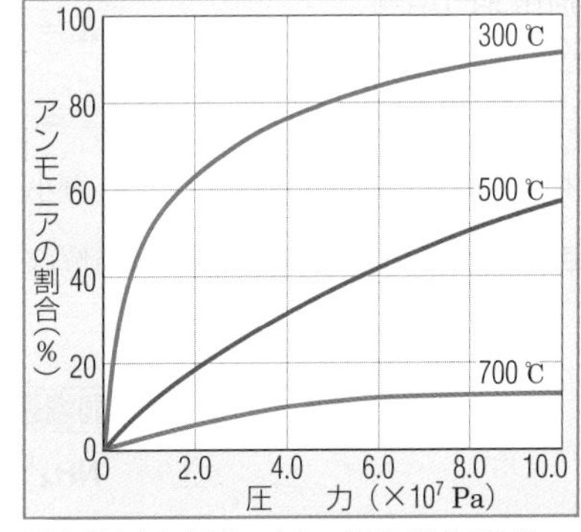

圧力が大きいほど，また，温度が低いほど，アンモニアが生成する方向に平衡は移動する。

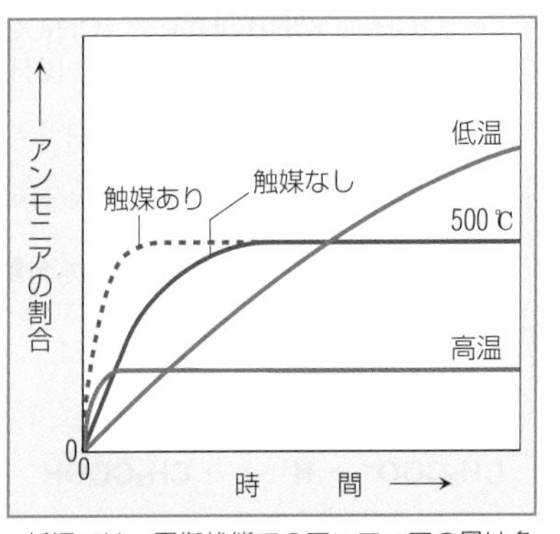

低温では，平衡状態でのアンモニアの量は多いが，平衡に達するまでに時間がかかる。

プチ雑学　ハーバーは，ルシャトリエの原理を利用してアンモニアを製造する方法を発見したが，彼の反応装置は高温・高圧に長時間耐えられず，また触媒も高価なオスミウムが必要だった。ハーバーの研究を引き継いだボッシュは，反応装置の壁や触媒に着目して，長時間，安価にアンモニアが製造できるような改良を行い，工業化に成功した。

電離平衡

1 電離定数 弱電解質の水溶液は，濃度が大きくなるほど電離度は小さくなる。

➤P.284

A 弱酸の電離 例 酢酸（濃度：c〔mol/L〕，電離度：α）

0.1 mol/Lの酢酸には，電流がわずかに流れる。

電離のモデル

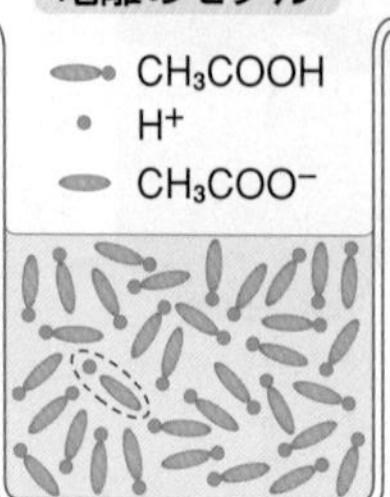

	CH_3COOH	$\rightleftarrows$ CH_3COO^-	+ H^+
はじめ	c	0	0
変化量	$-c\alpha$	$+c\alpha$	$+c\alpha$
平衡時	$c(1-\alpha)$	$c\alpha$	$c\alpha$

弱電解質の水溶液は一部だけが電離して平衡状態になる。このような平衡を**電離平衡**，電離平衡における平衡定数を**電離定数**という。
酢酸は水溶液中で，電離平衡の状態になっている。酢酸の電離定数は，

$$K_a = \frac{[CH_3COO^-][H^+]}{[CH_3COOH]}$$

K_a：酸の電離定数（acid：酸）

$$K_a = \frac{c\alpha \times c\alpha}{c(1-\alpha)} = \frac{c\alpha^2}{1-\alpha} \fallingdotseq c\alpha^2$$

$\alpha \ll 1$ なので，$1-\alpha \fallingdotseq 1$ と近似した。

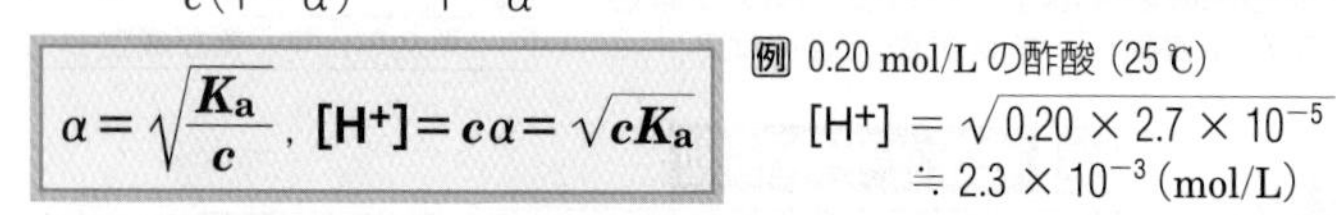

$$\alpha = \sqrt{\frac{K_a}{c}},\ [H^+] = c\alpha = \sqrt{cK_a}$$

例 0.20 mol/L の酢酸（25 ℃）

$[H^+] = \sqrt{0.20 \times 2.7 \times 10^{-5}}$
$\fallingdotseq 2.3 \times 10^{-3}$ (mol/L)

B 弱塩基の電離 例 アンモニア（濃度：c〔mol/L〕，電離度：α）

0.1 mol/Lのアンモニア水溶液には，電流がわずかに流れる。

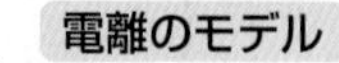

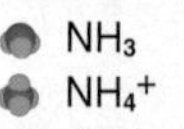

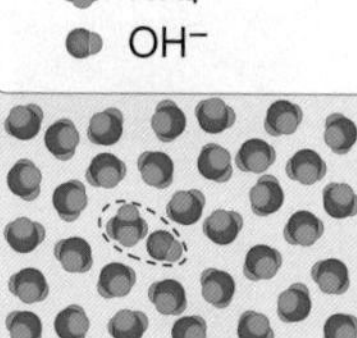

	NH_3 + H_2O	$\rightleftarrows$ NH_4^+	+ OH^-
はじめ	c	0	0
変化量	$-c\alpha$	$+c\alpha$	$+c\alpha$
平衡時	$c(1-\alpha)$	$c\alpha$	$c\alpha$

アンモニアは水溶液中で，電離平衡の状態になっている。H_2Oは多量にあってほぼ一定なので，平衡定数には$[H_2O]$は含めない。アンモニアの電離定数は，

$$K_b = \frac{[NH_4^+][OH^-]}{[NH_3]}$$

K_b：塩基の電離定数（base：塩基）

$$K_b = \frac{c\alpha \times c\alpha}{c(1-\alpha)} = \frac{c\alpha^2}{1-\alpha} \fallingdotseq c\alpha^2$$

$$\alpha = \sqrt{\frac{K_b}{c}},\ [OH^-] = c\alpha = \sqrt{cK_b}$$

アンモニア水の電離度（25 ℃）

濃度(mol/L)	電離度 α
0.0005	0.215
0.001	0.152
0.005	0.0680
0.01	0.0481
0.05	0.0215
0.1	0.0152

弱酸，弱塩基の電離では，電離定数K_a，K_bは，温度変化がなければ一定の値になるので，濃度が大きくなると電離度αは小さくなる。

C 水の電離 水の電離定数を**水のイオン積**といい，K_w（water：水）で表す。➤P.72

$H_2O \rightleftarrows H^+ + OH^-$

$$K_w = [H^+][OH^-] \quad 1.0 \times 10^{-14}\ (mol/L)^2\ (25\ ℃)$$

H_2Oは多量にあってほぼ一定なので，平衡定数には$[H_2O]$は含めない。

2 塩の水溶液 弱酸や弱塩基の塩は，水や強酸，強塩基と反応して，弱酸や弱塩基を遊離する。

A 塩の加水分解 ➤P.75

酢酸の$K_a = 2.7 \times 10^{-5}$ mol/L（25 ℃），アンモニアの$K_b = 2.3 \times 10^{-5}$ mol/L（25 ℃）

弱酸と強塩基の塩 例 酢酸ナトリウム

① $CH_3COONa \longrightarrow CH_3COO^- + Na^+$　電離度はほぼ1
② $CH_3COO^- + H_2O \rightleftarrows CH_3COOH + OH^-$　平衡状態

H_2Oは多量にあってほぼ一定なので，②の平衡定数Kは，

$$K = \frac{[CH_3COOH][OH^-]}{[CH_3COO^-]} = \frac{[CH_3COOH][OH^-][H^+]}{[CH_3COO^-][H^+]}$$

$$= \frac{[CH_3COOH]}{[CH_3COO^-][H^+]} \times [H^+][OH^-] = \frac{K_w}{K_a} = \frac{1.0 \times 10^{-14}}{2.7 \times 10^{-5}} \fallingdotseq 3.7 \times 10^{-10}\ (mol/L)$$

K_aが小さい（弱酸である）ほど，加水分解されやすい。

強酸と弱塩基の塩 例 塩化アンモニウム

① $NH_4Cl \longrightarrow NH_4^+ + Cl^-$　電離度はほぼ1
② $NH_4^+ + H_2O \rightleftarrows NH_3 + H_3O^+$　平衡状態

H_2Oは多量にあってほぼ一定なので，②の平衡定数Kは，

$$K = \frac{[NH_3][H_3O^+]}{[NH_4^+]} = \frac{[NH_3][H_3O^+][OH^-]}{[NH_4^+][OH^-]}$$

$$= \frac{[NH_3]}{[NH_4^+][OH^-]} \times [H_3O^+][OH^-] = \frac{K_w}{K_b} = \frac{1.0 \times 10^{-14}}{2.3 \times 10^{-5}} \fallingdotseq 4.3 \times 10^{-10}\ (mol/L)$$

K_bが小さい（弱塩基である）ほど，加水分解されやすい。

このような加水分解の平衡定数を**加水分解定数**といい，K_h（hydrolysis：加水分解）で表し，$K_h = \frac{K_w}{K_a}$，$K_h = \frac{K_w}{K_b}$ となる。

B 弱酸，弱塩基の遊離 ➤P.81

弱酸の遊離 例 酢酸ナトリウム

$CH_3COO^- + H^+ \longrightarrow CH_3COOH$

$$K = \frac{[CH_3COOH]}{[CH_3COO^-][H^+]} = \frac{1}{K_a} = \frac{1}{2.7 \times 10^{-5}} \fallingdotseq 3.7 \times 10^4\ (mol/L)^{-1}$$

Kの値が大きいので，ほぼ完全に反応する。

弱塩基の遊離 例 塩化アンモニウム

$NH_4^+ + OH^- \longrightarrow NH_3 + H_2O$

$$K = \frac{[NH_3]}{[NH_4^+][OH^-]} = \frac{1}{K_b} = \frac{1}{2.3 \times 10^{-5}} \fallingdotseq 4.3 \times 10^4\ (mol/L)^{-1}$$

Kの値が大きいので，ほぼ完全に反応する。

プチ雑学 1Aでは，$c\alpha^2/(1-\alpha) \fallingdotseq c\alpha^2$と近似している。実際に計算してみると，$\alpha$=0.01のとき，$c\alpha^2/(1-\alpha)$=$c$×0.0001010…であり，一方，$c\alpha^2$=0.0001$c$である。

Keywords ●電離平衡 electrolytic dissociation equilibrium ●電離定数 electrolytic dissociation constant
●緩衝液 buffer solution ●緩衝作用 buffer action
ア＋緩衝作用

3 緩衝液 溶液に酸または塩基を加えても，pHがほぼ一定に保たれる働きを緩衝作用という。

A 緩衝液 酸や塩基を少量加えても，pH がほとんど変化しない溶液を緩衝液（かんしょうえき）という。

純粋な水

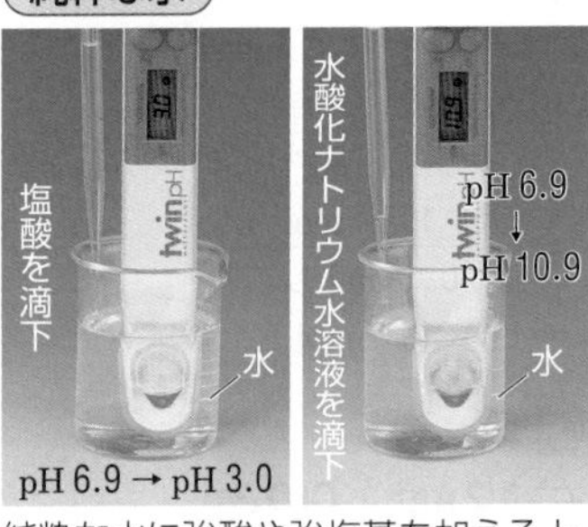

純粋な水に強酸や強塩基を加えると，少量でも pH は大きく変化する。

緩衝液

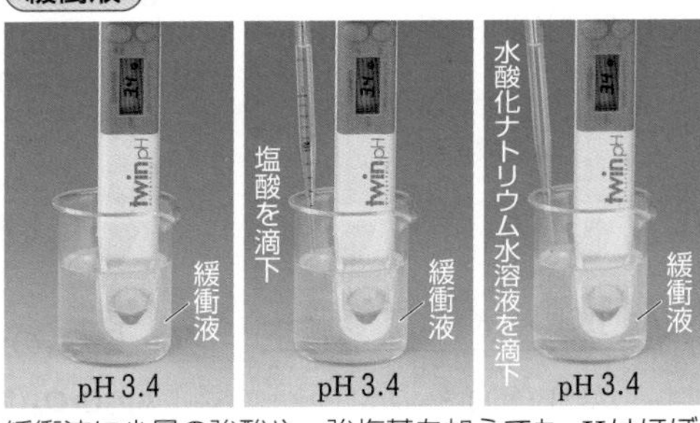

緩衝液に少量の強酸や，強塩基を加えてもpHはほぼ一定に保たれる（**緩衝作用**）。

B 緩衝作用 一般に，弱酸とその塩，または弱塩基とその塩の混合溶液には緩衝作用がある。

酢酸と酢酸ナトリウムの混合溶液

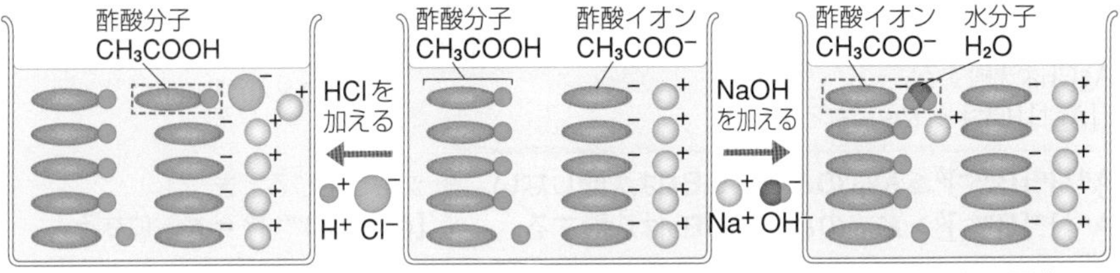

加えられたH^+はCH_3COO^-との反応で消費される。

$$CH_3COO^- + H^+ \longrightarrow CH_3COOH$$

加えられたOH^-はCH_3COOHとの反応で消費される。

$$CH_3COOH + OH^- \longrightarrow CH_3COO^- + H_2O$$

C 緩衝液の例

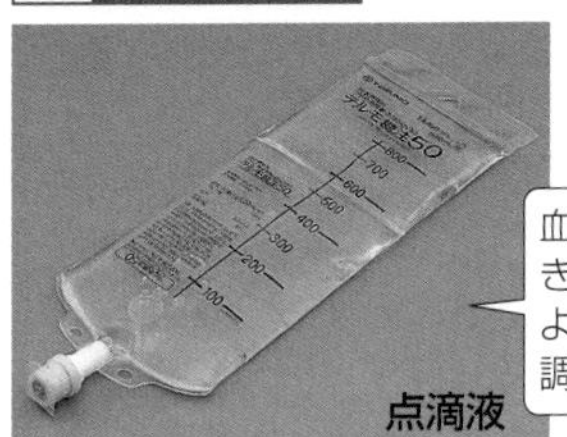

血液の pH が大きく変化しないように，pH が調整されている。

$$H^+ + HCO_3^- \rightleftarrows H_2CO_3 \rightleftarrows H_2O + CO_2$$

H^+ が増加すると，二酸化炭素が発生し，肺から排出される。

生物の体液は緩衝液であり，pH 7 前後に保たれている。これは生体内の反応がpHに大きな影響を受けるためである。ヒトの血液は，おもに炭酸と炭酸水素塩の緩衝作用でpH7.4前後に保たれている。わずかな変化（pH7.0以下や7.8以上）でも生命を維持できない。また，緩衝液（リン酸緩衝液など）は，食品のpH調整剤（▶P.155，261）や，化学分析や生化学などの実験での標準溶液（▶P.294）として用いられる。

参考 緩衝液のpH

酢酸の濃度c_a〔mol/L〕，酢酸ナトリウム水溶液の濃度c_s〔mol/L〕の混合溶液で，酢酸がx〔mol/L〕だけ電離したとすると，

$$CH_3COOH \rightleftarrows CH_3COO^- + H^+$$

	CH_3COOH	CH_3COO^-	H^+
はじめ	c_a	c_s	0
変化量	$-x$	$+x$	$+x$
平衡時	$c_a - x$	$c_s + x$	x

となる。xはc_a，c_sと比べて非常に小さく，$c_a - x \fallingdotseq c_a$，$c_s + x \fallingdotseq c_s$と近似できる。
したがって，酢酸の電離定数をK_aとすると，

$$K_a = \frac{[CH_3COO^-][H^+]}{[CH_3COOH]} = \frac{c_s}{c_a}[H^+]$$

$$[H^+] = \frac{c_a}{c_s}K_a$$

例 0.20 molの酢酸と，0.10 molの酢酸ナトリウムを含む混合溶液 1 LのpHを考える。
酢酸の濃度$c_a = 0.20$ mol/L，酢酸ナトリウム水溶液の濃度$c_s = 0.10$ mol/Lになるので，
$K_a = 2.7 \times 10^{-5}$ mol/Lとすると，

$$[H^+] = \frac{0.20}{0.10} \times K_a = 5.4 \times 10^{-5}\ (\text{mol/L})$$

したがって，この混合溶液のpHは，

$$pH = -\log_{10}[H^+] = 5 - \log_{10}5.4 = 4.27$$

なお，$\log_{10}5.4 = 0.73$とした。

例 上記の緩衝液に0.05 molの水酸化ナトリウムを溶かしたときのpHを考える。ただし，溶液の体積は変化しないものとする。
酢酸と水酸化ナトリウムが反応し，混合溶液中に含まれる各成分は，次のようになる。
酢酸：$0.20 - 0.05 = 0.15$ (mol)
酢酸イオン：$0.10 + 0.05 = 0.15$ (mol)
$c_a = 0.15$ mol/L，$c_s = 0.15$ mol/Lになるので，

$$[H^+] = \frac{0.15}{0.15} \times K_a = 2.7 \times 10^{-5}\ (\text{mol/L})$$

$$pH = -\log_{10}[H^+] = 5 - \log_{10}2.7 = 4.57$$

なお，$\log_{10}2.7 = 0.43$とした。

4 滴定曲線と緩衝作用 弱酸と強塩基，強酸と弱塩基の中和では，中和点の前で緩衝作用を示す。

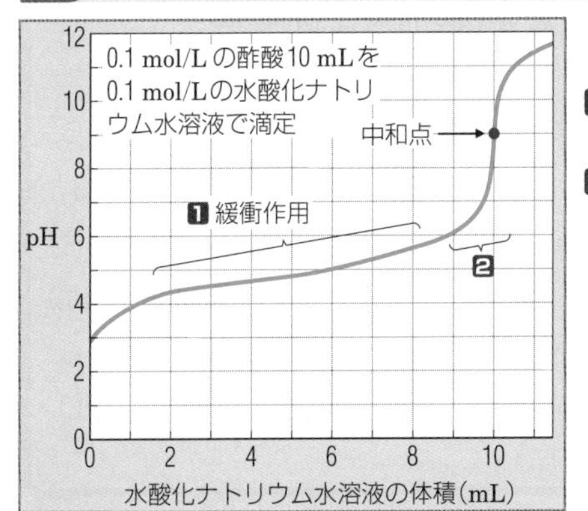

$$CH_3COOH + NaOH \longrightarrow CH_3COONa + H_2O$$

1 水溶液中に中和で生じた酢酸ナトリウムと酢酸が存在しているため，緩衝作用を示す。
2 さらに水酸化ナトリウム水溶液を加えていくと，酢酸がほとんど反応し，pH が大きく変化する。
右のグラフが示すように，弱酸のK_aが小さくなる（酸が弱くなる）にしたがって，中和点での pH の増加が小さくなり，中和点が検出しづらくなる。
中和点を超えると，過剰になった水酸化ナトリウムで pH が決まるため，酸の強弱とは関係なく同じ曲線になる。

酸の強さと滴定曲線

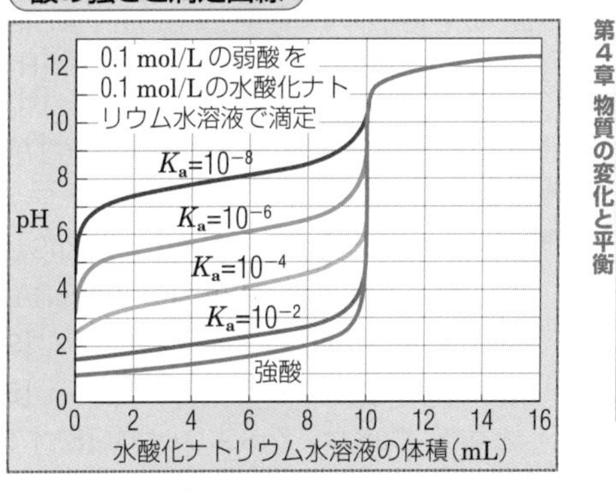

プチ雑学 海水も緩衝液である。海水には空気中の二酸化炭素が溶け込むが，ヒトの血液と同じく炭酸と炭酸水素塩の緩衝作用によって，pH が 8 程度に保たれている。

136 溶解平衡

1 溶解度積　沈殿物と飽和溶液中のイオンとの間には，平衡（溶解平衡）が成り立つ。

▶P.280

A 溶解平衡　例 塩化銀の沈殿

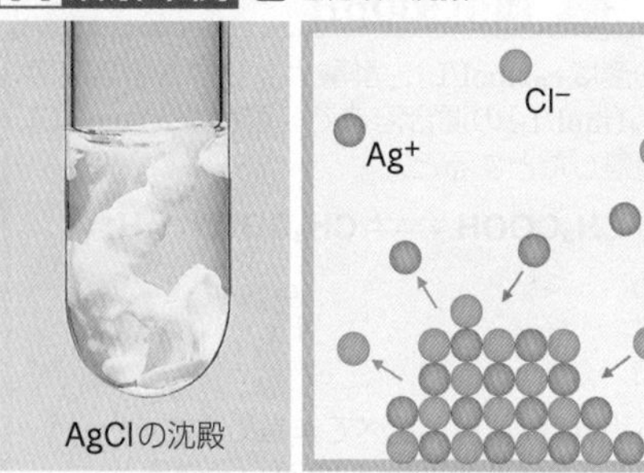

$$AgCl(固) \rightleftarrows Ag^+ + Cl^-$$

塩化銀（難溶性の塩）はごくわずかに溶解して，**溶解平衡**（▶P.112）の状態になっている。平衡定数の式には固体の成分を含めないので，この平衡定数 K は，次のようになる。

$$K = [Ag^+][Cl^-] = K_{sp} \quad K_{sp} = 一定$$

この平衡定数を塩化銀の**溶解度積**といい，K_{sp}（**s**olubility **p**roduct：溶解度積）で表す。
溶解度積は，温度が一定のとき，一定の値になる。

> $A_aB_b \rightleftarrows aA^{n+} + bB^{m-}$ の溶解度積 K_{sp} は，
> $K_{sp} = [A^{n+}]^a[B^{m-}]^b \quad K_{sp} = 一定$

B 沈殿の生成

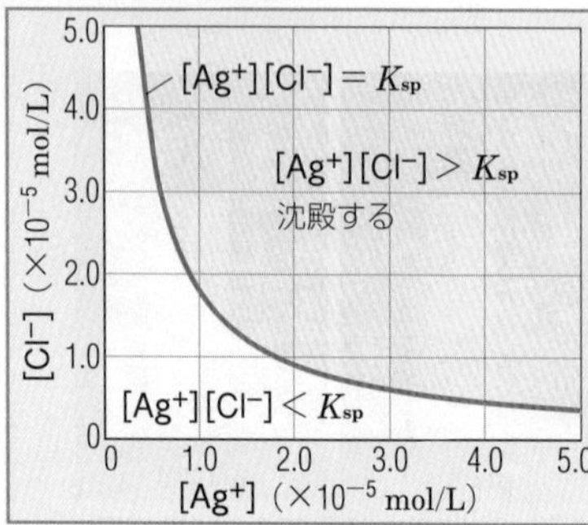

溶解度積 K_{sp} は，$[Ag^+][Cl^-]$ の値の最大値なので，$[Ag^+][Cl^-]$ が K_{sp} よりも大きいとき，AgClが沈殿する。

- $[Ag^+][Cl^-] \leqq K_{sp}$ のとき，AgClは沈殿しない。
- $[Ag^+][Cl^-] > K_{sp}$ のとき，AgClは沈殿する。（$[Ag^+][Cl^-] = K_{sp}$ になる）

> $[A^{n+}]^a[B^{m-}]^b \leqq K_{sp}$ のとき，A_aB_b は沈殿しない。
> $[A^{n+}]^a[B^{m-}]^b > K_{sp}$ のとき，A_aB_b は沈殿する。

沈殿が生じるとき，$[A^{n+}]^a[B^{m-}]^b = K_{sp}$ になる。

AgClの沈殿生成

$K_{sp} = [Ag^+][Cl^-] = 1.8 \times 10^{-10}\ mol^2/L^2$

例 $[Cl^-] = 0.10\ mol/L$ のとき
AgCl の沈殿ができるのは，$[Ag^+][Cl^-] > K_{sp}$ から，

$$[Ag^+] > \frac{K_{sp}}{[Cl^-]} = \frac{1.8 \times 10^{-10}\ mol^2/L^2}{0.10\ mol/L} = 1.8 \times 10^{-9}\ mol/L$$

Ag_2CrO_4 の沈殿生成

$$Ag_2CrO_4(固) \rightleftarrows 2Ag^+ + CrO_4^{2-}$$

$K_{sp} = [Ag^+]^2[CrO_4^{2-}] = 3.6 \times 10^{-12}\ mol^3/L^3$

例 $[CrO_4^{2-}] = 0.10\ mol/L$ のとき
Ag_2CrO_4 の沈殿ができるのは，$[Ag^+]^2[CrO_4^{2-}] > K_{sp}$ から，

$$[Ag^+] > \sqrt{\frac{K_{sp}}{[CrO_4^{2-}]}} = \sqrt{\frac{3.6 \times 10^{-12}\ mol^3/L^3}{0.10\ mol/L}} = 6.0 \times 10^{-6}\ mol/L$$

2 硫化水素と金属イオン　pHは，硫化物イオンの濃度を変化させ，金属硫化物の沈殿のでき方に影響する。

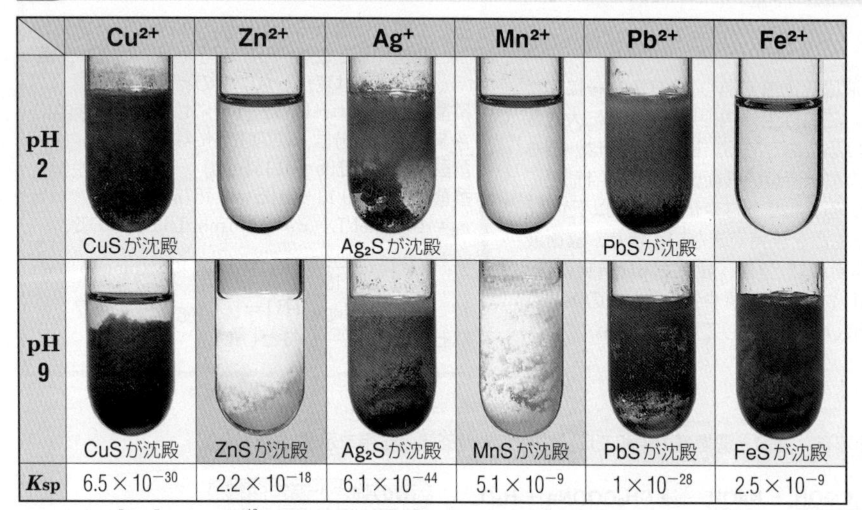

	Cu^{2+}	Zn^{2+}	Ag^+	Mn^{2+}	Pb^{2+}	Fe^{2+}
pH 2	CuSが沈殿		Ag_2S が沈殿		PbSが沈殿	
pH 9	CuSが沈殿	ZnSが沈殿	Ag_2S が沈殿	MnSが沈殿	PbSが沈殿	FeSが沈殿
K_{sp}	6.5×10^{-30}	2.2×10^{-18}	6.1×10^{-44}	5.1×10^{-9}	1×10^{-28}	2.5×10^{-9}

※pH = 2 で $[S^{2-}] ≒ 4 \times 10^{-18}$ mol/L，pH = 9 で $[S^{2-}] ≒ 4 \times 10^{-4}$ mol/Lになる。

$$H_2S \rightleftarrows 2H^+ + S^{2-}$$

酸　性：$[H^+]$ が増加 → 平衡が左へ移動（$[S^{2-}]$ が減少）
塩基性：$[H^+]$ が減少 → 平衡が右へ移動（$[S^{2-}]$ が増加）

溶解度積の値によって，溶液が酸性で $[S^{2-}]$ が小さいときは沈殿しないが，溶液が塩基性で $[S^{2-}]$ が大きいときには沈殿することがある。

例 CuS（$K_{sp} = 6.5 \times 10^{-30}\ mol^2/L^2$）と ZnS（$K_{sp} = 2.2 \times 10^{-18}\ mol^2/L^2$）の比較
$[Cu^{2+}] = 0.10\ mol/L$，$[Zn^{2+}] = 0.10\ mol/L$ とすると，沈殿ができるのは，

$[Cu^{2+}][S^{2-}] > 6.5 \times 10^{-30}\ mol^2/L^2$　　$[S^{2-}] > 6.5 \times 10^{-29}\ mol/L$
$[Zn^{2+}][S^{2-}] > 2.2 \times 10^{-18}\ mol^2/L^2$　　$[S^{2-}] > 2.2 \times 10^{-17}\ mol/L$

となり，CuS は，ZnS より小さな $[S^{2-}]$ で沈殿する。

参考 硫化水素の電離平衡

硫化水素 H_2S は，次のように 2 段階に電離する。

$H_2S \rightleftarrows H^+ + HS^-$　電離定数：K_1
$HS^- \rightleftarrows H^+ + S^{2-}$　電離定数：K_2

これを 1 つにまとめると，

$H_2S \rightleftarrows 2H^+ + S^{2-}$　電離定数：K

となる。ここで，

$$K_1 = \frac{[H^+][HS^-]}{[H_2S]},\quad K_2 = \frac{[H^+][S^{2-}]}{[HS^-]}$$

$$K_1 \times K_2 = \frac{[H^+][HS^-]}{[H_2S]} \times \frac{[H^+][S^{2-}]}{[HS^-]} = \frac{[H^+]^2[S^{2-}]}{[H_2S]} = K$$

となる。

$K_1 ≒ 1.3 \times 10^{-7}\ mol/L$，
$K_2 ≒ 3.3 \times 10^{-14}\ mol/L$

の値から，

$K = K_1 \times K_2 ≒ 4.3 \times 10^{-21}\ mol^2/L^2$

H_2S の飽和溶液では，$[H_2S] ≒ 0.1\ mol/L$ だから，

$$[S^{2-}] = \frac{[H_2S]}{[H^+]^2}K = \frac{4.3 \times 10^{-22}}{[H^+]^2}\ (mol/L)$$

pH = 2 のとき，$[H^+] = 1 \times 10^{-2}\ mol/L$ だから，

$$[S^{2-}] = \frac{4.3 \times 10^{-22}}{(1 \times 10^{-2})^2} = 4.3 \times 10^{-18}\ (mol/L)$$

pH = 9 のとき，$[H^+] = 1 \times 10^{-9}\ mol/L$ だから，

$$[S^{2-}] = \frac{4.3 \times 10^{-22}}{(1 \times 10^{-9})^2} = 4.3 \times 10^{-4}\ (mol/L)$$

となる。

プチ雑学　溶解度積の計算値と測定値がほぼ一致するのは，難溶性の塩などに限られる。難溶性の塩は，水溶液中に存在しているイオンがわずかであり，イオンどうしの影響がほとんど無視できるからである。

Keywords ●溶解平衡 solubility equilibrium ●溶解度積 solubility product ●共通イオン common-ion
●共通イオン効果 common-ion effect ●沈殿滴定 precipitation titration
●モール法 Mohr's method

3 共通イオン効果 共通イオン効果は，ルシャトリエの原理の一例である。

A 結晶の析出 例 塩化ナトリウム NaCl

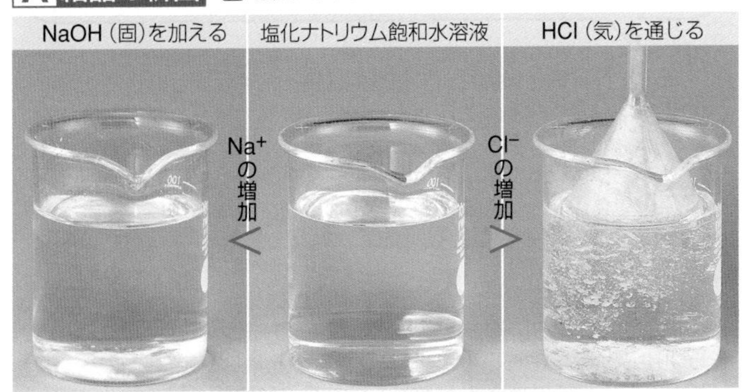

NaClが析出　　$NaCl$（固）$\rightleftarrows Na^+ + Cl^-$　　NaClが析出

水酸化ナトリウムNaOHを加えるとNa^+が，塩化水素HClを通じるとCl^-が作用し，平衡が左へ移動して塩化ナトリウムNaClが析出する（NaClの溶解度が下がる）。
このように，水溶液に存在していたイオンと同じイオン（**共通イオン**）を加えることで，平衡が移動して起こる現象を**共通イオン効果**という。

例 塩化銀飽和水溶液AgClに塩化ナトリウムNaClを加える。
$AgCl$（固）$\rightleftarrows Ag^+ + Cl^-$
共通イオンCl^-により，平衡は左へ移動してAgClが析出する（AgClの溶解度が下がる）。

B pHの変化

例 酢酸CH_3COOHに酢酸ナトリウムCH_3COONaを加える。▶P.135
$CH_3COOH \rightleftarrows CH_3COO^- + H^+$
共通イオンCH_3COO^-により，平衡が左へ移動し，$[H^+]$が小さくなる（pHが大きくなる）。

例 アンモニアNH_3水に酢酸アンモニウムCH_3COONH_4を加える。
$NH_3 + H_2O \rightleftarrows NH_4^+ + OH^-$
共通イオンNH_4^+により，平衡が左に移動し，$[OH^-]$が小さくなる（pHが小さくなる）。

やってみよう！ しょう油から塩化ナトリウムが析出

しょう油は塩化ナトリウムNaClを多く含む。しょう油に濃塩酸HClを加えると，共通イオンCl^-によって平衡が移動し，NaClが析出する。

4 沈殿滴定 沈殿ができる反応を利用して，イオン濃度を求めることができる。

モール法 K_2CrO_4を指示薬にして，Cl^-を定量する。
Cl^-を含む試料に指示薬としてK_2CrO_4を少量加え，$AgNO_3$を滴下する。
① $AgNO_3$を滴下すると$AgCl$の白色沈殿が生じる。
② Cl^-がすべて反応した後，Ag_2CrO_4の赤褐色沈殿が生じる。
③ ②のとき，$AgNO_3$の滴下量からCl^-を定量する。

AgClとAg₂CrO₄の溶解度

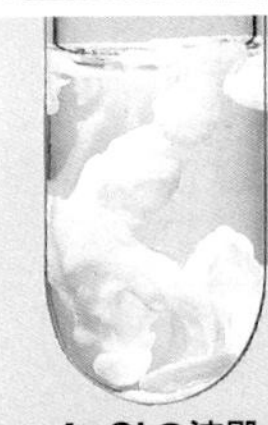
AgClの沈殿

$AgCl$（固）$\rightleftarrows Ag^+ + Cl^-$
AgClの飽和水溶液の濃度をx〔mol/L〕とすると，
$[Ag^+] = x$，$[Cl^-] = x$となるので，
$K_{sp} = [Ag^+][Cl^-] = x \times x = x^2$
$K_{sp} = 1.8 \times 10^{-10}\,mol^2/L^2$とすると，
$x^2 = 1.8 \times 10^{-10}\,mol^2/L^2$
$x \fallingdotseq 1.3 \times 10^{-5}\,mol/L$

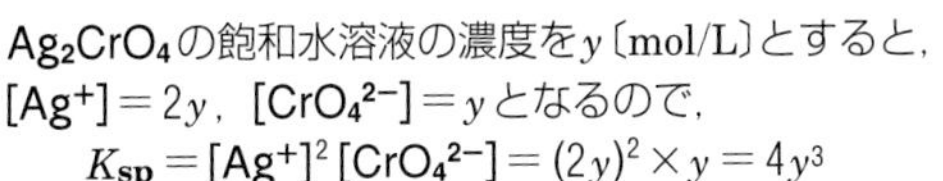
Ag₂CrO₄の沈殿

Ag_2CrO_4（固）$\rightleftarrows 2Ag^+ + CrO_4^{2-}$
Ag_2CrO_4の飽和水溶液の濃度をy〔mol/L〕とすると，
$[Ag^+] = 2y$，$[CrO_4^{2-}] = y$となるので，
$K_{sp} = [Ag^+]^2[CrO_4^{2-}] = (2y)^2 \times y = 4y^3$
$K_{sp} = 3.6 \times 10^{-12}\,mol^3/L^3$とすると，
$4y^3 = 3.6 \times 10^{-12}\,mol^3/L^3$
$y \fallingdotseq 9.7 \times 10^{-5}\,mol/L$

水に対する溶解度は，AgClの方がAg_2CrO_4よりも小さく，AgClの方がAg_2CrO_4よりも沈殿しやすい。

このように，沈殿ができる反応を利用して，試料に含まれるイオン濃度を求める方法を**沈殿滴定**という。

実験 モール法 目的 塩化物イオンの濃度を求める。

$$c \times \frac{20}{1000}\,L = 0.0200\,mol/L \times \left(\frac{a-b}{1000}\right)L$$

c〔mol/L〕：Cl^-のモル濃度　a：$AgNO_3$ aq 滴下量(mL)
b：試料の代わりに蒸留水を用いた場合の$AgNO_3$ aq 滴下量(mL)
よって，$c = 0.001(a-b)$ mol/L であるから，
試料のCl^-濃度は，$35.5(a-b)$ mg/L

プチ雑学 水道水やプールの水は次亜塩素酸イオンClO^-で殺菌されているため，塩化物イオンCl^-が含まれている。水道水のCl^-濃度は，200 mg/L以下と定められている。

Q ガラス管に水を入れると，液面の低いところができるのはなぜ？

▶P.17

A ガラス管に液体を入れると，水のようにガラスをぬらす液体の液面は凹状になり，水銀のようにガラスをぬらさない液体の液面は凸状になる。このように，液面が平らではなく，曲面になることを**メニスカス**という。

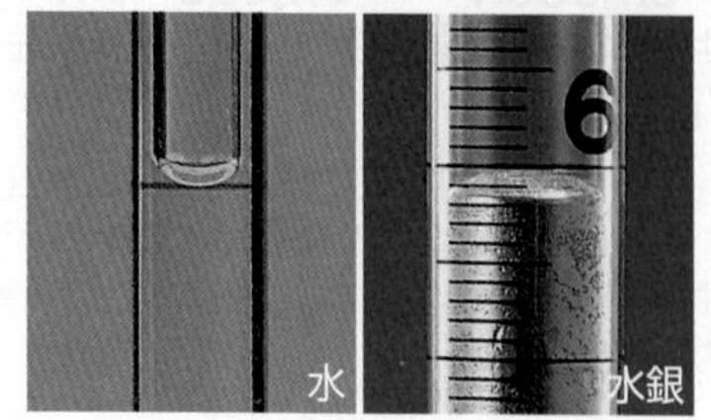

※メニスカスはギリシャ語で三日月の意味。

液体を構成する粒子（たとえば，水分子）は，たがいに引き合う力が働く。液体の内部の粒子には，いろいろな方向から力が働くが，液体の表面の粒子は，外と接している面からの力が働かない。そのため，液体表面の粒子は，内側に引き込まれ，表面積を小さくするような力（**表面張力**）が働く。

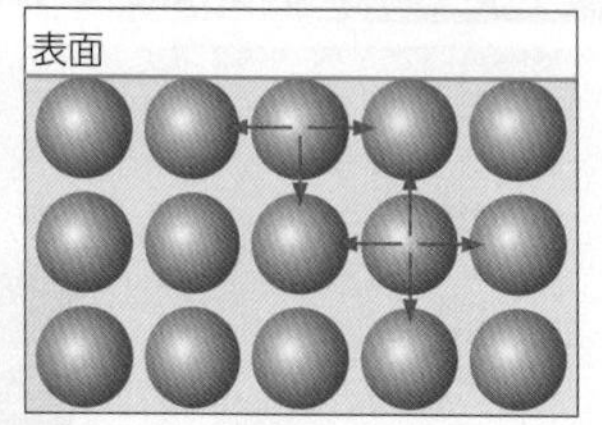

一方，水分子とガラス表面の −OH との間には引力が働き，そのため水はガラスをぬらす。表面張力の影響よりも，水とガラスが引き合う力の方が顕著になると，液面は凹状になる。

水銀は，強い金属結合に由来する表面張力が，水銀とガラスが引き合う力よりずっと大きいため，液面が凸状になる。

Q 金属元素と非金属元素の中間ってないの？

▶P.36

A 元素は化学的性質や物理的性質で金属元素と非金属元素に分類される。金属元素の単体は金属光沢をもち，主に常温で固体であり，物理的性質として，展性・延性をもつ。さらに電気および熱伝導性にすぐれる。それに対して非金属元素の単体の多くは，室温で気体であるか，室温で固体でも金属光沢をもたず，展性や延性を示さず，電気も熱も通しにくい。

ホウ素 B

周期表で金属元素と非金属元素の境目にあるホウ素，ケイ素，ゲルマニウム，ヒ素，アンチモン，テルル，ポロニウム，アスタチンなどの元素は，金属と非金属の中間的な性質をもつため，**半金属元素**ともいわれる。見た目は金属のような光沢をもつが，非金属のようにもろい性質をもっている。電気も熱も伝えにくく，さらに一部の元素は絶縁体と導体の中間的な性質をもち，**半導体**として利用されている。

周期＼族	1	2	3	4	5	6	7	8	9	10	11	12	13	14	15	16	17	18
1	H																	He
2	Li	Be											B	C	N	O	F	Ne
3	Na	Mg											Al	Si	P	S	Cl	Ar
4	K	Ca	Sc	Ti	V	Cr	Mn	Fe	Co	Ni	Cu	Zn	Ga	Ge	As	Se	Br	Kr
5	Rb	Sr	Y	Zr	Nb	Mo	Tc	Ru	Rh	Pd	Ag	Cd	In	Sn	Sb	Te	I	Xe
6	Cs	Ba	ランタノイド	Hf	Ta	W	Re	Os	Ir	Pt	Au	Hg	Tl	Pb	Bi	Po	At	Rn
7	Fr	Ra	アクチノイド	Rf	Db	Sg	Bh	Hs	Mt	Ds	Rg	Cn	Nh	Fl	Mc	Lv	Ts	Og

金属元素　非金属元素　半金属元素　金属元素と非金属元素の境目

Q 遷移元素はなぜ隣り合った元素の化学的性質が似ているの？

▶P.36

A **遷移元素**とは，第 4 周期以降に現れる 3 族から 12 族までの元素群のことで，**典型元素**ほどの周期性は見られず，隣り合う元素どうしがよく似た性質を示す。これは最外殻の電子がいずれも 1 個または，2 個であることによる。

電子は電子殻に分かれて存在している。電子殻はさらに s，p，d，f の 4 つの**電子軌道**から構成され，エネルギーの低い電子軌道から順に電子が収容される。

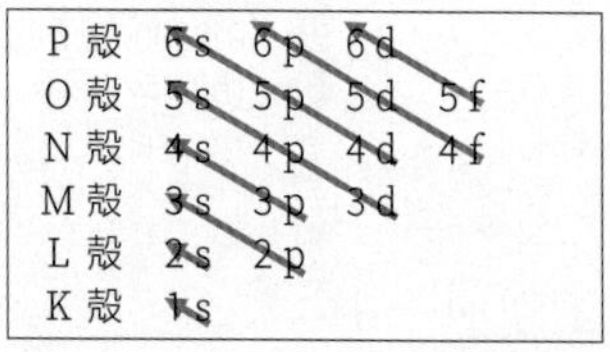

P 殻	6s	6p	6d	
O 殻	5s	5p	5d	5f
N 殻	4s	4p	4d	4f
M 殻	3s	3p	3d	
L 殻	2s	2p		
K 殻	1s			

低 ←―― エネルギー ――→ 高

1s＜2s＜2p＜3s＜3p＜4s＜3d＜4p＜5s＜4d＜5p＜6s＜4f…

ここで，N 殻の 4 s 軌道と M 殻の 3 d 軌道が逆転していることがわかる。したがって，M 殻が最大収容数になる前に N 殻に電子が入る。

例えば，第 4 周期の元素の電子配置は，右の図のように表される。

$_{19}$K	$1s^2$	$2s^2$	$2p^6$	$3s^2$	$3p^6$		$4s^1$
$_{20}$Ca	$1s^2$	$2s^2$	$2p^6$	$3s^2$	$3p^6$		$4s^2$
$_{21}$Sc	$1s^2$	$2s^2$	$2p^6$	$3s^2$	$3p^6$	$3d^1$	$4s^2$
$_{22}$Ti	$1s^2$	$2s^2$	$2p^6$	$3s^2$	$3p^6$	$3d^2$	$4s^2$

遷移元素は原子番号が増加しても最外殻の電子が増えるのではなく，エネルギーの低い 1 つ内側の電子殻の電子が増加する。このため，族が変わっても最外殻の電子が変化しないので，性質はあまり変わらず，むしろ隣り合った同周期の元素の性質が類似したものとなる。

Q 分子量が大きいほど分子間力が強くなるのはなぜ？

▶P.48

A 電子は原子核のまわりを動き回って存在している。均等に分布しているように見える電子も，瞬間的に見れば，実際はかたよって分布している。この電子のかたよりによって生じた電荷が分子どうしを引きつける力となり，**ファンデルワールス力**を生じる。分子量が大きい分子は電子の数も多く，原子核との距離が遠く結びつきが弱い電子もあるので，電子のかたよりも生じやすい。このため，分子間に働く力が強くなる。

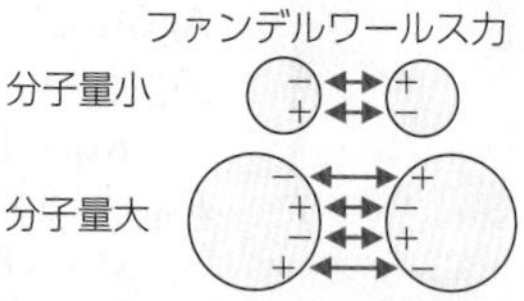

ファンデルワールス力
分子量小
分子量大

また，分子間力は分子の形によっても強さが変化する。たとえば，C_5H_{12} の炭化水素の 3 種の異性体では，分子量が同じでも分子間力が異なる。分子間力の強さの違いは沸点を見るとわかりやすい。分子間力が強い物質は沸点が高く，分子間力が弱い物質は沸点が低くなる。直鎖構造のペンタンは分子どうしの接触面積が大きく，分子間力が強く働く。それに対して，2，2- ジメチルプロパンは分子どうしの接触面積が小さく，分子間力が働きにくいので，沸点は低くなる。

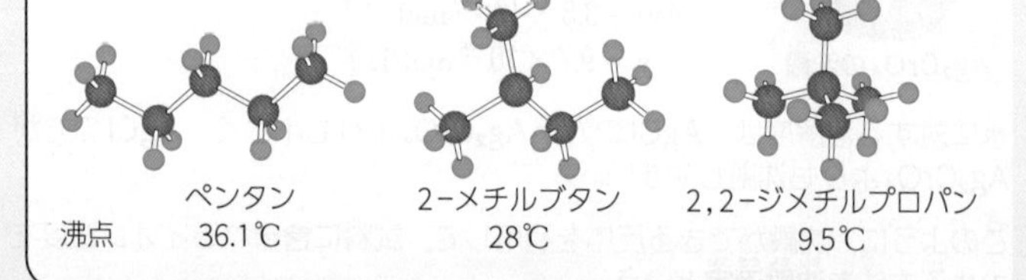

	ペンタン	2−メチルブタン	2，2−ジメチルプロパン
沸点	36.1℃	28℃	9.5℃

Q 酸の強弱はどうやって決まるの？

▶ P.71

A 一般に，**電離度**が大きく，水溶液中の水素イオンが多い酸を強酸，電離度が小さく，水溶液中の水素イオンが少ない酸を弱酸という。
では，電離度は何によって決まるのだろうか。**オキソ酸**を例に説明しよう。オキソ酸とは分子中に酸素原子を含む酸である。オキソ酸は，O−H 結合の水素原子が水素イオン H^+ として電離して酸の性質を示す。オキソ酸の酸の強さは酸素原子の数に由来する。
オキソ酸の硫酸と亜硫酸（H_2SO_4 と H_2SO_3），硝酸と亜硝酸（HNO_3 と HNO_2）では，酸の強さが大きく異なり，中心原子（S や N）に結合した酸素原子 O が多いほど強い。
酸素原子は電気陰性度がフッ素原子についで 2 番目に強いため，電子を強く引きつける➡。中心原子に結合した酸素原子が多いほど，中心原子の電子が不足し，−OH から電子を引きつけ，O−H 結合においては酸素原子がより強く電子を引きつける➡。結果として，水素原子の正電荷が増え，H^+ が電離しやすくなる。このため，亜硫酸より硫酸が，亜硝酸より硝酸の方が強い酸となる。

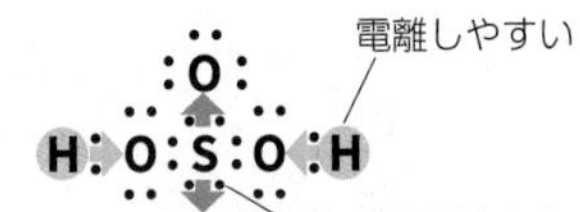

Q pH メーターってどういうしくみ？

▶ P.72

A pH メーターは，ガラス電極の内部と外部で水素イオン濃度に差がある場合に**起電力**が生じ，その電位差を利用して pH を測定する装置である。ガラス電極の内部は塩化カリウム飽和水溶液が入れられ，pH が 7 に保たれている。測定したい溶液に浸したときに水素イオン濃度の差によって起電力が発生する。ガラス電極には特殊なガラス膜が使用されており，測定した溶液の pH と内部の液の pH が 1 違えば，約 60 mV の起電力が発生し，それをもとに pH を計算している。

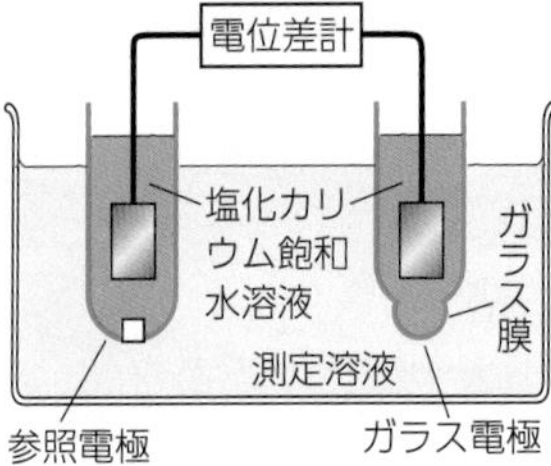

pH の測定は電位差測定法の 1 種であり，溶液内の目的成分の濃度などを両電極間の起電力差から測定するものである。この他にも，溶液中のイオン濃度や酸化力・還元力の強さの測定にも利用されている。例えば，酸化力・還元力の強さの測定には**標準電極電位**（▶P.88）が用いられており，これは水素電極を基準として，目的物質の酸化力を電位差として測定し，強弱を確認するものである。

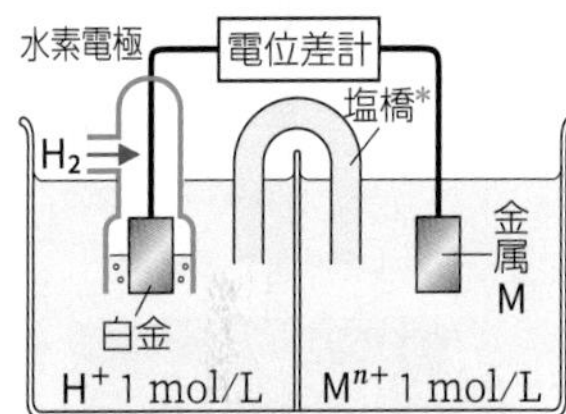

*両溶液は混合せず，イオンは移動できる。

Q 過冷却はなぜ起こる？

▶ P.114

A 液体が凝固点を下回っても凍らずに液体のまま冷やされている状態を**過冷却**という。過冷却は，静かな環境で時間をかけてゆっくり均一に液体を冷やしていくと，水分子が固まらずにいつまでも分子運動を続けることで起こる。
水が氷になるとは，水分子が運動している状態から，安定な結晶へと状態変化することである。そのためにはまず，核となる氷の種が必要である。この種は，分子間力が分子の運動エネルギーを上回り，水分子どうしが結合することで生じる。このとき，ある程度のエネルギーが必要であり，そのエネルギーに相当する凍るきっかけ（急速に冷やす，衝撃を加えるなど）を与えたり，種となる氷のかけらを入れたりすると，液体の水は一瞬にして氷に変わる。
凍ることで，安定な結晶構造となるため，エネルギーが放出され（凝固熱），融点まで一気に温度が上昇する。

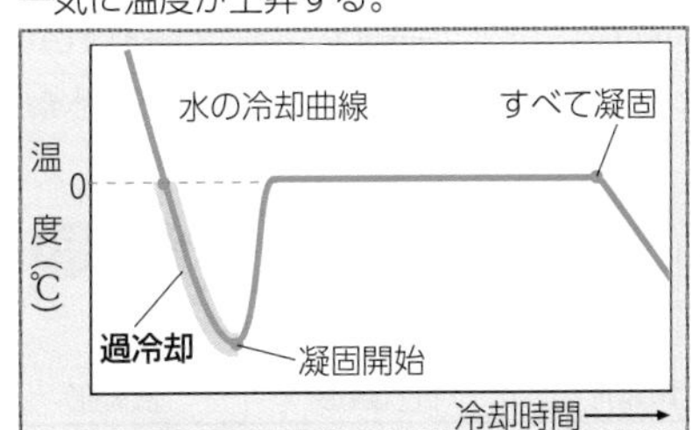

Q 水酸化鉄（Ⅲ）のコロイドって，どういう状態なの？

▶ P.121

A 一般に，10^{-9}～10^{-7} m 程度の大きさの粒子をコロイド粒子といい，コロイド粒子が液体中に均一に分散しているものをコロイド溶液という。水酸化鉄（Ⅲ）のコロイドは，塩化鉄（Ⅲ）の水溶液と沸騰水との反応で加水分解反応が進み，本来水に不溶な水酸化鉄（Ⅲ）が単独で存在しているのではなく，いくつもの水酸化鉄（Ⅲ）が縮合反応により，ナノサイズ以上に成長してコロイド粒子となったものである。
Fe^{3+} は，配位数 6 の八面体構造をとり，水中では 6 つの水分子が配位したアクア錯イオンとして存在している。さらに水の酸性度によっては，配位した水分子の 1 つから H^+ が引き抜かれる加水分解反応が起こる。コロイド生成時はこれらのイオン間で次々と脱水縮合反応が起き，コロイド粒子サイズまで成長する。コロイド表面の −OH に Fe^{3+} や H^+ が付着するため，水酸化鉄（Ⅲ）のコロイドは，正の電荷をもった疎水コロイドとなる。

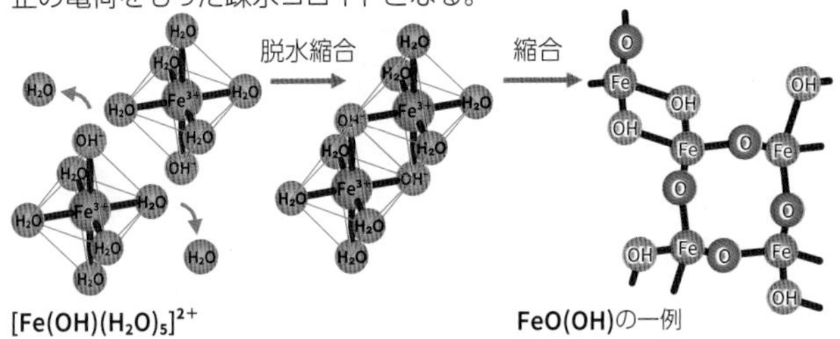

※加水分解や縮合反応の条件により，生成物の構造は異なる。

水素と貴ガス

1 水素 水素は最も簡単な構造の原子である。

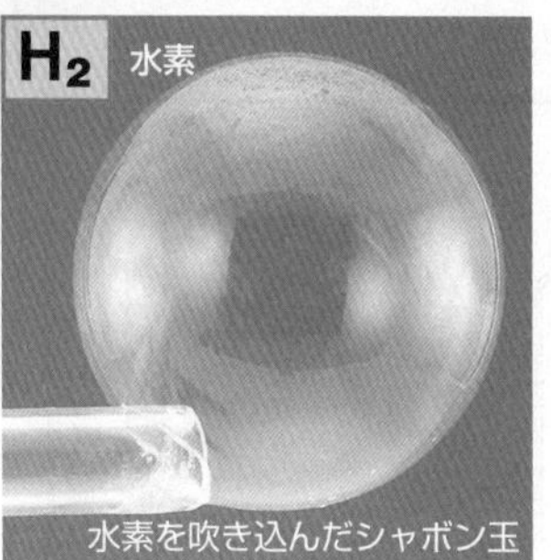

水素を吹き込んだシャボン玉

融点(℃)	−259.1
沸点(℃)	−252.9
密度(g/L)	0.0899
色・におい	無色・無臭

0.074 nm

H_2 分子量 2.0

単体は**二原子分子**で，最も軽い気体である。

元素としての性質

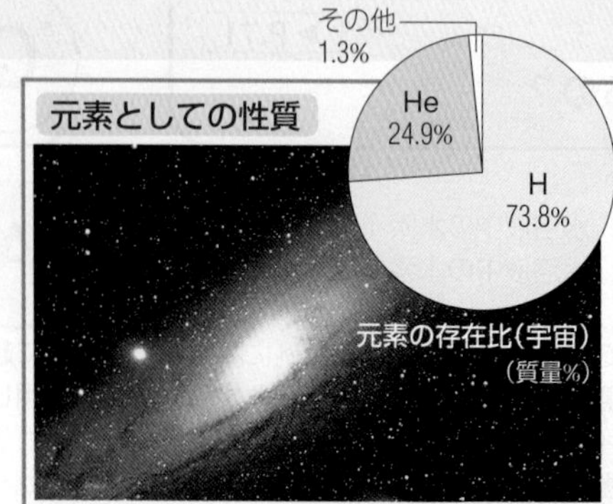

元素の存在比(宇宙)(質量%)

電子配置	K
$_1$H	1

電気陰性度
2.2 ➤P.45

酸化数

NaH	H_2	H_2O
−1	0	+1

水素は宇宙で最も多く存在する元素である。地球上では，単体としてほとんど存在せず，多くは水H_2Oなどの化合物として存在する。

➤P.198

A 製法

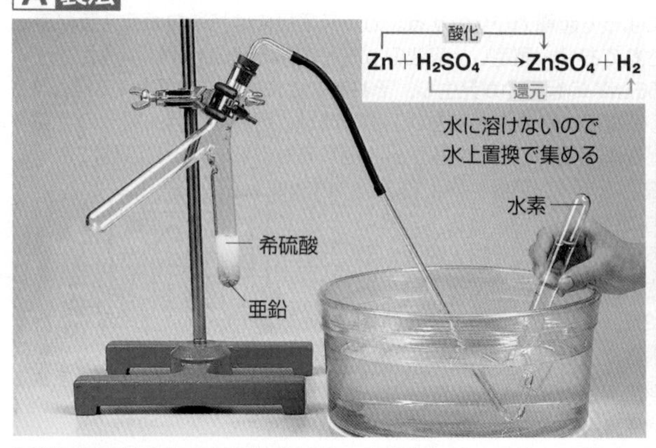

亜鉛に希硫酸を加えて発生させる。工業的には，石油，天然ガスなどからつくられる(➤P.266)。

赤色のボンベに入れて使用される。

B 放電・スペクトル

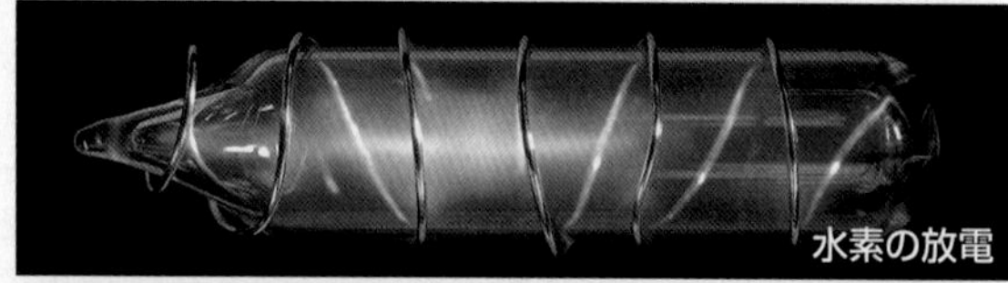

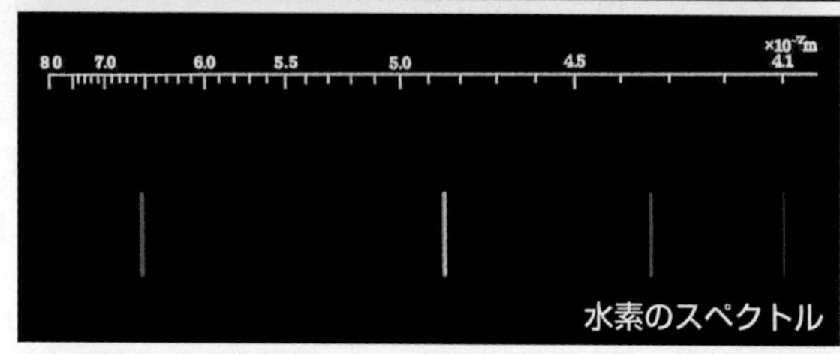

気体を封入した放電管に高電圧を加えると，それぞれの元素に特有な色の光とスペクトルを発する(➤P.35)。

C 反応

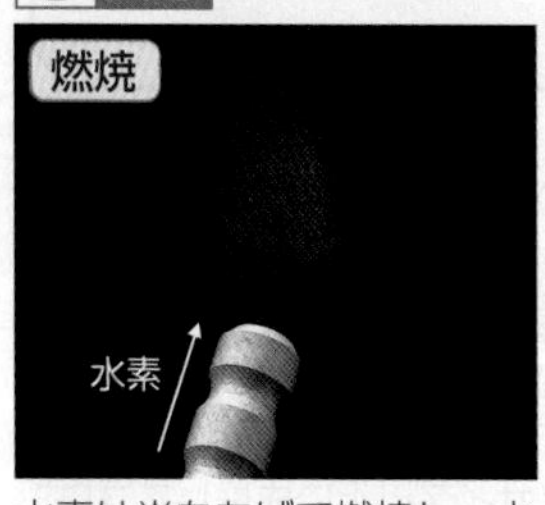

水素は炎をあげて燃焼し，水が生成する。

電気の火花で点火
水素と酸素の混合気体
圧電点火装置
ポリエチレン管
水

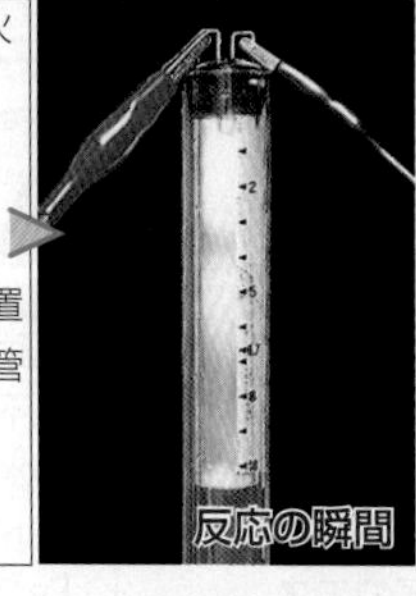

水素は，純粋な気体は空気中でおだやかに燃焼するが，酸素との混合気体では，爆発的に反応が起こる。水素と酸素が反応する体積の割合は2：1である。

$$2H_2 + O_2 \longrightarrow 2H_2O$$

水素と酸素の反応の割合

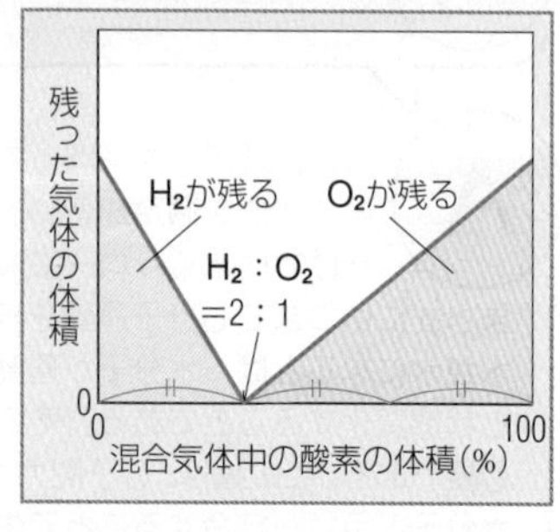

ハロゲンとの反応

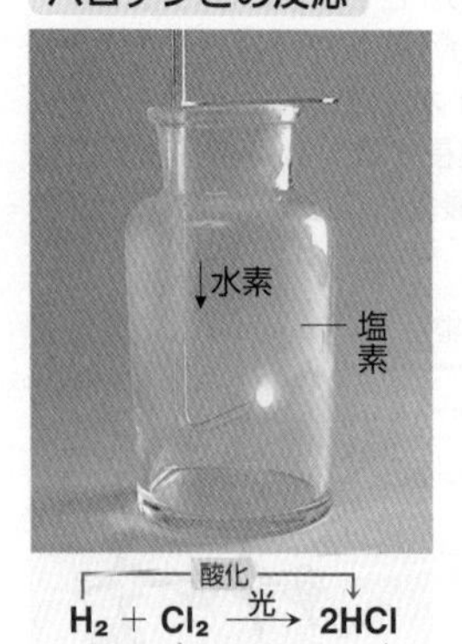

H_2 ＋ Cl_2 $\xrightarrow{光}$ 2HCl(酸化／還元)

金属酸化物の還元

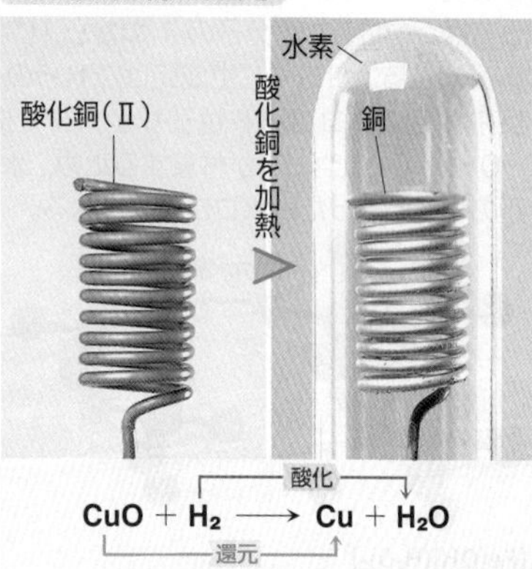

CuO ＋ H_2 ⟶ Cu ＋ H_2O(酸化／還元)

水素は，ハロゲン(➤P.144)や金属酸化物を還元する。

D 水素化合物 水素とほかの元素との化合物

※( )内の温度は沸点

族		14	15	16	17
周期	2	メタンCH_4 (−161.49℃)	アンモニアNH_3 (−33.4℃)	水H_2O (100.00℃)	フッ化水素HF (19.5℃)
	3	シランSiH_4 (−111.8℃)	ホスフィンPH_3 (−87℃)	硫化水素H_2S (−60.7℃)	塩化水素HCl (−84.9℃)
分子の形		例 メタン 正四面体形	例 アンモニア 三角錐形	例 水 折れ線形	例 フッ化水素 直線形

非金属元素との水素化合物は，常温・常圧で気体のものが多い。

プチ雑学 太陽は高温の気体のかたまりであるが，その多くが水素である。太陽の中心部で，水素からヘリウムができる核融合反応が起こることで，大きなエネルギーが発生する。

2 貴ガス(18族)

貴ガス(希ガス)の単体は単原子分子からなり，空気中に微量に存在する無色・無臭の気体である。

電子配置	K	L	M	N	O	P
ヘリウム $_{2}He$	**2**					
ネオン $_{10}Ne$	2	**8**				
アルゴン $_{18}Ar$	2	8	**8**			
クリプトン $_{36}Kr$	2	8	18	**8**		
キセノン $_{54}Xe$	2	8	18	18	**8**	
ラドン $_{86}Rn$	2	8	18	32	18	**8**

貴ガス原子は極めて安定な電子配置であり，価電子数は 0 とする。

	分子量(原子量)	融点(℃)	沸点(℃)	空気中の存在比(体積%)
He	4.00	−272*	−269	0.000524
Ne	20.18	−249	−246	0.00182
Ar	39.95	−189	−186	0.934
Kr	83.80	−157	−152	0.000114
Xe	131.3	−112	−107	0.0000087
Rn	(222)	−71	−62	——

貴ガスの単体は**単原子分子**からなり，融点・沸点は低い。*2.63×10⁶ Pa(26 atm)

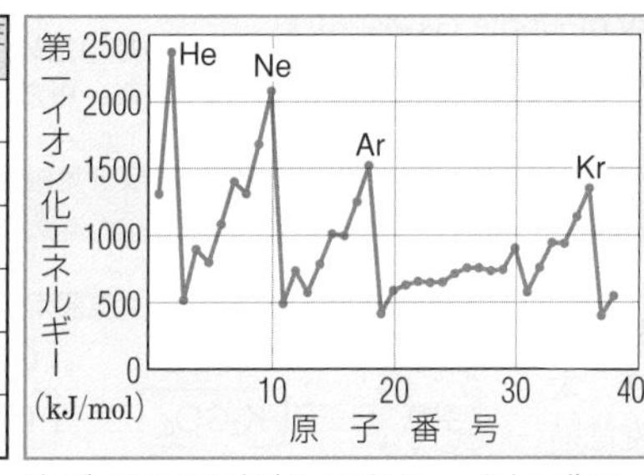

貴ガス原子は安定しており，イオン化エネルギー(▶P.41)は大きい。

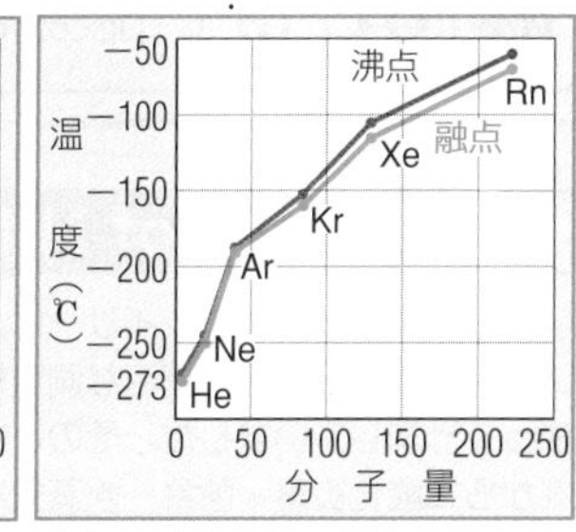

沸点・融点は分子量とともに高くなる。

A 放電・スペクトル

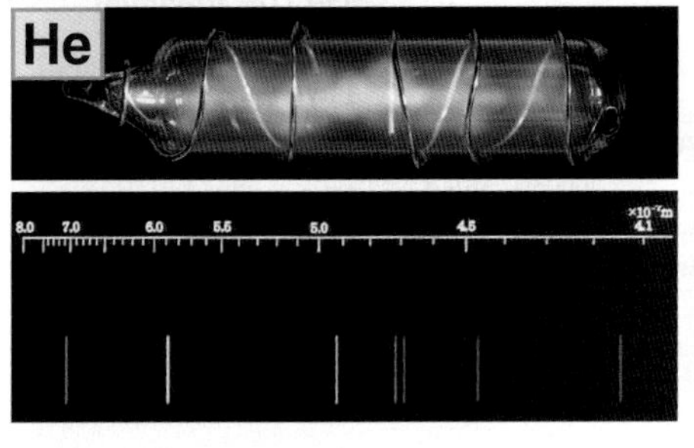

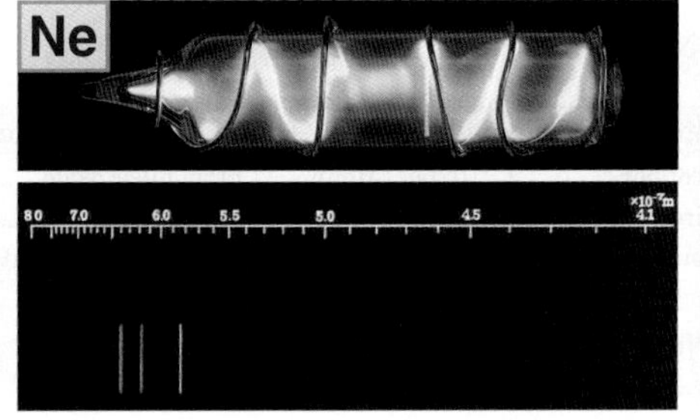

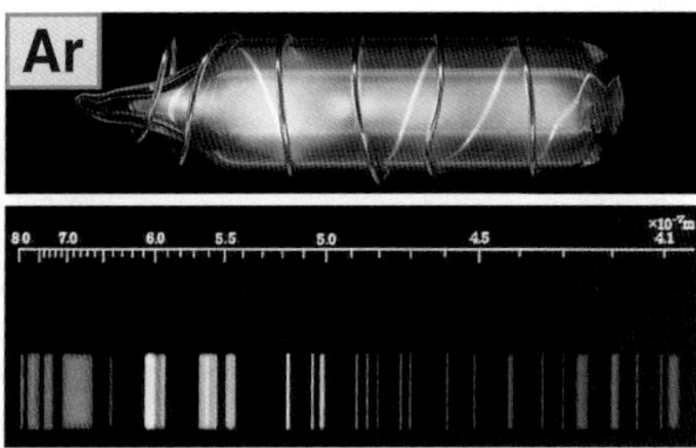

3 貴ガスの利用

A 安定性

貴ガスは安定な気体で，ほかの元素とほとんど反応しない。

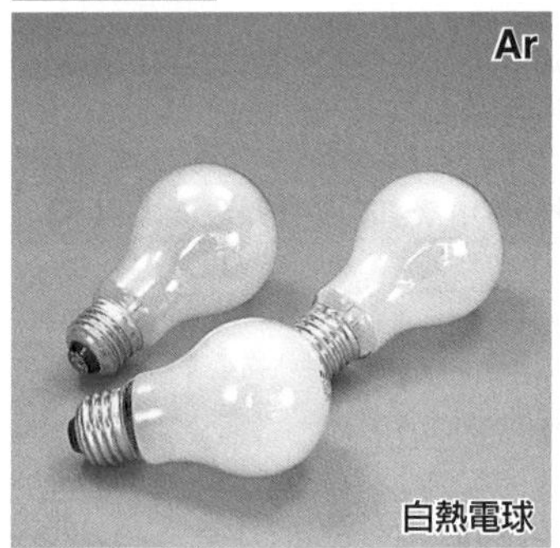

白熱電球

フィラメントと反応しないように，不活性の貴ガスを封入している。

アルゴン溶接

溶接部分にアルゴンを吹きつけ，金属と酸素の反応を防いでいる。

B 放電

ネオンサイン

ネオンやアルゴンなどを放電させて，さまざまな色の光を発光させる。

ストロボ

キセノンを封入した放電管は強い光を発する。

C ヘリウムの利用

飛行船

水素の次に軽い気体(0℃，1.013×10⁵Paで 0.1785 g/L)で不燃性なので，風船や気球を浮かせるガスとして利用される。

リニアモーターカー

液体ヘリウム(沸点−269℃)は，リニアモーターカーの超電導磁石を冷やす冷却材として利用される。

Q 貴ガス？希ガス？

A 18 族元素は，空気中での存在量が希少であると考えられており，単体をとり出すことが困難であったことなどから，希なガス，**希ガス**(rare gases)と名付けられた。しかし，アルゴンは空気中に体積で約 0.93%含まれており，二酸化炭素(約 0.04%)よりも多い。このため，現在では他の元素と反応しにくい性質から，**貴ガス**(noble gases)とも呼ぶ。

なお，貴ガス元素の反応性は低いものの，1960 年代にキセノンの化合物(XeF_4，XeF_6 など)が合成され，その後，他の貴ガス元素の化合物も合成されている。

思考問題 1「水素を吹き込んだシャボン玉」の写真から読みとれる，水素の特徴を挙げなさい。

142 探究の歴史 貴ガスの発見

Discovery of Noble Gases

空気には，窒素，酸素，二酸化炭素のほかにアルゴン，ネオン，ヘリウムなどの**貴ガス（希ガス）**が含まれています。貴ガスは反応性が非常に低く，空気中にごくわずかにしか存在しないため，19世紀末までその存在は知られていませんでした。貴ガスはどのように発見されたのでしょうか。

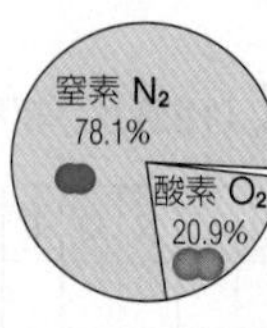

乾燥空気の組成（体積%）

アルゴン	0.93%
二酸化炭素	0.04%
ネオン	0.0018%
ヘリウム	0.00052%
その他	

1 Density of Nitrogen

イギリスの物理学者レイリーは，いろいろな気体の密度を，精密な測定機器を使って計測していました。そのとき，大気から二酸化炭素・酸素・水蒸気を除いて得た窒素（「大気窒素」当時は窒素であると考えられていた）の密度が，窒素化合物から得た窒素（「化学窒素」）の密度より，1/1000 大きいことに気づきました。その差はわずかですが，実験誤差ではないと考え，研究を進めました❶。

1892年，レイリーはこの研究を科学雑誌『Nature』で発表し，他の化学者に助言を求めました。

Atmospheric Nitrogen「大気窒素」空気から二酸化炭素と酸素と水蒸気を取り除いた気体

❷ 空気 → (CO_2除去) K_2CO_3 → (O_2除去) Cu/Fe → (H_2O除去) $H_2SO_4 \cdot P_4O_{10}$ → N_2?

$2Cu + O_2 \longrightarrow 2CuO$

Chemical Nitrogen「化学窒素」アンモニアなど窒素化合物から得た気体

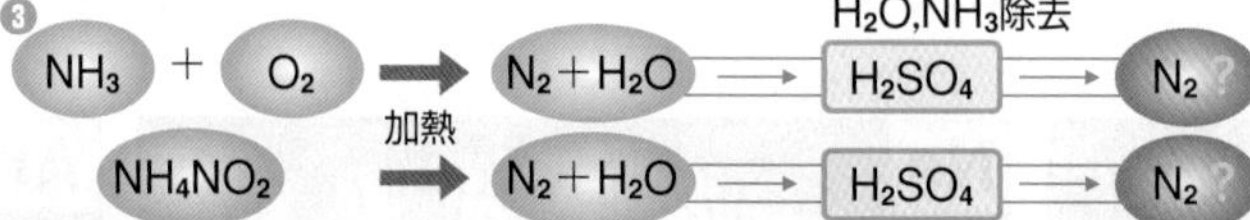

Atmospheric Nitrogen		Chemical Nitrogen	
By hot copper............2.31026g	Mean	From nitric oxide..............2.30008g	Mean
By hot iron................2.31003g	2.3102g	From nitrous oxide...........2.29904g	2.2993g
By ferrous hydrate....2.31020g		From ammonium nitrite...2.29869g	

レイリー Rayleigh
(1842-1919)

その後，いろいろな方法で精密な実験を行ったところ，差は約0.011g，
「大気窒素」は「化学窒素」より，約 0.5%重かった。

2 The Question is, to What is the Discrepancy Due?

レイリーは，密度の差が何によるものかをいろいろ検討しています。

「大気窒素」酸素の除去が不十分だったため，重いのか？❹

- $N_2=28$，$O_2=32$ より，酸素が混ざっていれば窒素の密度よりも大きくなるが，酸素が 1/30 程度残っていなければ，密度は 0.5%*も増えない。それほど残っていることは考えにくい。
- ピロガロール（酸素を吸収する性質があり，酸素の定量に用いられる）でも酸素は検出されなかった。
- 銅ではなく，鉄の酸化によって酸素を取り除いたときも「大気窒素」の密度はほぼ同じであった*。

「化学窒素」窒素より軽い気体が混ざっていたため，軽いのか？❺

- 窒素より軽い気体　$H_2=2$，$NH_3=17$，$H_2O=18$
- アンモニアと水蒸気が除去できていることは実験操作から確信できる。
- アンモニアはネスラー試薬で検出されなかった*。
- 水素は酸化銅によって燃焼される。また，水素を大量に試料に加えて前と同じ実験をしたが，密度の値に影響はなかった。など

*はその後の実験による検証

➡ **「大気窒素」に窒素より重い，未知の気体が含まれている。**

3 Argon, a new Constituent of the Atmosphere

レイリーの発表は，空気中には酸素，窒素，二酸化炭素以外のものが含まれているということを暗示していました。イギリスの化学者ラムゼーはこの発表に興味をもち，研究を始めます。

ラムゼーは，「大気窒素」を高温でマグネシウムと反応させ，窒素を窒化マグネシウムとして取り除くと，窒素より密度の大きい気体が残ることを確認しました❻。レイリーは，電気火花で窒素と酸素を反応させて窒素を取り除く方法で気体を得ました❼。このように，ラムゼーとレイリーは同時期に，これまで知られていなかった大気の新しい成分を発見したのです。この気体は非常に反応性が低いことから，**アルゴン**（ギリシャ語「なまけ者」にちなむ）と名付けられました。

2人はこの発見が間違いでないことを証明するために，気体の性質をスペクトル❽や溶解度❾など，あらゆる方法で調べています。

Argon, a new Constituent of the Atmosphere.

I. Density of Nitrogen from Various Sources.
II. Reasons for suspecting a hitherto Undiscovered Constituent in Air.
III. Methods of Causing Free Nitrogen to Combine.
IV. Early Experiments on Sparking Nitrogen with Oxygen in presence of Alkali. ❼
V. Early Experiments on Withdrawal of Nitrogen from Air by means of Red-hot Magnesium. ❻
VI. Proof of the Presence of Argon in Air by means of Atmolysis.
…
X. Density of Argon prepared by means of Magnesium.
XI. Spectrum of Argon. ❽
XII. Solubility of Argon in Water. ❾
XV. Attempts to induce Chemical Combination.
…
XVI. General Conclusions.

1894年，ラムゼーとレイリーが共同で発表した論文のタイトルの一部

ラムゼー Ramsay
(1852-1916)

4 Discovery of Noble Gases

その後，ラムゼーは，1895年に**ヘリウム**を単離・同定することに成功しました。ラムゼーは，メンデレーエフの提唱した周期律の考えにもとづいて，ヘリウムやアルゴンのほかに，さらに新しい元素が存在すると考えて研究を続け，1898年に**ネオン，クリプトン，キセノン**を発見しました。

1904年にレイリーはノーベル物理学賞を，ラムゼーはノーベル化学賞を受賞しています。

●授賞理由　レイリー：the densities of the most important gases and for his discovery of argon in connection with these studies
ラムゼー：the discovery of the inert gaseous elements in air, and his determination of their place in the periodic system

▼1892年，レイリーが『Nature』に発表した文

Density of Nitrogen

I am much puzzled by some recent results as to the density of nitrogen, and shall be obliged if any of your chemical readers can offer suggestions as to the cause. ❶According to two methods of preparation I obtain quite distinct values. The relative difference, amounting to about $\frac{1}{1000}$ part, is small in itself; but it lies entirely outside the errors of experiment, and can only be attributed to a variation in the character of the gas.

❷In the first method the oxygen of atmospheric air is removed in the ordinary way by metallic copper, itself reduced by hydrogen from the oxide. The air, freed from CO_2 by potash, gives up its oxygen to copper heated in hard glass over a large Bunsen, and then passes over about a foot of red-hot copper in a furnace. This tube was used merely as an indicator, and the copper in it remained bright throughout. The gas then passed through a wash-bottle containing sulphuric acid, thence again through the furnace over copper oxide, and finally over sulphuric acid, potash, and phosphoric anhydride.

❸In the second method of preparation, suggested to me by Prof. Ramsay, everything remained unchanged, except that the first tube of hot copper was replaced by a wash-bottle containing liquid ammonia, through which the air was allowed to bubble.

The ammonia method is very convenient, but the nitrogen obtained by means of it was $\frac{1}{1000}$ part lighter than the nitrogen of the first method. The question is, to what is the discrepancy due?

❹The first nitrogen would be too heavy, if it contained residual oxygen. But on this hypothesis something like 1 per cent. would be required. I could detect none whatever by means of alkaline pyrogallate. It may be remarked the density of this nitrogen agrees closely with that recently obtained by Leduc, using the same method of preparation.

❺On the other hand, can the ammonia-made nitrogen be too light from the presence of impurity? There are not many gases lighter than nitrogen, and the absence of hydrogen, ammonia, and water seems to be fully secured. On the whole it seemed the more probable supposition that the impurity was hydrogen, which in this degree of dilution escaped the action of the copper oxide. But a special experiment appears to exclude this explanation.

Into nitrogen prepared by the first method, but before its passage into the furnace tubes, one or two thousandths by volume of hydrogen were introduced. To effect this in a uniform manner the gas was made to bubble through a small hydrogen generator, which could be set in action under its own electromotive force by closing an external contact. The rate of hydrogen production was determined by a suitable galvanometer enclosed in the circuit. But the introduction of hydrogen had not the smallest effect upon the density, showing that the copper oxide was capable of performing the part desired of it.

Is it possible that the difference is independent of impurity, the nitrogen itself being to some extent in a different (dissociated) state?

I ought to have mentioned that during the fillings of the globe, the rate of passage of gas was very uniform, and about $\frac{2}{3}$ litre per hour.

RAYLEIGH

Terling Place, Witham, September 24

density : 密度
nitrogen : 窒素
oxygen : 酸素
copper : 銅
hydrogen : 水素
oxide : 酸化物
potash : 炭酸カリウム
Bunsen : ブンゼンバーナー
furnace : 炉
indicator : 指示薬
sulphuric acid : 硫酸
phosphoric anhydride : リン酸無水物
ammonia : アンモニア
alkaline : アルカリ性の
pyrogallate : ピロガロール
OH
OH
OH
impurity : 不純物
generator : ガス発生装置
electromotive force : 起電力
galvanometer : 検流計
circuit : 回路
dissociated : 解離した
globe : 秤量球

144 ハロゲン

1 ハロゲン (17族)

ハロゲン原子は7個の価電子をもつ。電気陰性度が大きく，1価の陰イオンになりやすい。

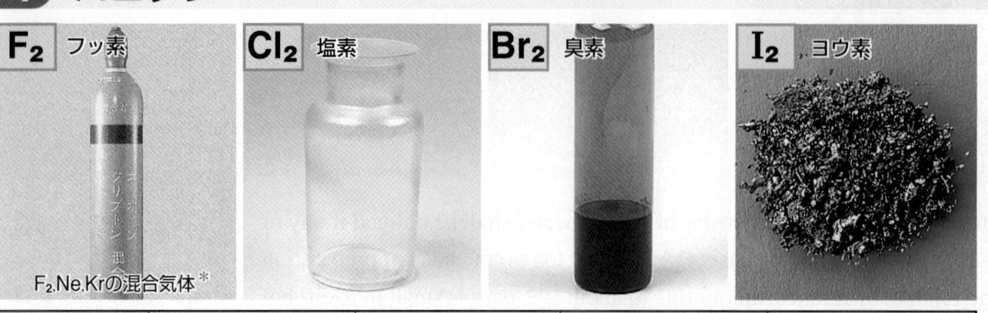

	フッ素 F_2	塩素 Cl_2	臭素 Br_2	ヨウ素 I_2
分子量	38.0	70.9	159.8	253.8
常温での状態	気 体	気 体	液 体	固 体
色	淡黄色	黄緑色	赤褐色	黒紫色
融点/沸点(℃)	−219.6 / −188.1	−101.0 / −34.0	−7.2 / 58.8	113.5 / 184.3
酸化力	強 ←			弱

＊反応性が大きく，単体としての保存は極めて難しい。

元素としての性質

▶P.45

電子配置	K	L	M	N	O	電気陰性度
$_{9}F$	2	7				4.0
$_{17}Cl$	2	8	7			3.2
$_{35}Br$	2	8	18	7		3.0
$_{53}I$	2	8	18	18	7	2.7

酸化数

例 塩素 Cl

HCl	Cl_2	HClO	$HClO_2$	$HClO_3$	$HClO_4$
−1	0	+1	+3	+5	+7

17族元素を**ハロゲン**という。7個の価電子をもち，1価の陰イオンになりやすい。酸化数−1が最も安定。

単体は二原子分子からなり，有色，有毒。分子量が大きいものほど分子間に働く力が大きく，融点・沸点は高い。

A 酸化力の強さ

ハロゲンの単体は強い酸化力をもつ。原子番号の小さいハロゲンほど酸化力が強い。

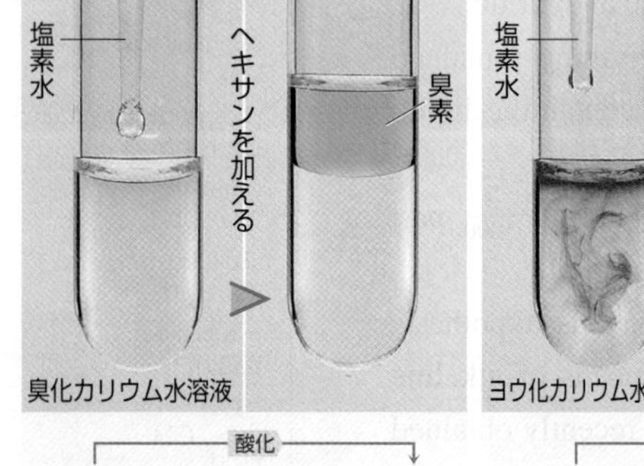

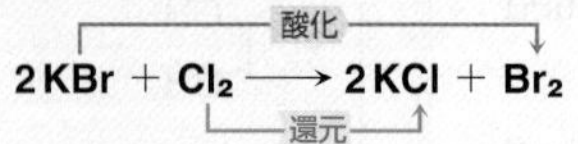

$$2KBr + Cl_2 \longrightarrow 2KCl + Br_2$$

酸化力 $Cl_2 > Br_2$

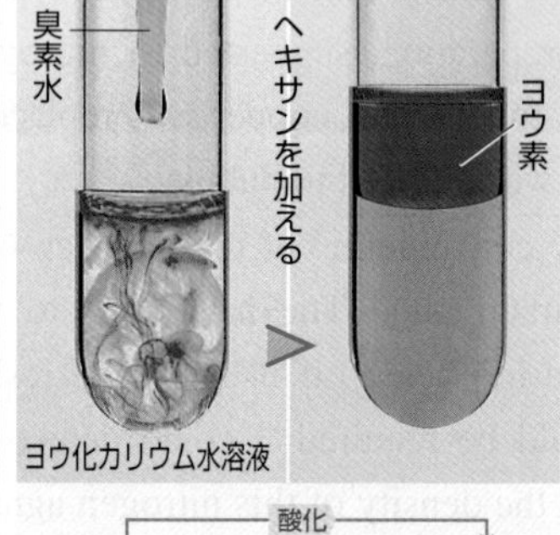

$$2KI + Cl_2 \longrightarrow 2KCl + I_2$$

（酸化・還元）

酸化力 $Cl_2 > I_2$

臭素水　ヘキサンを加える　ヨウ素

ヨウ化カリウム水溶液

$$2KI + Br_2 \longrightarrow 2KBr + I_2$$

（酸化・還元）

酸化力 $Br_2 > I_2$

酸化力の強さ

$$F_2 > Cl_2 > Br_2 > I_2$$

酸化力の最も強いF_2は，水と激しく反応し，O_2を生じる。

$$2F_2 + 2H_2O \longrightarrow 4HF + O_2$$

原子番号の小さいハロゲンの単体を，原子番号の大きいハロゲンの化合物と反応させると，原子番号の大きいハロゲンの単体が生じる。

ハロゲンの単体は有機溶媒によく溶けるので，左の実験では，生じた単体をヘキサンで抽出している。

実験 ハロゲンの発生と銅との反応

目的 ハロゲン化合物を酸化して，ハロゲンの単体を生成し，その反応性を調べる。

⚠ハロゲンは有毒なので換気に注意する。

1 塩 素

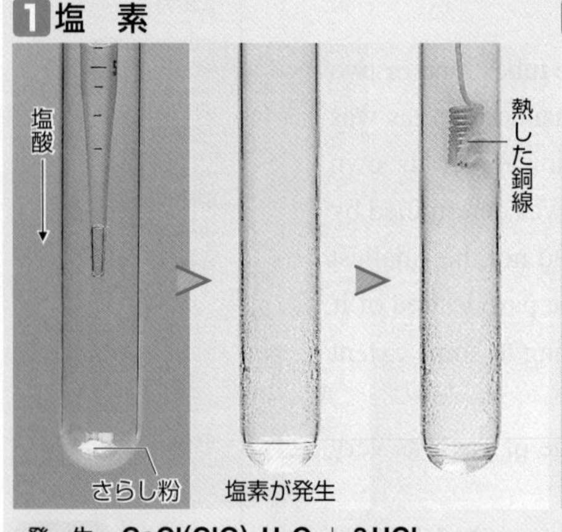

発 生 $CaCl(ClO)\cdot H_2O + 2HCl \longrightarrow CaCl_2 + 2H_2O + Cl_2$

銅との反応 $Cu + Cl_2 \longrightarrow CuCl_2$

2 臭 素

硫酸　加熱　熱した銅線

KBr＋MnO_2　臭素が生成

発 生 $2KBr + MnO_2 + 2H_2SO_4 \longrightarrow K_2SO_4 + MnSO_4 + 2H_2O + Br_2$

銅との反応 $Cu + Br_2 \longrightarrow CuBr_2$

3 ヨウ素

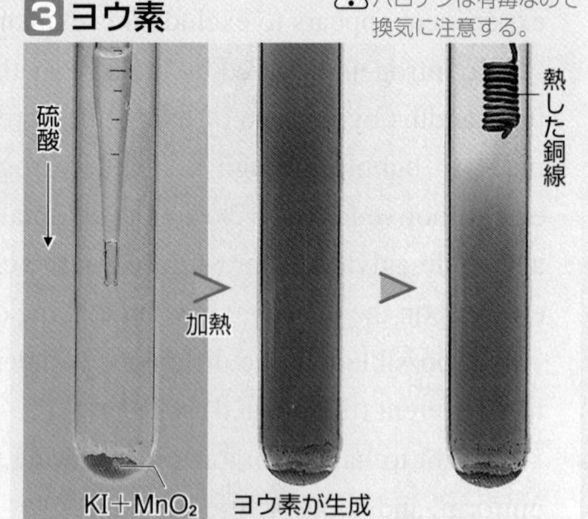

発 生 $2KI + MnO_2 + 2H_2SO_4 \longrightarrow K_2SO_4 + MnSO_4 + 2H_2O + I_2$

銅との反応 $2Cu + I_2 \longrightarrow 2CuI$*

＊Cu_2^{2+}の化合物が生じるので，Cu_2I_2とも表される。

ヨウ素は，日本で豊富に埋蔵される数少ない資源の1つで，その産出量は世界第2位である（1位はチリ）。千葉県の九十九里海岸一帯には，天然ガスとヨウ素を膨大に含んだ地下水層があり，ここからヨウ素を生産する。

2 塩 素 Cl_2 塩素は，黄緑色，刺激臭をもつ有毒な気体である。

A 製法 工業的には，塩化ナトリウム水溶液の電気分解(▶P.94)で得られる。

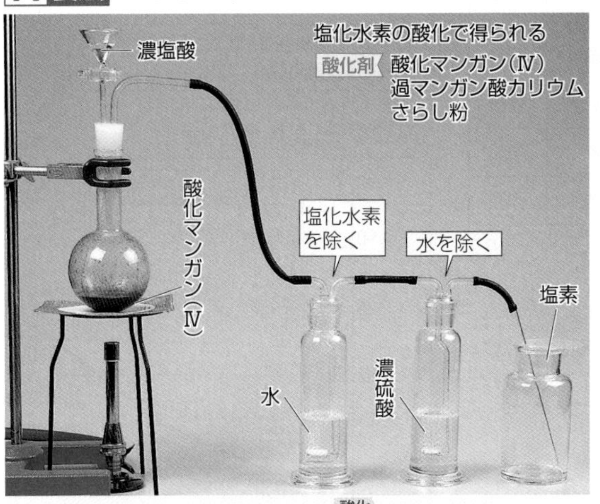

$$MnO_2 + 4HCl \longrightarrow MnCl_2 + 2H_2O + Cl_2$$
(酸化／還元)

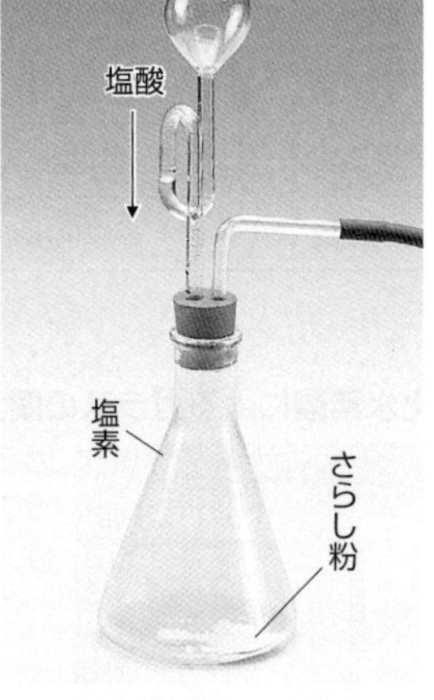

$$CaCl(ClO) \cdot H_2O + 2HCl \longrightarrow CaCl_2 + 2H_2O + Cl_2$$

※濃塩酸を用いて加熱するのはあまり望ましくない。さらし粉と希塩酸を用いる方がよい。

B 金属との反応

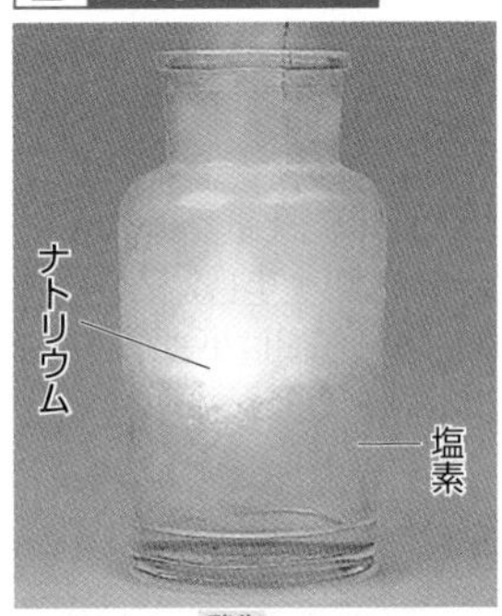

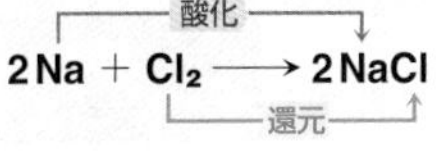

$$2Na + Cl_2 \longrightarrow 2NaCl$$

C 非金属との反応

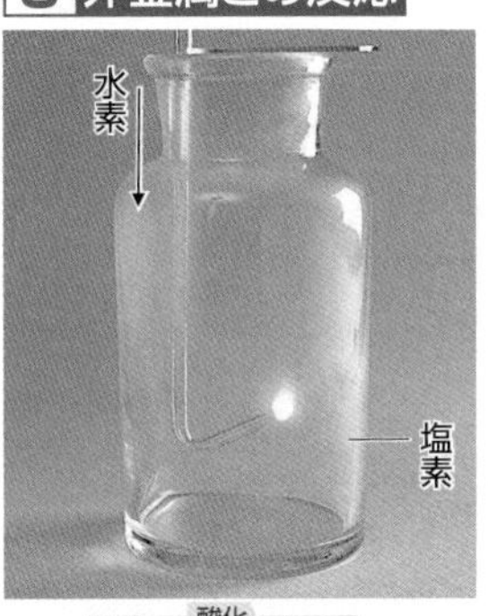

$$H_2 + Cl_2 \xrightarrow{光} 2HCl$$

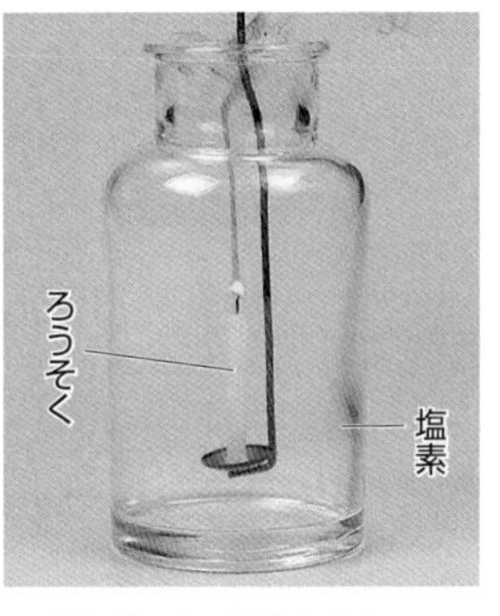

$$2C_mH_n + nCl_2 \longrightarrow 2mC + 2nHCl$$

塩素は反応性が大きく，貴ガス，炭素，窒素，酸素以外のすべての元素と反応する。また，ろうそく(パラフィン▶P.204)との反応のように，化合物中の水素原子とも反応する。

D 塩素と水との反応

$$Cl_2 + H_2O \rightleftarrows HCl + HClO$$
(HClO：次亜塩素酸)

塩素は水に少し溶け，その水溶液を**塩素水**という。塩素水中で，塩素の一部は水と反応して**次亜塩素酸**を生じている。次亜塩素酸は強い酸化作用を示すため，塩素水は漂白剤や殺菌剤として使われる。

漂白作用 $ClO^- + 2H^+ + 2e^- \longrightarrow Cl^- + H_2O$

次亜塩素酸の酸化作用によって，花の色素が漂白される。このような漂白を酸化漂白という。

殺菌作用

プールや水道水の殺菌には塩素やオゾン(▶P.148)が使われている。水に含まれる塩素濃度は，パックテストを使い，色の濃さで調べることができる。

3 ヨウ素 I_2 ヨウ素は，常温で黒紫色の固体である。

A 昇華性

ヨウ素は昇華性をもつ。昇華したヨウ素を水で冷やすと，結晶が得られる。

B 溶解性

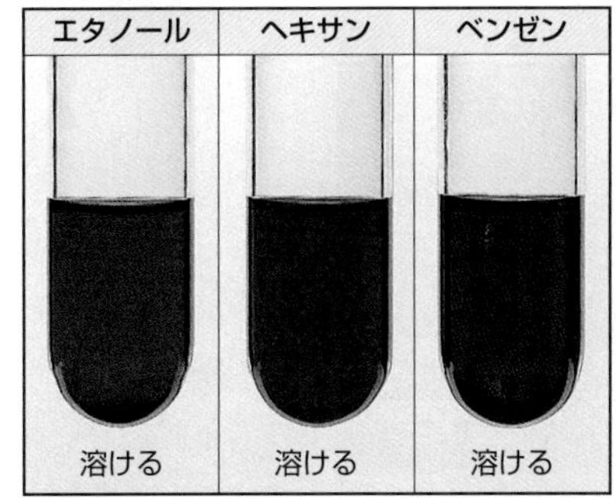

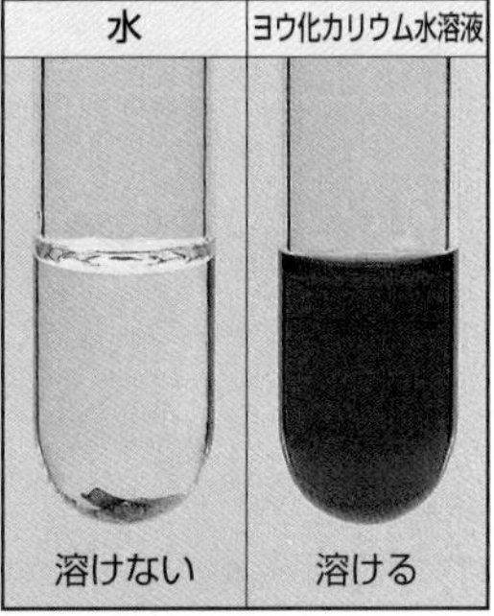

ヨウ素 I_2 は，水に溶けにくいが，有機溶媒にはよく溶ける。ヨウ化カリウム水溶液などのヨウ化物イオンを含む水溶液には，三ヨウ化物イオン I_3^- をつくって溶ける。 $I^- + I_2 \rightleftarrows I_3^-$

C ヨウ素デンプン反応 ▶P.252

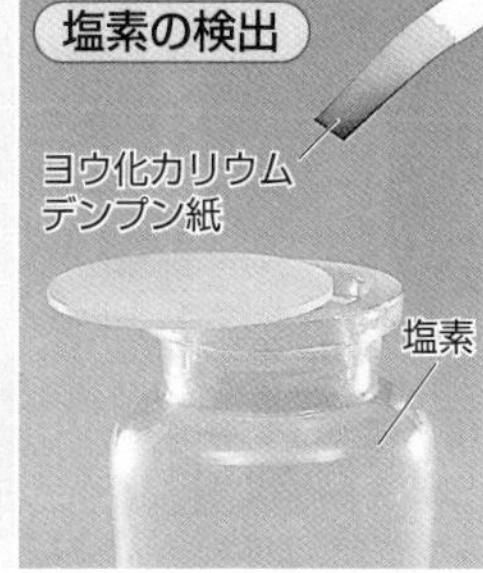

塩素により，ヨウ化カリウムが酸化されてヨウ素が生じ，**ヨウ素デンプン反応**により試験紙が青紫色になる。

$$2KI + Cl_2 \longrightarrow 2KCl + I_2$$

思考問題 2A 塩素の製法の写真では，発生した気体を，水，濃硫酸の順に通している。これを濃硫酸，水の順にすると，どのような問題が起こると考えられるか。

ハロゲンの化合物

1 ハロゲン化水素

ハロゲン化水素は，いずれも刺激臭のある無色の気体である。水に溶けやすく，その水溶液は酸性を示す。

名称	分子式	分子量	融点(℃)	沸点(℃)	色・におい	極性 ▶P.45	水溶液 名称	水溶液 液性
フッ化水素	**HF**	20.0	−83	19.5	無色・刺激臭	大	フッ化水素酸	弱酸
塩化水素	**HCl**	36.5	−114.2	−84.9	無色・刺激臭	↑	塩酸（塩化水素酸）	強酸
臭化水素	**HBr**	80.9	−88.5	−67	無色・刺激臭		臭化水素酸	強酸
ヨウ化水素	**HI**	127.9	−50.8	−35.1	無色・刺激臭	小	ヨウ化水素酸	強酸

※酸素を含まない酸を水素酸という。

フッ化水素酸が弱酸性を示す主な原因は，H−Fの結合が非常に強いからである。

ハロゲン化水素の沸点

温度(℃)：25, 0, −25, −50, −75, −100　分子量：0, 20, 40, 60, 80, 100, 120, 140

HF　HCl　HBr　HI

HF－フッ化水素の沸点は著しく高い。

A フッ化水素 HF

製法

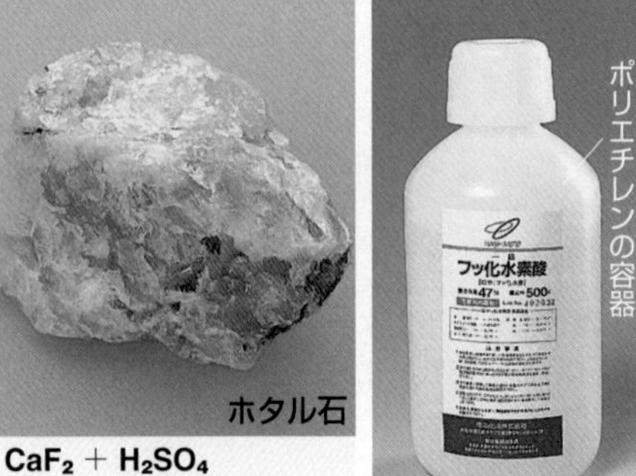

$CaF_2 + H_2SO_4$
$\longrightarrow CaSO_4 + 2HF$

ホタル石(主成分CaF_2)に濃硫酸を加えて加熱すると，フッ化水素が生じる。常温では，おもに二量体$(HF)_2$を形成し，空気より重いため，下方置換で集められる。

フッ化水素酸

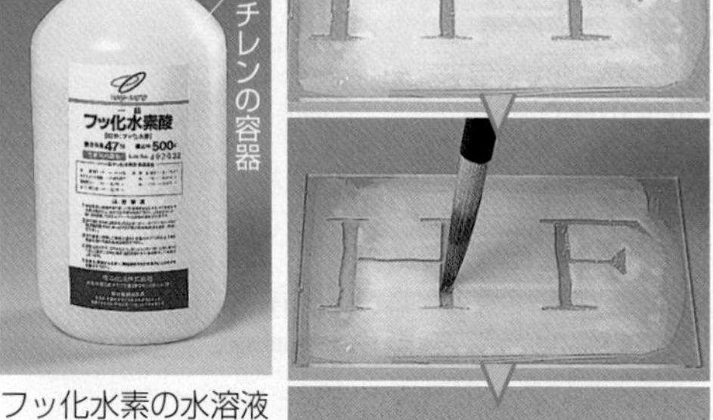

フッ化水素の水溶液は，**フッ化水素酸**という弱酸である。ガラスを腐食するので，ポリエチレンの容器に保存する。

フッ化水素酸によるガラスの腐食

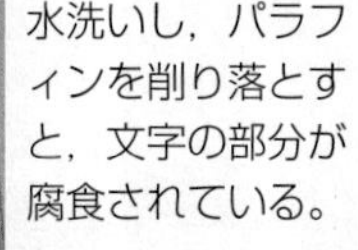

ガラスに塗ったパラフィンを削りとり，文字を書く。

フッ化水素酸を塗り，しばらく放置する。

水洗いし，パラフィンを削り落とすと，文字の部分が腐食されている。

$$SiO_2 + 6HF \longrightarrow H_2SiF_6 + 2H_2O$$

（ガラス）　　ヘキサフルオロケイ酸

フッ化水素の水素結合

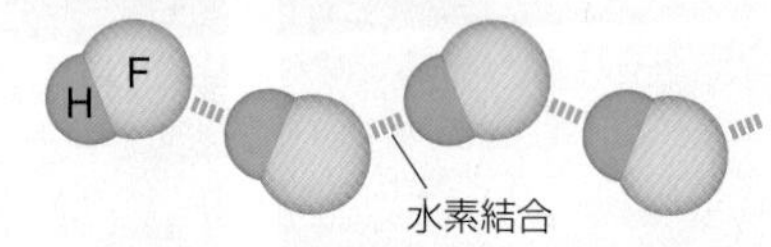

分子間に水素結合(▶P.49)を生じて，数分子が結合しているため，分子量は小さいが，沸点は著しく高くなる。

⚠フッ化水素酸は極めて毒性が強いため，取り扱いには十分注意し，ポリエチレンの手袋を使用する。

B 塩化水素 HCl

製法

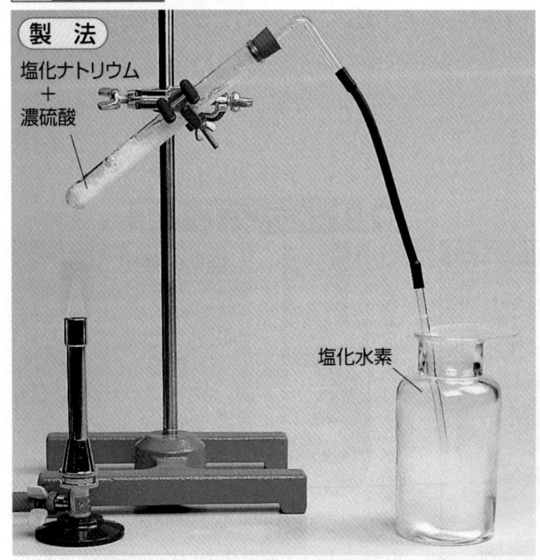

$$NaCl + H_2SO_4 \xrightarrow{加熱} NaHSO_4 + HCl$$

塩化物の固体に不揮発性の硫酸を加えると，揮発性の塩化水素が発生。（▶P.81）

中和反応

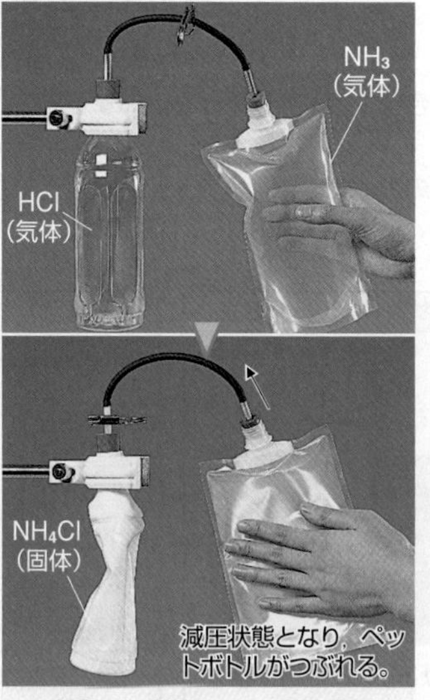

$$HCl + NH_3 \longrightarrow NH_4Cl$$

HCl，NH_3のどちらの検出にも利用される。（▶P.70, 202）

水溶性

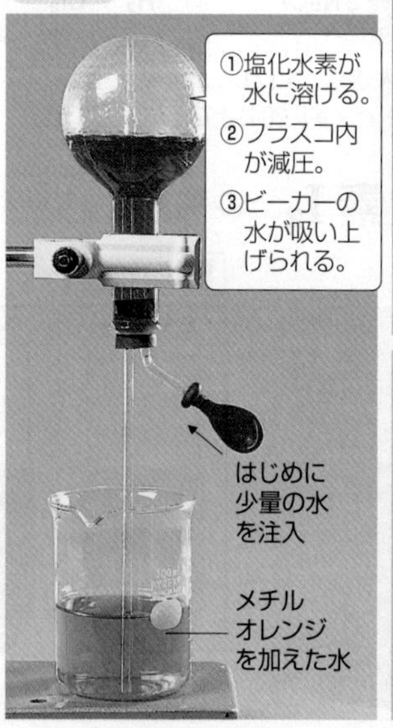

塩化水素は水によく溶ける。その水溶液を**塩酸**といい，強い酸性を示す。市販の濃塩酸は，およそ37.2%の塩化水素を含む。

塩酸

塩酸とマグネシウムの反応

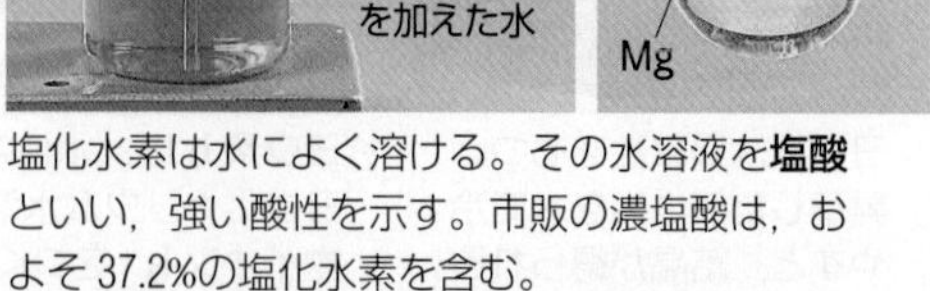

フッ素の単離に初めて成功したモアッサンは，当時ポリエチレンが開発されていなかったため，フッ素ガスをホタル石の容器に入れて集めた。他にもフッ素の単離を試みた化学者はいたが，他の容器では腐食されて有毒なフッ素ガスが漏れだすため，中毒症状を起こして命を落とす者もいた。

Keywords ●ハロゲン化水素 hydrogen halide ●フッ化水素 hydrogen fluoride
●塩化水素 hydrogen chloride ●塩酸 hydrochloric acid ●水素酸 hydroacid
●オキソ酸 oxoacid

2 ハロゲンの塩

ハロゲン化物イオンは金属イオンとイオン結合する。一般に，ハロゲンの塩は水に溶けやすいものが多い。

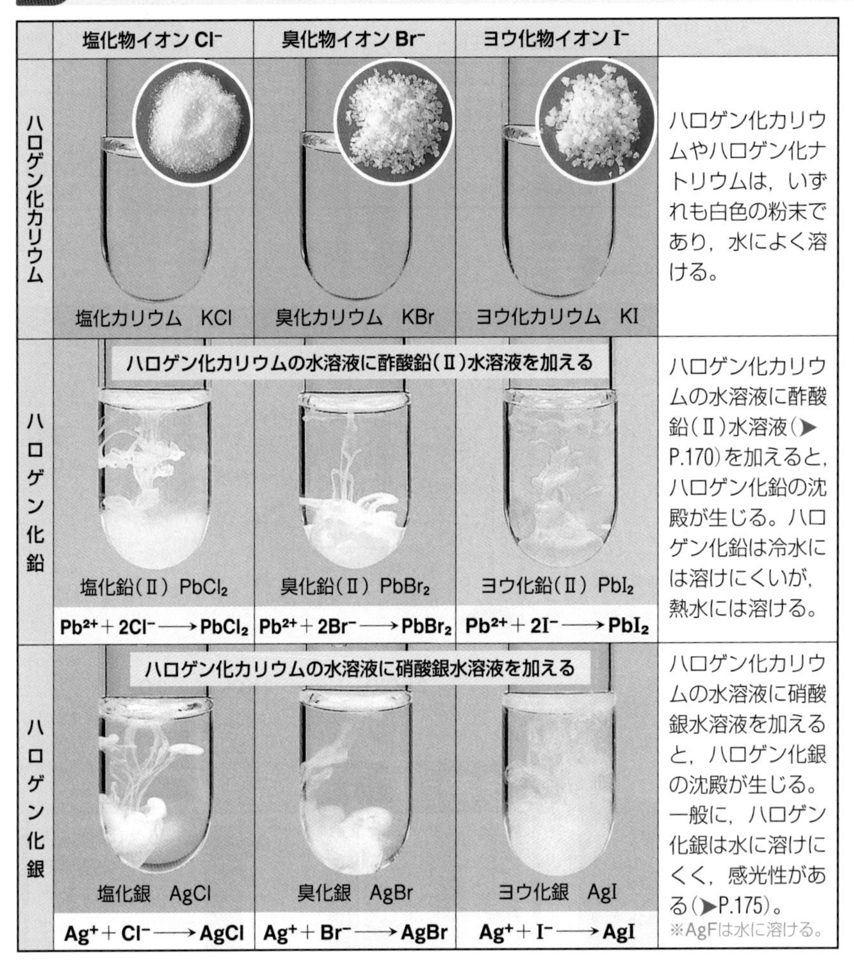

	塩化物イオン Cl^-	臭化物イオン Br^-	ヨウ化物イオン I^-	
ハロゲン化カリウム	塩化カリウム KCl	臭化カリウム KBr	ヨウ化カリウム KI	ハロゲン化カリウムやハロゲン化ナトリウムは，いずれも白色の粉末であり，水によく溶ける。
ハロゲン化鉛	塩化鉛(Ⅱ) $PbCl_2$ $Pb^{2+} + 2Cl^- \longrightarrow PbCl_2$	臭化鉛(Ⅱ) $PbBr_2$ $Pb^{2+} + 2Br^- \longrightarrow PbBr_2$	ヨウ化鉛(Ⅱ) PbI_2 $Pb^{2+} + 2I^- \longrightarrow PbI_2$	ハロゲン化カリウムの水溶液に酢酸鉛(Ⅱ)水溶液(▶P.170)を加えると，ハロゲン化鉛の沈殿が生じる。ハロゲン化鉛は冷水には溶けにくいが，熱水には溶ける。
ハロゲン化銀	塩化銀 AgCl $Ag^+ + Cl^- \longrightarrow AgCl$	臭化銀 AgBr $Ag^+ + Br^- \longrightarrow AgBr$	ヨウ化銀 AgI $Ag^+ + I^- \longrightarrow AgI$	ハロゲン化カリウムの水溶液に硝酸銀水溶液を加えると，ハロゲン化銀の沈殿が生じる。一般に，ハロゲン化銀は水に溶けにくく，感光性がある(▶P.175)。 ※AgFは水に溶ける。

溶解度積の違い

▶P.136

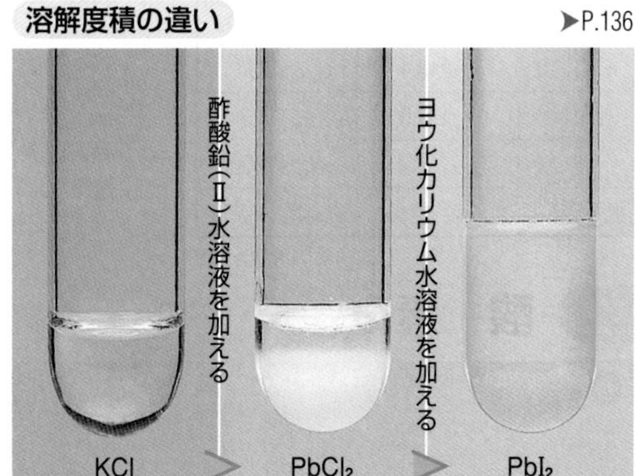

溶解度積の大きい化合物の沈殿は溶け，溶解度積の小さい化合物が沈殿する。

溶解度積　塩化カリウム＞塩化鉛(Ⅱ)＞ヨウ化鉛(Ⅱ)

ハロゲン化銀の感光性

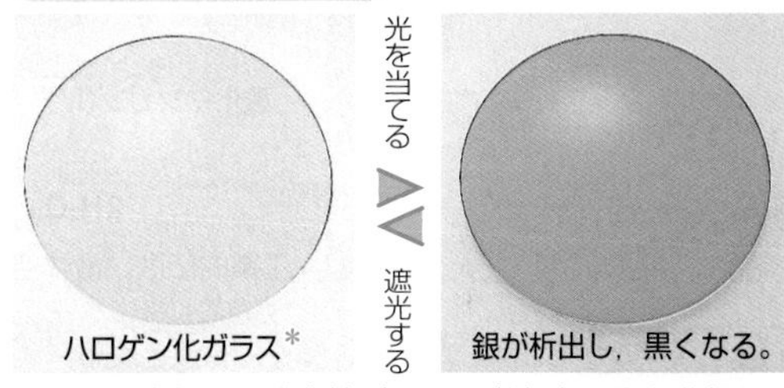

ハロゲン化銀には感光性があり，光を当てると分解して銀が析出する。臭化銀は特に感光性が強く，写真のフィルムに利用される(▶P.175)。

$$2AgBr \underset{遮光}{\overset{光}{\rightleftarrows}} 2Ag + Br_2$$

＊ハロゲン化銀のコロイド粒子を分散させたガラス

3 塩素のオキソ酸とその塩

酸化数	オキソ酸	化学式	酸の強さ	塩	水溶液の塩基性
+7	過塩素酸	$HClO_4$	強	$NaClO_4$	中性
+5	塩素酸	$HClO_3$	↑	$NaClO_3$	↓
+3	亜塩素酸	$HClO_2$	↑	$NaClO_2$	↓
+1	次亜塩素酸	$HClO$	弱	$NaClO$, $Ca(ClO)_2$	強

分子中に酸素原子を含む酸を**オキソ酸**という。ハロゲン元素は酸化数－1が安定であるので，それより大きい酸化数の化合物は，還元されやすく，酸化剤になる。

次亜塩素酸ナトリウム

次亜塩素酸の塩は酸化作用を示し，漂白剤として利用される。

さらし粉

▶P.198

酸化剤・漂白剤・殺菌剤として利用される。

塩素酸カリウム

強い酸化剤で，花火，マッチの頭薬などに利用。

KClO₃

※現在は，$Ca(ClO)_2$が主成分である高度さらし粉が広く利用されている。

Column まぜるな危険

次亜塩素酸ナトリウムNaClOを含む漂白剤と，塩酸を含む酸性の洗剤を混ぜると，有毒な塩素が発生して大変危険である。

$$NaClO + 2HCl \longrightarrow NaCl + H_2O + Cl_2$$

次亜塩素酸ナトリウムは，次亜塩素酸HClO(弱酸)と水酸化ナトリウムNaOH(強塩基)の塩で，塩基性を示す。

プチ雑学　塩素酸$HClO_3$よりも酸素が1つ多い$HClO_4$は，「多すぎる」を意味する「過」をつけて「過塩素酸」，酸素が1つ少ない$HClO_2$は，「少ない」を意味する「亜」をつけて「亜塩素酸」，酸素が2つ少ないHClOは，「2番目」を意味する「次」もつけて「より少ない」という意味を持たせて「次亜塩素酸」と名付けられている。

酸素と硫黄

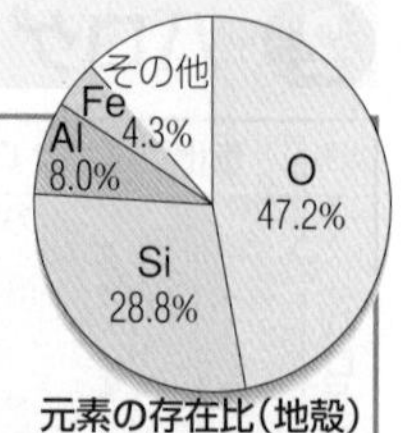

1 酸　素（16族）

酸素の単体には，酸素 O_2 とオゾン O_3 の2種類の気体が存在する。これらは同素体である。

同素体*	酸　素　O_2	オゾン　O_3
融点(℃)	−218.4	−193
沸点(℃)	−183.0	−111.3
水への溶解	溶けにくい	溶けにくい
色・におい	無色・無臭	淡青色・特異臭

＊同素体▶P.29

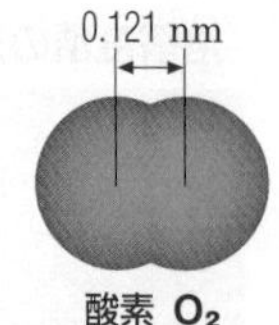

酸素 O_2
分子量 32.0

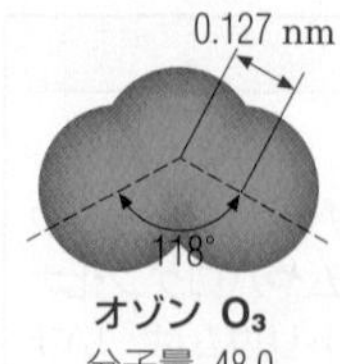

オゾン O_3
分子量 48.0

▶P.198

元素としての性質

▶P.45

電子配置	K	L	電気陰性度
$_8O$	2	6	3.4

酸化数

H_2O	H_2O_2	O_2
−2	−1	0

酸素は地殻，空気，水などの構成元素として，自然界に多く存在する。

元素の存在比（地殻）（質量%）：O 47.2%，Si 28.8%，Al 8.0%，Fe 4.3%，その他

2 酸　素 O_2

無色・無臭の気体。多くの物質と反応し，酸化物を生じる。

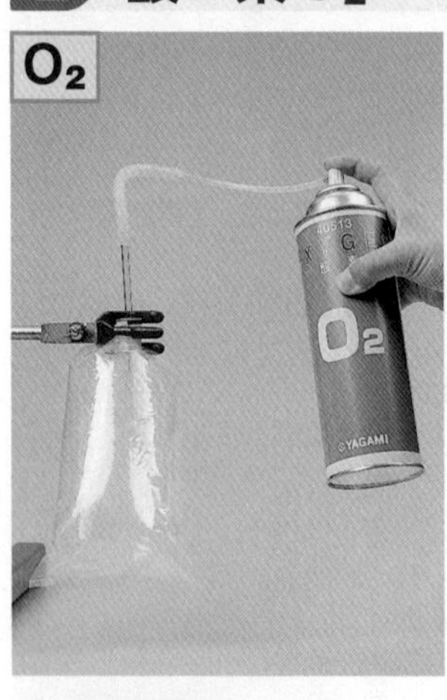

A 製法

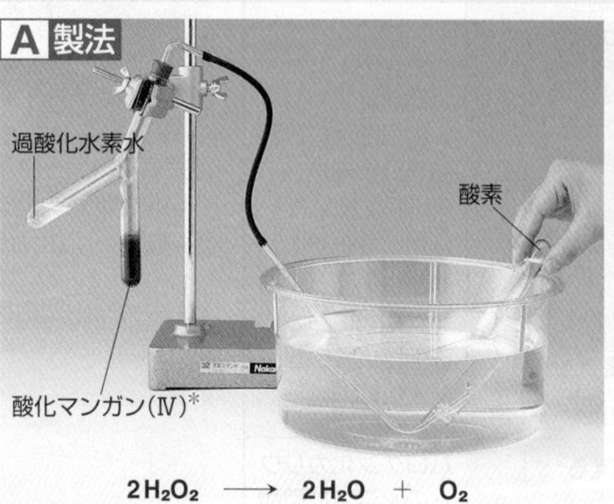

$$2H_2O_2 \longrightarrow 2H_2O + O_2$$

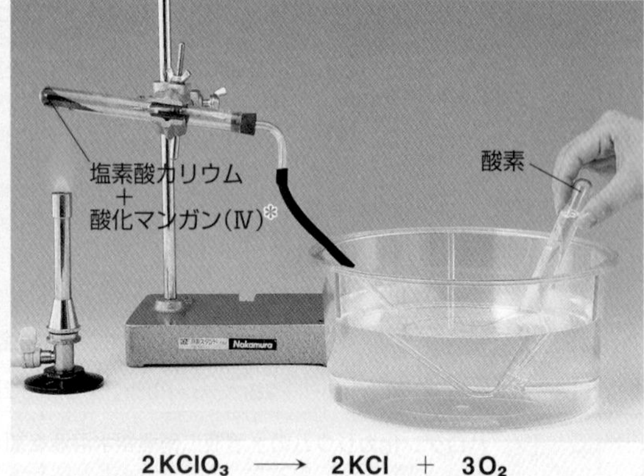

$$2KClO_3 \longrightarrow 2KCl + 3O_2$$

工業的には，液体空気の分留(▶P.26)によってつくられる。

＊酸化マンガン(Ⅳ)は触媒として加えている。

B 反応性

反応性が大きく，多くの物質と反応。

酸素中での鉄の燃焼

$$3Fe + 2O_2 \longrightarrow Fe_3O_4$$

酸素中での水素の燃焼

$$2H_2 + O_2 \longrightarrow 2H_2O$$

C 利用

酸素アセチレン炎

酸素中でアセチレンを燃焼させて得られる高温を，金属の溶接や切断に利用する(▶P.206)。

参考　液体酸素

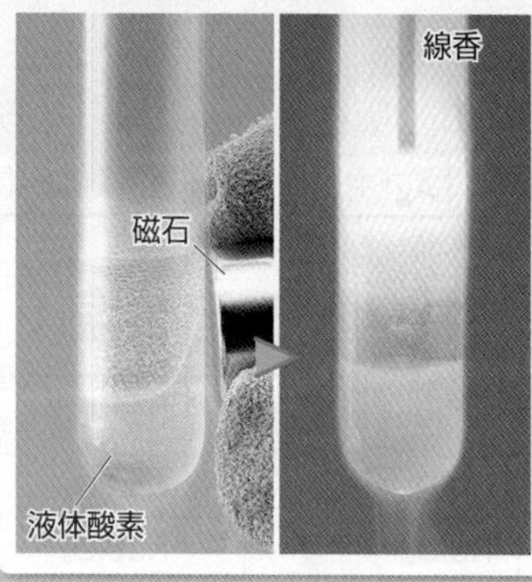

酸素を試験管に入れて，液体窒素で冷却すると，酸素が凝縮する。液体の酸素は淡青色で，磁性をもつ。

3 オゾン O_3

淡青色・特異臭をもつ有毒の気体。強い酸化力をもつ。

$$2KI + O_3 + H_2O \longrightarrow I_2 + 2KOH + O_2$$

※$O_3 + H_2O + 2e^- \longrightarrow O_2 + 2OH^-$

強い酸化力でヨウ素を遊離して，ヨウ化カリウムデンプン紙を変色させる。

A 製法

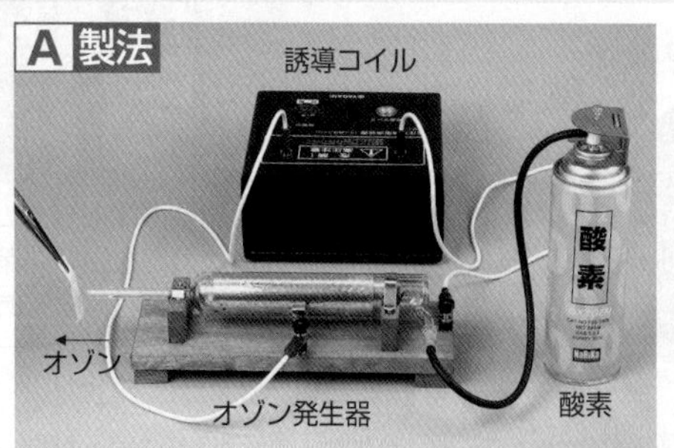

無声放電（音の発生しない放電）により，酸素からオゾンを発生させる。オゾンは不安定で酸素に分解しやすい。

$$3O_2 \longrightarrow 2O_3$$

B 利用

オゾン発生器

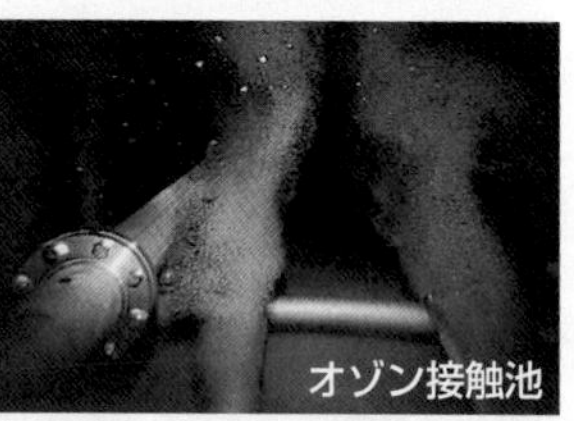

オゾン接触池

強い酸化力をもつため，浄水処理に使われている。かび臭の原因になる有機化合物などを分解したり，水中のマンガンの酸化や，水の消毒に利用している。

大気中のオゾンの約90%はオゾン層(▶P.263)に分布している。オゾンができるために必要な太陽の紫外線エネルギーは，地表に近いほど小さくなる。一方，原料となる酸素は高度が高いほど減少する。オゾン層ができる成層圏は，オゾンをつくるための紫外線エネルギーと酸素量のつり合いがとれた場所といえる。

4 酸化物・オキソ酸

酸素は反応性が大きく，金属元素とも非金属元素とも反応していろいろな酸化物をつくる。

族	1	2	13	14	15	16	17
第3周期元素	Na	Mg	Al	Si	P	S	Cl
酸化物	Na_2O	MgO	Al_2O_3	SiO_2	P_4O_{10}	SO_2, SO_3	Cl_2O_7
	塩基性酸化物		両性酸化物	酸性酸化物			
水酸化物	NaOH	$Mg(OH)_2$	$Al(OH)_3$	――	――	――	――
オキソ酸	――	――	――	H_2SiO_3	H_3PO_4	H_2SO_4	$HClO_4$
水溶液の液性	塩基性		溶けにくい		酸性		

塩基性酸化物 陽性の強い金属元素の酸化物。イオン結合でできている。酸と反応して塩を生じる。水と反応して塩基となる。

酸性酸化物 陰性の強い非金属元素の酸化物。共有結合でできている。塩基と反応して塩を生じる。水と反応して酸となる。

両性酸化物 両性金属の酸化物。酸とも塩基とも反応する。

オキソ酸 分子中に酸素原子を含む酸。

5 硫黄(16族)

硫黄は，自然には単体として火山の噴気孔付近に多く産出する。

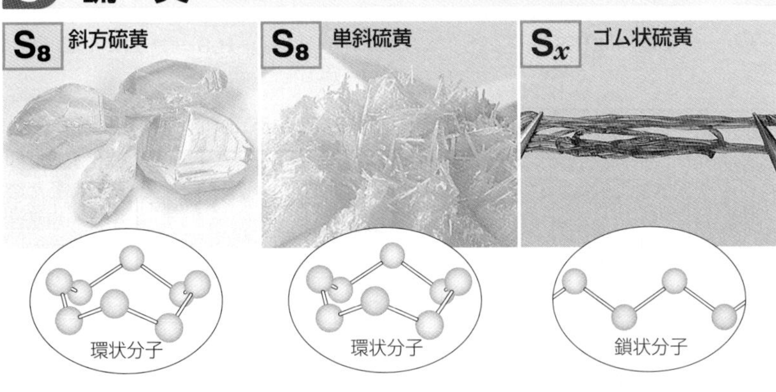

硫黄の単体は多くの同素体(▶P.29)があり，斜方硫黄が最も安定である。ふつう，原子が8個つながった分子になっているため，分子量が大きく，酸素と異なり常温で固体として存在する。

元素としての性質 ▶P.45

電子配置	K	L	M	電気陰性度
$_{16}S$	2	8	6	2.6

酸化数

S^{2-}	S	SO_2	SO_4^{2-}
−2	0	+4	+6

	斜方硫黄	単斜硫黄	ゴム状硫黄
融点(℃)	112.8	119.0	――
沸点(℃)	444.7	444.7	――
密度(g/cm^3)	2.07	1.96	――
色・形状	黄色・塊状結晶	淡黄色・針状結晶	褐色*・ゴム状固体

*条件によっては黄色

A 反応性

青白い炎を出して燃える

$S + O_2 \longrightarrow SO_2$

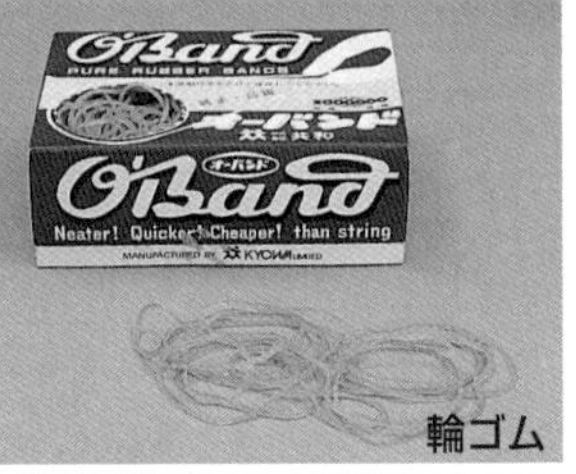

$Fe + S \longrightarrow FeS$

多くの物質と反応して硫化物を生じる。

B 利用

ゴムの製造では，硫黄を加えて，ゴムに適度な弾性と強さを与えている(加硫(かりゅう)▶P.243)。その他にも，硫酸，医薬，農薬の原料として広く利用される。

C 溶解性

水に溶けにくく，有機溶媒によく溶ける。

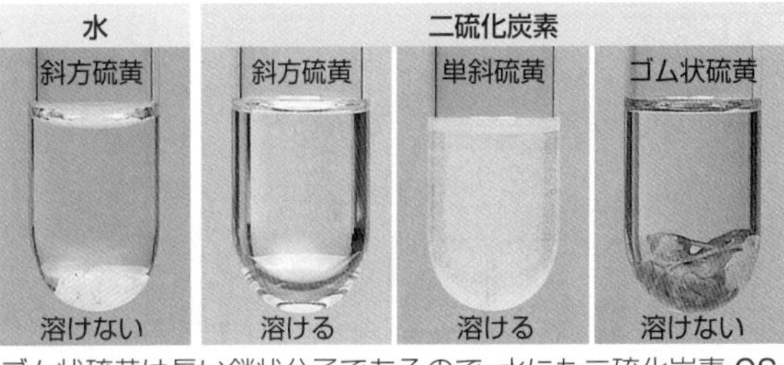

ゴム状硫黄は長い鎖状分子であるので，水にも二硫化炭素 CS_2 にも溶けにくい。

D 生成

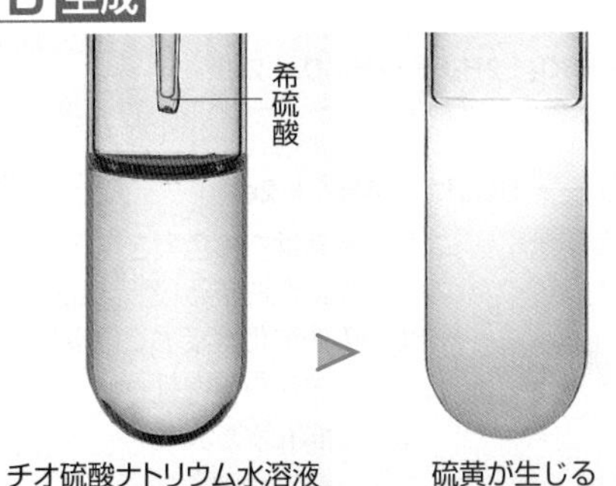

チオ硫酸ナトリウム水溶液 ▶ 硫黄が生じる

$S_2O_3^{2-} + 2H^+ \longrightarrow SO_2 + H_2O + S$

チオ硫酸イオン

チオ硫酸イオンに酸を加えると，硫黄を析出する。

自然の中の硫黄

イジェン火山(インドネシア)

マグマに含まれる硫黄が高温の気体となり，火口付近で空気に触れると，青白い炎を出して燃える。

Q 斜方硫黄と単斜硫黄は何がちがうの？

A 斜方硫黄と単斜硫黄はどちらも S_8 の環状分子だが，結晶中の分子の配列が異なる。斜方硫黄の方が単斜硫黄より分子が密に詰まっていて，安定である。そのため，単斜硫黄やゴム状硫黄を室温で放置すると，安定な斜方硫黄に変化する。

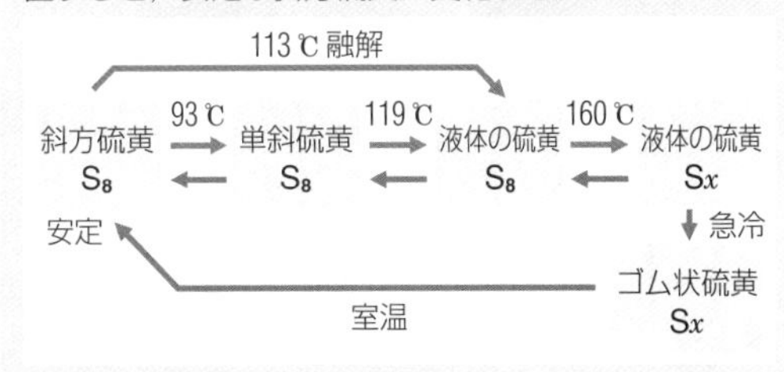

プチ雑学 2017年，東北大学のグループが，マウスを使った実験で酸素の代わりに硫黄代謝物からエネルギーを得る「硫黄呼吸」のメカニズムを明らかにした。哺乳類において，「酸素呼吸」以外でエネルギーを産生していることが発見されたのは世界初である。

硫黄の化合物

1 硫化水素 H_2S 無色・腐卵臭の有毒な気体で，強い還元性をもつ(▶P.82)。

A 製法

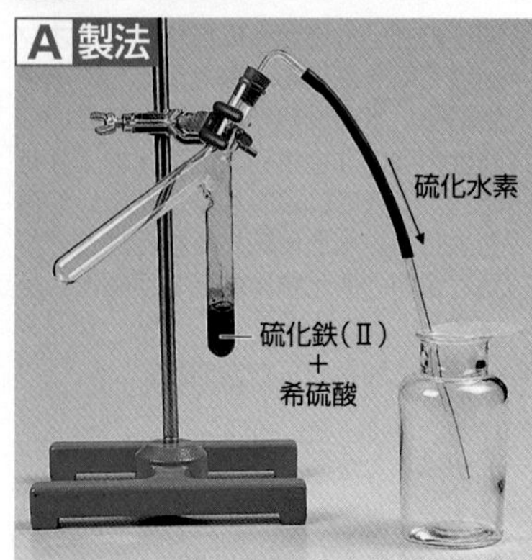

$FeS + H_2SO_4 \longrightarrow FeSO_4 + H_2S$

融点(℃)	−85.5
沸点(℃)	−60.7
色・におい	無色・腐卵臭
溶解度*	4.7L/水 1L
毒 性	あり

＊0℃, 1.01×10^5 Pa(1 atm)における値

H_2S
分子量 34.1

無色・腐卵臭の有毒な気体で，火山ガスや温泉水などに含まれる。タンパク質の腐敗によっても発生する。

B 還元性 硫化水素は強い還元性をもつ。

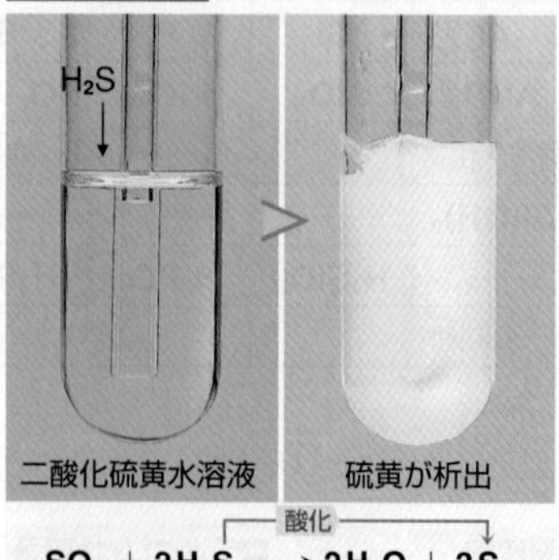

$SO_2 + 2H_2S \longrightarrow 2H_2O + 3S$

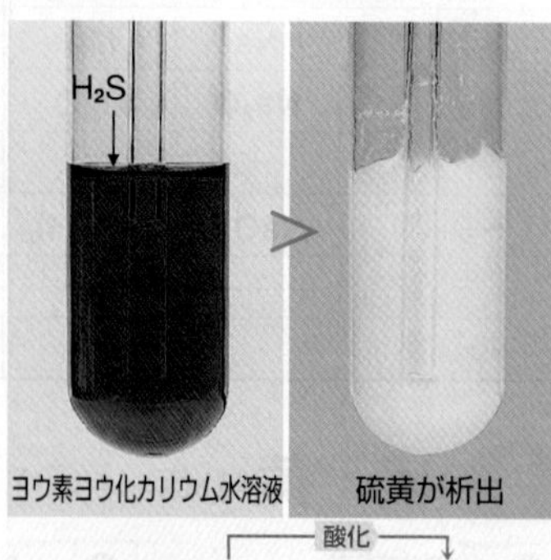

(酸化・還元) $I_2 + H_2S \longrightarrow 2HI + S$

C 水溶性 $H_2S \rightleftarrows H^+ + HS^-$, $HS^- \rightleftarrows H^+ + S^{2-}$

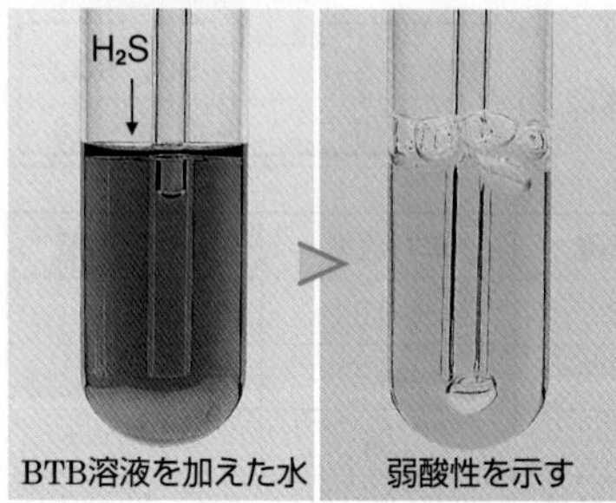

硫化水素は水に少し溶け，その水溶液(**硫化水素水**)は弱酸性を示す。

D 金属イオンとの反応 金属イオンの検出(▶P.182〜185)に利用される。

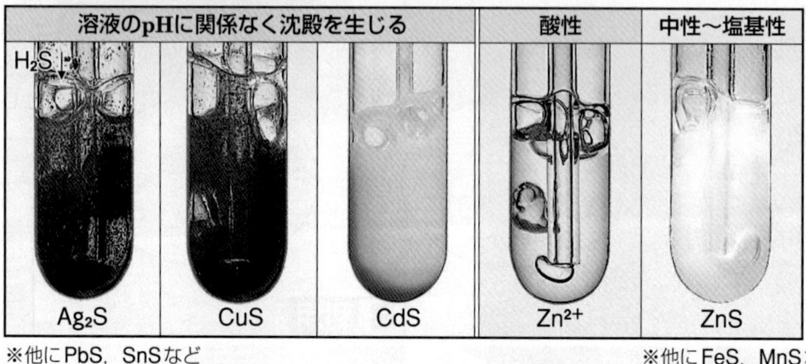

※他にPbS，SnSなど　※他にFeS，MnSなど

硫化水素は弱酸であるため，中性〜塩基性溶液中においては S^{2-} の濃度が大きくなり，硫化物の沈殿を生じやすくなる(▶P.136)。

2 二酸化硫黄 SO_2 無色・刺激臭の有毒な気体で，硫化水素ほどでないが，還元性をもつ。

A 製法

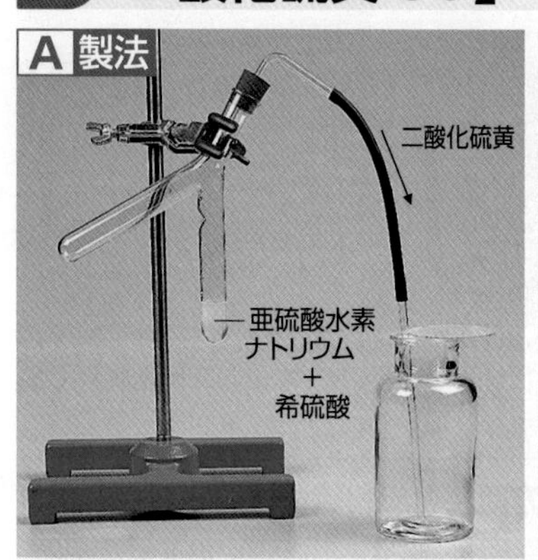

$NaHSO_3 + H_2SO_4 \longrightarrow NaHSO_4 + H_2O + SO_2$

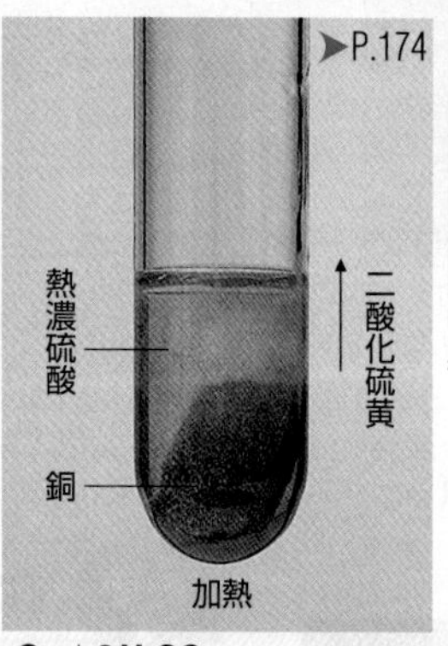

$Cu + 2H_2SO_4 \longrightarrow CuSO_4 + 2H_2O + SO_2$

融点(℃)	−75.5
沸点(℃)	−10
色・におい	無色・刺激臭
溶解度*	80L/水 1L
毒性	あり

＊0℃, 1.01×10^5 Pa(1 atm)における値

SO_2
分子量 64.1

無色・刺激臭の有毒な気体で，亜硫酸ガスともいう。大気汚染，酸性雨(▶P.262)の原因になっている。

B 還元性

ヨウ素ヨウ化カリウム水溶液 SO_2

(酸化・還元) $I_2 + SO_2 + 2H_2O \longrightarrow H_2SO_4 + 2HI$

二酸化硫黄は還元性をもち，還元剤や漂白剤として使われる。しかし，硫化水素などのより強い還元剤には酸化剤として働く(▶P.85)。

C 水溶性 $SO_2 + H_2O \rightleftarrows H^+ + HSO_3^-$ (H_2SO_3 亜硫酸)

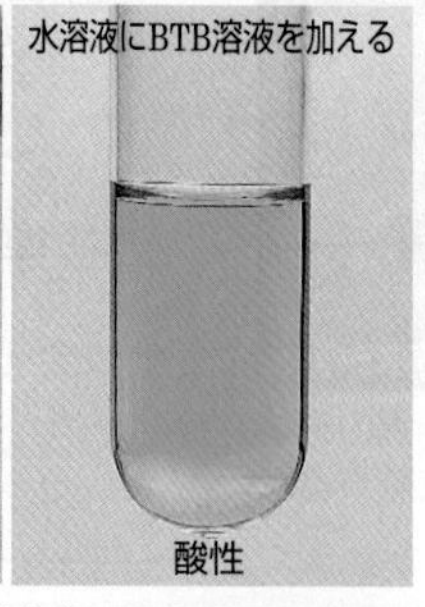

D 漂白作用 $SO_2 + 2H_2O \longrightarrow SO_4^{2-} + 4H^+ + 2e^-$

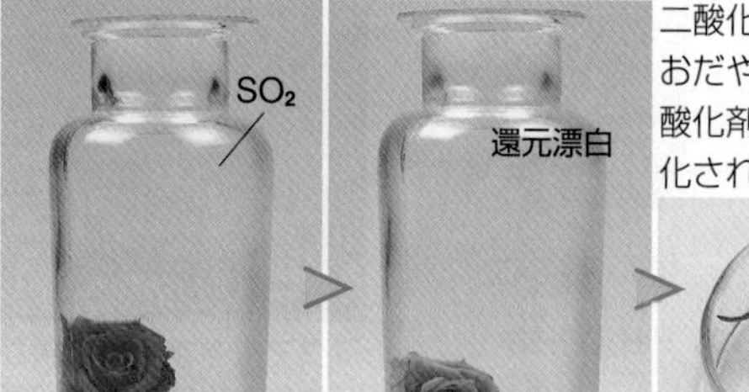

二酸化硫黄は花の色素を還元して，おだやかに漂白する(還元漂白)。酸化剤の過酸化水素水で色素が酸化され，色が再び現れる。

プチ雑学 家庭などで使用するガスは本来無臭だが，硫黄化合物(チオールやジメチルスルフィドなど)によってにおいが加えられている。これは，硫黄化合物の異臭によって，ガス漏れにすぐに気づくことができるようにするためである。

Keywords ●硫化水素 hydrogen sulfide ●二酸化硫黄 sulfur dioxide ●硫酸 sulfuric acid ●脱水 dehydration ●接触法 contact process

動 濃硫酸
＋ 二酸化硫黄の製法

3 硫　酸 H_2SO_4

粘性がある無色の重い不揮発性(▶P.146, 155)の液体である。

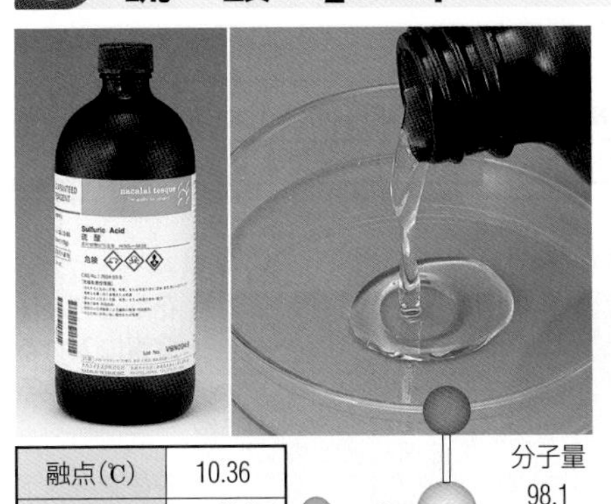

融点(℃)	10.36
沸点(℃)	338[98.3 %]
密度(g/cm³)	1.826*

＊25℃における値

分子量 98.1

A 溶解熱

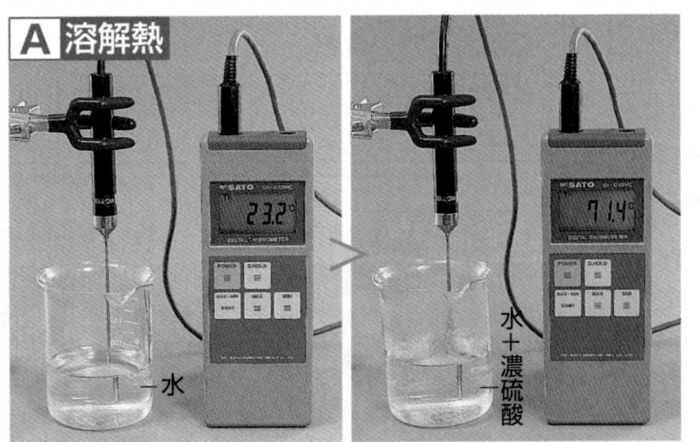

濃硫酸を水に溶かすと多量の熱を発生する(▶P.123)。

$$H_2SO_4 + aq \longrightarrow H_2SO_4aq \quad \Delta H = -95.3 \text{ kJ}$$

希釈のしかた

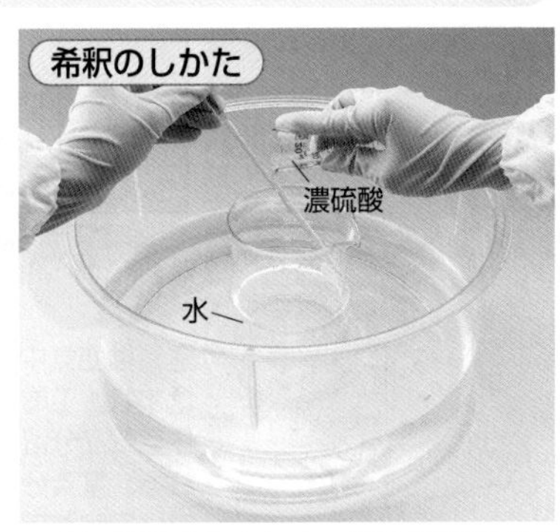

水に濃硫酸を少しずつ加えて希釈する。濃硫酸に水を加えると，溶解熱により水が沸騰して危険である。

B 吸湿作用 気体の乾燥

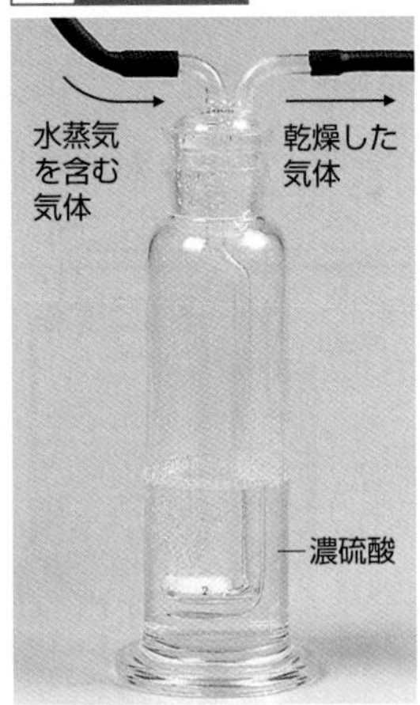

Q 濃硫酸にはなぜ粘性・吸湿性があるの？

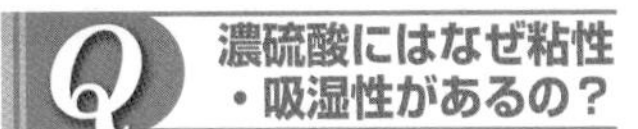

A 濃硫酸は分子間に水素結合をつくるため，粘性をもつ。また，水分子とも水素結合をつくるため，水分子を引き寄せ，吸湿性を示す。

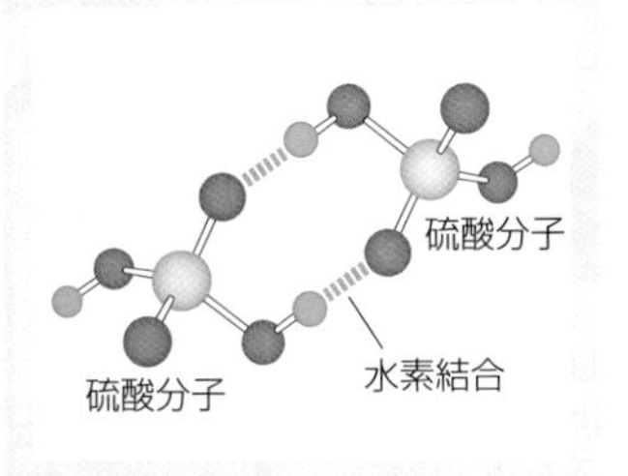

C 脱水作用 有機化合物中から，水素原子と酸素原子を水分子の形でうばう。

スクロース(▶P.251)が脱水され，炭素が残る。

$$\underset{\text{スクロース}}{C_{12}H_{22}O_{11}} \longrightarrow 12C + 11H_2O$$

あぶり出し

希硫酸で紙に文字を書くと，硫酸は不揮発性なので水だけが蒸発し，紙が脱水され，炭素が残る。

D 希硫酸と濃硫酸

電子を含む反応式▶P.84

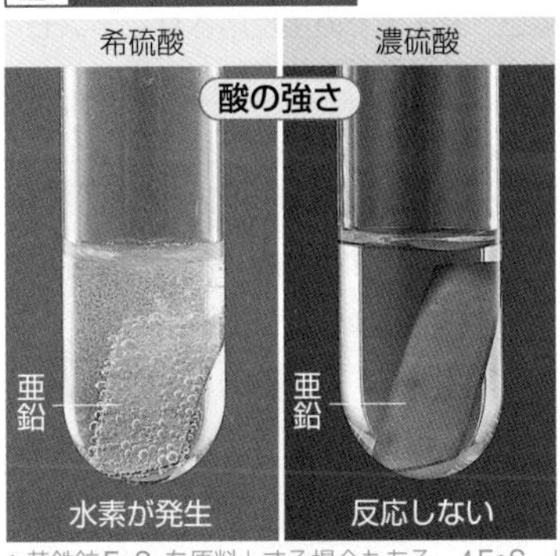

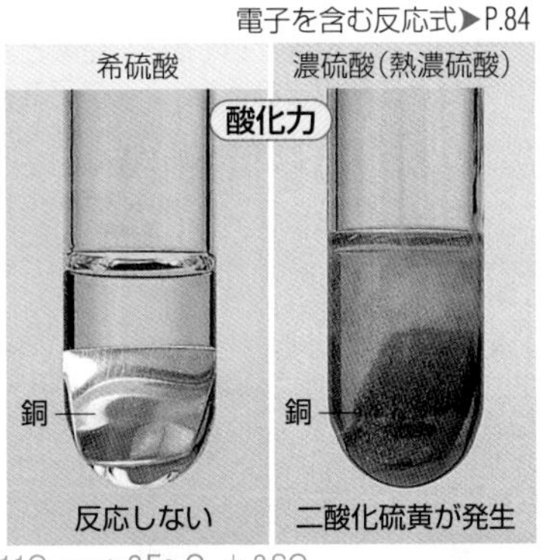

	希硫酸	濃硫酸
酸の強さ	電離度が大きく，酸としての働きは強い。	ほとんど電離していないので，酸としての働きは弱い。
酸化力	酸化力は弱い。	**熱濃硫酸**は酸化力が強い。

E 硫酸イオンの反応

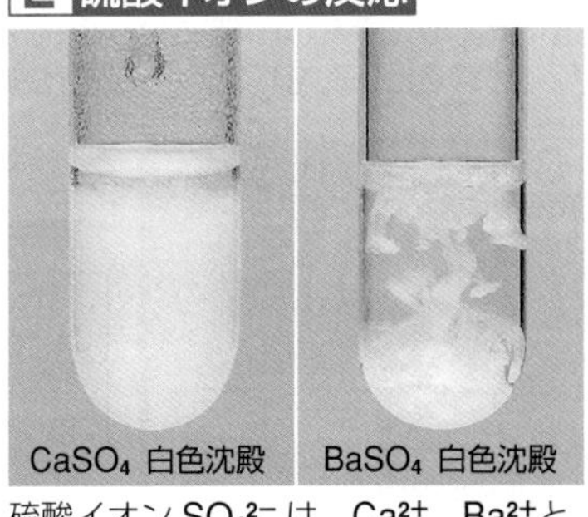

硫酸イオン SO_4^{2-} は，Ca^{2+}，Ba^{2+} と反応して白色沈殿を生じる。

＊黄鉄鉱 FeS_2 を原料とする場合もある。$4FeS_2 + 11O_2 \longrightarrow 2Fe_2O_3 + 8SO_2$

F 工業的製法 接触法▶P.194

硫黄を燃焼させて二酸化硫黄を得る。$S + O_2 \longrightarrow SO_2$

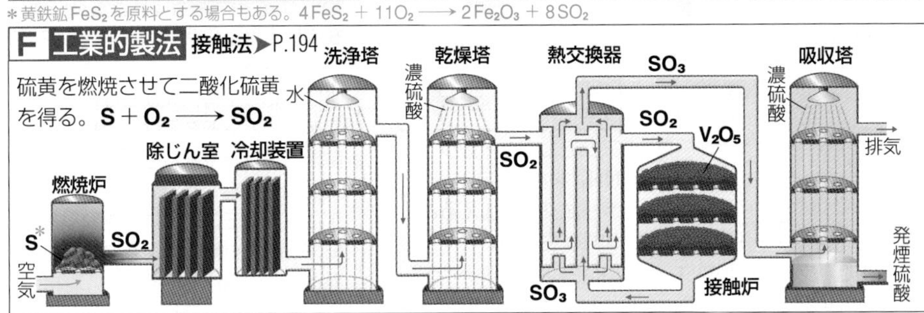

精製した二酸化硫黄を，酸化バナジウム(V)を触媒にして酸化させ，三酸化硫黄を得る。

$$2SO_2 + O_2 \longrightarrow 2SO_3$$

三酸化硫黄を濃硫酸に吸収させて，発煙硫酸にする。発煙硫酸に希硫酸を加えて濃硫酸を得る。

$$SO_3 + H_2O^* \longrightarrow H_2SO_4$$

＊濃硫酸中の水

酸化バナジウム(V) V_2O_5

プチ雑学 希硫酸と濃硫酸の酸の強さの違いは，それぞれに含まれる水の量の違いによる。90%以上の硫酸水溶液である濃硫酸は，硫酸が溶けるための水が少なすぎるので，ほとんど電離できず，酸としての働きは弱い。

窒素とその化合物

1 窒　素（15族）

窒素の単体は，無色・無臭の安定な気体であり，空気中に多く含まれる。

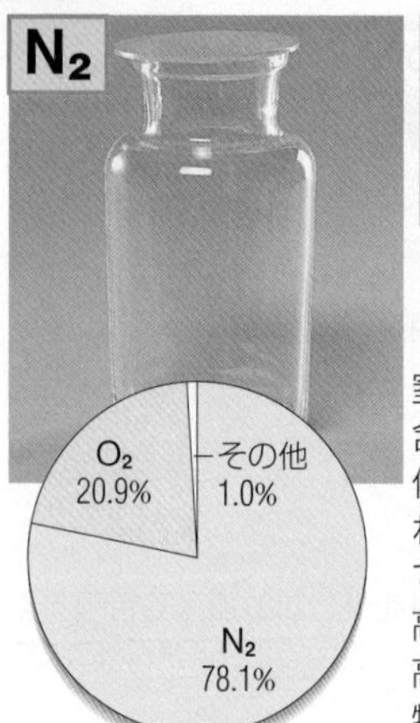

乾燥空気の組成（体積%）

融点（℃）	−209.9
沸点（℃）	−195.8
水への溶解	溶けにくい
色・におい	無色・無臭

N≡N　N_2 分子量 28.0

窒素は空気中に約78%含まれ，工業的には液体空気を分留して得られる。窒素分子は常温では安定*であるが，高温にすると反応性が高くなり，多くの化合物をつくる。

＊リチウムなど，ごく一部の元素とは常温で反応する。

元素としての性質

▶P.45

電子配置	K	L	電気陰性度
$_7N$	2	5	3.0

酸化数

NH_3, NH_4^+	N_2	N_2O	NO	HNO_2	NO_2	HNO_3
−3	0	+1	+2	+3	+4	+5

いろいろな酸化数の化合物をつくる。

A 液体窒素

液体窒素（沸点−195.8℃）は，冷却剤として広く利用されている。

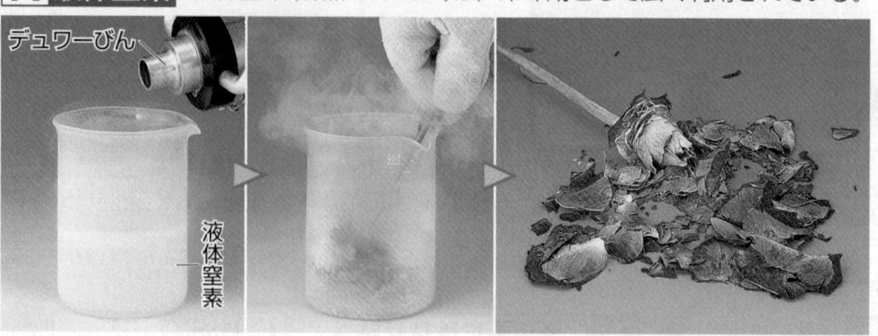

花などを液体窒素に入れるとすぐに凍る。

液体窒素はデュワーびんとよばれる断熱性の容器で保存する。

2 アンモニア NH_3

空気より軽く，刺激臭をもつ気体である。水に溶けやすく，水溶液（アンモニア水）は弱塩基性を示す。

A 製法

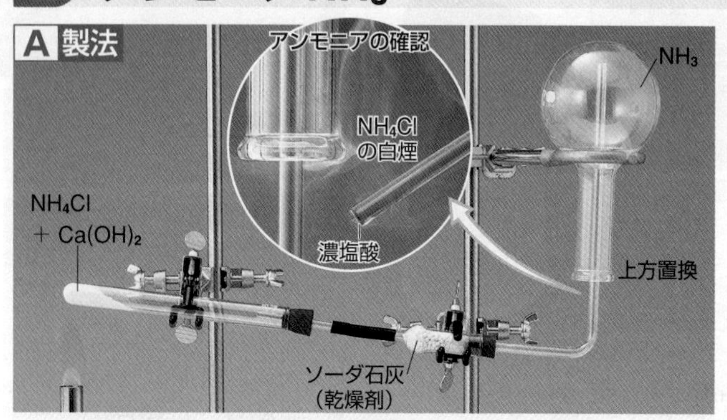

$$2NH_4Cl + Ca(OH)_2 \longrightarrow CaCl_2 + 2H_2O + 2NH_3$$

弱塩基の塩　強塩基　強塩基の塩　弱塩基

塩化アンモニウム（アンモニウム塩）を水酸化カルシウム（強塩基）と反応させると，弱塩基のアンモニアが遊離する（▶P.81）。

融点（℃）	−77.7
沸点（℃）	−33.4
色・におい	無色・刺激臭
毒　性	あり

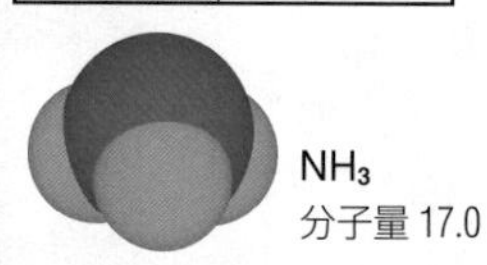

NH_3 分子量 17.0

アンモニアは，水素結合（▶P.49）により分子が結びついているため，比較的沸点が高く，液化しやすい。また，蒸発熱が大きいため，冷媒として製氷などに利用される。

B 工業的製法

ハーバー・ボッシュ法（1913年）（▶P.133, 194）

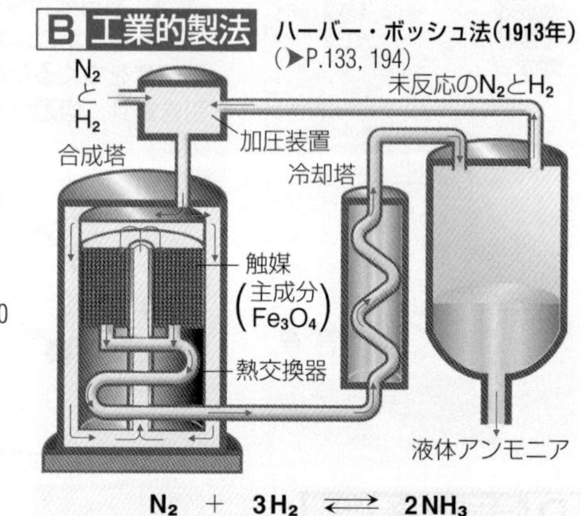

$$N_2 + 3H_2 \rightleftarrows 2NH_3$$

窒素と水素を，高圧下で直接反応させてアンモニアを得る。

C 水溶性

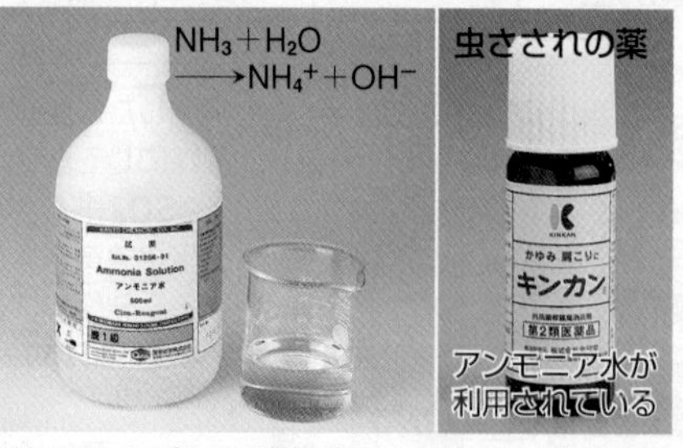

溶解度の比較

▶P.113

気体	アンモニア	塩化水素	二酸化炭素	窒　素
溶解度*（L/水1L）	1135	518	1.68	0.024
溶けやすさ	溶けやすい ⟷			溶けにくい

＊0℃，1.01×10^5 Pa（1 atm）における値

アンモニア水

アンモニアの水溶液（▶P.70）

アンモニア水は弱塩基性で，フェノールフタレインを加えると赤色を示す。

D 検出

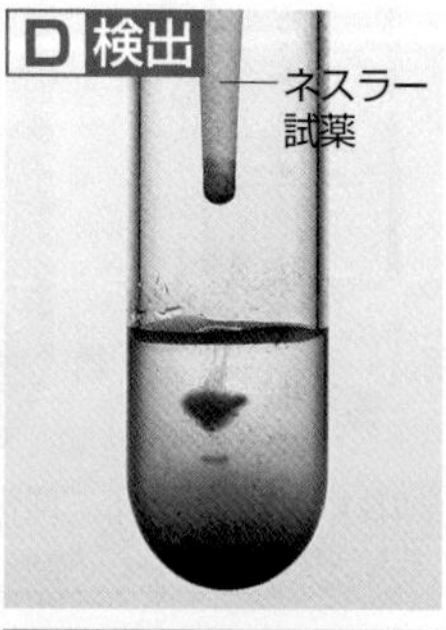

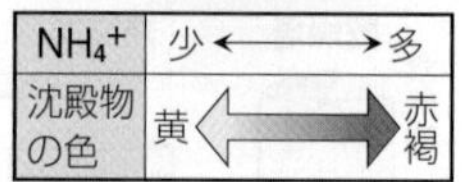

NH_4^+	少 ⟷ 多
沈殿物の色	黄 ⟷ 赤褐

アンモニウムイオンNH_4^+を含む溶液にネスラー試薬*を加えると，沈殿が生じる。

＊$K_2[HgI_4]$を水酸化カリウム溶液に溶かしたもの。

Column アンモニア工業

窒素肥料　硫安（硫酸アンモニウム）

植物は土壌中の窒素化合物からタンパク質をつくる。このため，窒素は植物の生育に欠かせない元素である。アンモニアは，土壌中の窒素を補う窒素肥料の原料として，重要な化合物である。

また，アンモニアには，肥料以外に，硝酸や尿素樹脂（▶P.241）の原料としての用途もある。

プチ雑学　ポテトチップスなどのスナック菓子の袋には，気体の窒素が入れられている。袋が膨らんで菓子を割れにくくするためや，袋の中から酸素を追い出して酸化による品質低下を防ぐためである。

Keywords ●窒素 Nitrogen ●アンモニア ammonia ●ハーバー・ボッシュ法 Haber-Bosch process
●硝酸 nitric acid ●オストワルト法 Ostwald process ●不動態 passive state

3 窒素酸化物 窒素はいろいろな割合で酸素と結合する。

A 一酸化窒素 NO 水に溶けにくいため，水上置換で集める。

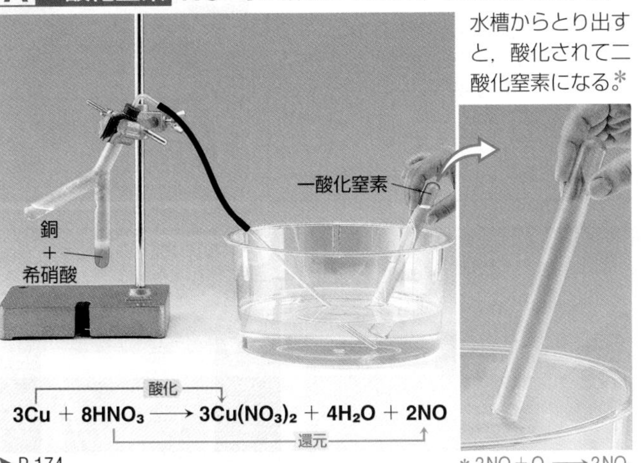

$$3Cu + 8HNO_3 \longrightarrow 3Cu(NO_3)_2 + 4H_2O + 2NO$$

（Cu：酸化，HNO_3→NO：還元）

➤P.174

＊ $2NO + O_2 \longrightarrow 2NO_2$

窒素酸化物	酸化数	性　質
一酸化二窒素 N_2O	+1	無色の比較的安定な気体。麻酔作用がある。
一酸化窒素 NO	+2	無色の気体。空気中で酸化されて NO_2 になる。
三酸化二窒素 N_2O_3	+3	不安定で分解しやすい。
二酸化窒素 NO_2	+4	赤褐色の有毒な気体。N_2O_4 と平衡状態にある。
四酸化二窒素 N_2O_4	+4	無色の気体。NO_2 と平衡状態にある。
五酸化二窒素 N_2O_5	+5	無色の固体。NO_2 と O_2 に分解しやすい。

B 二酸化窒素 NO_2 水に溶けやすく，空気より重いため，下方置換で集める。

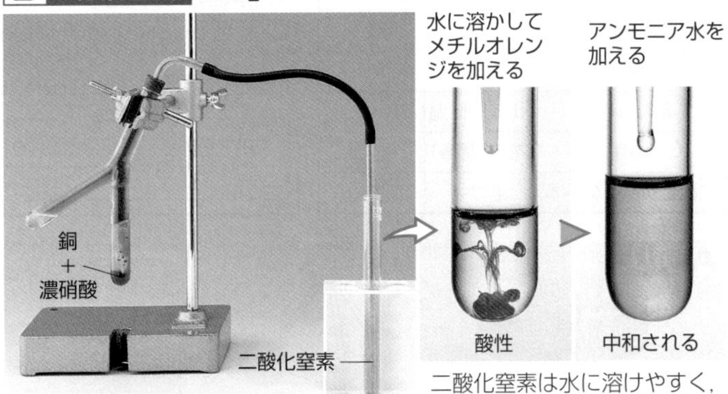

$$Cu + 4HNO_3 \longrightarrow Cu(NO_3)_2 + 2H_2O + 2NO_2$$

（Cu：酸化，HNO_3→NO_2：還元）

➤P.174

二酸化窒素は水に溶けやすく，水溶液は酸性を示す。* アンモニアも水溶性の窒素化合物であるが，水溶液は塩基性である。

＊ $3NO_2 + H_2O \longrightarrow 2HNO_3 + NO$ または，$2NO_2 + H_2O \longrightarrow HNO_3 + HNO_2$

C 四酸化二窒素 $N_2O_4 \rightleftarrows 2NO_2$

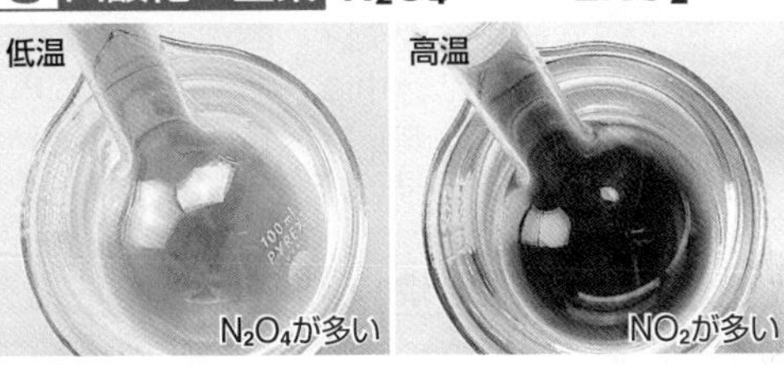

低温では四酸化二窒素（無色）が多く，高温では二酸化窒素（赤褐色）が多くなる。（化学平衡➤P.132）

4 硝　酸 HNO_3 酸化力の強い酸である。

A 製法

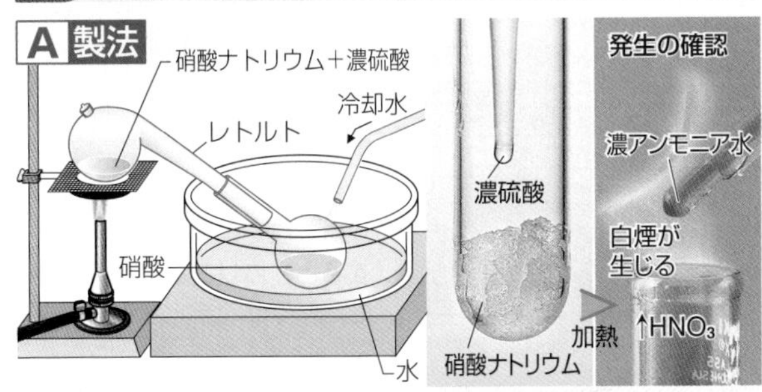

$$NaNO_3 + H_2SO_4 \longrightarrow NaHSO_4 + HNO_3$$

揮発性の酸の塩　不揮発性の酸　不揮発性の酸の塩　揮発性の酸

融点（℃）	−42
沸点（℃）	83
色・におい	無色・刺激臭
毒　性	あり

HNO_3
分子量 63.0

硝酸は無色の液体で，強い酸性を示す。

B 工業的製法（➤P.194）

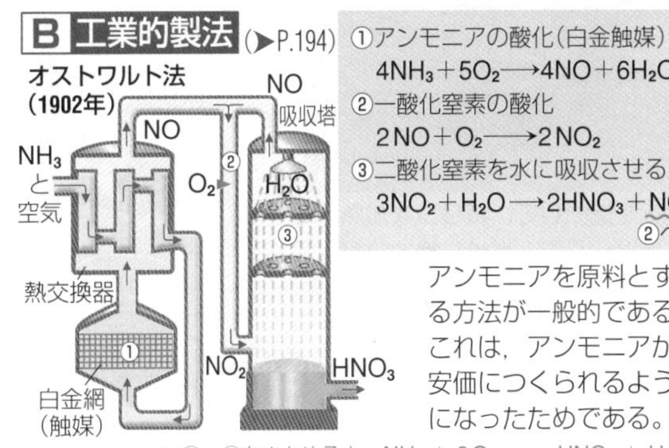

①アンモニアの酸化（白金触媒）
$4NH_3 + 5O_2 \longrightarrow 4NO + 6H_2O$
②一酸化窒素の酸化
$2NO + O_2 \longrightarrow 2NO_2$
③二酸化窒素を水に吸収させる
$3NO_2 + H_2O \longrightarrow 2HNO_3 + NO$（②へ）

アンモニアを原料とする方法が一般的である。これは，アンモニアが安価につくられるようになったためである。

※①〜③をまとめると，$NH_3 + 2O_2 \longrightarrow HNO_3 + H_2O$

C 保存

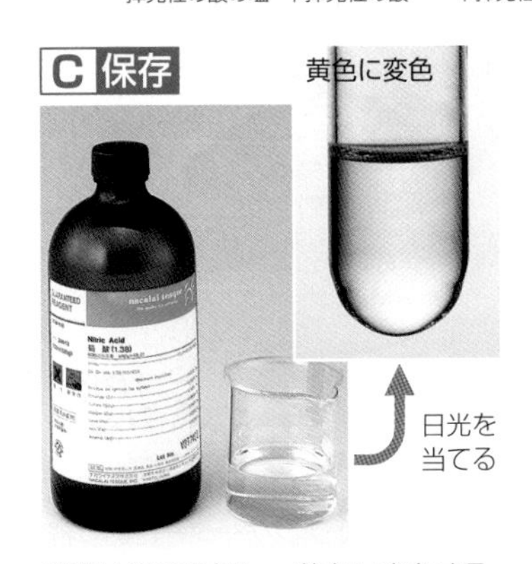

硝酸は光で分解し，黄色に変色するので，褐色びんに入れて保存する。

D 金属との反応 硝酸は酸化力が非常に強く，金と白金以外の金属と反応する。

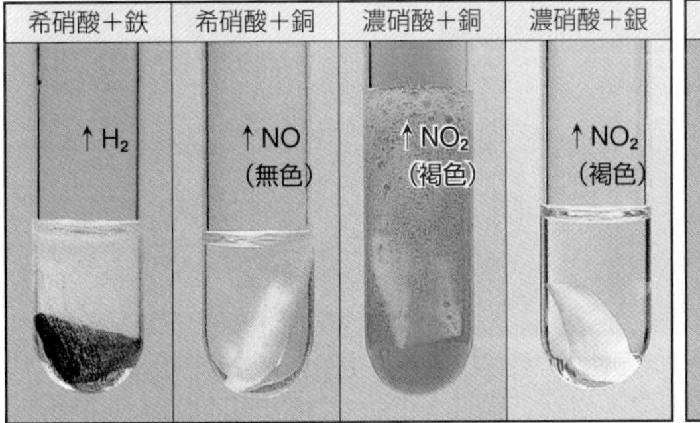

銅との反応は，硝酸の濃度によって異なる。希硝酸では一酸化窒素，濃硝酸では二酸化窒素が発生する。

表面に緻密な酸化物の被膜が生じ（不動態），溶けない。

E 検出

硝酸イオン NO_3^- を含む溶液に Fe^{2+} を混ぜ，濃硫酸を静かに注ぐと境界面に褐色の輪ができる。

一酸化二窒素 N_2O は笑気ガスとも呼ばれ，主に歯科で麻酔として使われる。恐怖心をとるためなどに使用することが多く，痛みへの効果は完全ではないため，痛みを伴う治療では他の麻酔とともに使われることもある。

154 リンとその化合物

1 リン(15族)

黄リンや赤リンなどのリンの単体は，天然には存在しない。

同素体(▶P.29)	黄リン(白リン)	赤リン
密度(g/cm³)	1.82	2.2
融点(℃)	44.2	590*
発火点(℃)	比較的低温	250～260
毒性	あり(猛毒)	なし
二硫化炭素への溶解	溶ける	溶けない

$*4.37\times10^6$ Pa

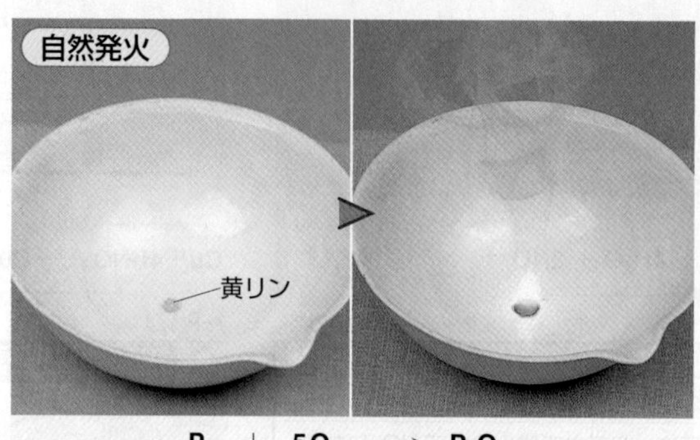

元素としての性質 ▶P.45

電子配置	K	L	M
$_{15}P$	2	8	5

電気陰性度
2.2

酸化数: PH_3 −3，P_4 0，P_4O_6 +3，P_4O_{10}，H_3PO_4 +5

リンは窒素と同じように，5個の価電子をもつ陰性元素であるが，電気陰性度は窒素よりも小さい。天然には，リン鉱石として存在している。また，リンは，生物には必要な元素である。

A 黄リン

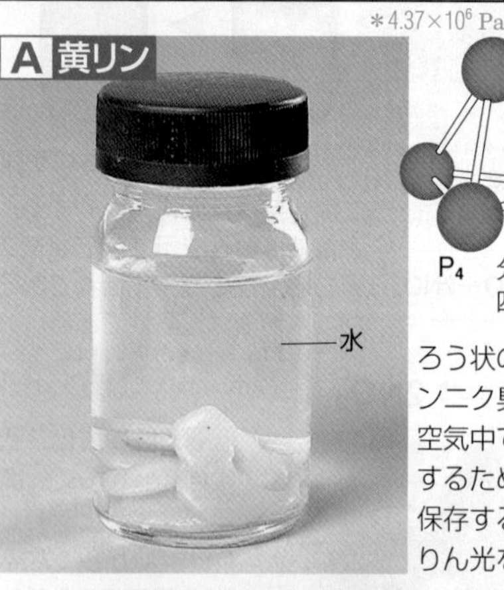

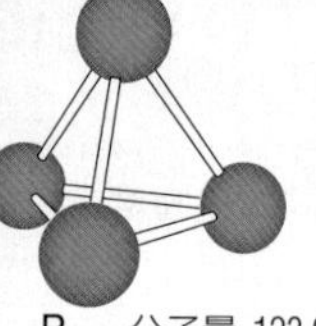

P_4 分子量 123.9 四原子分子

ろう状の固体。ニンニク臭をもつ。空気中で自然発火するため，水中に保存する。暗所でりん光を発する。

自然発火

$$P_4 + 5O_2 \longrightarrow P_4O_{10}$$

黄リンは酸素と結合しやすい。約30℃でも空気中の酸素と反応し，自然発火する。燃焼し，十酸化四リン(じゅうさんかしリン)が生じる。

水中での燃焼

酸素を吹き込むと，水中でも燃焼する。

B 赤リン

空気を遮断して，黄リンを加熱すると得られる。燃焼しやすいが，自然発火はしない。

燃焼

$$4P + 5O_2 \longrightarrow P_4O_{10}$$

利用 マッチ

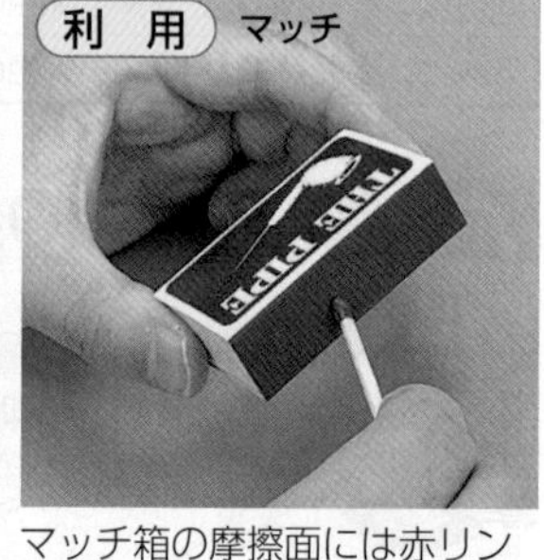

マッチ箱の摩擦面には赤リンが含まれている。マッチでこすると，赤リンがマッチにつき，摩擦熱で発火する。

2 十酸化四リン P_4O_{10}

十酸化四リンは，潮解性があり，水と反応してリン酸になる。

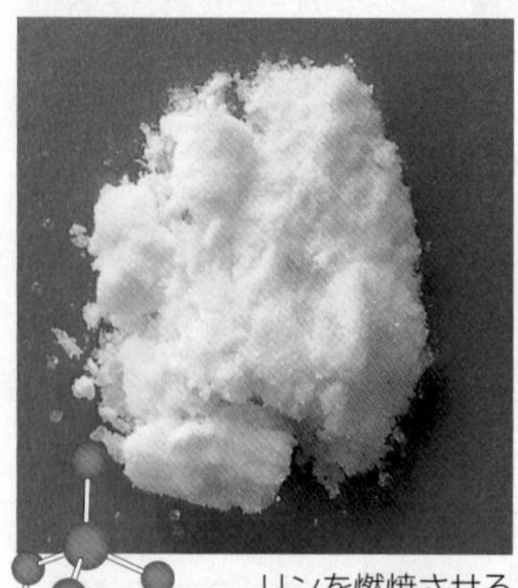

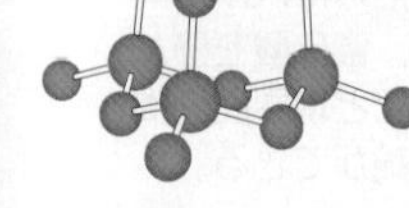

リンを燃焼させると，十酸化四リンP_4O_{10}*の白色粉末が得られる。*五酸化二リンともいう。(組成式 P_2O_5)

潮解性

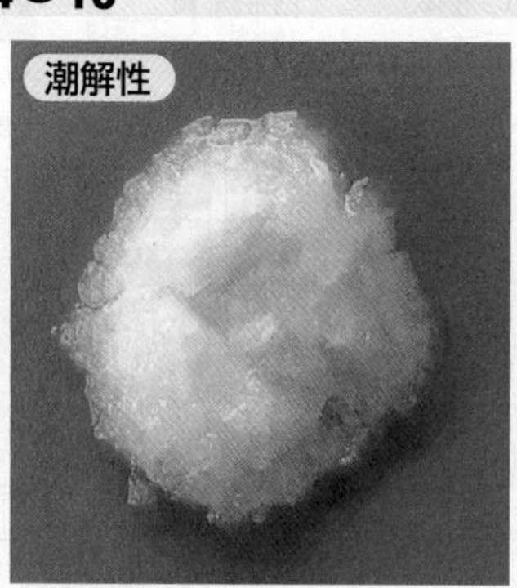

十酸化四リンは吸湿性が強く，放置しておくと空気中の水分を吸収して溶ける(潮解(ちょうかい))。

水との反応

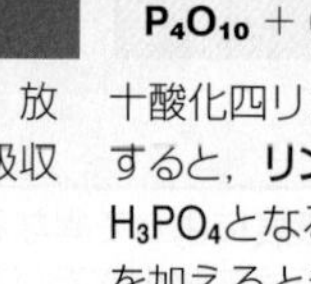

$$P_4O_{10} + 6H_2O \longrightarrow 4H_3PO_4$$

十酸化四リンに水を加えて加熱すると，**リン酸**(オルトリン酸)H_3PO_4となる。メチルオレンジを加えると赤色を示す(酸性)。

利用 ▶P.160

ものを湿気を避けて保管したいときや乾燥させたいとき，デシケーターという容器に乾燥剤とともに入れる。この乾燥剤として，十酸化四リンが使われる。

プチ雑学 リン鉱石は，火山から噴出したマグマが冷え固まる，海中でリンが沈殿する，鳥の排泄物が堆積するなどのさまざまな経緯でできる。

Keywords ●リン Phosphorus ●黄リン white phosphorus ●赤リン red phosphorus
●十酸化四リン tetraphosphorus decaoxide ●潮解 deliquescence
●リン酸 phosphoric acid

3 リン酸 H_3PO_4

リン酸の水溶液は中程度の強さの酸で，脱水作用や不揮発性など濃硫酸と似た性質をもつ。

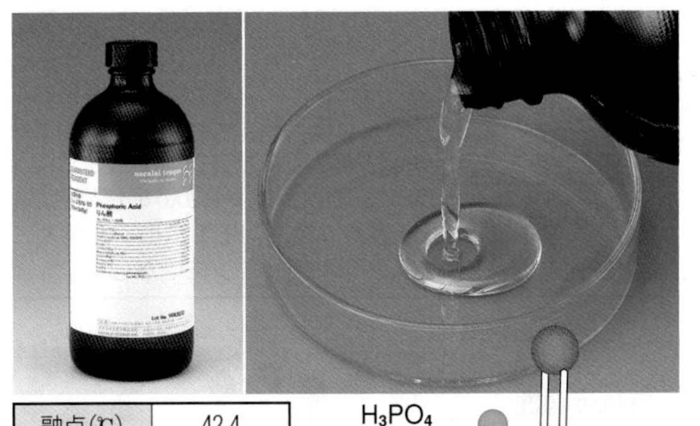

融点(℃)	42.4
水への溶解	よく溶ける

H_3PO_4
分子量 98.0

無色の固体で，潮解性がある。市販されている75～89％の水溶液は，リン酸分子の水素結合により，粘性が大きく，不揮発性。

A 酸の強さ

リン酸は，中程度の強さの酸である。

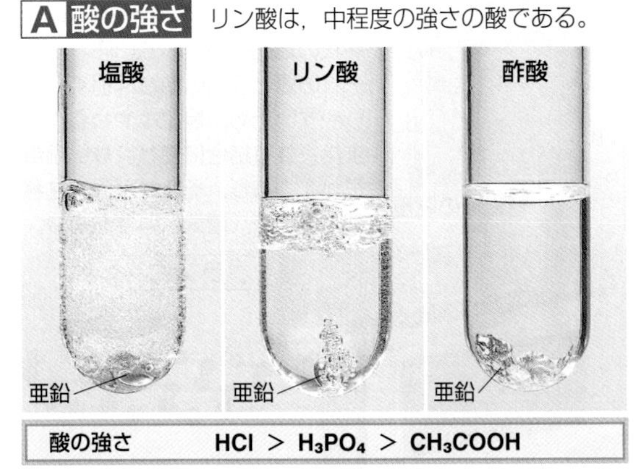

酸の強さ　HCl ＞ H_3PO_4 ＞ CH_3COOH

※酸の濃度はすべて6.0 mol/L

B 濃硫酸との比較

濃硫酸(▶P.151)とよく似た性質をもつが，酸化力はない。

	粘性	密度(g/cm³)	脱水･吸湿作用	揮発性	酸化力
リン酸(89%)	あり	1.73	あり	不揮発性	なし
硫　酸(96%)	あり	1.83	あり	不揮発性	あり

脱水作用　リン酸は，濃硫酸と同じように，脱水作用を示す。

スクロース(▶P.251)が脱水され，炭素が残る。

$C_{12}H_{22}O_{11} \longrightarrow 12C + 11H_2O$

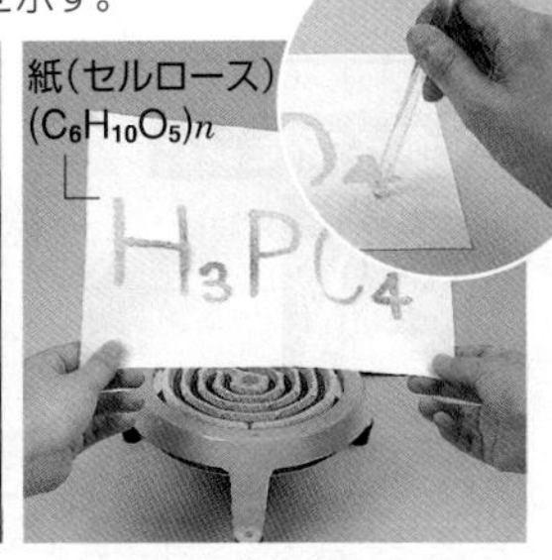

リン酸で文字を書いた部分のセルロースが脱水される。

不揮発性　リン酸は，硫酸と同じように，不揮発性の酸である。

4 リン酸塩とその利用

A カルシウム塩

リン酸は3価の酸で，カルシウム塩が3種類ある。

塩	溶解度(g/水100 g)
リン酸二水素カルシウム $Ca(H_2PO_4)_2$	1.8　(30℃)
リン酸水素カルシウム $CaHPO_4$	0.02　(25℃)
リン酸三カルシウム $Ca_3(PO_4)_2$	0.0025(25℃)

水溶性のリン酸二水素カルシウムは，リン酸肥料の原料として利用される。また，リン酸三カルシウムは骨や歯の主成分である。

B pH調整剤

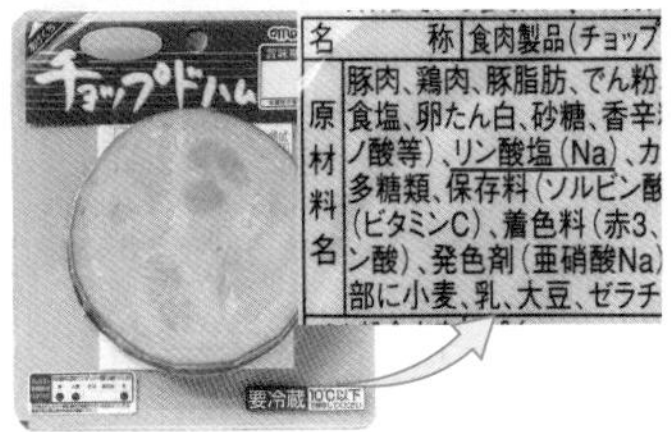

リン酸塩は，水溶液のpHを一定に保つ緩衝作用(▶P.135)が強く，食品のpH調整剤(▶P.261)として利用されている。

参考 生物とリン酸化合物

DNA(デオキシリボ核酸)
遺伝子の本体

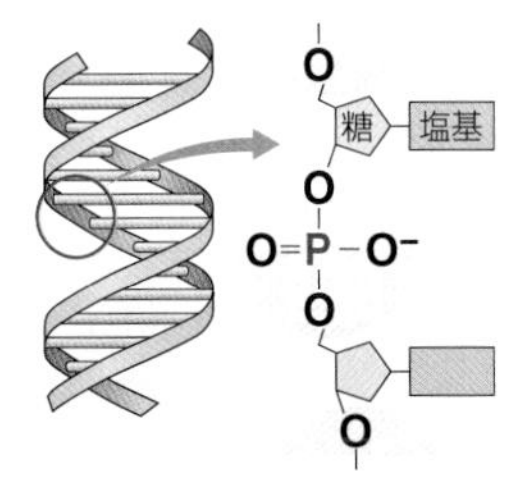

ATP(アデノシン三リン酸)
ATPの生成・分解により，エネルギーの貯蔵・運搬をする。

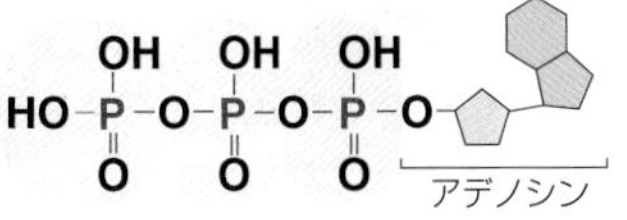

リン脂質
細胞膜などの生体膜は，リン酸が結合した脂質(リン脂質)の二重層である。

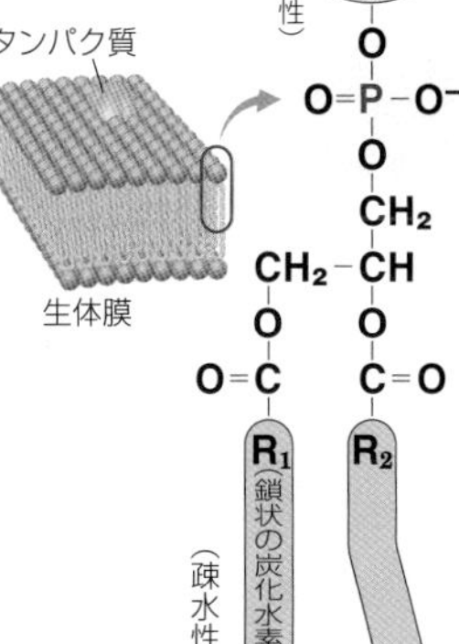

リン酸化合物は生体内にも存在し，生命活動において重要な役割をはたしている。(▶P.258)

プチ雑学　リン酸のカルシウム塩は腸で吸収されず，便とともに排出されてしまう。つまり，リンの過剰摂取はカルシウムの吸収を妨げてしまう恐れがある。リン酸塩は食品添加物として広く利用されているため，過剰摂取には注意が必要である。

炭素とその化合物

1 炭素 (14族)

炭素の単体には，ダイヤモンド，黒鉛，フラーレンなどがあり，これらは同素体である。

同素体	ダイヤモンド	黒鉛(グラファイト)	フラーレン(C_{60})
融点/沸点(℃)	3550/4800(昇華)	3530/—	530(昇華)
密度(g/cm³)	3.51	2.26	1.65
色	無色	灰黒色	茶褐色
硬さ	硬い	やわらかい	——
電気伝導性	なし	あり	なし

元素としての性質

➤P.45

電子配置	K	L
$_6C$	2	4

電気陰性度
2.6

酸化数

CH_4	CaC_2	C	CO	$H_2C_2O_4$	CO_2
−4	−1	0	+2	+3	+4

4個の価電子をもち，他の原子と共有結合をする。二重結合，三重結合をつくることもできる。炭素原子どうしは非常に安定な共有結合をつくり，有機化合物(➤P.200)の骨格となる。炭素はイオン化エネルギーが大きく，単独でイオンにはならない。

A ダイヤモンド

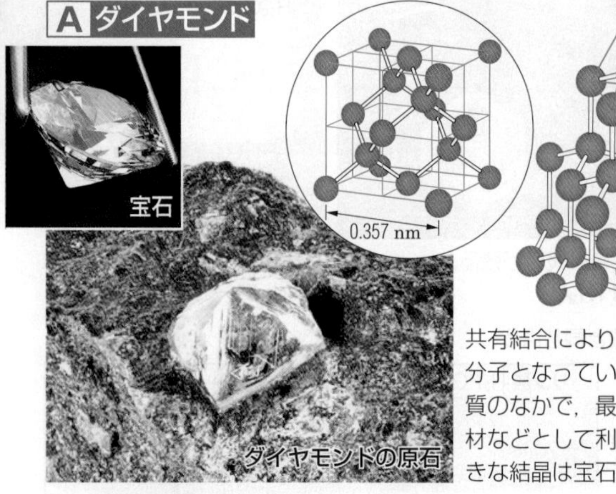

共有結合により，1つの巨大分子となっている。天然の物質のなかで，最も硬く，研磨材などとして利用される。大きな結晶は宝石になる。

B 黒鉛 (グラファイト)

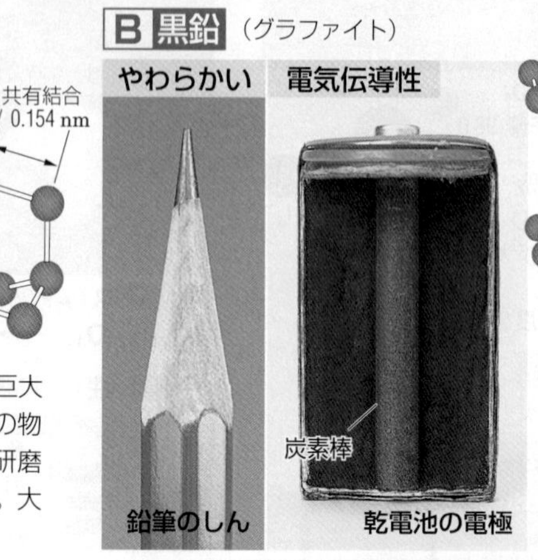

共有結合 0.142 nm
分子間力* 0.335 nm
*分子間力➤P.48

層状の結晶構造をしている。それぞれの層どうしの結合は弱く，滑りやすいため，黒鉛はやわらかい。また，共有結合に使われない価電子が1つあり，それが平面上を移動するため，電気伝導性をもつ。

無定形炭素

活性炭
脱臭剤

木炭や活性炭は，黒鉛の微細な結晶が乱雑な形で集まってできている。これらを**無定形炭素**という。また，多孔質の活性炭は表面積が大きいので，* 分子などを強く引き付ける（**吸着**）。脱臭剤，脱色剤などとして使われる。
*活性炭1gで，1000 m² 程度の表面積をもつ。

グラフェン

シート状の構造をもつ。黒鉛の層状構造の1層分に相当する。電気・熱伝導性に優れ，強度が大きい。2004年に初めて単離した物理学者は，2010年にノーベル物理学賞を受賞した。

C フラーレン

C_{60}(直径約0.7 nm)

球状の構造をもつ。サッカーボールのような構造の C_{60} (1985年発見)のほか，C_{70} や C_{120} などが発見され，性質や利用法が研究されている。貴ガス中で炭素棒を放電させてできる，すすの中に含まれている。

溶液

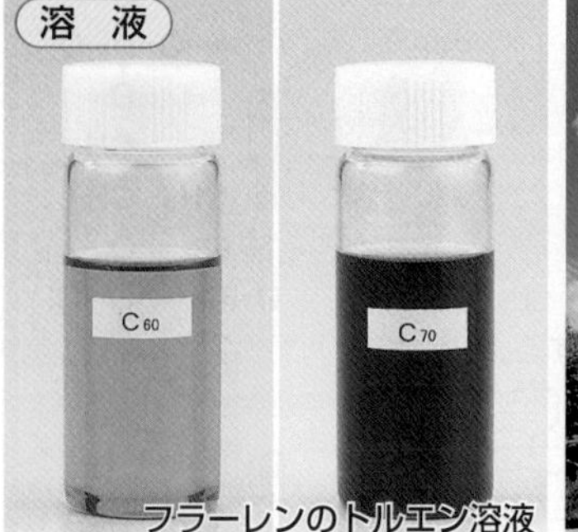

フラーレンのトルエン溶液

フラーレンはベンゼンやトルエンなどの有機溶媒に溶け，構造により異なった色を示す。

名前の由来

建築家バックミンスター・フラーが設計した建物に似ているため，**フラーレン**と名づけられた。

D カーボンナノチューブ

➤P.198

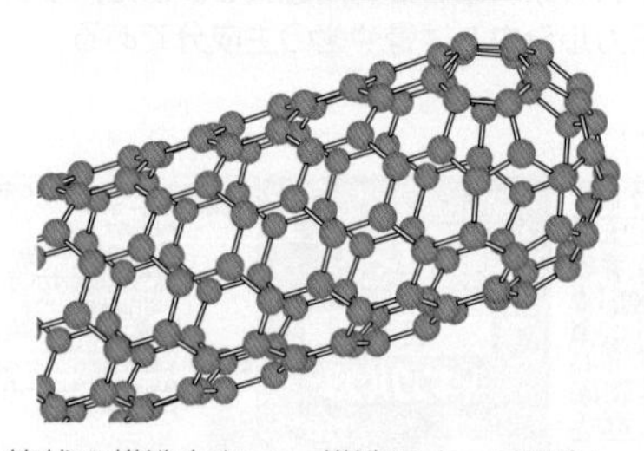

筒状の構造をもつ。構造によって電気伝導性が異なり，導体のものも半導体のものもある。また，長さ方向の強度が非常に大きい。1991年，飯島澄男によって発見された。

ナノ温度計

18 ℃　58 ℃　294 ℃　490 ℃

カーボンナノチューブ(直径約 8×10^{-8} m)に注入された液体ガリウムGaの熱膨張で，温度を測定できる。

プチ雑学 カーボンナノチューブは，アルミニウムより軽い，銅よりも電気伝導性が大きい，銀と同程度の熱伝導性をもつ，鋼よりも強度が強い，柔軟性がある，空気中で安定である，という利点がある。このため，半導体，遺伝子操作，スポーツ用品の素材など，さまざまな分野での活用が期待されている。

Keywords ●炭素 Carbon ●ダイヤモンド diamond ●黒鉛 graphite ●フラーレン fullerene ●一酸化炭素 carbon monoxide ●二酸化炭素 carbon dioxide ●ドライアイス Dry Ice

2 炭素の酸化物

酸化物	一酸化炭素 CO	二酸化炭素 CO_2
沸点(℃)	−192	−78.5(昇華)
水への溶解	溶けない	少し溶ける
色・におい	無色・無臭	無色・無臭
還元性	あり	なし
燃焼性	あり	なし

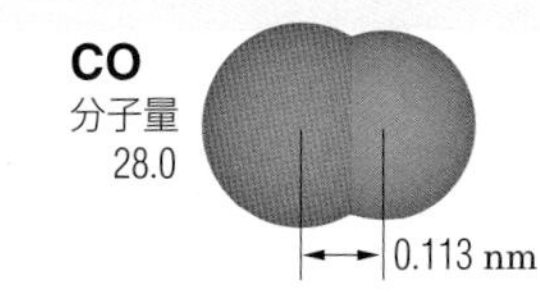

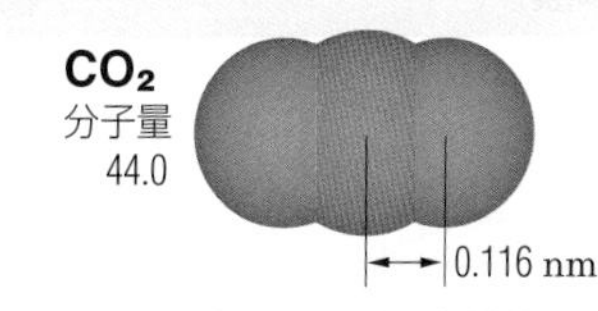

炭素を含む物質が完全燃焼すると二酸化炭素が生じ，不完全燃焼すると一酸化炭素が生じる。また，二酸化炭素が高温の炭素によって還元されると一酸化炭素になる。一酸化炭素は，強い毒性がある。

ドライアイス

二酸化炭素の固体。常温・常圧で昇華して気体になる。

A 一酸化炭素 CO

製法

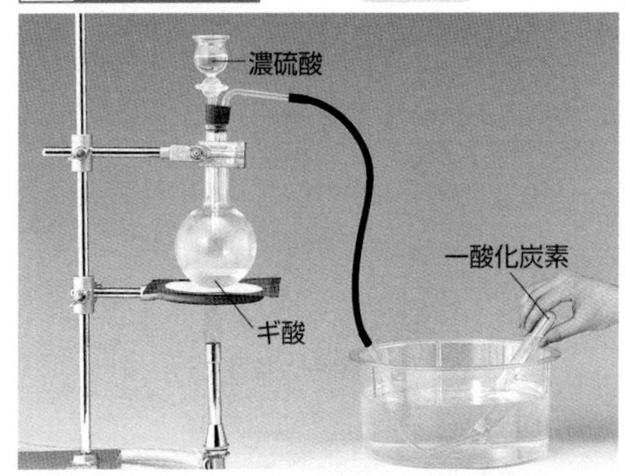

$HCOOH \longrightarrow CO + H_2O$

ギ酸 HCOOH を濃硫酸で脱水すると，一酸化炭素が得られる。

還元性

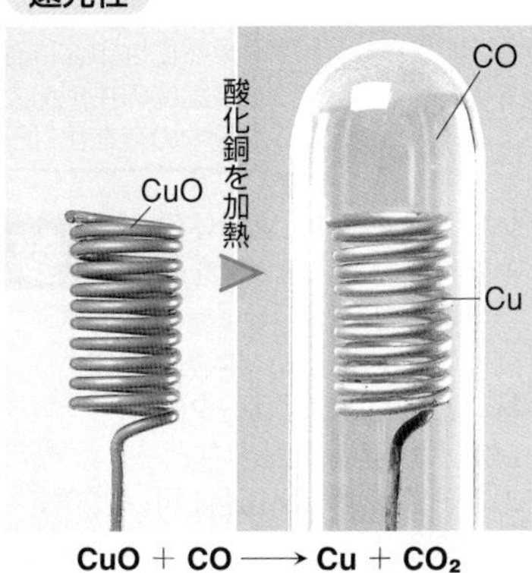

$CuO + CO \longrightarrow Cu + CO_2$

酸化銅(Ⅱ)は還元され，一酸化炭素は酸化される。

燃焼

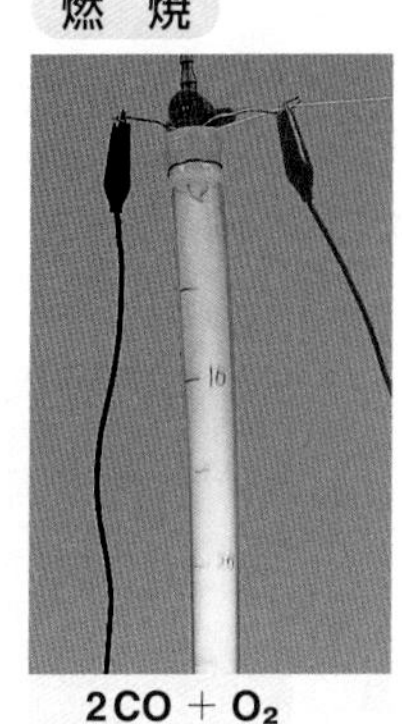

$2CO + O_2 \longrightarrow 2CO_2$

青白い炎を出して燃焼する。

毒性

ヘモグロビンと酸素の反応

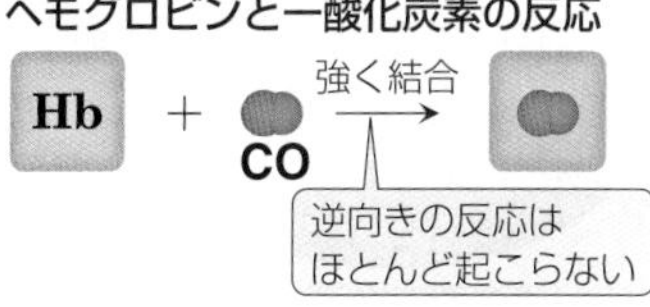

ヘモグロビンと一酸化炭素の反応

Hb ＋ CO 強く結合

逆向きの反応はほとんど起こらない

血液中のヘモグロビン(➤P.255)と非常に強く結合し，ヘモグロビンが酸素を運搬する働きを失わせる。

B 二酸化炭素 CO_2

製法

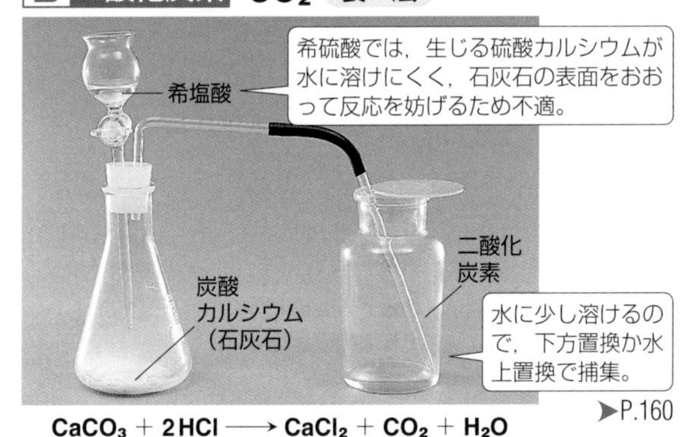

➤P.160

$CaCO_3 + 2HCl \longrightarrow CaCl_2 + CO_2 + H_2O$

炭酸カルシウムに希塩酸を加える。

石灰水を白濁

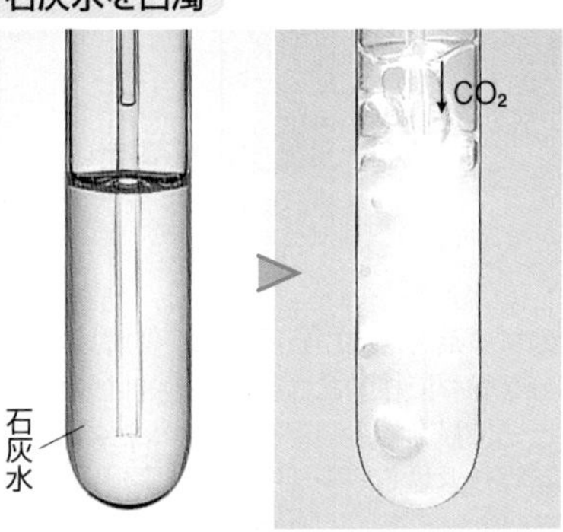

$Ca(OH)_2 + CO_2 \longrightarrow CaCO_3 + H_2O$

炭酸カルシウムの沈殿が生じ，白濁する。➤P.167

水への溶解

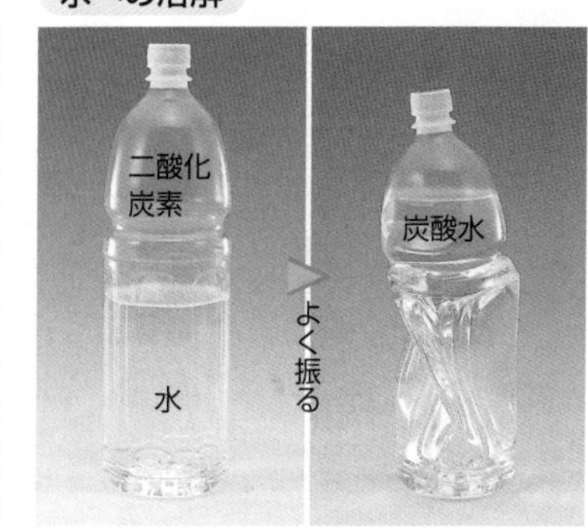

$CO_2 + H_2O \rightleftarrows H^+ + HCO_3^-$

水に少し溶け，弱酸性の水溶液になる。

3 その他の炭素化合物

A 炭化カルシウム

$CaC_2 + 2H_2O \longrightarrow Ca(OH)_2 + C_2H_2$

炭化カルシウム(カーバイド)CaC_2は，Ca^{2+}と$(C{\equiv}C)^{2-}$とのイオン性化合物であり，水と反応してアセチレンC_2H_2を生じる。➤P.206

Column 呼吸と光合成

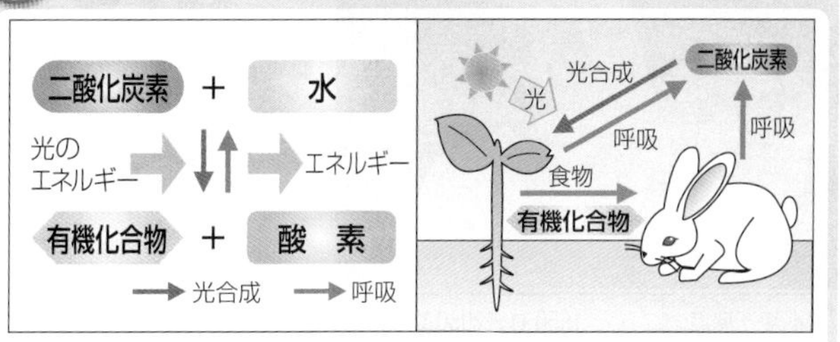

生物は，呼吸をすることにより有機化合物を二酸化炭素と水に分解し，生命活動に必要なエネルギーをとり出している。このとき大気中に放出された二酸化炭素は，植物の光合成によって有機化合物になる。このように，炭素は自然界を循環している。

プチ雑学 火星や金星の大気は，二酸化炭素が95%以上を占めている。地球の大気も昔はそのような時期があったが，地球には液体の水が大量に存在しているため，水中のカルシウムイオンと結合して石灰岩になったり，植物などによる光合成で消費されたりすることで，大気中の二酸化炭素濃度が減少したと考えられる。

ケイ素とその化合物

1 ケイ素(14族)

Si

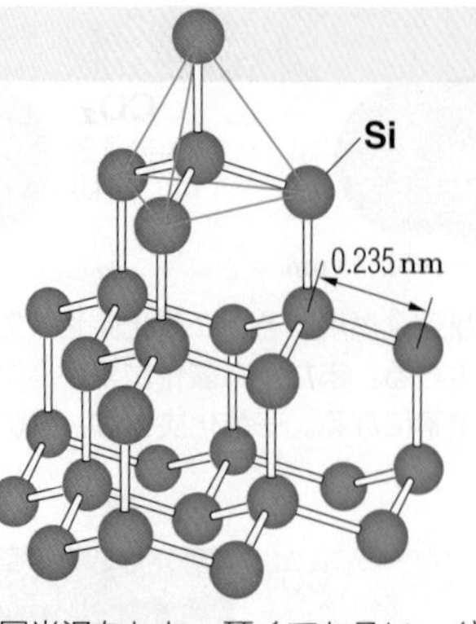

融点／沸点	1410 ℃／2355 ℃
密度	2.33 g/cm³

ケイ素の単体は，非金属であるが灰色の金属光沢をもち，硬くてもろい。ダイヤモンドと同じ構造をした共有結合の結晶で，融点が高い。

元素としての性質

▶P.45

電子配置	K	L	M	電気陰性度
$_{14}Si$	2	8	4	1.9

酸化数

SiH_4	Si	SiO_2
−4	0	+4

ケイ素は14族の典型元素で，4個の価電子をもち，他の原子と共有結合をつくる。天然には単体は存在せず，酸化物が岩石や鉱物の主成分として存在しており，地殻中の存在比は，酸素の次に多い。

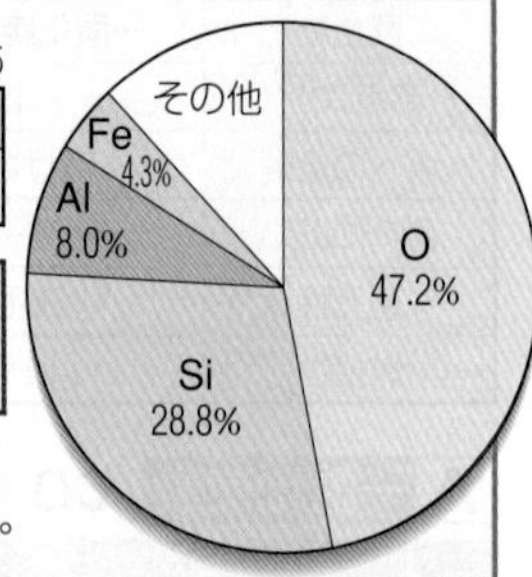

元素の存在比(地殻)
(質量%)

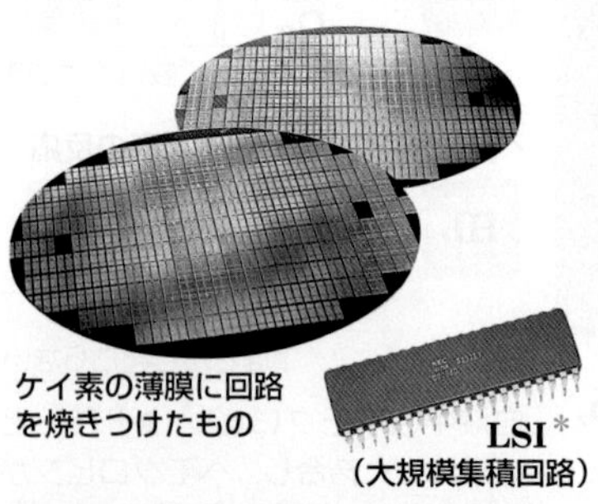

ケイ素の薄膜に回路を焼きつけたもの

LSI*
(大規模集積回路)

太陽電池

ケイ素は，導体と絶縁体の中間程度の電気伝導性をもつ**半導体**である。
高純度のケイ素は，半導体材料としてコンピュータのLSI(大規模集積回路)などの電子部品や太陽電池に利用される。

*LSI：large scale integration

参考 半導体

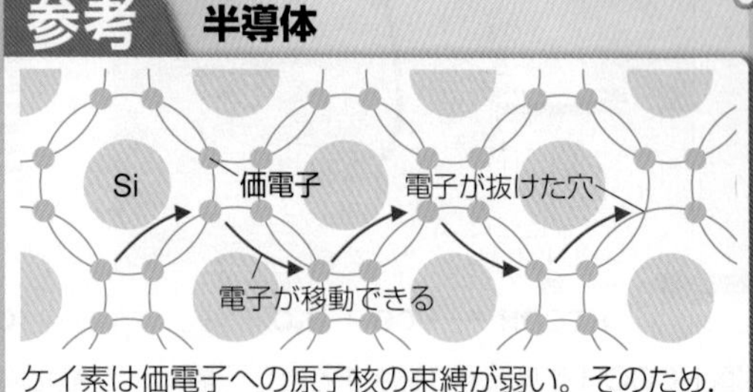

ケイ素は価電子への原子核の束縛が弱い。そのため，電圧や熱，光で電子が抜け，穴ができる。ここへ電子が移動できるため，ケイ素は若干の電気伝導性をもつ。

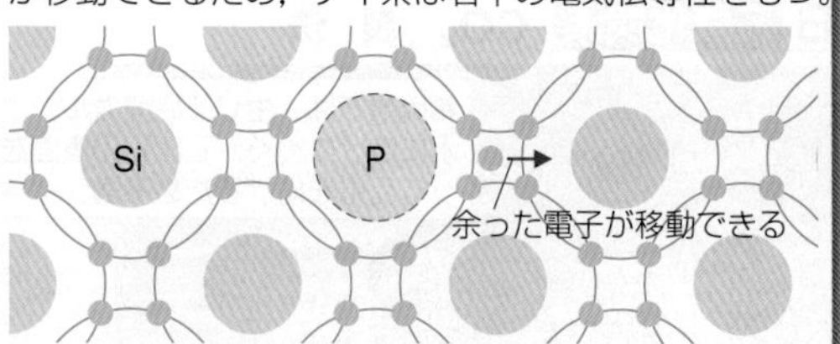

高純度ケイ素は，不純物を加えることで，電気伝導性を大きく変えることができる。たとえば，価電子5個のリン原子が混ざると，4個の電子は結合に使われ，余った電子の動きで電流が流れる。

高純度ケイ素の製造 ゾーンメルティング法

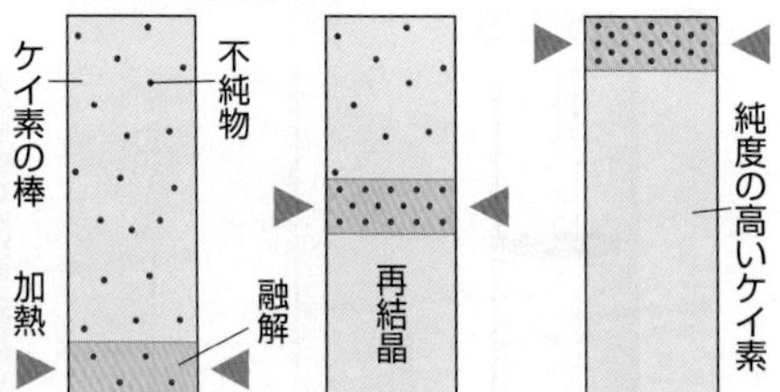

棒状のケイ素を一端から部分的に融解し，融解する部分を徐々に移動させる。不純物は融解した部分とともに移動し，濃縮されて集められる。この操作を繰り返して，高純度のケイ素が得られる。

2 二酸化ケイ素 SiO_2

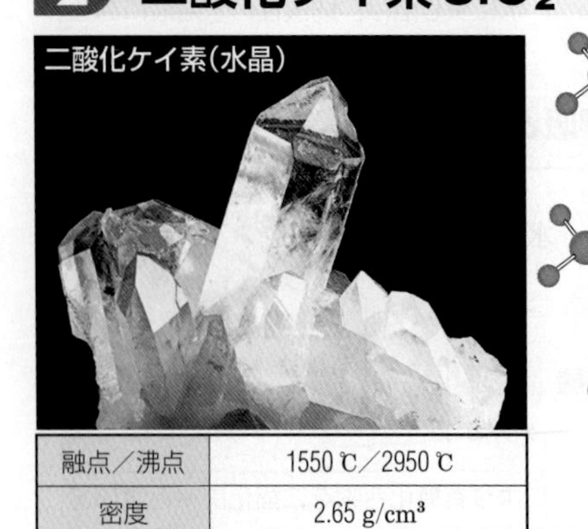

融点／沸点	1550 ℃／2950 ℃
密度	2.65 g/cm³

二酸化ケイ素は，水晶，石英，ケイ砂などの主成分として，天然に存在する。ケイ素原子の間に酸素原子が結合した構造で，この結合は極めて強く(ケイ素原子どうしの結合より強い)，安定であるため，結晶は硬く，融点も高い。

A 塩基との反応

▶P.164

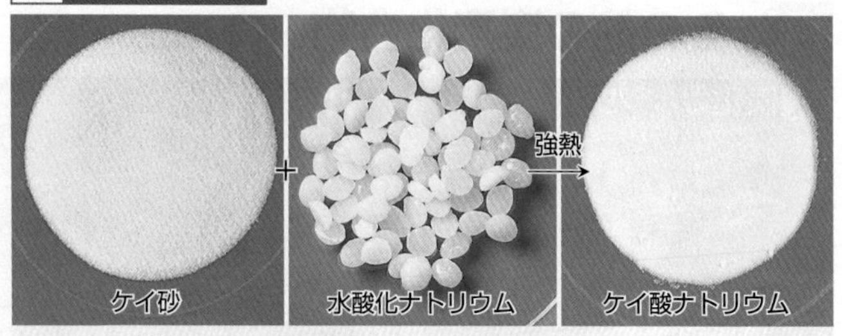

$$SiO_2 + 2NaOH \longrightarrow Na_2SiO_3 + H_2O$$

酸性酸化物　強塩基　ケイ酸ナトリウム

二酸化ケイ素は，フッ化水素酸に溶ける(▶P.146)以外は安定で反応しにくいが，酸性酸化物なので，強塩基の水酸化ナトリウムと加熱すると，反応して塩を生じる。このため，強塩基の溶液の保存には，ガラス栓ではなく，ゴム栓を使ったり，ポリエチレンの容器を使う。

プチ雑学 半導体を使うと，わずかな電圧で電子の流れを変えられるので，機器の細かい制御を行うことができる。たとえば，炊飯器でご飯が炊けるのは，半導体で熱を細かく制御できるからである。その他にも，エアコンの温度センサーや，洗濯機の回転数の制御などにも半導体が利用されている。

Keywords ●ケイ素 Silicon ●半導体 semiconductor ●二酸化ケイ素 silicon dioxide
●ケイ酸ナトリウム sodium silicate ●ケイ酸 silicic acid ●水ガラス water glass
●シリカゲル silica gel ●セラミックス ceramics

3 水ガラスとシリカゲル

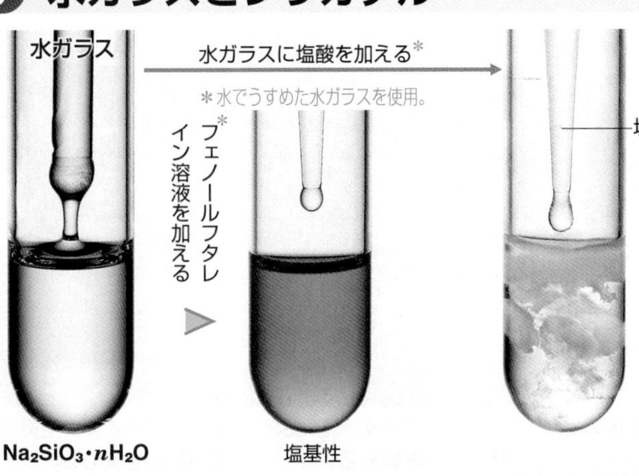

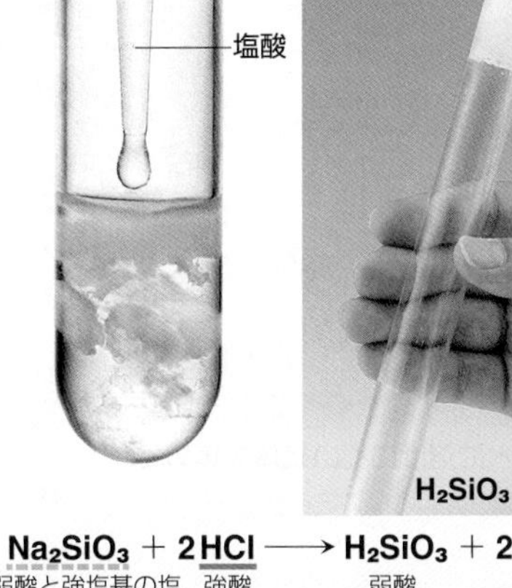

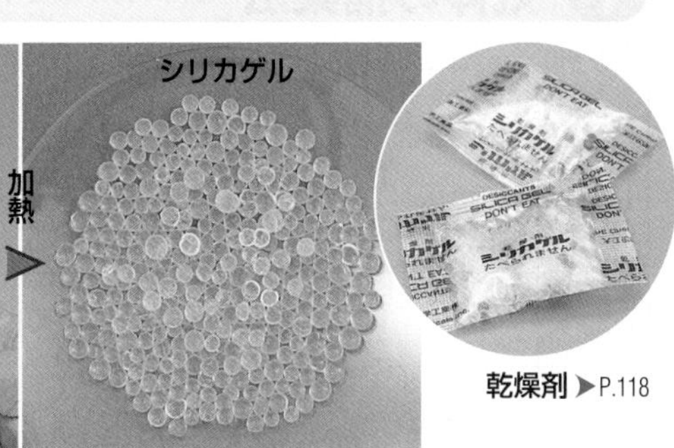

乾燥剤 ▶P.118

ケイ酸を加熱して脱水させると**シリカゲル**が得られる。シリカゲルは多孔質で，水や気体の分子を吸着するので，乾燥剤や吸着剤として使われる。

ケイ酸ナトリウムに水を加えて熱すると，粘性の大きい**水ガラス**になる。

（構造図：…－O－Si(O⁻Na⁺)(O⁻Na⁺)－O－Si(O⁻Na⁺)(O⁻Na⁺)－O－…）
組成式 Na_2SiO_3

ケイ酸ナトリウムは，-Si-O-Si-の構造をもつ鎖状の巨大イオン $[SiO_3{}^{2-}]_n$ からなる。 ▶P.236

$$Na_2SiO_3 + 2HCl \longrightarrow H_2SiO_3 + 2NaCl$$
弱酸と強塩基の塩　強酸　弱酸

（構造図：…－O－Si(OH)(OH)－O－Si(OH)(OH)－O－…）
組成式 H_2SiO_3

弱酸と強塩基の塩 Na_2SiO_3 に強酸 HCl を加えると，弱酸である**ケイ酸*** H_2SiO_3 が遊離する。

＊ケイ酸は組成が一定しておらず，$SiO_2 \cdot nH_2O$ で表される。

シリカゲルの構造

（構造図：Si－O－Si の網目構造に OH 基が結合）

4 ケイ酸塩工業

ガラスや陶磁器などのセラミックスは，ケイ酸塩を原料としてつくられる。▶P.164

A ガラス　ソーダ石灰ガラス

ソーダ石灰ガラスはもっとも身近なガラスで，食器や窓ガラスなどに使われる。

$$Na_2O + H_2O \longrightarrow 2NaOH$$
酸化ナトリウム　強塩基

ガラス中に含まれる酸化ナトリウムNa_2Oが溶け出して，溶液は塩基性を示す。

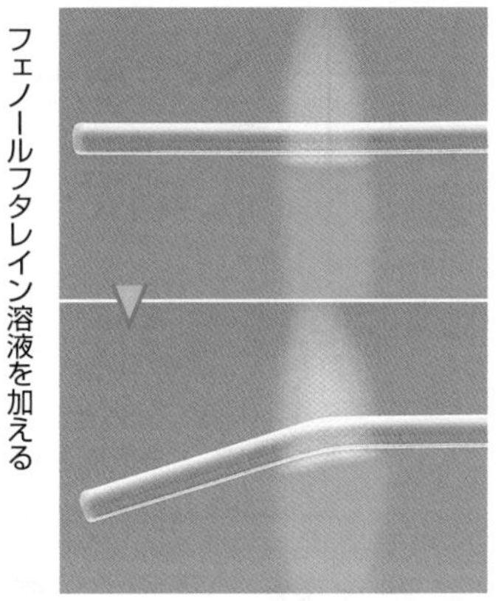

ガラスは結晶構造をもたないため，加熱すると徐々に軟化し，一定の融点を示さない。

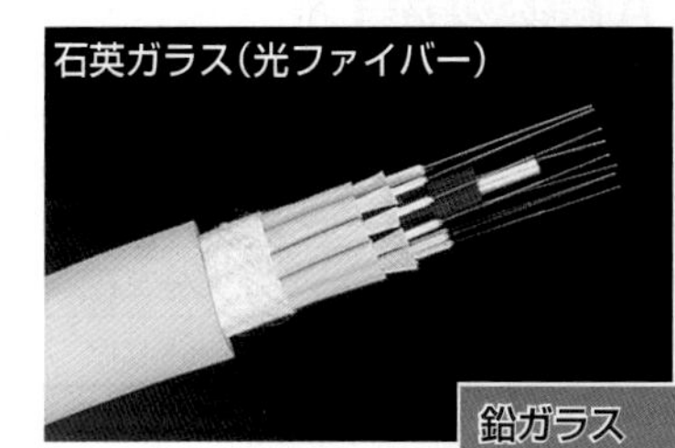

二酸化ケイ素からなる石英ガラスは耐熱性にすぐれ，紫外線をよく透過させる。光ファイバーに使われる。

鉛ガラス(▶P.164)は屈折率が大きいので，ガラス工芸や光学ガラスに使われる。

B 陶器

粘土(アルミノケイ酸塩)などを水で練り，約1000℃で焼き固める。

C 磁器

陶器よりも高い温度(約1400℃)で焼いたもの。緻密で硬い。

Column ガラス細工

ガラスは加熱すると軟化するため，曲げたり引き伸ばしたりして，自由に成形することができる。また，金属イオンを加えることによって，いろいろな色に着色できる。

ガラスの着色

イオン	色	イオン	色
Fe^{2+}	青緑	Cr^{3+}	緑
Fe^{3+}	黄	Mn^{2+}	赤紫
Cu^{2+}	淡青	Co^{2+}	濃青

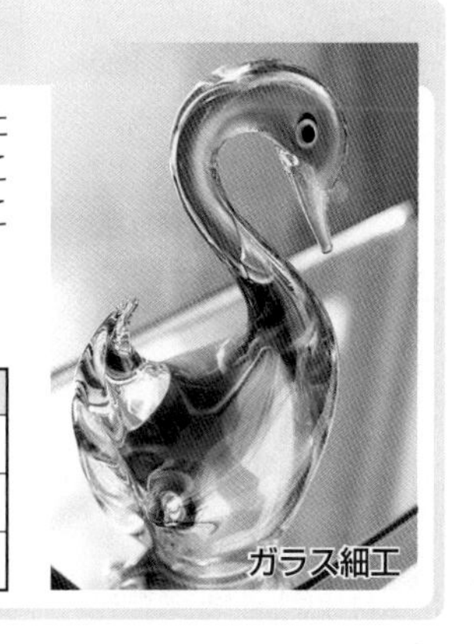

ガラスは人工物ばかりでなく，自然の中でもつくられる。マグマが固まってできる黒曜石がその例で，石器時代には矢じりや包丁として利用されていた。

160 気体の製法と性質

1 気体の捕集法 空気の分子量との比較と，水への溶解性によって，捕集法を決める。

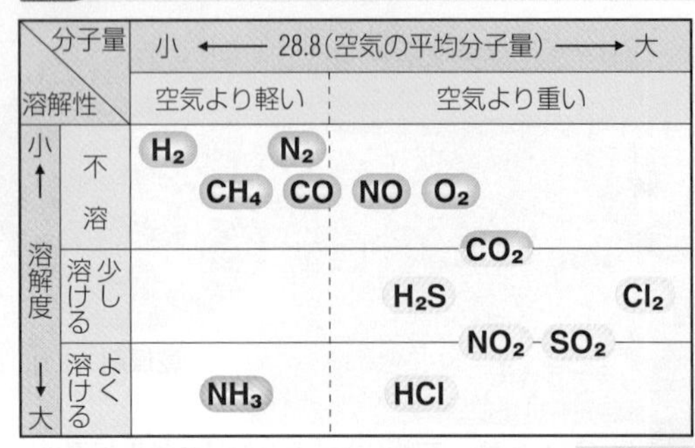

溶解性＼分子量	小 ←― 28.8(空気の平均分子量) ―→ 大	
	空気より軽い	空気より重い
小↑ 不溶	H_2 N_2 CH_4 CO	NO O_2
溶解度 少し溶ける		CO_2 H_2S Cl_2
↓大 よく溶ける	NH_3	NO_2・SO_2 HCl

水に溶けにくい ――→ 水上置換

水に溶けやすい ―┬→ 空気より軽い ――→ 上方置換
　　　　　　　　└→ 空気より重い ――→ 下方置換

水に溶けにくい気体を集める。

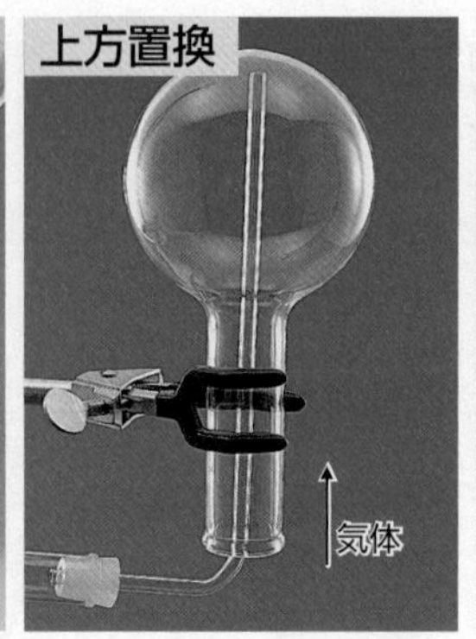

水に溶けやすく，空気より軽い気体を集める。

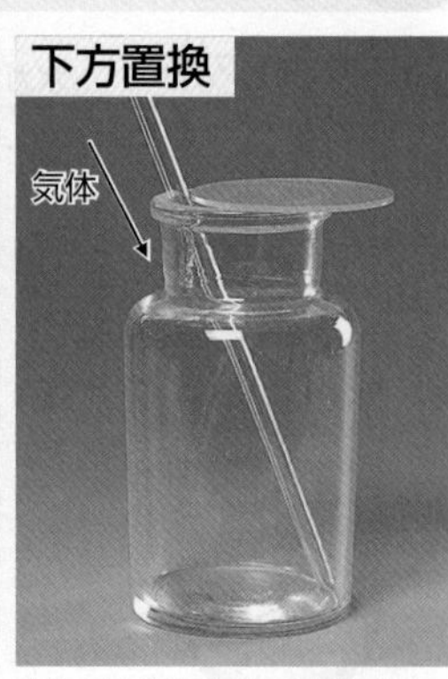

水に溶けやすく，空気より重い気体を集める。

2 気体の洗浄と乾燥 洗浄液や乾燥剤を使って，発生した気体に含まれる水や不純物を除く。

気体の酸性・塩基性

酸性 ←―	―→ 塩基性
HCl SO_2 H_2S CO_2 NO_2 Cl_2	NH_3

気体の酸化力・還元力

酸化力	還元力
NO_2 O_3 Cl_2 O_2	SO_2* H_2S CO H_2

*H_2S などの強力な還元剤には，酸化剤として働く(▶P.85)。

気体の性質を確認し，洗浄液や乾燥剤には，捕集する気体と反応しないものを使用する。

A 気体の乾燥

		乾燥剤	適さない気体
固体	酸性	十酸化四リン	塩基性の気体
	中性	塩化カルシウム	NH_3 *1
	塩基性	酸化カルシウム，ソーダ石灰	酸性の気体
液体	酸性	濃硫酸	塩基性の気体，H_2S *2

酸性の気体に塩基性の乾燥剤，塩基性の気体に酸性の乾燥剤は使えない。

*1 $CaCl_2 \cdot 8NH_3$ のような付加物が形成される。
*2 硫化水素 H_2S は強い還元性がある。

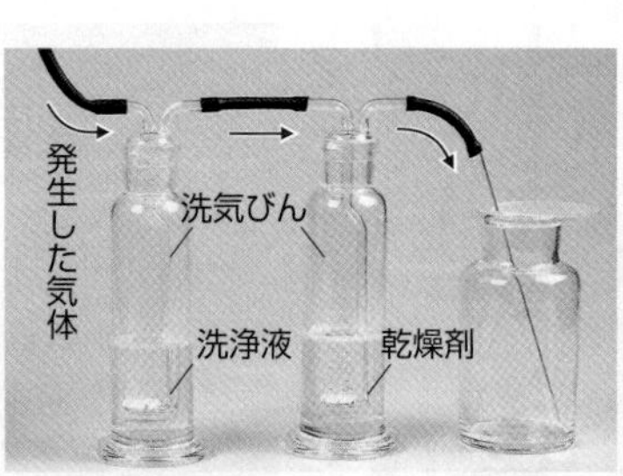

気体は洗浄液→乾燥剤の順に通す。こうして，洗浄液に通したときに含まれた水蒸気も除く。 ▶P.145

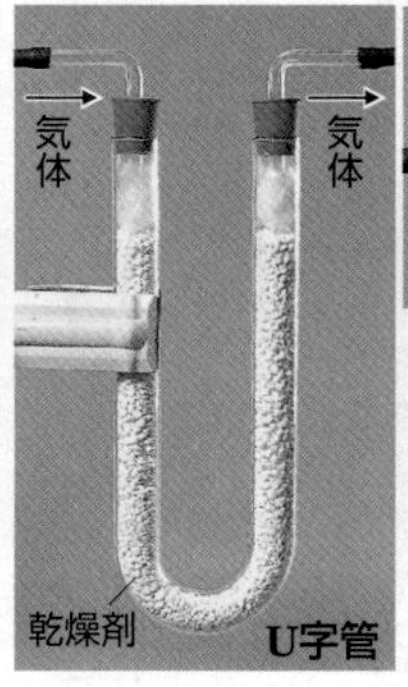

気体　気体
乾燥剤　塩化カルシウム管

乾燥剤が固体の場合は，U字管や塩化カルシウム管を利用する。

3 気体の色

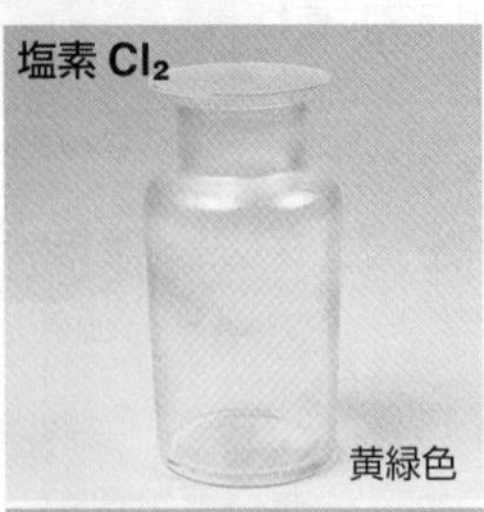

4 水への溶解

気体が水に溶解するときは，分子の形を保ったまま溶解するものや，水分子と反応して電離するものなどがある。電離する気体は，水に比較的よく溶ける。

5 気体の毒性

許容濃度* [ppm]	気体
0.1	オゾン，臭素
0.5	塩素
1	フッ素
2	二酸化硫黄
3	臭化水素，二酸化窒素，フッ化水素
5	塩化水素
10	硫化水素
25	アンモニア
50	一酸化炭素

*空気中の濃度が許容濃度以下であれば，健康に悪影響を与えないとされる。

- 刺激性のもの
  水に溶けて粘膜を刺激。水への溶けやすさにより，のどを刺激するもの，肺胞まで到達して肺水腫(はいすいしゅ)を引き起こすものがある。
  例 アンモニア，塩化水素，フッ化水素，二酸化硫黄，塩素，臭素，オゾン，二酸化窒素
- ヘモグロビンの働きを阻害(そがい)するもの
  血液中のヘモグロビンと結びつき，ヘモグロビンの酸素運搬能力をうばう。▶P.157
  例 一酸化炭素
- 窒息性のもの
  閉めきった室内などで高濃度になると，空気が置換されて酸素濃度が低下する。
  例 窒素(液体窒素使用時など)

プチ雑学 酸素も，通常より高圧もしくは高濃度で存在すると，脳などの中枢神経系や肺に害を及ぼすことがある。深く潜水するダイビングなどでは，この酸素中毒が起こる可能性があるため，きちんとした訓練が必要になる。

Keywords ●水上置換 "Over-water" method ●上方置換 "Upward-delivery" method
●下方置換 "Downward-delivery" method

6 気体の性質

水への溶解性 ◎…よく溶ける ○…溶ける △…少し溶ける ×…溶けない

名称・化学式	色	におい	毒性	水への溶解性 液性	軽重(空気比) 分子量	捕集法	実験室的製法(化学反応式)	反応	参照ページ
水素 H_2	—	—	—	×	軽い 2.0	水上置換	❹ $Zn + \underset{\text{希硫酸}}{H_2SO_4} \longrightarrow ZnSO_4 + H_2\uparrow$ (キップの装置使用可)	酸化還元	P.140
酸素 O_2	—	—	—	×	ほぼ同じ 32.0	水上置換	❹ $2H_2O_2 \xrightarrow{MnO_2(\text{触媒})} 2H_2O + O_2\uparrow$ ❹ $2KClO_3 \xrightarrow[\text{加熱}]{MnO_2(\text{触媒})} 2KCl + 3O_2\uparrow$	分解(酸化還元) 分解(酸化還元)	P.148
オゾン O_3	淡青色	特異臭	有	△	重い 48.0		$3O_2 \xrightarrow[\text{無声放電}]{} 2O_3$		P.148
窒素 N_2	—	—	—	×	ほぼ同じ 28.0	水上置換	❸ $NH_4NO_2 \xrightarrow[\text{加熱}]{} N_2\uparrow + 2H_2O$	分解	P.152
塩素 Cl_2	黄緑色	刺激臭	有	○ 酸性	重い 70.9	下方置換	❹ $\underset{\text{さらし粉}}{CaCl(ClO)\cdot H_2O} + \underset{\text{塩酸}}{2HCl} \longrightarrow CaCl_2 + 2H_2O + Cl_2\uparrow$ ❹ $MnO_2 + \underset{\text{濃塩酸}}{4HCl} \xrightarrow[\text{加熱}]{} MnCl_2 + 2H_2O + Cl_2\uparrow$	酸化還元 酸化還元	P.145
アンモニア NH_3	—	刺激臭	有	◎ 弱塩基性	軽い 17.0	上方置換	❶ $2NH_4Cl + Ca(OH)_2 \xrightarrow[\text{加熱}]{} CaCl_2 + 2NH_3\uparrow + 2H_2O$	酸・塩基	P.152
フッ化水素 HF	—	刺激臭	有	◎ 弱酸性	軽い 20.0	下方置換*	❷ $\underset{\text{ホタル石}}{CaF_2} + \underset{\text{濃硫酸}}{H_2SO_4} \xrightarrow[\text{加熱}]{} CaSO_4 + 2HF\uparrow$	揮発性の酸発生	P.146
塩化水素 HCl	—	刺激臭	有	◎ 強酸性	重い 36.5	下方置換	❷ $NaCl + \underset{\text{濃硫酸}}{H_2SO_4} \xrightarrow[\text{加熱}]{} NaHSO_4 + HCl\uparrow$	揮発性の酸発生	P.146
硫化水素 H_2S	—	腐卵臭	有	○ 弱酸性	重い 34.1	下方置換	❶ $FeS + \underset{\text{希硫酸}}{H_2SO_4} \longrightarrow FeSO_4 + H_2S\uparrow$ (キップの装置使用可 H_2SO_4のかわりにHClでも可)	酸・塩基	P.150
一酸化炭素 CO	—	—	有	×	ほぼ同じ 28.0	水上置換	❸ $HCOOH \xrightarrow[\text{加熱}]{\text{濃硫酸(脱水剤)}} H_2O + CO\uparrow$	分解	P.157
二酸化炭素 CO_2	—	—	—	△ 弱酸性	重い 44.0	下方置換 水上置換	❶ $CaCO_3 + \underset{\text{希塩酸}}{2HCl} \longrightarrow CaCl_2 + H_2O + CO_2\uparrow$ (キップの装置使用可)	酸・塩基	P.157
一酸化窒素 NO	—	—	—	×	ほぼ同じ 30.0	水上置換	❹ $3Cu + \underset{\text{希硝酸}}{8HNO_3} \longrightarrow 3Cu(NO_3)_2 + 4H_2O + 2NO\uparrow$	酸化還元	P.153
二酸化窒素 NO_2	赤褐色	刺激臭	有	◎ 酸性	重い 46.0	下方置換	❹ $Cu + \underset{\text{濃硝酸}}{4HNO_3} \longrightarrow Cu(NO_3)_2 + 2H_2O + 2NO_2\uparrow$	酸化還元	P.153
二酸化硫黄 SO_2	—	刺激臭	有	◎ 弱酸性	重い 64.1	下方置換	❶ $NaHSO_3 + \underset{\text{希硫酸}}{H_2SO_4} \longrightarrow NaHSO_4 + H_2O + SO_2\uparrow$ ($NaHSO_3$のかわりにNa_2SO_3でも可) ❹ $Cu + \underset{\text{濃硫酸}}{2H_2SO_4} \xrightarrow[\text{加熱}]{} CuSO_4 + 2H_2O + SO_2\uparrow$	酸・塩基 酸化還元	P.150

気体の発生法の考え方

❶ 弱酸(または弱塩基)の塩に，強酸(または強塩基)を作用させて，弱酸(または弱塩基)を発生させる。
❷ 揮発性の酸として，加熱し追い出す。
❸ 脱水反応を利用して発生させる。
❹ 酸化還元反応を利用して発生させる。

＊常温では，おもに二量体$(HF)_2$を形成するため，分子量が空気より大きくなる。

7 気体の検出

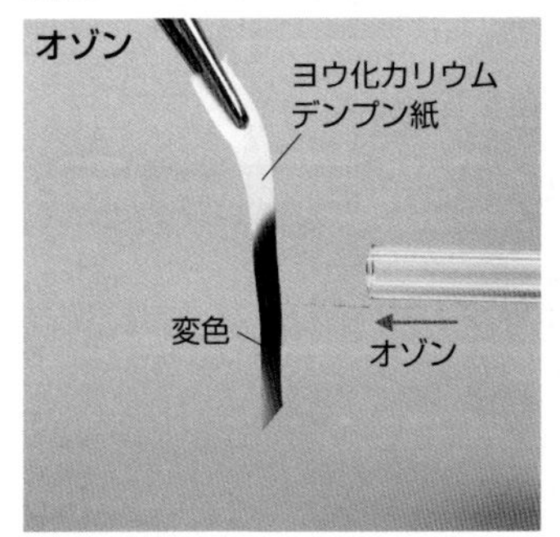

酸化力の強いオゾンや塩素は，ヨウ化カリウムデンプン紙を変色させる。 ➤P.145, 148

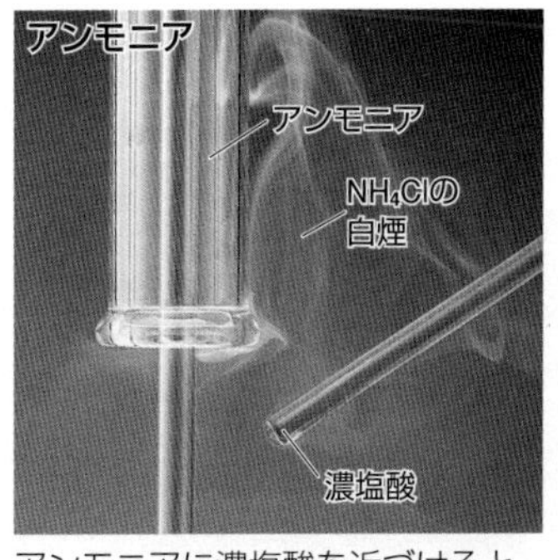

アンモニアに濃塩酸を近づけると，白煙が生じる。この反応は塩化水素の検出にも使われる。 ➤P.70

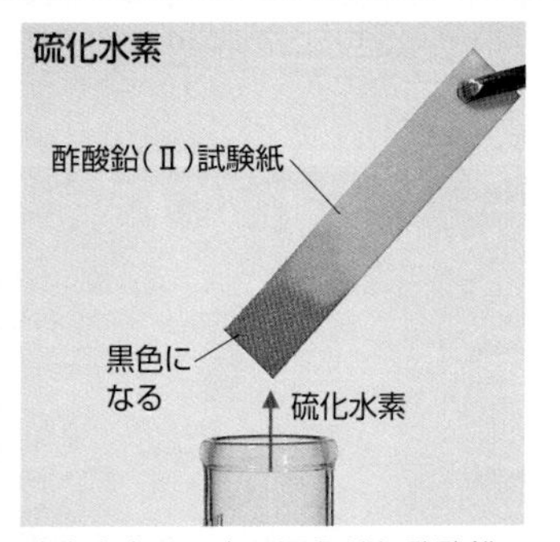

硫化水素は，水で湿らせた酢酸鉛(Ⅱ)試験紙を黒色にする。 ➤P.170

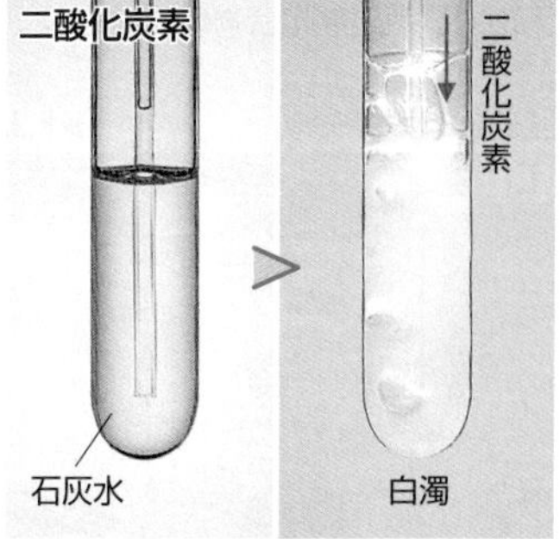

二酸化炭素は，石灰水(水酸化カルシウムの水溶液)を白濁させる。 ➤P.157

思考問題 アンモニアを発生させるとき，塩化アンモニウムと水酸化カルシウムのかわりに，硫酸アンモニウムと水酸化ナトリウムを用いてもアンモニアを発生させることができるか。

162 アルカリ金属

1 アルカリ金属の単体

水素以外の1族元素をアルカリ金属という。アルカリ金属の単体は，軽くてやわらかい。

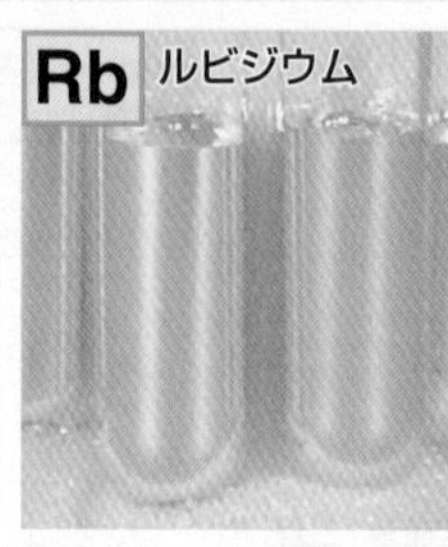

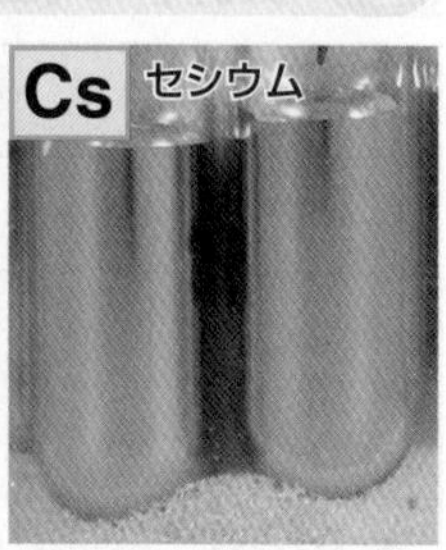

やわらかく，ナイフで切ることができる。切った直後の面は金属光沢を示すが，すぐに酸化され，光沢がなくなる。例 $4Na + O_2 \longrightarrow 2Na_2O$

	リチウム Li	ナトリウム Na	カリウム K	ルビジウム Rb	セシウム Cs	フランシウム Fr
融点／沸点(℃)	180.5／1347	97.8／883	63.7／774	39.3／688	28.4／678	微量しか存在しないため，不明。
密度(g/cm³)	0.534	0.971	0.862	1.532	1.873	
イオン化エネルギー(kJ/mol)	520	496	419	403	376	393

原子番号が大きい原子ほど，イオン化エネルギー(➤P.41)は小さく，陽イオンになりやすい。

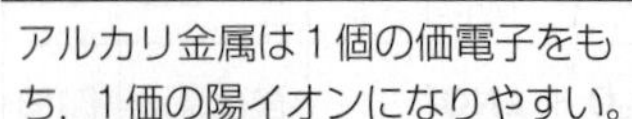

酸化数 0 → +1	K	L	M	N	O	P	Q
₃Li	2	1					
₁₁Na	2	8	1				
₁₉K	2	8	8	1			
₃₇Rb	2	8	18	8	1		
₅₅Cs	2	8	18	18	8	1	
₈₇Fr	2	8	18	32	18	8	1

（表の上段見出し：電子配置）

アルカリ金属は1個の価電子をもち，1価の陽イオンになりやすい。

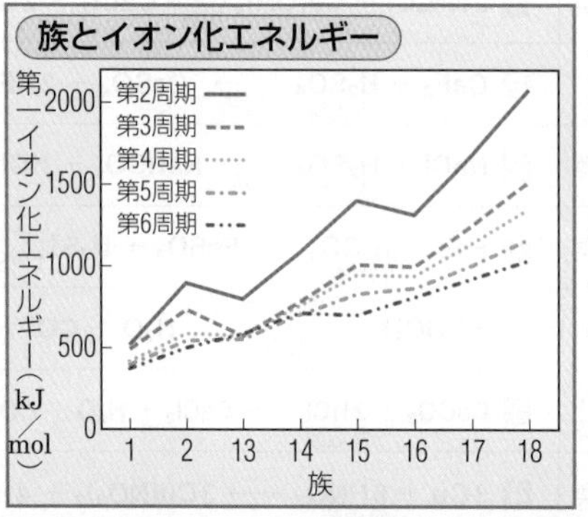

アルカリ金属の単体は，ほかの族の元素の単体と比べて，密度が小さく，やわらかくて融点や沸点も低い。また，イオン化エネルギーが小さく，反応性が高い。

ウユニ塩原(ボリビア)には，世界のリチウム埋蔵量の約50%が存在すると推定されている。

A 炎色反応 ➤P.28

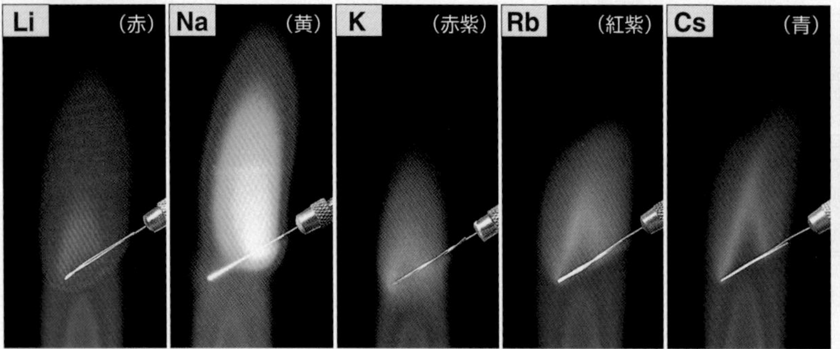

アルカリ金属は化合物の沈殿をつくらないが，炎色反応（えんしょくはんのう）で元素の確認ができる。

花火の色には，炎色反応が利用されている。たとえば，黄色はナトリウムの炎色反応による。

参考 炎の色

炎の熱で，金属塩から金属原子が生じる。金属原子は励起（れいき）し，光を出しながら，基底状態に戻る(➤P.35)。光の色(波長)は，励起状態と基底状態とのエネルギー差（各元素に固有の値）で決まる。

B 利用

➤P.92

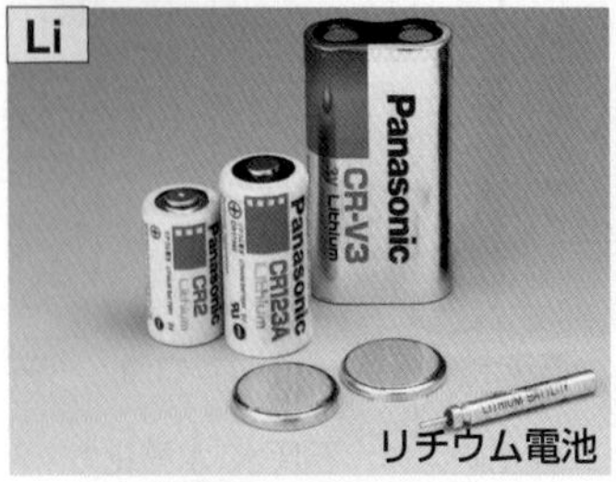

イオン化傾向の大きなリチウムで起電力の大きな電池ができる。

ナトリウムが励起状態から基底状態へ移るときに出す光を利用。

カリウムは肥料の三要素の1つである。

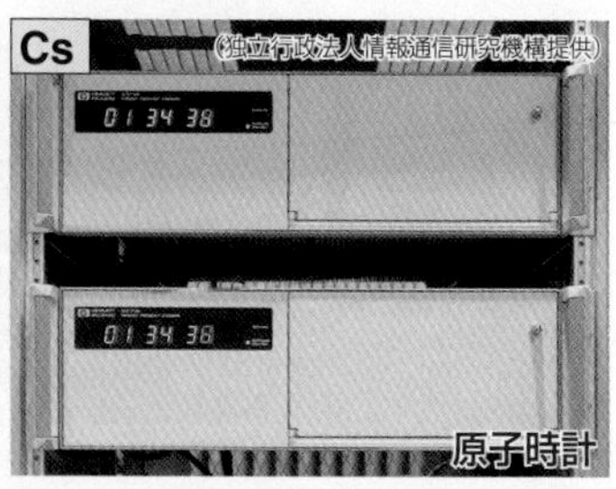

セシウム原子が出す光の周期を利用して，精密な原子時計ができる。

プチ雑学 1族元素である水素はアルカリ金属に含まれないが，超高圧の条件下では金属の性質を示すという予測が1935年に出されている。木星の中心部には，この「金属水素」が存在すると考えられている。

Keywords ●アルカリ金属 alkali metals ●リチウム Lithium ●ナトリウム Sodium ●カリウム Potassium ●ルビジウム Rubidium ●セシウム C(a)esium ●溶融塩電解 molten salt electrolysis
動 Na，K 動 炎色反応

2 アルカリ金属の反応

アルカリ金属の単体は酸化されやすく，化合物(イオン)に変化しやすい。

A 水との反応

水を還元して水素を発生する。反応後の水溶液は強い塩基性を示す。

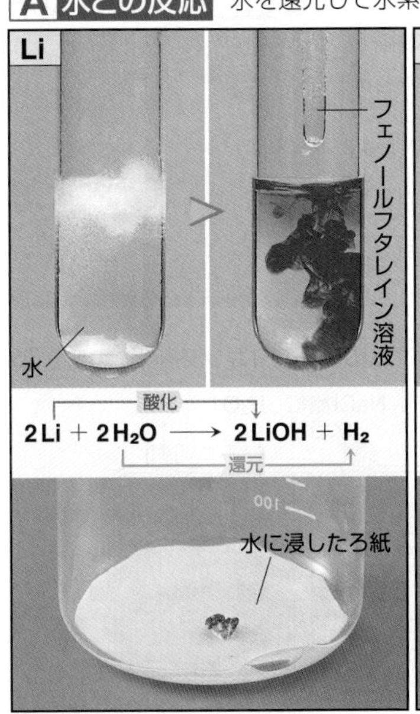

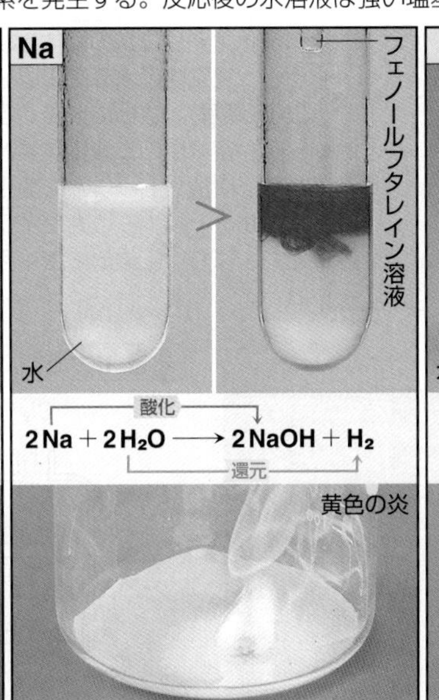

生成する化合物は，電離するため，沈殿は生じない。

アルカリ金属の単体は，イオン化傾向(▶P.88)が大きく，酸化されて化合物(陽イオン)になりやすい。水との反応も，水による酸化(水を還元)であり，原子番号が大きいほど(Li ＜ Na ＜ K)，反応は激しい。固体のナトリウム，カリウムは，水と反応すると液体(球状)になり，発生した水素は発火して燃える。

B エタノールとの反応

エタノールを還元(▶P.209)。

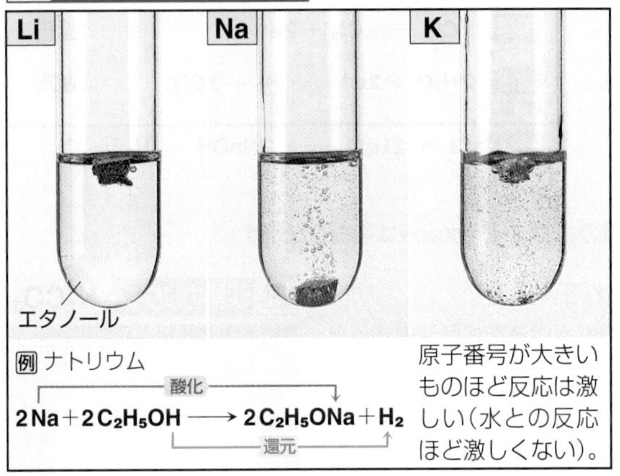

原子番号が大きいものほど反応は激しい(水との反応ほど激しくない)。

C 塩素との反応

酸化

$$2Na + Cl_2 \longrightarrow 2NaCl$$

還元

参考 アルカリ金属の保存法

アルカリ金属の単体は，空気中ですぐに酸化される。水と激しく反応するため，石油中に保存する。また，手で直接触れてもいけない。

3 ナトリウムの製造

溶融塩電解

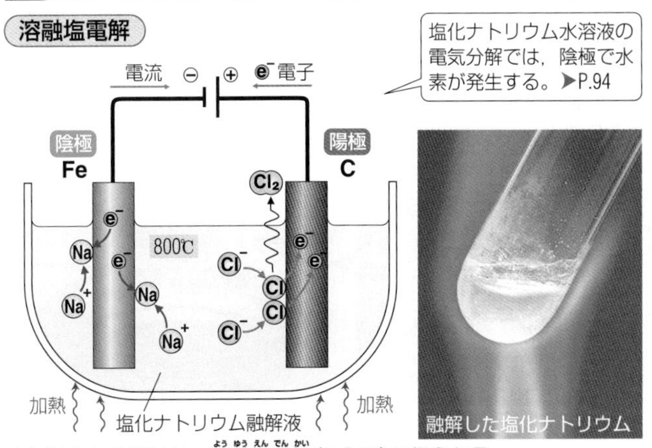

塩化ナトリウム水溶液の電気分解では，陰極で水素が発生する。▶P.94

ナトリウムの単体は，溶融塩電解(▶P.95)で得られる。

Column アルカリ金属と生物

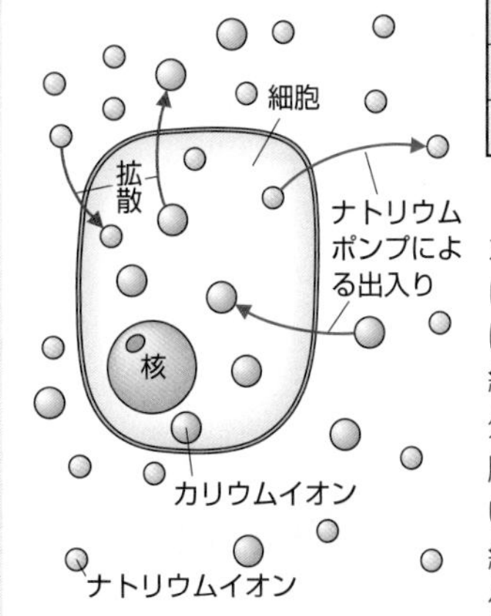

	細胞外の濃度	細胞内の濃度
Na^+	145	5〜15
K^+	5	140

単位は$\times 10^{-3}$ mol/L

カリウムは，酵素(▶P.257)の活性化に重要な役割を果たすなど，生物には必要な元素である。

細胞には，ナトリウムイオンを細胞外へ運び出し，カリウムイオンを細胞内にとりこむナトリウムポンプというしくみがある。これによって，細胞内のカリウムイオン濃度が高く保たれる。

2011年の東日本大震災で東京電力福島第一原子力発電所の被害が確認されてから，放射性セシウムが話題となった。アルカリ金属であるセシウムは，ナトリウムやカリウムと性質が似ているため，生物の体内にとり込まれやすい。さらに放射性セシウムの半減期は約30年と長いため，長期的に影響を調査することや対策をとることが必要である。

アルカリ金属の化合物

1 アルカリ金属の水酸化物

アルカリ金属の水酸化物はいずれも水に溶けて強い塩基性を示し，酸と中和反応する。

A 水酸化ナトリウム NaOH

水酸化ナトリウムは潮解性をもつ。

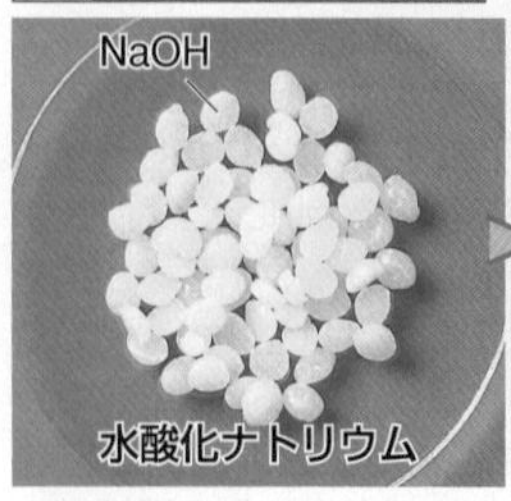

水酸化ナトリウム

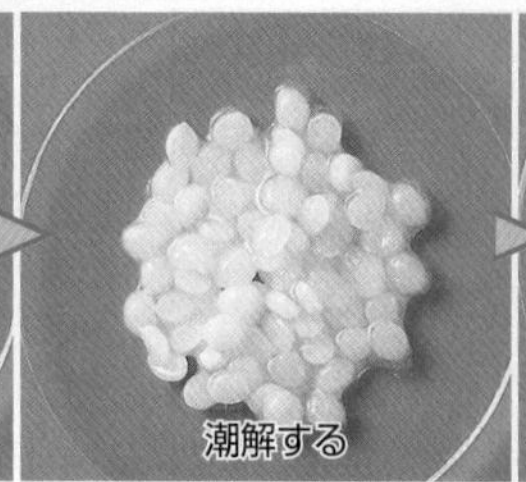
潮解する

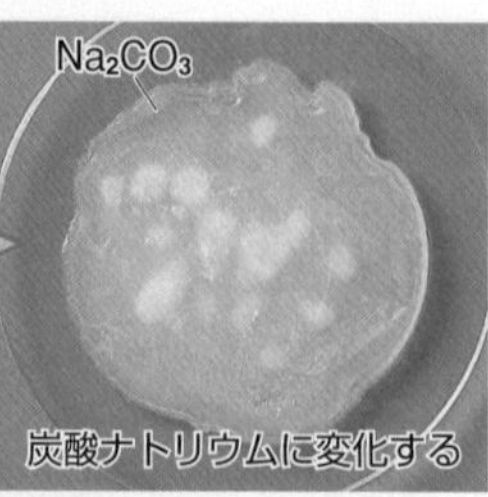

炭酸ナトリウムに変化する

水酸化ナトリウムの固体を放置すると，空気中の水分を吸収して溶ける（**潮解**）。さらに放置すると，一部が空気中の二酸化炭素と反応して，炭酸ナトリウムに変化する。水酸化ナトリウムはカセイソーダともよばれ，工業的に広く利用される。

B 水酸化カリウム KOH

水酸化カリウム

強塩基性

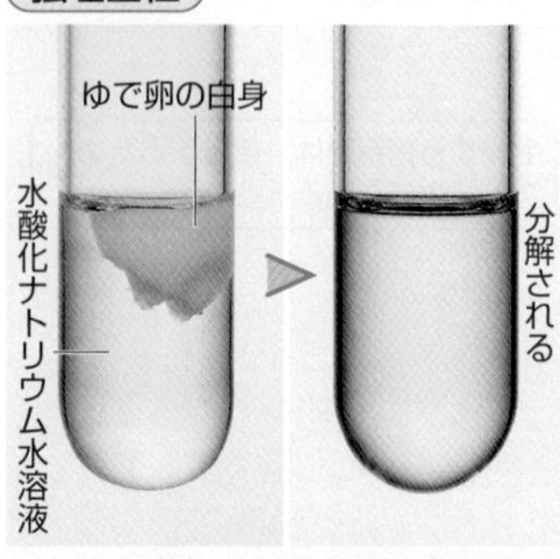

タンパク質（▶P.256）は強い塩基性の水溶液によって分解される。

⚠水酸化ナトリウム水溶液が肌に付いたら，すぐに洗い流さなければならない。

二酸化炭素との反応

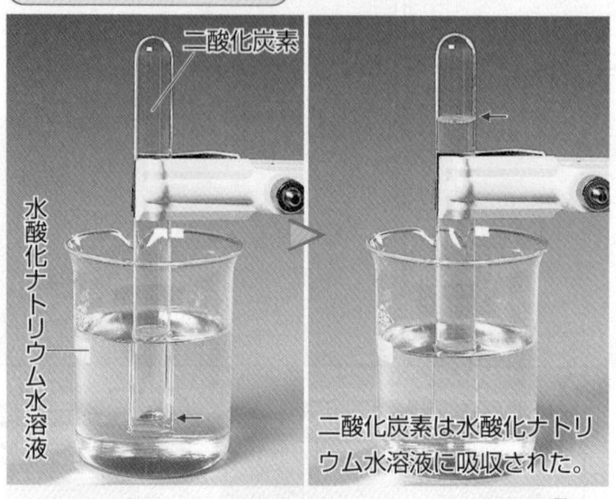

二酸化炭素は水酸化ナトリウム水溶液に吸収された。

$$2NaOH + CO_2 \longrightarrow Na_2CO_3 + H_2O$$

━：酸　┅：塩基

アルカリ金属の水酸化物は強塩基で，二酸化炭素と反応して，炭酸塩や炭酸水素塩を生成する。

水酸化ナトリウムの製造

イオン交換膜法▶P.95, 195

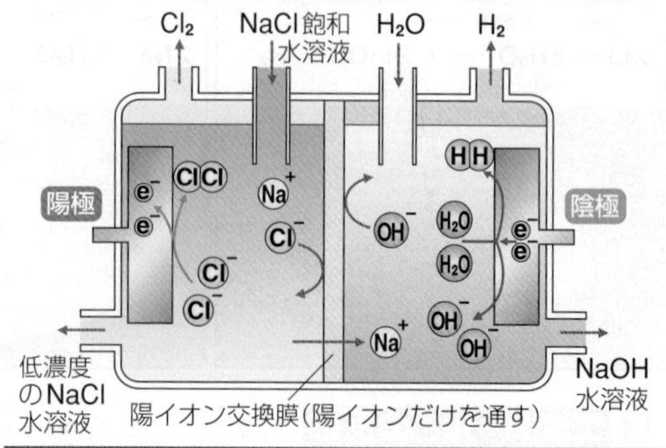

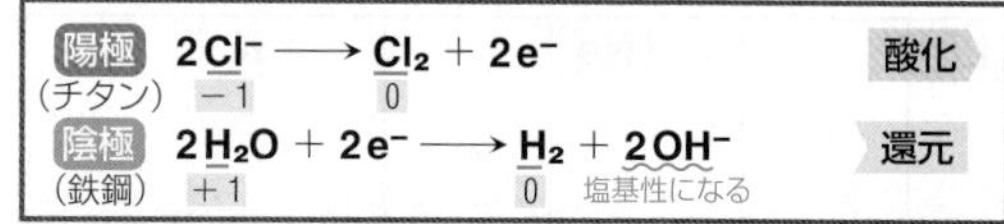

$$2NaCl + 2H_2O \longrightarrow 2NaOH + H_2 + Cl_2$$

2 アルカリ金属の炭酸塩

アルカリ金属の炭酸塩は，弱酸と強塩基の塩であり，水溶液は塩基性を示す。

A 炭酸ナトリウム Na_2CO_3

工業的には**アンモニアソーダ法（ソルベー法）**でつくられる。

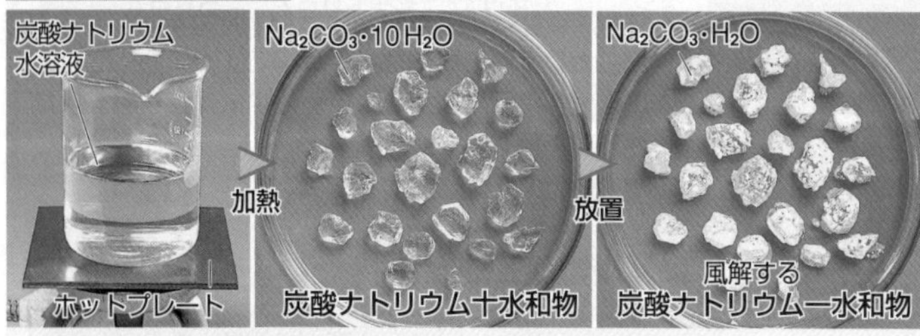

$$Na_2CO_3 \cdot 10H_2O \longrightarrow Na_2CO_3 \cdot H_2O + 9H_2O$$

炭酸ナトリウム水溶液を加熱濃縮すると，十水和物の結晶が析出する。その十水和物を空気中で放置すると，一水和物になる。このように水和水の一部が失われて粉末状の結晶になることを**風解**という。炭酸ナトリウムは炭酸ソーダともよばれ，ガラスやセッケンの製造，製紙工業などに利用される。

B 炭酸カリウム K_2CO_3

炭酸カリウム

中華めんの食感をよくするための かん水 に用いられる。

強塩基性

$$CO_3^{2-} + H_2O \rightleftarrows HCO_3^- + OH^-$$

水によく溶け，一部が加水分解して塩基性を示す。

ガラスの製造

$$SiO_2 + Na_2CO_3 \longrightarrow Na_2SiO_3 + CO_2$$

※ここで得られるのは鉛ガラス（▶P.159）。

ケイ砂，炭酸ナトリウム，酸化鉛（Ⅱ）をるつぼ（▶P.14）に入れる。

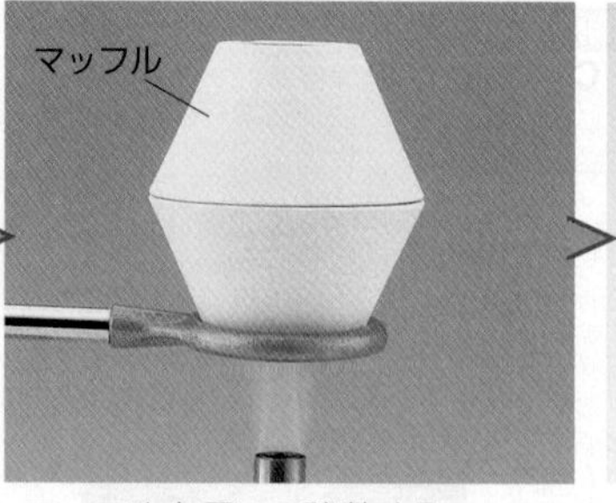

マッフルを用いて強熱する。

融解物をとり出し，静置して冷却すると，ガラスが得られる。

プチ雑学　吸湿性と潮解性は意味が異なる。吸湿性は，物質が空気中の水分を吸収する性質のことをいう。潮解性は，吸湿性をもつ物質が，吸収した水に溶けて水溶液になる性質のことをいう。

Keywords ●水酸化ナトリウム sodium hydroxide ●潮解 deliquescence ●炭酸ナトリウム sodium carbonate ●風解 efflorescence ●炭酸水素ナトリウム sodium hydrogencarbonate ●アンモニアソーダ法 ammonia-soda process

C 炭酸水素ナトリウム

$HCO_3^- \rightleftarrows CO_2 + OH^-$

重曹(重炭酸曹達)ともよばれ，水溶液は弱い塩基性を示す。炭酸ナトリウム水溶液に二酸化炭素を通すと生じる。

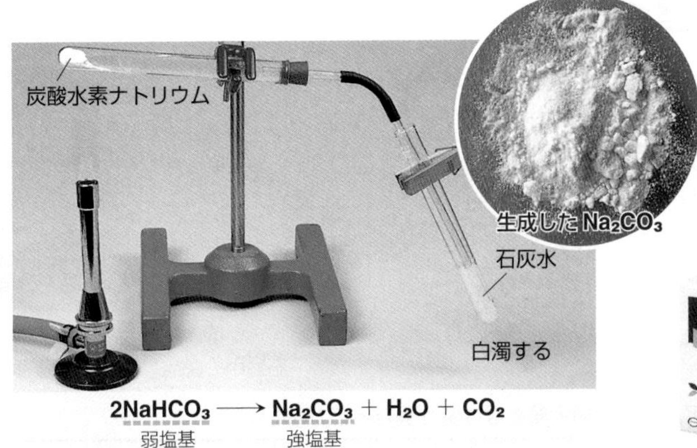

$2NaHCO_3 \longrightarrow Na_2CO_3 + H_2O + CO_2$
（弱塩基）（強塩基）

炭酸水素ナトリウムは，加熱により炭酸ナトリウムと水と二酸化炭素に分解する。また，強酸を加えても，二酸化炭素が発生する。

利用

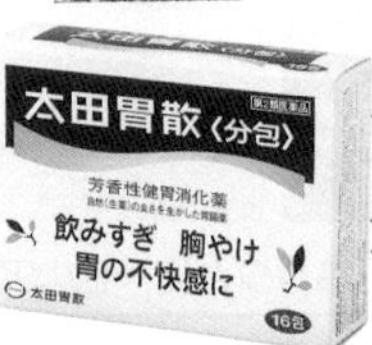

炭酸水素ナトリウムは，ベーキングパウダー(ふくらし粉)や胃薬，発泡性の入浴剤などに使われる。

実験 アルカリ金属の炭酸塩 ●水酸化ナトリウム水溶液に二酸化炭素を通す。

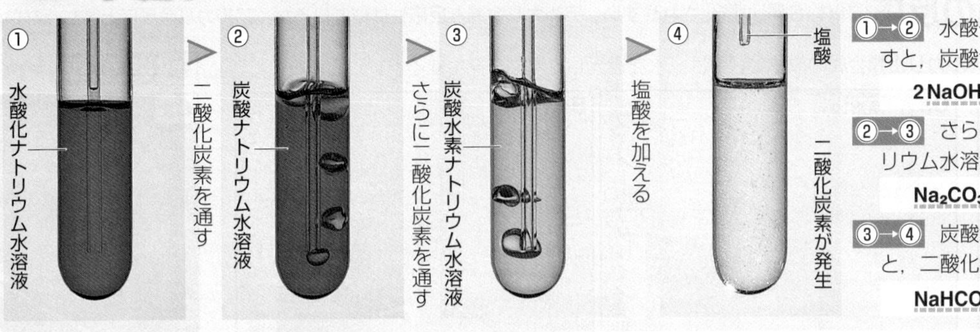

―：酸 ┅：塩基

①→② 水酸化ナトリウム水溶液に二酸化炭素を通すと，炭酸ナトリウム水溶液になる。

$2NaOH + CO_2 \longrightarrow Na_2CO_3 + H_2O$

②→③ さらに二酸化炭素を通すと，炭酸水素ナトリウム水溶液になる。

$Na_2CO_3 + H_2O + CO_2 \longrightarrow 2NaHCO_3$

③→④ 炭酸水素ナトリウム水溶液に塩酸を加えると，二酸化炭素が発生する。

$NaHCO_3 + HCl \longrightarrow NaCl + H_2O + CO_2$

※水溶液にはフェノールフタレイン溶液が加えてある。

3 アンモニアソーダ法 炭酸カルシウムと塩化ナトリウムの飽和水溶液から炭酸ナトリウムをつくる(➤P.195)。

反応1 $NaCl + NH_3 + H_2O + CO_2 \longrightarrow NH_4Cl + NaHCO_3$
（NaCl：溶ける・中性，NH_3：弱塩基，CO_2：弱酸，NH_4Cl：溶ける・弱酸，$NaHCO_3$：溶け残る・弱塩基）

反応2 $2NaHCO_3 \xrightarrow{加熱(200℃)} Na_2CO_3 + H_2O + CO_2$
（$NaHCO_3$：弱塩基，Na_2CO_3：強塩基(目的物)，CO_2：弱酸）

塩化ナトリウムの飽和水溶液にアンモニアを十分吸収させて二酸化炭素を通すと，溶解度の小さい炭酸水素ナトリウムが沈殿する(反応1)。この反応は次の影響によって進む。
- アンモニウムイオンによって二酸化炭素の溶解度が大きくなり，炭酸水素イオンの濃度が大きくなる。
- 塩化ナトリウムの共存による共通イオン効果(➤P.137)のために炭酸水素ナトリウムの溶解度がより小さくなる。

物質の流れ

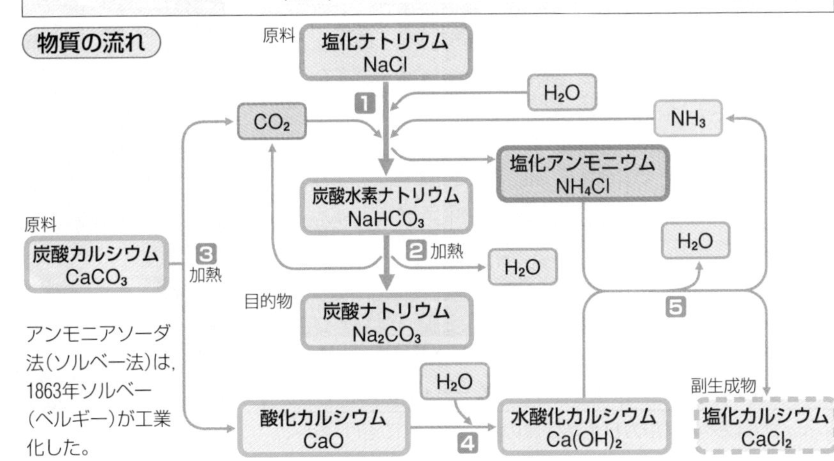

アンモニアソーダ法(ソルベー法)は，1863年ソルベー(ベルギー)が工業化した。

反応3 $CaCO_3 \longrightarrow CaO + CO_2$ ➤P.167

反応4 $CaO + H_2O \longrightarrow Ca(OH)_2$ ➤P.167

反応5 $2NH_4Cl + Ca(OH)_2 \longrightarrow CaCl_2 + 2H_2O + 2NH_3$
（$Ca(OH)_2$：強塩基，NH_3：弱塩基）

―：酸 ┅：塩基

反応1～5をまとめると，

$2NaCl + CaCO_3 \longrightarrow Na_2CO_3 + CaCl_2$

となる。反応で生成する CO_2 や NH_3 は，再利用される。

現在，反応1では，ハーバー・ボッシュ法で合成した NH_3 が用いられる。また，副生成物の塩化カルシウムには有用な用途があまりないため，反応5を行わず，塩化アンモニウムをとり出して肥料などに利用している。

プチ雑学 重曹は油汚れの掃除にも利用される。水に溶けて塩基性を示す重曹が，油をけん化(➤P.217)することで分解し，さらにけん化によって生じたセッケンが油を落とすからである。また，水に溶けずに残った重曹が物理的に油をそぎ落とす効果もある。

アルカリ土類金属

1 アルカリ土類金属の単体

2族元素をアルカリ土類金属という。

Be ベリリウム

Mg マグネシウム

Ca カルシウム

Sr ストロンチウム

石油中に保存

Ba バリウム

石油中に保存

酸化数 0 +2	K	L	M	N	O	P	Q
$_{4}$Be	2	2					
$_{12}$Mg	2	8	2				
$_{20}$Ca	2	8	8	2			
$_{38}$Sr	2	8	18	8	2		
$_{56}$Ba	2	8	18	18	8	2	
$_{88}$Ra	2	8	18	32	18	8	2

(電子配置)

アルカリ土類金属は2個の価電子をもち，2価の陽イオンになりやすい。原子番号の大きい原子ほどイオン化エネルギー(▶P.41)が小さく，より陽イオンになりやすい。第7周期のラジウム Ra は放射性をもつ。

ベリリウム，マグネシウムは，他のアルカリ土類金属とは性質が異なる点が多い。

	ベリリウム Be	マグネシウム Mg
融点／沸点(℃)	1282／2970加圧	648.8／1090
密度(g/cm³)	1.848	1.738
イオン化エネルギー(kJ/mol)	899	738

カルシウム Ca	ストロンチウム Sr	バリウム Ba
839／1484	769／1384	729／1637
1.55	2.54	3.59
590	549	503

2 アルカリ土類金属の反応

単体(金属)は酸化されやすい。アルカリ金属と反応性は似ているが，アルカリ金属ほど激しくない。

A 水との反応

ベリリウム以外のアルカリ土類金属の単体(金属)は，水を還元して水素を発生する。

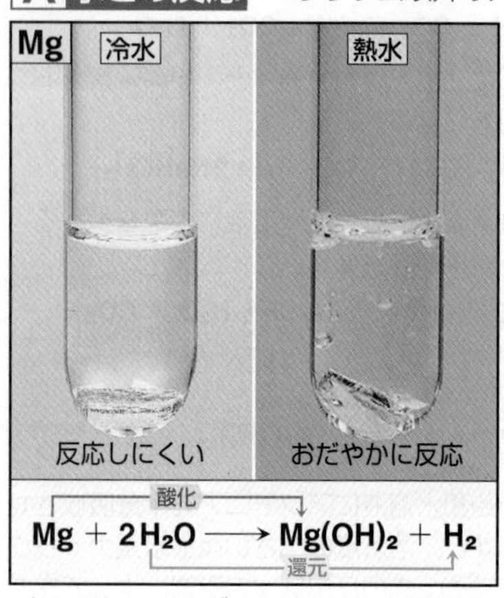

$Mg + 2H_2O \longrightarrow Mg(OH)_2 + H_2$ (酸化／還元)

$Ca + 2H_2O \longrightarrow Ca(OH)_2 + H_2$ (酸化／還元)

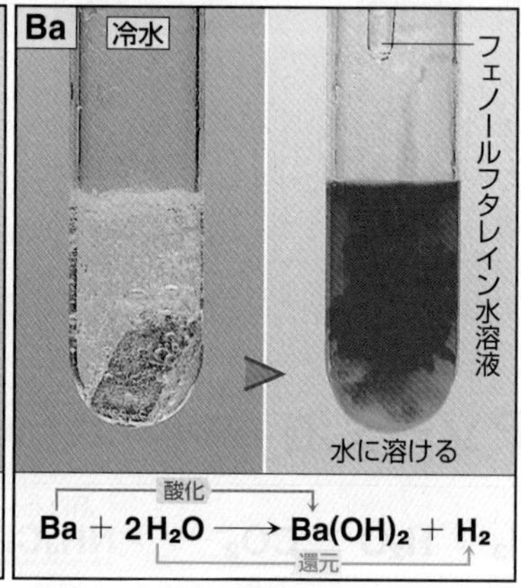

$Ba + 2H_2O \longrightarrow Ba(OH)_2 + H_2$ (酸化／還元)

ベリリウム，マグネシウムは，常温では水とほとんど反応しない。マグネシウムは熱水と反応する。

ベリリウム，マグネシウム以外のアルカリ土類金属は，いずれも常温で水と反応する。水酸化物は水に溶けて強塩基性を示す。

C 炎色反応

Ca (橙赤)

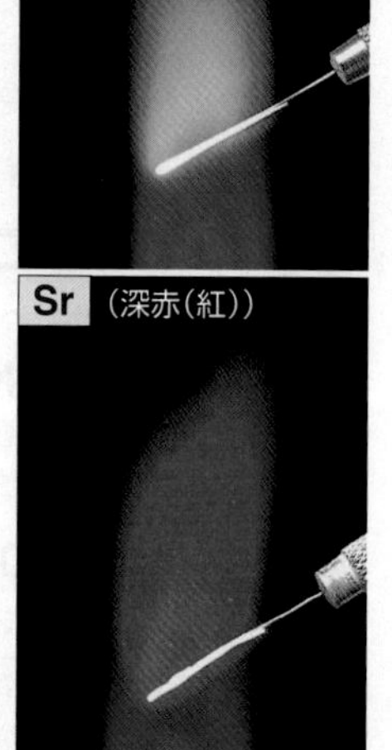

Sr (深赤(紅))

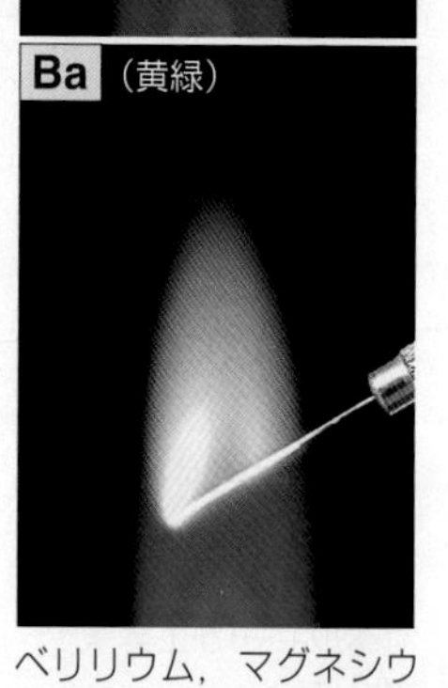

Ba (黄緑)

ベリリウム，マグネシウムは炎色反応を示さない。

B 酸との反応

アルカリ土類金属の単体は，酸で酸化され陽イオンになる。このとき，酸の水素イオンを還元して水素を発生する。

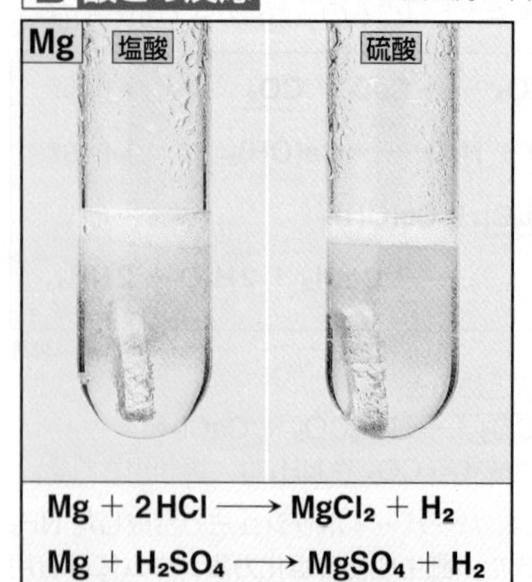

$Mg + 2HCl \longrightarrow MgCl_2 + H_2$

$Mg + H_2SO_4 \longrightarrow MgSO_4 + H_2$

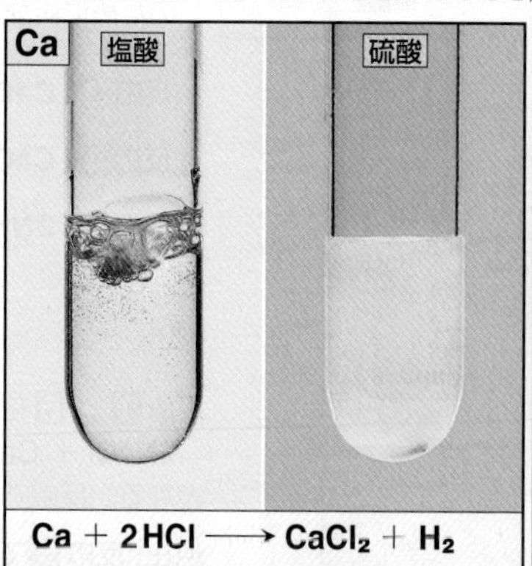

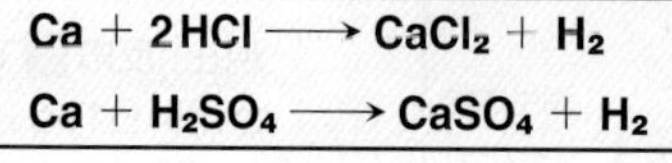

$Ca + 2HCl \longrightarrow CaCl_2 + H_2$

$Ca + H_2SO_4 \longrightarrow CaSO_4 + H_2$

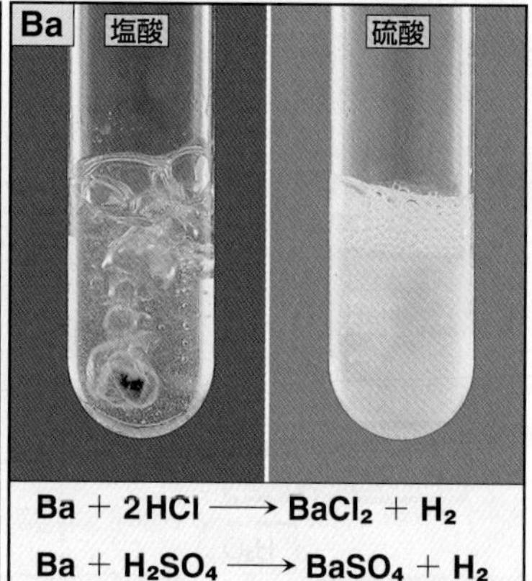

$Ba + 2HCl \longrightarrow BaCl_2 + H_2$

$Ba + H_2SO_4 \longrightarrow BaSO_4 + H_2$

マグネシウムの塩化物，硫酸塩は水に溶けやすい。

ベリリウム，マグネシウム以外のアルカリ土類金属の塩化物は水に溶けやすく，硫酸塩は水に溶けにくい。

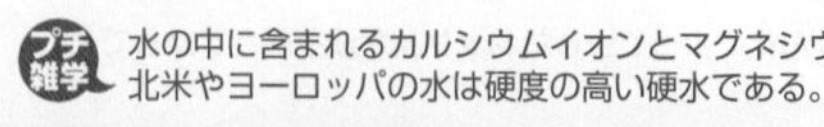

プチ雑学 水の中に含まれるカルシウムイオンとマグネシウムイオンの量を表した数値を硬度という。日本の水はほとんどが硬度の低い軟水だが，北米やヨーロッパの水は硬度の高い硬水である。 ▶P.199

3 カルシウムの化合物

カルシウムは，炭酸塩や硫酸塩などの化合物として，自然界に存在している。

A 水酸化カルシウム $Ca(OH)_2$

消石灰(しょうせっかい)ともよばれる。水にわずかに溶け(水溶液は**石灰水**)，強い塩基性を示す。

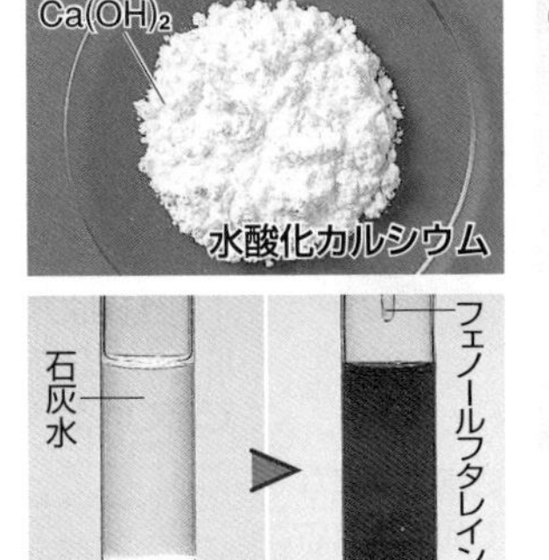

溶解度：0.15 g/100 g水，25 ℃

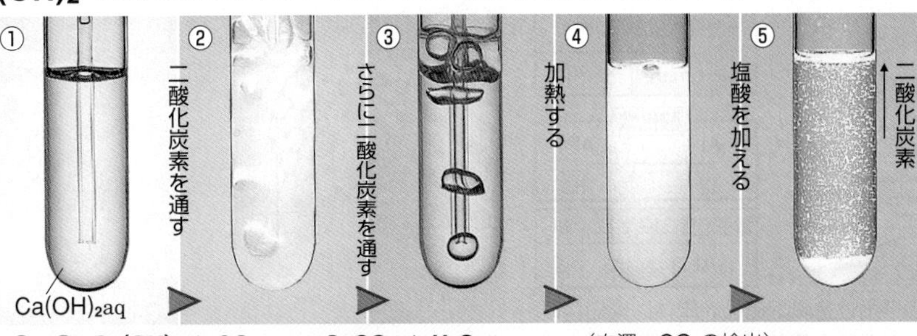

①→② $Ca(OH)_2 + CO_2 \longrightarrow CaCO_3 + H_2O$ (白濁，CO_2の検出)

②→③ $CaCO_3 + H_2O + CO_2 \longrightarrow Ca(HCO_3)_2$ (過剰のCO_2で溶解，鍾乳洞の形成)

③→④ $Ca(HCO_3)_2 \longrightarrow CaCO_3 + H_2O + CO_2$ (再び白濁，鍾乳石の形成)

④→⑤ $CaCO_3 + 2HCl \longrightarrow CaCl_2 + H_2O + CO_2$ (中和，$CaCl_2$は水に溶けやすい)

硫酸との反応

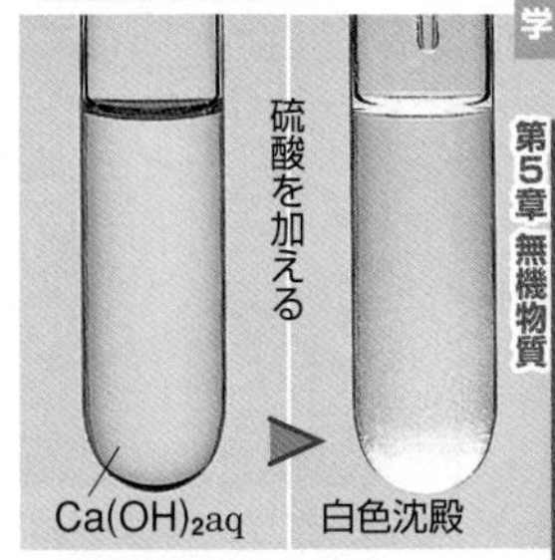

$Ca(OH)_2 + H_2SO_4 \longrightarrow CaSO_4 + 2H_2O$

硫酸カルシウムは,水には少し溶けるだけである。

━：酸 ┅：塩基

B 炭酸カルシウム $CaCO_3$

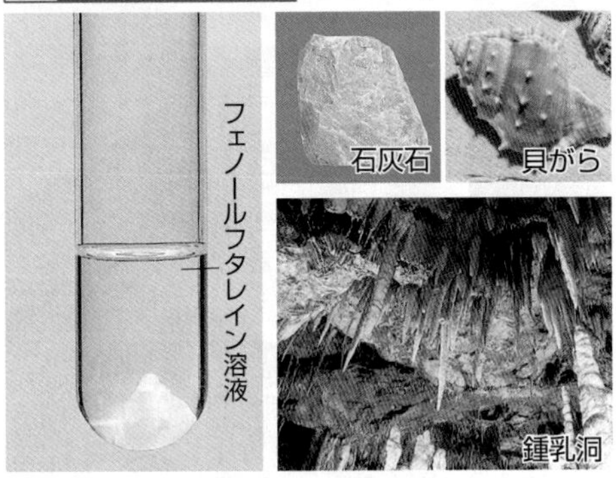

炭酸カルシウムは，水に溶けにくいため，塊状のものでは塩基性水溶液は得られにくい。しかし，炭酸水にはよく溶ける。そのため，炭酸カルシウムを主成分とする石灰岩が二酸化炭素を含んだ地下水に溶けて，洞穴(**鍾乳洞**(しょうにゅうどう))をつくることがある。

$$CaCO_3 + H_2O + CO_2 \rightleftarrows Ca(HCO_3)_2$$

C 酸化カルシウム CaO

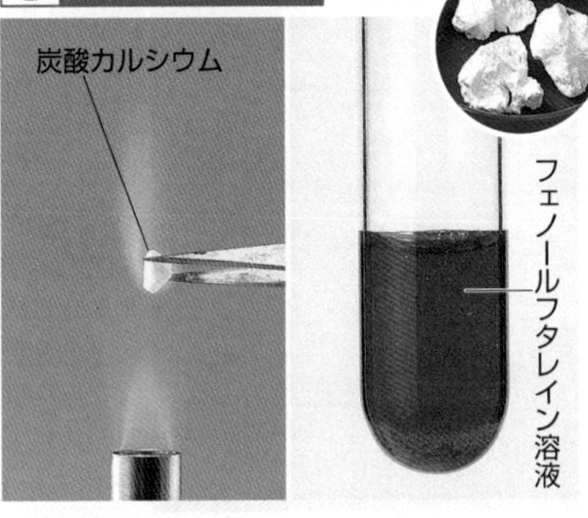

$$CaCO_3 \longrightarrow CaO + CO_2$$

炭酸カルシウム　酸化カルシウム

$$CaO + H_2O \longrightarrow Ca(OH)_2$$

水酸化カルシウム (▶P.165, 199)

炭酸カルシウムを約900 ℃で加熱すると，分解して酸化カルシウム(**生石灰**(せいせっかい))を生じる。酸化カルシウムは，水と激しく反応して水酸化カルシウム(消石灰)になる。

D 硫酸カルシウム $CaSO_4$

▶P.267

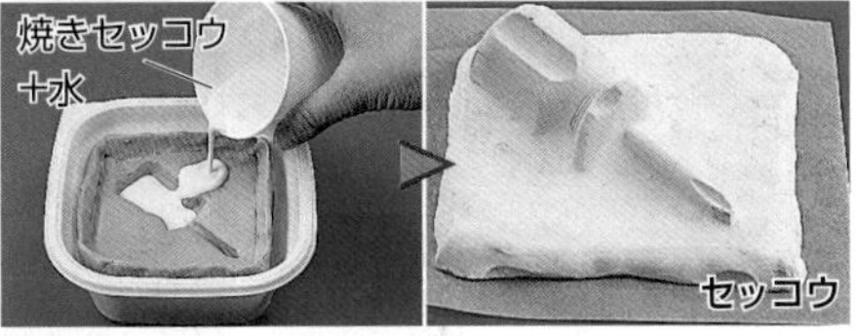

セッコウを焼くと，半水和物の**焼きセッコウ**になる。焼きセッコウを水と混合すると，再びセッコウになり固まる。医療用(ギプス)などに使われる。

$$CaSO_4\cdot\frac{1}{2}H_2O + \frac{3}{2}H_2O \rightleftarrows CaSO_4\cdot 2H_2O$$

焼きセッコウ　　セッコウ

水への溶解性

	水酸化物	炭酸塩	硫酸塩	硝酸塩	塩化物
Be^{2+}	×	×	○	○	○
Mg^{2+}	×	×	○	○	○
Ca^{2+}	△	×	△	○	○
Sr^{2+}	△	×	×	○	○
Ba^{2+}	○	×	×	○	○

○ 溶ける　△ 少し溶ける　× 溶けにくい

4 バリウムの化合物

カルシウムの化合物と類似した性質を示す。

A 水酸化バリウム $Ba(OH)_2$

水に溶けて強い塩基性を示す。水酸化カルシウムと類似した性質を示す。

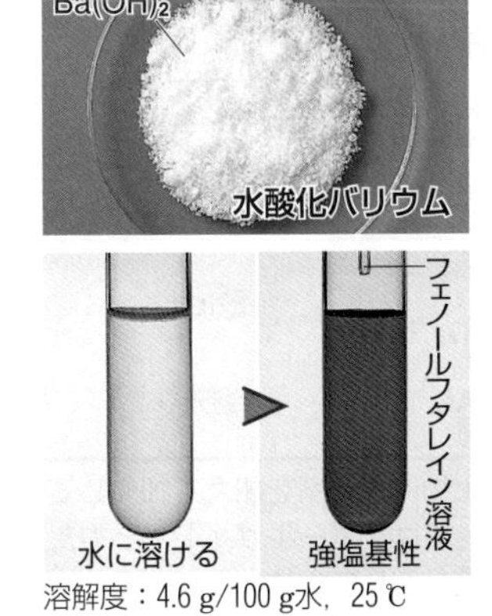

溶解度：4.6 g/100 g水，25 ℃

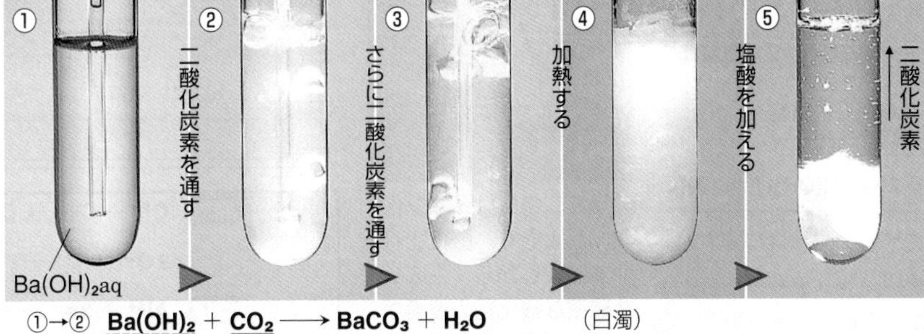

①→② $Ba(OH)_2 + CO_2 \longrightarrow BaCO_3 + H_2O$ (白濁)

②→③ $BaCO_3 + H_2O + CO_2 \longrightarrow Ba(HCO_3)_2$ (過剰のCO_2で溶解)

③→④ $Ba(HCO_3)_2 \longrightarrow BaCO_3 + H_2O + CO_2$ (再び白濁)

④→⑤ $BaCO_3 + 2HCl \longrightarrow BaCl_2 + H_2O + CO_2$ (中和，$BaCl_2$は水に溶けやすい)

B 硫酸バリウム

X線撮影の造影剤

硫酸バリウムは水や酸に溶けにくく，X線の吸収力が大きいので，X線撮影の造影剤に使われる。

$Ba(OH)_2 + H_2SO_4 \longrightarrow BaSO_4 + 2H_2O$

━：酸 ┅：塩基

思考問題 マグネシウムを扱う工場で火災が起きたときには，消火に水を使うことができない。それはなぜか。

168 アルミニウム

1 アルミニウム(13族)

アルミニウムは13族の元素で，3個の価電子を放出して3価の陽イオンになりやすい。

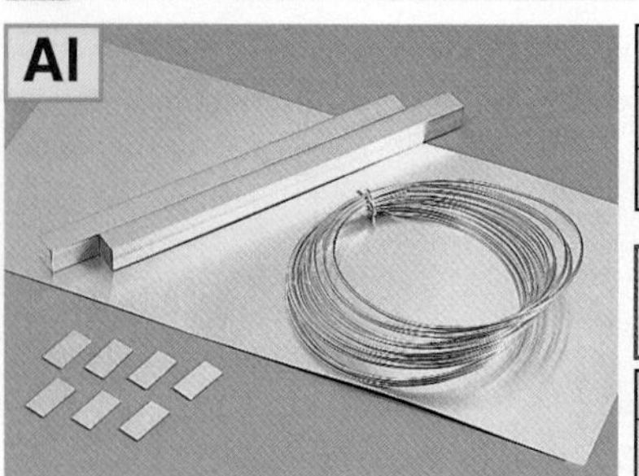

融点(℃)	660.3
沸点(℃)	2467
密度(g/cm³)	2.70

酸化数

Al（0）――― Al^{3+}（+3）

電子配置	K	L	M
$_{13}Al$	2	8	3

アルミニウムは典型元素であり**両性金属**である。単体は銀白色でやわらかく軽い。電気や熱をよく伝える(▶P.53)。空気中では，表面に透明で緻密な酸化物の被膜を生じ，内部を保護する。

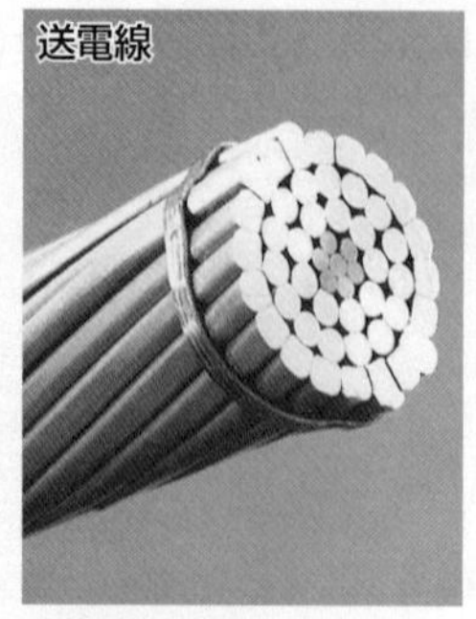

電気をよく伝え，軽いので，送電線に利用される。

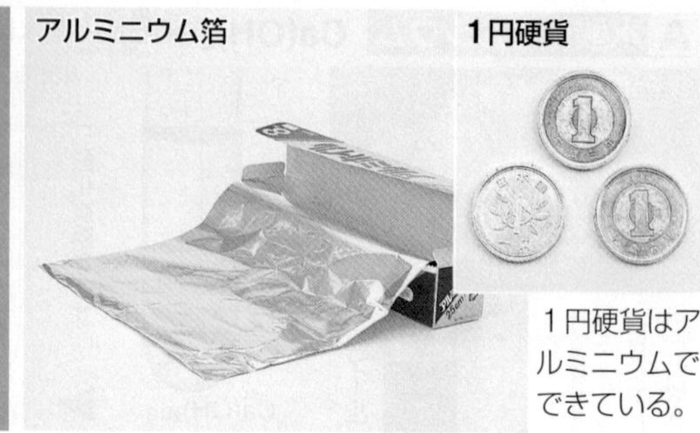

やわらかく展性・延性に富む金属なので，延ばして箔として利用される。

1円硬貨はアルミニウムでできている。

A 単体の反応

酸素との反応

多量の熱と光を発生して燃える

$$4Al + 3O_2 \longrightarrow 2Al_2O_3$$

（Al：酸化，O_2：還元）

テルミット反応

$$2Al + Fe_2O_3 \longrightarrow 2Fe + Al_2O_3$$

（Al：酸化，Fe_2O_3：還元）

アルミニウム粉末とFe_2O_3などの金属の酸化物を混合して点火すると，酸化物が還元され，金属が得られる(**テルミット反応**)。この反応では多量の熱が発生する。

テルミット反応で融解させた鉄を使って，レールなどの溶接を行う。

酸・塩基との反応

酸とも強塩基とも反応する。

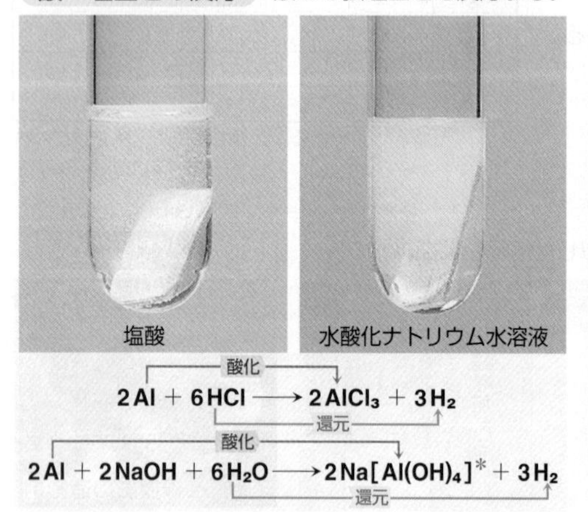

$$2Al + 6HCl \longrightarrow 2AlCl_3 + 3H_2$$

（Al：酸化，HCl：還元）

$$2Al + 2NaOH + 6H_2O \longrightarrow 2Na[Al(OH)_4]^{*} + 3H_2$$

（Al：酸化，H_2O：還元）

＊テトラヒドロキシドアルミン酸ナトリウムはアルミン酸ナトリウム $NaAlO_2$ とも略記される。

両性金属　Al，Sn，Pb，Zn
- 酸とも強塩基とも反応する。
- 周期表で，金属元素と非金属元素の境界に近い元素に多い。

不動態

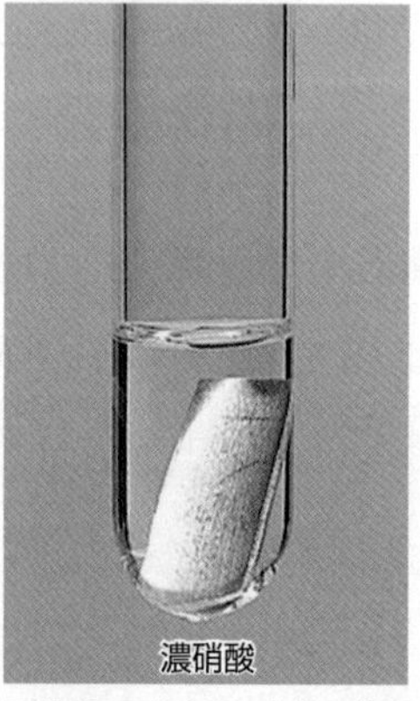

アルミニウムはイオン化傾向が大きく，酸化されやすい。しかし，生成した緻密な酸化物の被膜が内部を保護するため，それ以上は酸化されなくなる。この状態を**不動態**という。

B 溶融塩電解

ホール・エルー法(▶P.197)

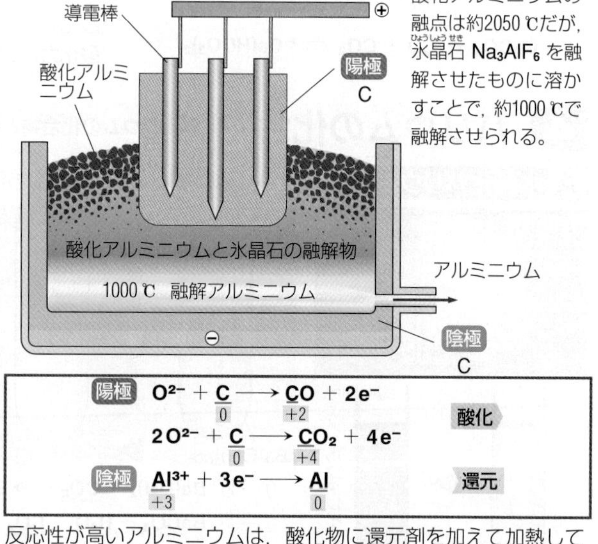

酸化アルミニウムの融点は約2050℃だが，氷晶石 Na_3AlF_6 を融解させたものに溶かすことで，約1000℃で融解させられる。

陽極　$O^{2-} + \underset{0}{C} \longrightarrow \underset{+2}{CO} + 2e^-$　酸化

$2O^{2-} + \underset{0}{C} \longrightarrow \underset{+4}{CO_2} + 4e^-$

陰極　$\underset{+3}{Al^{3+}} + 3e^- \longrightarrow \underset{0}{Al}$　還元

反応性が高いアルミニウムは，酸化物に還元剤を加えて加熱しても単体が得られない。そこで工業的には，ボーキサイトから得た酸化アルミニウムを融解させ，電気分解して単体を得ている。

プチ雑学　1円硬貨は100%アルミニウムでできており，日本の硬貨で唯一銅を含まない。他の硬貨には銅が60～95%含まれている。

Keywords ▶ ●アルミニウム Aluminium ●両性 amphoteric ●不動態 passive state ●ボーキサイト bauxite ●酸化アルミニウム aluminium oxide ●アルミナ alumina ●ミョウバン alum ●複塩 double salt

2 アルミニウムの化合物

アルミニウムの酸化物や水酸化物は，酸とも塩基とも反応する。

A 酸化アルミニウム

Al_2O_3 アルミナ(▶P.192)ともいう。

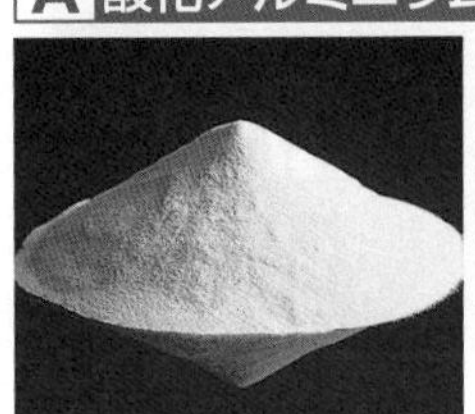

白色の粉末で，水に溶けにくく，融点が高い(約2050℃)。両性酸化物で，酸や塩基の水溶液と反応して塩をつくる。

$$Al_2O_3 + 6HCl \longrightarrow 2AlCl_3 + 3H_2O$$
$$Al_2O_3 + 2NaOH + 3H_2O \longrightarrow 2Na[Al(OH)_4]$$

ルビー，サファイアは酸化アルミニウムの結晶である。少量含まれる成分(ルビーはCr^{3+}，サファイアはFe^{3+})により，色がつく。

アルマイト

アルマイトは，自然にできるものよりずっと厚い酸化被膜を，アルミニウムの表面に人工的につける表面処理の方法である。この被膜が，さびや摩擦から内部を保護する。

B 水酸化アルミニウム

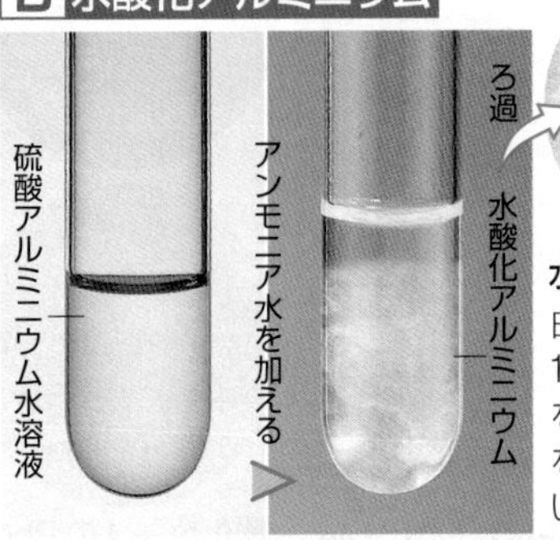

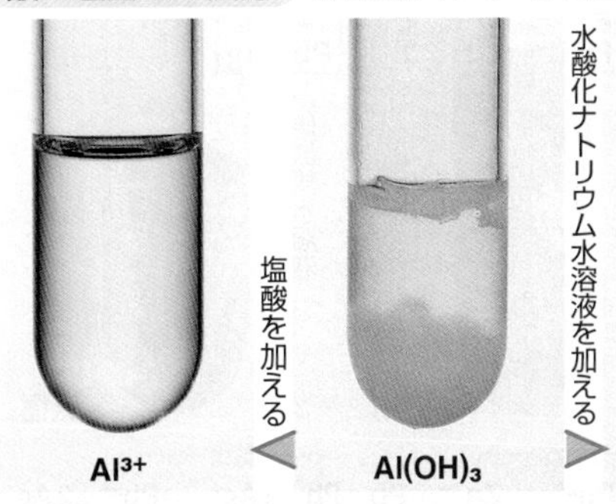

水酸化アルミニウム
白色ゲル状(▶P.118)の沈殿。これを乾燥させたものを**アルミナゲル**という。

$$Al_2(SO_4)_3 + 6NH_3 + 6H_2O \longrightarrow 2Al(OH)_3 + 3(NH_4)_2SO_4$$

酸・塩基との反応

水酸化アルミニウムは両性水酸化物で，酸とも強塩基とも反応する。

塩酸を加える ◀ Al^{3+} ｜ $Al(OH)_3$ ｜ 水酸化ナトリウム水溶液を加える ▶ $[Al(OH)_4]^-$

強塩基性の水酸化ナトリウム水溶液には，テトラヒドロキシドアルミン酸イオン$[Al(OH)_4]^-$を生じて溶ける。弱塩基性のアンモニア水には溶けない。

$$Al(OH)_3 + 3HCl \longrightarrow AlCl_3 + 3H_2O$$
$$Al(OH)_3 + NaOH \longrightarrow Na[Al(OH)_4]$$

C 硫酸アルミニウム

$Al_2(SO_4)_3$

硫酸アルミニウムは加水分解して酸性を示す。

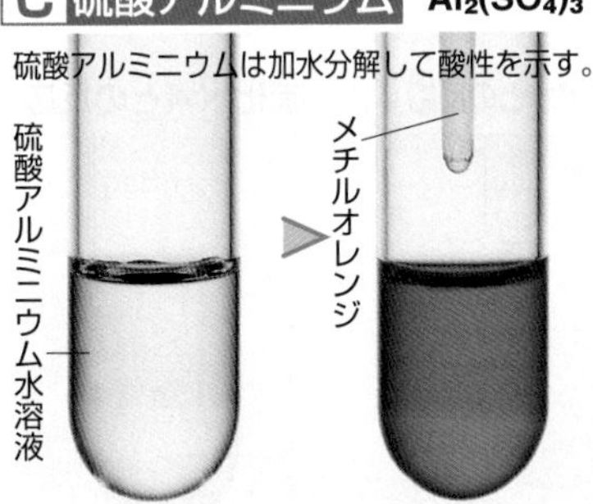

ミョウバン

▶P.42

ミョウバンの結晶

硫酸アルミニウム $Al_2(SO_4)_3$ と硫酸カリウム K_2SO_4 の混合水溶液を濃縮すると，**複塩**(ふくえん)の硫酸カリウムアルミニウム十二水和物 $AlK(SO_4)_2 \cdot 12H_2O$(**ミョウバン，明礬**)の結晶が得られる。ミョウバンには，繊維と染料を結びつける働きがあり，染色に利用される(媒染(ばいせん)染料)。

複塩

ミョウバンのように，2種類以上の塩を一定の割合で含み，水に溶かすとそれぞれの塩の成分イオンを生じる塩を複塩という。

ミョウバンを水に溶かすと，次のように電離して，酸性の水溶液となる。

$$AlK(SO_4)_2 \cdot 12H_2O \longrightarrow Al^{3+} + K^+ + 2SO_4^{2-} + 12H_2O$$

3 アルミニウムの合金

航空機

アルミニウム船

ジュラルミン(▶P.191)は，軽くて強度の大きい代表的なアルミニウム合金である(基本組成はAl 95，Cu 4，Mg 0.5，Mn 0.5%)。航空機の機体などに使われる。別の元素を加えるなどしてジュラルミンを改良した超ジュラルミン，超々ジュラルミンもある。

Q ジュラルミンはなぜ硬い？

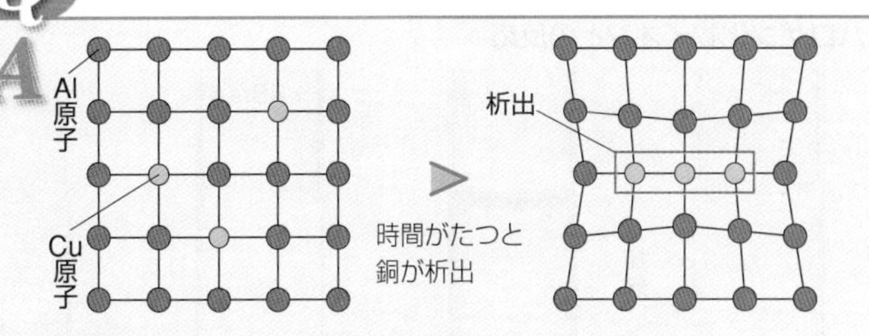

20世紀はじめ，ドイツのウィルムは，高温から急冷したアルミニウムの合金が，時間とともに硬くなっていること(時効硬化)を発見した。これがジュラルミンの発明である。時効硬化では，銅原子がゆっくりと析出して，結晶格子にゆがみができることにより，金属が硬くなる。

プチ雑学 アルマイトもめっき(▶P.95)のように電気分解によってつくられる。アルマイトは陽極で起こる酸化反応によってつくられるのに対し，めっきは陰極で起こる還元反応による金属の析出によってつくられる。

鉛とスズ

1 鉛 (14族) やわらかくて重い金属で，空気中で安定である。

融点(℃)	327.5
沸点(℃)	1740
密度(g/cm³)	11.35

酸化数		
Pb	Pb^{2+}	Pb^{4+}
0	+2	+4

電子配置	K	L	M	N	O	P
$_{82}Pb$	2	8	18	32	18	4

鉛は典型元素であり**両性金属**である。単体は白色のやわらかく重い金属で，融点が低い。空気中では，表面に酸化物の被膜ができて暗灰色をしている。この膜が内部を保護するため腐食されにくい。また，放射線を吸収する能力が高いため，放射線遮蔽材として利用される。

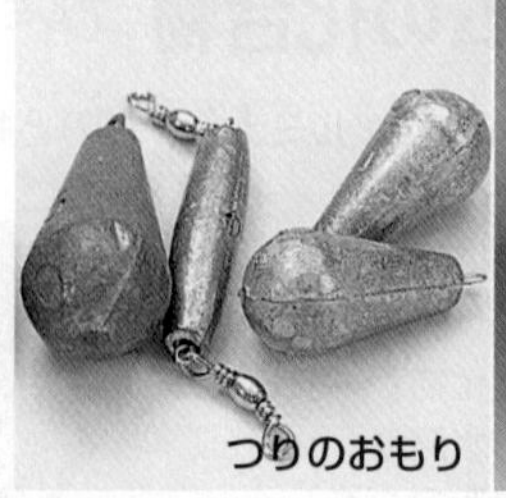
つりのおもり

鉛蓄電池

加工が容易で古くから利用されてきたが，毒性があるため，近年では代替品の研究や回収・リサイクルが行われている。

A 単体の反応 鉛の単体は酸化されて化合物になりやすい。

酸との反応 硝酸と反応

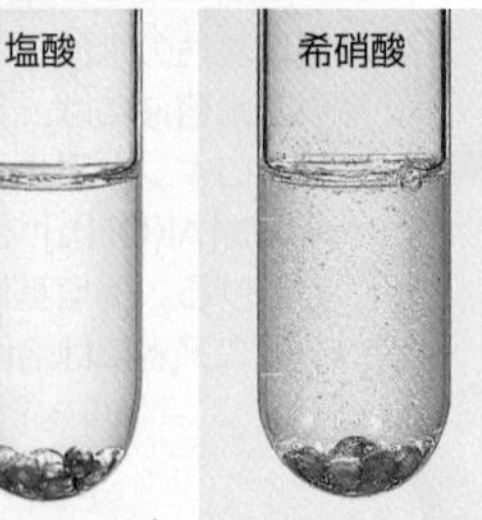

反応しにくい*

塩酸や希硫酸にはほとんど溶けないが，硝酸には溶ける。

金属樹 イオン化傾向の小さい金属が析出

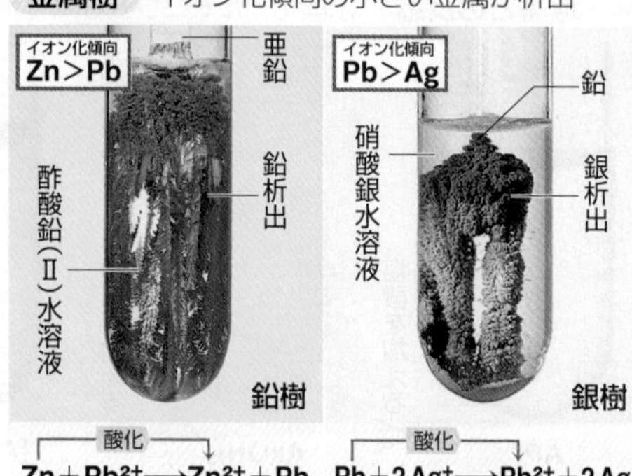

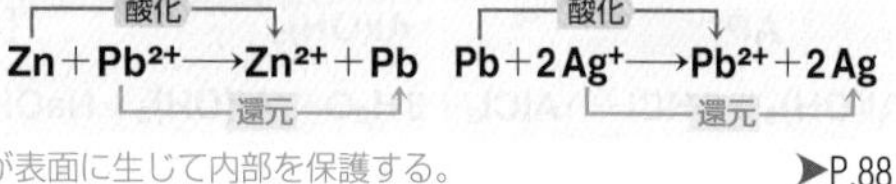

電気分解 鉛板を電極

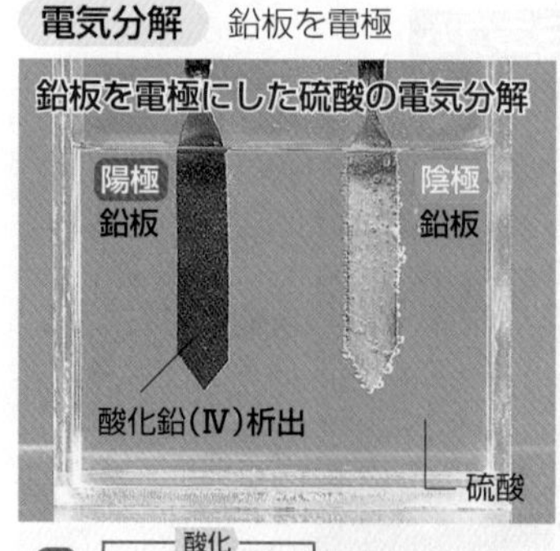

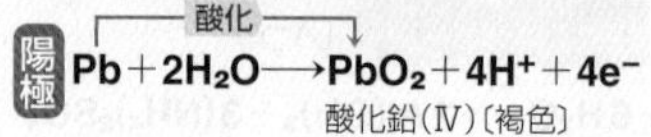

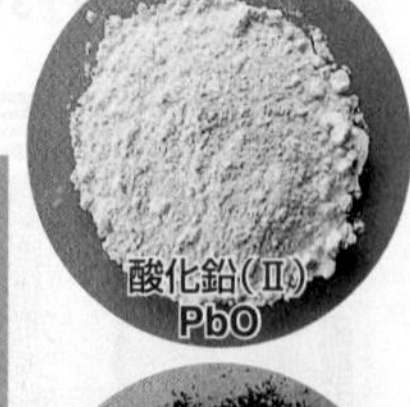

酸化数 + 4 の PbO_2 は酸化力が強い。

＊塩酸とは塩化鉛(Ⅱ)が，硫酸とは硫酸鉛(Ⅱ)が表面に生じて内部を保護する。

➤P.88

2 鉛の化合物 鉛の化合物はイオン性であるが，水に溶けにくいものが多い。

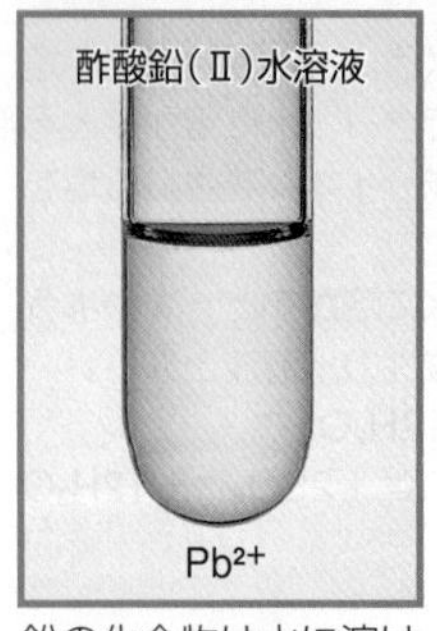

鉛の化合物は水に溶けにくいものが多いが，酢酸鉛(Ⅱ)や硝酸鉛(Ⅱ)は水に溶けやすい。

水酸化ナトリウム水溶液との反応 〔 〕内は沈殿物の色

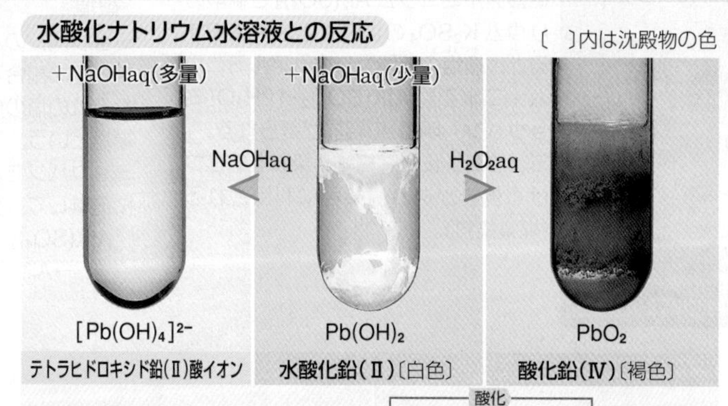

テトラヒドロキシド鉛(Ⅱ)酸イオン　水酸化鉛(Ⅱ)〔白色〕　酸化鉛(Ⅳ)〔褐色〕

$Pb(OH)_2 + 2NaOH \longrightarrow Na_2[Pb(OH)_4]$

$Pb(OH)_2 + H_2O_2 \longrightarrow PbO_2 + 2H_2O$ （酸化／還元）

アンモニア水との反応

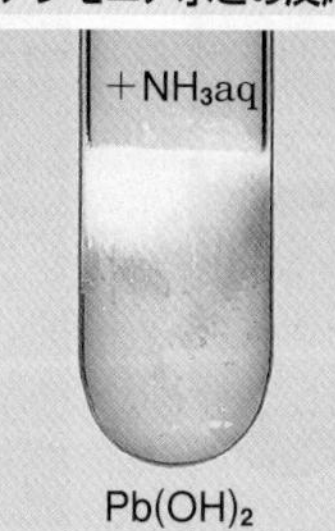

水酸化鉛(Ⅱ)〔白色〕

アンモニア水を過剰に加えても $Pb(OH)_2$ は溶けない。

硫化水素との反応

硫化鉛(Ⅱ)〔黒色〕

※pHに関係なく沈殿を生じる。

硫化水素の検出

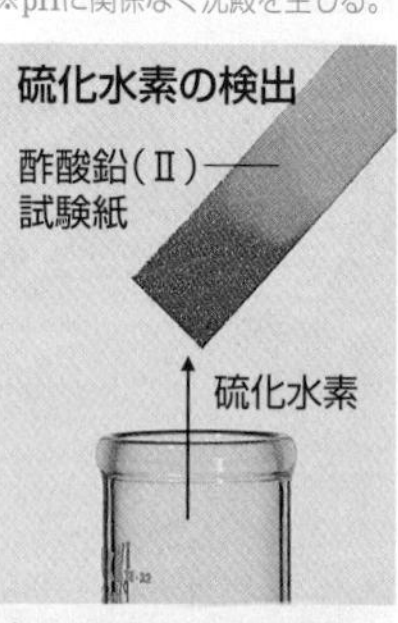

水で湿らせた酢酸鉛(Ⅱ)試験紙*は硫化水素によって黒色に変化する。

ハロゲン化物イオンとの反応

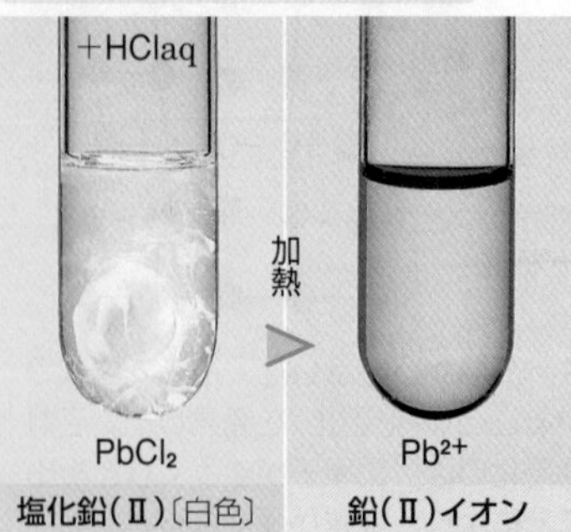

塩化鉛(Ⅱ)〔白色〕　鉛(Ⅱ)イオン

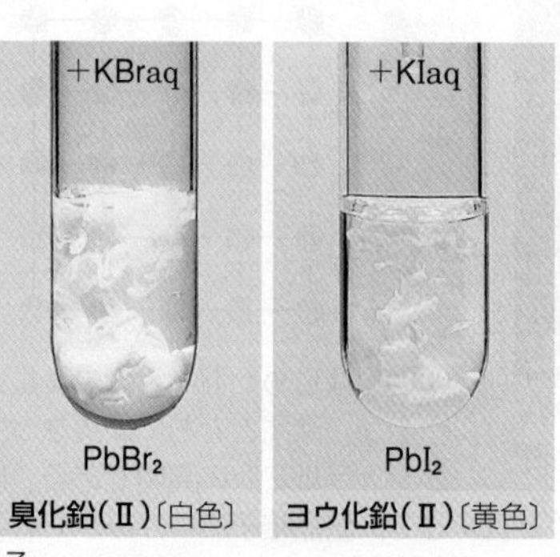

臭化鉛(Ⅱ)〔白色〕

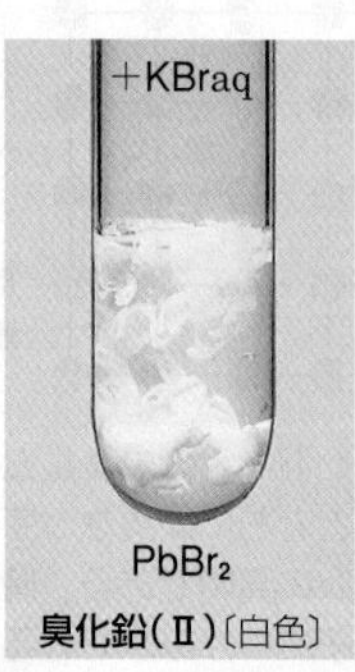

ヨウ化鉛(Ⅱ)〔黄色〕

その他

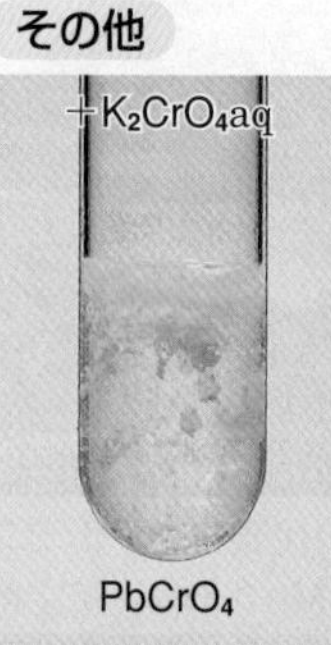

クロム酸鉛(Ⅱ)〔黄色〕

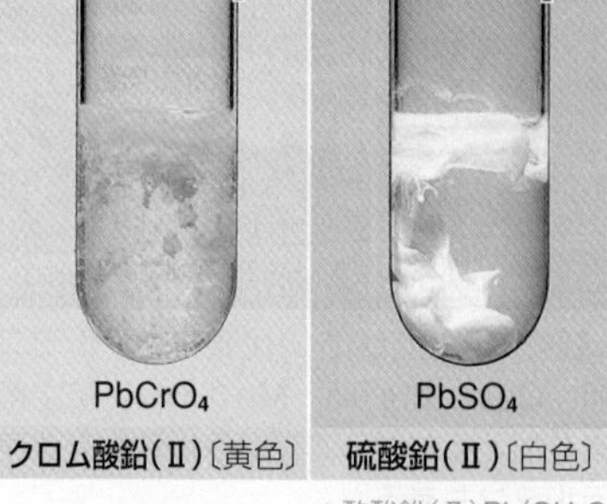

硫酸鉛(Ⅱ)〔白色〕

$PbCl_2$ は水に溶けにくいが，熱水には溶ける。

＊酢酸鉛(Ⅱ) $Pb(CH_3COO)_2$ 水溶液をしみ込ませたろ紙。

プチ雑学　北海道では，農作物を荒らすエゾシカの駆除のために，鉛弾を使った猟が行われてきた。しかし，被弾した動物を食べたオオワシなどの猛禽類が鉛中毒になり，死亡することが問題となった。現在北海道内において，鉛弾の使用は禁止されている。

3 スズ (14族) めっきや合金の添加元素として重要な金属である。

融点(℃)	232.0
沸点(℃)	2270
密度(g/cm³)	7.31

酸化数

Sn	Sn^{2+}	Sn^{4+}
0	+2	+4

電子配置	K	L	M	N	O
$_{50}Sn$	2	8	18	18	4

スズは典型元素であり**両性金属**である。単体は銀白色の金属で，常温で比較的安定であるが，熱すると酸化されて酸化スズ(Ⅳ) SnO_2 になる。また，低温では，灰色でもろい同素体(灰色スズ)になる(スズペスト)。

鉄の表面にスズをめっきしたものを**ブリキ**という。

酸化インジウムに酸化スズを混ぜた物質が，透明電極として，液晶ディスプレイに利用されている(▶P.193)。

A 単体の反応

塩化スズ(Ⅱ)水溶液になる

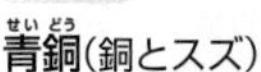

$$Sn + 2HCl \longrightarrow SnCl_2 + H_2$$

(Sn: 酸化，H: 還元)

B 化合物の反応

水酸化スズ(Ⅱ) $Sn(OH)_2$ は両性水酸化物で，酸とも強塩基とも反応する。

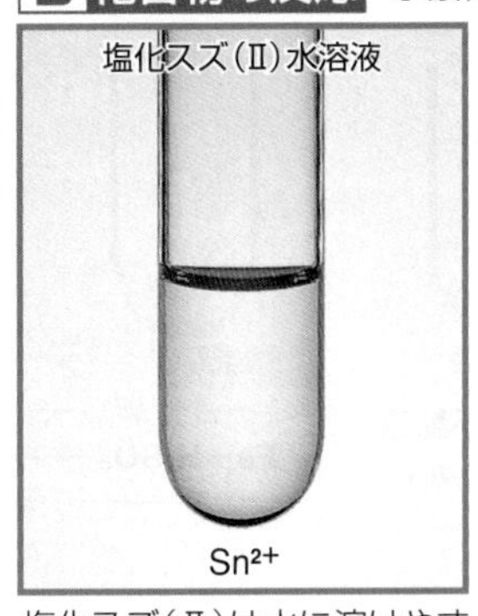

塩化スズ(Ⅱ)は水に溶けやすい。酸化されやすく，還元力が強い。$Sn^{2+} \rightarrow Sn^{4+} + 2e^-$

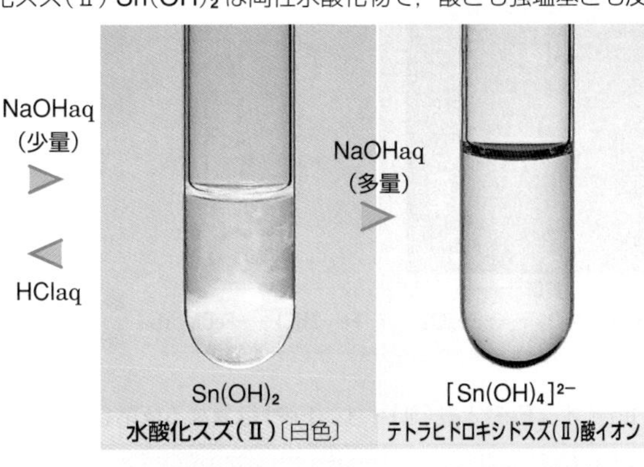

水酸化スズ(Ⅱ)〔白色〕　**テトラヒドロキシドスズ(Ⅱ)酸イオン**

$$Sn(OH)_2 + 2NaOH \longrightarrow Na_2[Sn(OH)_4]$$

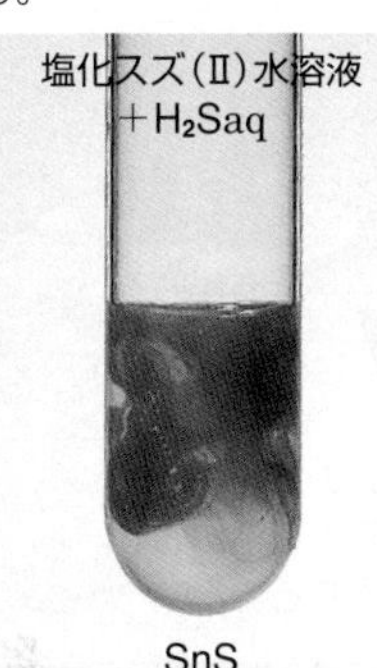

硫化スズ(Ⅱ)〔暗褐色〕

硫化スズ(Ⅱ)の暗褐色沈殿を生じる。

※pHに関係なく沈殿を生じる。

合金

※毒性のため，最近は鉛を使わないはんだも多い。

青銅(銅とスズ)

銅と比べ，硬度が大きい。 ▶P.53

はんだ(鉛とスズ)

混合比によっては，融点は183℃まで下がる。

オルガンメタル(鉛とスズ)

金属管には，鉛とスズの合金が使われる。

参考 スズの同位体

スズには，10種類の安定な同位体(▶P.33)が存在する。これはすべての元素の中でもっとも多い。
原子核は，構成する陽子または中性子の数が，ある特定の数のとき，特に安定になる。この数をマジックナンバーといい，2，8，20，28，50，82，126が知られている。スズは，陽子の数が50のマジックナンバーであり，中性子の数が変わっても，安定した原子核となるため，同位体の種類が多い。

Column 青銅の産地

銅鐸

人間が道具として利用するようになった最初の金属は銅である。特に，銅とスズの合金である青銅は，純銅よりも硬く，融点も低く，扱いやすいため，装飾品や武器をつくるのに，広く利用された。

産地の推定

発掘される古代の青銅器の青銅には，わずかに鉛が含まれているものがある。
鉛には，4種類の安定な同位体(^{204}Pb，^{206}Pb，^{207}Pb，^{208}Pb)が存在し，その存在比は，産地により異なると考えられる。したがって，青銅に含まれる鉛の各同位体の存在比から，その青銅の産地を推定できる。
この研究手法により，弥生時代から古墳時代の日本の青銅器には，朝鮮半島や中国から輸入された青銅が使われたと推測されている。

東アジアの青銅器の鉛同位体比

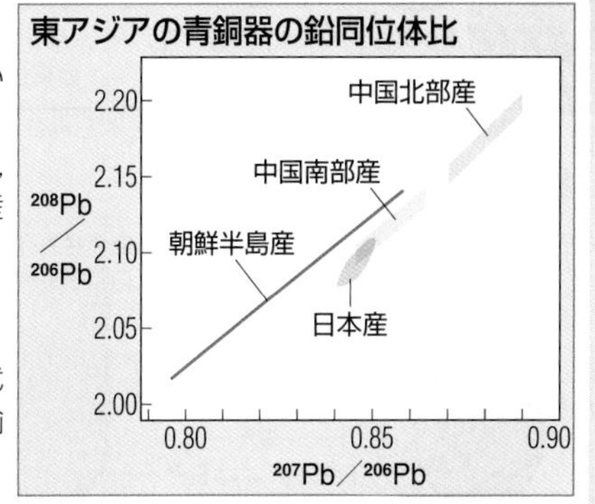

スズペストは，ヨーロッパでおそれられたペストという感染症にちなんで名づけられた。寒い時期には，スズ製品が一斉にもろい灰色スズになり，壊れてしまうからである。−30℃にもなるロシアでは，モスクワから撤退中だったナポレオン軍の軍服のスズ製ボタンがボロボロになったといわれている。

鉄，コバルト，ニッケル

1 鉄（8族） 鉄は8族の遷移元素で，反応性が大きい。

Fe

融点（℃）	1535
沸点（℃）	2750
密度（g/cm³）	7.87

酸化数

Fe	Fe^{2+}	Fe^{3+}
0	+2	+3

電子配置	K	L	M	N
$_{26}Fe$	2	8	14	2

鉄は岩石中に酸化物や硫化物として多量に存在する。純粋な鉄は灰白色。炭素を含む炭素鋼（▶P.196）のように，合金としての利用が多い。反応性が大きく，湿気のある空気中では速やかに酸化される。また，鉄には強磁性がある。

鉄の酸化による反応熱を利用して，カイロとして使われる。 ▶P.123

さまざまな元素を添加して性質を変え，建築物や機械の部品などに広く使われる。

A 単体の反応

湿気のある空気中で酸化される。

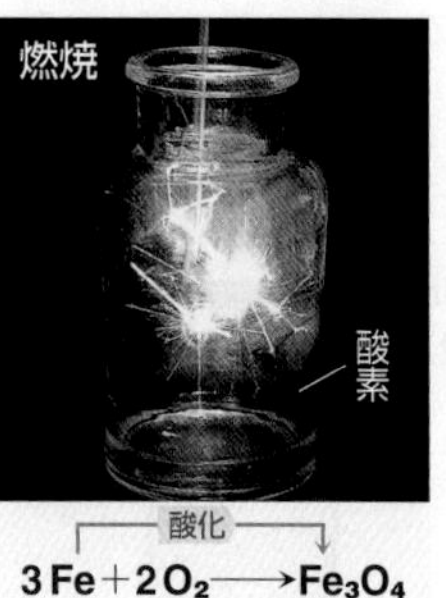

$$3Fe + 2O_2 \longrightarrow Fe_3O_4$$
（Fe：酸化，O_2：還元）

酸との反応 単体の鉄は酸と反応してFe^{2+}となり，さらに酸化されてFe^{3+}となる。

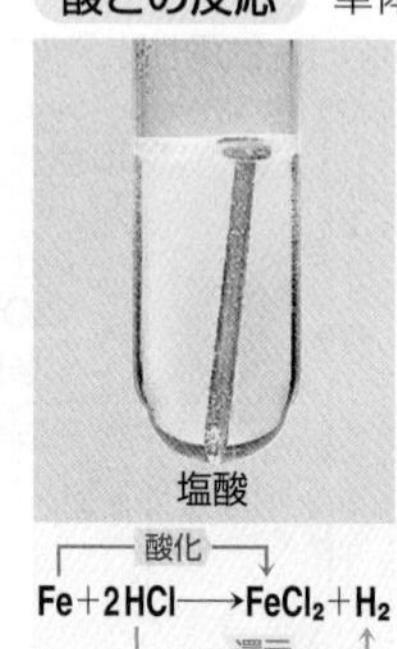

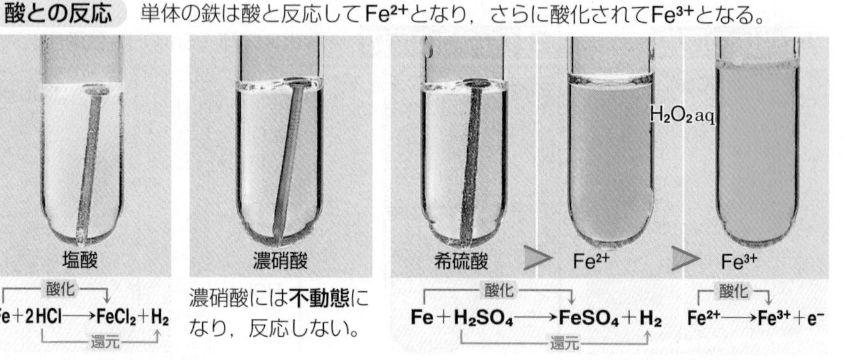

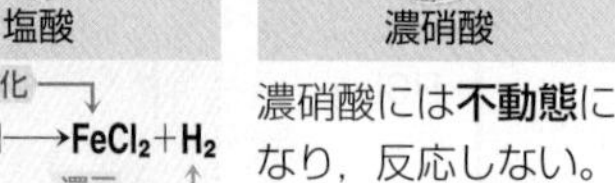

$$Fe + 2HCl \longrightarrow FeCl_2 + H_2$$
（酸化・還元）

濃硝酸には**不動態**になり，反応しない。

$$Fe + H_2SO_4 \longrightarrow FeSO_4 + H_2$$
（酸化・還元）

$$Fe^{2+} \longrightarrow Fe^{3+} + e^-$$
（酸化）

B 鉄イオンの反応 鉄（Ⅱ）イオンFe^{2+}と鉄（Ⅲ）イオンFe^{3+}は異なる反応を示す。

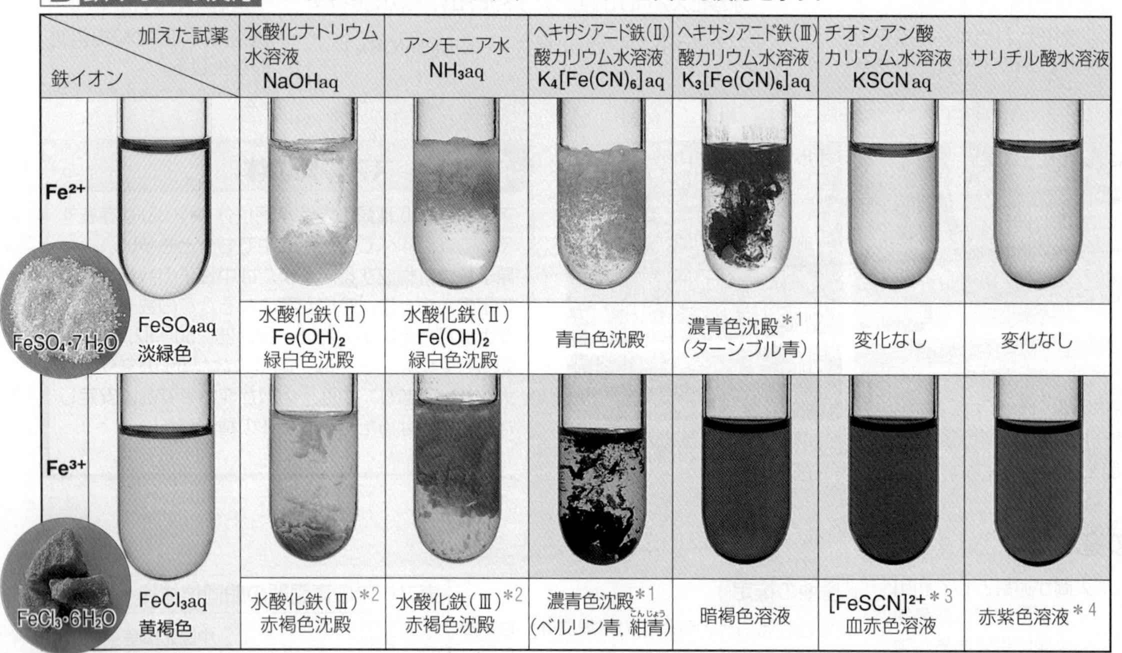

鉄イオン ＼ 加えた試薬	水酸化ナトリウム水溶液 NaOHaq	アンモニア水 NH_3aq	ヘキサシアニド鉄（Ⅱ）酸カリウム水溶液 $K_4[Fe(CN)_6]$aq	ヘキサシアニド鉄（Ⅲ）酸カリウム水溶液 $K_3[Fe(CN)_6]$aq	チオシアン酸カリウム水溶液 KSCNaq	サリチル酸水溶液
Fe^{2+}（$FeSO_4$aq 淡緑色，$FeSO_4·7H_2O$）	水酸化鉄（Ⅱ） $Fe(OH)_2$ 緑白色沈殿	水酸化鉄（Ⅱ） $Fe(OH)_2$ 緑白色沈殿	青白色沈殿	濃青色沈殿＊1（ターンブル青）	変化なし	変化なし
Fe^{3+}（$FeCl_3$aq 黄褐色，$FeCl_3·6H_2O$）	水酸化鉄（Ⅲ）＊2 赤褐色沈殿	水酸化鉄（Ⅲ）＊2 赤褐色沈殿	濃青色沈殿＊1（ベルリン青，紺青）	暗褐色溶液	$[FeSCN]^{2+}$＊3 血赤色溶液	赤紫色溶液＊4

＊1 ともに同じ物質であると考えられている。＊2 FeO(OH)など（▶P.139） ＊3 厳密には$[Fe(H_2O)_5SCN]^{2+}$ ＊4 フェノール類の検出反応（▶P.222）

錯イオン ▶P.180

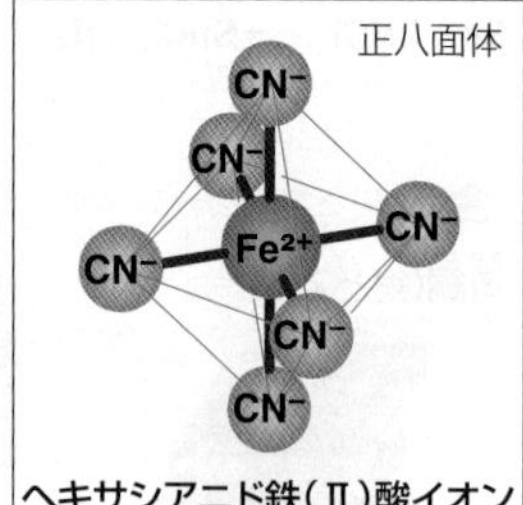

ヘキサシアニド鉄（Ⅱ）酸イオン $[Fe(CN)_6]^{4-}$

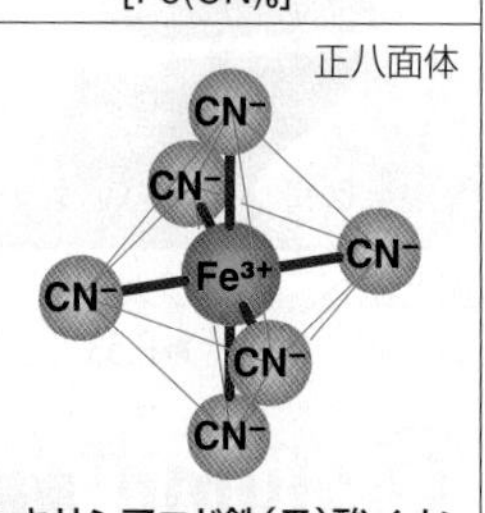

ヘキサシアニド鉄（Ⅲ）酸イオン $[Fe(CN)_6]^{3-}$

鉄（Ⅱ）イオンと鉄（Ⅲ）イオン

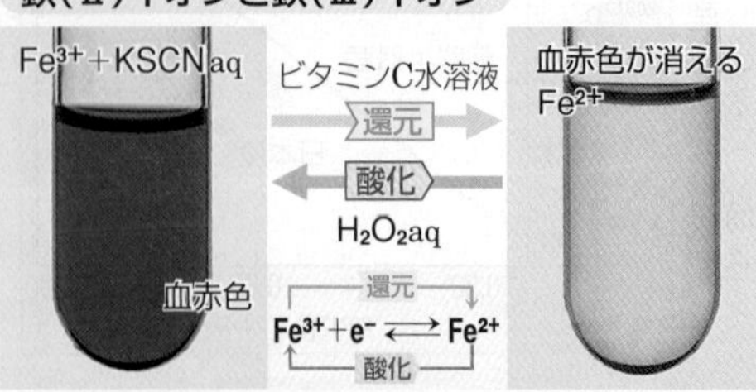

硫化物イオンとの反応 中・塩基性で沈殿を生じる。

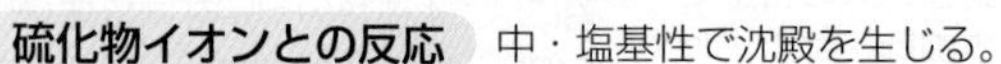

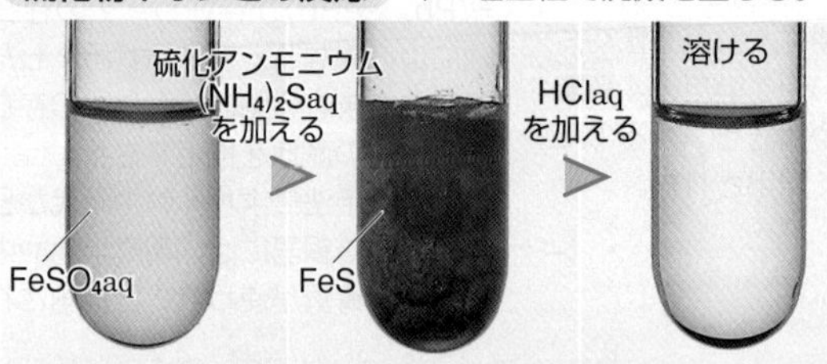

ヘム ▶P.255

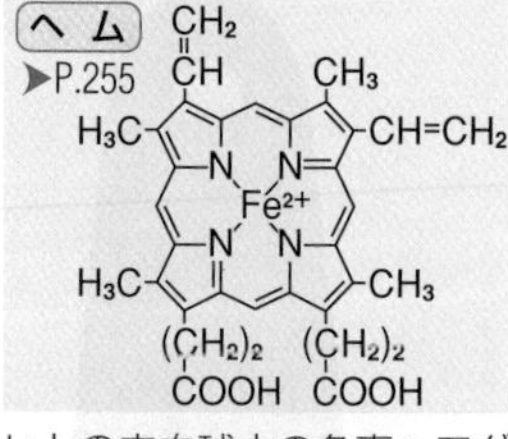

ヒトの赤血球中の色素ヘモグロビン中のヘムにはFe^{2+}が含まれ，Fe^{2+}と酸素が結合することで酸素を運搬する。

プチ雑学 スケーリーフットは深海に生息する巻貝で，あしに硫化鉄を含むうろこをもっている。うろこに含まれる硫化鉄は，スケーリーフットが放出した硫黄と，海水から浸透してきた鉄イオンとが徐々に反応することで生じる。

2 鉄の製錬 鉄鉱石(鉄の酸化物)を還元して，鉄を得る。▶P.196

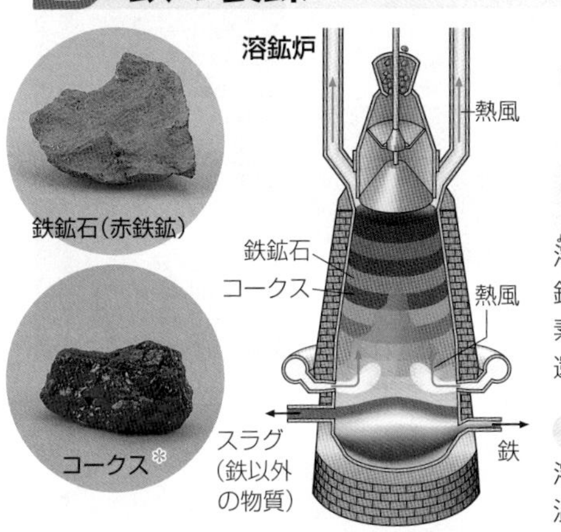

*石炭を蒸し焼きにしたもの。

直接還元 $Fe_2O_3 + 3C \longrightarrow 2Fe + 3CO$（酸化／還元）

間接還元 $Fe_2O_3 + 3CO \longrightarrow 2Fe + 3CO_2$（酸化／還元）

溶鉱炉で，鉄鉱石(赤鉄鉱 Fe_2O_3)がコークスで還元され，鉄が得られる。溶鉱炉の中で起こる還元には，コークスの炭素による還元(直接還元)と，中で発生した一酸化炭素による還元(間接還元)がある。

精 錬

溶鉱炉から得られる鉄は**銑鉄**とよばれ，炭素が含まれる。高温の銑鉄に酸素を吹き込み，炭素を酸化してとり除き，含まれる炭素の量を減らしたのが**鋼**である。

Column たたら製鉄

たたら製鉄は，日本古来の鉄の製錬方法で，磁鉄鉱や赤鉄鉱からなる砂鉄を木炭で還元する。生産性が低いため，溶鉱炉による製錬へ移行した。

3 コバルト(9族) コバルトは9族の遷移元素で，強磁性がある。

Co

融点(℃)	1495
沸点(℃)	2870
密度(g/cm³)	8.90

酸化数: Co 0 ／ Co^{2+} +2 ／ Co^{3+} +3

電子配置	K	L	M	N
$_{27}Co$	2	8	15	2

単体のコバルトは灰白色で，強磁性がある。磁性合金や耐熱合金に使われるほか，化合物は，コバルトブルーなどの顔料として利用される。

塩化コバルト(Ⅱ) $CoCl_2$ ▶P.181

塩化コバルト(Ⅱ)水溶液をろ紙などの紙にしみ込ませてできる塩化コバルト紙は，吸水すると，青色から淡赤色へ変わる。

コバルトブルー

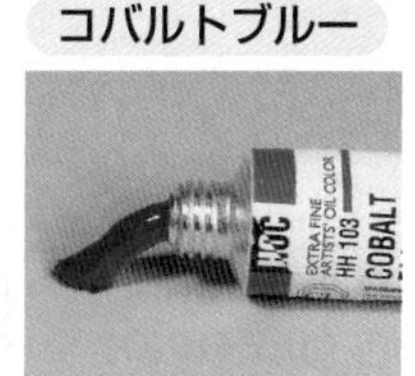

$CoO \cdot nAl_2O_3$ は，青色顔料として使われる。

4 ニッケル(10族) ニッケルは10族の遷移元素で，強磁性がある。さまざまな有用な合金をつくる。

Ni

融点(℃)	1453
沸点(℃)	2732
密度(g/cm³)	8.90

酸化数: Ni 0 ／ Ni^{2+} +2

電子配置	K	L	M	N
$_{28}Ni$	2	8	16	2

単体のニッケルは銀白色で，延性，展性に富む金属。鉄，コバルトと同様に，強磁性がある。ニクロム，白銅，ステンレス鋼など有用な合金(▶P.53)をつくる。

酸との反応

加熱した希塩酸

$Ni + 2HCl \longrightarrow NiCl_2 + H_2$（酸化／還元）

濃硝酸

鉄と同様，不動態となり，反応しない。

合 金

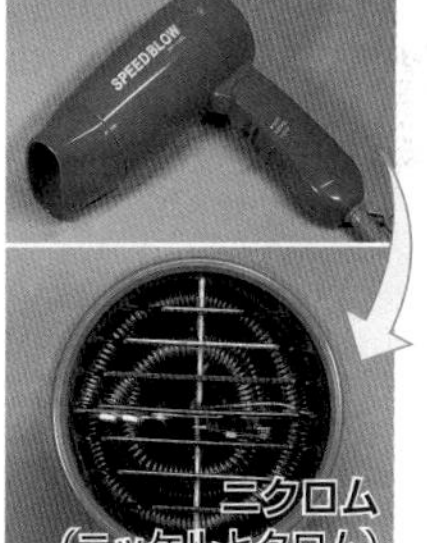

ニクロム(ニッケルとクロム)

めっき ▶P.95

常温で安定なため，めっきに用いる。

参考 磁石をつくる金属

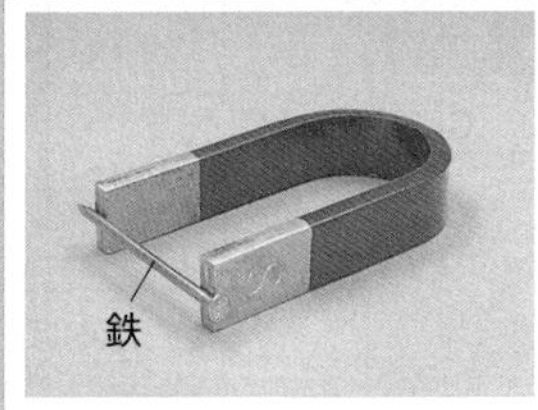

強磁性がある物質は磁石に引きつけられる。

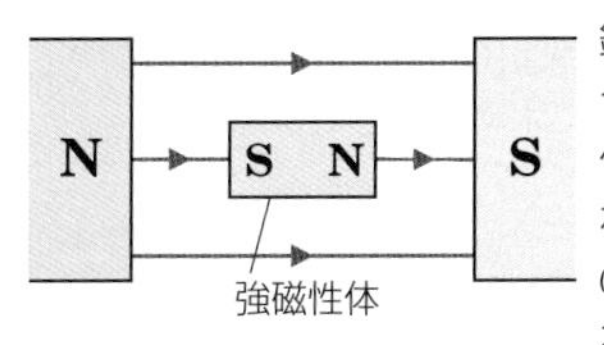

磁界中の強磁性体は，磁界の向きに合わせて磁極をもつ強い磁石になる。

鉄，コバルト，ニッケルは，色や融点など，さまざまな性質が似ているため，鉄族元素とよばれる。鉄族元素に共通する性質の1つが強磁性である。強磁性をもつ元素は限られており，これらは磁性材料として，永久磁石などの材料となる。

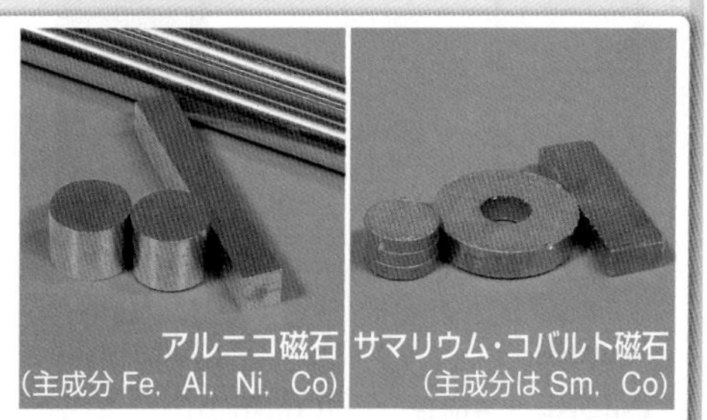

アルニコ磁石(主成分 Fe，Al，Ni，Co)　サマリウム・コバルト磁石(主成分は Sm，Co)

プチ雑学 ニッケルの語源は，ドイツ語のKupfernickel(悪魔の銅)である。ニッケルは銅の鉱山でよく見つかっていたが，銅を見つけたい労働者にとっては邪魔だったため，このように呼ばれていた。

1 銅（11族） 銅は11族の遷移元素で，比較的安定で，常温では酸化されにくい。

融点(℃)	1083
沸点(℃)	2567
密度(g/cm³)	8.96

酸化数

Cu	Cu^+	Cu^{2+}
0	+1	+2

電子配置	K	L	M	N
$_{29}Cu$	2	8	18	1

単体の銅は赤色を帯びた光沢をもつ金属で，やわらかく展性・延性（➤P.52）に富む。強度を増すために合金として使われることが多い。また，熱や電気の伝導性がよいので，電気材料などに使われる。湿気のある空気中では長時間の間に緑色のさび（緑青*）を生じる。純銅は電解精錬（➤P.197）で得られる。

＊主成分は炭酸二水酸化二銅（Ⅱ） $CuCO_3 \cdot Cu(OH)_2$

10円硬貨（Cu：95%）

黄銅鉱

単体の銅の多くは黄銅鉱 $CuFeS_2$ からとり出される。

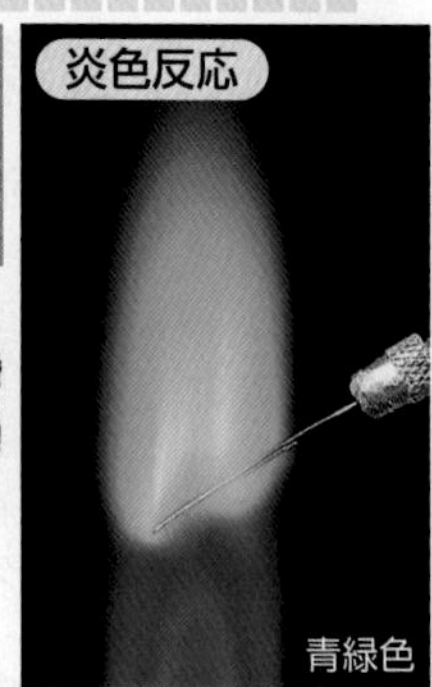

A 単体の反応 酸化力の強い酸で酸化される。

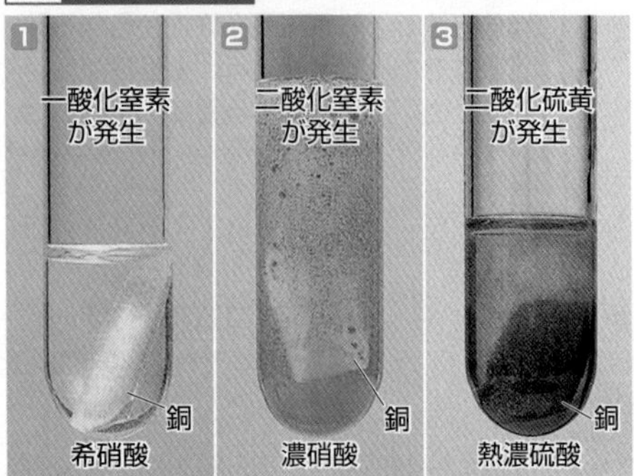

1. $3Cu + 8HNO_3 \longrightarrow 3Cu(NO_3)_2 + 4H_2O + 2NO$
2. $Cu + 4HNO_3 \longrightarrow Cu(NO_3)_2 + 2H_2O + 2NO_2$
3. $Cu + 2H_2SO_4 \longrightarrow CuSO_4 + 2H_2O + SO_2$

➤P.150, 153

B 酸化銅

銅を加熱すると，約1000℃以下では酸化銅（Ⅱ），それ以上では，酸化銅（Ⅰ）が生成する。

C 硫酸銅（Ⅱ）

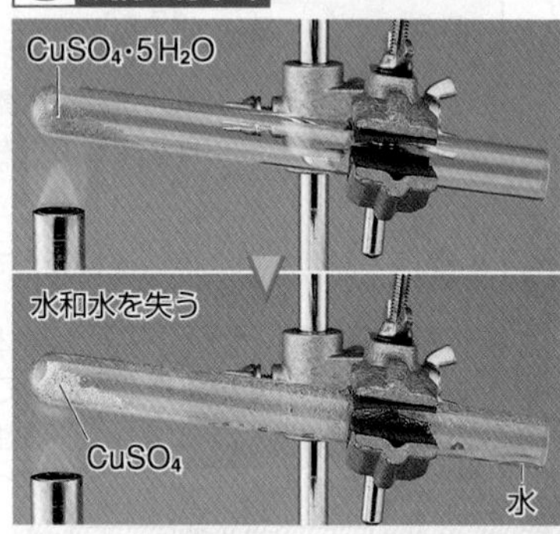

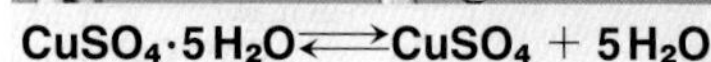

$$CuSO_4 \cdot 5H_2O \rightleftarrows CuSO_4 + 5H_2O$$

硫酸銅（Ⅱ）五水和物 $[Cu(H_2O)_4]SO_4 \cdot H_2O$

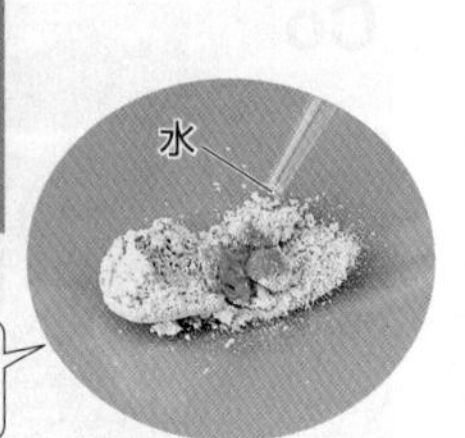

硫酸銅（Ⅱ）無水塩に水を落とすと再び青色になる。この反応は水の検出に使われる。

D 銅（Ⅱ）イオンの反応

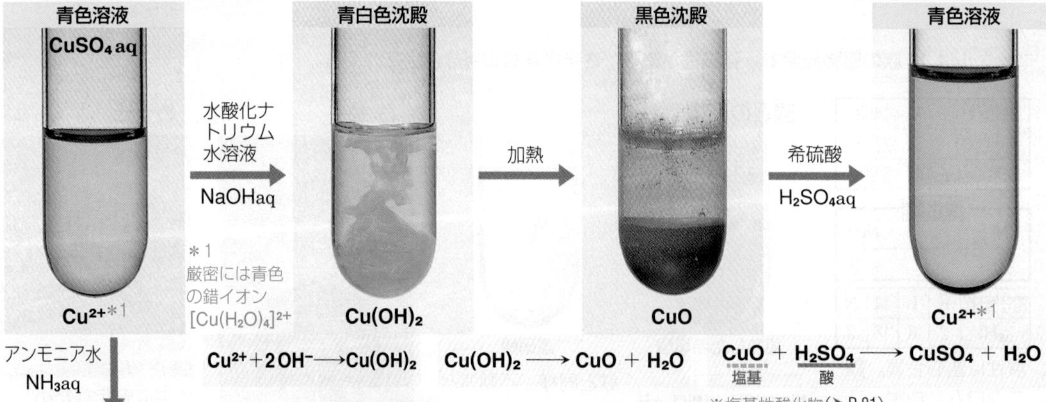

＊1 厳密には青色の錯イオン $[Cu(H_2O)_4]^{2+}$

$Cu^{2+} + 2OH^- \longrightarrow Cu(OH)_2$

$Cu(OH)_2 \longrightarrow CuO + H_2O$

$CuO + H_2SO_4 \longrightarrow CuSO_4 + H_2O$（CuO：塩基，$H_2SO_4$：酸）

※塩基性酸化物（➤P.81）

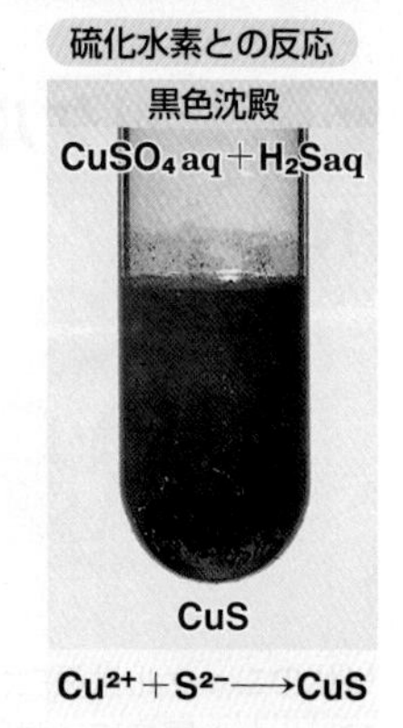

$Cu^{2+} + S^{2-} \longrightarrow CuS$

※pHに関係なく沈殿を生じる。

アンモニア水 NH_3aq

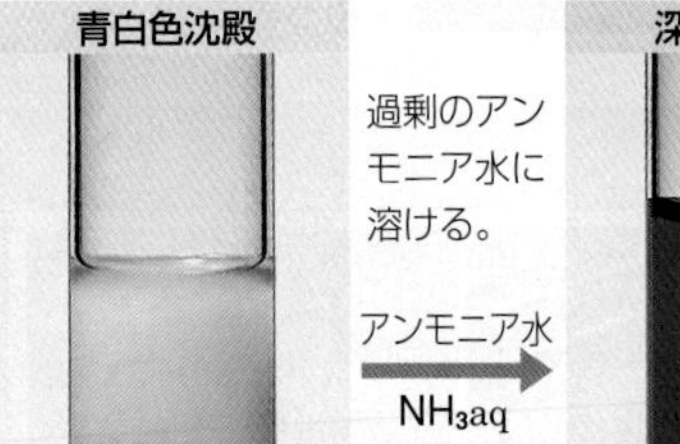

＊2 厳密には，$CuSO_4 \cdot 3Cu(OH)_2$

$Cu(OH)_2 + 4NH_3 \longrightarrow [Cu(NH_3)_4]^{2+} + 2OH^-$

参考 硫酸銅（Ⅱ）五水和物

構造

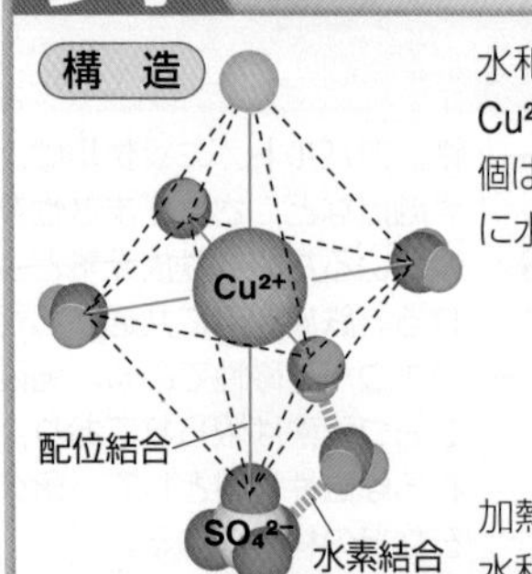

水和水のうち，4個は Cu^{2+} と配位結合し，1個は $[Cu(H_2O)_4]SO_4$ に水素結合している。

加熱すると，段階的に水和水が失われる。

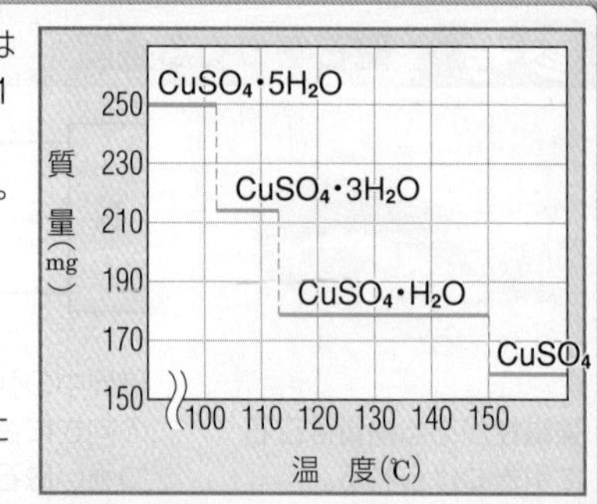

プチ雑学 タコやイカ，カニなどの動脈血は，銅イオン由来の青色である。ヒトの血液は鉄を含むヘモグロビンを使って酸素を運んでいるが，タコやイカ，カニの血液は銅を含むヘモシアニンを使って酸素を運んでいる。

Keywords ●銅 Copper ●電解精錬 electrolytic refining ●酸化銅 copper oxide ●硫酸銅 copper sulfate ●銀 Silver ●ハロゲン化銀 silver halide

2 銀 (11族) 銀は11族の遷移元素で，反応性が小さい。

融点(℃)	951.9
沸点(℃)	2212
密度(g/cm³)	10.5

酸化数

Ag 0 → Ag^+ +1

電子配置	K	L	M	N	O
$_{47}Ag$	2	8	18	18	1

単体の銀は銀白色の光沢をもち，やわらかく展性・延性(▶P.52)に富む。また，熱や電気の伝導性は，金属中最大である(▶P.53)。化学的に安定で，空気中で酸化されにくいが，硫化水素とは容易に反応して硫化銀をつくる。

おもに硫化物として産出。　食器や鏡などに使われる。

A 単体の反応

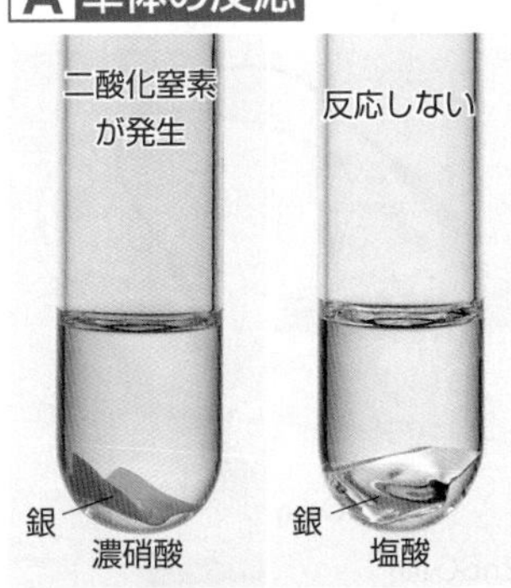

$$Ag + 2HNO_3 \longrightarrow AgNO_3 + H_2O + NO_2$$
(酸化：Ag → $AgNO_3$，還元：HNO_3 → NO_2)

酸化力の強い酸で酸化される。

B ハロゲン化銀

ハロゲン化銀の沈殿に $Na_2S_2O_3aq$[*1] を加えると，錯イオン $[Ag(S_2O_3)_2]^{3-}$ を生成して溶ける。

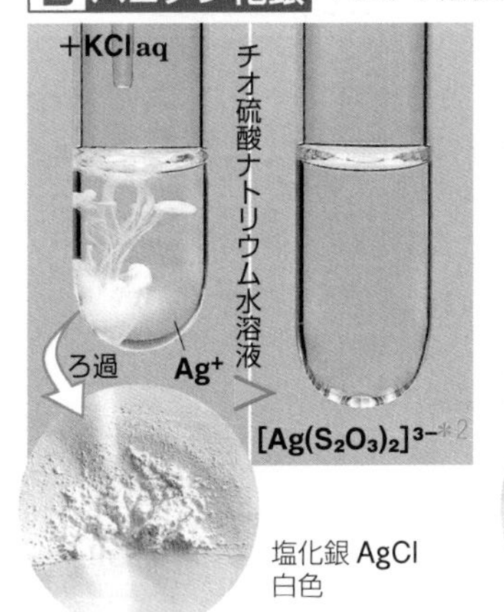

塩化銀 AgCl
白色

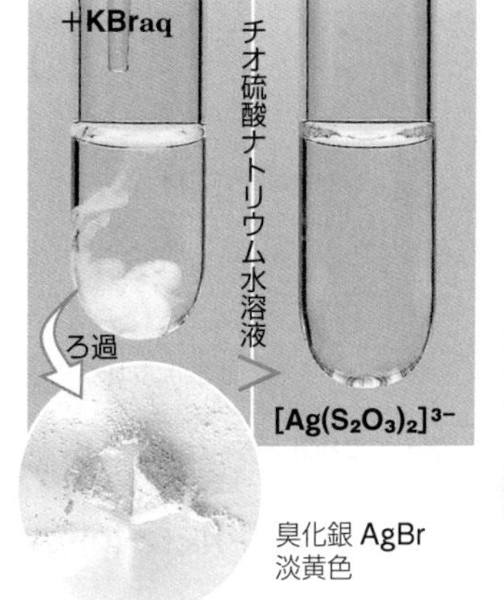

臭化銀 AgBr
淡黄色

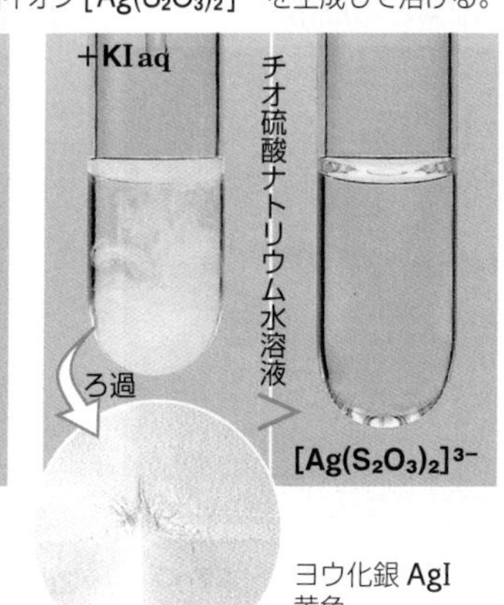

ヨウ化銀 AgI
黄色

＊1 チオ硫酸ナトリウム水溶液　＊2 ビス(チオスルファト)銀(Ⅰ)酸イオン

C 銀(Ⅰ)イオンの反応

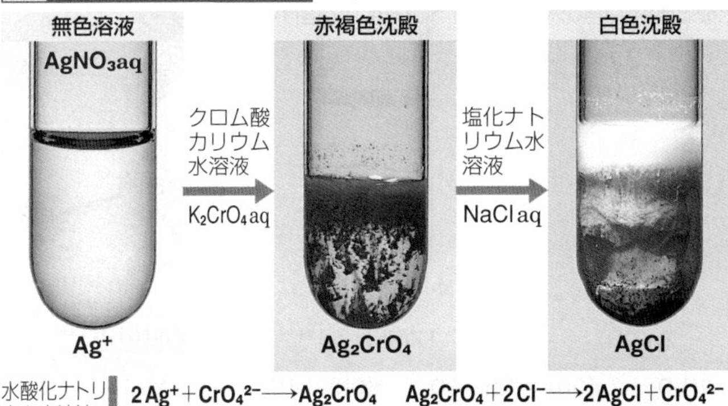

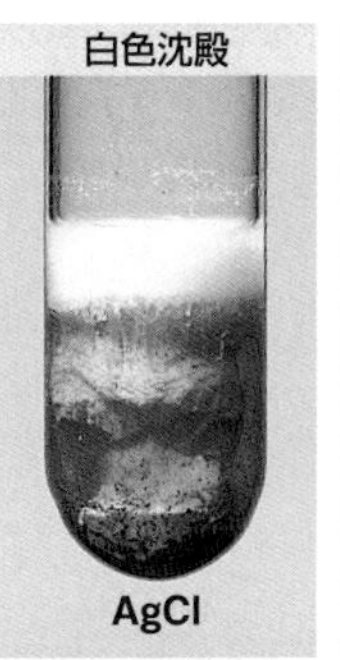

白色沈殿　AgCl → アンモニア水 NH_3aq → 無色溶液 $[Ag(NH_3)_2]^+$

$$2Ag^+ + CrO_4^{2-} \longrightarrow Ag_2CrO_4$$
$$Ag_2CrO_4 + 2Cl^- \longrightarrow 2AgCl + CrO_4^{2-}$$
$$AgCl + 2NH_3 \longrightarrow [Ag(NH_3)_2]^+ + Cl^-$$

※AgClの方がAg_2CrO_4より沈殿しやすい。(▶P.137 モール法)

硫化水素との反応

黒色沈殿　$AgNO_3aq + H_2Saq$ → Ag_2S

$$2Ag^+ + S^{2-} \longrightarrow Ag_2S$$

※pHに関係なく沈殿を生じる。

水酸化ナトリウム水溶液 NaOHaq

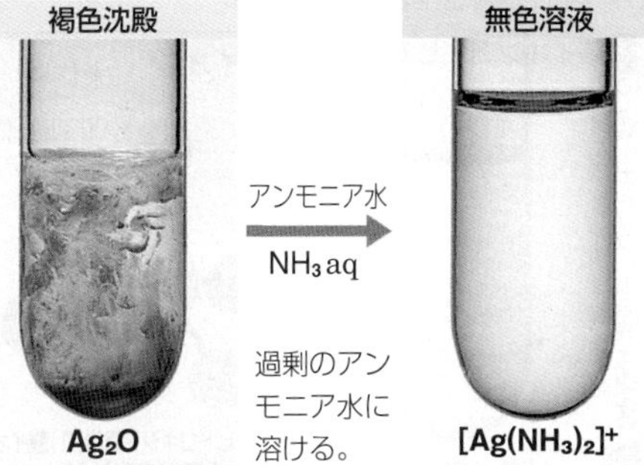

過剰のアンモニア水に溶ける。

$$2Ag^+ + 2OH^- \longrightarrow Ag_2O + H_2O$$
$$Ag_2O + 4NH_3 + H_2O \longrightarrow 2[Ag(NH_3)_2]^+ + 2OH^-$$

Column 写真の現像

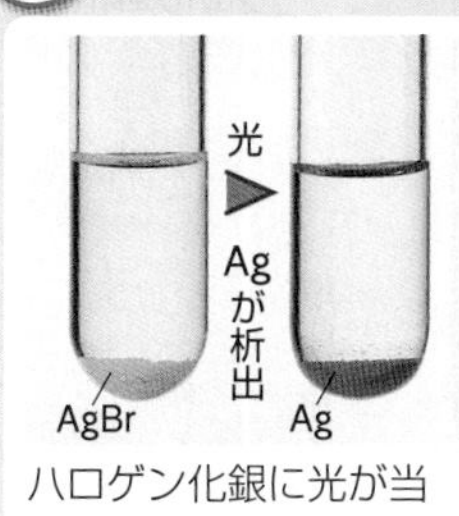

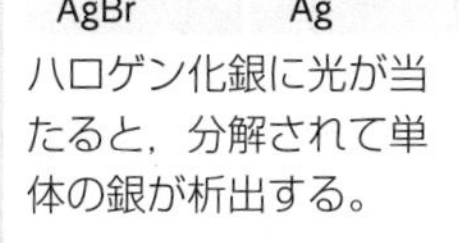

ハロゲン化銀に光が当たると，分解されて単体の銀が析出する。

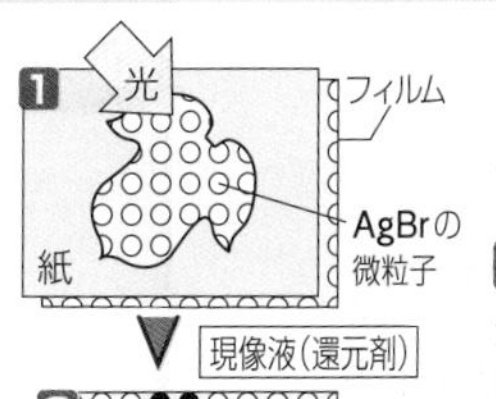

写真のフィルムでは臭化銀 AgBr が感光剤として使われる。そのため，写真のことをブロマイド[*]ともいう。

＊臭素の化合物の意味

1 感光

光により，AgBr の分解が起こる。

$$2AgBr \longrightarrow 2Ag + Br_2$$

2 現像

析出した Ag の粒子を成長させる。(AgBr の還元)

化学的に安定であるはずの銀の食器やアクセサリーが黒ずむことがある。これは銀が空気中にわずかに含まれる硫化水素や二酸化硫黄と反応して硫化銀となるからである。

亜鉛，カドミウム，水銀

1 亜鉛 (12族)

亜鉛は12族の遷移元素で，2個の価電子を放出して2価の陽イオンになりやすい。

融点(℃)	419.5
沸点(℃)	907
密度(g/cm³)	7.13

酸化数: Zn 0 → Zn^{2+} +2

電子配置	K	L	M	N
$_{30}Zn$	2	8	18	**2**

亜鉛は遷移元素であり**両性金属**である。単体は青白色の金属で，比較的融点は低い。空気中では，表面に緻密な酸化物の被膜を生じ，内部を保護する。

乾電池の負極

トタン

鋼板に亜鉛めっきしたものを**トタン**という。トタンは傷がついても腐食されにくい(▶P.191)。

A 単体の反応

亜鉛の単体は，酸化されて化合物になりやすい。

酸素との反応

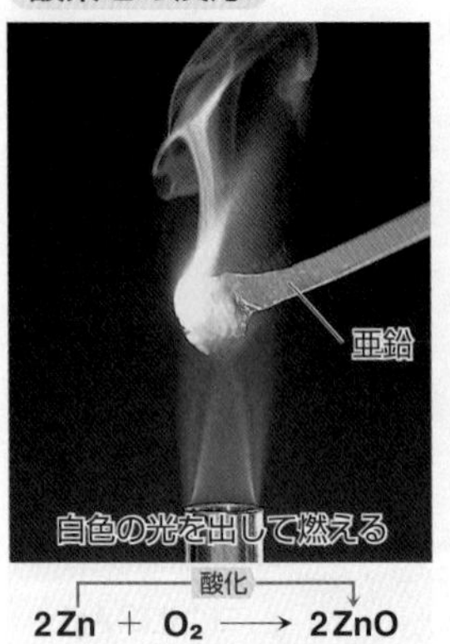

$$2Zn + O_2 \longrightarrow 2ZnO$$
(酸化・還元)

酸・塩基との反応

※ NaOHaq との反応は非常におそい。

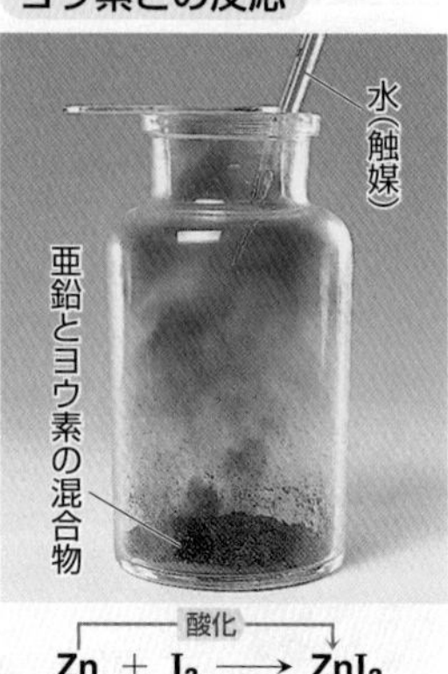
塩酸　水酸化ナトリウム水溶液

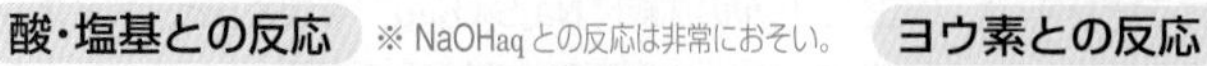
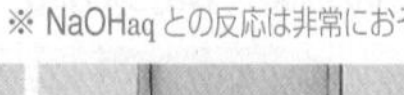

$$Zn + 2HCl \longrightarrow ZnCl_2 + H_2$$
(酸化・還元)

$$Zn + 2NaOH + 2H_2O \longrightarrow Na_2[Zn(OH)_4]^{*} + H_2$$
(酸化・還元)

＊テトラヒドロキシド亜鉛(Ⅱ)酸ナトリウム

ヨウ素との反応

$$Zn + I_2 \longrightarrow ZnI_2$$
(酸化・還元)

ダニエル電池

▶P.90

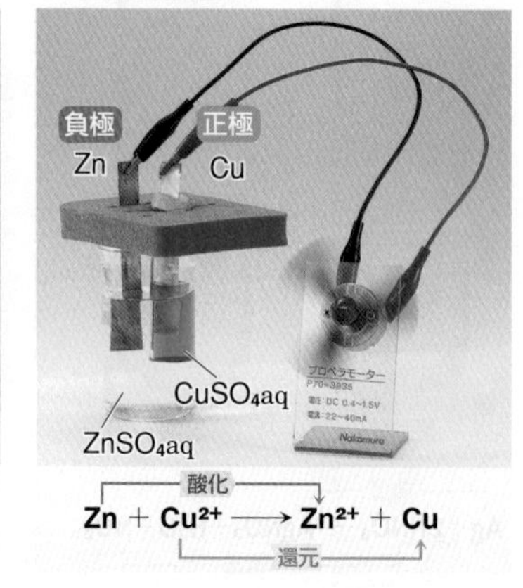

$$Zn + Cu^{2+} \longrightarrow Zn^{2+} + Cu$$
(酸化・還元)

2 亜鉛の化合物

亜鉛の化合物は両性化合物としての反応をする。また，錯イオンをつくる。

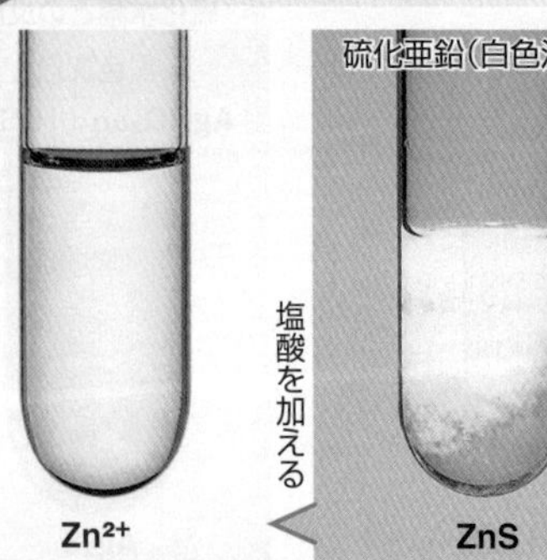

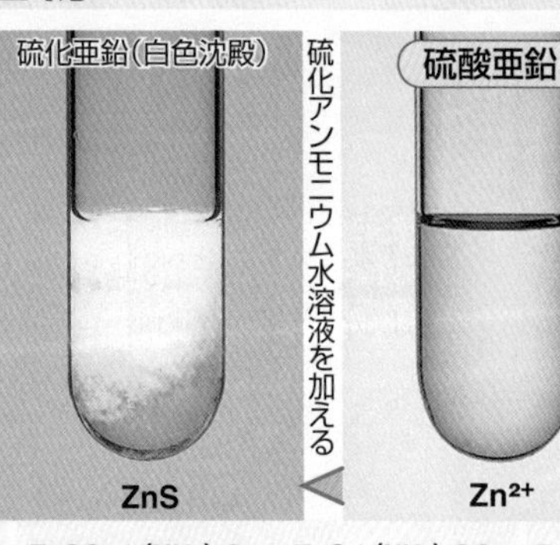

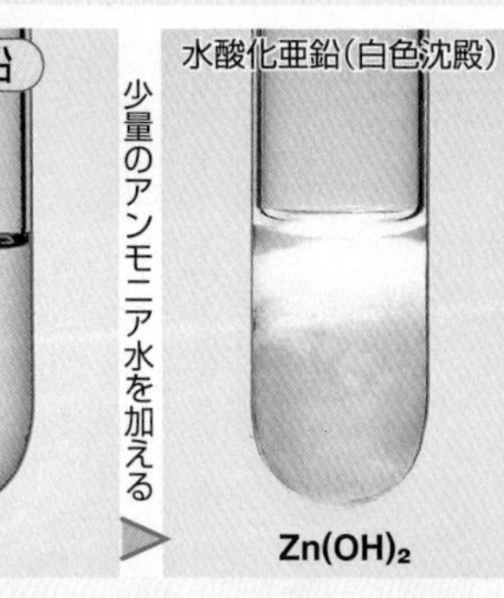

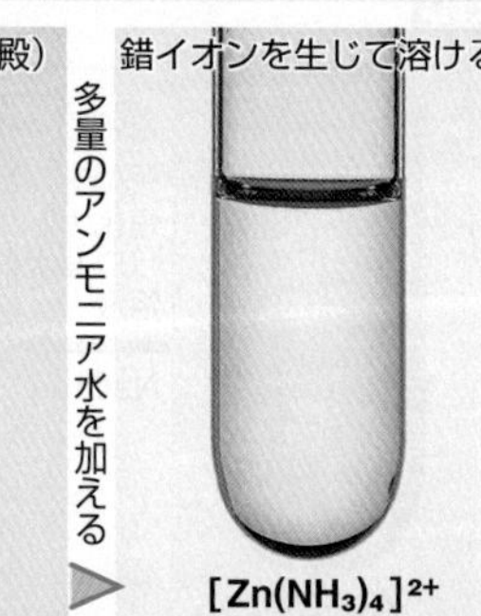

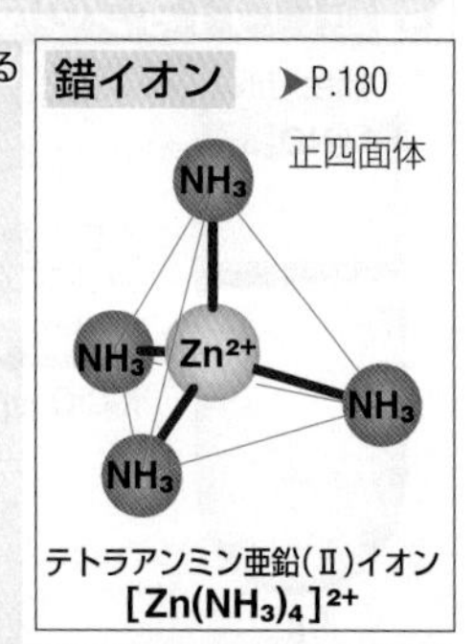

テトラアンミン亜鉛(Ⅱ)イオン $[Zn(NH_3)_4]^{2+}$

$$ZnS + 2HCl \longrightarrow ZnCl_2 + H_2S$$
$$ZnSO_4 + (NH_4)_2S \longrightarrow ZnS + (NH_4)_2SO_4$$
$$ZnSO_4 + 2NH_3 + 2H_2O \longrightarrow Zn(OH)_2 + (NH_4)_2SO_4$$
$$Zn(OH)_2 + 4NH_3 \longrightarrow [Zn(NH_3)_4]^{2+} + 2OH^-$$

酸化亜鉛

酸化亜鉛は両性酸化物である。

絵の具(白色)

※ZINC：亜鉛

酸化亜鉛は白色顔料や医薬品として利用される。

$$ZnO + 2HCl \longrightarrow ZnCl_2 + H_2O$$
$$ZnO + 2NaOH + H_2O \longrightarrow Na_2[Zn(OH)_4]$$

水酸化亜鉛

水酸化亜鉛は両性水酸化物であり，酸とも強塩基とも反応する。

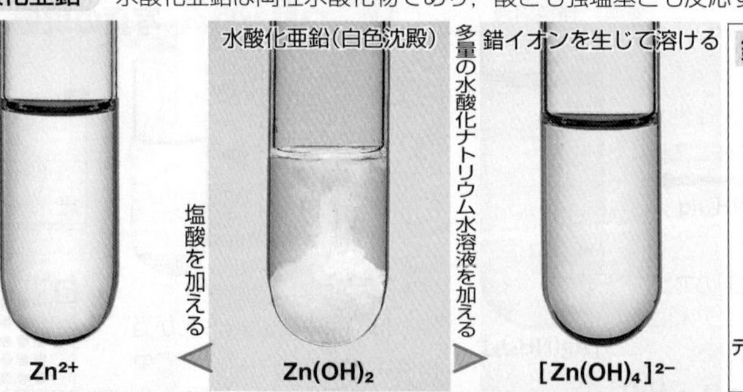

$$Zn(OH)_2 + 2HCl \longrightarrow ZnCl_2 + 2H_2O$$
$$Zn(OH)_2 + 2NaOH \longrightarrow Na_2[Zn(OH)_4]$$

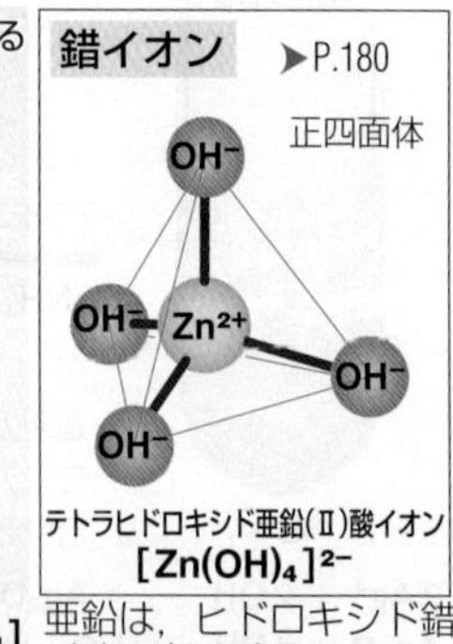

テトラヒドロキシド亜鉛(Ⅱ)酸イオン $[Zn(OH)_4]^{2-}$

亜鉛は，ヒドロキシド錯イオンをつくる。

プチ雑学 亜鉛はヒトにとって必要な元素である。主に細胞分裂に関係した働きをしており，不足すると，赤血球がもろくなることによる貧血や，味を感じる舌の味細胞が再生されないことによる味覚障害などが起こる。

3 カドミウム(12族)

Cd

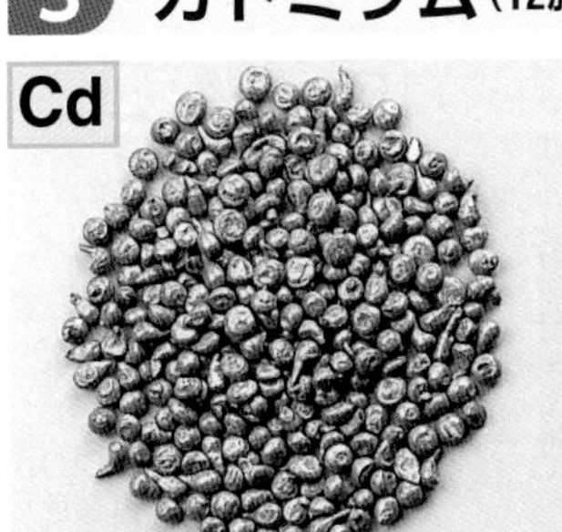

融点(℃)	321.0
沸点(℃)	765
密度(g/cm³)	8.65

酸化数

Cd	Cd^{2+}
0	+2

電子配置	K	L	M	N	O
$_{48}$Cd	2	8	18	18	2

単体は銀白色のやわらかい金属で，その蒸気や化合物は毒性が強い。亜鉛鉱石の中に少量含まれて産出する。

A 化合物

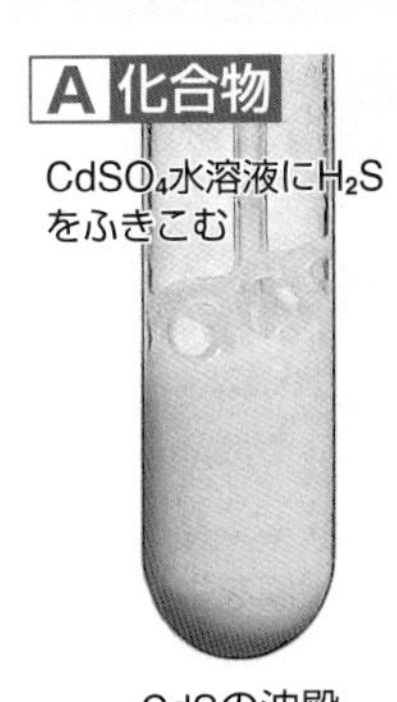

CdSの沈殿

※pHに関係なく沈殿を生じる。

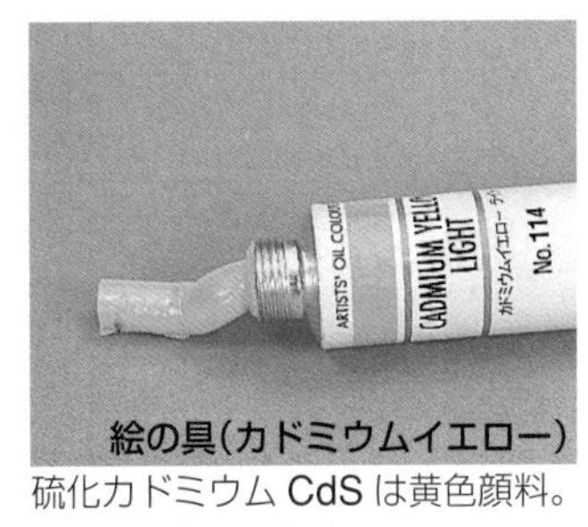

絵の具(カドミウムイエロー)

硫化カドミウム CdS は黄色顔料。

$$Cd^{2+} + H_2S \longrightarrow CdS + 2H^+$$
〔黄色〕

B 利用

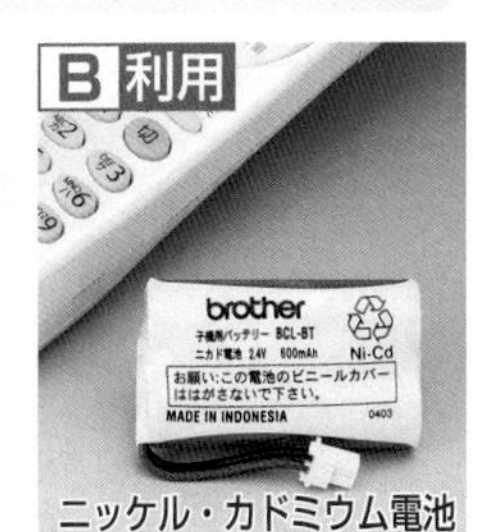

ニッケル・カドミウム電池

ニッケルの化合物を正極，カドミウムを負極とした二次電池。 ➤P.92

4 水 銀(12族) 常温で液体である金属で，多くの金属と合金をつくる。

Hg

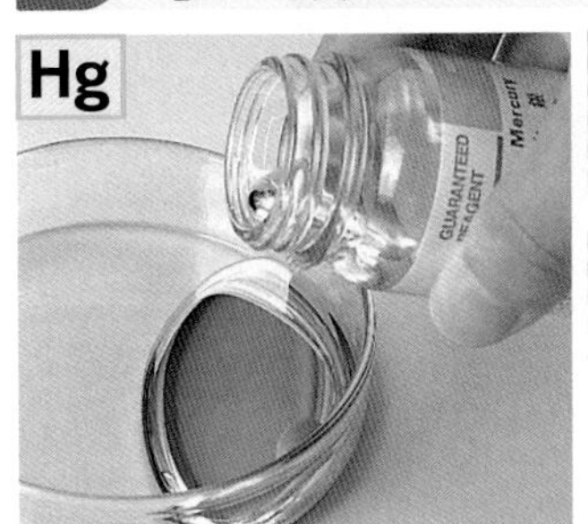

融点(℃)	−38.9
沸点(℃)	356.6
密度(g/cm³)	13.5

酸化数

Hg	Hg_2^{2+}	Hg^{2+}
0	+1	+2

電子配置	K	L	M	N	O	P
$_{80}$Hg	2	8	18	32	18	2

単体は常温で液体である唯一の金属。水銀の蒸気や有機水銀化合物は毒性が強い。

辰砂

水銀は，硫化物が辰砂(しんしゃ)という鉱物に含まれる。単体の自然水銀としても産出する。

水銀は，非常に密度の大きな液体なので，浮力により鉄球が浮かぶ。

蛍光灯

水銀の放電で放射される紫外線を，蛍光物質で可視光に変えている。

A 単体の反応

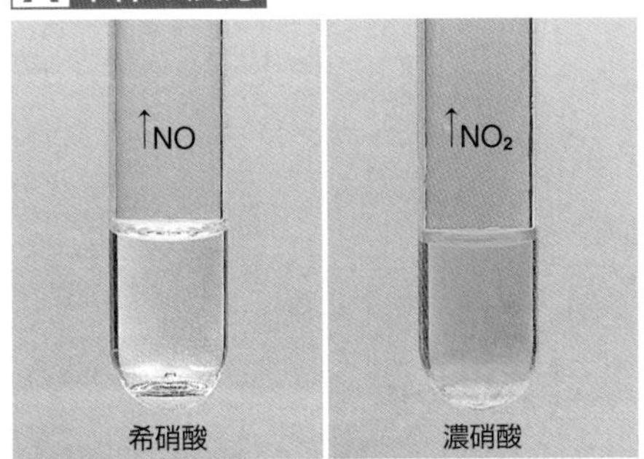

希硝酸　濃硝酸

希硝酸 $3Hg + 8HNO_3 \longrightarrow 3Hg(NO_3)_2 + 2NO + 4H_2O$

濃硝酸 $Hg + 4HNO_3 \longrightarrow Hg(NO_3)_2 + 2NO_2 + 2H_2O$

B 化合物

塩化水銀(Ⅰ)Hg_2Cl_2

水にほとんど溶けない。かつては**甘(かん)コウ**とよばれ，下剤や利尿剤に用いられた。

塩化水銀(Ⅱ)$HgCl_2$

水に少し溶ける。猛毒。**昇(しょう)コウ**とよばれ，水でうすめて殺菌に用いられた。

硫化水銀(Ⅱ)HgS

辰砂として産出。黒色のHgSを580 ℃まで加熱すると赤色に変わる。顔料に用いられる。

C 合金

東大寺の大仏

水銀は，多くの金属と合金をつくり，その合金を**アマルガム**という。かつて，東大寺の大仏には，金めっきがされていた。これは，水銀と金のアマルガムを塗り，水銀を蒸発させるという方法で行われた。

Q なぜ水銀は融点が低いの？

A 水銀の融点が低いのは，**相対性理論**が関係している。原子核のまわりを運動をしている1s 軌道の電子の速度は原子半径が大きくなるほど大きくなり，水銀原子では光速の0.6倍もの速度になる。「物質は速度が光速に近づくほど重くなる」という相対性理論に基づき，水銀の電子は 20%以上重くなる。このため，電子は原子核により強く引き寄せられ，自由電子が放出されにくくなる。よって，金属原子どうしの結びつき(結合エネルギー)が弱くなり，水銀の融点は低くなる。また，周期表で水銀の両側に位置する金とタリウムも同様に電子が原子核に引き寄せられるが，不対電子が金属結合に関わるため，水銀のように融点は低くならない。

	…	O殻			P殻	
		s	p	d	s	p
$_{79}$Au	…	2	6	10	1	
$_{80}$Hg	…	2	6	10	2	
$_{81}$Tl	…	2	6	10	2	1

不対電子

プチ雑学 カドミウムはイタイイタイ病，メチル水銀は水俣病という公害病の原因物質であった。これらは工場などから排出されて環境を汚染し，摂取してしまった地域住民を苦しめたため，大きな問題となった。

Ti Cr Mn Au

178 その他の遷移金属(Cr, Mn, Ti, Au)

1 クロム(6族) クロムは6族の遷移元素で，常温で安定である。

融点(℃)	1860
沸点(℃)	2671
密度(g/cm³)	7.19

酸化数

Cr	Cr^{2+}	Cr^{3+}	$Cr_2O_7^{2-}$
0	+2	+3	+6

電子配置	K	L	M	N
$_{24}Cr$	2	8	13	1

クロムめっき製品

単体のクロムは銀白色で硬い。常温で安定で，表面に酸化物の緻密な被膜を生じるので酸化されにくく，めっきや合金(ステンレス鋼 ▶P.191)の材料として使われる。酸化数+6の化合物(六価クロム)は酸化力が強く毒性がある。

A クロムイオンの反応

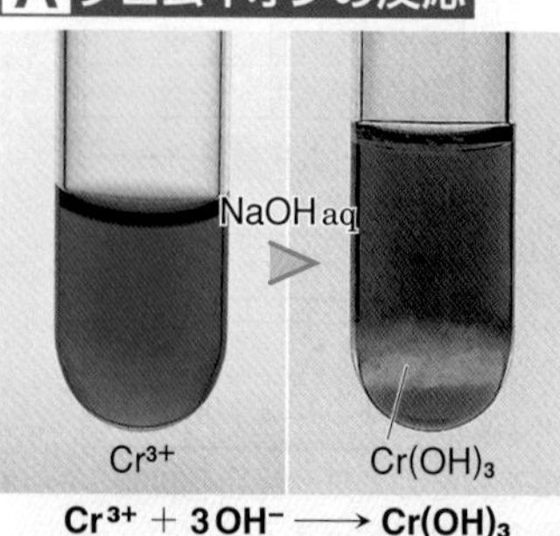

$$Cr^{3+} + 3OH^- \longrightarrow Cr(OH)_3$$

ニクロム酸カリウムの酸化作用

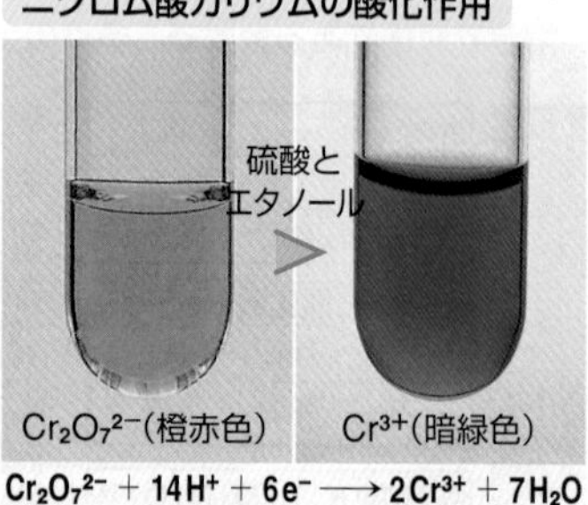

$$Cr_2O_7^{2-} + 14H^+ + 6e^- \longrightarrow 2Cr^{3+} + 7H_2O$$

(還元)

硫酸酸性にしたニクロム酸カリウム水溶液は酸化力が強く，エタノールを酸化して，自身は還元される。

C クロム酸塩

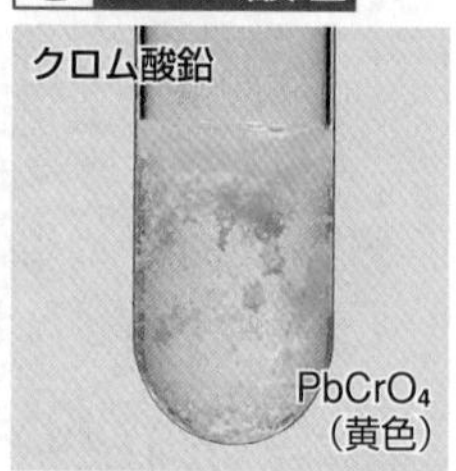

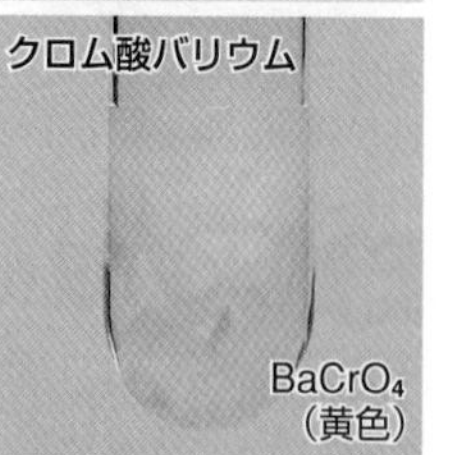

CrO_4^{2-}はPb^{2+}, Ba^{2+}, Ag^+と難溶性の塩をつくる。

B クロム酸イオンとニクロム酸イオン ▶P.131

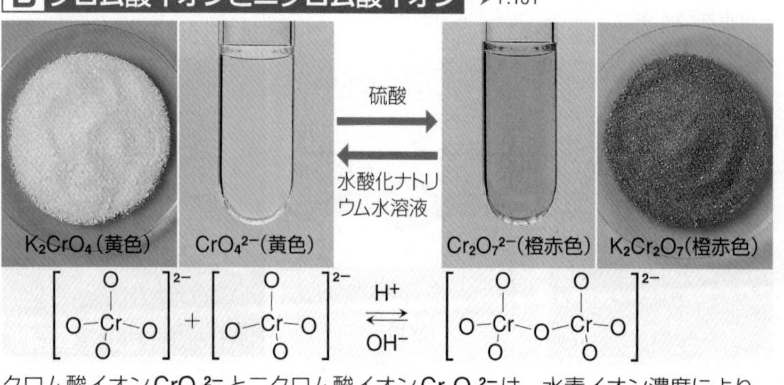

$$2CrO_4^{2-} \underset{OH^-}{\overset{H^+}{\rightleftarrows}} Cr_2O_7^{2-}$$

クロム酸イオンCrO_4^{2-}とニクロム酸イオン$Cr_2O_7^{2-}$は，水素イオン濃度により互いに変化する。酸性のときは$Cr_2O_7^{2-}$，塩基性のときはCrO_4^{2-}がおもに生じる。

2 マンガン(7族) マンガンは7族の遷移元素で，鉄よりも反応性が大きい。

融点(℃)	1244
沸点(℃)	1962
密度(g/cm³)	7.44

酸化数

Mn	Mn^{2+}	MnO_2	MnO_4^{2-}	MnO_4^-
0	+2	+4	+6	+7

電子配置	K	L	M	N
$_{25}Mn$	2	8	13	2

マンガン団塊中に多く含まれている(15～30%)。単体のマンガンは銀白色で，鉄より硬いがもろい。鉄よりも反応性が大きく，空気中で表面が酸化される。

JAMSTEC提供

マンガン団塊

4000～5000 mの海底に分布する塊で，おもにマンガン，鉄を含む。

A 単体の反応

Mn　希硫酸　Mn^{2+}

$$Mn + H_2SO_4 \longrightarrow MnSO_4 + H_2$$

(酸化・還元)

C 化合物

1, 4, 5, 7の水和物がある。

酸化作用を示す。過酸化水素の分解を促進する。

酸性水溶液中で強い酸化作用を示す。

B マンガンイオンの反応

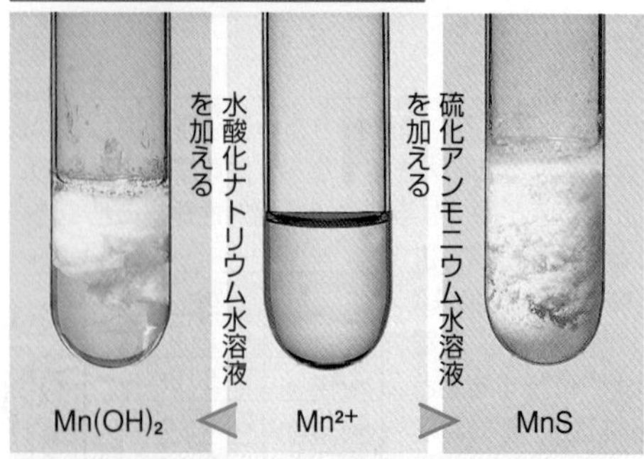

$$Mn^{2+} + 2OH^- \longrightarrow Mn(OH)_2 \qquad Mn^{2+} + S^{2-} \longrightarrow MnS$$

酸化還元反応 MnO_4^-は酸化剤として働き，自身は還元される。

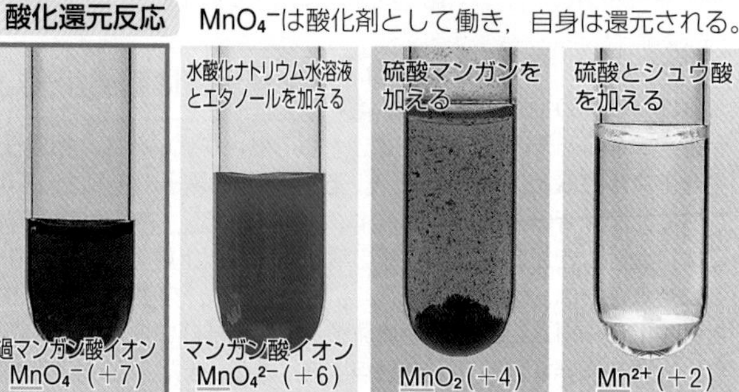

$$MnO_4^- + e^- \longrightarrow MnO_4^{2-}$$
$$MnO_4^- + 2H_2O + 3e^- \longrightarrow MnO_2 + 4OH^-$$
$$MnO_4^- + 8H^+ + 5e^- \longrightarrow Mn^{2+} + 4H_2O$$

マンガン団塊は，マンガンだけでなく，鉄やニッケル，銅などさまざまな金属を含むため，資源としての有用性は高いと考えられている。しかし，海上へ引き上げる技術や，含まれる金属の分離回収方法はまだ確立されていない。

3 チタン（4族） チタンは4族の遷移元素で，軽く，強く，腐食しにくい。

融点(℃)	1660
沸点(℃)	3287
密度(g/cm³)	4.54

酸化数

Ti　Ti^{3+}　Ti^{4+}
0　+3　+4

電子配置	K	L	M	N
$_{22}$Ti	2	8	10	2

単体のチタンは銀灰色で軽くて強い。表面にできる酸化被膜が内部を保護するため，腐食されにくい。合金や化合物が，建築材や顔料として使われる。

軽くて強く，腐食やさびの心配がないため，海岸や工場地帯における建築材として利用されている。

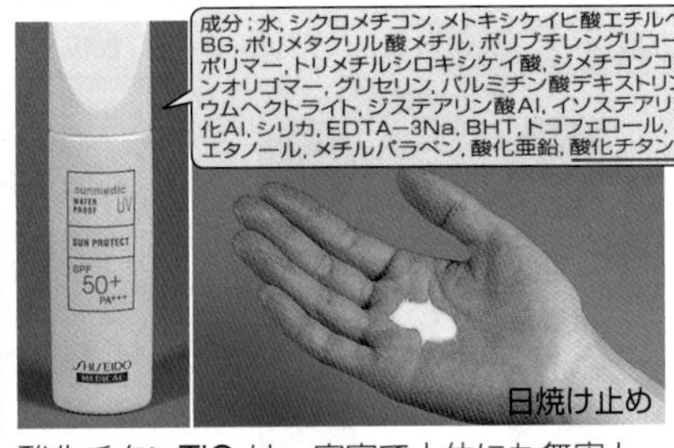

酸化チタンTiO_2は，安定で人体にも無害とされるため，白色顔料や紫外線遮蔽剤として，化粧品に使われる。

光触媒 ▶P.199

酸化チタンに光が当たると，光化学反応を起こす。このとき生じる活性酸素は，さまざまな有機物を分解し，抗菌や脱臭，汚れ防止などの効果をもたらす。さらに，水をまったくはじかない超親水性をもつ。

実験 カラーチタン

目的 チタン箔に酸化被膜をつくり，さまざまな色に発色させる。

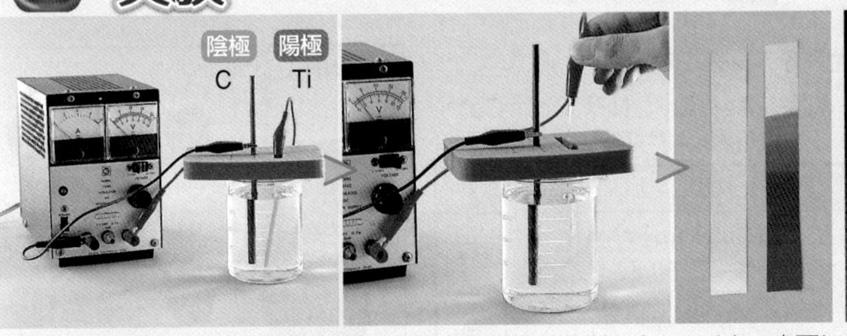

チタン箔を陽極，炭素棒を陰極にして，電解液につけ，電圧を加える。

チタン箔を電解液から引き出しながら，加える電圧を上げていく。

チタン表面に，電圧に応じて異なる厚さの酸化被膜ができる。被膜の厚さにより，さまざまな色に発色する。

4 金（11族） 金は11族の遷移元素で，展性，延性に富み，非常に安定である。

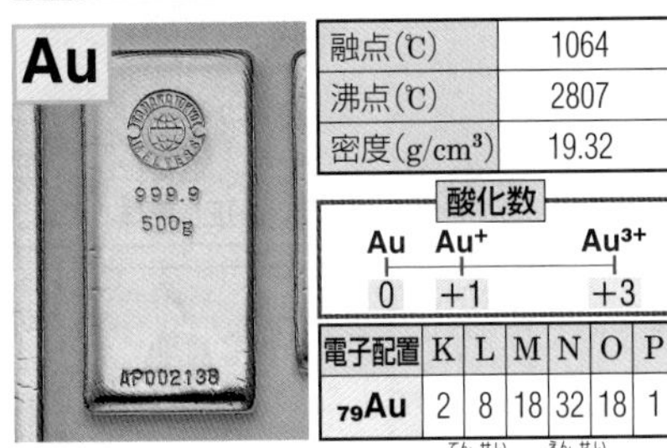

融点(℃)	1064
沸点(℃)	2807
密度(g/cm³)	19.32

酸化数

Au　Au^{+}　Au^{3+}
0　+1　+3

電子配置	K	L	M	N	O	P
$_{79}$Au	2	8	18	32	18	1

単体の金は，金属の中で最も展性，延性に富む。イオン化傾向が小さい非常に安定な金属で，めっきなどに古くから利用されてきた。

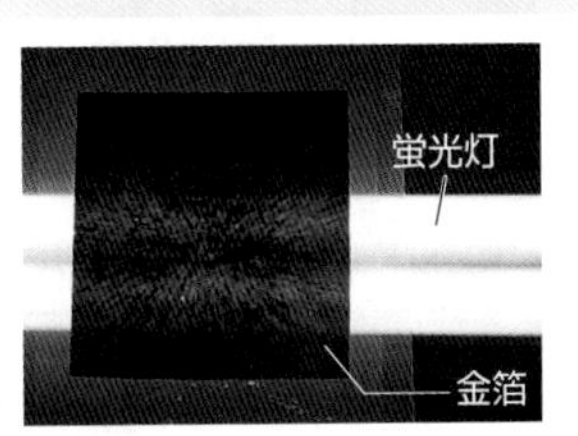

金は紫～青色の光を吸収し，赤と黄色の光を反射するので，黄金色に見える。薄い金箔を光にかざすと，青色の光が箔を透過するので青く見える。

A 単体の反応

$$Au + 4H^{+} + NO_3^{-} + 4Cl^{-} \longrightarrow [AuCl_4]^{-} + NO + 2H_2O$$

金は，非常に安定な金属で，濃塩酸や濃硝酸には反応しない。しかし，濃塩酸と濃硝酸を体積比 3：1 で混合した王水には溶ける。また，金を水銀に溶かして，アマルガムをつくることができる（▶P.177）。

5 遷移元素の性質 3～12族の元素を遷移元素という＊。遷移元素には，典型元素とは違う特徴がある。

＊12族を含めない場合もある。

電子配置	K	L	M	N
$_{21}$Sc	2	8	9	2
$_{22}$Ti	2	8	10	2
$_{23}$V	2	8	11	2
$_{24}$Cr	2	8	13	1
$_{25}$Mn	2	8	13	2
$_{26}$Fe	2	8	14	2
$_{27}$Co	2	8	15	2
$_{28}$Ni	2	8	16	2
$_{29}$Cu	2	8	18	1
$_{30}$Zn	2	8	18	2

- 原子番号が変わっても，内側の電子殻の電子数が変わるため，ほとんどの遷移元素の最外殻の電子は1～2個のままである。周期表で隣り合う遷移元素は，性質が似ている。
- 最外殻だけでなく，内側の電子殻の電子が価電子の役割を果たすことがあるため，同じ元素がさまざまな酸化数を示す。
  例 Cr ＋3（Cr^{3+}），＋6（$Cr_2O_7^{2-}$）

- 典型元素と比べ，融点が高く硬い。密度も大きい。　典型元素　遷移元素

元素	K	Ca	Sc	Ti	V	Cr	Mn	Fe	Co	Ni	Cu	Zn
融点(℃)	63.7	839	1541	1660	1887	1860	1244	1535	1495	1453	1083	419.5
密度(g/cm³)	0.86	1.55	2.99	4.54	6.11	7.19	7.44	7.87	8.90	8.90	8.96	7.13

- イオンや化合物に有色のものが多い。
  例 Fe^{2+}：淡緑色　Fe^{3+}：黄褐色　Cu^{2+}：青色　CrO_4^{2-}：黄色
- 単体，化合物には，触媒（▶P.130）として用いられるものが多い。
  例 MnO_2（過酸化水素水の分解▶P.130），
  V_2O_5（接触法による硫酸の製造▶P.151）

プチ雑学 金の元素記号Auの由来は，ラテン語のaurum（太陽の輝き）である。このラテン語は，オーロラの語源でもある。英語のgoldは，インド・ヨーロッパ語のghel（輝く）が語源となっている。

1 錯イオン

A 錯イオン

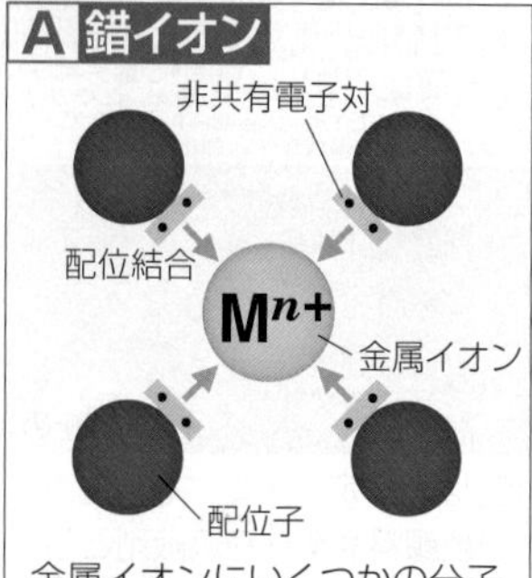

金属イオンにいくつかの分子や陰イオンが配位結合して，1つの原子集団のイオンとなったものを**錯イオン**という。

配位子 金属イオンに結合した分子または陰イオン。

	(中性)分子		陰イオン		
化学式	NH_3	H_2O	CN^-	Cl^-	OH^-
名称	アンミン	アクア	シアニド	クロリド	ヒドロキシド
電子式	非共有電子対 H:N:H H 共有電子対	:O:H H	[:C:::N:]$^-$	[:Cl:]$^-$	[:O:H]$^-$

配位子となる分子やイオンは非共有電子対(▶P.44)をもつ。

配位数 配位子の数

錯イオンをつくる金属

周期＼族	8	9	10	11	12	13	14
	遷移元素					典型元素	
3						Al	
4	Fe	Co	Ni	Cu	Zn		
5				Ag			Sn
6							Pb

NH₃と錯イオンをつくる

6配位正八面体構造* 両性金属

*$[CoCl_4]^{2-}$など他の構造をとるものもある。

B アンミン錯イオン 配位子がアンモニア分子

アンミン錯イオンをつくる………Cu^{2+}, Ag^+, Zn^{2+}, Ni^{2+}, Co^{2+}, Co^{3+}
アンミン錯イオンをつくらない…Fe^{2+}, Fe^{3+}, Al^{3+}, Pb^{2+}, Sn^{2+}

中心イオン	配位数	立体構造	化学式・名称	水溶液の色
Cu^{2+}	4(テトラ)	正方形	$[Cu(NH_3)_4]^{2+}$ テトラアンミン銅(Ⅱ)イオン	深青
Ag^+	2(ジ)	直線	$[Ag(NH_3)_2]^+$ ジアンミン銀(Ⅰ)イオン	無
Zn^{2+}	4(テトラ)	正四面体	$[Zn(NH_3)_4]^{2+}$ テトラアンミン亜鉛(Ⅱ)イオン	無
Ni^{2+}	6(ヘキサ)	正八面体	$[Ni(NH_3)_6]^{2+}$ ヘキサアンミンニッケル(Ⅱ)イオン	青紫
Co^{2+}	6(ヘキサ)	正八面体	$[Co(NH_3)_6]^{2+}$ ヘキサアンミンコバルト(Ⅱ)イオン	淡赤
Co^{3+}	6(ヘキサ)	正八面体	$[Co(NH_3)_6]^{3+}$ ヘキサアンミンコバルト(Ⅲ)イオン	黄橙

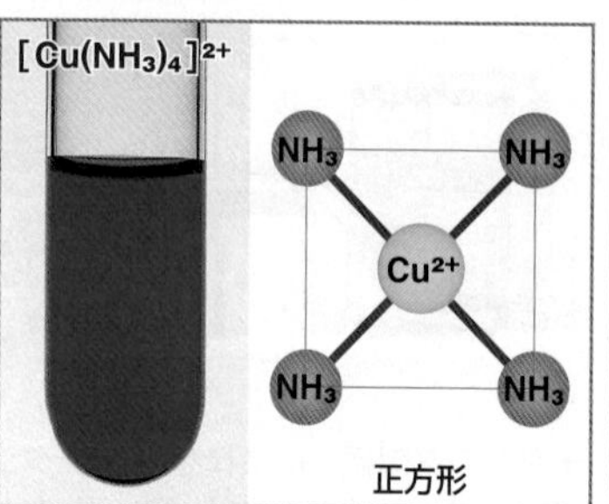

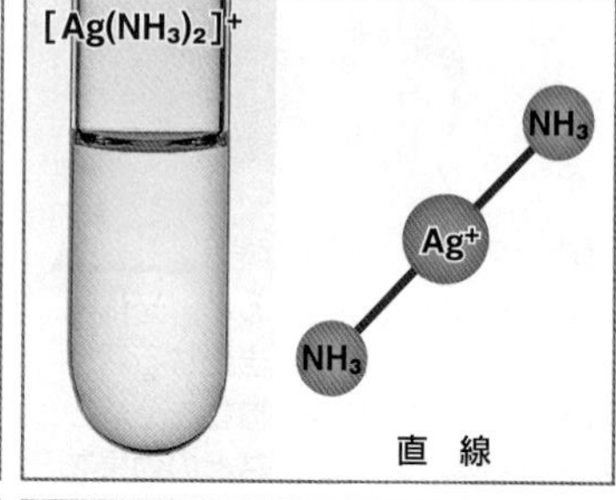

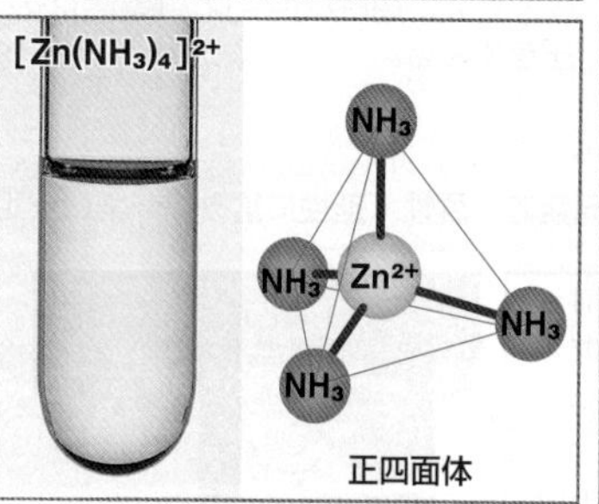

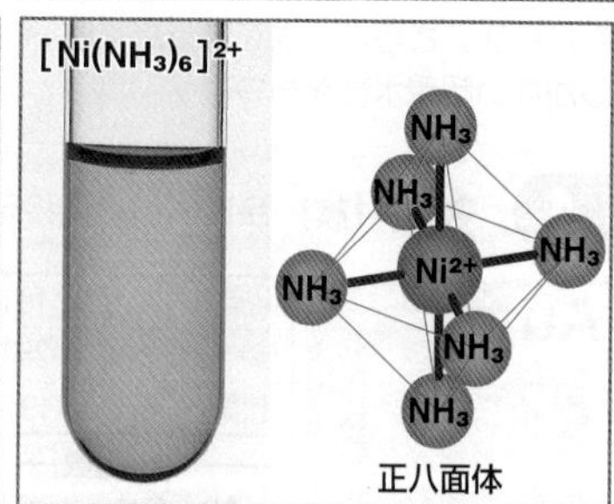

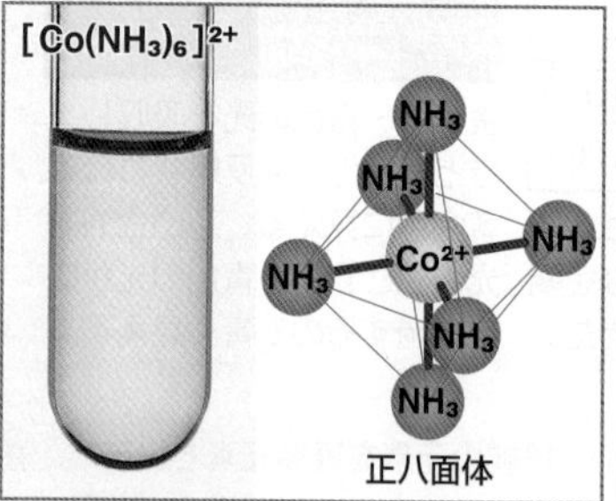

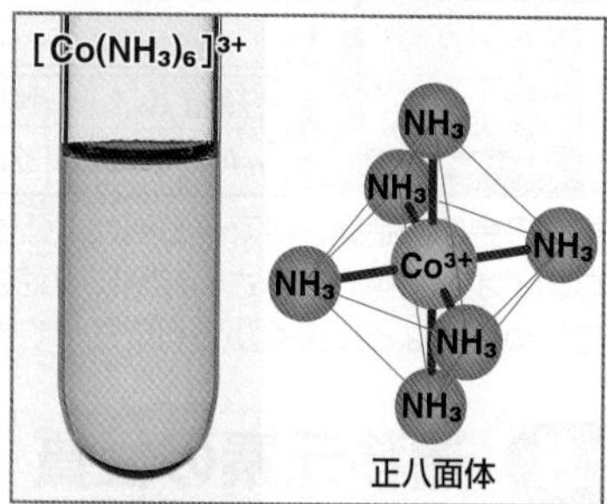

C ヒドロキシド錯イオン 配位子が水酸化物イオン

ヒドロキシド錯イオンをつくる…両性金属のイオン(Al^{3+},Zn^{2+},Pb^{2+},Sn^{2+})

中心イオン	配位数	化学式	名称	水溶液の色	参照
Al^{3+}	4(テトラ)	$[Al(OH)_4]^-$	テトラヒドロキシドアルミン酸イオン(アルミン酸イオン)	無	P.169
Zn^{2+}	4(テトラ)	$[Zn(OH)_4]^{2-}$	テトラヒドロキシド亜鉛(Ⅱ)酸イオン	無	P.176
Pb^{2+}	4(テトラ)	$[Pb(OH)_4]^{2-}$	テトラヒドロキシド鉛(Ⅱ)酸イオン	無	P.170
Sn^{2+}	4(テトラ)	$[Sn(OH)_4]^{2-}$	テトラヒドロキシドスズ(Ⅱ)酸イオン	無	P.171

D 鉄の錯イオン

中心イオン	配位数	立体構造	化学式・名称	水溶液の色
Fe^{2+}	6(ヘキサ)	正八面体	$[Fe(CN)_6]^{4-}$ ヘキサシアニド鉄(Ⅱ)酸イオン	淡黄
Fe^{3+}	6(ヘキサ)	正八面体	$[Fe(CN)_6]^{3-}$ ヘキサシアニド鉄(Ⅲ)酸イオン	黄

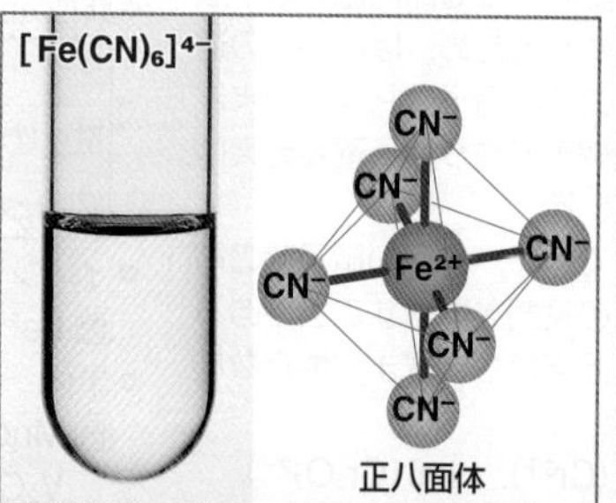

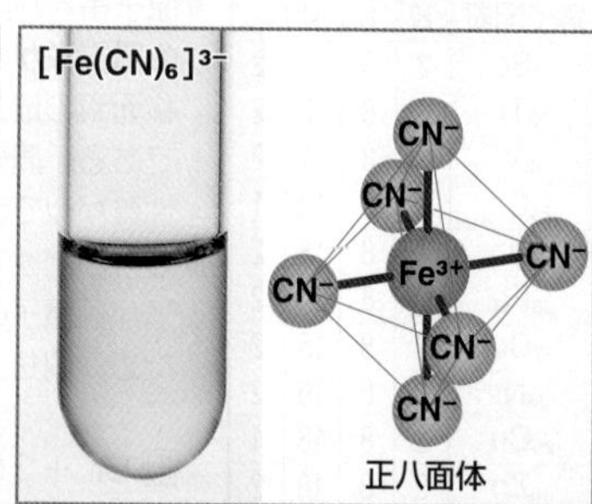

プチ雑学 黒ずんだ10円硬貨をタバスコで磨くときれいになる。これはタバスコの主成分である酢と食塩の働きである。まず，黒ずみの原因である酸化銅が酢酸と反応して，銅イオンができる。次に，銅イオンが食塩の塩化物イオンと安定した錯イオンを形成し，溶液中に溶解するので黒ずみがとれる。

E コバルト(Ⅲ)アンミン錯塩

組成式	錯 塩	名 称	水溶液の色
$CoCl_3·6NH_3$	$[Co(NH_3)_6]Cl_3$	ヘキサアンミンコバルト(Ⅲ)塩化物（ルテオ塩〈luteo：黄〉）	黄橙
$CoCl_3·5NH_3$	$[CoCl(NH_3)_5]Cl_2$	クロリドペンタアンミンコバルト(Ⅲ)塩化物（プルプレオ塩〈purpureo：赤紫〉）	赤紫
$CoCl_3·4NH_3$（トランス形）	$[CoCl_2(NH_3)_4]Cl$	ジクロリドテトラアンミンコバルト(Ⅲ)塩化物（プラセオ塩〈praseo：緑〉）	緑
$CoCl_3·4NH_3$（シス形）	$[CoCl_2(NH_3)_4]Cl$	ジクロリドテトラアンミンコバルト(Ⅲ)塩化物（ビオレオ塩〈violeo：紫〉）	紫
$CoCl_3·5NH_3·H_2O$	$[Co(NH_3)_5(H_2O)]Cl_3$	ペンタアンミンアクアコバルト(Ⅲ)塩化物（ロゼオ塩〈roseo：赤〉）	赤

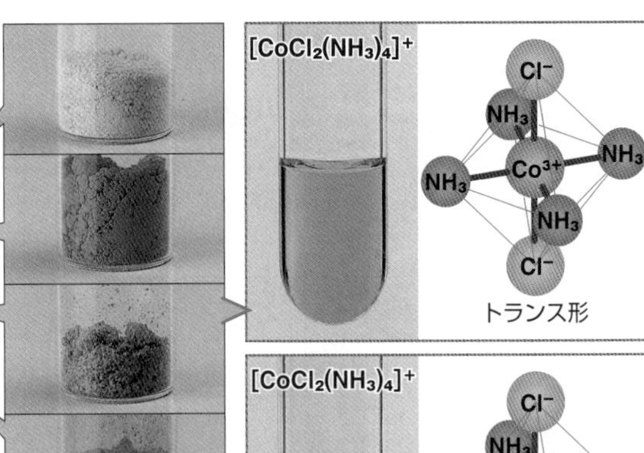

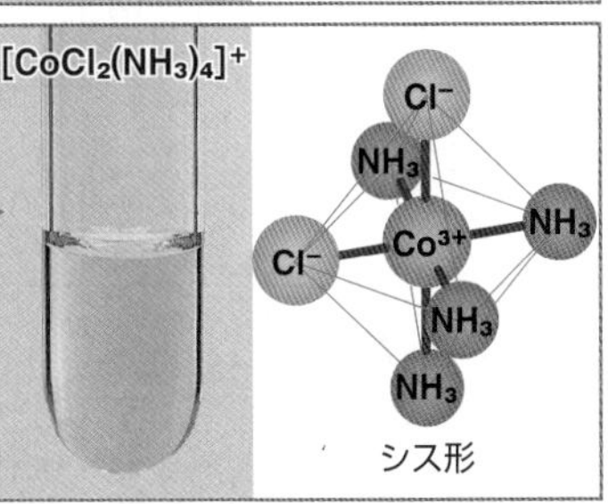

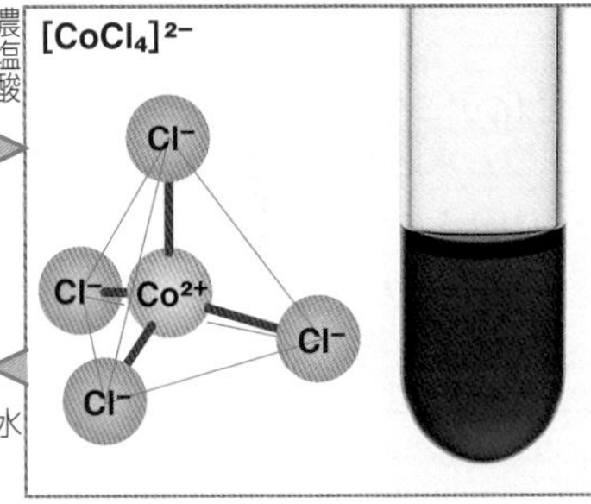

これらのコバルト(Ⅲ)アンミン錯塩の水溶液に硝酸銀水溶液を加えると塩化銀が沈殿する。それぞれの式中の塩素原子の数は同じであるが，その沈殿量は異なる。

$CoCl_3·6NH_3$ からは 3AgCl が沈殿
$CoCl_3·5NH_3$ からは 2AgCl が沈殿
$CoCl_3·4NH_3$ からは 1AgCl が沈殿
$CoCl_3·5NH_3·H_2O$ からは 3AgCl が沈殿

F コバルト(Ⅱ)アクア錯イオンとコバルト(Ⅱ)クロリド錯イオン

化学式・名称	配位子	配位数	立体構造	水溶液の色
$[Co(H_2O)_6]^{2+}$ ヘキサアクアコバルト(Ⅱ)イオン	H_2O	6（ヘキサ）	正八面体	淡赤
$[CoCl_4]^{2-}$ テトラクロリドコバルト(Ⅱ)酸イオン	Cl^-	4（テトラ）	正四面体	青

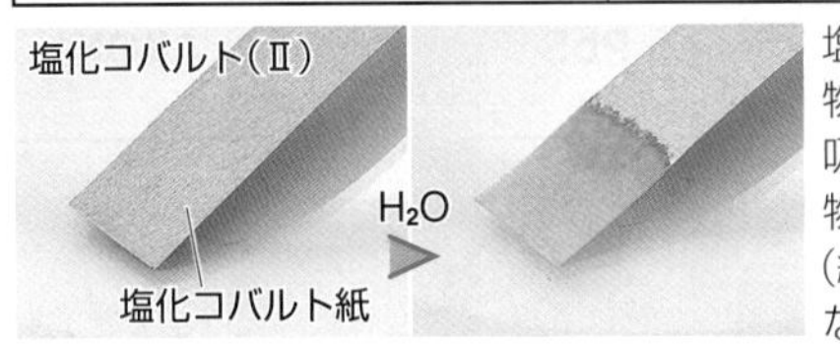

塩化コバルト(Ⅱ)の無水物$CoCl_2$は青色であるが，吸水すると淡赤色の水和物$[CoCl_2(H_2O)_4]·2H_2O$（組成式$CoCl_2·6H_2O$）となる。

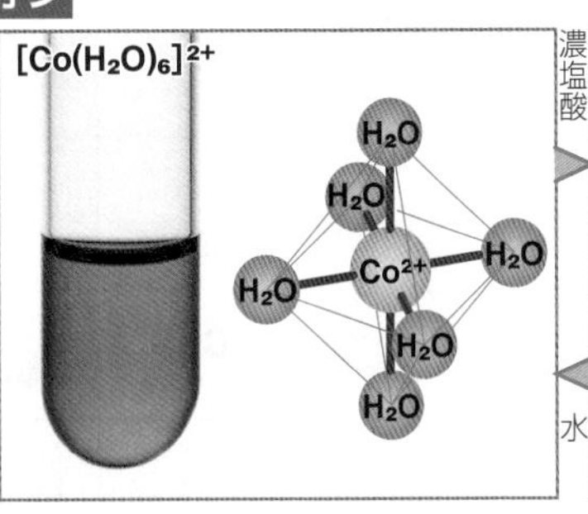

$$[Co(H_2O)_6]^{2+} + 4Cl^- \rightleftarrows [CoCl_4]^{2-} + 6H_2O$$

G 銅(Ⅱ)アクア錯イオンと銅(Ⅱ)クロリド錯イオン

化学式・名称	配位子	配位数	水溶液の色
$[Cu(H_2O)_4]^{2+}$ テトラアクア銅(Ⅱ)イオン	H_2O	4（テトラ）	青
$[CuCl_4]^{2-}$ テトラクロリド銅(Ⅱ)酸イオン	Cl^-	4（テトラ）	黄緑

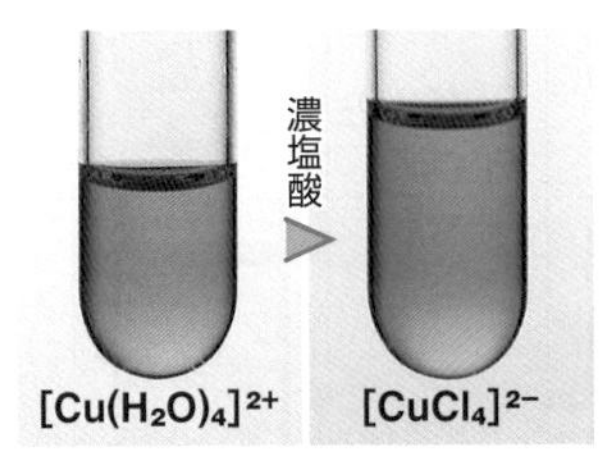

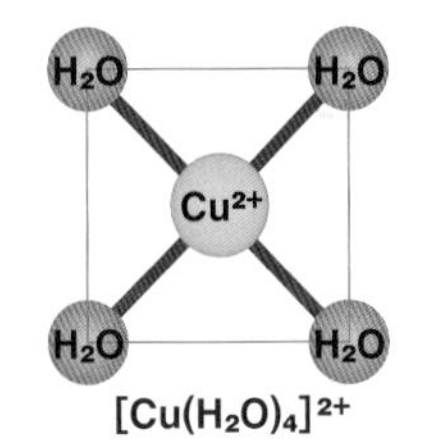

硫酸銅(Ⅱ)水溶液の銅イオンは，厳密にはCu^{2+}ではなく，テトラアクア銅(Ⅱ)イオン$[Cu(H_2O)_4]^{2+}$をつくっている。水溶液の青色は，この錯イオンの色である。▶P.174

2 ハロゲン化銀の溶解性

＊安定度定数…水和金属イオンと配位子から錯イオンができるときの平衡定数

試薬＼ハロゲン化銀	AgCl（白色沈殿）	AgBr（淡黄色沈殿）	AgI（黄色沈殿）	錯イオンの安定度定数＊
アンモニア水	溶ける	やや溶けにくい	溶けない	$[Ag(NH_3)_2]^+$ 1.7×10^7
チオ硫酸ナトリウム水溶液	溶ける	溶ける	やや溶けにくい	$[Ag(S_2O_3)_2]^{3-}$ 2.4×10^{13}

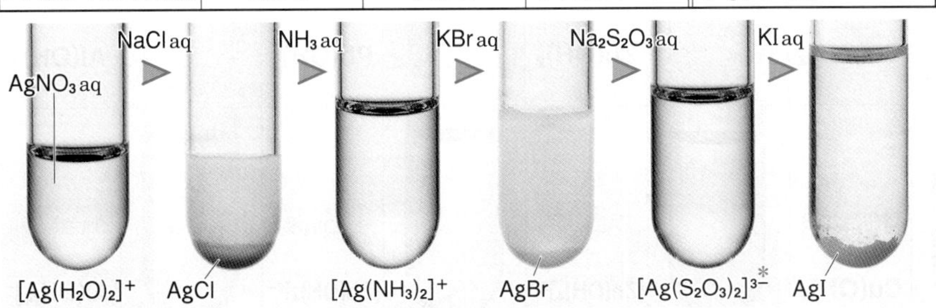

＊ビス(チオスルファト)銀(Ⅰ)酸イオン（▶P.175）

3 錯イオンの命名法

錯イオンの名称は，次の順に並べて命名する。

「配位数」+「配位子」+「金属イオン(酸化数)」+イオン

- 配位数は，以下の数詞で示す。

1	モノ	5	ペンタ	9	ノナ
2	ジ	6	ヘキサ	10	デカ
3	トリ	7	ヘプタ	11	ウンデカ
4	テトラ	8	オクタ	12	ドデカ

- 配位子が複数あるときは，金属イオンに近い配位子から順に書く。
- 酸化数は，ローマ数字で示す。
- 陰イオンの場合は，最後につける「イオン」を，「酸イオン」とする。

プチ雑学 モノ，ジ，トリ，…の数詞は，モノクロ（1色の濃淡で表された画），トリオ（3人組），オクターブ（8度離れた音）など，身近な言葉にも使われている。

金属イオンの反応

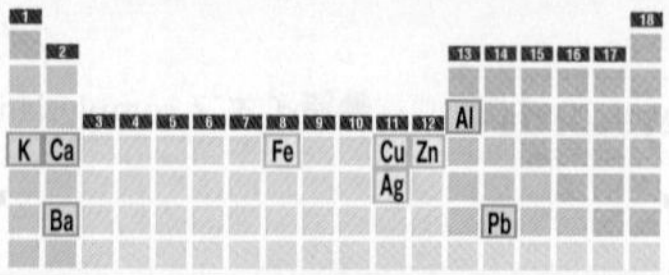

金属イオン / 加える試薬（陰イオン）		銀イオン Ag^{+} 無色溶液	銅(Ⅱ)イオン Cu^{2+} 青色溶液	亜鉛イオン Zn^{2+} 無色溶液	鉛(Ⅱ)イオン Pb^{2+} 無色溶液	アルミニウムイオン Al^{3+} 無色溶液
希塩酸 HCl (Cl^{-})		白色沈殿 AgCl	沈殿を生じない	沈殿を生じない	白色沈殿 $PbCl_2$	沈殿を生じない
硫化水素飽和水溶液 H_2S (S^{2-}少量) 酸性		黒色沈殿 Ag_2S	黒色沈殿 CuS	沈殿を生じない	黒色沈殿 PbS	沈殿を生じない
硫化アンモニウム水溶液 $(NH_4)_2S$ (S^{2-}多量) 塩基性		黒色沈殿 Ag_2S	黒色沈殿 CuS	白色沈殿 ZnS	黒色沈殿 PbS	白色沈殿 $Al(OH)_3$
アンモニア水 NH_3 + H_2O	少量 (OH^{-})	褐色沈殿 Ag_2O	青白色沈殿 $Cu(OH)_2$ ➤P.174	白色沈殿 $Zn(OH)_2$	白色沈殿 $Pb(OH)_2$	白色沈殿 $Al(OH)_3$
	過剰量	無色溶液 $[Ag(NH_3)_2]^{+}$ ➤P.180	深青色溶液 $[Cu(NH_3)_4]^{2+}$ ➤P.180	無色溶液 $[Zn(NH_3)_4]^{2+}$ ➤P.180	白色沈殿 $Pb(OH)_2$	白色沈殿 $Al(OH)_3$
水酸化ナトリウム水溶液 NaOH (OH^{-})	少量	褐色沈殿 Ag_2O	青白色沈殿 $Cu(OH)_2$	白色沈殿 $Zn(OH)_2$	白色沈殿 $Pb(OH)_2$	白色沈殿 $Al(OH)_3$
	過剰量	褐色沈殿 Ag_2O	青白色沈殿 $Cu(OH)_2$	無色溶液 $[Zn(OH)_4]^{2-}$ ➤P.180	無色溶液 $[Pb(OH)_4]^{2-}$ ➤P.180	無色溶液 $[Al(OH)_4]^{-}$ ➤P.180

沈殿を生じる，　錯イオン(➤P.180)を生じる。

プチ雑学　金属イオンが沈殿をつくらずに水に溶けるときは，配位子をもった錯イオンの状態になる。表の最上段の金属イオンも，厳密にはH_2Oを配位子にもつアクア錯イオンである。

Keywords ●イオン ion ●沈殿 precipitation ●錯イオン complex ion

鉄(Ⅱ)イオン	鉄(Ⅲ)イオン
Fe^{2+} 淡緑色溶液	Fe^{3+} 黄褐色溶液
沈殿を生じない	沈殿を生じない
沈殿を生じない	淡緑色溶液 Fe^{2+} Sが生じて白濁する
黒色沈殿 FeS	黒色沈殿 FeS
緑白色沈殿 $Fe(OH)_2$	赤褐色沈殿 水酸化鉄(Ⅲ)* ＊FeO(OH)など(▶P.139)
緑白色沈殿 $Fe(OH)_2$	赤褐色沈殿 水酸化鉄(Ⅲ)*
緑白色沈殿 $Fe(OH)_2$	赤褐色沈殿 水酸化鉄(Ⅲ)*
緑白色沈殿 $Fe(OH)_2$	赤褐色沈殿 水酸化鉄(Ⅲ)*

金属イオン／加える試薬(陰イオン)		カルシウムイオン	バリウムイオン	カリウムイオン
		Ca^{2+} 無色溶液	Ba^{2+} 無色溶液	K^+ 無色溶液
希塩酸 HCl (Cl^-)		沈殿を生じない	沈殿を生じない	沈殿を生じない
希硫酸 H_2SO_4 (SO_4^{2-})		白色沈殿 $CaSO_4$	白色沈殿 $BaSO_4$	沈殿を生じない
硫化アンモニウム水溶液 $(NH_4)_2S$ (S^{2-}多量) 塩基性		沈殿を生じない	沈殿を生じない	沈殿を生じない
アンモニア水 NH_3 ＋ H_2O	少量 (OH^-)	沈殿を生じない	沈殿を生じない	沈殿を生じない
	過剰量	沈殿を生じない	沈殿を生じない	沈殿を生じない
水酸化ナトリウム水溶液 NaOH (OH^-)		白色沈殿 $Ca(OH)_2$	沈殿を生じない	沈殿を生じない
炭酸アンモニウム水溶液 $(NH_4)_2CO_3$ (CO_3^{2-}) 塩基性		白色沈殿 $CaCO_3$	白色沈殿 $BaCO_3$	沈殿を生じない

プチ雑学 硫化物イオンと反応して沈殿をつくるかどうかは，金属のイオン化傾向が大きく関係している。イオン化傾向の大きいほうから，沈殿を生じない→中性・塩基性条件で沈殿を生じる→液性に関わらず沈殿を生じる の順に反応が変わる。

1 希塩酸を加える。

AgClが沈殿

ろ過

Ag^+ Cu^{2+} Fe^{3+} Al^{3+} Zn^{2+} Ba^{2+} Na^+

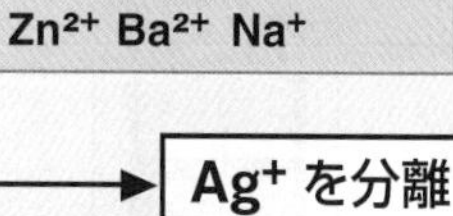

2 硫化水素飽和水溶液を加える。

CuSが沈殿

ろ過

Ag^+ Cu^{2+} Fe^{2+} Al^{3+} Zn^{2+} Ba^{2+} Na^+

硫化水素によってFe^{3+}が還元され，Fe^{2+}になった。

Ag^+ Cu^{2+} Fe^{3+} Al^{3+} Zn^{2+} Ba^{2+} Na^+

煮沸して硫化水素を追い出した後，希硝酸を加え，Fe^{2+}を酸化してFe^{3+}にする。

※水酸化鉄(Ⅱ)より水酸化鉄(Ⅲ)の方が溶解度が小さく，沈殿として完全に分離できる。

Ag^+ Cu^{2+} Fe^{3+} Al^{3+} Zn^{2+} Ba^{2+} Na^+

金属イオンの混合水溶液

Ag^+を分離

Cu^{2+}を分離

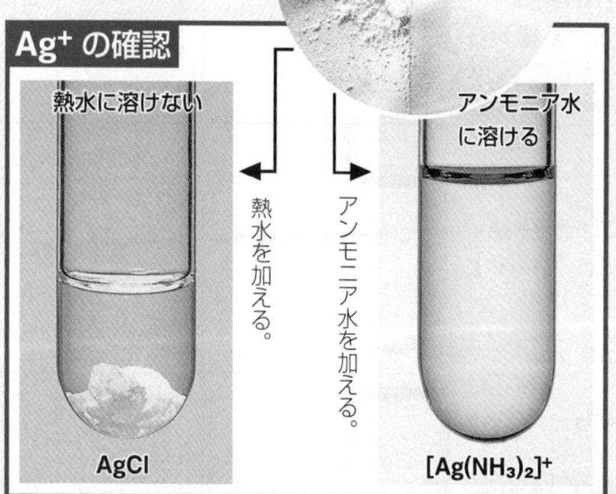

➤P.175

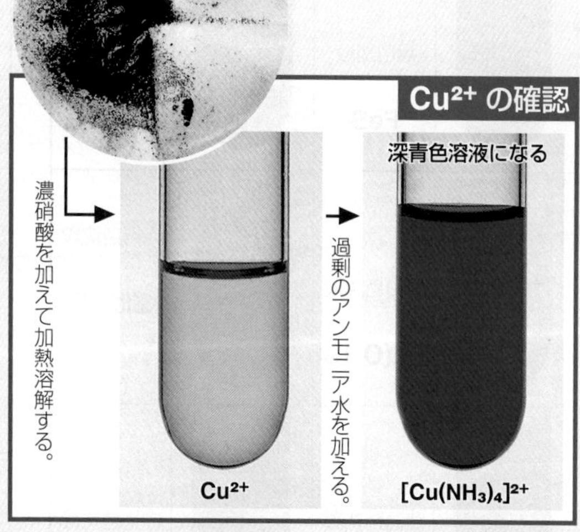

➤P.174

金属イオンの分離の操作

	試薬と操作	沈殿する金属イオン	沈殿(沈殿の色)	備考
1	希塩酸を加えてろ過する。	Ag^+，Pb^{2+}	AgCl(白)，$PbCl_2$(白)	$PbCl_2$は熱水に溶ける。
2	ろ液に硫化水素飽和水溶液を加えてろ過する。(水溶液は1の塩酸で酸性になっている。)	Cu^{2+}，(Pb^{2+})，Hg^{2+}，Sn^{2+}，Cd^{2+} 酸性で沈殿	CuS(黒)，PbS(黒)，HgS(黒)，SnS(褐)，CdS(黄)	$PbCl_2$は水にわずかに溶けるため，残ったPb^{2+}がPbSになって沈殿する。
3	ろ液を煮沸して硫化水素を追い出し，希硝酸を加える。その後，アンモニア水を加えてろ過する。	Fe^{3+}，Al^{3+}，Cr^{3+}	水酸化鉄(Ⅲ)(赤褐)，$Al(OH)_3$(白)，$Cr(OH)_3$(灰緑)	水酸化鉄(Ⅲ)は過剰の水酸化ナトリウム水溶液に溶けないが，$Al(OH)_3$，$Cr(OH)_3$は溶ける。
4	ろ液に硫化アンモニウム水溶液を加えてろ過する。	Zn^{2+}，Ni^{2+}，Co^{2+}，Mn^{2+} 塩基性で沈殿	ZnS(白)，NiS(黒)，CoS(黒)，MnS(淡赤)	3のアンモニア水で塩基性になっているので，硫化水素飽和水溶液を加えてもよい。
5	ろ液に炭酸アンモニウム水溶液を加えてろ過する。	Ba^{2+}，Sr^{2+}，Ca^{2+}	$BaCO_3$(白)，$SrCO_3$(白)，$CaCO_3$(白)	これらの炭酸塩に希塩酸を加えると，二酸化炭素を発生して溶ける。
6	ろ液の炎色反応*(➤P.28)を見る。	Na^+，K^+，Li^+，(Mg^{2+})	――――	Mg^{2+}は炎色反応を示さない。

*炎色反応　Sr(深赤) Li(赤) Ca(橙赤) Na(黄) Ba(黄緑) Cu(青緑) K(赤紫)

数種類の金属イオンを含む溶液に，順次試薬を加えていき，金属イオンの反応性の違いによって，金属イオンを次々に沈殿させて分離することができる。

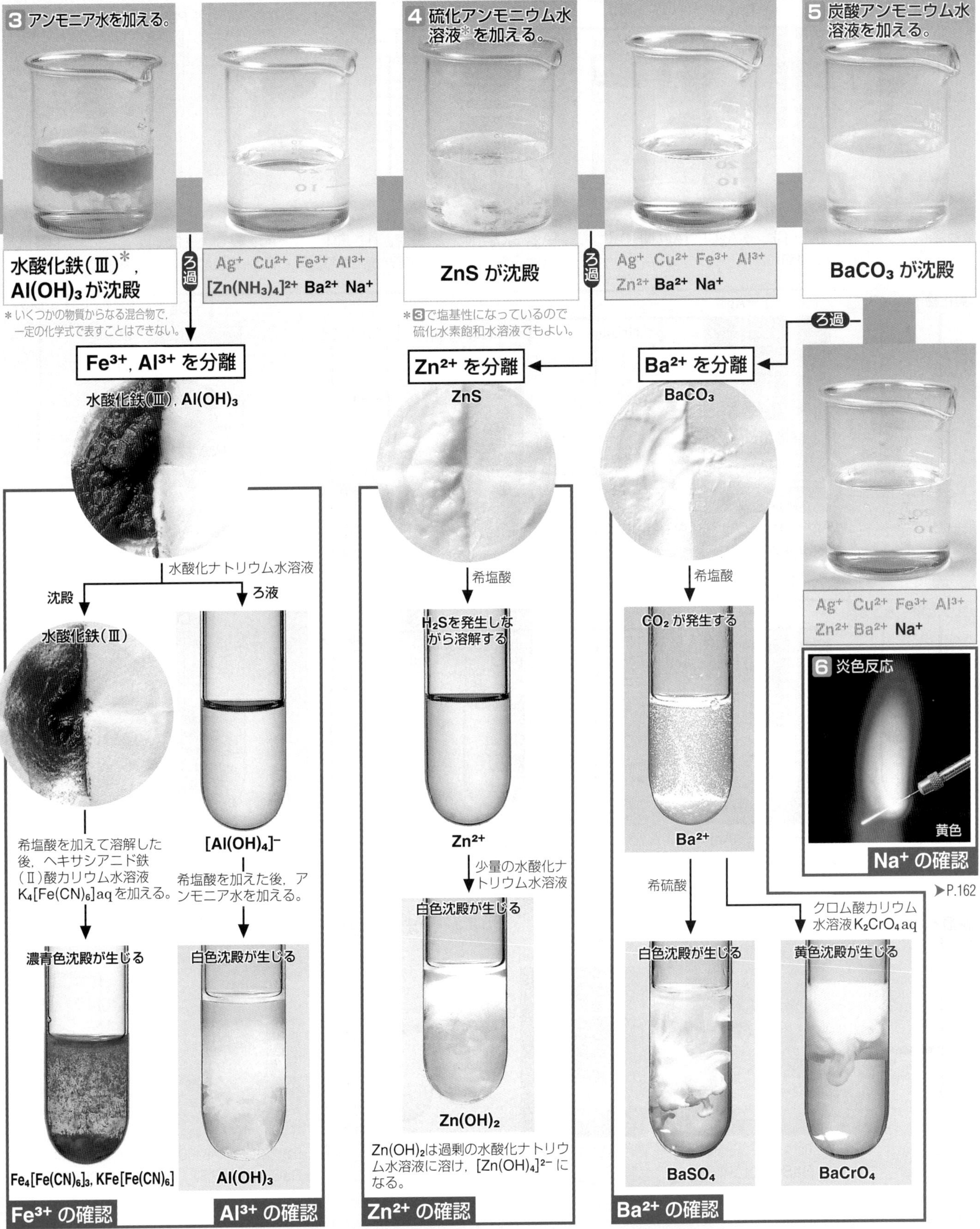

➤P.172 ➤P.169 ➤P.176 ➤P.167，178 ➤P.162

陰イオンの反応

塩化物イオン Cl^-

無色溶液

$+Ag^+$

$Ag^+ + Cl^- \longrightarrow AgCl$
$AgCl$ 白色沈殿

$+NH_3 aq$

$[Ag(NH_3)_2]^+$
無色溶液

$+Na_2S_2O_3 aq$

$[Ag(S_2O_3)_2]^{3-}$
無色溶液

光を当てる

分解されて単体の銀が析出する。

$+Pb^{2+}$

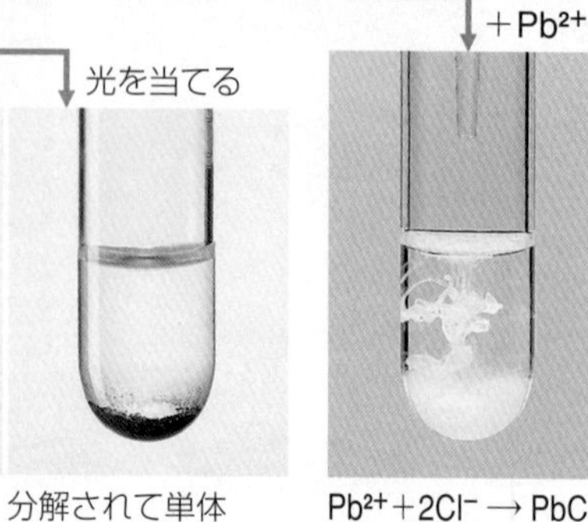
$Pb^{2+} + 2Cl^- \longrightarrow PbCl_2$
$PbCl_2$ 白色沈殿

加熱する

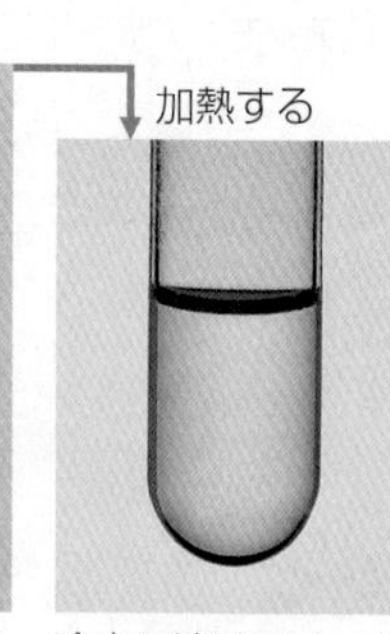
冷水に溶けにくいが，熱水には溶ける。

臭化物イオン Br^-

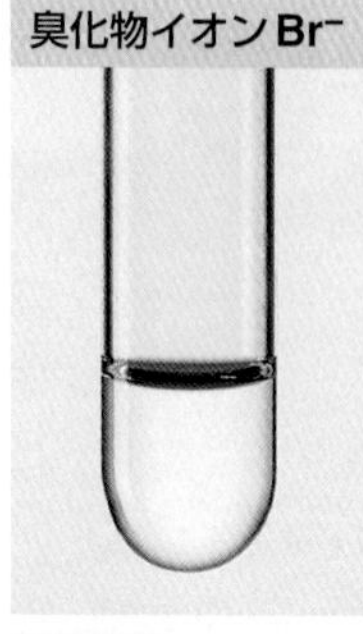
無色溶液

$+Ag^+$

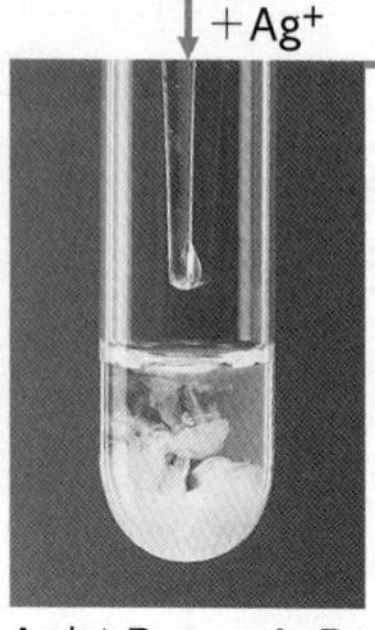
$Ag^+ + Br^- \longrightarrow AgBr$
$AgBr$ 淡黄色沈殿

$+NH_3 aq$

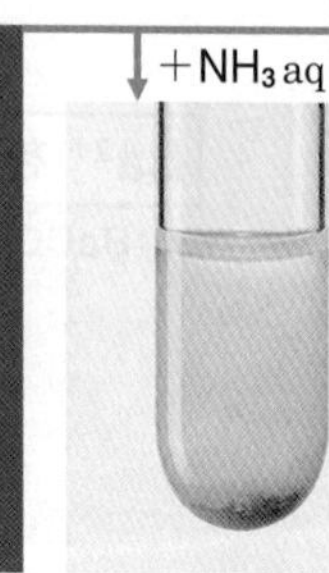
やや溶けにくい。

$+Na_2S_2O_3 aq$

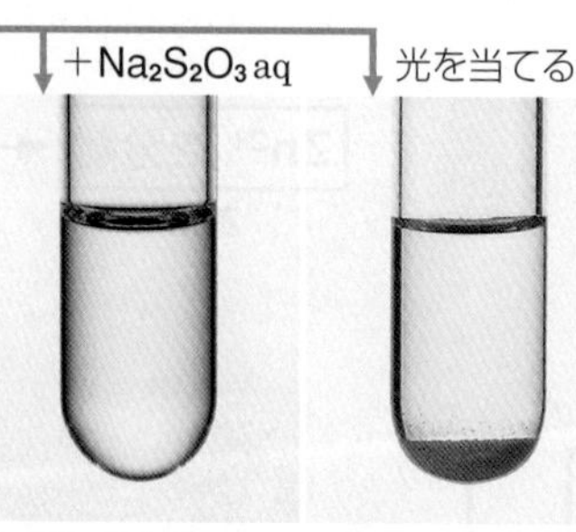
$[Ag(S_2O_3)_2]^{3-}$
無色溶液

光を当てる

分解されて単体の銀が析出する。

$+Cl_2$

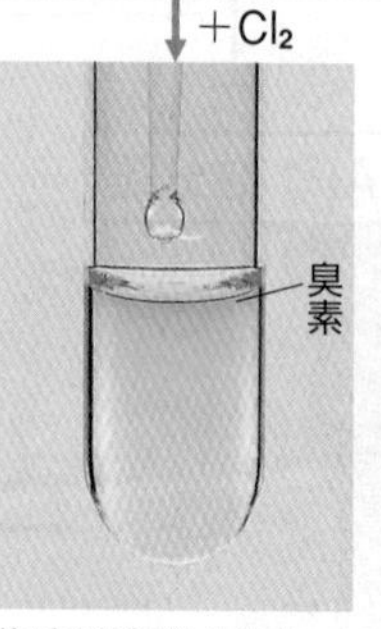

塩素は臭素よりも酸化力が強いので，臭素が生じる。

$+Pb^{2+}$

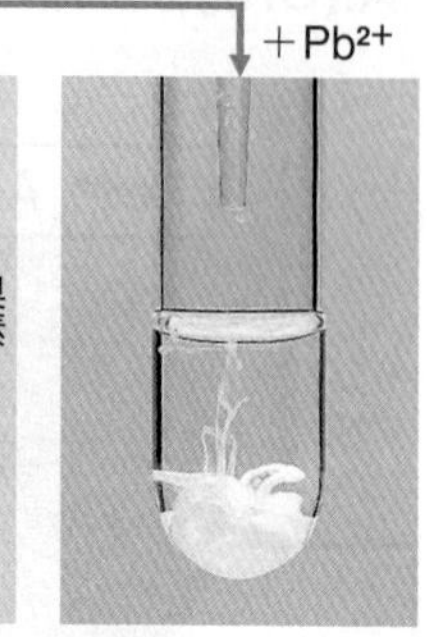
$Pb^{2+} + 2Br^- \longrightarrow PbBr_2$
$PbBr_2$ 白色沈殿

ヨウ化物イオン I^-

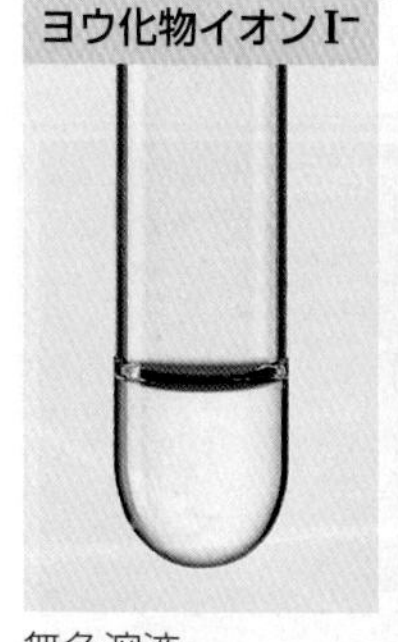
無色溶液

$+Ag^+$

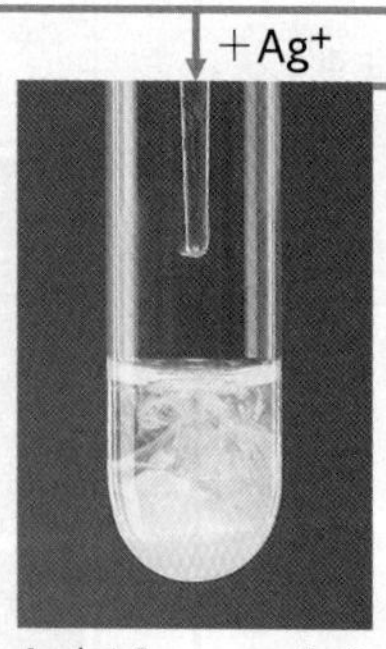

$Ag^+ + I^- \longrightarrow AgI$
AgI 黄色沈殿

$+NH_3 aq$

ほとんど溶けない。

$+Na_2S_2O_3 aq$

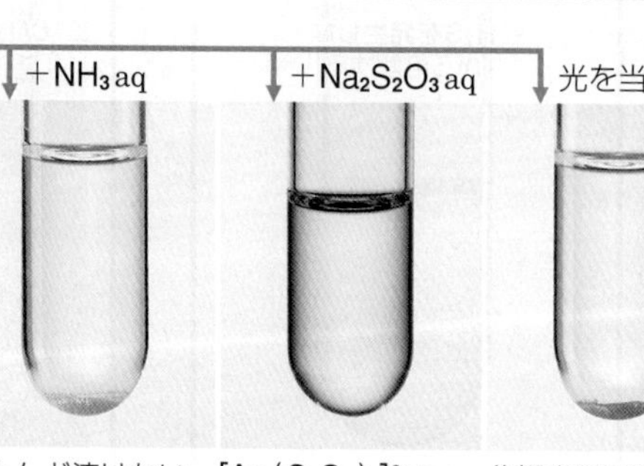
$[Ag(S_2O_3)_2]^{3-}$
無色溶液

光を当てる

分解されて単体の銀が析出する。

$+Cl_2$

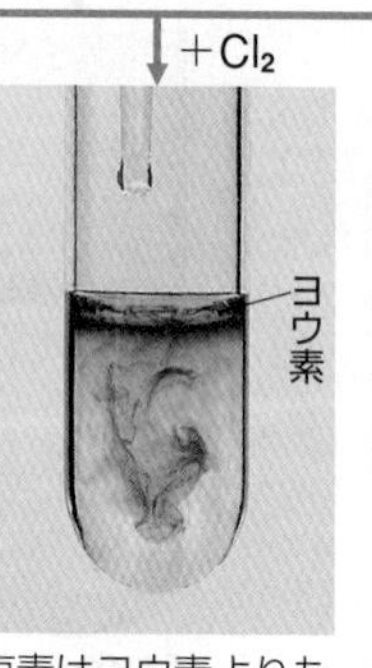

塩素はヨウ素よりも酸化力が強いので，ヨウ素が生じる。

$+Pb^{2+}$

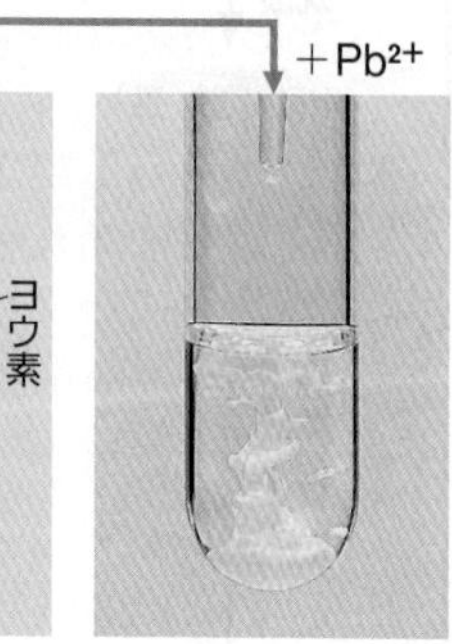
$Pb^{2+} + 2I^- \longrightarrow PbI_2$
PbI_2 黄色沈殿

硫酸イオン SO_4^{2-}

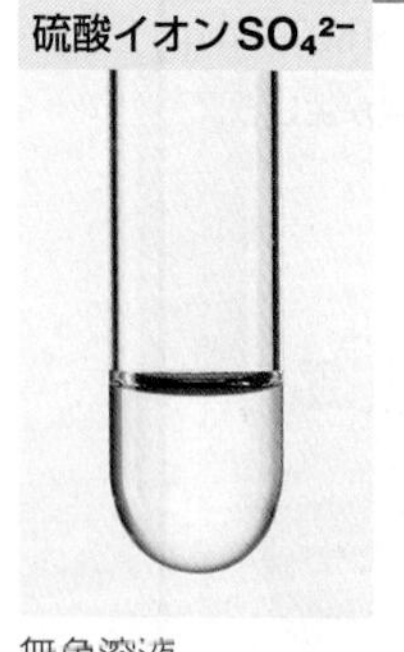
無色溶液

$+Ba^{2+}$

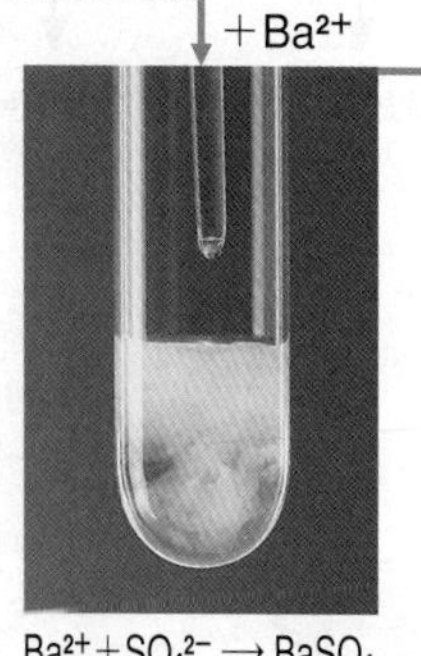
$Ba^{2+} + SO_4^{2-} \longrightarrow BaSO_4$
$BaSO_4$ 白色沈殿

$+HCl aq$

溶けない。

炭酸イオン CO_3^{2-}

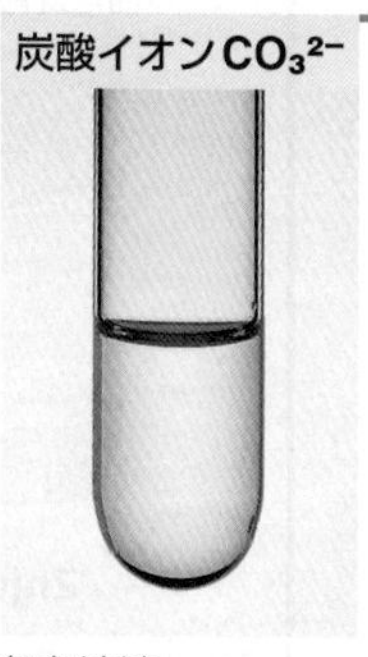
無色溶液

$+Ba^{2+}$

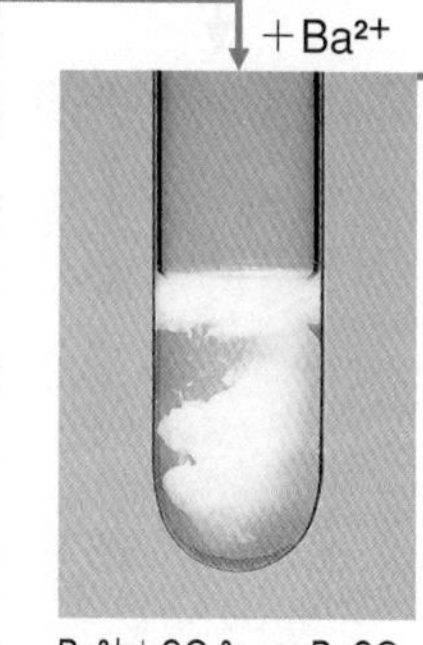
$Ba^{2+} + CO_3^{2-} \longrightarrow BaCO_3$
$BaCO_3$ 白色沈殿

$+HCl aq$

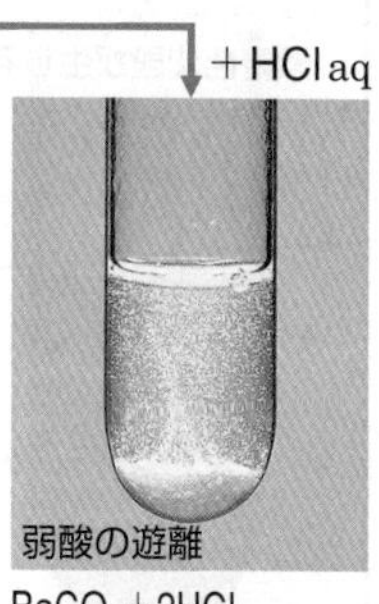

$BaCO_3 + 2HCl \longrightarrow BaCl_2 + H_2O + CO_2$
沈殿は溶解し，二酸化炭素が発生する。

チオ硫酸ナトリウム五水和物 $Na_2S_2O_3 \cdot 5H_2O$ は俗にハイポとよばれるが，これはチオ硫酸塩が古くは次亜硫酸塩 hyposulfite と誤ってよばれたことに由来する。

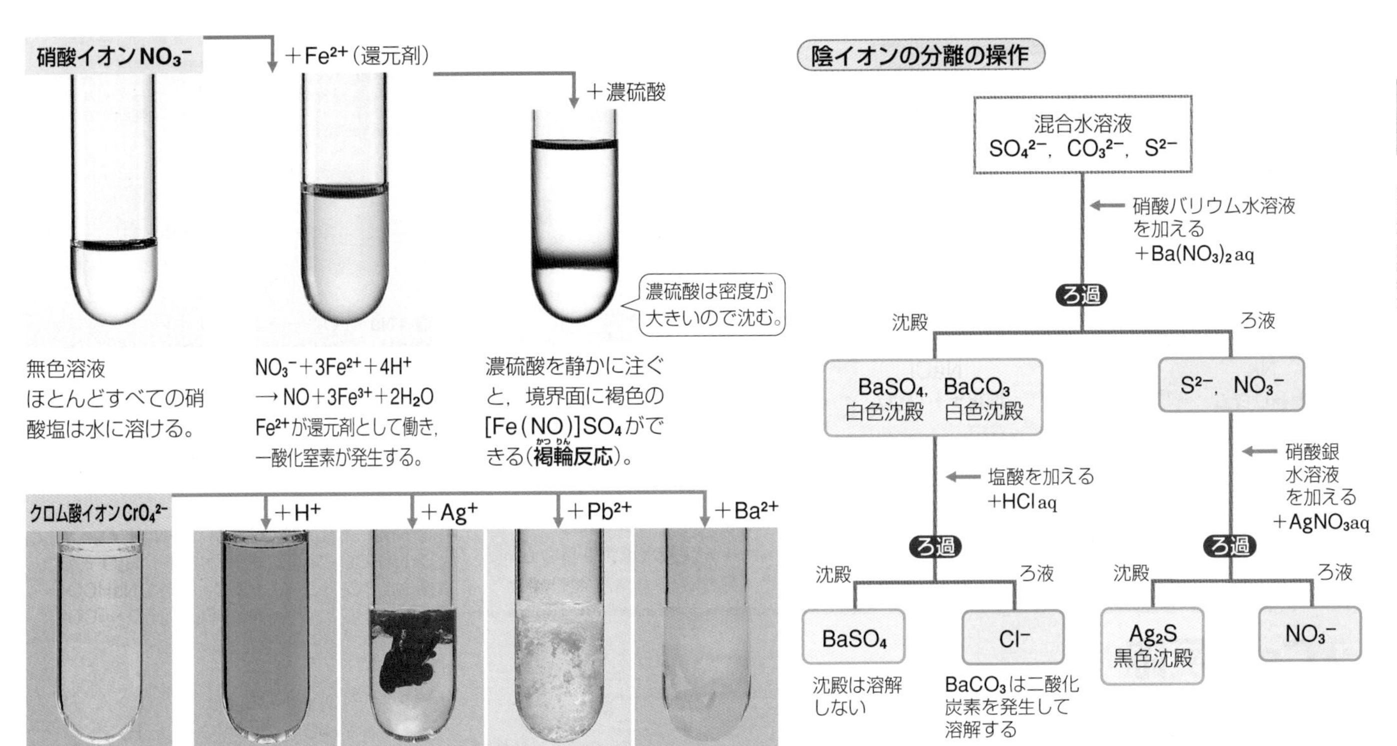

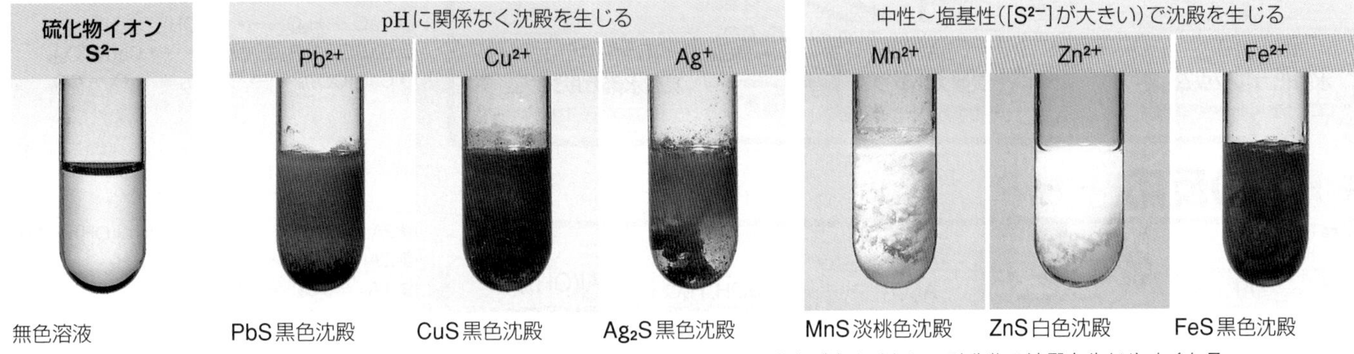

無色溶液　PbS黒色沈殿　CuS黒色沈殿　Ag_2S黒色沈殿　MnS淡桃色沈殿　ZnS白色沈殿　FeS黒色沈殿

$H_2S \rightleftarrows 2H^+ + S^{2-}$　中性～塩基性溶液中において平衡は右に移動するのでS^{2-}の濃度が大きくなり，硫化物の沈殿を生じやすくなる。

参考　イオンクロマトグラフィー

イオンクロマトグラフィーは，液体クロマトグラフィーの一種で，水溶液中のイオンを分離して定量する方法である。

イオン交換樹脂を詰めたカラム中に電解質溶液を流し，調べたい試料を注入する。試料中のイオンは，イオン交換樹脂との親和力の差によって分離され，順に検出器の方へ出る。検出器には主に電気伝導度検出器が用いられ，各イオンの濃度を測定する。

飲料水，工場排水のイオン濃度の測定などに利用される。

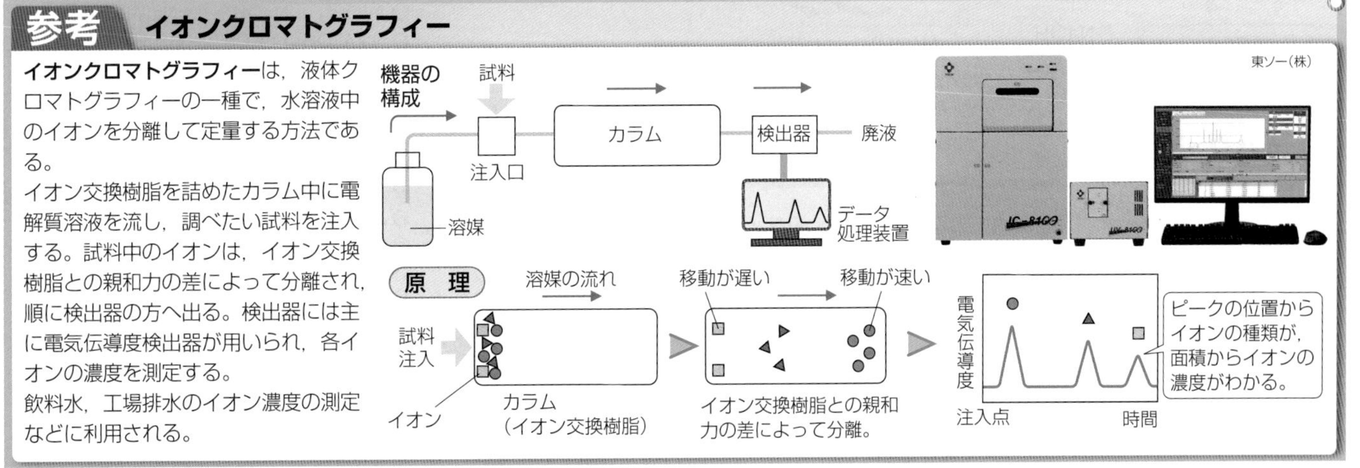

プチ雑学　クロム酸鉛(Ⅱ)$PbCrO_4$は明るい黄色の結晶で，黄色の顔料クロムイエローの主成分である。ゴッホの「ひまわり」にも使用されている。

まとめ 無機物質の反応

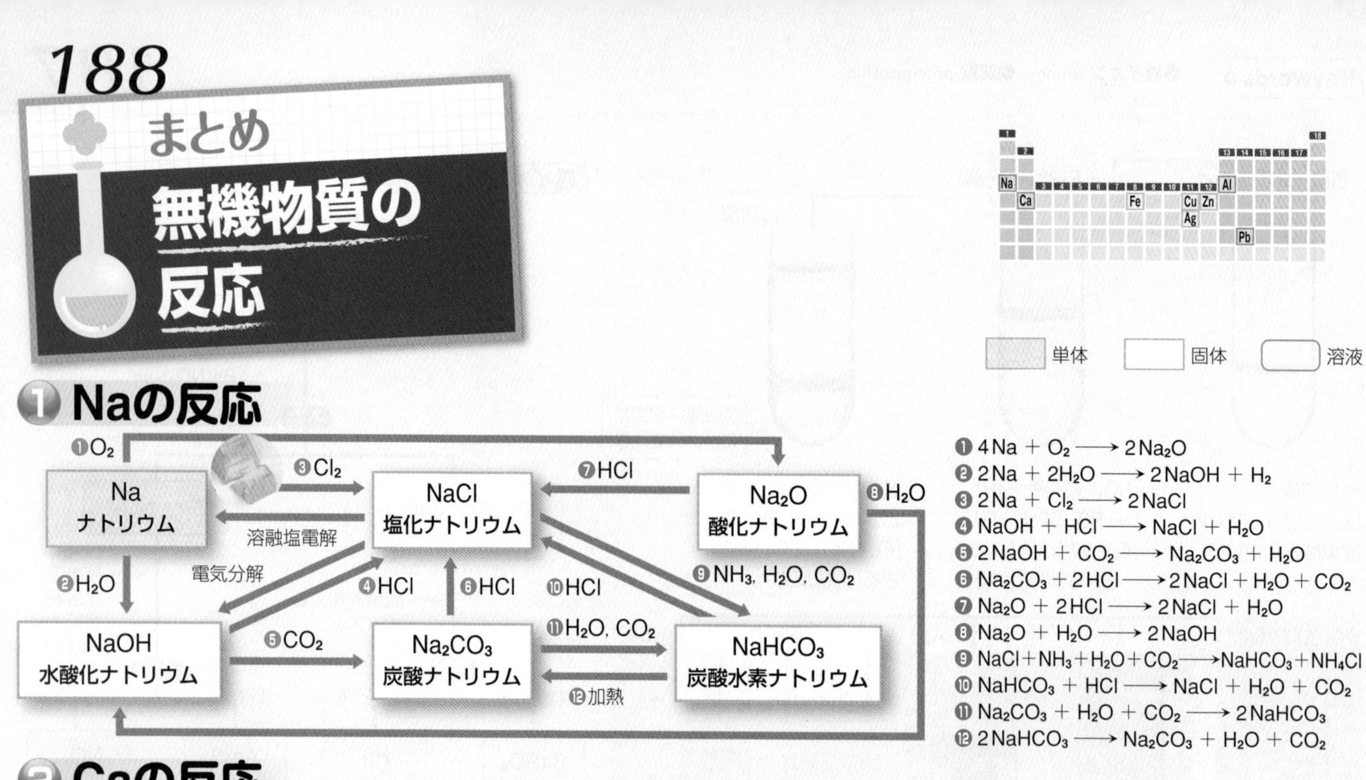

❶ $4Na + O_2 \longrightarrow 2Na_2O$
❷ $2Na + 2H_2O \longrightarrow 2NaOH + H_2$
❸ $2Na + Cl_2 \longrightarrow 2NaCl$
❹ $NaOH + HCl \longrightarrow NaCl + H_2O$
❺ $2NaOH + CO_2 \longrightarrow Na_2CO_3 + H_2O$
❻ $Na_2CO_3 + 2HCl \longrightarrow 2NaCl + H_2O + CO_2$
❼ $Na_2O + 2HCl \longrightarrow 2NaCl + H_2O$
❽ $Na_2O + H_2O \longrightarrow 2NaOH$
❾ $NaCl + NH_3 + H_2O + CO_2 \longrightarrow NaHCO_3 + NH_4Cl$
❿ $NaHCO_3 + HCl \longrightarrow NaCl + H_2O + CO_2$
⓫ $Na_2CO_3 + H_2O + CO_2 \longrightarrow 2NaHCO_3$
⓬ $2NaHCO_3 \longrightarrow Na_2CO_3 + H_2O + CO_2$

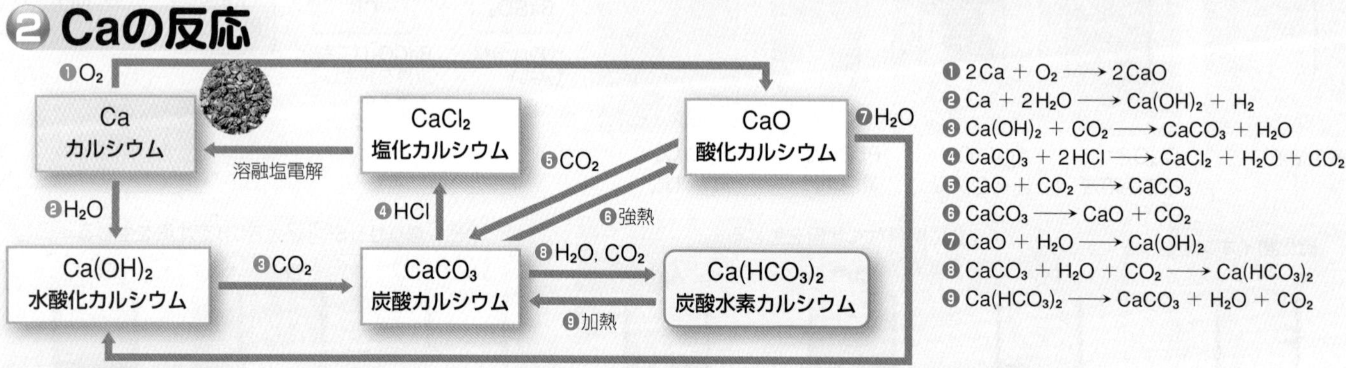

❶ $2Ca + O_2 \longrightarrow 2CaO$
❷ $Ca + 2H_2O \longrightarrow Ca(OH)_2 + H_2$
❸ $Ca(OH)_2 + CO_2 \longrightarrow CaCO_3 + H_2O$
❹ $CaCO_3 + 2HCl \longrightarrow CaCl_2 + H_2O + CO_2$
❺ $CaO + CO_2 \longrightarrow CaCO_3$
❻ $CaCO_3 \longrightarrow CaO + CO_2$
❼ $CaO + H_2O \longrightarrow Ca(OH)_2$
❽ $CaCO_3 + H_2O + CO_2 \longrightarrow Ca(HCO_3)_2$
❾ $Ca(HCO_3)_2 \longrightarrow CaCO_3 + H_2O + CO_2$

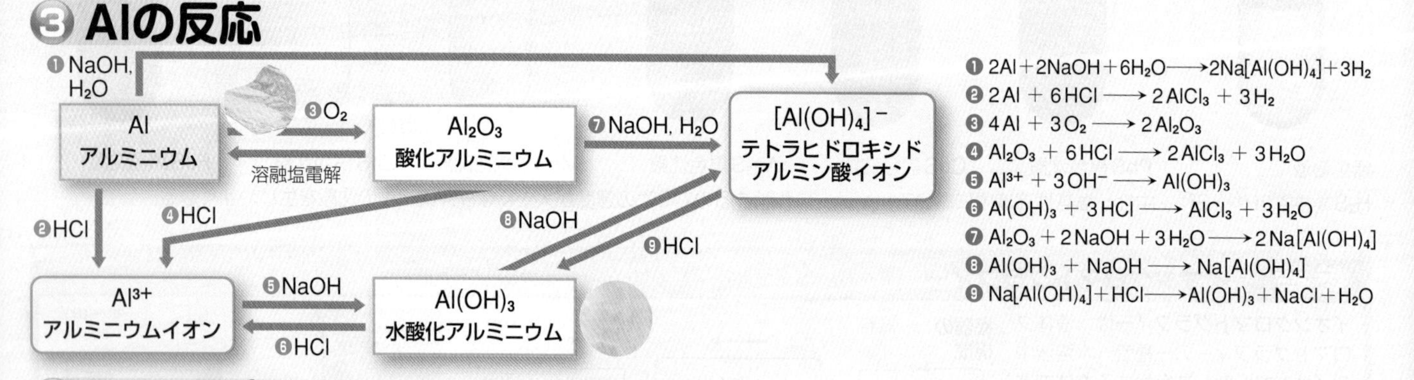

❶ $2Al + 2NaOH + 6H_2O \longrightarrow 2Na[Al(OH)_4] + 3H_2$
❷ $2Al + 6HCl \longrightarrow 2AlCl_3 + 3H_2$
❸ $4Al + 3O_2 \longrightarrow 2Al_2O_3$
❹ $Al_2O_3 + 6HCl \longrightarrow 2AlCl_3 + 3H_2O$
❺ $Al^{3+} + 3OH^- \longrightarrow Al(OH)_3$
❻ $Al(OH)_3 + 3HCl \longrightarrow AlCl_3 + 3H_2O$
❼ $Al_2O_3 + 2NaOH + 3H_2O \longrightarrow 2Na[Al(OH)_4]$
❽ $Al(OH)_3 + NaOH \longrightarrow Na[Al(OH)_4]$
❾ $Na[Al(OH)_4] + HCl \longrightarrow Al(OH)_3 + NaCl + H_2O$

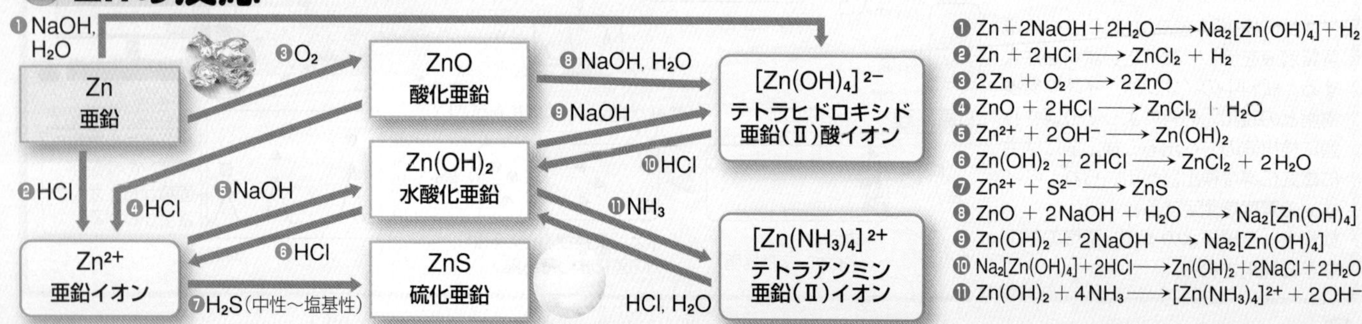

❶ $Zn + 2NaOH + 2H_2O \longrightarrow Na_2[Zn(OH)_4] + H_2$
❷ $Zn + 2HCl \longrightarrow ZnCl_2 + H_2$
❸ $2Zn + O_2 \longrightarrow 2ZnO$
❹ $ZnO + 2HCl \longrightarrow ZnCl_2 + H_2O$
❺ $Zn^{2+} + 2OH^- \longrightarrow Zn(OH)_2$
❻ $Zn(OH)_2 + 2HCl \longrightarrow ZnCl_2 + 2H_2O$
❼ $Zn^{2+} + S^{2-} \longrightarrow ZnS$
❽ $ZnO + 2NaOH + H_2O \longrightarrow Na_2[Zn(OH)_4]$
❾ $Zn(OH)_2 + 2NaOH \longrightarrow Na_2[Zn(OH)_4]$
❿ $Na_2[Zn(OH)_4] + 2HCl \longrightarrow Zn(OH)_2 + 2NaCl + 2H_2O$
⓫ $Zn(OH)_2 + 4NH_3 \longrightarrow [Zn(NH_3)_4]^{2+} + 2OH^-$

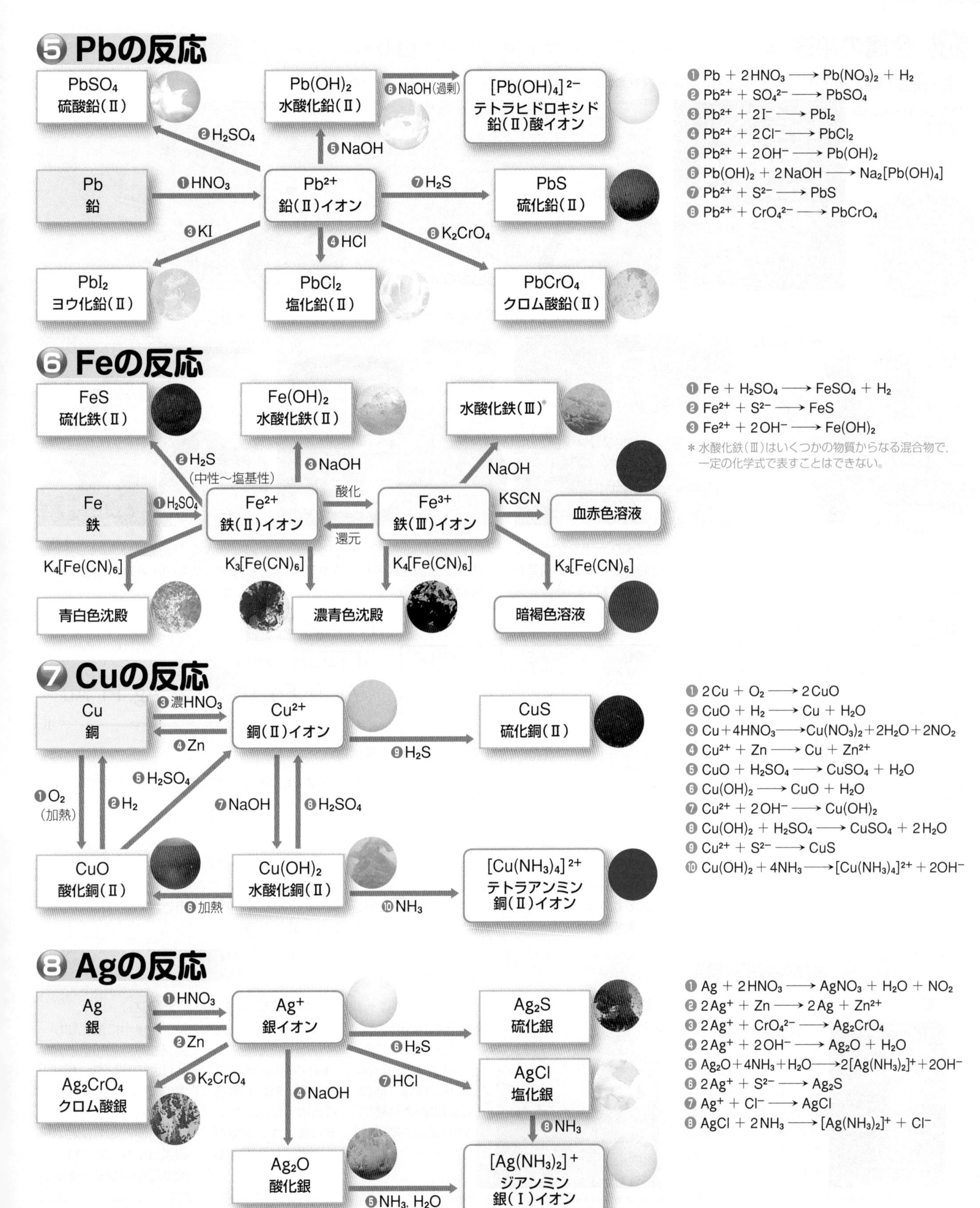

5 Pbの反応

1. $Pb + 2HNO_3 \longrightarrow Pb(NO_3)_2 + H_2$
2. $Pb^{2+} + SO_4^{2-} \longrightarrow PbSO_4$
3. $Pb^{2+} + 2I^- \longrightarrow PbI_2$
4. $Pb^{2+} + 2Cl^- \longrightarrow PbCl_2$
5. $Pb^{2+} + 2OH^- \longrightarrow Pb(OH)_2$
6. $Pb(OH)_2 + 2NaOH \longrightarrow Na_2[Pb(OH)_4]$
7. $Pb^{2+} + S^{2-} \longrightarrow PbS$
8. $Pb^{2+} + CrO_4^{2-} \longrightarrow PbCrO_4$

6 Feの反応

1. $Fe + H_2SO_4 \longrightarrow FeSO_4 + H_2$
2. $Fe^{2+} + S^{2-} \longrightarrow FeS$
3. $Fe^{2+} + 2OH^- \longrightarrow Fe(OH)_2$

＊水酸化鉄(Ⅲ)はいくつかの物質からなる混合物で，一定の化学式で表すことはできない。

7 Cuの反応

1. $2Cu + O_2 \longrightarrow 2CuO$
2. $CuO + H_2 \longrightarrow Cu + H_2O$
3. $Cu + 4HNO_3 \longrightarrow Cu(NO_3)_2 + 2H_2O + 2NO_2$
4. $Cu^{2+} + Zn \longrightarrow Cu + Zn^{2+}$
5. $CuO + H_2SO_4 \longrightarrow CuSO_4 + H_2O$
6. $Cu(OH)_2 \longrightarrow CuO + H_2O$
7. $Cu^{2+} + 2OH^- \longrightarrow Cu(OH)_2$
8. $Cu(OH)_2 + H_2SO_4 \longrightarrow CuSO_4 + 2H_2O$
9. $Cu^{2+} + S^{2-} \longrightarrow CuS$
10. $Cu(OH)_2 + 4NH_3 \longrightarrow [Cu(NH_3)_4]^{2+} + 2OH^-$

8 Agの反応

1. $Ag + 2HNO_3 \longrightarrow AgNO_3 + H_2O + NO_2$
2. $2Ag^+ + Zn \longrightarrow 2Ag + Zn^{2+}$
3. $2Ag^+ + CrO_4^{2-} \longrightarrow Ag_2CrO_4$
4. $2Ag^+ + 2OH^- \longrightarrow Ag_2O + H_2O$
5. $Ag_2O + 4NH_3 + H_2O \longrightarrow 2[Ag(NH_3)_2]^+ + 2OH^-$
6. $2Ag^+ + S^{2-} \longrightarrow Ag_2S$
7. $Ag^+ + Cl^- \longrightarrow AgCl$
8. $AgCl + 2NH_3 \longrightarrow [Ag(NH_3)_2]^+ + Cl^-$

金属の利用

1 金属の用途

金属は，その性質によって，さまざまな用途に使い分けられている。

金・白金・銀 酸化されにくい。美しい金属光沢をもつので，装飾品として利用される。➤P.175，179

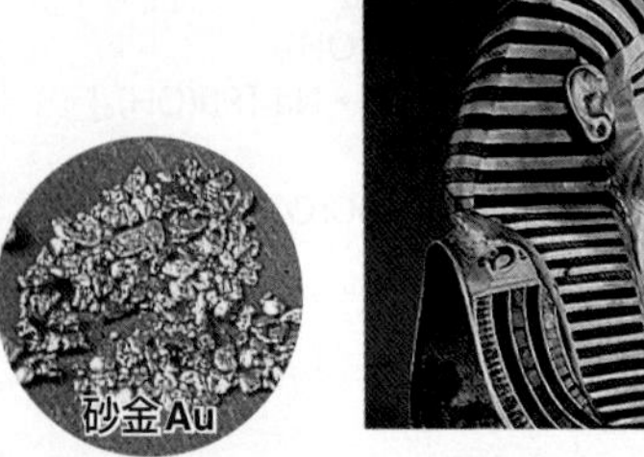
砂金Au

ツタンカーメンのマスク

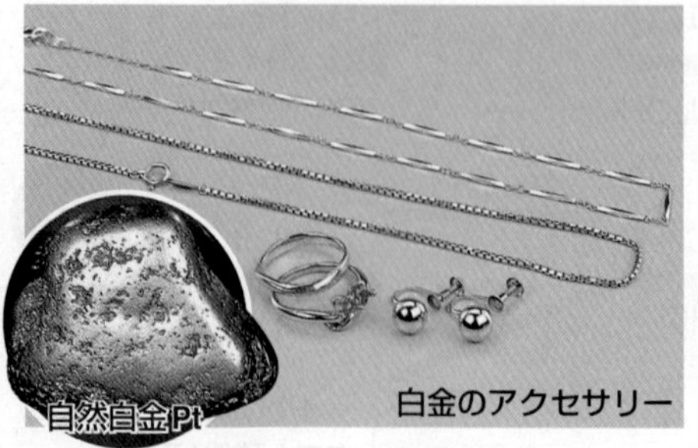
自然白金Pt
白金のアクセサリー

自然銀Ag
銀食器

銅 ➤P.174

電気コード
黄銅鉱 $CuFeS_2$

延性(➤P.52)が大きく，加工しやすい。電流をよく通すため，送電線に使われる。

鉄 ➤P.172

大鳴門橋
磁鉄鉱 Fe_3O_4

炭素などさまざまな元素を加えると，多様な性質をもつ鋼になる。構造材，磁石など広く利用されている。

アルミニウム ➤P.168

電車の車両
ボーキサイト $Al_2O_3 \cdot nH_2O$

軽い金属で，加工もしやすい。表面には酸化被膜ができやすく，腐食しにくい。

チタン ➤P.179

東京国際展示場(コングレスタワー)
チタン鉄鉱 $FeTiO_3$

軽くて強く，融点が高い。海水中でも腐食しにくい。海岸付近の建物などに使われる。

A 金属の性質と利用

元　素	融点(℃)	密度(g/cm³)	電気伝導性(銀を100とする)	引張強さ(チタンを100とする)	大陸地殻中の質量比(%)
金 Au	1064	19.32	72	56	0.0000003
白金 Pt	1772	21.45	15	55	0.000001
銀 Ag	952	10.50	100	53	0.000008
銅 Cu	1083	8.96	95	91	0.0075
鉄 Fe	1535	7.87	17	92	7.07
アルミニウム Al	660	2.70	59	20	8.41
チタン Ti	1660	4.54	2.5	100	0.54
タングステン W	3410	19.3	30	252	0.0001

金属の用途は性質から総合的に判断される。たとえば，融点の高いタングステンは電球のフィラメントに使われる。また，銅以外にアルミニウムも送電線に使われることがある。アルミニウムには銅ほど高い電気伝導性はないが，軽いので線を太くして電流を流れやすくすることができるからである。さらに，コストについても考慮される。

B イオン化傾向

イオン化列 ➤P.89

Al, Ti, Fe, (H_2), Cu, Ag, Pt, Au

イオン化傾向大 ← 小

酸化されやすい　　酸化されにくい

金 Au，白金 Pt，銀 Ag，銅 Cu はイオン化傾向が小さく安定な金属であり，その単体も得やすいため，古くから利用されてきた。また，鉄 Fe についても，紀元前1400年頃には，単体をとり出す技術が開発されていた。しかし，イオン化傾向が大きなアルミニウム Al やチタン Ti は，原料となる鉱石(酸化物)が還元されにくいため，単体を自由に利用できるようになったのは，近代以降である。

Episode 金属の利用の歴史

銅

青銅製の像

紀元前4000年頃から，文明の発達した地域で製錬が行われていた。紀元前3000年～1000年頃には，銅にスズを混ぜて硬くした青銅製の道具がたくさんつくられた。

鉄

鉄の武器を使うヒッタイト人

紀元前1400年頃，鉄をとり出すことに成功したヒッタイト王国は，他の国の青銅より硬い鉄の武器を使用することができた。

アルミニウム

1886年に発明されたホール・エルー法(➤P.197)により，工業的に単体を得られるようになった。それまでは，金銀以上に貴重な金属であった。

チタン

18世紀後半に酸化物が発見され，1910年にアメリカのハンターが純度の高いチタンをとり出すことに成功した。金属材料として使われるようになったのは，20世紀中頃からである。

プチ雑学 クロム，ニッケル，インジウムなど，工業的に利用される金属で，地殻での存在量が少ないものや分離してとり出すことが難しいものを，レアメタルという。消費量は少ないが，合金などの重要な利用法もあるため，近年レアメタルの確保が重要視されている。

2 合金 合金をつくることで，有用な性質をもつさまざまな金属ができる。

A 合金とは?

2種類以上の金属の混合物を**合金**という。ただし，炭素と鉄の混合物である炭素鋼(▶P.196)のように，非金属元素を含むものもある。

合金にすることで，もとの単体の金属にはない有用な性質をもつことがある。

ステンレス鋼 Fe, Cr, Ni

ステンレス製流し台

ステンレス鋼は，クロムを約12%以上含む鋼。表面にクロムの酸化被膜ができて不動態になるため，優れた耐食性を示す。

ステンレス：stain(汚れ)＋less(少ない)

アルミニウム合金 Al, Cu, Mg, Mn

航空機

アルミニウム船

純粋なアルミニウムに不足している強度や耐食性を高めたものである。代表的なアルミニウム合金(▶P.169)であるジュラルミン(基本組成は Al 95，Cu 4，Mg 0.5，Mn 0.5%)や，さらに強度を高めた超ジュラルミン，超々ジュラルミンは，航空機用の軽くて強い合金として利用されている。

チタン合金 Ti, Al, V

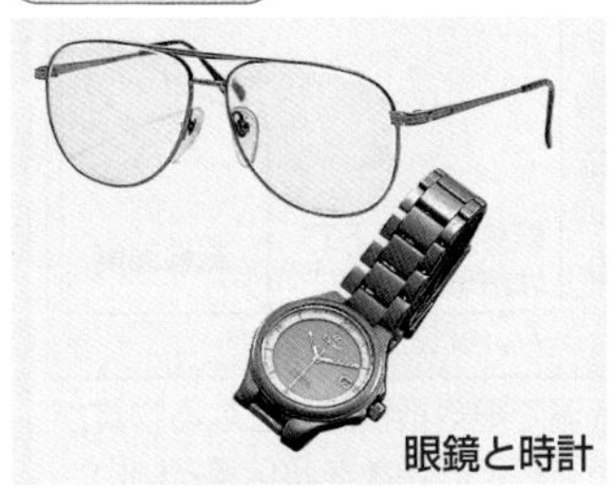
眼鏡と時計

チタン合金は比較的軽く，強度が高いため，眼鏡や時計などに利用される。

深海潜水艇

海水中でも腐食しないため，船体などに利用。腐食しにくさから，化学プラントでも利用される。

マグネシウム合金 Mg, Al, Zn

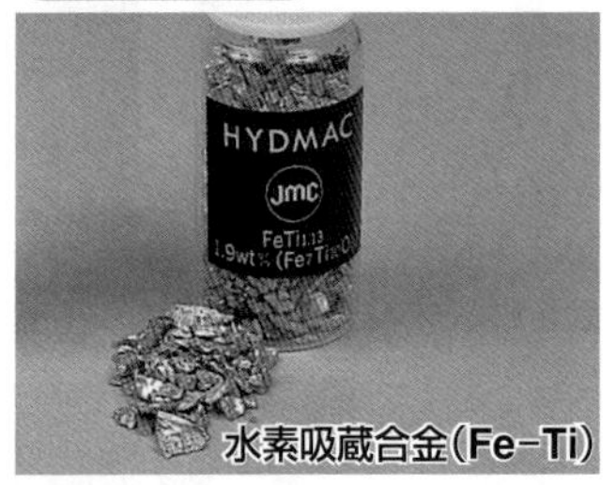
ノートパソコン

実用金属中で最も軽く，密度はアルミニウム合金の約2/3である。ノートパソコンや携帯電話に利用される。

水素吸蔵合金 Fe, Ti

水素吸蔵合金(Fe-Ti)

圧力や温度によって，水素を吸収，放出する。水素を貯蔵し，安全に輸送できる。電池に利用。▶P.266

形状記憶合金 Ti, Ni

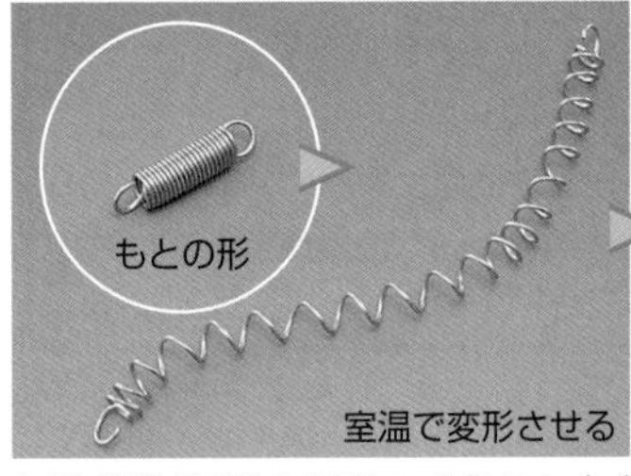

室温で変形させる

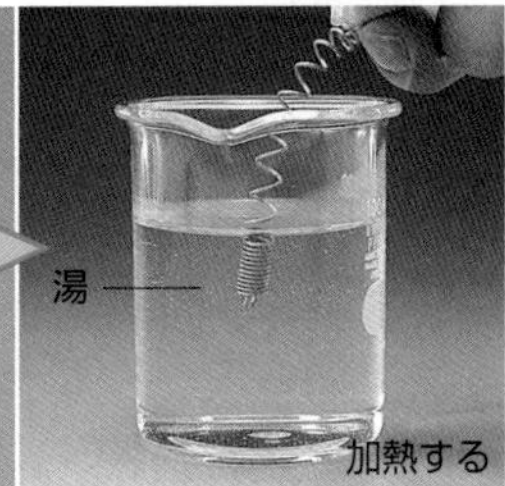

加熱する

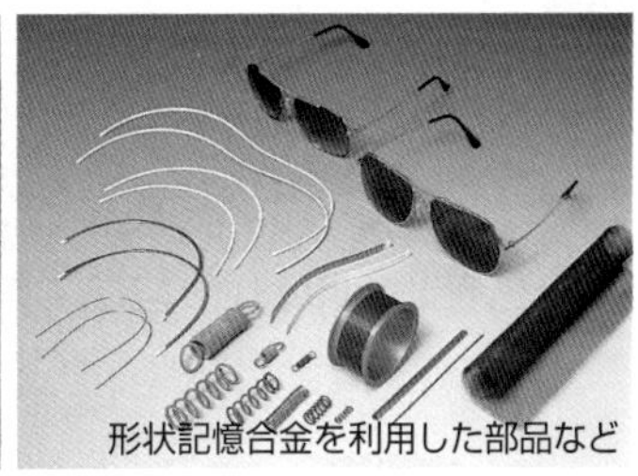
形状記憶合金を利用した部品など

ある状態(高温)で形をつくられた合金を他の状態(低温，室温)にあるときに変形しても，もとの状態(高温)に戻すと，再びもとの形に戻る。Ti-Ni合金をはじめ，数種のものが知られている。

通常の金属 ▶ ▶ もとに戻らない
形状記憶合金 ▶ ▶ もとに戻る

3 金属の腐食 金属の腐食を防ぐため，めっきなどで表面を保護する。

A 腐食とは?

金属が，環境中の物質に酸化されて失われる現象を**腐食**という。たとえば，鉄は水溶液中の水素イオンや溶存酸素に酸化されて，酸化鉄などの**さび**を生成する。

塗装，**めっき**，酸化被膜などで，酸化されやすい金属の表面を覆うと，腐食を防ぐことができる。

めっき ▶P.95

腐食防止のために鉄の表面を亜鉛で覆ったもの(めっき)をトタンという。トタンでは，鉄が一部露出しても，鉄よりもイオン化傾向が大きい亜鉛の方が，先に酸化されて溶け出す(局部電池)。そのため，周囲に亜鉛がなくなるまで，鉄は腐食しない。

$$Zn \longrightarrow Zn^{2+} + 2e^-$$

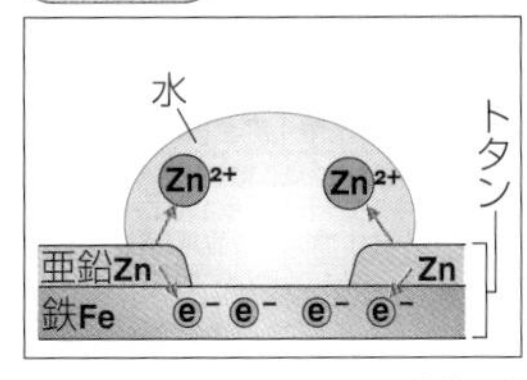
トタンの塀

酸化被膜

アルマイト(▶P.169)

アルミニウムの表面を人工的に酸化させて，厚い被膜を形成し，内部を腐食から保護する。

思考問題 3のように，トタンは傷がついても鉄の腐食が抑えられる。鉄の表面にスズをめっきしたブリキ(▶P.171)に傷がついた場合は鉄の腐食は抑えられるか。

材料の化学

1 セラミックス

土器

陶器

磁器

ガラス

セメント(コンクリート)

金属以外の無機物を高温で焼き固めて作った材料を，**セラミックス**という。セラミックスには，陶磁器(とうじき)やガラス，セメントなどがある。

2 ファインセラミックス

ケイ砂(二酸化ケイ素)

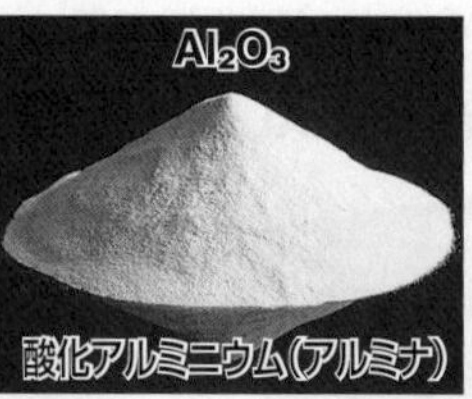

酸化アルミニウム(アルミナ)

酸化チタン(チタニア)

酸化ジルコニウム(ジルコニア)

酸化アルミニウムや酸化チタン，酸化ジルコニウムなどの人工材料を用いた新しいセラミックスを，**ファインセラミックス**という。天然のケイ酸塩を高温処理した従来のセラミックスにはない性能をもつ。

エンジン部品

耐熱性にすぐれているため，エンジン部分に利用されている。熱効率を高めて，窒素酸化物の排出削減も可能になっている。

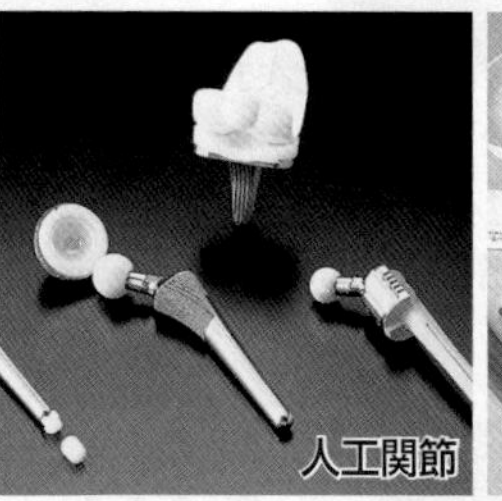
人工関節

さびたり劣化したりすることがなく，生体にもなじみやすいため，人工関節，人工骨などに利用されている。

包丁などの台所用品

さびない，磨耗(まもう)しにくい，酸や塩基に侵されにくいという特性があるため，日用品に利用されている。

宝石

ファインセラミックスの結晶技術を用いて，天然と同じ成分の物質を長期にわたり再結晶させた宝石が作られている。

参考 超伝導セラミックス

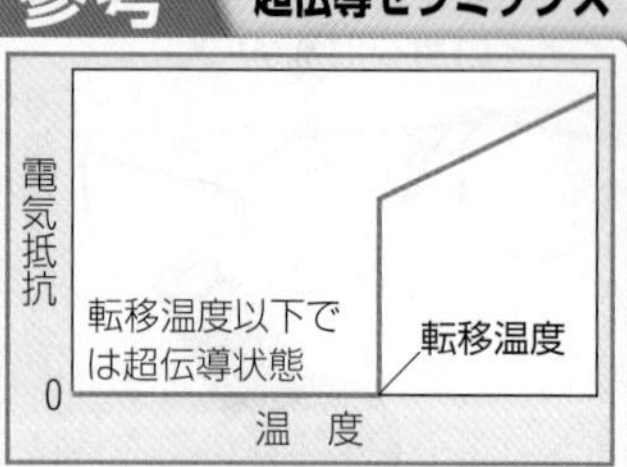

低温で電気抵抗が0となる物質がある。この現象を超伝導といい，比較的高温で超伝導状態となるセラミックスが発見されている。

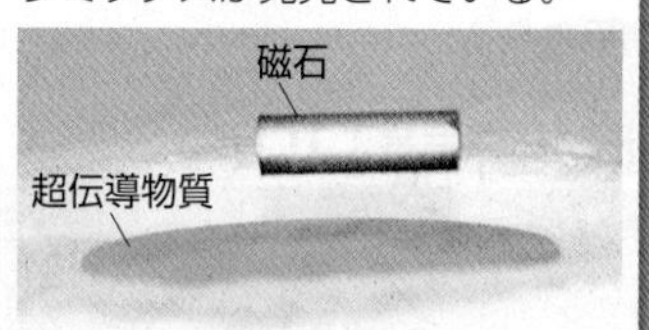

ある種の超伝導物質では，ピン止め効果という現象が起こり，磁石との間の距離が一定に保たれる。

3 ゼオライト

ゼオライトとはギリシャ語で沸石という意味で，熱すると沸騰するように見える含水(がんすい)アルミノケイ酸塩鉱物である。多孔質の構造をもち，分子ふるい，イオン交換，触媒作用などの働きをもつ。分子ふるいとは，穴の大きさにより，分子をふるい分ける作用である。ゼオライトの骨格中にできる分子レベルの穴に，穴より小さい水や有機物が取り込まれ，湿度調整や気体の分離などを行うことができる。

イオン交換

ゼオライトのもつ陽イオンは，陽イオン交換作用をもつ。洗剤中に「アルミノケイ酸塩」として加えられ，洗剤の能力を下げる Ca^{2+} を Na^{+} と交換し，軟水(なんすい)にしている。

➤P.219

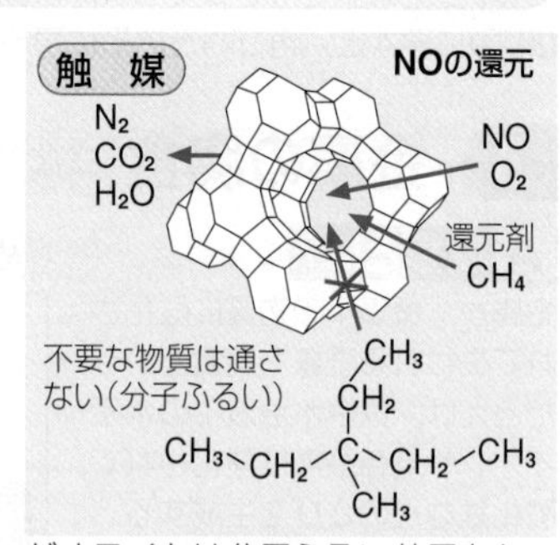

ゼオライトは分子ふるい効果をかね備えた特異的な触媒作用をもち，一酸化窒素の還元や気体の炭化水素の分解反応に用いられる。

プチ雑学 コンクリートは，砂利や砂をセメントと水で固めたものである。砂をセメントと水で固めたものは，モルタルと呼ばれる。

4 いろいろな材料

A 複合材料

FRP製の浴槽

FRP(繊維強化プラスチック)はプラスチックをガラス繊維や炭素繊維で強化した材料で，軽くて強い。浴槽から航空機まで，広く使われる。

FRMを使ったエンジン

FRM(繊維強化金属)はアルミニウムなどの金属を繊維で強化した材料で，軽くて強く，耐熱性が大きい。自動車のエンジンなどに使われる。

B 有機 EL

有機ELを使ったディスプレイ

正面

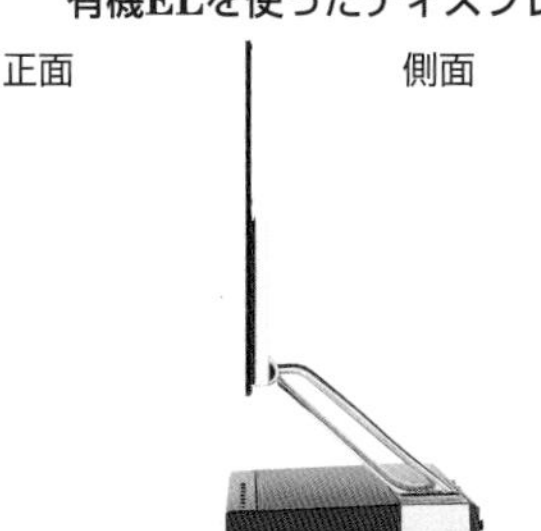
側面

電圧を加えると発光する有機物。有機 EL のディスプレイは，物質そのものが発光するため，バックライトが必要な液晶ディスプレイよりも薄くできる。また，やわらかい基盤を使うことで，ディスプレイを曲げることも可能である。

C 金属ガラス 例 Zr-Al-Ni-Cu合金

普通の金属

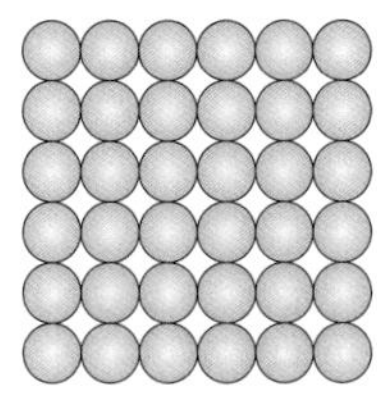
結晶

金属ガラス

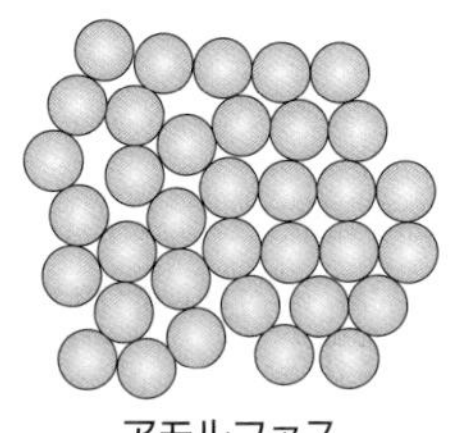
アモルファス

金属ガラスは，普通の金属のような結晶にはならず，金属原子が液体のように不規則に並ぶ(アモルファス状態)。金属ガラスは，普通の金属と比べ，強く，腐食しにくい。また，微細な構造でも正確に成形できる。

普通の金属：外力 → 欠陥 → 変形する ← 外力

金属ガラス：外力 → 変形しにくい → 強い ← 外力

並木精密宝石提供

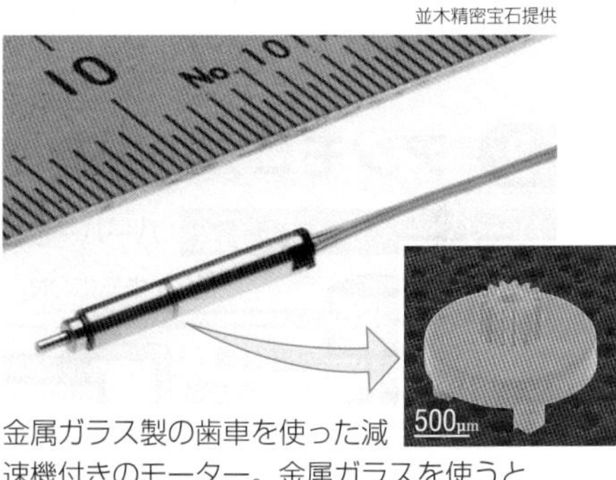

金属ガラス製の歯車を使った減速機付きのモーター。金属ガラスを使うと，小さくて耐久性のある部品をつくることができる。

D 自己修復材料

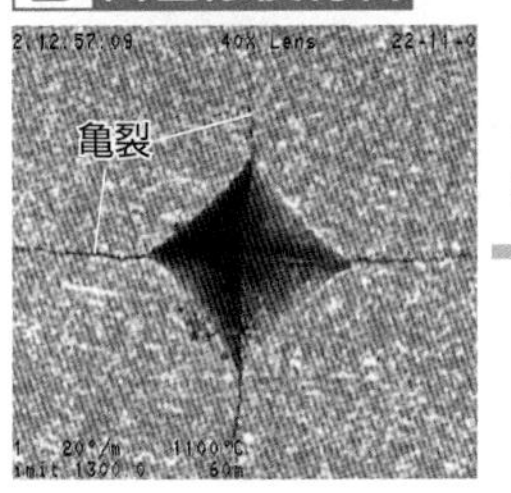

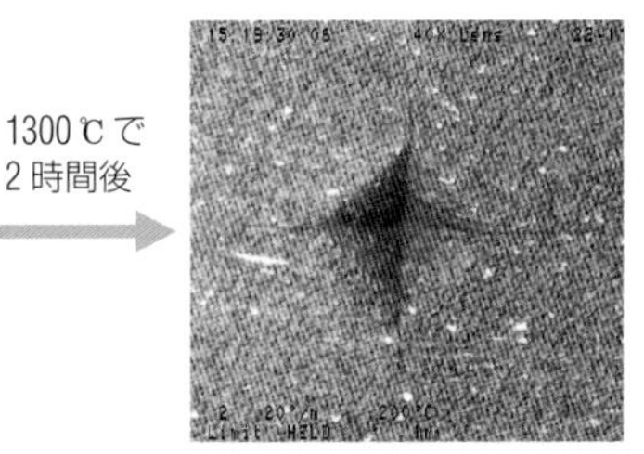

ムライト($3Al_2O_3 \cdot 2SiO_2$)と炭化ケイ素(SiC)からなるセラミックスに正四角錘の塊を押し込み，亀裂を入れる。
高温にして置いておくと，亀裂がふさがれている。

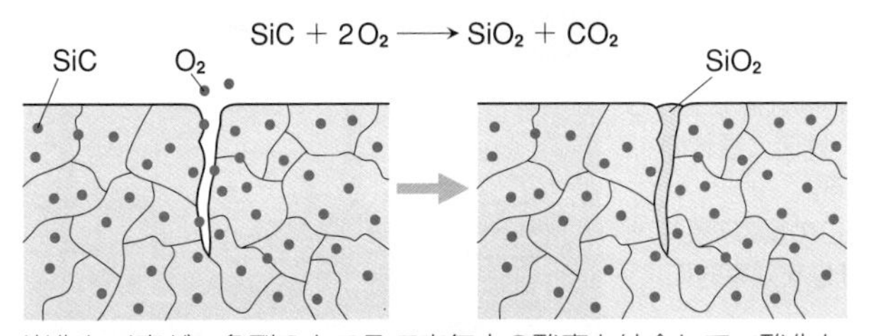

炭化ケイ素が，亀裂のところで空気中の酸素と結合して二酸化ケイ素をつくり，亀裂をふさぐ。このような材料を使うと，加工時に亀裂ができるのを防ぐためにかけていたコストを減らすことができる。

Column 液晶ディスプレイ

液晶は，ある種の物質が，固体と液体の間の温度領域でとる状態である。液晶は，液体のような流動性をもつ一方で，分子の向きが，一定の方向に配列したり，規則的に変化するなど，結晶と似た性質がある。テレビやパソコンのディスプレイの材料として使われる。

液晶ディスプレイのしくみ

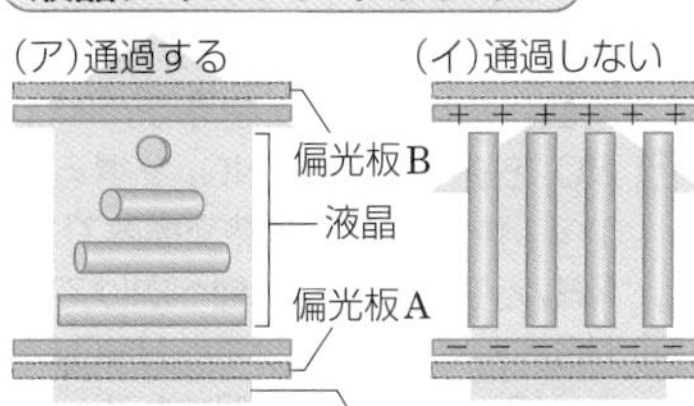

液晶ディスプレイは，電圧で液晶の分子の向きが変わるという性質を使って，光の通過を制御し，表示する。液晶の分子の向きを90°ねじりながら配列し，軸の向きを90°変えた偏光板(▶P.201)ではさむ。電圧を加えない状態(ア)では，偏光板Aを通過した光の振動方向は，分子の向きに合わせて90°回転して，偏光板Bを通過する。一方，電圧を加えた状態(イ)では，分子の向きが電界の向きとそろう。偏光板Aを通過した光は振動方向が変わらず，偏光板Bを通過できない。

テニスラケットや釣り竿，自転車など，アウトドア用品やスポーツ用品に表示されている「カーボン製」は，一般的に炭素繊維で強化されたFRPのことを指す。

無機化学工業

1 硫酸の製造

硫酸は，肥料，化学繊維，薬品の製造などに使われる。▶P.151

接触法 かつては白金触媒が使われたが，その後，安価なV_2O_5を使った触媒が主流となった。

1 $S + O_2 \longrightarrow SO_2$

硫黄 S を燃焼させて二酸化硫黄 SO_2 を得る。

2 $2SO_2 + O_2 \longrightarrow 2SO_3$

酸化バナジウム(V) V_2O_5 を触媒として，SO_2 を酸化させ，三酸化硫黄 SO_3 を得る。

3 $SO_3 + H_2O \longrightarrow H_2SO_4$

SO_3 を濃硫酸に吸収させて，発煙(はつえん)硫酸にする。これに希硫酸を加えて，濃硫酸を得る。

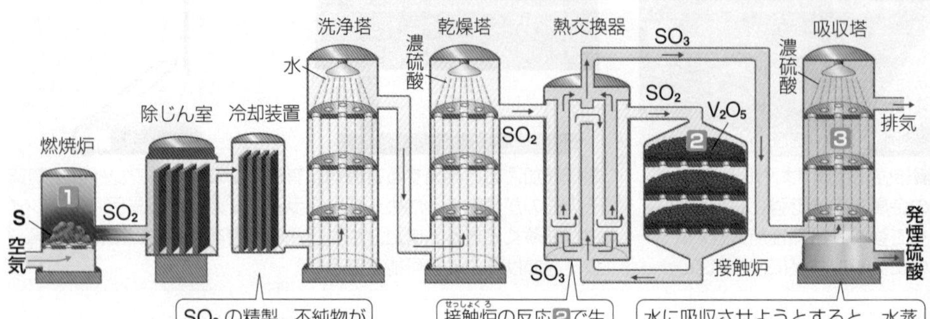

SO_2 の精製。不純物があると，触媒作用が著(いちじる)しく低下する。

接触炉(せっしょくろ)の反応2で生成したSO_3を使って，SO_2 を加熱する。

水に吸収させようとすると，水蒸気と反応して硫酸の霧になってしまうため，濃硫酸に吸収させる。

2 アンモニアの製造

アンモニアは，硝酸や尿素，肥料の製造などに使われる。▶P.152

ハーバー・ボッシュ法 ハーバーが開発した方法を，ボッシュが触媒を安価なものにするなど改良，工業化した。

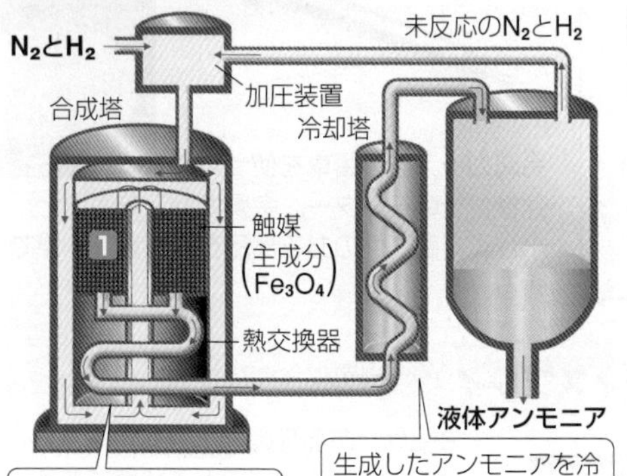

生成したNH_3を使って，原料の N_2，H_2 を加熱。

生成したアンモニアを冷やして液体にし，未反応の N_2，H_2 と分離する。

1 $N_2 + 3H_2 \rightleftarrows 2NH_3$ ($N_2 + 3H_2 \longrightarrow 2NH_3$ $\Delta H = -91.9$ kJ)

可逆反応である。未反応の気体は，再利用される。

窒素 N_2 と水素 H_2 からアンモニア NH_3 を合成する。

Q アンモニアの合成は発熱反応なのに，なぜ高温にするの？

A アンモニアが生成する反応は，体積が減少し，発熱する反応である。したがって，ルシャトリエの原理(▶P.132)から，高圧・低温の方がアンモニアの生成量は多いといえる。しかし，低温では反応の速さが小さいため，実用上は，ある程度の高温と，反応を促進する触媒が必要となる。

その結果，実際には，右の条件で合成される。

圧力：$2.0 \sim 3.5 \times 10^7$ Pa
温度：450 ～ 600 ℃
触媒：主成分 Fe_3O_4

3 硝酸の製造

硝酸は，肥料や火薬の製造などに使われる。▶P.153

オストワルト法 ハーバー・ボッシュ法で，原料の NH_3 の大量生産が可能になり，硝酸工業が発展した。

1 $4NH_3 + 5O_2 \longrightarrow 4NO + 6H_2O$

アンモニア NH_3 を酸化。

2 $2NO + O_2 \longrightarrow 2NO_2$

一酸化窒素 NO を酸化。

3 $3NO_2 + H_2O \longrightarrow 2HNO_3 + NO$

水が二酸化窒素 NO_2 を吸収。硝酸 HNO_3 を得る。

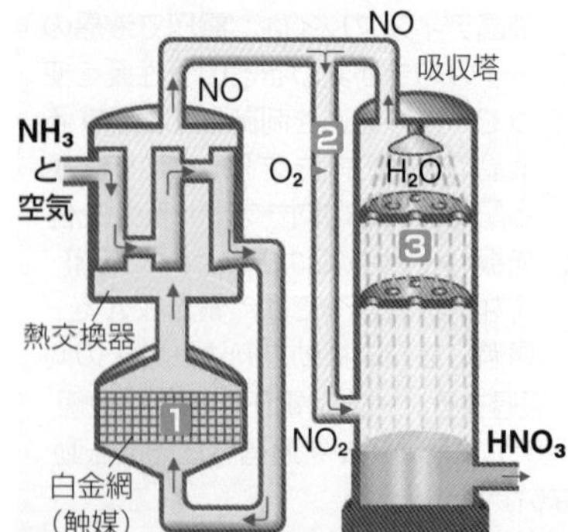

1 NH_3 を空気と混合し，約 700 ～ 900 ℃ に加熱した白金触媒で酸化させて，NO を得る。

2 NO を酸化させて，NO_2 を得る。この反応は低温で進行しやすいため，NO を熱交換器で冷却する。同時に原料の NH_3 と空気は，反応1へ向けて加熱される。

3 NO_2 を水に吸収させて，HNO_3 を得る。この反応で生じた NO は，反応2へ戻すため，原料の NH_3 を効率的に HNO_3 へ変えることができる。

反応1～3をまとめると，

$$NH_3 + 2O_2 \longrightarrow HNO_3 + H_2O$$

世界的な人口増加による食料需要やバイオ燃料(▶P.266)の需要拡大にともなって，穀物を育てるための肥料の需要も増大している。硫酸やアンモニア，硝酸は肥料の原料であり，これらの無機化学薬品の生産量もますます増えていくことが予想されている。

Keywords ●接触法 contact process ●ハーバー・ボッシュ法 Haber-Bosch process
●オストワルト法 Ostwald process ●アンモニアソーダ法 ammonia-soda process
●イオン交換膜法 ion-exchange membrane process

4 炭酸ナトリウムの製造

炭酸ナトリウムは，ガラスやセッケンの製造などに使われる。▶P.165

アンモニアソーダ法

それまで使われていたルブラン法と比べ，純度にすぐれ，安価に製造できるため，発展した。

1 $NaCl + NH_3 + H_2O + CO_2 \longrightarrow NH_4Cl + NaHCO_3$

塩化ナトリウム $NaCl$ の飽和水溶液に，アンモニア NH_3 を十分吸収させて，二酸化炭素 CO_2 を通すと，比較的溶解度の小さい炭酸水素ナトリウム $NaHCO_3$ の沈殿ができる。

2 $2NaHCO_3 \longrightarrow Na_2CO_3 + H_2O + CO_2$

$NaHCO_3$ を加熱して，炭酸ナトリウム Na_2CO_3 と水 H_2O と CO_2 に分解する。CO_2 は回収し，反応1で使う。

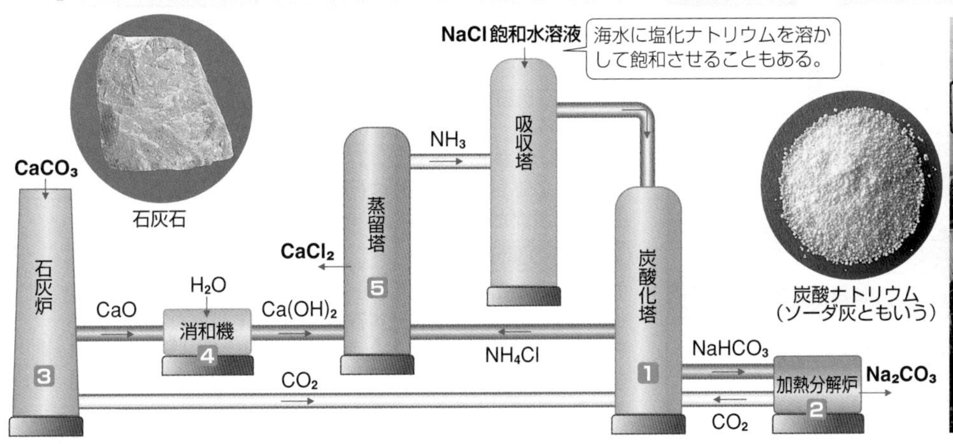

CO₂の供給とNH₃の回収

3 $CaCO_3 \longrightarrow CaO + CO_2$

炭酸カルシウム$CaCO_3$を熱して，酸化カルシウムCaOとCO_2に分解する。CO_2は反応1で使う。

4 $CaO + H_2O \longrightarrow Ca(OH)_2$

CaOとH_2Oを反応させて，水酸化カルシウム$Ca(OH)_2$を得る。

5 $2NH_4Cl + Ca(OH)_2 \longrightarrow CaCl_2 + 2H_2O + 2NH_3$

反応1で生成したNH_4Clを回収し，$Ca(OH)_2$と反応させる。発生したNH_3は回収し，反応1で使う。

反応全体

反応全体をまとめると，

$$2NaCl + CaCO_3 \longrightarrow Na_2CO_3 + CaCl_2$$

となる。NH_3 や CO_2 は循環しているため，ここには現れない。
$CaCO_3$ は水に溶けにくく，この反応は，本来は左向きに進むはずの反応であるが，NH_3 を利用することにより，右向きに反応が進行する。
この方法で，食塩と石灰石という安価な材料から Na_2CO_3 を製造できる。

塩安ソーダ法

反応1を終えた溶液には，NH_4Cl とともに，未反応の $NaCl$ が水に溶けている。そこで，この溶液から NH_4Cl を分離し，反応1の原料として再利用するのが，**塩安ソーダ法**である（反応3～5は行わない）。この方法では，原料に NH_3 が必要となるが，$NaCl$ を効率的に利用できる。また，アンモニアソーダ法で生成する $CaCl_2$ にはあまり用途がなかったが，塩安ソーダ法で生成するNH_4Cl は肥料として利用できる。

5 水酸化ナトリウムの製造

水酸化ナトリウムは，セッケン，紙，化学繊維の製造などに使われる。▶P.164

イオン交換膜法

1866年の発電機の発明で，電気分解による製造が工業化された。ほかに水銀法，隔膜法がある。

$2NaCl + 2H_2O \longrightarrow 2NaOH + H_2 + Cl_2$

電気分解を利用して，塩化ナトリウム飽和水溶液から，水酸化ナトリウムを製造する。

陽極（チタン） $2Cl^- \longrightarrow Cl_2 + 2e^-$ 酸化（-1 → 0）

陰極（鉄鋼） $2H_2O + 2e^- \longrightarrow H_2 + 2OH^-$ 還元（$+1$ → 0，塩基性になる）

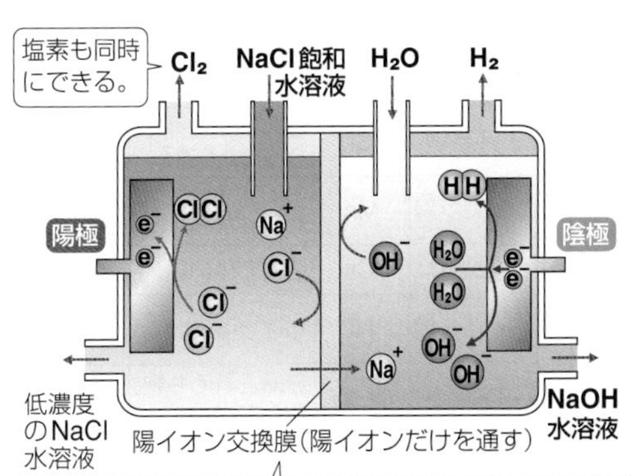

不純物により，陽イオン交換膜の性能が低下する。事前に$NaCl$飽和水溶液の十分な精製が行われる。

陽イオン交換膜（▶P.242）で分けられた容器の，陽極側に塩化ナトリウム飽和水溶液 $NaCl$ aq を，陰極側に水H_2O を入れて，電気分解する。
陽極側では塩素 Cl_2 が発生し，陽イオン Na^+ は陽イオン交換膜を通って陰極側へ移動する。陰極側では水素H_2が発生し，残ったOH^- と Na^+ で水酸化ナトリウム水溶液 $NaOH$ aq ができる。
陽イオン交換膜を使うことで，Cl^- は陰極側へ移動できない。したがって，$NaCl$ が混入しない，高純度の水酸化ナトリウム水溶液ができる。

この方法のほかに，陰極に水銀を使う水銀法や，陰極室と陽極室を隔膜で区切る隔膜法がある。日本では，以前は隔膜に石綿を使った隔膜法が行われていたが，環境への影響や生成物の純度などを考慮し，現在はイオン交換膜法が使われている。

日本国内では年間約800万tの塩化ナトリウムが消費されているが，そのうちの75%ほどが炭酸ナトリウムや水酸化ナトリウムなどの無機化学薬品の製造に使用されている。食用に使われる塩化ナトリウムは15%程度である。

金属の製錬

1 鉄の製錬 鉄鉱石をコークス(炭素)で還元して，銑鉄を得る。

鉄鉱石（酸化鉄）→ 溶鉱炉（C, CO）→ 不純物 ／ 銑鉄（炭素を多く含む(約4%)鉄）→ 転炉（O_2）→ CO_2 ／ 鋼（炭素の少ない鉄）

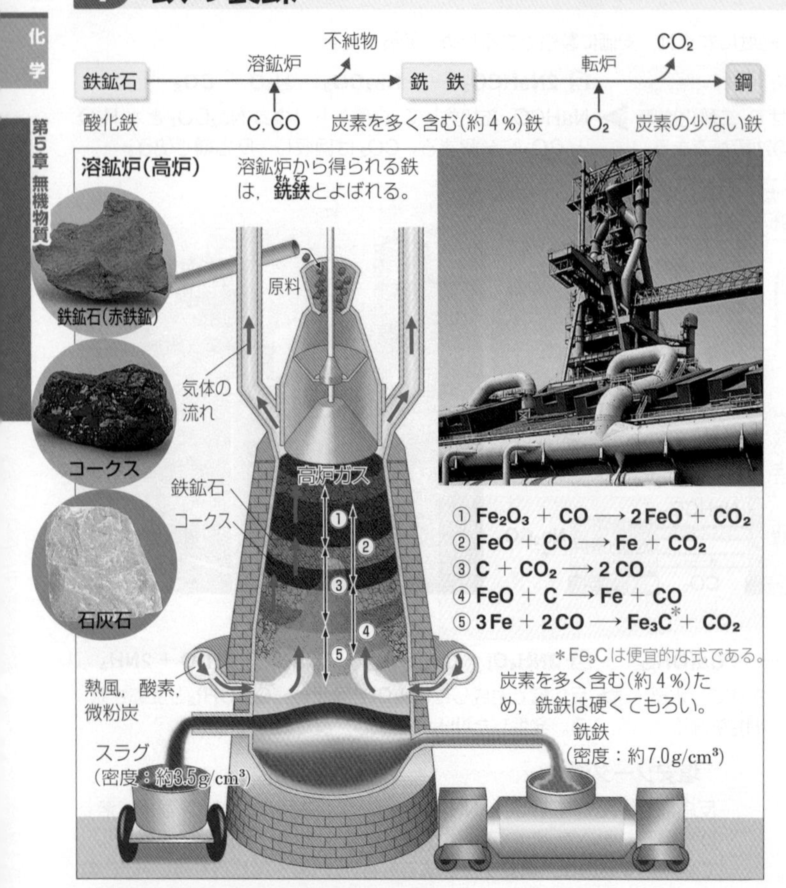

A 鉄の製錬

鉄は湿気のある空気中では酸化されやすく，天然には酸化物などの化合物として存在している。鉄の化合物は還元されにくいが，高温では炭素によって還元することができる。工業的には鉄鉱石（赤鉄鉱 Fe_2O_3 や磁鉄鉱 Fe_3O_4 など）をコークス* C，石灰石 $CaCO_3$ とともに溶鉱炉（高炉）に入れ，下部から約1300℃の熱風を吹き込み，鉄鉱石を還元してつくられている。鉄鉱石中の不純物は石灰石と反応してスラグとなる。＊石炭を蒸し焼きにしたもの。

銑鉄1t当たりの原料

鉄鉱石	259 kg
焼結鉱	1246 kg
ペレット	126 kg
その他の鉄源	1.0 kg
マンガン鉱石	1.0 kg
コークス	431 kg
石炭(微粉炭)	80 kg
石灰石	2.0 kg
(電　力)	(63.4 kWh)

鉄鉱石の還元

主原料の鉄鉱石中には酸化物として鉄分が約60%含まれており，コークスは鉄の酸化物を還元する還元剤として使われる。

溶鉱炉の中心にはコークスの山があり，その周辺には上部から入れた鉄鉱石とコークスが交互に層をなして積み重なっている。コークスは炉の下部から吹き込まれる熱風中の酸素などと反応して一酸化炭素を生じる。一酸化炭素を含む熱い気体は激しく炉内を吹きのぼり，鉄鉱石をとかしながら還元する(間接還元)。

①+②×2　$Fe_2O_3 + 3CO \longrightarrow 2Fe + 3CO_2$　（CO：酸化，Fe_2O_3：還元）

とけた鉄は炉の中を激しく流れ落ちる。
下部ではコークスの炭素によって還元される(直接還元)。

①+③+④×2　$Fe_2O_3 + 3C \longrightarrow 2Fe + 3CO$　（C：酸化，Fe_2O_3：還元）

2 鉄の精錬 鋼をつくる

A 転炉による精錬

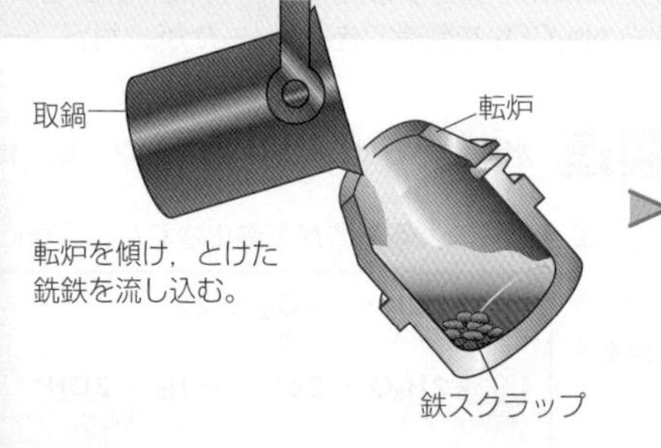
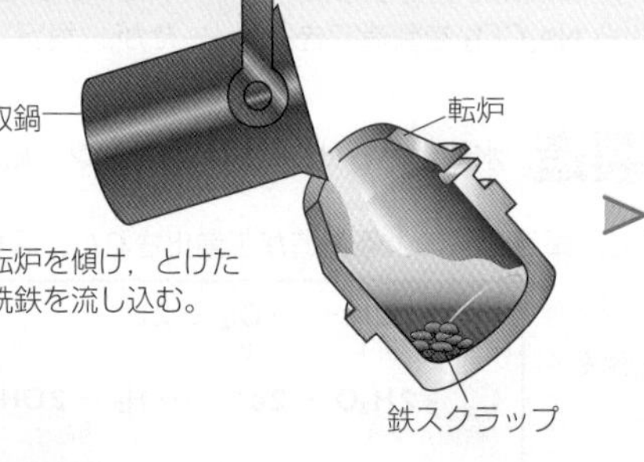

炭素鋼

種類	炭素含有量	用途
極軟鋼	0.12%以下	自動車などの薄板 ブリキ・トタン板
軟鋼	0.12～0.30%	船舶・鉄橋などの構造材 ガス・水道管，針金，釘
硬鋼	0.30～0.50%	電車の部品材，ばね
最硬鋼	0.50～0.90%	レール，ワイヤロープ

炭素と鉄だけの合金(▶P.191)を炭素鋼という。炭素含有量が多いものほど硬いが，もろい。そこで，用途に応じて使い分けられている。

特殊鋼

名称	添加元素	性質	用途
ケイ素鋼	Si	容易に磁性を得たり，失ったりする。	電磁石，変圧器
マンガン鋼	Mn	強くて硬い。もろくならない。	鉄道・橋梁用鉄材
クロム鋼	Cr	強くて硬い。	刃物，工具類
ニッケル鋼	Ni	ねばり強い。	車軸，橋梁用鉄材
高速度鋼	Cr, W	赤熱されても軟化しない。	車軸
磁石鋼	Cr,W,Co	保磁力が大きい。	永久磁石

炭素以外の元素を添加し，炭素鋼には見られない性質を与えた鋼を**特殊鋼**という。

プチ雑学 鉄の製錬でできたスラグは，セメント・コンクリートの材料や肥料など，さまざまな分野で有効活用されている。

Keywords ●製錬 metallurgy ●精錬 refining ●銑鉄 pig iron ●鋼 steel ●電解精錬 electrolytic refining ●陽極泥 anode slime ●溶融塩電解 molten salt electrolysis

動 鉄の製錬

3 銅の電解精錬

電気分解を利用して，不純物を含んだ金属から純粋な金属を精製する(電解精錬)。

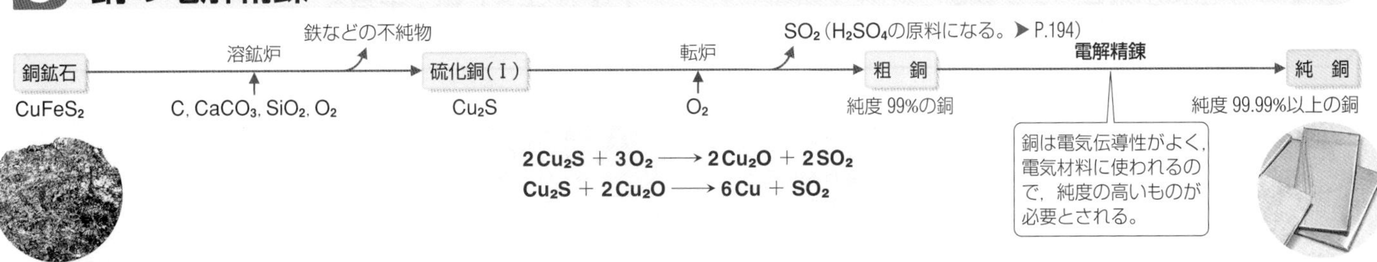

$$2Cu_2S + 3O_2 \longrightarrow 2Cu_2O + 2SO_2$$
$$Cu_2S + 2Cu_2O \longrightarrow 6Cu + SO_2$$

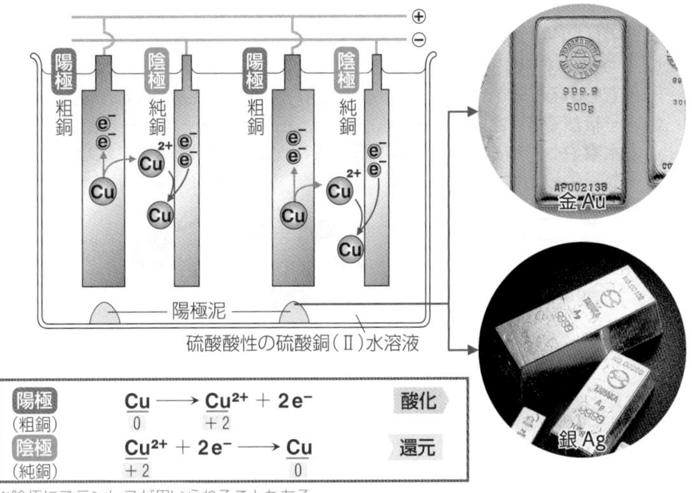

溶鉱炉，転炉で得られる銅は，純度が 99%程度の**粗銅**である。粗銅を電解精錬して，純度が 99.99%以上の純銅を得る。低電圧(約 0.3 V)で電気分解を行うので，銅よりもイオン化傾向の小さい不純物(金，白金，銀など)は，イオン化せずに陽極の下にたまる(**陽極泥**)。
陽極泥は回収され，そこから金や白金，銀がとり出される。

	反応	
陽極(粗銅)	$\underset{0}{Cu} \longrightarrow \underset{+2}{Cu^{2+}} + 2e^-$	酸化
陰極(純銅)	$\underset{+2}{Cu^{2+}} + 2e^- \longrightarrow \underset{0}{Cu}$	還元

※陰極にステンレスが用いられることもある。

4 アルミニウムの製錬

アルミニウムは，水溶液の電気分解では析出しないので，溶融塩電解で単体を得る。

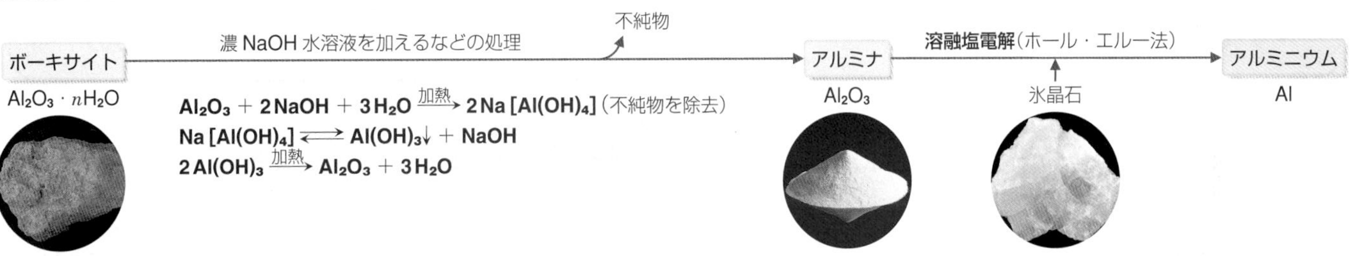

$$Al_2O_3 + 2NaOH + 3H_2O \xrightarrow{加熱} 2Na[Al(OH)_4] \text{(不純物を除去)}$$
$$Na[Al(OH)_4] \rightleftarrows Al(OH)_3\downarrow + NaOH$$
$$2Al(OH)_3 \xrightarrow{加熱} Al_2O_3 + 3H_2O$$

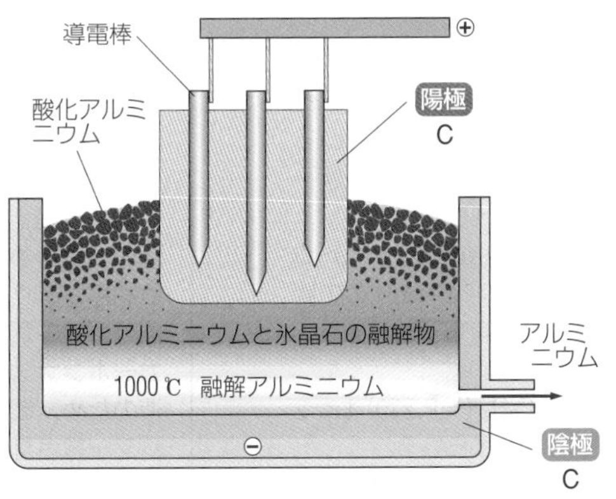

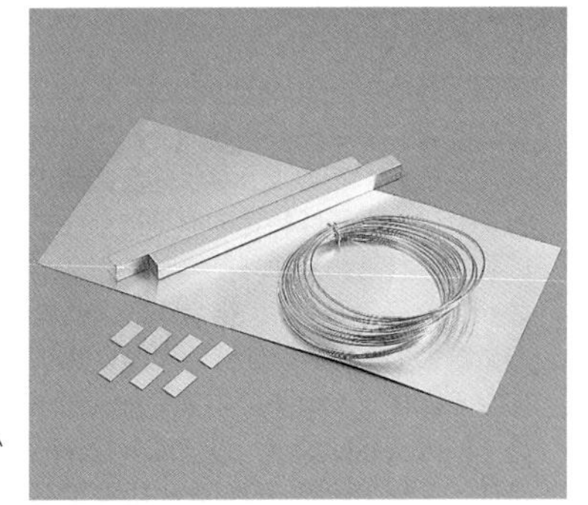

天然に産出するボーキサイトからとり出した純粋な酸化アルミニウム Al_2O_3 (**アルミナ**)を電気分解する。アルミナの融点は高い(約 2050 ℃)が，融点の低い氷晶石 Na_3AlF_6 を融解させたものに溶かすことで，比較的低温(約 1000 ℃)で融解させられる。

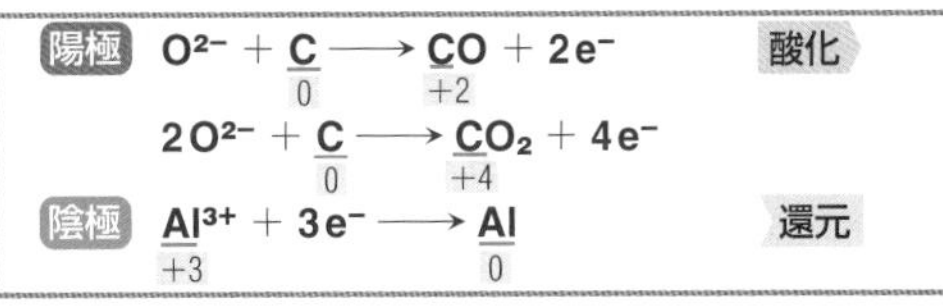

	反応	
陽極	$O^{2-} + \underset{0}{C} \longrightarrow \underset{+2}{CO} + 2e^-$	酸化
	$2O^{2-} + \underset{0}{C} \longrightarrow \underset{+4}{CO_2} + 4e^-$	
陰極	$\underset{+3}{Al^{3+}} + 3e^- \longrightarrow \underset{0}{Al}$	還元

溶融塩電解のため，アルミニウムの製錬には，非常に多くの電力が必要になる(アルミニウム 1 t あたり約 30750 kWh)。一方，アルミニウム製品をリサイクルした場合は，ボーキサイトから製錬するときの約 3%のエネルギーで済む。

リサイクル▶P.264

プチ雑学 アルミニウムの製錬法は，1886年，ホール(アメリカ)とエルー(フランス)によって発明された。2人はまったく面識がなく，別々の場所でそれぞれが同じ原理の製錬法を発明した。また，2人の偶然はそれだけでなく，ともに1863年に生まれ，1914年に亡くなった。

Q 宇宙に水素とヘリウムが多いのはなぜ？

▶P.140

A 宇宙を構成する元素は，質量比で約 70％が水素で残りの大部分がヘリウムである。酸素，炭素，窒素，ケイ素，マグネシウム，鉄などの惑星や生命を構成する元素は数％程度にすぎない。その理由は宇宙が誕生したときにある。

宇宙は，ビッグバンとよばれる大爆発で始まったとされる。空間も時間も物質もなく，莫大なエネルギーのみがあった状態から，大爆発によりエネルギーが空間をもち，いくらかのエネルギーは質量をもつ粒子(クォークや電子など)へと変化した。これが冷やされてクォーク 3 つからなる陽子，中性子などになった。この陽子は水素 ^1H の原子核でもある。その後，陽子1つと中性子1つが結合し，^2H(重水素)の原子核ができ，さらに，原子核が結合して^4Heの原子核ができた。この水素やヘリウムの原子核に電子が結合し，水素原子やヘリウム原子が誕生した。

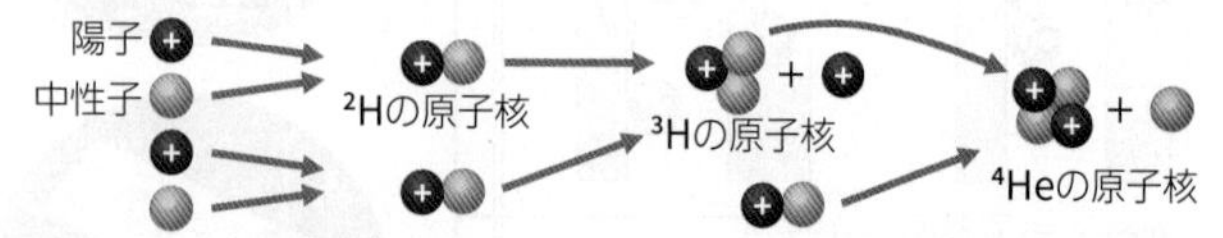

このとき，重い元素は合成されなかった。質量数の大きい元素が合成されるには，ある程度密度が高く，原子核の衝突が頻繁に起きなければならないが，この時期の宇宙の密度はかなり低かったからである。そのため，宇宙を構成する元素のほとんどが水素とヘリウムになっている。重い元素は，密度と温度が高い状態となった恒星内部で合成されるが，それは水素やヘリウムに比べるとごくわずかである。

Q さらし粉って何？

▶P.147

A さらし粉を漢字で表記すると「晒し粉」である。「晒し」とは，「日光に当てること」が本来の意味である。日本では古来より，織物を灰汁と石灰で煮て，石臼でつき，よく浸透させたのち，河原などに広げて日光で漂白する方法が利用されていたことから，「晒し」が織物に付いている不純物を取り去って純白にすることや，漂白した織物自体を指す言葉となった。しかし，明治以降，日光に当てるという古典的な漂白方法が衰退し，薬品で色素を抜く化学的な方法が主流となった。ここで用いられた薬品の一つが，1799 年にイギリスの技術者テナントにより発明された bleaching powder である。bleaching は「薄色にする」を意味する blaecan に由来する。bleaching powder は，主成分である $CaCl(ClO)\cdot H_2O$ が水に溶けた際に遊離する次亜塩素酸 $HClO$ がもつ酸化力により漂白作用を示す。

$$ClO^- + 2H^+ + 2e^- \longrightarrow Cl^- + H_2O$$

さらし粉

このため，bleaching powder が日本へ導入された際に，「漂白する粉」という意味で「晒し粉」という名前がつけられたと考えられる。しかし，このさらし粉は，水酸化カルシウム(消石灰)に塩素を吸収させるという製造工程から，多量の水酸化カルシウムを含んでおり，有効塩素量が低いため，現在日本ではほとんど生産されていない。代わりに有効塩素量を高めた高度さらし粉(主成分 $Ca(ClO)_2$)が生産され，漂白だけでなく食器やプールの消毒などにも用いられている。

Q オゾン分子は酸素原子がどう結び付いているの？

▶P.148

A オゾン分子 O_3 について，各原子が 8 個の価電子をもつように電子式を書くと，次のような 2 つの電子式が考えられる。

オゾン O_3

電子式　共鳴

このどちらか一方の電子式が正しいのでも，2 つの構造が平衡状態にあるのでもない。実際は，2 つを混ぜ合わせた構造をしていると考えられる。このような状態を**共鳴**しているという。共鳴している分子では，電子は特定の原子に存在するのではなく，すべての原子に共有されている。

オゾン分子の O−O の結合距離はどちらも 0.127 nm であり，O−O の単結合 (約 0.146 nm) と O=O の二重結合 (約 0.121 nm) の中間になる。オゾン分子の中央の酸素原子には，非共有電子対があり，電子対の反発により，分子は折れ線形になる。

また，二酸化硫黄 SO_2 (▶P.150) やベンゼン C_6H_6 (▶P.220) も，2 つの構造を混ぜ合わせた共鳴構造をしていると考えられる。

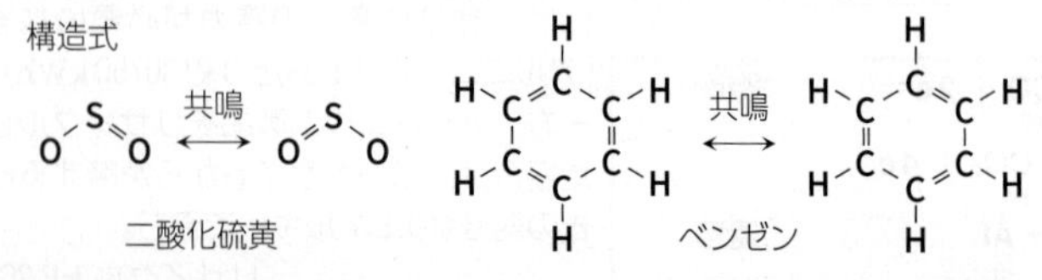

Q フラーレンやカーボンナノチューブって，何に使われるの？

▶P.156

A フラーレン，カーボンナノチューブ，グラフェンなどのナノサイズの炭素はナノカーボンとよばれる。ナノカーボンは多様な特性をもち，多分野で新世代材料として活用されている。

身近な例では，フラーレンを美白成分として配合した化粧品があげられる。人の肌色を決定するのはメラニン色素である。フラーレンは抗酸化作用をもち，このメラニン産生を促す**ラジカル***1 や**活性酸素***2 を消去し，無害化する働きがある。

また，フラーレンは高い電子受容性をもつため，有機薄膜太陽電池や有機 EL などの各種有機デバイスへ利用されている。

フラーレンの内部空間に金属原子が入ったものを金属内包フラーレンとよぶ。これは金属を閉じ込めるため，人体への害が少ないという利点があり，MRI や CT の造影剤として医療分野での活用が研究されている。

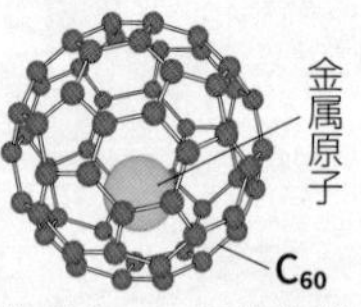

カーボンナノチューブは，熱伝導性や電気伝導性があり，円柱状構造のため，機械強度が高いという特性がある。これらを生かしてポリマー複合材料，透明電極，センサ素子などへの応用が期待される。具体的な応用例として，燃料電池の電極があげられる。燃料電池では，負極で H_2 を酸化して得られる H^+ が電解質中を移動して，正極で還元されたO_2と反応する。この酸化還元反応の効率を高めるため，白金などの貴金属触媒を炭素電極に付着させる。電極にカーボンナノチューブを使用すれば，伝導性や耐久性の向上が見込まれる。

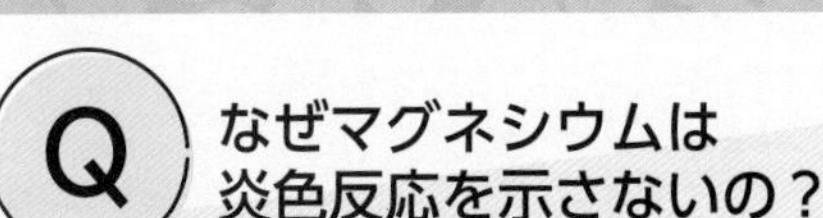

Q なぜマグネシウムは炎色反応を示さないの？

▶P.166

A 金属塩の水溶液をガスバーナーの炎に入れると，炎の温度で金属塩から金属原子が生じる。金属原子が励起(れいき)状態になり，基底状態に戻るときにその原子特有の色を放つ（▶P.35）。光の色（波長）は，励起状態と基底状態とのエネルギーの差によって決まり，各元素に固有の色になる。これが**炎色反応**である。

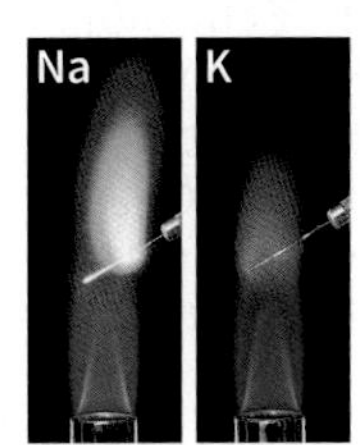

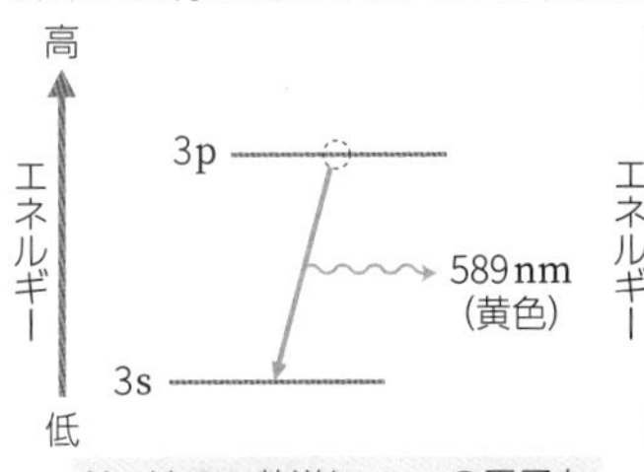

Na は 3 s 軌道に 1 つの電子をもつ。電子が励起された後，基底状態に戻るときに，589 nm の光を放出する。

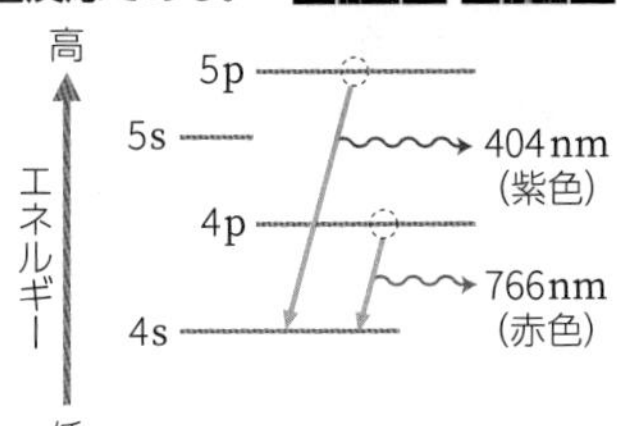

K は 4 s 軌道に 1 つの電子をもつ。電子が励起された後，基底状態に戻るときに，766 nm の光と，404 nm の光を放出する。

アルカリ金属やアルカリ土類金属（Ca，Sr，Ba）は，放出される光の波長が可視光線（380 nm～780 nm）の範囲であるため，炎色反応が見られるが，Be は 313 nm，Mg は 285 nm と紫外線の範囲であるため，炎色反応が見られない。

Q なぜ酸化カルシウムを「生石灰」というの？

▶P.167

A 酸化カルシウムの白い塊に水を注ぐと，シューっという音を立てながら，膨張するようすが観察できる。この反応は，火や電気の使えない場所でお弁当や飲み物を温めるのに利用される。

$$CaO + H_2O(液) \longrightarrow Ca(OH)_2 \quad \Delta H = -65.2\ kJ$$

酸化カルシウム（生石灰）　水　水酸化カルシウム（消石灰）

（▶P.123）

この発生した熱により，加えられた水の一部が沸騰して水蒸気が発生すると同時に，生成する水酸化カルシウムは酸化カルシウムに対してその体積が大きいため，水と反応する酸化カルシウムが動き，まるで命をもった生き物のように見える。酸化カルシウムは英語で calcium oxide であるが，quick lime ともよばれる。ここでの lime とは石灰のことを表し，limestone とは石灰岩である。また，quick は「急速な」や「すばやい」といったよく使われる意味ではなく，「元気のよい」，「生きている」といった意味で用いられており，前述の水と反応する酸化カルシウムのようすをとらえて quick lime，日本語で「生石灰」とよばれるようになったと考えられる。ちなみに，生石灰に水を加えて生じる水酸化カルシウムは，「消石灰」とよばれるが，これは水酸化カルシウムが英語で slaked lime であり，slake が「消化（消和）する」や「不活性になる」という意味で用いられているのが語源と考えられる。

Q なぜ光触媒で汚れが分解されるの？

▶P.179

A 光エネルギーによって化学反応を促進する物質を**光触媒**(ひかりしょくばい)という。1967 年，本多健一(ほんだけんいち)と藤嶋昭(ふじしまあきら)は，酸化チタン TiO_2 に光を当てると水が酸素と水素に分解される光触媒作用を発見した。しかし，光触媒を使って，太陽光で水から水素を取り出す方法は，エネルギー変換効率が低すぎたため，実用化には至らなかった。その後，光触媒の強い酸化力に着目した研究がなされ，現在では，外壁，空気清浄機，水質浄化装置などに利用されている。

酸化チタン TiO_2 が汚れを分解するしくみは以下のとおりである。

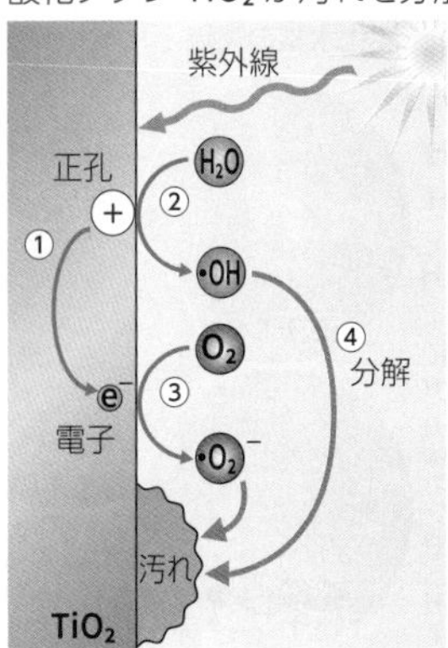

①酸化チタンに光（紫外線）が当たると，その表面から電子が飛び出し，電子が抜け出た穴である正孔(せいこう)（プラスの電荷をもつ）が生じる。

②正孔は強い酸化力をもち，空気中の水 H_2O から電子をうばい，・OH（ヒドロキシラジカル*1）が生じる。

③飛び出した電子は空気中の酸素 O_2 と反応して，$\cdot O_2^-$ が生じる。

④・OH や $\cdot O_2^-$ などの**活性酸素***2 は強い酸化力をもち，汚れの原因である有機化合物や細菌などを分解する。

*1 **ラジカル**（遊離基）…不対電子をもつ原子や原子団。反応性が極めて高い。
*2 **活性酸素**…反応性が極めて高い酸素。

Q 遷移元素，何から何へ遷移するの？

▶P.179

A 「遷移(せんい)」とは「移り変わる」という意味である。次の図は，メンデレーエフが 1871 年に発表した周期表である。この周期表では，第Ⅷ族として性質のよく似た 4 つの元素が分類されている。メンデレーエフは，陰性が強いハロゲンを含む第Ⅶ族から，陽性が強いアルカリ金属を含む第Ⅰ族へ移り変わる途中の元素という意味で，第Ⅷ族の元素を「**遷移元素**」と名づけた。現在では，3 族から 12 族が遷移元素に分類されている。

	第Ⅰ族	第Ⅱ族	第Ⅲ族	第Ⅳ族	第Ⅴ族	第Ⅵ族	第Ⅶ族	第Ⅷ族
1	H							
2	Li	Be	B	C	N	O	F	
3	Na	Mg	Al	Si	P	S	Cl	
4	K	Ca		Ti	V	Cr	Mn	Fe,Co,Ni,Cu
5	(Cu)	Zn			As	Se	Br	
6	Rb	Sr	?Y	Zr	Nb	Mo		Ru,Rh,Pd,Ag
7	(Ag)	Cd	In	Sn	Sb	Te	I	
8	Cs	Ba	?Di	?Ce	…	…	…	…
9	…	…	…	…	…	…	…	…
10	…	…	?Er	?La	Ta	W	…	Os,Ir,Pt,Au
11	(Au)	Hg	Tl	Pb	Bi	…	…	
12	…	…	…	Th	…	U	…	…

※現在，遷移元素に分類されている元素

また，現在の周期表で第6，第7周期の遷移元素「ランタノイド」，「アクチノイド」という名称は，それぞれのグループの元素は性質がよく似ているために，$_{57}$La ランタン（Lanthanum），$_{89}$Ac アクチニウム（Actinium）の語尾に「-oid（もどきの意）」をつけて名づけられた。

有機化合物の特徴と分類

1 有機化合物の特徴 炭素原子の特徴により多様性をもつ。

多様性
構成元素の種類は少ない(C, H, O, N, S など)が，化合物の種類は非常に多い。

融点・沸点
融点・沸点は比較的低く，燃えるものが多い。

溶解性
水に溶けにくいが，有機溶媒*には溶けるものが多い。

*溶媒として用いられる液体の有機化合物。

有機化合物と無機化合物
炭素原子を骨格とした化合物を有機化合物，それ以外の化合物を無機化合物という。ただし，炭素の酸化物(CO, CO_2)，炭酸塩(Na_2CO_3など)，シアン化合物(KCNなど)などは無機化合物に分類される。

Episode 有機物・無機物

ウェーラー(ドイツ)

「有機物」は，もともと動植物などの有機体から得られる物質という意味で名づけられた。1828年，ウェーラーは，無機物から有機物である尿素を合成した。それまで生物からしか得られないと考えられていた有機物が人工的に合成できることがわかった。

A 有機化合物の多様性 次のような炭素原子の特徴により，多様な有機化合物ができる。

価電子4個で共有結合

電子配置	K殻	L殻
$_6C$	2	4

価電子4個

電子式 ➤P.44 ・C・ 　構造式 −C−
価電子　価標

炭素原子は価電子を4個もち，非金属原子と最大4個まで共有結合する。

鎖状構造・環状構造

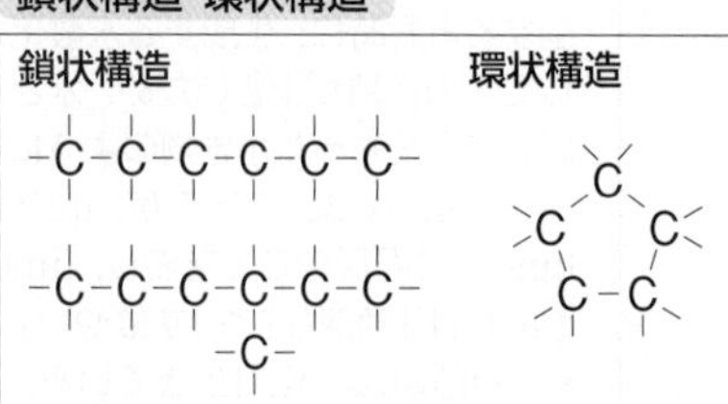

炭素原子どうしの結合は安定で，多数の原子が結びついて，一列や枝分かれの鎖状構造や環状構造をつくる。

単結合・二重結合・三重結合

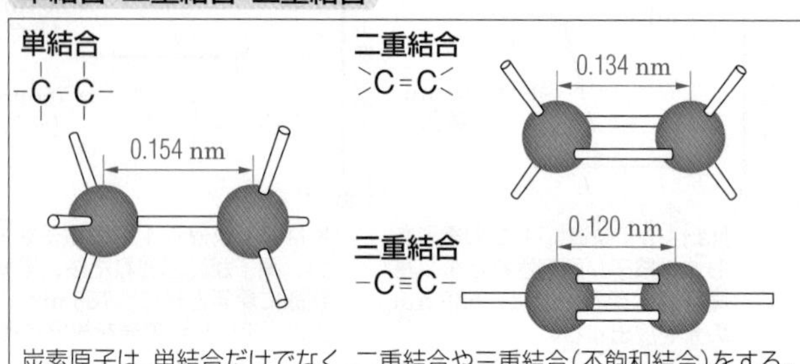

炭素原子は，単結合だけでなく，二重結合や三重結合(不飽和結合)をする。

B 融点・沸点 融点・沸点は比較的低い。

C 溶解性 分子からできているものが多く，水に溶けにくいものが多い。

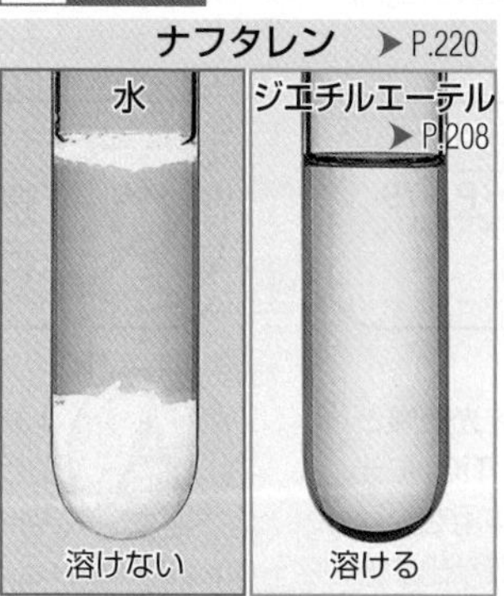

水に溶けても電離するものは少ない。

D 可燃性

燃えるとCO_2が発生する。

2 炭素骨格による分類

※炭素原子の割合が多くなるほど不完全燃焼しやすく，すすを出す。

プチ雑学 シス-トランス異性体どうしの性質は異なる。シス-ジャスモン酸メチルはジャスミンの花の香りがするのに対し，トランス-ジャスモン酸メチルは脂肪臭がする。

Keywords
●有機化合物 organic compound ●無機化合物 inorganic compound ●官能基 functional group
●示性式 rational formula ●構造異性体 structural isomer ●立体異性体 stereoisomer
●シス-トランス異性体 cis-trans isomer ●鏡像異性体 enantiomer
ア 鏡像異性体

3 官能基による分類

有機化合物の特性は，その分子中に含まれる官能基によって決まる。

官能基の種類	構造	一般名	例		参照ページ
ヒドロキシ基	-OH	アルコール	エタノール	C_2H_5-OH	P.208
		フェノール類	フェノール	C_6H_5-OH	P.222
ホルミル基（アルデヒド基）	-CHO	アルデヒド	アセトアルデヒド	CH_3-CHO	P.210
カルボニル基*（ケトン基）	>C=O	ケトン	アセトン	$(CH_3)_2$C=O	P.210
カルボキシ基	-COOH	カルボン酸	酢酸	CH_3-COOH	P.212
ニトロ基	$-NO_2$	ニトロ化合物	ニトロベンゼン	C_6H_5-NO_2	P.221
スルホ基	$-SO_3H$	スルホン酸	ベンゼンスルホン酸	C_6H_5-SO_3H	P.221
アミノ基	$-NH_2$	アミン	アニリン	C_6H_5-NH_2	P.226
エーテル結合	-O-	エーテル	ジエチルエーテル	C_2H_5-O-C_2H_5	P.208
エステル結合	-COO-	エステル	酢酸エチル	CH_3-COO-C_2H_5	P.214

＊アルデヒド，カルボン酸，エステルの>C=Oもカルボニル基ということがある。

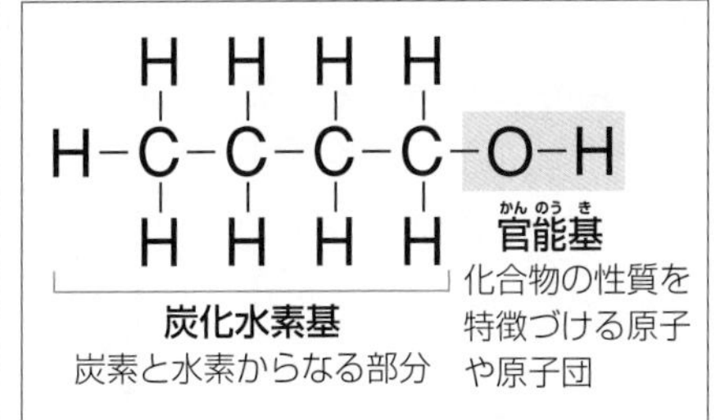

有機化合物の表し方 例 メタノール

分子式
CH_4O
元素記号を並べる。

示性式
CH_3OH
官能基をぬき出して示した式。

構造式
H-C-O-H
原子の結合の順序を示した式。通常，価標が用いられる。

4 異性体

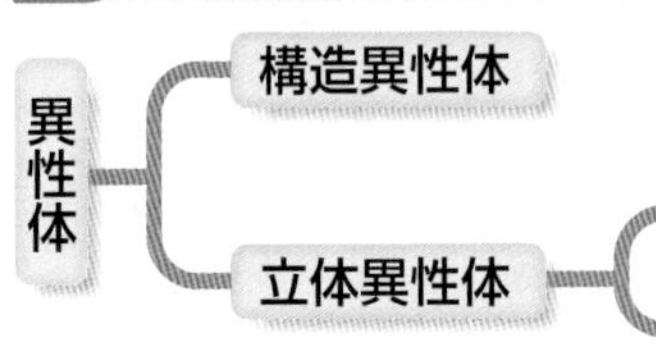

シス-トランス異性体 幾何異性体
鏡像異性体 光学異性体（▶P.212, 234）

分子式は同じでも，構造や性質の異なる化合物を互いに**異性体**という。異性体どうしの化学的，物理的性質は異なる（鏡像異性体はほぼ等しい）。

※シス（*cis-*）は「こちら側の」，トランス（*trans-*）は「横切って」の意。

A 構造異性体

分子式は同じでも構造式が異なる。

○炭素骨格が異なる　融点／沸点

例 ブタン −138.3℃／−0.5℃　2-メチルプロパン（イソブタン） −159.6℃／−11.7℃

○不飽和結合の位置が異なる

例 1-ブテン −185.4℃／−6.3℃　2-ブテン シス形 −138.9℃／3.7℃

○官能基の位置が異なる

例 1-プロパノール −126.5℃／97.2℃　2-プロパノール −89.5℃／82.4℃

○官能基が異なる

例 エタノール −114.5℃／78.3℃　ジメチルエーテル −141.5℃／−24.8℃

化学的，物理的性質は異なる。

B シス-トランス異性体

炭素原子間の二重結合による。

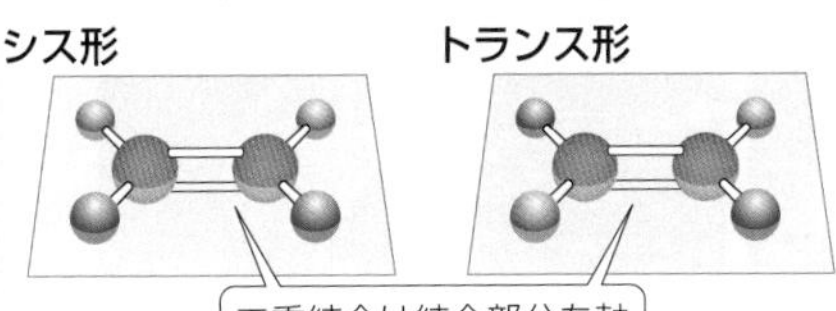

例
シス-2-ブテン 融点：−138.9℃ 沸点：3.7℃
トランス-2-ブテン 融点：−105.6℃ 沸点：0.88℃

化学的，物理的性質は異なる。

C 鏡像異性体

実物と鏡に写した像のような関係にある。

鏡　左手　右手

例
◀は紙面の手前に，┅は奥に出ていることを示す。
L-乳酸 融点：25.8℃　D-乳酸 融点：25.8℃

化学的，物理的性質はほぼ等しい。
光学的性質（旋光性）が異なる。

参考 旋光性

光はあらゆる方向に振動しているが，偏光板を通過すると，振動方向が偏光板の軸と平行な光だけになる。鏡像異性体の溶液中を偏光が通過すると，偏光面が回転する。偏光面を回転させる性質を**旋光性**という。回転する角度は，鏡像異性体どうしでは逆になる。

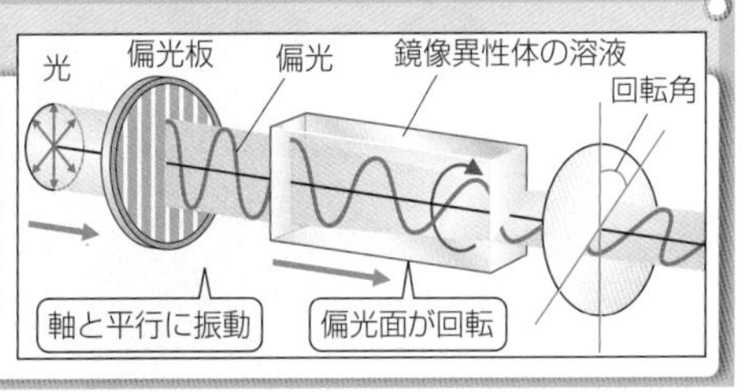

鏡像異性体どうしは，味やにおいなどの生理的性質が異なる。たとえば，メントールはL形だけがハッカの香りを示し，香料として用いられる。通常，鏡像異性体をもつ化合物の合成ではL形とD形の混合物が得られるが，特殊な触媒を使うと必要な方だけを合成できる。この触媒の開発で，2001年，野依良治はノーベル化学賞を受賞した。

有機化合物の分析

1 有機化合物の分離・精製

純粋な有機化合物を得るために，分離・精製の操作を行う。➤P.19, 26

分液ろうと

液体中に含まれる物質を抽出

ソックスレー抽出器 ➤P.217

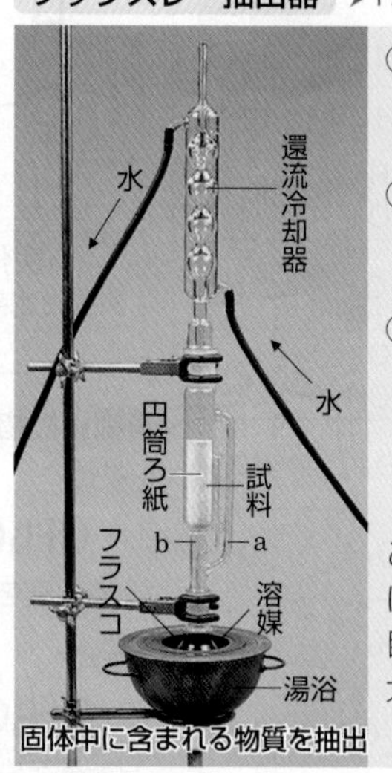

固体中に含まれる物質を抽出

①沸騰した溶媒がaから還流(かんりゅう)冷却器に上がる。
②還流冷却器で冷却され液化し，円筒ろ紙の上に落ちる。
③ろ紙の中の試料から目的の物質が溶け出し，bを通ってフラスコ内に戻る。
これを繰り返すことによって，溶媒中の目的の物質の濃度が大きくなる。

カラムクロマトグラフィー

＊カラム…column：「円柱」の意

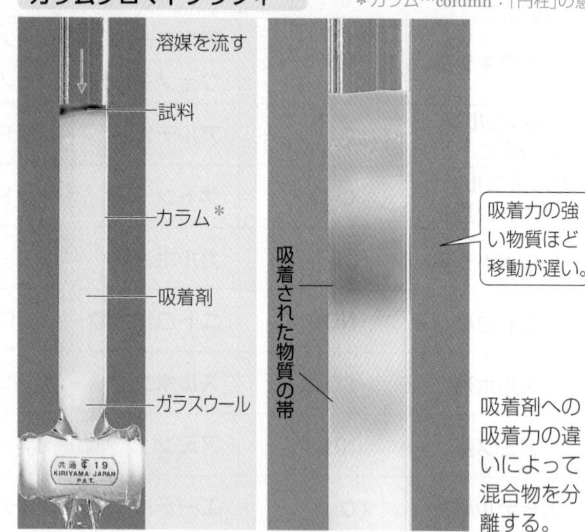

吸着剤への吸着力の違いによって混合物を分離する。

2 成分元素の検出

有機化合物に含まれるおもな成分元素を確認する。

A 炭素・水素の検出

試料を完全燃焼させると，二酸化炭素と水が生じる。

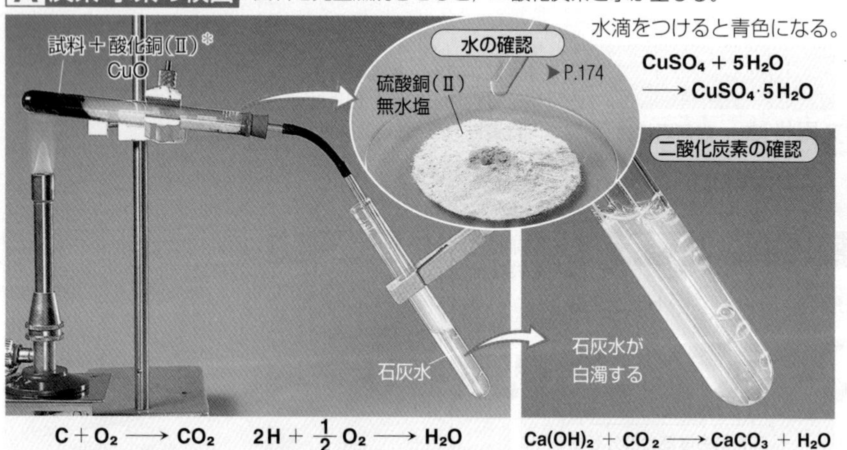

水滴をつけると青色になる。
$CuSO_4 + 5H_2O \longrightarrow CuSO_4 \cdot 5H_2O$

$C + O_2 \longrightarrow CO_2$　　$2H + \frac{1}{2}O_2 \longrightarrow H_2O$　　$Ca(OH)_2 + CO_2 \longrightarrow CaCO_3 + H_2O$

＊酸化銅(Ⅱ)は，試料を完全に酸化させるため，酸化剤として加えている。

B 窒素の検出

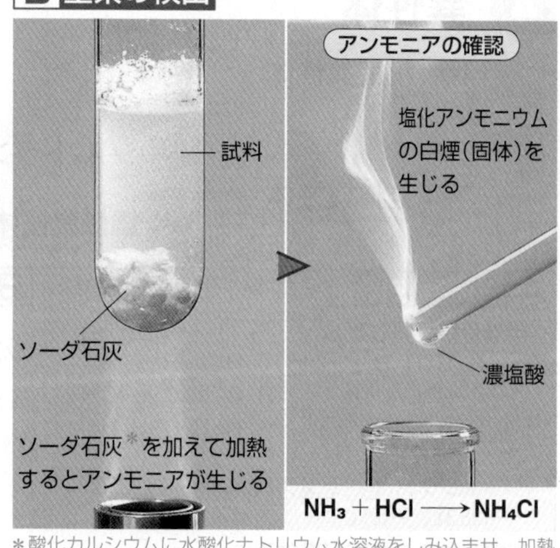

ソーダ石灰＊を加えて加熱するとアンモニアが生じる

$NH_3 + HCl \longrightarrow NH_4Cl$

＊酸化カルシウムに水酸化ナトリウム水溶液をしみ込ませ，加熱して生成した物質。

C 塩素の検出　バイルシュタイン試験

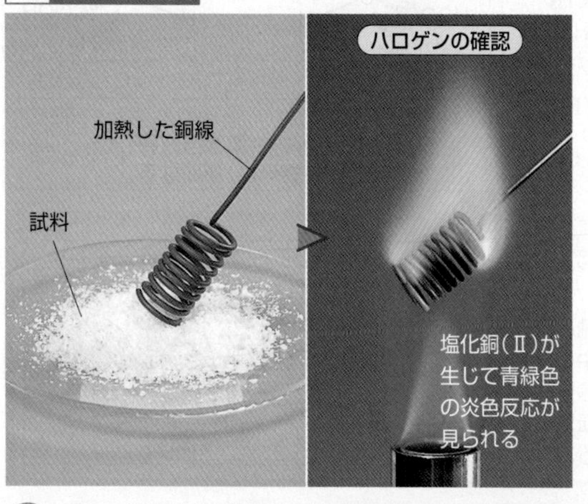

塩化銅(Ⅱ)が生じて青緑色の炎色反応が見られる

D 硫黄の検出

ナトリウムを加えて加熱すると硫化ナトリウムが生じる。

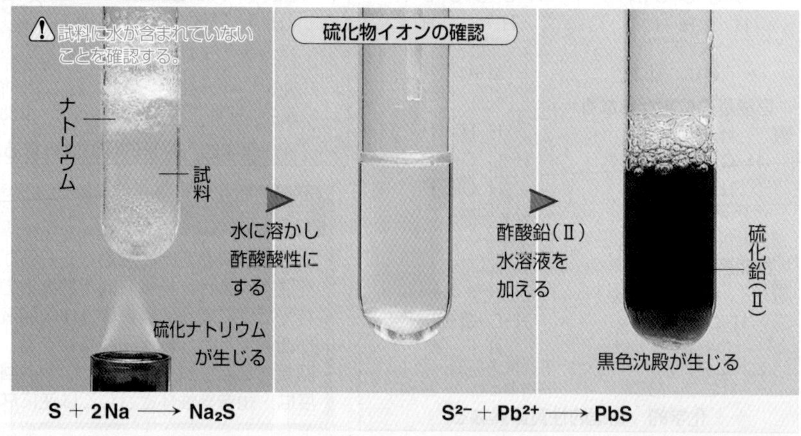

硫化ナトリウムが生じる
黒色沈殿が生じる

$S + 2Na \longrightarrow Na_2S$　　$S^{2-} + Pb^{2+} \longrightarrow PbS$

プチ雑学 現在，有機化合物の構造決定には，さまざまな分析機器が用いられる。質量分析計は，電子ビームなどでイオン化させた分子に，電圧を加えて磁場中を移動させ，移動経路などから分子量を決定する。田中耕一はタンパク質を壊さずにイオン化する方法を開発し，2002年のノーベル化学賞を受賞した。

3 構造決定の手順

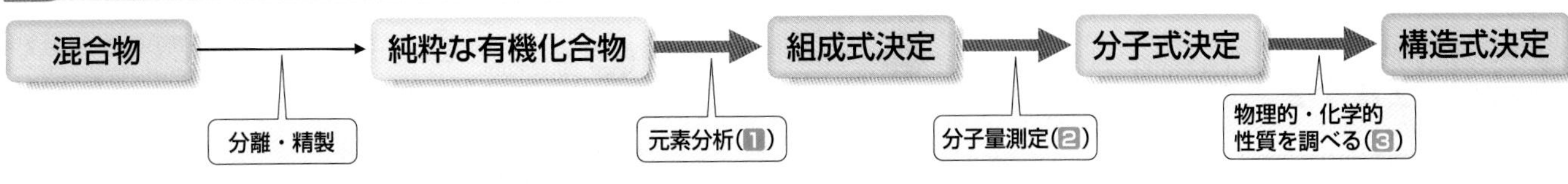

有機化合物の構造決定

目的 未知試料(炭素・水素・酸素からなる)の構造を調べる。

1 組成式の決定(元素分析)

試料を完全燃焼して，試料に含まれる炭素・水素・酸素の割合を調べる。

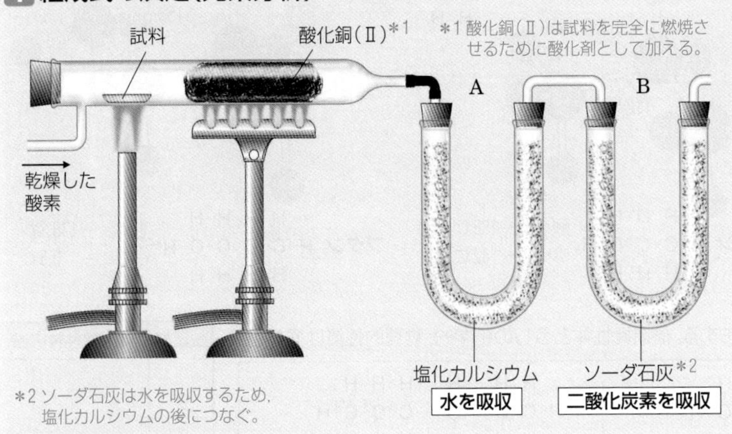

*1 酸化銅(Ⅱ)は試料を完全に燃焼させるために酸化剤として加える。

*2 ソーダ石灰は水を吸収するため，塩化カルシウムの後につなぐ。

データ例

試料の質量	Aの質量変化(H_2Oの生成量)	Bの質量変化(CO_2の生成量)
75 mg	90 mg	165 mg

結果の処理

炭素の質量 $165\,\text{mg} \times \dfrac{C}{CO_2} = 165\,\text{mg} \times \dfrac{12}{44} = 45\,\text{mg}$

水素の質量 $90\,\text{mg} \times \dfrac{2H}{H_2O} = 90\,\text{mg} \times \dfrac{2}{18} = 10\,\text{mg}$

酸素の質量 (試料の質量)−(炭素の質量)−(水素の質量)
$= 75\,\text{mg} - 45\,\text{mg} - 10\,\text{mg} = 20\,\text{mg}$

原子の数の比 $C : H : O = \dfrac{45}{12} : \dfrac{10}{1.0} : \dfrac{20}{16} = 3 : 8 : 1$

したがって，試料の組成式(**実験式**)は C_3H_8O

このように，成分元素の種類と割合を調べることを**元素分析**という。

2 分子式の決定

分子量を求めて，分子式を決める。

下の方法で分子量を求める。 組成式量×n=分子量　分子量が 60 のとき，

$(C_3H_8O)_n = 60$　$60 \times n = 60$　$n = 1$　したがって，試料の分子式は C_3H_8O

分子量を求める方法

● 気体の状態方程式の利用(▶P.108)

データ例

圧力 p	体積 V	質量 w	温度 T
1.01×10^5 Pa	0.51 L	1.0 g	373 K

結果の処理 モル質量を M〔g/mol〕とする。

気体の状態方程式 $pV = \dfrac{w}{M}RT$ より，$M = \dfrac{wRT}{pV}$ だから，

$$M = \frac{1.0\,\text{g} \times 8.31 \times 10^3\,\text{Pa·L/(K·mol)} \times 373\,\text{K}}{1.01 \times 10^5\,\text{Pa} \times 0.51\,\text{L}} \fallingdotseq 60\,\text{g/mol}$$

したがって，試料の分子量は60

試料が全部蒸発したとき，フラスコ内はその気体で満たされている。

その他の分子量を求める方法

● 凝固点降下・沸点上昇(▶P.114)の利用

$$M = \frac{1000Kw}{\Delta tW}$$

K：モル凝固点降下，モル沸点上昇(K·kg/mol)
w：試料の質量(g)　W：溶媒の質量(g)
Δt：凝固点降下度，沸点上昇度(K)

● 浸透圧(▶P.116)の利用

$$M = \frac{wRT}{\Pi V}$$

w：試料の質量(g)　T：温度(K)
R：気体定数(Pa·L/(K·mol))
Π：圧力(Pa)　V：溶液の体積(L)

それぞれの試料に適した方法を選ぶ。

凝固点降下・沸点上昇…不揮発性物質　浸透圧…高分子化合物
気体の状態方程式…揮発性物質　中和滴定…酸性物質

3 構造式の決定

考えられる**異性体**の性質を比較して，構造式を決める。 ▶P.208〜211

考えられる構造式	$H-\overset{H}{\underset{H}{C}}-\overset{H}{\underset{H}{C}}-\overset{H}{\underset{H}{C}}-OH$ 1−プロパノール (第一級アルコール)	$H-\overset{H}{\underset{H}{C}}-\overset{H}{\underset{OH}{C}}-\overset{H}{\underset{H}{C}}-H$ 2−プロパノール (第二級アルコール)	$H-\overset{H}{\underset{H}{C}}-O-\overset{H}{\underset{H}{C}}-\overset{H}{\underset{H}{C}}-H$ エチルメチルエーテル (エーテル)
融点／沸点	−126.5℃／97.2℃	−89.5℃／82.4℃	―――／6.6℃
水への溶解性	よく溶ける	よく溶ける	溶ける
ナトリウムとの反応	水素が発生	水素が発生	反応しない
ヨードホルム反応	反応しない	ヨードホルムが生じる	反応しない
ニクロム酸カリウムで酸化させる	CH_3CH_2CHO,(アルデヒド) CH_3CH_2COOHを生じる(カルボン酸)	CH_3COCH_3 を生じる(ケトン)	酸化されない

水への溶解性	ナトリウムとの反応	ヨードホルム反応

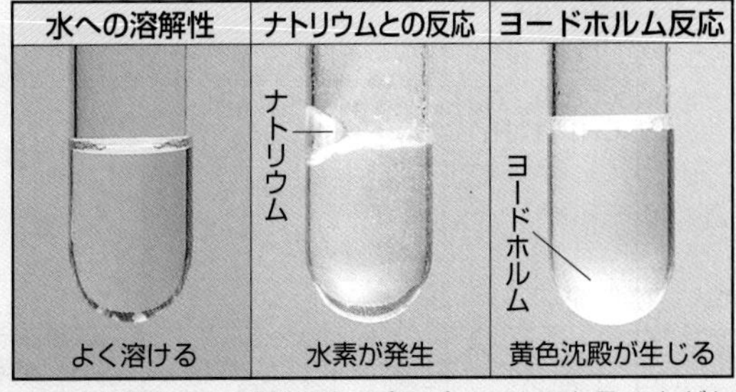

上記の性質から，試料は 2−プロパノールであることがわかる。

したがって，試料の構造式は $H-\overset{H}{\underset{H}{C}}-\overset{H}{\underset{OH}{C}}-\overset{H}{\underset{H}{C}}-H$

思考問題 3の元素分析で，H_2O，CO_2の生成量から，試料中の酸素の質量を直接求めることはできない。それはなぜか。

1 アルカンの構造

鎖状の飽和炭化水素をアルカン(メタン系炭化水素またはパラフィン炭化水素)という。

C_nH_{2n+2} アルカン

炭素数	分子式	名　称
1	CH_4	メタン
2	C_2H_6	エタン
3	C_3H_8	プロパン
4	C_4H_{10}	ブタン
5	C_5H_{12}	ペンタン
6	C_6H_{14}	ヘキサン
7	C_7H_{16}	ヘプタン
8	C_8H_{18}	オクタン
9	C_9H_{20}	ノナン
10	$C_{10}H_{22}$	デカン

同じ一般式で表される一群の化合物の系列を**同族列**，同族列中の各化合物を**同族体**という。

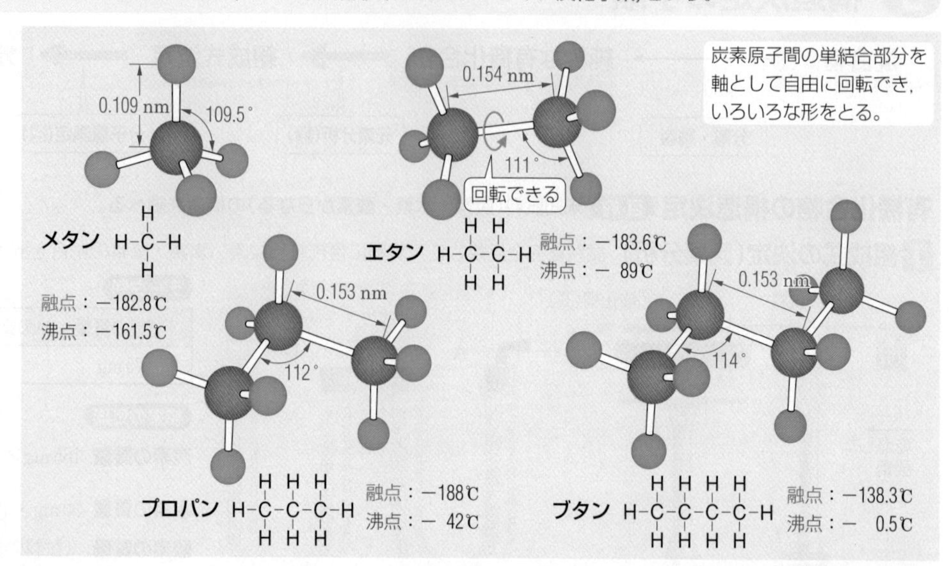

A 構造異性体

ヘプタン C_7H_{16} には 9 種類の構造異性体が存在する。構造異性体どうしの化学的，物理的性質は異なる。

名称	融点	沸点
ヘプタン	−90.6℃	98℃
2 −メチルヘキサン	−118.3℃	90.1℃
3 − メチルヘキサン*	−119.4℃	92.0℃
3 −エチルペンタン	−118.6℃	93.5℃
2,2 −ジメチルペンタン	−123.8℃	79.2℃
2,3 −ジメチルペンタン*	(データなし)	89.8℃
2,4 −ジメチルペンタン	−119.2℃	80.5℃
3,3 −ジメチルペンタン	−134.5℃	86.1℃
2,2,3 −トリメチルブタン	−25.0℃	80.9℃

＊3 −メチルヘキサン，2，3 −ジメチルペンタンには鏡像異性体(▶P.201,212)が存在する。

炭素数	構造異性体の数
1	1
2	1
3	1
4	2
5	3
6	5
7	9
8	18
9	35
10	75
15	4347
20	366319
30	4111846763

炭素数が 4 以上のアルカンには構造異性体が存在する。構造異性体の数は炭素数の増加にともない，急激に増加する。

2 アルカンの性質

A 融点・沸点

直鎖状アルカン(無極性分子)

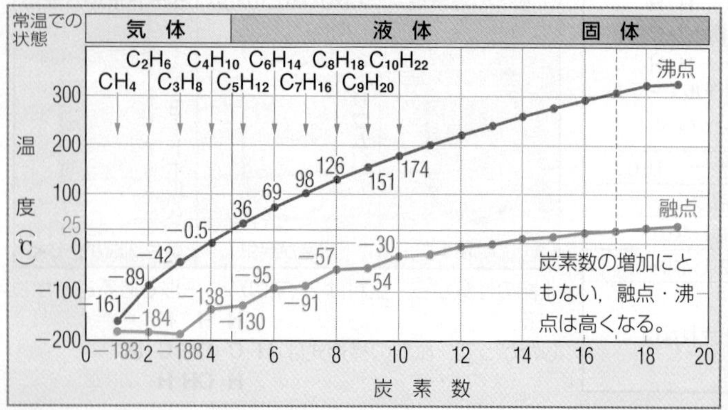

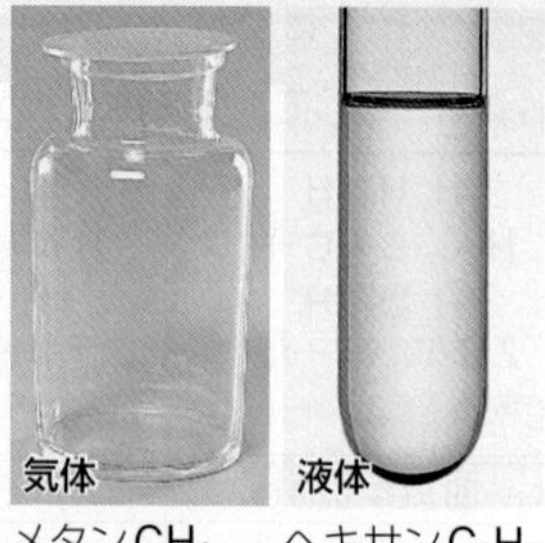

メタン CH_4　ヘキサン C_6H_{14}

パラフィン

固体

沸点が高く(300 ℃以上)，炭素数が大きいアルカンの混合物。

B 溶解性

有機溶媒*によく溶ける。

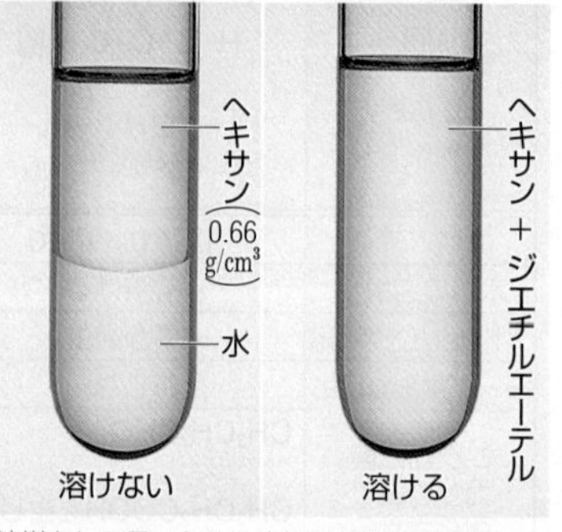

＊溶媒として用いられる液体の有機化合物。
例 ジエチルエーテル，ベンゼンなど

プチ雑学 パラフィンを染みこませて耐水性や耐油性をもたせた紙をワックスペーパーとよび，パンやお菓子の包装に用いられる。加熱するとパラフィンがとけるので，オーブンでの使用はできない。

3 アルカンの反応 アルカンは一般に安定であり，反応性は小さい。

A 製法 例 メタン

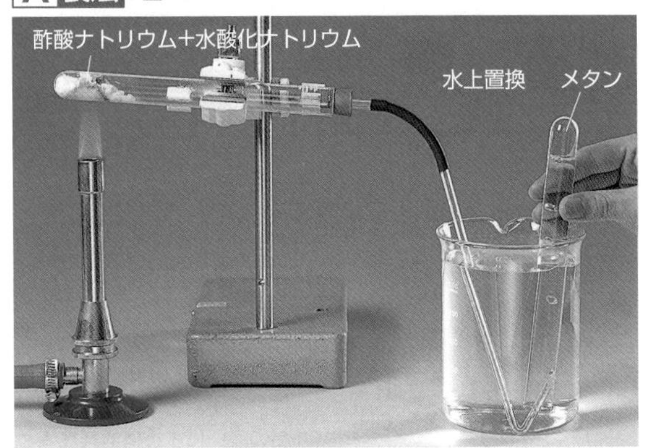

$CH_3COONa + NaOH \longrightarrow CH_4 + Na_2CO_3$
（CH_4：メタン）

B 燃焼 例 メタン

$CH_4 + 2O_2 \rightarrow CO_2 + 2H_2O$
$\Delta H = -891\,\mathrm{kJ}$

アルカンの利用

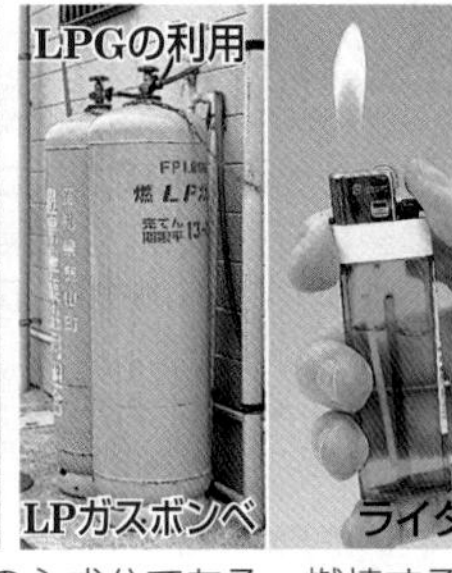

アルカンは石油や天然ガスの主成分である。燃焼すると多量の熱が発生するため，燃料として利用されている。
液化天然ガス（**LNG** liquefied natural gas）：主成分 メタン
液化石油ガス（**LPG** liquefied petroleum gas）：主成分 プロパン，ブタン

C 置換反応 アルカンは安定であり反応しにくいが，塩素や臭素の気体と混合して光を当てると，置換反応が起こる。

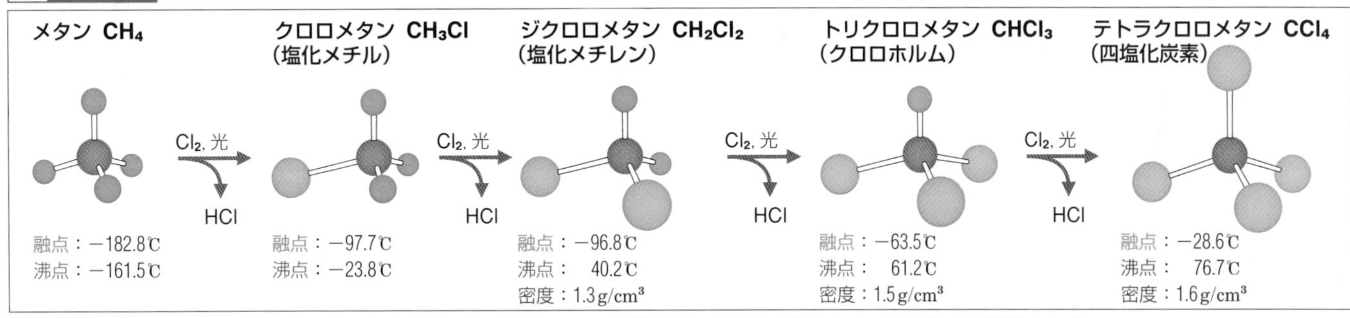

分子中の原子が他の原子や基に置き換わる反応を**置換反応**といい，置換反応による生成物をもとの化合物の**置換体**という。
また，ハロゲン化合物ができる反応を**ハロゲン化**（特に塩素化合物ができる反応を**塩素化**）という。

4 シクロアルカン 環状構造をもつ飽和炭化水素をシクロアルカンという。

C_nH_{2n} シクロアルカン（シクロパラフィン）($n \geqq 3$)

- 環状構造をもつ飽和炭化水素。
- アルカンとよく似た性質をもち，一般に安定な化合物である。

名称	シクロプロパン	シクロブタン	シクロペンタン	シクロヘキサン
構造式				
炭素数	3	4	5	6
分子式	C_3H_6	C_4H_8	C_5H_{10}	C_6H_{12}
融点／沸点	−127.5℃／−32.7℃	<−80℃／12℃	−93.5℃／49.3℃	6.5℃／80.7℃

シクロヘキサンは水に溶けにくく，水に浮く。
密度：0.78 g/cm³

シクロヘキサンの立体構造

➤P.270

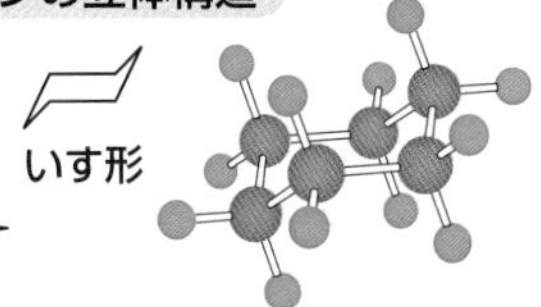

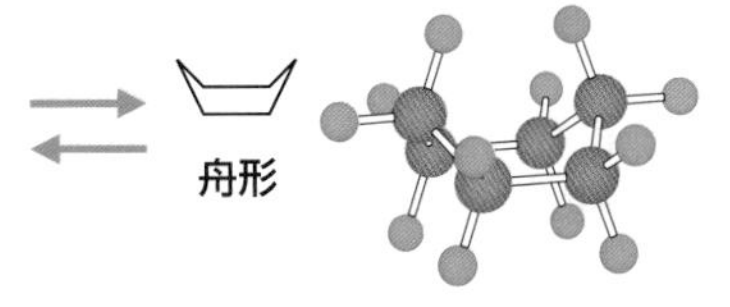

Column メタンハイドレート

メタンハイドレートは，水分子中にメタン分子がとり込まれたシャーベット状の物質で，低温・高圧の海底に存在する。燃やしたときに二酸化炭素を排出する量は石炭や石油の50～60％で，埋蔵量は天然ガスの数十倍ともいわれる。日本周辺にも大量に存在し，資源として注目されている。

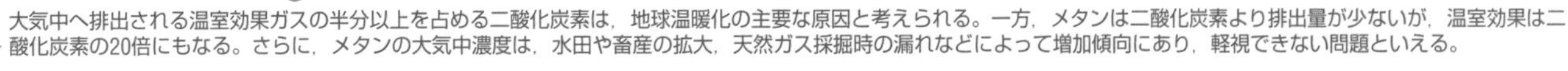

プチ雑学 大気中へ排出される温室効果ガスの半分以上を占める二酸化炭素は，地球温暖化の主要な原因と考えられる。一方，メタンは二酸化炭素より排出量が少ないが，温室効果は二酸化炭素の20倍にもなる。さらに，メタンの大気中濃度は，水田や畜産の拡大，天然ガス採掘時の漏れなどによって増加傾向にあり，軽視できない問題といえる。

アルケンとアルキン

1 アルケン 分子中の炭素原子間に，二重結合を1個もつ鎖状の不飽和炭化水素をアルケンという。

C_nH_{2n} アルケン（エチレン系炭化水素またはオレフィン）

- 分子中の炭素原子間に，**二重結合を1個もつ**鎖状の不飽和炭化水素。
- 反応性が大きく，**付加反応**を起こしやすい。

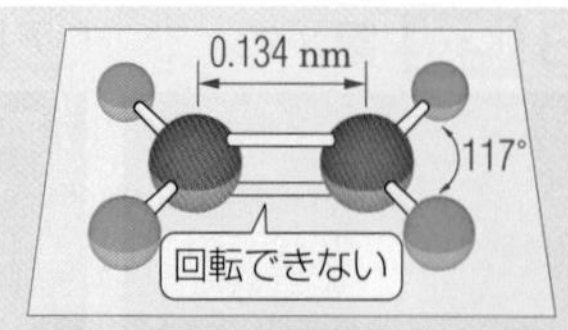

すべての原子は同一平面上にある。

エチレン（エテン） $H_2C=CH_2$
融点：−169.2℃　沸点：−103.7℃

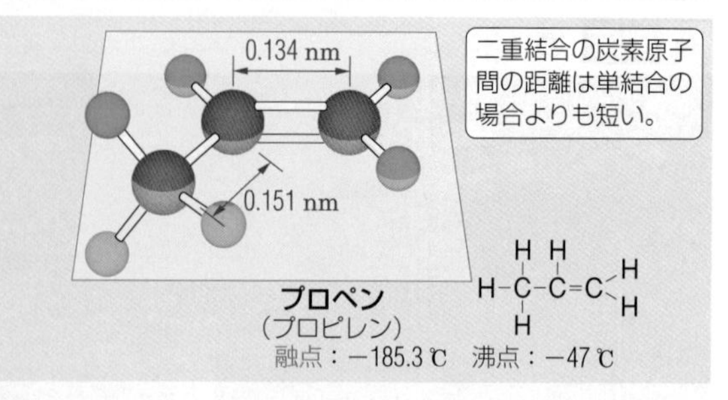

二重結合の炭素原子間の距離は単結合の場合よりも短い。

プロペン（プロピレン） $CH_3-CH=CH_2$
融点：−185.3℃　沸点：−47℃

A 異性体 ブテンC_4H_8には4種類の異性体が存在する。

➤P.201

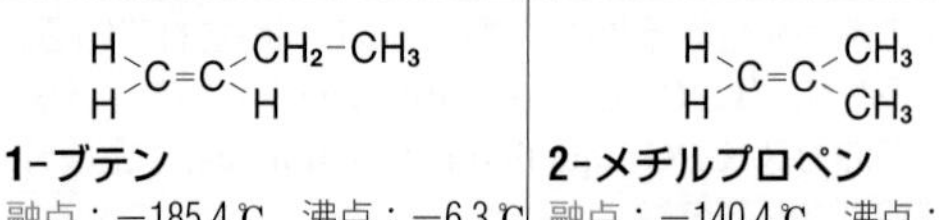

1-ブテン	2-メチルプロペン	シス-2-ブテン（シス-トランス異性体）	トランス-2-ブテン（シス-トランス異性体）
$CH_2=CH-CH_2-CH_3$	$CH_2=C(CH_3)_2$	$H_3C-CH=CH-CH_3$（シス）	$H_3C-CH=CH-CH_3$（トランス）
融点：−185.4℃　沸点：−6.3℃	融点：−140.4℃　沸点：−6.9℃	融点：−138.9℃　沸点：3.7℃	融点：−105.6℃　沸点：0.88℃

炭素数が4以上のアルケンには，二重結合の位置や炭素骨格の違いによる**構造異性体**と，二重結合による**シス-トランス異性体**が存在する。

B 製法 例 エチレン

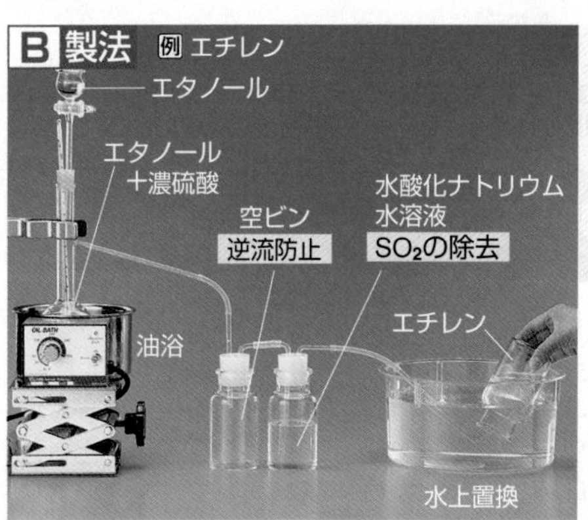

$$CH_3CH_2OH \xrightarrow{濃硫酸} CH_2=CH_2 + H_2O$$
エチレン

エタノールと濃硫酸の混合物を160〜170℃に加熱すると，エタノールが脱水されてエチレンが生成する。工業的にはナフサの熱分解で得られる（➤P.249）。

エチレンの作用

エチレンは自然界で植物ホルモンとして働いている。成熟した果実から発生するエチレンで，未熟な果実が短時間のうちに成熟するのは，その作用の1つである。

C シクロアルケン

C_nH_{2n-2}

- 分子中の炭素原子間に，**二重結合を1個もつ**環状の不飽和炭化水素。
- アルケンとよく似た性質。

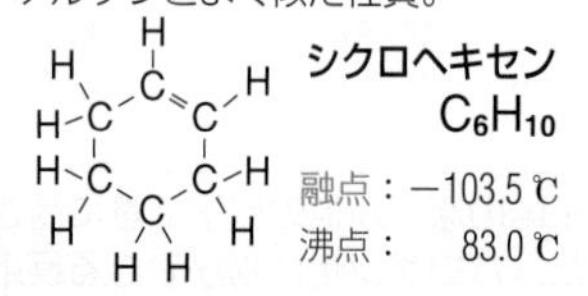

シクロヘキセン C_6H_{10}
融点：−103.5℃
沸点：　83.0℃

2 アルキン 分子中の炭素原子間に，三重結合を1個もつ鎖状の不飽和炭化水素をアルキンという。

C_nH_{2n-2} アルキン（アセチレン系炭化水素）

- 分子中の炭素原子間に，**三重結合を1個もつ**鎖状の不飽和炭化水素。
- 反応性が大きく，**付加反応**を起こしやすい。

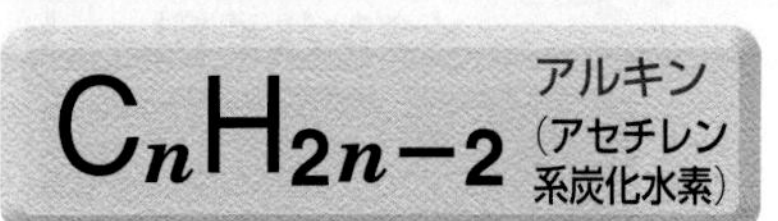

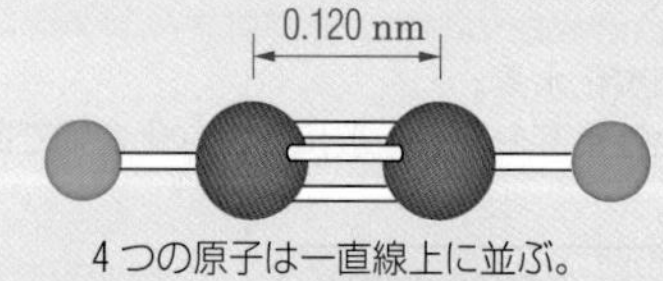

4つの原子は一直線上に並ぶ。

アセチレン　$H-C \equiv C-H$
融点：−81.8℃　沸点：−74℃

三重結合の炭素原子間の距離は二重結合の場合よりも短い。

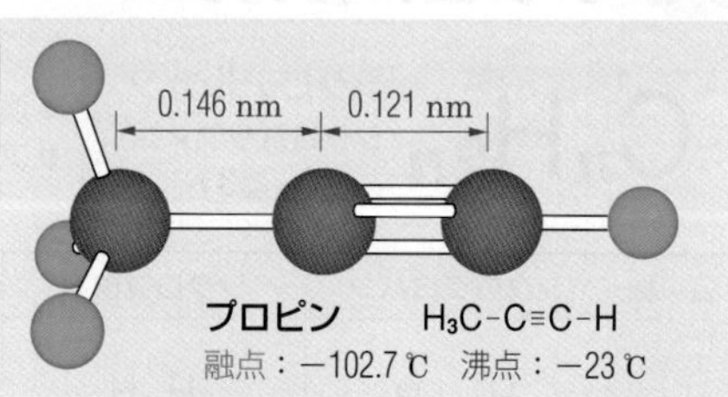

プロピン　$H_3C-C \equiv C-H$
融点：−102.7℃　沸点：−23℃

A 製法 例 アセチレン

$$CaC_2 + 2H_2O \longrightarrow C_2H_2 + Ca(OH)_2$$

➤P.270

B アセチレンの検出

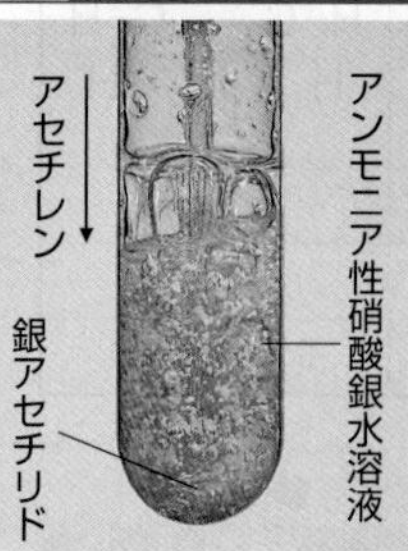

アセチレンの水素原子は金属原子に置換されやすい。置換されて生じた化合物を**アセチリド**といい，アセチレンの検出に用いられる。

$$H-C \equiv C-H + 2AgNO_3 + 2NH_3 \longrightarrow Ag_2C_2 + 2NH_4NO_3$$
銀アセチリド*

＊乾燥したものは不安定で，爆発しやすい。

C 燃焼

$$C_2H_2 + \frac{5}{2}O_2 \rightarrow 2CO_2 + H_2O \quad \Delta H = -1300\,kJ$$

アセチレンは燃焼すると多量の熱が発生するため，酸素と混ぜて完全燃焼させ，**酸素アセチレン炎**として金属の溶接や切断に用いられる。

アセチレンの原料となる炭化カルシウムは，生石灰とコークスを約2000℃の高温で加熱してつくられる。これには大量の電力が必要であり，コストがかかる。そのため，アセチレンを工業的に製造するときは，炭化カルシウムを用いず，メタンなどを熱分解する方法がとられる。

3 アルカン・アルケン・アルキンの反応

不飽和炭化水素の方が飽和炭化水素より反応性が大きい。

A 付加反応

不飽和結合(二重結合や三重結合)をもつ化合物は付加反応を起こしやすい。

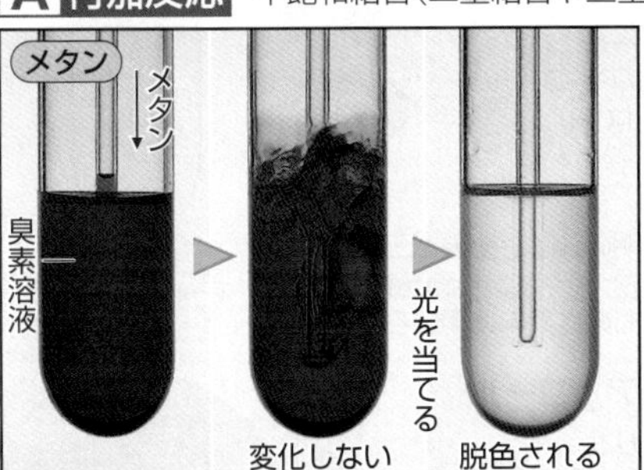

$$\mathrm{CH_4 + Br_2 \xrightarrow[\text{置換}]{\text{光}} CH_3Br + HBr}$$

不飽和結合がないので，付加反応は起こらないが，光が当たると置換反応が起こり，臭素溶液の色が脱色される。

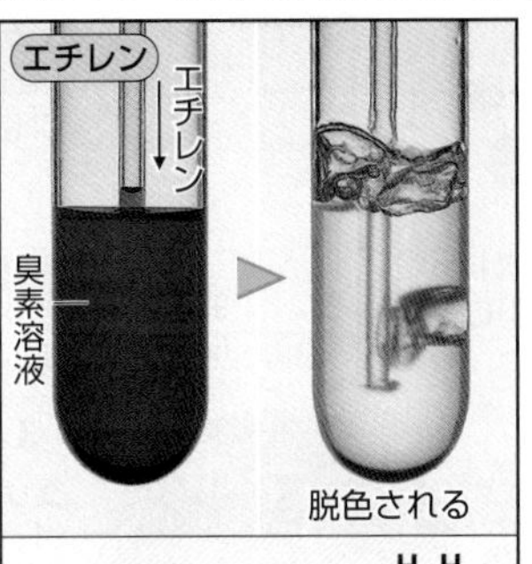

$$\mathrm{CH_2{=}CH_2 + Br_2 \xrightarrow{\text{付加}} CH_2Br{-}CH_2Br}$$

1,2-ジブロモエタン

二重結合の部分に臭素が**付加**する。

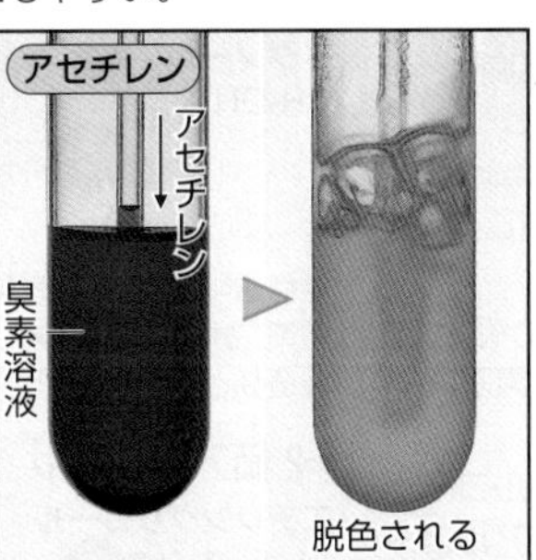

$$\mathrm{H{-}C{\equiv}C{-}H + 2Br_2 \xrightarrow{\text{付加}} CHBr_2{-}CHBr_2}$$

1,1,2,2-テトラブロモエタン

三重結合の部分に臭素が**付加**する。

参考 マルコフニコフ則

非対称なアルケンにHX型の分子が付加するとき，Hは，アルケンの二重結合の炭素原子のうち，結合している水素原子の数が多い炭素原子へ結合しやすい。

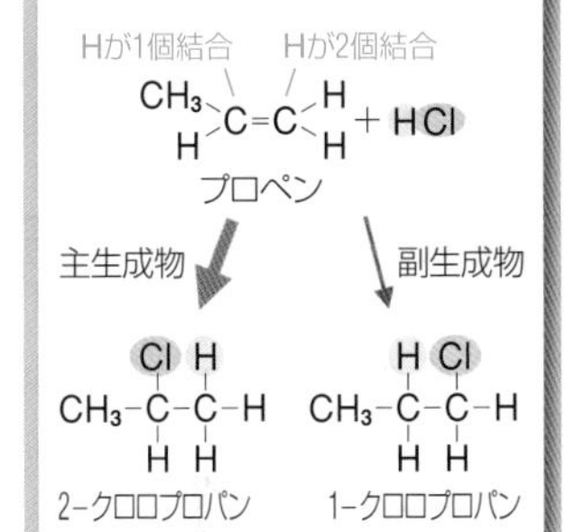

$$\mathrm{CH_3{-}CH{=}CH_2 + HCl}$$

主生成物：$\mathrm{CH_3{-}CHCl{-}CH_3}$（2-クロロプロパン）　副生成物：$\mathrm{CH_3{-}CH_2{-}CH_2Cl}$（1-クロロプロパン）

付加重合 多数の分子間で付加反応が連続して起こり，分子量の大きい分子を生じる反応を**付加重合**という。
(▶P.236)

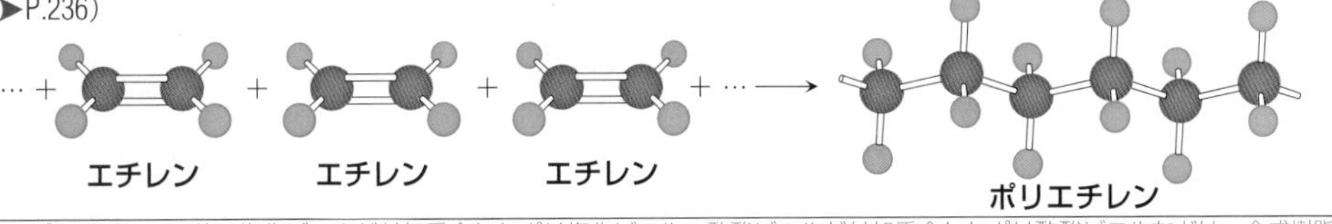

アセチレンの付加反応
アセチレンに塩化水素を付加させると**塩化ビニル**が生じ，酢酸を付加させると**酢酸ビニル**が生じる。
また，アセチレンに水を付加させると，不安定な**ビニルアルコール**(▶P.270)をへて，**アセトアルデヒド**(▶P.210)を生じる。

※ポリエチレンの他，塩化ビニルが付加重合したポリ塩化ビニル，酢酸ビニルが付加重合したポリ酢酸ビニルなどは，合成樹脂(プラスチック)として利用されている。(▶P.240)

B 酸化

不飽和結合をもつ化合物は酸化されやすい。

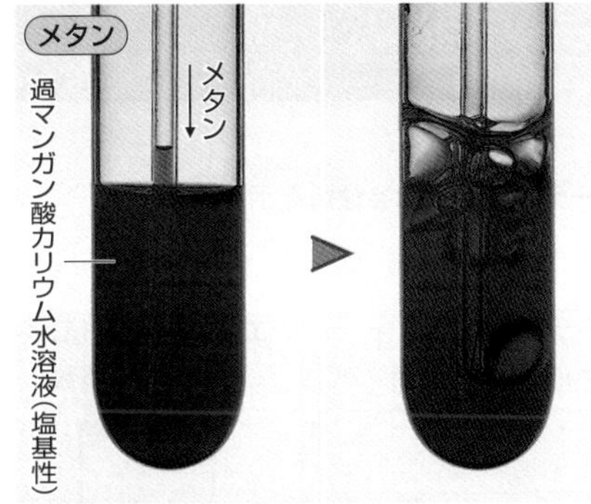

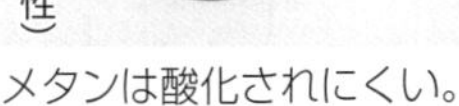

メタンは酸化されにくい。

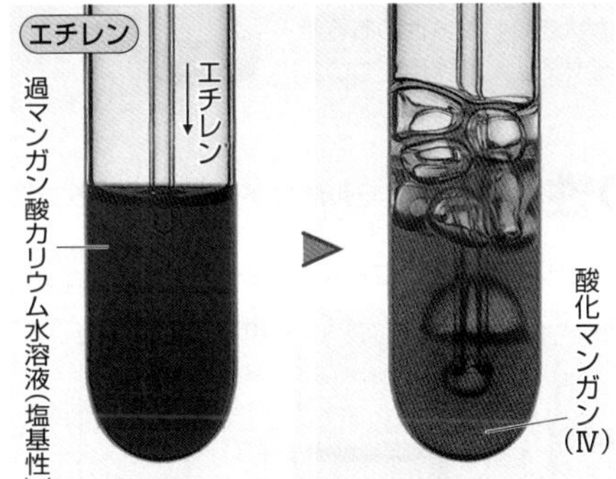
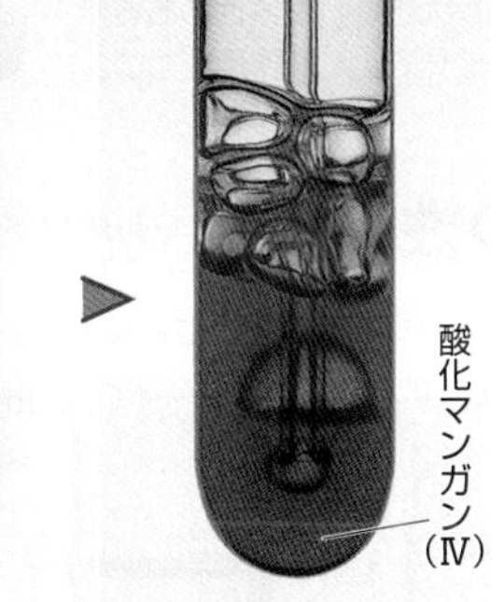

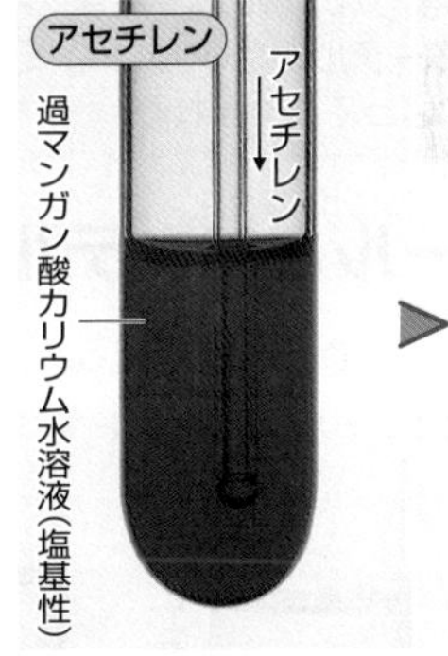
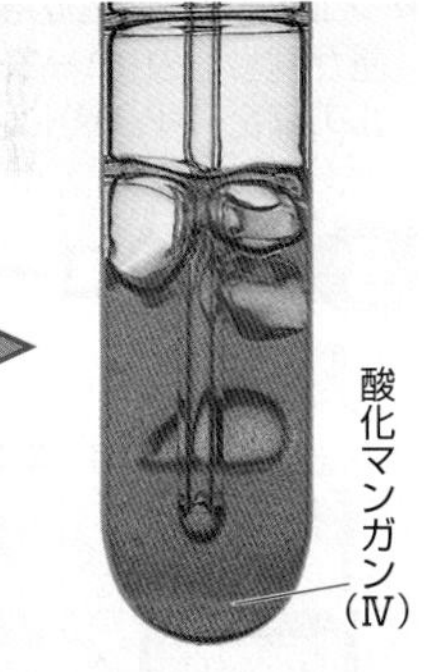

エチレンとアセチレンは酸化される。過マンガン酸カリウムは還元されて，酸化マンガン(Ⅳ)の沈殿を生じる。

参考 アルケンの酸化

アルケンの二重結合を過マンガン酸カリウムやオゾンによって開裂させ，分解すると，カルボニル基をもつ化合物ができる。この化合物の構造がわかると，もとのアルケンの構造を推定できる。

過マンガン酸カリウムによる酸化

[酸性溶液中]

$$\mathrm{R^1HC{=}CR^2R^3 \xrightarrow[\text{酸化}]{KMnO_4} R^1HC{=}O + O{=}CR^2R^3 \xrightarrow[\text{酸化}]{KMnO_4} R^1(HO)C{=}O + O{=}CR^2R^3}$$

アルケン　アルデヒド　ケトン　カルボン酸　ケトン

$\mathrm{R^1}$=Hのとき

$$\mathrm{H_2C{=}CR^2R^3 \xrightarrow[\text{酸化}]{KMnO_4} H(HO)C{=}O + O{=}CR^2R^3 \xrightarrow[\text{酸化}]{KMnO_4} CO_2 + H_2O + O{=}CR^2R^3}$$

アルケン　カルボン酸(ギ酸)　ケトン　ケトン

オゾン分解

$$\mathrm{R^1HC{=}CR^2R^3 \xrightarrow[\text{酸化}]{O_3} \text{オゾニド(不安定)} \xrightarrow[\text{分解}]{\text{還元剤}} R^1HC{=}O + O{=}CR^2R^3}$$

アルケン　オゾニド　アルデヒド　ケトン

- 過マンガン酸カリウムで酸化させると，アルデヒドはカルボン酸まで酸化される。$\mathrm{R^1}$=Hのときは，CO_2とH_2Oが生成する。
- オゾン分解は，アルケンをオゾンで酸化させてできたオゾニドを還元剤で分解するので，アルデヒドは酸化されない。

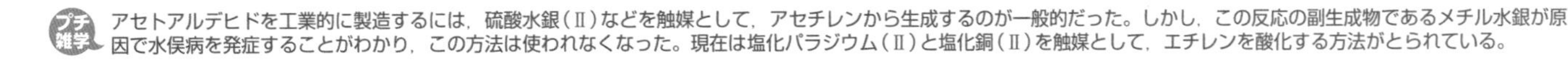

プチ雑学　アセトアルデヒドを工業的に製造するには，硫酸水銀(Ⅱ)などを触媒として，アセチレンから生成するのが一般的だった。しかし，この反応の副生成物であるメチル水銀が原因で水俣病を発症することがわかり，この方法は使われなくなった。現在は塩化パラジウム(Ⅱ)と塩化銅(Ⅱ)を触媒として，エチレンを酸化する方法がとられている。

アルコールとエーテル

1 アルコール アルコールの性質は，ヒドロキシ基 -OH に基づくものである。

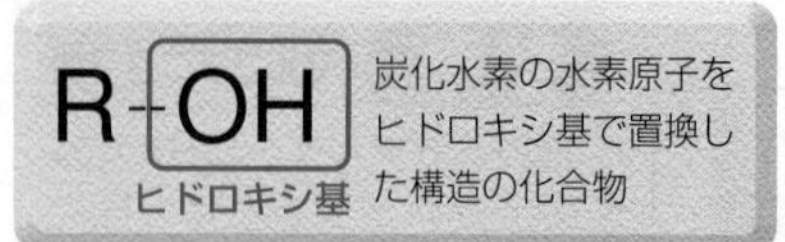

- 分子中のヒドロキシ基の数(価数)によって，1価，2価，3価と分類される。
- 1価アルコールは，ヒドロキシ基が結合している炭素原子と結合する炭化水素基Rの数によりさらに分類される。
- 炭素数が多いアルコールを高級アルコール，炭素数が少ないアルコールを低級アルコールという。

第一級アルコール	第二級アルコール	第三級アルコール
R*-C(H)(H)-OH	R-C(H)(R′)-OH	R-C(R″)(R′)-OH

*のRはHも可

1価アルコール

メタノール CH_3OH

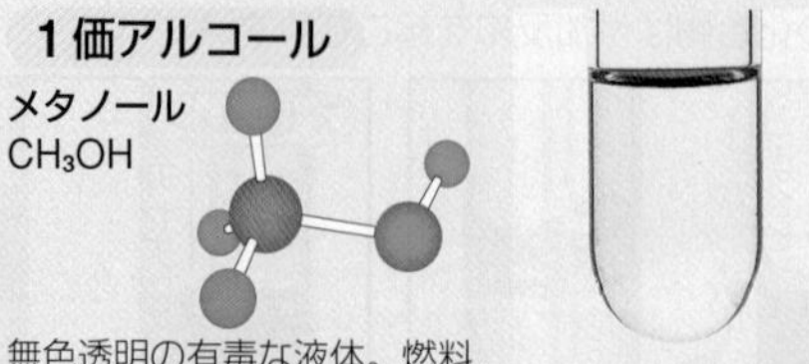

無色透明の有毒な液体。燃料，溶剤，ホルマリン(▶P.210)の製造などに用いられる。

融点：−97.8 ℃
沸点：64.7 ℃

エタノール（エチルアルコール） CH_3CH_2OH

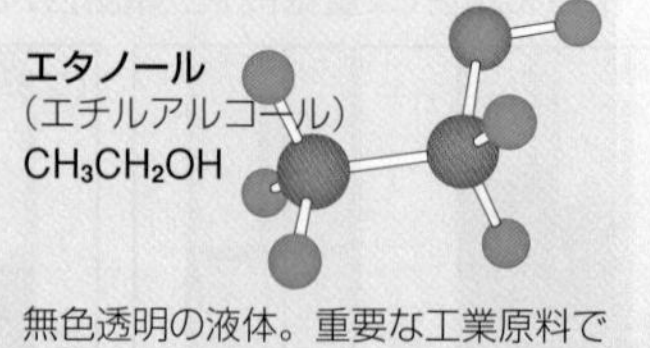

無色透明の液体。重要な工業原料であるほか，アルコール発酵により生成したものは飲料に用いられる。

融点：−114.5 ℃
沸点：78.3 ℃

2価アルコール

エチレングリコール（1, 2 - エタンジオール）
CH_2-CH_2（OH OH）

無色で粘り気のある液体。不凍液などに用いられる。

融点：−12.6 ℃
沸点：197.9 ℃

3価アルコール

グリセリン（1, 2, 3 - プロパントリオール）
$CH_2-CH-CH_2$（OH OH OH）

無色で粘り気のある液体。医薬品，化粧品などに用いられる。

融点：17.8 ℃
沸点：154 ℃*

*0.007気圧における値。

2 エーテル 化学的に安定であるため，溶媒として用いられる。

- 同じ炭素数の1価アルコールと構造異性体の関係にある。
- ジエチルエーテルのような2個の炭化水素基が同じもの(単一エーテル)は，アルコールの縮合(▶P.209)によってつくられる。

ジエチルエーテル $CH_3CH_2OCH_2CH_3$

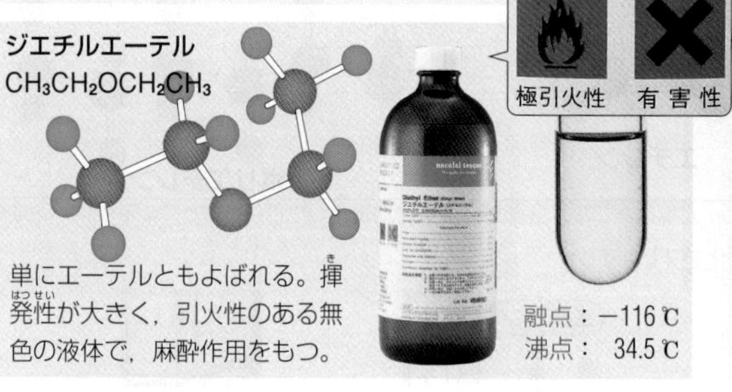

単にエーテルともよばれる。揮発性が大きく，引火性のある無色の液体で，麻酔作用をもつ。

融点：−116 ℃
沸点：34.5 ℃

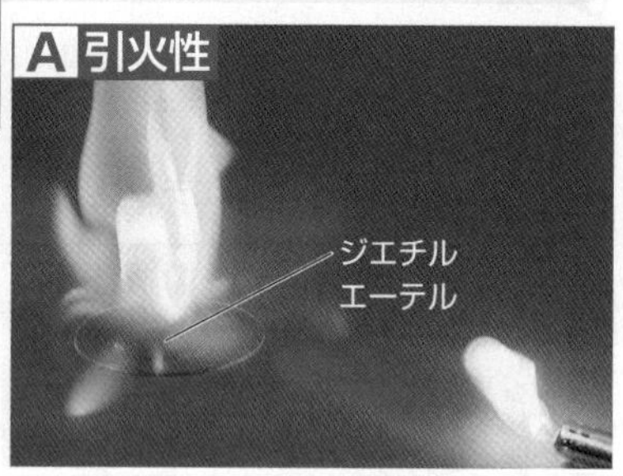

3 アルコールとエーテルの性質 アルコールはヒドロキシ基をもつため，エーテルとは異なる性質を示す。

A 水溶性 アルコールは炭素数が多くなるほど疎水性が増し，水に溶けにくくなる。

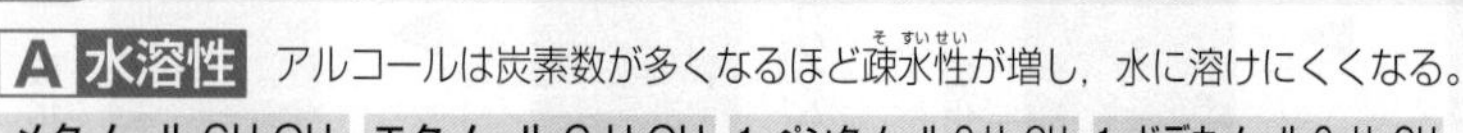

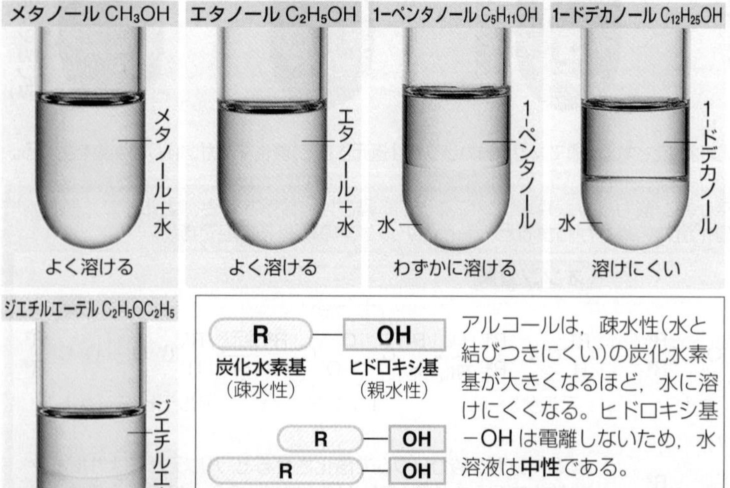

アルコールは，疎水性(水と結びつきにくい)の炭化水素基が大きくなるほど，水に溶けにくくなる。ヒドロキシ基 −OH は電離しないため，水溶液は**中性**である。

エーテルは，両側に疎水性の炭化水素基があるので，水に溶けにくい。

B 融点・沸点

※グラフは鎖式の1価アルコール，代表的な単一エーテルについてまとめたもの。

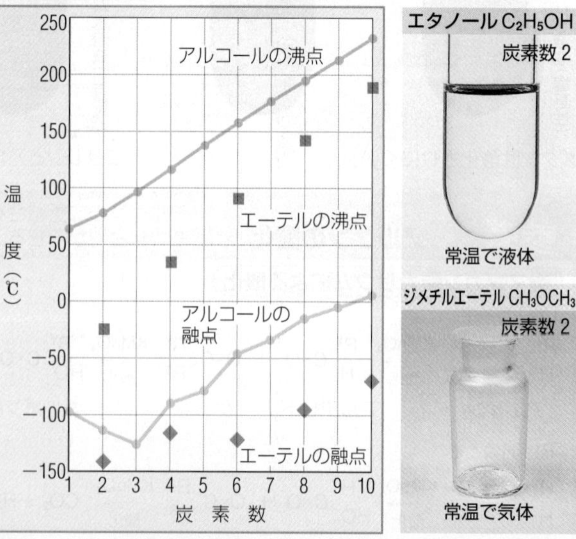

アルコールは分子間に水素結合(▶P.49)ができるため，同じ炭素数のエーテル(構造異性体の関係にある)に比べ，融点・沸点が高い。

飲料用エタノール(酒類)には酒税がかけられているが，工業用エタノールにはかからないので，価格が安い。ただし，工業用エタノールには，飲料用に使用されないようにするために，有毒なメタノールなどが混ぜてある。

Keywords ●アルコール alcohol ●メタノール methanol ●エタノール ethanol ●エーテル ether ●ジエチルエーテル diethyl ether ●脱離反応 elimination (reaction) ●縮合 condensation

4 アルコール・エーテルの反応

エーテルはアルコールよりも安定な物質である。

A ナトリウムとの反応

アルコールのヒドロキシ基 -OH の水素原子 H は，ナトリウムにより置換されやすい。

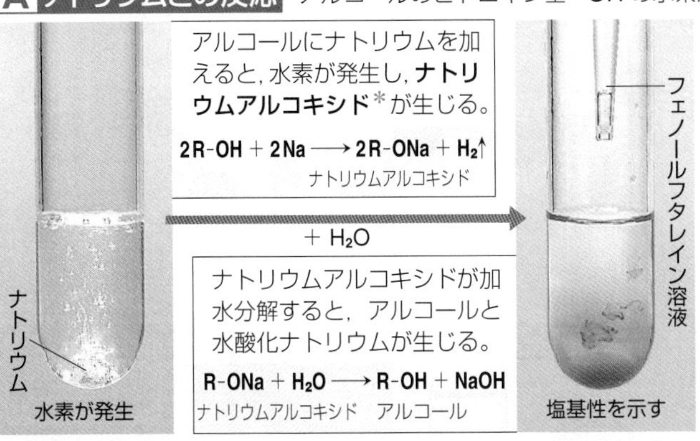

アルコールにナトリウムを加えると，水素が発生し，**ナトリウムアルコキシド***が生じる。

$2R\text{-}OH + 2Na \longrightarrow 2R\text{-}ONa + H_2\uparrow$（ナトリウムアルコキシド）

$+ H_2O$

ナトリウムアルコキシドが加水分解すると，アルコールと水酸化ナトリウムが生じる。

$R\text{-}ONa + H_2O \longrightarrow R\text{-}OH + NaOH$（ナトリウムアルコキシド → アルコール）

＊アルコールのヒドロキシ基の水素を金属で置換した化合物を**アルコキシド**という。

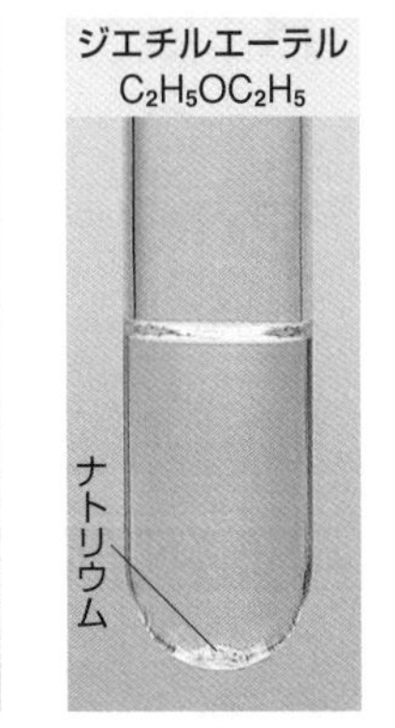

炭素数の少ないアルコールは反応が激しい。　反応しない。

B 酸化反応

第一級アルコール，第二級アルコールは酸化されやすいが，第三級アルコールは酸化されにくい。

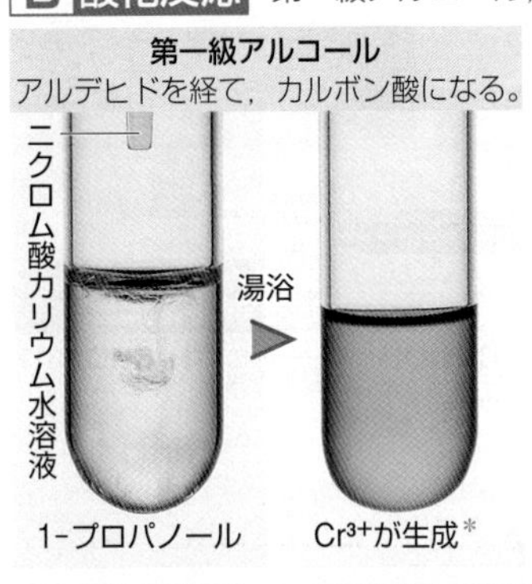

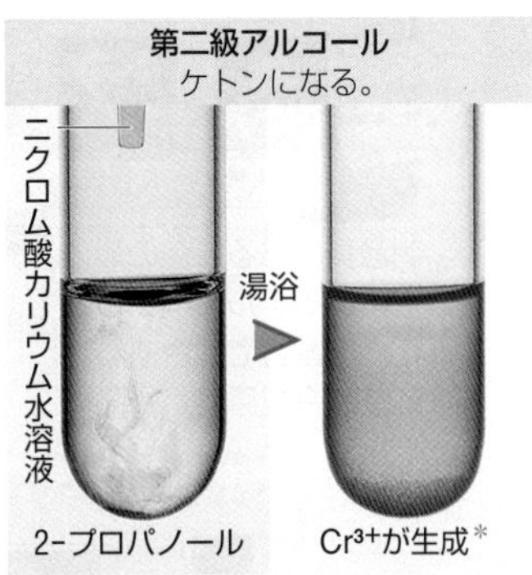

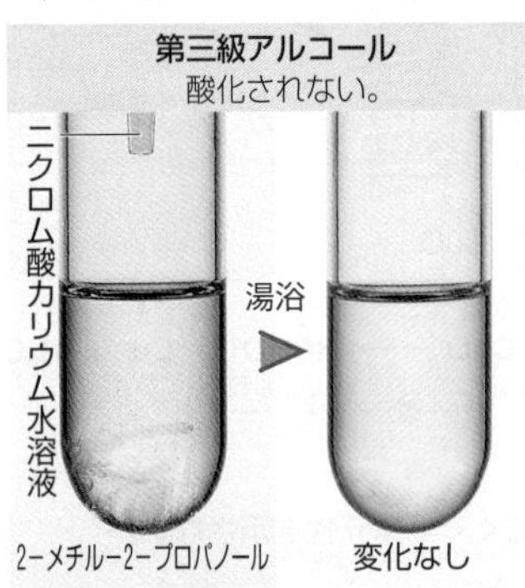

ジエチルエーテル　酸化されない。
ニクロム酸カリウム水溶液　湯浴　変化なし

$CH_3CH_2CH_2OH \longrightarrow CH_3CH_2CHO \longrightarrow CH_3CH_2COOH$
（1-プロパノール → プロピオンアルデヒド → プロピオン酸）

$CH_3CH(OH)CH_3 \longrightarrow CH_3COCH_3$
（2-プロパノール → アセトン）

$(CH_3)_3C\text{-}OH$　2-メチル-2-プロパノール

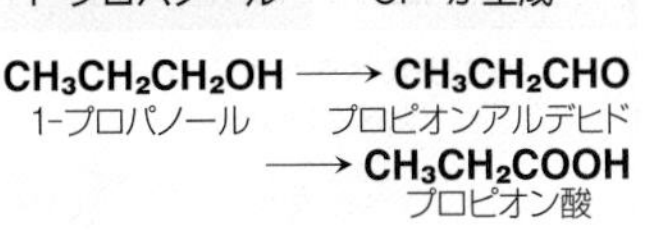

＊$Cr_2O_7^{2-}$(橙赤色)が還元されてCr^{3+}(緑色)が生成したことから，1-プロパノール，2-プロパノールが酸化されたことがわかる。▶P.178

C 縮合・脱離反応

アルコールを濃硫酸と加熱すると，エーテルやアルケンを生じる。

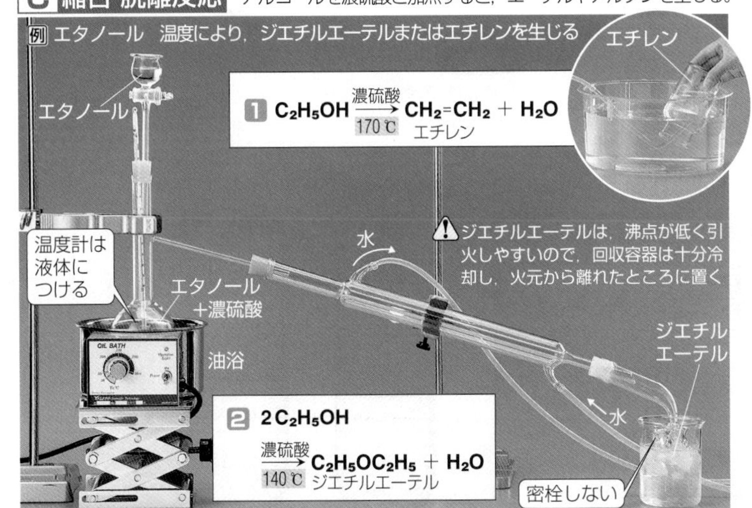

1 $C_2H_5OH \xrightarrow[170℃]{濃硫酸} CH_2{=}CH_2 + H_2O$（エチレン）

2 $2C_2H_5OH \xrightarrow[140℃]{濃硫酸} C_2H_5OC_2H_5 + H_2O$（ジエチルエーテル）

1 分子内で**脱水反応**が起こる。このように，1つの分子から水などの簡単な分子がとれる反応を**脱離反応**という。有機化合物ではこのとき二重結合を生じる。

2 2分子間で**脱水反応**が起こる。このように，2つの分子から水などの簡単な分子がとれて，新しい結合をつくる反応を**縮合**という。

アルコール発酵

日本酒のしこみ

酵母の働きによりグルコースが分解されて，エタノールと二酸化炭素が生成する反応を**アルコール発酵**という。

$C_6H_{12}O_6 \longrightarrow 2C_2H_5OH + 2CO_2$（グルコース → エタノール）

酒類の生産やバイオエタノール（▶P.266）の製造にも利用されている。二日酔いの原因と考えられる**アセトアルデヒド**（▶P.210）は，エタノールが分解されるときの中間生成物である。

参考 ザイツェフ則

第二級および第三級アルコールが分子内脱水するとき，-OH が結合している炭素原子に隣り合った炭素原子のうち，結合している水素原子の数が少ない方から水素原子が脱離しやすい。

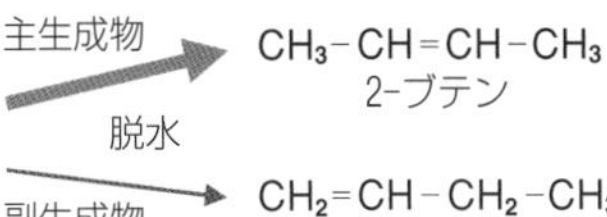

$CH_3\text{-}CH(OH)\text{-}CH_2\text{-}CH_3$（2-ブタノール；Hが3個結合，Hが2個結合）
脱水 → 主生成物 $CH_3\text{-}CH{=}CH\text{-}CH_3$（2-ブテン）
副生成物 $CH_2{=}CH\text{-}CH_2\text{-}CH_3$（1-ブテン）

プチ雑学　4Bの反応で呼気中のアルコール濃度を測定することができる。橙赤色のニクロム酸カリウムが入った管に息を吹きこみ，管の中の色の変化を見る。飲酒後であれば，呼気に含まれるアルコールによってニクロム酸カリウムが還元されて緑色になり，その割合が大きいほど呼気中のアルコール濃度が大きいということになる。

アルデヒドとケトン

1 アルデヒド

アルデヒドは酸化されやすく，還元性を示す。

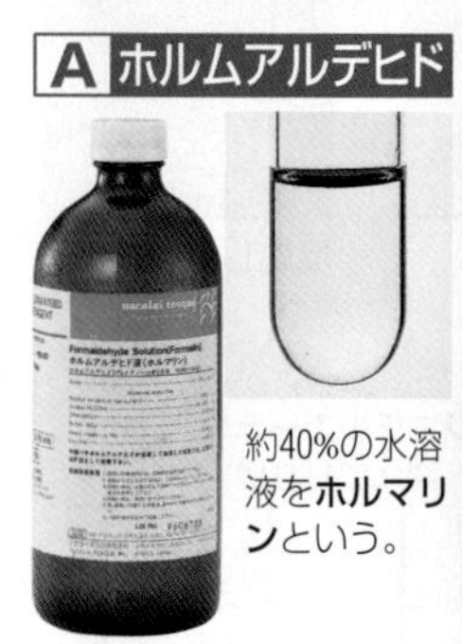

ホルミル基(アルデヒド基)
カルボニル基に水素原子が1個結合した構造(ホルミル基)をもつ化合物

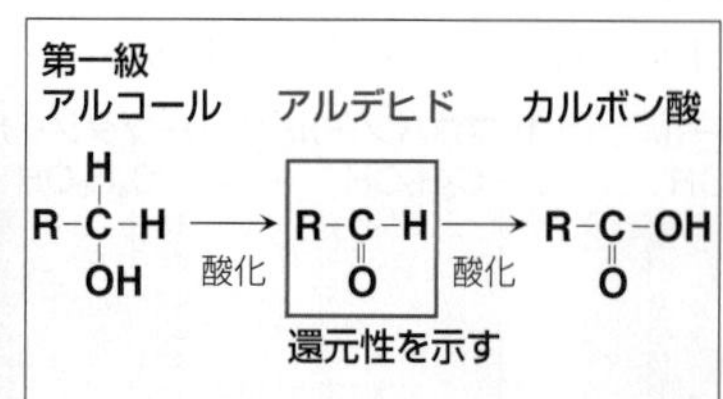

アルデヒドは第一級アルコールの酸化により得られる。アルデヒドを酸化するとカルボン酸が生成する。

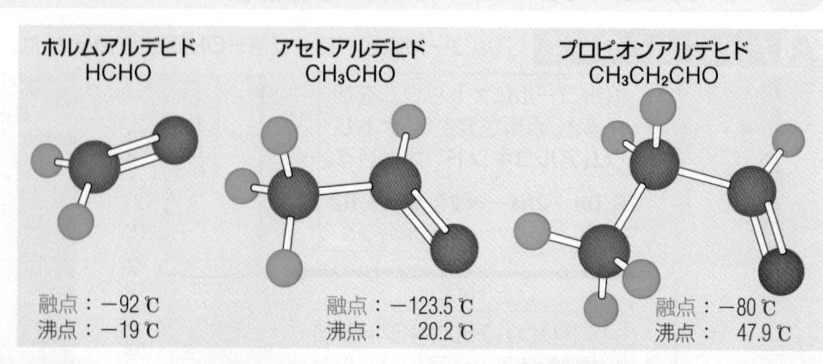

A ホルムアルデヒド

約40%の水溶液をホルマリンという。

刺激臭のある無色の気体。水によく溶ける。ホルマリンは防腐剤，合成樹脂の原料などに用いられる。

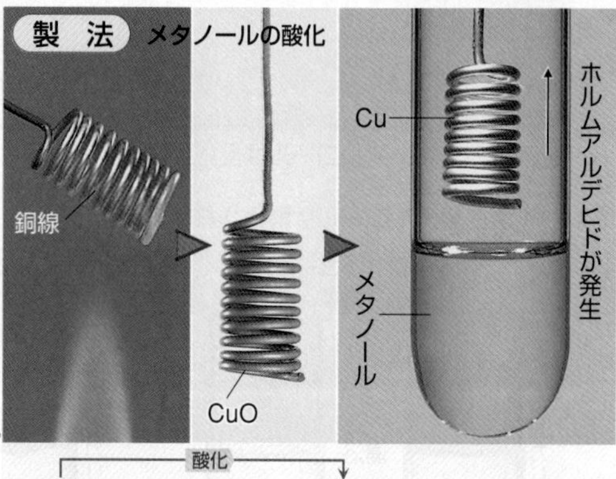

$$CH_3OH + CuO \longrightarrow HCHO + Cu + H_2O$$

メタノール　　ホルムアルデヒド

B アセトアルデヒド

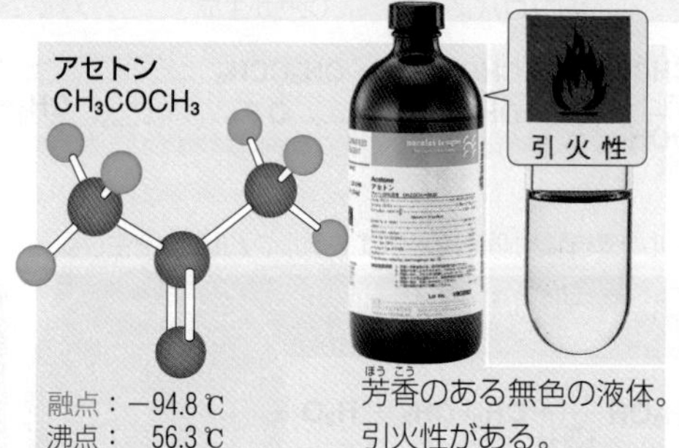

刺激臭のある無色の液体。水，ジエチルエーテルと任意の割合で混合する。酢酸の合成原料。

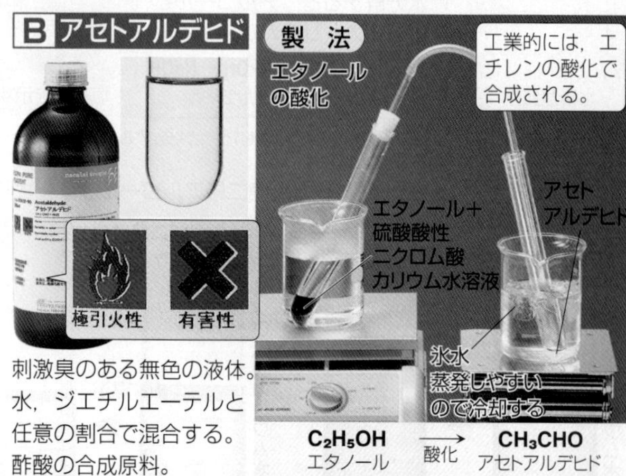

$$C_2H_5OH \xrightarrow{\text{酸化}} CH_3CHO$$

エタノール　　アセトアルデヒド

2 ケトン

ケトンは酸化されにくく，還元性を示さない。

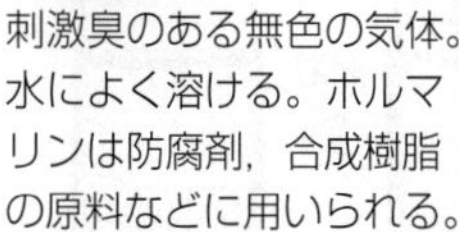

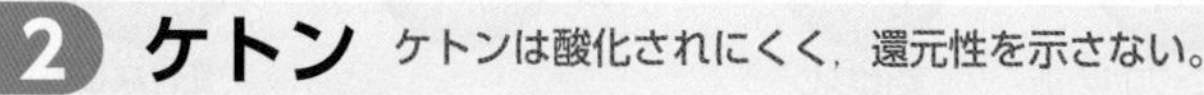

カルボニル基
カルボニル基に2個の炭化水素基が結合した構造をもつ化合物

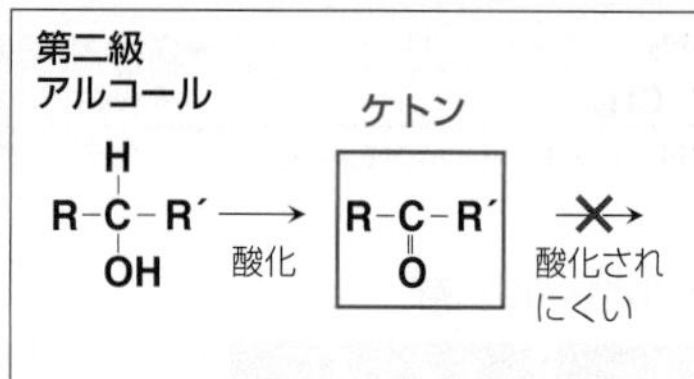

ケトンは第二級アルコールの酸化により得られる。ケトンは酸化されにくく，**還元性を示さない。**

アセトン
CH_3COCH_3

融点：−94.8 ℃
沸点：56.3 ℃

芳香のある無色の液体。引火性がある。

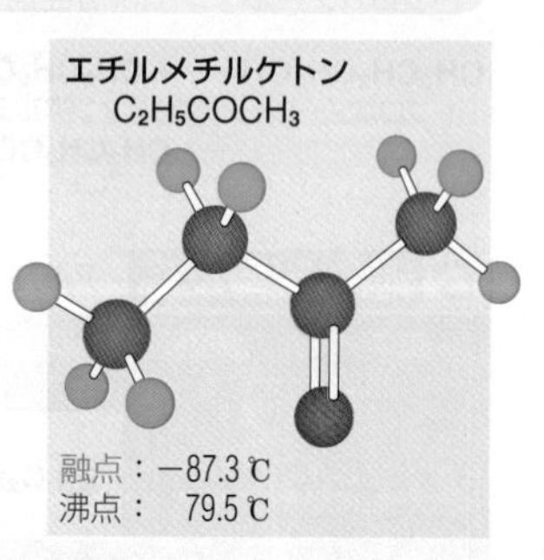

A アセトン

水にも他の有機溶媒にもよく溶けるので，溶剤として利用される。

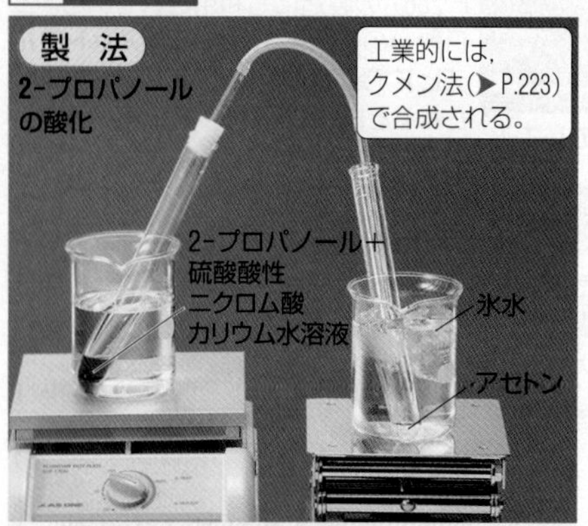

$$CH_3\text{-}CH(OH)\text{-}CH_3 \xrightarrow{\text{酸化}} CH_3\text{-}CO\text{-}CH_3$$

2-プロパノール　　アセトン

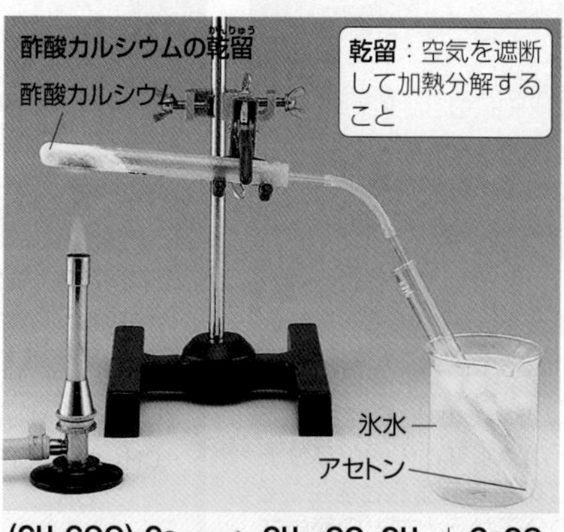

$$(CH_3COO)_2Ca \xrightarrow{\text{分解}} CH_3\text{-}CO\text{-}CH_3 + CaCO_3$$

酢酸カルシウム　　アセトン

溶解性

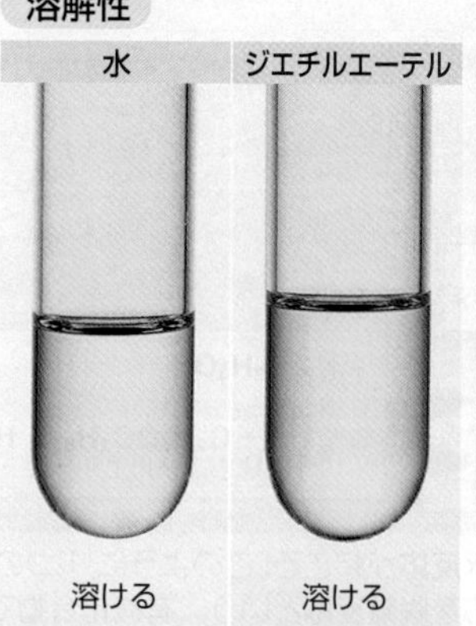

マニキュア落としにも使われる。

一般に，ケトンは水に溶けにくいものが多いが，アセトンはよく溶ける。エーテルにもよく溶ける。

プチ雑学 アルデヒド aldehyde は，alcohol dehydrogenated(脱水素されたアルコール)から名づけられた。

Keywords ●アルデヒド aldehyde ●アセトアルデヒド acetaldehyde ●ケトン ketone ●アセトン acetone ●銀鏡反応 silver mirror test ●ヨードホルム反応 iodoform reaction

3 アルデヒドとケトンの検出反応

アルデヒドは酸化されて銀鏡反応を示し，また，フェーリング液を還元する。

A 銀鏡反応

アルデヒドはアンモニア性硝酸銀水溶液を還元し，銀鏡を形成する。

硝酸銀水溶液＋少量のアンモニア水 ▶ 硝酸銀水溶液＋過剰のアンモニア水

Ag_2O　沈殿が消える　アンモニア性硝酸銀水溶液

ホルマリン　アンモニア性硝酸銀水溶液 ▶ あたためる　40〜50℃の湯 ▶

例 ホルムアルデヒド　銀鏡　試験管壁に銀が析出

例 アセトン　反応しない

褐色沈殿はイオンとなって水に溶ける。

$$Ag^+ \longrightarrow Ag_2O \longrightarrow [Ag(NH_3)_2]^+$$

酸化銀(Ⅰ)　ジアンミン銀(Ⅰ)イオン

$$HCHO + 2[Ag(NH_3)_2]^+ + 2OH^- \longrightarrow HCOOH^* + 2Ag\downarrow + 4NH_3 + H_2O$$

ホルムアルデヒド（酸化→ギ酸）　ジアンミン銀(Ⅰ)イオン（還元→Ag）

＊厳密にはギ酸アンモニウム

ケトンは酸化されにくく(還元作用がない)，銀鏡反応を示さない。

B フェーリング液の還元

アルデヒドはフェーリング液を還元し，酸化銅(Ⅰ)を沈殿させる。

フェーリング液B　フェーリング液A ▶ フェーリング液

ホルマリン　フェーリング液 ▶ 加熱する ▶ 静置

例 ホルムアルデヒド　酸化銅(Ⅰ)が沈殿

例 アセトン　反応しない

フェーリング液AとBを使用する直前に等量ずつ混合する。

A液：硫酸銅(Ⅱ)水溶液

B液：酒石酸ナトリウムカリウムと水酸化ナトリウムの混合水溶液

$$HCHO + 2Cu^{2+} + 4OH^- \longrightarrow HCOOH^* + Cu_2O\downarrow + 2H_2O$$

ホルムアルデヒド（酸化→ギ酸）　（還元→酸化銅(Ⅰ)）

＊厳密にはギ酸ナトリウム

ケトンはフェーリング液を還元しない。

C ヨードホルム反応

アセトアルデヒドやアセトンのように，CH_3CO-Rの構造をもつ化合物は，ヨードホルム反応を示す。

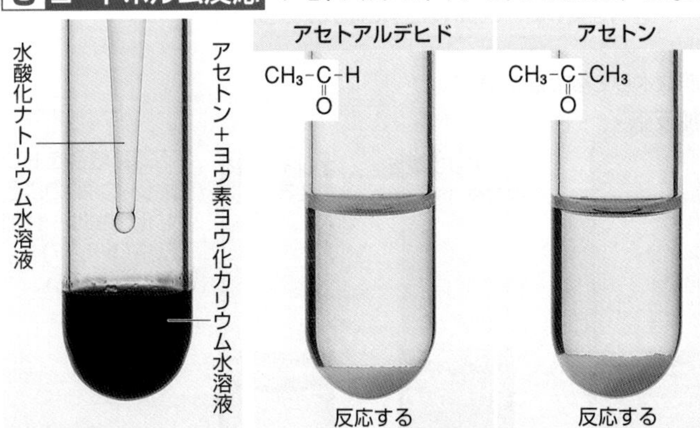

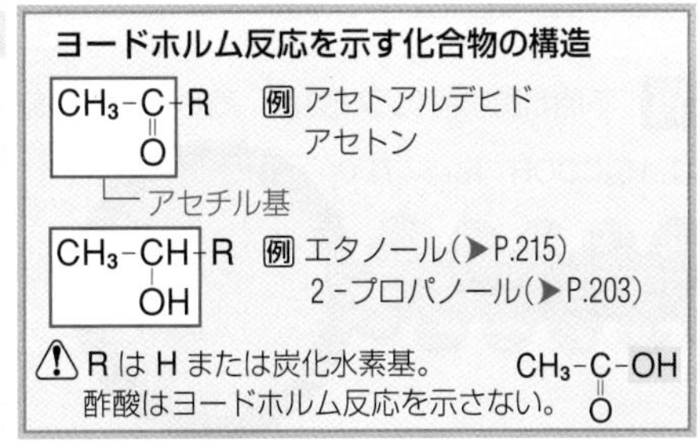

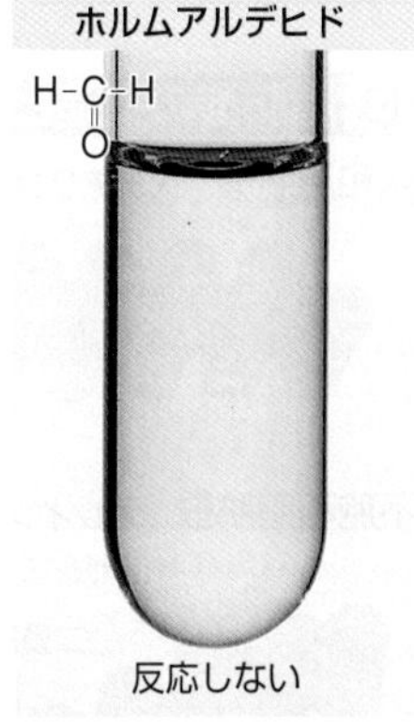

試料(写真はアセトン)と濃いヨウ素ヨウ化カリウム水溶液を混ぜた液体に，水酸化ナトリウム水溶液を1滴ずつ振り混ぜながら加える。

水酸化ナトリウム水溶液の滴下が進むにつれて，液体の色はしだいに薄くなり，特有の臭気をもつ**ヨードホルム**(CHI_3)の黄色沈殿が生成する。

CH_3CO-Rの構造をもつ化合物はヨードホルム反応を示す。$CH_3CH(OH)-R$の構造をもつ化合物もI_2により酸化されて$CH_3CH(OH)-$がCH_3CO-になるので，ヨードホルム反応を示す。

$$CH_3CO-R + 4NaOH + 3I_2 \longrightarrow CHI_3 + R-COONa + 3NaI + 3H_2O$$

（CHI_3：ヨードホルム）

例 $CH_3COCH_3 + 4NaOH + 3I_2 \longrightarrow CHI_3 + CH_3COONa + 3NaI + 3H_2O$

$CH_3CH_2OH + 6NaOH + 4I_2 \longrightarrow CHI_3 + HCOONa + 5NaI + 5H_2O$

プチ雑学　新築の建物の中で，めまいや吐き気といった体の不調があらわれることがある。これはシックハウス症候群とよばれ，壁紙や接着剤に含まれるホルムアルデヒドなどの揮発性有機化合物による空気の汚染が原因とされている。対策として，十分な換気をすることが有効である。

1 カルボン酸

カルボキシ基 -COOHをもつ化合物をカルボン酸という。

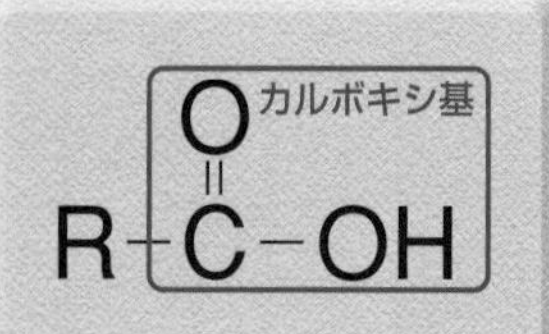

- 水溶液中で一部が電離して，**弱い酸性**を示す。

$$R\text{-}C(=O)\text{-}OH \rightleftarrows R\text{-}C(=O)\text{-}O^- + H^+$$

酸性

- 分子間で水素結合をするので，分子量の近いアルコールやエステルよりも融点，沸点は高い。

R-C(=O)-OH ······ HO-C(=O)-R（二量体）

······ 水素結合（▶P.49）

モノカルボン酸	カルボキシ基を1個もつカルボン酸
ジカルボン酸	カルボキシ基を2個もつカルボン酸
脂肪酸	鎖状のモノカルボン酸
飽和脂肪酸	炭化水素基が単結合のみからなる脂肪酸
不飽和脂肪酸	炭化水素基に不飽和結合を含む脂肪酸
ヒドロキシ酸	ヒドロキシ基（水酸基）-OHを含むカルボン酸
アミノ酸	アミノ基-NH_2を含むカルボン酸（▶P.254）

	モノカルボン酸			ジカルボン酸		
	名称	示性式	融点(℃)	名称	示性式	融点(℃)
飽和カルボン酸	ギ酸	H-COOH	8	シュウ酸	COOH-COOH	187（分解）
	酢酸	CH_3-COOH	17			
	パルミチン酸	$C_{15}H_{31}$-COOH	63	アジピン酸	CH_2-CH_2-COOH / CH_2-CH_2-COOH	153
	ステアリン酸	$C_{17}H_{35}$-COOH	71			
不飽和カルボン酸	アクリル酸	CH_2=CH-COOH	14	マレイン酸	HC-COOH ‖ HC-COOH	133
	メタクリル酸	CH_2=C(CH_3)-COOH	16			
	オレイン酸	$C_{17}H_{33}$-COOH	13	フマル酸	HC-COOH ‖ HOOC-CH	300（封管中）
	リノール酸	$C_{17}H_{31}$-COOH	−5			
	リノレン酸	$C_{17}H_{29}$-COOH	−11			

シス-トランス異性体（マレイン酸・フマル酸）

アリの体内に含まれる。

カタバミなどの植物に含まれる。

酢酸　凝固した酢酸

酢酸は，食酢（しょくす）に含まれる（▶P.77）。純度の高いものは気温が低いと凝固するので**氷酢酸**（ひょうさくさん）ともよばれる。

食酢

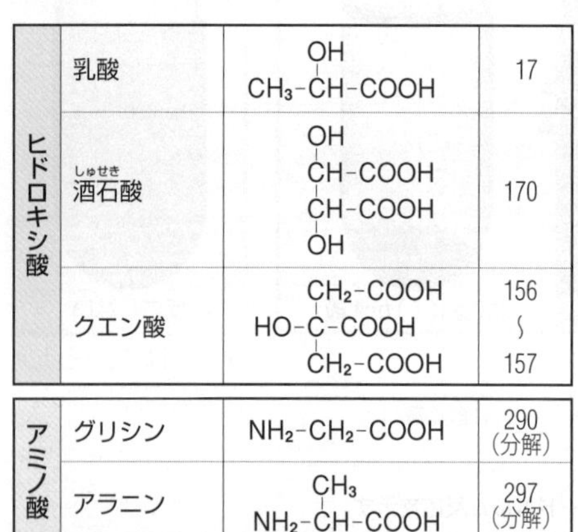

	名称	示性式	融点(℃)
ヒドロキシ酸	乳酸	CH_3-CH(OH)-COOH	17
	酒石酸（しゅせきさん）	HOOC-CH(OH)-CH(OH)-COOH	170
	クエン酸	HO-C(COOH)(CH_2-COOH)$_2$	156〜157
アミノ酸	グリシン	NH_2-CH_2-COOH	290（分解）
	アラニン	NH_2-CH(CH_3)-COOH	297（分解）

ヨーグルトに含まれる。

ブドウ，ワインに含まれる。

A 乳酸　鏡像異性体

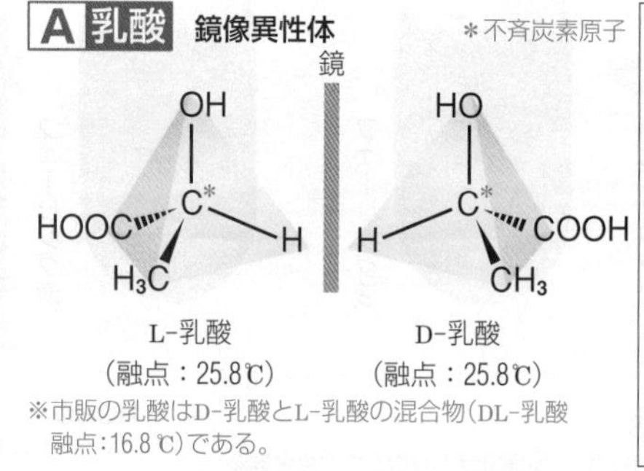

L-乳酸（融点：25.8℃）　D-乳酸（融点：25.8℃）

※市販の乳酸はD-乳酸とL-乳酸の混合物（DL-乳酸　融点：16.8℃）である。

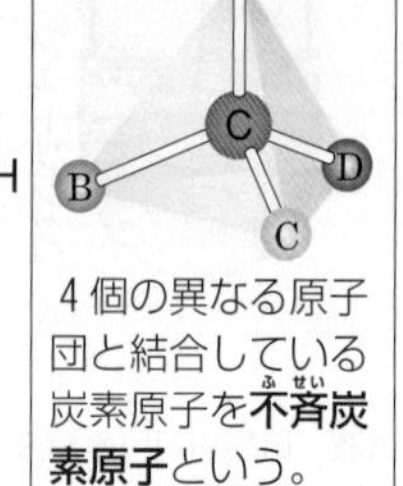

4個の異なる原子団と結合している炭素原子を**不斉炭素原子**（ふせいたんそげんし）という。

乳酸には，**鏡像異性体**（光学異性体▶P.201）が存在する。これらは物理的・化学的性質はほぼ同じだが，光学的性質（旋光性）や生理的性質（味，においなど）に違いがみられる。

B 脂肪酸の構造と性質

不飽和脂肪酸（シス形）は，同じ炭素数の飽和脂肪酸よりも融点が低い。

飽和脂肪酸　ステアリン酸 $C_{17}H_{35}COOH$　融点：71℃

不飽和脂肪酸　オレイン酸 $C_{17}H_{33}COOH$　融点：13℃

$CH_3(CH_2)_7CH=CH(CH_2)_7COOH$

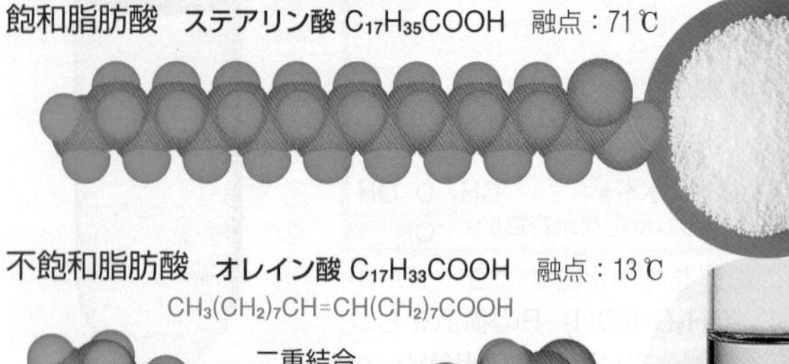

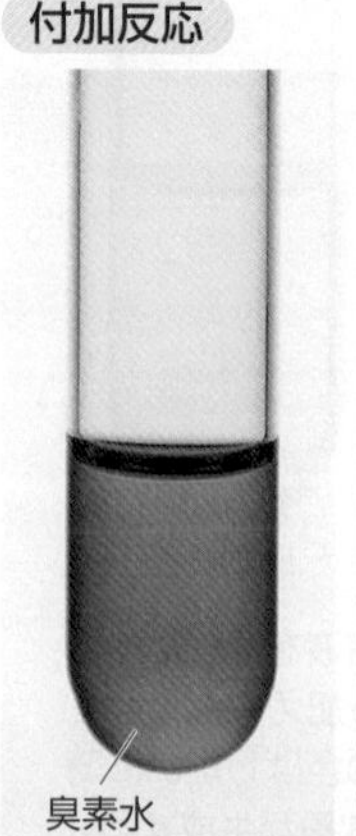

折れ曲がっているので，結晶構造をとりにくく，融点は低くなる。

付加反応

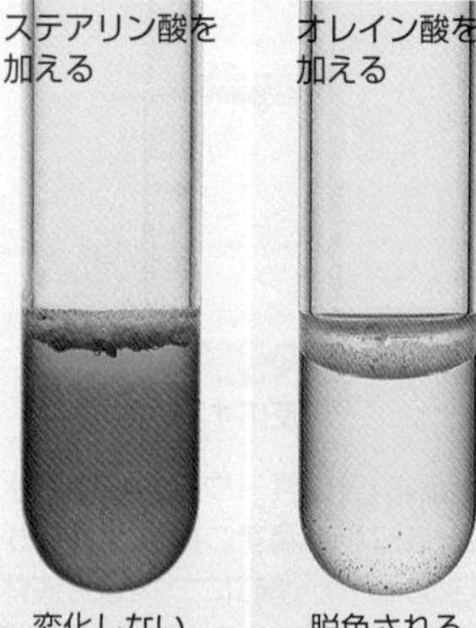

不飽和結合をもつオレイン酸のような化合物は，付加反応（▶P.207）を起こしやすい。

プチ雑学　漢字で書くと，ギ酸は蟻酸，シュウ酸は蓚酸，クエン酸は枸櫞酸と表される。「蟻」はアリ，「蓚」はタデ科の植物であるスイバ，「枸櫞」は柑橘類を意味する。

Keywords ●カルボン酸 carboxylic acid ●ギ酸 formic acid ●酢酸 acetic acid ●乳酸 lactic acid ●酸無水物 acid anhydride

2 カルボン酸の性質

A 溶解性

炭素数が小さいカルボン酸は水に溶けやすいが，炭素数が大きくなるほど溶けにくくなる。

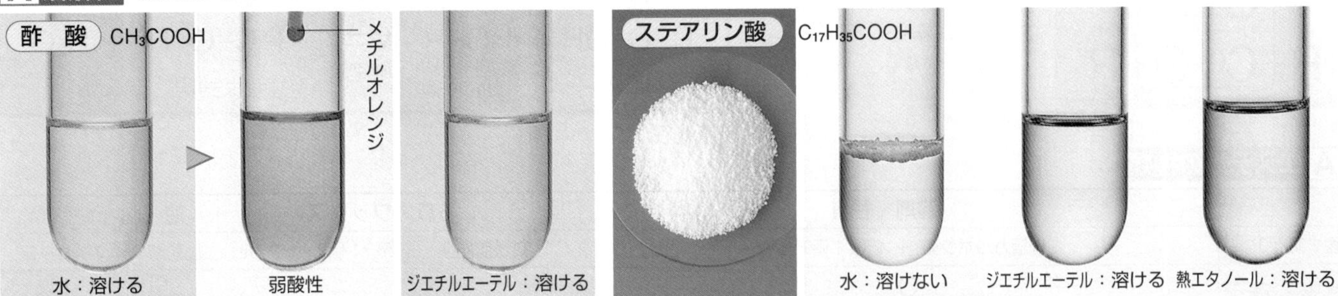

B 酸としての性質

一般に，カルボン酸は**弱酸**である。

酸性の強さ　塩酸などの強酸＞カルボン酸＞炭酸

※カルボン酸はカプリル酸 $CH_3(CH_2)_6COOH$ を使用。

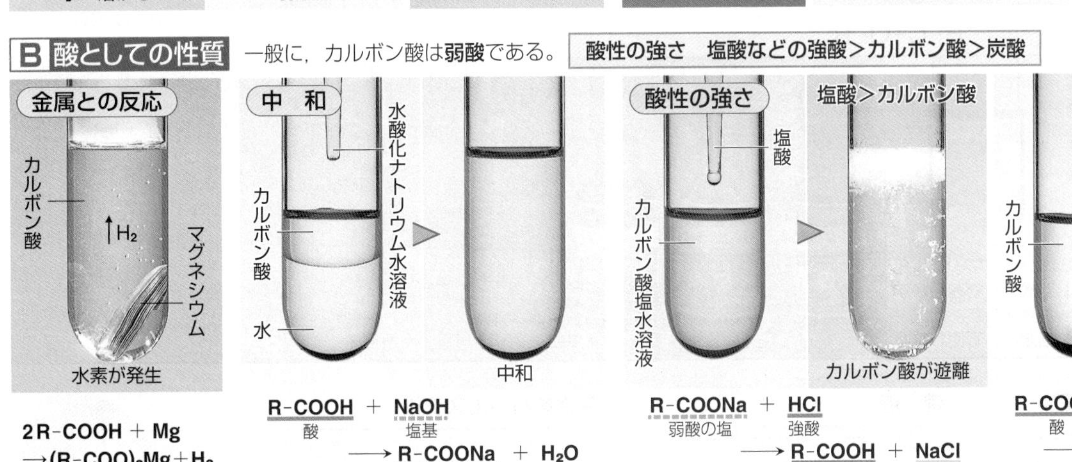

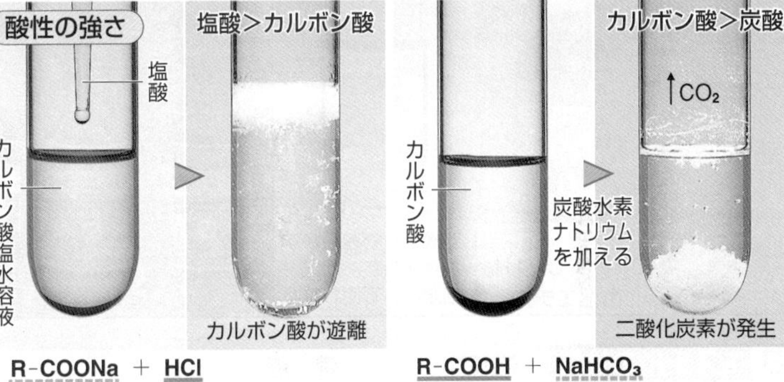

$2R\text{-}COOH + Mg \rightarrow (R\text{-}COO)_2Mg + H_2$

$R\text{-}COOH$（酸） ＋ $NaOH$（塩基） $\longrightarrow$ $R\text{-}COONa$（塩） ＋ H_2O

$R\text{-}COONa$（弱酸の塩） ＋ HCl（強酸） $\longrightarrow$ $R\text{-}COOH$（弱酸） ＋ $NaCl$（強酸の塩）

$R\text{-}COOH$（酸） ＋ $NaHCO_3$（弱酸の塩） $\longrightarrow$ $R\text{-}COONa$（塩） ＋ $H_2O + CO_2$（弱酸）

※カルボン酸のナトリウム塩は水に溶けやすい。

━：酸として働く　┅：塩基として働く　━：塩

C ギ酸の還元性

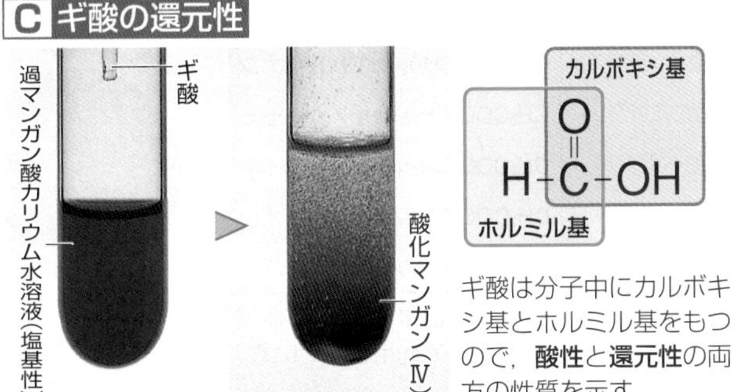

ギ酸は分子中にカルボキシ基とホルミル基をもつので，**酸性**と**還元性**の両方の性質を示す。

D 酢酸と無水酢酸

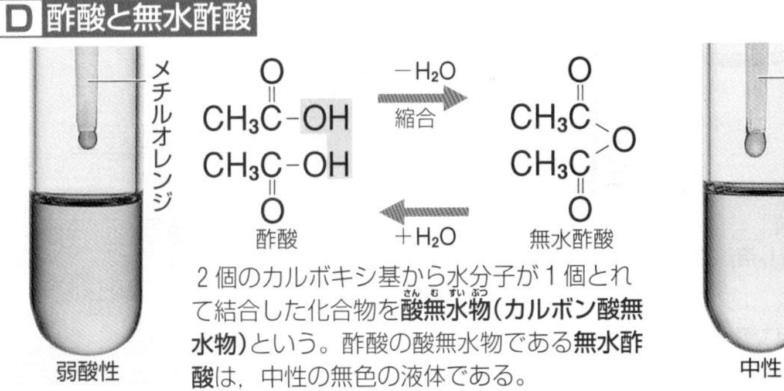

2個のカルボキシ基から水分子が1個とれて結合した化合物を**酸無水物（カルボン酸無水物）**という。酢酸の酸無水物である**無水酢酸**は，中性の無色の液体である。

E フマル酸とマレイン酸

互いにシス-トランス異性体である。

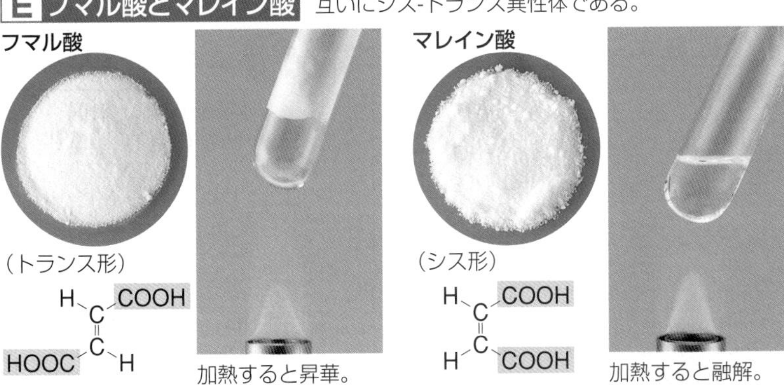

無水マレイン酸の生成

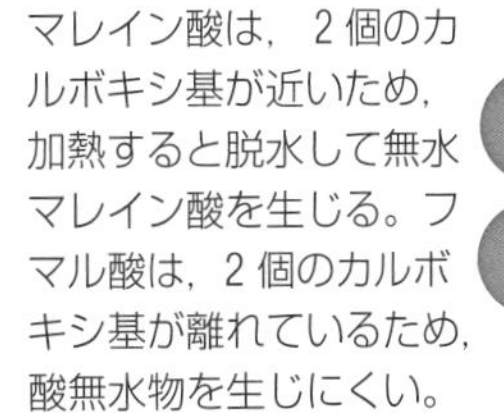

マレイン酸は，2個のカルボキシ基が近いため，加熱すると脱水して無水マレイン酸を生じる。フマル酸は，2個のカルボキシ基が離れているため，酸無水物を生じにくい。

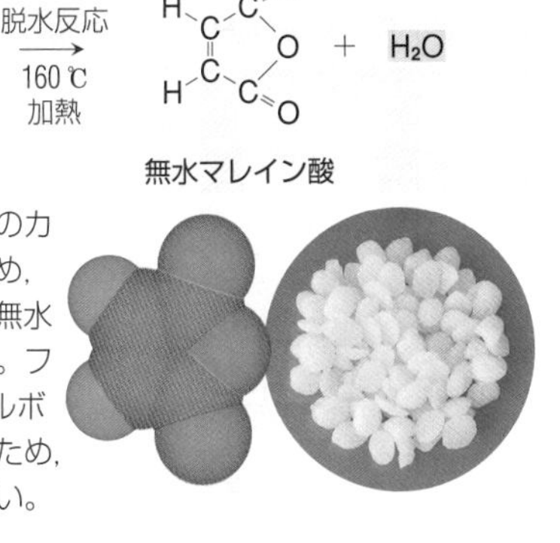

無水酢酸はアセチル化の反応によく利用される。木材に含まれる成分中のヒドロキシ基を無水酢酸でアセチル化すると，湿気の影響やシロアリの被害を受けにくくなり，長く品質を保つことができる。この特徴を生かして，屋外にあるウッドデッキやベンチの材料として使用される。

1 エステル

エステルはカルボン酸とアルコールが縮合した化合物である。

- カルボン酸とアルコールが**縮合**してエステルが生じる。
- 水に溶けにくく，芳香のあるものが多い。

$$\underset{\text{カルボン酸}}{R-\overset{\overset{\Large O}{\|}}{C}-OH} + \underset{\text{アルコール}}{HO-R'} \underset{\text{加水分解}}{\overset{\text{エステル化（縮合）}}{\rightleftarrows}} \underset{\text{エステル}}{R-\overset{\overset{\Large O}{\|}}{C}-O-R'} + H_2O$$

A エステルの種類

	溶剤・香料	ろう・ワックス	油　脂（▶P.216）
酸+アルコール	低級カルボン酸 ＋ 低級１価アルコール	高級脂肪酸 ＋ 高級１価アルコール	脂肪酸 ＋ グリセリン
一般式	$R-\overset{\overset{O}{\|}}{C}-O-R'$	$R-\overset{\overset{O}{\|}}{C}-O-R'$	$CH_2-O-COR$ $CH-O-COR'$ $CH_2-O-COR''$
利用例	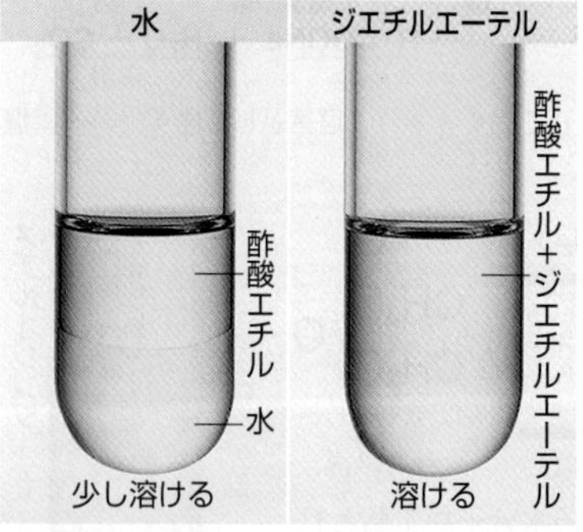 $CH_3-\overset{\overset{O}{\|}}{C}-O-C_2H_5$ 酢酸エチル 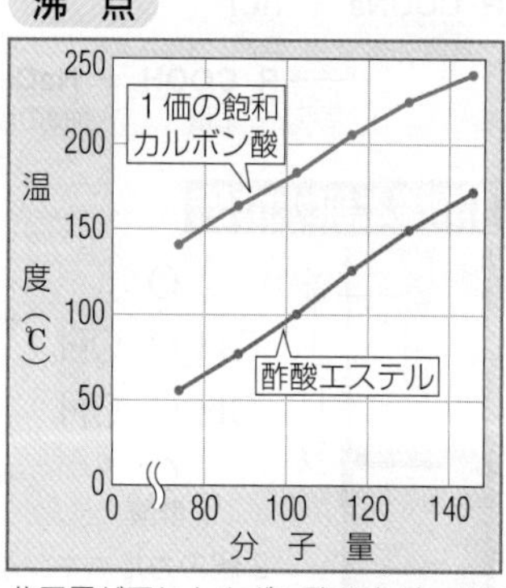 有機化合物を溶かす性質をもち，溶媒・溶剤として使われる。 エッセンス	ろう	オリーブ油

※蜜ろう，ラノリン（羊毛ろう）などがある。

B エステルの性質

溶解性

水：酢酸エチル／水　少し溶ける
ジエチルエーテル：酢酸エチル＋ジエチルエーテル　溶ける

一般に，エステルは水に溶けにくく，有機溶媒に溶けやすい。

沸　点

グラフ：温度（℃）（0〜250）と分子量（80〜140）の関係。１価の飽和カルボン酸，酢酸エステル

分子量が同じカルボン酸の方が，分子間で水素結合をもつため沸点は高い。

芳香をもつエステル

化合物	化学式	におい
酢酸イソブチル	$CH_3COOCH_2CH(CH_3)_2$	メロン
酢酸ペンチル	$CH_3COO(CH_2)_4CH_3$	バナナ
酢酸イソペンチル	$CH_3COO(CH_2)_2CH(CH_3)_2$	ナシ
酢酸プロピル	$CH_3COO(CH_2)_2CH_3$	モモ
酢酸ヘキシル	$CH_3COO(CH_2)_5CH_3$	イチゴ
酢酸オクチル	$CH_3COO(CH_2)_7CH_3$	オレンジ
酪酸エチル	$CH_3(CH_2)_2COOCH_2CH_3$	パイナップル

バナナ　オレンジ

分子量の小さいエステルには果物のようなにおいをもつものが多く，香料として利用されている。

2 その他のエステル

カルボン酸とアルコールのほかに，オキソ酸とアルコールからもエステルが生じる。

	硫酸エステル	硝酸エステル
一般式	$R-O-SO_3H$　硫酸 ＋ アルコール	$R-O-NO_2$　硝酸 ＋ アルコール
利用例	例 $C_{12}H_{25}-O-SO_3H$ 硫酸水素ドデシル（強酸性） 硫酸と高級１価アルコールのエステルのナトリウム塩（硫酸ドデシルナトリウム $C_{12}H_{25}-O-SO_3Na$ など）は，歯磨き粉や合成洗剤（▶P.218）に利用されている。 歯磨き粉	例 CH_2-O-NO_2 $CH-O-NO_2$ CH_2-O-NO_2 ニトログリセリン 硝酸とグリセリンのエステルは爆発力が強く，ダイナマイトに利用されている。 ダイナマイト

Q ニトロ化？エステル化？

A 水素原子をニトロ基 $-NO_2$ で置換することを**ニトロ化**という。ニトログリセリンはニトロ基が炭素原子に結合しておらず，ニトロ化合物ではない。硝酸とグリセリンの**エステル化**でできた硝酸エステルである。

$HO-NO_2$, $HO-NO_2$, $HO-NO_2$（硝酸） ＋ CH_2-OH, $CH-OH$, CH_2-OH（グリセリン）　エステル化

プチ雑学 瞬間接着剤の主成分は，2-シアノアクリル酸エステルである。エステルの炭化水素基の大きさが小さいほど，早く，強く接着できる傾向にある。そのため，2-シアノアクリル酸メチルは金属接着用に，2-シアノアクリル酸エチルはプラスチック，ゴム，木材などの接着に用いられている。

実験 エステルの合成

目的 エステルを合成して，その性質を調べる。

1 エステル化 カルボン酸とアルコールを縮合させるとエステルを生じる。

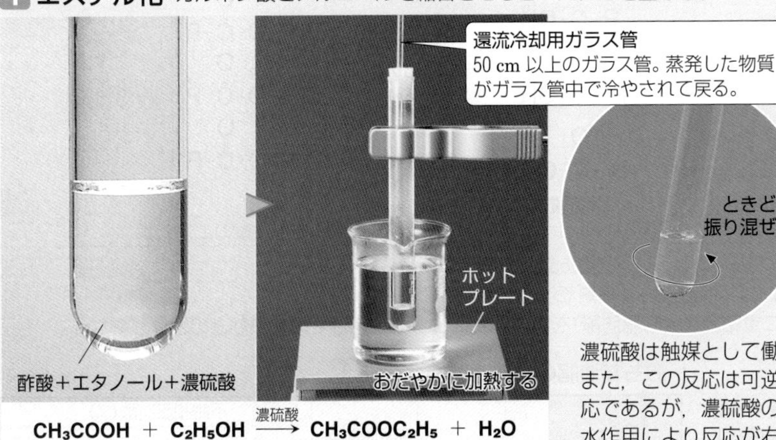

$$CH_3COOH + C_2H_5OH \xrightarrow{\text{濃硫酸}} CH_3COOC_2H_5 + H_2O$$

酢酸　エタノール　酢酸エチル　水

※試験管は乾いたものを使用する。

濃硫酸は触媒として働く。また，この反応は可逆反応であるが，濃硫酸の脱水作用により反応が右側に進む。

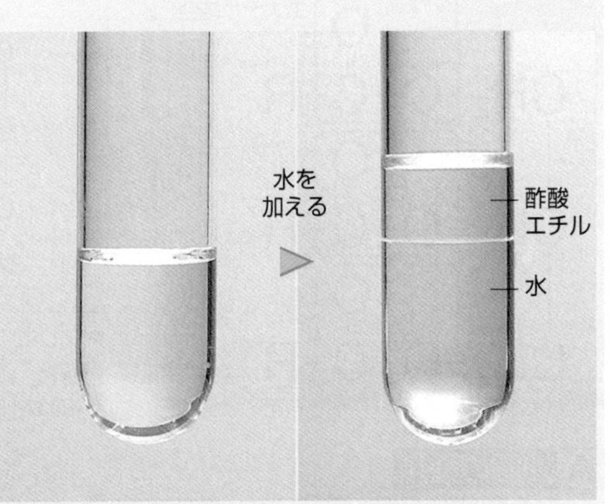

酢酸エチルは水より軽く，水に溶けにくい。
密度：0.90 g/cm³　溶解度：約 9 g/100 g 水，25 ℃

2 加水分解 エステル化の逆反応

$$CH_3COOC_2H_5 + H_2O \xrightarrow{H^+} CH_3COOH + C_2H_5OH$$

酢酸エチル　水　酢酸　エタノール

酢酸エチルの性質

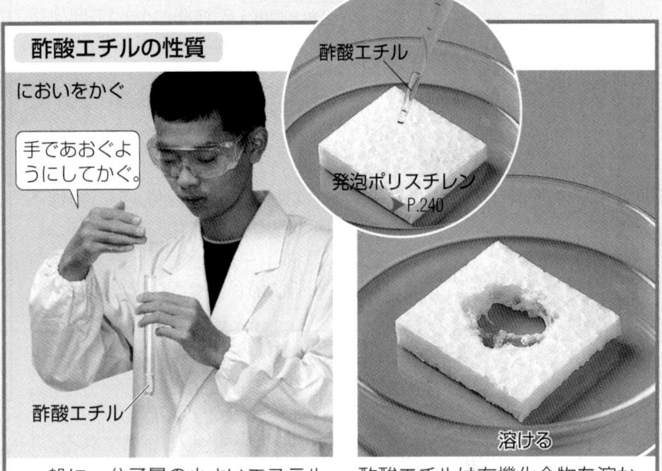

一般に，分子量の小さいエステルは果物のような芳香をもつ。

酢酸エチルは有機化合物を溶かす性質をもつ。

3 けん化 エステルにアルカリを加えて加熱すると，カルボン酸の塩とアルコールを生じる。

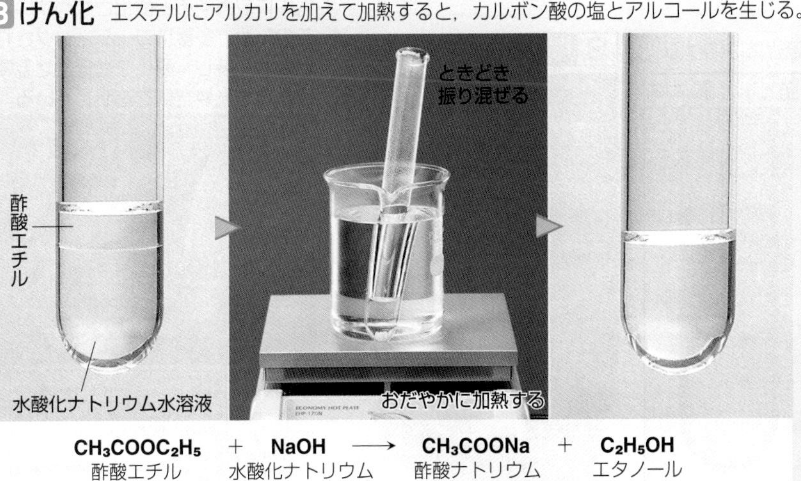

$$CH_3COOC_2H_5 + NaOH \longrightarrow CH_3COONa + C_2H_5OH$$

酢酸エチル　水酸化ナトリウム　酢酸ナトリウム　エタノール

エタノール生成の確認

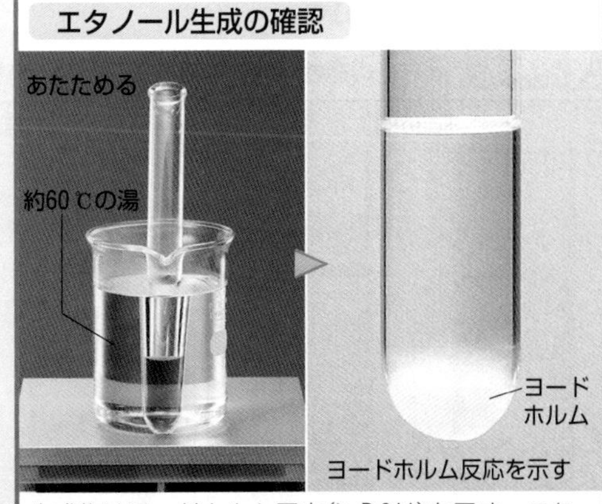

生成物はヨードホルム反応（▶P.211）を示す。これにより，エタノールが含まれていることが確認できる（CH_3COO^-はヨードホルム反応を示さない）。

プチ雑学 酢酸エチルはマニキュアの除光液の主成分として，アセトン（▶P.210）に並び使用されている。

216 油 脂

1 油脂の構造と種類

グリセリンと脂肪酸のエステルを油脂(ゆし)という。油脂は構成脂肪酸の種類により分類される。

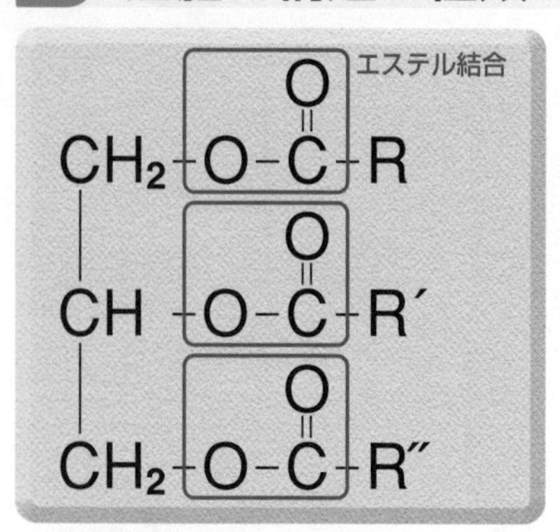

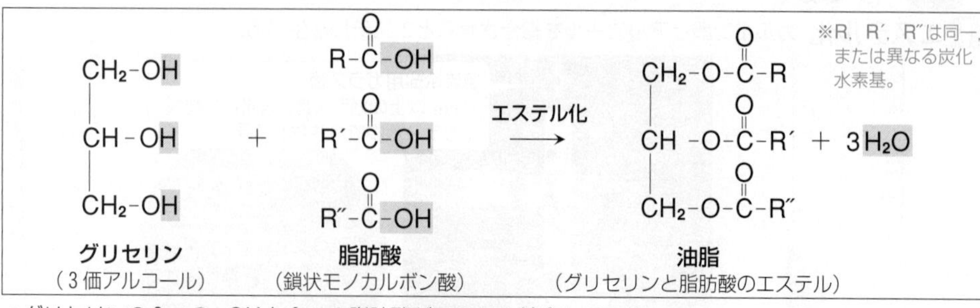

- グリセリンの3つの-OHと3つの脂肪酸が**エステル結合**している。
- 通常，油脂を構成する脂肪酸は1種類ではない。
- 不飽和脂肪酸（二重結合を含む脂肪酸）を含む程度によって，常温での状態などの性質が異なる。

A 油脂の種類

油脂

脂肪油 常温で液体

オリーブ油　ベニバナ油

- **乾性油**：不飽和脂肪酸を多く含み，酸化されて固化しやすい。
- **半乾性油**：乾性油と不乾性油の中間の性質をもつ。
- **不乾性油**：不飽和脂肪酸が少なく，固化しにくい。

植物の油脂（大豆油などの脂肪油）は不飽和脂肪酸が多く液体のものが多い。動物の油脂（牛脂，豚脂[ラード]など）は飽和脂肪酸が多く固体のものが多い。

脂 肪 常温で固体

豚脂（ラード）　バター

硬化油 液体→固体

脂肪油（液体）の二重結合の部分に水素を付加させると，不飽和脂肪酸が少なくなり，硬化して固体になる。このような油脂を**硬化油**(こうかゆ)という。

例 マーガリン

おもな油脂の構成脂肪酸

		油 脂	融点(℃)	飽和脂肪酸(%)	不飽和脂肪酸(%) オレイン酸 $C_{17}H_{33}COOH$ C=C 1個	リノール酸 $C_{17}H_{31}COOH$ C=C 2個	リノレン酸 $C_{17}H_{29}COOH$ C=C 3個
脂肪油	乾性油	あまに油	−27〜−18	9.5	14.5	15.4	60.6
		大豆油	−8〜−7	14.4	23.5	53.5	8.3
		ベニバナ油	−5	9.3	12.6	77.4	0.1
	半乾性油	綿実油	−6〜4	23.2	18.9	56.5	—
		ゴマ油	−6〜−3	14.2	39.2	45.8	0.1
		コーン油	−18〜−10	13.3	32.6	52.2	1.4
	不乾性油	オリーブ油	0〜6	13.0	73.8	11.1	0.4
		落花生油	0〜3	18.3	41.6	36.7	1.8
脂肪		牛 脂	28〜45	49.4	41.2	3.3	—
		豚脂（ラード）	28〜48	54.1	39.4	12.8	1.4
		ヤシ油	20〜28	91.7	6.9	0.2	—

不飽和脂肪酸を多く含む油脂を放置すると，酸素や光などの作用によって付加・分解が起こり，酸味や悪臭を生じるようになる。

Column 油脂の酸化を防ぐ

ポテトチップスは植物油で調理されているので不飽和脂肪酸を含み，空気中に放置すると酸化されやすい。このため，多重にコーティングされた袋で包装し，酸化を進行させる要因となる光や空気を遮断(しゃだん)している。

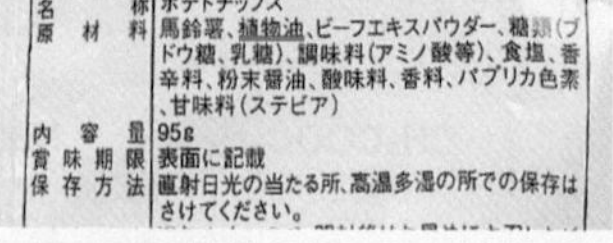

2 油脂の性質

A 溶解性

水などの極性溶媒には溶けにくいが，有機溶媒には溶ける。

脂肪油 例 ゴマ油

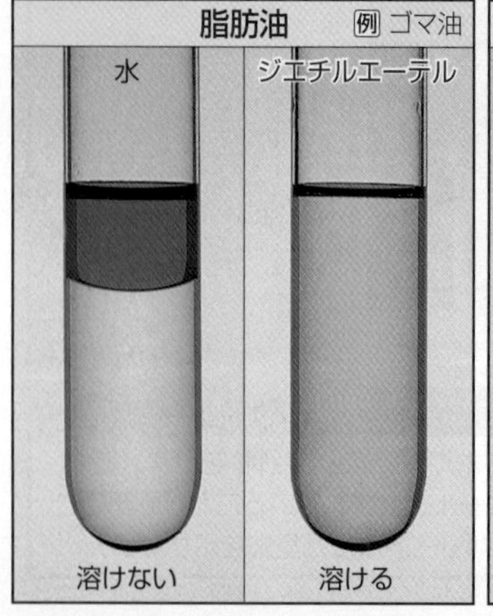

溶けない　溶ける

脂 肪 例 牛脂

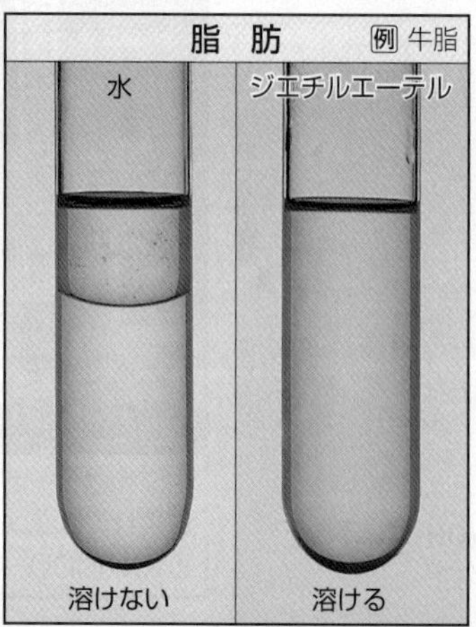

溶けない　溶ける

B 燃焼

可燃性である。

プチ雑学 青魚に多く含まれるDHA（ドコサヘキサエン酸）は不飽和脂肪酸であり，血液中の中性脂肪を減らす働きをすると考えられている。ヒトの生存に欠かせないが，体内で合成することができない必須脂肪酸の1つである。

3 油脂の反応

A けん化

$$\begin{array}{l} CH_2\text{-}O\text{-}\overset{\overset{\displaystyle O}{\|}}{C}\text{-}R \\ | \\ CH\text{-}O\text{-}\overset{\overset{\displaystyle O}{\|}}{C}\text{-}R' \\ | \\ CH_2\text{-}O\text{-}\overset{\overset{\displaystyle O}{\|}}{C}\text{-}R'' \end{array} + 3KOH \xrightarrow{\text{けん化}} \begin{array}{l} CH_2\text{-}OH \\ CH\text{-}OH \\ CH_2\text{-}OH \end{array} + \begin{array}{l} R\text{-}\overset{\overset{\displaystyle O}{\|}}{C}\text{-}OK \\ R'\text{-}\overset{\overset{\displaystyle O}{\|}}{C}\text{-}OK \\ R''\text{-}\overset{\overset{\displaystyle O}{\|}}{C}\text{-}OK \end{array}$$

油脂　　水酸化カリウム　　グリセリン　　脂肪酸カリウム（セッケン）

油脂 1 mol に水酸化カリウム 3 mol が反応する。

エステルにアルカリを加えて加熱すると，アルコールとカルボン酸の塩を生じる。このようなアルカリによるエステルの加水分解を**けん化**という。

けん化価

1 g の油脂をけん化するのに必要な水酸化カリウムの質量（mg）を**けん化価**という。

けん化価が小さい→構成脂肪酸の平均分子量が大きい
けん化価が大きい→構成脂肪酸の平均分子量が小さい

B 付加反応

不飽和結合をもつ油脂は水素，酸素，ハロゲンなどとの付加反応を起こしやすい。

不飽和脂肪酸を多く含む脂肪油（液体）に，水素を付加すると固体（**硬化油**）になる。

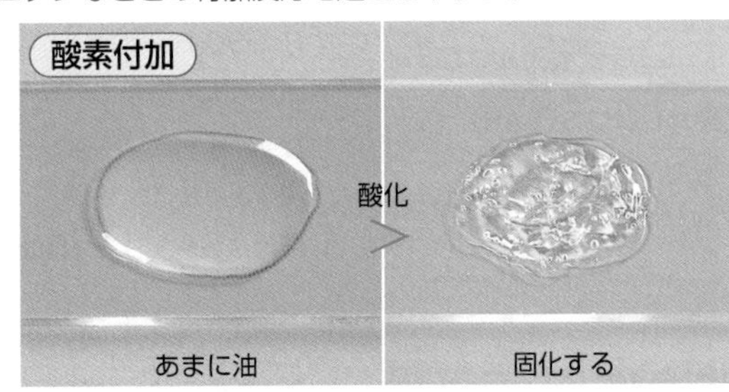

不飽和脂肪酸を多く含む**乾性油**は空気中で放置すると酸化され，樹脂状に固化するので塗料などに利用される。

油脂中の二重結合 1 個に，水素や酸素，ハロゲンが 1 分子付加する。付加する分子が多いほど，不飽和結合の含まれる割合が大きいことがわかる。

ヨウ素価

100 g の油脂に付加するハロゲンの量をヨウ素の質量（g）に換算して表した値を**ヨウ素価**という。

実験 油脂の抽出 **目的** 大豆から大豆油を抽出し，平均分子量を求める。

1 大豆油の抽出

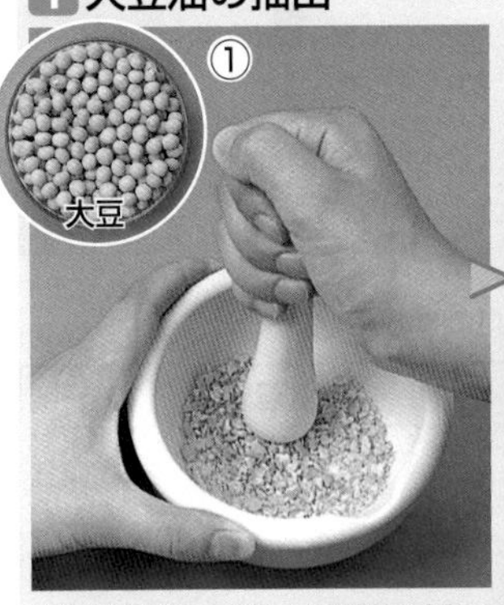

大豆をすりつぶして円筒ろ紙に入れ，ヘキサンを溶媒としてソックスレー抽出器（▶P.202）により，大豆油を抽出する。

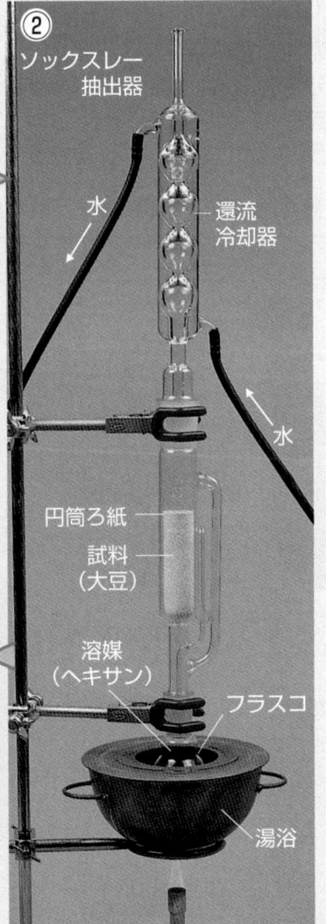

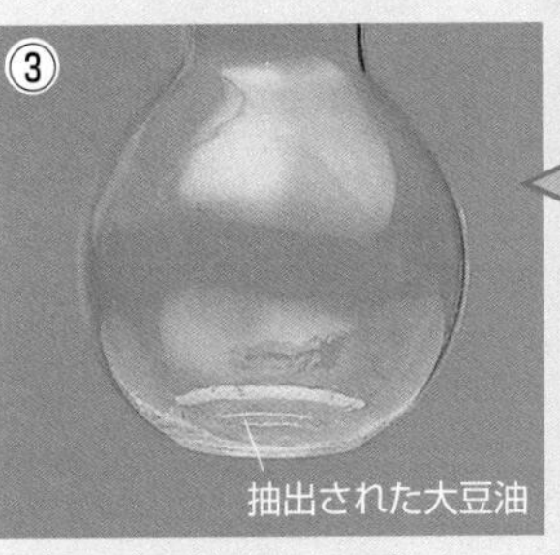

蒸留して，溶媒をとり除く。フラスコに大豆油が残る。

2 けん化

大豆油 2.0 g に水酸化カリウムのエタノール溶液を加えて加熱し，けん化させる。

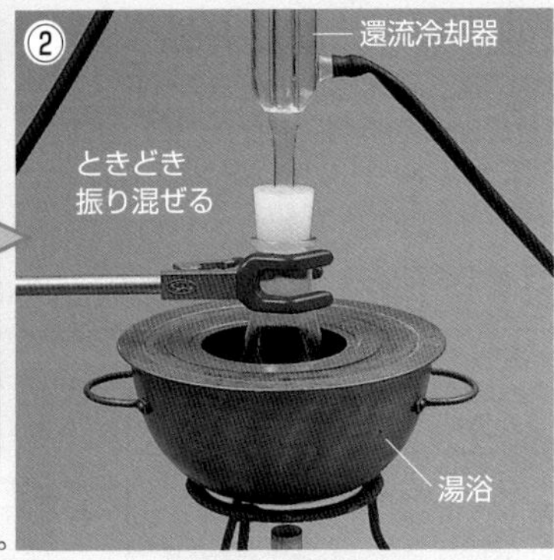

3 水酸化カリウムの滴定

指示薬はフェノールフタレイン溶液

試料を塩酸で中和滴定し，試料中に残った水酸化カリウムの質量を求める。

結果の処理

加えた水酸化カリウムの質量	0.640 g
残った水酸化カリウムの質量	0.257 g

したがって，けん化に要した水酸化カリウムの質量は 0.383 g になる。

考察

油脂 1 mol に水酸化カリウム 3 mol が反応するので，油脂のモル質量を M〔g/mol〕，KOH ＝ 56 とすると，

$$\frac{2.0\ \text{g}}{M} : \frac{0.383\ \text{g}}{56\ \text{g/mol}} = 1 : 3 \quad M = 877\ \text{g/mol}$$

結論 大豆油の平均分子量は約 880 である。

プチ雑学 マーガリンを製造するとき，水素を付加した不飽和脂肪酸がトランス形の脂肪酸になることがある。トランス形の脂肪酸を摂りすぎると，血液中の善玉コレステロールが減少し，悪玉コレステロールは増加することが報告されており，心臓病のリスクが高まると考えられている。

セッケンと合成洗剤

1 セッケンと合成洗剤 親水性部分と疎水性部分を合わせもった構造をしている。

A セッケン 脂肪酸ナトリウム

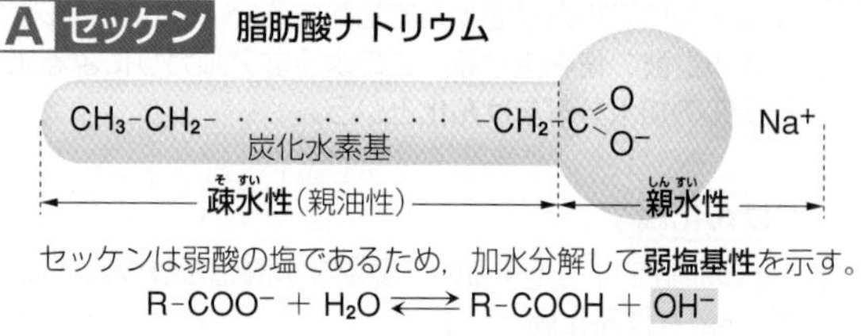

セッケンは弱酸の塩であるため，加水分解して**弱塩基性**を示す。

$$R\text{-}COO^- + H_2O \rightleftarrows R\text{-}COOH + OH^-$$

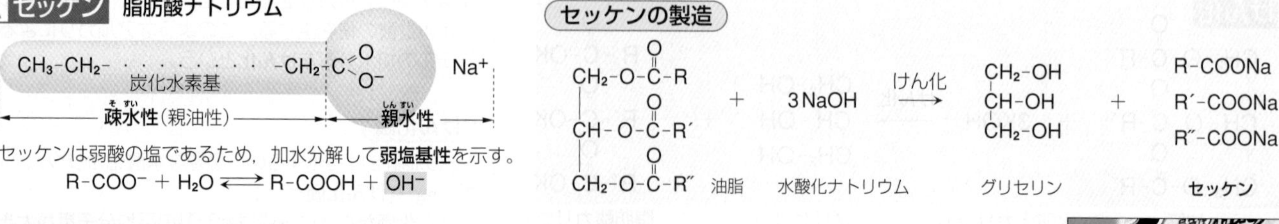

セッケンの製造

$$\underset{\text{油脂}}{\begin{matrix}CH_2\text{-}O\text{-}CO\text{-}R\\CH\text{-}O\text{-}CO\text{-}R'\\CH_2\text{-}O\text{-}CO\text{-}R''\end{matrix}} + \underset{\text{水酸化ナトリウム}}{3NaOH} \xrightarrow{\text{けん化}} \underset{\text{グリセリン}}{\begin{matrix}CH_2\text{-}OH\\CH\text{-}OH\\CH_2\text{-}OH\end{matrix}} + \underset{\text{セッケン}}{\begin{matrix}R\text{-}COONa\\R'\text{-}COONa\\R''\text{-}COONa\end{matrix}}$$

B 合成洗剤 硫酸アルキルナトリウム(AS)*1

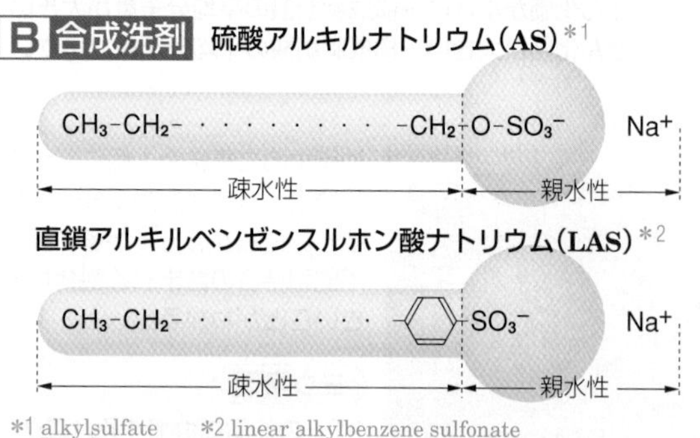

*1 alkylsulfate　*2 linear alkylbenzene sulfonate

合成洗剤の製造

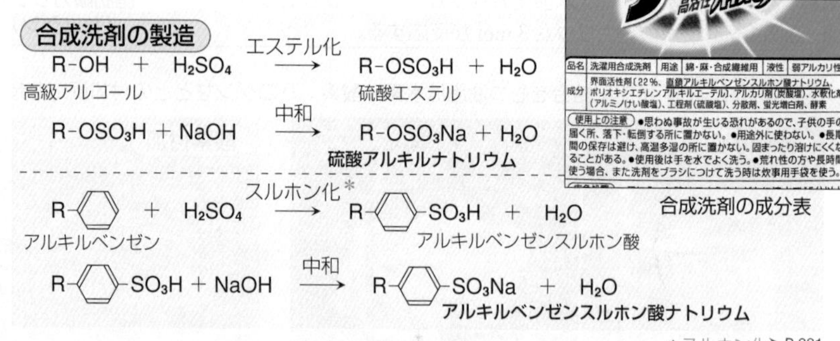

$$\underset{\text{高級アルコール}}{R\text{-}OH} + H_2SO_4 \xrightarrow{\text{エステル化}} \underset{\text{硫酸エステル}}{R\text{-}OSO_3H} + H_2O$$

$$R\text{-}OSO_3H + NaOH \xrightarrow{\text{中和}} \underset{\text{硫酸アルキルナトリウム}}{R\text{-}OSO_3Na} + H_2O$$

$$\underset{\text{アルキルベンゼン}}{R\text{-}C_6H_5} + H_2SO_4 \xrightarrow{\text{スルホン化*}} \underset{\text{アルキルベンゼンスルホン酸}}{R\text{-}C_6H_4\text{-}SO_3H} + H_2O$$

$$R\text{-}C_6H_4\text{-}SO_3H + NaOH \xrightarrow{\text{中和}} \underset{\text{アルキルベンゼンスルホン酸ナトリウム}}{R\text{-}C_6H_4\text{-}SO_3Na} + H_2O$$

合成洗剤の成分表

* スルホン化▶P.221

2 界面活性剤と洗浄作用 水にも油にもなじみやすい性質を利用して，洗浄剤として使用されている。

A 界面活性剤 水の表面張力*を著しく低下させる物質。

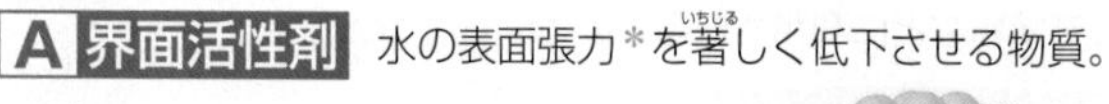

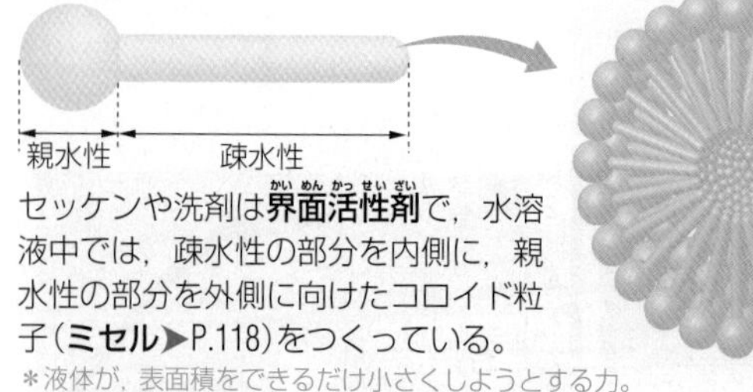

セッケンや洗剤は**界面活性剤**で，水溶液中では，疎水性の部分を内側に，親水性の部分を外側に向けたコロイド粒子(**ミセル**▶P.118)をつくっている。

* 液体が，表面積をできるだけ小さくしようとする力。

ミセル

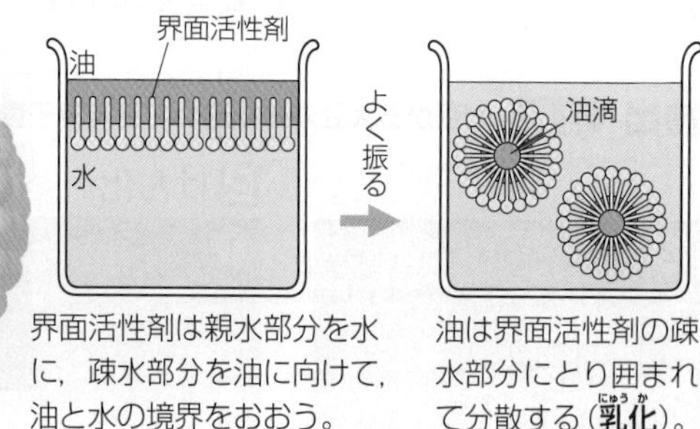

界面活性剤は親水部分を水に，疎水部分を油に向けて，油と水の境界をおおう。

油は界面活性剤の疎水部分にとり囲まれて分散する(**乳化**)。

B 洗浄作用 界面活性剤の乳化作用によって，油汚れは水中に分散する。また，界面活性剤は繊維に再び汚れが付着するのを防ぐ。

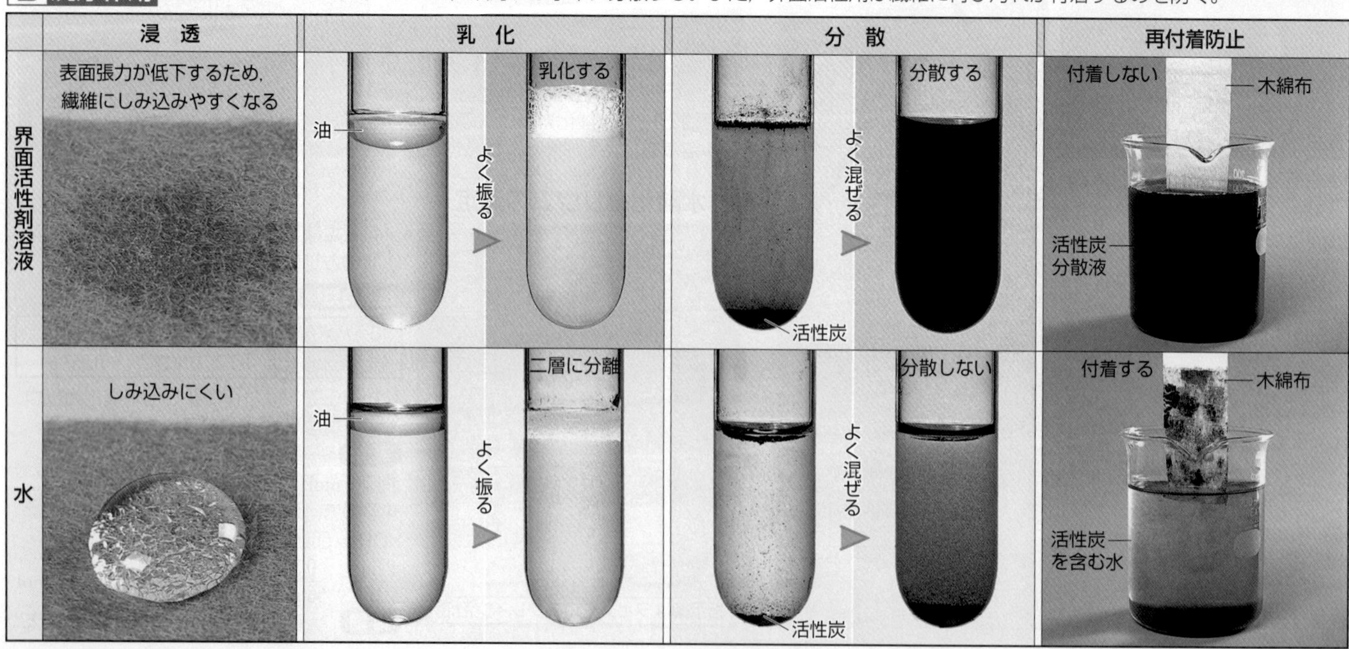

	浸透	乳化	分散	再付着防止
界面活性剤溶液	表面張力が低下するため，繊維にしみ込みやすくなる	油 → よく振る → 乳化する	活性炭 → よく混ぜる → 分散する	付着しない 木綿布 活性炭分散液
水	しみ込みにくい	油 → よく振る → 二層に分離	活性炭 → よく混ぜる → 分散しない	付着する 木綿布 活性炭を含む水

プチ雑学 親水性の部分を内側に，疎水性の部分を外側に向けたコロイド粒子をつくることで，有機溶媒に水を溶かすことができる逆ミセルも見つかっている。

Keywords ●セッケン soap ●合成洗剤 synthetic detergent ●界面活性剤 surfactant ●親水性 hydrophilicity ●疎水性 hydrophobicity

動 表面張力

実験 セッケンと合成洗剤の性質

目的 セッケンと合成洗剤を合成し，それぞれの性質を比較する。

1 セッケンの合成

(塩析▶P.120) (吸引ろ過▶P.18)

ヤシ油に水酸化ナトリウム，水，エタノール*を加え，加熱し，沸騰させながらかき混ぜる(**けん化**)。

*油脂に水酸化ナトリウムが溶けやすくなるようにエタノールを加えている。

セッケン水は親水コロイドであるから，多量の電解質を加えると凝集してセッケンが生じる(**塩析**)。

生成したセッケンを吸引ろ過によって集め，ろ紙にのせて乾燥させる。

セッケン

2 合成洗剤(硫酸ドデシルナトリウム)の合成

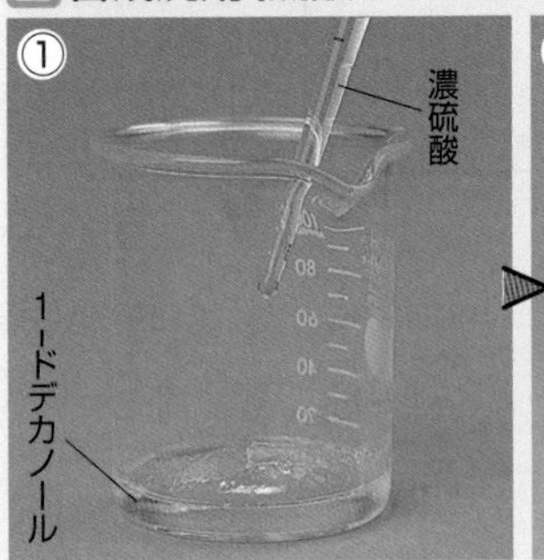

$$\underset{\text{1-ドデカノール}}{C_{12}H_{25}OH} \xrightarrow[\text{エステル化}]{H_2SO_4} \underset{\text{硫酸水素ドデシル}}{C_{12}H_{25}OSO_3H} \xrightarrow[\text{中和}]{NaOH} \underset{\text{硫酸ドデシルナトリウム}}{C_{12}H_{25}OSO_3Na}$$

生成した合成洗剤を吸引ろ過によって集め，ろ紙にのせて乾燥させる。

$C_{12}H_{25}OSO_3Na$
合成洗剤

3 セッケンと合成洗剤の性質の比較

性質	水溶性	起泡性	液性	乳化作用	強酸との反応
操作	溶かす	よく振る	フェノールフタレイン溶液を加える	油を加えて振る	希塩酸を加える
セッケン	溶ける	泡立つ	塩基性	乳化する	沈殿が生じる(脂肪酸の遊離)
合成洗剤	溶ける	泡立つ	中性*	乳化する	変化しない

硬水中における性質 (CaCl₂ 水溶液を加える)

性質	水溶性	起泡性	乳化作用
操作	溶かす	よく振る	油を加えて振る
セッケン	沈殿が生じる(脂肪酸のカルシウム塩)	泡立ちが悪い	乳化しにくい(油)
合成洗剤	溶ける	泡立つ	乳化する

セッケン
- 水溶液は**塩基性**である。
- **硬水**(Ca^{2+}やMg^{2+}を含む水)中では洗浄作用が弱い。

合成洗剤
- 硬水中でも洗浄作用がある。
- 炭化水素基に側鎖があるものは分解されにくい(直鎖状のものがつくられている)。

*市販のものはいろいろな添加物が加えられているので，塩基性を示すものもある。

プチ雑学 第一次世界大戦中，ドイツでは食用の油脂が不足していたため，セッケンをつくることが難しくなった。そこで，動植物の油脂のかわりに石炭の副生成物を原料に，世界初の合成洗剤であるアルキルナフタレンスルホン酸塩がつくられた。

1 芳香族炭化水素

ベンゼン環をもつ炭化水素を芳香族炭化水素という。ベンゼンはもっとも簡単な芳香族炭化水素である。

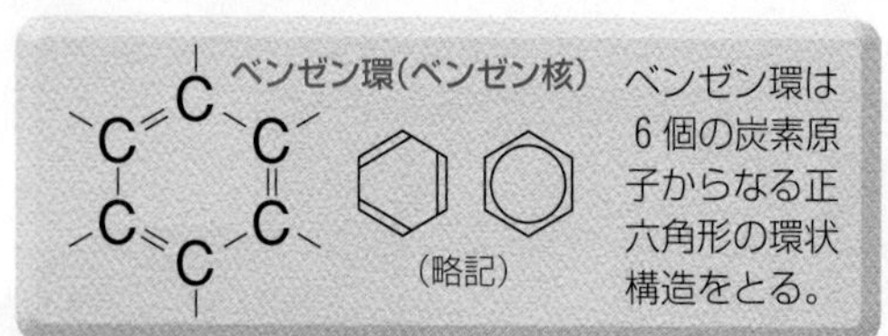

ベンゼン環は6個の炭素原子からなる正六角形の環状構造をとる。

A ベンゼンの構造 ▶P.47

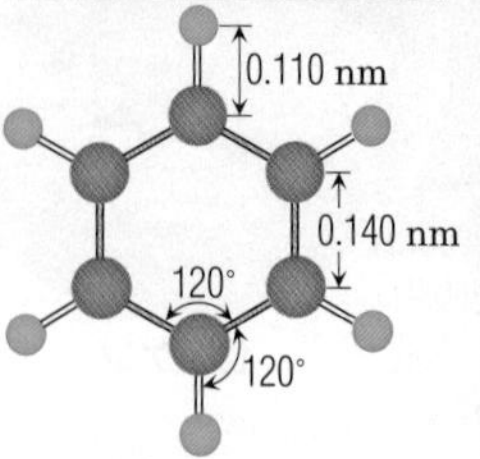

炭素原子間の距離

エタン (C−C)	0.154 nm
ベンゼン	0.140 nm
エチレン (C=C)	0.134 nm
アセチレン (C≡C)	0.120 nm

ベンゼン分子は，正六角形の平面構造をしている。炭素原子間の6つの結合は同等で，単結合と二重結合の中間的な結合である。そのため，ベンゼンの炭素原子間の距離は，単結合と二重結合のほぼ中間の値になる。

B おもな芳香族炭化水素

名称	構造	融点(℃) 沸点(℃)	名称	構造	融点(℃) 沸点(℃)
ベンゼン		5.5 80.1	スチレン (ポリスチレンの原料)	$CH=CH_2$	−30.7 145.2
ナフタレン (防虫剤に利用)		80.5 218	オルト o-キシレン	CH_3 CH_3	−25.2 144.4
アントラセン (染料の原料)		216.2 342	メタ m-キシレン	CH_3 CH_3	−47.9 139.1
トルエン	CH_3	−95.0 110.6	パラ p-キシレン	CH_3 CH_3	13.3 138.4

異性体

X Y オルト位 (o)
X Y メタ位 (m)
X Y パラ位 (p)

ベンゼン環に結合する2つの置換基の位置によって，3つの異性体が存在する。

C ベンゼン環の反応性

ベンゼン環は安定である。したがって，付加反応，酸化反応を起こしにくい。

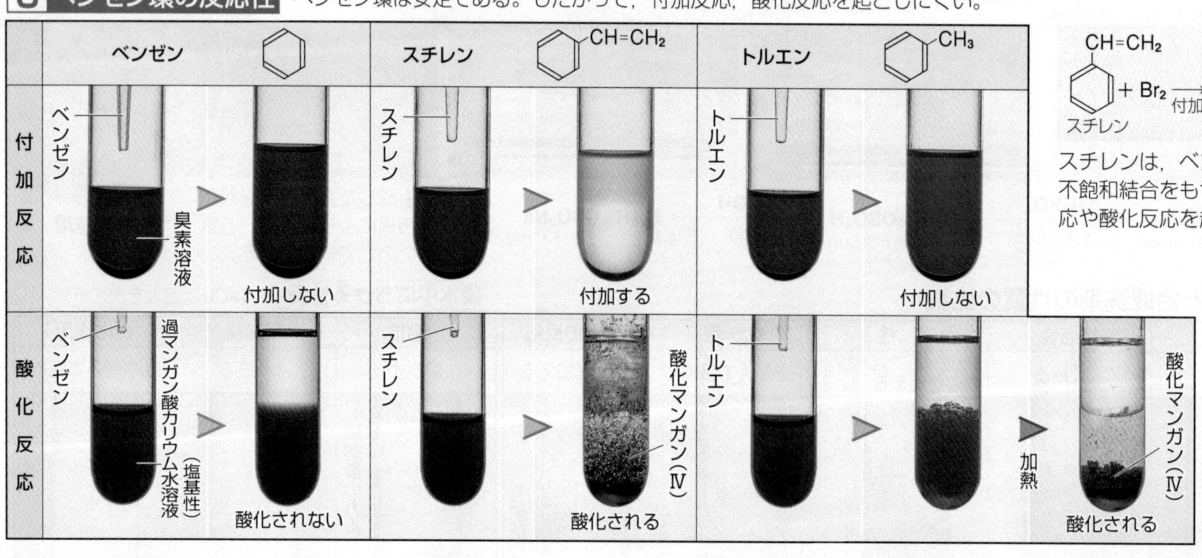

$CH=CH_2$ + Br_2 →(付加) $CHBr-CH_2Br$

スチレン

スチレンは，ベンゼン環以外の不飽和結合をもつため，付加反応や酸化反応を起こしやすい。

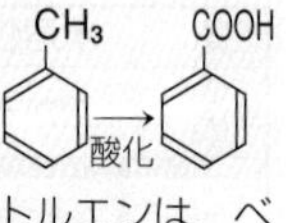

トルエンは，ベンゼン環に結合している炭化水素基が加熱により酸化される。

2 ベンゼンの性質

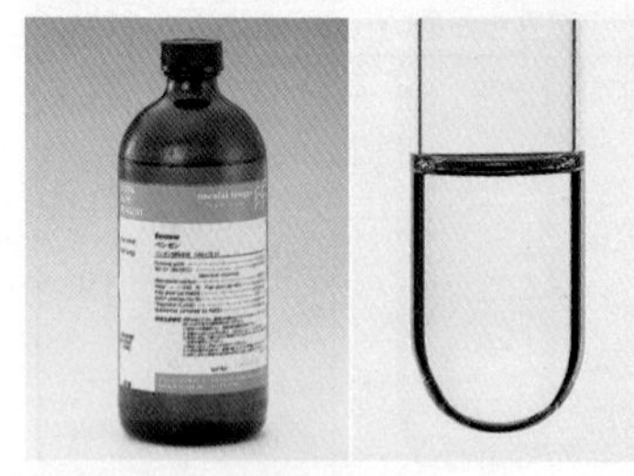

常温・常圧で無色の液体。特有のにおいをもち，毒性がある。
石油の精製残留物や，石炭を乾留して得られるコールタールに含まれる。

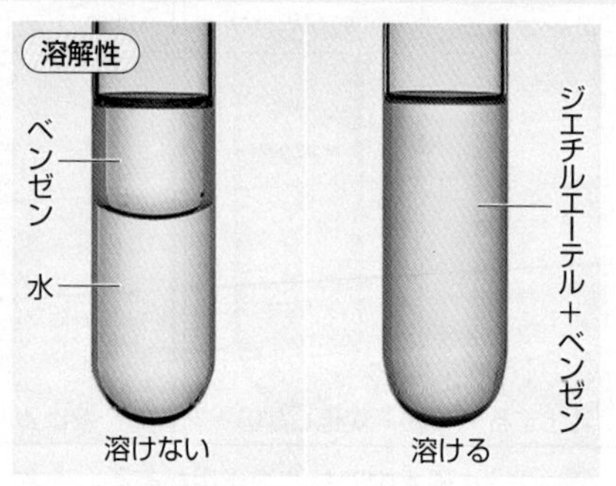

ベンゼンは無極性分子(▶P.45)で，水に溶けにくく，有機溶媒によく溶ける。

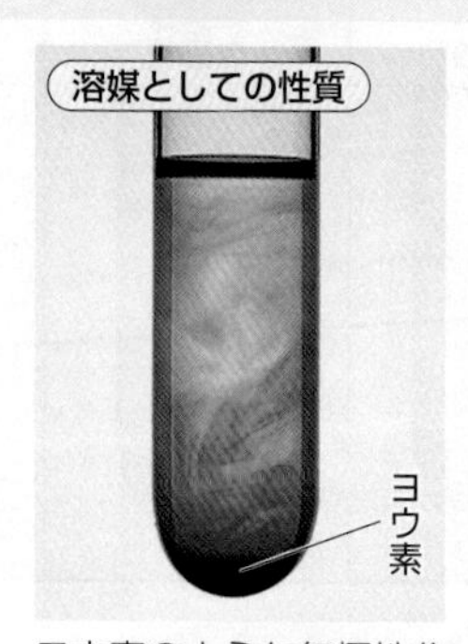

ヨウ素のような無極性分子をよく溶かす(▶P.112)。

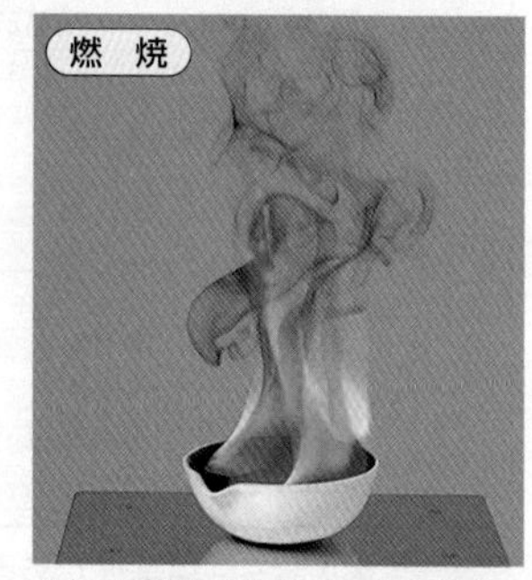

分子中の炭素原子の割合が多く，すすを出して燃える。

オルト，メタ，パラはそれぞれギリシャ語で，orthos「正規の」，meta「間に」，para「反対側に」に由来する。

Keywords ●芳香族炭化水素 aromatic hydrocarbon ●ベンゼン環 benzene ring ●ベンゼン benzene
●ニトロ化 nitration ●スルホン化 sulfonation
ア ベンゼン

3 ベンゼンの置換反応

ベンゼンは，付加反応よりも置換反応を起こしやすい。

A ハロゲン化

ハロゲンで置換する反応を**ハロゲン化**という。

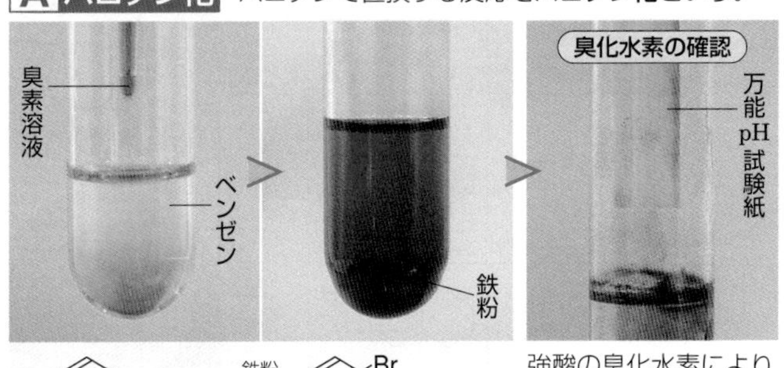

ベンゼン + Br−Br $\xrightarrow{\text{鉄粉}}$ ブロモベンゼン + HBr
（ベンゼン，臭素，**ブロモベンゼン**，臭化水素）

強酸の臭化水素により，万能 pH 試験紙の色が変化する。

塩素化 塩素原子で置換する反応を，特に**塩素化**という。

ベンゼン + Cl_2 $\xrightarrow{\text{鉄粉}}$ クロロベンゼン + HCl
（ベンゼン，塩素，**クロロベンゼン**）

クロロベンゼン + Cl_2 $\xrightarrow{\text{鉄粉}}$ *p*-ジクロロベンゼン + HCl
***p*-ジクロロベンゼン**（融点：54 ℃）

クロロベンゼンをさらに塩素化すると，*p*-ジクロロベンゼンが得られる。これは昇華性の無色の結晶で，衣類の防虫剤に用いられている。

防虫剤（*p*-ジクロロベンゼン）

B ニトロ化

ニトロ基 $-NO_2$ で置換する反応を**ニトロ化**という。

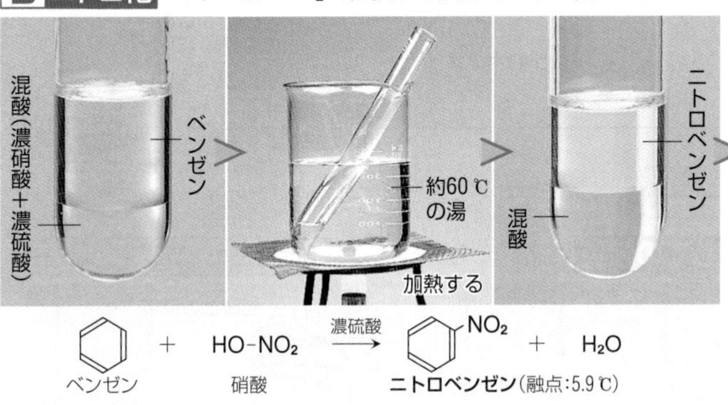

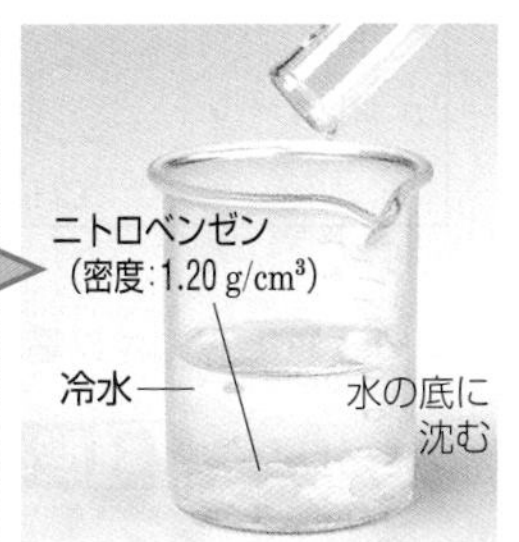

ベンゼン + HO−NO_2 $\xrightarrow{\text{濃硫酸}}$ ニトロベンゼン + H_2O
（ベンゼン，硝酸，**ニトロベンゼン**（融点：5.9 ℃））

ニトロベンゼンは淡黄色で中性の液体。特有の甘いにおいをもつ。水に溶けにくい。

その他の芳香族ニトロ化合物

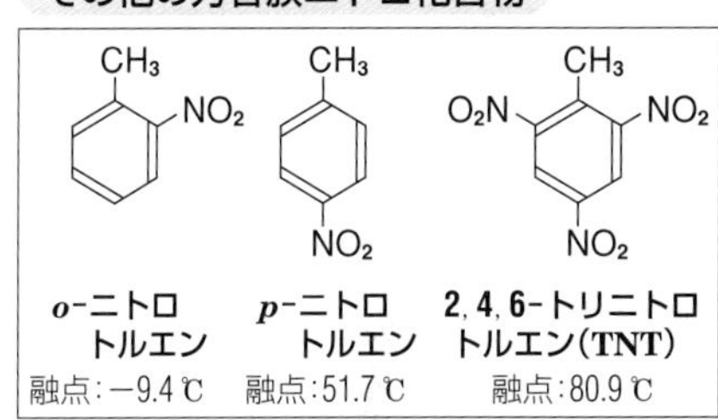

トルエンのニトロ化により得られる。2, 4, 6-トリニトロトルエン*（TNT）は爆薬に用いられている。*メチル基が結合している炭素原子を1とする。

C スルホン化

スルホ基 $-SO_3H$ で置換する反応を**スルホン化**という。

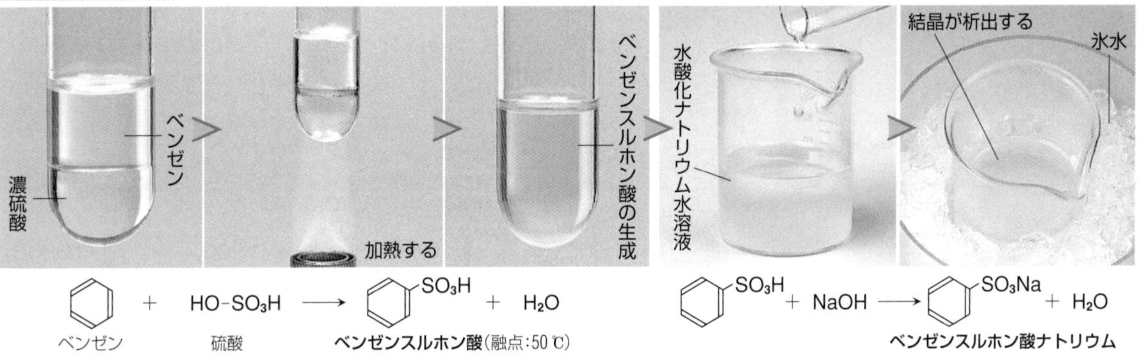

ベンゼン + HO−SO_3H ⟶ ベンゼンスルホン酸 + H_2O
（ベンゼン，硫酸，**ベンゼンスルホン酸**（融点：50 ℃））

ベンゼンスルホン酸 + NaOH ⟶ ベンゼンスルホン酸ナトリウム + H_2O

ベンゼンスルホン酸ナトリウム

ベンゼンスルホン酸は水に溶け，強い酸性を示す。潮解性が強いため，一般に塩として保存する。

4 ベンゼンの付加反応

ベンゼンは付加反応を起こしにくいが，触媒，紫外線照射などの条件下では付加反応を起こす。

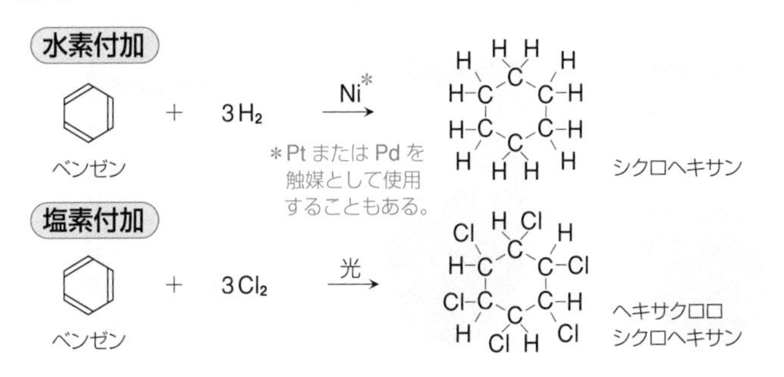

Episode ケクレの夢

ベンゼン環の構造は1865年，ケクレによって提唱された。当時，ファラデーによって発見されたベンゼン C_6H_6 の構造は解明されておらず，ケクレは非常に悩んでいた。ある日，ケクレは1匹のヘビが自分の尾をくわえてぐるぐる回る夢を見た。ケクレはそれをヒントに，6個の炭素原子が環状に結合している構造を思いついたと語っている。

ケクレ（ドイツ，1829～1896）

プチ雑学 ヘキサクロロシクロヘキサンは，ベンゼンヘキサクロリド（BHC）ともよばれ，かつて殺虫剤として使用されていた。しかし，毒性が強く，分解されにくいことから，現在は使用が禁止されている。

1 フェノール類

ベンゼン環の炭素原子に**ヒドロキシ基** -OH が結合した化合物。

A フェノールの構造

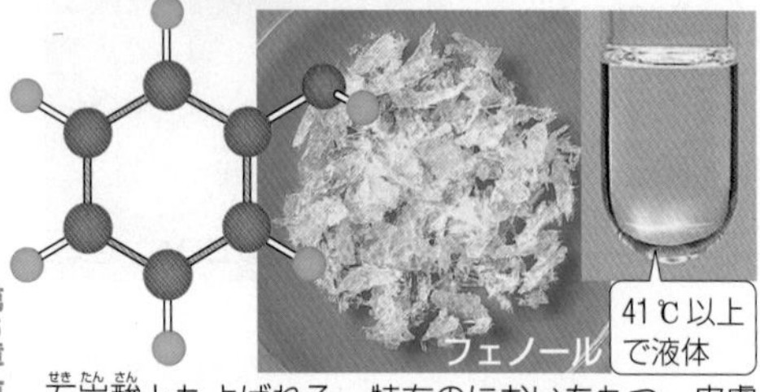

石炭酸（せきたんさん）ともよばれる。特有のにおいをもつ。皮膚を侵（おか）し，有毒である。分子間に水素結合（▶P.49）があるため同程度の分子量の芳香族炭化水素と比べて融点・沸点が高く，常温で無色の結晶である。

B おもなフェノール類

合成樹脂（▶P.241）や医薬，染料などに利用される。

名称	構造	融点(℃) 沸点(℃)	名称	構造	融点(℃) 沸点(℃)
フェノール	OH	41.0 181.8	1-ナフトール（α-ナフトール）	OH	96 288
o-クレゾール	OH, CH_3	31 191	2-ナフトール（β-ナフトール）	OH	122 296
m-クレゾール	OH, CH_3	11.9 202.7	サリチル酸	OH, COOH	159 昇華
p-クレゾール	OH, CH_3	34.7 201.9	ヒドロキノン	OH, OH	174 285*

クレゾールは殺菌消毒剤に利用

ナフトールは防腐剤に利用

＊0.96気圧における値。

o-クレゾール

1-ナフトール

サリチル酸

2 フェノール類の性質

フェノール類のヒドロキシ基は，アルコールのヒドロキシ基とは異なる性質を示す。

A 溶解性

水に少し溶け＊，**弱酸性**を示す。 例 フェノール

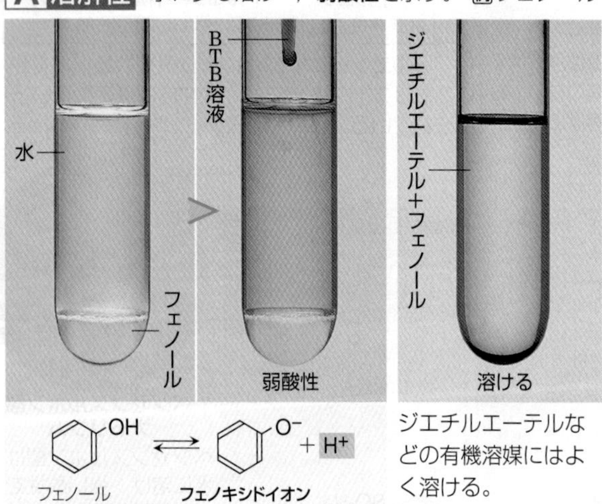

$$\text{フェノール} \rightleftarrows \text{フェノキシドイオン}\ (C_6H_5O^-) + H^+$$

ジエチルエーテルなどの有機溶媒にはよく溶ける。

＊溶解度：8.5 g/100 g水，20 ℃

B 酸としての性質

弱酸である。

酸性の強さ　炭酸＞フェノール

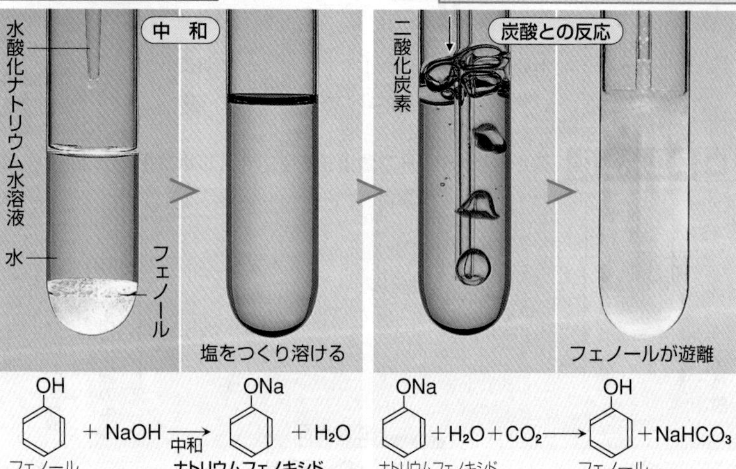

$$\text{フェノール} + NaOH \xrightarrow{\text{中和}} \text{ナトリウムフェノキシド}\ (C_6H_5ONa) + H_2O$$

$$\text{ナトリウムフェノキシド} + H_2O + CO_2 \longrightarrow \text{フェノール} + NaHCO_3$$

C 呈色反応

フェノール類は，塩化鉄(Ⅲ)水溶液と反応して青紫から赤紫の呈色反応を示す（フェノール類の検出）。

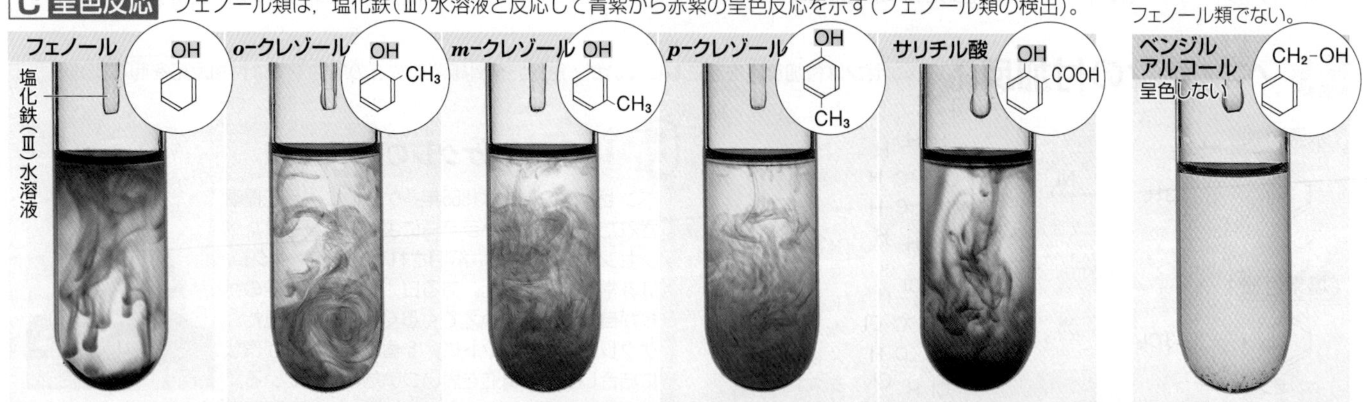

プチ雑学　木材を加熱し，発生させた煙を食材に当てる調理方法を燻製（くんせい）という。カシやナラなどから発生する煙にはフェノール類が含まれ，食材に独特の香りをつけるとともに，殺菌して保存性を高める働きをする。

Keywords ●フェノール phenol ●クメン法 cumene process

3 フェノールの反応

フェノールは反応性が大きく，ハロゲン化やニトロ化などの置換反応を起こしやすい。

A ハロゲン化

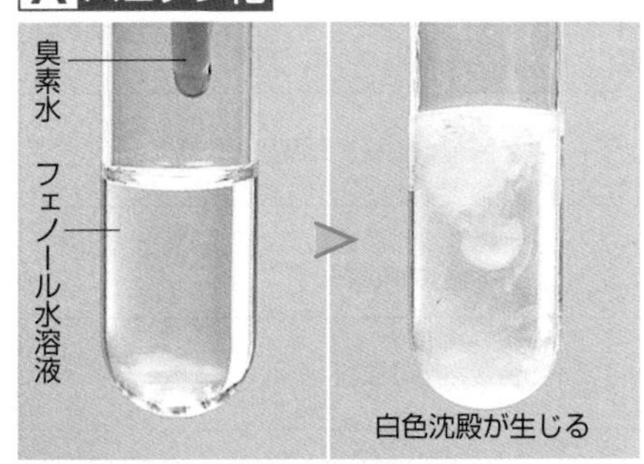

$$C_6H_5OH + 3Br_2 \longrightarrow C_6H_2Br_3OH + 3HBr$$

フェノール　　2,4,6-トリブロモフェノール

B ニトロ化

フェノールを濃硝酸でニトロ化する。 ⚠きわめて激しい反応である。

フェノール＋濃硫酸　濃硝酸　フェノール＋濃硫酸　加熱　ピクリン酸が生成　ピクリン酸

フェノールは -OH に対して，オルトやパラの位置の水素原子が置換されやすい。
ピクリン酸（融点：122.5℃）は爆薬として利用されていた。

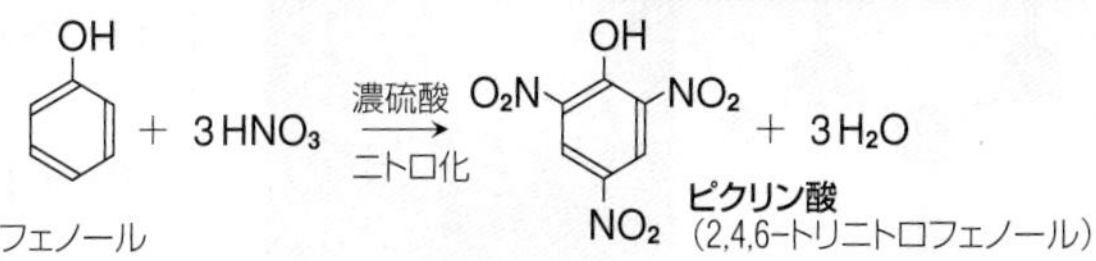

C ナトリウムとの反応

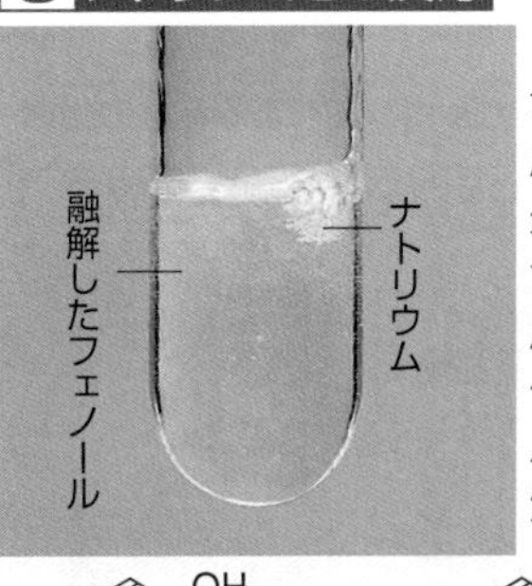

ヒドロキシ基は，ナトリウムと反応して水素を発生する。
ナトリウムとの反応やエステル化は，アルコールと共通した性質である。

$$2C_6H_5OH + 2Na \longrightarrow 2C_6H_5ONa + H_2\uparrow$$

フェノール　　ナトリウムフェノキシド

D エステル化

フェノールと無水酢酸を反応させると酢酸フェニルが生成する。

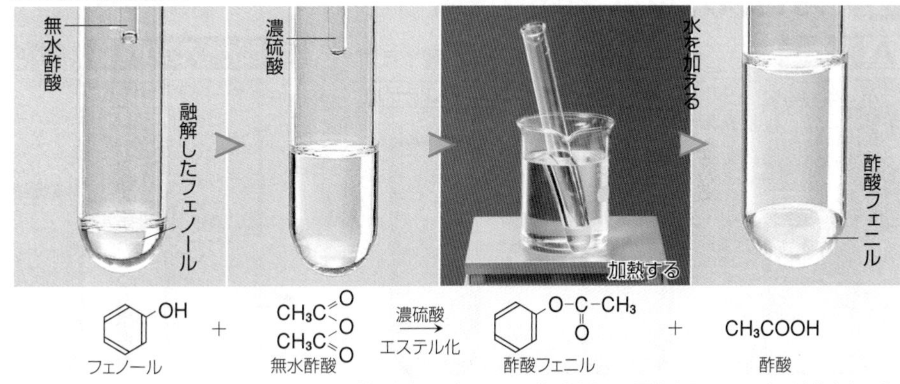

$$C_6H_5OH + (CH_3CO)_2O \xrightarrow[\text{エステル化}]{\text{濃硫酸}} C_6H_5\text{-O-CO-}CH_3 + CH_3COOH$$

フェノール　無水酢酸　酢酸フェニル　酢酸

※ヒドロキシ基の水素原子をアセチル基 $-COCH_3$ で置換するので，**アセチル化**ともいう。

4 フェノールの合成

フェノールは，実験室的にはナトリウムフェノキシドを経て合成される。

A 実験室的製法（アルカリ融解法）

加熱融解した水酸化ナトリウムに，ベンゼンスルホン酸ナトリウムを加え，加熱を続ける（**アルカリ融解**）。

放冷後，塩酸を加えると，フェノールが遊離する。

ジエチルエーテルでフェノールを抽出する。

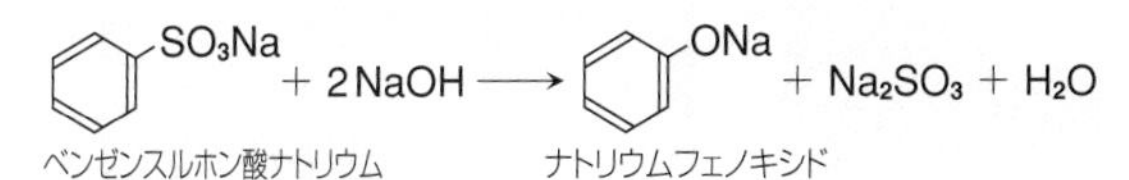

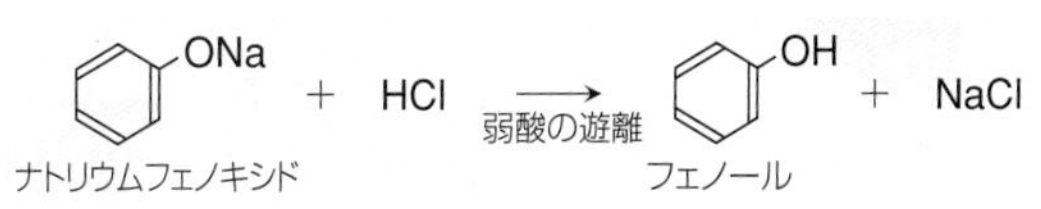

確認　塩化鉄(Ⅲ)水溶液

塩化鉄(Ⅲ)水溶液を加えると紫色に呈色する。

B 工業的製法

おもにベンゼンとプロペンからクメンを経て合成される（**クメン法**）。

➤P.271

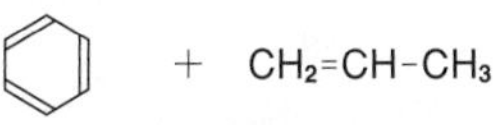

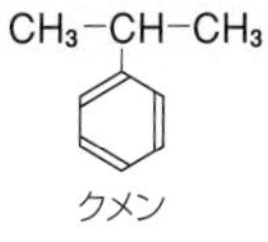

O₂ 酸化

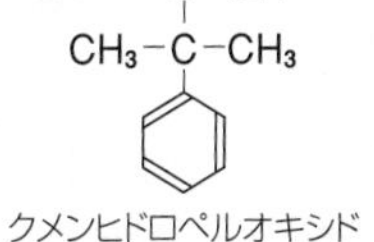

硫酸 分解

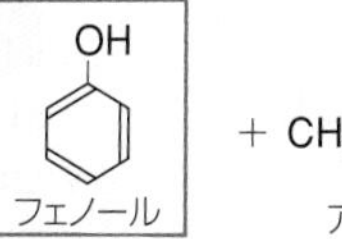

プチ雑学　ピクリン酸は強力な爆薬として使われていたが，不安定で誤爆しやすいため，より安定な 2, 4, 6-トリニトロトルエン（➤P.221）が代わりに使われるようになった。

芳香族カルボン酸

1 芳香族カルボン酸 常温では固体で，水に溶けにくい。

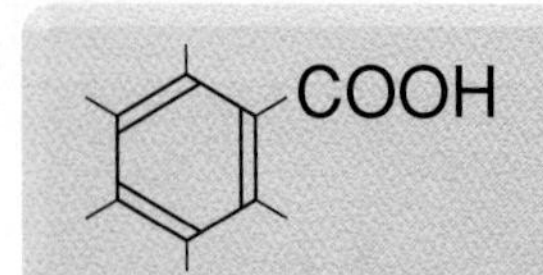

ベンゼン環の炭素原子に**カルボキシ基**が結合した化合物。

A 安息香酸の構造

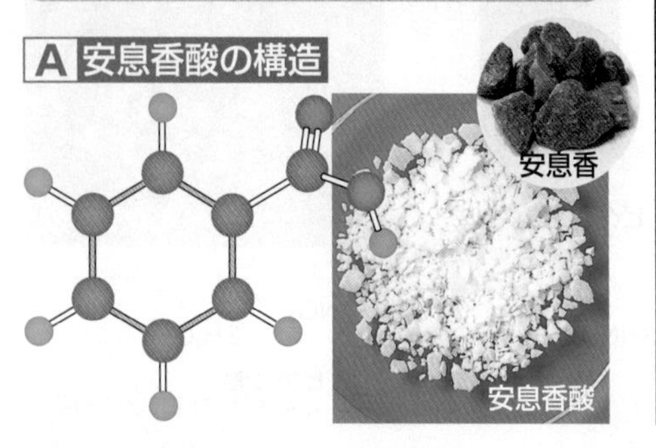

B おもな芳香族カルボン酸

名称	構造式	融点(℃)	用途
安息香酸	C_6H_5–COOH	123（100℃以下で昇華）	防腐剤，染料・医薬品の原料
フタル酸	C_6H_4(COOH)$_2$（オルト位）	234	無水フタル酸として，合成樹脂(アルキド樹脂)の原料
イソフタル酸	HOOC–C_6H_4–COOH（メタ位）	349	合成樹脂の原料
テレフタル酸	HOOC–C_6H_4–COOH（パラ位）	300(昇華)	ポリエチレンテレフタラート(ポリエステル▶P.238)の原料
サリチル酸	C_6H_4(OH)COOH（オルト位）	159	医薬品・香料・染料の原料

2 芳香族カルボン酸の性質 脂肪族カルボン酸の性質と似ている。

A 溶解性

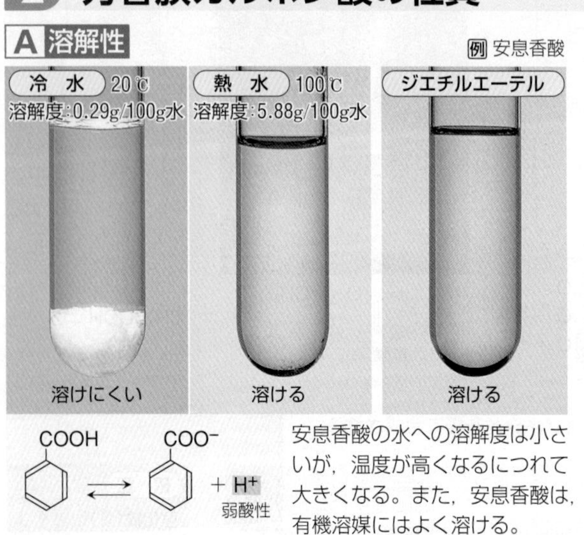

$C_6H_5COOH \rightleftarrows C_6H_5COO^- + H^+$ 弱酸性

安息香酸の水への溶解度は小さいが，温度が高くなるにつれて大きくなる。また，安息香酸は，有機溶媒にはよく溶ける。

B 酸としての性質

酸性の強さ 炭酸＜芳香族カルボン酸＜塩酸などの強酸

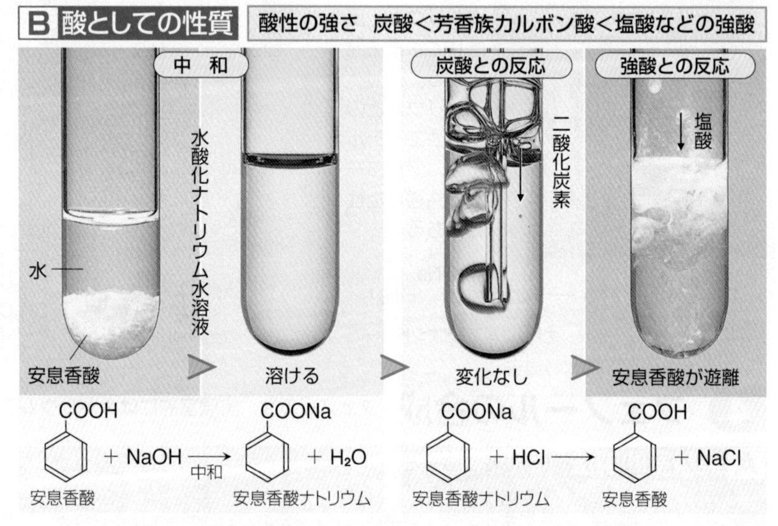

$C_6H_5COOH + NaOH \xrightarrow{中和} C_6H_5COONa + H_2O$
安息香酸 → 安息香酸ナトリウム

$C_6H_5COONa + HCl \longrightarrow C_6H_5COOH + NaCl$
安息香酸ナトリウム → 安息香酸

3 安息香酸の合成 ベンゼン環に結合した炭化水素基は，酸化されてカルボキシ基になりやすい。

$C_6H_5CH_3 \xrightarrow{KMnO_4,\ KOH} C_6H_5COOK$
トルエン → 安息香酸カリウム（塩基性水溶液中で，過マンガン酸カリウムで酸化する。）

$C_6H_5COOK \xrightarrow{HCl} C_6H_5COOH$
安息香酸カリウム → 安息香酸（塩酸などの強酸を加えて遊離させる。）

プチ雑学 現在のイランにあたるアルサケス朝パルティアを，古代中国では安息とよんだ。安息から輸入して香料として用いた樹脂(安息香)から得られた結晶を，安息香酸とよぶようになったといわれている。

Keywords ▶ ●芳香族カルボン酸 aromatic carboxylic acid ●安息香酸 benzoic acid ●フタル酸 phthalic acid
●サリチル酸 salicylic acid ●サリチル酸メチル methyl salicylate
●アセチルサリチル酸 acetylsalicylic acid

4 フタル酸 2価の芳香族カルボン酸。イソフタル酸，テレフタル酸の異性体が存在する。

A フタル酸とテレフタル酸

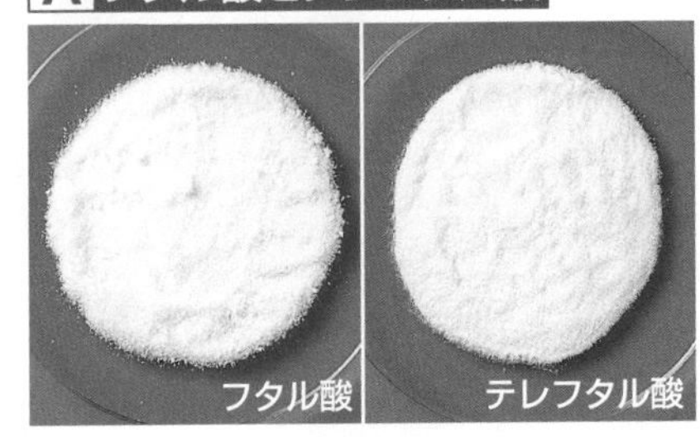

フタル酸 $\xrightarrow[\text{加熱}]{\text{脱水反応}}$ 無水フタル酸 ＋ H_2O

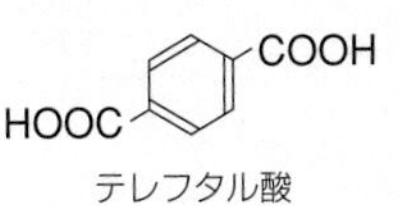

テレフタル酸 ✕ 脱水されない

テレフタル酸は2個のカルボキシ基が離れているため，酸無水物は生じにくい。

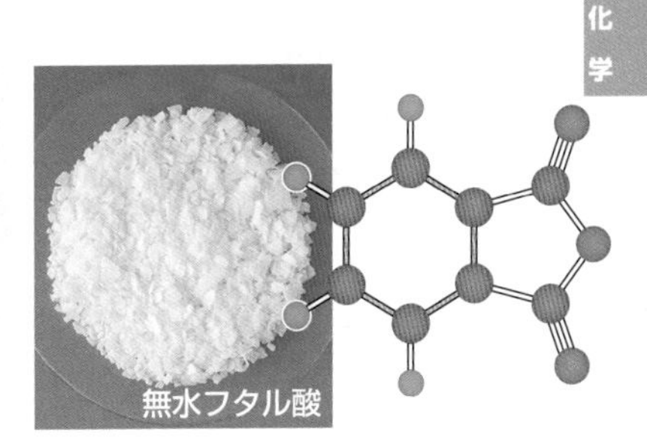

5 サリチル酸 フェノール性のヒドロキシ基をもつ芳香族カルボン酸。

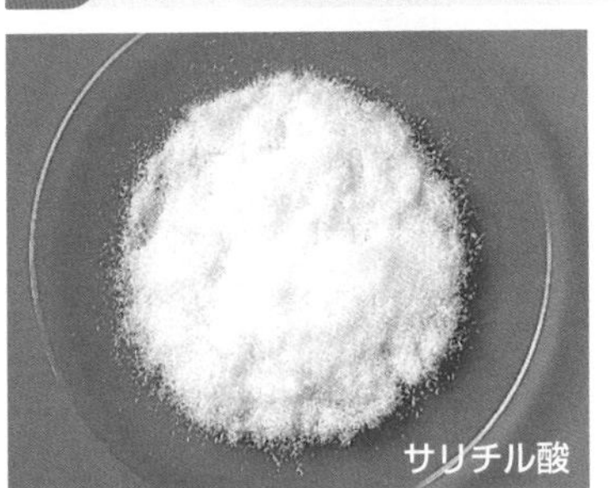

カルボン酸としての性質
- 炭酸より強い酸性を示す
- アルコールと反応してエステルをつくる

フェノール類としての性質
- 塩化鉄(Ⅲ)水溶液で紫色に呈色
- 無水酢酸と反応してエステルをつくる*

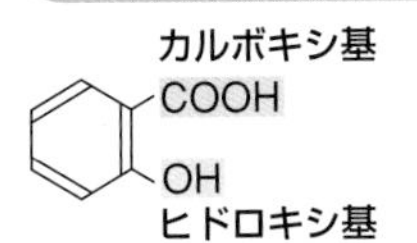

＊この反応はエステル化であるが，ヒドロキシ基の水素原子をアセチル基-$COCH_3$で置換するので，**アセチル化**ともいう。

分子内にカルボキシ基とヒドロキシ基をもつので，カルボン酸とフェノール類の両方の性質を示す。

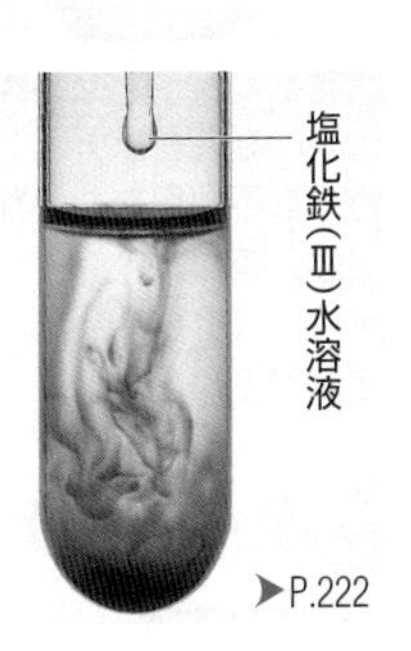

▶P.222

A エステル化 サリチル酸メチルの合成 カルボン酸として働く。メタノール(アルコール)と反応してエステルをつくる。

サリチル酸 ＋ メタノール CH_3OH $\xrightarrow[\text{エステル化}]{\text{濃硫酸}}$ **サリチル酸メチル** ＋ H_2O

炭酸水素ナトリウム水溶液で未反応のサリチル酸と硫酸は中和され，油状のサリチル酸メチルが遊離する。

サリチル酸メチルは，特有の芳香をもつ無色の液体(融点 −8.3 ℃)。消炎・鎮痛作用があり，外用塗布剤として利用されている。

B アセチル化 アセチルサリチル酸の合成 フェノール類として働く。無水酢酸と反応してエステルをつくる。

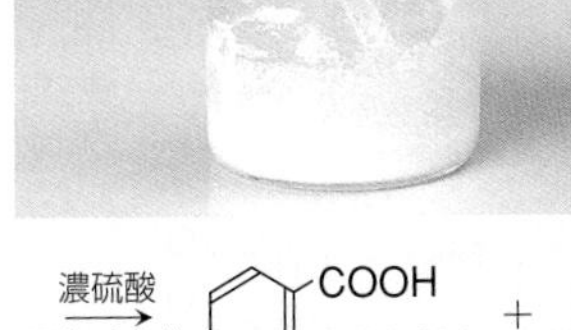

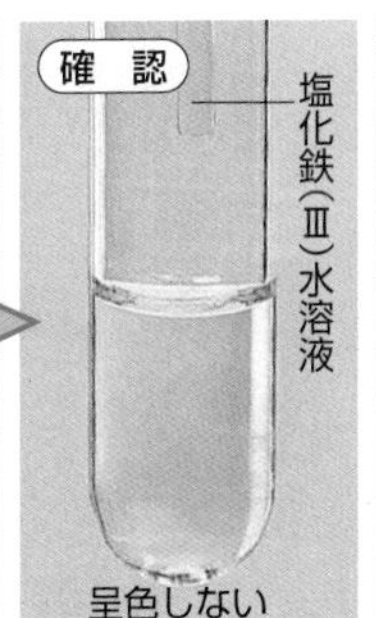

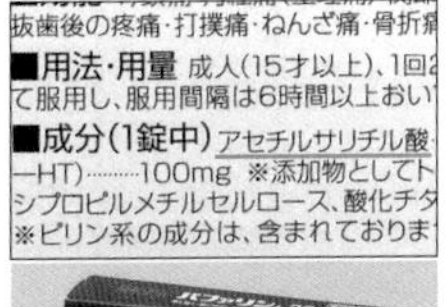

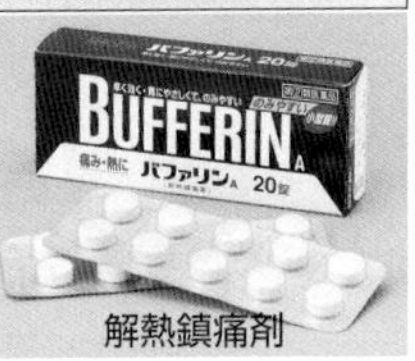

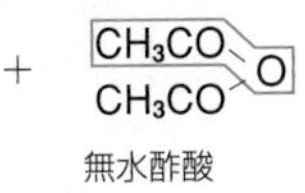

サリチル酸 ＋ 無水酢酸 $(CH_3CO)_2O$ $\xrightarrow[\text{アセチル化}]{\text{濃硫酸}}$ **アセチルサリチル酸** ＋ 酢酸 CH_3COOH

冷水に難溶のアセチルサリチル酸が析出する。

アセチルサリチル酸は無色の結晶(融点 135 ℃)。解熱鎮痛剤として広く利用されている。▶P.228

プチ雑学 1969年，人類が初めて月面に着陸したとき，アポロ11号の救急箱にアセチルサリチル酸(商品名はアスピリン)が入れられていた。気圧の変化により起こる宇宙飛行士の頭痛に効果を発揮したという。

芳香族アミン

1 アニリン

アンモニアの水素原子を炭化水素基で置換した化合物をアミンといい，炭化水素基が芳香族のものを芳香族アミンという。

アニリンの構造式

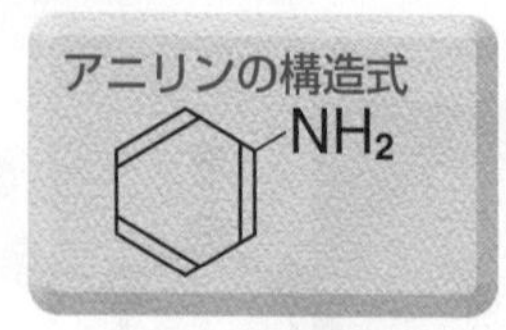

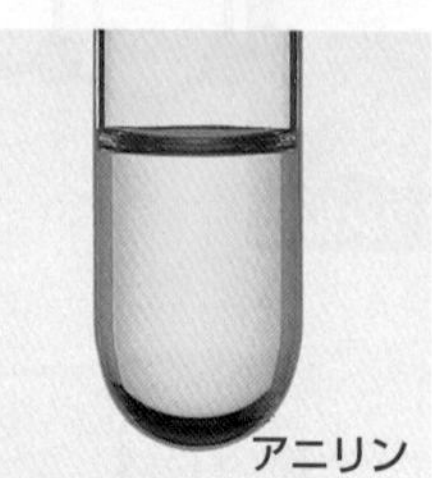

代表的な芳香族アミン。特異な不快臭をもつ無色の液体。有毒。
融点：−6.0℃　沸点：184.6℃
密度：1.03 g/cm³

A アニリンの合成　ニトロベンゼン（▶P.221）の還元

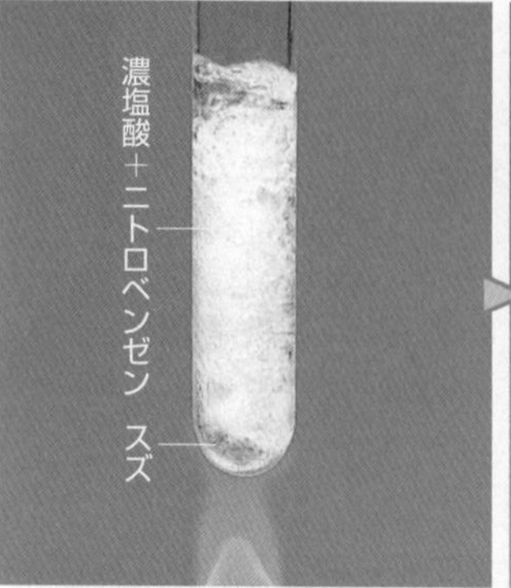

おだやかに加熱する。生成したアニリンは塩酸塩となっている。

水酸化ナトリウム水溶液に注ぎ，塩基性にしてアニリンを遊離させる。

アニリンをジエチルエーテルで抽出し，分離する。

ジエチルエーテルを蒸発させると，アニリンが得られる。

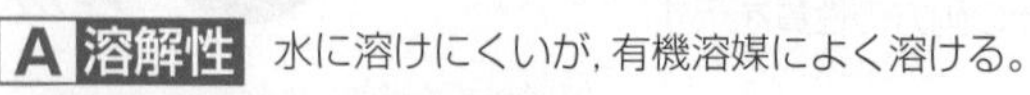

ニトロベンゼン（NO_2）—HCl, Sn（還元）→ アニリン塩酸塩（NH_3Cl）—NaOH（弱塩基の遊離）→ アニリン（NH_2）

2 アニリンの性質と反応

水にわずかに溶け，弱塩基性を示す。

A 溶解性　水に溶けにくいが，有機溶媒によく溶ける。

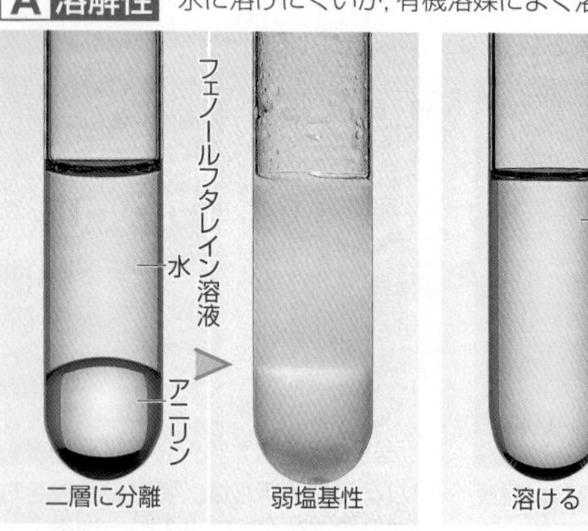

B 塩基としての性質　塩基性の強さ　アニリン<NaOH

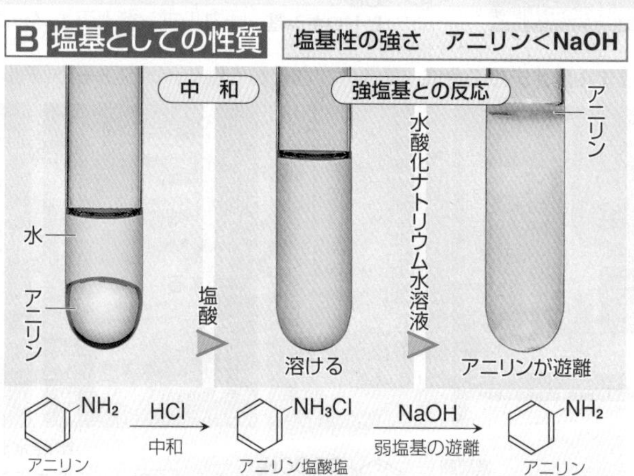

アニリン（NH_2）—HCl（中和）→ アニリン塩酸塩（NH_3Cl）—NaOH（弱塩基の遊離）→ アニリン（NH_2）

C 検出反応

さらし粉（▶P.147）で酸化されると赤紫色を呈する。

D 酸化反応性　酸化されやすい。

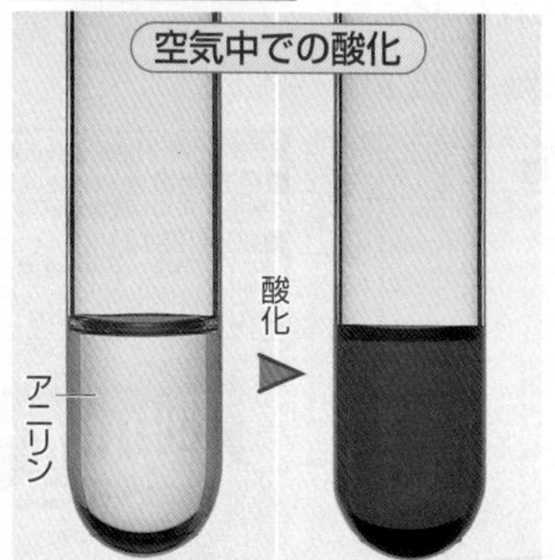

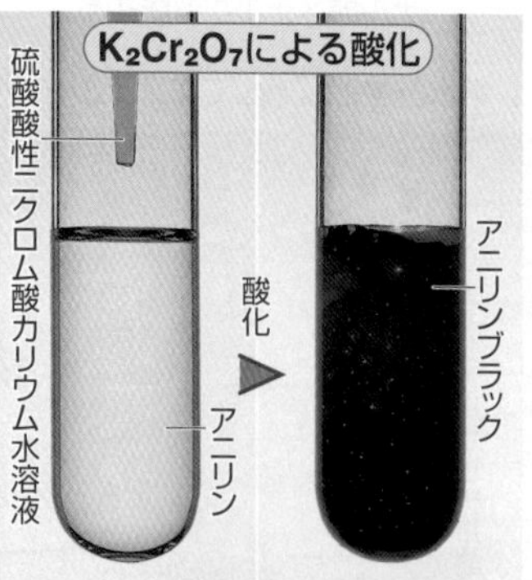

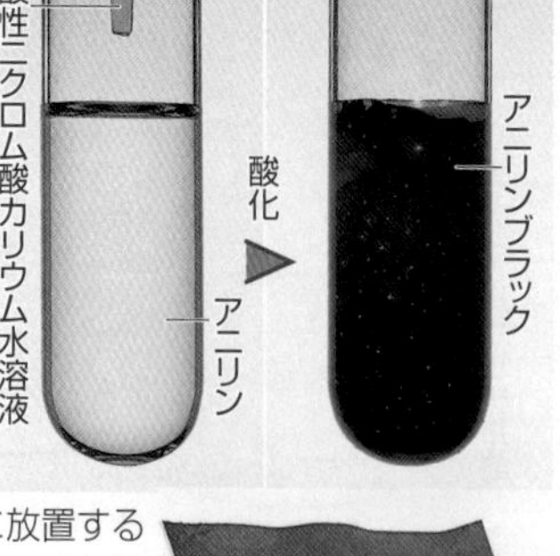

アニリンは本来無色であるが，空気中に放置すると酸化されて褐色を呈する。
硫酸酸性のニクロム酸カリウム水溶液によって酸化されると，黒色の**アニリンブラック**になる。アニリンブラックは黒色染料として利用される。

E アセチル化

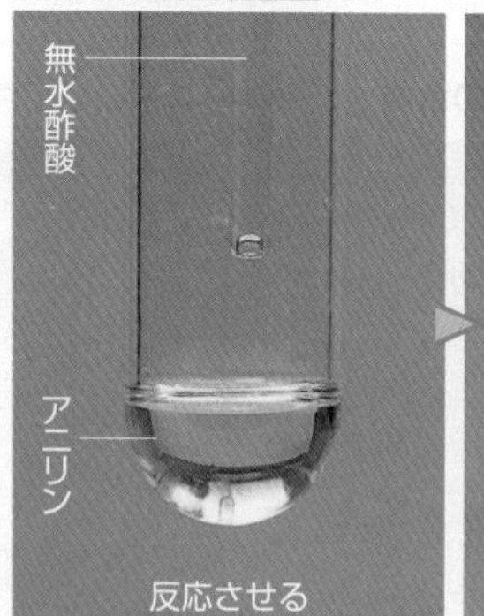

アセトアニリドは，解熱剤として利用されていたが，現在は使用されていない。

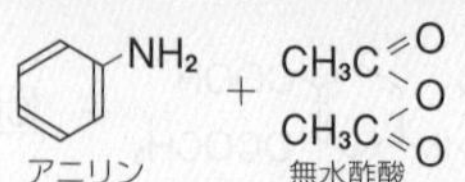

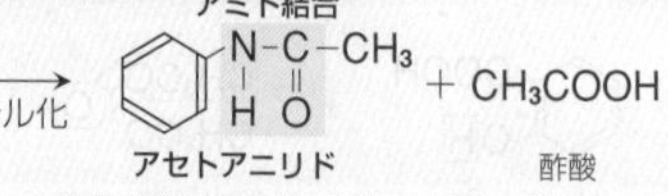

アニリン + 無水酢酸 $(CH_3CO)_2O$ —アセチル化→ アセトアニリド（アミド結合 $-N(H)-C(=O)-CH_3$）+ CH_3COOH（酢酸）

-CO-NH-を**アミド結合**といい，この結合をもつ化合物を**アミド**という。

プチ雑学　アニリンは，藍色を呈する天然染料であるインジゴを加熱して得られたことから，スペイン語の anil（藍）にちなんで名づけられた。

Keywords ●**芳香族アミン** aromatic amine ●**アニリン** aniline ●**アゾ化合物** azo compound ●**ジアゾ化** diazotization ●**ジアゾカップリング** diazo coupling ●**アゾ染料** azo dye

3 アゾ化合物 分子中にアゾ基 -N=N- をもつ化合物

A ジアゾ化 アニリンのような芳香族アミンと亜硝酸が反応してジアゾニウム塩が生成する反応

アニリンを塩酸に溶かし，氷冷する。

別に氷冷しておいた亜硝酸ナトリウム水溶液を加える。

塩化ベンゼンジアゾニウムが生成する。

$$C_6H_5NH_2 + 2HCl + NaNO_2 \xrightarrow{\text{ジアゾ化}} C_6H_5N^+{\equiv}NCl^- + NaCl + 2H_2O$$

アニリン　塩酸　亜硝酸ナトリウム　**塩化ベンゼンジアゾニウム**

ジアゾニウム塩の性質

ジアゾニウム塩は熱に不安定。水溶液を加熱するとフェノールを生じ，ジアゾニウム塩と反応するため色が変化する。

$$C_6H_5N^+{\equiv}NCl^- + H_2O \xrightarrow{5℃以上} C_6H_5OH + N_2\uparrow + HCl$$

塩化ベンゼンジアゾニウム　フェノール

B ジアゾカップリング ジアゾニウム塩とフェノール類または芳香族アミンが結合して**アゾ化合物**が生成する反応

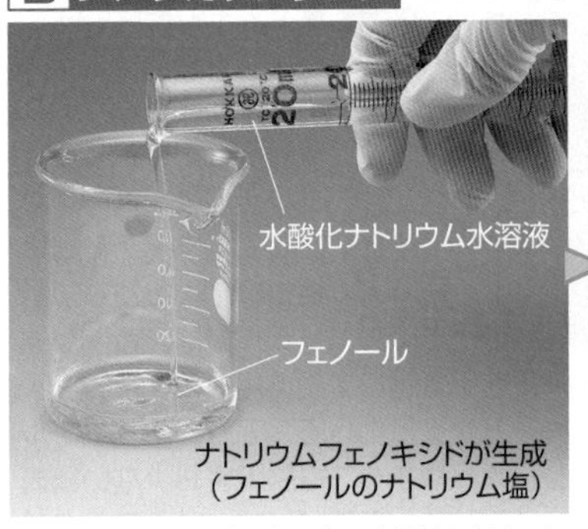

フェノールを水酸化ナトリウム水溶液に溶かす。

布をナトリウムフェノキシド水溶液に浸す。

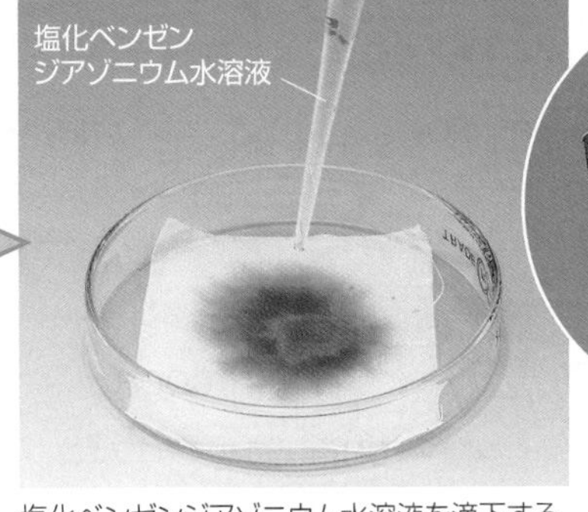

塩化ベンゼンジアゾニウム水溶液を滴下する。

水洗いし，乾燥させる。布は橙赤色に染色されている。

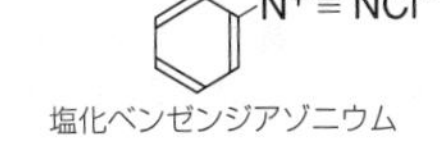

$$C_6H_5N^+{\equiv}NCl^- + C_6H_5ONa \xrightarrow{\text{ジアゾカップリング}} C_6H_5{-}N{=}N{-}C_6H_4{-}OH + NaCl$$

塩化ベンゼンジアゾニウム　ナトリウムフェノキシド　アゾ基　***p*-ヒドロキシアゾベンゼン(*p*-フェニルアゾフェノール)**

4 アゾ染料 芳香族アゾ化合物は，鮮やかな色をもっているので，染料や指示薬などとして広く利用されている。

ジアゾカップリングする化合物	*o*-クレゾール + 塩化ベンゼンジアゾニウム	1-ナフトール + 塩化ベンゼンジアゾニウム	2-ナフトール + 塩化ベンゼンジアゾニウム	サリチル酸 + 塩化ベンゼンジアゾニウム	ジメチルアニリン + 塩化ベンゼンスルホン酸ジアゾニウム
構造式	2-メチル-4-フェニルアゾフェノール	4-フェニルアゾ-1-ナフトール	1-フェニルアゾ-2-ナフトール	5-フェニルアゾサリチル酸	4'-ジメチルアミノアゾベンゼン-4-スルホン酸ナトリウム(**メチルオレンジ**) ▶P.73
染色した布					

 指示薬のメチルオレンジ，メチルレッドはアゾ化合物である。中性や塩基性では橙黄色や黄色を呈し，酸性になるとH^+が付加して構造が変わり，赤色を呈するようになる。

医薬品

1 医薬品とその働き

医薬品は，体内で起こる反応を促進または阻害する化学物質である。

A 医薬品

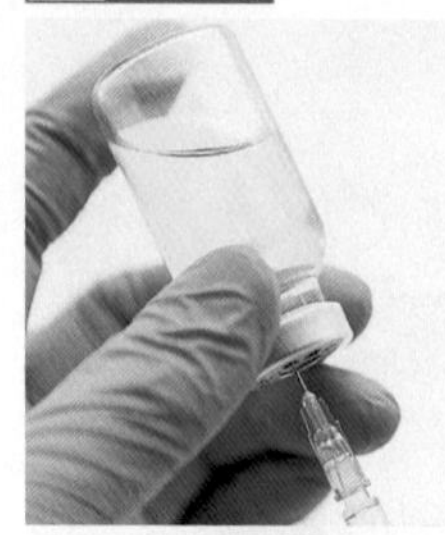

ヒトや動物の病気の診断・治療・予防を行うための薬品を**医薬品**という。

B 薬理作用

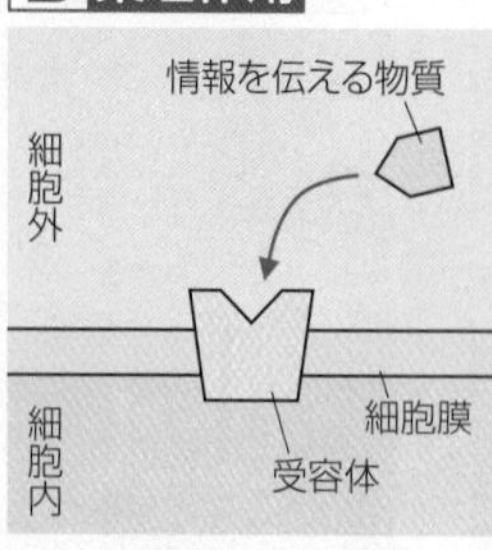

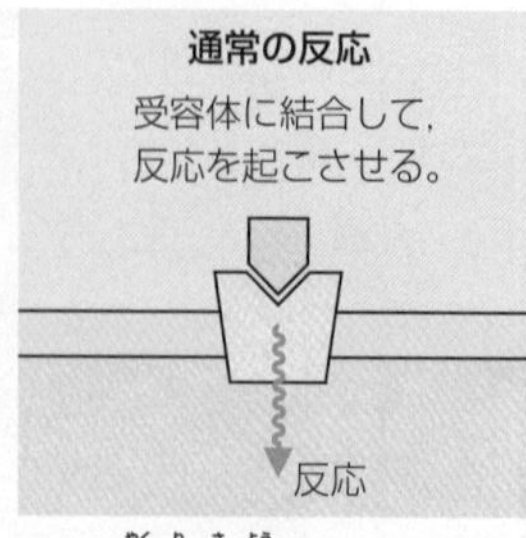

医薬品が生命活動におよぼす変化を**薬理作用**という。体内では，ホルモンや神経伝達物質などの物質が，それぞれの**受容体**に結合することで情報を伝え，生命活動の働きを調節している。そのような情報伝達に影響を与えることで，薬理作用が生じる。また，胃液を中和するなど，化学的な作用をもつものもある。

2 対症療法薬

病気による症状や苦痛を緩和する。体力の消耗をおさえ，治療に役立てる。

A 解熱・鎮痛・消炎剤

アセトアミノフェン

解熱鎮痛作用がある。炎症を抑える作用(消炎作用)は弱い。アセトアミノフェンは，**アセトアニリド**の誘導体である(➤P.226)。

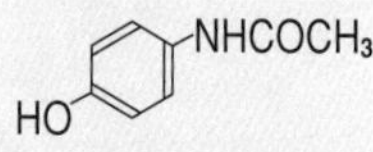

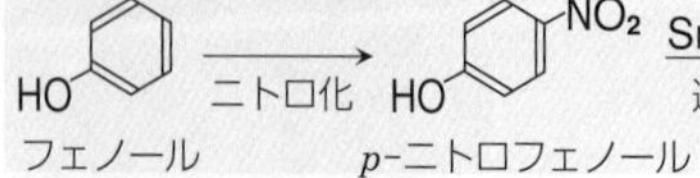

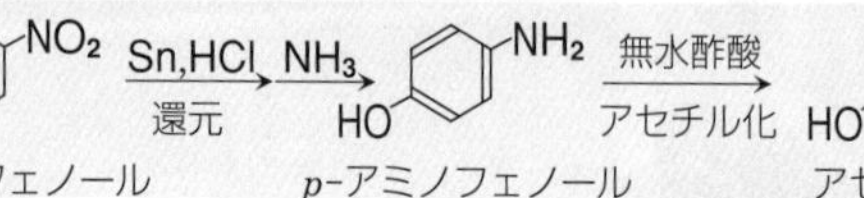

ロキソプロフェン

解熱鎮痛作用，**消炎作用**がある。湿布薬などにも使われる。

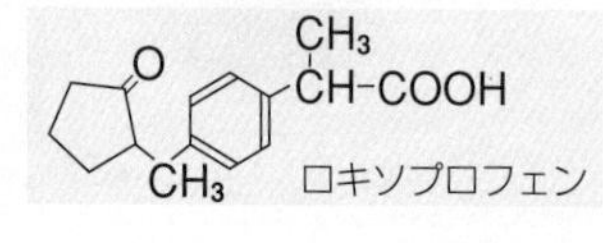

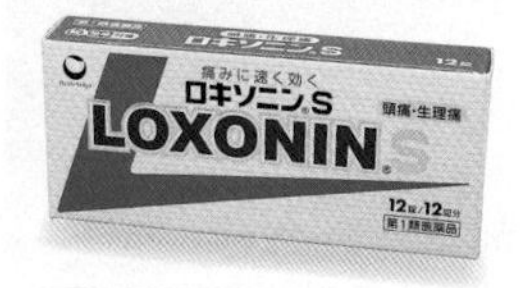

アセチルサリチル酸 ➤P.225

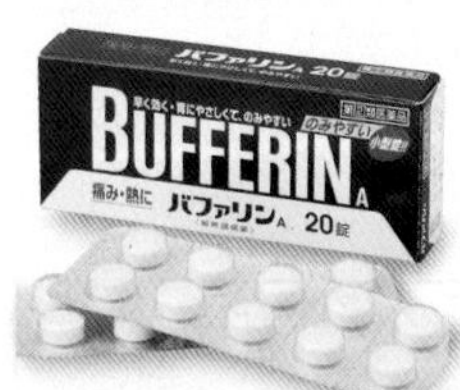

解熱鎮痛剤

解熱鎮痛作用，**消炎作用**がある。血液を固まりにくくする作用もあり，血栓を防ぐ効果もある。広く使われているが，小児や高齢者は，副作用に特に注意が必要とされる。

サリチル酸メチル ➤P.225

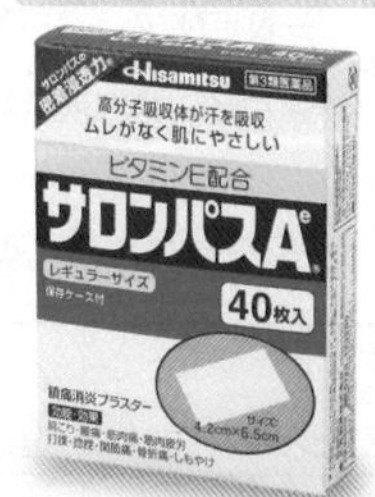

消炎作用，**鎮痛作用**がある。関節痛や筋肉痛，打撲などの症状を緩和する。塗り薬や湿布薬などがある。歯磨き粉やチューインガムの香料として使われることがある。

アセチルサリチル酸（COOH, $OCOCH_3$） ← 無水酢酸（$CH_3CO-O-COCH_3$） アセチル化 ― サリチル酸（COOH, OH） ― CH_3OH メタノール エステル化 → サリチル酸メチル（$COOCH_3$, OH）

B 消化剤・制酸剤

ジアスターゼ

ジアスターゼは，デンプンを分解する消化酵素**アミラーゼ**(➤P.257)の別名。食物の消化を助ける働き(**消化作用**)がある。麦芽からはじめて抽出された。

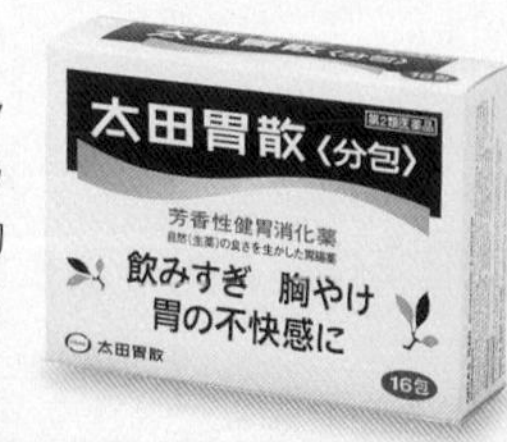

炭酸水素ナトリウム

胃液は強い酸性であるため，胃の粘膜などを痛めることがある。炭酸水素ナトリウム$NaHCO_3$や酸化マグネシウムMgO，水酸化アルミニウム$Al(OH)_3$などの塩基性化合物で中和して，胃炎などの症状を緩和する。

探究の歴史 医薬品の開発

ヤナギ

●ヤナギの樹皮には，古くから鎮痛作用があることが知られていた。その成分を分析して，サリチル酸が痛み止めとしてリウマチなどに使われた。しかし，サリチル酸は，苦味が強く，胃腸障害を引き起こす副作用もあった。サリチル酸をアセチル化して，アセチルサリチル酸にすると，飲みやすく，胃腸障害も少ない鎮痛剤ができた(1897年)。アスピリンという商品名で広く使われるようになった。

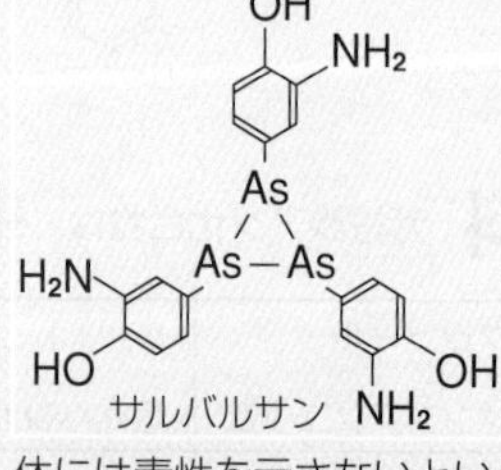

●ドイツのエールリヒは，日本の秦佐八郎とともに，梅毒の特効薬であるサルバルサンを開発した(1910年)。人体に侵入した病原菌に対しては毒性を示し，人体には毒性を示さないという選択毒性をもつ化学物質を，病気の治療に使うというエールリヒの考えは，**化学療法**の礎となった。

●大村智(2015年ノーベル賞受賞)は，さまざまな場所から採取した土壌を調べて，微生物がつくる有益な物質を多数発見し，そのような物質をもとにイベルメクチン(抗寄生虫薬)などの医薬品を開発した。天然には，多彩な化学構造をもつさまざまな物質があり，医薬品の開発には欠かせないものになっている。

●本庶佑(2018年ノーベル賞受賞)は，細胞の基礎研究をもとにがん治療薬であるオプジーボを開発した。生命現象の解明が新しい医薬品を生んだ。

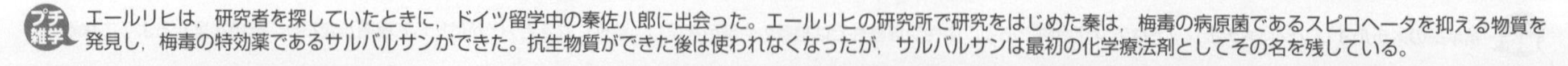

プチ雑学 エールリヒは，研究者を探していたときに，ドイツ留学中の秦佐八郎に出会った。エールリヒの研究所で研究をはじめた秦は，梅毒の病原菌であるスピロヘータを抑える物質を発見し，梅毒の特効薬であるサルバルサンができた。抗生物質ができた後は使われなくなったが，サルバルサンは最初の化学療法剤としてその名を残している。

3 化学療法薬 病気の原因に働いてそれをとり除き，完全な治療を行う。

A 抗生物質 微生物が生産し，ほかの微生物の発育を阻害する物質を**抗生物質**という。現在は化学合成する方法もとられる。

ペニシリン

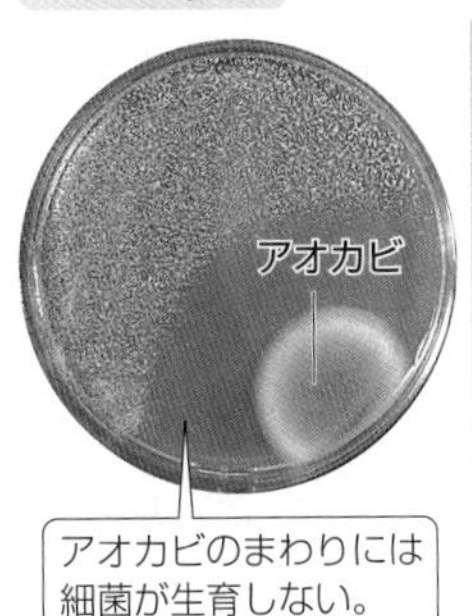

アオカビのまわりには細菌が生育しない。

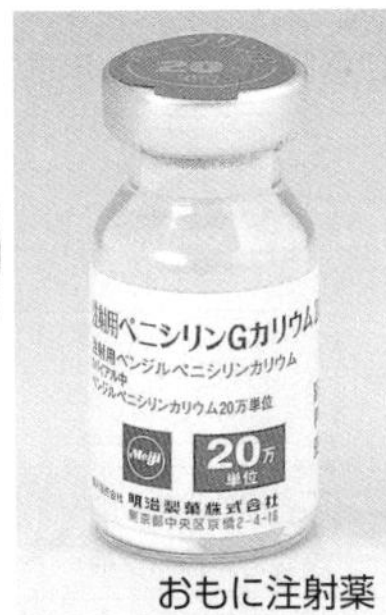

おもに注射薬

ペニシリンG

細菌の増殖を抑える(**抗菌作用**)。アオカビがつくる物質から発見された医薬品。細菌の細胞壁をつくる酵素の働きを阻害する。動物の細胞には細胞壁がないため，動物への害は小さい。

ストレプトマイシン

結核などの治療に使用。

テトラサイクリン

肺炎や皮膚感染症の治療に使用。

細菌のタンパク質合成を阻害し，細菌の増殖を抑える(**抗菌作用**)。ペニシリンが効かない細菌に対して有効である。

B サルファ剤 スルファニルアミド骨格をもつ物質の総称。

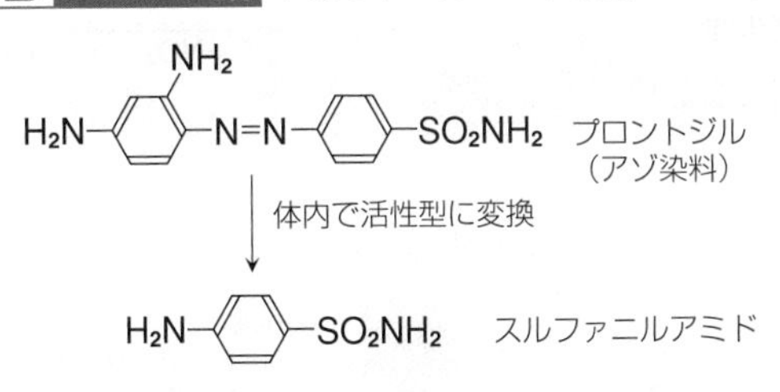

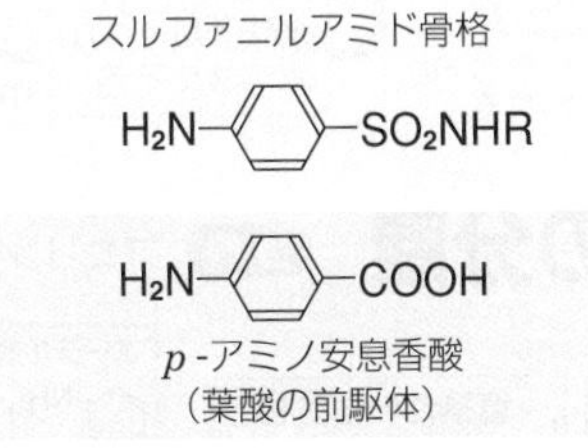

感染症の治療にアゾ染料(➤P.227)のプロントジルが有効であることから，スルファニルアミドに**抗菌作用**があることがわかった。細菌の生育に必要な葉酸の前駆体である p-アミノ安息香酸に似た分子構造をもち，葉酸を合成する酵素の働きを阻害する。

C 薬剤耐性

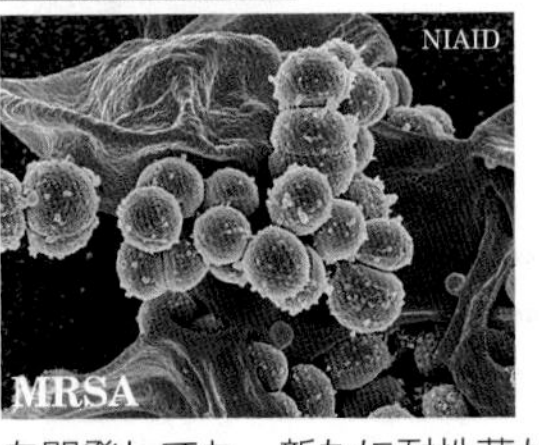

サルファ剤や抗生物質などの抗菌剤を使い続けると，突然変異などによって抗菌剤が効かない細菌が現れる。これを**耐性菌**という。この耐性菌に効く抗菌剤を開発しても，新たに耐性菌が現れる。また，複数の抗菌剤に耐性のあるMRSA，VREなどの細菌も出現し，問題となっている。このため，抗菌剤をむやみに使用しないことが重要である。

4 医薬品の益と害 薬品は化学物質であり，薬理作用と副作用をあわせもっている。

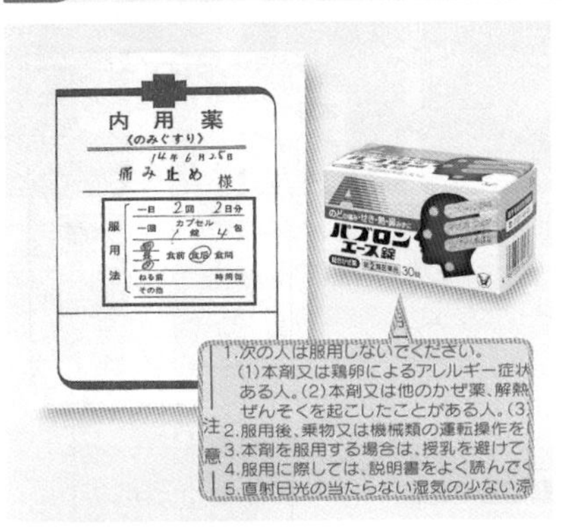

飲む時間や使用量，注意事項を守ることで，目的とした効果を得ることができる。

使用量 薬には適量があり，多すぎると害になる。

例 からだの機能調節に必要な栄養素であるビタミンも，過剰摂取により副作用がある。ビタミンA：頭痛・めまい など

目的以外の作用 目的以外の作用が出ることがある。

例 風邪薬に含まれる抗ヒスタミン剤によって，眠くなる。

薬どうし，食品との飲み合わせ

薬アレルギー

食品との飲み合わせ

グレープフルーツと**降圧剤**(カルシウム拮抗剤，血圧を下げる薬)をともにとると，グレープフルーツに含まれる成分が薬の分解を抑えるため，薬の効果が強くなる。

グレープフルーツ

納豆と**抗凝固薬**(ワーファリン，血液が固まるのを抑える薬)をともにとると，納豆に含まれるビタミンKが，血液を固まらせる作用をもつため，薬の効果が弱くなる。

納豆

Column 神経に働く医薬品 依存性があり，神経系の働きを破壊するため，使用が制限されている。

ケシの実

モルヒネ

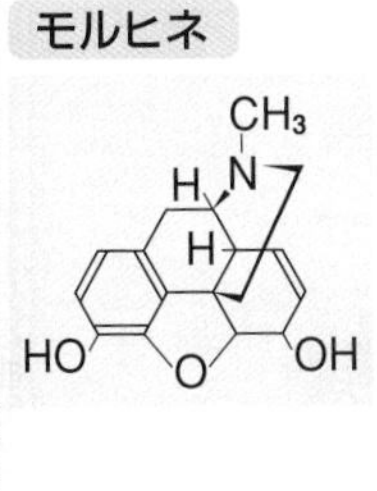

鎮痛作用がある。中枢神経の受容体に結合し，痛みの伝達物質の放出が抑制される。
ケシの実の麻酔作用は古くから知られていた。ケシの実から採取した乳液でアヘンがつくられ，アヘンからモルヒネが単離精製された。モルヒネは人工合成もできるようになった。

エンケファリン

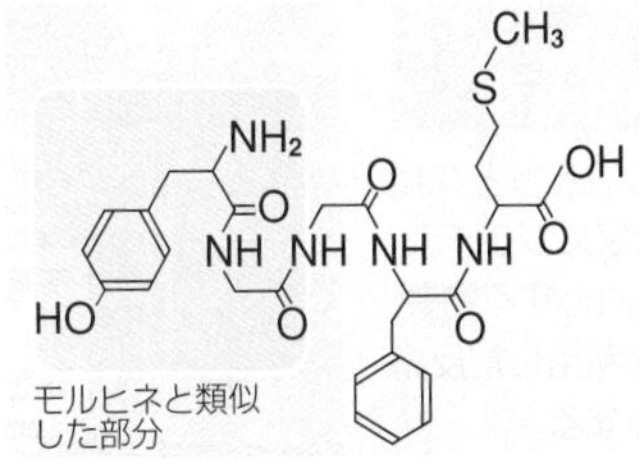

モルヒネと類似した部分

エンケファリンは，もともと脳に存在する鎮痛作用をもった物質である。モルヒネはエンケファリンと構造の一部が似ているため，同じ受容体に結合して同じ作用をする。

プチ雑学 「薬」の意味をもつ英語には，medicine と drug があるが，drug は一般に「麻薬」の意味で使われることが多いので，病気の治療のための薬には medicine を使うほうがよい。

特集実験 有機化合物の分離・確認

分離の原理

1 水に不溶な酸・塩基は中和すると水に溶ける。

酸を加える→塩基が水層へ移動
塩基を加える→酸が水層へ移動

2 酸の強弱によって分離する。

弱酸の塩 ＋ 強酸 ⟶ 強酸の塩 ＋ 弱酸

【酸性の強さ】
塩酸，スルホン酸＞カルボン酸＞炭酸＞フェノール類

1 分離の方法

官能基の性質の違いを利用することにより，有機化合物を分離することができる。

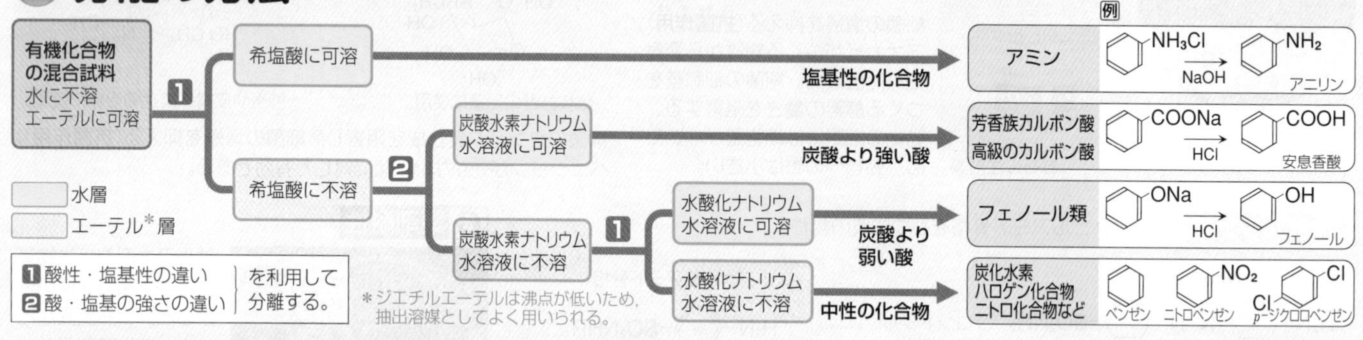

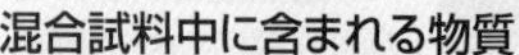

水層
エーテル* 層

1 酸性・塩基性の違い
2 酸・塩基の強さの違い
を利用して分離する。

＊ジエチルエーテルは沸点が低いため，抽出溶媒としてよく用いられる。

2 官能基による有機化合物の分離

目的 アニリン，フェノール，サリチル酸，*p*-ジクロロベンゼンの混合物

混合試料中に含まれる物質

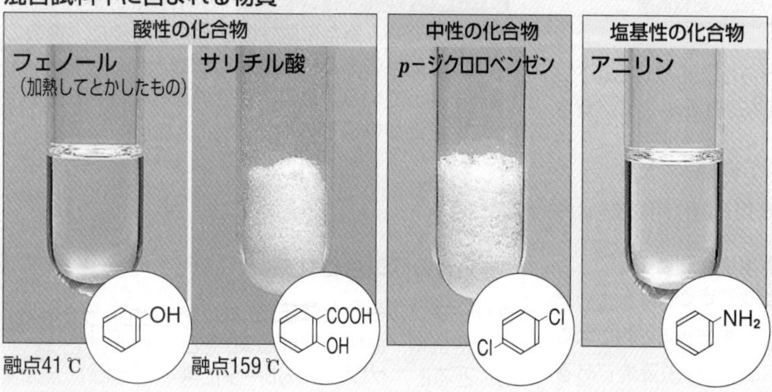

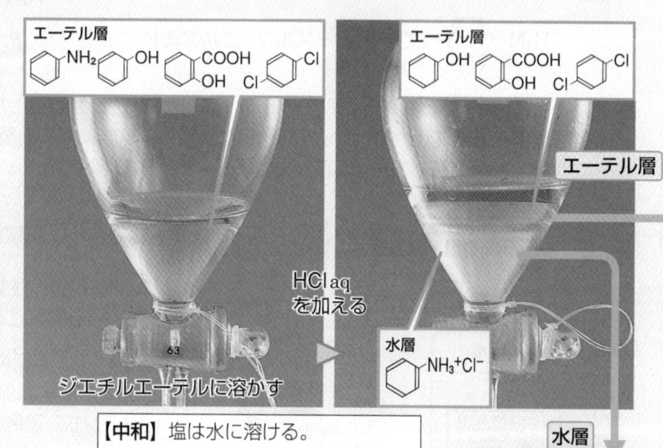

【中和】塩は水に溶ける。

アニリン ＋ HCl ⟶ アニリン塩酸塩

水層

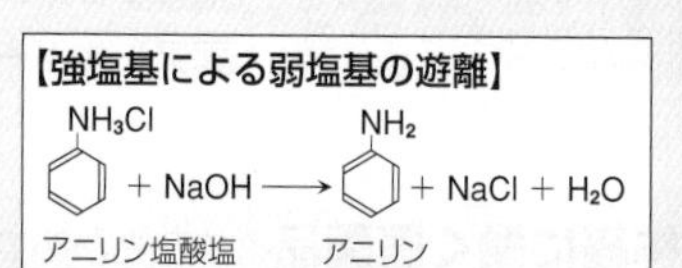

【強塩基による弱塩基の遊離】

アニリン塩酸塩 ＋ NaOH ⟶ アニリン ＋ NaCl ＋ H_2O

NaOHaqを加える

アニリン

エーテル抽出

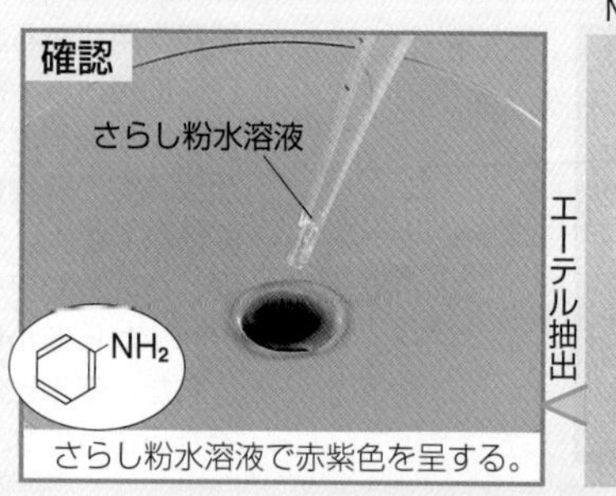

さらし粉水溶液で赤紫色を呈する。

分液ろうとを用いた抽出の原理

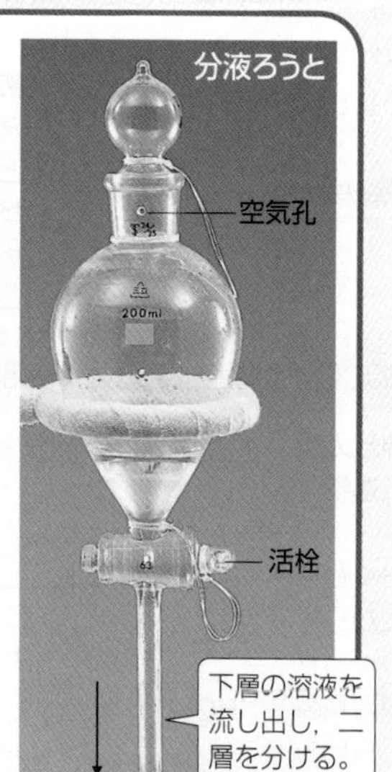

液体混合物からの抽出は，一般に分液ろうとを用いて行う(▶P.19)。ここでは有機溶媒にジエチルエーテル(沸点：34.5 ℃)を用い，目的とする物質のみを中和反応や酸・塩基の強弱を利用した反応によって塩にし，水層に移して分離する。

有機化合物の特性は官能基によって決まり，溶解性の差も官能基の違いによって生じる。
物質の溶解性の差を利用すると，混合物から目的とする物質のみを分離することができる。

1 水に不溶な酸と塩基の分離

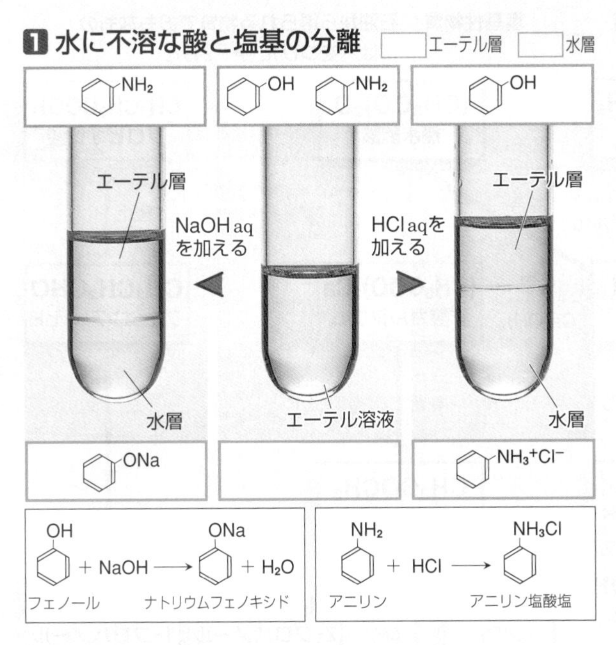

OH + NaOH ⟶ ONa + H_2O
フェノール　ナトリウムフェノキシド

NH₂ + HCl ⟶ NH₃Cl
アニリン　アニリン塩酸塩

2 酸の強弱による分離

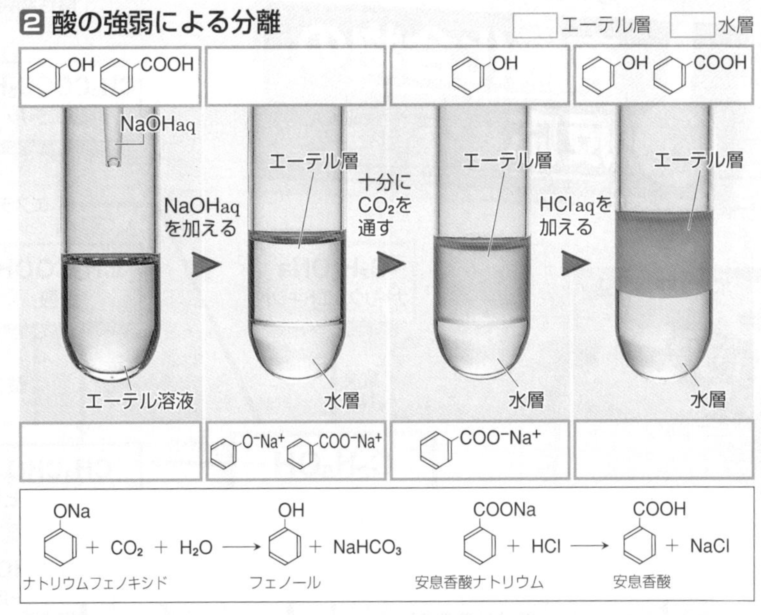

ONa + CO_2 + H_2O ⟶ OH + $NaHCO_3$
ナトリウムフェノキシド　フェノール

COONa + HCl ⟶ COOH + NaCl
安息香酸ナトリウム　安息香酸

から各物質を抽出によって分離する。

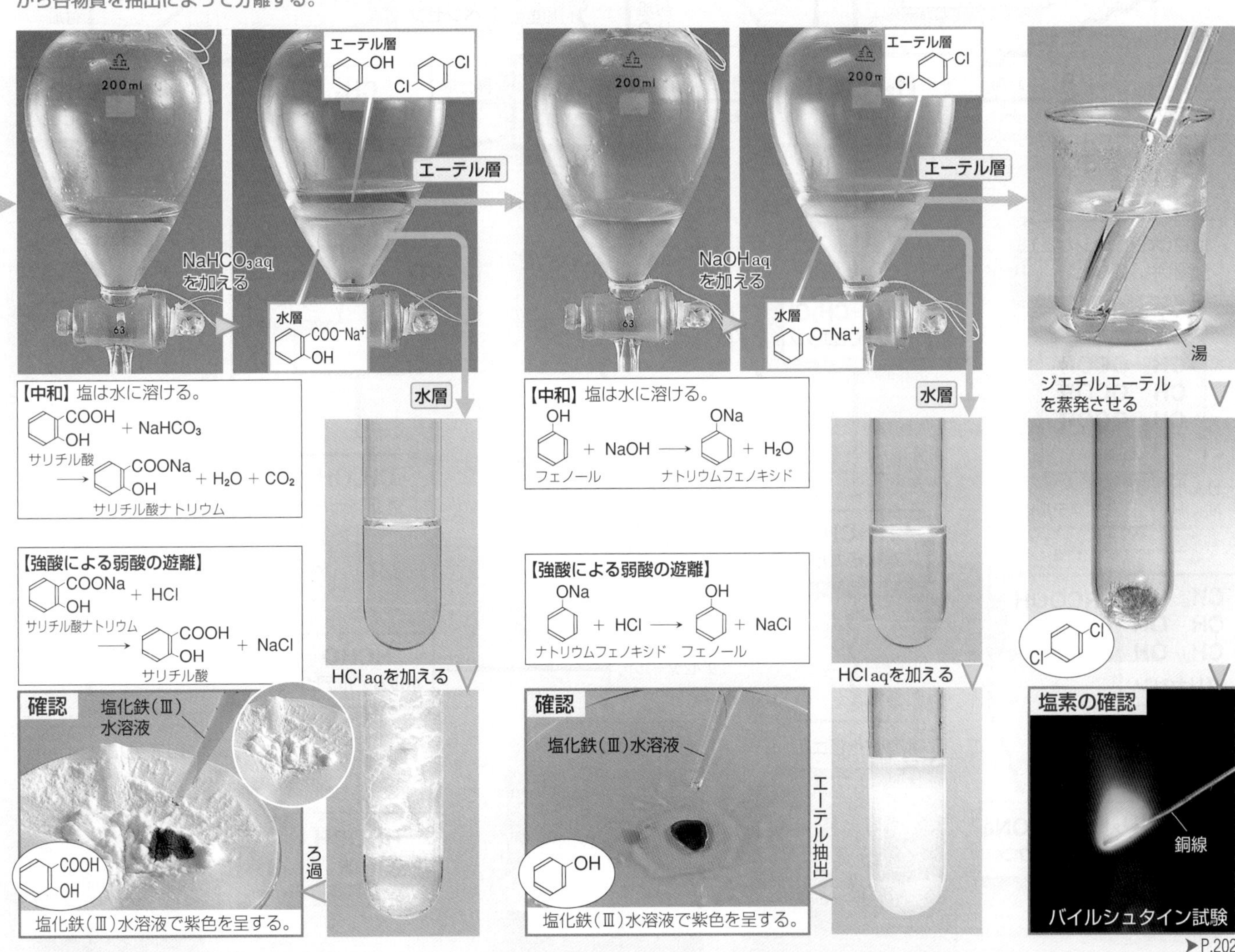

【中和】塩は水に溶ける。
COOH OH（サリチル酸） + $NaHCO_3$ ⟶ COONa OH（サリチル酸ナトリウム） + H_2O + CO_2

【強酸による弱酸の遊離】
COONa OH（サリチル酸ナトリウム） + HCl ⟶ COOH OH（サリチル酸） + NaCl

塩化鉄(Ⅲ)水溶液で紫色を呈する。

【中和】塩は水に溶ける。
OH（フェノール） + NaOH ⟶ ONa（ナトリウムフェノキシド） + H_2O

【強酸による弱酸の遊離】
ONa（ナトリウムフェノキシド） + HCl ⟶ OH（フェノール） + NaCl

塩化鉄(Ⅲ)水溶液で紫色を呈する。

▶P.202

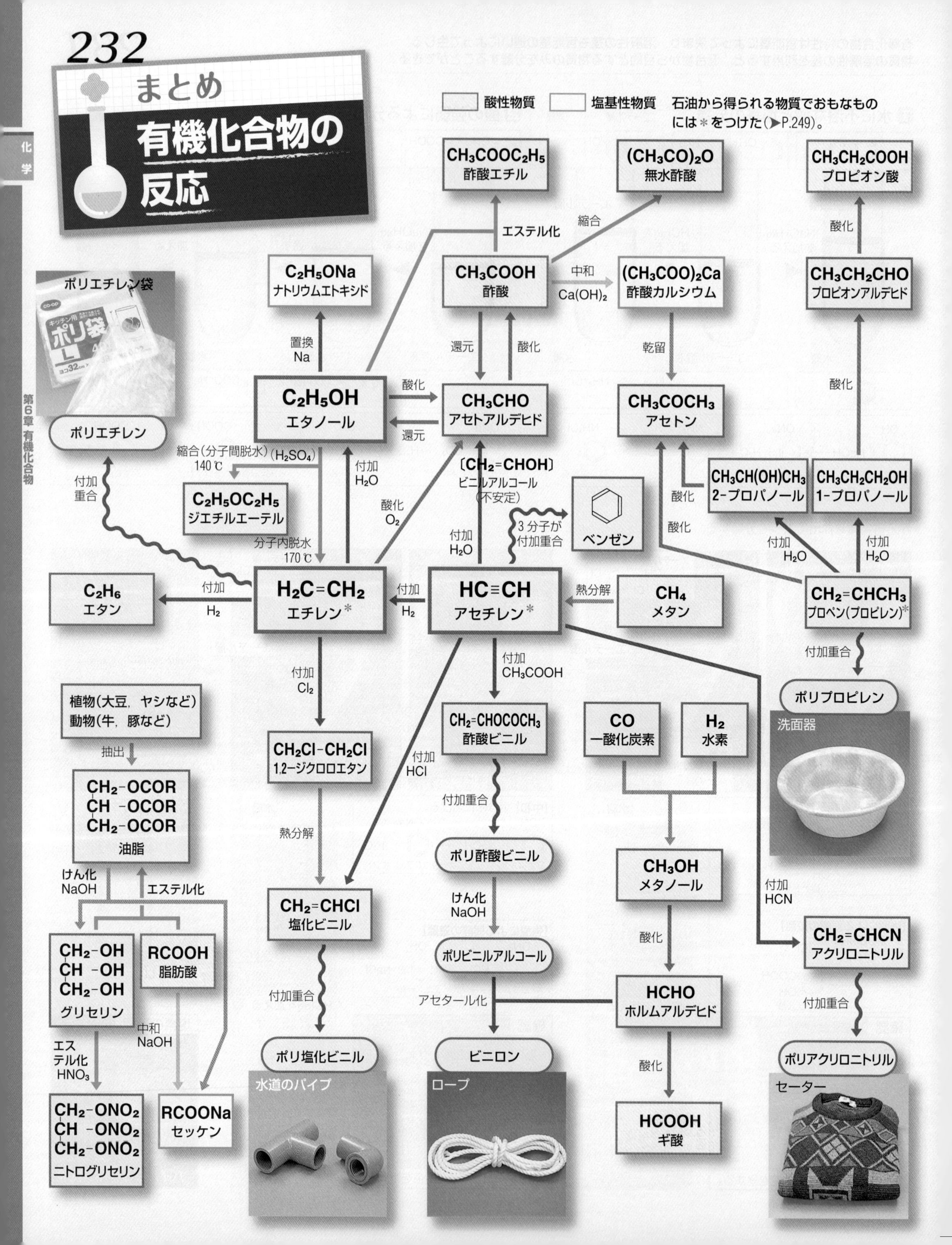
まとめ
有機化合物の反応
化学
第6章 有機化合物
酸性物質
塩基性物質
石油から得られる物質でおもなものには＊をつけた(▶P.249)。
CH3COOC2H5
酢酸エチル
(CH3CO)2O
無水酢酸
CH3CH2COOH
プロピオン酸
エステル化
縮合
酸化
ポリエチレン袋
C2H5ONa
ナトリウムエトキシド
CH3COOH
酢酸
中和
Ca(OH)2
(CH3COO)2Ca
酢酸カルシウム
CH3CH2CHO
プロピオンアルデヒド
置換
Na
還元
酸化
乾留
酸化
C2H5OH
エタノール
CH3CHO
アセトアルデヒド
CH3COCH3
アセトン
還元
ポリエチレン
縮合(分子間脱水)(H2SO4)
140℃
付加
H2O
〔CH2=CHOH〕
ビニルアルコール
(不安定)
CH3CH(OH)CH3
2-プロパノール
CH3CH2CH2OH
1-プロパノール
付加
重合
C2H5OC2H5
ジエチルエーテル
酸化
O2
付加
H2O
3分子が
付加重合
ベンゼン
酸化
酸化
分子内脱水
170℃
付加
H2O
付加
H2O
C2H6
エタン
付加
H2
H2C=CH2
エチレン＊
付加
H2
HC≡CH
アセチレン＊
熱分解
CH4
メタン
CH2=CHCH3
プロペン(プロピレン)＊
付加
Cl2
付加
CH3COOH
付加重合
植物(大豆，ヤシなど)
動物(牛，豚など)
抽出
CH2-OCOR
CH -OCOR
CH2-OCOR
油脂
CH2Cl-CH2Cl
1,2-ジクロロエタン
付加
HCl
CH2=CHOCOCH3
酢酸ビニル
CO
一酸化炭素
H2
水素
ポリプロピレン
洗面器
熱分解
付加重合
ポリ酢酸ビニル
CH3OH
メタノール
けん化
NaOH
エステル化
CH2=CHCl
塩化ビニル
けん化
NaOH
付加
HCN
CH2-OH
CH -OH
CH2-OH
グリセリン
RCOOH
脂肪酸
ポリビニルアルコール
酸化
CH2=CHCN
アクリロニトリル
付加重合
アセタール化
HCHO
ホルムアルデヒド
付加重合
中和
NaOH
エス
テル化
HNO3
ポリ塩化ビニル
ビニロン
酸化
ポリアクリロニトリル
水道のパイプ
ロープ
セーター
CH2-ONO2
CH -ONO2
CH2-ONO2
ニトログリセリン
RCOONa
セッケン
HCOOH
ギ酸

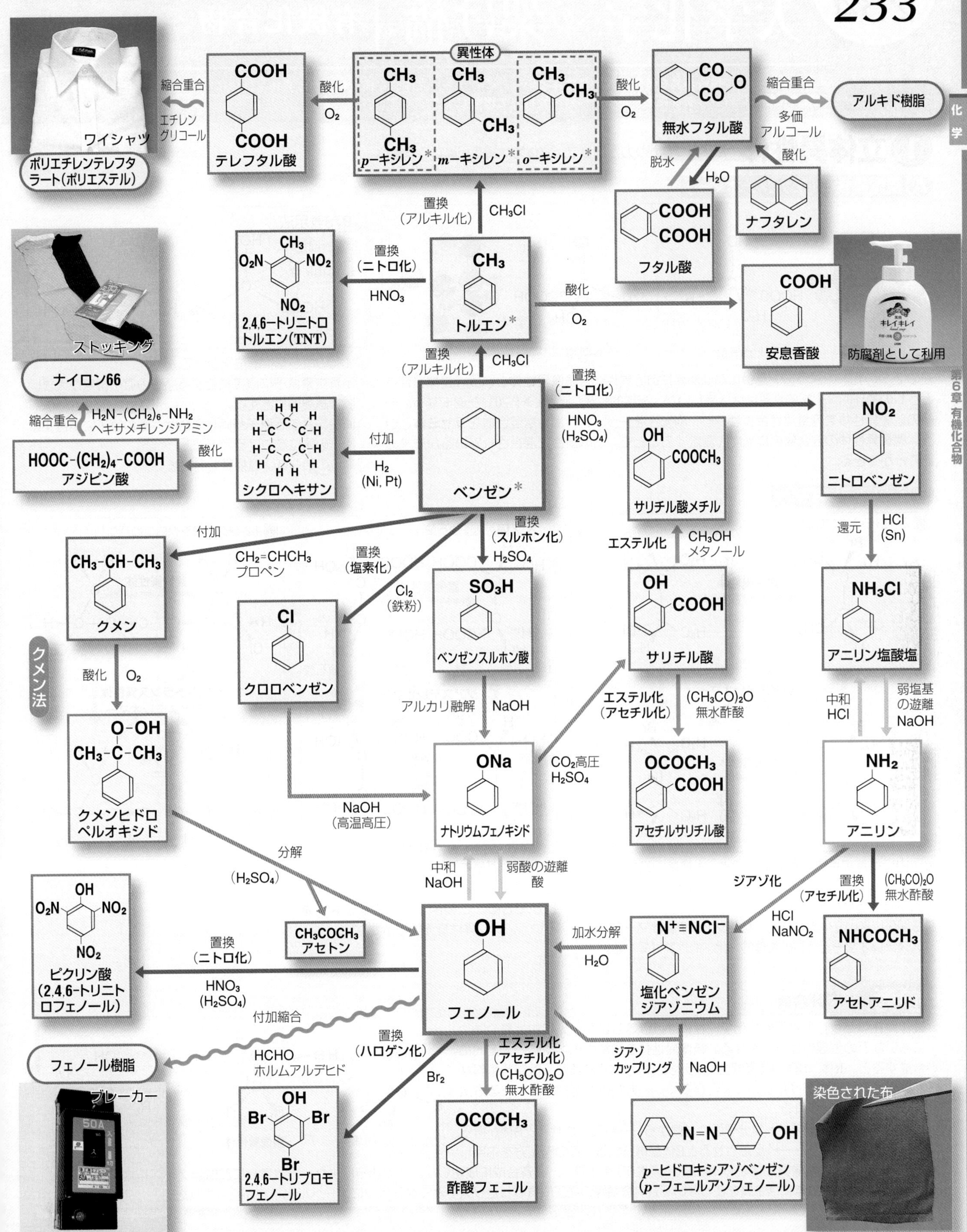

ワイシャツ
ポリエチレンテレフタラート（ポリエステル）
縮合重合
エチレングリコール
COOH
COOH
テレフタル酸
酸化
O_2
異性体
CH_3
CH_3
p−キシレン*
CH_3
CH_3
m−キシレン*
CH_3
CH_3
o−キシレン*
酸化
O_2
CO
CO
O
無水フタル酸
縮合重合
多価アルコール
アルキド樹脂
脱水
H_2O
COOH
COOH
フタル酸
酸化
ナフタレン
置換（アルキル化）
CH_3Cl
ストッキング
ナイロン66
CH_3
O_2N
NO_2
NO_2
2,4,6−トリニトロトルエン（TNT）
置換（ニトロ化）
HNO_3
CH_3
トルエン*
酸化
O_2
COOH
安息香酸
防腐剤として利用
キレイキレイ
置換（アルキル化）
CH_3Cl
置換（ニトロ化）
HNO_3（H_2SO_4）
NO_2
ニトロベンゼン
縮合重合
$H_2N-(CH_2)_6-NH_2$
ヘキサメチレンジアミン
$HOOC-(CH_2)_4-COOH$
アジピン酸
酸化
シクロヘキサン
付加
H_2（Ni, Pt）
ベンゼン*
OH
$COOCH_3$
サリチル酸メチル
エステル化
CH_3OH
メタノール
還元
HCl（Sn）
付加
$CH_2=CHCH_3$
プロペン
置換（塩素化）
Cl_2（鉄粉）
置換（スルホン化）
H_2SO_4
$CH_3-CH-CH_3$
クメン
Cl
クロロベンゼン
SO_3H
ベンゼンスルホン酸
OH
COOH
サリチル酸
NH_3Cl
アニリン塩酸塩
クメン法
酸化
O_2
アルカリ融解
NaOH
エステル化（アセチル化）
$(CH_3CO)_2O$
無水酢酸
中和
HCl
弱塩基の遊離
NaOH
O−OH
CH_3-C-CH_3
クメンヒドロペルオキシド
ONa
ナトリウムフェノキシド
CO_2高圧
H_2SO_4
NaOH（高温高圧）
$OCOCH_3$
COOH
アセチルサリチル酸
NH_2
アニリン
分解
（H_2SO_4）
中和
NaOH
弱酸の遊離
酸
ジアゾ化
HCl
$NaNO_2$
置換（アセチル化）
$(CH_3CO)_2O$
無水酢酸
OH
O_2N
NO_2
NO_2
ピクリン酸（2,4,6−トリニトロフェノール）
CH_3COCH_3
アセトン
置換（ニトロ化）
HNO_3（H_2SO_4）
OH
フェノール
加水分解
H_2O
$N^+\equiv NCl^-$
塩化ベンゼンジアゾニウム
$NHCOCH_3$
アセトアニリド
付加縮合
HCHO
ホルムアルデヒド
フェノール樹脂
置換（ハロゲン化）
Br_2
エステル化（アセチル化）
$(CH_3CO)_2O$
無水酢酸
ジアゾカップリング
NaOH
ブレーカー
50A
OH
Br
Br
Br
2,4,6−トリブロモフェノール
$OCOCH_3$
酢酸フェニル
N=N
OH
p−ヒドロキシアゾベンゼン（p−フェニルアゾフェノール）
染色された布
化学
第6章 有機化合物

・分子式は同じで構造が異なる化合物を異性体という。このうち，立体的な構造が異なる立体異性体について詳しく見てみよう。
・有機化学のいろいろな反応を，電子の移動に着目して理解しよう。

① 立体異性体 原子のつながり方が同じで，立体的な構造が異なる異性体。

A 鏡像異性体(エナンチオマー)

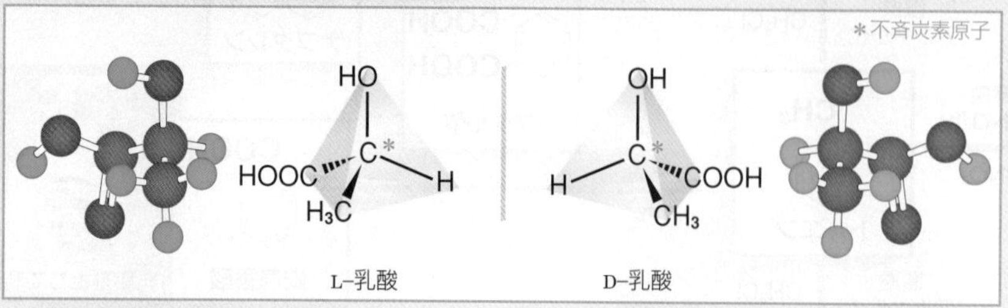

図の 2 つの乳酸のように，互いに鏡像関係にある異性体を**鏡像異性体**という。鏡像異性体どうしの物理的，化学的性質はほぼ等しいが，光学的性質(旋光性 ➤P.201)が逆になる。一組の鏡像異性体を等量混ぜ合わせると，旋光性を失う。このような混合物を**ラセミ体**という。鏡像異性体の混合物の旋光度を測定することで，どの割合で混合されているかを求めることができる。

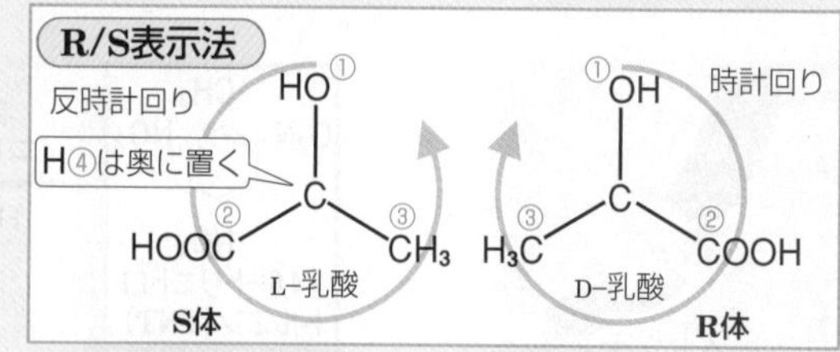

① 4 個の置換基に順位をつける。
- 不斉炭素原子に直接結合する原子の原子番号が大きい置換基を優位とする。
- 直接結合する原子が同じ場合は，その原子に結合する原子の順位をつける。

②順位の最も低い置換基を奥に置く。

B ジアステレオマー

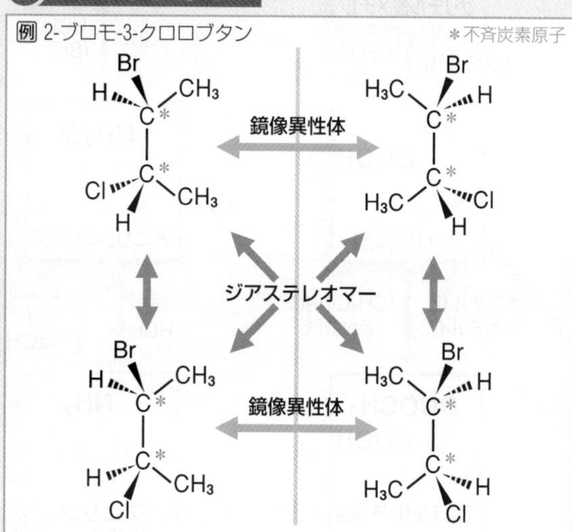

分子内に不斉炭素原子を 2 個もつと，4 種類の立体異性体が存在し得る。(一般に，不斉炭素原子を n 個もつと，2^n 種類の立体異性体が存在し得る。)
鏡像関係にない立体異性体どうしを**ジアステレオマー**という。ジアステレオマーどうしの物理的，化学的性質は異なる。

メソ体 例 酒石酸
鏡像異性体
D−酒石酸
L−酒石酸
ジアステレオマー
対称面
メソ体 ＝ 同じ物質
メソ酒石酸

不斉炭素原子をもっていても，分子内に対称面があると，鏡像を重ね合わせることができる。このような化合物を**メソ体**という。メソ体は旋光性を示さない。

例 1,2-ジクロロシクロプロパン
鏡像異性体
シス-トランス異性体 ジアステレオマー
対称面
メソ体 ＝ 同じ物質

環状化合物のシス-トランス異性体は，ジアステレオマーである。

参考 不斉合成

鏡像異性体どうしの物理的，化学的性質はほぼ等しいが，光学的性質や味やにおいなどの生理的性質が異なる。鏡像異性体を通常の化学反応で人工的に合成すると，R体，S体の等量混合物(ラセミ体)が得られるが，医薬や香料などは異性体の一方だけが有効な場合が多く，一方だけを選択的につくる方法(**不斉合成**)が求められる。
たとえば，水素分子をケトン分子面の左側から(⟶)反応させるとS体が得られ，分子面右側から(⟶)反応させるとR体が得られる。この考え方を応用して，野依良治は，鏡像異性体をもつ触媒(不斉触媒)を開発し，不斉合成に成功した。この功績により，野依良治に2001年ノーベル化学賞が授与された。また，2021年には金属を使わない不斉有機触媒の発展に貢献したリストとマクミランにノーベル化学賞が授与された。

＊不斉炭素原子
H-H　H-H
ケトン
鏡像異性体
アルコール (S体)
アルコール (R体)

② 有機化学の反応機構 共有結合をつくっている原子間での電子の移動に着目する。

A 結合の切断と生成 化学反応は，共有結合の切断と生成で起こる。

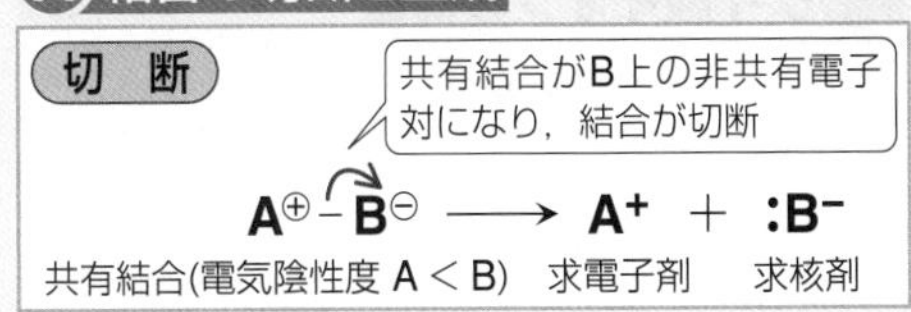

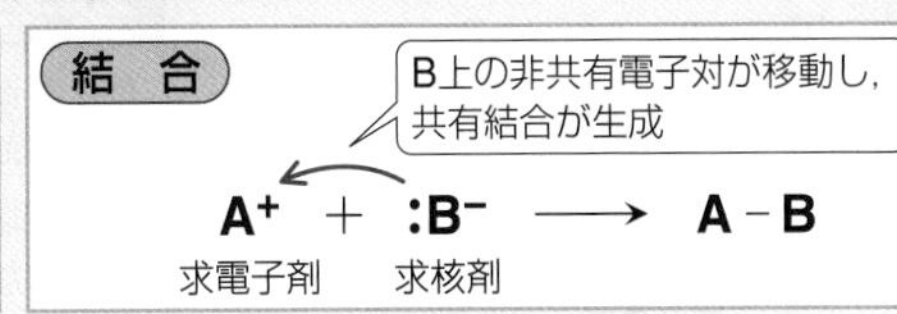

電気陰性度の大きい原子に共有電子対が引きつけられ，Aは$\delta+$，Bは$\delta-$を帯びている。電子豊富な原子(**求核剤**)から電子不足な原子(**求電子剤**)に電子対が移動する。電子対の移動によって結合の切断と生成が起こる。

B 置換反応 電子不足の原子に求核剤が引きつけられたり，電子豊富な原子に求電子剤が引きつけられたりして，新しい結合ができる。

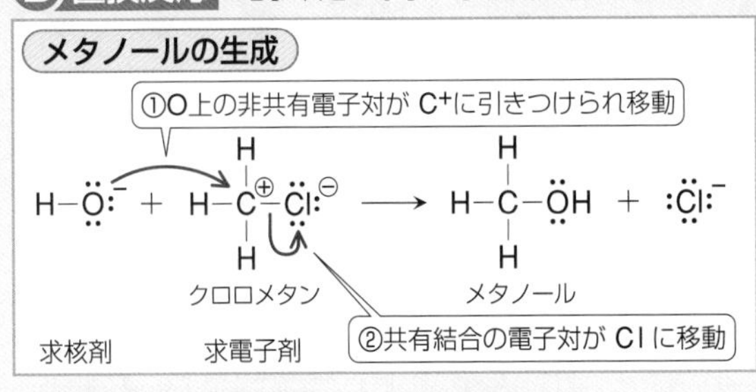

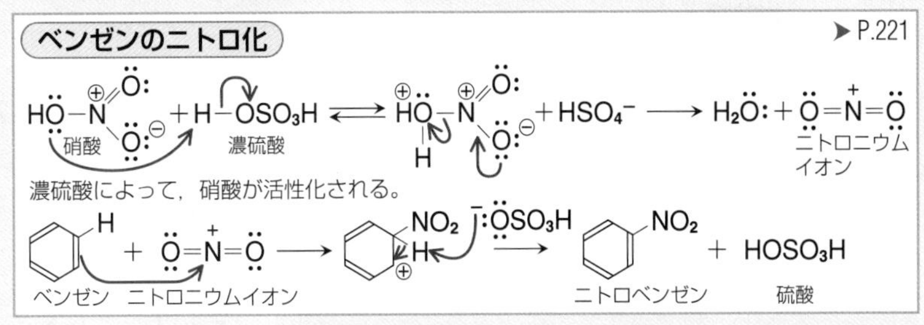

C 付加反応 電子不足の反応物が電子豊富な不飽和結合に付加する。▶P.207

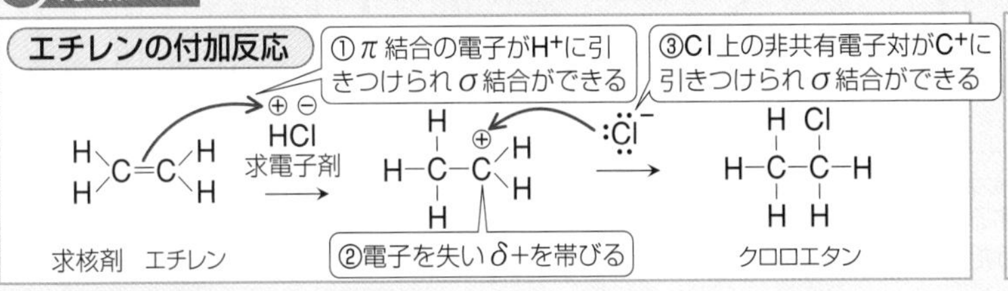

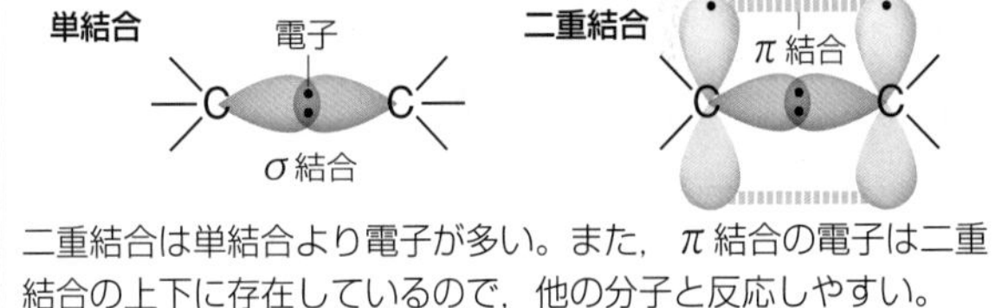

二重結合は単結合より電子が多い。また，π結合の電子は二重結合の上下に存在しているので，他の分子と反応しやすい。

D 脱離反応

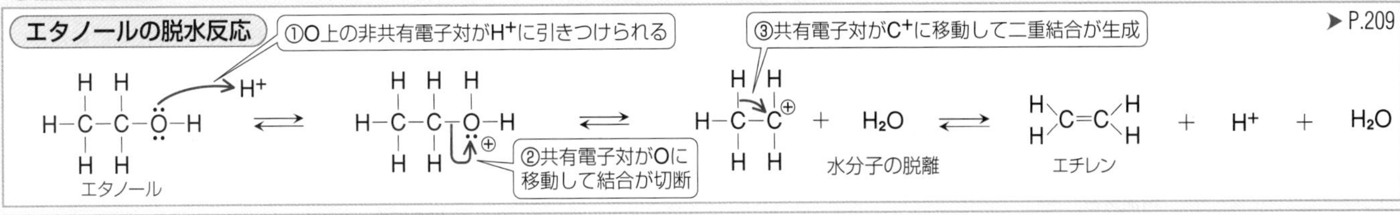

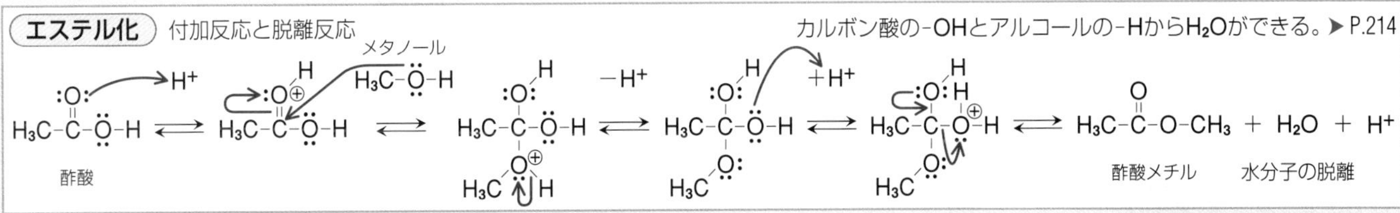

E 芳香族置換反応の配向性

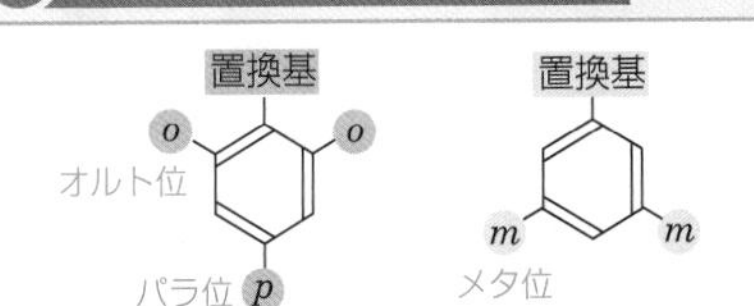

オルト-パラ配向性	メタ配向性
$-CH_3$, $-OH$, $-NH_2$, $-Cl$, $-Br$ など	$-NO_2$, $-SO_3H$, $-COOH$, $-CN$, $-CHO$ など

ベンゼンの一置換体に置換反応を行うとき，置換の起こる位置は初めの置換基の種類によって決まる。

トルエンのニトロ化 ▶P.221

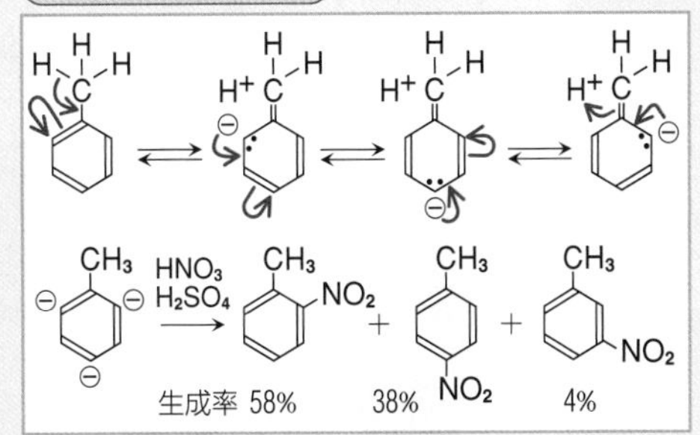

求電子剤は電子が豊富なところに引きつけられるので，ニトロ基はオルト位，パラ位につく率が高い。

置換ベンゼンの合成戦略

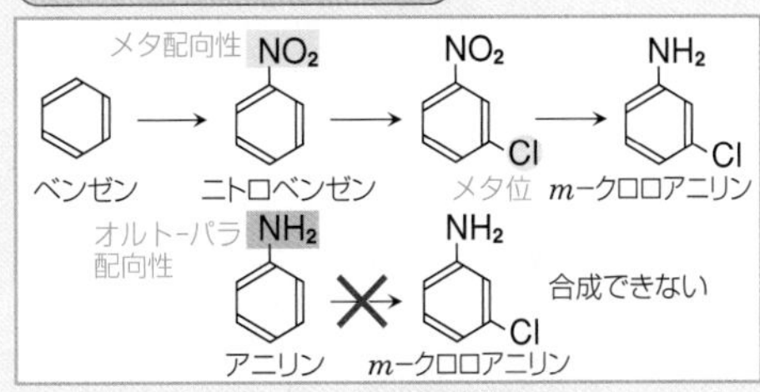

アミノ基はオルト-パラ配向性なので，アニリンから m-クロロアニリンは効率的に合成できない。そのため，ニトロベンゼンに塩素を置換させる経路をとる。

合成高分子化合物

1 高分子化合物

多糖類やタンパク質のように，巨大で分子量の大きな分子(一般に分子量１万～数百万)を高分子化合物(高分子)という。

A 高分子化合物の分類

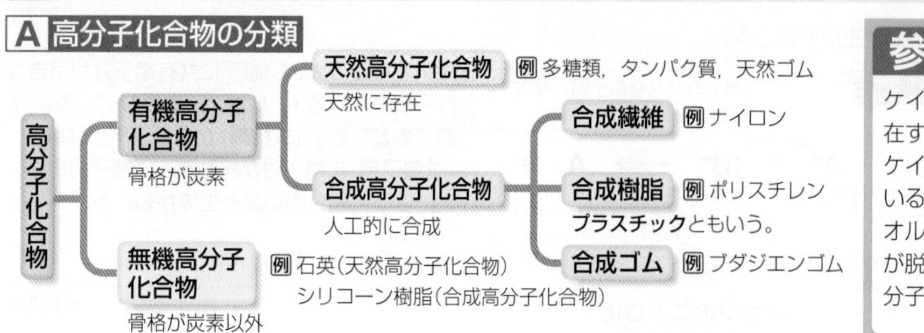

参考 ケイ酸イオンの構造 (▶P.159)

ケイ酸塩は天然に広く存在する無機高分子である。ケイ酸塩の骨格となっているのがケイ酸イオンで，オルトケイ酸(H_4SiO_4)が脱水縮合して生じた高分子イオンである。

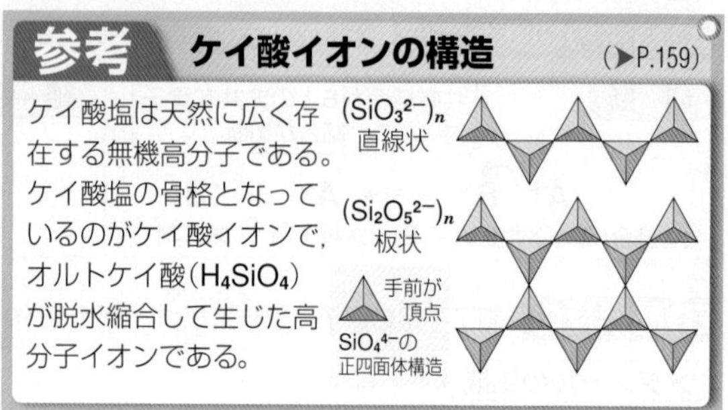

B 分子の大きさ

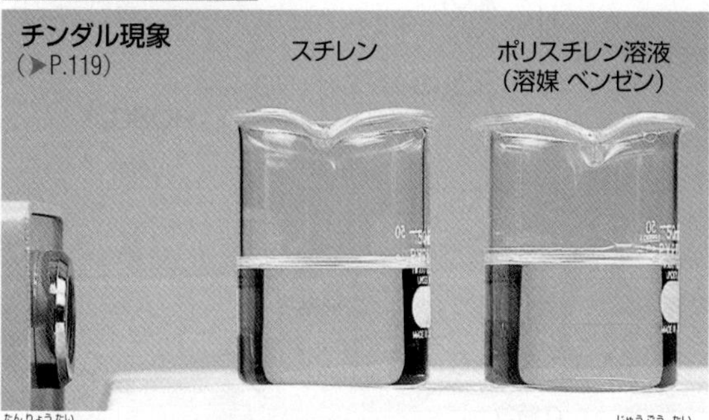

単量体(スチレン)ではチンダル現象は起こらないが，重合体(ポリスチレン)の溶液では起こる。重合体では１分子がコロイド粒子の大きさになっている。

C 分子量

高分子化合物では，溶液の浸透圧や粘度により**平均分子量**が求められる。

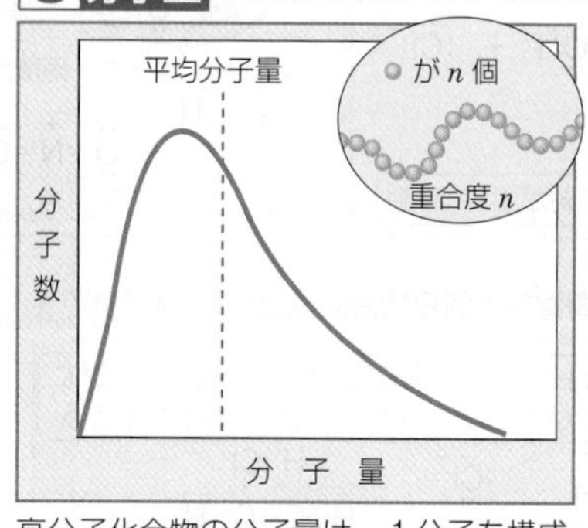

高分子化合物の分子量は，１分子を構成する単量体の数(**重合度**)が分子ごとに違うため均一ではない。

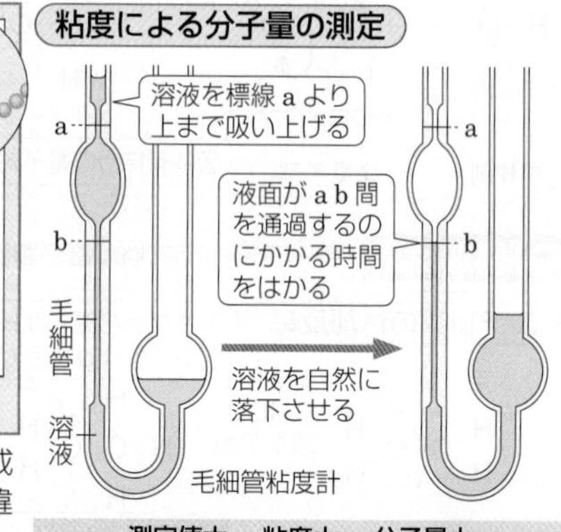

測定値大 = 粘度大 = 分子量大

2 高分子化合物の合成と分解

小さな分子を次々に結合させていくと，高分子化合物が得られる。このような反応を重合という。

A 付加重合

不飽和結合をもつ単量体どうしが次々に付加反応で結合。

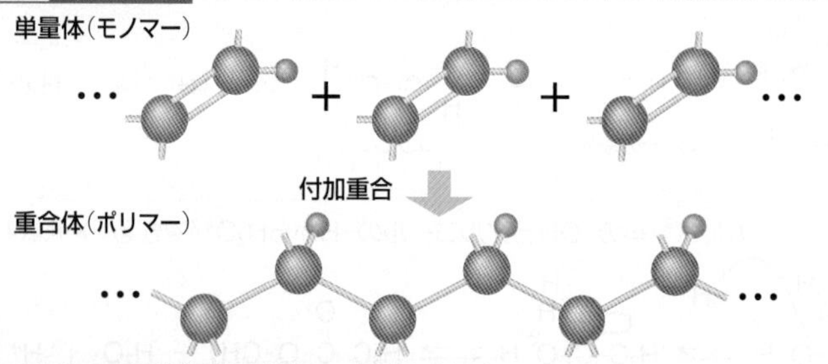

※モノ(mono-)は「単一」，ポリ(poly-)は「多く」の意
※２種類以上の単量体が重合することを**共重合**という。

B 縮合重合

２個以上の官能基をもつ単量体どうしが次々に縮合反応で結合。

C ポリエチレンの分解

ポリエチレンを分解して生じた気体には，エチレンなどが含まれる。

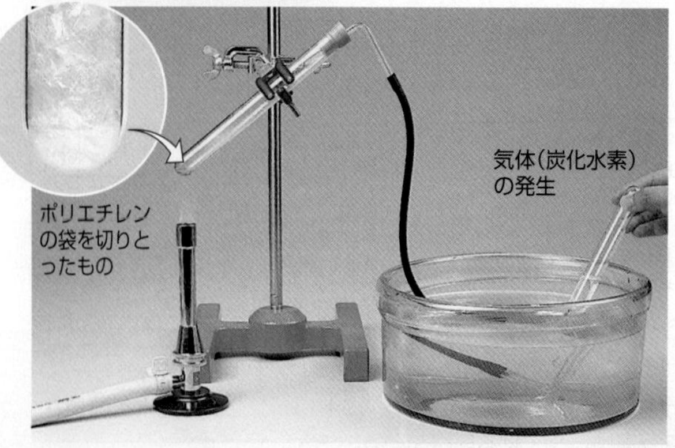

生成物の確認 不飽和炭化水素が含まれる。 (▶P.207)

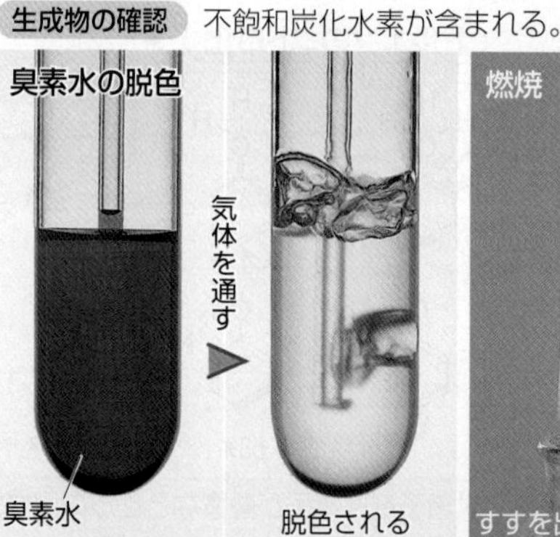

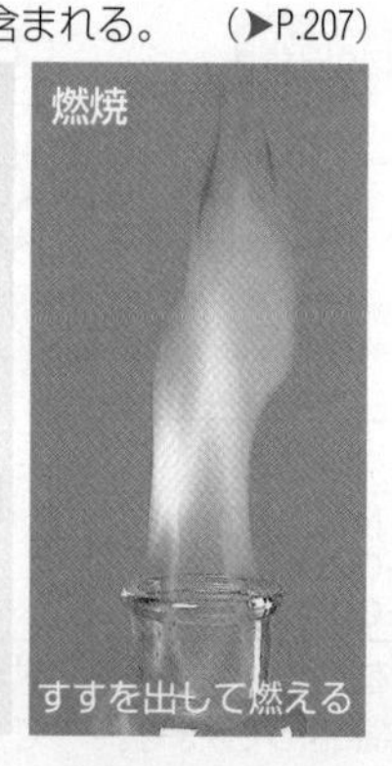

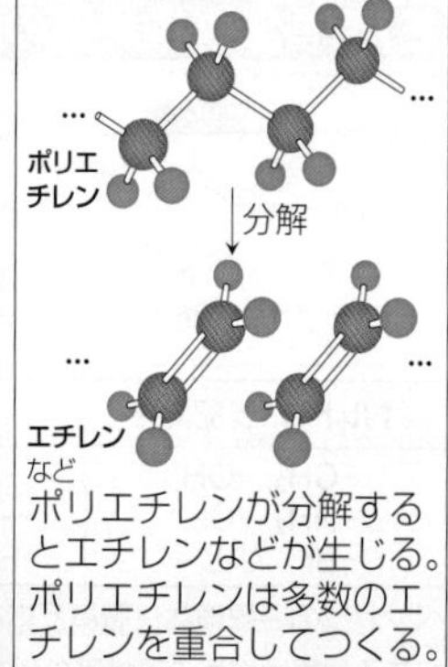

ポリエチレンが分解するとエチレンなどが生じる。ポリエチレンは多数のエチレンを重合してつくる。

少数の単量体(モノマー)が結合した重合体をオリゴマーという。オリゴ糖は，単糖が２～10個程度結合したオリゴマーである。

3 合成高分子化合物の構造と性質

高分子化合物の構造の違いによって，性質や形状が異なる。

A 固体高分子化合物の構造

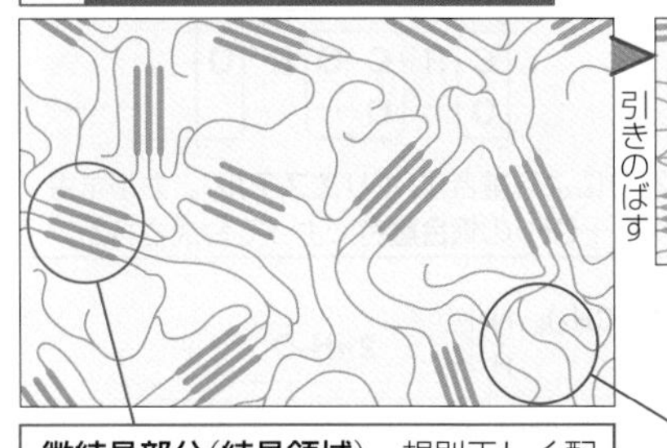

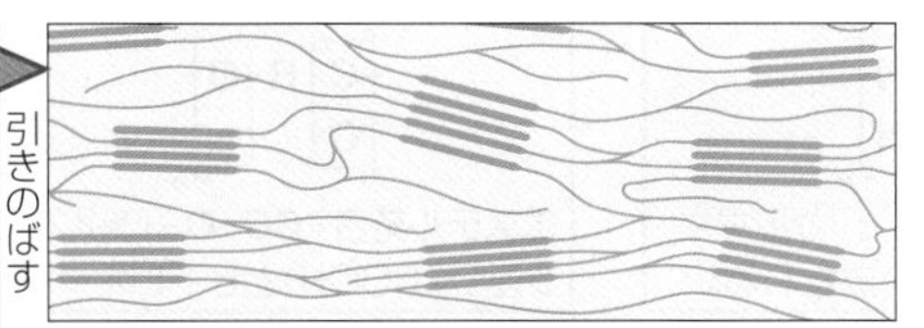

引きのばすと微結晶の向きがそろう。さらに結晶部分が成長するので機械的強度は増し，繊維にすることができる（線状構造の高分子化合物）。

微結晶部分（結晶領域） 規則正しく配列。機械的強度を与える。不透明。

無定形部分（非晶領域） 不規則に配列。やわらかさを与える。透明。

枝分かれ構造と高分子化合物の性質

例 ポリエチレン（▶P.240）

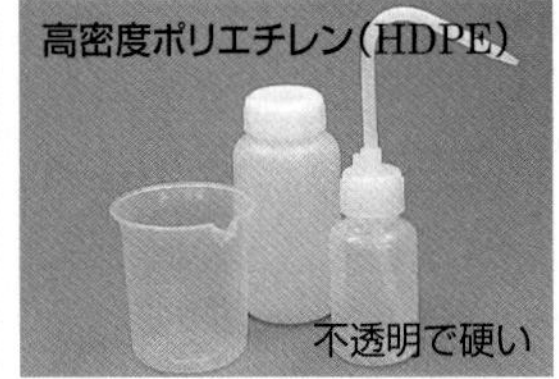

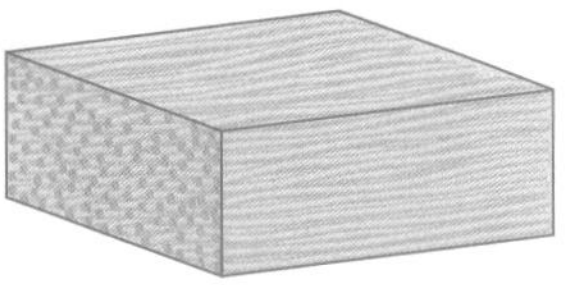

1×10^5～1×10^6 Pa, 60～80 ℃で重合。結晶領域が多い。

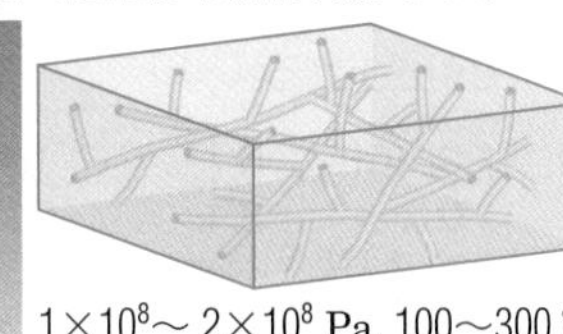

1×10^8～2×10^8 Pa, 100～300 ℃で重合。結晶領域は少ない。

やってみよう！ 食品包装用フィルム

塩素の確認（バイルシュタイン試験） （▶P.202）

ポリエチレン製		ポリ塩化ビニリデン製	
品名	食品包装用	品名	食品包装用ラップフ
原材料名	ポリエチレン	原材料名	ポリ塩化ビニリデン
添加物名	なし	添加物名	脂肪酸誘導体（柔軟剤
寸法	幅30cm×長さ	寸法	幅22cm×長さ20m
耐熱温度	110度	耐熱温度	140度 耐
使用上の注意	●油性の強い に入れない	使用上の注意	●油性の強い食品を

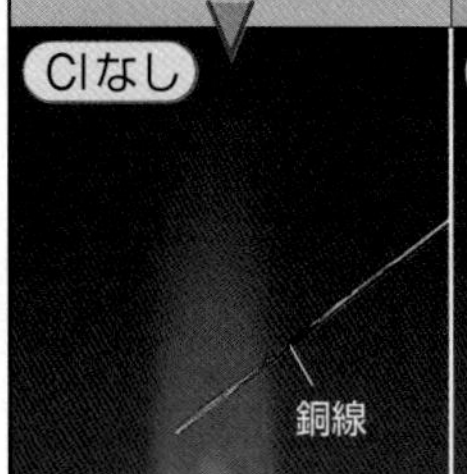

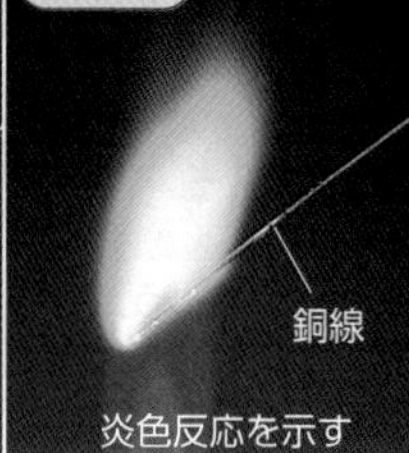

ポリ塩化ビニリデン製の食品包装用のフィルムには，塩素が含まれているため，燃やすと塩化水素を発生する。

B 線状構造の高分子化合物

例 ポリプロピレン（▶P.240）

$$\left[CH_2-\underset{\displaystyle CH_3}{\underset{|}{CH}} \right]_n$$

- 熱可塑性（ねつかそせい）。
- 溶媒に溶けやすい。
- 線状構造。
- 1つの単量体当たり，2か所で結合している。

C 熱可塑性

高温でやわらかくなり，低温では硬くなる性質。

例 ポリエチレン

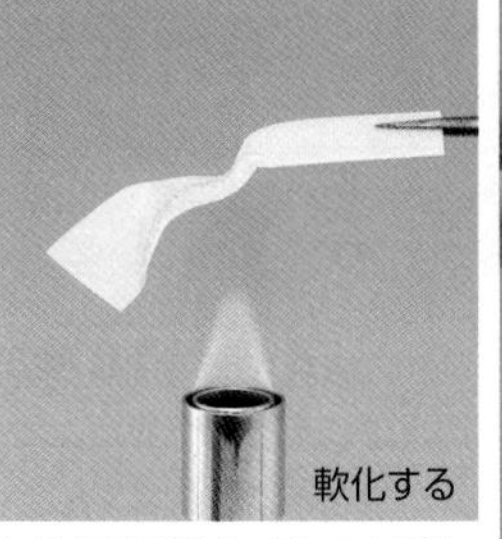

ある温度（**軟化点**）で変形し始める。融点はない。

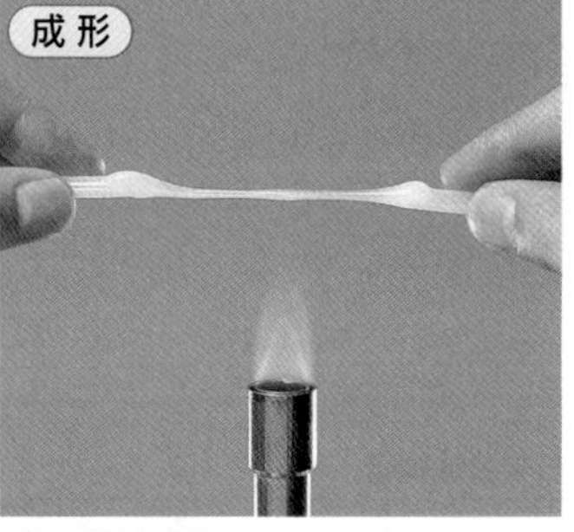

熱可塑性の樹脂は成形が容易である。

D 立体網目状構造の高分子化合物

例 フェノール樹脂

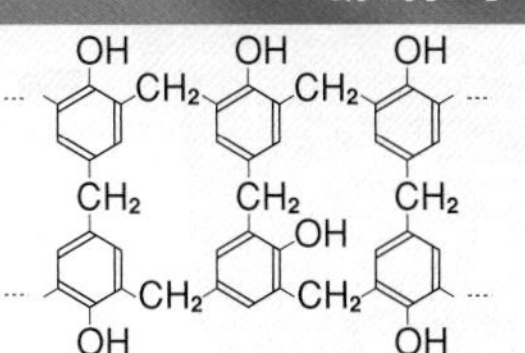

- 熱硬化性（ねつこうかせい）。
- 溶媒に溶けない。
- 立体網目状構造（架橋（かきょう）構造）。主鎖どうしが側鎖でつながっている。
- 1つの単量体当たり，2か所以上で結合している。

E 熱硬化性

加熱により硬くなる性質。

例 フェノール樹脂（▶P.241）

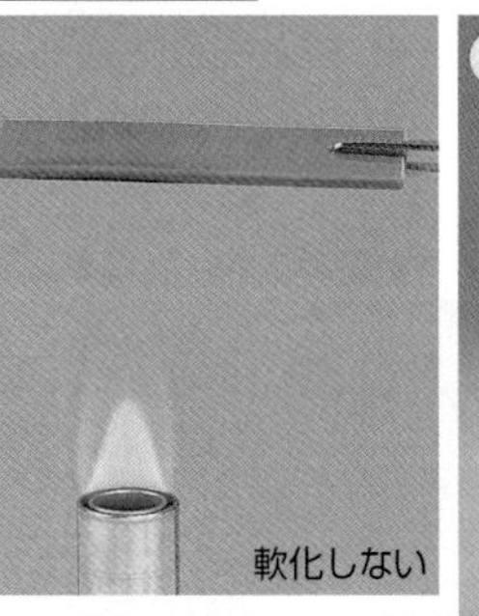

加熱してもやわらかくならない。

加熱すると架橋が進み，固まる。

プチ雑学 「塑」という漢字には，土をこねたり削ったりして物の像をつくるという意味がある。そこから，思うように物の形をつくれることを「可塑」という。

合成繊維

1 縮合重合による繊維

ナイロンやポリエステルは，縮合重合による重合体である。樹脂としても使われる。

ポリアミド系繊維

$$\left[\begin{matrix}\mathrm{C}\\ \|\\ \mathrm{O}\end{matrix}-\mathrm{R}-\begin{matrix}\mathrm{N}\\ |\\ \mathrm{H}\end{matrix}\right]_n \qquad \left[\begin{matrix}\mathrm{C}\\ \|\\ \mathrm{O}\end{matrix}-\mathrm{R'}-\underbrace{\begin{matrix}\mathrm{C}\\ \|\\ \mathrm{O}\end{matrix}-\begin{matrix}\mathrm{N}\\ |\\ \mathrm{H}\end{matrix}}_{\text{アミド結合}}-\mathrm{R''}-\begin{matrix}\mathrm{N}\\ |\\ \mathrm{H}\end{matrix}\right]_n$$

アミド結合 -CO-NH-（▶P.226）による重合体（**ポリアミド**）。カルボキシ基（$-COOH$）とアミノ基（$-NH_2$）の**縮合重合**によって合成される。

ポリエステル系繊維

$$\left[\begin{matrix}\mathrm{C}\\ \|\\ \mathrm{O}\end{matrix}-\mathrm{R}-\mathrm{O}\right]_n \qquad \left[\begin{matrix}\mathrm{C}\\ \|\\ \mathrm{O}\end{matrix}-\mathrm{R'}-\underbrace{\begin{matrix}\mathrm{C}\\ \|\\ \mathrm{O}\end{matrix}-\mathrm{O}}_{\text{エステル結合}}-\mathrm{R''}-\mathrm{O}\right]_n$$

エステル結合 -CO-O-（▶P.214）による重合体（**ポリエステル**）。カルボキシ基（$-COOH$）とヒドロキシ基（$-OH$）の**縮合重合**によって合成される。

ナイロン66の合成

$$n\mathrm{HOOC{-}(CH_2)_4{-}COOH} + n\mathrm{H_2N{-}(CH_2)_6{-}NH_2} \xrightarrow{\text{縮合重合}} \left[\begin{matrix}\mathrm{C}\\ \|\\ \mathrm{O}\end{matrix}-\mathrm{(CH_2)_4}-\begin{matrix}\mathrm{C}\\ \|\\ \mathrm{O}\end{matrix}-\begin{matrix}\mathrm{N}\\ |\\ \mathrm{H}\end{matrix}-\mathrm{(CH_2)_6}-\begin{matrix}\mathrm{N}\\ |\\ \mathrm{H}\end{matrix}\right]_n + 2n\mathrm{H_2O}$$

アジピン酸　ヘキサメチレンジアミン　ナイロン66

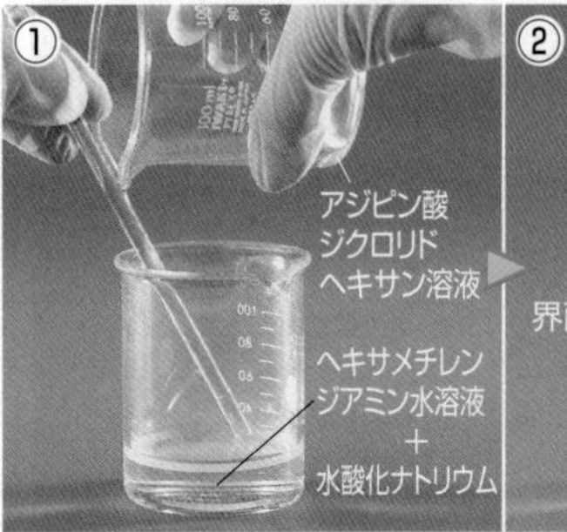

① 2層に分かれるよう，ガラス棒を伝わらせて静かに注ぐ。

② 界面で縮合重合が起き，ナイロン66の膜ができる。

③ ナイロン膜をピンセットで引き上げる。

④ 巻きとっていくと，界面で次々と重合する。

⑤ 得られた繊維をアセトンで洗い，乾燥させる。

ナイロン6の合成

$$n\mathrm{H_2C}\begin{matrix}\diagup \mathrm{CH_2{-}CH_2{-}NH}\\ \diagdown \mathrm{CH_2{-}CH_2{-}CO}\end{matrix} \xrightarrow{\text{開環重合}} \left[\begin{matrix}\mathrm{C}\\ \|\\ \mathrm{O}\end{matrix}-\mathrm{(CH_2)_5}-\begin{matrix}\mathrm{N}\\ |\\ \mathrm{H}\end{matrix}\right]_n$$

ε-カプロラクタム　ナイロン6

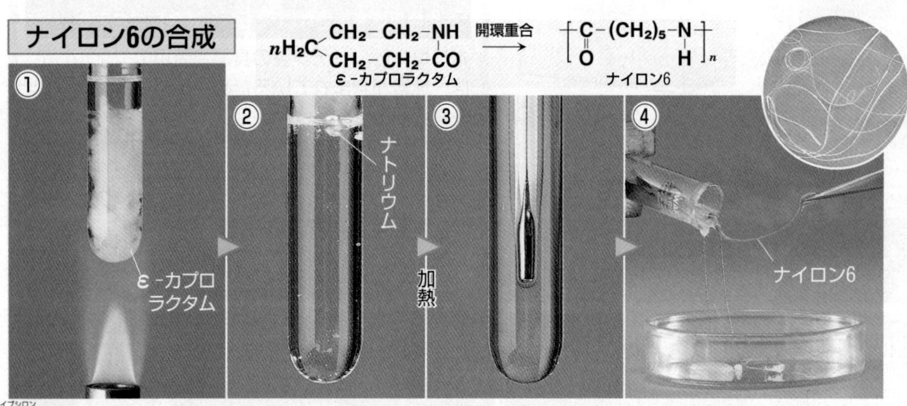

① ε-カプロラクタムを加熱し，融解させる。
② ナトリウム（触媒）の固体を加える。
③ 加熱する。アミド結合が開き，重合（**開環重合**）する。
④ 加熱をやめ，ナイロン6をピンセットで引き出す。

ポリエチレンテレフタラート（PET）

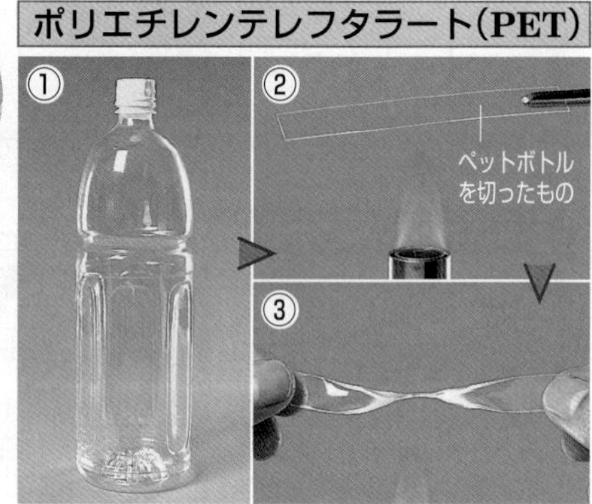

加熱して引きのばすと，繊維状のポリエチレンテレフタラートが得られる。

縮合重合によるおもな合成繊維

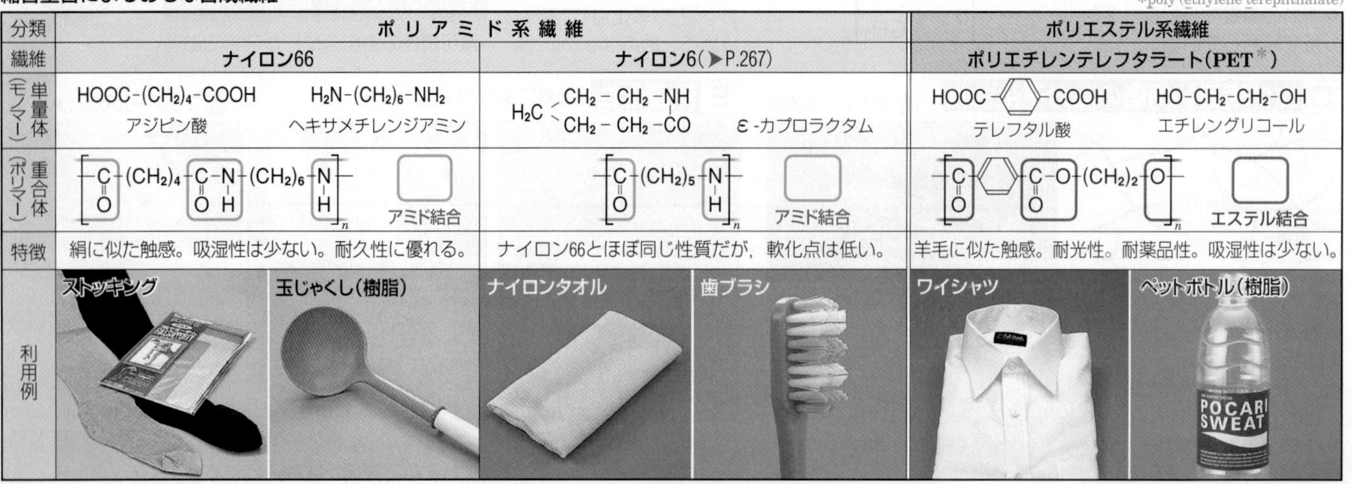

分類	ポリアミド系繊維		ポリエステル系繊維
繊維	ナイロン66	ナイロン6（▶P.267）	ポリエチレンテレフタラート（PET*）
単量体（モノマー）	$HOOC{-}(CH_2)_4{-}COOH$ アジピン酸　$H_2N{-}(CH_2)_6{-}NH_2$ ヘキサメチレンジアミン	$H_2C\begin{matrix}\diagup CH_2{-}CH_2{-}NH\\ \diagdown CH_2{-}CH_2{-}CO\end{matrix}$ ε-カプロラクタム	$HOOC{-}C_6H_4{-}COOH$ テレフタル酸　$HO{-}CH_2{-}CH_2{-}OH$ エチレングリコール
重合体（ポリマー）	$\left[\begin{matrix}C\\ \|\\ O\end{matrix}-(CH_2)_4-\begin{matrix}C\\ \|\\ O\end{matrix}-\begin{matrix}N\\ |\\ H\end{matrix}-(CH_2)_6-\begin{matrix}N\\ |\\ H\end{matrix}\right]_n$ アミド結合	$\left[\begin{matrix}C\\ \|\\ O\end{matrix}-(CH_2)_5-\begin{matrix}N\\ |\\ H\end{matrix}\right]_n$ アミド結合	$\left[\begin{matrix}C\\ \|\\ O\end{matrix}-C_6H_4-\begin{matrix}C\\ \|\\ O\end{matrix}-O-(CH_2)_2-O\right]_n$ エステル結合
特徴	絹に似た触感。吸湿性は少ない。耐久性に優れる。	ナイロン66とほぼ同じ性質だが，軟化点は低い。	羊毛に似た触感。耐光性。耐薬品性。吸湿性は少ない。
利用例	ストッキング　玉じゃくし（樹脂）	ナイロンタオル　歯ブラシ	ワイシャツ　ペットボトル（樹脂）

*poly (ethylene terephthalate)

プチ雑学　ナイロン66の初めの6は単量体のジアミンの炭素数を，次の6はジカルボン酸の炭素数を示している。単量体の種類によって，ナイロン610，ナイロン612などがある。

Keywords ●合成繊維 synthetic fiber ●ナイロン nylon ●ポリエステル polyester ●ビニロン vinylon ●アクリル繊維 acrylic fiber

2 付加重合による繊維 ビニロンやアクリル繊維は付加重合による重合体である。

ビニロンの合成

ポリビニルアルコール(水溶性)を，水に溶けないようにアセタール化する。

$$n\mathrm{CH_2{=}CH(OCOCH_3)} \xrightarrow{\text{付加重合}} \left[\mathrm{CH_2{-}CH(OCOCH_3)}\right]_n \xrightarrow{\text{けん化}} \left[\mathrm{CH_2{-}CH(OH)}\right]_n \xrightarrow[\text{アセタール化}]{\mathrm{HCHO}} \cdots\mathrm{{-}CH_2{-}CH{-}CH_2{-}CH{-}CH_2{-}CH(OH){-}}\cdots$$

酢酸ビニル　ポリ酢酸ビニル　ポリビニルアルコール(水溶性 OH)　ビニロン(不溶性 O—CH₂—O)

30〜40%の -OHが -O-CH₂-O- に変化

-OHが残っているため，吸湿性を示す。

ポリビニルアルコールを糸状にする　アセタール化　洗浄

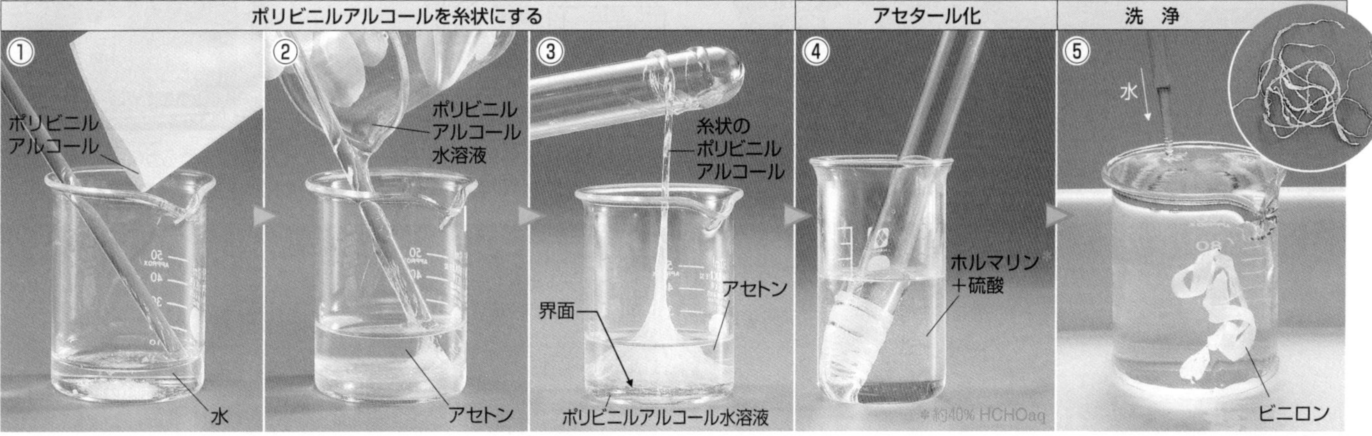

① ポリビニルアルコールの濃厚な水溶液をつくる。
② アセトン中に①を注ぎ入れる。
③ 界面にできた膜を静かに引き上げる。
④ 硫酸を加えたホルマリンに③の糸状のポリビニルアルコールを入れる。
⑤ よく水洗し，その後乾燥させる。

付加重合によるおもな合成繊維

繊維	ビニロン	アクリル繊維	炭素繊維
単量体(モノマー)	$\mathrm{CH_2{=}CH{-}OCOCH_3}$ 酢酸ビニル	主成分 $\mathrm{CH_2{=}CH{-}CN}$ アクリロニトリル アクリル繊維は，アクリロニトリルと酢酸ビニルなどとの共重合体＊で，アクリロニトリルの含有率は85％以上。含有率が35〜85％のものは，**モダクリル繊維**という。	ポリアクリロニトリルやレーヨンを200〜3000℃で炭化させたもの。
重合体(ポリマー)	$\cdots\mathrm{{-}CH_2{-}CH{-}CH_2{-}CH{-}CH_2{-}CH(OH){-}}\cdots$ (O—CH₂—O)	主成分 $\left[\mathrm{CH_2{-}CH(CN)}\right]_n$ ポリアクリロニトリル	
特徴	木綿に似た触感。丈夫で吸湿性に優れる。	羊毛に似た柔らかい触感。保温性，染色性に優れる。	軽くて丈夫。弾力性にも優れる。
利用例	ロープ　漁網	毛布　セーター	ラケットのフレーム

＊2種類以上の単量体が重合することを共重合という(▶P.236)。

参考 合成繊維の工業的製造

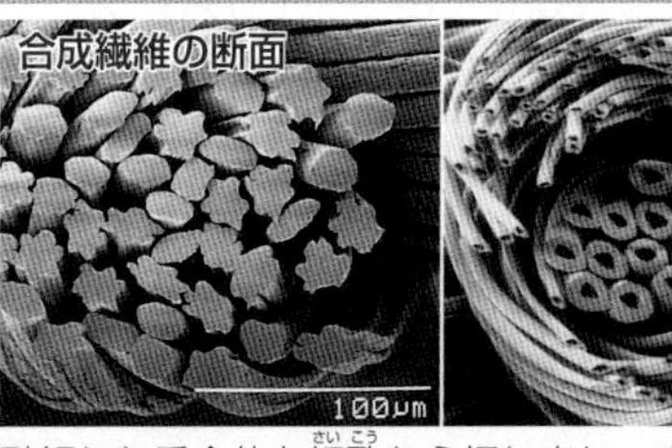

融解した重合体を細孔から押し出し，空気中で冷却固化させながら引きのばして紡糸する。細孔の口金の形を変えて繊維の断面の形を変え，いろいろな風合いの繊維をつくることができる。

Episode ビニロンの開発

桜田一郎
(1904〜1986)

ビニロンは日本で開発された最初の合成繊維である。1939年，桜田一郎によって発明され，1950年には倉敷レイヨン(現クラレ)で工業生産が始まった。ビニロンは木綿の代わりとして学生服などに利用された。現在では，おもにロープなどの産業用に利用されている。また，アスベスト(石綿)に代わるセメントやコンクリートの補強材として注目されている。

プチ雑学 アセタール化せずにつくられる水溶性ビニロンは，衣服などのレースの製造に用いられる。水溶性ビニロンの生地に，綿の糸でレースの刺繍をして生地を溶かすと，レースの部分だけを残すことができる。

1 熱可塑性樹脂

成形が容易であるため，広く利用されている。分子の形は線状である。 ▶P.237

A 熱可塑性

加熱によりやわらかくなる。この性質を利用して容易に成形できる。

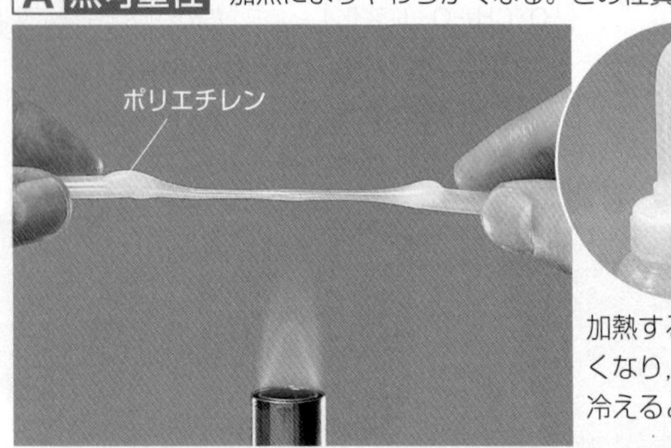

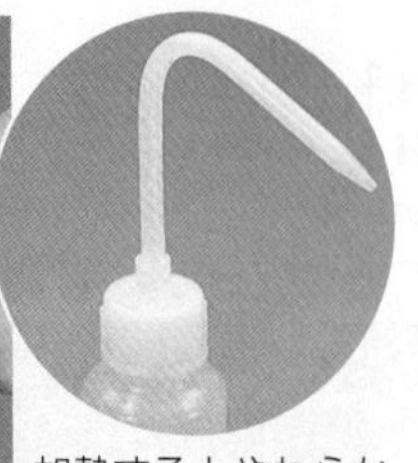

加熱するとやわらかくなり，加工できる。冷えると固まる。

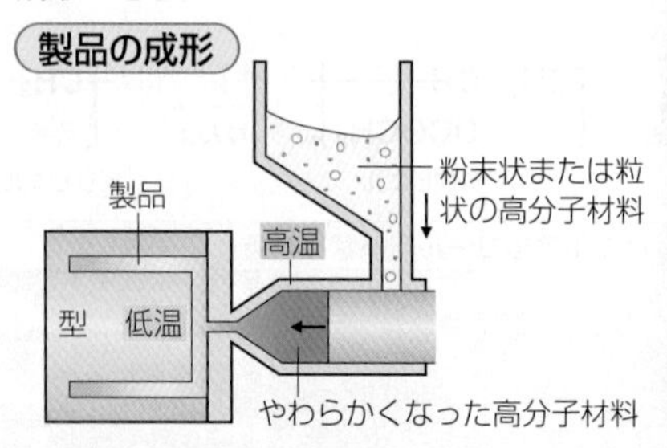

粉末状または粒状にした合成高分子材料を加熱してやわらかくし，型に射出(しゃしゅつ)する。型は冷やされているため，樹脂はすぐに固まる。

B ポリスチレンの合成

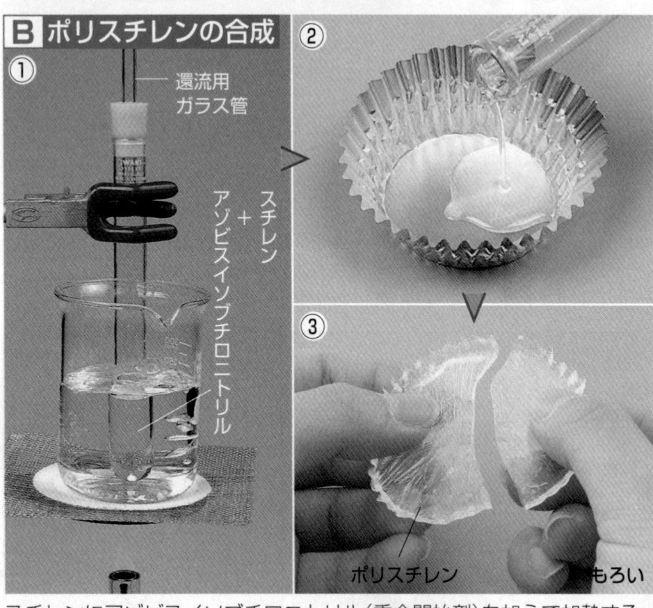

スチレンにアゾビスイソブチロニトリル(重合開始剤)を加えて加熱すると，重合してポリスチレンになる。冷えると固まる。

C ポリメタクリル酸メチルの合成

メタクリル酸メチルにアゾビスイソブチロニトリルを加えて加熱すると，重合してポリメタクリル酸メチル(メタクリル樹脂)になる。冷えると固まる。

おもな熱可塑性樹脂 熱可塑性樹脂は，**付加重合**によってつくられるものが多い。

※フッ素樹脂は熱可塑性を示さない。

樹脂	ポリエチレン (PE) polyethylene	ポリプロピレン (PP) polypropylene	ポリスチレン (PS) polystyrene	ポリ塩化ビニル (PVC) poly(vinyl chloride)	ポリ酢酸ビニル (PVAc) poly(vinyl acetate)	ポリメタクリル酸メチル (PMMA) poly(methyl methacrylate)	フッ素樹脂 (PTFE) polytetrafluoroethylene
単量体(モノマー)	$CH_2{=}CH_2$ エチレン	$CH_2{=}CH{-}CH_3$ プロペン(プロピレン)	$CH{=}CH_2$ (C_6H_5) スチレン	$CH_2{=}CH{-}Cl$ 塩化ビニル	$CH_2{=}CH{-}OCOCH_3$ 酢酸ビニル	$CH_2{=}C(CH_3){-}COOCH_3$ メタクリル酸メチル	$CF_2{=}CF_2$ テトラフルオロエチレン (商品名テフロン)
重合体(ポリマー)	$[CH_2{-}CH_2]_n$	$[CH_2{-}CH(CH_3)]_n$	$[CH(C_6H_5){-}CH_2]_n$	$[CH_2{-}CH(Cl)]_n$	$[CH_2{-}CH(OCOCH_3)]_n$	$[CH_2{-}C(CH_3)(COOCH_3)]_n$	$[CF_2{-}CF_2]_n$
特徴	合成時の条件により，性質が変わる。	耐熱性。繊維としても用いられる。	透明で加工しやすいが，もろい。	耐薬品性。燃えにくい。	有機溶媒に溶けやすい。	透明で丈夫。	耐熱性。耐薬品性。
利用例	電線の被膜や包装材，容器など。	容器，日用品など。	容器，断熱材，梱包(こんぽう)材*など。*発泡ポリスチレン	フィルム，パイプなど。	接着剤，チューインガムなど。	自動販売機の窓(有機ガラス)など。	フライパンの表面加工など。

プチ雑学 プラスチック製の消しゴムは，ポリ塩化ビニルに30～40％の可塑剤を加えて，常温でもやわらかくしている。消しゴムをプラスチックに長時間ふれさせると，可塑剤の影響でプラスチックがとけてしまうので，これを防ぐために消しゴムを紙のケースに入れている。

Keywords ●熱可塑性樹脂 thermoplastic resin ●熱硬化性樹脂 thermosetting resin ●フェノール樹脂 phenol resin ●尿素樹脂 urea resin

2 熱硬化性樹脂

加熱すると分子間で架橋し硬くなる。熱に強いため，食器や家具などに利用されている。 ▶P.237

A フェノール樹脂の合成

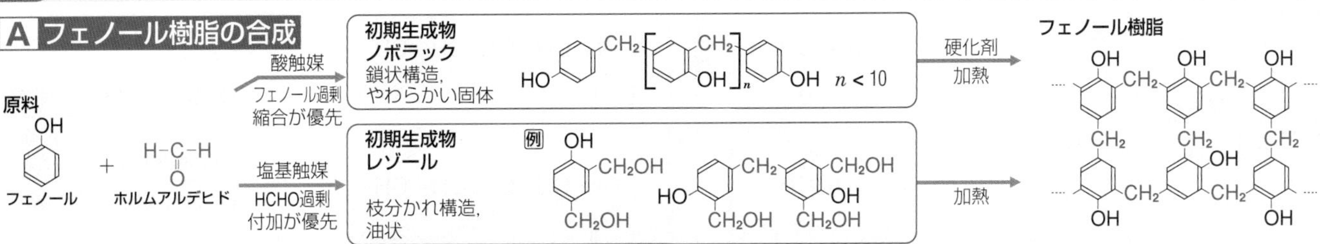

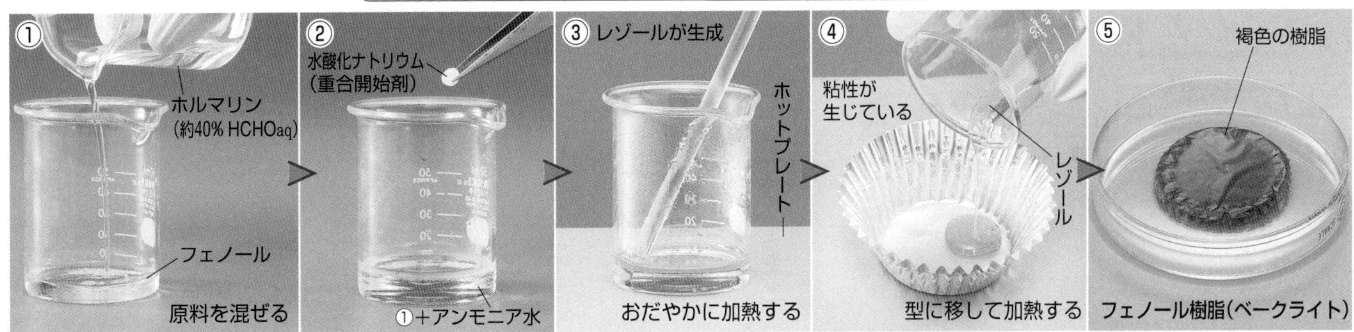

B 尿素樹脂の合成

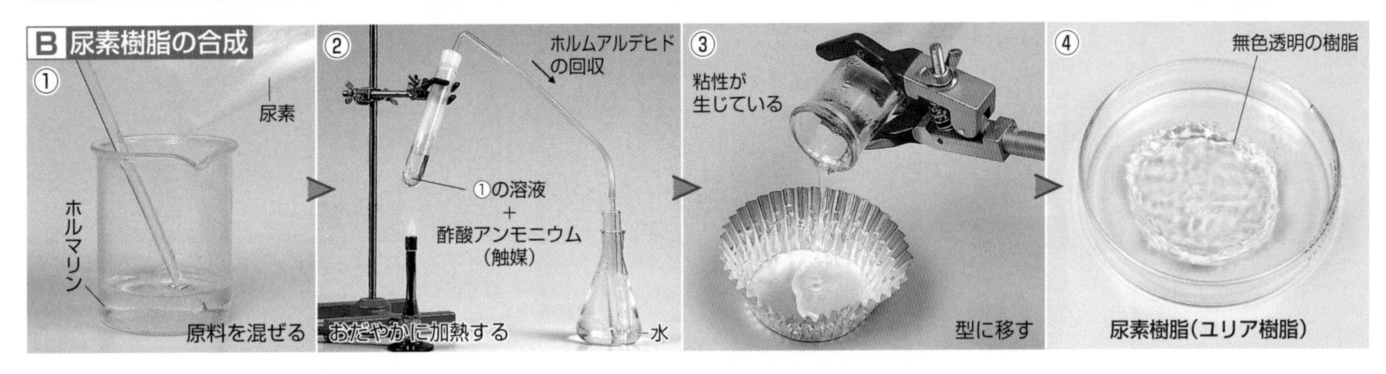

おもな熱硬化性樹脂 付加反応と縮合反応を繰り返す重合を**付加縮合**という。熱硬化性樹脂は，付加縮合によってつくられるものが多い。 ※シリコーン樹脂は無機合成高分子化合物である。

樹脂	フェノール樹脂(ベークライト)	アミノ樹脂		エポキシ樹脂	シリコーン樹脂(ケイ素樹脂)
		尿素樹脂(ユリア樹脂)	メラミン樹脂		
単量体(モノマー)	フェノール，HCHO ホルムアルデヒド	尿素 $NH_2-CO-NH_2$，HCHO ホルムアルデヒド	メラミン（H_2N，NH_2，NH_2 が結合したトリアジン環），HCHO ホルムアルデヒド	ビスフェノールA（HO−C₆H₄−C(CH_3)₂−C₆H₄−OH），エピクロロヒドリン（CH_2-CHCH_2Cl のエポキシド）	$(CH_3)_nSiCl_{(4-n)}$ (n=1，2，3)，H_2O 水
重合体(ポリマー)	…−(フェノール環,OH)−CH_2−(フェノール環,OH)−…（各環から CH_2 が伸びる）	…−N−CH_2−N−…／CO　CO／N−CH_2−N／…−CH_2　CH_2−…	$NH-CH_2-$…，NH−(トリアジン環)−NH，CH_2　CH_2	…−C₆H₄−C(CH_3)₂−C₆H₄−$OCH_2CH(OH)CH_2O$−… これに硬化剤を加えると硬化する。	…−Si(CH_3)−O−Si(CH_3)−…／O　O
特徴	電気絶縁性。耐熱性。	透明で，着色や成形が容易。接着性。	耐熱性。耐水性。耐薬品性。	接着性。耐摩耗性。耐薬品性。	耐水性。耐熱性。電気絶縁性。
利用例	電気器具，プリント基板，合板の接着剤，食器など。	合板の接着剤，食器，電気器具など。	家具，食器など。	接着剤，塗料など。	ワックス，塗料など。

プチ雑学 水でぬらしてこするだけで汚れを落とすメラミンスポンジは，硬いメラミン樹脂を発泡させたものであり，非常に細かい網の目のような構造で汚れを削りとる。

イオン交換樹脂とゴム

1 イオン交換樹脂

樹脂のもつ酸性や塩基性の官能基が，溶液中の陽イオンや陰イオンをH^+やOH^-と交換する働きをする。

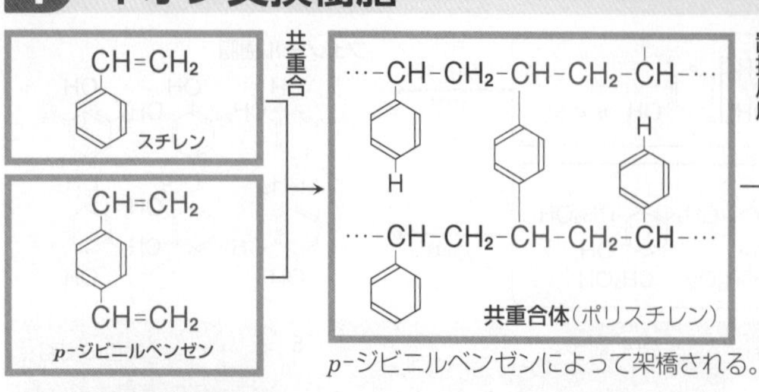

p-ジビニルベンゼンによって架橋される。

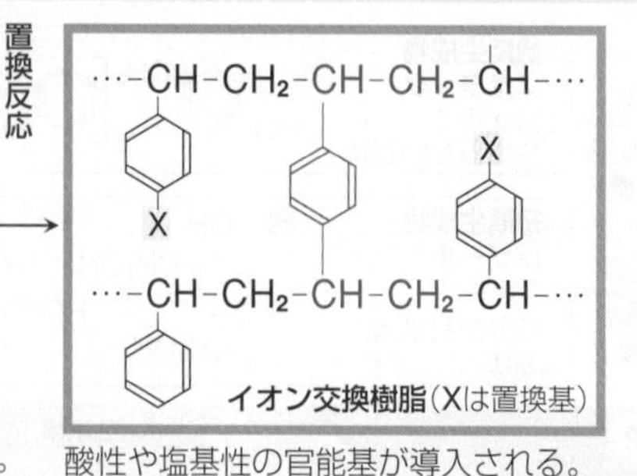

酸性や塩基性の官能基が導入される。

陽イオン交換樹脂	溶液中の陽イオンを樹脂中の水素イオンと交換	
	Xの例	$-SO_3H$(スルホ基)
陰イオン交換樹脂	溶液中の陰イオンを樹脂中の水酸化物イオンと交換	
	Xの例	$-CH_2N^+(CH_3)_3OH^-$

イオン交換樹脂 溶液中のイオンをとり込み，樹脂中のイオンを溶液中に出す機能をもつ樹脂。

A 陽イオン交換樹脂

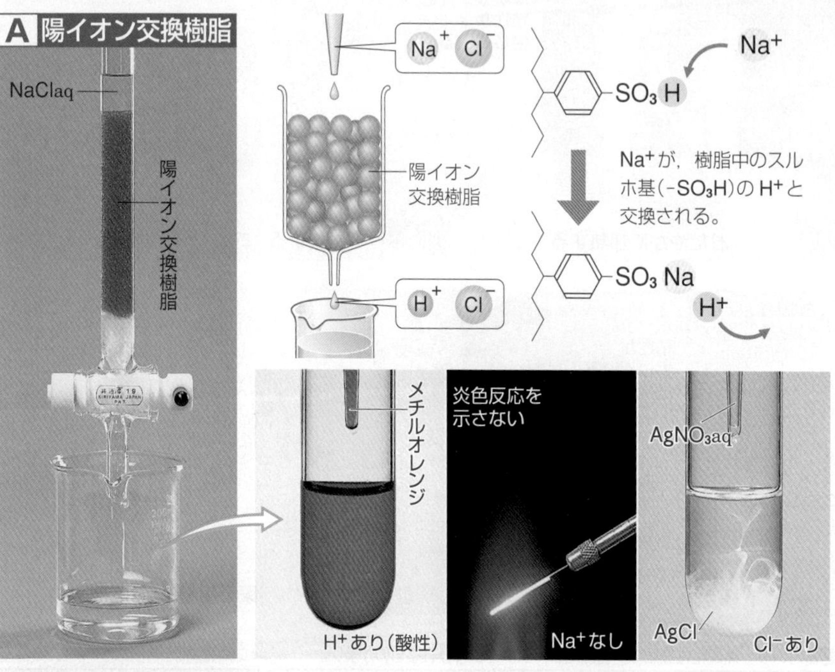

イオン交換樹脂の再生

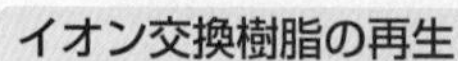
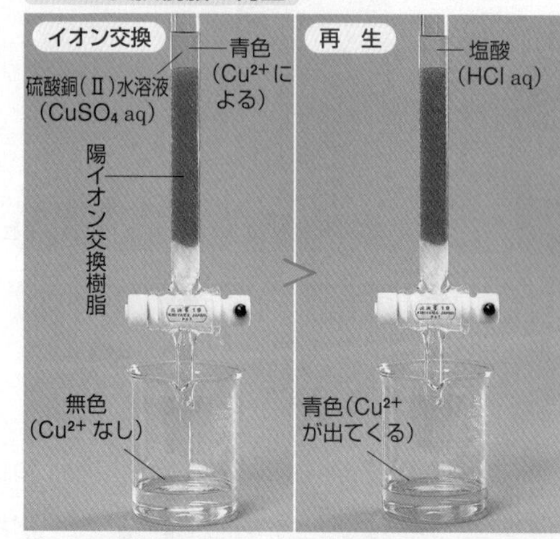

陽イオン交換樹脂中のH^+がCu^{2+}と交換される。

樹脂中のCu^{2+}がとれて，もとの陽イオン交換樹脂に戻る。

B 陰イオン交換樹脂

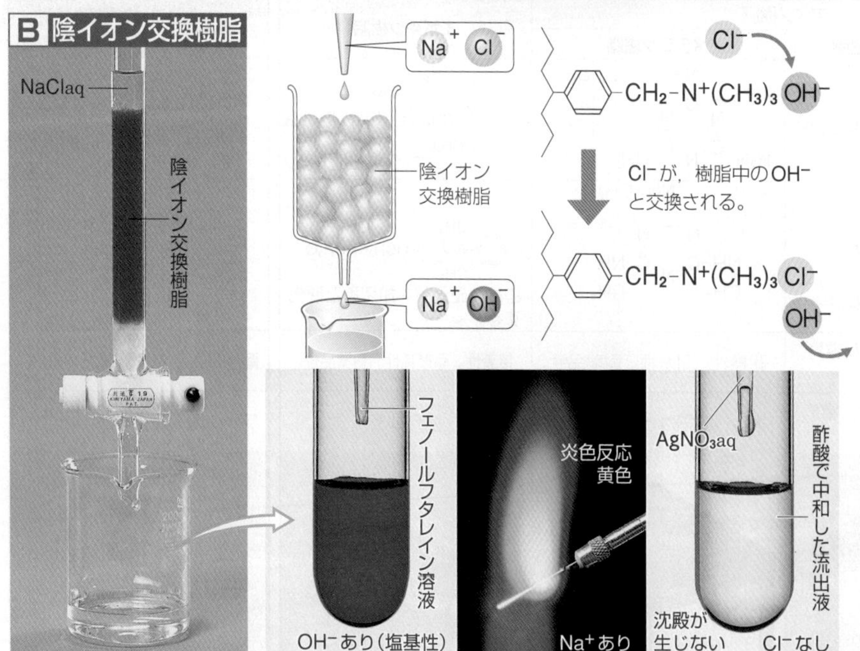

参考 イオン交換樹脂の利用

脱イオン水

陽イオン交換樹脂と陰イオン交換樹脂を使うと，塩化ナトリウム水溶液から水(**脱イオン水**)が得られる。これを利用して，海水から淡水をつくることができる。

塩化ナトリウムの製造

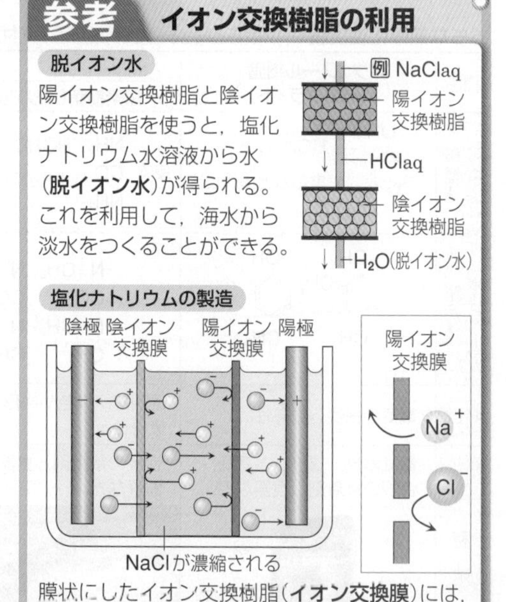

膜状にしたイオン交換樹脂(**イオン交換膜**)には，特定のイオンだけを通過させる性質がある。この性質を利用し，海水から塩化ナトリウムがつくられている。(イオン交換膜法▶P.95)

プチ雑学 自然界でもイオン交換は起こる。バーミキュライトなどの粘土鉱物は，－の電気を帯びており，土壌中でK^+やMg^{2+}などの植物の生育を助けるイオンを吸着して保持する。それを必要に応じて植物に供給し，代わりに水分中のH^+を吸着する。

Keywords
●陽イオン交換樹脂 cation-exchange resin ●陰イオン交換樹脂 anion-exchange resin
●天然ゴム natural rubber ●イソプレン isoprene ●加硫 vulcanization
●合成ゴム synthetic rubber

2 天然ゴム 天然ゴムはイソプレンの重合体である。

ゴムノキから樹液(**ラテックス**)を集める。 ラテックスに酢酸を少しずつ加えて混ぜる。 弾性のある物質(**生ゴム**)が得られる。(主成分 **ポリイソプレン**)

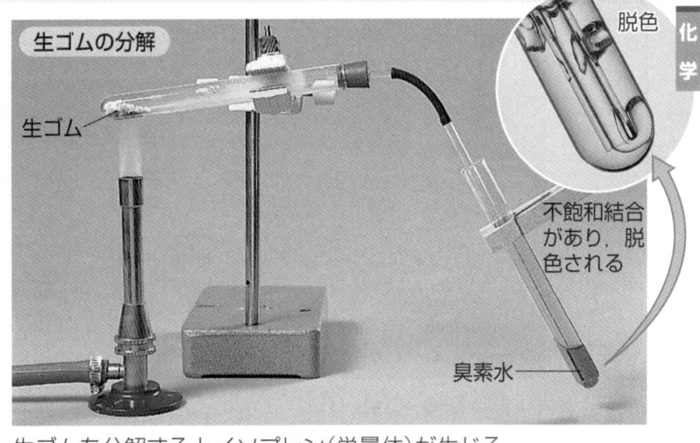

生ゴムを分解するとイソプレン(単量体)が生じる。

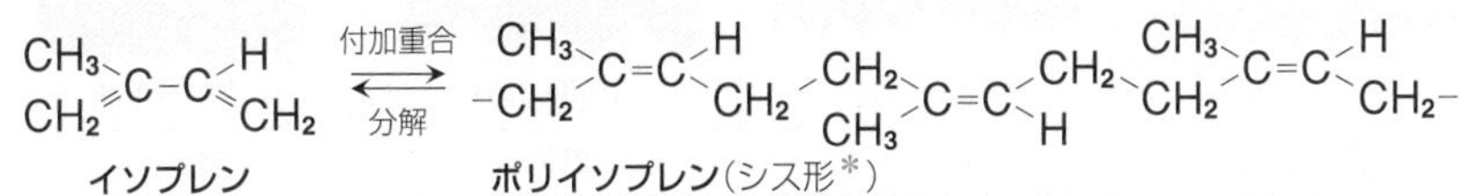

生ゴムの分子中にはシス形の二重結合があり，この構造により弾性が生じる。二重結合は酸化されやすく，空気中の酸素やオゾンと反応して生ゴムの弾性は失われる(劣化，**老化**)。

＊トランス形のポリイソプレン(**グッタペルカ**)は硬く，弾性にとぼしい。

A 加硫 生ゴムに硫黄を加えて加熱する。

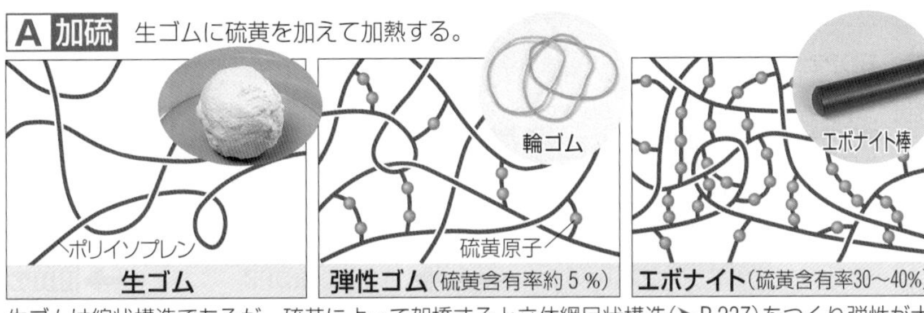

生ゴムは線状構造であるが，硫黄によって架橋すると立体網目状構造(▶P.237)をつくり弾性が大きくなる。さらに架橋が進むと弾性のない硬い物質となる。架橋によりゴムは老化しにくくなる。

やってみよう! ゴムの弾性と熱運動

湯をかける

ゴムの弾性は，分子の熱運動による。分子運動が活発になると，分子は折りたたまれようとするので，ゴムは縮む。

3 おもな合成ゴム 合成ゴムは付加重合でつくられるものが多い。

名称	ブタジエンゴム(BR) butadiene rubber	クロロプレンゴム(CR) chloroprene rubber	スチレン-ブタジエンゴム(SBR) styrene-butadiene rubber	アクリロニトリル-ブタジエンゴム(NBR) acrylonitrile-butadiene rubber	ブチルゴム(IIR) isobutylene-isoprene rubber	シリコーンゴム(ケイ素ゴム) silicone rubber
単量体(モノマー)	$CH_2=CH-CH=CH_2$ ブタジエン	$CH_2=CCl-CH=CH_2$ クロロプレン	$CH=CH_2$(ベンゼン環) スチレン / $CH_2=CH-CH=CH_2$ ブタジエン	$CH_2=CH-CN$ アクリロニトリル / $CH_2=CH-CH=CH_2$ ブタジエン	$CH_2=C(CH_3)_2$ イソブチレン / $CH_2=C(CH_3)-CH=CH_2$ イソプレン	$CH_3-SiCl_2-CH_3$ ジクロロジメチルシラン / H_2O 水
重合体(ポリマー)	$[CH_2-CH=CH-CH_2]_n$	$[CH_2-CCl=CH-CH_2]_n$	$-CH_2-CH=CH-CH_2-CH(C_6H_5)-CH_2-$	$-CH_2-CH=CH-CH_2-CH_2-CH(CN)-$	$-CH_2-C(CH_3)=CH-CH_2-CH_2-C(CH_3)_2-$	$[O-Si(CH_3)_2]_n$
特徴	耐摩耗性。耐老化性。引き裂き強度は小。	耐油性。耐老化性。燃えにくい。	最も生産量の多い合成ゴム。ほかのゴムと混合して利用。	耐油性が特に優れている。耐摩耗性。耐老化性。	耐熱性。電気絶縁性。気体を通しにくい。	耐熱性。低温でも弾性を失わない。
利用例	スーパーボール	接着剤など	タイヤ	印刷用ブランケット	タイヤチューブ	哺乳びん

プチ雑学 ゴムの用途の一つに免震がある。うすいゴムと鋼板を交互に重ねたものを建物の土台にすることで，地震による水平方向の揺れを受け流して，建物や家具の損壊を防ぐ。

244 合成高分子化合物の利用

1 プラスチックの種類とその利用

	ポリエチレンテレフタラート PET:poly (ethylene terephthalate)	高密度ポリエチレン HDPE:high density polyethylene	ポリ塩化ビニル PVC:poly (vinyl chloride)	低密度ポリエチレン LDPE:low density polyethylene	ポリプロピレン PP:polypropylene	ポリスチレン PS:polystyrene
利用例						
構造式	$\left[\text{C(=O)}-\text{C}_6\text{H}_4-\text{C(=O)}-\text{O}-(\text{CH}_2)_2-\text{O}\right]_n$	$[\text{CH}_2-\text{CH}_2]_n$	$[\text{CH}_2-\text{CH(Cl)}]_n$	$[\text{CH}_2-\text{CH}_2]_n$	$[\text{CH}_2-\text{CH(CH}_3)]_n$	$[\text{CH(C}_6\text{H}_5)-\text{CH}_2]_n$
モデル						
密度(g/cm³)	1.29～1.40	0.95～0.97	1.30～1.58	0.92～0.93	0.90～0.91	1.04～1.06
燃焼性	燃えにくい	燃える	自己消火	燃える	燃える	完全燃焼しにくい

A プラスチックの見分け方

液体の密度は20 ℃における値。氷水で冷やすと，密度は大きくなる。

浮上密度試験

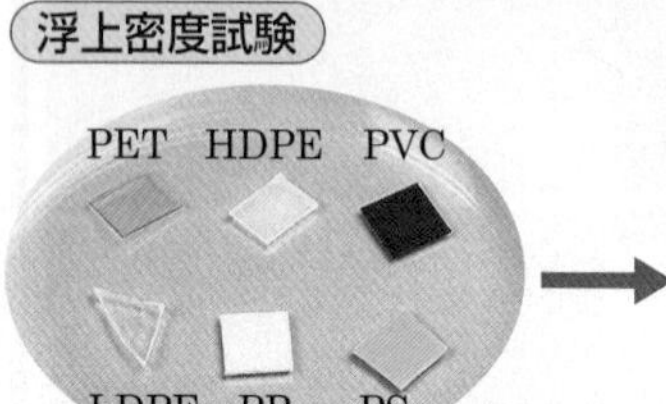

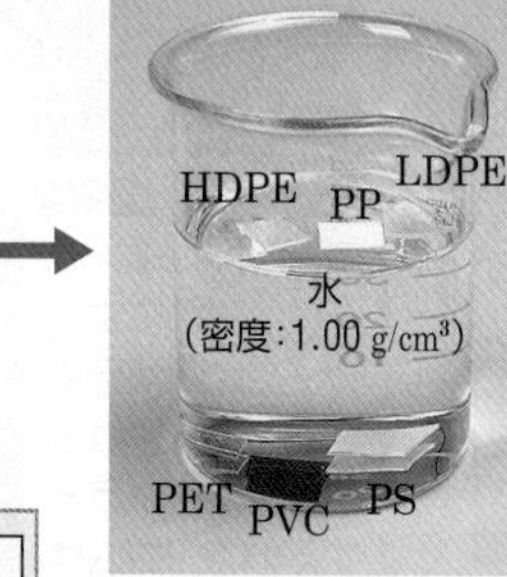

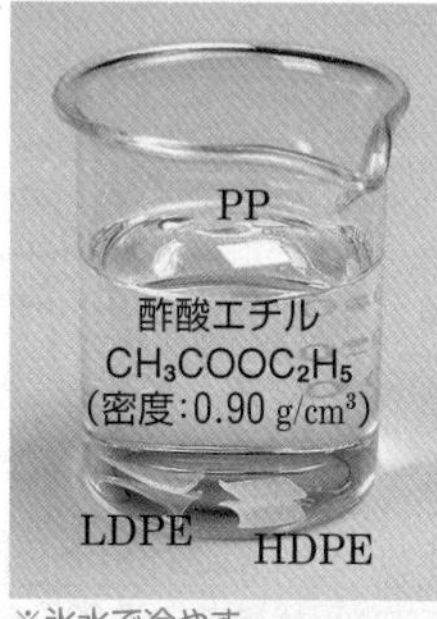

※氷水で冷やす。

PP ↑浮く　HDPE, LDPE 沈む→

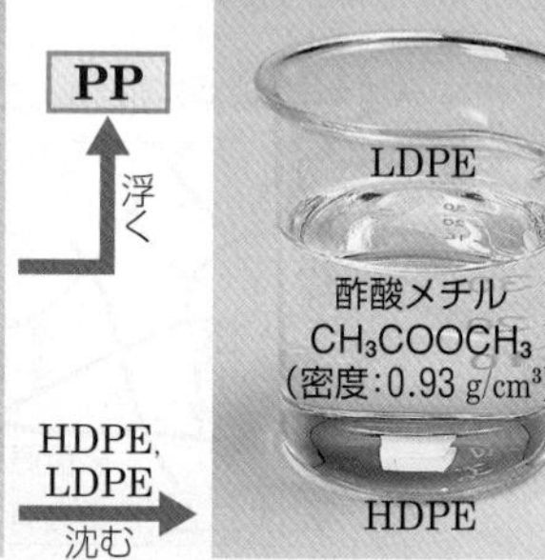

※氷水で冷やす。

沈む ↓ PET，PVC，PS

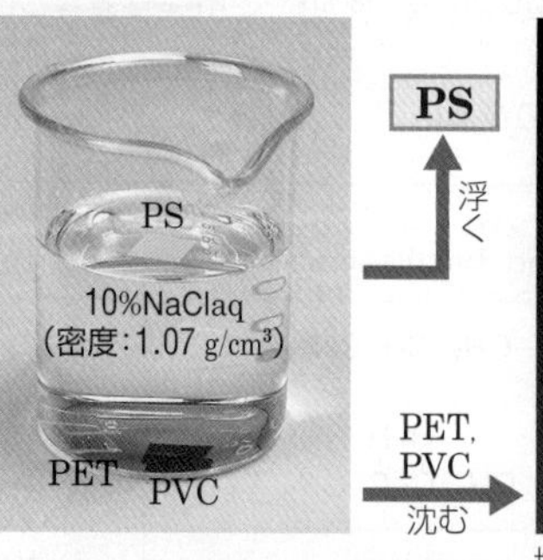

PS ↑浮く　PET, PVC 沈む→

密度の比較

密度(g/cm³)	液体	プラスチック
0.90	酢酸エチル	PP
0.93	酢酸メチル	LDPE
1.00	水	HDPE
1.07	10%食塩水	PS
1.20～1.60		PET, PVC

液体の線より，上のものは浮かび，下のものは沈む。

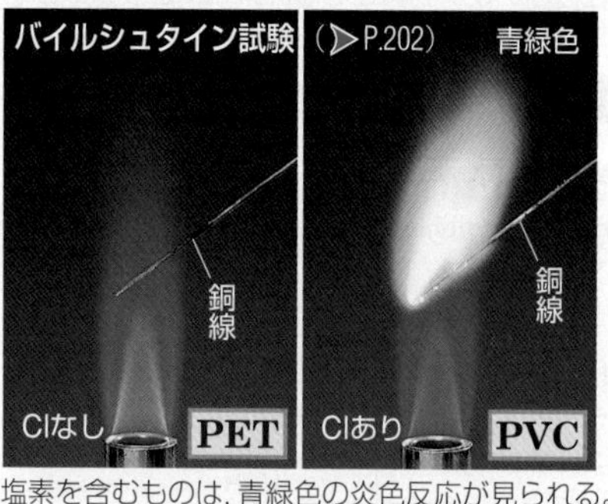

(▶P.202)

塩素を含むものは，青緑色の炎色反応が見られる。

X線・近赤外線による分別

X線分別は，X線の吸収率の差によりプラスチックを分別する方法で，PETとPVCの分別に使われている。
また，近赤外線の波長での吸収率変化の違いにより，数十種類以上のプラスチックを分別する方法もある。

燃焼実験 プラスチックの種類によって，燃焼性が異なる。

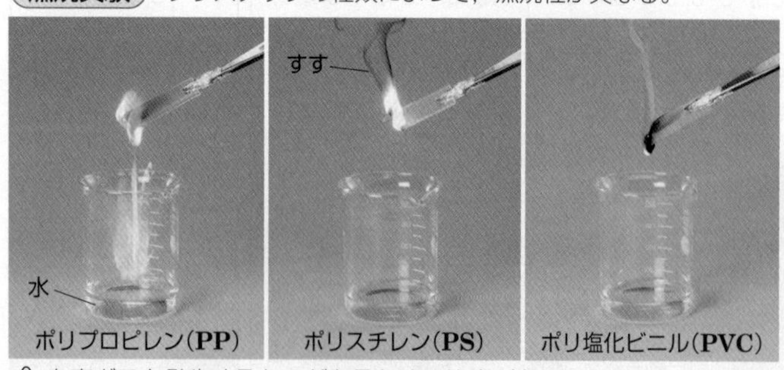

ポリプロピレン(PP)　ポリスチレン(PS)　ポリ塩化ビニル(PVC)

⚠ 有毒ガスを発生するものがあるため，注意が必要である。

Column ダイオキシン

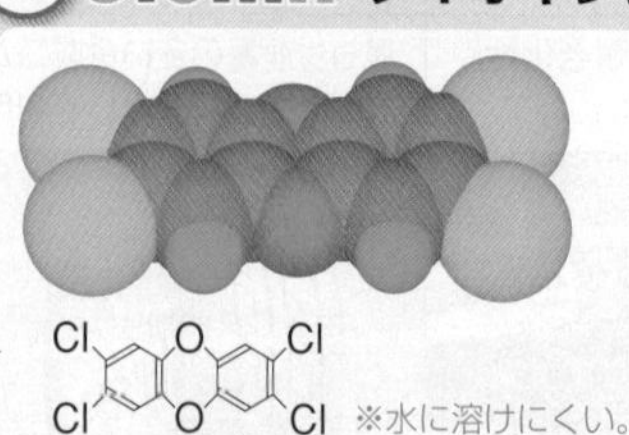

塩素を含むプラスチックや，塩素の化合物と有機物との混合物をゴミとして焼却すると，ダイオキシン類が発生することがある。ゴミの減量化や分別は，ダイオキシン類対策としても重要である。

※水に溶けにくい。

2,3,7,8-テトラクロロジベンゾ-p-ジオキシン $C_{12}H_4O_2Cl_4$
ダイオキシン類のうち，最も毒性が強い。一般にダイオキシンとよばれている物質。

ポリスチレンは分子中に占める炭素原子の割合が多いので，燃やすと不完全燃焼しやすく，すすを出す。

2 さまざまな合成高分子化合物 エンジニアリングプラスチックや機能性高分子

アラミド繊維 芳香族ポリアミド

防火服

ポリ（p－フェニレンテレフタルアミド）
PPTA：poly(para-phenyleneterephthalamide)

高強度・高弾性率で，耐熱性などにすぐれる。防火服，プリント基板などに利用されている。

ポリカーボネート

高速道路の防音壁

ポリカーボネート
PC：polycarbonate

強度や耐衝撃性にすぐれる。透明なので，高速道路の防音壁，CD基盤などに利用されている。

ポリアセタール

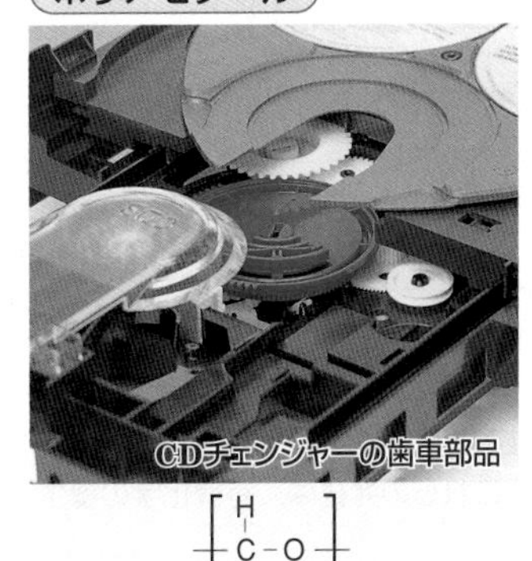
CDチェンジャーの歯車部品

$-[CH_2-O]_n-$
ポリオキシメチレン
POM：polyoxymethylene

強度や耐熱性，耐磨耗性にすぐれ，折れにくく，割れにくい。OA機器や自動車部品などに利用。

導電性高分子

携帯電話の電池

ポリアセン
polyacene

金属に近い導電性をもち，軽量で成型が容易。携帯電話のバックアップ用電池の電極材料などに利用。

複素環ポリマー繊維

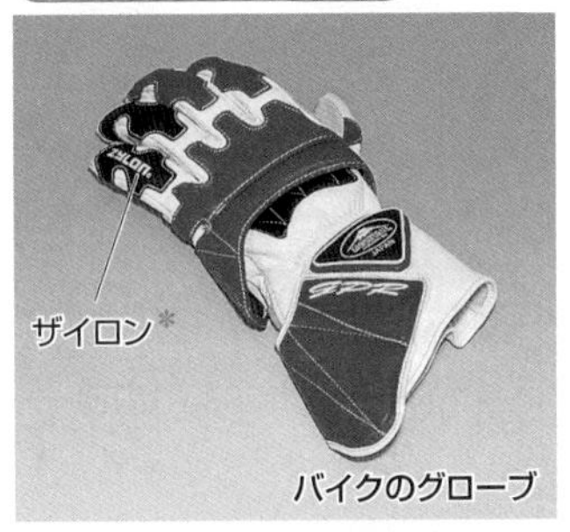

バイクのグローブ

ポリ（p－フェニレンベンズビスオキサゾール）
PBO：poly(para-phenylenebenzbisoxazole)

ナイロンの 8 倍以上の強度，アラミド繊維の約 2 倍の強度と約 3 倍の弾性率をもつ高強度繊維。
＊PBO繊維の商品名

ポリイミド

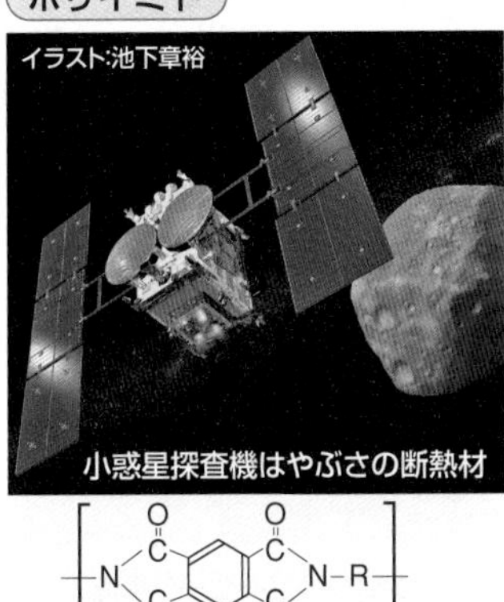

小惑星探査機はやぶさの断熱材

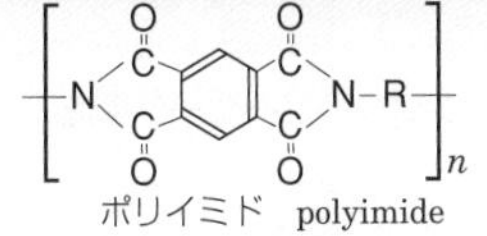
ポリイミド polyimide

耐熱性・耐寒性が非常に高く，強度もある。電子・航空・宇宙，原子力などの分野で利用されている。

生分解性高分子

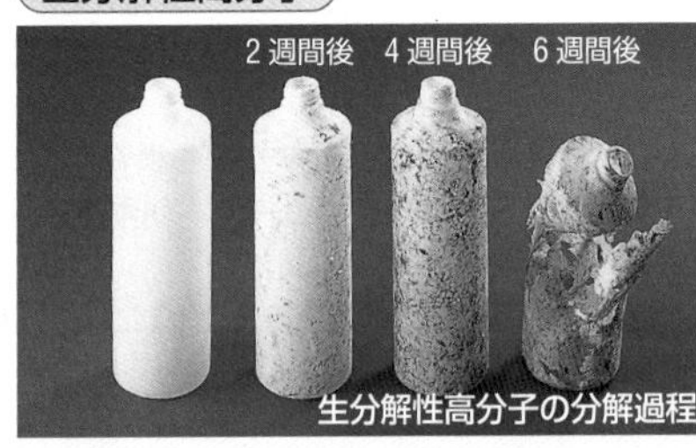

生分解性高分子の分解過程

例 ポリ乳酸 $-[O-CH(CH_3)-CO]_n-$

例 ポリグリコール酸 $-[O-CH_2-CO]_n-$

m HO－CH(CH_3)－COOH（乳酸） —縮合重合→ $-[O-CH(CH_3)-CO]_m-$（低分子量） → $\frac{m}{2}$ ラクチド —開環重合→ $-[O-CH(CH_3)-CO]_n-$ ポリ乳酸（高分子量）

乾燥した状態では性能が低下しないが，水中や地中で，微生物の働きによって水や二酸化炭素に分解される高分子。食品トレイ，ごみ袋などに利用されている。

高吸水性高分子

紙おむつ

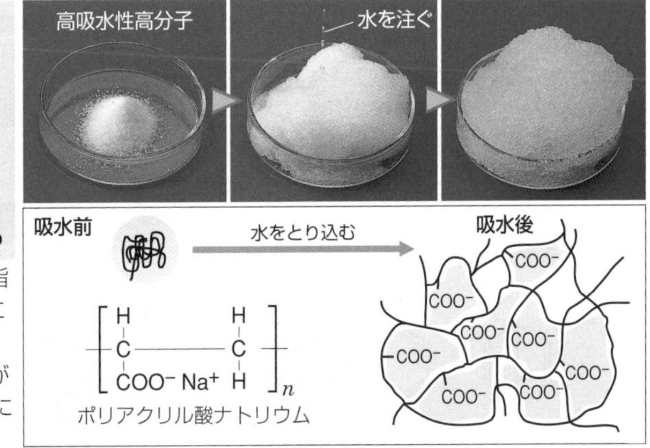

$-[CH_2-CH(COO^-Na^+)]_n-$

親水性の基が水に溶けるように広がる。樹脂内のイオン濃度が高く，浸透圧により内部に水が入る。－COONaが水により電離すると，$-COO^-$どうしの反発が起こり，分子がさらに広がる。架橋構造のため，網目の中に水分子が保持される（とり込まれる）。

感光性高分子

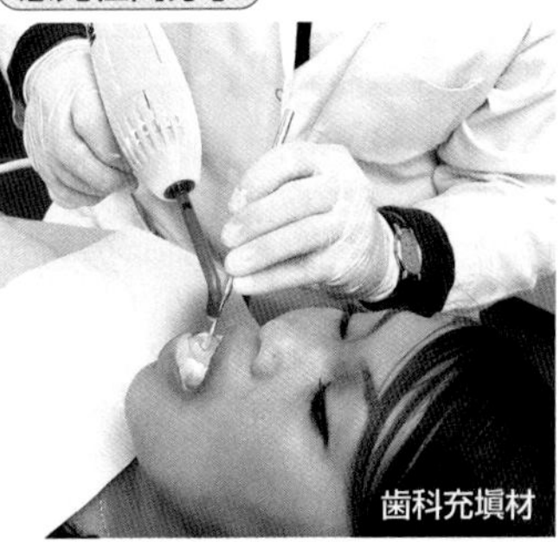
歯科充填材

光照射によって架橋，分解，重合などが起こり，化学的，物理的性質が変化する高分子。プリント基板，歯科充填材などに利用されている。

思考問題 乳酸にはL-乳酸とD-乳酸の鏡像異性体がある。生分解性に関して，L-乳酸のみを重合したポリ乳酸は，D-乳酸のみを重合したポリ乳酸よりも酵素(▶P.257)によって分解されやすい。その理由を説明せよ。

246 探究の歴史

有機化合物・高分子化合物

古くから，動物や植物から得られる有機化合物は，鉱物などの無機物質と本質的に異なると考えられていた。ウェーラーが無機物質から有機化合物を人工的に合成できることを示し，有機化合物の研究が発展していった。

1 生き物の力を借りずに尿素ができた ～有機化合物の合成～

かつて，**有機化合物**は，生き物だけがつくることのできる物質だと考えられていた(生気説)。しかし，1828年，ドイツの化学者ウェーラーは，シアン酸アンモニウムNH_4OCNをつくろうとして無機化合物であるシアン酸鉛(Ⅱ)$Pb(OCN)_2$とアンモニア水を加熱すると，有機化合物である尿素$CO(NH_2)_2$ができることを，偶然発見した。これについては，シアン酸鉛(Ⅱ)が生き物から得られた物質ではないかという指摘もあったが，さらに，1845年には，ウェーラーの弟子コルベが，明らかに無機化合物と考えられた二硫化炭素CS_2から，酢酸CH_3COOHの合成に成功した。有機化合物が人工的に合成できるというこれらの発見は，有機化学の誕生のきっかけになった。

ウェーラーが発見した化学変化

$$Pb(OCN)_2 + 2H_2O + 2NH_3 \xrightarrow{\text{加熱}} 2CO(NH_2)_2 + Pb(OH)_2$$

シアン酸鉛(Ⅱ)　水　アンモニア　→　尿素　水酸化鉛(Ⅱ)

尿素　肝臓でつくられる物質で，腎臓で尿の中へとこし出される。

ウェーラー
(ドイツ，1800～1882)

2 どちらの実験結果も正しい ～異性体の発見～

1826年，ウェーラーはシアン酸銀について，ドイツの化学者であるリービッヒは雷酸銀について，その性質を調べてそれぞれ発表した。シアン酸銀と雷酸銀は性質が全く異なっているにも関わらず，同じ化学式AgCNOで表されるということで，2人の間に激しい論争が起こった。

しかし，その後の2人の研究により，これらが同じ化学式でも構造が異なる物質「**異性体**」(▶P.201)であることがわかった。「異性体」はウェーラーの師であるベルセリウス(▶P.58)が命名した。

なお，リービッヒとウェーラーは，これを機に親しい友人として，共同研究を行うようになった。有機化合物の構造の単位である「**基**」の概念も，2人の研究による。

シアン酸銀	雷酸銀(Ⅰ)
AgOCN	AgCNO
安定な物質	熱や摩擦により爆発しやすい

リービッヒ
(ドイツ，1803～1873)

3 環状の分子 ～ベンゼンの構造～

原子価説 ▶P.44

多くの有機化合物が合成され，分析によって化学式が明らかになってくると，化合物の性質をもとに，いろいろな整理の方法が考えられた。いくつかの原子からなる「基」の概念や，ある原子は一定の結合能力を持っているという「**原子価**」の概念が生まれた。1858年，ケクレは炭素の原子価は4であること，炭素原子どうしが結合して鎖状構造をつくることを提唱した。

ベンゼンの構造 ▶P.220

原子価説は，有機化合物の構造を明らかにするのに役立った。しかし，1825年にファラデーによって発見された**ベンゼン**の構造は依然不明であった。

ベンゼン(分子式C_6H_6)が不飽和性であること，炭素の原子価は4であることを満たす構造式として，1865年，ケクレは6個の炭素原子が単結合と二重結合で交互に連なった環状構造をとると仮定した。炭素が鎖状構造だけでなく環状構造にもなるという考えは画期的なものであり，ベンゼン置換体の異性体が矛盾なく説明できるようになった。しかし，ベンゼンは付加反応が起こりにくいことなどから，単結合と二重結合が交互に存在するという構造に疑問をもつ研究者も多かった。現在は，炭素原子間の結合は同等であると考えられている。(▶P.47)

さまざまなベンゼンの式

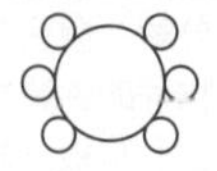

ロシュミットの式

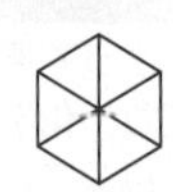

クラウスの式

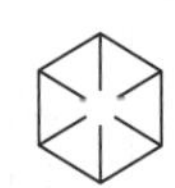

バイヤーの式

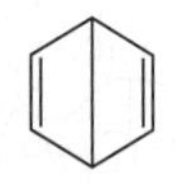

デューアの式

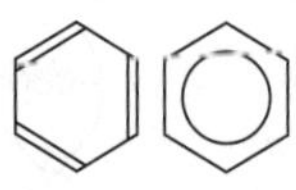
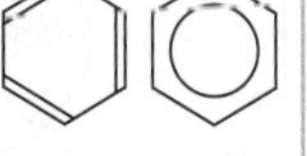

現在の式

ケクレのソーセージ構造

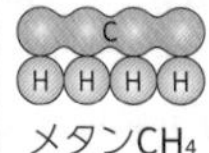

メタンCH_4

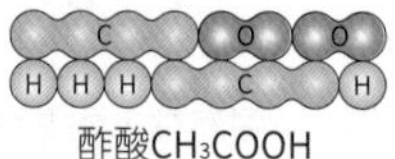

酢酸CH_3COOH

原子価が満たされていることを表現しているが，まだ原子と原子をつなぐ結合という概念はない。

ケクレの考えたベンゼン環の構造の変遷

開いた鎖状構造

閉じた鎖状構造

両端の炭素原子が結合することを示している。

二重結合を含む環状構造

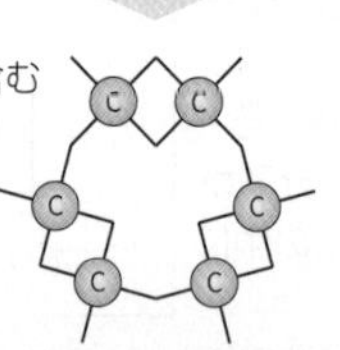

ケクレ
(ドイツ，1829～1896)
ギーセン大学で建築を学んでいたが，リービッヒの影響を受けて化学に転向した。

4 右手と左手のちがい　～鏡像異性体～

酒石酸や乳酸には，化学的性質は同じであるが，光学的性質が異なる2種類が存在することが知られていた。この光学的性質の違いを分子構造の違いから説明したのが，1874年，ファント・ホッフとル・ベルがそれぞれ独立に提案した「**炭素正四面体説**」である。それまで，原子価と価標により平面的に考えていた構造を，炭素が正四面体の中心にあり，その各頂点の原子(原子団)と結合しているという立体的な構造としてとらえることで，**鏡像異性体**や**シス-トランス異性体**を説明できるようになった。

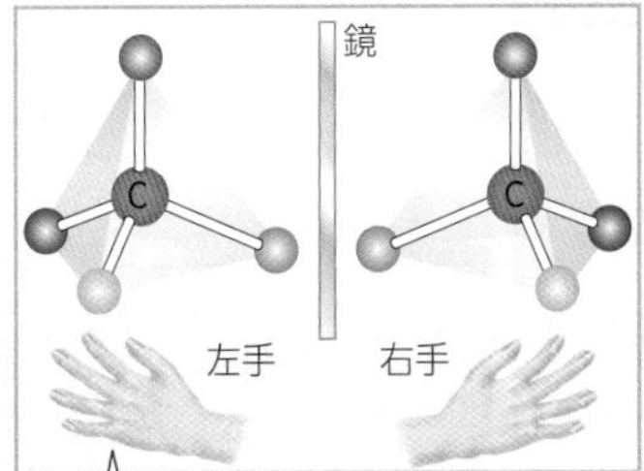

鏡像異性体どうしは，重ね合わせることができない。

ファント・ホッフ(オランダ，1852～1911)
浸透圧や化学平衡の研究を行い，第1回ノーベル化学賞を受賞。

鏡像異性体 ➤P.201

鏡像異性体どうしは，光学的性質が異なるだけでなく，味やにおいなどの生理的性質が異なる。

グルタミン酸ナトリウム

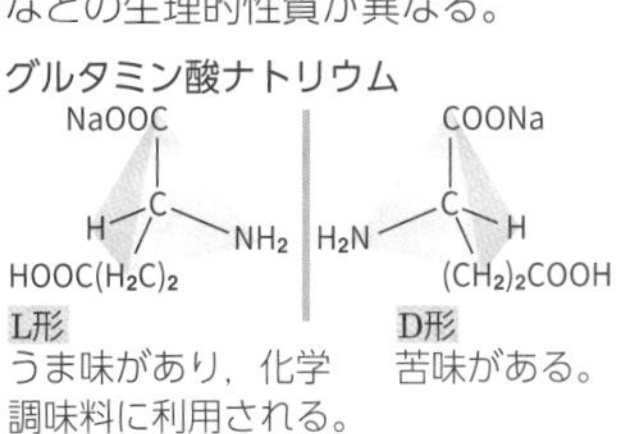

L形　うま味があり，化学調味料に利用される。

D形　苦味がある。

5 鎖状の巨大な分子　～高分子化合物～

20世紀の初めには，ゴム，デンプン，タンパク質などが大きな分子量をもつことは知られていたが，これらは小さな分子が会合して**ミセル**(➤P.118)をつくっていると考えられていた。1920年，シュタウディンガーはゴムの研究を行い，通常の有機化合物と同じく**共有結合**によって，多数の原子が結合したものであるという「**高分子説**」を提案した。しかし，この説はミセル説を信じる多くの化学者から激しい反対にあった。シュタウディンガーは低分子の化合物を重合させて人工的に高分子をつくる研究を行い，粘度による分子量の測定などの実験結果から高分子の存在を示した。やがて，カロザースの合成ゴムや合成繊維の開発によって，高分子説は広く受け入れられるようになった。

$-CH_2-O-CH_2-O-CH_2-O-CH_2-O-$

ポリアセタール

セルロースに対応するモデル物質としてホルムアルデヒドからつくられた合成高分子。

シュタウディンガー
(ドイツ，1881～1965)

6 クモの糸より細く，鋼鉄よりも強い　～ナイロンの開発～

アメリカの化学工業会社の研究者カロザースは，シュタウディンガーの高分子説に従って，低分子の化合物を重合させて高分子をつくる研究を行っていた。

当時すでに絹の分子が，アミノ酸(➤P.254)が**アミド結合**でつながった高分子であることが知られていた。アミノ酸を重合させれば絹に似た合成高分子が得られると考え，多数の化合物を用いて，さまざまな反応条件で重合を試みたが，失敗を繰り返した。そこで，カロザースは，アミノ酸のかわりに，ジカルボン酸とジアミンを反応させることを思いつき，ついに，アジピン酸とヘキサメチレンジアミンを重合させることで，ポリアミドが得られた。 ➤P.238

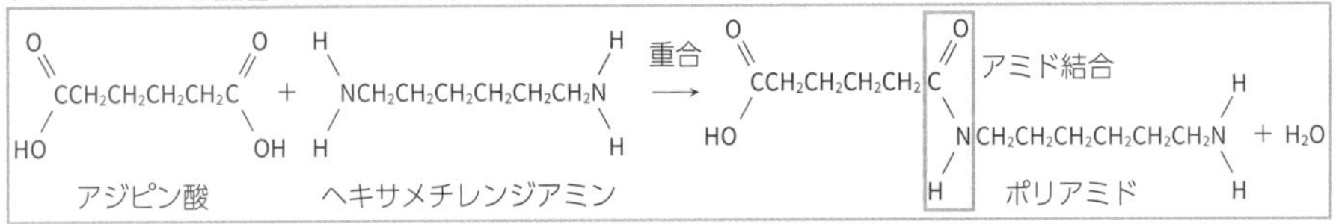

このポリアミドは強い弾力をもち，水に強く，融点も高い繊維であり，「**ナイロン**」と名付けられた。ナイロンは「石炭と空気と水からつくられ，クモの糸より細く，鋼鉄よりも強い繊維」として1938年に製品化された。

絹の分子

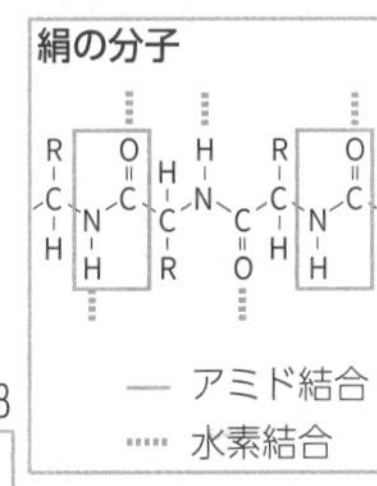

ストッキング

カロザース
(アメリカ，1896～1937)
合成ゴム，合成繊維を発明。

リービッヒの化学教育

リービッヒは，21歳でギーセン大学の教授になり，化学教育にも取り組んだ。当時は，指導者となる化学者の実験室で指導を受けるのが普通だったが，リービッヒは，カリキュラムを体系化し，学生のための実験室で練習実験を行った。

ギーセン大学の実験指導を中心にした化学教育は，その後の化学教育のモデルとなった。また，ここからケクレ，ホフマンなど多くの化学者が輩出された。

リービッヒの有機物元素分析装置

リービッヒは燃焼法による有機化合物の元素分析装置を改良し，簡便で正確な分析法を確立した。

石油化学工業

1 原油

地中から産出したままで，精製していない石油のことを原油という。

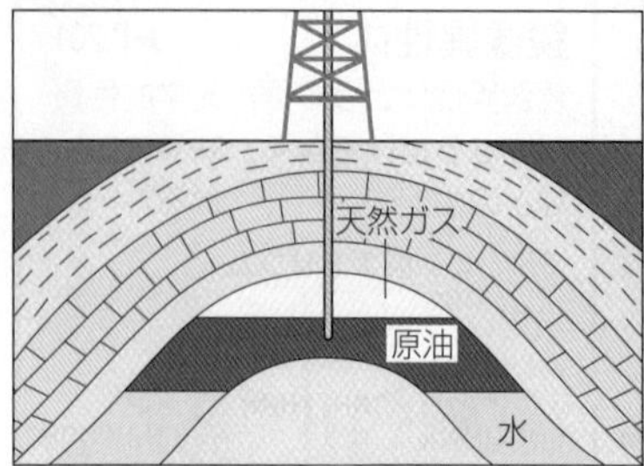

石油は，堆積した生物の遺骸が地殻中で温度や圧力の影響を受けて変化して生成したと考えられている。

2 原油の分留

原油は，炭化水素を主成分とした多種の有機化合物の混合物である。蒸留（分留▶P.26）によって数種類の留出物に分けられる。

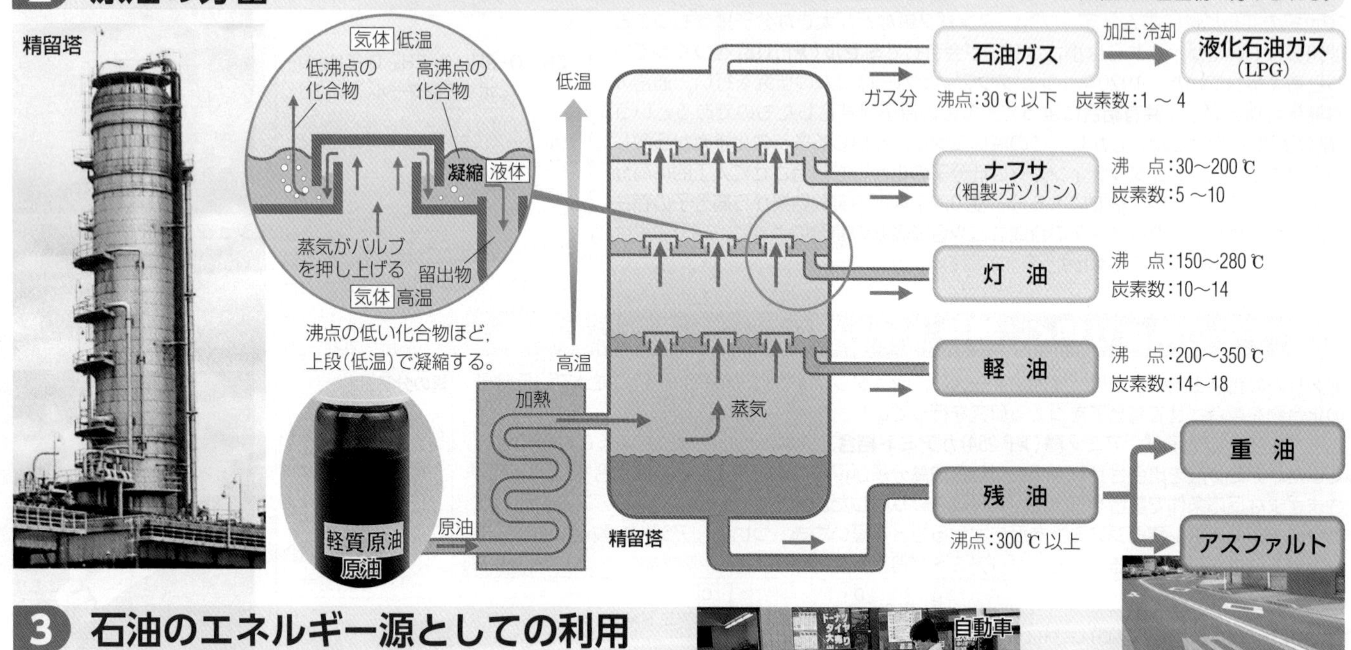

3 石油のエネルギー源としての利用

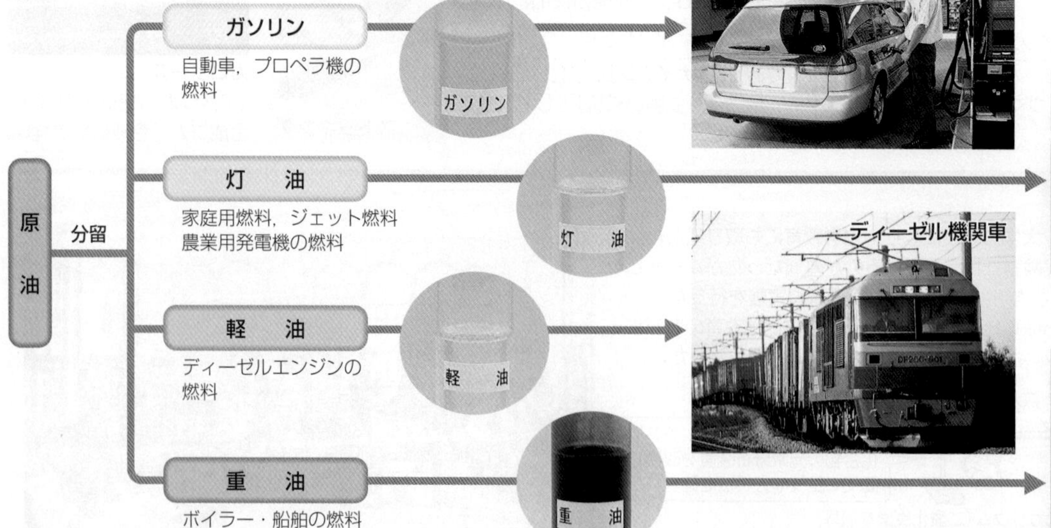

アスファルト舗装

ガソリンは無色透明であるが，灯油との誤使用を防ぐため，JIS 規格でオレンジ色に着色するよう定められている。

Keywords ●石油 petroleum ●原油 crude oil ●分留 fractional distillation ●ナフサ naphtha ●天然ガス natural gas ●石炭 coal

石油の成因
ナフサの分留

4 石油化学原料とその製品

- 原油 → ナフサ
  - 熱分解
    - 1 エチレン
    - 2 プロペン
    - 3 ブタジエン
    - 副生ガソリン
  - 接触改質
    - 改質ガソリン
    - 液化石油ガス(LPG)
- 副生ガソリン・改質ガソリン → 溶剤抽出
  - 4 ベンゼン
  - 5 トルエン
  - 6 キシレン

ナフサを水蒸気とともに高温で加熱すると，石油化学製品の原料が得られる。

※写真中の温度は沸点

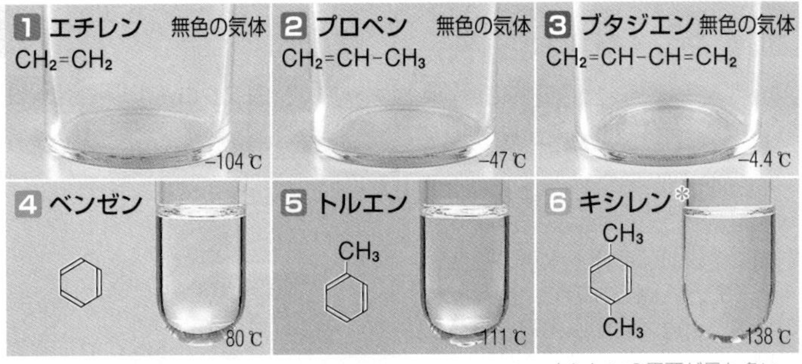

＊*p*-キシレンの需要が最も多い。

A 石油化学製品

石油化学原料からいろいろな化学製品(▶P.238〜245)がつくられている。

1 エチレンを原料とする

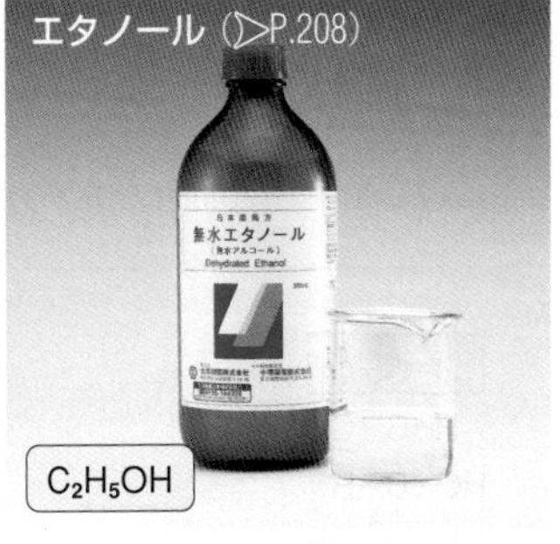

3 ブタジエンを原料とする

2 プロペンを原料とする

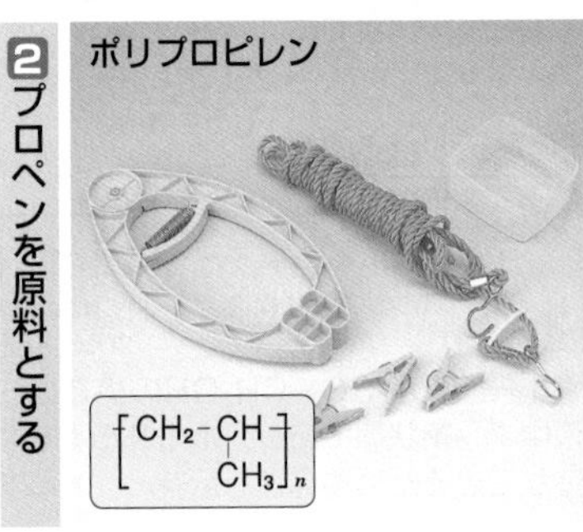

4 ベンゼンを原料とする

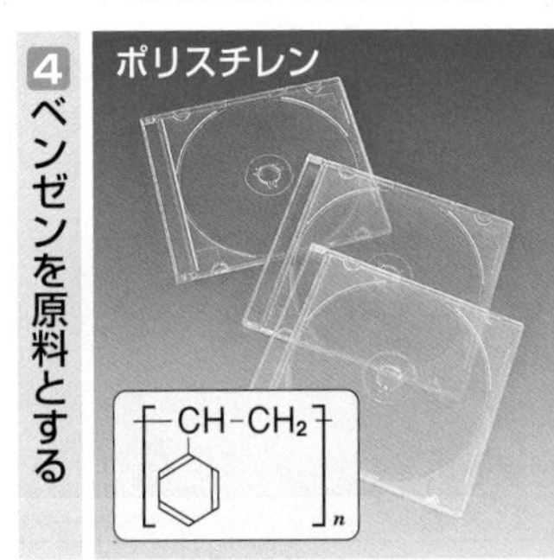

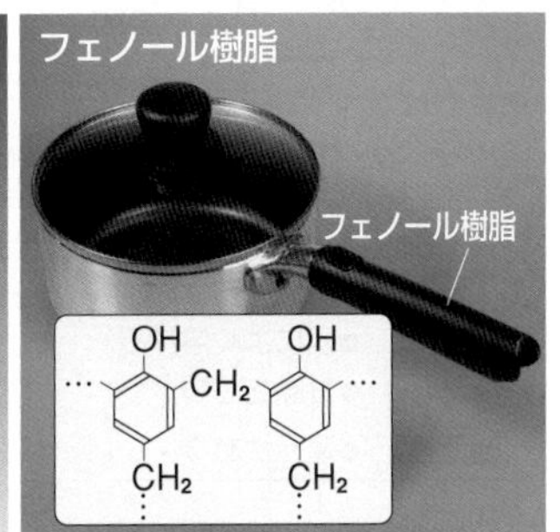

5 天然ガス

天然ガスの主成分はメタンであり，ほかにエタン，プロパン，ブタンなどのアルカンが含まれる。気体の状態では運搬が不便なため，加圧・冷却によって液体にした液化天然ガス(liquefied natural gas, LNG)として運ばれ，燃料や化学工業の原料として利用されている。

6 石 炭

石炭は植物が地中で炭化作用を受けて生成したものである。燃料や化学原料として利用されるが，固体であるため運搬・貯蔵・利用には不便である。しかし，石油の枯渇(こかつ)が問題となって，再び石炭資源に対する関心が高まり，石炭を液化・ガス化して利用する研究が進められている。

Column シェールオイル

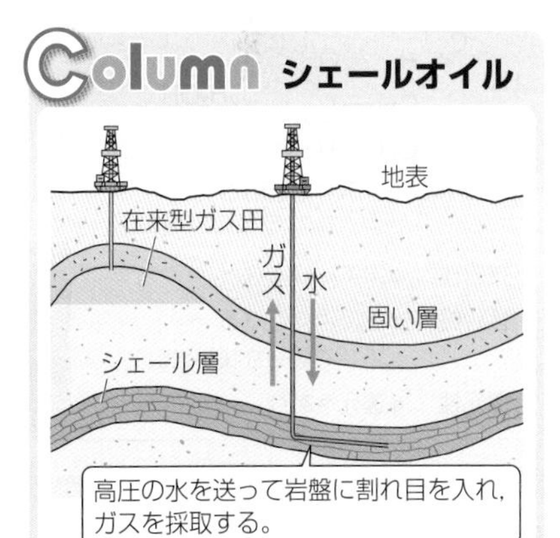

地下 2000 〜 3000 m の頁岩(けつがん)(シェール)層のすき間に含まれる天然ガスや原油を**シェールガス**，**シェールオイル**という。2000 年代以降，技術革新によって採掘が可能になり，アメリカを中心に開発が進められている。

プチ雑学 日本国内の原油自給率は約0.3％(2020年度)であり，ほとんどを海外からの輸入に頼っている。一方で，原油を国内で精製し，ジェット燃料，軽油などの石油製品として海外へ輸出している。

単糖類・二糖類

1 糖　類

分子内にヒドロキシ基を多数もつ多価アルコールで，酸素を含む環状構造，またはカルボニル基(▶P.201)を含む鎖状構造をとる。

$C_mH_{2n}O_n$

$C_m(H_2O)_n$

糖類に含まれる酸素と水素の割合は1：2で水と同じなので，炭素と水の化合物と考えて**炭水化物**ともいう。

単糖　これ以上加水分解されない糖。

二糖　加水分解されて，1分子から2分子の単糖が生じる糖。

多糖　加水分解されて，1分子から多数の単糖が生じる糖。

燃　焼　例 スクロース

溶解性　例 スクロース

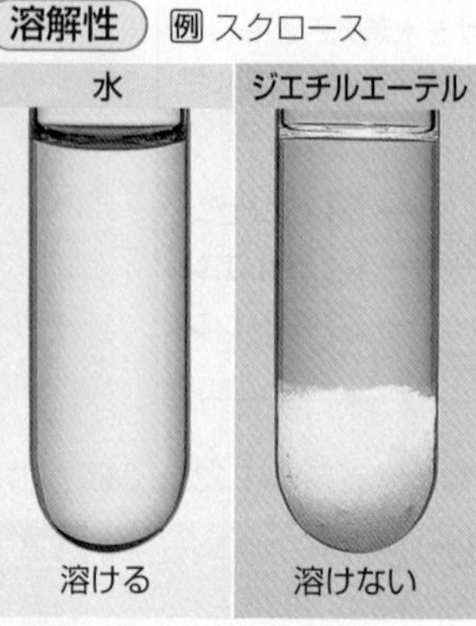

脱　水　(▶P.151) 例 スクロース

2 単糖類

単糖は多価アルコールで，水溶液中でホルミル基(アルデヒド基)またはカルボニル基をもち，還元性がある。

A グルコース　(ブドウ糖)$C_6H_{12}O_6$

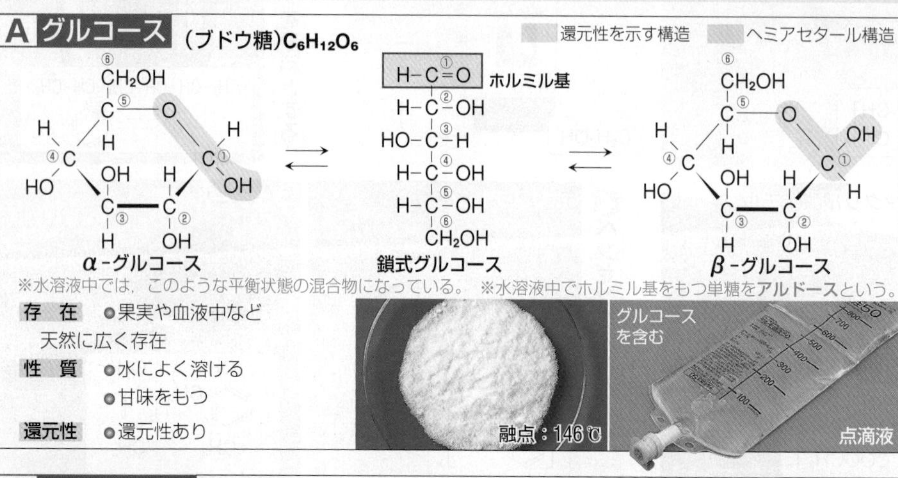

※水溶液中では，このような平衡状態の混合物になっている。　※水溶液中でホルミル基をもつ単糖を**アルドース**という。

存　在	●果実や血液中など天然に広く存在
性　質	●水によく溶ける ●甘味をもつ
還元性	●還元性あり

六員環の構造

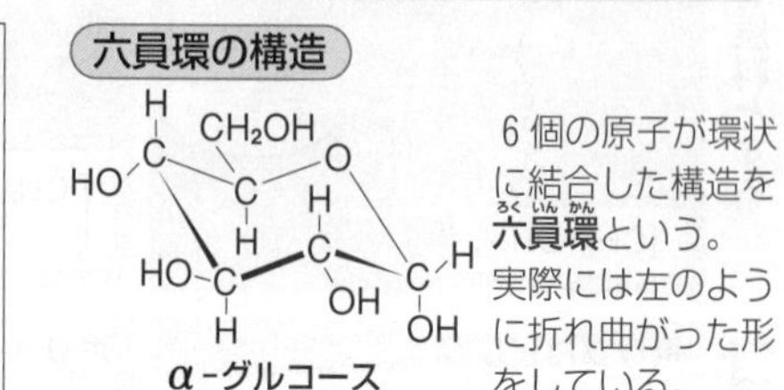

6個の原子が環状に結合した構造を**六員環**という。実際には左のように折れ曲がった形をしている。

還元性を示す構造

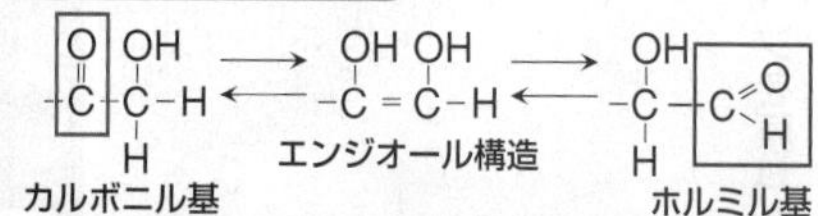

フルクトースの$-CO-CH_2OH$の構造は，水溶液中で平衡状態にあり，ホルミル基をもつ構造ができるため還元性を示す。▶P.210

B フルクトース　(果糖)$C_6H_{12}O_6$

※水溶液中でカルボニル基をもつ単糖を**ケトース**という。

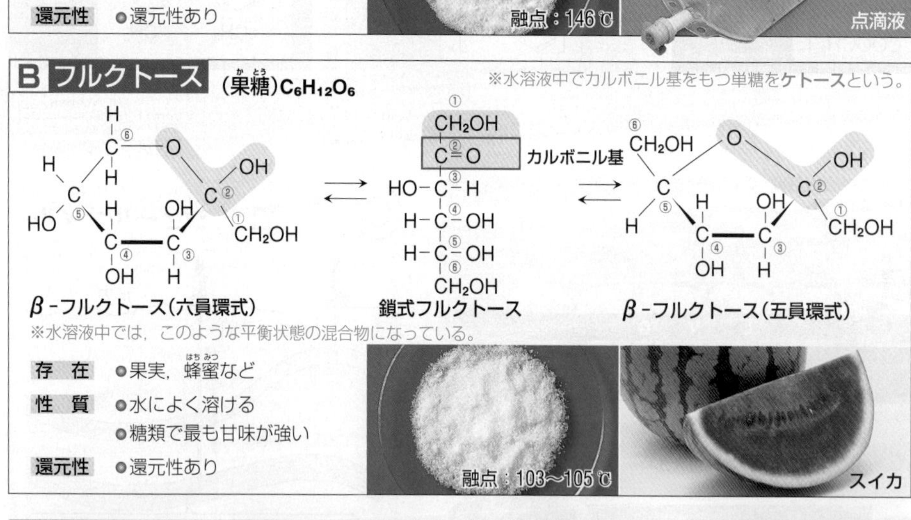

※水溶液中では，このような平衡状態の混合物になっている。

存　在	●果実，蜂蜜など
性　質	●水によく溶ける ●糖類で最も甘味が強い
還元性	●還元性あり

転化糖

蜂蜜

スクロースの水溶液が加水分解されてグルコースとフルクトースの混合物が生成するとき，旋光性(▶P.201)が右旋性から左旋性に転ずるため，この混合物を**転化糖**という。転化糖は液状で，低温でも甘味が強いので清涼飲料水などに使われている。蜂蜜は，花から集めてきた蜜(スクロース)をミツバチが分泌するスクラーゼという酵素で加水分解し，濃縮・貯蔵したもので，天然の転化糖である。

C ガラクトース

$C_6H_{12}O_6$

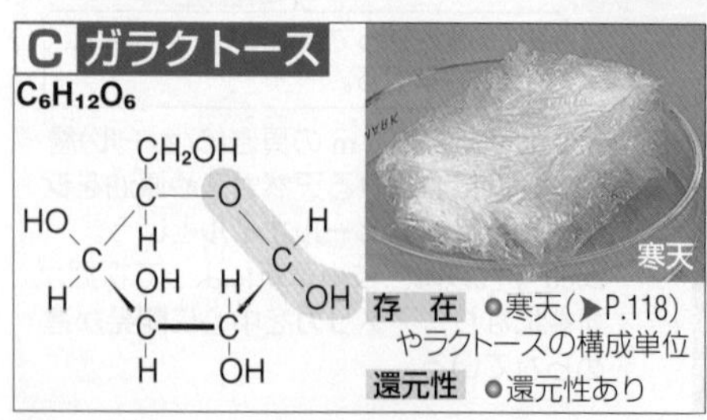

存　在	●寒天(▶P.118)やラクトースの構成単位
還元性	●還元性あり

D マンノース

$C_6H_{12}O_6$

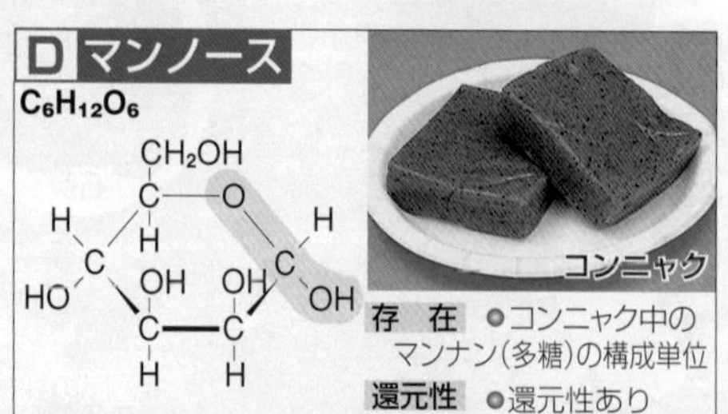

存　在	●コンニャク中のマンナン(多糖)の構成単位
還元性	●還元性あり

E リボース

$C_5H_{10}O_5$

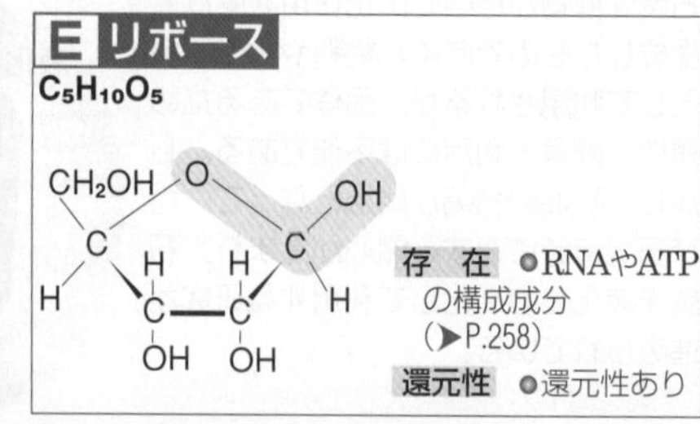

存　在	●RNAやATPの構成成分(▶P.258)
還元性	●還元性あり

プチ雑学　フルクトースの甘味は温度に大きく左右され，0℃では60℃の約1.8倍甘味が強い。そのため，フルクトースを多く含む果実は，冷やして食べたほうが甘く感じる。

3 二糖類 単糖が2つ結合(脱水縮合)したもの。加水分解すると単糖が得られる。

A マルトース (麦芽糖) $C_{12}H_{22}O_{11}$

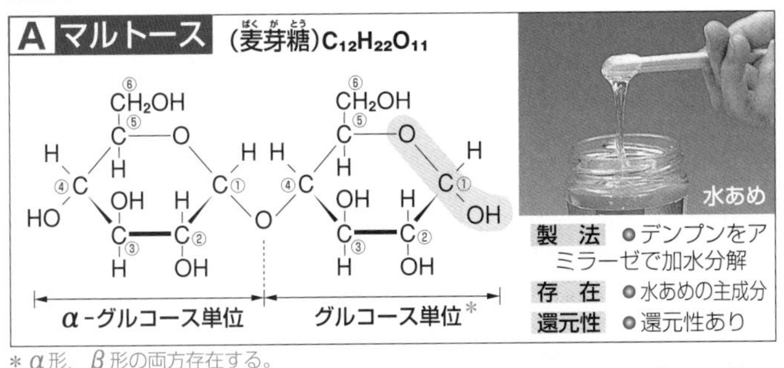

製法	●デンプンをアミラーゼで加水分解
存在	●水あめの主成分
還元性	●還元性あり

＊α形，β形の両方存在する。

B スクロース (ショ糖) $C_{12}H_{22}O_{11}$

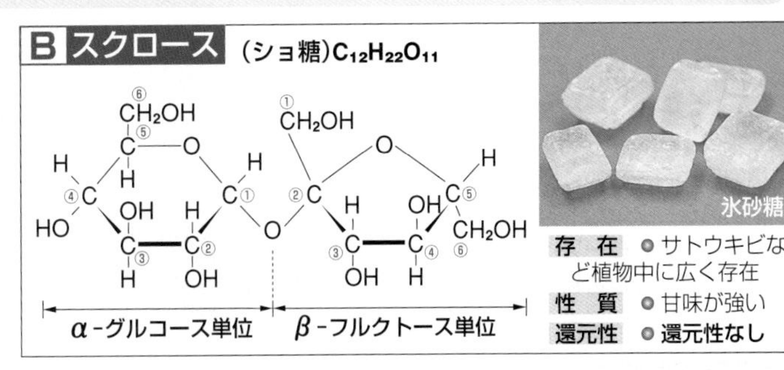

存在	●サトウキビなど植物中に広く存在
性質	●甘味が強い
還元性	●還元性なし

C ラクトース (乳糖) $C_{12}H_{22}O_{11}$

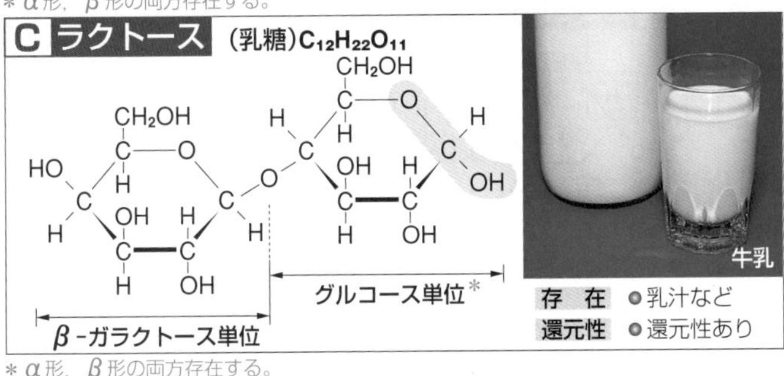

存在	●乳汁など
還元性	●還元性あり

＊α形，β形の両方存在する。

D セロビオース $C_{12}H_{22}O_{11}$

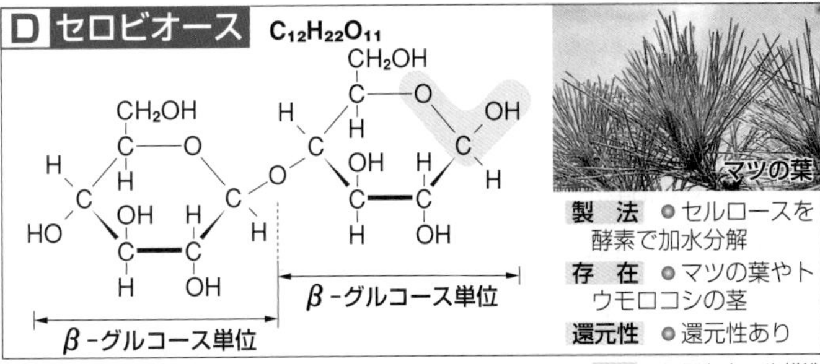

製法	●セルロースを酵素で加水分解
存在	●マツの葉やトウモロコシの茎
還元性	●還元性あり

(網掛け) ヘミアセタール構造

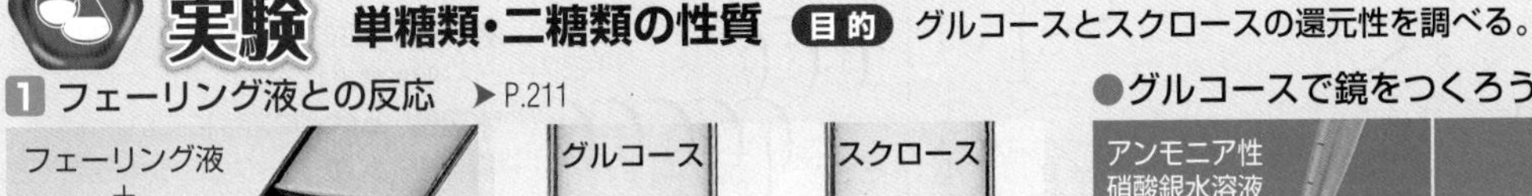

実験 単糖類・二糖類の性質 目的 グルコースとスクロースの還元性を調べる。

1 フェーリング液との反応 ➤P.211

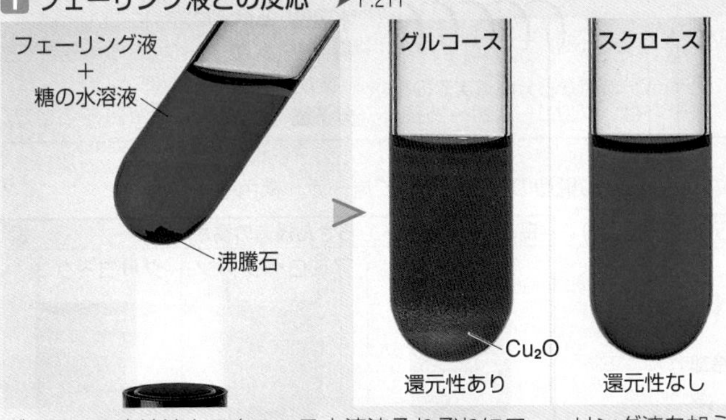

グルコース水溶液とスクロース水溶液それぞれにフェーリング液を加えて加熱する。フェーリング液が還元されるとCu_2O(赤色沈殿)が生じる。

●グルコースで鏡をつくろう

⚠ガラスの表面に脂肪分がついていると銀が析出しにくいので，きれいに洗ったものを使う。

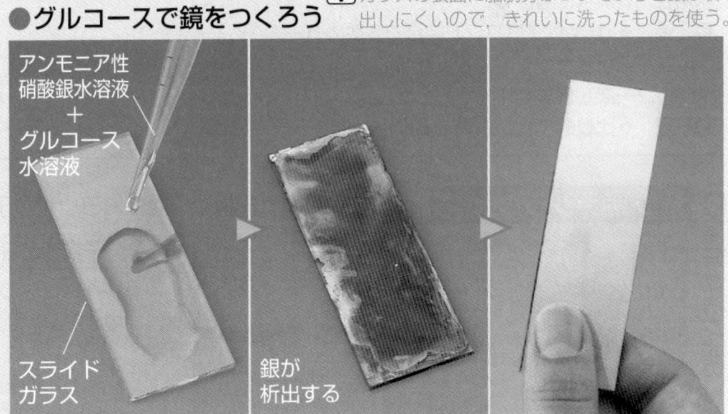

グルコースによってアンモニア性硝酸銀水溶液が還元され，銀鏡が形成される。(➤P.211)

2 スクロースの加水分解

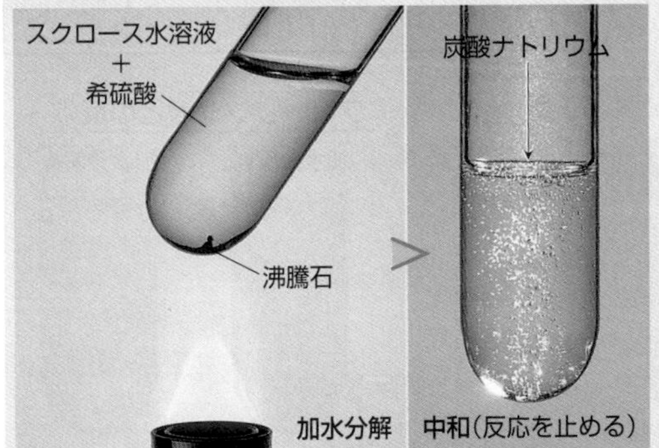

スクロース水溶液に希硫酸を加えて煮沸したのち，炭酸ナトリウムを発泡しなくなるまで加えて中和する。

生成物の還元性 生成物の還元性をフェーリング液との反応で調べる。

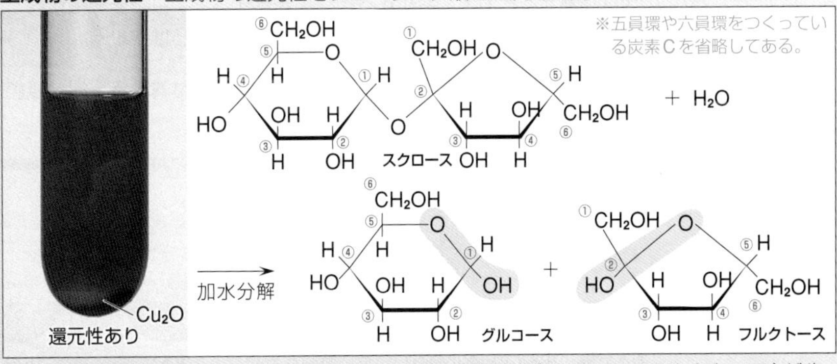

スクロースには還元性はないが，加水分解すると単糖(グルコース，フルクトース)が生じるので，還元性をもつようになる。

プチ雑学 2分子の α-グルコースが1，1-グリコシド結合してできる二糖類をトレハロースという。自然界ではきのこなどの菌類に多く含まれ，高い保水力をもつ。干し椎茸を水につけると元に戻るのはこの性質によるものと考えられている。その保水力から化粧品に利用されている。

1 デンプン

デンプンは，α-グルコースがグリコシド結合で重合した天然高分子で，構造上アミロースとアミロペクチンに分けられる。

$(C_6H_{10}O_5)_n$

- 植物の光合成でつくられ，種子や地下茎に**デンプン粒**として蓄えられる。
- 水溶性の**アミロース**と不溶性の**アミロペクチン**の混合物で，この割合はデンプンの種類によって異なる。

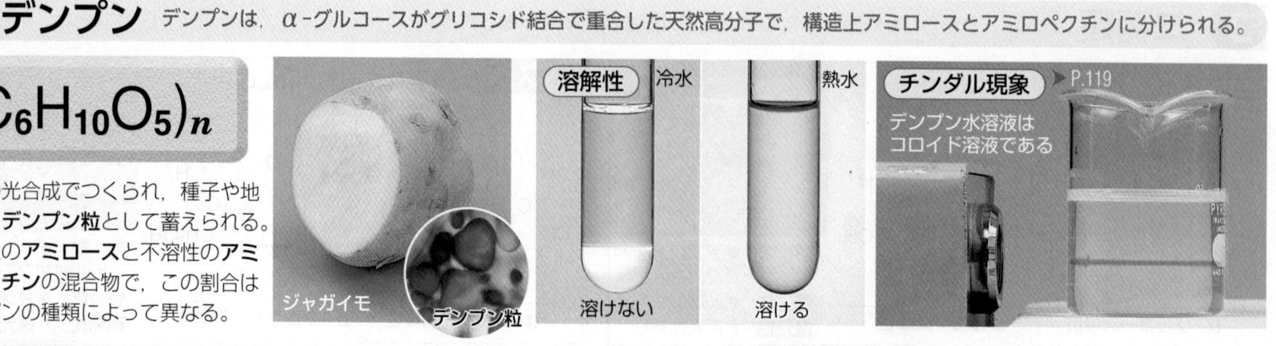

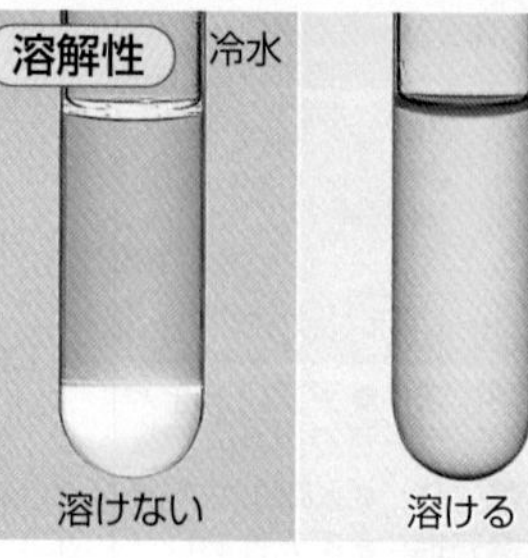

A アミロース 直鎖状の構造

※六員環をつくっている炭素Cは省略してある。

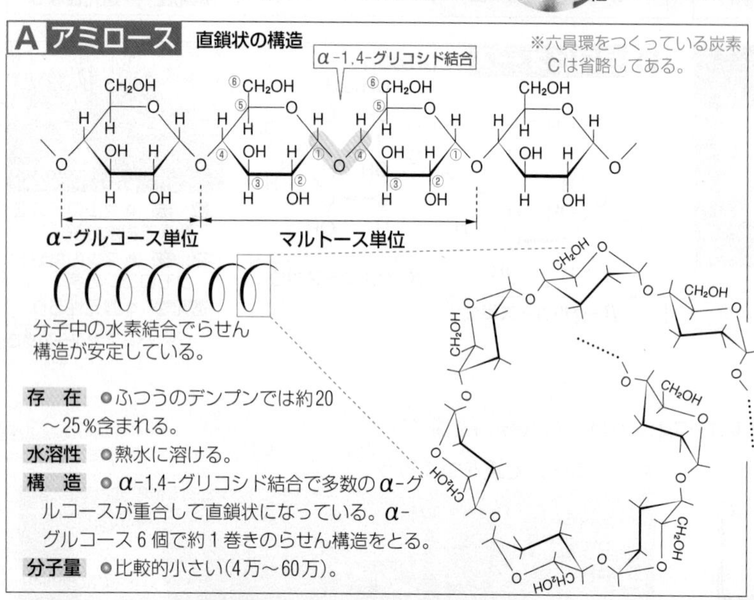

存在 ●ふつうのデンプンでは約20～25%含まれる。
水溶性 ●熱水に溶ける。
構造 ●α-1,4-グリコシド結合で多数のα-グルコースが重合して直鎖状になっている。α-グルコース6個で約1巻きのらせん構造をとる。
分子量 ●比較的小さい(4万～60万)。

B アミロペクチン 枝分かれ構造

※六員環をつくっている炭素Cは省略してある。

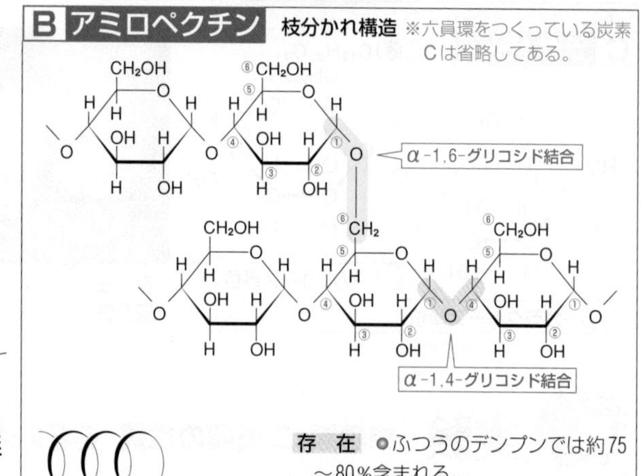

分岐点から分岐点までの長さは，グルコース20～25個。

存在 ●ふつうのデンプンでは約75～80%含まれる。
水溶性 ●熱水に溶けにくい。
構造 ●α-1,6-グリコシド結合で枝分かれ構造をとる。
分子量 ●比較的大きい(20万～700万)。

C ヨウ素デンプン反応

デンプンのらせん構造の内側にヨウ素分子が入ると，らせん構造の長さに応じて青～赤～褐色を呈する。

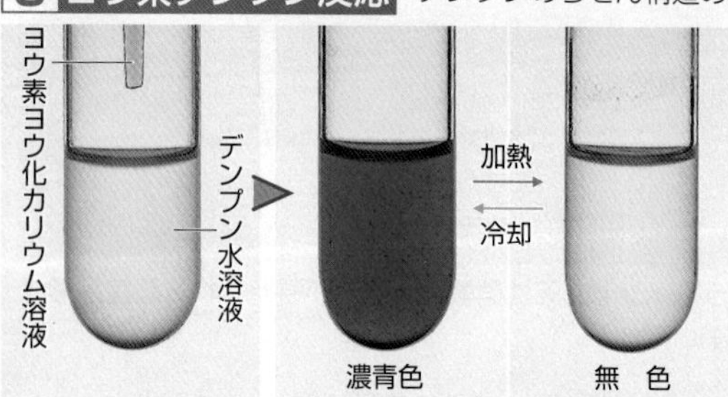

ヨウ素デンプン反応の色は加熱すると消え，冷却すると再び現れる。

分子構造とヨウ素デンプン反応

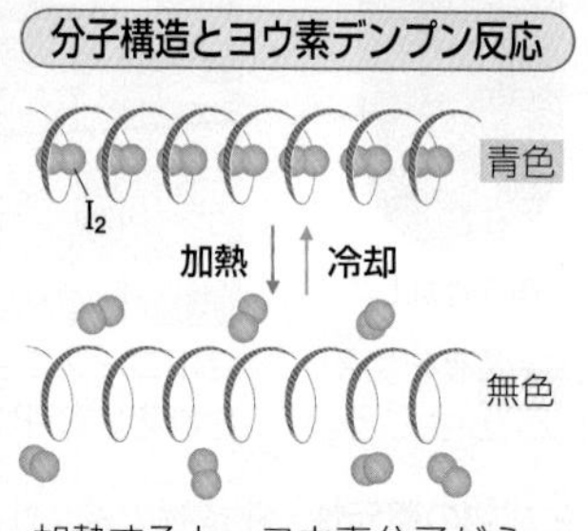

加熱すると，ヨウ素分子がらせん構造からはずれる。

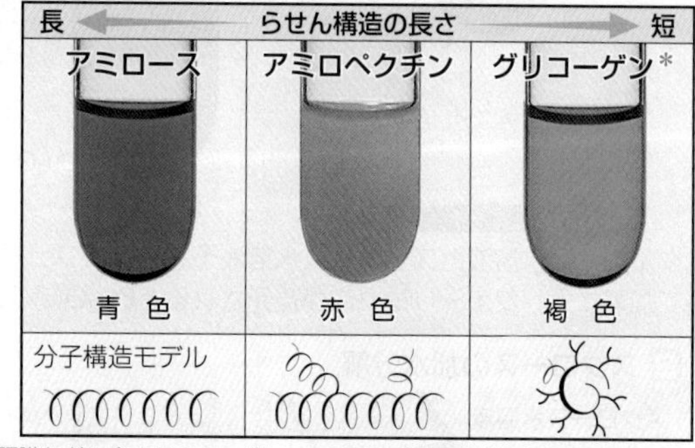

＊動物の肝臓などに含まれるα-グルコースの重合体。動物デンプンともいう。

D 加水分解

加水分解が進むにしたがい，ヨウ素デンプン反応の色は青～赤～褐～無色へと変化する。

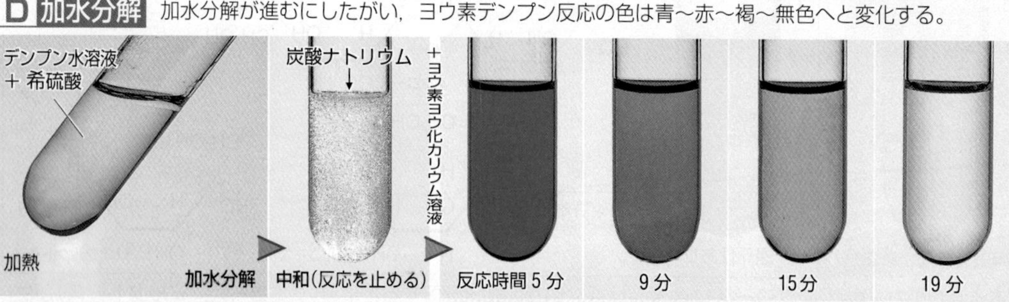

煮沸する時間(反応時間)を変えて，加水分解の途中生成物のヨウ素デンプン反応を調べる。

$(C_6H_{10}O_5)_m$ (デンプン) → $(C_6H_{10}O_5)_n$ (デキストリン) →(※$m > n$) $(C_{12}H_{22}O_{11})$ (マルトース) → $C_6H_{12}O_6$ (グルコース)

フェーリング液との反応

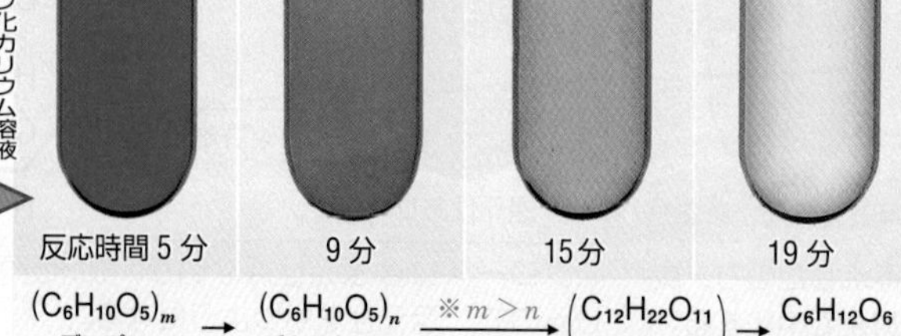

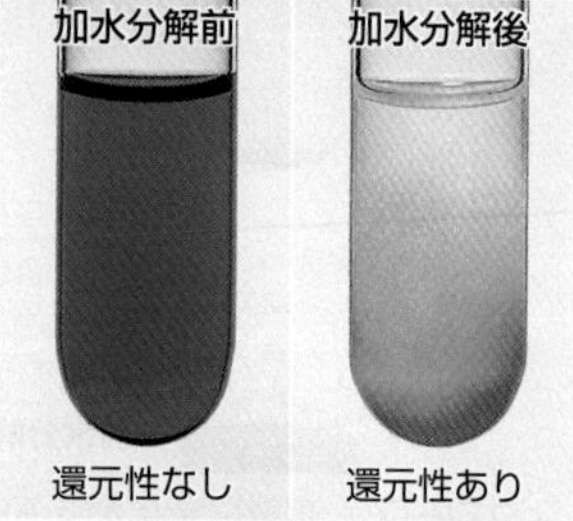

デンプンには還元性はないが，加水分解すると還元性が生じる。

プチ雑学 シクロデキストリンは，6～8個のグルコースが連なってできる環状の糖である。有機物の分子を内部にとり込み，安定させられることから，幅広い分野で活用される。例えば，緑茶のカテキン類をとり込ませて苦みを軽減したり，消臭剤としていやな臭い成分を吸着する働きをする。

2 セルロース

セルロースはβ-グルコースがグリコシド結合で重合した天然高分子で，地球上で最も存在量の多い糖類である。

$(C_6H_{10}O_5)_n$

- 植物の細胞壁の主成分で，植物体の構造を維持している。
- 繊維や紙の原料など，広く利用される。

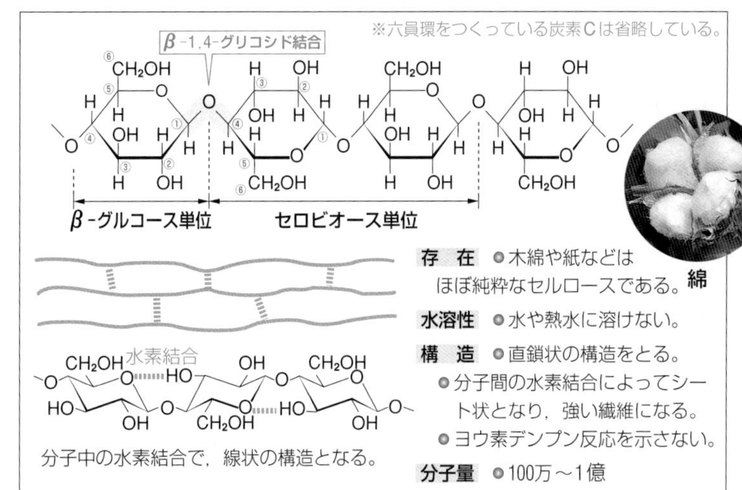

存在 ● 木綿や紙などはほぼ純粋なセルロースである。

水溶性 ● 水や熱水に溶けない。

構造 ● 直鎖状の構造をとる。
● 分子間の水素結合によってシート状となり，強い繊維になる。
● ヨウ素デンプン反応を示さない。

分子量 ● 100万～1億

A 加水分解

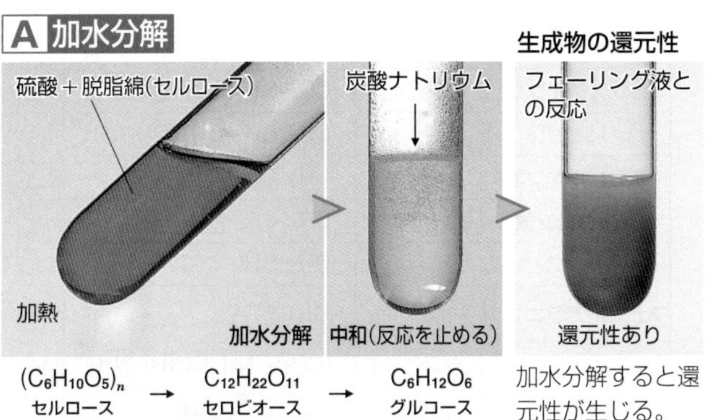

$(C_6H_{10}O_5)_n$ セルロース → $C_{12}H_{22}O_{11}$ セロビオース → $C_6H_{12}O_6$ グルコース

加水分解すると還元性が生じる。

B ニトロセルロース

セルロースのヒドロキシ基が硝酸エステルになる。

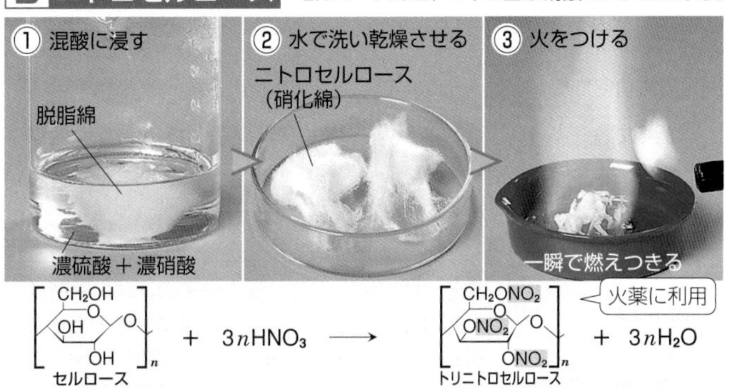

セルロース $+ 3n\,HNO_3 \longrightarrow$ トリニトロセルロース $+ 3n\,H_2O$（火薬に利用）

C アセチルセルロース

セルロースのヒドロキシ基が酢酸エステルになる。

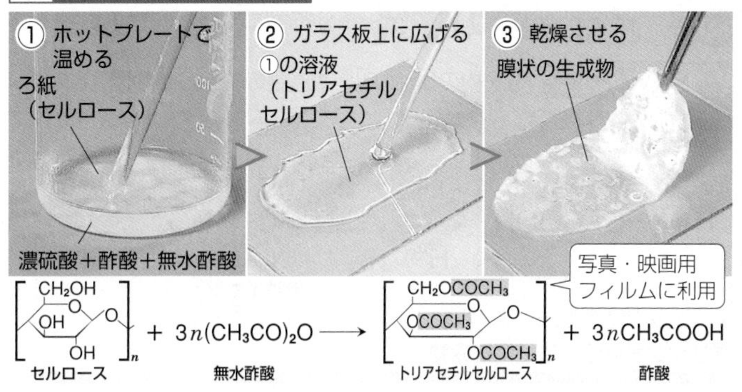

セルロース $+ 3n(CH_3CO)_2O \longrightarrow$ トリアセチルセルロース $+ 3n\,CH_3COOH$
（無水酢酸）（酢酸）

3 再生繊維

パルプなどの短い繊維のセルロースを化学処理して溶解した後，長い繊維状のセルロースを再生することができる。 ▶P.259

A ビスコースレーヨン

セルロースをアルカリ処理し，二硫化炭素を反応させて**ビスコース**をつくり，繊維を再生する。

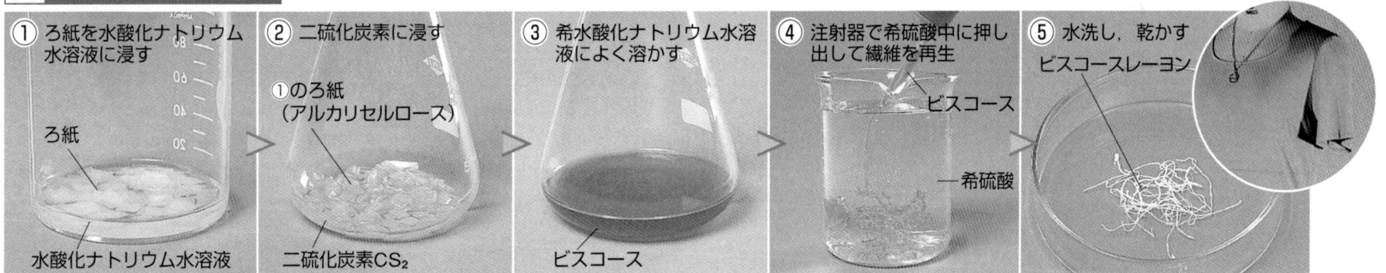

B 銅アンモニアレーヨン（キュプラ）

*濃アンモニア水に水酸化銅(Ⅱ)を溶かした溶液

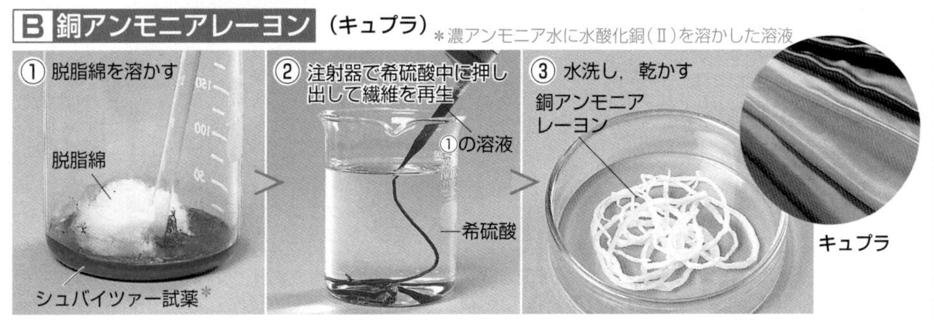

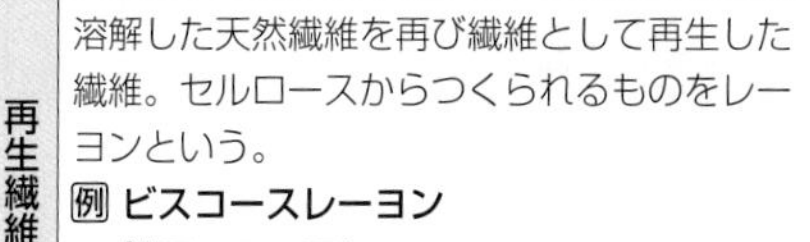

再生繊維	溶解した天然繊維を再び繊維として再生した繊維。セルロースからつくられるものをレーヨンという。 例 **ビスコースレーヨン** **銅アンモニアレーヨン** **セロハン** ビスコースを薄膜状にしたもの。
半合成繊維	セルロースに置換基のついた繊維。 例 **アセテート**（ジアセチルセルロース） セルロースのヒドロキシ基の一部をアセチル基に置換した繊維。

プチ雑学 レーヨン(rayon)は，美しい光沢をもつことから「光(ray)」と「木綿(cotton)」にちなんで名づけられた。また，キュプラ(cupra)は「銅」を意味している。

アミノ酸とタンパク質

1 アミノ酸 α-アミノ酸はタンパク質の構成単位である。

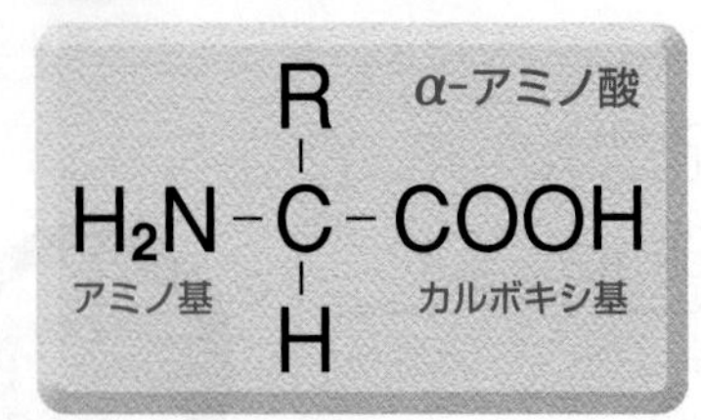

$\overset{\gamma}{C}-\overset{\beta}{C}-\overset{\alpha}{C}-COOH$ カルボキシ基が結合している炭素から順にα, β, γ…とする。

- アミノ基とカルボキシ基が同一の炭素原子に結合しているものを**α-アミノ酸**という。タンパク質の構成単位はすべてα-アミノ酸である。
  ※ふつうアミノ酸といえばα-アミノ酸。
- タンパク質を構成するα-アミノ酸は約20種類ある。体内で合成できないので食物からとる必要があるアミノ酸を**必須アミノ酸**という。

アミノ酸の鏡像異性体

＊不斉炭素原子

HOOC / H_2N / C / R / H　L形
COOH / R / C / NH_2 / H　D形

グリシン以外のアミノ酸は，α-炭素原子が不斉炭素原子（▶P.212）となるので鏡像異性体をもつ。生体内のアミノ酸はほとんどL形である。▶P.271

おもなα-アミノ酸 ▶P.290

■酸性アミノ酸　■塩基性アミノ酸

名称	略号	分子量	側鎖（R）	等電点
グリシン	Gly	75	$-H$	6.0
アラニン	Ala	89	$-CH_3$	6.0
セリン	Ser	105	$-CH_2-OH$	5.7
システイン	Cys	121	$-CH_2-SH$	5.1
リシン★	Lys	146	$-CH_2-CH_2-CH_2-CH_2-NH_2$	9.7
アスパラギン酸	Asp	133	$-CH_2-COOH$	2.8
グルタミン酸	Glu	147	$-CH_2-CH_2-COOH$	3.2
メチオニン★	Met	149	$-CH_2-CH_2-S-CH_3$	5.7
フェニルアラニン★	Phe	165	$-CH_2-C_6H_5$	5.5
アルギニン	Arg	174	$-(CH_2)_3-NH-C(NH)-NH_2$	10.8
チロシン	Tyr	181	$-CH_2-C_6H_4-OH$	5.7

グリシン

★ヒトの必須アミノ酸

2 アミノ酸の性質 1分子中にアミノ基とカルボキシ基をもち，イオン結晶に近い性質をもつ。

A 双性イオン 分子内の酸性の基と塩基性の基が同時に電離して正・負両方の電荷をもつ。

酸性		（等電点）		塩基性
$H_3N^+-CHR-COOH$ 陽イオン	$\underset{H^+}{\overset{OH^-}{\rightleftarrows}}$	$H_3N^+-CHR-COO^-$ 双性イオン（両性イオン）	$\underset{H^+}{\overset{OH^-}{\rightleftarrows}}$	$H_2N-CHR-COO^-$ 陰イオン

グリシン水溶液のろ紙電気泳動

※ニンヒドリン反応で呈色

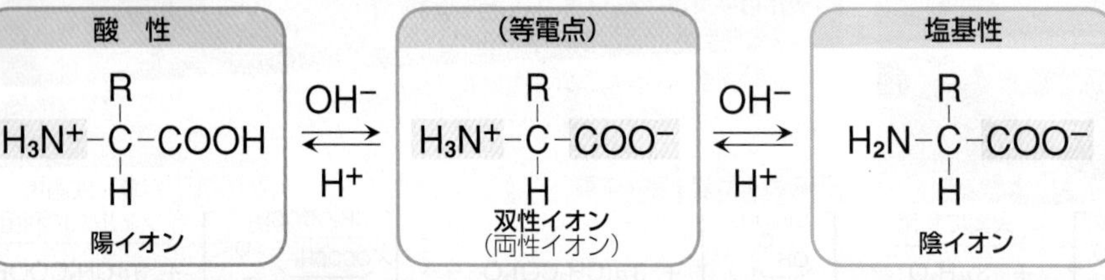

1分子中にアミノ基とカルボキシ基をもつため，溶液のpHによって陽イオンや陰イオンになる。結晶中では，水素イオンがカルボキシ基からアミノ基へ移った**双性イオン**構造をとる。

等電点

■酸性アミノ酸　■塩基性アミノ酸

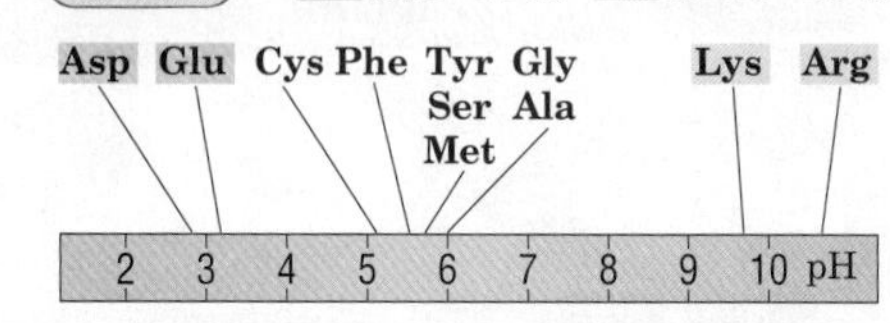

あるpHでは，アミノ酸1分子の正味の電荷は0となり電圧をかけても移動しない。このときのpHの値を**等電点**といい，アミノ酸の種類によって異なる。これを利用してアミノ酸を分離できる。

電気泳動によるアミノ酸の分離

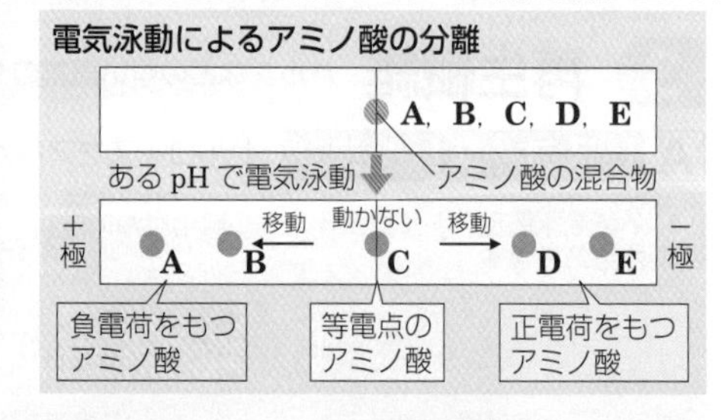

B 融点と溶解性 イオン結晶に近い性質をもつ。

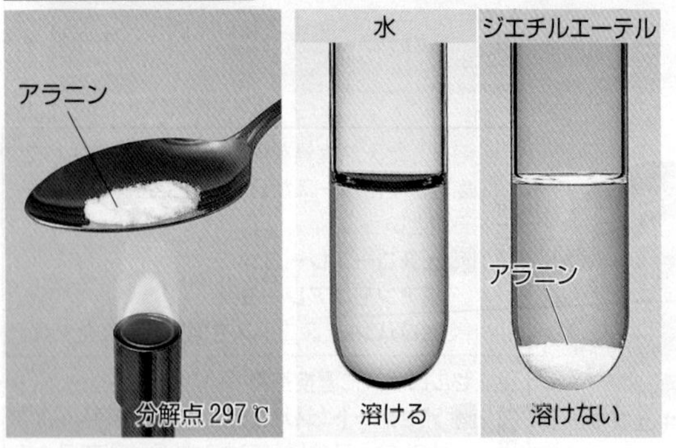

アミノ酸の結晶はイオン結晶に近い構造をとるので，融点は他の有機化合物より高い。高温で分解するものが多い。

C ニンヒドリン反応 アミノ酸の検出反応　タンパク質の検出反応（▶P.256）

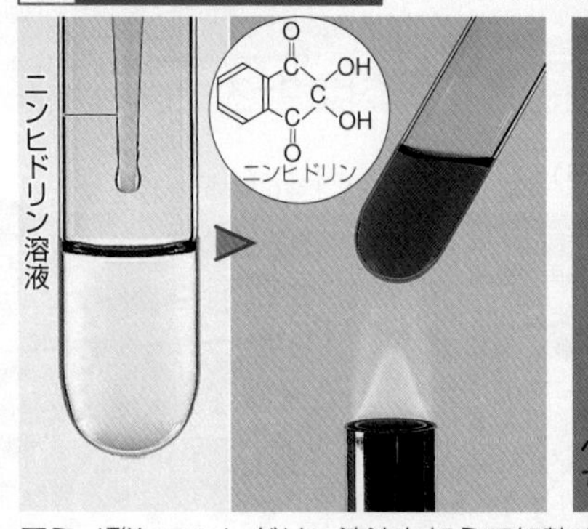

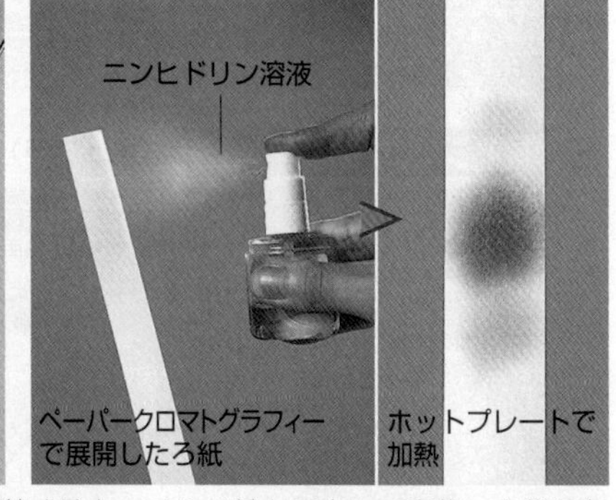

アミノ酸にニンヒドリン溶液を加えて加熱すると，アミノ基と反応して青紫～赤紫色を呈する（**ニンヒドリン反応**）。この反応はとても鋭敏で，微量のアミノ酸検出にも使われる。

プチ雑学 ヒトの汗にはアミノ酸が含まれるため，ニンヒドリン反応を利用して指紋の検出ができる。紙や布など，表面に凹凸がある素材に付着した指紋に有効である。

Keywords ●アミノ酸 amino acid ●双性イオン zwitterion ●等電点 isoelectric point ●ニンヒドリン反応 ninhydrin reaction ●ペプチド結合 peptide bond ●タンパク質 protein

3 ペプチド結合 アミノ酸どうしはカルボキシ基とアミノ基との間で脱水縮合してペプチド結合をつくる。

A ペプチド結合

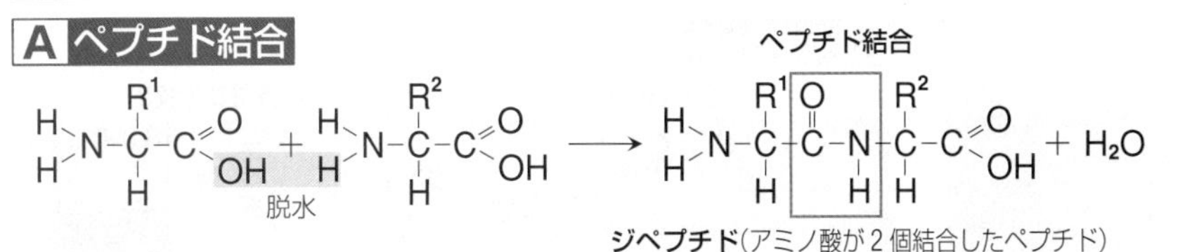

ジペプチド(アミノ酸が2個結合したペプチド)

アミノ酸のカルボキシ基とほかのアミノ酸のアミノ基との間で1分子の水がとれてできるアミド結合(▶P.226)を特に**ペプチド結合**という。ペプチド結合をもつ化合物を**ペプチド**という。

ポリペプチド

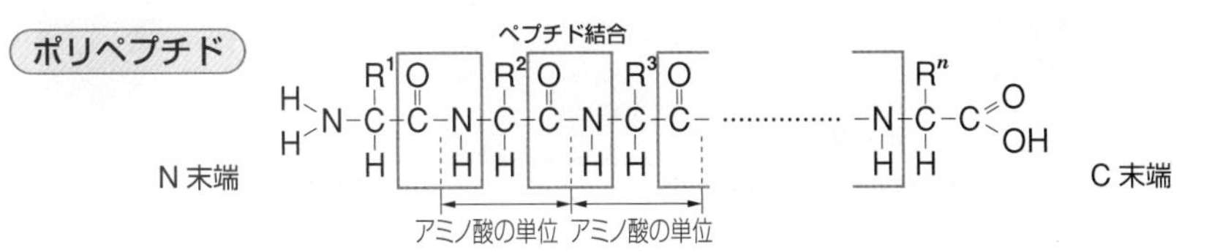

多数のアミノ酸がペプチド結合で結合した化合物を**ポリペプチド**という。タンパク質はポリペプチド鎖からなる天然高分子である。

Q なぜジペプチドには構造異性体があるの?

A 2種類のアミノ酸からできるジペプチドには，縮合する官能基の組み合わせによって，構造異性体が2種類存在する。

●グリシンのカルボキシ基とアラニンのアミノ基で縮合

N末端 $H_2N-CH_2-CO-NH-CH(CH_3)-COOH$ C末端
グリシン アラニン

●アラニンのカルボキシ基とグリシンのアミノ基で縮合

N末端 $H_2N-CH(CH_3)-CO-NH-CH_2-COOH$ C末端
アラニン グリシン

4 タンパク質の構造 それぞれのタンパク質の立体構造や種類は，アミノ酸の配列順序(一次構造)によって決まる。

A 一次構造

例 インスリン(ヒト)(分子量5807)

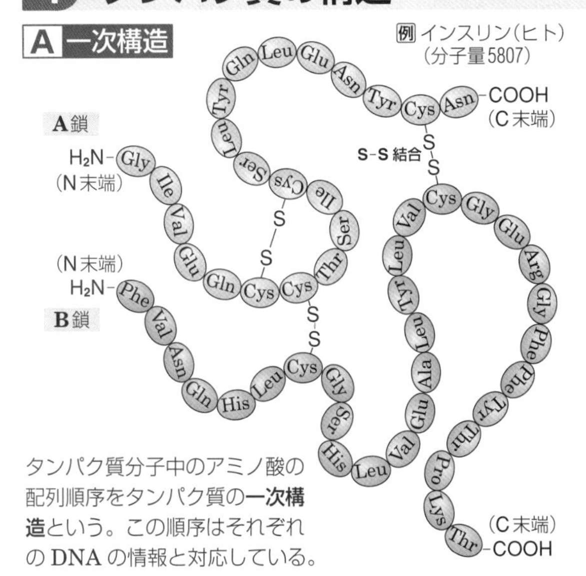

タンパク質分子中のアミノ酸の配列順序をタンパク質の**一次構造**という。この順序はそれぞれのDNAの情報と対応している。

B 二次構造

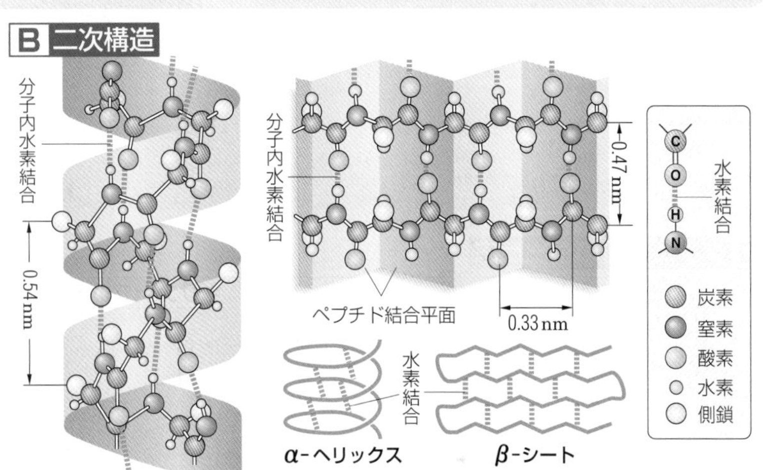

一次構造で比較的近い場所にあるアミノ酸どうしに水素結合(▶P.49)が生じ，規則的ならせん構造(**α-ヘリックス**)やジグザグに折れ曲がった構造(**β-シート**)をつくる。このような構造をタンパク質の**二次構造**という。

C 三次構造

例 ミオグロビン(分子量約17000)

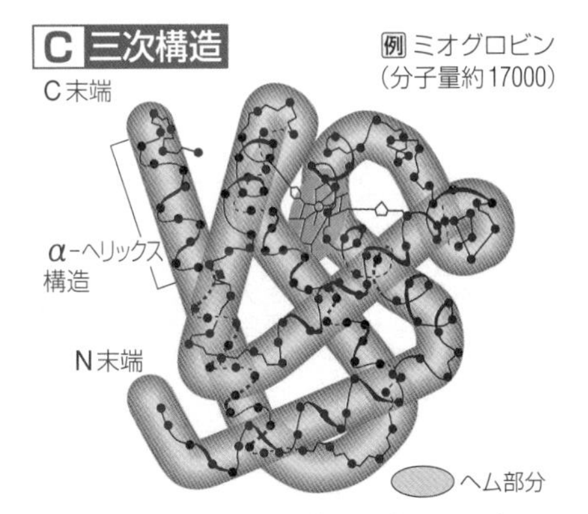

二次構造をとっているポリペプチド鎖がさらに折りたたまれて立体構造(**三次構造**)ができあがる。分子内の水素結合や**ジスルフィド結合**(S-S結合)によって構造が保たれている。

D 四次構造

例 ヘモグロビン(分子量約64500)

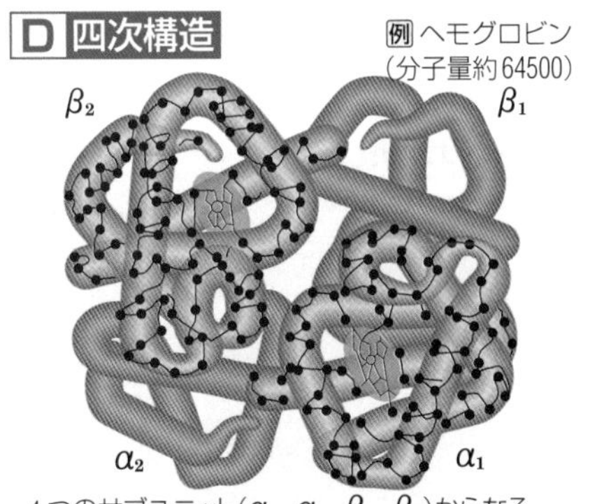

4つのサブユニット(α_1, α_2, β_1, β_2)からなる。

タンパク質によっては，いくつかのサブユニット(三次構造をもつポリペプチド鎖)をもつものがある。この場合，サブユニットの集まり全体をタンパク質の**四次構造**という。

タンパク質の種類

	名称	形状	存在
単純タンパク質	アルブミン	球状	卵白，乳，血清，植物の種子
	グロブリン		卵白，乳，血清，植物の種子
	グルテリン		穀類
	ケラチン	繊維状	表皮，角，つめ，毛髪，羊毛，羽
	コラーゲン		骨，軟骨，皮膚
	フィブロイン		絹糸
	プロタミン		精子の核
複合タンパク質	カゼイン	球状	乳(リンタンパク質)
	ヘモグロビン		血液(ヘムタンパク質)
	リポビテリン		卵黄(リポタンパク質)

タンパク質には加水分解するとα-アミノ酸のみが生じる**単純タンパク質**と，α-アミノ酸以外の物質も生じる**複合タンパク質**がある。このような分類のほかに，タンパク質は形状や働きによって分類される。

ヘモグロビンは赤血球中に含まれる色素で，全身に酸素を運ぶ。ミオグロビンは筋肉中に含まれる色素で，ヘモグロビンによって運ばれてきた酸素を保持し，運動時にはその酸素を供給する。

タンパク質の性質と酵素

1 タンパク質の性質

立体構造が壊れると，そのタンパク質特有の性質は失われる。

A 水溶液の性質

水に溶けるタンパク質と溶けないタンパク質がある。

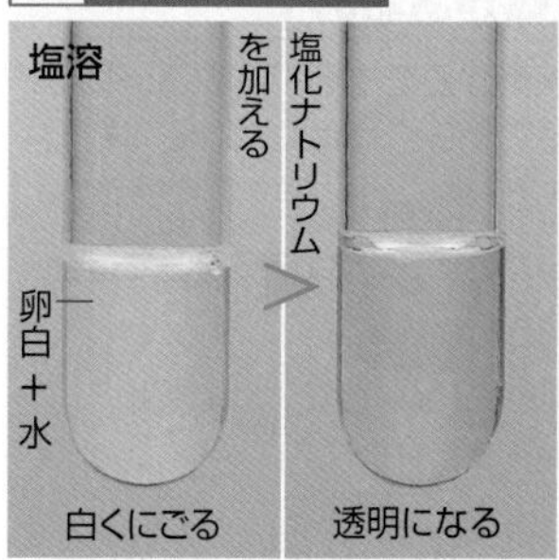

少量の塩を加えると，タンパク質の溶解度が大きくなる(塩溶)。

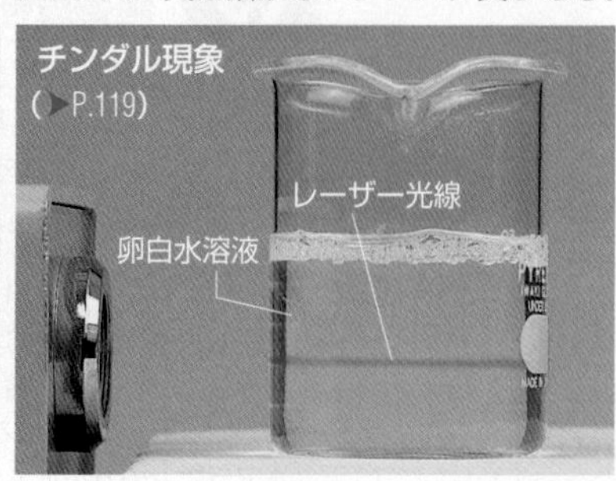

タンパク質分子はコロイド粒子の大きさであり，チンダル現象がみられる。

B 元素分析

▶P.202

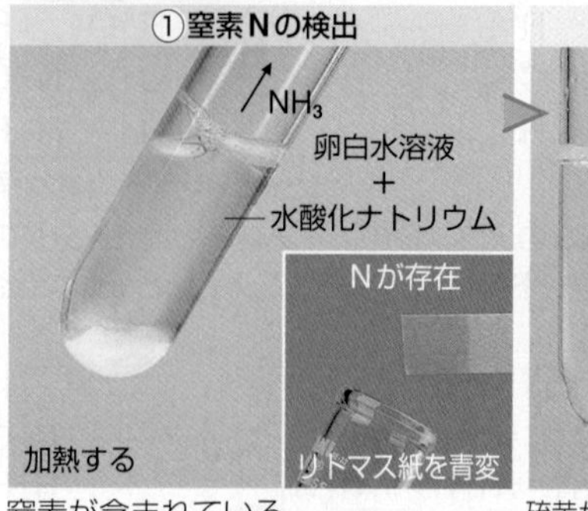

窒素が含まれている。

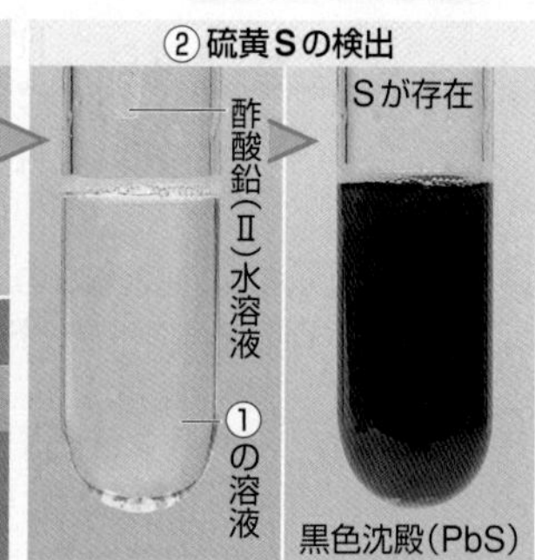

硫黄が含まれているタンパク質もある。

C タンパク質の性質

タンパク質の立体構造が壊れ，その性質が変化することを**タンパク質の変性**という。

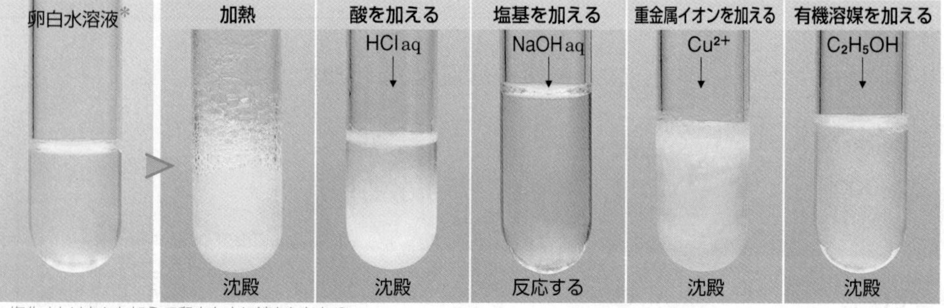

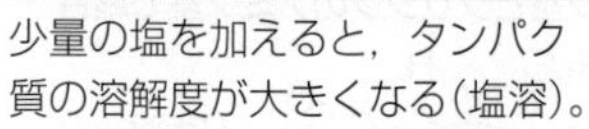

*塩化ナトリウムを加えて卵白を水に溶かしたもの

立体構造と変性

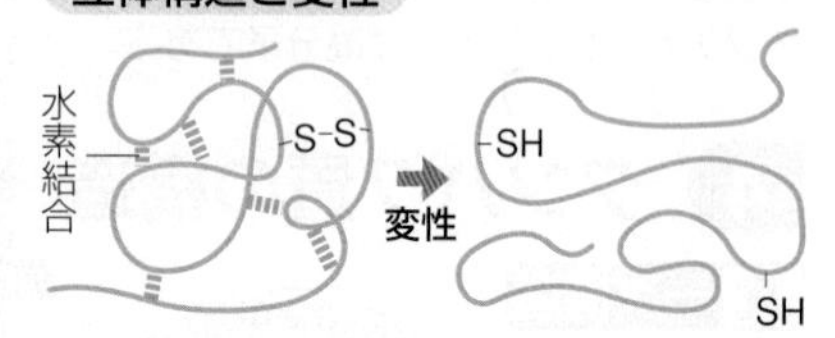

熱や酸・塩基などを加えると，分子内の水素結合やS-S結合が切れて立体構造が壊れる(ペプチド結合は切れない)。立体構造が壊れると，そのタンパク質特有の性質も失われる。

D タンパク質の検出反応

*熱変性を避け，発色がよくなるように加える。

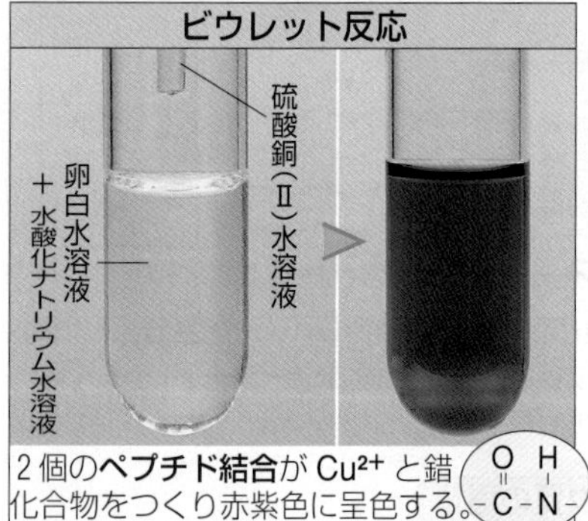

2個の**ペプチド結合**が Cu^{2+} と錯化合物をつくり赤紫色に呈色する。

反応する官能基 O=C−N−H

キサントプロテイン反応

濃硝酸　卵白水溶液　加熱　アンモニア水を加える

アミノ酸，タンパク質中の**ベンゼン環**がニトロ化されて橙黄色に呈色する。

反応する官能基（ベンゼン環）

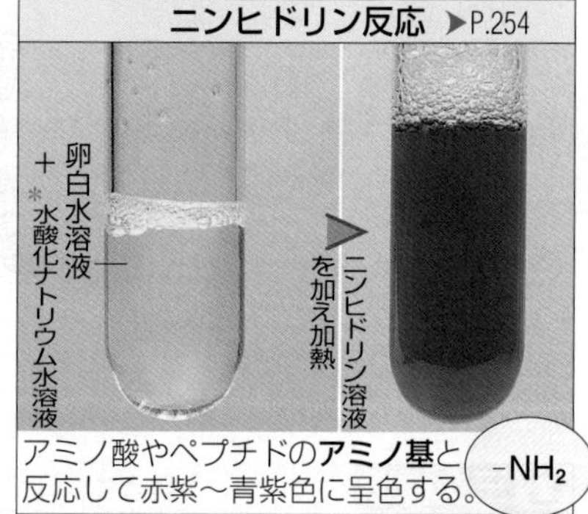

アミノ酸やペプチドの**アミノ基**と反応して赤紫～青紫色に呈色する。

反応する官能基 $-NH_2$

Column タンパク質の変性の利用

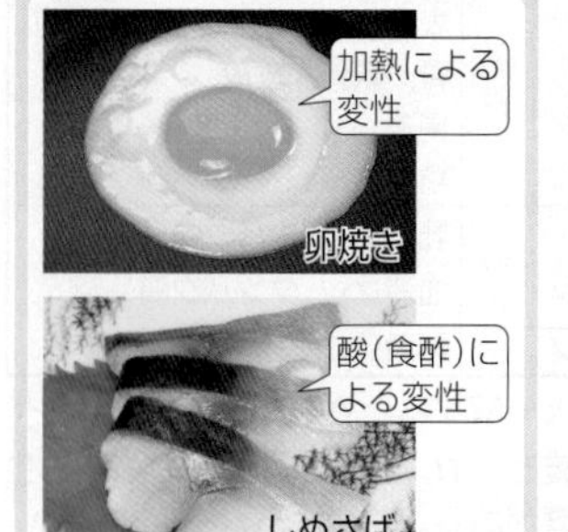

参考 タンパク質の分析

*Rf(rate of flow)値 ＝ 原点から各物質の中心までの距離 / 原点から溶媒前線までの距離，移動比または移動率ともいう。

ゲル電気泳動

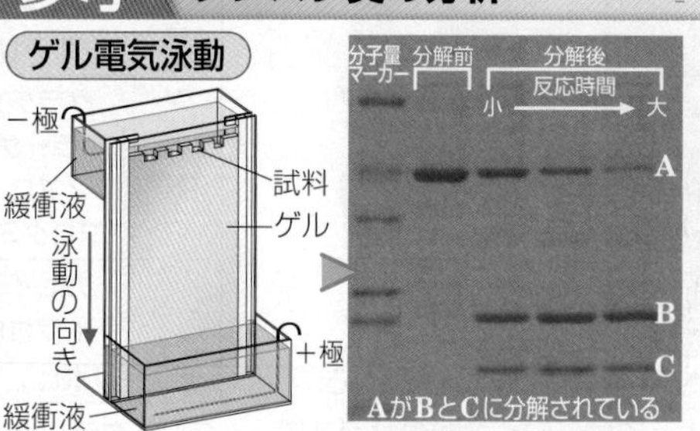

タンパク質やポリペプチドの混合物は電気泳動で分離できる(負に帯電させておくと分子量の小さなものほど大きく移動する)。

ペーパークロマトグラフィー

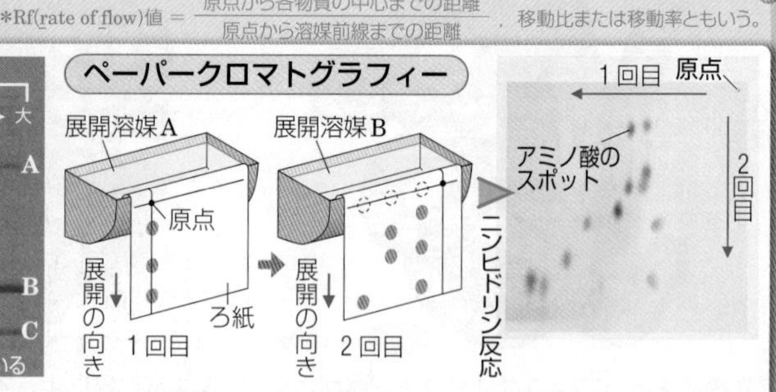

タンパク質を酸などで加水分解するとアミノ酸の混合物になる。二次元ペーパークロマトグラフィーで展開すると，これらを分離できる。また，Rf値*でアミノ酸の種類がわかる。

プチ雑学 65～70℃に保った湯に，卵を30分ほど浸しておくと，卵白は固まりきらず卵黄だけが固まった温泉卵ができる。これは，熱変性を起こして固まる温度が卵白は75～78℃，卵黄は65～70℃と差があることを利用している。

2 酵素 生体内では酵素の触媒作用(▶P.130)により，おだやかな条件で化学反応が起こっている。

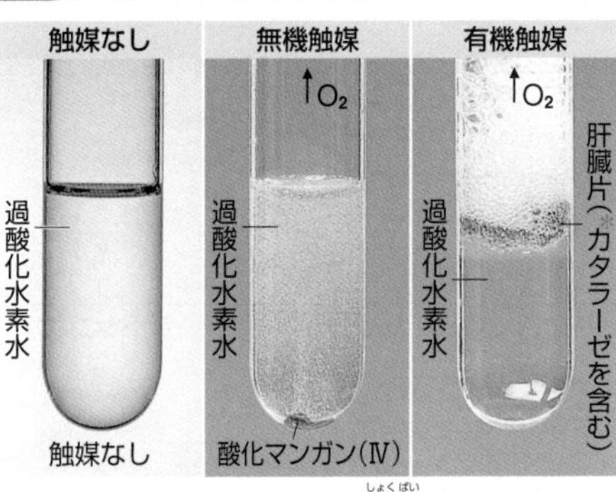

生体内で化学反応を促進する触媒(生体触媒)を**酵素**という。

＊過酸化水素を分解する酵素。多くの生物がもつ。▶P.271

A 基質特異性 1つの酵素は特定の基質に作用する。

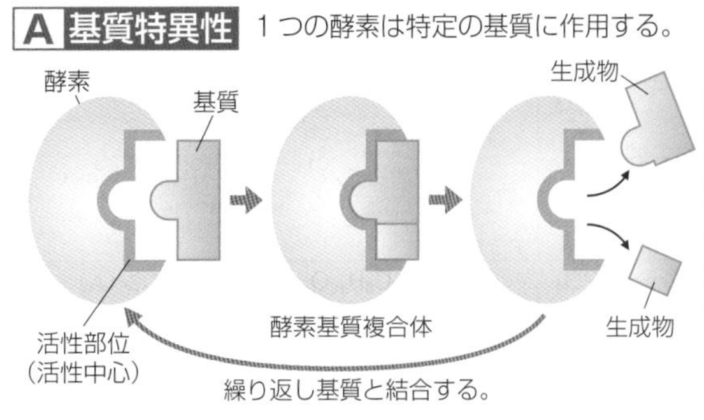

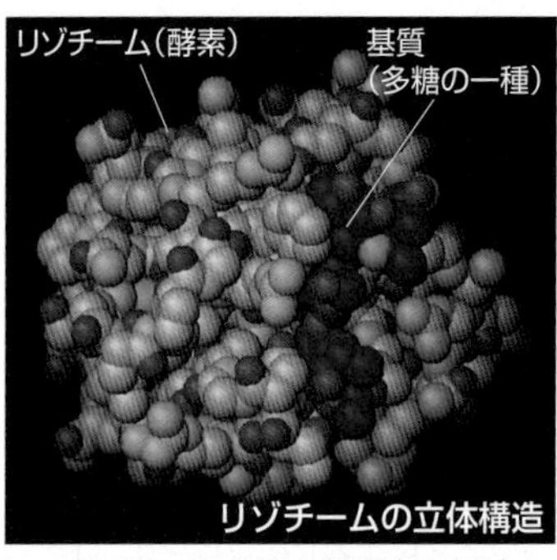

酵素はおもにタンパク質からできており，特有の立体構造をもっている。この形と基質(反応物)との間には「かぎとかぎ穴」のような関係があり，他の物質とは反応しない(**基質特異性**)。

3 酵素の性質 酵素の働きは温度やpHによって異なる。

A 温度と酵素反応 最適温度 反応に最も適した温度

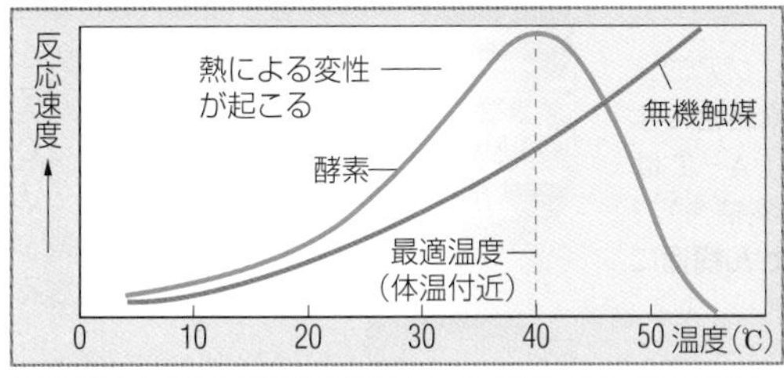

温度が上がるほど反応速度は大きくなるが，高温では酵素が変性して活性がなくなる(**失活**)。

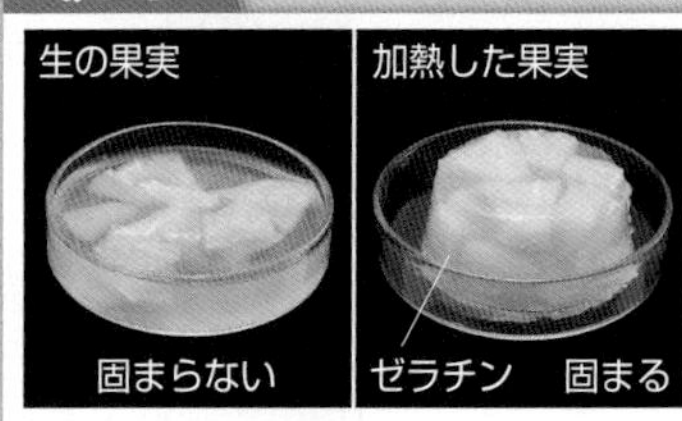

B pHと酵素反応 最適pH 反応に最も適したpH

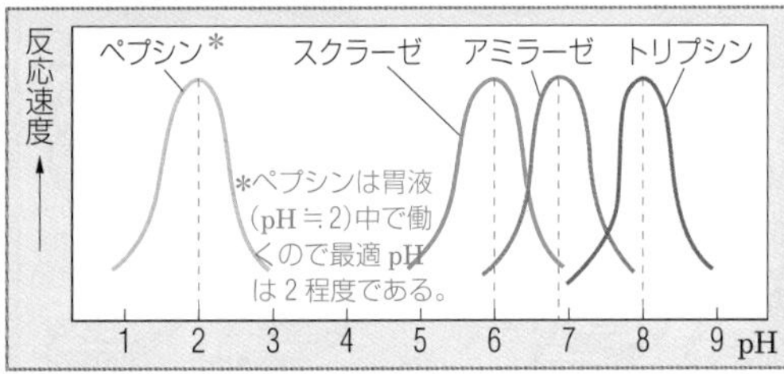

酵素や基質の立体構造・電離度がpHによって変化するので，酵素反応には最適pHがある。

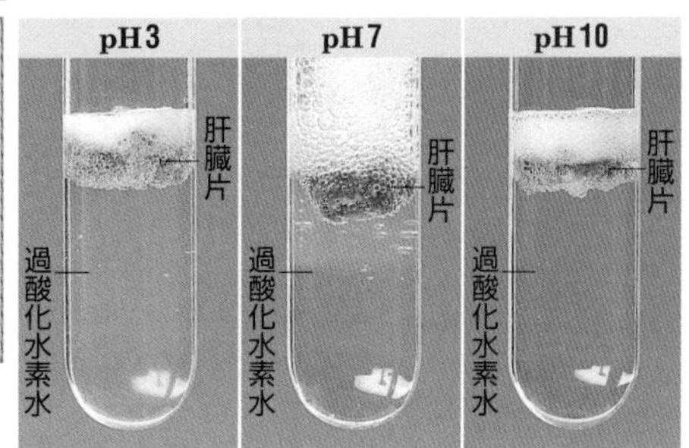

やってみよう！ パイナップルゼリー

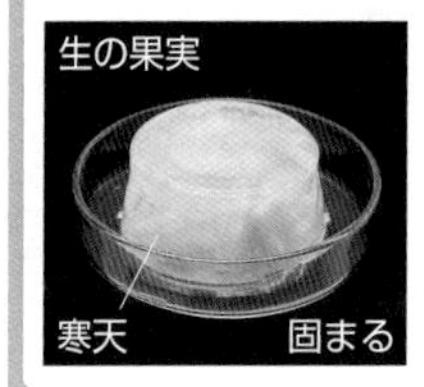

パイナップルの果汁にはタンパク質分解酵素が含まれているので，生の果実を使ってゼリーをつくろうとしてもゼラチン(タンパク質)は固まらない。加熱した果実を使うと，酵素は失活しているのでゼリーができる。

寒天は多糖であり，タンパク質分解酵素で分解されない(基質特異性)。生の果実でも固まる。

4 酵素の働きと利用 生体内では各種の酵素が働いている。日常生活の中でも酵素の作用を利用した製品が使われている。

消化液	消化酵素	デンプン	タンパク質	油脂
だ液	アミラーゼ	→		
胃液	ペプシン	→	→	
すい液	アミラーゼ	→		
	トリプシン	→	→	
	ペプチダーゼ	→	→	
	リパーゼ	→	→	→
腸液	マルターゼ	→		
	ラクターゼ	→		
	スクラーゼ	→		
	ペプチダーゼ	→	→	
分解生成物		グルコース	アミノ酸	脂肪酸 モノグリセリド

A 利用

洗剤
タンパク質や油脂など汚れの成分を分解する酵素が含まれている。

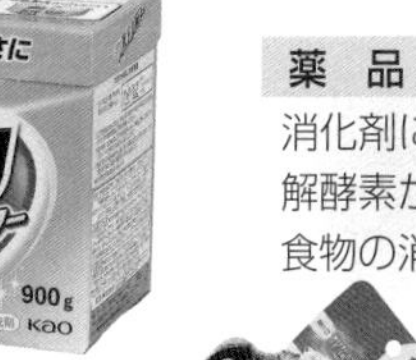

食品
タンパク質分解酵素の作用で肉がやわらかくなる。

薬品
消化剤には各種の加水分解酵素が含まれていて，食物の消化を助ける。

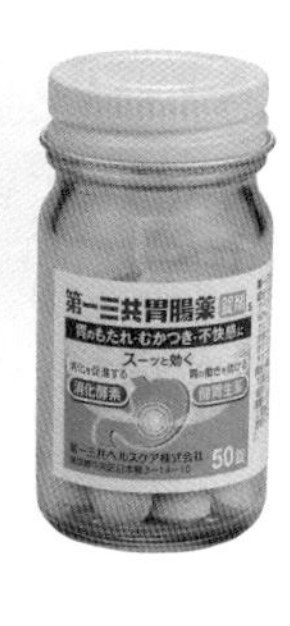

思考問題 動物繊維の絹や羊毛を洗濯するには，セッケン(▶P.219)を使用しない方がよい。それはなぜか。動物繊維の成分(▶P.259)から説明しなさい。

258 生命の化学

Keywords ●核酸 nucleic acid ●DNA(デオキシリボ核酸) deoxyribonucleic acid ●二重らせん構造 double helix structure ●ATP adenosine triphosphate

1 核 酸

核酸は，糖の違いから DNA(デオキシリボ核酸)と RNA(リボ核酸)の 2 種類がある。

A 核酸の構造

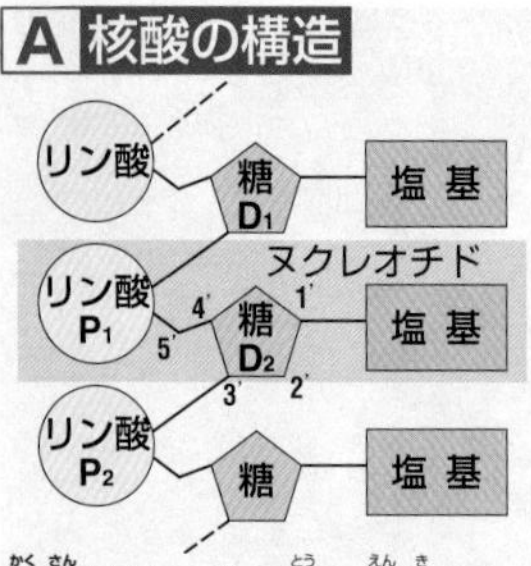

核酸はリン酸，糖，塩基からなるヌクレオチドがつぎつぎに結合した構造をもつ。

	リン酸(P_1)	糖(D_2)	塩基			
DNA	リン酸 H_3PO_4	デオキシリボース $C_5H_{10}O_4$	アデニン(A)	グアニン(G)	チミン(T)	シトシン(C)
RNA	リン酸 H_3PO_4	リボース $C_5H_{10}O_5$	アデニン(A)	グアニン(G)	ウラシル(U)	シトシン(C)

＊中性の pH で電離する。リン酸の-OH はどれが糖と結合しても同じである。

B DNAの構造

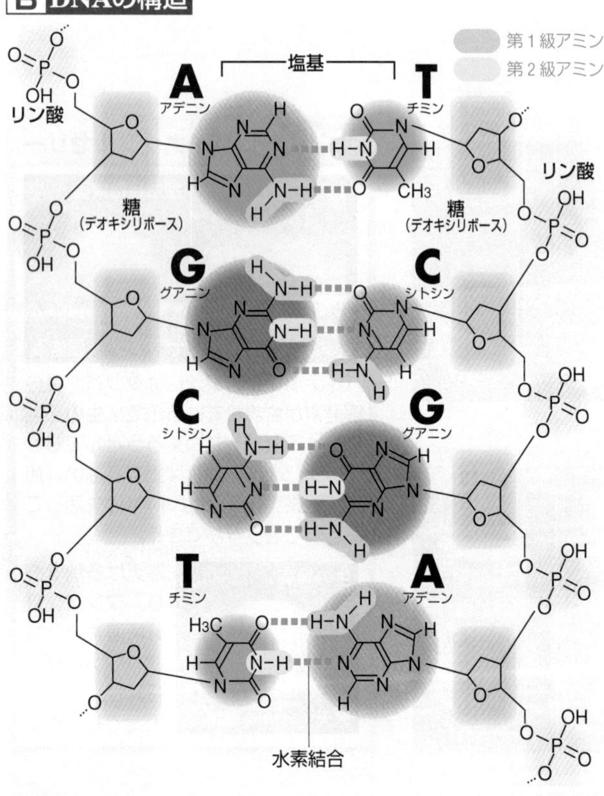

- 5 個の炭素からできた糖(デオキシリボース)，4 種類の塩基（アデニン，グアニン，シトシン，チミン），およびリン酸からなる。
- アデニン(A)－チミン(T)，グアニン(G)－シトシン(C)が**水素結合**により塩基対をつくっている（A－T は 2 つ，G－C は 3 つの水素結合）。
- 塩基対が配列して**二重らせん構造**になっている。

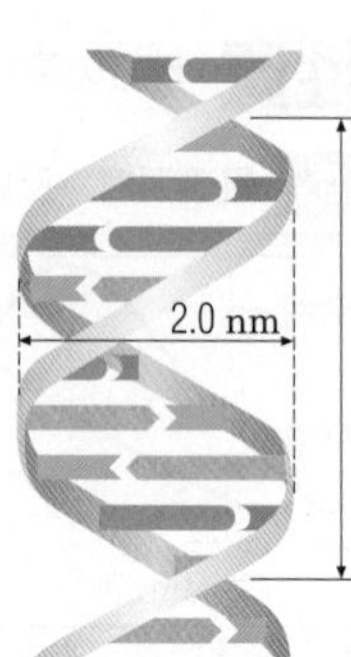

分子量の大きい塩基(A,G)と分子量の小さい塩基(T,C)がそれぞれ A－T,G－C の塩基対をつくるので，両端間の距離がほとんど同じになる。

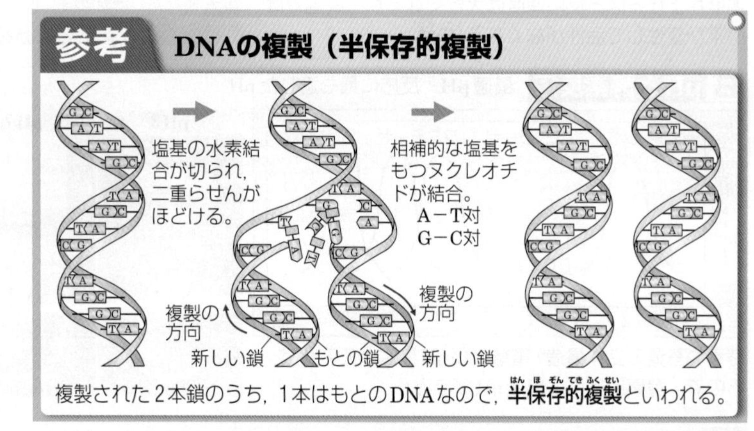

複製された 2本鎖のうち，1本はもとのDNAなので，**半保存的複製**といわれる。

2 ATP 発展

生物は ATP が分解するときに発生するエネルギーによって，生命活動をしている。

A ATPの構造

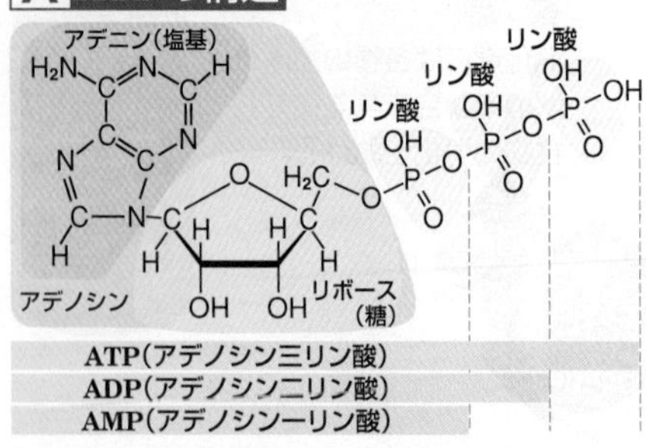

アデノシンにリン酸が3つ結合した構造。

B ATPの働き

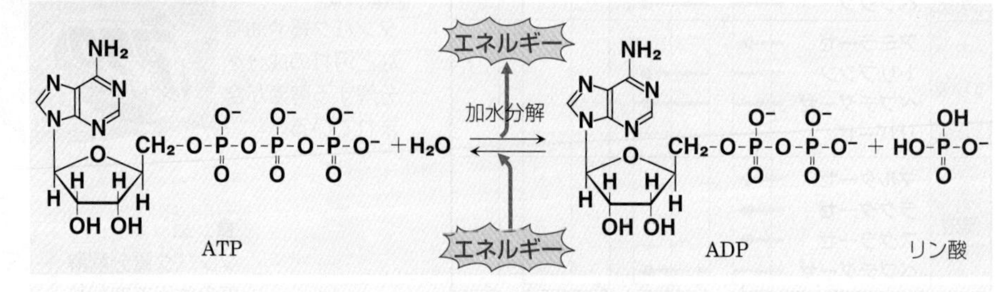

$$ATP^{4-} + H_2O \longrightarrow ADP^{3-} + H_2PO_4^- \quad \Delta H = -31\ \mathrm{kJ}$$

核酸は，1869年，スイスの科学者ミーシャーによって，包帯に付着したヒトの膿から発見された。細胞の核から得られる酸性の物質ということから，核酸と名づけられた。

1 天然繊維

植物繊維や動物繊維などを，太古よりそのまま，あるいは加工して利用してきた。

A 植物繊維

セルロースの構造

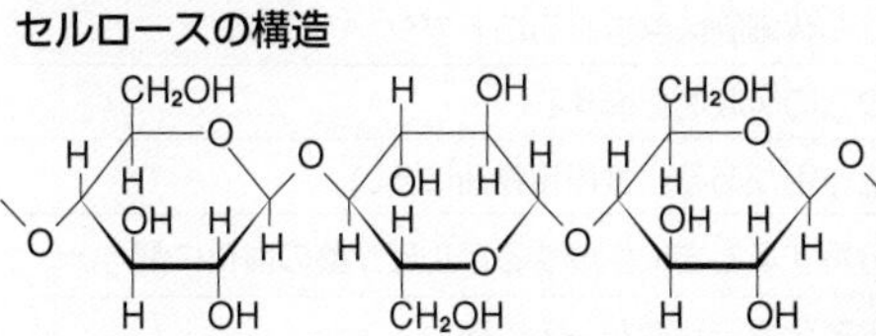

綿

植物の細胞壁の成分であるセルロース(▶P.253)を利用。
熱や引っ張りに強く，吸湿性が大きい。耐塩基性で洗濯に強い。

B 動物繊維 例 絹（フィブロイン）

R 置換基
…… 水素結合

繭
カイコ

動物の体毛や生産する物質(主成分はタンパク質)を利用。
吸湿性，保温性に優れるが，摩擦や塩基に弱い。虫害に弱い。

2 化学繊維

20世紀に入り，天然繊維を加工した繊維や，有機化合物から合成された繊維が開発された。

種類			例	構造，製造方法，特徴など	参照
再生繊維	セルロース短繊維を化学処理して長繊維に再生		ビスコースレーヨン	セルロースをアルカリ処理した後，二硫化炭素を反応させた繊維	▶P.253
			銅アンモニアレーヨン(キュプラ)	セルロースをシュバイツァー試薬に溶かし，希硫酸中で再生した繊維	▶P.253
半合成繊維	セルロースに置換基をつける		アセテート	[CH₂OR, OR′, OR″ のセルロース構造]$_n$ R, R′, R″ の55%～60%がアセチル基に置換された繊維	▶P.253
合成繊維	縮合重合による合成繊維	ポリアミド系繊維	ナイロン66	$[-\mathrm{C(=O)-(CH_2)_4-C(=O)-NH-(CH_2)_6-NH}-]_n$ 絹に似た触感	▶P.238
			ナイロン6	$[-\mathrm{C(=O)-(CH_2)_5-NH}-]_n$ ε-カプロラクタムの開環重合により得られる	▶P.238, P.267
		ポリエステル系繊維	ポリエチレンテレフタラート	$[-\mathrm{C(=O)-C_6H_4-C(=O)-O-(CH_2)_2-O}-]_n$ 羊毛に似た触感	▶P.238
	付加重合による合成繊維		ビニロン	$\cdots-\mathrm{CH_2-CH-CH_2-CH-CH_2-CH}-\cdots$（O—CH₂—O，OH）綿に似た触感	▶P.239
			アクリル繊維	$\mathrm{CH_2=CH-CN}$ と $\mathrm{CH_2=CHOCOCH_3}$ などの共重合体 羊毛に似た柔らかい触感	▶P.239

ポリウレタン繊維

ポリウレタン繊維は，ジイソシアナートと2価アルコールの重付加反応などで得られるウレタン結合をもつ繊維である。弾性ゴムと繊維の中間の性質をもつ。

$$[-\mathrm{C(=O)-NH-R-NH-C(=O)-O-R'-O}-]_n$$

ウレタン結合

伸縮素材のジーンズ

3 染 料

適当な染色方法により繊維に吸着する有機色素。動物や植物から得られる天然染料と合成染料に分けられる。

A 染 料

現在はほぼ合成染料が用いられている。

モーブ(紫色染料)

アッキガイ科の貝

合成できる前は，貝紫を使い，高価であった。

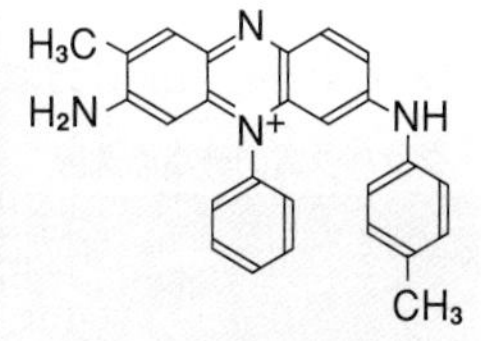
モーブを構成する色素の1つ

アリザリン(赤色染料)
セイヨウアカネの根

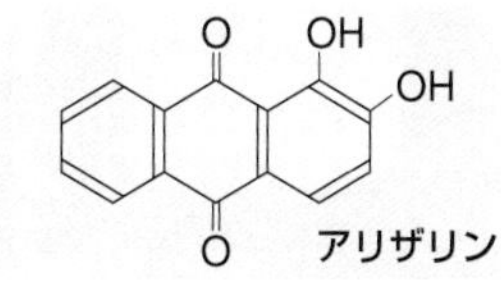
アリザリン

合成できる前は，おもにセイヨウアカネの根から得られた。アリザリンから誘導される染料をアリザリン染料という。

B 染色の方法 例 インジゴ

染料自体は水に不溶であるが，塩基性で亜ニチオン酸ナトリウムで還元する(建化)と水溶性のロイコ化合物になる。繊維に吸着させてから空気中などで酸化すると繊維上でもとの染料が再生される。

プチ雑学 クモの糸は，鉄鋼の5倍の強度とナイロンの2倍の伸縮率をもつ。日本の企業は，微生物を使ってクモの糸の主成分であるフィブロインを合成することで，世界で初めて人工のクモの糸の大量生産技術を確立した。石油を使わず環境への負荷が少ない素材として，衣類，自動車用部品，医療分野などへの応用が期待される。

1 栄養素

栄養素として，糖類，タンパク質，脂質は，特に重要である。

A 三大栄養素とその働き

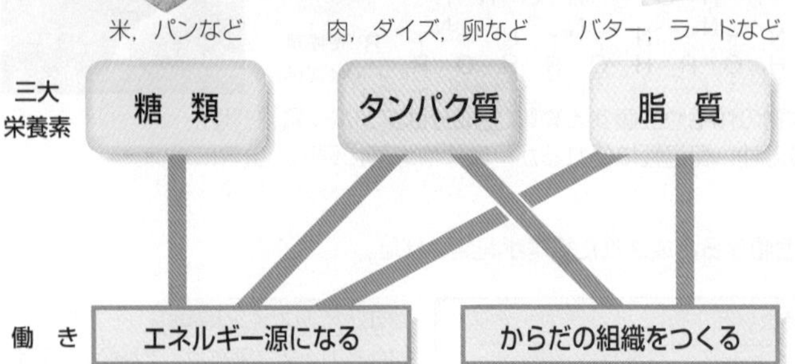

糖類(炭水化物)，**タンパク質**，**脂質**は，**三大栄養素**とよばれ，ヒトが生命を維持するのに特に必要な成分である。

ビタミン，無機塩類

名称		働き
ビタミンA	脂溶性	網膜のかん体細胞に含まれるロドプシンの成分。
ビタミンD	脂溶性	カルシウムの吸収を促進する。
ビタミンE	脂溶性	酸化防止作用がある。食用植物油に多い。
ビタミンB_1	水溶性	糖類を分解するときに生成するピルビン酸の酸化に関与。
ビタミンC	水溶性	細胞内の酸化還元状態を一定に保つ。
カルシウム		体内では約99%が骨や歯に含まれる。牛乳，小魚に多い。
リン		骨や歯に含まれるほか，核酸，リン脂質，ATPの成分でもある。
鉄		血液中のヘモグロビンの成分として，酸素の運搬に関与。
ナトリウム		細胞外液の陽イオンとして，浸透圧の維持，pHの調節などに関与。
カリウム		細胞内液の陽イオンとして，浸透圧の維持，pHの調節などに関与。

ビタミンや**無機塩類**も，少量だがヒトには必要な成分である。三大栄養素にこれら2つを加えて，**五大栄養素**という。水溶性ビタミンは，尿として排出されやすいため，所要量を毎日摂取する必要がある。

糖　類	タンパク質	脂　質
デンプン (構造式：…-O-[グルコース単位(CH_2OH, H, OH)]-O-[グルコース単位]-O-[グルコース単位]-O-…) $C_mH_{2n}O_n$ や $C_m(H_2O)_n$ で表され，単糖類，二糖類，多糖類などがある(➤P.250～253)。デンプンは多糖類である。	タンパク質 $H_2N-CH(R^1)-CO-NH-CH(R^2)-CO-NH-CH(R^3)-CO-\cdots\cdots-NH-CH(R'')-COOH$ アミノ酸の単位　アミノ酸の単位 多数のアミノ酸分子が結合してできる高分子化合物(➤P.254～257)。	油脂 $CH_2-O-CO-R$ $CH-O-CO-R'$ $CH_2-O-CO-R''$ 脂質─単純脂質─油脂(➤P.216)／ろう(➤P.214) 脂質─複合脂質(例 リン脂質) 単純脂質は，脂肪酸とアルコールのみで構成される。複合脂質は，脂肪酸とアルコール以外にリン酸や糖などを含む。
おもにエネルギー源として働く。体内で発生する熱量は，約17 kJ/g。 消化でグルコースへと分解された後，呼吸(➤P.157)によりエネルギーに変わる。過剰になると，グリコーゲン(グルコースの重合体)として，肝臓や筋肉に蓄えられる。	体を構成する重要な成分。消化され，アミノ酸へと分解された後，再びタンパク質に合成される。アミノ酸の中には，体内で合成できないもの(必須アミノ酸)もあり，食品での摂取が必要である。 また，エネルギー源としても働く。体内で発生する熱量は，約19 kJ/g。	体脂肪として体内に貯蔵され，必要に応じてエネルギー源として働く。体内で発生する熱量は，約40 kJ/g。 また，リン脂質が細胞膜の成分であるなど，体を構成する重要な成分でもある。

実験 生クリームの成分

目的 生クリームを糖類，タンパク質，脂質に分離する。

生クリームと同量の冷水をびんに入れて激しく振る。乳脂肪がしだいに固まってきたところで，びんの中の乳濁液をビーカーにとり出す。再び冷水を加えて激しく振り，水分を取り除く。

脱脂乳に酢酸を加えてpH 4.6程度に調節する。しばらく静置すると，ラクトース(乳糖)を含む乳清とカゼインに分離する。

等電点沈殿

pHがある値になると，タンパク質の正電荷と負電荷が等しくなる。このpHをそのタンパク質の等電点という。たとえば，カゼインの等電点はpH 4.6である。一般に，タンパク質の溶解度は，等電点で最も小さいため，左のような沈殿が生じる。

➤P.254

プチ雑学　ビタミンDは紫外線のB波(UV-B)によって体内でつくられる。B波はガラスを通過しないので，ビタミンD生成のためには屋外で直接日光を浴びることが有効である。

Keywords ●栄養素 nutrient ●糖類 succharides ●タンパク質 protein ●脂質 lipid
●ビタミン vitamin ●無機塩類 minerals ●食品添加物 food additive

2 食品の保存 微生物の生育に必要な水分や酸素を減らすことで，食品を保存できる。

A 食品の変化

- **発酵**：微生物が，酸素を利用せずに糖類を分解し，エネルギーを得ること。ただし，これ以外でも発酵という場合もある。

  例 アルコール発酵 $C_6H_{12}O_6 \longrightarrow 2C_2H_5OH + 2CO_2$（グルコース → エタノール）

  乳酸発酵 $C_6H_{12}O_6 \longrightarrow 2C_3H_6O_3$（グルコース → 乳酸）

- **腐敗**：微生物が，酸素を利用せずにタンパク質などを分解し，エネルギーを得ること。アミン類や硫化水素などの悪臭を放つ物質が生成される。
- **酸敗**：酸化や加水分解によって，保存中の油脂の風味が劣化する現象。

アルコール発酵 例 パンづくり

酵母によるアルコール発酵で，パン生地内に無数の二酸化炭素の泡ができる。この泡が加熱によりふくらみ，ふわっとしたパンをつくる。

B 食品の保存方法

冷蔵

低温にすることで，微生物の繁殖を抑えたり，食品の中で起こる化学反応の速度を低下させたりする（➤P.129）ことができる。

乾燥

微生物の生育には，水が必要である。乾燥させることで食品中の水分を減らし，微生物の繁殖を抑えることができる。

塩蔵（塩漬け）

水が食塩に水和して，微生物の生育に必要な水分を減らすことができる。ジャムなどの糖蔵（糖漬け）も同様の効果がある。

真空包装

真空にして密封することで，生育に酸素が必要な微生物の繁殖を抑えることができる。真空にした後，反応性の低い窒素で満たす方法もある。

3 食品添加物 さまざまな用途に応じた食品添加物がある。

種　類	使用目的	例
甘味料	食品に甘みをつける。	キシリトール アスパルテーム
着色料	食品に色をつける。	カロテノイド クチナシ
保存料	微生物の増殖を抑え，食品の保存性をよくする。	ソルビン酸 安息香酸ナトリウム
酸化防止剤	油脂などの酸化を防止し，食品の保存性をよくする。	L-アスコルビン酸（ビタミンC） カテキン
発色剤	動物性食品に含まれるヘモグロビンなどと結合し，加熱しても安定な赤色を発する。	亜硝酸ナトリウム 硝酸カリウム
調味料	食品にうま味などを与える。	L-グルタミン酸ナトリウム 5′-イノシン酸ナトリウム
香　料	食品に香りをつける。	オレンジ香料 バニリン
乳化剤	自然には混じり合わない水と油を均一に混ぜ合わせる。	グリセリン脂肪酸エステル 植物レシチン
pH 調整剤	食品の pH を調整し，品質を安定させたり，他の食品添加物の効果を向上させたりする。	乳酸ナトリウム クエン酸，リン酸塩

食品添加物とは，食品の製造や加工，保存などのため，食品に添加される物質である。食品の風味，見た目をよくしたり，栄養成分を強化するのにも使われる。添加物の中には，自然界にあるものをそのままとり出したものから，自然界にはないものを人工的に合成したものまである。

食品添加物の例

名　　称	食肉製品（チョップドハム・スライス）
原材料名	豚肉、鶏肉、豚脂肪、でん粉、植物性たん白、食塩、卵たん白、砂糖、香辛料、調味料（アミノ酸等）、リン酸塩（Na）、カゼインNa、増粘多糖類、保存料（ソルビン酸）、酸化防止剤（ビタミンC）、着色料（赤3、アナトー、カルミン酸）、発色剤（亜硝酸Na）、（原材料の一部に小麦、乳、大豆、ゼラチンを含む）
でん粉含有率	8％
内　容　量	114 g

Episode うま味の発見

池田菊苗（1864～1936）

池田菊苗は，1908年，コンブからうま味成分として，グルタミン酸の結晶をとり出した。グルタミン酸そのものはすでに発見されていたが，これを独特の味「うま味」のもとであるととらえ，グルタミン酸を主成分とする調味料を発明したのが池田の業績である。途中，研究を中断したこともあったが，味のよい食べ物が消化を助け，国民の栄養不良の改善につながると考え，研究を再開し，発見に至った。
なお現在では，「うま味調味料」グルタミン酸ナトリウムは，味噌やしょう油と同様，微生物による発酵でつくられている。

プチ雑学 ソルビン酸，安息香酸ナトリウムは酸型保存料とよばれ，pH が小さいほど静菌作用を発揮する。そのため，pH 調整剤とともに使用されることが多い。

環境と化学

1 大気汚染

人間の活動によって生じた物質が大気を汚染し，環境に影響を与えている。

A スモッグ

東京のスモッグ

工場や自動車から排出された硫黄酸化物SO_xや窒素酸化物NO_x，粒子状物質(PM)などにより，大気が汚染されている。スモッグは煙(smoke)と霧(fog)を組み合わせた造語である。

B 光化学スモッグ

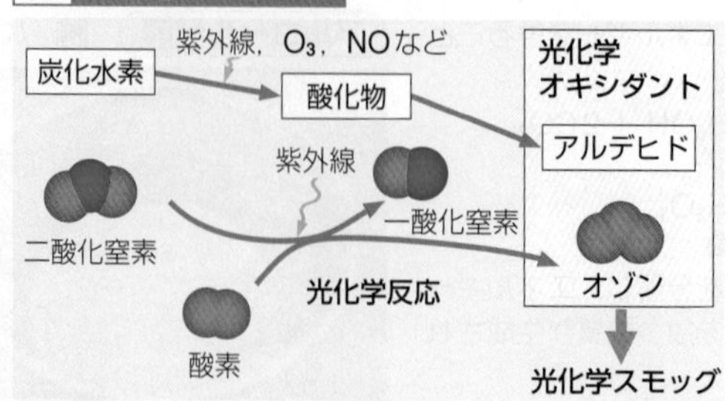

窒素酸化物NO_xや炭化水素C_mH_nなどが紫外線によって**光化学反応**を起こし，毒性の強い酸化性物質である**光化学オキシダント**(アルデヒド，オゾンなど)に変化してできたスモッグを**光化学スモッグ**という。目やのどの痛み，呼吸困難などを引き起こす。日本では，風が弱くて汚染物質がたまりやすく，紫外線が強くて光化学反応が起こりやすい夏によく発生する。

C 大気汚染物質

粒子状物質(particulate matter，PM)

排煙や火山灰，土壌粒子(黄砂など)が成分で，サイズによって，PM10(10μm以下)，PM2.5(2.5μm以下)とよばれる。粒子状物質が大気中に浮遊した状態を**エーロゾル**といい，離れた場所まで移動する。なお，火山灰や土壌粒子などのような自然物は，大気汚染物質に含めないこともある。

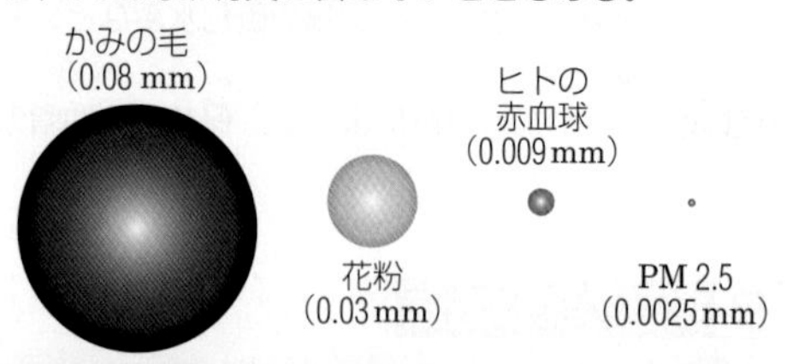

ガス状物質 硫黄酸化物SO_x，窒素酸化物NO_x，一酸化炭素COなど。

2 酸性雨

人間の活動によって生じた物質が雨に溶け込んで酸性雨となり，森林の立ち枯れなどを引き起こしている。

A pHの測定例

いろいろな物質が溶解しているため，身の回りの水のpHはさまざまな値を示す。

温泉 pH1.2 玉川温泉(秋田)

酸性雨 pH ≦5.6

雨 pH約5.6～5.7

水道水 pH7.2 東京都23区

海水 pH8程度

温泉 pH11.3 白馬八方温泉(長野)

酸性 ⟷ 塩基性

B 酸性雨

人間の活動によって酸性(pH 5.6以下)になった雨。通常の雨は，二酸化炭素が溶けているので，pHは5.6～5.7程度である。

影響

森林が枯れたり，魚が激減する湖沼が現れている。

原因

燃料などに含まれる硫黄に起因

$SO_x \rightarrow H_2SO_4,\ SO_4^{2-}$

空気中の窒素に起因

$NO_x \rightarrow HNO_3,\ NO_3^-$

火力発電所・工場・自動車などから硫黄酸化物SO_xや窒素酸化物NO_xが排出され，大気中で変化して雨水に溶けて，硫酸H_2SO_4や硝酸HNO_3などになる。

対策 ➤P.267

排煙脱硫装置

硫黄酸化物や窒素酸化物を，排煙脱硫装置や排煙脱硝装置で固めてとり除き，排出をおさえている。

Column マイクロプラスチック

プラスチックごみ

プラスチックは，成形がしやすく，丈夫で腐食しにくいため，容器包装や日用品，工業品，医療品などに広く使われてきた。しかし，自然には分解しないので，使用後も長く環境に残る。

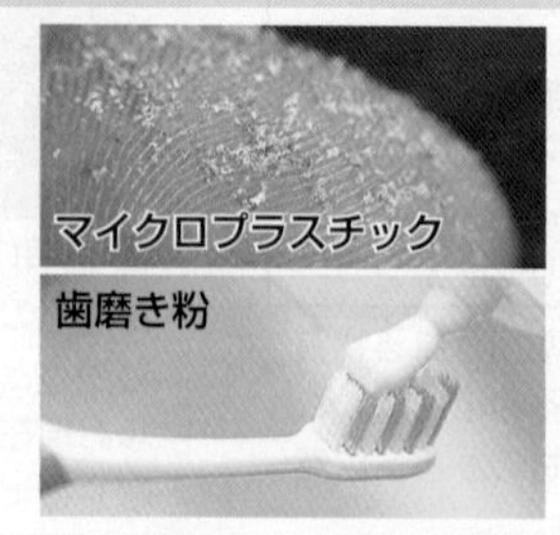
マイクロプラスチック
歯磨き粉

大きさが5 mm未満のプラスチック粒子を**マイクロプラスチック**とよぶ。海洋などに広く拡散しており，生態系に与える影響などが問題視されている。
破砕してできるものだけでなく，洗顔料や歯磨き粉などに含まれる研磨剤，タイヤの摩耗や，合成繊維の衣料から出る糸くずなど，さまざまなものがマイクロプラスチックになる。
消費量を減らしたり，自然に分解する代替物を使ったりするなど，対策が検討されている。

プチ雑学 酸性雨は，気温などの条件に応じて，酸性霧や酸性雪にもなる。とくに雨よりも粒が小さい霧は，空気中での滞留時間が長く，硫黄酸化物や窒素酸化物がたくさん溶けるため，pHはさらに小さくなる。実際に日本でも，pH 3以下の酸性霧が観測されている。

3 二酸化炭素と地球温暖化

光合成と呼吸

$$6CO_2 + 6H_2O \underset{\text{呼吸}}{\overset{\text{光合成}}{\rightleftarrows}} C_6H_{12}O_6 + 6O_2$$

光合成では，二酸化炭素を吸収し，酸素を放出する。**呼吸**では，酸素を吸収し，二酸化炭素を放出する。このような生物の活動によって，大気中の酸素や二酸化炭素の濃度が決まってきた。

温室効果

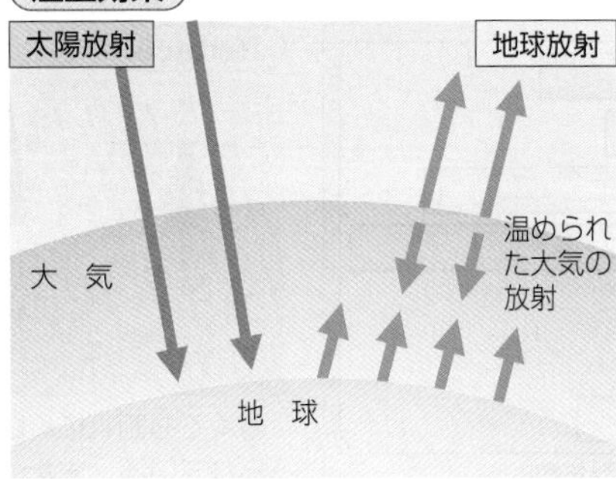

太陽放射を受けた地球からは，地球放射(赤外線)によってエネルギーが放出される。大気中の二酸化炭素や水蒸気は，赤外線をよく吸収するので，大気が温められる(**温室効果**)。

二酸化炭素の濃度

気候変動監視レポート(気象庁)による

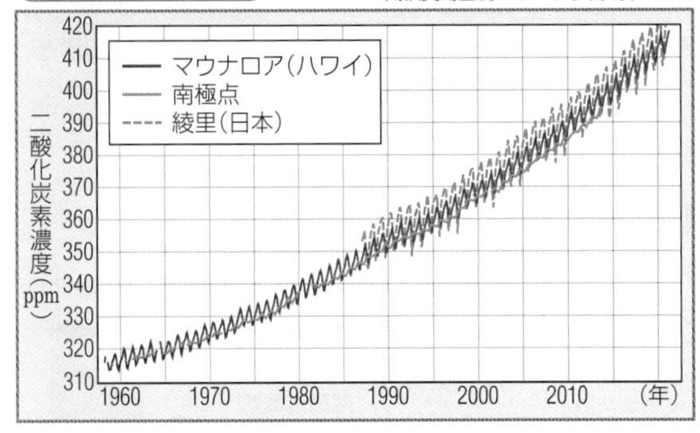

森林の伐採による植物の減少，化石燃料の燃焼による二酸化炭素発生量の増加などから，大気中の二酸化炭素の濃度が増加してきている。二酸化炭素は温室効果をもたらす気体であるため，**地球の温暖化**が心配されている。

対策

火力発電所におけるCO_2回収テストプラント

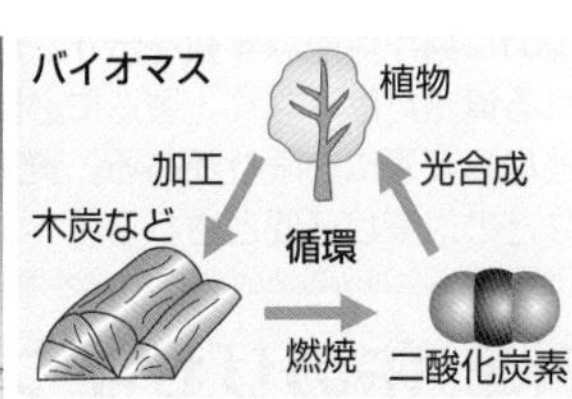

二酸化炭素の排出をおさえたり，エネルギー効率をよくする技術などとともに，**バイオマス**のような循環型のエネルギーの利用も考えられている。

4 オゾン層の破壊

オゾン層

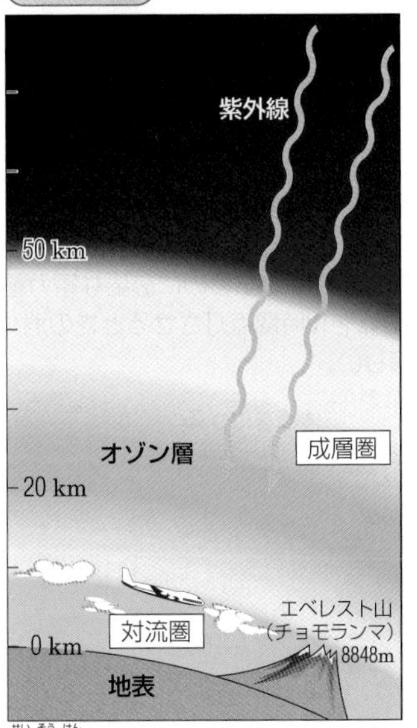

成層圏にオゾンが多量に存在する**オゾン層**がある。生物にとって有害である紫外線の多くは，オゾン層で吸収される。そのため，生物は地表で生活ができる。近年，フロンによるオゾン層の破壊がわかり，フロンの製造を中止した。

フロンガスとオゾン

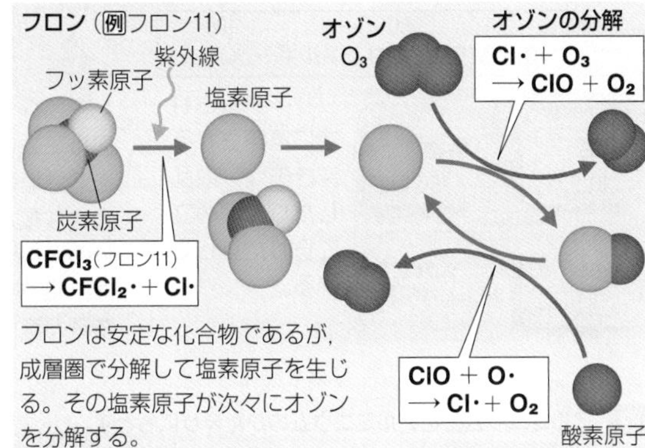

フロンは安定な化合物であるが，成層圏で分解して塩素原子を生じる。その塩素原子が次々にオゾンを分解する。

オゾンホール

NASA Ozone Watchによる

南極上空におけるオゾンの量を示す。オゾン全量が極端に少ない領域を**オゾンホール**という。1979年には，まだオゾンホールは存在していなかった。

影響

日焼け予防を訴える表示(オーストラリア)

オゾン層の破壊が進み，地表に届く紫外線の量が増加すると，白内障や皮膚がんなどが増加する。また，植物の成長や農作物の収量が低下するなど，重大な影響を与えると考えられている。

対策

※R600aとはイソブタンのこと。

フロンを使っていない冷蔵庫

フロンは，不燃性で無臭，化学的に安定で，人体に無害などの特性をもつため，冷媒や噴霧剤として使われてきた。しかし，オゾン層を破壊することがわかり，国際的に使用が制限されている。現在は，フロンに代わる物質が開発・使用されている。

プチ雑学 フロンは現在も地球上に残っており，適切な回収や分解が大きな課題となっている。フロンの分解は高温下で行われるため，たくさんのエネルギーが必要となる。さらに，フロンを分解した排気はフッ素や塩素を含むため，焼却炉が腐食されやすい。このため焼却炉の部品は，特殊なものを使うか頻繁に交換する必要があり，大きなコストもかかっている。

資源の利用とリサイクル

1 3R

3Rは，廃棄物の量を削減し，資源の有効利用を進めるための考え方である。

A 主な資源の可採年数

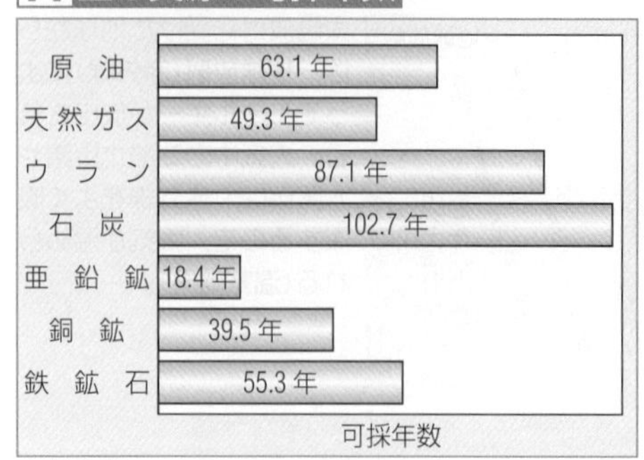

可採年数は，埋蔵量を生産量で割ったもので，資源の採掘が可能な年数を示す。原料として消費される資源だけでなく，製造に必要なエネルギー源となる資源にも限りがある。資源の効率的な利用などの対策が必要とされる。

（世界国勢図会2019/20，2020/21，2021/22年版による）

B ガラスびんの3R

Reduce ゴミの発生を抑制

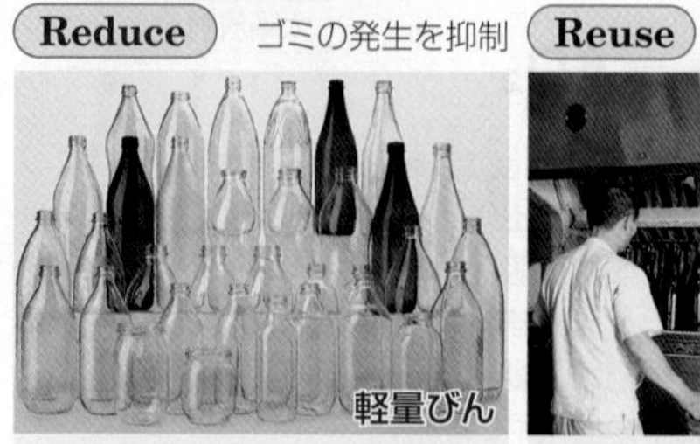

薄くても割れにくいびんが作られている。また，容器を持参する量り売りも，資源の節約になっている。

Reuse 再使用

牛乳びんやビールびんは，販売店などで回収後，洗浄・殺菌され，中身を詰めて，再使用される。

Recycle 再資源化

カレット

回収されたびんを細かく砕き（カレット），びんの原料とする。現在，ガラスびんの原料の約90%がカレットである。

3つの間の優先順位は，**R**educe（リデュース），**R**euse（リユース），**R**ecycle（リサイクル）の順とされる。これらに，**R**efuse（リフューズ）：不要なものは買わない，**R**epair（リペア）：修理して長く使う，などを加えることもある。

2 缶のリサイクル

リサイクルによって，原料の節約だけでなく，製造に必要なエネルギーも節約できる。

A 缶のリサイクルと省エネルギー

缶の分別回収

スチール缶やアルミニウム缶のリサイクルで，原料の鉱物の消費量を減少させるだけでなく，エネルギーも大きく節約することができる。

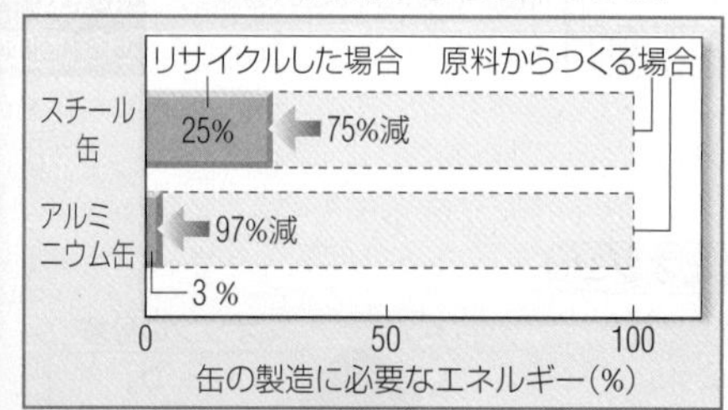

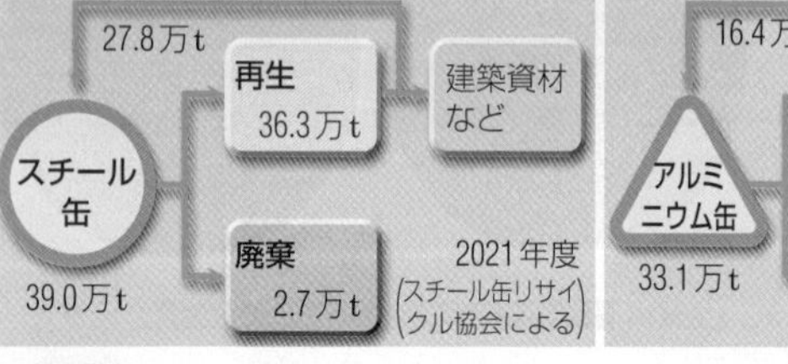

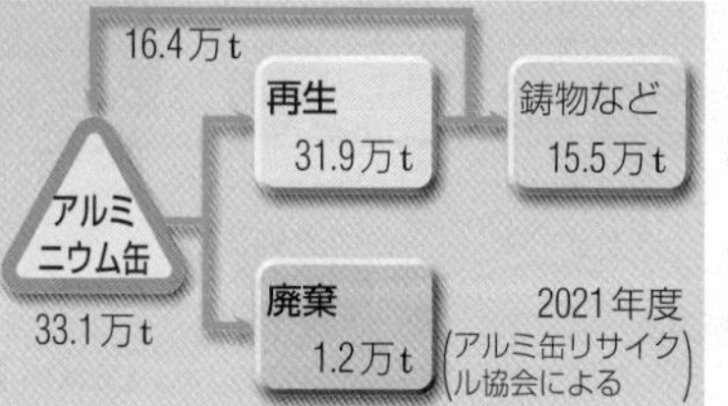

リサイクルされずに廃棄される空き缶は，散乱したり，埋め立てられたりしている。

アルミニウムの製造と消費電力

➤P.197

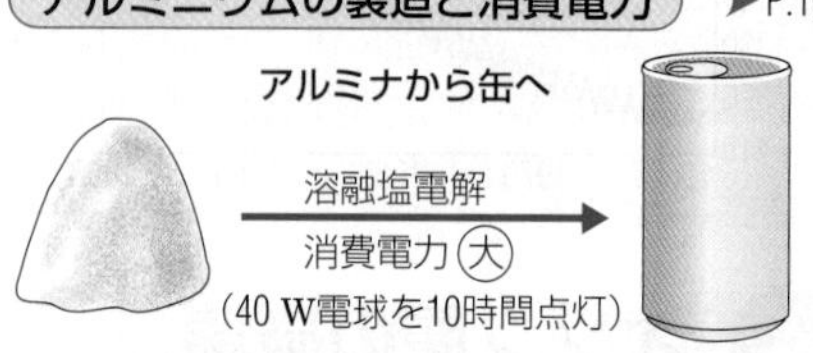

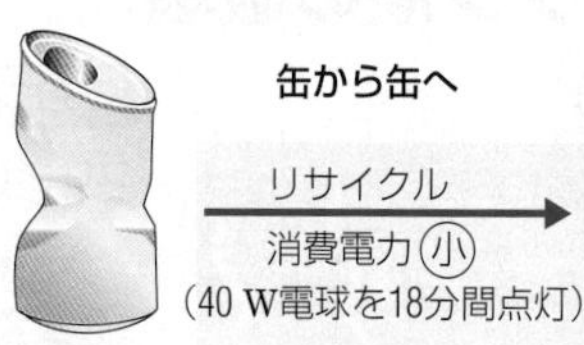

アルミニウムは，酸化アルミニウム（アルミナ）を溶融塩電解して製造するが，このとき非常に大きな電力を必要とする。アルミニウム缶1個分のアルミニウムを製造するのに必要な電力量は，40 Wの電球を10時間点灯させるときの消費電力量に等しい。

実験 アルミニウムの再生

目的 アルミニウム缶をアルミニウムのかたまりにもどす。

① アルミニウム缶を小さく切る。

② ①のアルミニウム片を，るつぼに入れて加熱する。

③ 融解したアルミニウムをとり出して放冷する。

$$密度 = \frac{9.3\,\text{g}}{(63.4-60.0)\,\text{cm}^3} = \frac{9.3\,\text{g}}{3.4\,\text{cm}^3} \fallingdotseq 2.7\,\text{g/cm}^3$$

プチ雑学 コーヒーやジュースは，高温で殺菌したあと，冷やすと缶の中の圧力が下がるので，丈夫なスチール缶が使われていた。炭酸飲料は，CO_2によって中の圧力が上がり，外からの圧力とつり合うので，軽くて輸送コストが低いアルミニウム缶を使うことができた。近年は充塡技術が進歩し，区別なく使われるようになってきている。

3 プラスチックのリサイクル

プラスチックは，材質によって分別回収することで，再資源化が可能になる。

A PETボトルのリサイクル

PETボトルは再生繊維として利用できる。

PETボトルの回収

集められたPETボトル

粉砕

PETボトル

キャップ
ポリプロピレン(PP)など密度 1.0 g/cm³未満のもの

ボトル
ポリエチレンテレフタラート(PET)
密度 1.29〜1.40 g/cm³

粉砕(ふんさい)されたPETボトル(フレーク)には，PET以外の材質のものも含まれている。これらの密度はPETより小さく，密度の違いによりPETと分離できる。 (▶ P.244 浮上密度試験)

再生繊維

フリース(再生品)

分離したPETはペレットにして，化学繊維やプラスチック成形品の原料になる。

B ポリスチレン(PS)のリサイクル

トレーの回収

ポリスチレンのインゴット

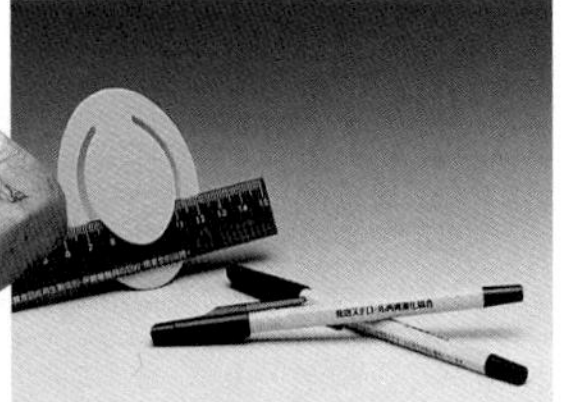
文具(再生品)

集められたポリスチレンは，溶剤減容(溶剤で溶かす)，加熱減容(加熱して溶かす)，微粉砕(細かく砕く)，などの方法で容積を少なくして，さまざまな再生品の原料になる。

EPSのリサイクルの現状 2021年

EPS：緩衝材などに使われる発泡ポリスチレン

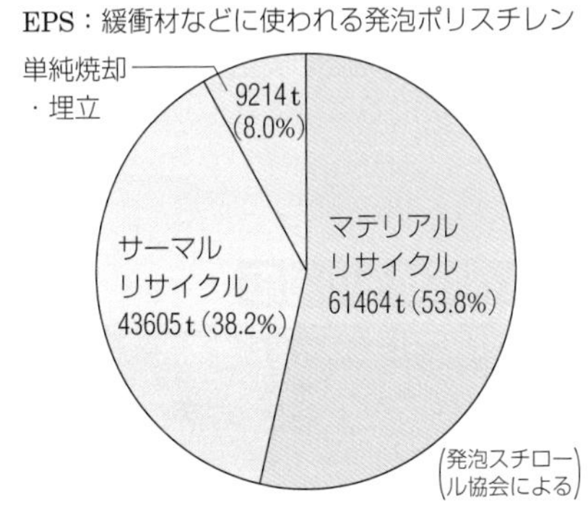

発泡ポリスチレンは，分別しやすく，熱や溶剤で小さくなるので，リサイクルに比較的向いている。

マテリアルリサイクル プラスチックを融解，再成形して再利用する。

サーマルリサイクル プラスチックの燃焼で発生する熱を発電などに利用する。

ケミカルリサイクル 化学反応によって単量体まで分解し，原料として再利用する。

実験 発泡ポリスチレンの溶解と再生

① 発泡ポリスチレンをリモネンに溶かす。
② エタノールを加え，ポリスチレンを凝集させる。

③ ②の凝集物(ポリスチレン)をとりだす。

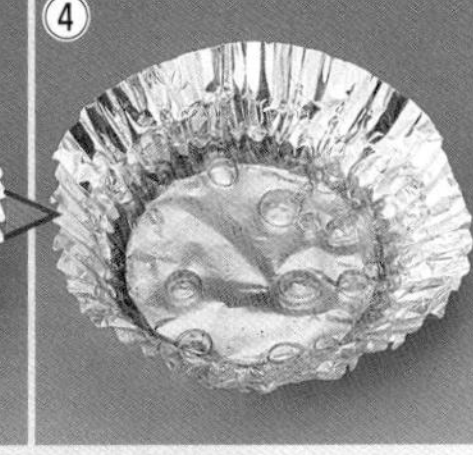
④ ③の凝集物を乾燥させる。

⑤ ④のシートの破片をペンタンに一晩ひたす。
⑥ ⑤の破片をこし器に入れ，熱湯につける。

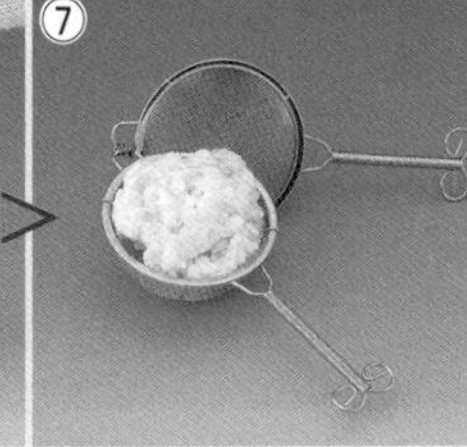
⑦ 熱湯につけるとすぐに発泡する。

実際のリサイクルでは，発泡させずにポリスチレンを使った別の製品に利用することもある。また，燃料として利用することもある。

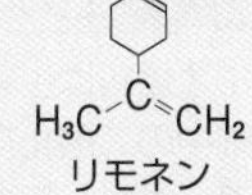

リモネン

プチ雑学 マテリアルリサイクル，ケミカルリサイクルは異物混入などによる品質劣化が課題であり，きちんと分別して回収することが必要である。また，ケミカルリサイクルはもとのプラスチックの原料とまったく同じものが作れるが，大量の資源とエネルギーが必要になるのが課題である。

環境を守る化学

1 水素エネルギー

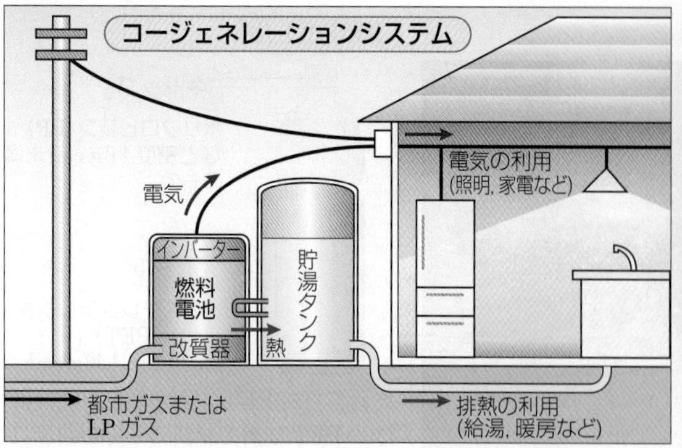

家庭用燃料電池

近年，水素エネルギーが注目されている。家庭用燃料電池では，都市ガスやLPガスから水素をとり出して(改質して)発電し，さらに発電時に発生する熱も利用するため，高効率で水素エネルギーを利用できる。このように，複数のエネルギーを利用するシステムを**コージェネレーションシステム**という。

燃料電池自動車も研究されている。水素燃料電池自動車には，ガソリンスタンドの代わりに水素ステーションが必要になる。

A 水素の製造法

●水蒸気改質法

化石燃料に含まれる炭化水素を原料とする。吸熱反応なので，加熱する必要がある。

① $C_mH_n + mH_2O \longrightarrow mCO + (m+\frac{n}{2})H_2$

② $CO + H_2O \longrightarrow CO_2 + H_2$

●部分酸化法

発熱反応なので，加熱する必要がない。

$C_mH_n + \frac{m}{2}O_2 \longrightarrow mCO + \frac{n}{2}H_2$

●副生ガスの利用

石炭からコークスCをつくる際に得られる水素を利用。

●水の電気分解

自然エネルギーを利用できれば，環境への負荷をおさえられる。

$2H_2O \longrightarrow 2H_2 + O_2$

水蒸気改質法や部分酸化法は，二酸化炭素の生成をともなう。

B 水素の貯蔵法

方法	特徴
圧縮水素ガス	液体水素と比べ，エネルギーは必要ないが，高圧ボンベが必要。
液体水素	エネルギー密度が高い。ただし，液化に大きなエネルギーが必要。
水素吸蔵合金	安全性が高く，常温・常圧で使える。ただし，合金の質量が大きい。
有機ハイドライド化合物	エネルギー密度が高い。ただし，水素をとり出すシステムが必要。

水素は軽く，単位体積当たりのエネルギー(エネルギー密度)が小さい。また，可燃性で漏れやすい。効率よく安全に貯蔵する技術が必要になる。

水素吸蔵合金

▶P.191

水素吸収のしくみ

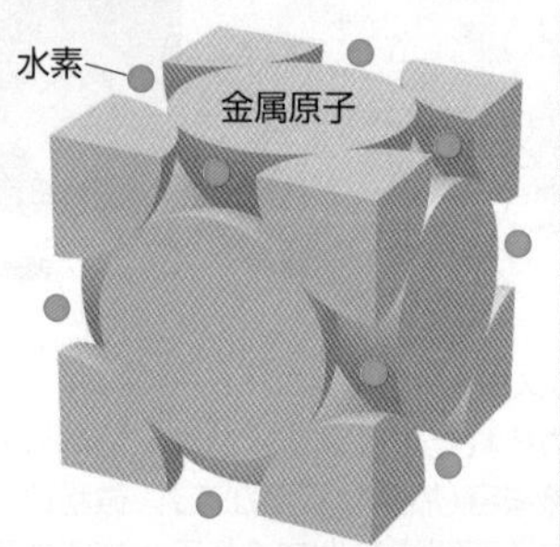

水素原子が金属原子の間のすきまに入り込む

一定温度で水素圧を上げて吸収させると，ある圧力で吸収が進む。この圧力は温度による。

平衡水素圧　P_2　T_2　P_1　T_1

吸収が進んでいる

温度 $T_1 < T_2$

合金中の水素濃度

圧力や温度によって，水素を吸収，放出する合金。水素原子が，水素吸蔵合金の結晶格子のすきまに入り込む。水素を吸収するときには発熱し，放出させるには加熱が必要になる。安全性が高く，すでにニッケル・水素電池(▶P.92)に利用されている。

2 バイオ燃料

バイオ bio-…「生物体」「生命」を意味する接頭語

バイオ燃料は生物体からつくられる。生物体は，大気中の二酸化炭素をもとに光合成でつくられるので，燃焼しても大気中の二酸化炭素は増えない。

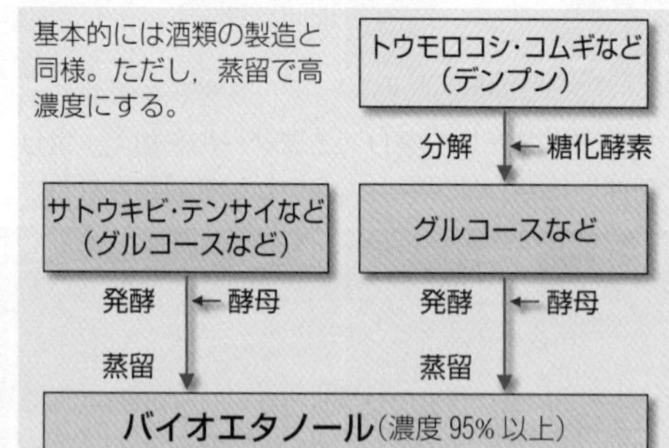

$C_6H_{12}O_6 \longrightarrow 2C_2H_5OH + 2CO_2$

バイオエタノールはバイオ燃料の一種で，植物のからだをアルコール発酵(▶P.209)で分解して得られる。自動車燃料としての利用が進んでいる。

A 食料問題への対応

藻からバイオ燃料を生産する実験場

現在のバイオ燃料は，トウモロコシやサトウキビなどの食料を原料にしている。廃棄物や食用にならない藻などを原料にしたバイオ燃料の開発が進められている。

電気自動車(EV)は二次電池に充電した電気を使って，有害物質を排出することなく走行できる。充電設備は全国に設置されてきており，家庭用電源でも充電が可能である。今後は走行距離の延長や充電時間の短縮のため，さらなる二次電池の性能向上が期待される。

Keywords
●水素 Hydrogen ●コージェネレーションシステム cogeneration system
●バイオエタノール bioethanol ●グリーンケミストリー Green Chemistry

3 排気ガス処理の技術

A 窒素酸化物の処理

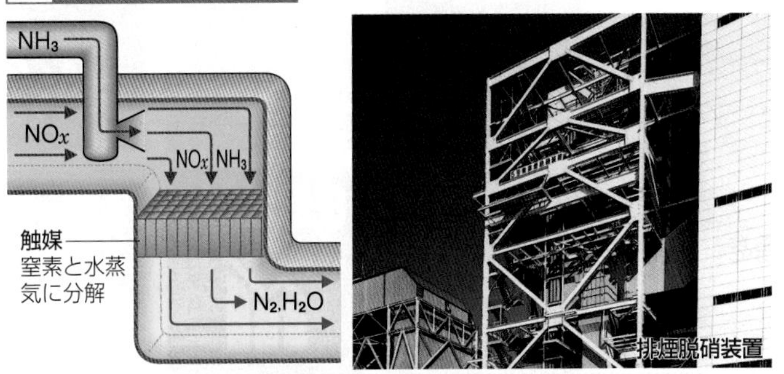

$$4NO + 4NH_3 + O_2 \longrightarrow 4N_2 + 6H_2O$$

$$6NO_2 + 8NH_3 \longrightarrow 7N_2 + 12H_2O$$

窒素酸化物 NO_x は，火力発電所や工場，自動車などから発生し，光化学スモッグや酸性雨(▶P.262)の原因になる。上の排煙脱硝装置では，触媒を用いて NO_x をアンモニアと反応させて，窒素と水蒸気に分解する。

B 硫黄酸化物の処理

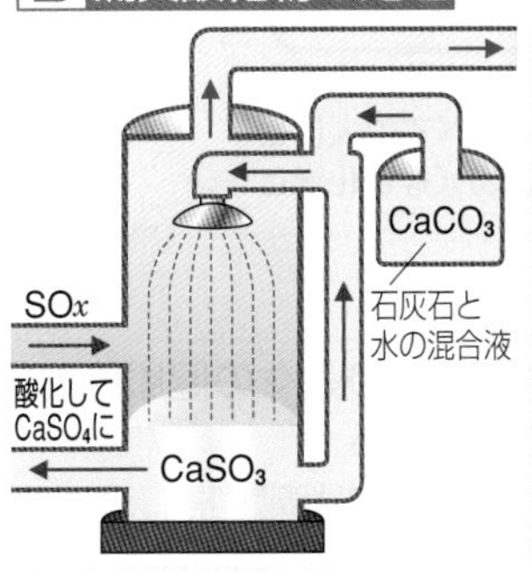

石灰セッコウ法

$$SO_2 + CaCO_3 + \frac{1}{2}H_2O \longrightarrow CaSO_3 \cdot \frac{1}{2}H_2O + CO_2$$

$$CaSO_3 \cdot \frac{1}{2}H_2O + \frac{1}{2}O_2 + \frac{3}{2}H_2O \longrightarrow \underset{\text{セッコウ}}{CaSO_4 \cdot 2H_2O}$$

硫黄酸化物 SO_x は，火力発電所や工場，自動車などから発生し，ぜんそくや酸性雨の原因になる。上の排煙脱硫装置では，排気ガスに含まれる SO_x を石灰石・酸素と反応させて，セッコウとしてとり出す。

4 グリーンサスティナブルケミストリー

持続可能な社会のために，環境への負荷の小さい製造法が開発されている。

A ポリカーボネート(PC)製造法の改良

従来の方法(ホスゲン法)

HO–C₆H₄–C(CH₃)₂–C₆H₄–OH ＋ Cl–C(=O)–Cl
ビスフェノールA　ホスゲン

→ HO–C₆H₄–C(CH₃)₂–C₆H₄–O–C(=O)–Cl
ビスフェノールクロロホーメート

→ [–O–C₆H₄–C(CH₃)₂–C₆H₄–O–C(=O)–]$_n$ ＋ nHCl
ポリカーボネート(PC)

新しい方法(旭化成法)

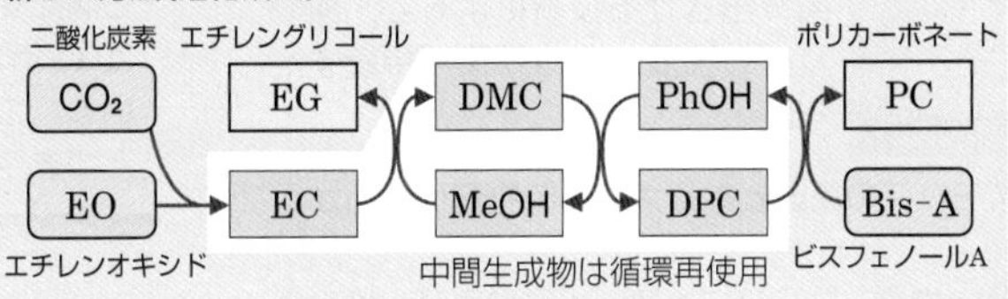

ポリカーボネート(PC▶P.245)は，ビスフェノールAと二酸化炭素が脱水縮合した構造である。この2つを直接反応させることはできないため，有毒であるが反応性の高いホスゲンを原料とするホスゲン法でPCは合成される。旭化成法では，ホスゲンを使わず，エチレンオキシド・二酸化炭素・ビスフェノールAを原料として，廃棄物を出さずに，高品質のPCを合成できる。

台湾にある第1号プラント

旭化成法は，低コストで高品質のPCを合成することができるため，採用が広がっている。

B ε-カプロラクタム製造法の改良

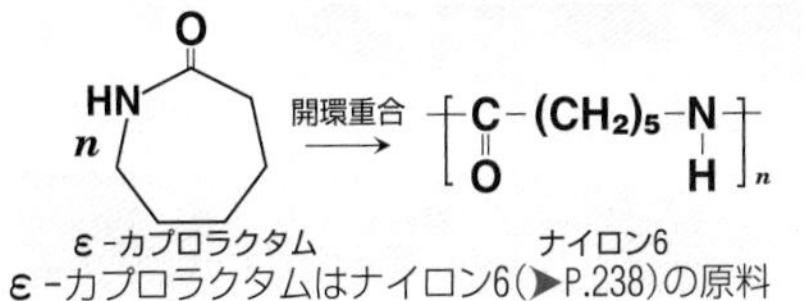

ε-カプロラクタムはナイロン6(▶P.238)の原料

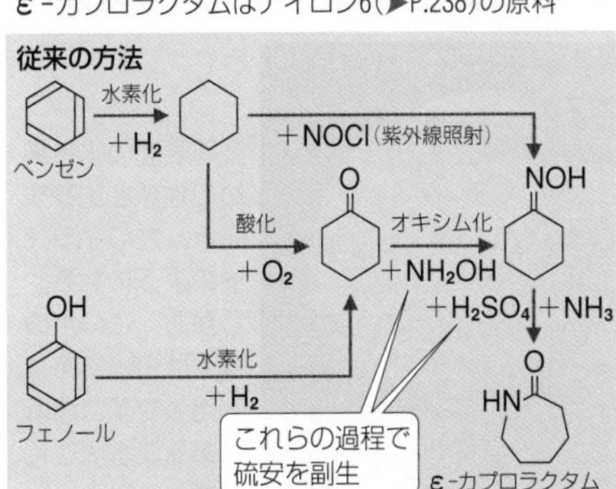

新しい方法(気相法カプロラクタム製造法)

シクロヘキサノン ＋ NH_3 ＋ H_2O_2 —触媒TS-1→ シクロヘキサノンオキシム(NOH) ＋ $2H_2O$

↓ 触媒 高シリカMFIゼオライト

ε-カプロラクタム(HN)

触媒の利用により，硫安を副生せずにε-カプロラクタムを合成できる。

従来のε(イプシロン)-カプロラクタムの製造法では，発煙硫酸を使用し，多量の硫酸アンモニウム(硫安)が副生した。硫安は，かつては肥料として利用されていたが，需要は減少している。気相法カプロラクタム製造法では，触媒の開発などの工夫により，水を唯一の副生物として，ε-カプロラクタムを合成できる。

グリーンケミストリーの12か条

1. 廃棄物を出さない
2. 機能を維持しつつ，毒性のより少ない生成物にする
3. 人にも環境にも害の少ない反応物，生成物にする
4. 再生可能な原料を使う
5. 触媒を使う
6. 修飾反応をできるだけ避ける
7. 効率よく無駄のない合成をする
8. より安全な溶剤・反応条件で行う
9. エネルギー効率を高める
10. 使用後分解するような生成物にする
11. 合成反応はその場で調べ，余分な試薬を使わないようにする
12. 事故が起こらないような物質を使う

(アメリカ環境保護庁による)

環境への負荷をおさえて合成を行う化学をグリーンケミストリーという。ここで紹介した2つの合成法は，この観点から見て優れた方法であるといえる。

プチ雑学 酸化チタンに太陽光を当てることで，大気中の NO_x や SO_x を吸着・酸化し，除去することができる。自然のエネルギーだけを使って大気を浄化できるこの技術は，自動車道路などに活用され始めている。

特集 SDGsと化学

SDGsは，2015年に国連で採択された，すべての人にとってのより良い未来を目指した目標です。SDGsと化学とのつながりを考えてみましょう。

世界を変えるための17の目標

● **SDGsはどのようにしてつくられたか**

SDGsは，2015年に国連総会で全会一致で採択された「持続可能な開発目標(Sustainable Development Goals)」である。持続可能な開発とは，「将来世代のニーズを満たす能力を損なわずに，現在世代のニーズも満たす開発」を意味する。

2030年までの達成を目指す17の目標が挙げられている。これらは，国連史上，最大規模の意見聴取にもとづき，協議を重ね，できあがったものである。

あらゆる年齢のすべての人々の健康的な生活を確保し，福祉を促進する

はしかや結核など，現代医療では予防可能，治療可能な病気でも，途上国では広まり続けている。世界では，予防可能な病気で1日に16000人の子どもが亡くなっている。

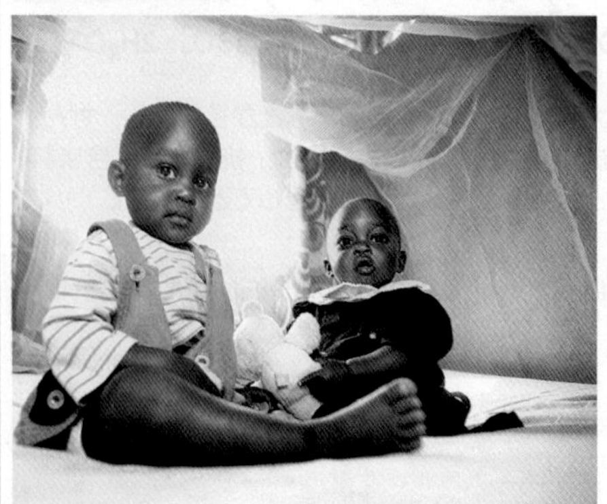
蚊帳「オリセットネット」の中の子ども 写真提供／住友化学

対策例 マラリアはマラリア原虫をもった蚊に刺されることで感染する病気である。マラリアで，2分間に1人の子どもが亡くなっている。マラリア対策として，日本の蚊帳(かや)が貢献している。

写真の蚊帳は，ピレスロイドという防虫剤を練りこんだポリエチレンの糸でつくられている。防虫剤を糸の中から表面へ徐々に染み出させる技術によって，繰り返し洗濯しても効果が持続する。

Q 目やのどの痛みをもたらす光化学スモッグの原因となる大気汚染物質には何があるか。

アクション ターゲットに「3.9 有害化学物質，ならびに大気，水質および土壌の汚染による死亡および病気の件数を大幅に減少させる」がある。大気汚染物質を削減する技術について調べよう。

関連する化学の学習

触媒 ➤P.130，硫黄酸化物 ➤P.150，窒素酸化物 ➤P.153，環境と化学 ➤P.262 ～ 267

すべての人々の水と衛生への利用可能性と持続可能な管理を確保する

世界では，20億人が安全な飲み水を入手できず，36億人が安全な衛生設備を利用できない。工場排水や糞便などで汚染された水の利用による下痢(げり)が原因となって，1日に700人の子どもたちが亡くなっている。

対策例 溶液と溶媒を半透膜で仕切り，溶液側に高い圧力を加えると，溶液中の溶媒分子だけが溶媒側に移動する。この現象を逆浸透といい，海水の淡水化に利用されている。イオンや微生物なども除去できる。

Q 水の汚れを測定するには，どのような方法があるか。

アクション ターゲットに「6.3 汚染の減少，投棄廃絶と有害な化学物質や物質の放出の最小化，未処理の排水の割合半減および再生利用と安全な再利用を世界的規模で大幅に増加させることにより，水質を改善する」がある。自分が住む町で下水処理はどのように行われているか調べよう。

関連する化学の学習

ろ過 ➤P.26，COD ➤P.87，逆浸透 ➤P.117，塩素 ➤P.145，オゾン ➤P.148

川の水をくむ子ども(ナイジェリア)

地球表面の水を集めて地球と比較すると，左のイラストのようになる。しかも，この水の多くは海水であり，利用しやすい場所にある淡水はごくわずかである。

17の各目標の下には，「**ターゲット**」といわれるより具体的な169の目標が挙げられている。

◎ **スローガン　No one will be left behind**

SDGsは多様なすべての人のための目標である。これはスローガン「**No one will be left behind**（誰1人取り残さない）」からも読み取れる。

17の目標は，「経済・環境・社会」の3つの軸で構成されている。これらは，先進国も途上国も，国も企業もNPOも，すべての人が力を合わせ，今だけでなく未来を生きる人すべてのために，より良い未来を目指した目標になっている。

SDGsと化学のつながりには，ほかにどんなものがあるか，考えてみよう。また，SDGsに関するWebページのリンク集を参考に理解を深め，このページの **アクション** も参考に，自分たちに何ができるか話し合おう。

SDGsリンク集

持続可能な生産消費形態を確保する

世界の人々のライフスタイルは，大量生産・大量消費・大量廃棄へと変わってきた。このライフスタイルは，限りある資源の枯渇をもたらすだけでなく，気候変動やごみによる環境汚染を引き起こすことにもなる。

石油は，限りある資源ではあるが，燃料としてだけでなく，プラスチックなどの原料としても使われている。

石油の採掘

ウミガメはプラスチックの袋をクラゲと間違えて食べてしまうことがある

近年，リサイクルが進められているが，そのまま埋め立てられるごみや燃料として燃やされるごみも多い。一般に，プラスチックは分解されにくく，長期間自然界に残る。

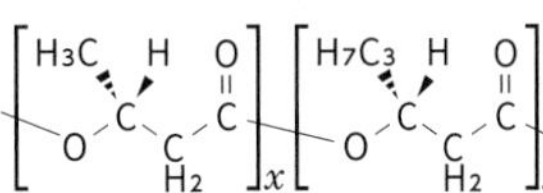

ポリヒドロキシアルカン酸(PHA)の一種

対策例 微生物の働きによって，水と二酸化炭素に分解される生分解性高分子が開発されている。ポリヒドロキシアルカン酸(PHA)は海洋でも分解される生分解性高分子で，海洋ごみの対策として期待されている。

Q 資源の節約のほかにも，リサイクルすることの利点は何があるか。

アクション ターゲットに「12.5 廃棄物の発生防止，削減，再生利用および再利用により，廃棄物の発生を大幅に削減する」がある。家や学校での廃棄物の発生量を調べよう。そして，発生量を抑制する方法を考え，目標を設定し，行動しよう。

関連する化学の学習

プラスチック ▶P.244，生分解性高分子 ▶P.245，リサイクル ▶P.265

気候変動およびその影響を軽減するための緊急対策を講じる

温室効果をもつ二酸化炭素濃度の上昇に伴い，地球が温暖化しているといわれている。地球温暖化は，猛暑や豪雨などによる災害をもたらす。また，気候変動は農作物の成長にも影響を与える。

対策例 二酸化炭素を排出する化石燃料に変わり，水素エネルギーが期待されている。現在は，工業的にはメタンと水蒸気を高温で反応させて水素を取り出しているが，二酸化炭素が副生されてしまう。太陽光エネルギーを用いて水から水素を作り出す人工光合成の研究が進められている。水を水素と酸素に分解する反応は吸熱反応であり，太陽光エネルギーを効率よく使って水を分解する光触媒が求められている。

人工光合成

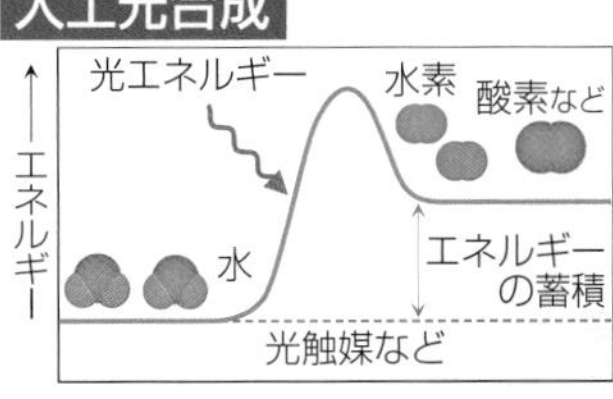

Q ポリエチレン10gを燃やした場合，二酸化炭素は何L発生するか計算してみよう。

Q 水素とメタンの1gあたりの発熱量を比較しよう。

アクション ターゲットに「13.3 気候変動の緩和，適応，影響軽減および早期警戒に関する教育，啓発，人的能力および制度機能を改善する」がある。二酸化炭素の排出を抑制する方法を考えよう。

関連する化学の学習

水素 ▶P.140，光触媒 ▶P.179，地球温暖化 ▶P.263，水素エネルギー ▶P.266

氷に乗るホッキョクグマ(ノルウェー)

Q 有機化合物の酸化数はどうやって決まるの？

➤P.200

A 分子の酸化数は，共有結合の共有電子対が，**電気陰性度**（➤P.45）によってどちらの原子に引きつけられているかで考える。電気陰性度の大きい原子の方に電子が引きつけられるため，電気陰性度の大きい原子を「−1」，小さい原子を「+1」と，共有電子対ごとに数える。同じ種類の原子どうしの場合は，両方の原子に電子が等分されると考え，「0」と数える。

C−C, C=C, C≡Cではどちらの C も酸化数は「0」である。C−Hでは，Cの方が電気陰性度が大きいため，Cが「−1」，Hが「+1」と数える。したがって，メタン CH_4 では C が「−4」，各 H が「+1」となる。エタン C_2H_6 では，各 C が「−3」，各 H が「+1」となる。

C−O では O の方が電気陰性度が大きいため，C が「+1」，O が「−1」と数え，C=O では，C が「+2」，O が「−2」となる。したがって，酢酸 CH_3COOH の各原子の酸化数は図のようになる。

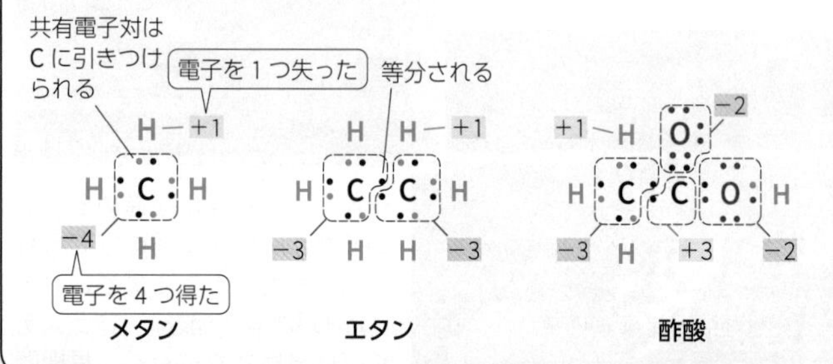

Q なぜシクロヘキサンはいす形が安定なの？

➤P.205

A シクロヘキサン C_6H_{12} は環式飽和脂肪族化合物であり，二重結合をもたず，炭素原子間の単結合を軸に原子は回転することができる。そのため，シクロヘキサンの６個の炭素原子は単結合を切らなくても，いす形と舟形を自由に入れ替えることができる。このような単結合の回転による配置の変化で生じるいろいろな分子の形を**立体配座**という。

６個の炭素原子にのみ注目すれば，いす形，舟形どちらもバランスがよいように見えるが，炭素原子に結合している２つの水素原子に注目してみよう。いす形では，各炭素原子に結合した１つの水素原子を垂直方向に配置した場合，もう１つの水素原子は環の外側に配置される。これに対して，舟形では，上部に配置した２つの炭素原子に結合した水素原子が互いに接近してしまう。ここで，水素原子どうしの反発が起こり，いす形より不安定になるのである。

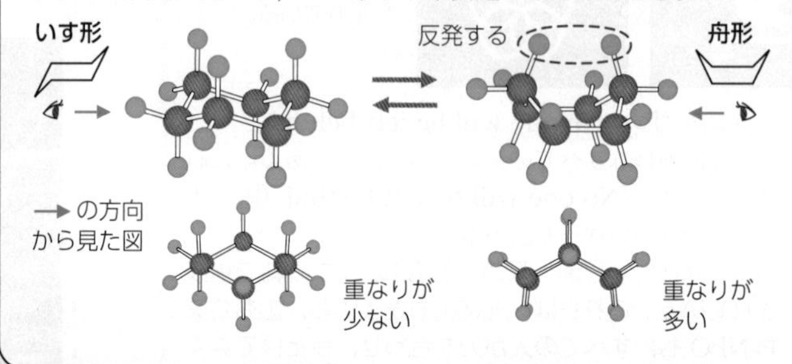

Q なぜ炭化カルシウムと水の反応で，酸化カルシウムではなく水酸化カルシウムができるの？

➤P.206

A 炭化カルシウム（カーバイド）に水を加えるとアセチレンが発生する。

この反応は次の化学反応式で表せる。

$CaC_2 + 2H_2O \longrightarrow C_2H_2 + Ca(OH)_2$ …①

炭化カルシウム　水　アセチレン　水酸化カルシウム

炭化カルシウム

$CaC_2 + H_2O \longrightarrow C_2H_2 + CaO$ …②にはならないのだろうか。

酸化カルシウム

②の化学反応式でも反応前後の原子数はそろっているが，化学反応式は実際に起こる反応を化学式で表すものである。炭化カルシウムと水の反応では，酸化カルシウム CaO ではなく，水酸化カルシウム $Ca(OH)_2$ が生成する。なぜなら，水を使って反応させているので，酸化カルシウムが生成したとしても，ただちに水と反応して，水酸化カルシウムに変化するからである。

$CaO + H_2O \longrightarrow Ca(OH)_2$

炭化カルシウムと水の反応は，**ウェーラー**（➤P.200）によって発見された。この反応は，加熱の必要がなく，容易に可燃性ガスであるアセチレンを発生させることができるため，ランプに利用されてきた。容器の上部に水を入れ，炭化カルシウムに滴下して，アセチレンを発生させる。炎の大きさは水の滴下速度で調節できる。

アセチレンランプ

Q なぜアセチレンに水を付加させると，ビニルアルコールではなく，アセトアルデヒドができるの？

➤P.207

A ビニルアルコールは，炭素間の二重結合（C=C）の隣に酸素原子が配置しているため，C=C の二重結合の電子軌道と酸素の非共有電子対の電子軌道とが一部重なっている。これが，ビニルアルコールが不安定になる原因である。

電子軌道が重なることによって，酸素の電子の一部が炭素側に流れこむ①。このように，電子が分子全体に分布することを**非局在化**（ひきょくざいか）という。これにより C=O が形成され②，−OH から H^+ が電離する③。また，電子が流れこんだ炭素原子が C=C の二重結合を解消することによって，左側の炭素原子 C に負電荷が集中する。この負電荷を帯びた炭素原子に −OH から電離した H^+ が引き寄せられ結合する④。このように，分子内の原子が別の位置に移動する（この場合は H が移動する）反応を転位反応という。この反応は活性化エネルギーが小さいために比較的容易に起こる。この転位反応によって，結果的に生成された物質がアセトアルデヒドである。

※塩基性触媒下での反応

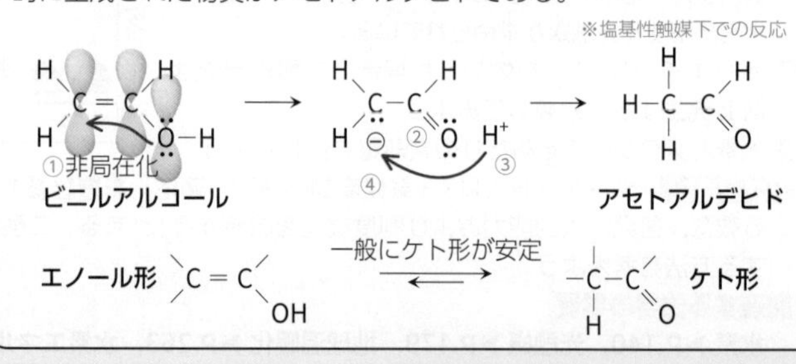

Q なぜウイルスに対してアルコールが作用するの？

▶ P.208

A 新型コロナウイルス感染症対策として，アルコール消毒が一気に普及した。

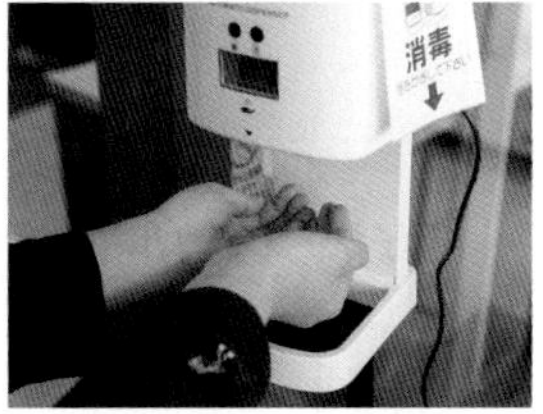

「アルコールは除菌効果があるからウイルスに効く」という判断は，少し誤りがある。「除菌効果」とは細菌に対する効果を表現したもので，ウイルスは細菌ではない。また，アルコールが効くウイルスと，アルコールが効かないウイルスが存在する。アルコールが効くウイルスは「エンベロープウイルス」とよばれるタイプのウイルスで，コロナウイルスやインフルエンザウイルスなどである。

エンベロープウイルスは脂質二重層で覆われており，アルコールはこの脂質二重層を溶解して破壊することができる。一方，「ノンエンベロープウイルス」というウイルスは，この脂質二重層が存在しないため，アルコールに耐性がある。ノロウイルスなどがノンエンベロープウイルスであり，アルコールでは消毒効果がない。

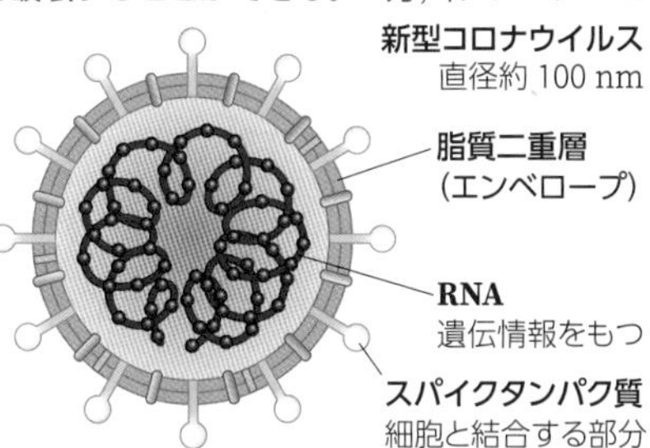

Q なぜベンゼンから直接フェノールを作らないの？

▶ P.223

A ベンゼンは，平面状に結合した結合力の強いσ（シグマ）結合と，σ結合の面に対して垂直方向にある 2p_z 軌道が重なり合ったπ（パイ）結合を形成している。ベンゼンのπ結合に使われる電子は，軌道が重なり合っているので，6 つすべての炭素原子間に広がっている（**非局在化**）。その結果，ベンゼンの構造面の上下を－（マイナス）の電気をもったπ電子雲が包み込んでいる状態になる。

よって，＋（プラス）の電気を帯びたニトロ基 $-NO_2$ やスルホ基 $-SO_3H$ は引き寄せられてベンゼンに結合し，同時に H^+ を追い出す。これが置換反応である。一方で，－の電気を帯びたヒドロキシ基 $-OH$ はベンゼンに結合しにくい。そのため，アルカリ融解法やクメン法など，ベンゼンから段階的にフェノールを合成する様々な方法が研究されてきた。

ベンゼンの構造

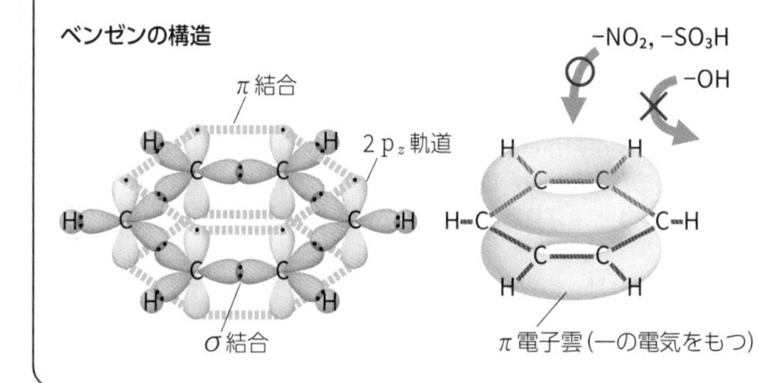

Q なぜ生体内のアミノ酸はL形なの？

▶ P.254

A この答えは，「現在のところ明らかにされていない」である。もし，L形とD形が混在していたらどのような不都合が考えられるだろうか。生体内でアミノ酸はポリペプチドを形成する。ポリペプチドの立体構造として，**α-ヘリックス**や**β-シート**があるが，これらの規則的な構造は，L形とD形が混在したポリペプチドでは立体的に形成することができない。L形のアミノ酸のみによって右巻き（D形のみだと左巻き）のα-ヘリックスができる。

では，どうしてD形のみではなく，L形のみになったのだろうか。これには，星形成時に，偏光した光を照射された結果，L形アミノ酸が多く生成され，それが隕石とともに地球にもちこまれたという説がある。仮説の真偽は，地球外の惑星からアミノ酸を採取するといった調査によって，今後明らかになっていくことだろう。また一方で，生体内でのD形アミノ酸の存在も次々と報告されている。この謎の解明にせまる楽しみな研究が今後も報告されそうである。

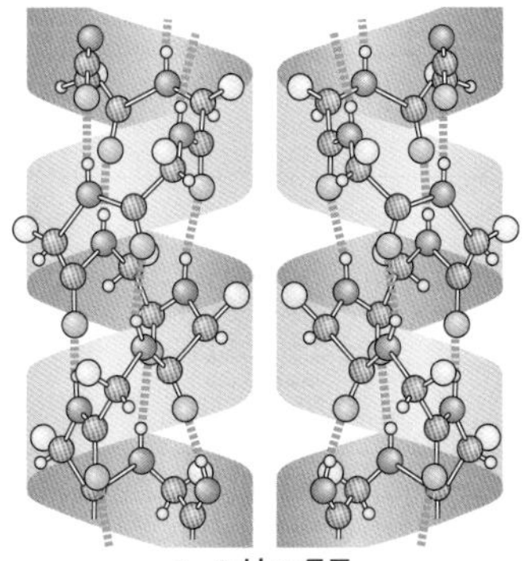

Q 細胞内にカタラーゼ（過酸化水素分解酵素）があるのはなぜ？

▶ P.257

A 生物は，呼吸によって，酸素を使って有機物を酸化し，エネルギーを得ている。このとき，酸素原子の大半は水に変わるが，一部は過酸化水素になる。過酸化水素の生成は，日常生活において常に起こるが，特に紫外線，タバコ，ストレスなどの影響で生成量が増えることが知られている。

過酸化水素は**活性酸素***の一種で，生体の脂質・タンパク質・DNAなどを酸化してがんや動脈硬化などを引き起こす原因となる有害な物質である。そのため，細胞内には**カタラーゼ**が存在して，過酸化水素を無害な酸素と水に分解する役割を果たしている。

$$2H_2O_2 \longrightarrow O_2 + 2H_2O$$

過酸化水素　酸素　水

カタラーゼ

近年では，カタラーゼのように，活性酸素を抑えるためにビタミンCなどの還元性をもった抗酸化物質を含んだ食品や化粧品が注目を集めている。

一方で，過酸化水素は体に害をもたらすだけではなく，細胞間のシグナル伝達物質としての働きも報告されている。シグナル伝達を終えた過酸化水素を分解するときにも，カタラーゼは必要となる。

*反応性が極めて高い酸素。H_2O_2，・OH，O_2^-など。

付録 データ・資料

1 電子軌道

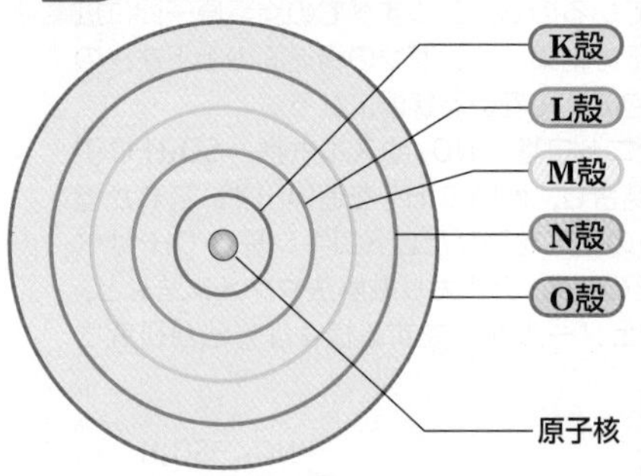

電子はいくつかの層に分かれて存在している。この層を**電子殻**(K殻，L殻，M殻…)といい，一般に原子核に近い電子殻から順に電子が入る。各電子殻の電子の存在位置は，**電子軌道**(s軌道，p軌道，d軌道…)とよばれる関数によって示される。

n	電子殻	電子軌道	電子の最大数	
1	K	1s	2	2
2	L	2s 2p	2 6	8
3	M	3s 3p 3d	2 6 10	18
4	N	4s 4p 4d 4f	2 6 10 14	32
5	O	5s 5p 5d 5f 5g	2 6 10 14 18	50

電子軌道のエネルギー準位

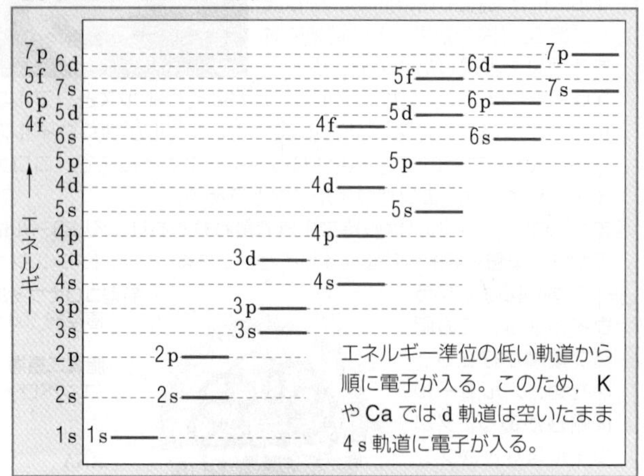

エネルギー準位の低い軌道から順に電子が入る。このため，KやCaではd軌道は空いたまま4s軌道に電子が入る。

電子軌道の形状

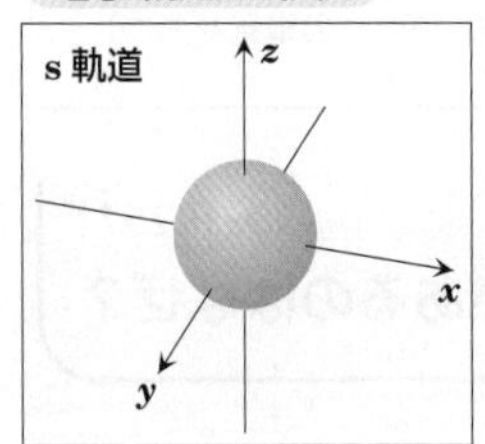

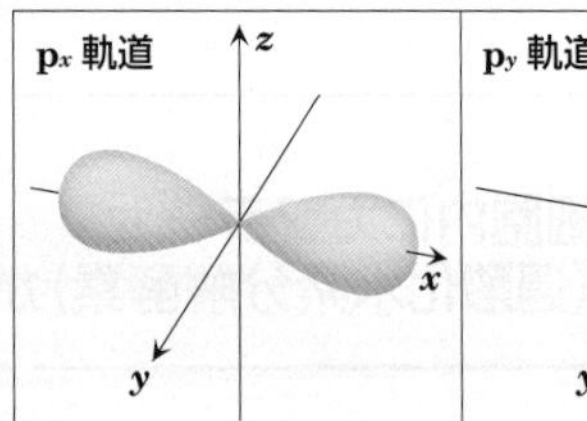

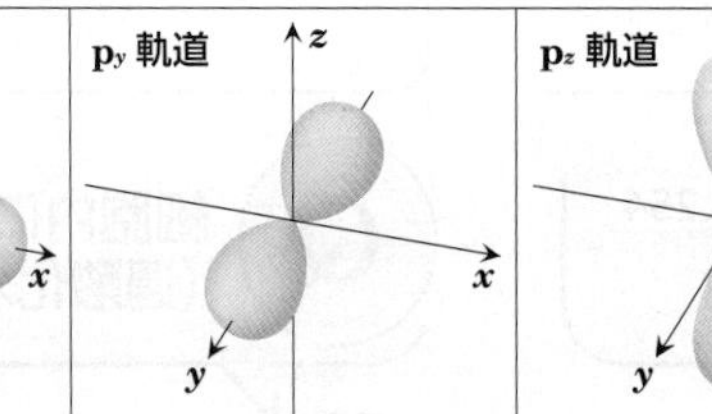

p_z 軌道

電子軌道は電子がある点に存在する確率を示している。電子の存在確率の大きな領域を面で表すと，図のように各軌道は固有の形をもつ。s軌道は原子核を中心とした球状で，p軌道はx，y，zの直交座標を軸にもつ亜鈴形をしている。d軌道はさらに複雑な形をしている。

d_{xy} 軌道　d_{yz} 軌道　d_{xz} 軌道　$d_{x^2-y^2}$ 軌道　d_{z^2} 軌道

電子雲モデル

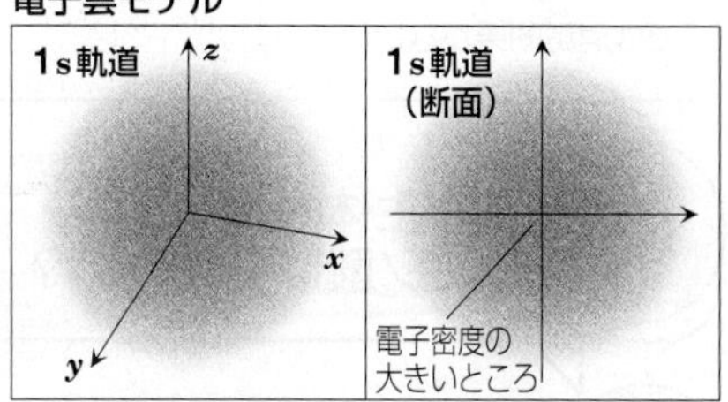

電子の存在する確率の大きいところを点で示したもの。

分子の形成とエネルギーの変化

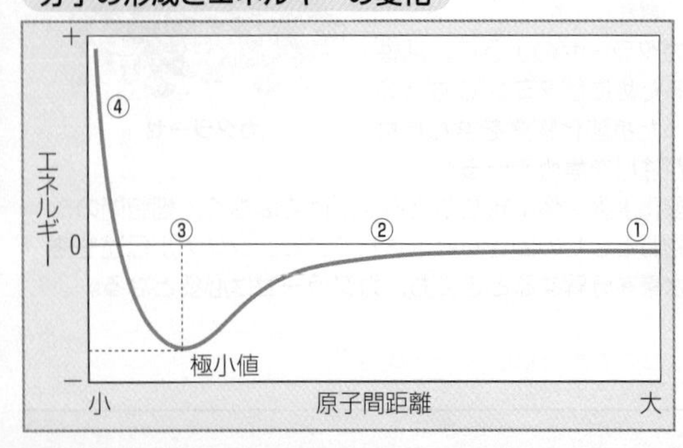

① 原子核 水素原子　② 引力　③ 水素分子安定　④ 反発力

①原子どうしが遠く離れているとき，原子間に相互作用は働かない。
②原子間距離が小さくなるにしたがい，引力が働く。
③原子間距離がある値になると，原子間で電子雲が連なり共有結合をつくる。このときエネルギーは極小値をとる。
④さらに近づけると，原子間に反発力が働き不安定になる。

2 原子の電子配置

周期	原子番号	元素記号	K s	L s	L p	M s	M p	M d	N s	N p	N d	N f	O s	O p	分類
1	1	H	1												典型元素
	2	He	2												
2	3	Li	2	1											
	4	Be	2	2											
	5	B	2	2	1										
	6	C	2	2	2										
	7	N	2	2	3										
	8	O	2	2	4										
	9	F	2	2	5										
	10	Ne	2	2	6										
3	11	Na	2	2	6	1									
	12	Mg	2	2	6	2									
	13	Al	2	2	6	2	1								
	14	Si	2	2	6	2	2								
	15	P	2	2	6	2	3								
	16	S	2	2	6	2	4								
	17	Cl	2	2	6	2	5								
	18	Ar	2	2	6	2	6								
4	19	K	2	2	6	2	6		1						
	20	Ca	2	2	6	2	6		2						
	21	Sc	2	2	6	2	6	1	2						遷移元素
	22	Ti	2	2	6	2	6	2	2						
	23	V	2	2	6	2	6	3	2						
	24	Cr	2	2	6	2	6	5	1						
	25	Mn	2	2	6	2	6	5	2						
	26	Fe	2	2	6	2	6	6	2						
	27	Co	2	2	6	2	6	7	2						
	28	Ni	2	2	6	2	6	8	2						
	29	Cu	2	2	6	2	6	10	1						
	30	Zn	2	2	6	2	6	10	2						
	31	Ga	2	2	6	2	6	10	2	1					典型元素
	32	Ge	2	2	6	2	6	10	2	2					
	33	As	2	2	6	2	6	10	2	3					
	34	Se	2	2	6	2	6	10	2	4					
	35	Br	2	2	6	2	6	10	2	5					
	36	Kr	2	2	6	2	6	10	2	6					
5	37	Rb	2	2	6	2	6	10	2	6			1		
	38	Sr	2	2	6	2	6	10	2	6			2		
	39	Y	2	2	6	2	6	10	2	6	1		2		遷移元素
	40	Zr	2	2	6	2	6	10	2	6	2		2		
	41	Nb	2	2	6	2	6	10	2	6	4		1		
	42	Mo	2	2	6	2	6	10	2	6	5		1		
	43	Tc	2	2	6	2	6	10	2	6	5		2		
	44	Ru	2	2	6	2	6	10	2	6	7		1		
	45	Rh	2	2	6	2	6	10	2	6	8		1		
	46	Pd	2	2	6	2	6	10	2	6	10				
	47	Ag	2	2	6	2	6	10	2	6	10		1		
	48	Cd	2	2	6	2	6	10	2	6	10		2		
	49	In	2	2	6	2	6	10	2	6	10		2	1	典型元素
	50	Sn	2	2	6	2	6	10	2	6	10		2	2	
	51	Sb	2	2	6	2	6	10	2	6	10		2	3	
	52	Te	2	2	6	2	6	10	2	6	10		2	4	
	53	I	2	2	6	2	6	10	2	6	10		2	5	
	54	Xe	2	2	6	2	6	10	2	6	10		2	6	

周期	原子番号	元素記号	K s	L s	L p	M s	M p	M d	N s	N p	N d	N f	O s	O p	O d	O f	P s	P p	P d	Q s	Q p	分類
6	55	Cs	2	2	6	2	6	10	2	6	10		2	6			1					典型元素
	56	Ba	2	2	6	2	6	10	2	6	10		2	6			2					
	57	La	2	2	6	2	6	10	2	6	10		2	6	1		2					遷移元素 ランタノイド
	58	Ce	2	2	6	2	6	10	2	6	10	1	2	6	1		2					
	59	Pr	2	2	6	2	6	10	2	6	10	3	2	6			2					
	60	Nd	2	2	6	2	6	10	2	6	10	4	2	6			2					
	61	Pm	2	2	6	2	6	10	2	6	10	5	2	6			2					
	62	Sm	2	2	6	2	6	10	2	6	10	6	2	6			2					
	63	Eu	2	2	6	2	6	10	2	6	10	7	2	6			2					
	64	Gd	2	2	6	2	6	10	2	6	10	7	2	6	1		2					
	65	Tb	2	2	6	2	6	10	2	6	10	9	2	6			2					
	66	Dy	2	2	6	2	6	10	2	6	10	10	2	6			2					
	67	Ho	2	2	6	2	6	10	2	6	10	11	2	6			2					
	68	Er	2	2	6	2	6	10	2	6	10	12	2	6			2					
	69	Tm	2	2	6	2	6	10	2	6	10	13	2	6			2					
	70	Yb	2	2	6	2	6	10	2	6	10	14	2	6			2					
	71	Lu	2	2	6	2	6	10	2	6	10	14	2	6	1		2					
	72	Hf	2	2	6	2	6	10	2	6	10	14	2	6	2		2					
	73	Ta	2	2	6	2	6	10	2	6	10	14	2	6	3		2					
	74	W	2	2	6	2	6	10	2	6	10	14	2	6	4		2					
	75	Re	2	2	6	2	6	10	2	6	10	14	2	6	5		2					
	76	Os	2	2	6	2	6	10	2	6	10	14	2	6	6		2					
	77	Ir	2	2	6	2	6	10	2	6	10	14	2	6	7		2					
	78	Pt	2	2	6	2	6	10	2	6	10	14	2	6	9		1					
	79	Au	2	2	6	2	6	10	2	6	10	14	2	6	10		1					
	80	Hg	2	2	6	2	6	10	2	6	10	14	2	6	10		2					
	81	Tl	2	2	6	2	6	10	2	6	10	14	2	6	10		2	1				典型元素
	82	Pb	2	2	6	2	6	10	2	6	10	14	2	6	10		2	2				
	83	Bi	2	2	6	2	6	10	2	6	10	14	2	6	10		2	3				
	84	Po	2	2	6	2	6	10	2	6	10	14	2	6	10		2	4				
	85	At	2	2	6	2	6	10	2	6	10	14	2	6	10		2	5				
	86	Rn	2	2	6	2	6	10	2	6	10	14	2	6	10		2	6				
7	87	Fr	2	2	6	2	6	10	2	6	10	14	2	6	10		2	6		1		
	88	Ra	2	2	6	2	6	10	2	6	10	14	2	6	10		2	6		2		
	89	Ac	2	2	6	2	6	10	2	6	10	14	2	6	10		2	6	1	2		遷移元素 アクチノイド
	90	Th	2	2	6	2	6	10	2	6	10	14	2	6	10		2	6	2	2		
	91	Pa	2	2	6	2	6	10	2	6	10	14	2	6	10	2	2	6	1	2		
	92	U	2	2	6	2	6	10	2	6	10	14	2	6	10	3	2	6	1	2		
	93	Np	2	2	6	2	6	10	2	6	10	14	2	6	10	4	2	6	1	2		
	94	Pu	2	2	6	2	6	10	2	6	10	14	2	6	10	6	2	6		2		
	95	Am	2	2	6	2	6	10	2	6	10	14	2	6	10	7	2	6		2		
	96	Cm	2	2	6	2	6	10	2	6	10	14	2	6	10	7	2	6	1	2		
	97	Bk	2	2	6	2	6	10	2	6	10	14	2	6	10	9	2	6		2		
	98	Cf	2	2	6	2	6	10	2	6	10	14	2	6	10	10	2	6		2		
	99	Es	2	2	6	2	6	10	2	6	10	14	2	6	10	11	2	6		2		
	100	Fm	2	2	6	2	6	10	2	6	10	14	2	6	10	12	2	6		2		
	101	Md	2	2	6	2	6	10	2	6	10	14	2	6	10	13	2	6		2		
	102	No	2	2	6	2	6	10	2	6	10	14	2	6	10	14	2	6		2		
	103	Lr	2	2	6	2	6	10	2	6	10	14	2	6	10	14	2	6		2	1	

（「化学便覧改訂 6 版」による）

典型元素では，原子番号が増えるにしたがって価電子(最外殻電子)の数も増えていく。遷移元素では，最外殻より内側の電子殻に電子が入るので，原子番号が増えても価電子の数はほとんど変わらない。

3 イオン化エネルギー・電子親和力・電気陰性度

原子番号	元素記号	第一イオン化エネルギー(kJ/mol)	第二イオン化エネルギー(kJ/mol)	第三イオン化エネルギー(kJ/mol)	電子親和力(kJ/mol)	電気陰性度
1	H	1312	—	—	73	2.20
2	He	2372	5251	—	−48*	—
3	Li	520	7298	11815	60	0.98
4	Be	899	1757	14849	−48*	1.57
5	B	801	2427	3660	27	2.04
6	C	1086	2353	4620	122	2.55
7	N	1402	2856	4578	−7	3.04
8	O	1314	3389	5301	141	3.44
9	F	1681	3374	6050	328	3.98
10	Ne	2081	3952	6119	−116*	—
11	Na	496	4562	6910	53	0.93
12	Mg	738	1451	7733	−39*	1.31
13	Al	578	1817	2745	42	1.61
14	Si	787	1577	3232	134	1.90
15	P	1012	1907	2914	72	2.19
16	S	1000	2252	3363	200	2.58
17	Cl	1251	2298	3840	349	3.16
18	Ar	1521	2666	3930	−96*	—
19	K	419	3051	4419	48	0.82
20	Ca	590	1145	4912	2	1.00
21	Sc	633	1235	2389	18	1.36
22	Ti	659	1310	2653	8	1.54
23	V	651	1412	2828	51	1.63
24	Cr	653	1591	2987	65	1.66
25	Mn	717	1509	3248	−48*	1.55
26	Fe	762	1563	2957	15	1.83
27	Co	760	1648	3232	64	1.88
28	Ni	737	1753	3395	112	1.91
29	Cu	745	1958	3555	119	1.90
30	Zn	906	1733	3833	−58*	1.65
31	Ga	579	1979	2965	41	1.81
32	Ge	762	1537	3286	119	2.01
33	As	944	1794	2735	78	2.18
34	Se	941	2045	3058	195	2.55
35	Br	1140	2083	3365	325	2.96
36	Kr	1351	2350	3458	−96*	3.00
37	Rb	403	2633	3787	47	0.82
38	Sr	549	1064	4138	5	0.95
39	Y	600	1179	1980	30	1.22
40	Zr	640	1267	2236	42	1.33
41	Nb	652	1382	2416	89	1.60
42	Mo	684	1559	2618	72	2.16
43	Tc	687	1472	2851	53	1.90
44	Ru	710	1617	2747	101	2.20
45	Rh	720	1744	2997	110	2.28
46	Pd	804	1875	3177	54	2.20
47	Ag	731	2073	3358	126	1.93
48	Cd	868	1631	3615	−68*	1.69
49	In	558	1821	2706	29	1.78
50	Sn	709	1412	2943	107	1.96
51	Sb	831	1604	2443	101	2.05
52	Te	869	1795	2686	190	2.10
53	I	1008	1846	2853	295	2.66
54	Xe	1170	2024	2996	−77*	2.60

原子番号	元素記号	第一イオン化エネルギー(kJ/mol)	第二イオン化エネルギー(kJ/mol)	第三イオン化エネルギー(kJ/mol)	電子親和力(kJ/mol)	電気陰性度
55	Cs	376	2234	3203	46	0.79
56	Ba	503	965	3458	14	0.89
57	La	538	1079	1850	45	1.10
58	Ce	534	1057	1949	63	—
59	Pr	528	1026	2086	93	—
60	Nd	533	1040	2131	>185	—
61	Pm	539	1055	2165	12	—
62	Sm	545	1069	2272	16	—
63	Eu	547	1084	2397	83	—
64	Gd	593	1165	1982	13	—
65	Tb	566	1111	2105	>122	—
66	Dy	573	1124	2209	>34	—
67	Ho	581	1137	2199	33	—
68	Er	589	1150	2190	30	—
69	Tm	597	1164	2283	99	—
70	Yb	603	1175	2417	−2*	—
71	Lu	524	1363	2022	33	—
72	Hf	659	1410	2176	17	1.30
73	Ta	728	1563	2229	31	1.50
74	W	759	1579	2509	79	2.36
75	Re	756	1602	2605	6	1.90
76	Os	814	1640	2412	106	2.20
77	Ir	865	1640	2702	151	2.20
78	Pt	864	1791	2798	205	2.28
79	Au	890	1949	2895	223	2.54
80	Hg	1007	1810	3325	−48*	2.00
81	Tl	589	1971	2880	36	2.04
82	Pb	716	1450	3081	34	2.33
83	Bi	703	1612	2466	91	2.02
84	Po	812	1862	2634	135*	2.00
85	At	899	1725	2565	233*	2.20
86	Rn	1037	2065	2837	−68*	—
87	Fr	393	2161	3232	47*	0.70
88	Ra	509	979	2991	10*	0.90
89	Ac	519	1134	1682	34*	1.10
90	Th	609	1167	1768	113*	—
91	Pa	568	1148	1795	53*	—
92	U	598	1119	1910	51*	—
93	Np	605	1110	1901	46*	—
94	Pu	581	1110	2036	−48*	—
95	Am	576	1129	2094	10*	—
96	Cm	578	1196	1939	27*	—
97	Bk	598	1148	2084	−166*	—
98	Cf	606	1158	2161	−97*	—
99	Es	614	1177	2190	−29*	—
100	Fm	627	1196	2238	34*	—
101	Md	635	1196	2345	95*	—
102	No	639	1248	2489	−225*	—
103	Lr	479	1403	2103	−30*	—

（「化学便覧改訂 6 版」による）

- **電子親和力**　*は計算による推定値
- **電気陰性度**　ポーリングの値

4 元素の存在度と単体の性質

原子番号	元素記号	地殻における存在度(μg/g)	単　体	融点(℃)	沸点(℃)	密度(g/cm³)
1	H		H_2	−259.14	−252.87	0.08988^{0}
2	He		He	−272.2^{26}	−268.934	0.1785^{0}
3	Li	18	(Li)	180.54	1347	0.534^{20}
4	Be	2.4	(Be)	1282	2970^{加圧}	1.8477^{20}
5	B	11	(B)	2300	3658	2.34^{20}
6	C	1.99×10^{3}	ダイヤモンド	3550	4800$^{(昇)}$	3.513^{20}
			黒鉛	3530		2.26^{20}
7	N	60	N_2	−209.86	−195.8	1.2506
8	O	4.72×10^{5}	酸素 O_2	−218.4	−182.96	1.429^{0}
			オゾン O_3	−193	−111.3	2.141^{0}
9	F	525	F_2	−219.62	−188.14	1.696^{0}
10	Ne		Ne	−248.67	−246.05	0.8999^{0}
11	Na	2.36×10^{4}	(Na)	97.81	883	0.971^{20}
12	Mg	2.20×10^{4}	(Mg)	648.8	1090	1.738^{20}
13	Al	7.96×10^{4}	(Al)	660.32	2467	2.6989^{20}
14	Si	2.88×10^{5}	(Si)	1410	2355	2.3296
15	P	757	黄リン	44.2	280	1.82^{20}
			赤リン	589.5$^{43.1}$		2.2^{20}
16	S	697	斜方硫黄	112.8	444.674	2.07^{20}
			単斜硫黄	119.0	444.674	1.957^{20}
17	Cl	472	Cl_2	−101.0	−33.97	3.214^{0}
18	Ar		Ar	−189.3	−185.8	1.784^{0}
19	K	2.14×10^{4}	(K)	63.65	774	0.862^{20}
20	Ca	3.85×10^{4}	(Ca)	839	1484	1.55^{20}
21	Sc	16	(Sc)	1541	2831	2.989^{20}
22	Ti	4.01×10^{3}	(Ti)	1660	3287	4.54^{20}
23	V	98	(V)	1887	3377	6.11^{19}
24	Cr	126	(Cr)	1860	2671	7.19^{20}
25	Mn	716	(Mn)	1244	1962	7.44^{20}
26	Fe	4.32×10^{4}	(Fe)	1535	2750	7.874^{20}
27	Co	24	(Co)	1495	2870	8.90^{20}
28	Ni	56	(Ni)	1453	2732	8.902
29	Cu	25	(Cu)	1083.4	2567	8.96^{20}
30	Zn	65	(Zn)	419.53	907	7.134
31	Ga	15	(Ga)	27.78	2403	5.907^{20}
32	Ge	1.4	(Ge)	937.4	2830	5.323^{20}
33	As	1.7	灰色ヒ素	817^{28}	616$^{(昇)}$	5.78^{20}
34	Se	0.12	金属セレン	217	684.9	4.79^{20}
35	Br	1.0	Br_2	−7.2	58.78	3.1226^{20}
36	Kr		Kr	−156.66	−152.3	3.7493^{0}
37	Rb	78	(Rb)	39.31	688	1.532^{20}
38	Sr	333	(Sr)	769	1384	2.54^{20}
39	Y	24	(Y)	1522	3338	4.47^{20}
40	Zr	203	(Zr)	1852	4377	6.506^{20}
41	Nb	19	(Nb)	2468	4742	8.57^{20}
42	Mo	1.1	(Mo)	2617	4612	10.22^{20}
43	Tc		(Tc)	2172	4877	11.5^{20}
44	Ru	1×10^{-4}	(Ru)	2310	3900	12.37^{20}
45	Rh	6×10^{-5}	(Rh)	1966	3695	12.41^{20}
46	Pd	4×10^{-4}	(Pd)	1552	3140	12.02^{20}

原子番号	元素記号	地殻における存在度(μg/g)	単　体	融点(℃)	沸点(℃)	密度(g/cm³)
47	Ag	0.07	(Ag)	951.93	2212	10.500^{20}
48	Cd	0.1	(Cd)	321.0	765	8.65^{20}
49	In	0.05	(In)	156.6	2080	7.31
50	Sn	2.3	白色スズ	231.97	2270	7.31^{20}
51	Sb	0.3	(Sb)	630.63	1635	6.691^{20}
52	Te	5×10^{-3}	(Te)	449.5	990	6.24^{20}
53	I	0.8	I_2	113.5	184.3	4.93^{20}
54	Xe		Xe	−111.9	−107.1	5.8971^{0}
55	Cs	3.4	(Cs)	28.4	678	1.873^{20}
56	Ba	584	(Ba)	729	1637	3.594^{20}
57	La	30	(La)	921	3457	6.145
58	Ce	60	(Ce)	799	3426	6.749
59	Pr	6.7	(Pr)	931	3512	6.773^{20}
60	Nd	27	(Nd)	1021	3068	7.007^{20}
61	Pm		(Pm)	1168	2700	7.22
62	Sm	5.3	(Sm)	1077	1791	7.52^{20}
63	Eu	1.3	(Eu)	822	1597	5.243^{20}
64	Gd	4.0	(Gd)	1313	3266	7.90
65	Tb	0.65	(Tb)	1356	3123	8.229^{20}
66	Dy	3.8	(Dy)	1412	2562	8.55^{20}
67	Ho	0.8	(Ho)	1474	2695	8.795
68	Er	2.1	(Er)	1529	2863	9.066
69	Tm	0.3	(Tm)	1545	1950	9.321^{20}
70	Yb	2.0	(Yb)	824	1193	6.965^{20}
71	Lu	0.35	(Lu)	1663	3395	9.84
72	Hf	4.9	(Hf)	2230	5197	13.31^{20}
73	Ta	1.1	(Ta)	2996	5425	16.654^{20}
74	W	1.0	(W)	3410	5657	19.3^{20}
75	Re	4×10^{-4}	(Re)	3180	5596	21.02^{20}
76	Os	5×10^{-5}	(Os)	3054	5027	22.59^{20}
77	Ir	5×10^{-5}	(Ir)	2410	4130	22.56^{13}
78	Pt	4×10^{-4}	(Pt)	1772	3830	21.45^{20}
79	Au	2.5×10^{-3}	(Au)	1064.43	2807	19.32^{20}
80	Hg	0.04	(Hg)	−38.87	356.58	13.546^{20}
81	Tl	0.52	(Tl)	304	1457	11.85^{20}
82	Pb	14.8	(Pb)	327.5	1740	11.35^{20}
83	Bi	0.085	(Bi)	271.3	1610	9.747^{20}
84	Po		(Po)	254	962	9.32^{20}
85	At		(At)	302		
86	Rn		Rn	−71	−61.8	9.73^{0}
87	Fr		(Fr)			
88	Ra		(Ra)	700	1140	5
89	Ac		(Ac)	1050	3200	10.06
90	Th	8.5	(Th)	1750	4790	11.72^{20}
91	Pa		(Pa)	1840		15.37
92	U	1.7	(U)	1132.3	3745	18.950^{20}

(「化学便覧改訂 6 版」による)

- **地殻における存在度**　地殻 1 g 中に含まれる元素の質量(μg)を示す。
- **単体**　同素体名または単体の分子式を示す。(　)は組成式。
- **融点・沸点**　右肩に圧力(atm)を示したもの以外は 1 atm(101325 Pa)における値。(昇)は昇華点。
- **密度**　右肩に測定温度を示す。示していないものは25℃における値。□の単位はg/L。

付録 データ・資料

5 天然に存在する同位体

原子量はIUPAC(国際純正・応用化学連合)の原子量および
同位体存在度委員会(2021年)の値をもとに，日本化学会原子量専門委員会が作成した値。　＊は放射性同位体

原子番号	同位体	存在比(%)	原子質量	原子量
1	^{1}H	99.9885	1.0078	1.00784
	^{2}H(D)	0.0115	2.0141	～1.00811
2	^{3}He	0.000134	3.0160	4.002602
	^{4}He	99.999866	4.0026	
3	^{6}Li	7.59	6.0151	6.938
	^{7}Li	92.41	7.0160	～6.997
4	^{9}Be	100	9.0122	9.0121831
5	^{10}B	19.9	10.013	10.806
	^{11}B	80.1	11.009	～10.821
6	^{12}C	98.93	12.000	12.0096
	^{13}C	1.07	13.003	～12.0116
7	^{14}N	99.636	14.003	14.00643
	^{15}N	0.364	15.000	～14.00728
8	^{16}O	99.757	15.995	15.99903
	^{17}O	0.038	16.999	～15.99977
	^{18}O	0.205	17.999	
9	^{19}F	100	18.998	18.998403162
10	^{20}Ne	90.48	19.992	20.1797
	^{21}Ne	0.27	20.994	
	^{22}Ne	9.25	21.991	
11	^{23}Na	100	22.990	22.98976928
12	^{24}Mg	78.99	23.985	24.304
	^{25}Mg	10.00	24.986	～24.307
	^{26}Mg	11.01	25.983	
13	^{27}Al	100	26.982	26.9815384
14	^{28}Si	92.223	27.977	28.084
	^{29}Si	4.685	28.976	～28.086
	^{30}Si	3.092	29.974	
15	^{31}P	100	30.974	30.973761998
16	^{32}S	94.99	31.972	32.059
	^{33}S	0.75	32.971	～32.076
	^{34}S	4.25	33.968	
	^{36}S	0.01	35.967	
17	^{35}Cl	75.76	34.969	35.446
	^{37}Cl	24.24	36.966	～35.457
18	^{36}Ar	0.3365	35.968	39.792
	^{38}Ar	0.0632	37.963	～39.963
	^{40}Ar	99.6003	39.962	
19	^{39}K	93.2581	38.964	39.0983
	^{40}K＊	0.0117	39.964	
	^{41}K	6.7302	40.962	
20	^{40}Ca	96.941	39.963	40.078
	^{42}Ca	0.647	41.959	
	^{43}Ca	0.135	42.959	
	^{44}Ca	2.086	43.955	
	^{46}Ca	0.004	45.954	
	^{48}Ca＊	0.187	47.953	
21	^{45}Sc	100	44.956	44.955907
22	^{46}Ti	8.25	45.953	47.867
	^{47}Ti	7.44	46.952	
	^{48}Ti	73.72	47.948	
	^{49}Ti	5.41	48.948	
	^{50}Ti	5.18	49.945	
23	^{50}V＊	0.250	49.947	50.9415
	^{51}V	99.750	50.944	
24	^{50}Cr	4.345	49.946	51.9961
	^{52}Cr	83.789	51.941	
	^{53}Cr	9.501	52.941	
	^{54}Cr	2.365	53.939	
25	^{55}Mn	100	54.938	54.938043
26	^{54}Fe	5.845	53.940	55.845
	^{56}Fe	91.754	55.935	
	^{57}Fe	2.119	56.935	
	^{58}Fe	0.282	57.933	
27	^{59}Co	100	58.933	58.933194
28	^{58}Ni	68.0769	57.935	58.6934
	^{60}Ni	26.2231	59.931	
	^{61}Ni	1.1399	60.931	
	^{62}Ni	3.6345	61.928	
	^{64}Ni	0.9256	63.928	
29	^{63}Cu	69.15	62.930	63.546
	^{65}Cu	30.85	64.928	
30	^{64}Zn	48.268	63.929	65.38
	^{66}Zn	27.975	65.926	
	^{67}Zn	4.102	66.927	
	^{68}Zn	19.024	67.925	
	^{70}Zn	0.631	69.925	
31	^{69}Ga	60.108	68.926	69.723
	^{71}Ga	39.892	70.925	
32	^{70}Ge	20.38	69.924	72.630
	^{72}Ge	27.31	71.922	
	^{73}Ge	7.76	72.923	
	^{74}Ge	36.72	73.921	
	^{76}Ge	7.83	75.921	
33	^{75}As	100	74.922	74.921595
34	^{74}Se	0.89	73.922	78.971
	^{76}Se	9.37	75.919	
	^{77}Se	7.63	76.920	
	^{78}Se	23.77	77.917	
	^{80}Se	49.61	79.917	
	^{82}Se＊	8.73	81.917	
35	^{79}Br	50.69	78.918	79.901
	^{81}Br	49.31	80.916	～79.907
36	^{78}Kr	0.355	77.920	83.798
	^{80}Kr	2.286	79.916	
	^{82}Kr	11.593	81.913	
	^{83}Kr	11.500	82.914	
	^{84}Kr	56.987	83.912	
	^{86}Kr	17.279	85.911	
37	^{85}Rb	72.17	84.912	85.4678
	^{87}Rb＊	27.83	86.909	
38	^{84}Sr	0.56	83.913	87.62
	^{86}Sr	9.86	85.909	
	^{87}Sr	7.00	86.909	
	^{88}Sr	82.58	87.906	
39	^{89}Y	100	88.906	88.905838
40	^{90}Zr	51.45	89.905	91.224
	^{91}Zr	11.22	90.906	
	^{92}Zr	17.15	91.905	
	^{94}Zr	17.38	93.906	
	^{96}Zr＊	2.80	95.908	
41	^{93}Nb	100	92.906	92.90637
42	^{92}Mo	14.77	91.907	95.95
	^{94}Mo	9.23	93.905	
	^{95}Mo	15.90	94.906	
	^{96}Mo	16.68	95.905	
	^{97}Mo	9.56	96.906	
	^{98}Mo	24.19	97.905	
	^{100}Mo	9.67	99.907	
47	^{107}Ag	51.839	106.91	107.8682
	^{109}Ag	48.161	108.90	
48	^{106}Cd	1.25	105.91	112.414
	^{108}Cd	0.89	107.90	
	^{110}Cd	12.49	109.90	
	^{111}Cd	12.80	110.90	
	^{112}Cd	24.13	111.90	
	^{113}Cd＊	12.22	112.90	
	^{114}Cd	28.73	113.90	
	^{116}Cd	7.49	115.90	
50	^{112}Sn	0.97	111.90	118.710
	^{114}Sn	0.66	113.90	
	^{115}Sn	0.34	114.90	
	^{116}Sn	14.54	115.90	
	^{117}Sn	7.68	116.90	
	^{118}Sn	24.22	117.90	
	^{119}Sn	8.59	118.90	
	^{120}Sn	32.58	119.90	
	^{122}Sn	4.63	121.90	
	^{124}Sn	5.79	123.91	
52	^{120}Te	0.09	119.90	127.60
	^{122}Te	2.55	121.90	
	^{123}Te＊	0.89	122.90	
	^{124}Te	4.74	123.90	
	^{125}Te	7.07	124.90	
	^{126}Te	18.84	125.90	
	^{128}Te＊	31.74	127.91	
	^{130}Te＊	34.08	129.90	
53	^{127}I	100	126.90	126.90447
54	^{124}Xe	0.0952	123.91	131.293
	^{126}Xe	0.0890	125.90	
	^{128}Xe	1.9102	127.90	
	^{129}Xe	26.4006	128.90	
	^{130}Xe	4.0710	129.90	
	^{131}Xe	21.2324	130.91	
	^{132}Xe	26.9086	131.90	
	^{134}Xe	10.4357	133.91	
	^{136}Xe	8.8573	135.91	
55	^{133}Cs	100	132.91	132.90545196
56	^{130}Ba	0.106	129.91	137.327
	^{132}Ba	0.101	131.91	
	^{134}Ba	2.417	133.90	
	^{135}Ba	6.592	134.91	
	^{136}Ba	7.854	135.90	
	^{137}Ba	11.232	136.91	
	^{138}Ba	71.698	137.91	
78	^{190}Pt＊	0.014	189.96	195.084
	^{192}Pt	0.782	191.96	
	^{194}Pt	32.967	193.96	
	^{195}Pt	33.832	194.96	
	^{196}Pt	25.242	195.96	
	^{198}Pt	7.163	197.97	
79	^{197}Au	100	196.97	196.966570
80	^{196}Hg	0.15	195.97	200.592
	^{198}Hg	9.97	197.97	
	^{199}Hg	16.87	198.97	
	^{200}Hg	23.10	199.97	
	^{201}Hg	13.18	200.97	
	^{202}Hg	29.86	201.97	
	^{204}Hg	6.87	203.97	
82	^{204}Pb	1.4	203.97	206.14
	^{206}Pb	24.1	205.97	～207.94
	^{207}Pb	22.1	206.98	
	^{208}Pb	52.4	207.98	

(「化学便覧改訂５版」による)

6 水の密度

表の縦の欄は十の位，横の欄は一の位を示す。単位はg/cm³。

温度(℃)	0	1	2	3	4	5	6	7	8	9
0	0.999843	0.999902	0.999943	0.999967	0.999975	0.999967	0.999943	0.999904	0.999851	0.999784
10	0.999703	0.999608	0.999500	0.999380	0.999247	0.999103	0.998946	0.998778	0.998598	0.998408
20	0.998207	0.997995	0.997773	0.997541	0.997299	0.997047	0.996786	0.996515	0.996235	0.995946
30	0.995649	0.995342	0.995027	0.994704	0.994372	0.994033	0.993685	0.993329	0.992965	0.992594
40	0.992215	0.991830	0.991437	0.991036	0.990628	0.990213	0.989791	0.989362	0.988926	0.988484
50	0.988035	0.987579	0.987117	0.986649	0.986174	0.985693	0.985206	0.984712	0.984213	0.983707
60	0.983196	0.982678	0.982155	0.981626	0.981091	0.980551	0.980005	0.979453	0.978896	0.978333
70	0.977765	0.977191	0.976612	0.976028	0.975438	0.974843	0.974243	0.973637	0.973027	0.972411
80	0.971790	0.971165	0.970534	0.969898	0.969257	0.968611	0.967961	0.967305	0.966645	0.965980
90	0.965310	0.964635	0.963955	0.963271	0.962582	0.961888	0.961189	0.960486	0.959778	0.959066
100	0.958349									

(「化学便覧改訂 6 版」による)

7 水溶液の密度

物　質	5　%	10　%	20　%	30　%	40　%	50　%
$AgNO_3$	1.0397	1.0860	1.1911	1.3157	1.4675	1.6586
$AlCl_3$[18]	1.0434	1.0900	1.1491[16]			
$AlK(SO_4)_2$[20]	1.0469	1.0569[6]				
$BaCl_2$	1.0420	1.0905	1.2010	1.2769[26]		
$CaCl_2$	1.0385	1.0817	1.1754	1.2789	1.3927	
$CdCl_2$	1.0417	1.0896	1.1971	1.3246	1.4796	1.6720
$CoCl_2$	1.0429	1.0525[6]				
$CuCl_2$	1.0443	1.0938	1.2029			
$CuSO_4$	1.0494	1.1054	1.1289[12]			
$FeCl_3$	1.0393	1.0837	1.1802	1.2894	1.4147	
HCl	1.0215	1.0458	1.0957	1.1465		
HF[20]	1.0168	1.0353	1.0698	1.1013	1.1298	1.1552
HNO_3	1.0241	1.0523	1.1123	1.1763	1.2417	1.3043
H_3PO_4	1.0240	1.0518	1.1115	1.1777	1.2513	1.3329
H_2SO_4	1.0300	1.0640	1.1365	1.2150	1.2991	1.3911
KCl	1.0290	1.0617	1.1307	1.1750[26]		
K_2CrO_4[18]	1.0393	1.0821	1.1748	1.2784		
$K_2Cr_2O_7$[20]	1.0336	1.0703				
KI	1.0344	1.0745	1.1639	1.2685	1.3927	1.5420
$KMnO_4$	1.0309	1.0379[6]				
KNO_3	1.0284	1.0609	1.1303	1.1599[24]		
KOH[15]	1.0452	1.0918	1.1884	1.2905	1.3991	1.5143
$MgCl_2$	1.0381	1.0801	1.1690	1.2671		
Na_2CO_3	1.0484	1.1008	1.1442[14]			
$NaCl$	1.0324	1.0688	1.1453	1.1944[26]		
$NaHCO_3$[18]	1.0354	1.0429[6]				
$NaOH$[20]	1.0538	1.1089	1.2191	1.3279	1.4300	1.5253
NH_3	0.9761	0.9559	0.9340[16]			
NH_4Cl	1.0123	1.0269	1.0549	1.0656[24]		
NH_4NO_3	1.0172	1.0377	1.0812	1.1274	1.1757	1.2256
$SnCl_2$[15]	1.0388	1.0809	1.1747	1.2840	1.4143	1.5731
$ZnSO_4$	1.0496	1.1054	1.1786[16]			

(「化学便覧改訂 6 版・5 版」による)

● 物質名の右肩の数値は測定温度を示す。その他は25 ℃における値。
● **密度**　測定した濃度が共通の濃度と異なる場合，右肩にその濃度(質量パーセント濃度)を示す。単位は g/cm³。

8 気体の密度

0℃(＊は100℃)，101325 Pa(1 atm)における値。密度の相対値は同じ状態・体積における空気の密度を 1 としたときの値。

気　体	密度(g/cm³)	密度の相対値	1 molの体積(L)
アセチレン	1.173×10^{-3}	0.907	22.20
アルゴン	1.784×10^{-3}	1.380	22.35
アンモニア	0.771×10^{-3}	0.597	22.1
一酸化炭素	1.250×10^{-3}	0.967	22.41
一酸化窒素	1.340×10^{-3}	1.036	22.39
一酸化二窒素	1.978×10^{-3}	1.530	22.25
エ タ ン	1.356×10^{-3}	1.049	22.17
エチレン	1.260×10^{-3}	0.974	22.26
塩化水素	1.639×10^{-3}	1.268	22.25
塩　　素	3.214×10^{-3}	2.486	22.06
オ ゾ ン	2.14×10^{-3}	1.66	22.4
キセノン	5.887×10^{-3}	4.553	22.30
空　気（乾燥）	1.293×10^{-3}	1	22.40
クリプトン	3.739×10^{-3}	2.891	22.41
酸　　素	1.429×10^{-3}	1.105	22.39
ジシアン	2.34×10^{-3}	1.81	22.2
ジメチルエーテル	2.108×10^{-3}	1.630	21.85
臭化水素	3.644×10^{-3}	2.818	22.20
水蒸気＊	0.598×10^{-3}	0.463	30.1
水　　素	0.0899×10^{-3}	0.0695	22.4
窒　　素	1.250×10^{-3}	0.967	22.41
二酸化硫黄	2.926×10^{-3}	2.264	21.90
二酸化炭素	1.977×10^{-3}	1.529	22.26
ネ オ ン	0.900×10^{-3}	0.696	22.4
フ ッ 素	1.696×10^{-3}	1.312	22.40
プロパン	2.02×10^{-3}	1.56	21.8
ヘリウム	0.1785×10^{-3}	0.138	22.42
メ タ ン	0.717×10^{-3}	0.555	22.4
ヨウ化水素	5.789×10^{-3}	4.477	22.10
硫化水素	1.539×10^{-3}	1.190	22.15

(「理科年表(2022)」・「化学便覧改訂 6 版・4 版」による)

9 水の蒸気圧

表の縦の欄は十の位，横の欄は一の位を示す。単位は $\times10^5$ Pa。0℃の値は，正確には0.01℃の値。

温度(℃)	0	1	2	3	4	5	6	7	8	9
0	0.006117	0.006571	0.007060	0.007581	0.008136	0.008726	0.009354	0.010021	0.010730	0.011483
10	0.012282	0.013130	0.014028	0.014981	0.015990	0.017058	0.018188	0.019384	0.020647	0.021983
20	0.023393	0.024882	0.026453	0.028111	0.029858	0.031699	0.033639	0.035681	0.037831	0.040092
30	0.042470	0.044969	0.047596	0.050354	0.053251	0.056290	0.059479	0.062823	0.066328	0.070002
40	0.073849	0.077878	0.082096	0.086508	0.091124	0.095950	0.10099	0.10627	0.11177	0.11752
50	0.12352	0.12978	0.13631	0.14312	0.15022	0.15762	0.16533	0.17336	0.18171	0.19041
60	0.19946	0.20888	0.21867	0.22885	0.23943	0.25042	0.26183	0.27368	0.28599	0.29876
70	0.31201	0.32575	0.34000	0.35478	0.37009	0.38595	0.40239	0.41941	0.43703	0.45527
80	0.47414	0.49367	0.51387	0.53476	0.55635	0.57867	0.60173	0.62556	0.65017	0.67558
90	0.70182	0.72890	0.75684	0.78568	0.81541	0.84608	0.87771	0.91030	0.94390	0.97852
100	1.01420	1.0500	1.0878	1.1267	1.1668	1.2080	1.2504	1.2941	1.33898	1.38517
110	1.4327	1.4815	1.5316	1.5832	1.6361	1.6905	1.7464	1.8039	1.8628	1.9233
120	1.9853	2.0490	2.1145	2.1816	2.2503	2.3209	2.3931	2.4674	2.5434	2.6213
130	2.7011	2.7830	2.8668	2.9526	3.0406	3.1305	3.2227	3.3171	3.4136	3.5124
140	3.6136	3.7170	3.8229	3.9310	4.0418	4.1550	4.2707	4.3890	4.5099	4.6334

（「化学便覧改訂 6 版・5 版」による）

10 単体・化合物の蒸気圧

(固)は固体の蒸気圧を示す。単位は $\times10^5$ Pa。

物質		0 ℃	10 ℃	20 ℃	30 ℃	40 ℃	50 ℃	60 ℃	70 ℃	80 ℃	90 ℃	100 ℃
臭素	Br_2	0.0881	0.146	0.231	0.354	0.524	0.753	1.06	1.45	1.94	2.55	3.30
四塩化炭素	CCl_4	0.0449	0.0755	0.122	0.189	0.284	0.416	0.592	0.824	1.12	1.50	1.97
二硫化炭素	CS_2	0.169	0.264	0.397	0.579	0.824	1.14	1.55	2.07	2.71	3.48	4.42
シアン化水素	HCN	0.341	0.531	0.803	1.18	1.70	2.40	3.31	4.48	5.98	7.85	10.2
フッ化水素	HF	0.479	0.712	1.03	1.46	2.02	2.75	3.67	4.82	6.23	7.96	10.0
硝酸	HNO_3	0.0188	0.0355	0.0635	0.108	0.178	0.281	0.430	0.639	0.924	1.31	1.81
ヨウ素(固)	I_2	5.23×10^{-5}	1.31×10^{-4}	3.08×10^{-4}	6.88×10^{-4}	0.00146	0.00298	0.00584	0.0110	0.0201	0.0355	0.0609
硫黄	S	3.45×10^{-10}	1.66×10^{-9}	6.90×10^{-9}	2.51×10^{-8}	8.12×10^{-8}	2.38×10^{-7}	6.41×10^{-7}	1.59×10^{-6}	3.71×10^{-6}	8.11×10^{-6}	1.68×10^{-5}
水銀	Hg	2.70×10^{-7}	7.04×10^{-7}	1.72×10^{-6}	3.94×10^{-6}	8.56×10^{-6}	1.77×10^{-5}	3.50×10^{-5}	6.66×10^{-5}	1.22×10^{-4}	2.16×10^{-4}	3.70×10^{-4}
アセトアルデヒド		0.442	0.675	0.999	1.43	2.01	2.74	3.67	4.82	6.21	7.90	9.89
アセトン		0.0933	0.155	0.247	0.380	0.566	0.819	1.16	1.59	2.15	2.85	3.71
アニリン		9.19×10^{-5}	2.32×10^{-4}	5.37×10^{-4}	0.00116	0.00234	0.00446	0.00811	0.0141	0.0236	0.0381	0.0595
エタノール		0.0158	0.0313	0.0586	0.105	0.179	0.295	0.469	0.723	1.09	1.59	2.27
ギ酸		0.0150	0.0264	0.0446	0.0725	0.114	0.174	0.258	0.373	0.528	0.733	0.996
o-クレゾール		3.01×10^{-5}	8.84×10^{-5}	2.32×10^{-4}	5.56×10^{-4}	0.00123	0.00253	0.00489	0.00897	0.0157	0.0264	0.0426
クロロホルム		0.0791	0.132	0.210	0.323	0.481	0.694	0.975	1.34	1.80	2.37	3.08
酢酸		0.00419	0.00826	0.0154	0.0274	0.0466	0.0763	0.121	0.185	0.275	0.400	0.568
酢酸エチル		0.0323	0.0577	0.0983	0.160	0.251	0.380	0.559	0.799	1.11	1.52	2.04
ジエチルエーテル		0.247	0.387	0.586	0.859	1.22	1.70	2.31	3.08	4.03	5.18	6.56
p-ジクロロベンゼン		3.70×10^{-4}	8.21×10^{-4}	0.00170	0.00330	0.00609	0.0107	0.0181	0.0293	0.0461	0.0702	0.104
トルエン		0.00891	0.0165	0.0291	0.0489	0.0789	0.123	0.185	0.272	0.389	0.543	0.742
ナフタレン		3.52×10^{-5}	8.96×10^{-5}	2.09×10^{-4}	4.55×10^{-4}	9.27×10^{-4}	0.00179	0.00327	0.00573	0.00965	0.0157	0.0247
フェノール		3.84×10^{-5}	1.13×10^{-4}	2.97×10^{-4}	7.12×10^{-4}	0.00157	0.00324	0.00628	0.0115	0.0202	0.0338	0.0547
1-プロパノール		0.00445	0.00976	0.0199	0.0384	0.0700	0.122	0.203	0.327	0.509	0.768	1.13
ヘキサン		0.0604	0.101	0.162	0.249	0.373	0.540	0.764	1.05	1.42	1.89	2.46
ベンゼン		0.0349(固)	0.0605	0.100	0.159	0.244	0.363	0.523	0.736	1.01	1.36	1.80
メタノール		0.0403	0.0741	0.130	0.219	0.354	0.556	0.845	1.25	1.81	2.56	3.54

（「化学便覧改訂 6 版・5 版・4 版」「物性推算ハンドブック」による）

11 固体の溶解度

水100 gに溶ける物質の質量(g)

物質	0 ℃	10 ℃	20 ℃	25 ℃	30 ℃	40 ℃	50 ℃	60 ℃	80 ℃	100 ℃
$AgNO_3$	121	167	216	241	265	312	374	441	585	733
$AlCl_3$	43.9	46.4	46.6	46.8	47.1	47.3	47.5	47.7	48.6	49.9
$Al_2(SO_4)_3$	37.9	38.1	38.3	38.5	38.9	40.4	42.7	44.9	55.3	80.5
$BaCl_2$	31.2	33.3	35.7	37.2	38.3	40.6	43.5	46.2	52.2	60.0$^{102℃}$
$Ba(OH)_2$	1.7	2.6	3.8	4.6	5.7	8.7	14	23.1	—	—
$CaCl_2$	59.5	64.7	74.5	82.8	100.0$^{30.1℃}$	115	130.4$^{45.1℃}$	137	147	159
$Ca(OH)_2$	0.171	—	0.156	0.150	—	0.134	—	0.112	0.0911	0.073
$CaSO_4$	0.176	0.193	0.205	0.208	0.209	0.210$^{42℃}$	0.182	0.152	0.100	0.067
$CuCl_2$	68.6	70.9	73.3	74.8	76.7	79.9	83.5	87.3	98.0	111
$Cu(NO_3)_2$	83.5	100	125	155$^{25.4℃}$	156	163	172	182	208	247
$CuSO_4$	14.0	17.0	20.2	22.2	24.1	30.4	33.9	39.9	56.0	—
$FeCl_2$	49.7	60.3$^{12.3℃}$	62.6	64.5	65.6	68.6	73.3	78.3	90.1$^{76.5℃}$	94.9
$FeSO_4$	15.7	20.8	26.3	29.5	32.8	40.1	54.6$^{56.6℃}$	55.0	55.3$^{63.7℃}$	43.7$^{80℃}$
H_3BO_3	2.77	3.65	4.88	5.74	6.77	8.90	11.40	14.89	23.55	37.99
I_2*	0.014	0.020	0.0285	0.0336	0.0385	0.052	0.071	0.100	0.225	0.45
KBr	53.6	59.5	65.0	67.8	70.6	76.1	80.8	85.5	94.9	104
K_2CO_3	105.1	108	111	112.1	114	117	121	127	140	156
KCl	27.79	30.92	34.03	35.55	37.06	40.03	42.94	45.77	51.19	56.38
$KClO_3$	3.22	5.04	7.440	8.867	10.45	14.12	18.54	23.81	37.86	59.58
K_2CrO_4	58.7	61.6	63.9	65.0	66.1	68.1	70.1	72.1	76.4	80.2
$K_2Cr_2O_7$	4.6	6.6	12.2	14.9	18.1	25.9	37.2	46.4	70.1	96.9
$K_3[Fe(CN)_6]$	30.2	38.7	45.8	48.8	52.7	59.2	65.3	70.6	82.8	91.2
$K_4[Fe(CN)_6]$	14.3	21.1	28.2	31.6	35.1	42.0	48.4	55.3	70.4$^{87.3℃}$	74.2
KI	127	136	144	148	153	160	169	176	192	207
$KMnO_4$	2.83	4.24	6.34	7.63	9.03	12.52	16.82	22.17	25.31$^{65℃}$	—
KNO_3	13.3	22.0	31.6	37.9	45.6	63.9	85.2	109	169	245
KOH	96.9	103	112	118	135$^{32.5℃}$	138	140	152	161	178
K_2SO_4	7.51	9.36	11.19	12.10	12.99	14.76	16.49	18.18	21.36	24.31
$MgCl_2$	52.9	53.6	54.6	55.0	55.8	57.5	59.2	61.0	66.1	73.3
$MgSO_4$	22.0	28.2	33.7	36.4	38.9	44.5	49.3$^{48℃}$	59.0$^{69℃}$	55.8	50.4
$MnCl_2$	63.4	68.1	73.9	77.15	80.77	88.54	105.5$^{58℃}$	108.6	112.7	115
NH_4Cl	29.7	33.5	37.5	—	41.6	45.9	50.4	55.04	65.05	76.17
NH_4NO_3	118	150	190	214	238	245$^{32.3℃}$	350	418	663$^{84\sim85℃}$	931
$(NH_4)_2SO_4$	70.50	72.56	74.98	76.4	77.78	80.8	84.5	87.41	94.06	101.7
Na_2CO_3	7.00	12.1	22.1	29.4	45.3$^{32℃}$	49.5$^{35.37℃}$	47.5	46.2	45.1	44.7
$NaCl$	37.55	37.65	37.81	37.93	38.05	38.32	38.65	39.05	39.98	41.11
$NaClO_3$	79.43	87.51	97.30	100.4	104.9	115.6	125.0	132.6	—	203.9
$NaHCO_3$	6.93	8.13	9.55	10.3	11.1	12.73	14.47	16.41	—	23.6
NaI	160.0	169	179	183.8	191	205	227.0	297.6$^{68.1℃}$	295	302.3
$NaNO_3$	73.0	80.5	88.0	91.9	96.1	105	114	124	148	175
$NaOH$	83.5$^{5℃}$	103$^{12℃}$	109	114	119	129	145	223	288	—
Na_2S	9.6	12.1	15.7	—	20.5	26.6	38.9	42.9	53.8	81.8
Na_2SO_4	4.50	9.00	19.0	28.0	41.2	49.7$^{32.4℃}$	46.4	45.1	43.3	42.2
$Na_2S_2O_3$	50.2	59.7	70.1	76.1	82.8	102	161$^{48.2℃}$	222$^{66.5℃}$	232	—
$PbCl_2$	0.68	0.81	0.98	1.08	1.18	1.42	1.67	1.96	2.63	3.34
$Pb(NO_3)_2$	38.9	48.4	56.5	60.5	66.1	75.1	85.2	94.9	115	139
$ZnSO_4$	41.60	47.25	53.80	57.46	69.41$^{37.9℃}$	70.50	75.4$^{48.8℃}$	72.1	65.0	60.5
安息香酸	0.17	0.21	0.29	0.34	0.41	0.55	0.78	1.15	2.71	5.88
サリチル酸	—	0.131	0.184	0.32	0.262	0.397	0.596	0.872	—	—
フマル酸	—	—	—	0.70	0.81	1.07	1.63	2.4	5	9.8
マレイン酸	—	—	—	78.9	89	112	130	149	220	393$^{98℃}$
グルコース	—	—	—	—	203$^{28℃}$	209	243.6	295	432	564.0$^{91℃}$
スクロース	—	194.9$^{19℃}$	198	203	216.1	235.2	256.0	286.8	363.0	—

＊I_2の値は溶液100 mL中に溶けている溶質の質量(g)で示している。 ※測定温度が共通の温度と異なる場合，数値の右肩に示す。

(「化学便覧改訂6版・4版」による)

12 気体の溶解度

分圧101325 Pa(1atm)における，水１Lに溶ける気体の物質量(mol)を10^3倍した値を示す。

気　体	0　℃	10　℃	20　℃	30　℃	40　℃	50　℃	60　℃	70　℃	80　℃	90　℃	100 ℃
Ar	2.38	1.87	1.52	1.29	1.12	1.00	0.922	0.865	—	—	—
CO	1.63	1.29	1.06	0.916	0.818	0.752	—	—	—	—	—
CO_2	75.6	53.4	39.4	30.3	24.1	19.7	16.6	14.4	12.7	11.5	10.6
ClO_2	—	1.87×10^3	1.25×10^3	849	585	408	288	—	—	—	—
H_2	0.974	0.875	0.806	0.761	0.733	0.718	0.716	0.723	0.740	—	—
HBr	2.76×10^4	2.62×10^4	—	—	—	2.11×10^4	—	—	—	—	1.55×10^4
HCl	2.33×10^4	2.13×10^4	1.99×10^4	1.85×10^4	1.74×10^4	1.63×10^4	1.52×10^4	—	—	—	—
H_2S	—	148	115	91.9	75.2	62.9	53.7	46.6	41.2	36.9	33.5
He	0.421	0.402	0.390	0.386	0.387	0.393	0.403	0.418	—	—	—
Kr	4.91	3.61	2.79	2.25	1.89	1.64	1.47	1.35	1.27	—	—
N_2	1.06	0.846	0.706	0.612	0.550	0.509	0.483	0.470	—	—	—
N_2O	57.7	39.2	28.1	21.0	16.4	—	—	—	—	—	—
Ne	0.562	0.504	0.465	0.440	0.426	0.421	0.423	0.431	—	—	—
NH_3	5.14×10^4	3.99×10^4	3.08×10^4	2.36×10^4	1.79×10^4	1.33×10^4	—	—	—	—	—
NO	3.28	2.57	2.10	1.78	1.56	1.41	1.31	1.25	1.21	—	—
O_2	2.19	1.70	1.39	1.17	1.03	0.931	0.866	0.826	—	—	—
PH_3	—	—	—	7.76	6.41	5.46	—	—	—	—	—
Rn	23.4	15.3	10.8	8.05	6.35	5.26	4.55	4.08	3.79	3.63	3.57
SO_2	—	2.39×10^3	1.66×10^3	1.18×10^3	872	658	—	—	—	—	—
Xe	9.99	6.88	5.02	3.85	3.09	2.58	2.23	1.99	—	—	—
アセチレン	—	59.4	46.0	37.8	32.9	29.9	28.4	28.0	—	—	—
イソブタン	—	1.59	1.08	0.797	0.634	—	—	—	—	—	—
エタン	4.44	3.00	2.16	1.66	1.34	1.13	—	—	—	—	—
エチレン	—	7.02	5.38	4.30	3.58	3.09	—	—	—	—	—
ブタン	3.70	2.26	1.49	1.05	0.793	0.631	0.527	0.459	0.417	—	—
1－ブテン	—	—	—	—	4.64	2.45	1.35	0.764	0.448	0.270	0.167
プロパン	4.02	2.57	1.77	1.31	1.03	0.850	0.737	0.666	—	—	—
プロペン	—	—	—	6.11	4.18	2.87	1.98	1.38	0.959	—	—
メタン	2.59	1.95	1.55	1.30	1.13	1.01	—	—	—	—	—
2－メチルプロペン	16.2	10.1	6.78	4.84	3.65	2.90	2.40	2.06	—	—	—

(「化学便覧改訂６版・３版・２版」による)

13 溶解度積

物　質	イオン積	温度(℃)	溶解度積
AgBr	$[Ag^+][Br^-]$	25	5.2×10^{-13}
AgCl	$[Ag^+][Cl^-]$	25	1.8×10^{-10}
Ag_2CrO_4	$[Ag^+]^2[CrO_4^{2-}]$	25	3.6×10^{-12}
AgI	$[Ag^+][I^-]$	20	2.1×10^{-14}
Ag_2S	$[Ag^+]^2[S^{2-}]$	25	6.1×10^{-44}
$BaCO_3$	$[Ba^{2+}][CO_3^{2-}]$	25	8.3×10^{-9}
$BaSO_4$	$[Ba^{2+}][SO_4^{2-}]$	25	9.1×10^{-11}

物　質	イオン積	温度(℃)	溶解度積
$CaCO_3$	$[Ca^{2+}][CO_3^{2-}]$	25	6.7×10^{-5}
CdS	$[Cd^{2+}][S^{2-}]$	25	2.1×10^{-20}
CuS	$[Cu^{2+}][S^{2-}]$	25	6.5×10^{-30}
FeS	$[Fe^{2+}][S^{2-}]$	18	2.5×10^{-9}
PbS	$[Pb^{2+}][S^{2-}]$	25	1×10^{-28}
$PbSO_4$	$[Pb^{2+}][SO_4^{2-}]$	25	2.2×10^{-8}
ZnS	$[Zn^{2+}][S^{2-}]$	—	2.2×10^{-18}

(「化学便覧改訂６版・４版・２版」による)

14 モル沸点上昇

単位はK·kg/mol

溶　媒	沸点(℃)	モル沸点上昇
水	100	0.515
アセトン	56.29	1.71
アニリン	184.40	3.22
アンモニア	−33.35	0.34
エタノール	78.29	1.160
エチルメチルケトン	79.64	2.28
ギ　酸	100.56	2.4
クロロベンゼン	131.687	4.15
クロロホルム	61.152	3.62
酢　酸	117.90	2.530
酢酸エチル	77.114	2.583
酢酸メチル	56.323	2.061
ジエチルエーテル	34.55	1.824

溶　媒	沸点(℃)	モル沸点上昇
四塩化炭素	76.75	4.48
シクロヘキサン	80.725	2.75
1,1-ジクロロエタン	57.28	3.20
1,2-ジクロロエタン	83.483	3.44
ジクロロメタン	39.75	2.60
1,2-ジブロモエタン	131.36	6.608
ショウノウ	207.42	5.611
水　銀	357	11.4
トルエン	110.625	3.29
ナフタレン	217.955	5.80
ニトロベンゼン	210.80	5.04
ニトロメタン	101.20	1.86
二硫化炭素	46.225	2.35

溶　媒	沸点(℃)	モル沸点上昇
フェノール	181.839	3.60
t-ブチルアルコール	82.42	1.745
プロピオン酸	140.83	3.51
ブロモベンゼン	155.908	6.26
ヘキサン	68.740	2.78
ヘプタン	98.427	3.43
ベンゼン	80.10	2.53
無水酢酸	136.4	3.53
メタノール	64.70	0.785
ヨウ化エチル	72.30	5.16
ヨウ化メチル	42.43	4.19
酪　酸	163.27	3.94

(「化学便覧改訂6版」による)

15 モル凝固点降下

単位はK·kg/mol

溶　媒	凝固点(℃)	モル凝固点降下
水	0	1.853
$AgNO_3$	208.6	25.74
$CaCl_2 \cdot 6H_2O$	29.35	4.15
H_2SO_4	10.36	6.12
$H_2SO_4 \cdot H_2O$	8.4	4.8
$HgBr_2$	238.5	37.45
$HgCl_2$	265	34.0
I_2	114	20.4
$KNCS$	177.9	17.4
KNO_3	335.08	29.0
$LiNO_3$	246.7	6.04
NH_3	−77.7	0.98
$NaCl$	800	20.5
$NaNO_3$	305.8	15.0

溶　媒	凝固点(℃)	モル凝固点降下
$NaOH$	327.6	20.8
Na_2SO_4	885	62
$Na_2SO_4 \cdot 10H_2O$	32.383	3.27
$SnBr_4$	29.5	27.6
アセトアミド	80.00	4.04
アセトン	−94.7	2.40
アニリン	−5.98	5.87
安息香酸	119.53	8.79
アントラセン	213	11.65
ギ　酸	8.27	2.77
p-キシレン	13.263	4.3
p-クレゾール	34.739	6.96
クロロホルム	−63.55	4.90
酢　酸	16.66	3.90

溶　媒	凝固点(℃)	モル凝固点降下
シクロヘキサン	6.544	20.2
m-ジニトロベンゼン	91	10.6
ステアリン酸	69	4.5
ナフタレン	80.290	6.94
ニトロベンゼン	5.76	6.852
尿　素	132.1	21.5
パルミチン酸	62.65	4.313
ピリジン	−41.55	4.75
フェノール	40.90	7.40
t-ブチルアルコール	25.82	8.37
ベンゼン	5.533	5.12
ホルムアミド	2.55	3.85
四塩化炭素	−22.95	29.8
ショウノウ	178.75	37.7

(「化学便覧改訂6版」による)

16 溶解エンタルピー

25℃の水における溶解エンタルピー。単位はkJ/mol。(気)は気体,(液)は液体を示す。

物　質	溶解エンタルピー
$AgBr$	84.39
$AgCl$	65.49
$AgNO_3$	22.6
$BaCl_2$	−13.4
Br_2(液)	−2.6
CO_2(気)	−20.3
$CaCl_2$	−81.34
CaF_2	11.5
$Ca(OH)_2$	−16.74
Cl_2(気)	−23.4
$CoCl_2$	−79.9
$CuSO_4$	−73.140

物　質	溶解エンタルピー
$FeCl_2$	−81.6
$FeCl_3$	−151
HBr(気)	−85.15
HCl(気)	−74.85
HF(気)	−61.5
HI(気)	−81.67
HNO_3(液)	−33.3
H_3PO_4	1.7
H_2S(気)	−19.07
H_2SO_4(液)	−95.28
I_2	22.6
KBr	19.9

物　質	溶解エンタルピー
KCl	17.217
KI	20.33
KNO_3	34.9
$MgCl_2$	−159.8
$MgSO_4$	−91.2
NH_3(気)	−34.18
NH_4Cl	14.8
NH_4NO_3	25.69
$(NH_4)_2SO_4$	6.57
Na_2CO_3	−26.7
$NaCl$	3.883
$NaOH$	−44.52

物　質	溶解エンタルピー
Na_2SO_4	−2.43
O_2(気)	−11.7
$ZnCl_2$	−73.14
アセトアルデヒド(液)	18.37
エタノール(液)	−10.5
ギ　酸(液)	−0.83
グリシン	58.325
酢　酸	−1.67
シュウ酸	2.1
尿　素	15.4
ホルムアルデヒド(気)	−33.2
メタノール(液)	−7.280

(「化学便覧改訂6版」による)

17 融解エンタルピーと蒸発エンタルピー

●**融点・沸点**　右肩に圧力（atm）を示したもの以外は 1atm（101325 Pa）における値。（昇）は昇華点。
●**融解エンタルピー・蒸発エンタルピー**　測定圧力（atm），測定温度（℃）における値。単位はkJ/mol。（昇）は昇華エンタルピー。

単体・無機化合物	融点（℃）	融解エンタルピー	測定圧力 測定温度	沸点（℃）	蒸発エンタルピー	測定圧力 測定温度
Ag	951.93	11.297	1 961.78	2212	254	1 2193
AgCl	455	13.05	1 450.00	1550	183	1 1557
Al	660.32	10.711	1 660.32	2467	291	1 2493.7
Ar	−189.3	1.18	0.68 −189.30	−185.8	6.519	1 −185.86
Au	1064.43	12.55	1 1064.2	2807	310.5	1 2660
Ba	729	7.119	1 726.9	1637	149	1 1638
$BaCl_2$	962	15.85	1 961	1560	238	0.0083 1189
Br_2	−7.2	10.5	−7.3	58.78	30.7	0.281 25.00
C（ダイヤモンド）	3550	117.37	1 4492.2	4800（昇）	713.2（昇）	25.00
C（黒鉛）	3530				715.0（昇）	25.00
CCl_4	−22.9	2.56	−22.62	76.7	29.82	1 76.8
CO	−205	0.83	0.152 −205.20	−191.5	6.042	1 −191.49
CO_2	−56.6$^{5.2}$	8.33	5.112 −56.2	−78.5（昇）	25.23（昇）	1 −78.47
Ca	839	8.539	1 842	1484	150	1 1487.2
$CaCl_2$	772	28.55	1 772	1600以上	222（昇）	0.000027 661.5
$CaSO_4$	1450	25.4	1 1460			
Cd	321.0	6.1923	1 321.07	765	99.8	1 767
Cl_2	−101.1	6.41	−100.99	−33.97	20.41	1 −34.05
Co	1495	16.2	1 1495	2870	373	1 2897.2
CsCl	645	20.38	1 646	1290		
Cu	1083.4	13.263	1 1084.62	2567	305	1 2575
$CuCl_2$	620	15	1 598	993（分解）		
F_2	−219.62	1.56	−217.95	−188.14	6.32	1 −187.91
Fe	1535	13.81	1 1538	2750	354	1 2735
$FeCl_2$	670〜674	42.83	1 677		126.4	1026
$FeCl_3$	306	43.1	0.766 304	316	43.8	1 332
H_2	−259.14	0.117	0.711 −259.19	−252.87	0.904	1 −252.76
HBr	−88.5	2.40	−86.65	−67		
HCl	−114.2	1.971	−114.10	−84.9	16.2	1 −85.04
HF	−83	4.577	−164.06	19.5	7.5	1 19.95
HI	−50.8	2.87	−50.79	−35.1	19.77	1 −35.35
HNO_3	−42	10.47	−41.59	83	39.5	0.063 20
H_2O	0	6.01	1 0.00	100	40.66	1 100.00
H_2O_2	−0.89	10.5	−1.9	151.4	54.43	0.0028 25.00
H_2S	−85.5	2.38	−85.52	−60.7	18.67	1 −60.33
H_2SO_4	10.36	10.7	10.36	338		
He	−272.2^{26}	0.021	100 −269.7	−268.934	0.084	1 −268.934
Hg	−38.87	2.2953	1 −38.83	356.58	58.1	1 356.58

単体・無機化合物	融点（℃）	融解エンタルピー	測定圧力 測定温度	沸点（℃）	蒸発エンタルピー	測定圧力 測定温度
I_2	113.5	15.52	1 113.60	184.3	62.3（昇）	0.0004 25.00
K	63.65	2.3208	1 63.71	774	77.4	1 753.9
KCl	770	26.28	1 771	1500（昇）	207（昇）	0.00052 772
KOH	360.4±0.7	7.9	1 406	1320〜1324	134	1 1327
Kr	−156.66	1.64	0.722 −157.20	−152.3	9.03	1 −153.22
Li	180.54	3.00	1 180.54	1347	148	1 1317
Mg	648.8	8.477	1 650	1090	132	1 1120
$MgCl_2$	714	43.1	1 714	1412		
Mn	1244	12.91	1 1246	1962	225	1 2087
$MnCl_2$	650	37.66	1 650	1190	120	1 1190
N_2	−209.86	0.72	0.123 −210.00	−195.8	5.58	1 −195.81
NH_3	−77.7	5.66	0.0600 −77.75	−33.4	23.35	1 −77.7
Na	97.81	2.597	1 97.72	883	89.1	1 890
NaCl	801	28.16	1 800.7	1413	215（昇）	0.00066 808
NaF	993	33.1	0.00066 995	1704	209	1 1704
NaI	651	23.68	1 661	1300	160	1 1304
NaOH	318.4	5.82	1 321	1390		
Ne	−248.67	0.33	0.426 −248.58	−246.05	1.80	0.426 −248.58
Ni	1453	17.48	1 1455.2	2732	381	1 2800
O_2	−218.4	0.44	0.015 −218.75	−182.96	6.82	1 −182.96
O_3	−193			−111.3	10.8	1 −110.50
P（赤リン）	589.5$^{43.1}$	18.54	579.20		12.4	1 280
Pb	327.5	4.774	1 327.5	1740	179.5	1 1751
$PbCl_2$	501	21.88	1 501	950	124	1 954
$PbSO_4$	1070〜1084	40.17	1 1170			
Pd	1552	16.74	1 1555	3140		
Pt	1772	22.18	1 1768.4	3830	447	1 4310
Rn	−71	2.90	−71	−61.8	16.4	1 −62
S	112.8	1.72	115.21	444.674	9.62	444.60
SO_2	−75.5	7.41	0.0017 −75.47	−10	24.9	1 −10.01
Sc	1541	14.10	1 1541	2831	305	1 3897
SiO_2（石英）	1550	7.70	1423	2950		
Sn	231.97	7.194	1 231.93	2270	290.4	1 2687
Ti	1660	14.15	1 1668	3287		
W	3410	52.3	1 3422	5657	799	1 5530
Xe	−111.9	2.30	0.804 −111.9	−107.1	12.6	1 −108.1
Zn	419.53	7.322	1 419.6	907	114.8	1 907
$ZnCl_2$	283	10.3	1 325	732	129	1 756

有機化合物	融点（℃）	融解エンタルピー	測定圧力 測定温度	沸点（℃）	蒸発エンタルピー	測定圧力 測定温度
アセトアルデヒド	−123.5	3.22	−118	20.2	27.2	1 20.00
アセトン	−94.8	5.69	−94.81	56.3	29.0	1 56.6
アニリン	−5.98	10.54	−6.02	184.55	42.44	184.1
安息香酸	122.5	18.01	122.37	250.03	61.5	1 249
イソプレン	−146	4.77	−146.7	34	27.4	1 32.7
エタノール	−114.5	4.931	−114.15	78.32	38.6	1 78.6
エタン	−183.6	6.46	−182.81	−89	14.72	1 −88.62
エチレン	−169.2	3.351	0.0012 −169.18	−103.7	13.54	1 −103.75
エチレングリコール	−12.6	11.6	−12.4	197.9	56.9	1 197.3
オクタン	−56.8	20.8	−56.78	125.7	35.0	1 125.67
ギ酸	8.4	12.68	1 8.25	100.8	22.69	1 100.65
o-キシレン	−25.18	13.6	−25.17	144.41	36.8	1 144.41
グリセリン	17.8	18.5	18.7	154$^{0.007}$	59.8	1 290
o-クレゾール	31			191	44.8	1 190.9
酢酸	16.6	11.72	25.54	117.8	24.4	1 118.3
サリチル酸	159				85.8（昇）	0.004 127

有機化合物	融点（℃）	融解エンタルピー	測定圧力 測定温度	沸点（℃）	蒸発エンタルピー	測定圧力 測定温度
ジエチルエーテル	−116.3	7.19	−116.23	34.48	26.5	1 34.9
シクロヘキサン	6.47	2.628	6.69	80.74	33.33	0.13 25.00
ジメチルエーテル	−141.5	4.94	−141.49	−24.82	21.51	1 −24.81
トルエン	−94.99	6.64	−95.00	110.63	33.5	1 110.61
ナフタレン	80.5	19.07	80.26	218	49.4	1 218
ニトロベンゼン	5.85	12.12	5.7	211.03	47.7	1 211
フェノール	40.95	11.51	40.91	181.75	48.5	1 182.0
1-ブタノール	−89.5	9.372	−89.64	117.25	44.39	1 116
ブタン	−138.3	4.661	−138.29	−0.5	22.39	1 −1.10
1-プロパノール	−126.5	5.37	−124.40	97.15	41.0	1 97.85
プロパン	−188	3.52	−187.70	−42	18.77	1 −42.11
ヘキサン	−95.3	13.08	−95.31	68.7	28.85	1 68.75
ベンゼン	5.5	9.866	5.54	80.1	30.72	1 80.2
ペンタン	−129.7	8.401	−129.68	36.07	25.8	1 36.08
メタノール	−97.8	3.215	−97.56	64.65	35.21	1 64.6
メタン	−182.8	0.939	0.115 −182.48	−161.49	8.180	1 −161.48

（「化学便覧改訂 6 版・5 版・4 版」による）

18 燃焼エンタルピー

(気)は気体，(液)は液体，他は固体における値を示す。単位はkJ/mol。

物質	分子(組成)式	燃焼エンタルピー
ダイヤモンド	C	−395.35
黒鉛	C	−393.51
一酸化炭素(気)	CO	−282.98
アンモニア(気)	NH_3	−382.81
水素(気)	H_2	−285.83
メタン(気)	CH_4	−890.71
エタン(気)	C_2H_6	−1560.7
プロパン(気)	C_3H_8	−2219.2
ヘキサン(液)	C_6H_{14}	−4163.2
オクタン(液)	C_8H_{18}	−5470.4
エチレン(気)	C_2H_4	−1411.1
アセチレン(気)	C_2H_2	−1299.6
メタノール(液)	CH_4O	−726.1
エタノール(液)	C_2H_6O	−1367.6
アセトン(気)	C_3H_6O	−1820.7
ギ酸(液)	CH_2O_2	−254.2
酢酸(液)	$C_2H_4O_2$	−873.1
ベンゼン(液)	C_6H_6	−3267.5
o-キシレン(液)	C_8H_{10}	−4552.8
ナフタレン	$C_{10}H_8$	−5165.5
フェノール	C_6H_6O	−3053.4
グルコース	$C_6H_{12}O_6$	−2799.8
スクロース	$C_{12}H_{22}O_{11}$	−5640.1

(「化学便覧改訂6版」による)

19 生成エンタルピー

25℃における値。(気)は気体，(液)は液体を示す。単位はkJ/mol。

物質	生成エンタルピー
AgCl	−127.068
Ag_2O	−31.05
Al_2O_3(コランダム)	−1675.7
CO(気)	−110.525
CO_2(気)	−393.509
CS_2(液)	89.7
$CaCl_2$	−795.8
CaO	−635.09
$Ca(OH)_2$	−986.09
$CuCl_2$	−220.1
CuO	−157.3
$FeCl_3$	−399.49
Fe_2O_3	−824.2
HBr(気)	−36.4
HCl(気)	−92.307
HI(気)	26.48
HNO_3(液)	−174.1
H_2O(液)	−285.83
H_2O(気)	−241.826
H_2O_2(液)	−187.78
K_2CO_3	−1151
KCl	−436.747
KOH	−424.764
MgO	−601.7
NH_3(気)	−45.94
NO(気)	90.25
NaCl	−411.153
NaOH	−425.609
O_3(気)	142.7
P_4O_{10}	−2984
SO_2(気)	−296.83
SiO_2(石英)	−910.94
ZnO	−348.28
アセチレン(気)	226.73
アセトン(液)	−248.1
アニリン(液)	31.3
安息香酸	−385.2
エタノール(液)	−277.0
エタン(気)	−83.8
エチレン(気)	52.47
ギ酸(液)	−425.1
o-キシレン(液)	−24.4
グリシン	−528.61
グルコース	−1273.3
酢酸(液)	−485.6
サリチル酸	−589.9
ジメチルエーテル(気)	−184.1
スクロース	−2226.1
トルエン(液)	12.4
ナフタレン	77.9
フェノール	−165.1
プロパン(気)	−104.7
ベンゼン(液)	49.0
メタノール(液)	−239.1
メタン(気)	−74.87

(「化学便覧改訂6版」による)

20 中和エンタルピー

25℃，無限希釈状態における値。単位はkJ/mol。

酸	塩基	中和エンタルピー
HCl	NaOH	−55.85 ± 0.10
H_2SO_4	NaOH	−56.57 ± 0.25
安息香酸	NaOH	−55.30 ± 0.06
酢酸	NaOH	−56.36 ± 0.06
フェノール	NaOH	−33.05 ± 0.25
HCl	アニリン	−28.20 ± 0.38

(「化学便覧改訂6版・4版」による)

21 結合エネルギー

結合エネルギーは表に示した分子における値。* は298.15 K(25℃)，他は0 Kの値。単位はkJ/mol。

結合	分子	結合エネルギー
H-H	H_2	432.07
H-F	HF	565.9
H-Cl	HCl	427.7
H-Br	HBr	362.4
H-I	HI	294.5
H-O	H_2O	458.9
H-S	H_2S	362.3
H-N	NH_3	386.0
H-P	PH_3	316.8
H-C	CH_4	410.5
H-Si	SiH_4	316
H-Sn	SnH_4	248
H-B	BH_3	371*
H-Cu	HCu	262
H-Li	HLi	236.68*
F-F	F_2	154.8
F-Cl	FCl	247.2
F-Br	FBr	246.1
F-I	FI	277.5
F-O	F_2O	191.7*
F-S	SF_6	329.0*
F-C	CH_3F	472*
Cl-Cl	Cl_2	239.2
Cl-Br	ClBr	215
Cl-I	ClI	207.7
Cl-O	ClO_2	257.5*
Cl-P	PCl_3	320
Cl-C	CH_3Cl	342.0
Br-Br	Br_2	189.8
Br-I	BrI	177.02
Br-P	PBr_3	261
Br-C	CH_3Br	289.9
I-I	I_2	148.9
I-C	CH_3I	231
O=O	O_2	493.6
O=C	CO_2	799.0
S=S	S_2	421.6
S=C	CS_2	577*
N≡N	N_2	941.6
N≡P	NP	614
N≡C	CN	745
N≡B	BN	561*
P≡P	P_2	485.7
C-C	C_2	599
C-C	C_2H_6	366.4
C=C	C_2H_4	719
C≡C	C_2H_2	956.6
Fe-Fe	Fe_2	75
Na-Na	Na_2	72.9*
K-K	K_2	54.3*

(「化学便覧改訂6版」による)

22 酸・塩基の電離定数

25 ℃における値。＊ホウ酸は電離式で与えられる平衡定数 K の値。

	物　質	価数	電　離　式	電離定数
酸	ホウ酸	1	$B(OH)_3 + H_2O \rightleftarrows H^+ + B(OH)_4^-$	1.05×10^{-9}＊
	臭化水素	1	$HBr \rightleftarrows H^+ + Br^-$	6.31×10^{8}
	炭　酸	2	$H_2CO_3 \rightleftarrows H^+ + HCO_3^-$ $HCO_3^- \rightleftarrows H^+ + CO_3^{2-}$	4.47×10^{-7} 4.69×10^{-11}
	塩　酸	1	$HCl \rightleftarrows H^+ + Cl^-$	7.94×10^{5}
	次亜塩素酸	1	$HClO \rightleftarrows H^+ + ClO^-$	3.39×10^{-8}
	フッ化水素	1	$HF \rightleftarrows H^+ + F^-$	1.07×10^{-3}
	ヨウ化水素	1	$HI \rightleftarrows H^+ + I^-$	3.16×10^{9}
	硝　酸	1	$HNO_3 \rightleftarrows H^+ + NO_3^-$	2.69×10^{1}
	亜硝酸	1	$HNO_2 \rightleftarrows H^+ + NO_2^-$	5.75×10^{-4}
	過酸化水素	1	$H_2O_2 \rightleftarrows H^+ + HO_2^-$	2.14×10^{-12}
	リン酸	3	$H_3PO_4 \rightleftarrows H^+ + H_2PO_4^-$ $H_2PO_4^- \rightleftarrows H^+ + HPO_4^{2-}$ $HPO_4^{2-} \rightleftarrows H^+ + PO_4^{3-}$	1.48×10^{-2} 2.34×10^{-7} 3.47×10^{-12}
	硫化水素	2	$H_2S \rightleftarrows H^+ + HS^-$ $HS^- \rightleftarrows H^+ + S^{2-}$	1.26×10^{-7} 3.31×10^{-14}
	亜硫酸	2	$H_2SO_3 \rightleftarrows H^+ + HSO_3^-$ $HSO_3^- \rightleftarrows H^+ + SO_3^{2-}$	2.20×10^{-2} 1.51×10^{-7}
	硫　酸	2	$H_2SO_4 \rightleftarrows H^+ + HSO_4^-$ $HSO_4^- \rightleftarrows H^+ + SO_4^{2-}$	1.95×10^{3} 1.03×10^{-2}
	アクリル酸	1	$CH_2{=}CHCOOH \rightleftarrows H^+ + CH_2{=}CHCOO^-$	5.62×10^{-5}
	アジピン酸	2	$HOOC(CH_2)_4COOH \rightleftarrows H^+ + HOOC(CH_2)_4COO^-$ $HOOC(CH_2)_4COO^- \rightleftarrows H^+ + {}^-OOC(CH_2)_4COO^-$	5.50×10^{-5} 9.33×10^{-6}
	安息香酸	1	⌬−COOH ⇄ ⌬−COO⁻ + H⁺	1.00×10^{-4}
	ギ　酸	1	$HCOOH \rightleftarrows H^+ + HCOO^-$	2.88×10^{-4}
	p-クレゾール	1	H_3C−⌬−OH ⇄ H_3C−⌬−O^- + H^+	7.24×10^{-11}
	酢　酸	1	$CH_3COOH \rightleftarrows H^+ + CH_3COO^-$	2.69×10^{-5}
	サリチル酸	2	⌬(COOH)(OH) ⇄ ⌬(COO⁻)(OH) + H^+ ⌬(COO⁻)(OH) ⇄ ⌬(COO⁻)(O⁻) + H^+	1.66×10^{-3} 3.63×10^{-14}
	シュウ酸	2	$(COOH)_2 \rightleftarrows H^+ + COOH(COO^-)$ $COOH(COO^-) \rightleftarrows H^+ + (COO^-)_2$	9.12×10^{-2} 1.51×10^{-4}
	L-酒石酸	2	$HOOCCH(OH)CH(OH)COOH \rightleftarrows H^+ + HOOCCH(OH)CH(OH)COO^-$ $HOOCCH(OH)CH(OH)COO^- \rightleftarrows H^+ + {}^-OOCCH(OH)CH(OH)COO^-$	1.35×10^{-3} 1.07×10^{-4}
	2-ナフトール	1	$C_{10}H_7$−OH ⇄ $C_{10}H_7$−O^- + H^+	3.09×10^{-10} ※20 ℃の値
	乳　酸	1	$CH_3CH(OH)COOH \rightleftarrows H^+ + CH_3CH(OH)COO^-$	2.29×10^{-4}
	ピクリン酸	1	OH, O_2N, NO_2, NO_2 置換ベンゼン ⇄ O^-, O_2N, NO_2, NO_2 置換ベンゼン + H^+	4.17×10^{-1}
	フェノール	1	⌬−OH ⇄ ⌬−O^- + H^+	1.35×10^{-10}
弱塩基	アンモニア	1	$NH_3 + H_2O \rightleftarrows NH_4^+ + OH^-$	2.31×10^{-5}
	アニリン	1	⌬−NH_2 + H_2O ⇄ ⌬−NH_3^+ + OH^-	5.29×10^{-10}
	メチルアミン	1	$CH_3NH_2 + H_2O \rightleftarrows CH_3NH_3^+ + OH^-$	3.26×10^{-4}

（「化学便覧改訂 6 版」による）

23 標準電極電位

	電極反応	電位(V)
金属	$Au^{3+} + 3e^- \rightleftarrows Au$	1.52
	$Pt^{2+} + 2e^- \rightleftarrows Pt$	1.188
	$Ag^+ + e^- \rightleftarrows Ag$	0.7991
	$Hg_2^{2+} + 2e^- \rightleftarrows 2Hg$(液)	0.7960
	$Cu^{2+} + 2e^- \rightleftarrows Cu$	0.340
	$(2H^+ + 2e^- \rightleftarrows H_2)$	(0.0000)
	$Pb^{2+} + 2e^- \rightleftarrows Pb$	−0.1263
	$Sn^{2+} + 2e^- \rightleftarrows Sn$	−0.1375
	$Ni^{2+} + 2e^- \rightleftarrows Ni$	−0.257
	$Fe^{2+} + 2e^- \rightleftarrows Fe$	−0.44
	$Zn^{2+} + 2e^- \rightleftarrows Zn$	−0.7626
	$Mn^{2+} + 2e^- \rightleftarrows Mn$	−1.18
	$Cr^{3+} + 3e^- \rightleftarrows Cr$	−1.324
	$Al^{3+} + 3e^- \rightleftarrows Al$	−1.676
	$Mg^{2+} + 2e^- \rightleftarrows Mg$	−2.356
	$Na^+ + e^- \rightleftarrows Na$	−2.714
	$Ca^{2+} + 2e^- \rightleftarrows Ca$	−2.84
	$Ba^{2+} + 2e^- \rightleftarrows Ba$	−2.92
	$K^+ + e^- \rightleftarrows K$	−2.925
	$Li^+ + e^- \rightleftarrows Li$	−3.045
酸化剤・還元剤	F_2(気) $+ 2H^+ + 2e^- \rightleftarrows 2HF$	3.053
	$O_3 + 2H^+ + 2e^- \rightleftarrows O_2 + H_2O$	2.075
	$H_2O_2(aq) + 2H^+ + 2e^- \rightleftarrows 2H_2O$	1.763
	$MnO_4^- + 4H^+ + 3e^- \rightleftarrows MnO_2 + 2H_2O$	1.70
	$Cl_2(aq) + 2e^- \rightleftarrows 2Cl^-$	1.396
	$Cr_2O_7^{2-} + 14H^+ + 6e^- \rightleftarrows 2Cr^{3+} + 7H_2O$	1.36
	$MnO_2 + 4H^+ + 2e^- \rightleftarrows Mn^{2+} + 2H_2O$	1.23
	$O_2 + 4H^+ + 4e^- \rightleftarrows 2H_2O$	1.229
	$Br_2(aq) + 2e^- \rightleftarrows 2Br^-$	1.0874
	$NO_3^- + 4H^+ + 3e^- \rightleftarrows NO$(気) $+ 2H_2O$	0.957
	$2NO_3^- + 4H^+ + 2e^- \rightleftarrows N_2O_4$(気) $+ 2H_2O$	0.803
	$Fe^{3+} + e^- \rightleftarrows Fe^{2+}$	0.771
	$O_2 + 2H^+ + 2e^- \rightleftarrows H_2O_2(aq)$	0.695
	$H_2SO_3 + 4H^+ + 4e^- \rightleftarrows S + 3H_2O$	0.500
	I_2(固) $+ 2e^- \rightleftarrows 2I^-$	0.5355
	$O_2 + 2H_2O + 4e^- \rightleftarrows 4OH^-$	0.401
	$S + 2H^+ + 2e^- \rightleftarrows H_2S$(気)	0.174
	$SO_4^{2-} + 4H^+ + 2e^- \rightleftarrows H_2SO_3 + H_2O$	0.158
	$Sn^{4+} + 2e^- \rightleftarrows Sn^{2+}$	0.15
	$2H^+ + 2e^- \rightleftarrows H_2$	0.0000
	$PbSO_4 + 2e^- \rightleftarrows Pb + SO_4^{2-}$	−0.3505
	$2CO_2 + 2H^+ + 2e^- \rightleftarrows (COOH)_2(aq)$	−0.475

（「化学便覧改訂 6 版」による）

- 25 ℃，水溶液中における値。
- 各電極反応は一方の電極に水素電極を用いたもので，$H_2 \rightleftarrows 2H^+ + 2e^-$ の反応が同時に起こっている。

24 無機物質の性質

● **融点・沸点**　右肩の数値は測定圧力(atm)。他は 1 atm(101325 Pa)における値。(昇)は昇華点，(分)は分解点を示す。右肩に$-nH_2O$とある数値は，脱水する温度。
● **密度**　右肩の数値は測定温度(℃)。他は室温における値。□は0℃，1 atmにおける気体の密度(g/L)。他は固体・液体の密度(g/cm³)。
● **色・状態**　無…無色，　固…固体，　液…液体，　気…気体　25 ℃での状態を示す。
● **水溶液**　不溶…ほとんど溶けない。　難溶…わずかに溶ける。　溶…溶ける。　易溶…溶けやすい。　∞…任意の割合で溶ける。

化学式	物質名	式量	融点(℃)	沸点(℃)	密度	色・状態	水溶性	その他	参照ページ
Ag	銀	107.9	951.9	2212	10.50	銀白・固	不溶	電気・熱伝導度が大きい	175
AgBr	臭化銀	187.8	432	>1300(分)	6.473^{25}	淡黄・固	不溶	光で分解し黒化，写真感光材料	175
AgCN	シアン化銀	133.9	320(分)		3.95^{19}	無・固	不溶	有毒	
AgCl	塩化銀	143.4	455	1550	5.56	無・固	不溶	光で分解し黒化	175
Ag_2CrO_4	クロム酸銀	331.8			5.62	暗赤・固	難溶		175
AgF	フッ化銀(I)	126.9	435	1150	5.85	黄・固	易溶	潮解性，光により暗色	
AgI	ヨウ化銀	234.8	552	1506	5.96	黄・固	不溶	光で分解し黒化	175
$AgNO_3$	硝酸銀	169.9	212	444(分)	4.35	無・固	易溶	有毒，銀めっきの材料	175
Ag_2O	酸化銀(I)	231.8	>200(分)		7.220^{25}	褐・固	不溶	強い塩基	175
Ag_2S	硫化銀	247.9	825		7.326	黒・固	不溶	輝銀鉱，針銀鉱として産出	175
Ag_2SO_4	硫酸銀	311.9	652	1085(分)	5.45^{30}	無・固	難溶*	*温水に溶ける	
Al	アルミニウム	27.0	660.3	2467	2.70	銀白・固	不溶	缶やサッシ・家庭用品	168
$AlCl_3$	塩化アルミニウム	133.3	190$^{2.5}$	182.7$^{0.99}$	2.44^{25}	無・固	易溶*	潮解性*水に溶けて分解	168
$AlK(SO_4)_2\cdot 12H_2O$	カリウムミョウバン	474.4	92.5	200$^{-12H_2O}$	1.75	無・固	溶	針状結晶，水溶液は酸性，医薬	169
$Al(NO_3)_3\cdot 9H_2O$	硝酸アルミニウム九水和物	375.2	73.5	150(分)	1.72	無・固	易溶*	潮解性*pH 4 以上で加水分解	
Al_2O_3	酸化アルミニウム	102.0	2054	2980±60	4.0	無・固	不溶	コランダム，ルビー・サファイアとして産出	169
$Al(OH)_3$	水酸化アルミニウム	78.0	300$^{-H_2O}$		2.42	無・固	不溶	ギブス石として産出	169
$Al_2(SO_4)_3\cdot 18H_2O$	硫酸アルミニウム十八水和物	666.5	86.5(分)		1.69	無・固	易溶	媒染剤，製紙(にじみどめ)	169
Ar	アルゴン	40.0	−189.3	−185.8	1.784	無・気	不溶	不活性	141
Au	金	197.0	1064.4	2807	19.32	黄金・固	不溶	装飾品，電子部品	179
B	ホウ素	10.8	2300	3658	2.34	黒・固	不溶	金属光沢	
Ba	バリウム	137.3	729	1637	3.59	銀白・固	*	炎色反応黄緑色*水と反応	166
$BaCO_3$	炭酸バリウム	197.3	1450(分)		4.43	無・固	不溶	$CaCO_3$に比べ熱分解しにくい	167
$BaCl_2$	塩化バリウム	208.2	962	1560	3.89	無・固	溶	わずかに吸湿性	167
$Ba(OH)_2\cdot 8H_2O$	水酸化バリウム八水和物	315.4	78	550$^{-8H_2O}$	2.18	無・固	溶	風解性，CO_2を吸収	167
$BaSO_4$	硫酸バリウム	233.4	1580	分解	4.50^{15}	無・固	不溶	X線造影剤	167
Br_2	臭素	159.8	−7.2	58.8	3.12	赤褐・液	溶	刺激臭，猛毒	144
C	黒鉛	12.0	3530		2.26	灰黒・固	不溶	耐熱性，電気・熱伝導性がよい	156
C	ダイヤモンド	12.0	3550	4800(昇)	3.513	無・固	不溶	工業用，装飾用	156
CO	一酸化炭素	28.0	−205	−191.5	1.250	無・気	難溶	強い還元性，有毒	157
CO_2	二酸化炭素	44.0	−56.6$^{5.2}$	−78.5(昇)	1.977	無・気	溶	水溶液はわずかに酸性	157
CS_2	二硫化炭素	76.2	−112.0	46.3	1.26^{25}	無・液	難溶	引火性，有毒	29
Ca	カルシウム	40.1	839	1484	1.55	銀白・固	*	炎色反応橙赤色*水と反応	166
CaC_2	炭化カルシウム(カーバイド)	64.1	～2300		2.22	無・固	*	爆発性*水と反応しアセチレンが発生	157
$CaCO_3$	炭酸カルシウム	100.1	1339$^{102.5}$		2.710	無・固	不溶	方解石，石灰石として産出	167
$CaCl_2$	塩化カルシウム	111.0	772	>1600	2.15	無・固	易溶	潮解性，乾燥剤	167
$Ca(ClO)_2\cdot 3H_2O$	次亜塩素酸カルシウム三水和物	197.0	<60$^{-3H_2O}_{真空}$			無・固	溶	潮解性，高度さらし粉	147
CaF_2	フッ化カルシウム	78.1	1403	2500	3.18	無・固	不溶	加熱すると青紫色のりん光	146
$Ca(NO_3)_2\cdot 4H_2O$	硝酸カルシウム四水和物	236.2	42.7$^{\alpha}$	132$^{-4H_2O}$	1.90	無・固	易溶	潮解性，肥料	
CaO	酸化カルシウム	56.1	2572	2850	3.25	無・固	*	吸湿性，生石灰*水と反応	167
$Ca(OH)_2$	水酸化カルシウム	74.1	580$^{-H_2O}$	分解	2.24	無・固	難溶	消石灰，石灰水(飽和水溶液)	167
$Ca_3(PO_4)_2$	リン酸三カルシウム	310.2	1670		3.14	無・固	不溶*	*温水中で分解	155
$CaSO_4$	硫酸カルシウム	136.2	1450	分解	2.97	無・固	難溶	硬セッコウ	167
$CaSO_4\cdot 2H_2O$	硫酸カルシウム二水和物	172.2	128$^{-1.5H_2O}$		2.31	無・固	難溶	セッコウ	167
Cd	カドミウム	112.4	321.0	765	8.65	銀白・固	不溶	軟らかい，粉末や煙は猛毒	177
$Cd(NO_3)_2\cdot 4H_2O$	硝酸カドミウム四水和物	308.5	59.4	132	2.45	無・固	易溶	潮解性	
CdS	硫化カドミウム	144.5	1750^{100}	980(昇)$_{N_2中}$	4.8	黄橙・固	不溶	蛍光体，顔料，写真用露出計	177
Cl_2	塩素	70.9	−101.0	−34.0	3.214	黄緑・気	溶	刺激臭，有毒，漂白・消毒剤	145
Co	コバルト	58.9	1495	2870	8.90	灰白・固	不溶	磁性合金，耐熱性合金などの成分	173

化学式	物質名	式量	融点(℃)	沸点(℃)	密度	色・状態	水溶性	その他	参照ページ
$CoCl_2$	塩化コバルト(Ⅱ)	129.8	735	1049	3.37	青・固	溶	吸湿性，湿度指示薬	173
$CoCl_2 \cdot 6H_2O$	塩化コバルト(Ⅱ)六水和物	237.9	86	130^{-6H_2O}	1.92	赤・固	易溶		181
Cr	クロム	52.0	1860	2671	7.19	銀白・固	不溶	空気・水に安定，めっき，合金	178
Cr_2O_3	酸化クロム(Ⅲ)	152.0	～2300	3000～4000	5.22^{25}	緑・固	不溶	硬い，高温で揮発性	
$CrSO_4 \cdot 7H_2O$	硫酸クロム(Ⅱ)七水和物	274.2	分解			青・固	溶	不安定，還元性	
Cu	銅	63.5	1083.4	2567	8.96	赤・固	不溶	電気・熱伝導性がよい	174
$CuCO_3 \cdot Cu(OH)_2$	炭酸二水酸化二銅(Ⅱ)	221.1	220(分)		4.0	暗緑・固	不溶*	緑青，くじゃく石 *温水中で分解	174
$CuCl_2 \cdot 2H_2O$	塩化銅(Ⅱ)二水和物	170.5	$100～200^{-2H_2O}$	分解	2.39	緑・固	易溶	潮解性，有毒	94
$Cu(NO_3)_2 \cdot 3H_2O$	硝酸銅(Ⅱ)三水和物	241.6	114.5		2.05	青・固	易溶	潮解性	174
CuO	酸化銅(Ⅱ)	79.6	1236		6.315^{14}	黒・固	不溶	酸化剤，触媒	174
Cu_2O	酸化銅(Ⅰ)	143.1	1235	1800(分)	6.14	赤・固	不溶	赤銅鉱として産出，光電効果	174
$Cu(OH)_2$	水酸化銅(Ⅱ)	97.6	分解		3.95	青・固	不溶*	含水量不明，ゲル *温水中で分解	174
CuS	硫化銅(Ⅱ)	95.6	220(分)		4.64	黒・固	不溶	コベリンとして産出	174
$CuSO_4$	硫酸銅(Ⅱ)	159.6	200	650(分)	3.60	無・固	溶	湿度指示薬	174
$CuSO_4 \cdot 5H_2O$	硫酸銅(Ⅱ)五水和物	249.7	150^{-5H_2O}		2.29	青・固	易溶		174
F_2	フッ素	38.0	−219.6	−188.1	1.696	淡黄・気		特異臭，すべての元素と直接反応	144
Fe	鉄	55.8	1535	2750	7.87	灰白・固	不溶	磁石を引きつける	172
$FeCl_2$	塩化鉄(Ⅱ)	126.8	670～674	昇華	3.16^{25}	緑黄・固	易溶	昇華性	172
$FeCl_3 \cdot 6H_2O$	塩化鉄(Ⅲ)六水和物	270.3	36.5	280		黄褐・固	易溶	潮解性，水溶液は酸性	172
FeO	酸化鉄(Ⅱ)	71.9	～1370		2.99^{18}	黒・固	不溶	不安定	196
Fe_2O_3	酸化鉄(Ⅲ)	159.7	1565(分)		5.24	赤褐～黒・固	不溶	べんがら	196
Fe_3O_4	四酸化二鉄(Ⅲ)鉄(Ⅱ)	231.6	1538		5.2	黒・固	不溶	磁鉄鉱	172
$Fe(OH)_2$	水酸化鉄(Ⅱ)	89.9	分解		3.40	無～淡緑・固	不溶		172
FeS	硫化鉄(Ⅱ)	87.9	1193	分解	4.6～4.8	黒褐・固	不溶		172
$FeSO_4 \cdot 7H_2O$	硫酸鉄(Ⅱ)七水和物	278.0	64	90^{-6H_2O}	1.899^{14}	青緑・固	易溶	無水塩は淡緑色	172
Ga	ガリウム	69.7	27.8	2403	5.907^{20}	白・固	不溶	半導体材料	156
H_2	水素	2.02	−259.1	−252.9	0.0899	無・気	不溶	爆発性，天然ガス中に含まれる	140
H_3BO_3	ホウ酸	61.8	169	$300^{-1.5H_2O}$	1.43^{15}	無・固	溶	水溶液は消毒薬として使われる	112
HBr	臭化水素	80.9	−88.5	−67	3.644	無・気	易溶	刺激臭，臭化水素酸(水溶液)	146
HCl	塩化水素	36.5	−114.2	−84.9	1.639	無・気	溶	刺激臭，有毒，塩酸(水溶液)	146
$HClO$	次亜塩素酸	52.5				緑黄・*		強い酸化力 *水溶液中のみ存在	147
$HClO_2$	亜塩素酸	68.5				無・*		強い酸化力 *水溶液中のみ存在	147
$HClO_3$	塩素酸	84.5	<−20	40(分)		無・*	易溶	強酸，強い酸化力 *水溶液中のみ存在	147
$HClO_4$	過塩素酸	100.5	−112	$39^{0.074}$	1.761^{22}	無・液	易溶	強酸，強い酸化力	147
HF	フッ化水素	20.0	−83	19.5	1.002^{0}	無・気	易溶	有毒，ガラスを腐食	146
HI	ヨウ化水素	127.9	−50.8	−35.1	5.789	無・気	易溶	刺激臭，強い酸，強い還元剤	146
HNO_3	硝酸	63.0	−42	83	1.502^{25}	無・液	∞	強酸，強い酸化剤，劇物	153
H_2O	水	18.0	0	100	$0.999973^{3.98}$	無・液		多くの化合物を溶かす	57
H_2O_2	過酸化水素	34.0	−0.89	151.4	1.46^{0}	無・液	∞	刺激性，酸化剤，猛毒，漂白剤	84
H_3PO_4	リン酸	98.0	42.4	$213^{-0.5H_2O}$	2.00	無・固	易溶	潮解性，有毒，食品添加物	155
H_2S	硫化水素	34.1	−85.5	−60.7	1.539	無・気	溶	腐卵臭，有毒	150
H_2SO_4	硫酸	98.1	10.4	$338^{98.3\%}$	1.826^{25}	無・液	∞	強酸，粘稠，猛毒，酸化(熱濃硫酸)	151
Hg	水銀	200.6	−38.9	356.6	13.55	銀白・液	不溶	猛毒，他の金属とアマルガムをつくる	177
Hg_2Cl_2	塩化水銀(Ⅰ)	472.1	400(昇)		7.15	無・固	不溶	別)甘コウ，カロメル	177
$HgCl_2$	塩化水銀(Ⅱ)	271.5	276	302	5.6	無・固	溶	有毒，消毒剤，木材の防腐剤	177
HgO	酸化水銀(Ⅱ)	216.6	500(分)		11.14	赤*・固	難溶	有毒 *粒子小は黄色	
HgS	硫化水銀(Ⅱ)	232.7	583(昇)		8.09	赤・固	不溶	別)辰砂，医薬，顔料(朱)	177
I_2	ヨウ素	253.8	113.5	184.3	4.93	黒紫・固		特異臭，昇華性，金属光沢，猛毒	145
K	カリウム	39.1	63.7	774	0.862	銀白・固	*	炎色反応赤紫色 *水と激しく反応	162
KBr	臭化カリウム	119.0	730	1435	2.756^{0}	無・固	易溶	臭素を溶かす，写真材料，鎮痛剤	147
K_2CO_3	炭酸カリウム	138.2	891	分解	2.43	無・固	易溶	吸湿性，水溶液は強塩基性	164
KCl	塩化カリウム	74.6	770	1500(昇)	1.992^{0}	無・固	溶	肥料	147

化学式	物質名	式量	融点(℃)	沸点(℃)	密度	色·状態	水溶性	その他	参照ページ
$KClO_3$	塩素酸カリウム	122.6	356	400(分)	2.34	無·固	溶	強い酸化力，花火爆薬，マッチ	147
K_2CrO_4	クロム酸カリウム	194.2	975		2.732[18.6]	黄·固	易溶	酸化力，媒染剤，分析試薬，有毒	178
$K_2Cr_2O_7$	ニクロム酸カリウム	294.2	398	500(分)	2.68	橙赤·固	溶	強い酸化力，顔料・染料	178
$K_3[Fe(CN)_6]$	ヘキサシアニド鉄(Ⅲ)酸カリウム	329.3	分解		1.87	赤·固	易溶	別)フェリシアン化カリウム(赤血塩)	172
$K_4[Fe(CN)_6]\cdot3H_2O$	ヘキサシアニド鉄(Ⅱ)酸カリウム三水和物	422.4	100($-3H_2O$)	分解	1.88	黄·固	易溶	別)フェロシアン化カリウム(黄血塩)	172
KH_2PO_4	リン酸二水素カリウム	136.1	258(分)		2.24	無·固	易溶	緩衝液，培地	294
KI	ヨウ化カリウム	166.0	680	1330	3.133[0]	無·固	易溶	医薬品，写真用薬剤	147
$KMnO_4$	過マンガン酸カリウム	158.0	200(分)		2.70	黒紫·固	溶	強酸，強い酸化力，消毒·殺菌·漂白	178
KNO_3	硝酸カリウム	101.1	339	400(分)	2.11	無·固	溶	黒色火薬(硝石)，食肉の保存料	113
KOH	水酸化カリウム	56.1	360.4±0.7	1320〜1324	2.04	無·固	易溶	潮解性，CO_2 を吸収	164
$KSCN$	チオシアン酸カリウム	97.2	173	500(分)	1.89	無·固	易溶	潮解性，Fe^{3+} の検出・定量	172
K_2SO_4	硫酸カリウム	174.3	1069	1689	2.66	無·固	溶	肥料・ガラス・ミョウバンの原料	
Kr	クリプトン	83.8	−156.7	−152.3	3.749	無·気			141
Li	リチウム	6.94	180.5	1347	0.534	銀白·固	*	炎色反応赤色*水と反応	162
$LiCl$	塩化リチウム	42.4	605	1325〜1360	2.068	無·固	易溶	潮解性	
$LiOH$	水酸化リチウム	23.9	450	924(分)	1.43	無·固	溶	強塩基	163
Mg	マグネシウム	24.3	648.8	1090	1.738	銀白·固	*	強い光を放って燃える*熱水と反応	166
$MgCO_3$	炭酸マグネシウム	84.3	600(分)		3.04	無·固	難溶	塗料，医薬品，化粧品	
$MgCl_2$	塩化マグネシウム	95.2	714	1412	2.33	無·固	溶	吸湿性	166
$MgCl_2\cdot6H_2O$	塩化マグネシウム六水和物	203.3	116〜118(分)		1.68	無·固	易溶	潮解性	166
$Mg(NO_3)_2\cdot6H_2O$	硝酸マグネシウム六水和物	256.4	89	330(分)	1.64	無·固	易溶	潮解性	
MgO	酸化マグネシウム	40.3	2826	3600	3.58	無·固	不溶	医薬品，ゴム配合剤，パステル	65
$Mg(OH)_2$	水酸化マグネシウム	58.3	350($-H_2O$)		2.36	無·固	不溶	水溶液は塩基性	71
$MgSO_4$	硫酸マグネシウム	120.4	1185		2.70	無·固	易溶		166
Mn	マンガン	54.9	1244	1962	7.44	銀白·固	不溶	水と徐々に反応	178
$MnCl_2\cdot4H_2O$	塩化マンガン(Ⅱ)四水和物	197.9	58	198($-4H_2O$)	2.01	桃·固	易溶	潮解性	
MnO_2	酸化マンガン(Ⅳ)	86.9	535(分)		5.03	黒·固	不溶	強い酸化剤	178
MnS	硫化マンガン(Ⅱ)	87.0	1620		4.0	緑*·固	不溶	*淡赤色，赤色のものもある	178
$MnSO_4$	硫酸マンガン(Ⅱ)	151.0	700	850(分)	3.23	淡赤·固	易溶	塗料，金属表面処理剤	178
N_2	窒素	28.0	−209.9	−195.8	1.250	無·気	不溶	大気中に約78%含まれる	152
NH_3	アンモニア	17.0	−77.7	−33.4	0.771	無·気	易溶	刺激臭，水溶液は塩基性	152
$(NH_4)_2CO_3\cdot H_2O$	炭酸アンモニウム一水和物	114.1	58(分)			無·固	易溶	空気中で徐々に NH_4HCO_3 へ分解	
NH_4Cl	塩化アンモニウム	53.5	340(昇)	520	1.53	無·固	溶	肥料，乾電池の合剤	152
NH_4HCO_3	炭酸水素アンモニウム	79.1	35〜60(分)*		1.57	無·固	溶	*CO_2，NH_3，H_2O に分解	75
NH_4NO_3	硝酸アンモニウム	80.1	169.6	210(分)	1.73	無·固	易溶	吸湿性，肥料，爆薬	123
$(NH_4)_2S$	硫化アンモニウム	68.2	分解		1.17	淡黄·固	易溶	針状結晶	182
$(NH_4)_2SO_4$	硫酸アンモニウム	132.2	>280(分)		1.764[30]	無·固	易溶	硫安，肥料，タンパク質の塩析	152
NO	一酸化窒素	30.0	−163.6	−151.8	1.340	無·気	難溶	硝酸の原料，液体は青色	153
NO_2	二酸化窒素	46.0	−9.3	21.3	1.491[0]	赤褐·気	溶*	$2NO_2 \rightleftarrows N_2O_4$ で平衡*水中で分解	153
Na	ナトリウム	23.0	97.8	883	0.971	銀白·固	*	炎色反応黄色*水と激しく反応	162
$NaBr$	臭化ナトリウム	102.9	747	1390	3.21	無·固	易溶	潮解性，写真材料，鎮静剤	
Na_2CO_3	炭酸ナトリウム	106.0	851	分解	2.53	無·固	易溶	吸湿性，水溶液は強塩基性	164
$Na_2CO_3\cdot10H_2O$	炭酸ナトリウム十水和物	286.4	*		1.46	無·固	易溶	風解性*空気中で風解して一水和物になる。	164
$NaCl$	塩化ナトリウム	58.4	801	1413	2.168[0]	無·固	易溶	食塩，調味料，寒剤	
$NaClO_3$	塩素酸ナトリウム	106.4	248〜261	分解	2.49	無·固	易溶	爆薬の原料	147
$NaClO_4$	過塩素酸ナトリウム	122.4	482(分)		2.02	無·固	易溶	潮解性	147
NaH	水素化ナトリウム	24.0	800(分)		0.92	無·固	*	強い還元力*水と爆発的に反応	140
$NaHCO_3$	炭酸水素ナトリウム	84.0	270(分)		2.21	無·固	溶	ふくらし粉，医薬品，洗剤	165
$NaH_2PO_4\cdot2H_2O$	リン酸二水素ナトリウム二水和物	156.0	60	95($-2H_2O$)	1.91	無·固	易溶	潮解性，緩衝液	155
$Na_2HPO_4\cdot12H_2O$	リン酸水素二ナトリウム十二水和物	358.2	34〜35		1.52[17]	無·固	易溶	風解性，水溶液は弱塩基性	
$NaHSO_4$	硫酸水素ナトリウム	120.1	>315(分)		2.74	無·固	易溶		75
$NaNO_2$	亜硝酸ナトリウム	69.0	271	320(分)	2.17	無〜黄·固	易溶	吸湿性，染料，医薬品	227

化学式	物質名	式量	融点(℃)	沸点(℃)	密度	色・状態	水溶性	その他	参照ページ
$NaNO_3$	硝酸ナトリウム	85.0	306.8	380(分)	2.26	無・固	易溶	吸湿性，ガラスの原料，肥料	153
Na_2O_2	過酸化ナトリウム	78.0	460(分)		2.81	淡黄・固	溶＊	強い酸化力＊水と反応して分解	
$NaOH$	水酸化ナトリウム	40.0	318.4	1390	2.13[25]	無・固	易溶	潮解性，強塩基，劇薬	164
$Na_3PO_4 \cdot 12H_2O$	リン酸ナトリウム十二水和物	380.1	～75(分)	100 $^{-11H_2O}$	1.65	無・固	溶	洗剤，皮革工業，工業用水処理	79
Na_2S	硫化ナトリウム	78.1	1180		1.86	無・固	易溶	潮解性，硫化染料	
$Na_2SO_3 \cdot 7H_2O$	亜硫酸ナトリウム七水和物	252.2	150 $^{-7H_2O}$	分解	1.561	無・固	溶	風解性，還元性	83
$Na_2SO_4 \cdot 10H_2O$	硫酸ナトリウム十水和物	322.2	32.4	100 $^{-10H_2O}$	1.46	無・固	易溶	風解性，利尿剤	75
$Na_2S_2O_3 \cdot 5H_2O$	チオ硫酸ナトリウム五水和物	248.2	100 $^{-5H_2O}$		1.69	無・固	易溶	風解性，写真の定着液，脱塩素剤	84
Na_2SiO_3	ケイ酸ナトリウム	122.1	1088		2.614	無・固	溶	水溶液は塩基性	159
Ni	ニッケル	58.7	1453	2732	8.90[25]	銀白・固	不溶	空気・湿気に安定，めっき，合金	173
$Ni(NO_3)_2 \cdot 6H_2O$	硝酸ニッケル(Ⅱ)六水和物	290.8	56.7	136.7	2.05	緑・固	易溶	潮解性	
$NiSO_4$	硫酸ニッケル(Ⅱ)	154.8	848(分)		3.68	黄・固	易溶	吸湿性	95
O_2	酸素	32.0	−218.4	−183.0	1.429	無・気	難溶	液体酸素は淡青色	148
O_3	オゾン	48.0	−193	−111.3	2.141	淡青・気	難溶	特異臭，強い酸化力，徐々に分解	148
P_4	黄リン	123.9	44.2	280	1.82	淡黄・固	不溶	発火点34℃，猛毒，水中保存	154
P	赤リン	31.0	589.5[43.1]		2.2	赤褐・固	不溶	発火点250～260℃，無毒	154
P_4O_{10}	十酸化四リン(五酸化二リン)	283.9	580	～350(昇)	2.30	無・固	＊	潮解性，強い脱水剤＊水中で分解	154
Pb	鉛	207.2	327.5	1740	11.35	白色・固	不溶	軟らかく加工しやすい	170
$PbBr_2$	臭化鉛(Ⅱ)	367.0	373	916	6.66	無・固	難溶		170
$Pb(CH_3COO)_2 \cdot 3H_2O$	酢酸鉛(Ⅱ)三水和物	379.3	75 $^{-H_2O}$	200(分)	2.540	無・固	溶	別)鉛糖，風解性，甘味，有毒	170
$PbCl_2$	塩化鉛(Ⅱ)	278.1	501	950	5.85	無・固	難溶＊	＊温水に溶ける	170
$PbCrO_4$	クロム酸鉛(Ⅱ)	323.2	844	分解	6.12	黄・固	不溶	クロムイエロー(黄色顔料)	170
PbI_2	ヨウ化鉛(Ⅱ)	461.0	402	954	6.16	黄・固	難溶	有毒	170
$Pb(NO_3)_2$	硝酸鉛(Ⅱ)	331.2	470(分)		4.53	無・固	易溶	有毒	170
PbO	酸化鉛(Ⅱ)	223.2	886	1470	9.53	赤＊・固	不溶	劇薬，鉛ガラス，ほうろう，顔料＊黄色のものもある	170
PbO_2	酸化鉛(Ⅳ)	239.2	290(分)		9.38	褐・固	不溶	酸化剤，蓄電池	170
$Pb(OH)_2 \cdot nH_2O$	水酸化鉛(Ⅱ)水和物	$241.2+18.0n$	145(分)			無	難溶	両性化合物	170
PbS	硫化鉛(Ⅱ)	239.3	1114		7.59	黒・固	不溶	光電池	170
$PbSO_4$	硫酸鉛(Ⅱ)	303.3	1070～1084		6.2	無・固	難溶	鉛蓄電池	170
Pt	白金	195.1	1772	3830	21.45	銀白・固	不溶	触媒，装飾品	190
S_8	斜方硫黄	256.5	112.8	444.7	2.07	黄・固	不溶		149
S_8	単斜硫黄	256.5	119.0	444.7	1.957	淡黄・固	不溶		149
SO_2	二酸化硫黄	64.1	−75.5	−10	2.926	無・気	易溶	別)亜硫酸ガス，刺激臭，還元性，漂白	150
SO_3	三酸化硫黄	80.1	62.4	50(昇)	1.903[25]	無・固	＊	強い酸化力，猛毒＊水中で分解	151
Si	ケイ素	28.1	1410	2355	2.33[25]	灰・固	不溶	金属光沢	158
SiO_2	二酸化ケイ素	60.1	1550	2950	2.65	無・固	不溶	石英，水晶，シリカゲル	158
Sn	スズ	118.7	232.0	2270	7.31	銀白・固	不溶	めっき(ブリキ)，合金(はんだ)	171
$SnCl_2$	塩化スズ(Ⅱ)	189.6	246.8	652	3.95	無・固	易溶	媒染剤，めっき用原料	171
SnO_2	酸化スズ(Ⅳ)	150.7	1630	1800～1900(昇)	6.95	無・固	不溶	電気伝導性	171
$Sn(OH)_2$	水酸化スズ(Ⅱ)	152.7	＞160(分)			無＊・固	不溶	＊黄褐色のものもある	171
Ti	チタン	47.9	1660	3287	4.54	銀灰・固	不溶	超電導0.40 K	179
TiO_2	酸化チタン(Ⅳ)	79.9	1843	3000(分)	3.84	無・固	不溶	絶縁体，磁器原料，医薬品，化粧品	179
V	バナジウム	50.9	1887	3377	6.11[19]	銀灰・固	不溶	合金の添加剤	
V_2O_5	酸化バナジウム(Ⅴ)	181.9	690	1750(分)	3.357[18]	黄赤・固	難溶	空気中で安定，有毒，触媒	151
Xe	キセノン	131.3	−111.9	−107.1	5.897	無・気	不溶	キセノンランプ封入ガス	141
Zn	亜鉛	65.4	419.5	907	7.134[25]	青白・固	不溶	酸素があると水に溶ける	176
$ZnCl_2$	塩化亜鉛	136.3	283	732	2.98	無・固	易溶	潮解性，めっき表面洗浄剤，防腐剤	176
$Zn(NO_3)_2 \cdot 6H_2O$	硝酸亜鉛六水和物	297.5	36.4	105～131 $^{-6H_2O}$	2.06	無・固	易溶		
ZnO	酸化亜鉛	81.4	1975 加圧	昇華	5.67	無・固	不溶	白色顔料，ほうろう，触媒	176
$Zn(OH)_2$	水酸化亜鉛	99.4	125(分)		3.05	無・固	不溶		176
ZnS	硫化亜鉛	97.5	1700[50]	1180(昇)	4.102	無・固	不溶	蛍光体	176
$ZnSO_4 \cdot 7H_2O$	硫酸亜鉛七水和物	287.6	100	280 $^{-7H_2O}$	1.97	無・固	易溶	点眼薬，媒染剤，顔料	176

25 おもな気体の製法と性質

気体	色・におい	毒性	水溶性	液性	密度の相対値	製法と性質		捕集法
水素 H_2	無色 無臭	無	不溶	—	0.0695	亜鉛と希硫酸の反応 水の電気分解	$Zn + H_2SO_4 \longrightarrow ZnSO_4 + H_2$ $2H_2O \xrightarrow[\text{電気分解}]{} 2H_2 + O_2$	水上
酸素 O_2	無色 無臭	無	難溶	—	1.11	過酸化水素の分解 塩素酸カリウムの分解	$2H_2O_2 \xrightarrow{MnO_2} 2H_2O + O_2$ $2KClO_3 \xrightarrow[\text{加熱}]{MnO_2} 2KCl + 3O_2$	水上
オゾン O_3	淡青色 特異臭	有	難溶	—	1.66	酸素中での無声放電	$3O_2 \xrightarrow[\text{無声放電}]{} 2O_3$	下方
窒素 N_2	無色 無臭	無	不溶	—	0.967	亜硝酸アンモニウムの分解 液体空気の分留〈工業的〉	$NH_4NO_2 \xrightarrow[\text{加熱}]{} N_2 + 2H_2O$	水上
塩素 Cl_2	黄緑色 刺激臭	有	溶	酸性	2.49	さらし粉と濃塩酸の反応 酸化マンガン(Ⅳ)と濃塩酸の反応 塩化ナトリウム水溶液の電気分解〈工業的〉	$CaCl(ClO) \cdot H_2O + 2HCl \longrightarrow CaCl_2 + 2H_2O + Cl_2$ $MnO_2 + 4HCl \xrightarrow[\text{加熱}]{} MnCl_2 + Cl_2 + 2H_2O$ $2NaCl + 2H_2O \xrightarrow[\text{電気分解}]{} 2NaOH + H_2 + Cl_2$	下方
アンモニア NH_3	無色 刺激臭	有	易溶	弱塩基性	0.597	塩化アンモニウムと水酸化カルシウムの反応 ハーバー・ボッシュ法〈工業的〉	$2NH_4Cl + Ca(OH)_2 \xrightarrow[\text{加熱}]{} CaCl_2 + 2NH_3 + 2H_2O$ $N_2 + 3H_2 \xrightarrow{Fe_3O_4} 2NH_3$	上方
フッ化水素 HF	無色 刺激臭	有	易溶	弱酸性	—	ホタル石と濃硫酸の反応	$CaF_2 + H_2SO_4 \xrightarrow[\text{加熱}]{} CaSO_4 + 2HF$	下方*
塩化水素 HCl	無色 刺激臭	有	溶	酸性	1.27	塩化ナトリウムと濃硫酸の反応 水素と塩素の反応〈工業的〉	$NaCl + H_2SO_4 \xrightarrow[\text{加熱}]{} NaHSO_4 + HCl$ $H_2 + Cl_2 \longrightarrow 2HCl$	下方
硫化水素 H_2S	無色 腐卵臭	有	溶	弱酸性	1.19	硫化鉄と希硫酸の反応	$FeS + H_2SO_4 \longrightarrow FeSO_4 + H_2S$	下方
一酸化炭素 CO	無色 無臭	有	難溶	—	0.967	炭素の不完全燃焼 ギ酸の脱水	$2C + O_2 \longrightarrow 2CO$ $HCOOH \xrightarrow[\text{加熱}]{H_2SO_4} CO + H_2O$	水上
二酸化炭素 CO_2	無色 無臭	無	溶	弱酸性	1.53	一酸化炭素の燃焼 炭酸カルシウムと希塩酸の反応	$2CO + O_2 \longrightarrow 2CO_2$ $CaCO_3 + 2HCl \longrightarrow CaCl_2 + CO_2 + H_2O$	下方 水上
一酸化窒素 NO	無色 無臭	無	難溶	—	1.04	銅と希硝酸の反応	$3Cu + 8HNO_3 \longrightarrow 3Cu(NO_3)_2 + 2NO + 4H_2O$	水上
二酸化窒素 NO_2	赤褐色 刺激臭	有	溶	酸性	1.58	銅と濃硝酸の反応	$Cu + 4HNO_3 \longrightarrow Cu(NO_3)_2 + 2H_2O + 2NO_2$	下方
二酸化硫黄 SO_2	無色 刺激臭	有	易溶	弱酸性	2.26	亜硫酸水素ナトリウムと希硫酸の反応 銅と濃硫酸の反応	$NaHSO_3 + H_2SO_4 \longrightarrow NaHSO_4 + SO_2 + H_2O$ $Cu + 2H_2SO_4 \xrightarrow[\text{加熱}]{} CuSO_4 + 2H_2O + SO_2$	下方
メタン CH_4	無色 無臭	無	不溶	—	0.555	酢酸ナトリウムと水酸化ナトリウムの反応	$CH_3COONa + NaOH \xrightarrow[\text{加熱}]{} Na_2CO_3 + CH_4$	水上
エチレン C_2H_4	無色 甘いにおい	無	不溶	—	0.974	エタノールの脱水	$C_2H_5OH \xrightarrow[\text{加熱}]{H_2SO_4} C_2H_4 + H_2O$	水上
アセチレン C_2H_2	無色 無臭	有	溶	中性	0.907	炭化カルシウムと水の反応 メタンの分解	$CaC_2 + 2H_2O \longrightarrow C_2H_2 + Ca(OH)_2$ $2CH_4 \longrightarrow C_2H_2 + 3H_2$	水上

- **密度の相対値**　空気の密度を１としたときの値を示す。
- **水溶性**　不溶…ほとんど溶けない。難溶…わずかに溶ける。溶…溶ける。易溶…溶けやすい。
- **捕集法**　水上…水上置換　上方…上方置換　下方…下方置換

＊フッ化水素（沸点19.5 ℃）の気体は常温では重合体（$2 \leqq n \leqq 6$）の混合物であるため，空気より重く，下方置換で集める。

26 アミノ酸

＊はヒトの必須アミノ酸

アミノ酸	略号	分子量	構造式	等電点	備考
グリシン	Gly (G)	75.1	$H-CH(NH_2)-COOH$	5.97	中性アミノ酸
アラニン	Ala (A)	89.1	$CH_3-CH(NH_2)-COOH$	6.00	
バリン＊	Val (V)	117.1	$CH_3-CH(CH_3)-CH(NH_2)-COOH$	5.96	
ロイシン＊	Leu (L)	131.2	$CH_3-CH(CH_3)-CH_2-CH(NH_2)-COOH$	5.98	
イソロイシン＊	Ile (I)	131.2	$CH_3-CH_2-CH(CH_3)-CH(NH_2)-COOH$	6.02	
セリン	Ser (S)	105.1	$HO-CH_2-CH(NH_2)-COOH$	5.68	
トレオニン＊	Thr (T)	119.1	$CH_3-CH(OH)-CH(NH_2)-COOH$	6.16	
アスパラギン酸	Asp (D)	133.1	$HOOC-CH_2-CH(NH_2)-COOH$	2.77	酸性アミノ酸（カルボン酸2つ）
グルタミン酸	Glu (E)	147.1	$HOOC-CH_2-CH_2-CH(NH_2)-COOH$	3.22	
アスパラギン	Asn (N)	132.1	$H_2N-C(=O)-CH_2-CH(NH_2)-COOH$	5.41	アミド結合をもつ
グルタミン	Gln (Q)	146.1	$H_2N-C(=O)-CH_2-CH_2-CH(NH_2)-COOH$	5.65	
システイン	Cys (C)	121.2	$HS-CH_2-CH(NH_2)-COOH$	5.07	硫黄を含む
メチオニン＊	Met (M)	149.2	$CH_3-S-CH_2-CH_2-CH(NH_2)-COOH$	5.74	
フェニルアラニン＊	Phe (F)	165.2	$C_6H_5-CH_2-CH(NH_2)-COOH$	5.48	ベンゼン環をもつ
チロシン	Tyr (Y)	181.2	$HO-C_6H_4-CH_2-CH(NH_2)-COOH$	5.66	
トリプトファン＊	Trp (W)	204.2	（インドール環）$C(=CH-NH)-CH_2-CH(NH_2)-COOH$	5.89	
リシン＊	Lys (K)	146.2	$H_2N-CH_2-CH_2-CH_2-CH_2-CH(NH_2)-COOH$	9.74	アミン塩基をもつ
アルギニン	Arg (R)	174.2	$H_2N-C(=NH)-NH-CH_2-CH_2-CH_2-CH(NH_2)-COOH$	10.76	
ヒスチジン＊	His (H)	155.2	$HC=C(-NH-CH=N-)-CH_2-CH(NH_2)-COOH$（イミダゾール環）	7.59	
プロリン	Pro (P)	115.1	H_2C-CH_2, $H_2C-NH-CH-COOH$（環状）	6.30	アミノ基が2級アミン

（「化学便覧改訂6版」による）

27 有機化合物の検出反応

検出反応	反応する物質	検出方法と反応物質が含まれる場合の結果
炭素の検出	炭　素	試料に酸化銅（Ⅱ）を加えて加熱すると二酸化炭素が発生し，これを石灰水に通すと白く濁る。
水素の検出	水　素	試料に酸化銅（Ⅱ）を加えて加熱すると水が生じる。これを無水硫酸銅（Ⅱ）につけると青色になる。
窒素の検出	窒　素	試料にソーダ石灰を混ぜて加熱するとアンモニアが発生し，これに濃塩酸を近づけると白煙が生じる。
		試料に単体のナトリウムを加えて融解するとシアン化ナトリウムが生成する。これを水に溶かして硫酸鉄（Ⅱ）を加え（ヘキサシアニド鉄（Ⅱ）酸ナトリウムになる），塩化鉄（Ⅲ）を加えると青色（溶液または沈殿）になる。
硫黄の検出	硫　黄	試料に単体のナトリウムを加えて融解すると硫化ナトリウムが生成する。これに酢酸と酢酸鉛（Ⅱ）水溶液を加えると黒色沈殿（硫化鉛）が生じる。
塩素の検出	塩　素	黒く焼いた銅線の先に試料をつけて加熱すると塩化銅（Ⅱ）が生じ，銅の炎色反応（青緑色）を示す。
臭素溶液の脱色反応	不飽和有機化合物	試料に臭素溶液を加えてよく振ると，臭素溶液の赤褐色が消えて無色になる。
単体のナトリウムによる水素の発生	アルコール，フェノール類	試料に単体のナトリウムを加えると，ナトリウムと反応して水素が発生する。
塩化鉄（Ⅲ）水溶液による呈色	フェノール類	試料の水溶液に少量の塩化鉄（Ⅲ）水溶液を加えると，青紫～赤紫色を呈する。
フェーリング液の還元	アルデヒド，還元性のある糖類	フェーリング液に試料を少量加えて煮沸すると，酸化銅（Ⅰ）の赤色沈殿が生じる。
銀鏡反応		アンモニア性硝酸銀水溶液に試料を加えて熱すると，ガラス容器に銀が付着して鏡のようになる。
さらし粉反応	アニリン	試料の水溶液にさらし粉水溶液を少量加えると，赤紫色を呈する。
ヨウ素デンプン反応	デンプン	試料の水溶液にヨウ素ヨウ化カリウム水溶液を加えると，青色を呈する。
ヨードホルム反応	$CH_3-CH(OH)-$，$CH_3-C(=O)-$	試料に水酸化ナトリウム水溶液とヨウ素水溶液を加えて加熱すると，特有臭のあるヨードホルムの黄色沈殿が生じる。
ニンヒドリン反応	アミノ酸，ペプチド	試料にニンヒドリン溶液を加えて加熱すると青紫～赤紫色を呈する。
ビウレット反応	タンパク質	試料に水酸化ナトリウム水溶液を加え，硫酸銅（Ⅱ）水溶液を少量加えると赤紫色を呈する。
キサントプロテイン反応	ベンゼン環をもつタンパク質	試料に濃硝酸を加えて加熱すると黄色を呈する。冷却後アンモニア水を加えると橙黄色を呈する。

28 有機化合物の性質

- **融点・沸点** 右肩の数値は測定圧力(atm)。他は1 atm(101325 Pa)における値。昇は昇華点を示す。
- **密度** 右肩の数値は測定温度(℃)。他は20 ℃における値。□は0 ℃，1 atmにおける気体の密度(g/L)。他は固体・液体の密度(g/cm³)。
- **色・状態** 無…無色 固…固体 液…液体 気…気体 25 ℃での状態を示す。
- **水溶性** 不溶…ほとんど溶けない。 難溶…わずかに溶ける。 溶…溶ける。 易溶…溶けやすい。 ∞…任意の割合で溶ける。 熱水溶…熱水に溶ける。
- **その他** 別）は別名を示す。

物質	化学式	式量	融点(℃)	沸点(℃)	密度	色・状態	水溶性	その他	参照ページ
アクリル酸	$CH_2CHCOOH$	72.1	14	$141^{0.993}$	1.0621^{16}	無・液	∞	刺激臭，重合しやすい	212
アクリロニトリル	CH_2CHCN	53.1	−83.6	77.6〜77.7	0.8060	無・液	熱水溶	特異臭，猛毒，合成繊維の原料	239
アジピン酸	$HOOC(CH_2)_4COOH$	146.1	153〜153.1	$205.5^{0.013}$	1.36^{25}	無・固	熱水溶	合成繊維の原料	212
アセチルサリチル酸	$C_6H_4(OCOCH_3)COOH$	180.2	135		1.35	無・固	難溶	エーテルに不溶，針状(板状)結晶	225
アセチレン	C_2H_2	26.0	−81.8	−74	1.173	無・気	溶	芳香，有毒，高温を発して燃焼	206
アセトアニリド	$C_6H_5NHCOCH_3$	135.2	115	305	1.219^{15}	無・固	熱水溶		226
アセトアルデヒド	CH_3CHO	44.1	−123.5	20.2	0.7876^{16}	無・液	∞	刺激臭	210
アセトン	CH_3COCH_3	58.1	−94.8	56.3	0.7908	無・液	∞	特異臭，引火性	210
アニリン	$C_6H_5NH_2$	93.1	−5.98	184.55	1.0268^{15}	無・液	難溶	光や空気によって黄〜褐色になる	226
安息香酸	C_6H_5COOH	122.1	122.5	250.03 *	1.2659^{15}	無・固	熱水溶	片状結晶 ＊100 ℃以下で昇華	224
アントラセン	$C_{14}H_{10}$	178.2	216.2	342	1.251	無・固	不溶	板状結晶，青色の蛍光を発する	220
イコサン	$C_{20}H_{42}$	282.5	36.8	$149.5^{0.0013}$	$0.7779^{36.7}$	無・固	不溶	板状結晶	204
イソフタル酸	$C_6H_4(COOH)_2$	166.1	348.5	昇華		無・固	溶	合成樹脂の原料	224
イソプレン	$CH_2C(CH_3)CHCH_2$	68.1	−146	34	0.6806	無・液	不溶	合成ゴムの原料	243
1-ウンデカノール	$C_{11}H_{23}OH$	172.3	16.5	$243.5^{1.01}$	0.8298	無・液	不溶		208
ウンデカン	$C_{11}H_{24}$	156.3	−25.6	195.89	0.7411	無・液	不溶	石油中に存在，可燃性	204
エタノール	C_2H_5OH	46.1	−114.5	78.32	0.7893	無・液	∞	特有の香りと味，麻酔性	208
エタン	C_2H_6	30.1	−183.6	−89	1.356	無・気	難溶	天然ガス中に含まれる	204
エチルメチルエーテル	$CH_3OC_2H_5$	60.1		6.6	0.7252^{0}	無・気	溶		208
エチルメチルケトン	$CH_3COC_2H_5$	72.1	−87.3	79.53	0.8047	無・液	溶	引火性，接着剤，塗料	210
エチレン	C_2H_4	28.1	−169.2	−103.7	1.260	無・気	難溶	かすかに甘いにおい，引火性	206
エチレングリコール	$HO(CH_2)_2OH$	62.1	−12.6	197.9	1.113	無・液	∞	粘稠，甘味，エンジン用不凍液	208
エナント酸	$C_6H_{13}COOH$	130.2	−7.5	223	0.9200	無・液	難溶	硬脂臭，油状	212
塩化ビニル	CH_2CHCl	62.5	−159.7	−13.7	0.9834^{-20}	無・気	不溶	ポリ塩化ビニルの原料	240
オクタデカン	$C_{18}H_{38}$	254.5	28.2	317	0.7768^{28}	無・固	不溶	石油中に存在	204
1-オクタノール	$C_8H_{17}OH$	130.2	−15	195	0.8256	無・液	不溶		208
オクタン	C_8H_{18}	114.2	−56.8	125.7	0.703	無・液	不溶	石油中に存在	204
オレイン酸	$C_{17}H_{33}COOH$	282.5	13.3	$223^{0.013}$	0.8905	無・液	不溶	油状，不飽和脂肪酸	212
カプリル酸	$C_7H_{15}COOH$	144.2	16.5	239.3	0.910	無・液	不溶	別）オクタン酸，香料や色素の原料	212
カプリン酸	$C_9H_{19}COOH$	172.3	31.3	268.4	1.0176^{25}	無・固	不溶	別）デカン酸，針状結晶	212
カプロン酸	$C_5H_{11}COOH$	116.2	−3.4	205.8	0.9278	無・液	難溶	別）ヘキサン酸，不快臭	212
ギ酸	$HCOOH$	46.0	8.4	100.8	1.2202	無・液	∞	刺激臭，アリの毒腺中に含まれる	212
ギ酸エチル	$HCOOC_2H_5$	74.1	−79	54.1	0.9229	無・液	溶	芳香，モモの果実に含まれる	214
ギ酸プロピル	$HCOOC_3H_7$	88.1	−92.9	81.5	0.9039	無・液	溶		214
ギ酸メチル	$HCOOCH_3$	60.1	−99	32	0.9705	無・液	溶		214
o-キシレン	$C_6H_4(CH_3)_2$	106.2	−25.18	144.41	0.8802	無・液	不溶	溶媒，合成原料	220
m-キシレン	$C_6H_4(CH_3)_2$	106.2	−47.89	139.1	0.864	無・液	不溶	溶媒，合成原料	220
p-キシレン	$C_6H_4(CH_3)_2$	106.2	13.26	138.35	0.861	無・液	不溶	溶媒，合成原料	220
吉草酸	C_4H_9COOH	102.1	−34.5	184	0.9459	無・液	溶	別）ペンタン酸	212
p-キノン	$C_6H_4O_2$	108.1	115.5	昇華		黄・固	溶	刺激臭，昇華性	
グリセリン	$CH_2(OH)CH(OH)CH_2OH$	92.1	17.8	$154^{0.007}$	1.2644^{15}	無・液	∞	甘味，粘稠，吸湿性，油脂の成分	208
グルコース	$C_6H_{12}O_6$	180.2	146^{α}		1.5620^{18}	無・固	易溶	別）ブドウ糖，果実中の甘味成分	250
o-クレゾール	$C_6H_4(CH_3)OH$	108.1	31	191	1.0469	無・固	難溶	殺菌消毒剤	222
m-クレゾール	$C_6H_4(CH_3)OH$	108.1	11.9	202.7	1.0336	無・液	難溶	殺菌消毒剤	222
p-クレゾール	$C_6H_4(CH_3)OH$	108.1	34.7	201.9	1.0341	無・固	難溶	殺菌消毒剤	222
クロロメタン	CH_3Cl	50.5	−97.7	−23.76	1.005^{-20}	無・気	不溶	別）塩化メチル，エーテル臭	205

物質	化学式	式量	融点(℃)	沸点(℃)	密度	色・状態	水溶性	その他	参照ページ
コハク酸	$HOOC(CH_2)_2COOH$	118.1	188	235 *	1.572^{25}	無・固	熱水溶	柱状または板状結晶 ＊→無水物	212
酢酸	CH_3COOH	60.1	16.6	117.8	1.0492	無・液	∞	刺激臭，酸味，食酢に含まれる	212
酢酸エチル	$CH_3COOC_2H_5$	88.1	−83.6	76.82	0.902	無・液	溶	引火性，芳香，溶媒・合成香料	214
酢酸ビニル	$CH_3COOCHCH_2$	86.1	−93.2	73.1	0.9312	無・液	溶	塗料・接着剤の原料	214
酢酸プロピル	$CH_3COOC_3H_7$	102.1	−95	101.6	0.887	無・液	溶		214
酢酸メチル	CH_3COOCH_3	74.1	−98.1	56.32	0.9330	無・液	溶	芳香，溶媒	214
サリチル酸	$C_6H_4(OH)COOH$	138.1	159	昇華	1.44	無・固	溶	針状結晶，防腐剤	225
サリチル酸メチル	$C_6H_4(OH)COOCH_3$	152.1	−8.3	223.3	1.1782^{25}	無・液	不溶	冬緑油の主成分，鎮痛塗擦剤	225
ジエチルエーテル	$C_2H_5OC_2H_5$	74.1	−116.3	34.48	0.7134	無・液	難溶	特有臭，引火性，揮発性，麻酔性	208
シクロブタン	C_4H_8	56.1	<−80	12	0.7038^{0}	無・気	不溶	別)テトラメチレン	205
シクロヘキサン	C_6H_{12}	84.2	6.47	80.74	0.7791	無・液	不溶	別)ヘキサメチレン	205
シクロペンタン	C_5H_{10}	70.1	−93.5	49.26	0.7460	無・液	不溶	別)ペンタメチレン	205
ジクロロフルオロメタン	$CHCl_2F$	102.9	−135	8.92	1.426^{0}	無・気	不溶	別)フロン12，エーテル臭，冷媒	263
p-ジクロロベンゼン	$C_6H_4Cl_2$	147.0	54	174.12	1.458	無・固	不溶	昇華性，防虫剤	221
ジクロロメタン	CH_2Cl_2	84.9	−96.8	40.21	1.3266	無・液	不溶	別)塩化メチレン，抽出溶剤	205
ジメチルエーテル	CH_3OCH_3	46.1	−141.5	−24.82	2.108	無・気	溶	快香，麻酔性	208
2, 2-ジメチルブタン	$(CH_3)_3CC_2H_5$	86.2	−99.9	49.741	0.6485	無・液	不溶		204
2, 3-ジメチルブタン	$(CH_3)_2CHCH(CH_3)_2$	86.2	−128.5	57.988	0.6612	無・液	不溶		204
2, 2-ジメチルプロパン	$C(CH_3)_4$	72.1	−16.55	9.503	0.613^{0}	無・気	不溶	別)ネオペンタン	204
シュウ酸二水和物	$(COOH)_2 \cdot 2H_2O$	126.1	99.8〜100.7	110 (昇)	1.6145^{17}	無・固	溶	60〜90 ℃で $-2H_2O$	212
酒石酸	$HOOCCH(OH)CH(OH)COOH$	150.1	170		1.7598	無・固	溶	エーテルに不溶	212
スチレン	$C_6H_5CHCH_2$	104.1	−30.7	145.2	0.9090	無・液	不溶	芳香，合成樹脂・合成ゴムの原料	220
ステアリン酸	$C_{17}H_{35}COOH$	284.5	70.5	$283^{0.034}$	0.9408	無・固	不溶	葉状結晶	212
1-デカノール	$C_{10}H_{21}OH$	158.3	6.88	229	0.8297	無・液	不溶		208
デカン	$C_{10}H_{22}$	142.3	−29.7	174.123	0.7300	無・液	不溶	石油中に存在	204
テトラクロロメタン	CCl_4	153.8	−28.6	76.7	1.58436^{25}	無・液	難溶	別)四塩化炭素，特異臭，溶媒	205
テトラデカン	$C_{14}H_{30}$	198.4	5.9	253.57	0.7645	無・液	不溶	石油中に存在	204
テレフタル酸	$C_6H_4(COOH)_2$	166.1	425 *	300 (昇)	1.510	無・固	不溶	エーテルに不溶 ＊封管中	224
1-ドデカノール	$C_{12}H_{25}OH$	186.3	23.5	$153.5^{0.033}$	0.8309^{24}	無・液	不溶		208
ドデカン	$C_{12}H_{26}$	170.3	−9.6	215〜217	0.7511	無・液	不溶	石油中に存在	204
トリクロロフルオロメタン	$CFCl_3$	137.4	−111	23.77	$1.494^{17.2}$	無・気	不溶	別)フロン11，弱いエーテル臭	263
トリクロロメタン	$CHCl_3$	119.4	−63.5	61.2	1.47802^{25}	無・液	不溶	別)クロロホルム，甘味，麻酔性	205
トリデカン	$C_{13}H_{28}$	184.4	−5	235	0.7559	無・液	不溶	石油中に存在	204
2, 4, 6-トリニトロトルエン	$C_6H_2CH_3(NO_2)_3$	227.1	80.89	$245〜250^{0.066}$	1.654	淡黄・固	熱水溶	爆薬	221
トルエン	$C_6H_5CH_3$	92.1	−94.99	110.63	0.87160^{15}	無・液	不溶	芳香族化合物の原料	220
ナフタレン	$C_{10}H_8$	128.2	80.5	218	1.145	無・固	不溶	特有臭，板状結晶，昇華性，防虫剤	220
1-ナフトール	$C_{10}H_7OH$	144.2	96	288	1.10^{99}	無・固	不溶	針状結晶，昇華性，防虫剤	222
2-ナフトール	$C_{10}H_7OH$	144.2	122	296	1.22	無・固	不溶	無色〜淡黄色の板状結晶，辛味	222
ニトログリセリン	$CH_2(ONO_2)CH(ONO_2)CH_2(ONO_2)$	227.1	13	$125^{0.0026}$	1.5918^{25}	無・液	不溶	無色〜淡黄色，爆薬	214
ニトロベンゼン	$C_6H_5NO_2$	123.1	5.85	211.03	1.2037	淡黄・液	難溶	純品では無色，芳香，有毒	221
乳酸	$CH_3CH(OH)COOH$	90.1	16.8 * DL形	$119^{0.016}$	1.24	無・固	溶	強い酸味，粘稠，＊D形・L形では25.8℃	212
尿素	NH_2CONH_2	60.1	135		1.335	無・固	溶	柱状結晶，真空中で昇華	241
ノナデカン	$C_{19}H_{40}$	268.5	32.1	320	0.79	無・固	不溶		204
1-ノナノール	$C_9H_{19}OH$	144.3	−5.5	213.5	0.8274	無・液	不溶		208
ノナン	C_9H_{20}	128.3	−53.52	150.80	0.7177	無・液	不溶		204
パルミチン酸	$C_{15}H_{31}COOH$	256.4	62.65	$167.4^{0.001}$	0.853^{62}	無・固	不溶	別)ヘキサデカン酸，油脂の成分	212
ピクリン酸	$C_6H_2OH(NO_2)_3$	229.1	122.5	$255^{0.066}$	1.763	黄・固	熱水溶	爆発性，約105 ℃で昇華	223
p-ヒドロキシアゾベンゼン	$C_6H_5N_2C_6H_4OH$	198.2	156.5	$220〜230^{0.026}$		黄・固	不溶	アゾ染料	227
フェノール	C_6H_5OH	94.1	40.95	181.75	1.0499^{50}	無・固	熱水溶	特有臭，有毒	222
1, 3-ブタジエン	$CH_2CHCHCH_2$	54.1	−108.9	−4.413	0.6211	無・気	不溶	可燃性，合成ゴムの原料	243

物　質	化　学　式	式量	融点(℃)	沸点(℃)	密度	色·状態	水溶性	その他	参照ページ
1-ブタノール	C_4H_9OH	74.1	−89.5	117.25	0.8095	無·液	溶	溶剤	209
2-ブタノール	$CH_3CH(OH)C_2H_5$	74.1	−114.7	$98.5^{0.974}$	0.8029^{25}	無·液	溶		209
フタル酸	$C_6H_4(COOH)_2$	166.1	234	分解	1.593	無·固	難溶	柱状結晶，エーテルに不溶	225
ブタン	C_4H_{10}	58.1	−138.3	−0.5	2.648	無·気	不溶	可燃性，石油中に含まれる	204
1-ブチン	$CHCC_2H_5$	54.1	−126	8	0.6784^{0}	無·気	不溶	石炭ガス中に存在	206
2-ブチン	CH_3CCCH_3	54.1	−32	27	0.6910	無·液	不溶	石炭ガス中に存在	206
1-ブテン	$CH_2CHC_2H_5$	56.1	−185.4	−6.25	0.5951	無·気	不溶	液化石油ガスの成分	206
シス-2-ブテン	$CH_3CHCHCH_3$	56.1	−138.9	3.72		無·気	不溶		206
トランス-2-ブテン	$CH_3CHCHCH_3$	56.1	−105.6	0.88		無·気	不溶		206
フマル酸	HOOCCHCHCOOH	116.1	300〜302*	昇華	1.625	無·固	熱水溶	エーテルに不溶，＊封管中	213
フルクトース	$C_6H_{12}O_6$	180.2	103〜105		1.60	無·固	易溶	甘味，果実・蜂蜜に含まれる	250
1-プロパノール	C_3H_7OH	60.1	−126.5	97.15	0.8035	無·液	∞	芳香	209
2-プロパノール	$CH_3CH(OH)CH_3$	60.1	−89.5	82.4	0.7864	無·液	∞		209
プロパン	C_3H_8	44.1	−188	−42	2.02	無·気	不溶	液化して燃料として利用	204
プロピオン酸	C_2H_5COOH	74.1	−20.8	140.8	0.9934	無·液	∞	刺激臭，乳製品に含まれる	212
プロピオン酸エチル	$C_2H_5COOC_2H_5$	102.1	−73.9	99.1	0.8830^{25}	無·液	溶	果実臭	214
プロピオン酸ブチル	$C_2H_5COOC_4H_9$	130.2		146.8		無·液	不溶		214
プロピオン酸メチル	$C_2H_5COOCH_3$	88.1	−87.5	79.7	0.92112^{15}	無·液	不溶		214
プロピン	CH_3CCH	40.1	−102.7	−23	0.7602^{-50}	無·気	溶	エーテルに不溶	206
プロペン	CH_3CHCH_2	42.1	−185.3	−47	2.12	無·気	不溶	引火性，エーテルに不溶	206
ブロモベンゼン	C_6H_5Br	157.0	−30.6	156.15	1.4953	無·液	不溶	臭気	221
ヘキサデカン	$C_{16}H_{34}$	226.4	18.165	286.793	0.77344	無·液	不溶		204
1-ヘキサノール	$C_6H_{13}OH$	102.2	−46.1	158	0.81581^{25}	無·液	不溶		208
ヘキサン	C_6H_{14}	86.2	−95.3	68.7	0.6603	無·液	不溶	ガソリン中に存在，揮発性	204
ヘプタデカン	$C_{17}H_{36}$	240.5	21.98	302		無·液	不溶		204
1-ヘプタノール	$C_7H_{15}OH$	116.2	−34.03	177	0.81925^{25}	無·液	不溶		208
ヘプタン	C_7H_{16}	100.2	−90.6	98	0.68378	無·液	不溶	原油中に存在	204
ペラルゴン酸	$C_8H_{17}COOH$	158.2	15	254.4	0.90552	無·液	不溶	別）ノナン酸	212
ベンズアルデヒド	C_6H_5CHO	106.1	−26	178	1.0498	無·液	不溶	芳香	
ベンゼン	C_6H_6	78.1	5.5	80.1	0.87865	無·液	不溶	特有臭，燃えやすい，有毒	220
ペンタデカン	$C_{15}H_{32}$	212.4	9.9	270.63	0.7650^{25}	無·液	不溶	石油中に存在	204
1-ペンタノール	$C_5H_{11}OH$	88.1	−78.9	138.25	0.8136	無·液	難溶		208
ペンタン	C_5H_{12}	72.1	−129.7	36.07	0.62632	無·液	不溶	芳香，引火性，原油中に存在	204
ホルムアルデヒド	HCHO	30.0	−92	−19	1.067	無·気	易溶	刺激臭，ホルマリン(40%水溶液)	210
マレイン酸	HOOCCHCHCOOH	116.1	133〜134*		1.59	無·固	溶	＊フマル酸へ異性化	213
無水酢酸	$(CH_3CO)_2O$	102.1	−86	140	1.0871^{15}	無·液	＊	刺激臭，＊水中でしだいに分解	213
無水フタル酸	$C_6H_4C_2O_3$	148.1	131.8	285	1.527^{4}	無·固	溶	針状結晶，昇華性	225
メタクリル酸	$CH_2C(CH_3)COOH$	86.1	16	$159^{0.976}$	1.0128	無·液	熱水溶	柱状結晶，合成樹脂の原料	212
メタノール	CH_3OH	32.0	−97.8	64.65	0.79142	無·液	∞	アルコール臭，有毒	208
メタン	CH_4	16.0	−182.8	−161.49	0.717	無·気	不溶	可燃性，天然ガスに含まれる	204
2-メチルブタン	$(CH_3)_2CHC_2H_5$	72.1	−159.9	28	0.62007	無·液	不溶	別）イソペンタン	204
2-メチルプロパン	$(CH_3)_3CH$	58.1	−159.6	−11.73	0.604^{-20}	無·気	不溶	別）イソブタン	204
2-メチルプロペン	$(CH_3)_2CCH_2$	56.1	−140.35	−6.9	2.51^{15}	無·気	不溶	ブテンの異性体	206
2-メチルペンタン	$(CH_3)_2CHC_3H_7$	86.2	−153.6	60	0.6532	無·液	不溶	別）イソヘキサン	204
3-メチルペンタン	$C_2H_5CH(CH_3)C_2H_5$	86.2		63.3		無·液	不溶	ヘキサンの異性体	204
ヨードホルム	CHI_3	393.7	125	約218*	4.008^{17}	黄·固	不溶	特異臭，約70℃から昇華，＊計算値	211
ラウリン酸	$C_{11}H_{23}COOH$	200.3	44.8	298.9	0.883	無·固	不溶	パーム油中に存在	212
酪酸	C_3H_7COOH	88.1	−5.3	164.1	0.9563	無·液	∞	腐敗臭，油状	212
リノール酸	$C_{17}H_{31}COOH$	280.4	−5.2〜−5.0	$210^{0.007}$	0.9022	淡黄·液	不溶	不飽和脂肪酸	216
リノレン酸	$C_{17}H_{29}COOH$	278.4	−11.3〜−11.0	$197^{0.005}$	0.9164	無·液	不溶	不飽和脂肪酸	216

29 おもな試薬の調製

＊塩基性水溶液の保存にはゴム栓またはポリエチレンの容器を使用する。強塩基はガラス(SiO_2)と反応するため，ガラスびんにガラス栓で保存すると，栓が開かなくなることがある。

試薬	およその濃度	調製法
濃硫酸	18 mol/L	市販の硫酸(濃度96%，密度1.84 g/cm³)
希硫酸	3 mol/L	市販の硫酸10 mLを水50 mLの中に少しずつ加える。温度が下がってから水を加えて60 mLにする。
	1 mol/L	市販の硫酸１体積に水を加えて18体積にする。
濃塩酸	12 mol/L	市販の塩酸(濃度37%，密度1.19 g/cm³)
希塩酸	6 mol/L	市販の塩酸１体積に水を加えて２体積にする。
	1 mol/L	市販の塩酸１体積に水を加えて12体積にする。
濃硝酸	15 mol/L	市販の硝酸(濃度68%，密度1.41 g/cm³)
希硝酸	6 mol/L	市販の硝酸１体積に水を加えて2.5体積にする。
	1 mol/L	市販の硝酸１体積に水を加えて15体積にする。

試薬	およその濃度	調製法
酢酸	1 mol/L	市販の氷酢酸(濃度96%)１体積に水を加えて約18体積にする。
濃アンモニア水＊	15 mol/L	市販のアンモニア水(濃度28%)
希アンモニア水＊	6 mol/L	市販のアンモニア水１体積に水を加えて2.5体積にする。
	1 mol/L	市販のアンモニア水１体積に水を加えて15体積にする。
水酸化ナトリウム水溶液＊	6 mol/L	水酸化ナトリウム24 gを水80 mLに溶かす。温度が下がってから水を加えて100 mLにする。
	1 mol/L	水酸化ナトリウム4 gを水に溶かし，100 mLにする。

試薬	調製法
フェノールフタレイン溶液	フェノールフタレイン１gを95%エタノール90 mLに溶かし，水を加えて100 mLにする。
メチルオレンジ水溶液	メチルオレンジ0.1 gを温水100 mLに溶かし，冷やしてからろ過する。
リトマス溶液	粉末のリトマス１gを水100 mLに加えて煮沸し，上澄液をろ過する。
BTB溶液	ブロモチモールブルー0.1 gをエタノール20 mLに溶かし，水を加えて100 mLにする。
石灰水	水に過剰の水酸化カルシウムを加えてよく振り，静置して上澄液をろ過する。
デンプン水溶液	デンプン１gを水30 mLに懸濁させたものに熱湯をかき混ぜながら加えて約100 mLにする。透明になるまで煮沸する。

試薬		調製法
ヨウ化カリウムデンプン溶液(ヨウ化カリウムデンプン紙)		デンプン0.1 gに冷水10 mLを加えてよくかき混ぜながら煮沸する。ヨウ化カリウム0.1 gを水10 mLに溶かした溶液をこのデンプン水溶液に加える。(ろ紙をこの溶液にひたし，ヨウ化カリウムデンプン紙をつくる。)
フェーリング液 ※使用前にA液とB液を等量混ぜる。	A液	硫酸銅(Ⅱ)五水和物７gを水に溶かして100 mLにする。
	B液	酒石酸ナトリウムカリウム35 gと水酸化ナトリウム10 gを水に溶かして100 mLにする。
アンモニア性硝酸銀水溶液		硝酸銀水溶液に希アンモニア水を滴下し，一度生じた沈殿が消えるまで加える。
ヨウ素ヨウ化カリウム水溶液		ヨウ化カリウム0.2 g，ヨウ素0.1 gを水100 mLに溶かす。褐色びんに保存。

30 pH標準溶液・緩衝液の調製

pH標準溶液

pH測定の基準となる５種類の標準溶液が定められている。

pH標準溶液(JIS)	pH(25℃)
0.05 mol/L ビス(シュウ酸)三水素カリウム溶液	1.68
0.05 mol/L フタル酸水素カリウム溶液	4.01
0.025 molリン酸二水素カリウムと0.025 molリン酸水素二ナトリウムを水に溶かして１Lにした溶液	6.86
0.01 mol/L 四ホウ酸ナトリウム十水和物溶液	9.18
0.025 mol炭酸水素ナトリウムと0.025 mol炭酸ナトリウムを水に溶かして１Lにした溶液	10.02

※これらの標準溶液は，それぞれのpH付近で緩衝液となっている。

緩衝液

A液とB液の混合割合とそのpH値を示す。

リン酸緩衝液 緩衝能pH 5.3～8.0

A 液〔mL〕	9.75	9.5	9.0	8.0	7.0	6.0	5.0	4.0	3.0	2.0	1.0	0.5
B 液〔mL〕	0.25	0.5	1.0	2.0	3.0	4.0	5.0	6.0	7.0	8.0	9.0	9.5
pH	5.29	5.59	5.91	6.24	6.47	6.64	6.81	6.98	7.17	7.38	7.73	8.04

A液(1/15 mol/Lリン酸二水素カリウム水溶液)　KH_2PO_4 9.07 gを水に溶かし1 Lにする。
B液(1/15 mol/Lリン酸水素二ナトリウム水溶液)　$Na_2HPO_4 \cdot 2H_2O$ 11.9 gを水に溶かし1 Lにする。

ブリットン-ロビンソンの広域緩衝液 緩衝能pH 1.8～12.0

A 液〔mL〕	100.0	100.0	100.0	100.0	100.0	100.0	100.0	100.0	100.0	100.0	100.0
B 液〔mL〕	0.0	5.0	10.0	15.0	20.0	25.0	30.0	35.0	40.0	45.0	50.0
pH	1.81	1.98	2.21	2.56	3.29	4.10	4.56	5.02	5.72	6.37	6.80

A 液〔mL〕	100.0	100.0	100.0	100.0	100.0	100.0	100.0	100.0	100.0	100.0
B 液〔mL〕	55.0	60.0	65.0	70.0	75.0	80.0	85.0	90.0	95.0	100.0
pH	7.24	7.96	8.69	9.15	9.62	10.38	11.20	11.58	11.82	11.98

A液(1/25 mol/L 酸混合液)　H_3PO_4 3.92 g(85％リン酸2.71 mL)，CH_3COOH 2.40 g(96％氷酢酸2.36 mL)，H_3BO_3 2.47 gを水に溶かし1 Lにする。
B液(0.2 mol/L 水酸化ナトリウム水溶液)　NaOH 8.00 gを水に溶かし1 Lにする。

31 薬品の危険性

酸化性	●	加熱・衝撃・摩擦などによって酸素を放出しながら分解する。このとき，多量の熱を発する。 保管）可燃物と離す。冷暗所。
自然発火	◎	空気に触れると発熱・発火する。 保管）空気と直接接触させないようにする。貯蔵の場合は他の物質から隔離する。
禁水性	○	水に接触すると発熱する。このとき，可燃性の気体を発生して発火するものがある。 保管）水分に触れないように密封する。貯蔵の場合は他の物質から隔離する。
可燃性	▩	気体，固体：発火源があれば着火する。 液体：液体の温度が引火点以上であれば，火気に近づけると着火する。 保管）通風のよい火気から離れた冷暗所に密栓をして保管する。
引火性	□	可燃性の液体で室温で引火する。 保管）通風のよい火気から離れた冷暗所に密栓をして保管する。
爆発性	△	強い衝撃や摩擦で爆発する。 保管）通風のよい火気から離れた冷暗所。多量の保管や使用はしない。

◆:劇物　◇:毒物

薬品	区分		性質・注意点
アセチレン	▩ △		反応性に富み，爆発しやすい。
アセトアルデヒド	□		目・皮膚・呼吸器を刺激する。
アセトン	□		多量に吸入すると麻酔性がある。
アンモニア	▩	◆	低濃度でも目・粘膜を刺激する。有毒。
硫黄	▩		燃えやすく，有毒な二酸化硫黄SO_2を発生する。
一酸化炭素	▩		ヘモグロビンの機能を阻止するため有害。
エタノール	▩		麻酔性あり。火気のない冷所で密閉保存。
エチレン	▩ △		塩素との混合物は光で爆発する。麻酔性あり。
塩酸・濃塩酸		◆	強酸。蒸気は有毒。吸入は危険である。
塩素	●	◆	強い刺激性あり。目・呼吸器・粘膜を侵し有毒。
オゾン	●		濃いものは呼吸器を侵す。微量でも長時間吸入は有害。
過酸化水素	●	◆	不安定。分解して酸素を放出。皮膚を侵す。
過マンガン酸カリウム	●		粘膜・組織を刺激する。
カリウム	○	◆	腐食性あり。発火の危険性あり。石油中に保存。
クロム酸カリウム	●	◆	蒸気の吸入，誤飲すると有毒。
酢酸・氷酢酸	□		皮膚を侵す。濃い溶液では重いやけどになる。
酢酸エチル	□	◆	粘膜を刺激する。麻酔性あり。冷暗所に保存。
酸化カルシウム	○		水と反応して多量の熱を発する。刺激性あり。
ジエチルエーテル	□		空気との混合物は爆発を起こす。麻酔性あり。
四塩化炭素		◆	蒸気の吸入や誤飲，接触は有毒。麻酔性あり。
臭素	●	◆	猛毒。アンプルに保存。水溶液は密閉保存。
硝酸・濃硝酸	●	◆	強酸。蒸気の吸入や接触は危険。遮光保存。
硝酸銀	●	◆	腐食性あり。冷暗所に保存。
水銀		◇	猛毒。蒸気の吸入や接触は危険。

薬品	区分		性質・注意点
水酸化ナトリウム		◆	水溶液は強塩基。目に入ると失明の危険性がある。
水素	▩		空気との混合気体は爆発するので危険。
炭化カルシウム	○		水と激しく反応し，アセチレンを発生する。
2,4,6-トリニトロトルエン	△		火薬類。取り扱いには十分注意が必要である。
ナトリウム	○	◆	腐食性がある。発火の危険性あり。石油中に保存。
二酸化硫黄			還元性をもつ。有毒。水溶液は亜硫酸を含む。
二酸化窒素			猛毒。吸入すると危険。水溶液は強酸性。
ニトログリセリン	△		火薬類。有毒で，皮膚から吸収されて頭痛をおこす。
ニトロセルロース	△		火薬類。取り扱いには十分注意が必要である。
二硫化炭素	□	◆	きわめて引火性が強い。有毒。
ピクリン酸	△	◆	火薬類。目・皮膚を刺激する。
フェノール	▩	◆	腐食性があり，皮膚を侵す。接触や吸入しないよう十分注意が必要。
フッ化水素		◇	皮膚に触れると激しく痛み，内部まで浸透して腐食する。
ベンゼン	□		発がん性。蒸気の吸入は危険。
ホルムアルデヒド	▩	◆	発がん性。人体に有害。刺激性あり。
メタノール	▩	◆	誤飲によって，失明や死亡の危険性がある。
ヨウ素	●	◆	蒸気を吸入，誤飲すると有毒。目・皮膚を刺激する。
硫化水素	▩		猛毒。吸入は危険。
硫酸・濃硫酸	●	◆	強酸。脱水作用あり。水と混ざると多量の熱を発する。接触は危険。
黄リン	◎	◇	猛毒。空気中で自然発火する。水中に保存する。
赤リン	▩		酸化性物質から離して保存する。

32 廃液の処理

無機廃液の処理　重金属をとり除いてから流す。

重金属イオンを含む	Hg^{2+} を含む	水銀吸着用の樹脂に通して水銀を吸着させる。樹脂は専門の処理業者に処理してもらう。
	MnO_4^-，$Cr_2O_7^{2-}$ を含む	あらかじめシュウ酸や鉄などで還元してから次の沈殿反応を行う。
	その他の重金属イオンを含む	pH10程度に調整し，硫化ナトリウム水溶液を加えて金属イオンを硫化物として沈殿させる＊。沈殿は蒸発乾固して専門の処理業者に処理してもらう。＊pHを調整しながら水酸化物イオンによって沈殿させる方法もある。
重金属イオンを含まない	塩類などの水溶液	pH 5 ～ 9 に調整し，水で希釈して下水に流す。
	酸・塩基水溶液	

有機廃液の処理　生分解しにくい物質は焼却する。

有機物水溶液	毒性の少ない生分解性物質の水溶液	糖，アルコール，酢酸　など	pH 5 ～ 9 に調整し，0.1%以下に水で希釈して下水に流す。
有機廃液	C，H，O からなる有機溶媒	脂肪酸，エーテル　など	焼却する。含水量の多いものはぼろ布などにしみ込ませて燃やす。引火に注意。
	Cl など他の元素を含む	クロロホルム　など	燃やすと有害物質が生じるので専門の処理業者に処理してもらう。

33 単位と基本定数

国際単位系(SI) 各分野で使われている単位を統一し，単位どうしの関係を単純にするために**国際単位系(SI)**が採用された。国際単位系では各物理量が基本単位と定義による乗除によって導かれる**組立単位**，10の整数乗倍を示す接頭語によって表されている。それまで使われていたSI以外の単位もSI単位へ置き換わりつつあるが，なかにはSI単位との併用が認められているものもある。

単位の書き方

- 単位の記号は立体(ローマン体)にする。
- 人物の名前に由来する単位の記号の１文字目は大文字で書く。その他の記号は小文字で書く。

例 メートルは斜体(イタリック体) *m* ではなく，立体 m で表す。
例 K(ケルビン)：ケルビン Kelvin，Pa(パスカル)：パスカル Pascal
例外 リットルは小文字の l と数字の１が区別しにくいため，大文字の L を使うことが認められている。

国際単位系(SI)基本単位

物理量	基本単位	
長さ	**m**	メートル
質量	**kg**	キログラム
時間	**s**	秒
電流	**A**	アンペア
温度	**K**	ケルビン
物質量	**mol**	モル
光度	**cd**	カンデラ

SI組立単位

物理量		組立単位		SI単位による表し方	SI基本単位による表し方
周波数		**Hz**	ヘルツ		s^{-1}
力		**N**	ニュートン		$m·kg·s^{-2}$
圧力		**Pa**	パスカル	Nm^{-2}	$m^{-1}·kg·s^{-2}$
エネルギー，熱量，仕事		**J**	ジュール	Nm	$m^2·kg·s^{-2}$
電力・仕事率		**W**	ワット	Js^{-1}	$m^2·kg·s^{-3}$
電気量・電荷		**C**	クーロン		A·s
電圧・電位		**V**	ボルト	JC^{-1}	$m^2·kg·s^{-3}·A^{-1}$
電気抵抗		**Ω**	オーム	VA^{-1}	$m^2·kg·s^{-3}·A^{-2}$
セルシウス温度		**℃**	セルシウス度		K
角度	平面角	**rad**	ラジアン		$m·m^{-1}$
	立体角	**sr**	ステラジアン		$m^2·m^{-2}$

単位の整数乗倍を示す接頭語

名称	記号	倍数	名称	記号	倍数
デカ	**da**	10^1	デシ	**d**	10^{-1}
ヘクト	**h**	10^2	センチ	**c**	10^{-2}
キロ	**k**	10^3	ミリ	**m**	10^{-3}
メガ	**M**	10^6	マイクロ	**μ**	10^{-6}
ギガ	**G**	10^9	ナノ	**n**	10^{-9}
テラ	**T**	10^{12}	ピコ	**p**	10^{-12}
ペタ	**P**	10^{15}	フェムト	**f**	10^{-15}
エクサ	**E**	10^{18}	アト	**a**	10^{-18}
ゼタ	**Z**	10^{21}	ゼプト	**z**	10^{-21}
ヨタ	**Y**	10^{24}	ヨクト	**y**	10^{-24}
ロナ	**R**	10^{27}	ロント	**r**	10^{-27}
クエタ	**Q**	10^{30}	クエクト	**q**	10^{-30}

基本定数

＊0℃, 101325Pa

定数	記号	数値
アボガドロ定数	N_A	$6.02214076 \times 10^{23} mol^{-1}$
理想気体のモル体積＊	V_0	$22.41396954 L·mol^{-1}$
気体定数	R	$8.314462618 J·K^{-1}mol^{-1}$
ファラデー定数	F	$9.648533212 \times 10^4 C·mol^{-1}$
電子・陽子の電荷(電気素量)	e	$1.602176634 \times 10^{-19} C$
原子質量単位	m_u=1u	$1.66053906660 \times 10^{-27} kg$
電子の質量	m_e	$9.1093837015 \times 10^{-31} kg$
陽子の質量	m_p	$1.67262192369 \times 10^{-27} kg$
中性子の質量	m_n	$1.67492749804 \times 10^{-27} kg$

「日本化学会単位・記号専門委員会」による

単位の換算

物理量	単位		換算
長さ	**Å**	オングストローム	$1 Å = 10^{-10} m = 10^{-1} nm$
体積	**L, l**	リットル	$1 L = 10^{-3} m^3 = 1 dm^3 = 10^3 cm^3$
質量	**t**	トン	$1 t = 10^3 kg$
平面角	°	度	$1° = \pi/180 rad$
圧力	**atm** **mmHg**	標準大気圧 水銀柱ミリメートル	1 atm = 760 mmHg = 101325 Pa
温度	**℃**	セルシウス度	t〔℃〕＝ T〔K〕－ 273.15
熱量	**cal**	カロリー	1 cal = 4.184 J

ギリシャ文字

大文字	小文字	読み方	大文字	小文字	読み方
Α	α	アルファ	Ν	ν	ニュー
Β	β	ベータ	Ξ	ξ	グザイ
Γ	γ	ガンマ	Ο	ο	オミクロン
Δ	δ	デルタ	Π	π	パイ
Ε	ε	イプシロン	Ρ	ρ	ロー
Ζ	ζ	ゼータ	Σ	σ	シグマ
Η	η	イータ	Τ	τ	タウ
Θ	θ	シータ	Υ	υ	ウプシロン
Ι	ι	イオタ	Φ	φ	ファイ
Κ	κ	カッパ	Χ	χ	カイ
Λ	λ	ラムダ	Ψ	ψ	プサイ
Μ	μ	ミュー	Ω	ω	オメガ

34 スペクトルの分類

波長が短いものほどエネルギーが大きい。

380 400 500 600 700 780 nm
可視光線
近紫外線
近赤外線
γ 線
X 線
真空紫外線
赤外線
遠赤外線
マイクロ波
電波
380 nm
780 nm
1 pm 1 nm 1 μm 1 mm 1 cm 1 m
10^{-12} 10^{-11} 10^{-10} 10^{-9} 10^{-8} 10^{-7} 10^{-6} 10^{-5} 10^{-4} 10^{-3} 10^{-2} 10^{-1} 1 10 波長(m)

35 測定誤差と有効数字

誤　差

測定値と真の値との差を**誤差**という。

測定値
18.5 mL
目盛りの10分の1まで読む。

測定値18.5 mLのとき，真の値 x〔mL〕は，
$$18.45\ \mathrm{mL}<x<18.55\ \mathrm{mL}$$

デジタル測定機器の誤差

- **デジタルで示される数値の末位の数字には誤差が含まれている。**
  これは目盛りを読む際に生じる誤差と同じで，18.5 gと表示された場合，真の値 x は
  $18.5-0.05<x<18.5+0.05$
  と表せる。
- **精密さを必要とする実験では，誤差の小さい機種を選ぶ。**
  電子てんびんで，0.0 gと表示されるものと，0.00 gと表示されるもの*にはそれぞれ±0.05 g，±0.005 gの誤差が生じる。
  滴定用の標準溶液の調製のように，ある一定量の薬品を精密にはかりとらなければならないときは，できるだけ誤差の小さいものを選ぶ。

*機種によってはさらに小さい値まで読みとることのできるものがある。

測定誤差

同一の試料について測定をくり返したとき，いつも必ず同じ値になるとは限らない。多くの場合，測定値にはばらつきが生じる。これを**測定誤差**という。
測定誤差には，測定機器や測定者固有のくせや測定条件の変化など**系統誤差**といわれるものと，それ以外の**偶然誤差**に分けられる。系統誤差は原因を調べて補正することが可能である。
偶然誤差は真の値に対し正負両方にばらつくので，測定をくり返し平均をとることにより，真の値に近づけることができる。

例 中和滴定　0.050 mol/Lシュウ酸水溶液10.0 mLを約0.1 mol/L水酸化ナトリウム水溶液で滴定する。

測定結果

回	滴下量(mL)
1	11.46
2	11.38
3	11.42
4	11.32
5	11.39
6	11.35
平均	11.39

測定値のばらつき

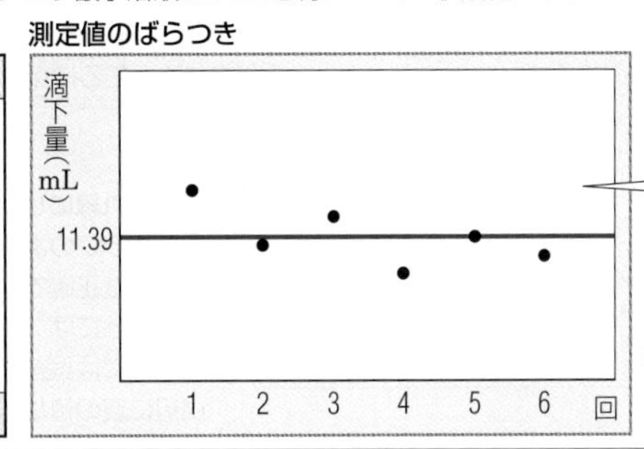

ばらつきの原因として考えられること
- ホールピペットやビュレットの扱い方のばらつき
- 指示薬の色の変化の見方のばらつき

※このようなばらつきは，実験操作の習熟によって小さくすることができる。

有効数字

測定値として意味をもつ数字を**有効数字**という。

測定値
18.5 mL
18 → 確かな数値
5 → 多少不確かな数値
→ 意味のない数値
意味のある数値(**有効数字**)

有効数字の表し方

- 18.5や18.50，18.500という数字は，それぞれ意味が違う。
  18.5　…誤差 ±0.05
  18.50　…誤差 ±0.005
  18.500…誤差 ±0.0005
- 5000という数字では有効数字がわからないので，はっきり示すためには次のように表す。
  有効数字 1ケタ…5×10^3
  2ケタ…5.0×10^3
  3ケタ…5.00×10^3
  4ケタ…5.000×10^3

測定値の足し算・引き算

例 長さ12.8 cmと0.64 cmの和を求める。
- 真の値 x，y について考える。
  $12.8-0.05<x<12.8+0.05$
  $0.64-0.005<y<0.64+0.005$
  $13.385<x+y<13.495$
- 測定値をそのまま計算する。
  $12.8+0.64=13.44$
  この値の2ケタ目までは確かな数値で，3ケタ目は多少不確かな数値，4ケタ目は意味のない数値。
  したがって，有効数字は3ケタ(小数第1位まで)となる。　⇒ **13.4 cm**

計算した値は，測定値のうちの末位の位が最も高いものに位をそろえる。

末位の位が最も高いものより1ケタ多く計算し，最後に四捨五入してそろえる。

末位の位が最も高い(小数第1位)
$12.8+0.64+1.456+2.23+0.0068$
$\fallingdotseq 12.8+0.64+1.46+2.23+0.01$
$=17.14$
$\fallingdotseq 17.1$

測定値のかけ算・割算

例 2辺の長さが12.8 cm，0.64 cmの長方形の面積を求める。
- 真の値 x，y について考える。
  $12.8-0.05<x<12.8+0.05$
  $0.64-0.005<y<0.64+0.005$
  $8.09625<xy<8.28825$

- 測定値をそのまま計算する。
  $12.8\times0.64=8.192$
  この値の1ケタ目は確かな数値で，2ケタ目は多少不確かな数値，3ケタ目以降は意味のない数値。
  したがって，有効数字は2ケタ　⇒ **8.2 cm²**

計算した値は，測定値のうちのケタ数が最も少ないものにケタ数をそろえる。

ケタ数の最も少ないものより1ケタ多く計算し，最後に四捨五入する。

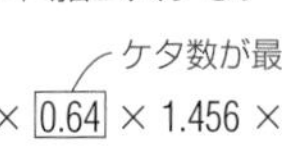

$12.8\times0.64\times1.456\times2.23$
$\fallingdotseq 12.8\times0.64\times1.46\times2.23$
$=26.6715136$
$\fallingdotseq 27$

36 グラフのかき方

例 炭酸カルシウムと塩酸の反応　$CaCO_3 + 2HCl \longrightarrow CaCl_2 + CO_2 + H_2O$

炭酸カルシウムの質量(g)	0	1.00	2.00	3.00	4.00	5.00
二酸化炭素の質量(g)	0	0.44	0.91	1.29	1.55	1.55

変化させた量 / 変化した量

①横軸・縦軸を決める。
横軸を変化させた量（炭酸カルシウムの質量），縦軸を変化した量（発生した二酸化炭素の質量）にする。

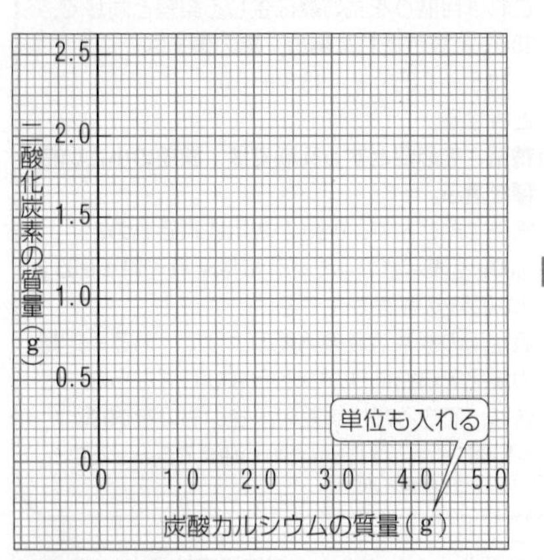

②目盛りを入れる。
最大値（5.00 g と1.55 g）から，最大目盛りを決める。必要な目盛りを等間隔に入れる。

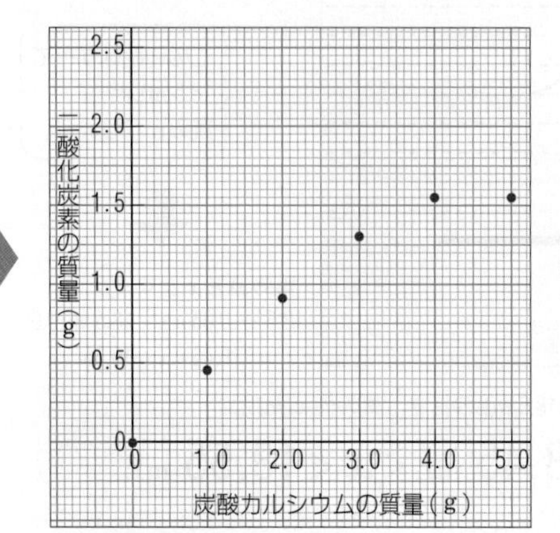

③実験結果をもとに点を打つ。
対応する値（1.00 g と0.44 g，2.00 g と0.91 g，…）が交わるところに点を打つ。

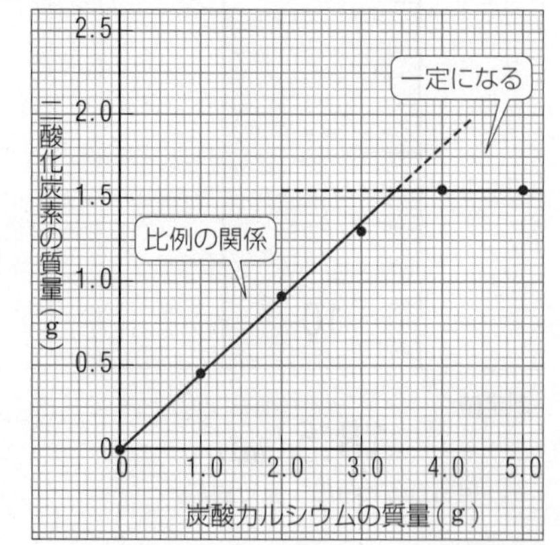

④線をひく。
点の並び方から，直線か曲線かなどを見きわめてから，できるだけ多くの点の近くを通るように線をひく。

グラフの利点
- 測定した２つの量の関係がわかりやすくなる。
- 変化のようすや規則性がわかる。
- 測定値以外のところでも，その値を推測できる。

⚠ 折れ線にしない理由
右のグラフのように，すべての点を通る折れ線グラフの方が，より正確であると思えてしまう。しかし，自然の中のできごとには，一定の規則性をもったものが多い。また，測定値には誤差がふくまれているため，測定値を表す点の周辺に真の値があると考えられる。
このようなことから，測定値を表す点を結んだ折れ線グラフにはせず，規則性（正比例や反比例など）を表すグラフをかく。

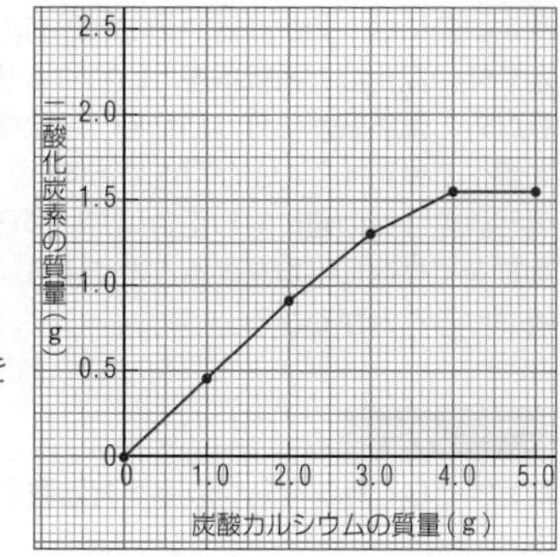

37 指数・対数

非常に大きい数，または非常に小さい数を扱う場合に用いられる。

指数の拡張　$a>0$

$$a^n = \underbrace{a \times a \times \cdots \times a}_{n\text{個}}$$

$$a^{-n} = \frac{1}{a^n}, \quad a^0 = 1$$

例 $10^5 = 10 \times 10 \times 10 \times 10 \times 10 = 100000$

例 $10^{-3} = \frac{1}{10^3} = \frac{1}{10 \times 10 \times 10} = \frac{1}{1000}$

指数法則　$a>0,\ b>0$

$$a^m \times a^n = a^{m+n} \qquad \frac{a^m}{a^n} = a^{m-n}$$

$$(a^m)^n = a^{mn} \qquad (ab)^m = a^m b^m$$

常用対数　$10^n = a\ (a>0)$ のとき，n を a の**常用対数**という。10を底(てい)という。

$$10^n = a \quad \Leftrightarrow \quad n = \log_{10} a$$

常用対数の性質　$a>0,\ b>0$

$\log_{10} 1 = 0,\ \log_{10} 10 = 1$

$\log_{10} a^n = n \log_{10} a$

$\log_{10} ab = \log_{10} a + \log_{10} b$

$\log_{10} \frac{a}{b} = \log_{10} a - \log_{10} b$

例 $[H^+] = 2 \times 10^{-3}$ mol/Lのときの pH

$pH = -\log_{10}(2 \times 10^{-3})$
$= -(\log_{10} 2 + \log_{10} 10^{-3})$
$= -\log_{10} 2 + 3\log_{10} 10$
$= -\log_{10} 2 + 3 \fallingdotseq 2.7$
$(\log_{10} 2 \fallingdotseq 0.3)$

自然対数
e を底とする対数 $\log_e a$ を**自然対数**という。($e = 2.718281\cdots$)

常用対数と自然対数の関係

$$\log_{10} a = \frac{\log_e a}{\log_e 10}$$

$\log_e 10 \fallingdotseq 2.30$ より，$\log_e a = 2.30 \log_{10} a$

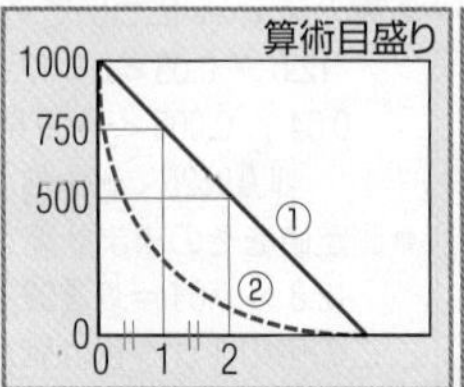

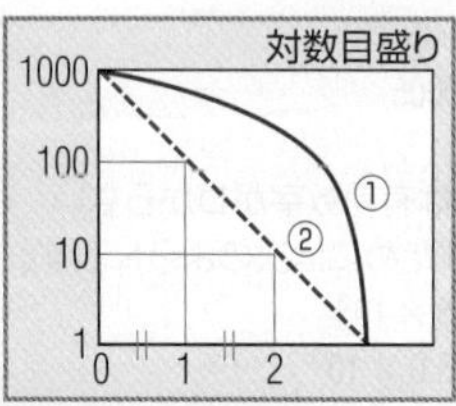

①は横軸の値の増加に対する縦軸の値の**減少量**が一定。
②は横軸の値の増加に対する縦軸の値の**減少率**が一定。

38 無機化合物の命名法

化学式の書き方

金属と非金属の化合物（塩）	陽イオン（金属），陰イオン（非金属）の順に書く。 ※多原子イオンは中心原子を先に書き，2個以上あるときは(　)でくくる。	例 AgCl（陽イオン 陰イオン）　$Cu(NO_3)_2$（陽イオン 陰イオン）
	陽イオン，陰イオンが2種類以上あるとき，元素記号のアルファベット順に書く。	例 $CrK(SO_4)_2$（陽イオン 陰イオン）
非金属と非金属の化合物	次の系列に従って並べる（左側の元素ほど陽性であると考える）。 Rn→Xe→Kr→Ar→Ne→He→B→Si→C→Sb→As→P→N→H→Te→Se→S→At→I→Br→Cl→O→F	例 SiO_2
錯イオン・錯体	中心原子，配位子の順に書き，[　]でくくる。 配位子が数種類あるときは陰性配位子，中性配位子の順に書く。	例 $[CoCl(NH_3)_5]^{2+}$（中心原子 陰性 中性）

化合物の名称

陰性部分が単原子イオンの場合	「陰性部分の名称」＋化＋「陽性部分の名称」 ※陰性部分で「素」がつくものはとる。 例 HCl　「塩素」化「水素」→塩化水素 Ag_2O　「酸素」化「銀」→酸化銀 H_2S　「硫黄」化「水素」→硫化水素　（例外）
陰性部分が原子団の場合	「陰性部分の名称」＋「陽性部分の名称」 ※OH^-，CN^-などの簡単な原子団は「化」をつける。 例 $BaSO_4$　硫酸バリウム NaOH　水酸化ナトリウム KCN　シアン化カリウム
2種類以上の化合物をつくる場合	原子の成分比を漢数字で示す。 例 N_2O　一酸化二窒素　NO　一酸化窒素
2種類以上の酸化数をもつ金属の化合物	酸化数をローマ数字で示す。 例 $FeCl_2$　塩化鉄（Ⅱ）　$FeCl_3$　塩化鉄（Ⅲ）

単原子陽イオン	「元素名」＋イオン　例 Fe^{2+}　鉄（Ⅱ）イオン
単原子陰イオン 簡単な多原子陰イオン	「元素名」＋化物イオン 例 Cl^-　「塩素」化物イオン→塩化物イオン OH^-　水酸化物イオン
オキソ酸から生じた陰イオン	「酸の名称」＋イオン 例 NO_3^-　硝酸イオン ClO^-　次亜塩素酸イオン
水素が付加して生じた陽イオン	例 NH_4^+　アンモニウムイオン H_3O^+　オキソニウムイオン
錯イオン	「配位子の数」＋「配位子」＋「中心原子」＋イオン ※陰イオンのときは「酸イオン」とする。 例 $[Co(NH_3)_6]^{3+}$　ヘキサアンミンコバルト（Ⅲ）イオン $[Fe(CN)_6]^{4-}$　ヘキサシアニド鉄（Ⅱ）酸イオン

配位子の名称

Cl^-	クロリド	$S_2O_3^{2-}$	チオスルファト
Br^-	ブロミド	NO_2^-	ニトリト
CN^-	シアニド	NH_3	アンミン
CO_3^{2-}	カルボナト	H_2O	アクア

数　詞

1	モノ	mono	5	ペンタ	penta	9	ノナ	nona
2	ジ	di	6	ヘキサ	hexa	10	デカ	deca
3	トリ	tri	7	ヘプタ	hepta	11	ウンデカ	undeca
4	テトラ	tetra	8	オクタ	octa	12	ドデカ	dodeca

まぎらわしいときに使う数詞

2	ビス	bis
3	トリス	tris
4	テトラキス	tetrakis
5	ペンタキス	pentakis

39 有機化合物の命名法

アルカン alkane	「数詞」＋「アン(-ane)」 ※炭素数1～4のアルカンは慣用名で表す。	例 CH_4　メタン　methane C_2H_6　エタン　ethane C_3H_8　プロパン　propane C_4H_{10}　ブタン　butane C_5H_{12}　ペンタン　pentane C_8H_{18}　オクタン　octane
	枝分かれ構造では，最も長い部分（主鎖）の置換体として表す。 ※異なる種類の炭化水素基がつく場合は，アルファベット順に書く。側鎖や二重結合，三重結合，置換基の位置は主鎖の炭素原子に番号をつけて示す。このとき側鎖などに最も小さな位置番号がつくようにする。	例 $CH_3-CH-CH_2-CH_3$（2位に CH_3）　2-メチルブタン ①CH_3-②CH-③CH-④CH_2-⑤CH_3（②に CH_3，③に C_2H_5） 3-エチル-2-メチルペンタン
アルキル基 alkyl	アルカン(alkane)の語尾を「イル(-yl)」に変える。	例 $-CH_3$　メチル基　methyl $-C_2H_5$　エチル基　ethyl
アルケン alkene	アルカン(alkane)の語尾を「エン(-ene)」に変える。 ※二重結合が2個，3個あるときは「ジエン」「トリエン」に変える。	例 $CH_2=CH-CH_3$ プロペン　propene ①CH_2=②CH-③CH=④CH_2 1,3-ブタジエン　1,3-butadiene
アルキン alkyne	アルカン(alkane)の語尾を「イン(-yne)」に変える。	例 CH≡CH　エチン　ethyne （アセチレン）

脂環式炭化水素	接頭語の「シクロ」をつける。 側鎖は置換基として扱う。 ※置換基が2つ以上の場合位置番号をつける。このとき置換基の1つは必ず1の位置で，他の置換基が最も小さな位置番号になるようにつける。	例 （四員環：①C，②Cに CH_3，③C，④C，各Cに H） 1,2-ジメチルシクロブタン
芳香族炭化水素	慣用名が多く使われる。 ※2つ以上の置換基の位置を示すとき，o（オルト），m（メタ），p（パラ）も使われる。	例 （ベンゼン環に CH_3 2つ） 1,2-ジメチルベンゼン （o-キシレン）
アルコール alcohol	アルカン(alkane)の語尾を「オール(-ol)」に変える。 ※ヒドロキシ基が2個あるときは「ジオール」に変える。 「炭化水素基」＋「アルコール」	例 C_3H_7OH 1-プロパノール　propanol （1-プロピルアルコール） $HO-CH_2-CH_2-OH$ 1,2-エタンジオール （エチレングリコール）
エーテル	「炭化水素基」＋「エーテル」 ※炭化水素基はアルファベット順。	例 $CH_3OC_2H_5$ エチルメチルエーテル
エステル	「カルボン酸」＋「炭化水素基」	例 CH_3COOCH_3 酢酸メチル

40 化学研究の歴史

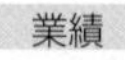

年代	人名 国名，生年没年	業績
B.C.600頃	タレス ギリシャ，B.C.625頃～B.C.547頃	「万物の根源は水である」と主張。
B.C.400頃	デモクリトス ギリシャ，B.C.460頃～B.C.370頃	古代原子説（世界は原子と空虚からなる）を完成。
B.C.4世紀	アリストテレス ギリシャ，B.C.384～B.C.322	四元素説（水，土，空気，火を基本要素）を研究。

アリストテレス

錬金術の時代

卑金属（貴金属［金，銀，白金］以外の金属）から貴金属をつくり出すことや，不老薬・万能薬をつくり出すことをめざした。神秘的，魔術的な傾向が強かったが，技術の進歩と，多くの実験結果を残し，その後の化学に寄与した面もある。

年代	人名 国名，生年没年	業績
1661	ボイル イギリス，1627～1691	元素を再定義し，多数の元素発見の可能性を示す。
1662	ボイル	ボイルの法則（気体の圧力と体積の関係）の発見。
1670	ベッヒャー ドイツ，1635～1682	フロギストン説（熱を元素とする説）を主張。
	シュタール ドイツ，1660～1734	
1742	セルシウス スウェーデン，1701～1744	温度目盛（セルシウス度）の提案。
1766	キャベンディッシュ イギリス，1731～1810	水素の発見。
1772	ラザフォード イギリス，1749～1819	窒素の発見。
1772	シェーレ スウェーデン，1742～1786	酸素の発見。
1774	ラボアジエ フランス，1743～1794	質量保存の法則の発見。
1777	ラボアジエ	燃焼の説明。
1787	シャルル フランス，1746～1823	シャルルの法則の発見。
1789	ラボアジエ	元素表を発表。
1791	ガルヴァーニ イタリア，1737～1798	動物電気説（電気化学，電気生理学に発展）の発表。
1799	プルースト フランス，1754～1826	定比例の法則の発見。
1800	ボルタ イタリア，1745～1827	ボルタ電池を発明。
1800	カーライル イギリス，1768～1840	水の電気分解。
	ニコルソン イギリス，1753～1815	
1801	ドルトン イギリス，1766～1844	分圧の法則の発見。
1803	ドルトン	倍数比例の法則の発見，原子説。
1803	ヘンリー イギリス，1774～1836	ヘンリーの法則（気体の溶解）の発見。
1807	デイヴィー イギリス，1778～1829	ナトリウム，カリウムの単体を電気分解でとり出す。
1808	ゲーリュサック フランス，1778～1850	気体反応の法則の発見。
1811	アボガドロ イタリア，1776～1856	分子説の提唱。
1813	ベルセリウス スウェーデン，1779～1848	アルファベットを使った元素記号を考案。
1824	ウェーラー ドイツ，1800～1882	異性体の発見。
	リービッヒ ドイツ，1803～1873	
1825	ファラデー イギリス，1791～1867	ベンゼンの発見。
1827	ウェーラー	アルミニウムの単体をとり出す。
1828	ウェーラー	尿素の合成（有機物が合成できることを示した）。
1833	ファラデー	ファラデーの法則（電気分解の量的関係）の発見。
1836	ダニエル イギリス，1790～1845	ダニエル電池の発明。
1840	ヘス ロシア，1802～1850	ヘスの法則（反応エンタルピーは経路によらない）の発見。
1848	ケルビン イギリス，1824～1907	絶対温度目盛りの提案。
1860	カニッツァーロ イタリア，1826～1910	アボガドロの分子説を紹介し，分子概念の確立へ。
1863	ソルベー ベルギー，1838～1922	アンモニアソーダ法（ソルベー法）の発明。
1864	グルベルグ ノルウェー，1836～1902	化学平衡の法則（質量作用の法則）の発見。
	ワーゲ ノルウェー，1833～1900	

ボイル　ラボアジエ　シャルル　ガルヴァーニの実験　プルースト　ドルトン　アボガドロ　ダニエルとファラデー　ウェーラー

年代	人名 国名，生年没年	業績
1865	ケクレ ドイツ，1829～1896	ベンゼンの構造式の解明。
1869	メンデレーエフ ロシア，1834～1907	元素の周期律の発見。
1887	ラウール フランス，1830～1901	ラウールの法則（蒸気圧降下の法則）の発見。
1884	ルシャトリエ フランス，1850～1936	ルシャトリエの原理（平衡移動の原理）の発見。
1884	アレニウス スウェーデン，1859～1927	電離説，酸・塩基の定義。
1886	モアッサン フランス，1852～1907	フッ素の発見。
1886	ホール アメリカ，1863～1914	ホール・エルー法（アルミニウムの製法）の発明。
	エルー フランス，1863～1914	
1887	ファント・ホッフ オランダ，1852～1911	希薄溶液の浸透圧に関する法則の発見。
1894	レイリー イギリス，1842～1919	アルゴンの発見。
	ラムゼー イギリス，1852～1916	
1897	トムソン イギリス，1856～1940	電子の存在を確認。
1902	オストワルト ドイツ，1853～1932	オストワルト法（硝酸の製法）の発明。
1903	長岡半太郎 日本，1865～1950	土星型原子モデルを提唱。
1911	ラザフォード イギリス，1871～1937	原子核の存在を主張。
1913	ソディ イギリス，1877～1956	同位体の概念を提唱。
1913	ボーア デンマーク，1885～1962	ボーアモデルを発表。
1913	ハーバー ドイツ，1868～1934	ハーバー・ボッシュ法（アンモニアの製法）の発明。
	ボッシュ ドイツ，1874～1940	
1919	アストン イギリス，1877～1945	質量分析器の開発。
1920	シュタウディンガー ドイツ，1881～1965	高分子の概念を提唱。
1923	ブレンステッド デンマーク，1879～1947	酸・塩基の定義。
	ローリー イギリス，1874～1936	
1931	カロザース アメリカ，1896～1937	合成ゴム（クロロプレンゴム）を発明。
1932	チャドウィック イギリス，1891～1974	中性子の発見。
1934	湯川秀樹 日本，1907～1981	中間子論を開拓。
1935	カロザース	合成繊維（ナイロン66）を発明。
1946	リビー アメリカ，1908～1980	炭素による年代測定法の開発。
1952	福井謙一 日本，1918～1998	フロンティア軌道理論の提唱。
1953	ワトソン アメリカ，1928～	DNAが二重らせん構造であることを発見。
	クリック イギリス，1916～2004	
1962	下村　脩 日本，1928～2018	緑色蛍光タンパク質（GFP）の発見。
1966	野依良治 日本，1938～	異性体を作り分ける不斉触媒の開発。
1977	白川英樹 日本，1936～	導電性高分子の発見。
	ヒーガー アメリカ，1936～	
	マクダイアミッド アメリカ，1927～2007	
1977	根岸英一 日本，1935～2021	根岸反応の開発。
1979	鈴木　章 日本，1930～	鈴木・宮浦反応の開発。
1985	カール アメリカ，1933～2022	フラーレン C_{60} の発見。
	クロト イギリス，1939～2016	
	スモーレー アメリカ，1943～2005	
1987	田中耕一ら 日本，1959～	質量分析のための脱離イオン化法の開発。
1991	飯島澄男 日本，1939～	カーボンナノチューブの発見。

ケクレ　ファント・ホッフ　ボーア　ハーバー　湯川秀樹

福井謙一

野依良治

白川英樹

田中耕一

41 ノーベル化学賞 ～日本の受賞者とその業績～

福井謙一
ふくいけんいち
(1918～1998)

1981年受賞
化学反応過程の理論的研究

有機化合物の電子構造と化学反応の理論的な解明を目指した。芳香族化合物の反応性を明らかにするため，**フロンティア軌道理論**を編み出すなどの大きな成果を残した。
フロンティア軌道理論などにより，化学反応をミクロに把握する研究が盛んになった。その結果，有機化学をめぐる多くの謎が解明されていった。

写真：AP/アフロ

白川英樹
しらかわひでき
(1936～)

2000年受賞
導電性高分子の発見と開発

ポリアセチレンは，その分子構造から電気的性質が期待されていた。しかし，粉末をつくる方法しかなく，詳しく調べることができなかった。
膜状のポリアセチレンをつくり出す方法を開発し，電気を通すプラスチック(**導電性高分子**▶P. 245)などの新しい研究分野を開いた。研究の成果は，電子部品などに応用されている。

野依良治
のよりりょうじ
(1938～)

2001年受賞
触媒を用いた不斉水素化反応の業績

有機化合物には，その分子構造が左右の手のような関係(**鏡像関係**▶P. 201)にある異性体が多く存在する。医薬や香料などは，異性体の一方だけが有効な場合が多い。
これらを人工的につくり出すと，鏡像関係の異性体が同じようにできてしまう。それらをつくり分ける**不斉触媒**を開発し(▶P. 234)，新しい研究分野を開いた。

田中耕一
たなかこういち
(1959～)

2002年受賞
生体高分子の同定と構造解析のための手法の開発

イオン化したタンパク質を遊離させる方法(**ソフトレーザー脱離法**)を開発し，タンパク質の質量分析を可能にした。
タンパク質の種類や構造が分析できれば，タンパク質の機能の解明が可能になり，病気の原因究明や新薬開発に役立つ。また，遺伝子にはタンパク質が対応しているので，タンパク質の分析は，遺伝子の研究にも欠かせない。

下村 脩
しもむらおさむ
(1928～2018)

2008年受賞
緑色蛍光タンパク質(GFP)の発見と開発

オワンクラゲが光るしくみを研究し，2つのタンパク質を分離・精製した。その過程で，**緑色蛍光タンパク質(GFP, green fluorescent protein)**を発見した。その後，遺伝子操作において，調べたい遺伝子に光る目印として，GFPの遺伝子をつなげて導入する技術などが開発された。この方法は，バイオテクノロジーなどで欠かせない手法になっている。

鈴木 章
すずきあきら
(1930～)

根岸英一
ねぎしえいいち
(1935～2021)

2010年受賞
パラジウム触媒によるクロスカップリング反応の開発

クロスカップリング反応は，2つの異なる化合物から必要な要素を結合させて，求める化合物をつくる反応である。医薬品や液晶材料の合成など産業界で利用されている。
鈴木はホウ素，根岸は亜鉛を用いてこの反応を実現した。

吉野 彰 よしのあきら
(1948～)

2019年受賞
リチウムイオン電池の開発

正極にコバルト酸リチウム，負極に炭素繊維を用いて，現在の**リチウムイオン電池**(▶P. 92)の原型となる電池を開発した。リチウムイオン電池は大容量の電気をためられ，大きな電圧で電流を流すことができる。小型のものはスマートフォンやノートパソコンなどに，大型のものは電気自動車などに使われている。また，太陽光や風力などの自然エネルギーで発電した電気をためる**二次電池**としての利用も期待されている。

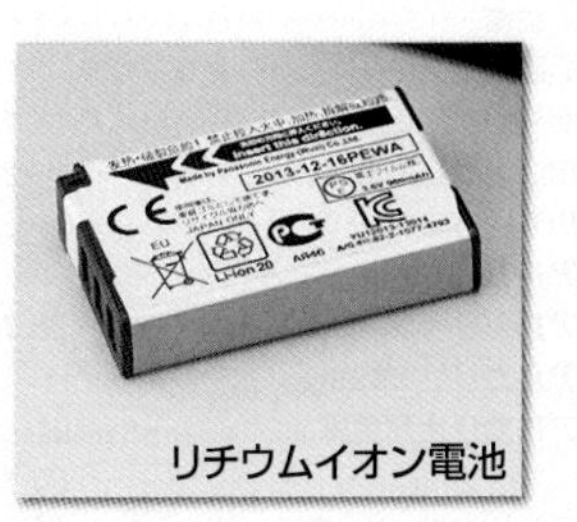

リチウムイオン電池

用語解説

赤字：人名　青字：物質名

あ

あ アイソトープ … **33**
亜鉛 … 84, 88, 90, 100, **176**, 191
亜鉛イオン … **176**, 180, 182, 184
亜塩素酸 … 147
亜鉛・マンガン電池 … **100**
アクリル繊維 acrylic fiber … **239**, 259
アクリロニトリル … 232, 239, 243
アクリロニトリルーブタジエンゴム … **243**
アジピン酸 … 233, 238
亜硝酸ナトリウム … 227
アストン F.W.Aston … 59
アスパラギン酸 … 254
アスピレーター … 18
アセタール化 … **239**
アセチリド … **206**
アセチル化 … **223**, 225, 226
アセチルサリチル酸 … **225**, 228, 233
アセチルセルロース … **253**
アセチレン … 50, 124, 157, 200, **206**, 232
アセチレン系炭化水素 … **206**
アセテート … 253, 259
アセトアニリド … 226, 228, 233
アセトアミノフェン … 228
アセトアルデヒド … **210**, 232
アセトン … 201, **210**, 232
アゾ化合物 azo compound … **227**
アゾ基 … **227**
アゾ染料 … **227**
アゾビスイソブチロニトリル … 240
圧平衡定数 … **131**
アデノシン一リン酸 … 258
アデノシン三リン酸 … 155, 258
アデノシン二リン酸 … 258
アニリン … **226**, 230, 233
アニリンブラック … **226**
あぶり出し … 151, 155
アボガドロ A.Avogadro … **69**
アボガドロ数 … **60**
アボガドロ定数 Avogadro constant … **60**
アボガドロの法則 Avogadro's law … **69**
アマルガム … 177
アミド amide … **226**
アミド結合 … **226**, 238
アミノ基 … **201**, 226, 254
アミノ酸 amino acid … 212, **254**, 290
アミノ樹脂 … **241**
アミラーゼ … 257
アミロース amylose … **252**
アミロペクチン amylopectin … **252**
アミン amine … 201, **226**
アモルファス amorphous … **56**
アラニン … 212, 254
アラミド繊維 … 245
アリザリン … 259
アリストテレス Aristoteles … 68
亜硫酸 … 79
亜硫酸ガス … 150
亜硫酸水素ナトリウム … 150
RNA (ribonucleic acid) … **258**
Rf値 … 256
アルカリ alkali … **70**
アルカリ金属 alkali metals … 36, **162**
アルカリ性 alkaline … **70**
アルカリ土類金属 alkaline earth metals … 36, **166**
アルカリマンガン電池 … 91, 100
アルカリ融解 … **223**
アルカン alkane … 200, **204**
アルキド樹脂 … 224, 233
アルギニン … 254
アルキルベンゼン … 218
アルキルベンゼンスルホン酸 … 218
アルキルベンゼンスルホン酸ナトリウム … 218
アルキン alkyne … 200, **206**
アルケン alkene … 200, **206**, 207
アルコキシド … **209**
アルコール alcohol … 201, **208**
アルコール発酵 alcoholic fermentation … 209, 261
アルゴン … 37, **141**
アルデヒド aldehyde … 201, 209, **210**
アルデヒド基 … **201**, 210, 250
アルデヒドの検出 … **211**
アルドース … 250
α-アミノ酸 … 254
α-1, 4-グリコシド結合 … 252
α-1, 6-グリコシド結合 … 252
α-グルコース … 250, 252
α線 … 33
α-ヘリックス … 49, 255
アルブミン … 255
アルマイト … 169
アルミナ … **169**, 192, 197, 264
アルミナゲル … **169**
アルミニウム … 53, 89, 149, **168**, 190, 191, 197, 264
アルミニウムイオン … **169**, 180, 182, 184
アルミニウム缶 … 264
アルミニウム合金 … 191
アルミニウム・マンガン電池 … 101
アルミン酸イオン … 180
アルミン酸ナトリウム … 168
アレニウスの式 … 129
アレニウスの定義 … **70**
安全ピペッター … 22
安全びん … 18
安全眼鏡(保護眼鏡) … 10, 77
安息香酸 … **224**, 230, 231, 233
安息香酸カリウム … 224
安定度定数 … 181
アントラセン … 220
アンミン錯イオン … **180**
アンモニア … 50, 70, 133, 134, **152**, 161, 165, 194
アンモニア水 … **152**, 181, 184
アンモニア性硝酸銀水溶液 … 211, 251
アンモニアソーダ法 ammonia-soda process … **165**, 195
アンモニウムイオン … 44, **70**
い 硫黄 … 29, 37, 48, 82, **149**, 202
硫黄の検出 … 202, 256
硫黄酸化物 … 262, 267
イオン化エネルギー ionization energy … 36, **41**, 274
イオン化傾向 ionization tendency … **88**, 90, 95
イオン化列 … **89**, 190
イオンクロマトグラフィー … 187
イオン結合 ionic bond … 37, **42**, 56
イオン結晶 ionic crystal … **42**, **54**, **56**
イオン交換樹脂 ion-exchange resin … **242**
イオン交換膜 … 95, 164, 195, 242
イオンの価数 … 40, 42
イオンの生成 … 40
イオン半径 … **41**, 54
いす形 … **205**
異性体 isomer … **201**
イソプレン … 243
1, 1, 2, 2-テトラブロモエタン … 207
一次構造 … 255
一次電池 primary battery … 91, 92
1-ドデカノール … 219
1-ナフトール … 222
1, 2-ジクロロエタン … 232
1, 2-ジブロモエタン … 207
1-フェニルアゾ-2-ナフトール … 227
1-プロパノール … 209, 232
1価アルコール … 208
一酸化炭素 … 69, **157**, 161
一酸化窒素 … **153**, 161
一酸化二窒素 … 153
ε-カプロラクタム … 238, 267
陰イオン anion … **40**, 41, 42, 74, 83
陰イオン交換樹脂 … **242**
陰極 … **94**
インジゴ … 259
インスリン … 255
陰性 … 37, 41
う ウェーラー F.Wöhler … 200
ウラン … 33, 264
上皿てんびん … 16
え AS (alkylsulfate) … 218
AMP (adenosine monophosphate) … 258
液化石油ガス … 205, 248
液化天然ガス … 205, 249
液晶 … 193
液体酸素 … 50, 52, 148
液体窒素 … 50, 52, **152**
S-S結合 … 255
SDGs … 268
エステル ester … 201, **214**
エステル化 esterification … **214**, 216, 218, 223, 225
エステル結合 … **201**, 214, 216, 238
枝付きフラスコ … 19
エタノール … 50, 112, 163, **208**, 210, 232
エタン … 125, **204**, 232
エチルメチルケトン … 210
エチレン … 50, **206**, 232, 236, 240
エチレングリコール … **208**, 233, 238
エチレン系炭化水素 … **206**
X線 … 244, 296
ATP (adenosine triphosphate) … 155, 258
ADP (adenosine diphosphate) … 258
エーテル ether … 201, **208**
エーテル結合 … **201**, 208
エテン … 206
N殻 … 34
エノール形 … 270
エポキシ樹脂 … 241
エボナイト … 243
エマルション … 118
MO (methyl orange) … 73
M殻 … 34
MK磁石鋼 … 53
エルー P.L.T.Héroult … 197
LAS (linear alkylbenzene sulfonate) … 218
LSI (large scale integration) … 158
LNG (liquefied natural gas) … 205
L殻 … 34
LPG (liquefied petroleum gas) … 61, 205
エーロゾル … 118, 262
塩 salt … **74**
塩の加水分解 … **75**
塩の生成 … 74, **81**
塩の分類 … 75
塩化亜鉛 … 91
塩化アンモニウム … 70, **74**, 91, 101, 152, 165
塩化カリウム … 147
塩化カルシウム … 43, 160, 165, **166**, 203
塩化カルシウム管 … 160, 203
塩化銀 … 137, 147, 175, 181, 182
塩化水銀(Ⅰ) … 177
塩化水銀(Ⅱ) … 177
塩化水素 … 50, 70, 125, 145, **146**, 161
塩化スズ(Ⅱ) … 84, 171
塩化セシウム型 … 54
塩化鉄(Ⅲ)水溶液 … 121, 222, 225, 231
塩化銅(Ⅱ) … 94, 123, 202
塩化ナトリウム … **42**, 54, 56, 74, 95, 112, 137, 165, 242
塩化ナトリウム型 … 54
塩化鉛(Ⅱ) … 147, 170, 182
塩化ビニル … 232, 240
塩化ベンゼンジアゾニウム … 227, 233
塩化メチル … 205
塩化メチレン … 205
塩基 base … **70**, 134, 230
塩基性 basicity … **70**, 160
塩基性アミノ酸 … 254
塩基性塩 … 75
塩基性酸化物 basic oxide … 81, **149**
塩酸 … 71, 89, 123, **146**, 226
エンジニアリングプラスチック … 245
鉛樹 … 88
炎色反応 flame reaction … 28, 162, 166, 174, 185, 202, 244
延性 ductility … 43, **52**
塩析 salting out … **120**, 219
塩素 … 37, 84, **144**, 161
塩素の検出 … **202**, 231, 244
塩素化 … 205
塩素酸 … 147
塩素酸カリウム … 147, 148
塩素水 … 145
エンタルピー enthalpy … **122**
エントロピー … 126
塩溶 … 256
お 王水 … 89, 179
黄銅 … 53
黄銅鉱 … 174, 190, 197
黄リン … 29, **154**
O殻 … 34
オキソ酸 oxoacid … 37, 147, **149**
オキソニウムイオン … 44, **70**
オストワルト法 Ostwald process … **153**, 194
オゾン … 29, 84, **148**, 161, 207, 263
オゾン層 … 263
オゾン分解 … 207
オゾンホール … 263
オルト位 … 220
o-キシレン … 220, 233
o-クレゾール … 222
オルトリン酸 … 154
オレイン酸 … 212, 216
オレフィン … **206**
温室効果 … 263

か

か 開環重合 ring-opening polymerization … 238
会合 … 118
会合コロイド … 118
海水の組成 … 24
壊変 … 33
界面活性剤 surfactant … **218**
過塩素酸 … 37, 147, 149
過塩素酸リチウム … 101
化学カイロ … 101, 123, 130, 172
化学結合 … 52
化学的酸素要求量 … 87
化学発光 … 127
化学反応 chemical reaction … 31, **64**, 66
化学反応式 reaction formula … **64**, 66
化学反応の速さ … **128**
化学平衡 chemical equilibrium … **131**
化学平衡の移動 … **132**
化学平衡の法則 … **131**
化学変化 chemical change … 28, **31**, **64**
可逆反応 reversible reaction … **131**
架橋 … **237**, 243
拡散 diffusion … **30**
核酸 nucleic acid … **258**
隔膜法 … 195
花こう岩 … 24
化合物 compound … **28**
過酸化水素 … 84, 98, 130, 148, 150
加水分解 hydrolysis … **75**, 134, **215**, 251, 252, 253
加水分解定数 … 134
価数 … 42, 208
ガスバーナー … 15
カゼイン … 255, 260
カタラーゼ … 130
褐色ビュレット … 137
活性化エネルギー activation energy … **129**
活性化状態 … **129**
活性錯合体 … 129
活性酸素 … 199
活性炭 … 101, **156**
活性中心 … 257
活性部位 … 257
活栓 … 18, 19, 23
褐輪反応 … 153, 187
価電子 valence electron … **34**, 52
果糖 fruit sugar, fructose … **250**
カドミウム … 92, **177**
カドミウムイエロー … 177
カーバイド … **157**, 206
価標 … 44, 201
ε-カプロラクタム … 238, 267
下方置換 … 21, 61, 160
過飽和 … 112
カーボンナノチューブ … 156
過マンガン酸カリウム … 84, 86, **178**, 207
ガラクトース … **250**
ガラス … 10, 51, **56**, 118, 146, **159**, 164
ガラス細工 … 15, 159
カラムクロマトグラフィー … 202
カリウム … 89, **162**
カリウムイオン … 183
加硫 … 149, **243**
カルシウム … 89, **166**
カルシウムイオン … 183, 219
カルボキシ基 … **201**, 212, 224, 254
カルボニル基 carbonyl group … **201**, 210
カルボン酸 carboxylic acid … 201, 209, 210, **212**
カルボン酸無水物 … 213
過冷却 … **114**
還元 reduction … **82**
還元剤 … **84**
甘コウ … 177
感光性 … 147
緩衝液 buffer solution … **135**, 294
環状構造 … 200
乾性油 … 216
間接還元 … 196
乾燥剤 … 118, 154, 159, **160**
乾電池 … **91**
官能基 functional group … **201**
γ線 … 33, 296
き 気液平衡 … **104**
貴ガス noble gases … 34, 36, **141**
希ガス rare gases … 34, 36, 141
輝銀鉱 … 175
ギ酸 … 157, 211, **212**, 232
キサントプロテイン反応 xanthoprotein reaction … **256**
基質 substrate … **257**
基質特異性 … **257**
希釈 … 22, **63**, 151
希硝酸 … 84, **153**
キシレン … **220**
o-キシレン … 220, 233
p-キシレン … 220, 233
m-キシレン … 220, 233
キセノン … 141
キセロゲル … **118**
気体定数 gas constant … **108**
気体の状態方程式 equation of state of gas … **108**
気体の製法と性質 … **160**, 289
気体の密度 … 61
気体の溶解度 … **113**, 280
気体反応の法則 law of gaseous reaction … **69**
キップの装置 … 20
基底状態 … 35
起電力 … 90
機能性高分子 … 245
ギブズエネルギー … 126
逆浸透 … **117**, 268
逆滴定 … 79
逆反応 … **131**
吸引ろ過 … 18
吸湿作用 … 151, 155
吸着 … 156, 159
吸熱反応 endothermic reaction … **122**
キュプラ … **253**, 259
強塩基 strong base … **71**
凝華 … 31, 102
凝固 solidification … **31**, **102**
凝固点降下 depression of freezing point … **114**, 203
凝固点降下度 … **115**, 203
凝固熱 … **102**
強酸 strong acid … **71**
共重合 copolymerization … 236, 242
凝縮 condensation … **31**, **102**
凝縮熱 … **102**
凝析 … **120**, 121
鏡像異性体 enantiomer … **201**, 212, 254
共通イオン効果 … 137, 165
共有結合 covalent bond … 37, **44**, **51**, 56
共有結合の結晶 … **51**, **56**
共有電子対 shared electron pair … **44**
極性 polarity … **45**, 112
極性分子 polar molecule … **45**, 112
極軟鋼 … 196
巨大分子 … **51**, 156
希硫酸 … 85, 90, 95, **151**
kJ(キロジュール) … 122
金 … 32, 52, 89, **179**, 190
銀 … 53, 88, 94, **175**, 190
銀アセチリド … 206
銀イオン … 88, 94, **175**, 180, 182, 184
均一混合物 … 24
均一触媒 … 130
銀鏡反応 silver mirror test … **211**, 251
銀樹 … 88, 170
金属イオンの反応 … **182**
金属イオンの分離 … 136, **184**
金属結合 metallic bond … **52**, 56
金属結晶 … 52, **55**, **56**
金属元素 metallic element … **36**
金属光沢 … 52
金属樹 … 88, 170
金属性 … 37
金属のイオン化傾向 … **88**, 190
金属のイオン化列 … **89**, 190
く 空気の組成 … 24, 152
空気の平均分子量 … 61
空気の密度 … 61
グッタペルカ … 243
クメン … 223, 233
クメンヒドロペルオキシド … 223, 233
クメン法 … 210, **223**, 233
グラファイト … **156**
グラフェン … 156
グリコーゲン … 252
グリコシド結合 … 252
グリシン … 254
グリセリン … **208**, 214, 216, 218, 232
クリプトン … 141
グリーンケミストリー … 267
グルコース … 209, **250**, 252, 266
グルタミン酸 … 254, 261
グルテリン … 255
クレゾール … 222
グロブリン … 255
クロマトグラフィー … 27, 202, 256
黒豆試験液 … 73
クロム … **178**, 191
クロムイオン … 84, **178**, 209
クロム酸イオン … 131, 137, **178**
クロム酸塩 … 137, 178
クロム酸カリウム … 137, 178
クロリドペンタアンミンコバルト(Ⅲ)塩化物 … 181
クロロプレンゴム … **243**
クロロベンゼン … 221, 233
クロロホルム … 205
クロロメタン … 205
C(クーロン) … **96**
クーロン力 … 42
け ケイ酸 silicic acid … 149, **159**
ケイ酸塩 … **159**, 236
ケイ酸塩工業 … **159**
ケイ酸ナトリウム … 158, 164
ケイ砂 … 158, 164
形状記憶合金 … 191
軽水素 … 33
ケイ素 … 37, 51, 149, **158**
ケイ素ゴム … **243**
ケイ素樹脂 … **241**
K殻 … 34
ケクレ F.A.Kekulé … 221
血液透析装置 … 119
結合エネルギー bond energy … **125**, 283
結晶 crystal … **54**, 55
結晶格子 … 54
結晶領域 … 237
ケト形 … 270
ケトース … 250
ケトン ketone … 201, **210**
ケトン基 … 201
ケラチン … 255
ゲーリュサック J.L.Gay-Lussac … **69**
ゲル gel … **118**
ゲル電気泳動 … 256
K(ケルビン) … 31, 103, 106, 107
ケルビン Lord Kelvin … 107
けん化 saponification … 215, 217, 218, 239
限外顕微鏡 … 119
けん化価 … **217**
原子 atom … **32**
原子価 … 44
原子核 atomic nucleus … **32**
原子説 … **69**
原子の酸化数 … 83
原子半径 … 36, **41**
原子番号 atomic number … **32**
原子量 atomic weight … **58**
元素 element … **28**
　元素の周期表 … **36**
　元素の周期律 … **36**
　元素の存在比 … 28, 140, 148, 158
元素記号 symbol of element … **28**
元素分析 … 203
懸濁液 … 118
原油 … 248, 264
こ 五員環 … 250
鋼 steel … 196
光化学スモッグ … 262
光化学反応 … **127**, 262
光学異性体 … 201
硬化油 … 216
高級アルコール … **208**, 214, 218
高吸水性高分子 … 245
合金 alloy … **53**, 191
硬鋼 … 196
光合成 … 127, 157
格子エネルギー … 125
抗生物質 … 229
高純度ケイ素 … 158
硬水 … 219
合成高分子 … **236**, 245
合成ゴム synthetic rubber … 243
合成樹脂 synthetic resin … 240
合成繊維 synthetic fiber … 238
合成洗剤 synthetic detergent … 214, 218
酵素 enzyme … 130, **257**
構造異性体 … **201**
構造式 structural formula … **44**, **201**
酵素基質複合体 … 257
高度さらし粉 … 147
高分子化合物 macromolecular compound … **51**, **236**
高密度ポリエチレン … 237, 244
高炉 … 196

赤字：人名　青字：物質名

氷の構造 …… 49
黒鉛 …… 29, 51, **156**
コークス …… 196
五酸化二窒素 …… 153
五酸化二リン …… **154**
コージェネレーションシステム …… 93, 266
五大栄養素 …… 260
古代原子説 …… 68, 300
固体の溶解度 …… **112**, 279
コバルト …… 173
コバルト(Ⅱ)アクア錯イオン …… 181
コバルト(Ⅲ)アンミン錯塩 …… 181
コバルト(Ⅱ)クロリド錯イオン …… 181
5-フェニルアゾサリチル酸 …… 227
駒込ピペット …… 12
ゴム …… **243**
ゴム状硫黄 …… 29, 149
コラーゲン …… 255
孤立電子対 …… **44**
コロイド colloid …… **118**, 218, 236, 252, 256
コロイド溶液 …… **118**, 252
コロイド粒子 …… **118**, 218, 236, 256
混合気体 …… 109
混合物 mixture …… **24**, 29
混合水溶液の中和 …… 80
紺青 …… 172
混成軌道 …… 46

さ

さ 最外殻電子 …… **34**
再結晶 recrystallization …… 26, **113**
最硬鋼 …… 196
再生繊維 regenerated fiber …… **253**, 265
ザイツェフ則 …… 209
最適温度 …… **257**
最適pH …… **257**
再付着防止 …… 218
錯イオン complex ion …… **45**, **180**, **181**
酢酸 …… 50, 71, 77, 134, **212**, 215, 232
酢酸エステル …… 214
酢酸エチル …… 214, 232
酢酸カルシウム …… 210, 232
酢酸ナトリウム …… 75, 135, 205, 215
酢酸鉛(Ⅱ) …… 170, 202
酢酸鉛(Ⅱ)試験紙 …… 170
酢酸ビニル …… 232, 239, 240
酢酸フェニル …… 223, 233
桜田一郎 …… 239
鎖式グルコース …… 250
鎖状構造 …… 200
サスペンション …… 118
さび …… 191
サブユニット …… 255
さらし粉 …… 145, 147, 226, 230
サリチル酸 …… 172, 222, **225**, 228, 230, 233
サリチル酸メチル …… 225, 228, 233
サルファ剤 …… 229
酸 acid …… **70**, 134, 230
酸塩基指示薬 …… 73
酸・塩基の価数 …… **71**
酸・塩基の強さ …… **71**
酸化 oxidation …… **82**
酸化亜鉛 …… 176
3価アルコール …… 208
酸化アルミニウム …… 37, 149, **169**, 192, 264
酸化カルシウム …… 81, 123, 160, 165, **167**
酸化還元滴定 …… **86**, 87
酸化還元反応 oxidation-reduction reaction …… **82**
酸化銀(Ⅰ) …… 175, 182, 211
三角架 …… 14
酸化剤 …… **84**
酸化ジルコニウム …… 192
酸化数 oxidation number …… **82**
酸化スズ(Ⅳ) …… 171
酸化チタン …… 179, 192
酸化銅(Ⅰ) …… 69, 174, 211
酸化銅(Ⅱ) …… 69, 81, 82, 174, 203
酸化ナトリウム …… 81, 149, 159
酸化鉛(Ⅱ) …… 164, 170
酸化鉛(Ⅳ) …… 91, 170
酸化バナジウム(Ⅴ) …… 151
酸化物 …… 37, 81, **149**
酸化マンガン(Ⅳ) …… 84, 100, 130, **178**
三酸化硫黄 …… 151
三酸化二窒素 …… 153
三次構造 …… 255
三重結合 …… 44, 200, 206
三重点 …… 102
酸性 acidity …… **70**, 160
酸性アミノ酸 …… 254
酸性雨 …… 150, **262**, 267
酸性塩 …… **75**
酸性酸化物 acidic oxide …… 81, **149**
酸素 …… 29, 50, 84, **148**, 161
酸素アセチレン炎 …… 148, 206
酸無水物 …… **213**
三ヨウ化物イオン …… 145
し 次亜塩素酸 …… **145**, **147**
次亜塩素酸ナトリウム …… **147**
ジアステレオマー …… 234
ジアゾ化 diazotization …… **227**
ジアゾカップリング diazo coupling …… **227**
ジアゾニウム塩 …… 227
ジアンミン銀(Ⅰ)イオン …… 175, 180, 182, 211
ジエチルエーテル …… **208**, 230, 232
四塩化炭素 …… 205
COD (chemical oxygen demand) …… 87
紫外線 …… 127, 263, 296
ジカルボン酸 …… 212
磁器 …… 159
式量 formula weight …… **59**
シクロアルカン cycloalkane …… 200, **205**
シクロアルケン …… 200, **206**
シクロパラフィン …… **205**
シクロブタン …… 205
シクロプロパン …… 205
シクロヘキサン …… 200, **205**, 221, 233
シクロヘキセン …… 200
シクロペンタン …… 205
ジクロリドテトラアンミンコバルト(Ⅲ)塩化物 …… 181
1, 2-ジクロロエタン …… 232
p-ジクロロベンゼン …… 48, 221, 230
ジクロロメタン …… 205
四元素説 …… 68, 300
四酸化二窒素 …… 132, **153**
脂質 …… 260
指示薬 …… 73, 78
シス形 …… **201**, 213
システイン …… 254
シス-トランス異性体 cis-trans isomer …… **201**, 206, 213
ジスルフィド結合 …… 255
磁性 …… 173
示性式 rational formula …… **201**
自然発火 …… 154
失活 …… 257
実在気体 …… 110
十酸化四リン …… 149, **154**, 160
質量作用の法則 law of mass action …… **131**
質量数 mass number …… **32**
質量パーセント濃度 …… **63**
質量分析器 …… 59
質量保存の法則 law of conservation of mass …… 64, **68**
質量モル濃度 molality …… **63**
p-ジビニルベンゼン …… 242
4-フェニルアゾ-1-ナフトール …… 227
1, 2-ジブロモエタン …… 207
脂肪 fat …… 216
脂肪酸 fatty acid …… 212, **216**, 218, 232
脂肪酸カリウム …… 217
脂肪酸ナトリウム …… **218**
脂肪油 …… 216
弱塩基 weak base …… **71**, 134, 230
弱酸 weak acid …… **71**, 134, 230
斜方硫黄 …… 29, 48, 149
シャルル J.A.C.Charles …… 107
シャルルの法則 Charles' law …… **106**
臭化カリウム …… 144, 147
臭化銀 …… 147, 175, 181
臭化水素 …… 146, 221
臭化水素酸 …… 146
臭化鉛(Ⅱ) …… 147, 170
周期 period …… **36**
周期表 periodic table …… **36**
周期律 …… **36**
重合 polymerization …… 51, **236**
重合開始剤 …… 240
重合体 polymer …… 51, **236**
重合度 degree of polymerization …… 236
シュウ酸 …… 62, 71, 76, 79, 84, 212
シュウ酸ナトリウム …… 87
シュウ酸二水和物 …… 62, 76
重水 …… 33
重水素 …… 33
臭素 …… **144**, 207, 221
重曹 …… 43, 165
充電 charge …… 91, 99
自由電子 free electron …… **52**
縮合 condensation …… **209**, 213, 214, 255
縮合重合 …… 51, **236**, 238
主鎖 …… 237
酒石酸 …… 212
酒石酸ナトリウムカリウム …… 211
シュバイツァー試薬 …… 253
ジュラルミン …… 53, 169, 191
J(ジュール) …… 122
純物質 pure substance …… **24**, 29
昇華 sublimation …… 25, 26, **31**, 48, 102, 123, 145
昇華エンタルピー …… **123**
蒸気圧 vapor pressure …… **104**, 114
蒸気圧曲線 …… **104**
蒸気圧降下 depression of vapor pressure …… **114**
昇コウ …… 177
硝酸 …… 71, 84, 89, **153**, 194, 221, 262
硝酸アンモニウム …… 123
硝酸エステル …… 214
硝酸カリウム …… 112, 113, 261
硝酸銀 …… 68, 88, 94, 137, 206
硝酸ナトリウム …… 153
消石灰 …… **167**
状態図 …… **102**
状態変化 change of state …… 31, **102**
鍾乳石 …… 167
鍾乳洞 …… 167
蒸発 vaporization …… **31**, **102**, 123
蒸発エンタルピー enthalpy of vaporization …… **123**, 282
蒸発熱 heat of vaporization …… **102**, 103
上方置換 …… **21**, 61, 160
蒸留 distillation …… **19**, 26, 248
触媒 catalyst …… **130**, 267
食品添加物 …… 261
植物ホルモン …… 206
ショ糖 cane sugar, sucrose …… **251**
シリカゲル silica gel …… 118, 159
シリコーンゴム …… **243**
シリコーン樹脂 …… **241**
ジルコニア …… 192
辰砂 …… 68, 177
親水コロイド hydrophilic colloid …… **120**
親水性 …… 112, 208, 218
しんちゅう …… 53
浸透 osmosis …… 116
浸透圧 osmotic pressure …… 116, 203
親油性 …… 218
す 水銀 …… 53, 89, **177**
水銀柱 …… 103
水酸化亜鉛 …… 176
水酸化アルミニウム …… 71, 149, 169, 182
水酸化カリウム …… 91, 100, 163, 217
水酸化カルシウム …… 43, 71, 152, 157, **167**, 183
水酸化スズ(Ⅱ) …… 171
水酸化鉄(Ⅱ) …… 172, 183
水酸化鉄(Ⅲ) …… 121, 172, 183
水酸化ナトリウム …… 43, 70, 95, 149, **164**, 195, 230
水酸化鉛(Ⅱ) …… 170, 182
水酸化バリウム …… 167
水酸化物イオン …… **70**
水晶 …… 51, 158
水蒸気 …… 30, 102, 105
水上置換 …… **21**, 61, 160
水素 …… 33, 50, 82, 88, 93, **140**, 161, 202, **266**
水素イオン指数 hydrogen ion exponent …… **72**
水素化合物 …… 140
水素吸蔵合金 …… 92, 191, **266**
水素結合 hydrogen bond …… **49**, 146, 212, 258
水素酸 …… 146
水溶液 …… 62, 113
水流ポンプ …… 18
水和 hydration …… **112**
水和イオン …… **112**
スクラーゼ …… 257
スクロース …… 114, **251**
スズ …… 88, **171**, 190, 226
スズ(Ⅱ)イオン …… 180
スチール缶 …… 264
スチレン …… **220**, 236, 240, 242, 243
スチレン-ブタジエンゴム …… **243**
ステアリン酸 …… 212
ステンレス鋼 …… 53, 191
ストレプトマイシン …… 229
ストロンチウム …… 166
スペクトル …… **35**, 140, 141, 296
スラグ …… 196
スルホ基 …… **201**, 221
スルホン化 sulfonation …… 218, **221**
せ 正塩 …… **75**

正極 positive electrode **90**, 100
精製 26, 202
生成エンタルピー enthalpy of formation **123**, 283
生成物 **64**
生石灰 123, **167**
生体触媒 130, 257
静電気力 42, 48
青銅 53, 171, 190
正反応 **131**
生物化学的酸素要求量 87
生物発光 127
生分解性高分子 245
製錬 89, 196
精錬 174, 196
ゼオライト 192
石英 158
石英ガラス 159
石炭 249, 264
石油 163, 248
赤リン 29, **154**
セシウム 162
石灰水 157, **167**
石灰石 167, 196, 267
石灰セッコウ法 267
セッケン 217, **218**, 232
セッコウ gypsum 167, 267
接触法 **151**, 194
絶対温度 absolute temperature **31**, **103**, 106
セラミックス ceramics 192
セリン 254
セルロース **253**
セロビオース **251**, 253
閃亜鉛鉱型 54
全圧 109
遷移元素 transition element 36, 179
遷移状態 129
洗気びん 160
旋光性 201
洗浄作用 **218**
銑鉄 196
染料 **227**, 259
そ **双性イオン** zwitterion 254
相対湿度 104
相対質量 58
総熱量保存の法則 124
族 group 36
側鎖 237
速度定数 rate constant 128
疎水コロイド hydrophobic colloid **120**
疎水性 112, 208, 218
組成式 compositional formula **42**
ソーダ 164
ソーダ石灰 152, 160, 202, 203
ソーダ石灰ガラス 159
ソックスレー抽出器 202, 217
粗銅 197
ゾル sol **118**
ソルベー法 Solvay process **165**

た

た 第一級アルコール 209, 210
ダイオキシン dioxin 244
大規模集積回路 158
第三級アルコール 209
体心立方格子 **55**
ダイナマイト 214
第二級アルコール 209, 210
ダイヤモンド 29, 51, 56, **156**
太陽電池 93, 158
多価アルコール 250
多原子イオン 40, 42
多原子分子 44
多段階反応 129
脱イオン水 242
脱水 151, 155, 209, 225, 250
脱離反応 **209**
多糖 250
ダニエル電池 Daniell cell **90**, 99, 176
単位格子 unit cell **54**
単一エーテル 208
炭化カルシウム **157**, 206
炭化水素基 hydrocarbon radical **201**, 208
単結合 44, 200
単原子イオン 40
単原子分子 44, 141
炭酸 71, 213, 222, 224
炭酸カリウム 164
炭酸カルシウム 43, 157, **165**, **167**, 183
炭酸水 157
炭酸水素ナトリウム 43, 75, 80, **165**, 228
炭酸ナトリウム 43, 75, 80, **164**, 165, 195
炭酸二水酸化二銅(Ⅱ) 174
単斜硫黄 29, **149**
単純タンパク質 255
炭水化物 carbohydrate 250
弾性ゴム 243
炭素 29, 33, 58, 94, **156**, 196, 200
炭素繊維 239
単体 simple substance **28**
単糖 monosaccharide 250
単糖類 250
タンパク質 **256**, 260
ターンブル青 172
単量体 monomer 51, **236**
ち チオシアン酸カリウム 132, 172
チオ硫酸ナトリウム 84, 112, 129, 149, 175, 181
置換体 205
置換反応 substitution **205**, 221
チタニア 192
チタン **179**, 190, 191
チタン合金 191
窒素 50, **152**, 161
窒素の検出 202, 256
窒素酸化物 **153**, 262, 267
チモールブルー 73
抽出 extraction **19**, 26, **230**
中性子 neutron 32
中和 neutralization **74**
中和エンタルピー enthalpy of neutralization **123**, 283
中和滴定 neutralization titration **76**
中和滴定曲線 **78**
中和点 **75**
潮解 deliquescence 154, **164**
超臨界状態 102
直鎖アルキルベンゼンスルホン酸ナトリウム **218**
直接還元 196
チロシン 254
チンダル現象 Tyndall phenomenon **119**, 121, 236, 252, 256
沈殿滴定 137
て デイヴィー H.Davy 96
DNA (deoxyribonucleic acid) 155, **258**
TNT (trinitrotoluene) 221, 233
TLC 27
定比例の法則 law of definite proportion **68**
低密度ポリエチレン 237, 244
デオキシリボ核酸 155, 258
滴定 22, 76, 86, 137, 217
滴定曲線 **78**
鉄 53, 88, **172**, 190, **196**
鉄の製錬 **196**
鉄(Ⅱ)イオン 153, **172**, 180, 183
鉄(Ⅲ)イオン **172**, 180, 183
鉄鉱石 196
テトラアクア銅(Ⅱ)イオン 174, 181
テトラアンミン亜鉛(Ⅱ)イオン 176, 180, 182
テトラアンミン銅(Ⅱ)イオン 45, 174, 180, 182
テトラクロリドコバルト(Ⅱ)酸イオン 181
テトラクロリド銅(Ⅱ)酸イオン 181
2, 3, 7, 8-テトラクロロジベンゾ-p-ジオキシン 244
テトラクロロメタン 205
テトラヒドロキシド亜鉛(Ⅱ)酸イオン 176, 180, 182
テトラヒドロキシド亜鉛(Ⅱ)酸ナトリウム 176
テトラヒドロキシドアルミン酸イオン 169, 180, 182
テトラヒドロキシドアルミン酸ナトリウム 168
テトラヒドロキシドスズ(Ⅱ)酸イオン 171, 180
テトラヒドロキシド鉛(Ⅱ)酸イオン 170, 180, 182
テトラフルオロエチレン 240
1, 1, 2, 2-テトラブロモエタン 207
デモクリトス Dēmocritos 68
テルミット反応 168
テレフタル酸 **225**, 233, 238
電荷 **40**
電解質 electrolyte **40**, 117
電解精錬 **197**
転化糖 invert sugar 250
電気陰性度 electronegativity **45**, 274
電気泳動 electrophoresis **119**, 121, 254, 256
電気伝導性 37, 43, 51, 52, 53, 156, 158
電気分解 electrolysis **94**, 99, 100
典型元素 main group element **36**
電子 electron 32, **34**, 82
電子殻 **34**
電子軌道 35, 272
電子式 **34**, 44
電子親和力 **41**, 274
電子てんびん 16
電磁波 33, 127
電子配置 electron configuration **34**, 273
展性 malleability 43, **52**, 174, 175
電池 cell **90**, 92, 99, 100
電池の充電 **91**, 99
電池の放電 **91**, 99
天然ガス 205, 249
天然高分子 236
天然ゴム **243**
デンプン starch 127, **252**
電離 electrolytic dissociation **40**, 43, 71, 134
電離定数 **134**, 284
電離度 **71**, 134
電離平衡 electrolytic dissociation equilibrium **134**
転炉 196
と 銅 53, 88, 90, 97, **174**, 190, 197
銅(Ⅱ)アクア錯イオン 181
銅アンモニアレーヨン **253**
銅(Ⅱ)イオン 45, **174**, 180, 182, 184
同位体 isotope **33**, 276
陶器 159
銅(Ⅱ)クロリド錯イオン 181
銅樹 88
透析 dialysis **119**, 121
同族元素 **36**
同族体 204
同族列 204
同素体 allotrope **29**
導電性高分子 245
等電点 isoelectric point 254, 260, 290
糖類 **250**, 260
特殊鋼 196
毒性 160
トタン 100, 176, 191
1-ドデカノール 219
トムソン J.J.Thomson 32
共洗い 22
ドライアイス 31, 48, 56, 103, 123
トランス形 **201**, 213
トリアセチルセルロース 253
トリクロロメタン 205
トリチェリの真空 103
トリニトロセルロース 253
2, 4, 6-トリニトロトルエン 221, 233
2, 4, 6-トリニトロフェノール 223, 233
トリプシン 257
2, 4, 6-トリブロモフェノール 223, 233
トルエン **220**, 233
ドルトン J.Dalton 58, **69**, 109
ドルトンの分圧の法則 **109**

な

な ナイロン6 **238**, 259, 267
ナイロン66 233, **238**, 259
長岡半太郎 32
ナトリウム 37, 84, 89, 149, **162**, 202, 223
ナトリウムアルコキシド 209
ナトリウムフェノキシド 223, 227, 233
ナフタレン 48, **220**
ナフトール 222
生ゴム **243**
鉛 88, 91, **170**
鉛(Ⅱ)イオン **170**, 180, 182
鉛ガラス 159, 164
鉛蓄電池 **91**, 99
軟化点 237
軟鋼 196
に 2価アルコール 208
ニクロム 53
ニクロム酸イオン 84, 131, **178**
ニクロム酸カリウム 84, 98, **178**, 203, 209, 226
二原子分子 44
二酸化硫黄 81, 85, 149, **150**, 161
二酸化ケイ素 51, 56, 149, **158**, 164
二酸化炭素 103, 123, **157**, 161, 165, 167, 263
二酸化窒素 132, **153**, 161
2, 3, 7, 8-テトラクロロジベンゾ-p-ジオキシン 244
二次構造 49, 255
二次電池 secondary battery 91, 92
二重結合 44, 200, 206
二重らせん構造 258
2族元素 **166**
2段階の中和 80

赤字：人名　青字：物質名

ニッケル …… 89, 95, **173**, 180, 196
ニッケル・カドミウム電池 …… 92, 177
ニッケル・水素電池 …… 92
二糖 …… 250
二糖類 …… **251**
ニトロ化 nitration …… **221**, 223
ニトロ基 …… 201, 221
ニトログリセリン …… 214, 232
ニトロセルロース …… **253**
p-ニトロトルエン …… 221
ニトロベンゼン …… 221, 226, 233
2-プロパノール …… 209, 210, 232
2-メチル-2-プロパノール …… 209
2-メチル-4-フェニルアゾフェノール …… 227
乳化 …… **218**
乳酸 …… 201, **212**
乳濁液 emulsion …… 118
乳糖 …… **251**, 260
尿素 …… 200, 241
尿素樹脂 …… **241**
2, 4, 6-トリニトロトルエン …… 221, 233
2, 4, 6-トリニトロフェノール …… 223, 233
2, 4, 6-トリブロモフェノール …… 223, 233
二量体 …… 49, 115
ニンヒドリン反応 ninhydrin reaction …… **254**, 256
ぬ ヌクレオチド …… 258
ね ネオン …… **141**
ネスラー試薬 …… 152
熱運動 thermal motion …… **30**
熱可塑性 …… **237**, 240
熱可塑性樹脂 thermoplastic resin …… **240**
熱硬化性 …… **237**, 241
熱硬化性樹脂 thermosetting resin …… **241**
熱伝導性 …… 52, 53
熱濃硫酸 …… 84, **151**
燃焼エンタルピー enthalpy of combustion …… **123**, 283
燃料電池 fuel cell …… 93
の 濃硝酸 …… 84, 89, **153**
濃度の換算 …… 63, 77
濃硫酸 …… **151**, 155, 160
ノボラック …… 241

は

は **配位結合** coordinate bond …… **44**, 174, 180
配位子 …… **45**, **180**
配位数 …… 54, 180
灰色スズ …… 171
バイオエタノール …… 209, 266
バイオマス …… 263
配向性 …… 235
倍数比例の法則 law of multiple proportion …… **69**
バイルシュタイン試験 …… **202**, 231, 237, 244
麦芽糖 malt sugar, maltose …… **251**
薄層クロマトグラフィー …… 27
バケツ電池 …… 100
Pa(パスカル) …… 61, 103
発煙硫酸 …… 151
ばっ気槽 …… 87
白金 …… 89, 94, 190
パックテスト …… 145
発熱反応 exothermic reaction …… **122**
ハーバー F.Haber …… 133
ハーバー・ボッシュ法 Haber-Bosch process …… 133, **152**, 165, 194
パラ位 …… 220
p-キシレン …… 220, 233
p-ジクロロベンゼン …… 48, 221, 230
p-ジビニルベンゼン …… 242
p-ニトロトルエン …… 221
p-ヒドロキシアゾベンゼン …… 227, 233
パラフィン …… 204
パラフィン炭化水素 …… 204
バリウム …… **166**
バリウムイオン …… 183, 184
ハロゲン halogen …… **144**
ハロゲン化 …… 205, **221**, 223
ハロゲン化ガラス …… 147
ハロゲン化カリウム …… 147
ハロゲン化銀 …… 147, **175**, 181
ハロゲン化水素 …… 146
ハロゲン化鉛 …… 147
半乾性油 …… 216
半減期 …… 33
半合成繊維 …… 253
はんだ …… 171
半導体 …… 158
半透膜 semipermeable membrane …… **116**, 119
反応エンタルピー enthalpy of reaction …… **122**, 123
反応機構 …… 129, 235
反応速度 reaction rate …… **128**
反応速度式 …… **128**
反応速度定数 …… **128**
反応の速さ …… **128**
万能pH試験紙 …… 72
反応物 …… **64**
ひ **ビウレット反応** biuret reaction …… **256**
pH(ピーエイチ) …… **72**, 262
pH調整剤 …… 155
pHメーター …… 72, 139
PM2.5 …… 262
BOD(biochemical oxygen demand) …… 87
光触媒 …… 179, 199
光ファイバー …… 159
非共有電子対 unshared electron pair …… **44**
非金属元素 non-metallic element …… **36**
非金属性 …… 37
ピクリン酸 …… 223, 233
微結晶部分 …… 237
非晶領域 …… 237
ビスコース …… 253
ビスコースレーヨン …… **253**, 259
ビス(チオスルファト)銀(Ⅰ)酸イオン …… 175, 181
ビタミン …… 260
BTB(bromothymol blue) …… 73
非電解質 nonelectrolyte …… **40**, 117
p-ヒドロキシアゾベンゼン …… 227, 233
ヒドロキシ基 …… **201**, 208, 222, 225, 250
ヒドロキシ酸 hydroxy acid …… 212
ヒドロキシド錯イオン …… **180**
ビニルアルコール …… 207, 232
ビニロン vinylon …… 232, **239**, 259
比熱 …… 123
PP(phenolphthalein) …… 73
ppm(parts per million) …… 62
ppb(parts per billion) …… 62
ビュレット …… 23, 77, 86
標準状態 …… **61**, 108
標準電極電位 …… 88, 284
氷晶石 …… 168, 197
標線 …… 17
漂白剤 …… 147
漂白作用 …… 145, 150
表面張力 …… 218
ふ ファインセラミックス …… 192
ファラデー M.Faraday …… **96**
ファラデー定数 Faraday constant …… **96**
ファラデーの法則 …… **96**
ファンデルワールスの状態方程式 …… 110
ファンデルワールス力 …… **48**
ファントホッフの法則 …… **116**
フィブロイン …… 255
風解 efflorescence …… **164**
1-フェニルアゾ-2-ナフトール …… 227
4-フェニルアゾ-1-ナフトール …… 227
5-フェニルアゾサリチル酸 …… 227
p-フェニルアゾフェノール …… 227
フェニルアラニン …… 254
フェノキシドイオン …… 222
フェノール …… **222**, 230, 233, 241
フェノール樹脂 …… 233, 237, **241**
フェノールフタレイン …… **73**, 78
フェノール類 …… **222**
フェノール類の検出 …… **222**, 225, 231
フェーリング液の還元 …… **211**, 251, 252
不可逆反応 irreversible reaction …… **131**
付加重合 …… 51, 207, **236**, 239, 243
付加反応 addition reaction …… **207**, 212, 217, 220
不乾性油 …… 216
不完全燃焼 …… 200
不揮発性 …… 81, 146, 151, 155
負極 negative electrode …… **90**, 100
不均一混合物 …… 24
不均一触媒 …… 130
複塩 double salt …… 169
複合タンパク質 …… 255
ふくらし粉 …… 165
浮上密度試験 …… 244
腐食 …… 191
不斉炭素原子 asymmetric carbon atom …… 212
ブタジエン …… 243
ブタジエンゴム …… **243**
ふたまた試験管 …… 20
フタル酸 …… **225**, 233
ブタン …… 103, **204**
ブチルゴム …… **243**
不対電子 unpaired electron …… **44**
フッ化水素 …… 49, **146**, 161
フッ化水素酸 …… **146**, 158
物質の三態 …… 25, 31, **102**
物質量 amount of substance …… **60**
フッ素 …… **144**
フッ素樹脂 …… **240**
沸点 boiling point …… 25, 30, **102**, 104
沸点上昇 elevation of boiling point …… **114**, 203
沸点上昇度 …… **115**, 203
沸騰 boiling …… 30, 102, **104**
沸騰石 …… 14, 19
物理変化 …… 26, 31
ブテン …… 201, 206
不動態 passive state …… 153, 168, 172
ブドウ糖 grape sugar, glucose …… **250**
舟形 …… 205
ブフナーろうと …… 18, 219
不飽和脂肪酸 …… 212, **216**
不飽和溶液 …… 112
フマル酸 …… **213**
ブラウン運動 Brownian motion …… **119**
プラスチック plastics …… 207, 236, **240**, 244, 245, **265**
フラーレン …… 29, **156**
ブリキ …… 171
フルクトース …… **250**
プルースト J.L.Proust …… **68**
ブレンステッド・ローリーの定義 …… **70**
プロタミン …… 255
1-プロパノール …… 209, 232
2-プロパノール …… 209, 210, 232
プロパン …… **204**
プロピオンアルデヒド …… 209, **210**, 232
プロピオン酸 …… 209, 232
プロピレン …… **206**, 223, 240
プロピレンカーボネート …… 101
プロピン …… **206**
プロペン …… **206**, 223, 232, 240
ブロマイド …… 175
ブロモチモールブルー …… 73
ブロモベンゼン …… 221
フロン …… 263
フロン11 …… 263
分圧 partial pressure …… **109**
分圧の法則 …… **109**
分液ろうと …… 19, 202, **230**
分解 …… **28**
分散 …… 112, 118, 218
分散系 …… 118
分散質 …… **118**
分散媒 …… **118**
分子 molecule …… **44**, **50**
分子の立体構造 …… 44
分子間力 intermolecular force …… **48**, 56, 102, 156
分子結晶 molecular crystal …… **48**, 56
分子コロイド …… 118
分子式 molecular formula …… 44, **201**
分子説 …… **69**
分子量 molecular weight …… **59**
分子量の測定 …… 115, 203
分銅 …… 16
分離 …… 26, 29
分留 …… 26, 248
へ **閉殻** closed shell …… 34
平均分子量 …… 236
平衡移動の原理 principle of mobile equilibrium …… **132**
平衡状態 …… **131**
平衡定数 equilibrium constant …… **131**
へき開 …… 43
ヘキサアクアコバルト(Ⅱ)イオン …… 181
ヘキサアンミンコバルト(Ⅱ)イオン …… 180
ヘキサアンミンコバルト(Ⅲ)イオン …… 180
ヘキサアンミンコバルト(Ⅲ)塩化物 …… 181
ヘキサアンミンニッケル(Ⅱ)イオン …… 180
ヘキサクロロシクロヘキサン …… 221
ヘキサシアニド鉄(Ⅱ)酸イオン …… 172, 180
ヘキサシアニド鉄(Ⅲ)酸イオン …… 172, 180
ヘキサシアニド鉄(Ⅱ)酸カリウム …… 172
ヘキサシアニド鉄(Ⅲ)酸カリウム …… 172
ヘキサフルオロケイ酸 …… 146
ヘキサメチレンジアミン …… 233, 238
ヘキサン …… 112, 204
ベーキングパウダー …… 165
ベークライト …… 241
ヘスの法則 Hess' law …… **124**
β壊変 …… 33
β-グルコース …… 250, 253
β-シート …… 255

β線 … 33
ペニシリン … 229
ペーパークロマトグラフィー … 254, 256
ペプシン … 257
ヘプタン … 204
ペプチダーゼ … 257
ペプチド peptide … **255**
ペプチド結合 … **255**
ヘミアセタール構造 … 250
ヘモグロビン … 157, 255
ヘリウム … **141**
ベリリウム … **166**
ベルセリウス J.J.Berzelius … 58
ベルリン青 … 172
変色域 … 73, 78
ベンジルアルコール … 222
変性 denaturation … **256**
ベンゼン … 49, 50, **220**, 232
ベンゼン核 … **220**
ベンゼン環 benzene ring … **220**
ベンゼンスルホン酸 … 221, 233
ベンゼンスルホン酸ナトリウム … 221, 223
ペンタアンミンアクアコバルト(Ⅲ)塩化物 … 181
ヘンリーの法則 Henry's law … **113**
ほ ボーア N.H.D.Bohr … 34
ボーアモデル … **34**
ボイル R.Boyle … 68, **107**
ボイル・シャルルの法則 Boyle-Charles' law … **107**
ボイルの法則 Boyle's law … **106**
芳香族アミン … **226**
芳香族化合物 aromatic compound … 200
芳香族カルボン酸 … **224**
芳香族炭化水素 … **220**
芳香族ポリアミド … 245
紡糸 … 239
放射性同位体 … 33
放射線 … 33
放電 discharge … 91, 99, 140, 141
放電管 … 35, 140
飽和脂肪酸 … 212, **216**
飽和蒸気圧 saturated vapor pressure … **104**
飽和溶液 saturated solution … **112**
ボーキサイト … 190, 197
保護コロイド protective colloid … **120**
保護眼鏡 … 10, 77
ホタル石 … 146
ポリアクリル酸ナトリウム … 245
ポリアクリロニトリル … 232, 239
ポリアセタール … 245
ポリアミド … **238**
ポリアミド系繊維 … **238**
ポリイソプレン … 243
ポリイミド … 245
ポリウレタン … 259
ポリエステル polyester … 233, **238**
ポリエステル系繊維 … **238**
ポリエチレン … 51, 232, 236, **240**
ポリエチレンテレフタラート poly(ethylene terephthalate) 51, 233, **238**, 244, 259, 265
ポリ塩化ビニル … 232, **240**, 244
ポリカーボネート … 245, 267
ポリ酢酸ビニル … 232, 239, **240**
ポリスチレン … 236, **240**, 242, 244, **265**
ポリ乳酸 … 245
ポリビニルアルコール … 232, 239
ポリプロピレン … 232, 237, **240**, 244
ポリペプチド … **255**
ポリマー polymer … 51, **236**
ポリメタクリル酸メチル … 240
ホール C.M.Hall … 197
ホール・エルー法 … 168, 197
ボルタ電池 voltaic cell … **90**
ホールピペット … 17, 22, 76
ホルマリン … **210**, 239, 241
ホルミル基 … **201**, 210, 213, 250
ホルムアルデヒド … **210**, 232, 239, 241

ま

ま マイクロスケール実験 … 12
マイクロプラスチック … 262
マイヤー J.L.Meyer … 38
マグネシウム … 37, 89, 149, **166**
マグネシウム合金 … 191
マッフル … 14
マルコフニコフ則 … 207
マルターゼ … 257
マルトース … **251**, 252
マレイン酸 … **213**
マンガン … 85, **178**
マンガン乾電池 … 91, 101
マンガン団塊 … 178
マンノース … **250**
み ミオグロビン … 255
水 … 24, 45, **49**, **50**, 72, **102**, 262
　水のイオン積 ionic product of water … **72**
　水の状態図 … 102
　水の状態変化 … **102**, 105
　水の電離 … **72**
　水の特異性 … **49**
水ガラス water glass … 159
ミセル micelle … 112, **118**, 218
密度 density … 17, 25, 53, 277
蜜ろう … 214
ミョウバン … 42, **169**
む **無機高分子化合物** inorganic polymer … 236
無極性分子 nonpolar molecule … 45
無水酢酸 … **213**, 223, 225, 226, 232
無水フタル酸 … **225**, 233
無水マレイン酸 … **213**
無声放電 … 148, 161
無定形炭素 … **156**
無定形部分 … 237
紫キャベツ試験液 … 73
め メスシリンダー … 17, 62
メスフラスコ … 17, 22, 62, 76
メソ体 … 234
メタ位 … 220
m-キシレン … 220, 233
メタクリル樹脂 … **240**
メタノール … **208**, 210, 232
メタン … 45, 50, 160, 200, **204**, 232
メチオニン … 254
メチルオレンジ … **73**, 78, 227
2-メチル-2-プロパノール … 209
2-メチル-4-フェニルアゾフェノール … 227
2-メチルプロペン … 206
メチルレッド … 73
めっき … 95, 191
メートルグラス … 17
メラミン … 241
メラミン樹脂 … **241**
面心立方格子 … **55**
メンデレーエフ D.I.Mendeleev … **37**
も 毛細管粘度計 … 236
モノカルボン酸 … 212
モノマー … 51, **236**
モーブ … 259
モル凝固点降下 … **115**, 203, 281
モル質量 molar mass … 61, 108
モル濃度 molarity … **62**
モルヒネ … 229
モル沸点上昇 … **115**, 203, 281
モル分率 … 109
モール法 … 137

や

や 焼きセッコウ … 167
ヤシ油 … 216, 219
ゆ **融解** fusion … **31**, 102, 123
融解エンタルピー enthalpy of fusion … **123**, 282
融解熱 heat of fusion … **102**
有機化合物 organic compound … **50**, 200
有機化合物の分離 … 230
有機高分子化合物 … 236
有機電解液 … 92, 101
融点 melting point … 25, 30, 53, **102**
油脂 fats and oils … 214, **216**, 218, 232
U字管 … 160
油浴 … 14
ユリア樹脂 … **241**
よ **陽イオン** cation … **40**, 41, 42, 74, 83, 88
陽イオン交換樹脂 … **242**
陽イオン交換膜 … 95, 242
溶液 solution … **62**
溶液の濃度 … **62**
溶解 dissolution … **112**, 123
溶解エンタルピー enthalpy of dissolution … **123**, 281
溶解度 solubility … **112**, 113, 279, 280
溶解度曲線 … **112**
溶解度積 … **136**, 147, 280
溶解平衡 solution equilibria … **112**, 136
ヨウ化カリウム … 83, **85**, 94, 100, 145, 147
ヨウ化カリウムデンプン紙 … 145
ヨウ化銀 … 147, 175, 181
ヨウ化水素 … 131, 146
ヨウ化水素酸 … 146
ヨウ化鉛(Ⅱ) … 147, 170
陽極 … **94**
陽極泥 … 197
洋銀 … 53
溶鉱炉 … 196
陽子 proton … **32**
溶質 solute … **62**
陽性 … 37, 41
ヨウ素 … 45, 48, 112, **145**, 211
ヨウ素価 … 217
ヨウ素滴定 … 86
ヨウ素デンプン反応 iodostarch reaction … 86, 145, **252**
ヨウ素ヨウ化カリウム … 145, 252
溶媒 solvent … **62**
洋白 … 53
羊毛ろう … 214
溶融塩電解 … **95**, 163, 168, 197, 264
四次構造 … 255
ヨードホルム反応 iodoform reaction … 203, 211, 215
4-フェニルアゾ-1-ナフトール … 227

ら

ら ラウールの法則 … 115
酪酸エチル … 214
ラクターゼ … 257
ラクトース … **251**, 260
ラザフォード E.Rutherford … 32
ラジウム … 166
ラジオアイソトープ … 33
ラジカル … 199
ラセミ体 … 234
らせん構造 … 49, 252, **255**, 258
ラテックス … 243
ラドン … 141
ラノリン … 214
ラボアジエ A.L.Lavoisier … **68**
り リサイクル … 264, 265
リシン … 254
理想気体 ideal gas … 110
リゾチーム … 257
リチウム … 92, 101, **162**
リチウムイオン電池 … 92
リチウム電池 … 92, 101
律速段階 … 129
立方最密構造 … **55**
リトマス … 73
リパーゼ … 257
リービッヒ冷却器 … 19
リポビテリン … 255
硫安 … 152
硫化亜鉛 … 176
硫化亜鉛型 … 54
硫化カドミウム … 177
硫化水銀(Ⅱ) … 177
硫化水素 … 84, 136, **150**, 161, 182, 184
硫化水素水 … 150
硫化スズ(Ⅱ) … 171
硫化鉄(Ⅱ) … 150, 172, 183
硫化ナトリウム … 202
硫化鉛(Ⅱ) … 170, 182, 202
硫酸 … 71, 79, 84, **151**, 155, 160, 209, 218
硫酸亜鉛 … 90, 176
硫酸アルキルナトリウム … 218
硫酸アルミニウム … 169
硫酸アンモニウム … 152
硫酸イオン … 151
硫酸エステル … 214, 218
硫酸カリウムアルミニウム十二水和物 … 169
硫酸カルシウム … 167, 183
硫酸水素ドデシル … 214
硫酸水素ナトリウム … 75
硫酸銅(Ⅱ) 45, 75, 90, 94, 99, **174**, 202, 211
硫酸ドデシルナトリウム … 214, **219**
硫酸ナトリウム … 75, 96
硫酸鉛(Ⅱ) … 170
硫酸バリウム … 43, 167, 183
硫酸マンガン(Ⅱ) … 85, 100, 178
両性金属 … 168, 170, 171, 176
両性酸化物 amphoteric oxide … 149
リン … 29, 37, 149, **154**
臨界点 … **102**
りん光 … 154
リン鉱石 … 154
リン酸 … 71, 79, 93, 149, **155**, 258
リン酸塩 … **155**
リン酸三カルシウム … 155
リン酸水素カルシウム … 155
リン酸水素二ナトリウム … 294

赤字：人名　青字：物質名

リン酸二水素カリウム …… 294
リン酸二水素カルシウム …… 155
リン脂質 …… 155
る ルシャトリエ H.L.Le Chatelier …… 132
ルシャトリエの原理 Le Chatelier's principle …… **132**
るつぼ …… 14
ルビジウム …… 162
ルミノール反応 …… 127
れ 励起状態 …… 35
レイリー Lord Rayleigh …… 142
レゾール …… 241
劣化 …… 243
レモン電池 …… 90
レーヨン rayon …… 239, **253**
錬金術 …… 68, 300
ろ ろう …… 214
ろ過 …… **18**, 26
六員環 …… 250
緑青 …… 53, 174
ろ紙 …… 18, 118
六方最密構造 …… **55**

化学式索引

A

Ag(銀) …… 53, 88, 94, **175**, 190
$AgBr$(臭化銀) …… 147, 175, 181
$AgCl$(塩化銀) …… 136, 137, 147, 175, 181, 182
$[Ag(H_2O)_2]^+$(ジアクア銀(Ⅰ)イオン) …… 181
AgI(ヨウ化銀) …… 147, 175, 181
$[Ag(NH_3)_2]^+$(ジアンミン銀(Ⅰ)イオン) …… **175**, 180, 182, 211
$AgNO_3$(硝酸銀) …… 68, 88, 94, 137, 206
$[Ag(S_2O_3)_2]^{3-}$(ビス(チオスルファト)銀(Ⅰ)酸イオン) …… 175, 181
Ag_2CrO_4(クロム酸銀) …… 137, 175, 178
Ag_2O(酸化銀(Ⅰ)) …… 175, 182, 211
Ag_2S(硫化銀) …… 175, 182
Al(アルミニウム) …… 53, 89, 149, **168**, 190, 191, 197, 264
$AlK(SO_4)_2 \cdot 12H_2O$(硫酸カリウムアルミニウム十二水和物・ミョウバン) …… 42, 169
$Al(OH)_3$(水酸化アルミニウム) …… 71, 149, 169, 182
$[Al(OH)_4]^-$(テトラヒドロキシドアルミン酸イオン・アルミン酸イオン) …… **169**, 180, 182
Al_2O_3(酸化アルミニウム・アルミナ) …… 37, 149, 169, 192, 264
$Al_2(SO_4)_3$(硫酸アルミニウム) …… 169
Ar(アルゴン) …… 37, **141**
Au(金) …… 32, 52, 89, **179**, 190

B

Ba(バリウム) …… **166**
$BaCO_3$(炭酸バリウム) …… 167, 183
$BaCl_2$(塩化バリウム) …… 166
$BaCrO_4$(クロム酸バリウム) …… 178
$Ba(HCO_3)_2$(炭酸水素バリウム) …… 167
$Ba(OH)_2$(水酸化バリウム) …… **167**
$BaSO_4$(硫酸バリウム) …… 43, 167, 183
Be(ベリリウム) …… 166
Br_2(臭素) …… **144**, 207, 221

C

C(炭素) …… 29, 33, 51, 58, 94, **156**, 196, 200
CF(フッ化炭素) …… 92
CHI_3(ヨードホルム) …… 203, 211, 215
CH_3CHO(アセトアルデヒド) …… **210**, 232
CH_3CH_2CHO(プロピオンアルデヒド) …… 209, **210**, 232
CH_3CH_2COOH(プロピオン酸) …… 209, 232
CH_3COCH_3(アセトン) …… 201, **210**, 232
$CH_3COOC_2H_5$(酢酸エチル) …… 214, 232
CH_3COOH(酢酸) …… 50, 71, 77, 134, **212**, 215, 232
CH_3COONa(酢酸ナトリウム) …… 75, 135, 205, 215
CH_3OH(メタノール) …… **208**, 210, 232
CH_4(メタン) …… 45, 50, 160, 200, **204**, 232
C_2H_2(アセチレン) …… 50, 157, 200, **206**, 232
C_2H_4(エチレン・エテン) …… 50, **206**, 232, 236, 240
C_2H_5OH(エタノール) …… 49, 50, 112, 163, **208**, 210, 232
C_2H_6(エタン) …… 125, **204**, 232
C_3H_6(プロペン・プロピレン) …… **206**, 223, 232, 240
C_3H_8(プロパン) …… **204**
C_4H_{10}(ブタン) …… 103, **204**
C_6H_6(ベンゼン) …… 49, 50, **220**, 233
$C_6H_{12}O_6$(グルコース・ブドウ糖) …… 127, 209, **250**, 252, 261, 266
C_6H_{14}(ヘキサン) …… 112, 204
$C_{10}H_8$(ナフタレン) …… 48, 220
$C_{17}H_{33}COOH$(オレイン酸) …… 212, 216
$C_{17}H_{35}COOH$(ステアリン酸) …… 212
CO(一酸化炭素) …… 69, **157**, 161
$CO(NH_2)_2$(尿素) …… 200, 241
CO_2(二酸化炭素) …… 48, 56, 103, 123, **157**, 161, 263
CO_3^{2-}(炭酸イオン) …… 71, 164, 183
$(COOH)_2$(シュウ酸) …… 62, 71, 76, 79, 84, **212**
$(COOH)_2 \cdot 2H_2O$(シュウ酸二水和物) …… 62, 76
$C_2O_4^{2-}$(シュウ酸イオン) …… 71, 87
Ca(カルシウム) …… 89, **166**
$CaCO_3$(炭酸カルシウム) …… 43, 157, **165**, **167**, 183, 267
CaC_2(炭化カルシウム・カーバイド) …… 157, 206
$CaCl(ClO) \cdot H_2O$(さらし粉) …… 145, **147**, 226, 230
$CaCl_2$(塩化カルシウム) …… 43, 160, 165, **166**, 203
CaF_2(フッ化カルシウム・ホタル石) …… 146
$CaHPO_4$(リン酸水素カルシウム) …… 155
$Ca(H_2PO_4)_2$(リン酸二水素カルシウム) …… 155
CaO(酸化カルシウム・生石灰) …… 81, 123, 160, 165, **167**
$Ca(OH)_2$(水酸化カルシウム・消石灰) …… 43, 71, 152, 157, **167**, 183
$CaSO_4$(硫酸カルシウム) …… **167**, 183
$CaSO_4 \cdot \frac{1}{2}H_2O$(硫酸カルシウム半水和物・焼きセッコウ) …… 167
$CaSO_4 \cdot 2H_2O$(硫酸カルシウム二水和物・セッコウ) …… 167, 267
$Ca_3(PO_4)_2$(リン酸三カルシウム) …… 155
Cd(カドミウム) …… 92, **177**
CdS(硫化カドミウム) …… 177
Cl_2(塩素) …… 37, 84, **144**, 161
Co(コバルト) …… 173
$[CoCl(NH_3)_5]Cl_2$(クロリドペンタアンミンコバルト(Ⅲ)塩化物) …… 181
$CoCl_2$(塩化コバルト(Ⅱ)) …… 64, 173, 181
$[CoCl_2(NH_3)_4]Cl$(ジクロリドテトラアンミンコバルト(Ⅲ)塩化物) …… 181
$[CoCl_4]^{2-}$(テトラクロリドコバルト(Ⅱ)酸イオン) …… **181**
$[Co(H_2O)_6]^{2+}$(ヘキサアクアコバルト(Ⅱ)イオン) …… **181**
$[Co(NH_3)_5(H_2O)]Cl_3$(ペンタアンミンアクアコバルト(Ⅲ)塩化物) …… 181
$[Co(NH_3)_6]^{2+}$(ヘキサアンミンコバルト(Ⅱ)イオン) …… 180
$[Co(NH_3)_6]^{3+}$(ヘキサアンミンコバルト(Ⅲ)イオン) …… 180
$[Co(NH_3)_6]Cl_3$(ヘキサアンミンコバルト(Ⅲ)塩化物) …… 181
Cr(クロム) …… **178**, 191
$Cr(OH)_3$(水酸化クロム(Ⅲ)) …… 178
CrO_4^{2-}(クロム酸イオン) …… 131, 137, **178**
$Cr_2O_7^{2-}$(二クロム酸イオン) …… 84, 131, **178**
Cs(セシウム) …… 162
Cu(銅) …… 53, 88, 90, 97, **174**, 190, 197
$CuCO_3 \cdot Cu(OH)_2$(炭酸二水酸化二銅(Ⅱ)) …… 174
$CuCl_2$(塩化銅(Ⅱ)) …… 94, 123, 202
$[CuCl_4]^{2-}$(テトラクロリド銅(Ⅱ)酸イオン) …… 181
$CuFeS_2$(黄銅鉱) …… 174, 190, 197
$[Cu(H_2O)_4]^{2+}$(テトラアクア銅(Ⅱ)イオン) …… **174**, 181
$[Cu(NH_3)_4]^{2+}$(テトラアンミン銅(Ⅱ)イオン) …… 45, **174**, 180, 182
CuO(酸化銅(Ⅱ)) …… 69, 81, 82, 174, 203
$Cu(OH)_2$(水酸化銅(Ⅱ)) …… 174, 182
CuS(硫化銅(Ⅱ)) …… 174, 182
$CuSO_4$(硫酸銅(Ⅱ)) …… 45, 75, 90, 94, **174**, 202, 211
$CuSO_4 \cdot 5H_2O$(硫酸銅(Ⅱ)五水和物) …… 59, 174
$CuSO_4 \cdot 3Cu(OH)_2$(硫酸水酸化銅(Ⅱ)) …… 174
Cu_2O(酸化銅(Ⅰ)) …… 69, 174, 211

F

F_2(フッ素) …… **144**
Fe(鉄) …… 53, 88, 123, **172**, 190, **196**
Fe^{2+}(鉄(Ⅱ)イオン) …… **172**, 183
Fe^{3+}(鉄(Ⅲ)イオン) …… **172**, 183
$[Fe(CN)_6]^{3-}$(ヘキサシアニド鉄(Ⅲ)酸イオン) …… **172**, 180
$[Fe(CN)_6]^{4-}$(ヘキサシアニド鉄(Ⅱ)酸イオン) …… **172**, 180
$FeCl_3$(塩化鉄(Ⅲ)) …… 121, 172, 222
$Fe(OH)_2$(水酸化鉄(Ⅱ)) …… 172, 183
FeS(硫化鉄(Ⅱ)) …… 150, 172, 183
$[FeSCN]^{2+}$(チオシアン酸鉄(Ⅲ)イオン) …… 132, 172

$FeSO_4$(硫酸鉄(Ⅱ)) …… 84, 172

H

H_2(水素) 50, 88, 93, **140**, 161, 266
HBr(臭化水素) …… 146, 221
HCHO(ホルムアルデヒド) …… **210**, 232, 239, 241
HCOOH(ギ酸) …… 157, 211, **212**
HCl(塩化水素) …… 50, 70, 125, 145, **146**, 161
HCl(塩酸) …… 50, 71, 89, **146**, 226
HClO(次亜塩素酸) …… 145, 147
$HClO_2$(亜塩素酸) …… 147
$HClO_3$(塩素酸) …… 147
$HClO_4$(過塩素酸) …… 37, 147, 149
HF(フッ化水素) …… 49, **146**, 161
HF(フッ化水素酸) …… **146**, 158
HI(ヨウ化水素) …… 131, 146
HNO_3(硝酸) …… 71, 84, 89, **153**, 194, 221, 262
$H_2C_2O_4$(シュウ酸) …… 62, 71, 76, 79, 84, **212**
H_2O(水) …… 24, **49**, 50, 72, 102, 262
H_2O_2(過酸化水素) …… 84, 98, 130, 148
H_2S(硫化水素) …… 84, 136, **150**, 161
H_2SO_3(亜硫酸) …… 79
H_2SO_4(硫酸) …… 71, 79, 84, **151**, 160, 209, 218
H_2SiF_6(ヘキサフルオロケイ酸) …… 146
H_2SiO_3(ケイ酸) …… 149, **159**
H_3O^+(オキソニウムイオン) …… 44, **70**
H_3PO_4(リン酸) …… 71, 79, 93, 149, **155**
He(ヘリウム) …… **141**
Hg(水銀) …… 53, 89, **177**
$HgCl_2$(塩化水銀(Ⅱ)・昇コウ) …… 177
$Hg(NO_3)_2$(硝酸水銀(Ⅱ)) …… 177
HgS(硫化水銀(Ⅱ)・辰砂) …… 177
Hg_2Cl_2(塩化水銀(Ⅰ)・甘コウ) …… 177

I

I_2(ヨウ素) …… 48, 85, 112, **145**, 211, 252
I_3^-(三ヨウ化物イオン) …… 145

K

K(カリウム) …… 89, **162**
KBr(臭化カリウム) …… 144, 147
KCl(塩化カリウム) …… 144, 147
$KClO_3$(塩素酸カリウム) …… 147, 148
KH_2PO_4(リン酸二水素カリウム) …… 294
KI(ヨウ化カリウム) …… 85, 94, 100, 145, 147
$KMnO_4$(過マンガン酸カリウム) …… 84, 86, **178**
KOH(水酸化カリウム) …… 91, 100, 163, 217
KSCN(チオシアン酸カリウム) …… 132, 172
K_2CO_3(炭酸カリウム) …… 164
K_2CrO_4(クロム酸カリウム) …… 137, **178**
$K_2Cr_2O_7$(二クロム酸カリウム) …… 84, 98, **178**, 203, 209, 226
$K_2[HgI_4]$(テトラヨード水銀(Ⅱ)酸カリウム) …… 152
$K_3[Fe(CN)_6]$(ヘキサシアニド鉄(Ⅲ)酸カリウム) …… 172
$K_4[Fe(CN)_6]$(ヘキサシアニド鉄(Ⅱ)酸カリウム) …… 172
Kr(クリプトン) …… 141

L

Li(リチウム) …… 92, 101, **162**

M

Mg(マグネシウム) …… 37, 89, **166**
$MgCl_2$(塩化マグネシウム) …… 166
MgO(酸化マグネシウム) …… 42, 149
$Mg(OH)_2$(水酸化マグネシウム) …… 37, 71, 149
$MgSO_4$(硫酸マグネシウム) …… 166
Mn(マンガン) …… 85, **178**
MnO_4^-(過マンガン酸イオン) …… 84, 86, **178**
$Mn(OH)_2$(水酸化マンガン(Ⅱ)) …… 178
MnO(OH)(酸化水酸化マンガン(Ⅲ)) …… 91, 100
MnO_2(酸化マンガン(Ⅳ)) …… 84, 100, 130, **178**
MnO_4^{2-}(マンガン酸イオン) …… 178
MnS(硫化マンガン(Ⅱ)) …… 178
$MnSO_4$(硫酸マンガン(Ⅱ)) …… 85, 100, 178

N

N_2(窒素) …… 50, **152**, 161
NH_3(アンモニア) …… 50, 70, 133, 134, **152**, 161, 165, 194
NH_4^+(アンモニウムイオン) …… 44, **70**, 75, 134
NH_4Cl(塩化アンモニウム) …… 70, **74**, 91, 152, 165
NH_4NO_3(硝酸アンモニウム) …… 123
NO(一酸化窒素) …… **153**, 161
NO_2(二酸化窒素) …… 81, 132, **153**, 161
NO_3^-(硝酸イオン) …… 71, 153
NO_x(窒素酸化物) …… 262, 267
N_2O(一酸化二窒素) …… 153
N_2O_3(三酸化二窒素) …… 153
N_2O_4(四酸化二窒素) …… 132, 153
N_2O_5(五酸化二窒素) …… 153
Na(ナトリウム) …… 84, 89, **162**, 202, 209, 223
$Na[Al(OH)_4]$(テトラヒドロキシドアルミン酸ナトリウム) …… 168
$NaAlO_2$(アルミン酸ナトリウム) …… 168
NaCl(塩化ナトリウム) …… **42**, 43, 56, 95, 112, 137, 165
NaClO(次亜塩素酸ナトリウム) …… **147**
$NaHCO_3$(炭酸水素ナトリウム) …… 43, 75, 80, **165**
$NaHSO_3$(亜硫酸水素ナトリウム) …… 150
$NaHSO_4$(硫酸水素ナトリウム) …… 75
$NaNO_2$(亜硝酸ナトリウム) …… 227
$NaNO_3$(硝酸ナトリウム) …… 153
NaOH(水酸化ナトリウム) …… 43, 70, 95, 149, **164**, 195, 230
Na_2CO_3(炭酸ナトリウム) …… 43, 75, 80, **164**, 165, 195
$Na_2C_2O_4$(シュウ酸ナトリウム) …… 87
Na_2HPO_4(リン酸水素二ナトリウム) …… 294
Na_2O(酸化ナトリウム) …… 81, 149, 159
Na_2S(硫化ナトリウム) …… 202
Na_2SO_4(硫酸ナトリウム) …… 75, 96
$Na_2S_2O_3$(チオ硫酸ナトリウム) …… 84, 112, 129, 149, 175, 181
Na_2SiO_3(ケイ酸ナトリウム) …… **158**, 164
$Na_2[Zn(OH)_4]$(テトラヒドロキシド亜鉛(Ⅱ)酸ナトリウム) …… 176
Na_3AlF_6(ヘキサフルオロアルミン酸ナトリウム) …… 168, 197
Ne(ネオン) …… **141**
Ni(ニッケル) …… 89, 95, **173**, 180
$[Ni(NH_3)_6]^{2+}$(ヘキサアンミンニッケル(Ⅱ)イオン) …… 180
NiO(OH)(酸化水酸化ニッケル(Ⅲ)) …… 92

O

O_2(酸素) …… 29, 50, 84, **148**, 161
O_3(オゾン) …… 29, 84, **148**, 161, 263
OH^-(水酸化物イオン) …… **70**

P

P(リン) …… 29, 37, **154**
P_4O_{10}(十酸化四リン・五酸化二リン) …… 149, **154**, 160
Pb(鉛) …… 88, 91, **170**
$PbBr_2$(臭化鉛(Ⅱ)) …… 147, 170
$PbCl_2$(塩化鉛(Ⅱ)) …… 147, 170, 182
$PbCrO_4$(クロム酸鉛(Ⅱ)) …… 170, 178
PbI_2(ヨウ化鉛(Ⅱ)) …… 147, 170
$Pb(NO_3)_2$(硝酸鉛(Ⅱ)) …… 170
PbO(酸化鉛(Ⅱ)) …… 170
$Pb(OH)_2$(水酸化鉛(Ⅱ)) …… 170, 182
$[Pb(OH)_4]^{2-}$(テトラヒドロキシド鉛(Ⅱ)酸イオン) …… 170, 180, 182
PbO_2(酸化鉛(Ⅳ)) …… 91, 170
PbS(硫化鉛(Ⅱ)) …… 170, 182, 202
$PbSO_4$(硫酸鉛(Ⅱ)) …… 170
Pt(白金) …… 89, 94, 190

R

Ra(ラジウム) …… 166
Rb(ルビジウム) …… 162
Rn(ラドン) …… 141

S

S(硫黄) …… 29, 37, 48, **149**, 202
S_8(斜方硫黄・単斜硫黄) …… 29, 48, 149
SO_2(二酸化硫黄) …… 81, 85, 149, **150**, 161
SO_3(三酸化硫黄) …… 151
SO_4^{2-}(硫酸イオン) …… 71, 151
SO_x(硫黄酸化物) …… 262, 267
Si(ケイ素) …… 37, 51, **158**
SiO_2(二酸化ケイ素・ケイ砂・水晶・石英) …… 51, 56, 149, **158**, 164
Sn(スズ) …… 88, **171**, 190, 226
$SnCl_2$(塩化スズ(Ⅱ)) …… 84, 171
$Sn(OH)_2$(水酸化スズ(Ⅱ)) …… 171
$[Sn(OH)_4]^{2-}$(テトラヒドロキシドスズ(Ⅱ)酸イオン) …… 171, 180
SnO_2(酸化スズ(Ⅳ)) …… 171
SnS(硫化スズ(Ⅱ)) …… 171
Sr(ストロンチウム) …… 166

T

Ti(チタン) …… **179**, 190, 191
TiO_2(酸化チタン) …… 179, 192

V

V_2O_5(酸化バナジウム(Ⅴ)) …… 151

X

Xe(キセノン) …… 141

Z

Zn(亜鉛) …… 84, 88, 90, 100, **176**, 191
$ZnCl_2$(塩化亜鉛) …… 91, 176
$[Zn(NH_3)_4]^{2+}$(テトラアンミン亜鉛(Ⅱ)イオン) …… **176**, 180, 182
ZnO(酸化亜鉛) …… 176
$Zn(OH)_2$(水酸化亜鉛) …… 176, 182
$[Zn(OH)_4]^{2-}$(テトラヒドロキシド亜鉛(Ⅱ)酸イオン) …… **176**, 180, 182
ZnS(硫化亜鉛) …… 176, 182
$ZnSO_4$(硫酸亜鉛) …… 90, 176

身近な化学

わたしたちが普段何気なく使っているものにも，これまで学習した化学のしくみや現象が利用されています。

紙 水素結合による集団化

紙は，木材からとり出した植物繊維（パルプ）を原料として作られています。パルプの主成分は**セルロース** $(C_6H_{10}O_5)_n$（▶P.253）です。

セルロースに水を加えると，セルロースに多数あるヒドロキシ基 -OH が水分子と**水素結合**（▶P.49）をし，ドロドロした集団を形成していきます。

徐々に乾燥させると水分子が抜けていき，やがてセルロースどうしが直接水素結合でつながった集団となり，丈夫な紙になります。つまり，セルロース繊維が水素結合によって互いにくっついているのが紙です。

そのため，紙が水にぬれると，再びセルロースどうしの水素結合の間に水分子が入り込むため，紙はバラバラになりやすくなります。

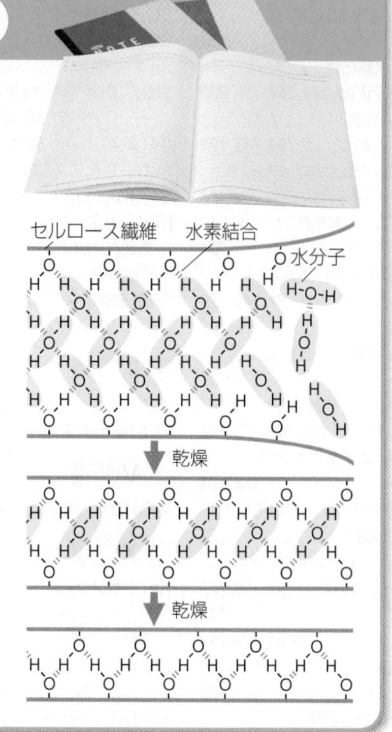

鉛筆と消しゴム くっつけて消す

鉛筆のしんは**黒鉛**（▶P.156）でできています。鉛筆で紙の上をなぞると，黒鉛の粒子が紙の表面の凹凸に引っかかって残ります。このようにして鉛筆で字が書けます。

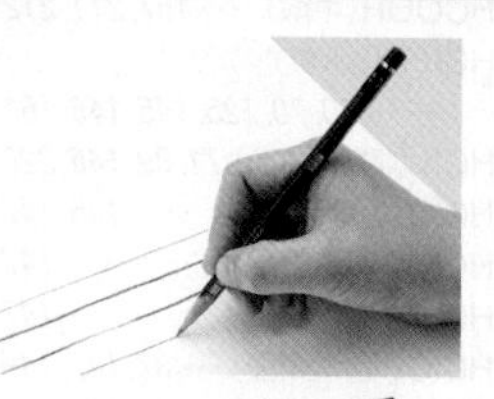

一般的なプラスチック消しゴムは，**ポリ塩化ビニル**（PVC）（▶P.240）を原料として，可塑剤を加えてやわらかくしています。

消しゴムで紙をこすると，消しゴムに黒鉛の粒子が付着することで鉛筆で書いた字が消えます。また，消しゴムには充塡材として**炭酸カルシウム** $CaCO_3$（▶P.167）が含まれていて，消しくずがはがれやすくなっています。

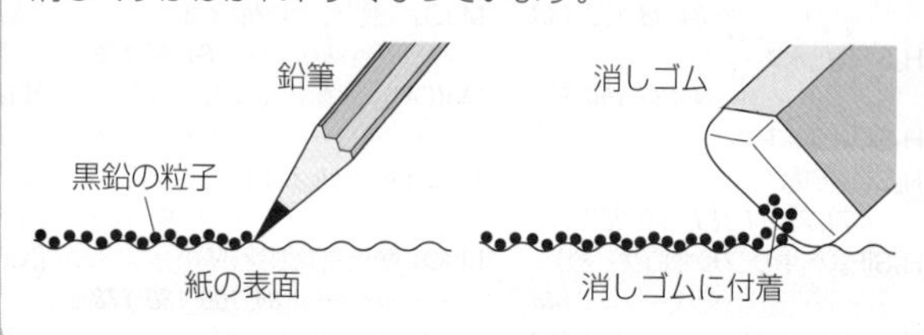

接着剤 引っかけたり，分子間力を利用したり

木工用接着剤は**ポリ酢酸ビニル**（▶P.240）と水でできています。木材の表面は複雑な凹凸があるため，そこに接着剤が入り込みます。水分が蒸発して固まったときに互いが引っかかり，強力に接着されます。

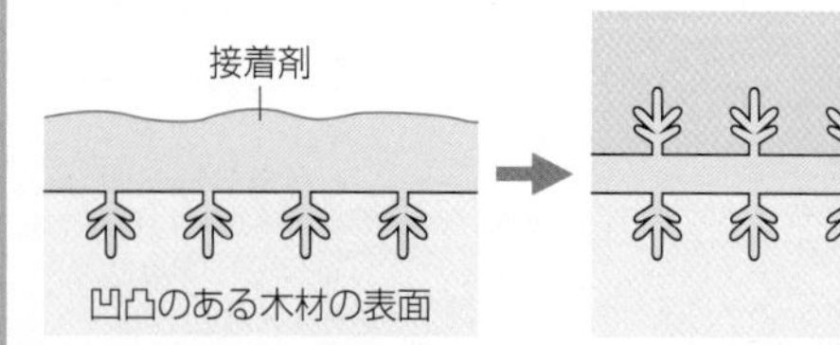

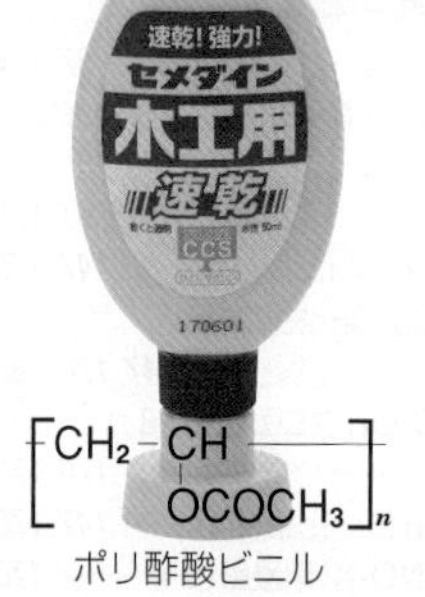

$$\left[CH_2-\underset{OCOCH_3}{CH}\right]_n$$

ポリ酢酸ビニル

また，接着剤は凹凸のある表面と広い面積で接することになります。その結果，**分子間力（ファンデルワールス力）**（▶P.48）が広く働き，接着効果をさらに生じさせます。

は虫類のヤモリの指先には細かい毛が生えており，壁やガラスに対して接着面積を広くして分子間力の働きによって接着しています。ヤモリの指先のしくみを利用して，接着剤を使わない接着方法の研究も進んでいます。

ヤモリ

固まり方

木工用接着剤 接着剤に含まれる水や有機溶媒が蒸発すると固まる。ポリ酢酸ビニルが**コロイド粒子**（▶P.118）として水に分散した**乳濁液**で，はじめは白色であるが，固まると透明になる。

瞬間接着剤 空気中の水によって**付加重合**（▶P.236）を開始し，短時間で固まる。

$$nCH_2=\underset{COO-R}{\overset{CN}{C}} \xrightarrow{H_2O} \left[CH_2-\underset{COO-R}{\overset{CN}{C}}\right]_n$$

シアノアクリル酸エステル　　ポリシアノアクリレート

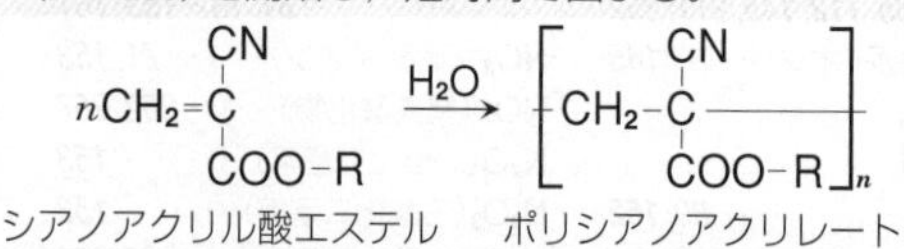

エポキシ樹脂系接着剤 エピクロロヒドリンとビスフェノール類を縮合させた主剤に硬化剤のアミンや酸無水物を混合すると，エポキシ環が開環し，網目構造になって固まる。

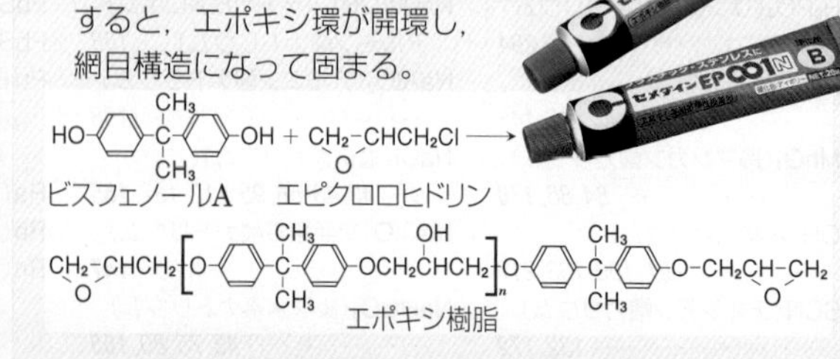

殺菌・消毒薬 細菌の細胞の機能を阻害する

殺菌・消毒薬には，エタノール，次亜塩素酸ナトリウム，銀イオンなどの成分が利用されているものがあります。
どのように細菌を抑えているのかを，細胞レベルでみていきましょう。

エタノール

エタノール C_2H_5OH(▶P.208)の濃度によって殺菌作用のしくみが異なります。水：エタノールの分子数比が 1：1 になる 70％エタノール水溶液のとき，最も高い殺菌作用がみられます。
細菌の細胞膜やタンパク質を溶解・**変性**(▶P.256)することで細菌を死滅させます。

次亜塩素酸ナトリウム

次亜塩素酸ナトリウム NaClO(▶P.147)が加水分解すると次亜塩素酸 HClO が生成します。HClO は**酸化作用**(▶P.84)が強く，細菌の細胞膜を通過して酵素や DNA などの細胞内組織を酸化して死滅させます。漂白剤にも利用されています。

$$NaClO + H_2O \longrightarrow HClO + NaOH$$
$$HClO + H^+ + 2e^- \longrightarrow Cl^- + H_2O$$
$$ClO^- + 2H^+ + 2e^- \longrightarrow Cl^- + H_2O$$

ヨウ素

ヨウ素 I_2(▶P.144)の**酸化作用**により，細菌の細胞内のタンパク質を変性させて殺菌作用を示します。うがい薬に利用されています。

過酸化水素（オキシドール）

約 3％の過酸化水素 H_2O_2 の水溶液はオキシドールとよばれます。**酸化作用**により，殺菌作用を示します。コンタクトレンズの消毒薬にも利用されています。

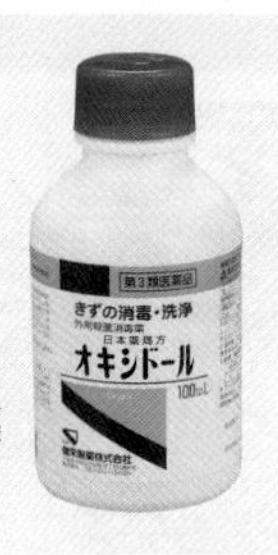

銀イオン

水に溶けた微量の銀イオン Ag^+ は細菌の細胞膜を通過し，酵素の働きを阻害して細菌の機能を低下させます。においの原因となる細菌の繁殖を抑えることで，消臭剤にも利用されています。

炭酸水 圧力で溶かす

二酸化炭素が水に溶解すると炭酸水になります。水 H_2O と二酸化炭素 CO_2 が結合してできた炭酸 H_2CO_3 は水溶液中で存在し，純物質として取り出すことは極めて困難です。
圧力が高いほど二酸化炭素の**溶解度**(▶P.113)が大きくなるため，市販の炭酸水は加圧されて容器に入っています。そのため，開封すると圧力が下がり，溶けきれなくなった二酸化炭素が泡（気体）となって生じます。また，気体は低温ほど溶解度が高いため，温度が上がることによっても泡が発生します。
雨水も水に空気中の二酸化炭素が溶解している炭酸水といえます。そのため，雨水は pH 5.6 程度の酸性になります。二酸化炭素以外に，二酸化硫黄や二酸化窒素等の酸性酸化物などが雨水に溶けると pH がさらに下がり，**酸性雨**(▶P.262)とよばれます。

炭酸水に使用される二酸化炭素は，アンモニア合成工場や石油化学工場から副生成物として生じたものです。

フリーズドライ食品 加熱しない乾燥

食品を長期保存する工夫として，「フリーズドライ」という方法があります。これは，冷凍した食品を真空状態におき，気圧を下げると水分が**昇華**(▶P.102)し，食品が乾燥するという技術です。加熱しないため味や栄養が損なわれにくい，乾燥しているため微生物の繁殖を抑えられるなどの利点があります。湯をかければ元の状態に戻すことができるため，即席のみそ汁やカップ麺の具などをつくるときに使われています。
フリーズドライの技術は，宇宙食や医薬品，また，浸水被害にあった古文書の修復などにも利用されています。

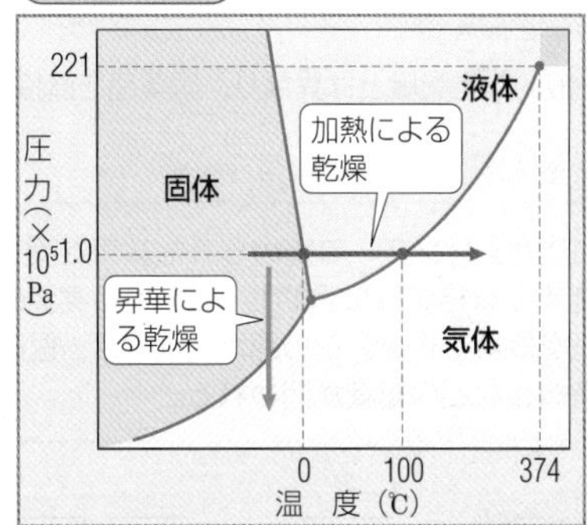

化学の仕事

化学の学びが活きる職業には
どのようなものがあるだろうか。

リンク集は
こちら

研究開発（食品）

● どんな仕事？

加工食品の商品開発では，市場調査をもとに企画を決め，原料を選定，調合などを検討し，試作，試食を繰り返して新しい味を作り上げる。
食品生産に使う技術の開発や開発された商品を生産するための設備開発，品質の管理を行う技術者など多くの人が関わる。

必要な資格・スキルは？

特に必要な資格はないが，栄養学，食品化学，工業化学などの専門知識が必要である。栄養士や管理栄養士の資格があると役立つ。

薬剤師

● どんな仕事？

病院や薬局で，医師の処方箋（せん）にしたがって薬を調整する。患者に薬を提供する際には，他に飲んでいる薬やアレルギーなどを確認して，薬の効果や安全性についての説明や飲み方の指導なども行う。
また，企業で新薬，化粧品の商品開発を行う薬剤師や，国や都道府県の職員として，薬品や有害物質の検査・分析を行う薬剤師もいる。

必要な資格・スキルは？

薬剤師になるには，大学の薬学部で6年間の課程を修了し，薬剤師国家試験に合格する必要がある。資格取得後も，日々新しく出てくる薬や病気について，勉強し続けることが求められる。

研究開発（医薬品）

● どんな仕事？

新しい医薬品を開発するための研究を行う。病気の原因となる分子に対して，どのような化合物が有効であるかを考えて，分子レベルで化合物を設計して合成する。さらに，化合物の構造を化学的に修飾することで，活性を向上させたり，毒性を減らしたりする。

必要な資格・スキルは？

特に必要な資格はないが，大学や大学院の薬学部，理学部，獣医学部，農学部などの学部を卒業するのが一般的である。

MR Medical Representative（医薬情報担当者）

● どんな仕事？

製薬企業の営業担当者として，医師や薬剤師に対して医薬品の情報を提供する。医薬品の品質や有効性だけでなく，安全性や副作用の情報も適切に提供する必要がある。また，医療現場の情報や要望の収集も行う。
一般的な営業職とは異なり，医薬品を直接販売することはない。

必要な資格・スキルは？

MR認定センターで定められた教育を受け，MR認定センターが実施する資格試験に合格し，6か月の実務教育を修了するとMR認定証を取得できる。この認定試験では，医薬品情報，疾病と治療，医薬概論などの知識が問われる。

臨床検査技師

● どんな仕事？

医師の指示のもと，患者の採血や検査をしてデータをまとめる。検査方法は，人体から採取した血液，細胞，尿などを検査する検体検査と，心電図やMRIなど，人体を直接調べる生理機能検査がある。
得られたデータは病気の診断や治療方法の決定に重要な役割を担う。COVID-19の診断検査であるPCR法を行っているのも臨床検査技師である。

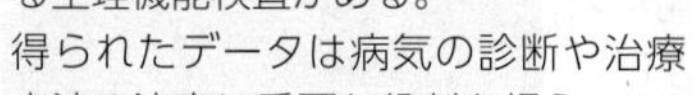

必要な資格・スキルは？

臨床検査技師になるには，大学や専門学校で臨床検査技師の養成課程を修了し，臨床検査技師国家試験に合格する必要がある。

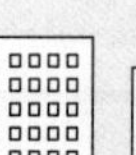

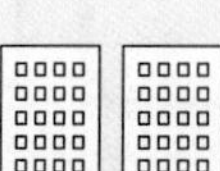

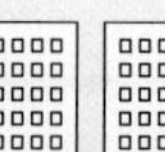